Nr. 42 1956
S. 11321–11604 17. Oktober

Chemisches Zentralblatt

Vollständiges Repertorium für alle Zweige der reinen und angewandten Chemie

1830 gegründet. 1897—1945 von der Deutschen Chemischen Gesellschaft fortgeführt.
Im Auftrage der Deutschen Akademie der Wissenschaften zu Berlin, der Chemischen Gesellschaft in der Deutschen Demokratischen Republik, der Akademie der Wissenschaften zu Göttingen und der Gesellschaft Deutscher Chemiker

herausgegeben von Prof. Dr. **Maximilian Pflücke**

127. Jahrgang

1956

Chefredakteure: Dr. Eugen Klever und Prof. Dr. Maximilian Pflücke

Akademie-Verlag GmbH., Berlin — Verlag Chemie, GmbH., Weinheim/Bergstr.

Inhalt

Namenregister

Chemisches Zentralblatt

1956 Nr. 42 17. Oktober

A. Allgemeine, physikalische und anorganische Chemie.

Moiz Eskenazi, *Ein einfaches System elektrotechnischer Maßeinheiten.* Vf. erörtert ein Maßsyst., bei dem Widerstand, EMK., Länge u. Zeit als Fundamentalgrößen angesetzt werden. In Tabellenform werden die sich daraus ergebenden Dimensionen für die mechan., elektr. u. magnet. Größen angegeben. Der besondere Vorzug des vorgeschlagenen Syst. besteht darin, daß in keinem Fall gebrochene Exponenten auftreten. (C. R. hebd. Séances Acad. Sci. **234.** 1673—74. 21/4. 1952.) W. REUSSE. 10

A_1. Kernphysik und Kernchemie.

Kenneth A. Johnson, *Renormalisierung des Massenoperators.* Außerhalb des Rahmens der Störungstheorie wird die Renormalisierbarkeit des Massenoperators für die gewöhnlich diskutierten Feldtheorien aufgestellt. (Physic. Rev. [2] **101.** 448—51. 1/1. 1956. Cambridge, Mass., Harvard Univ.) GERHARD SCHMIDT. 80

Kerson Huang, *Eigenenergie von Dirac-Teilchen.* Diskussion der physikal. Bedeutung der negativen Spinenergie als zusätzliche Energie zur ursprünglichen Spineigenenergie. (Physic. Rev. [2] **101.** 1173—82. 1/2. 1956. Cambridge, Mass., MIT, Dep. of Phys. and Labor. for Nucl. Sci.) GERHARD SCHMIDT. 90

George J. Yevick und **Jerome K. Percus,** *Neue Annäherung an das Mehrkörperproblem.* Vff. geben eine geometr. Interpretation kollektiver Koordinaten, die zur Vereinfachung des dynam. Verh. von N in Wechselwrkg. stehender Teilchen eingeführt worden sind. Mittels dieser Koordinaten wird der LAGRANGE-Formalismus für das dynam. Problem durchgeführt. (Physic. Rev. [2] **101.** 1186—91. 1/2. 1956. Hoboken, N. J., Stevens Inst. of Technol., Dep. of Phys.; New York, N. Y., New York Univ., Inst. of Mathemat. Sci.) GERHARD SCHMIDT. 90

Jerome K. Percus und **George J. Yevick,** *Dynamische Betrachtungen über eine neue Annäherung an das Mehrkörperproblem.* (Vgl. vorst. Ref.) Prüfung u. Erweiterung der theoret. Ableitungen (l. c.) sowie eine Analyse u. Zusammenfassung der mannigfaltigen Eigg. der d-Funktion. (Physic. Rev. [2] **101.** 1192—97. 1/2. 1956.) GERHARD SCHMIDT. 90

M. E. Rose, *Das Problem des Bezugssystems bei der inneren Konversion.* (Sitzungsbericht.) (Physic. Rev. [2] **99.** 1628. 1/9. 1955. Oak Ridge Nat. Labor.) H. LIEPACK. 90

J. Shapiro und **M. A. Preston,** *Berechnungen über Ladungsunabhängigkeit mit abstoßenden Rumpfpotentialen.* (Sitzungsbericht.) (Physic. Rev. [2] **99.** 1654. 1/9. 1955. Univ. of Toronto and McMaster Univ.) H. LIEPACK. 90

M. M. Gordon und **W. D. Barfield,** *n-d-Streuung bei niedriger Energie: Vergleich von Experiment und Theorie.* Vff. werten die experimentellen Streuwerte bei 4,5 u. 5,5 MeV Neutronenenergie nach der Meth. von BUCKINGHAM u. MASSEY unter Berücksichtigung von D-Wellenphasen aus. Die aus den experimentellen Werten gefundenen P-Wellenphasen entsprechen qualitativ der Theorie für symm. Wechselwrkg., sie widersprechen jedoch völlig den Neutralwechselwirkungsberechnungen. (Physic. Rev. [2] **86.** 679—84. 1/6. 1952. Gainesville, Fla., Univ. of Florida.) W. GANS. 90

R. Budde und **P. Huber,** *Elastische Streuung von Neutronen an Kohlenstoff im Energiegebiet 1,92—3,84 MeV.* Neutronen aus der (d, d)-Rk. werden an CO_2 gestreut. Der relative differentielle Streuquerschnitt wird durch Registrierung der Rückstoßkerne mit Ionisationskammer u. Impulsspektrographen gemessen. Die Phasenanalyse zeigt 3 angeregte Niveaus in ^{13}C bei 2,08 ($l > 1$), 2,95 ($D_{3/2}$) u. 3,62 ($D_{3/2}$) MeV Neutronenenergie. Bei 600 keV Deuteronenenergie u. einem Winkel von 45° zwischen Neutronen- u. Deuteronenrichtung wird eine Neutronenpolarisation von (18 ± 7) % beobachtet. (Helv. physica Acta **28.** 49—66. 28/2. 1955. Basel.) D. GEISSLER. 90

O. Kofoed-Hansen, *Zwei verschiedene Deutungen der Wirkungsquerschnitte langsamer Neutronen.* Vf. untersucht theoret. die Gültigkeit der BREIT-WIGNER-Formel für tiefliegende Resonanzen bei *Ag* u. *Au.* (Physic. Rev. [2] **99.** 154—58. 1/7. 1955. New York, N. Y., Columbia Univ.) D. GEISSLER. 90

W. J. Rhein, *Winkelverteilung von schnellen Neutronen, die an Blei gestreut worden sind.* Es werden die differentiellen Wirkungsquerschnitte für die elast. Streuung von 1,0, 3,7, 5,0 u. 15,0 MeV-Neutronen aus Pb gemessen. Ein ZnS–Plaste-Scintillator wird als Neutronenzähler benutzt. Eine bevorzugte Änderung der Breite u. Höhe des vorwärts gerichteten Streumaximums als Funktion der Energie wird wie erwartet gefunden. Zahl u. Richtung der sek. Maxima der Streuung sind eine ausgeprägte Funktion der Neutronenenergie. (Physic. Rev. [2] **98.** 1300—01. 1/6. 1955. Austin, Tex., Univ. of Texas, Dep. of Phys.) E. Hahn. 90

P. M. Stier und **C. F. Barnett,** *Elektroneneinfangquerschnitte für Protonen.* (Vgl. C. **1955.** 7598.) (Sitzungsbericht.) (Physic. Rev. [2] **99.** 1630. 1/9. 1955. Oak Ridge Nat. Bur.) Gerhard Schmidt. 90

David Cohen, *Protonen-Bremsstrahlung.* (Vgl. C. **1955.** 3548.) (Sitzungsbericht.) (Physic. Rev. [2] **99.** 1629. 1/9. 1955. Univ. of Miami.) Gerhard Schmidt. 90

M. M. Block, E. M. Harth, W. B. Fowler, R. P. Shutt, A. M. Thorndike und **W. L. Whittemore,** *Erzeugung schwerer instabiler Teilchen in einem p–p-Stoß.* (Vgl. C. **1956.** 914.) 2,7 GeV-Cosmotronprotonen durchsetzen eine Nebelkammer, die mit H_2 von 20 at gefüllt ist u. sich in einem Magnetfeld von 9500 Gauß befindet. Unter 202 p–p-Stößen wird ein Ereignis beobachtet, das Vff. als $p + p \rightarrow \Lambda^+ + K^+ + n$ interpretieren. (Physic. Rev. [2] **99.** 261—63. 1/7. 1955. Washington, D. C., Naval Res. Labor., Nucl. Div.; Durham, N. C., Duke Univ.; Upton, N. Y., Brookhaven Nat. Labor.) D. Geissler. 90

A. Dalgarno und **G. W. Griffing,** *Eine quantenmechanische Berechnung des Bremsquerschnitts von Wasserstoffatomen für Protonen.* (Sitzungsbericht.) (Physic. Rev. [2] **99.** 1653—54. 1/9. 1955. Belfast, Queen's Univ., and. Geophys. Res. Direct.) H. Liepack. 90

B. B. Kinsey, *Resonanzen bei der elastischen Streuung von Protonen.* 32 MeV-Protonen aus einem Linearbeschleuniger werden in Polystyrolabsorbern verlangsamt u. nach elast. Streuung an dünnen Schichten durch Scintillationszähler nachgewiesen. In *C* wird bei 22,5 ± 0,3 MeV eine Resonanz von ~1,5 MeV Halbwertsbreite, in *O* eine bei 18,6 ± 0,3 MeV u. ~1,3 MeV Breite beobachtet, während *B, N, F, Al, Si, S, Ca, Fe* u. *Cu* keine Resonanzen zwischen 14 u. 31,5 MeV zeigen. (Physic. Rev. [2] **99.** 332—33. 1/7. 1955. Berkeley, Calif., Univ. of California, Radiat. Labor.) D. Geissler. 90

Karl Strauch, *Doppelstreuversuch mit 96 MeV-Protonen.* (Vgl. C. **1956.** 8251.) Unpolarisierte 96 MeV-Protonen, die außerhalb des Cyclotrons an einer ersten Folie um $\pm \Theta_1$, an einer zweiten um $\pm \Theta_2$ gestreut worden sind, werden mit 2 Scintillationszählrohrteleskopen nachgewiesen. Die bei $8{,}5 \leq \Theta_1 \leq 26^0$, $15^0 \leq \Theta_2 \leq 20^0$ u. mit *Be, C* u. *Cu* als Streuer gemessenen azimutalen Asymmetrien der Intensität des zweiten gestreuten Strahls betragen wenige %. (Physic. Rev. [2] **99.** 150—54. 1/7. 1955. Cambridge, Mass., Harvard Univ.) D. Geissler. 90

J. Halpern und **A. K. Mann,** *Querschnitte von γ–Proton-Reaktionen.* Die Energieabhängigkeit der γ–p-Querschnitte von *C, Al, Co, Ni* u. *Nb* wurde gemessen u. der gleiche Resonanzcharakter wie für γ–n-Rkk. gefunden. Die Maximalquerschnitte liegen bei ~20 MeV γ-Energie mit einer Halbwertsbreite von ~6 MeV mit Ausnahme von C mit 1,7 MeV Halbwertsbreite. (Physic. Rev. [2] **83.** 370—73. 15/7. 1951. Philadelphia, Pa., Univ. of Pennsylvania.) W. Gans. 90

J. F. Perkins, *Eine Monte Carlo-Berechnung der γ-Reflexionskoeffizienten von Beton und Aluminium.* (Sitzungsbericht.) (Physic. Rev. [2] **99.** 1629. 1/9. 1955. Convair.) Gerhard Schmidt. 90

Frans Cerulus, *Der Beitrag nichtstatischer Kräfte zur Bindungsenergie des Deuterons.* Vf. bestimmt die Eigenwerte der Kopplungskonstanten in der Bethe-Salpeter-Gleichung für skalare Wechselwrkg. zwischen Nucleonen u. geladenem Mesonenfeld durch Störungsverff. u. findet dabei, daß nichtstat. Kräfte wesentlich zur Bindung beitragen. (Helv. physica Acta **28.** 67—84. 28/2. 1955. Basel.) D. Geissler. 90

E. Bleuler und **D. J. Tendam,** *Elastische Streuung von α-Teilchen an Al und Cu.* (Sitzungsbericht.) (Physic. Rev. [2] **99.** 1652. 1/9. 1955. Purdue Univ.) Gerhard Schmidt. 90

Enos E. Witmer, *Dreidimensionaler Raum und die Massen von Kernen und Elementarteilchen.* (Sitzungsbericht.) (Physic. Rev. [2] **99.** 1663. 1/9. 1955. Univ. of Pennsylvania.) H. Liepack. 95

Steven A. Moszkowski, *Teilchenzustände in sphäroidförmigen Kernen.* Vf. berechnet die Energieniveaus in einem rotationsellipt. Potential, das durch Koordinatentransformation in einen kugelsymm. Potentialkasten übergeführt wird, berücksichtigt den

Einfl. von Spin–Bahn-Kräften u. schätzt den Einfl. endlicher Potentialtiefen ab. (Physic. Rev. [2] **99.** 803–09. 1/8. 1955. Los Angeles, Calif., Univ. of California.) D. GEISSLER. 95

F. Coester, *Kollektive Modi in Kernen.* Vf. untersucht die quantenmechan. Grundlagen des Kernmodells von BOHR u. MOTTELSON mittels einer Punkttransformation im Konfigurationsraum des Kernrumpfes. (Physic. Rev. [2] **99.** 170–74. 1/7. 1955. Iowa City, Io., State Univ. of Iowa, Dep. of Phys.) D. GEISSLER. 95

K. Bleuler und **Ch. Terreaux,** *Über das Schalenmodell für Atomkerne.* Vff. berechnen das mittlere Kernpotential, die COULOMB-Energie, Niveauschemata u. die Ladungsverteilung im Inneren des Kerns nach dem Schalenmodell in Übereinstimmung mit den experimentellen Ergebnissen. (Helv. physica Acta **28.** 245–64. 31/5. 1955. Zürich, Univ., Theoret.-physikal. Seminar.) D. GEISSLER. 95

L. E. H. Trainor und **W. R. Dixon,** *Die Möglichkeit einer Kernphasenänderung.* (Sitzungsbericht.) (Physic. Rev. [2] **99.** 1655. 1/9. 1955. Queen's Univ.) H. LIEPACK. 95

Hans Mark und **George Paulissen,** *Kaskadenübergänge zwischen Rotationsniveaus in ungeraden A-Kernen.* (Sitzungsbericht.) (Physic. Rev. [2] **99.** 1654. 1/9. 1955. MIT.) H. LIEPACK. 95

J. A. Harvey, D. J. Hughes, R. S. Carter und **V. E. Pilcher,** *Abstände und Neutronenbreiten von Kernenergieniveaus.* Die Durchlässigkeit verschied. schwerer Elemente für Neutronen zwischen 0 u. 700 eV, deren Geschwindigkeiten durch Unterbrecher u. elektron. Flugzeitmessung definiert sind, wird als Funktion der Energie gemessen. Daraus berechnen Vff. red. Neutronenbreite u. Abstände der Niveaus von mehr als 20 schweren Kernen. (Physic. Rev. [2] **99.** 10–33. 1/7. 1955. Upton, N. Y., Brookhaven Nat. Labor.) D. GEISSLER. 95

R. Adkins und **J. G. Brennan,** *Mittlere Kopplung in ungerade–ungerade-Kernen.* Vff. behandeln ^{6}Li u. ^{14}N nach einem Kernmodell mit mittlerer Kopplung, indem sie von einer Wellenfunktion ausgehen, die zu dem magnet. u. Quadrupolmoment des Grundzustands paßt, u. dazu ein Potential mit Tensor- u. Spin–Bahn-Kräften bestimmen, das diese Wellenfunktion für den Grundzustand u. die untersten angeregten Niveaus liefert. Das Verf. führt bei ^{6}Li zu vernünftigen, bei ^{14}N dagegen zu übermäßig großen Potentialparameterwerten. (Physic. Rev. [2] **99.** 706–08. 1/8. 1955. Washington, D. C., Cathol. Univ. of America.) D. GEISSLER. 95

J. C. Wheatley, D. F. Griffing und **R. D. Hill,** *Verhältnis der magnetischen Momente von ^{58}Co und ^{60}Co.* ^{58}Co- u. ^{60}Co-Kerne in Tutton-Salz werden durch Entmagnetisierung auf $\sim 0{,}03^{0}$ K abgekühlt u. dabei ausgerichtet. Vff. messen gleichzeitig die Intensitäten der 805 keV-γ-Strahlung aus ^{58}Co u. der 1,33 MeV-γ-Strahlung aus ^{60}Co mit NaJ-Scintillationszählern u. berechnen daraus das Verhältnis der magnet. Momente von ^{58}Co u. ^{60}Co unter verschied. Annahmen für die Zerfallsschemata dieser Kerne. (Physic. Rev. [2] **99.** 334–35. 1/7. 1955. Urbana, Ill., Univ. of Illinois, Dep. of Phys.) D. GEISSLER. 95

P. Gombás, *Lösung der mit der Korrelation erweiterten Grundgleichung des statistischen Atoms für von Null verschiedene Drücke.* Es werden die Lösungen für die durch einen äußeren Zwang kugelsymm. zusammengedrängten Atome *Ne, Ar, Kr, Xe* u. Ionen Na^{+}, K^{+}, Rb^{+}, Cs^{+}, F^{-}, Cl^{-}, Br^{-} u. J^{-} angegeben. (Acta physica Acad. Sci. hung. **5.** 123–29. 1955. Budapest, Univ. für Techn. Wiss., Physikal. Inst.) D. GEISSLER. 95

F. G. Hess und **W. Opechowski,** *Zur Theorie des β-Strahlungszerfalls und des Elektroneneinfangs.* (Sitzungsbericht.) (Physic. Rev. [2] **99.** 1654. 1/9. 1955. Univ. of British Columbia.) H. LIEPACK. 103

G. B. Arfken, L. C. Biedenharn und **M. E. Rose,** *Winkelkorrelation der ersten und dritten γ-Strahlen.* Für γ-Strahlen beim Kernzerfall wird die Winkelkorrelation der Zweierkaskade auf die Dreierkaskade ausgedehnt. Bei Beschränkung auf Dipol- u. Quadrupolstrahlung werden die ersten beiden geraden Koeffizienten der LEGENDRE-Polynomentw. für die Winkelverteilung der Dreierkaskade in Abhängigkeit vom Spin des Grundzustandes angegeben. (Physic. Rev. [2] **86.** 761–63. 1/6. 1952. Oak Ridge, Tenn., Oak Ridge Nat. Labor.) W. GANS. 103

W. R. Dixon, *Energie- und Winkelverteilungen von Photoneutronen.* (Sitzungsbericht.) (Physic. Rev. [2] **99.** 1646–47. 1/9. 1955. Queen's Univ.) GERHARD SCHMIDT. 103

A. Solheim und **S. O. Sörensen,** *Verzögerter Zerfall eines Kernbruchstückes.* Vff. diskutieren den Zerfall eines Kernbruchstückes, welches in einer abgestreiften ILFORD G 5-Kernemulsion durch kosm. Strahlung erzeugt worden war. Schwere Kernbruchstücke können am Ende ihrer Bahn wegen der Anwesenheit eines neutralen Hyperons Λ^{0} auf

2 Wegen verzögert zerfallen: „meson.“ nach $\Lambda^0 \rightarrow P + \pi^- + Q$ (37 MeV), wobei ein negatives Meson emittiert wird; „nicht-meson.“, wobei unter stärker Anregung des Bruchstückes zunächst ein Neutron emittiert wird, danach zerfällt das Bruchstück unter Freiwerden einer Energie von 175 MeV. Vff. nehmen nicht-meson. Zerfall an, stellen die Energiebilanz für den Fall auf, daß das zerfallende Bruchstück einmal ein ^{3}He-Kern, das andere Mal ein ^{4}He-Kern ist u. kommen aus energet. Gründen zum Schluß, daß es sich um ein α-Teilchen handelt, in welchem ein Neutron durch ein Λ^0-Teilchen ersetzt ist. Die Erhaltungssätze von Energie u. Impuls schließen jedoch nicht aus, daß es sich bei dem Bruchstück um ein höheres He-Isotop handelt. (Philos. Mag. [7] **45.** 1284—86. Dez. 1954. Oslo, Univ., Fysisk Inst.) J. ROESMER. 103

R. G. Jarvis und **D. Roaf,** *Vergleich zwischen der D–T- und der D–^{3}He-Reaktion bei niedrigen Energien.* Mit Deuteronen von weniger als 45 keV Energie wurde festgestellt, daß die Winkelverteilung der erzeugten α-Teilchen sowohl bei ^{3}H(d,n) als auch bei ^{3}He(d,p) isotrop war. Die Energieabhängigkeit des Wirkungsquerschnitts kann mit der GAMOWschen Theorie der Durchdringung des COULOMB-Potentialwalls gedeutet werden. (Proc. Roy. Soc. [London], Ser. A **218.** 432—38. 7/7. 1953. Oxford, Univ., Clarendon Labor.) G. KIRSCHSTEIN. 103

M. B. Spicer und **A. S. Penfold,** *Die $^{12}C\,(\gamma, n)$-Ausbeutekurve in der Nähe der Schwelle.* Vff. überprüfen die Rk. ^{12}C(γ,n)^{11}C mit einem 22 MeV-Betatron u. bestimmen die Ausbeute auf Grund der 20,5 Min.-β^+-Aktivität von ^{11}C. Eine Diskontinuität im Anstieg der Ausbeutekurve wird 370 ± 50 keV oberhalb der Schwelle beobachtet. Die Diskrepanz beruht auf der Ungenauigkeit in der Best. des Schwellenwertes, die das Verf. zur Energieeichung des Betatrons ungeeignet macht. (Physic. Rev. [2] **100.** 1375 bis 1376. 1/12. 1955. Urbana, Ill., Phys. Res. Labor.) K.-E. SEYB. 103

R. B. Walton, R. L. Becker, J. D. Clement und **M. S. Zucker,** *Reaktion $^{13}C\,(\alpha, n)$.* (Sitzungsbericht.) (Physic. Rev. [2] **99.** 1649. 1/9. 1955. Univ. of Wisconsin.) GERHARD SCHMIDT. 103

J. J. Hinchey, P. H. Stelson und **W. M. Preston,** *Der totale Neutronenstreuquerschnitt von Stickstoff.* Im Energiebereich von 200—1800 keV wurde der totale Neutronenstreuquerschnitt gemessen u. durch gutes Auflösungsvermögen im Compoundkern ^{15}N 11 Resonanzen bestimmt, deren natürliche Breite zwischen 3 u. 54 keV schwankt. Neun der Niveaus konnten mit aus anderen Rkk bekannten identifiziert werden. Die Zuordnung von Drehimpulswerten, Best. der Parität u. Niveauabstände wird ausgeführt. (Physic. Rev. [2] **86.** 483—92. 15/5. 1952. Cambridge, Mass., MIT, Labor. for Nucl. Sci. and Engng.) W. GANS. 103

B. G. Chidley und **L. Katz,** *Der Stickstoffquerschnitt nahe der Schwelle.* (Sitzungsbericht.) (Physic. Rev. [2] **99.** 1646. 1/9. 1955. Univ. of Saskatchewan.) GERHARD SCHMIDT. 103

Milton R. Seiler, John N. Cooper und **J. C. Harris,** *γ-Ausbeute aus natürlichem Silicium, das mit Protonen beschossen worden ist.* (Sitzungsbericht.) (Physic. Rev. [2] **99.** 340. 1/7. 1955. Ohio State Univ.) GERHARD SCHMIDT. 103

Laurence S. Ring jr., *Photodeuteron/Photoproton-Ausbeute aus Schwefel.* 65 MeV-Photonen aus einem Synchrotron fallen auf eine S-Folie in einer He-gefüllten Nebelkammer, die von einem 4000 Gauß-Magnetfeld durchsetzt ist. Aus Krümmung u. Reichweite der Bahnen wird die M. der durch Photoeffekt entstandenen Teilchen bestimmt. Für dünne S-Schichten ist das Zahlenverhältnis von Deuteronen zu Protonen $0{,}15 \pm 0{,}04$. (Physic. Rev. [2] **99.** 137—38. 1/7. 1955. Ames, Io., Iowa State Coll., Inst. for Atom. Res. and Dep. of Phys.) D. GEISSLER. 103

R. T. Nichols und **E. N. Jensen,** *Zerfallsschema von ^{47}Sc.* Durch Beschuß von $TiCl_4$ mit Synchrotron-Röntgenstrahlen wird ^{47}Sc erzeugt. Nach Ausschaltung der Positronen von ^{44}Sc durch einen Ladungsdiskriminator werden mit einem Scintillationsspektrometer u. einem Zwischenbildspektrometer in Verbindung mit Scintillationsspektrometer für Koinzidenzspektren 2 β-Gruppen mit $E_{max} = 0{,}596 \pm 0{,}010$ bzw. $0{,}430 \pm 0{,}005$ MeV mit den relativen Intensitäten 36 bzw. 64% u. den log *ft*-Werten 6,0 bzw. 5,3 beobachtet. Die zweite β-Gruppe ist in Koinzidenz mit einem $0{,}167 \pm 0{,}002$ MeV-γ-Strahl. Das Zerfallsschema ist in Übereinstimmung mit dem von MARQUEZ (C. **1955.** 2827) angegebenen. (Physic. Rev. [2] **100.** 1407—09. 1/12. 1955. Ames, Io., Iowa State Coll., Inst. for Atom. Res. and Dep. of Phys.) K.-E. SEYB. 103

Raymond K. Sheline und **Joseph R. Wilkinson,** *Isobarentriplett ^{48}Cr–^{48}V–^{48}Ti.* ^{48}Cr wird durch Beschuß von TiO_2, das mit ^{46}Ti angereichert ist, mit 50 MeV-α-Teilchen in einem Cyclotron mittels ^{46}Ti(α,2n)^{48}Cr hergestellt. Das mit Scintillationszählern gemessene γ-Spektr. dieses Kerns hat Maxima bei 118 u. 307 keV. Vff. beobachten eine

Halbwertszeit von 24 ± 1 Std. für den durch Elektroneneinfang erfolgenden Zerfall in ^{48}V u. geben ein Zerfallsschema für das Isobarentriplett ^{48}Cr–^{48}V–^{48}Ti, aus dem die Massen 47,96934 ± 0,00022 für ^{48}Cr u. 47,96749 ± 0,00007 für ^{48}V folgen. (Physic. Rev. [2] **99.** 165—68. 1/7. 1955. Tallahassee, Fla., Florida State Univ., Dep. of Chem.) D. GEISSLER. 103

Yoshiyuki Kobayashi, Goro Miyamoto und **Shigeru Mori,** *Das β-Spektrum von ^{63}Ni.* Das β-Spektr. von ^{63}Ni wird mit einem elektrostat. Spektrometer aus einem sphär. Kondensator gemessen. Die maximale β-Energie beträgt 61,5 ± 1 keV. Das Spektr. ist verboten, Δ I = 2, Paritätswechsel. Der log *fT*-Wert beträgt 4,3 (T = 60 Jahre) bzw. 5,0 (T = 300 Jahre) u. ist wesentlich niedriger als für gleichartige Übergänge bisher festgestellt wurde. Nach dem Schalenmodell wird ein erstverbotener Übergang mit erlaubtem Spektr. erwartet. (J. physic. Soc. Japan **8.** 684—85. Sept./Okt. 1953. Tokyo, Univ., Fac. of Sci., Dep. of Phys. [Orig.: engl.]) G. HERRMANN. 103

James B. Cumming, *Ein neues Zinkisotop: ^{61}Zn.* (Sitzungsbericht.) (Physic. Rev. [2] **99.** 1645. 1/9. 1955. Brookhaven Nat. Labor.) GERHARD SCHMIDT. 103

M. W. Johns, B. C. Chidley und **I. R. Williams,** *Radioaktiver Zerfall von ^{72}Ga.* (Sitzungsbericht.) (Physic. Rev. [2] **99.** 1645. 1/9. 1955. McMaster Univ.) GERHARD SCHMIDT. 103

J. Flinta und **S. Eklund,** *Über die Radioaktivität von ^{87}Rb.* Die Strahlung von ^{87}Rb wird untersucht u. E_{max} = 250 ± 25 keV aus Al-Absorptionskurven ermittelt. Die Absorptionskurve zeigt einen Überschuß von β-Teilchen niedriger Energie in Übereinstimmung mit der Tatsache, daß der β-Zerfall in 3. Ordnung verboten ist. γ- oder Röntgenstrahlung wird nicht beobachtet. Der Mittelwert für die β-Emission von Rb wird zu 42,2 ± 0,7 Zerfälle/Min./mg Rb gefunden, entsprechend $T_{1/2}$ = (6,1 ± 0,2)·10^{10} Jahre für ^{87}Rb. (Ark. Fysik **7.** Nr. 32. 401—11. 1954. Stockholm, AB Atomenergi, Dep. of Phys.) F. WEIGEL. 103

M. A. Preston, *Die Kopplungskonstanten der Wechselwirkung des β-Zerfalls und der Zerfall von ^{87}Rb.* (Sitzungsbericht.) (Physic. Rev. [2] **99.** 1654. 1/9. 1955. McMaster Univ.) H. LIEPACK. 103

Robert Nathans und **Paul F. Yergin,** *Photoneutronenquerschnitte in ^{24}Mg, ^{25}Mg, ^{90}Zr, ^{91}Zr.* Die Änderung des Wirkungsquerschnittes $\sigma(\gamma, n)$ von der Schwelle bis zu einer γ-Energie von 24 MeV wird untersucht u. für die Spitzen der Riesen-Dipolresonanzen die Werte 19,5 MeV (^{24}Mg), 20,3 MeV (^{25}Mg), 16,4 MeV (^{90}Zr), 16,3 MeV (^{91}Zr) gefunden. Die Proben der Isotope liegen als Oxyde vor. Für die Zr-Resonanzen werden ungewöhnlich kleine Halbwertsbreiten von 4,1 u. 5,4 MeV gefunden, die durch den Effekt der mag. Zahl erklärt werden können. (Physic. Rev. [2] **98.** 1296—99. 1/6. 1955. Philadelphia, Pa., Univ. of Pennsylvania.) E. HAHN. 103

Herbert H. Bolotin, Charles H. Pruett, Paul L. Roggenkamp und **Roger G. Wilkinson,** *Angeregte Zustände von ^{140}Ce.* Zur Unters. der wichtigsten Niveaus von ^{140}Ce benutzen Vff. die Scintillations- u. magnet. β-Spektrometrie. Bei 1,60, 2,09, 2,42 u. 2,53 MeV oberhalb des Grundzustands werden Niveaus beobachtet, die γ-Strahlen von 1,60, 0,815, 0,490, 0,438 u. 0,328 MeV mit den relativen Intensitäten von 2,50, 1,15, 1,25, 0,15 bzw. 1,00 entsprechen. Die β-Messungen dienen als Beweis für die relativen Intensitäten u. Endpunktenergien der β-Gruppen. Die inneren Konversionskoeffizienten u. K/L-Verhältnisse können abgeschätzt werden (Physic. Rev. [2] **99.** 62—67. 1/7. 1955. Bloomington, Ind., Indiana Univ.) E. HAHN. 103

P. H. Stelson und **F. K. McGowan,** *γ-Ausbeuten aus der Coulomb-Anregung.* Targets von *Ta, Au, Pt, Tl, Pb, Th, W, Hf, Ag, Pd, Rh* u. *Mo* werden mit Protonen oder α-Teilchen von einem elektrostat. 5,5 MeV-Generator beschossen. Die γ-Strahlung wird zur Beseitigung störender Röntgenstrahlung durch bes. gewählte Blenden gefiltert u. mit NaJ(Tl)-Scintillationsspektrometer über Photomultiplier u. 1- oder 20-Kanalanalysator gemessen. Ausbeuten von 40 γ-Strahlen werden angegeben. Die Protonenenergiefunktion der Ausbeute, gemessen an Au u. Ta, ist im Einklang mit der Theorie von ALDER u. WINTHER. (Physic. Rev. [2] **99.** 112—26. 1/7. 1955. Oak Ridge, Tenn., Oak Ridge Nat. Labor.) K.-E. SEYB. 103

F. K. McGowan und **P. H. Stelson,** *Winkelverteilung der γ-Strahlen aus der Coulomb-Anregung.* (Vgl. vorst. Ref.) Die γ-Strahlung aus dicken (≤ 100 mg/cm²) Targets von $^{194,\,196}$*Pt*, ^{197}*Au*, ^{181}*Ta*, $^{107,\,109}$*Ag*, $^{110,\,108,\,106}$*Pd* u. ^{103}*Rh* wird im Winkel zwischen 0—90° z. 210—270° in Intervallen von 10° gemessen. Die Winkelverteilungen weichen stark von der Theorie von ALDER u. WINTHER ab. Aus empir. Kurven der Energieabhängigkeitskoeffizienten $a_\nu(\xi)$ für ^{196,194}Pt u. ^{106}Pd u. den Winkelverteilungen ergeben sich für Kerne mit ungerader M. folgende γ-Übergänge: ^{197}Au 550 keV 7/2(E2)3/2,

277 keV 5/2(E2+M1)3/2, $\delta_\gamma = -0{,}75$ ($\delta_\gamma^2 =$ E2/M1), ^{181}Ta 303 keV 11/2(E2)7/2, 166 keV 11/2(E2+M1)9/2, $\delta_\gamma = 0{,}51$, $^{107, 109}$Ag 427 keV 5/2(E2)1/2, 325 keV 3/2 (E2+M1)1/2, $\delta_\gamma = -0{,}19$ oder $-1{,}14$ u. ^{103}Rh 365 keV 5/2(E2)1/2, 305 keV 3/2 (E2+M1)1/2, $\delta_\gamma = -0{,}18$ oder $-1{,}17$. (Physic. Rev. [2] **99.** 127—34. 1/7. 1955.) K.-E. Seyb. 103

David E. Alburger und **Arne Hedgran,** *Die innere Konversion des Null–Null-Überganges in RaC'.* Die Konversionslinien von RaC' (^{214}*Po*) werden mit einer Auflsg. von 0,085% untersucht u. folgende Ergebnisse erhalten: Die L-Linie findet sich in der für L_I erwarteten Position, eine gesonderte L_{II}-Komponente ließ sich nicht beobachten. Die M-Linie hat die gleiche Halbwertsbreite wie die K-Linie, ihre Position entspricht der für M_I oder M_{II} erwarteten. Das K : L-Verhältnis $5{,}3 \pm 0{,}3$ sowie das K : (L+M)-Verhältnis $4{,}25 \pm 0{,}3$ stimmen mit den Berechnungen von Drell überein. (Ark. Fysik 7. Nr. 35. 423—25. 1954. Stockholm, Nobel Inst. of Phys.) F. Weigel. 103

Onofre Rojo, M. A. Hakeem und **Max Goodrich,** *Über die relative Anzahl von γ-Strahlen von* ^{210}*Po.* (Sitzungsbericht.) (Physic. Rev. [2] **99.** 1629. 1/9. 1955. Louisiana State Univ.) Gerhard Schmidt. 103

Salomon Rosenblum, Manuel Valadares und **Marcel Guillot,** *Das Spektrum der inneren Konversionselektronen aus der Umwandlung Radiothorium → Thorium X.* Bei Wiederholung früherer Messungen von Meitner [1928] sowie von Surugue u. Tsien [1941] fanden Vff. 6 Strahlen mit Energien zwischen 65,8 u. 84,0 keV. Sie ordnen diese Reihe einem γ-Strahl von 84,3 keV zu, der in den entsprechenden Schalen von L_2 bis 0 Elektronen auslöst u. von einem Niveau mit 84,3 keV u. Spin 2 über dem Grundzustand herrührt. (C. R. hebd. Séances Acad. Sci. **235.** 238—40. 21/7. 1952.) W. Gans. 103

Salomon Rosenblum, Manuel Valadares und **Marcel Guillot,** *Die Spektren der Konversionselektronen, die bei den Umwandlungen Radiothorium → Thorium X → Thoron emittiert werden.* (Vgl. vorst. Ref.) Vff. beobachten einige neue Linien bei der Umwandlung von RdTh → ThX. Das Konversionselektronenspektr. von ThX → Tn wird untersucht u. mit Hilfe dieses Spektr. der Spin der ersten angeregten Zustände von ThX u. Tn festgestellt. Die γ-Strahlung dieser ersten Anregungszustände ist elektr. Quadrupolstrahlung. (Vgl. auch C. **1955.** 9248.) (J. Physique Radium **15.** 129—33. März 1954. Bellevue, Labor. du Grand Aimant-Permanent.) J. Voitländer. 103

W. C. Barber, A. I. Berman, K. L. Brown und **W. D. George,** *Z-Abhängigkeit der Bremsstrahlung.* Mit Hilfe der Rk. ^{63}Cu(γ, n)^{62}Cu als Photonendetektor werden die relativen Beträge der Bremsstrahlung, die durch *Cu, Ta, Pb* u. *U* für 24 u. 34 MeV-Elektronen erzeugt werden, gemessen. Es werden Photonen in einem engen Bereich um 17,5 MeV nachgewiesen. Für Ta, Pb u. U werden die „Dünntarget"-Querschnitte relativ zu Cu zu $5{,}681 \pm 0{,}13$, $6{,}959 \pm 0{,}16$ bzw. $8{,}221 \pm 0{,}19$ pro Atom bei 24 MeV u. zu $5{,}583 \pm 0{,}08$, $6{,}770 \pm 0{,}09$ bzw. $8{,}172 \pm 0{,}12$ bei 34 MeV gemessen. Diese Werte liegen im allg. um 5—13% niedriger als die nach der Bethe–Heitler-Theorie erwarteten. Bei einer Abweichung von der Theorie um $(1{,}54 \pm 0{,}2) \cdot 10^{-3}\, Z^2$% für 24 MeV-Elektronen u. $(1{,}38 \pm 0{,}14) \cdot 10^{-3}\, Z^2$% für 34 MeV-Elektronen lassen sich die Ergebnisse vereinbaren. (Physic. Rev. [2] **99.** 59—61. 1/7. 1955. Stanford, Calif., Univ., High Energy Phys. Labor.) E. Hahn. 103

W. I. Goldanski, A. A. Kowalski, W. Ss. Penkina und **E. S. Tarumow,** *Unelastische Wechselwirkungsquerschnitte von Neutronen mit der Energie 120 und 380 MeV mit Kernen.* Durch Beschuß eines Cu-Targets mit Deuteronen bzw. eines Be-Targets mit Protonen werden Neutronen von 120 bzw. 380 MeV erzeugt. Die Querschnitte der unelast. Wechselwrkg. mit C-, Al-, Pb- u. U-Kernen werden aus der Absorption der Neutronen in verschieden dicken Proben dieser Elemente bestimmt. Die Messung der Neutronen erfolgt mit Bi- oder W-Spaltungskammer oder mit C-Detektor. Nachweisgeräte mit niedriger Schwelle zeigen bei dünnen Absorbern einen Übergangseffekt. (Доклады Академии Наук СССР [Ber. Akad. Wiss. UdSSR] **106.** 219—22. 11/1. 1956. Inst. für chem. Phys. der Akad. der Wiss. der UdSSR.) K.-E. Seyb. 103

P. R. Fields, J. E. Gindler, A. L. Harkness, M. H. Studier, J. R. Huizenga und **A. M. Friedman,** *Elektroneneinfangzerfall von* ^{244}*Am und die Halbwertszeit der spontanen Spaltung von* ^{244}*Pu.* Durch 2tägige Bestrahlung von 1 mg ^{243}Am im D_2O-Reaktor u. Isolierung des Pu mit Dowex-1-Anionenaustauscher u. TTA-Extraktionen wird das Verzweigungsverhältnis (Elektroneneinfang/β-Teilchen) von ^{244}Am zu $0{,}039 \pm 0{,}003$% bestimmt. Für ^{244}Pu, das durch 3wöchige Bestrahlung von ^{243}Am im Reaktor angereichert ist, wird unter Berücksichtigung anderer Pu-Isotope für die spontane Spaltung $T_{1/2} = 2{,}5 \pm 0{,}8 \cdot 10^{10}$ Jahre gefunden. (Physic. Rev. [2] **100.** 172—73. 1/10. 1955. Lemont, Ill., Argonne Nat. Labor.) K.-E. Seyb. 103

R. Klingensmith, E. Dally und **G. Arfken,** *Stabilität der transuranen Elemente.* (Sitzungsbericht.) (Physic. Rev. [2] **99.** 340. 1/7. 1955. Miami Univ.) GERHARD SCHMIDT. 103

M. J. Cook, K. Z. Morgan und **A. G. Barkow,** *Die Gültigkeit des gebräuchlichen Verfahrens der Verwendung von Daten aus einmaliger Bestrahlung zur Berechnung maximal zulässiger Konzentrationen in Luft und Wasser bei kontinuierlicher Bestrahlung durch Radioisotope.* (Sitzungsbericht.) (Physic. Rev. [2] **99.** 1628—29. 1/9. 1955. Oak Ridge, Tenn., Nat. Labor.; Marquette Univ.) H. LIEPACK. 106

W. Seelmann-Eggebert und **F. Weigel,** *Chemie radioaktiver Substanzen.* Übersicht über den Bau von strahlenresistenten Zellen, ihre Anwendung, die Erzeugung von Pu u. über die Beseitigung von radioakt. Abfallstoffen. — 81 Literaturhinweise. (VDI-Z. **98.** 141—44. 1/2. 1956. Mainz.) W. WESLY. 110

E. Glueckauf, *Chemische Fragen der Atomindustrie.* (Vortrag.) (South African Mining Engng. J. **66.** 825—28. 16/7. 1955. Harwell, AERE.) G. HERRMANN. 110

Heinz E. Schimmelbusch und **Heimo Hardung-Hardung,** *Metallurgie der Spaltstoffe.* Übersicht über Aufschluß u. Feinreinigung von U-Erzen, die Gewinnung von U u. die Wahl geeigneter Schutzhüllen. (VDI-Z. **98.** 144—46. 1/2. 1956. Frankfurt/M.) W. WESLY. 110

I. H. Hogg, *Schweißen für Atomenergieanlagen.* Übersicht über Reaktoranlagen u. Art u. Zubehör der zu ihrer Erstellung angewandten Schweißverfahren. (Welding Metal Fabricat. **22.** 2—14. Jan. 1954.) W. WESLY. 110

Venon H. Dibeler, *Massenspektrometrie.* (Vgl. C. **1954.** 3392.) Fortsetzung der l. c. referierten Übersicht. — 284 Literaturzitate. (Analytic. Chem. **28.** 610—15. April 1956. Washington, D. C., Nat. Bur. of Stand.) W. KRÖNERT. 112

G. D. Tanzyrew, L. L. Dekabrun und **W. L. Talrose,** *Stabilisierung der Temperatur der Ionenquelle in den Massenspektrometern MS-1 und MS-2.* Beschreibung einer Schaltung zur Temperaturstabilisierung in einer Ionenquelle vom NIERschen Typ, wodurch die Temp. auf $\pm 0,5^0$ konstant gehalten werden kann. Ohne eine solche Stabilisierung würden die Temperaturschwankungen $5-6^0$ betragen, u. bei Änderung der Elektronenemission von 0,1 auf 1,5 mA würde sich die Temp. sogar um $\sim 50^0$ ändern, wodurch die Genauigkeit der massenspektrometr. Analyse stark beeinträchtigt würde. (Журнал Технической Физики [J. techn. Physik] **25.** 1983—87. Okt. 1955.) F. LENZ. 112

J. Dekleva, *Das Bennettsche Hochfrequenz-Massenspektrometer in Metallausführung.* Ausführliche Beschreibung der Konstruktion u. Berechnung eines Massenspektrometers nach BENNETT mit Geschwindigkeitsfilter für den Betrieb bei 220 V u. 50 Hz in Metallausführung wegen mechan. Unempfindlichkeit, rascher Defektentfernung im Syst. u. elektr. Abschirmung gegenüber äußeren Feldern. Verbesserung der Ionenquelle. Das Auflösungsvermögen ist vorläufig 30. (Sloven. Acad. Sci. Arts, „J. Stefan" Inst. Physics, Rep. **1.** 35—44. Juli 1953.) B. MÜLLER. 112

E. Cilenšek, *Eine Hochfrequenzionenquelle mit guter Ionenausbeute.* Beschreibung der Konstruktion einer Ionenquelle, bei der die Ionisation durch ein hochfrequentes elektr. Feld zwischen zwei Elektroden im Entladungsraum hervorgerufen wird. Die Energiestreuung der aus der Ionenquelle austretenden Ionen beträgt ~ 200 eV. Es werden Gesamtionenströme in der Größenordnung von 100 μA gemessen. (Sloven. Acad. Sci. Arts, „J. Stefan" Inst. Physics, Rep. **1.** 45—48. Juli 1953.) B. MÜLLER. 112

C. B. Mills, *Ionenquellen hoher Intensität.* (Vgl. C. **1956. 2934.**) (Sitzungsbericht.) (Physic. Rev. [2] **100.** 1233—34. 15/11. 1955. Curtiss-Wright Res. Div.) H. LIEPACK. 112

Joseph Slepian, *Drehimpuls und Energie der Ionen im ionenmagnetischen Isotopentrenngerät.* (Sitzungsbericht.) (Physic. Rev. [2] **100.** 1238. 15/11. 1955. Westinghouse Res. Labors.) R. STEIN. 112

K. C. Mann, D. C. Milley und **J. A. L. Thompson,** *Ringfokussammlung in Dünnlinsen-Kernspektrometern.* (Sitzungsbericht.) (Physic. Rev. [2] **99.** 1634. 1/9. 1955.) GERHARD SCHMIDT. 112

John V. Nehemias, L. E. Brownell, W. W. Meinke und **E. W. Coleman,** *Installation und Betriebsweise einer 10 kCurie Kobalt 60-γ-Strahlenquelle.* Das Bestrahlungsgebäude, der Wasserschacht für die Aufbewahrung der Quelle, Betriebsweise u. Sicherheitsvorkehrungen werden beschrieben. Die Quelle hat ein inneres Bestrahlungsvol. von ~ 20 cm Durchmesser u. 25 cm Höhe u. ergibt ~ 300000 rep/Stunde. (Amer. J. Physics **22.** 88—92. Febr. 1954. Ann Arbor, Mich., Univ.) G. HERRMANN. 112

Pierre Souchay, Méthodes analytiques et physico-chimiques d'étude des réactions. I. Emploi des traceurs, radiochimie et spectrométrie de masse. Paris: Centre de documentation universitaire. 1955. (74 S. m. Abb.) 4°.

A_2. Optisches Verhalten der Materie.

Arne Slettebak, *Neue Änderungen in den Spektren von vier Be-Sternen.* Vier Sterne zeigten 1953 eine starke Spektraländerung: Der B6,5 Stern o-Andromedae zeigte im Aug. 1951 ein metall. Absorptionsspektr., das zum großen Teil aus Linien des *FeII* bestand u. etwa ein Jahr später verschwand. Im roten Teil des Spektr. ist die einzige Änderung das Verschwinden der Emission bei H_α. 66 Ophiuchi (MWC 278) ist ein B2-Stern. Die Beobachtung des Spektr. seit 1921 zeigte verschiedentlich Änderungen von H_α, H_β u. H_γ. Zur Zeit zeigt der Stern deutlich die Linien H_γ u. H_δ. — 48 Librae (MWC 239) zeigt eine gewisse Periodizität seiner Spektralerscheinungen. Von besonderem Interesse sind die Linien von FeII, H_β, H_γ u. H_δ. Eine Aufnahme von 1953 zeigt H_α in starker Emission u. die starke Absorptionslinie *OI* 7774. Bei Pleione (MWC 75) konnten Änderungen der Intensität bes. bei H_β, H_γ u. FeII beobachtet werden. (Astrophysic. J. **119.** 460—62. März 1954. Perkins Observ.) H. Preuss. 113

Donald E. Billings, Charlotte Pecker und **Walter O. Roberts,** *Verbreiterung der roten Corona-Linie in aktiven Zentren.* Vff. messen die zusätzliche Verbreiterung der Corona-Linie 6374 Å, die in anomal akt., durch starke Protuberanzen charakterisierten Gebieten der Sonne beobachtet wird, u. berechnen aus der Halbwertsbreite der Linie im Vgl. zu deren Halbwertsbreite in nichtakt. Gebieten die erhöhten Tempp. der akt. Gebiete ($\sim 1\cdot 10^6 - 1\cdot 10^7$ Grad höher als die Temp. $2{,}3\cdot 10^6$ Grad der ruhigen Gebiete). Auch die entsprechenden zusätzlichen Geschwindigkeiten werden bestimmt. (C. R. hebd. Séances Acad. Sci. **238.** 1194—96. 15/3. 1954.) J. Rudolph. 113

P. K. S. Wang, R. J. Raridon und **Marvin Tidwell,** *Scintillationsspektrometrie von Röntgenstrahlen aus einer Röhre mit Be-Fenster.* (Sitzungsbericht.) (Physic. Rev. [2] **99.** 1639. 1/9. 1955. Vanderbilt Univ.) H. Liepack. 116

Richard Raridon und **P. K. S. Wang,** *Wolfram L-Röntgenstrahlen aus einer Be-Fensterröhre.* (Sitzungsbericht.) (Physic. Rev. [2] **99.** 1629. 1/9. 1955. Vanderbilt Univ.) R. Levi. 116

G. L. Macdonald und **M. G. Harwood,** *Röntgenemissionsspektroskopie der Elemente $_4$Be und $_{92}$U mit Kathodenstrahlerregung.* Vff. verwenden zur qualitativen röntgenspektroskop. Analyse eine Elektronenbeugungsanlage in Verbindung mit einem Spektrographen mit Plangitter (571 Linien/mm). Mit Hilfe der K-, L-, M- u. N-Strahlungen im Wellenlängenbereich von 5—200 Å lassen sich alle Elemente von Be bis U im Prinzip mit einer photograph. Aufnahme erfassen. Die Erregung erfolgt mit Kathodenstrahlen von 30 kV bei Stromstärken von 0,3—5 mA. Zur Registrierung der Spektren erwiesen sich Ilford Q_3-Platten als bes. geeignet. Die Belichtungszeiten liegen zwischen 15 Min. für Hauptbestandteile u. 3 Std. für Spurenelemente. Die Anlage erlaubt die gleichzeitige Aufnahme von Röntgenspektrogrammen u. Elektronenbeugungsdiagrammen u. eignet sich daher bes. zur Unters. von Oberflächenfilmen. (Brit. J. appl. Physics **6.** 168—72. Mai 1955. Mitcham Junction, Surrey, Philip's Electr. Ltd., Mater. Res. Labor.) A. Faessler. 116

William A. Rogers und **Manfred A. Biondi,** *Dopplerverbreiterung von Spektrallinien, die während dissoziativer Rekombination emittiert wurden.* (Sitzungsbericht.) (Physic. Rev. [2] **99.** 1657. 1/9. 1955. Westinghouse Res. Labors.) H. Liepack. 118

L. V. Wallace und **R. W. Nicholls,** *Die Interpretation der Intensitätsverteilungen in den 2. positiven N_2- und 1. negativen N_2^+-Bandensystemen.* Über die Variation des Elektronenübergangsmoments $R_e(r)$ mit internuclearer Trennung u. die Wrkg. auf die Ordnung der Schwingungs-Übergangswahrscheinlichkeiten für die 2. positiven N_2- u. 1. negativen N_2^+-Bandensysteme (Tabelle) wird berichtet. Zur Unters. wird eine Hunter-Pearse-Entladungsröhre benutzt. (J. atmospheric terrestr. Physics **7.** 101—05. Aug. 1955. Western Ontario, Univ., Dep. of Phys.) E. Hahn. 118

Carl Kenty, *Ultraviolettkontinuum des XHg'-Moleküls.* (Sitzungsbericht.) (Physic. Rev. [2] **100.** 1231. 15/11. 1955. Nela Park, Gen. Electr. Comp.) H. Liepack. 118

H. P. Broida und **Tucker Carrington,** *Fluorescenz und mittlere Lebensdauer von angeregtem OH($^2\Sigma^+$) in Flammen.* Es wird über Messungen der Fluorescenz des OH in O_2–Acetylen–Ar-Flammen berichtet. Die Deutung der Ergebnisse auf der Basis der Stoßauslöschung weist darauf hin, daß die elektron. Energie des OH in der Flamme prakt. bei jedem Stoß abgegeben wird u. daß die mittlere Lebensdauer des angeregten OH in der Größenordnung $6\cdot 10^{-10}$ sec. (J. chem. Physics **23.** 2202. Nov. 1955. Washington, N. C., Nat. Bur. of Stand.) J. Rudolph. 118

Keichi Oshima, Sohachiro Hayakawa, Hiroshi Nagano und **Mahoko Nagusa,** *Luminescenzspektren von Samarium in Bariumtitanat und dessen Umwandlung.* Ba-Titanat wurde aus $TiCl_4$ u. $BaCO_3$ hergestellt u. nach Zusatz von $^1/_{1000}$ Mol Sm-Nitrat proMol

Ba-Titanat 2 Std. geglüht. Der Phosphor wurde mit Kathodenstrahlen angeregt. Das Spektr. wurde bei -72 u. -196^0 aufgenommen. Die Hauptlinien der bei 17300 u. 16300 cm^{-1} liegenden Liniengruppen sind oberhalb der Umwandlungstemp. von -80^0 in Dubletts aufgespalten. Dieser Befund ist mit dem bei -80^0 stattfindenden Übergang von orthorhomb. zu rhomboedr. Symmetrie gut zu vereinbaren. (J. chem. Physics **24.** 903—04. April 1956. Tokio, Univ., Inst. of Sci. and Technol.) H. W. LEVI. 118

Royal R. Marshall, *Absorptionsspektren von Rauchquarz aus einer Gangablagerung in Arkansas und von einem Sierran miarolitischem Granit.* Es wurden die Absorptionsspektren von mäßig gefärbtem Rauchquarz aus einem ordovic. Sandstein bei Jessieville in Arkansas sowie aus miarolit. Hohlräumen in dem Gebiet aus der Gegend der Dinkey-Seen in Californien. Im ersteren Falle wurde eine kontinuierliche Zunahme der Absorption mit abnehmender Wellenlänge beobachtet. Auf der Kurve Absorptionskoeff. gegen Wellenlänge treten zwei Diskontinuitäten bei ca. 400 u. 600 mμ auf. Die gleichen Ergebnisse wurden mit dem zweiten Quarz erhalten. Die Gründe für die Verfärbung des Quarzes werden diskutiert. (Amer. Mineralogist **40.** 535—37. Mai/Juni 1951. Pasadena, Calif., Inst. of Technol., Div. of Geol. Sci.) C. GOTTFRIED. 119

Ryo Kiyama und **Fumio Okamoto,** *Wirkung der plastischen Deformation auf F-Zentren in Alkalihalogeniden.* Vff. untersuchen den Einfl. der plast. Deformation auf die Ausbleichung von F-Zentren in *NaCl, KCl, KBr* u. *KJ.* Eine Ausbleichung durch Deformierung wurde beobachtet bei KBr u. KJ, bei NaCl u. KCl dagegen nicht. Längeres Aufbewahren der deformierten Kristalle bei Zimmertemp. im Dunkeln wirkte bei KCl, KBr u. KJ bleichend, während es auf NaCl keine Wrkg. hatte. Bei nichtdeformierten Kristallen waren die F-Zentren über lange Zeit stabil. Die Geschwindigkeit der Ausbleichung steigt in der Reihenfolge NaCl, KCl, KBr, KJ. Die Bestrahlung mit weißem Licht beschleunigt die Ausbleichung bei deformierten Kristallen, bei undeformierten dagegen nicht. Die Ergebnisse werden durch die entsprechenden Absorptionsspektren belegt. (Rev. physic. Chem. Japan **25.** 1—5. 1955. Kyoto, Univ., Labor. of Phys. Chem.) H. W. LEVI. 119

Ryo Kiyama und **Kiyoshi Shimizu,** *Die Nachwirkung von hydrostatischem Druck auf die Farbzentren in Alkalihalogeniden.* Vff. untersuchten die Nachwrkg. von hydrostat. Druck auf die Bldg. der R- u. M-Bande durch Belichtung mit F-Licht in *NaCl*-Kristallen, die durch γ-Strahlung von ^{60}Co sowie in *KCl-, KBr-* u. *KJ*-Kristallen, die durch Elektrolyse gefärbt waren. Es werden Absorptionskurven von gepreßten u. ungepreßten Proben angegeben. Das Verhältnis der Verstärkung der R- u. M-Bande zur Abschwächung der F-Bande wird durch Druckbehandlung vergrößert. Die Absorptionsmaxima werden in den gepreßten Proben im allg. etwas verschoben, u. zwar je nach Kristall u. Bande in verschied. Richtung. (Rev. physic. Chem. Japan **25.** 10—15. 1955.) H. W. LEVI. 119

Ryo Kiyama und **Fumio Okamoto,** *Wirkung plastischer Deformation auf kolloide Zentren in NaCl-Kristallen.* Die Absorptionsspektren von NaCl-Kristallen mit koll. Zentren, die durch Kompression verformt waren, wurden gemessen. Messungen parallel zur Kompressionsrichtung ergaben einfache glockenförmige Banden mit einem nach längeren Wellen verschobenen Maximum, Messungen senkrecht dazu kompliziertere Banden, deren Maximum nach kürzeren Wellenlängen verschoben war. Die Ergebnisse zeigen, daß im wesentlichen alle sphär. Kolloidpartikel durch unaxiale Kompression die gleiche elipt. Form erhalten. Die Wiederherst. der ursprünglichen Absorptionsmaxima beim Liegen der Kristalle wird auf die Rückkehr der Kolloidpartikel zur ursprünglichen Form zurückgeführt. (Rev. physic. Chem. Japan **25.** 6—9. 1955.) H. W. LEVI. 119

Hugo Rüchardt, *Bildung und Zerstörung von α-Zentren in KBr-Kristallen.* Messungen der Bildungsausbeute von α-Zentren (Absorptionsbande um 6,1 eV) bei Bestrahlung von KBr-Einkristallen mit Röntgenstrahlen sowie Unterss. des therm. Zerfalls der Zentren hatten folgende Ergebnisse: Die Ausbeute η zur Bldg. eines α-Zentrums, für das ein mittlerer Bedarf an Röntgenenergie von ca. 1000 eV nötig ist, ist unabhängig von der Quantengröße u. Bestrahlungsstärke des Röntgenlichtes. Mit zunehmendem Bestand an α-Zentren nimmt η ab, mit sinkender Temp. (bes. unter 25°K) stark zu. Ein durch Cl-Ggw. gestörter Kristall hat eine größere Ausbeute. Die bei tiefer Temp. erzeugten α-Zentren zerfallen bei Kristallerwärmung in Stufen (bes. bei 20 u. 90°K). Bei konstanter Temp. ändert sich die α-Zentrenkonz. zeitlich nicht. Das Verh. von NaBr u. KJ ist gänzlich anders. Die Meßergebnisse werden unter Zuhilfenahme einiger Ergänzungen auf Grund des SEITZschen α-Zentrenmodells diskutiert, nach welchem infolge lokaler Aufheizung durch Absorption der Röntgenquanten an Kristallversetzungen vorhandene Lücken beiderlei Vorzeichens in das Gitter „hineindampfen" u. eingefroren werden. (Z. Physik **140.** 547—64. 1955. Stuttgart, TH, II. Phys. Inst.) J. RUDOLPH. 119

Ian M. Mills und **Bryce Crawford jr.,** *Durchlässigkeit von Ge im fernen Infrarot.* Über Durchlässigkeitsunterss. an Ge-Filtern im Bereich von 39—55 μ unter Benutzung von CsJ-Prismen wird berichtet. Die Ergebnisse zeigen eine gute Übereinstimmung mit den Werten für die Durchlässigkeit (ausgedrückt in %) bei Wellenlängen unter 40 μ. Sie liegt für den gemessenen Wellenlängenbereich bei schätzungsweise 20%. Dieser Wert liegt für die Verwendung von Ge als Infrarotfilter zu niedrig. (J. opt. Soc. America **45.** 489. Juni 1955. Minneapolis, Minn., Univ., School of Med.) E. HAHN. 119

Alan F. Gibson, *Germaniummodulator zur Infrarotübermittlung.* Die Infrarotdurchlässigkeit von Ge läßt sich durch Injektion von Ladungsträgern derart verändern, daß im Wellenlängengebiet oberhalb 1,8 μ eine zusätzliche opt. Absorption auftritt (vgl. auch C. **1954.** 6427). Vf. beschreibt an einem typ. Beispiel ausführlich die techn. Anwendung dieser Erscheinung zur Modulation von Infrarotstrahlung. (Electronics **27.** Nr. 10. 155—57. Okt. 1954. Worcestershire, Minist. of Supply, Radar Res. Establ.)
R. STEIN. 119

Manfred A. Biondi, *Infrarotabsorption von Kupfer und Silber bei 4,2° K.* (Vgl. C. **1955.** 11155.) (Sitzungsbericht.) (Physic. Rev. [2] **99.** 1647. 1/9. 1955. Westinghouse Res. Labors.) H. LIEPACK. 120

D. A. Chisholm und **H. L. Welsh,** *Beeinflußbare Ultrarotabsorption in Wasserstoff und Wasserstoff–Fremdgas-Gemischen bei Drucken bis zu 1500 Atmosphären.* (Vgl. C. **1955.** 3796.) Das druckabhängige Fundamentalband der Infrarotabsorption von H_2 wurde in reinem H_2, H_2–He, H_2–N u. H_2–Ar Gemischen bei Drucken bis zu 1500 at u. Tempp. von 80—376° K im Bereich von 3500—5700 cm^{-1} gemessen. Der Q-Zweig besteht aus drei Komponenten Q_P, Q_Q u. Q_R. Der Abstand der Maxima bei den Zweigen Q_P u. Q_R hängt von dem beigemischten Gas ab u. nimmt linear mit dessen D. zu. Der Abstand u. die relative Intensität der Komponenten hängt außerdem stark von der Temp. ab. (Canad. J. Physics **32.** 291—312. April 1954. Toronto, Univ., McLennan Labor.)
ROLAND HÜTTENRAUCH. 120

Harry C. Allen jr., Eugene D. Tidwell und **Earle K. Plyler,** *Schwingungsenergie von Deuteriumcyanid.* Untersucht wurde das Infrarotspektr. von *DCN* zwischen 1900 u. 8000 cm^{-1}. Für 15 Banden wurde Rotationsstruktur beobachtet, in 5 anderen Fällen wurden Q-Zweige von sehr schwachen Banden nachgewiesen. Die Banden genügten jedoch, um alle Konstanten in dem quadrat. Ausdruck für die Schwingungsenergie durch die Schwingungsquantenzahlen zu bestimmen. Durch diesen Ausdruck werden alle beobachteten Energieniveaus mit einer Genauigkeit von besser als 0,3 cm^{-1} festgelegt. (J. chem. Physics **23.** 1356. Juli 1955. Washington, D. C., Nat. Bur. of Standards.)
C. GOTTFRIED. 120

David A. Dows, Eric Whittle und **George C. Pimentel,** *Infrarotspektrum von festem Ammoniumazid: Eine Schwingungszuordnung.* Die Infrarotspektren von festem Ammoniumazid werden bei 68° K aufgenommen. Bei Erwärmung bis ca. 150° K u. darüber scheint der vorher ungeordnete Kristall wieder geordnet zu werden, wobei sich die Spektren verändern. Bei 1830 cm^{-1} tritt eine Bande auf, welche einer Gitter-Torsionsbewegung des NH_4-Ions (420 $\pm$ 20 cm^{-1}) zugeschrieben wird. Die Schwingungszuordnung des festen Ammoniumazids wird durchgeführt. Ferner wird gefunden, daß der Dampf über Ammoniumazid bei Zimmertemp. vorwiegend HN_3 u. NH_3 enthält. (J. chem. Physics **23.** 1475—79. Aug. 1955. Berkeley, Calif., Univ., Dep. of Chem. u. Chem. Engng.)
E. HAHN. 120

H. M. Haendler, S. W. Bukata, B. Millard, E. I. Goodman und **J. Littman,** *Infrarotspektroskopische Untersuchungen des BrF_3 und BrF_5.* Vff. untersuchen die Infrarotspektren von fl. BrF_3 u. BrF_5 im Bereich von 2,5—9,5 μ. Verwandt wird Flußspat als Fenstermaterial der Küvetten. Alle anderen infrarot-durchlässigen Fenstermaterialien wurden zu stark angegriffen. Die gemessenen Banden liegen im Bereich der Kombinationsschwingungen. (J. chem. Physics **22.** 1939. Nov. 1954. Durham, N. H., Univ., Dep. of Chem.; Upton, N. Y., Brookhaven Nat. Labor., Chem. Engng. Div.)
H.-J. BECHER. 120

Sydney Leach, *Das durch Elektronenstoß angeregte Emissionsspektrum des Schwefelwasserstoffs. Das Emissionsspektrum des SH-Radikals.* In dem sehr linienreichen Emissionsspektr. des H_2S gelingt die Analyse von ca. 50 Linien (3236—3320 Å) der 0,0-Bande des Übergangs $^2\Sigma \rightarrow {}^2\Pi_2$ des SH-Radikals. (C. R. hebd. Séances Acad. Sci. **230.** 2181—82. 19/6. 1950.) J. GOUBEAU. 120

Georges Champier und **André · Galy,** *Das niederfrequente Raman-Spektrum des hydratisierten Aluminiumchlorids.* Das beobachtete niederfrequente RAMAN-Spektr. von $Al(OH_2)_6Cl_3$ setzt sich aus 6 starken Linien zwischen 72 u. 308 cm^{-1} u. aus 8 sehr breiten u. schwachen Linien zwischen 308 u. 818 cm^{-1} zusammen. Die ersteren werden Translationsschwingungen der H_2O-Moll. zugeordnet, die letzteren Torsionsschwingungen. Diese Zuordnung wird durch Berechnung der Frequenzen bestätigt. (C. R. hebd. Séances Acad. Sci. **238.** 1708–10. 26/4. 1954.) J. GOUBEAU. 120

Richard C. Mockler und **George R. Bird,** *Mikrowellenspektrum von Kohlenstoffmonosulfid.* Ausführliche Wiedergabe der C. **1954.** 6886 referierten Arbeit. (Physic. Rev. [2] **98.** 1837–39. 15/6. 1955. New York, N. Y., Columbia Univ.) C. GOTTFRIED. 121

P. E. Tannenwald, *Mehrfache Resonanzen in Kobaltferrit.* Vf. berichtet über das Auftreten von doppelten Mikrowellenresonanzen in Kobaltferrit, wenn ein magnet. Feld in Kristallrichtungen nahe der harten Achse angelegt wird. Eine Resonanz tritt auf bevor der Magnetisierungsvektor mit dem äußeren magnet. Feld ausgerichtet ist, während die zweite Resonanz in dem nichtausgerichteten Zustand erscheint. Bei 90° ist $K_1/M = 2200 \pm 200$ u. $g = 2{,}7 \pm 0{,}3$. (Physic. Rev. [2] **99.** 463–64. 15/7. 1955. Lexington, Mass., MIT, Lincoln Labor.) C. GOTTFRIED. 121

Werner Martienssen, Der Einfluß der Temperatur auf die Kante der optischen Eigenabsorption von Alkalihalogeniden. Göttingen: Vandenhoeck & Ruprecht. 1956. (257–262 S. m. graph. Darst.) 8° = Nachrichten d. Akad. d. Wiss. in Göttingen. Math.-physik. Kl. 2a. Math.-physik.-chem. Abt. Jg. 1955, Nr. 11. DM —,50.

A_3. Elektrizität. Magnetismus. Elektrochemie.

Joseph C. Bowe, *Messung von Elektronenbeweglichkeiten in Gasen.* (Sitzungsbericht.) (Physic. Rev. [2] **100.** 1268. 15/11. 1955. Argonne Nat. Labor.) R. STEIN. 131

K. B. McAfee jr., *Pulsierende Stromstöße zur Messung der Bildungswahrscheinlichkeit und Beweglichkeit negativer Ionen.* Eine neue Meth. zur Best. des Koeff. für den Einfang von Elektronen durch Moll. wurde entwickelt. Durch stoßweise Bestrahlung einer erdalkalioxydbedeckten *Ni*-Kathode mit UV-Licht werden pulsierend Elektronen emittiert, die auf dem Weg zur Anode entsprechend der herrschenden Gasdichte eingefangen werden. Aus dem Verlauf des Anodenstroms mit u. ohne Gasfüllung kann auf die Bildungswahrscheinlichkeit u. Beweglichkeit der negativen Ionen geschlossen werden, u. zwar gibt das Verhältnis von Elektronenstrom zu negativem Ionenstrom ein Maß für den Einfangkoeff. α, die Beweglichkeit wird aus der zeitlichen Verzögerung des Stromes bei Erreichen seines Maximalwertes bestimmt. Das Feld zwischen den Elektroden wird so gewählt, daß Stoßionisation vernachlässigt werden kann. Messungen an SF_6 bei Feldstärken von 3–88 V/cm ergeben beachtlich große Werte für α/p (das Verhältnis von Einfangkoeff. zu Gasdruck). Die auf den Wert bei $E/p = 0$ extrapolierte Beweglichkeit wurde zu $0{,}45 \pm 0{,}2\ cm^2/V \cdot sec$ bestimmt. Dieser gegenüber anderen Gasen sehr kleine Wert erklärt sich durch einen großen Stoßquerschnitt des SF_6. Der aus der LANGEVINschen Theorie errechnete Wert für die Beweglichkeit u. ein entsprechender mit Berücksichtigung des Umladungseffektes werden vergleichsweise angegeben. (J. chem. Physics **23.** 1435 bis 1440. Aug. 1955. Murray Hill, N. J., Bell Telephone Labors., Inc.) B. MÜLLER. 131

T. Holstein, *Beweglichkeiten positiver Ionen in Gasmischungen.* (Sitzungsbericht.) (Physic. Rev. [2] **100.** 1230. 15/11. 1955. Westinghouse Res. Labors.) H. LIEPACK. 131

Angelika Székely, *Zur Verstärkerwirkung von Gastrioden.* Eine Verstärkerwrkg. kann durch Anlegen einer hochfrequenten Wechselspannung an das Gitter einer Gastriode, das über einen hohen Widerstand mit der Kathode verbunden ist, erreicht werden. Es bildet sich eine Art Vorentladung im Gitteranodenraum aus, wodurch eine vielfach höhere Anodenwechselspannung entsteht. Die Abhängigkeit der Verstärkung von der Frequenz u. Amplitude der Gitterwechselspannung sowie von der Stärke des Stromes der Vorentladung kann durch die Annahme, daß der innere Widerstand der Gastriode durch den Widerstand der positiven Raumladungsschicht um das Gitter bestimmt wird, zwanglos erklärt werden. (Acta physica austriaca **9.** 258–66. 1955. Graz, Univ., Phys. Inst.) B. MÜLLER. 131

Igor Alexeff und **Edward C. Peterson,** *Verhalten der Gitter-Ionisationspumpe mit Edelgasen.* (Sitzungsbericht.) (Physic. Rev. [2] **100.** 1239. 15/11. 1955. Univ. of Wisconsin.) R. STEIN. 131

Sydney Geltman, *Theorie der Ionisationswahrscheinlichkeit nahe der Schwelle.* (Sitzungsbericht.) (Physic. Rev. [2] **100.** 1231. 15/11. 1955. Johns Hopkins Univ., Appl. Phys. Labor.) H. LIEPACK. 131

Manfred A. Biondi und **Lorne M. Chanin,** *Abweichungen vom Blancschen Gesetz der Ionenbeweglichkeiten: Ne^+ in Neon–Helium-Mischungen.* (Sitzungsbericht.) (Physic. Rev. [2] **100.** 1230. 15/11. 1955. Westinghouse Res. Labors.) H. LIEPACK. 131

Lorne M. Chanin und **Manfred A. Biondi,** *Temperaturabhängigkeit der Ionenbeweglichkeiten: Ne^+ und Ne_2^+ in Neon.* (Vgl. C. **1955.** 4999.) (Sitzungsbericht.) (Physic. Rev. [2] **100.** 1230. 15/11. 1955. Westinghouse Res. Labors.) H. LIEPACK. 131

Gustav Medicus, *Über behauptete Abweichungen von der Maxwellschen Geschwindigkeitsverteilung der Elektronen in Hohlglühkathodendioden mit Ne-Füllung.* (Sitzungsbericht.) (Physic. Rev. [2] **100.** 1232. 15/11. 1955. Wright-Patterson Air Force Base.) H. LIEPACK. 131

P. M. Davidson, *Stromzunahme zwischen parallelen Platten.* Vf. bringt eine Theorie unter Berücksichtigung von Sekundärprozessen an der Kathode. (Physic. Rev. [2] **99.** 1072—74. 15/8. 1955. Swansea, Wales, Univ., Coll. of Swansea.) H. LIEPACK. 131

Albert J. Hatch und **H. Bartel Williams,** *Druckbegrenzungen des Sekundärelektronenresonanz-Mechanismus der Hochfrequenzzündung.* (Sitzungsbericht.) (Physic. Rev. [2] **100.** 1228. 15/11. 1955. New Mexico Coll. of Agric. and Mechanic Arts.) H. LIEPACK. 131

G. Ecker, *Die Bedeutung der elektrodischen Emissionsprozesse im Rahmen der Kontraktionstheorie.* (Vgl. C. **1956.** 6295.) Vf. bringt zunächst eine allg. Darst. der grundsätzlichen Aussagen der Kontraktionstheorie. Ihr Charakteristikum liegt nicht in quantitativen Aussagen über Teilvorgänge. Das Zusammenwirken der statist., thermodynam. u. elektrodynam. Gesetzmäßigkeiten zusammen mit den Grenz- u. Randbedingungen hat die Existenz eines betimmten Wertes der Endkontraktion R zur Folge. Unter Berücksichtigung der Emissionsprozesse wurde eine Gleichung für die Elektrodentemp. T_E abgeleitet. Im „strahlungsbestimmten Bereich" wurde T_E(R) nach einem Näherungsverf. berechnet. Für den „leitungsbestimmten Bereich" wurde die Temp. T_e(R) an der Grenze Kontraktionsgebiet–Raumladungszone für 3, 6 u. 12 A berechnet u. daraus T_E(R) für 3, 6 u. 12 A bei Gastempp. von 1000, 1250 u. 1500°. Mit abnehmender Einschnürung nimmt T_E ausgehend von R = $^1/_{100}$ cm zunächst zu u. geht bei Einsetzen der Elektronenemission sofort zurück. Für die angegebenen Bedingungen werden dann der LANGMUIRsche Ionensättigungsstrom u. die Differenz zwischen Gesamtentladungsstrom u. Emissionsstrom der Kathode in Abhängigkeit von R dargestellt. Während bei 3 u. 6 A zwei Kontraktionswerte möglich sind, hat der Bogen bei 12 A zwei Stabilisierungsmöglichkeiten bei mittlerer Kontraktion, eine Ansatzmöglichkeit bei sehr starker u. eine bei außerordentlich geringer Kontraktion, wobei letztere als spannungsgünstigste Form den brennflecklosen Bogen verursacht. (Z. Physik **142.** 447—62. 1955. Bonn, Univ., Inst. für theoret. Phys.) H. LIEPACK. 131

G. C. Akerlof und **H. I. Oshry,** *Die Dielektrizitätskonstante von Wasser bei höheren Temperaturen und im Gleichgewicht mit dem Dampfdruck.* Vff. beschreiben die Messung der bisher unbekannten Werte der DK. des W. vom n. Kp. bis zum krit. Punkt in Abänderung der Meth. von WYMAN [1930]. Bei 100° ist die DK. D = 55,39. Mit steigender Temp. nimmt sie fast linear ab. Werte sind bei 200° D = 34,59; bei 300° D = 19,66 u. bei 370° D = 9,74. Diese Werte können durch die Gleichung $D = 5321/T + 233{,}76 - 0{,}9297\,T + 0{,}001417\,T^2 - 0{,}068292\,T^3$ ausgedrückt werden. Eine für die Messung geeignete App. wird von Vff. beschrieben. (J. Amer. chem. Soc. **72.** 2844—47. 20/7. 1950. Pittsburgh, Pa., Koppers Co. Res. Fellowship, Mellon Inst.; Univ. of Pittsburgh, Dep. of Phys.) H.-G. PLUST. 132

J. P. Sackinger, *Dielektrische Messungen an geschmolzenem SiO_2 bei niedrigen Frequenzen.* (Sitzungsbericht.) (Physic. Rev. [2] **99.** 342. 1/7. 1955. Corning Glass Works.) H. LIEPACK. 132

M. H. Cohen und **F. Keffer,** *Dipolsummen in den primitiven kubischen Gittern.* (Vgl. C. **1955.** 5002.) Es werden Dipolwellensummen definiert, die Bedeutung für viele magnet. u. elektr. Probleme, einschließlich der Dipol–Dipol-Wechselwirkungen, besitzen. Numer. Werte werden für eine Anzahl voneinander unabhängiger Punkte im **k**-Raum, äquivalent zu jeweils 512 Punkten in der ersten BRILLOUIN-Zone für die drei primitiven kub. Gitter, erhalten. Es wird eine starke Größen-, Form- u. Lageabhängigkeit dieser Summen in einem extrem kleinen Bereich um den Ursprung des **k**-Raumes gefunden. Mit den Werten der Dipolsummen können auf Grund einer angegebenen Beziehung die Dipolfeldfaktoren in den 512 Punkten innerhalb der Elementarzelle erhalten werden. Zur Erläuterung der Anwendung von Dipolwellensummen wird eine Berechnung der Dipolanisotropieenergie für das antiferromagnet. *MnO* durchgeführt. (Physic. Rev. [2] **99.** 1128—34. 15/8. 1955. Chicago, Ill., Univ. of Chicago, Inst. for the Study of Metals; Pittsburgh, Pa., Univ. of Pittsburgh, Westinghouse Res. Labor., Sarah Mello Scaife Radiat. Labor.) W. KRÖNERT. 132

Birendra Chandra Banerjee und **Santi R. Palit,** *Dipolmomente metallischer Seifen.* Aus der Löslichkeit der Metallseifen in organ. Lösungsmitteln war vermutet worden, diese seien unpolar. Die Messung in benzol. Lsg. ergibt demgegenüber die für die Oleate der folgenden Metalle die Werte: 0,29 D mit Zn, 1,20 D mit Cu, 1,66 D mit Mg, 2,67 D mit Ni, 4,29 D mit Pb u. 4,49 D mit Ca, bei Auswertung der Messungen nach der DEBYE-Beziehung. Auswertung nach neueren Beziehungen (z. B. der von GUGGENHEIM) ändern die Werte etwas ab, Größenordnung u. Reihenfolge bleiben unverändert. Die Extrapolation ist bei den neuen Verff. nicht günstiger als bei bei dem Verf. nach DEBYE (vgl. hierzu C. **1954.** 972). (J. Indian chem. Soc. **27.** 385—94. Aug. 1950. Waltair, Andhra Univ., Chem. Dep.) K. L. WOLF. 132

E. B. Bas, *Eine neue Feinstrahl-Elektronenkanone mit indirekt geheizter Wolfram-Bolzenkathode und Ionentrennung.* Beschreibung eines Strahlerzeugersyst., das mit einer Kathode aus einem indirekt geheizten massiven Wolframbolzen von 0,6 mm Durchmesser arbeitet. Bei einer Beschleunigungsspannung von 15 kV wurde ein Richtstrahlwert von 8000 A/cm²·sterrad erreicht, was etwa der Hälfte des theoret. Höchstwertes entspricht. Da durch den Aufprall von Restgasionen die Eigg. der Kathode schnell verschlechtert werden, wird zur Schonung der Kathode eine Ionenfalle angebracht. Die beschriebene Bolzenkathode wurde für die Verwendung im Eidophor-Fernsehsyst. entwickelt. (Optik **12.** 377—84. 1955. Zürich, ETH, Inst. für techn. Phys.) F. LENZ. 134

G. A. Harrower, *Energiespektren der Sekundärelektronen von Mo und W für niedrige Primärenergien.* (Sitzungsbericht.) (Physic. Rev. [2] **99.** 1650. 1/9. 1955. Bell Telephone Labors.) R. STEIN. 134

Junkichi Nakai und **Shōgo Nakamura,** *Oberflächenbehandlung von für Oxydkathoden benutztem Kernmetall.* (Vgl. C. **1956.** 10650.) Ein Ni-Rohr von 1,6 mm Durchmesser u. 30 mm Länge, das als akt. Stoffe 0,10% Mg u. 0,17% Si enthielt wurde nach $^1/_4$std. Erhitzen auf 1000° in H_2 in verd. H_2SO_4 elektrolyt. geätzt. Um den Einfl. der elektrolyt. Ätzung auf die Elektronenemission unter den gleichen Bedingungen zu untersuchen, wurde nur eine Hälfte des Rohres elektrolyt. behandelt. Nach elektrophoret. Aufbringung einer Schicht von (Ba, Sr)CO_3 in einer Dicke von 5 ~ 8 mg/cm² wurde von der Proberöhre der Emissionsstrom jeder Kathodenhälfte gemessen. Durch den Elektrolytwechselstrom von 1,5 A/cm² war von der einen Hälfte eine Schicht von 6 μ entfernt worden. Die Kathode wurde bei einer Temp. von 1230° K gehalten; der Emissionsstrom wurde bei 1050° K gemessen. Es ergab sich zunächst, daß die Aktivierungsgeschwindigkeit des elektrolyt. behandelten Teiles größer war als die des nicht behandelten Teiles. Außerdem wurde eine Zunahme des Emissionsstromes durch die elektrolyt. Behandlung beobachtet. Weiter wurde festgestellt, daß der Emissionsstrom mit der elektrolyt. Behandlung ansteigt, bis eine Schicht von 6 μ entfernt ist; eine weitere Ätzung übt keinen großen Einfl. mehr auf den Emissionsstrom aus. Die Erhöhung des Emissionsstromes ist auf die Entfernung einer Verunreinigungsschicht auf dem Ni-Rohr zurückzuführen. Die weiteren Unterss. ergaben, daß unter Gleichgewichtsbedingungen die Bildungsgeschwindigkeit von überschüssigem Ba gleich der Verdampfungsgeschwindigkeit von der Oxydoberfläche ist. Die Diffusionsenergie des akt. Materials in dem Metallkern wurde zu 1,6 eV für die elektrolyt. behandelte Seite u. zu 1,8 eV für die nicht behandelte Seite bestimmt. In einem weiteren Vers. wurde ein Ni-Rohr nach Ausheizen in H_2 in 2 gleichlange Teile geschnitten, von dem einen Teil elektrolyt. 8 μ entfernt u. beide Teile als Anoden gegenüber einer Th-W-Kathode eingebaut. Beide Anoden wurden konstant auf 800° K gehalten. In beiden Fällen nahm der Emissionsstrom der Th-W-Kathode mit der Zeit ab, u. zwar bei Verwendung der nicht elektrolyt. behandelten Anode schneller als in dem anderen Fall. Es konnte gezeigt werden, daß diese Erscheinung auf eine Gasentw. der Anodenoberflächen infolge des Elektronenbeschusses zurückzuführen ist. Vff. untersuchten ferner den Einfl. der Gleichstromätzung. (J. physic. Soc. Japan **10.** 566—70. Juli 1955. Osaka, Univ., Fac. of Engng. [Auszug: engl.]) C. GOTTFRIED. 134

W. T. Peria, *Photoelektrische Emission von Metallen in Magnesiumoxyd.* (Sitzungsbericht.) (Physic. Rev. [2] **99.** 1647—48. 1/9. 1955. Univ. of Minnesota.) H. LIEPACK. 134

H. M. Bath und **M. Cutler,** *Messung der Rekombination im Innern und an der Oberfläche mit Hilfe der Photoleitung.* (Sitzungsbericht.) (Physic. Rev. [2] **100.** 1259. 15/11. 1955. Hughes Aircraft Co.) R. STEIN. 134

R. E. Burgess, *Herabsetzung des Rauschens in Photozellen.* Vf. diskutiert die Faktoren, die das Verhältnis Signal/Rauschen bestimmen u. berücksichtigt bes. das Rauschen an den Elektrodenkontakten beim Stromdurchgang durch die Zelle. Diese Komponente kann durch Potentialsonden in der Nähe der Elektroden bei entsprechender Dimensionierung des äußeren Stromkreises herabgesetzt werden. (Brit. J. appl. Physics **6.** 385—87. Nov. 1955. Slough, Bucks., Radio Res. Stat.) H. LIEPACK. 134

George W. Luckey und **William West,** *Wirkung von Brom auf die Dunkelleitfähigkeit von Silberbromid.* Die Darst. reiner AgBr-Kristalle wird beschrieben. Die Dunkelleitfähigkeit von AgBr nimmt mit steigendem Br_2-Druck in der umgebenden Atmosphäre zu, u. zwar proportional seiner Quadratwurzel im Temperaturgebiet zwischen 25 u. 200° u. bei Drucken zwischen 10 u. 200 mm. Die gefundenen Werte stimmen mit denen überein, die aus den Korrosionsdaten von WAGNER (vgl. Z. physik. Chem.,Abt. B **32.** [1936.] 447) u. TELTOW (C. **1951.** II. 490) berechnet wurden. Für die beobachtete Leitfähigkeitserhöhung ist wahrscheinlich die Bldg. positiver Löcher verantwortlich. Die Leitfähigkeitserhöhung u. die Geschwindigkeit, mit der sich der Gleichgewichtszustand einstellt, werden von der Reinheit u. der Vorgeschichte der Proben beeinflußt. Bes. die Ggw. kleiner Ag-Mengen verhindert die Einstellung eines Gleichgewichtes bis alles Ag beseitigt ist. Die Geschwindigkeit, mit der das geschieht, hängt von der Löcherleitfähigkeit ab. (J. chem. Physics **24.** 879—82. April 1956. Rochester, N. Y., Eastman Kodak Comp., Res. Labors.) H. W. LEVI. 135

Ralph Forman, *Eigenschaften von Porenleitern. ThO_2*, das bei höherer Temp. eine poröse Struktur hat, zeigt die für Porenleiter typ. starke transversale magnet. Widerstandsänderung bei 1500—1600° in einem verhältnismäßig schwachen Magnetfeld. Ferner wurde gefunden, daß sich der Widerstand auch in einem elektr. Feld ändert, so daß auf dieser Grundlage ein neuartiger Verstärkertyp konstruiert werden kann. Charakteristiken derartiger Verstärker werden angegeben. (J. appl. Physics **26.** 1187. Sept. 1955. Washington, D. C., Nat. Bur. of Stand.) H. W. LEVI. 135

Haruo Takahashi, *Elektrischer Widerstand von Kohlepulver.* 1. Mitt. *Flüchtige Bestandteile und Widerstand.* Bei 600—1000° wurden *Kohlepulver* hergestellt aus Phenolformaldehydharzen, Kohle, Teerpech, verschied. Holzarten, Filtrierpapier u. Stärke. Unter 28 kg/cm² wurde der elektr. Widerstand R gemessen u. der Geh. an flüchtiger Substanz (Gewichtsabnahme beim Erhitzen im Vakuum auf 1000°) V% bestimmt. In allen Fällen gilt $R = A \cdot B^V$, worin A u. B Konstanten sind. (J. chem. Soc. Japan, pure Chem. Sect. [Nippon Kagaku Zassi] **71.** 29—32. Jan. 1950. Hitachi Co. [Orig.: japan.]) L. SCHULER. 135

Haruo Takahashi, *Elektrischer Widerstand von Kohlepulvern.* 2. u. 3. Mitt. *Ungepreßte Pulver.* (1. vgl. vorst. Ref.) Die Beziehung zwischen dem elektr. Widerstand von verschied. freigeschichteten Kohlepulvern (**I**) u. deren Raumdichte, die in einem gewissen Bereich variiert, wurde bestimmt. Bei allen **I** war die Beziehung zwischen dem log des elektr. Widerstands R u. der Raumdichte d linear mit einer Ausnahme, wo das **I** anscheinend nicht homogen war. Die linearen Kurven, die die obige Beziehung darstellen, sind so weit voneinander verschied., daß sie zur Unterscheidung der einzelnen **I** dienen können. Aus kleineren Agglomeraten bestehende **I** haben einen geringeren Widerstand, bei gleicher Raumdichte, als solche aus gröberen Agglomeraten. Die letztere Erscheinung wurde am Modell erklärt. Die Teilchen des **I**, die in verschied. Weise behandelt wurden, können bei verschied. Raumdichten fast gleichen elektr. Widerstand haben, da die behandelten Teilchen oder Agglomerationen viele mkr. Vorsprünge haben oder mit feinstem Pulver bedeckt sein können. (J. chem. Soc. Japan, pure Chem. Sect. [Nippon Kagaku Zassi] **71.** 105—11. Febr. 1950. Hitachi Co. [Orig.: japan.]) L. SCHULER. 135

H. Statz, G. A. deMars, L. Davis jr. und **A. Adams jr.,** *Oberflächenzustände auf Silicium.* (Sitzungsbericht.) (Physic. Rev. [2] **100.** 1260. 15/11. 1955. Raytheon Manufact. Co.) R. STEIN. 135

C. J. Gallagher, *Thermische Störungen in Silicium.* (Sitzungsbericht.) (Physic. Rev. [2] **100.** 1259. 15/11. 1955. General Electr. Res. Labor.) R. STEIN. 135

Thomas A. Longo und **David Kleitman,** *Neutronenbestrahltes Silicium.* (Sitzungsbericht.) (Physic. Rev. [2] **100.** 1260—61. 15/11. 1955. Purdue Univ.) R. STEIN. 135

D. Kleitman und **T. A. Longo,** *Deuteronenbestrahlung von Germanium bei 90° K.* (Sitzungsbericht.) (Physic. Rev. [2] **100.** 1261. 15/11. 1955. Purdue Univ.) R. STEIN. 135

H. E. Bridgers und **E. D. Kolb,** *Mit wechselnder Geschwindigkeit gewachsene Germaniumkristalle für Hochfrequenztransistoren.* Es werden Hochfrequenz-Tetroden-Transistoren durch gerichtetes Erstarren von Ge mit *B* als Acceptor hergestellt. B hat vor anderen Elementen den Vorzug, daß es als einziges einen Verteilungskoeff. > 1 besitzt. Es muß darauf geachtet werden, daß sich das B in der Schmelze nicht oxydiert. Als Donator wird *Sb* verwendet. Unter Ausnutzung der Tatsache, daß der Verteilungskoeff. mit zunehmender Kristallisationsgeschwindigkeit abnimmt, wenn er > 1 u. zunimmt, wenn er < 1, werden durch Variation der Erstarrungsgeschwindigkeit abwechselnd p- u. n-Gebiete erzeugt. (J. appl. Physics **26.** 1188—89. Sept. 1955. Murray Hill, N. J., Bell Telephone Labors.) H. W. LEVI. 135

Miles V. Sullivan und **John H. Eigler,** *Elektrolytische Stromätzung von Germanium.* Vff. beschreiben eine spezielle Technik zur Ätzung von stabförmigen Ge-Kristallen mit p—n-Übergang ausschließlich in dessen nächster Umgebung u. unter Vermeidung der üblichen Abdeckung mit Wachs. Mit Hilfe eines senkrecht gestellten, haarnadelförmig gebogenen Pt-Blechs, das den p—n-Übergang des waagerecht angeordneten, als Anode geschalteten Ge-Kristalls in geringem Abstand umschließt u. gleichzeitig als Kathode dient, bleibt die Ätzwrkg. des aus einem Vorratsgefäß herabfließenden Elektrolyten (0,1%ig. KOH) durch die Wrkg. der Oberflächenspannung auf die nächste Umgebung des p–n-Überganges beschränkt. Die Vorteile u. Anwendungsmöglichkeiten des Verf. werden kurz diskutiert. (J. electrochem. Soc. **103.** 132—34. Febr. 1956. Murray Hill, N. J., Bell Telephone Labors.) R. STEIN. 135

Edward N. Clarke, *Die Natur des wasserdampfinduzierten Überschußstromes an Germanium–P–N-Übergängen.* (Sitzungsbericht.) (Physic. Rev. [2] **99.** 1656. 1/9. 1955. Sylvania Electric Products Inc.) R. LEVI. 135

R. Lawrance, *Die Temperaturabhängigkeit der Driftbeweglichkeit injizierter Löcher im Germanium.* Messungen der Driftbeweglichkeit μ von injizierten Löchern an n-Ge-Transistoren bei Tempp. zwischen 100 u. 300° K ergeben für höhere Tempp. eine Änderung von μ mit $T^{-2,3}$, während bei bestimmten tieferen Tempp. μ nicht mehr mit abnehmender Temp. steigt, sondern als Folge des Wirksamwerdens von Haftstellen (Tiefe 0,11 eV bei 200° K) abnimmt. Die Temp., bei der ein Trapping einsetzt, nimmt mit steigendem Emitterstrom u. Zugfeld zwischen Emitter u. Kollektor ab u. hängt von der Oberflächenbeschaffenheit der Probe ab. Lichteinw. kann die Trappingeffekte beseitigen. Die Ergebnisse werden an Hand eines Haftstellenmodells diskutiert. (Proc. physic. Soc., Sect. B **67.** 18—27. 1/1. 1954. Great Malvern, Worcs., Telecomm. Res. Establ.) J. RUDOLPH. 135

J. R. Haynes, *Neue innere Rekombinationsstrahlung von Germanium.* (Sitzungsbericht.) (Physic. Rev. [2] **99.** 1656. 1/9. 1955. Bell Telephone Labors., Inc.) R. LEVI. 135

W. M. Bullis und **W. E. Krag,** *Halleffekt und Magnetowiderstand in n-leitendem Germanium.* (Sitzungsbericht.) (Physic. Rev. [2] **100.** 1258. 15/11. 1955. Lincoln Labor.) R. STEIN. 135

H. Strosche, *Zur Wirksamkeit von Cadmiumselenidschichten beim Selengleichrichter.* Bei Se-Gleichrichtern mit Cd-haltiger Deckelektrode bildet sich eine CdSe-Schicht, an deren Grenze zum Se der Gleichrichtermechanismus seinen Sitz hat. Es wird untersucht, welchen Einfl. die Dicke einer künstlich aufgedampften CdSe-Schicht auf die Gleichrichtereigg. eines Se-Gleichrichters hat, wobei als Deckelektrode Bi verwendet wurde. Entsprechende Verss. wurden ferner mit reinen Cd-Schichten gemacht. Es zeigte sich, daß die Schichtdicke bei CdSe-Schichten bis herab zu $3 \cdot 10^{-7}$ cm u. bei Cd-Schichten sogar bis $5 \cdot 10^{-8}$ cm keinen Einfl. auf den Nullwiderstand u. die Schleusenspannung des Gleichrichters haben. Vf. nimmt an, daß von den Grenzdicken an die Entstehung zusammenhängender Schichten nicht mehr gewährleistet ist. Die gefundenen Werte zeigen, daß bei dichter Bedeckung bereits einmol. Schichten ausreichen, die Gleichrichterverhältnisse zu bestimmen. (Z. Physik **140.** 409—13. 1955. Nürnberg, Standard Labor., Abt. Süddeutsche Apparatefabr.) H. W. LEVI. 135

D. A. Jenny, *Bemerkung zu einem von H. Welker gefundenen „Transistoreffekt" in Indiumphosphid.* Der von WELKER (C. **1954.** 6171) beschriebene Spitzentransistorvers. mit p-leitendem InP wurde wiederholt. Dabei zeigte sich, daß zur Erklärung der von WELKER gefundenen Kollektorkennlinie bei Modulation des Emitters keine Minoritätsträger u. keine akt. Elemente im Ersatzschaltbild notwendig sind; diese Kennlinien stellen demnach keinen hinreichenden Beweis für einen Transistoreffekt dar. (Z. Naturforsch. **10a.** 1032—33. Dez. 1955. Princeton, N. J., Radio Corp. of America, Labor.) H. C. WOLF. 135

R. W. Keyes und **R. J. Sladek,** *Reduzierung der Ladungsträgerkonzentration in InSb bei 4,2° K durch ein starkes Magnetfeld.* (Sitzungsbericht.) (Physic. Rev. [2] **100.** 1262. 15/11. 1955. Westinghouse Res. Labors.) R. STEIN. 135

T. C. Harman, *Einfluß der Zonenschmelzvariablen auf die Segregation von Verunreinigungen in Indiumantimonid.* Vf. berichtet über Unterss. des Einfl. der verschied. Variablen beim Zonenschmelzverf. (Zonenbreite, Geschwindigkeit usw.) auf die Reinigung von InSb. Es konnte festgestellt werden, daß die am langsamsten auswandernde Verunreinigung durch *Te* gebildet wird, das den F. von InSb erniedrigt u. zu n-Leitung führt. Die zweitlangsamste Verunreinigung ist *Zn,* das den F. heraufsetzt u. zu p-Leitung führt. Beide Verunreinigungen stammen aus dem In. Während Te am besten durch Zonenschmelzen des In (vor der InSb-Herst.) entfernt wird, erwies sich für die Entfernung des Zn die elektrolyt. Reinigung des In am wirksamsten. Mit Hilfe dieser Reinigungsverff. ist es möglich, im InSb die Konz. an unkompensierten Ladungsträgern aus Störstellen unter 10^{14} pro cm^3 zu senken. (J. electrochem. Soc. **103.** 128—32. Febr. 1956. Columbus O., Battelle Mem. Inst.) R. STEIN. 135

T. C. Harman, S. E. Miller und **H. L. Goering,** *Herstellung und elektrische Eigenschaften von Bi_2Te_3.* (Sitzungsbericht.) (Physic. Rev. [2] **100.** 1262. 15/11. 1955. Battelle Mem. Inst.) R. STEIN. 135

G. Busch und **U. Winkler,** *Elektrische Leitfähigkeit von Mischkristallen intermetallischer Verbindungen.* Es wurden Unterss. von Mischkristallbildungen zwischen isomorphen intermetall. Verbb. nichtmetall. Struktur an Hand des Syst. *Mg–Ge–Sn* mit der Mischkristallformel $Mg_2(Ge_ySn_{1-y})$ vorgenommen. Für die Gitterkonstanten der reinen bin. Verbb. wurden folgende Werte gefunden: Mg_2Ge 6,378 Å u. Mg_2Sn 6,750 Å. Das Diagramm: Gitterkonstante als Funktion des Mischkristallverhältnisses Mg_2Ge–Mg_2Sn zeigt einen mittleren Bereich, in dem Aufspaltung u. Verbreiterung der Linien auftritt, was eine Mischungslücke vermuten läßt. Dagegen tritt infolge Mischkristallbldg. eine Gitterdeformation beiderseitig an den Rändern der reinen bin. Verbb. auf. Unterss. der Leitfähigkeit nach einer Wechselstromkompensationsmeth. in Abhängigkeit von Temp. u. Mischkristallverhältnissen liefern die noch unter Berücksichgung, daß das $T^{-3/2}$-Gesetz der Beweglichkeiten von SEITZ (C. **1949.** I. 962) für diese Verbb. nicht erfüllt ist, zu korrigierenden Aktivierungsenergien ΔE_σ, die für Mg_2Ge 0,57 eV u. für Mg_2Sn 0,26 eV betragen. Eine Tabelle für ΔE_σ u. a in Abhängigkeit vom Mischungsverhältnis wird angegeben. (Helv. physica Acta **26.** 578—83. 16/11. 1953. Zürich, ETH.) B. MÜLLER. 136

W. R. Hosler und **H. P. R. Frederikse,** *Elektrische Eigenschaften von Mg_2Sn bei niedrigen Temperaturen.* (Sitzungsbericht.) (Physic. Rev. [2] **100.** 1261. 15/11. 1955. Nat. Bur. of Stand.) R. STEIN. 136

H. Bittel und **B. Voss,** *Die freie Weglänge der Leitungselektronen in Kupfer.* Bei Widerstandsmessungen an elektrolyt. polierten Drähten (1—20 μ Durchmesser) erhalten Vff. eine systemat. Abhängigkeit des Temperaturkoeff. des elektr. Widerstandes vom Drahtdurchmesser. Daraus ergibt sich für die freie Weglänge der Leitungselektronen in Cu bei 20° λ = 650 bzw. 740 Å in Übereinstimmung mit den theoret. Werten, die die Elektronentheorie liefert. (Z. Naturforsch. **11a.** 419. Mai 1956. Münster, Univ., Inst. für angew. Phys.) GRETCHEN MÜLLER. 136

W. M. Lomer und **A. H. Cottrell,** *Entfernen von Punktdefekten in Metallen und Legierungen durch Anlassen.* Vff. analysierten die von BROOM (vgl. C. **1954.** 7352) aus der Literatur zusammengestellten Daten über die Erholung des Widerstandes während des Anlassens, speziell von Cu, bei tiefen Tempp. nach Bestrahlung, Abschrecken oder Kaltbearbeitung. Deutet man die Erholung durch Wanderung oder Vernichtung von Punktdefekten, dann zeigen die experimentellen Beobachtungen 2 Anlaßstufen, wobei in der zweiten Stufe die Wanderungssprünge, die ein Defekt vor der Vernichtung macht, anomal klein zu sein scheinen. Es wird angenommen, daß in der ersten Stufe einige der Defekte von Verunreinigungsatomen eingefangen werden u. daß es sich in der zweiten Stufe um eine Verdampfung dieser Defekte von ihren Fallen handelt. Unter dieser Annahme erhält man eine annehmbare Zahl von Sprüngen für die zweite Stufe. Diese Theorie steht in Übereinstimmung mit experimentellen Beobachtungen an einer Ag–Zn-Legierung mit 33,5 At.-% Zn von ROSWELL u. NOWICK (vgl. C. **1956.** 649). Weiter wird ausgeführt, daß die während der ersten Anlaßstufe beobachtete unerwartet große Zahl von Sprüngen nach Bestrahlung oder Kaltbearbeitung sich erklärt, wenn man für den Zwischengitterstellenmechanismus einen regellosen Weg in nur einer Dimension annimmt. (Philos. Mag. [7] **46.** 711—19. Juli 1955. Harwell, Atomic Energy Res. Establ.; Birmingham, Univ., Dep. of Phys. Metallurgy.) C. GOTTFRIED. 136

R. A. Connell und **J. A. Marcus,** *Halleffekt und Magnetowiderstand von Bi-Einkristallen bei He-Temperaturen.* (Sitzungsbericht.) (Physic. Rev. [2] **100.** 1256. 15/11. 1955. Northwestern Univ.) R. STEIN. 136

G. Lautz und **W. Ruppel,** *Tieftemperaturmessungen der magnetischen Widerstandsänderung und das reduzierte Kohlerdiagramm von Rheniumdrähten.* Vff. messen die Änderung des elektr. Widerstandes im magnet. Querfeld in Abhängigkeit von der Temp. u. der Feldstärke an kompaktem Re. Der Restwiderstand weicht von den Meßwerten anderer Autoren ab. Vff. führen die Differenzen auf unterschiedliche Reinheitsgrade, Gitterdeformationen u. innere Spannungen zurück. Für die magnet. Widerstandsänderung ergibt sich im red. KOHLER-Diagramm eine Abweichung zwischen den Messungen der Vff. u. denen von ASCHERMANN u. JUSTI an Re-Sinterkörpern (Physik. Z. **43.** [1942.] 207), die bei Metallen nicht auftreten sollte. Da die Verunreinigungen in beiden Fällen sehr verschieden sind (kompaktes Re: Al, Fe, Mg; Sinterproben: Mo, K, As), folgern Vff., daß die Anwendung des Begriffes Restwiderstand beim Re nicht statthaft ist. Scheinbar üben einige Verunreinigungen einen spezif. Einfl. auf die Elektronenstruktur aus. (Z. Naturforsch. **11a.** 379—82. Mai 1956. Braunschweig, TH, Inst. für techn. Phys.) GRETCHEN MÜLLER. 136

M. Glicksman, *Magnetowiderstand und Beweglichkeit von Germanium–Silicium-Legierungen.* (Sitzungsbericht.) (Physic. Rev. [2] **100.** 1258. 15/11. 1955. RCA Labors.) R. STEIN. 136

H. C. van Elst und **C. J. Gorter**, *Die ferromagnetische Anisotropie des spezifischen Widerstandes einiger Nickellegierungen.* In Magnetfeldern bis zu 20000 Oe u. bei Tempp. von 77, 64, 20 u. 14° K wird an Drähten (1 mm Durchmesser, 20 mm lang) aus Ni-Legierungen (Ni–Fe, Ni–Co, Ni–Cu, Ni–Fe–Cu, Ni–Al, Ni–Si, Ni–V, Ni–Cr, Ni–Mn, Ni–Mo, Ni–Pd, Ni–Sn u. Ni–W) der spezif. elektr. Widerstand mit u. ohne Magnetfeld gemessen. Bei diesen Messungen interessierte in erster Linie die Anisotropie der Widerstandswerte, d. h. die Differenz der Widerstandswerte beim Anlegen des Magnetfeldes in Stromrichtung u. quer zur Stromrichtung. Bei einigen Legierungen, bes. mit Co u. Fe, wurden starke Anisotropien gefunden, die dann nur wenig von der Temp. abhängen in der Weise, daß die Anisotropie mit wachsender Temp. abnimmt. Bei den meisten anderen Legierungen, bes. mit V, Cr, Mo u. W ist die Anisotropie sehr klein u. nimmt mit wachsender Temp. zu. (Appl. sci. Res. B **4.** 87—90. 1954. Leiden, Kamerlingh Onnes Labor.)
H. FAHLENBRACH. 136

A. H. Morrish und **S. P. Yu**, *Magnetische Messungen an einem einzelnen mikroskopischen Teilchen.* (Sitzungsbericht.) (Physic. Rev. [2] **99.** 1641. 1/9. 1955. Univ. of Minnesota.)
R. LEVI. 137

J. Samuel Smart, *Anwendung der Bethe-Weiss-Methode auf den Ferrimagnetismus.* (Sitzungsbericht.) (Physic. Rev. [2] **99.** 1642. 1/9. 1955. U. S. Naval Ordnance Labor.)
R. LEVI. 137

W. Marshall, *Antiferromagnetismus.* Da die allg. Theorie des Antiferromagnetismus noch recht unzureichend erscheint, wird versucht, das Problem mit der Variationsmethode von HULTHÉN u. KASTELEYN (bisher angewandt auf die lineare Kette) anzugreifen. Und zwar wird zunächst der Grundzustand eines Gitters mit einem Elektron pro Atom u. antiferromagnet. Wechselwirkungen zwischen den nächsten Nachbarn betrachtet. Das den Rechnungen zugrunde liegende statist. Problem ist dem ISING-Modell des Ferromagnetismus weitgehend äquivalent. Da eine Lösung exakt nicht möglich ist, wird die BETHE-PEIERLSsche Meth. als Näherungslösung benutzt. Im Gegensatz zum Ergebnis von KUBO (C. **1954.** 9693) kommt dabei heraus, daß alle Gitter ungeordnete Grundzustände besitzen. Dabei sind die Energieunterschiede zwischen den geordneten u. ungeordneten Zuständen klein, so daß kleine zusätzliche Ordnungskräfte von Einfl. sein können. (Proc. Roy. Soc. [London], Ser. A **232.** 48—68. 11/10. 1955. Birmingham, Univ., Theoret. Phys. Dep.)
H. FAHLENBRACH. 137

W. Marshall, *Die Spinwellentheorie des Antiferromagnetismus.* (Vgl. vorst. Ref.) Es wird gezeigt, daß die Spinwellentheorie des Antiferromagnetismus unzureichend ist. Sie führt nach dem Vorgehen von HOLSTEIN u. PRIMAKOFF große Beiträge in die Formeln, die von Zuständen ohne physikal. Existenzberechtigung herrühren. Bei der Theorie des Ferromagnetismus sind diese Beiträge belanglos. (Proc. Roy. Soc. [London], Ser. A **232.** 69—77. 11/10. 1955.)
H. FAHLENBRACH. 137

L. D. Roberts und **R. B. Murray**, *Über Aufspaltungseffekte elektrischer Kristallfelder bei antiferromagnetischen Übergängen.* (Sitzungsbericht.) (Physic. Rev. [2] **99.** 1630. 1/9. 1955. Oak Ridge Nat. Labor.)
R. LEVI. 137

T. L. Gilbert, *Eine Lagrange-Formulierung der gyromagnetischen Gleichung für das Magnetisierungsfeld.* (Sitzungsbericht.) (Physic. Rev. [2] **100.** 1243. 15/11. 1955. Illinois Inst. of Technol., Armour Res. Foundat.)
R. STEIN. 137

Harry A. Brown, *Über die Berechnung der Curie-Temperatur.* (Sitzungsbericht.) (Vgl. C. **1955.** 2134.) (Physic. Rev. [2] **99.** 1641—42. 1/9. 1955. Oberlin Coll.)
R. LEVI. 137

Louis Néel, *Bemerkungen über die Theorie der magnetischen Eigenschaften harter Stoffe.* Bei den magnet. harten Werkstoffen treten überwiegend Drehprozesse der Magnetisierung in den Elementarbereichen auf, da diese Stoffe aus so kleinen Kristallkörnern zusammengesetzt sind, daß BLOCH-Wände energet. nicht möglich sind. Trotzdem führt die Theorie z. Z. noch nicht zu einer befriedigenden Beschreibung der Erfahrungstatsachen. Vf. zeigt, daß die Unterschiede im wesentlichen durch die Nichtbeachtung der Wechselwrkg. zwischen den Magnetisierungen benachbarter Elementarbereiche u. den Schwankungen der Magnetisierung in den verschied. Elementarbereichen zustande kommt. Bei Berücksichtigung dieser beiden Dinge erhält man ein Modell, das mit seinen errechneten magnet. Eigg. den heutigen Dauermagneten sehr nahe kommt. (Appl. sci. Res. B **4.** 13—24. 1954. Grenoble, Fac. des Sci., Inst. Fourier.)
H. FAHLENBRACH. 137

Adolf Knappwost, *Zur Ausschaltung der ferromagnetischen Susceptibilität bei magnetochemischen Untersuchungen nach der Zylindermethode.* Inhaltlich ident. mit der C. **1956.** 5743 referierten Arbeit. (Naturwissenschaften **42.** 175. 1955. Tübingen, Univ., Physikal.-chem. Inst.)
H. FAHLENBRACH. 137

J. Kerr und **C. Wert,** *Der Einfluß von Nitriden auf die Koerzitivkraft von Eisen.* Vff. untersuchen den Einfl. von ausgeschiedenen Nitriden ($F_{16}N_2$ u. Fe_4N) im Eisen auf die Koerzitivkraft, wobei der Grad der Ausscheidung durch die Temp. (0—250°) u. die Zeit der Wärmebehandlung gesteuert wird. Dabei scheiden sich die Nitride plättchenförmig aus, wie auch durch Elektronenmikroskopaufnahmen bewiesen wird. Aus diesen Aufnahmen ist auch die Größe der Nitridausscheidungen zu entnehmen, die die Koerzitivkraft entscheidend bestimmt. Und zwar zeigt sich auch bei diesen Verss., ähnlich wie bei früheren Ergebnissen an Carbidausscheidungen, daß bei einer Teilchengröße in der Größe der BLOCH-Wanddicke δ die Koerzitivkraft ein Maximum besitzt. Für Teilchen größer als δ wird eine Theorie von NÉEL bestätigt, die allerdings für kugelförmige Ausscheidungen aufgestellt worden war. (J. appl. Physics **26.** 1147—51. Sept. 1955. Urbana, Ill., Univ. of Illinois.) H. FAHLENBRACH. 137

Ludwig Reimer, *Magnetische Eigenschaften von elektrolytisch niedergeschlagenen dünnen Nickelschichten.* An elektrolyt. niedergeschlagenen dünnen Nickelschichten in Stärken zwischen 20 Å u. 100 μ wurde die Koerzitivkraft gemessen u. bei 100 Å ein Maximum von etwas über 200 Oe gefunden. Nach dickeren u. dünneren Schichten hin wird ein Abfall beobachtet, der nach dickeren Schichten auf einen Grenzwert von 70 Oe ausläuft, der mit der Spannungstheorie des Ferromagnetismus verträglich ist. Bei ca. 20 Å verschwindet der Ferromagnetismus, die Koerzitivkraft wird Null. Die Ergebnisse können mit der Eindomänentheorie NÉELs gut verstanden werden. (Z. Naturforsch. **10a.** 1030—31. Dez. 1955. Münster/Westf., Univ., Phys. Inst.) H. FAHLENBRACH. 137

Hermann Fahlenbrach, *Über die Ursachen der Permeabilitätsänderungen durch Magnetfeldabkühlungen bei Eisen–Silicium-Einkristallen.* (Vgl. C. **1955.** **7380.**) Durch Unters. der Elementarbereichsstrukturen (BITTERsche Streifen von verschied. Bilderrahmeneinkristallen einer 3,5%ig. Fe–Li-Legierung mit u. ohne Magnetfeldabkühlung) u. durch die jeweilige Best. der Magnetisierungskurven werden zwei Gründe für die Wertesteigerungen durch Magnetfeldabkühlung erkannt: 1. Die Elementarbereiche haben ihre Magnetisierungsrichtung nur in den Würfelkanten, die kleine Winkel mit der Magnetfeldrichtung bei der Abkühlung bilden; 2. durch die Magnetfeldabkühlung werden die Drehprozesse bei der späteren Raumtemperaturmagnetisierung energet. erleichtert. (Naturwissenschaften **42.** 174—75. 1955. Essen, Friedrich Krupp, Widia-Fabrik.) H. FAHLENBRACH. 137

B. Elschner und **W. Andrä,** *Magnetische Elementarbezirke.* Ferromagnet. Elementarbereiche werden heute durch Aufschwemmen koll. ferromagnet. Eisenoxyde direkt sichtbar gemacht. In den letzten Jahren sind mit dieser Untersuchungsmeth. (BITTERsche Streifen) eine ganze Reihe von Einzelunterss. durchgeführt worden, die in der vorliegenden Arbeit zu einem abgeschlossenen Bild unserer heutigen ferromagnet. Grundlagen zusammengefaßt werden. (Fortschr. Physik **3.** 163—217. 1955. Jena, Friedrich-Schiller-Univ., Phys. Inst., Inst. für Magnet. Werkstoffe.) H. FAHLENBRACH. 137

Mikio Yamamoto und **Takao Iwata,** *Ferromagnetische Elementarbereichmuster auf Nickelkristallen.* 1. Mitt. *Elementarbereichmuster auf den magnetisch wichtigen Oberflächen unmagnetisierter Nickelkristalle.* Auf den 4 magnet. bedeutsamen Kristallebenen (1 1 0), (2 1 1), (1 0 0) u. (1 1 1) von Ni-Einkristallen werden mit den üblichen Methoden BITTERsche Streifenbilder als Abbilder von ferromagnet. Elementarbereichen sichtbar gemacht. Auf der (1 1 0)-Kristallfläche wurden recht einfache Bilder erhalten, die leicht deutbar sind u. eine gewisse Ähnlichkeit mit denen von (1 0 0)-Kristallen bei Eisen–Silicium zeigen. Bes. konnten hierbei Elementarbereiche sichtbar gemacht werden, die durch 180°-, 109°- u. 71°-BLOCH-Wände voneinander getrennt waren. Bildet die (1 1 0)-Ebene kleine Winkel mit der Oberfläche, so erhält man auch Tannenbaumstrukturen. Einfache Strukturen zeigt auch die (2 1 1)-Ebene mit einer Vorzugsrichtung, während die (1 0 0)- u. (1 1 1)-Ebene komplizierte, noch nicht deutbare Elementarbereichbilder zeigt. (Sci. Rep. Res. Inst. Tôhoku Univ., Ser. **A 5.** **433—59.** **Aug. 1953.** Sendai, Tôhoku Univ., Res. Inst. for Iron, Steel and Other Metals. [Orig.: engl.]). H. FAHLENBRACH. 137

A. H. Morrish und **S. P. Yu,** *Die Abhängigkeit der Koerzitivkraft von der Dichte einiger Eisenoxydpulver.* Unter Berücksichtigung der Besetzungszahlen in den Tetraeder- u. den Oktaederstellen der Spinellgitter von Fe_3O_4 u. γ-Fe_2O_3 wird die Austauschenergie u. durch Gleichsetzen mit der magnetostat. Energie einer Eindomänenstruktur der krit. Korndurchmesser für Drehprozesse bei verschieden abgeplatteten Sphäroiden errechnet. Außerdem wird die Koerzitivkraft H_c von Fe_3O_4- u. γ-Fe_2O_3-Pulvern verschied. Kornformen u. Korngrößen verschied. Zusammenpressung gemessen. Beträgt d_0 die D. des kompakten Oxydes, d diejenige des Preßlings, so ist H_c nur in Einzelfällen linear von $(1 - d/d_0)$ abhängig. H_c ist z. B. bei Fe_3O_4, das nach mechan. Zerkleinerung gesiebt u.

gepreßt wurde, unabhängig von der Preßdichte, weil das Korn dieses Pulvers aus mehreren Elementarbereichen besteht. Der krit. Durchmesser von Eindomänen-Fe_3O_4 wird zu 3 μ, für γ-Fe_2O_3 noch etwas größer ermittelt. Zwischen Theorie u. Experiment besteht hinsichtlich H_c der Eindomänenstruktur nur Übereinstimmung, wenn der Einfl. der Kristallanisotropie u. der inneren Hohlräume berücksichtigt wird. (J. appl. Physics **26.** 1049—55. Aug. 1955. Minneapolis, Minn., Univ., Dep. of Electr. Engng.)
H. FAHLENBRACH. 137

Warren E. Henry und **Mary Jo Boehm,** *Magnetische Zwischenbereichssättigung und magnetische Struktur von γ-Fe_2O_3.* Das durchschnittliche magnet. Moment des γ-Fe_2O_3 wurde zu 1,18 BOHRschen Magnetonen bestimmt, was auf eine bevorzugte Verteilung von Fe-Leerstellen auf Oktaederplätzen einer Spinellstruktur schließen läßt. Die magnet. Momente zwischen 1,3 u. 4,2° K wurden mit einer ballist. Meth. gemessen. (Physic. Rev. [2] **101.** 1253—54. 15/2. 1956. Washington, D. C., U. S. Naval Res. Labor.)
H. MÜLLER. 137

J. O. Artman und **P. E. Tannenwald,** *Die Messung des Susceptibilitätstensors von Ferriten.* Zur Messung der Tensorkomponenten der magnet. Susceptibilität wird die Störung der Hohlraummikrowelle durch die magnet. Eigg. der Ferrite ausgenutzt. Messungen erfolgten an einem Mn–Zn-Ferrit der Bezeichnung Ferramic 1331 bei 9165 MHz. Im Gebiet der Resonanzabsorption waren sowohl Real- wie Imaginärteil der Tensorkomponente gleich, so daß nur die Messung der Diagonalglieder des Tensors notwendig war, um den vollständigen Tensor anzugeben. (J. appl. Physics **26.** 1124—32. Sept. 1955. Cambridge, Mass., MIT, Lincoln Labor.) H. FAHLENBRACH. 137

U. F. Gianola, *Die Anwendung des Wiedemann-Effektes auf die magnetostriktive Kopplung gekreuzter Spulen.* Ein *Ni–Zn-Ferrit*-Hohlzylinder hoher Magnetstriktion wird mit einer Toroid- u. einer Solenoidspule versehen. Wegen des WIEDEMANN-Effekts tritt dann bei Wechselstrombetrieb eine starke magnetostriktive Kopplung zwischen den beiden Spulen auf, die zu einer Resonanzerscheinung führt, die prakt. als Auswahlfilter für bestimmte Frequenzen ausgenutzt werden kann. (J. appl. Physics **26.** 1152—57. Sept. 1955. Murray Hill, N. J., Bell Telephone Labors.) H. FAHLENBRACH. 137

R. R. Heikes, *Magnetische Umwandlung in MnBi.* (Vgl. C. **1956.** 7713.) Aus Messungen der Sättigungsmagnetisierung von MnBi ergab sich, daß die Legierung sehr scharf ihren Ferromagnetismus bei 633° K verliert. Mit dem Verlust des Ferromagnetismus nimmt die Länge der c-Achse ab, die der a-Achse zu. Die Phase bei Zimmertemp. hat c = 6,118 Å; a = 4,287 Å, die Hochtemperaturphase c = 5,964 Å; a = 4,339 Å. Auf der Sättigungsmagnetisierungskurve tritt auch die schon von anderer Seite beobachtete therm. Hysterese am Umwandlungspunkt auf. Der Wert von I_s, auf 0° K extrapoliert, beträgt 3,95 μB; dieser Wert stimmt mit einem theoret. Wert von 4 μB überein, wenn man annimmt, daß MnBi einen g-Faktor von 2 hat u. daß Mn als Mn^{2+} vorliegt. Aus den weiteren Überlegungen ergab sich, daß die oberhalb 633° K vorkommende Phase tatsächlich ein Ferromagnet ist. Aus der Sättigungsmagnetisierungskurve einer von oberhalb 633° K abgeschreckten Legierung folgt als CURIE-Temp. dieser Phase ca. 470° K. (Physic. Rev. [2] **99.** 446—47. 15/7. 1955. East Pittsburgh, Pa., Westinghouse Res. Labor.) C. GOTTFRIED. 137

B. N. Brockhouse und **H. P. Myers,** *Neue magnetische Umwandlung in Mn_3ZnC.* (Sitzungsbericht.) (Physic. Rev. [2] **100.** 1242. 15/11. 1955. Chalk River Labor. and Univ. of Brit. Columbia.) R. STEIN. 137

M. O. Kosstrjukowa, *Untersuchung der Temperaturabhängigkeit der magnetischen Susceptibilität von Manganchlorid unterhalb 4,2° K.* Messung von $\chi - \chi_{4,2°K}$ für wasserfreies $MnCl_2$ ergibt ein Maximum der Susceptibilität im Bereich 1,6—1,95° K analog dem beim Übergang aus dem paramagnet. in den antiferromagnet. Zustand bei wasserfreien Chloriden der Eisengruppe beobachteten (vgl. Журнал Экспериментальной и Теоретической Физики [J. exp. theoret. Physik] **15.** [1945.] 246 u. früher). Die Messungen stehen im Einklang mit der auf Grund von Wärmekapazitätsmessungen 1,96° K betragenden antiferromagnet. Umwandlungstemperatur. (Журнал Экспериментальной и Теоретической Физики [J. exp. theoret. Physik] **27.** 655—56. Nov. 1954. Inst. für physikal. Probleme der Akad. der Wiss. der UdSSR.) R. AMBERGER. 137

Palmer L. Edwards, *Magnetische Eigenschaften von Murdochit, Cu_6PbO_8.* (Sitzungsbericht.) (Physic. Rev. [2] **100.** 1242. 15/11. 1955. Naval Ordnance Labor.) R. STEIN. 137

M. Bloom, E. L. Hahn und **B. Herzog,** *Freie magnetische Induktion bei der Kernquadrupolresonanz.* Die freie Präzession von Kernquadrupolmomenten in einem axialen elektr. Feld wurde nach der Impulsmeth. untersucht. Die freie Präzession u. die Spinechosignale werden quantenmechan. beschrieben. Vff. geben ferner eine halbklass. Beschreibung der Präzession. Die Theorie wird durch Beobachtungen der freien Präzessionssignale des Cl in $NaClO_3$ bestätigt. (Physic. Rev. [2] **97.** 1699–1709. 15/3. 1955. Urbana, Ill., Univ. of Illinois, Phys. Dep.; New York, N. Y., Columbia Univ., Watson Sci. Labor.) H. LIEPACK. 137

R. G. Barnes und **P. J. Bray**, *Berichtigung: Kernquadrupolresonanzen von* ^{75}As. (Vgl. C. **1956.** 10168.) In $AsCl_3$ wurden bei 147 u. 195° K Resonanzen bei 78,02 ± 0,03 u. 77,171 ± 0,015 MHz erhalten. Der Temperaturkoeff. betrug $\alpha = 1{,}83 \cdot 10^{-4}$/Grad. Für $AsBr_3$ ist die Resonanz bei der Temp. des fl. Stickstoffes bei 63,540 ± 0,008 MHz u, $\alpha = 1{,}66 \cdot 10^{-4}$/Grad. (J. chem. Physics **23.** 1178. Juni 1955. Newark, Del., Univ., Phys. Dep.; Troy, N. Y., Rensselaer Polytechnic. Inst., Phys. Dep.) C. GOTTFRIED. 137

Shoji Kojima und **Kineo Tsukada**, *Feinstruktur des reinen Quadrupolspektrums in einem Jodkristall.* Zur Unters. des ZEEMAN-Effektes von ^{127}J wurden Einkristalle gezüchtet, an denen bei einem Magnetfeld Null eine Feinstruktur in der niedrigeren Frequenzlinie beobachtet werden konnte. Diese Feinstruktur des Spektr. bestand aus 5 Linien, die sich über einen Bereich von 50 kHz erstreckten. Die Frequenzunterschiede von der stärksten Linie an betrugen –24, 8, 0, 12 u. 26 kHz. Das Intensitätsverhältnis der Linien war angenähert 2:2:5:1:1. Die Intensität der beiden stärksten Linien wurde in ihrer Abhängigkeit von der Orientierung des Hochfrequenzfeldes gemessen. Die gemessenen Änderungen der Intensität beider Linien ließen sich durch eine gleiche sinusförmige Kurve ausdrücken, woraus zu schließen ist, daß das Hauptachsensyst. der Quadrupolkopplungen dasselbe ist. Bei Anlegung eines schwachen magnet. Feldes verschob sich jede der Linien verschieden. Durch den ZEEMAN-Effekt wurden der Asymmetrieparameter u. die Orientierung der Hauptachsen bestimmt. Der Asymmetrieparameter beträgt 16 ± 1% u. der Winkel zwischen den Hauptachsen der 2 Klassen von Moll. 63° 54′ ± 2°. (J. physic. Soc. Japan **10.** 591–92. Juli 1955. Tokyo, Univ. of Educat. [Auszug: engl.]) C. GOTTFRIED. 137

H. G. Dehmelt, *Paramagnetische Resonanzuntersuchung von atomarem Phosphor unter Verwendung des Universaldissoziators.* Vf. beschreibt zuerst ein einfaches Spektrometer zur Beobachtung der paramagnet. Resonanz von freien Atomen bei ca. 9000 MHz. Hierauf wird ausführlich eine neue Dissoziationstechnik beschrieben, die Xe–Ar als Trägergas benutzt sowie einen Hochtemperaturbogen, der sich als wirksam genug erwies, oscilloskop. das Spektr. des atomaren N zu beobachten. Neben dem bekannten, stark auftretenden Nachleuchten des akt. N wurde in dem paramagnet. Resonanzspektrometer das Hyperfeinstrukturtriplett des atomaren $^4S_{3/2}$-Grundzustandes beobachtet. Nach der gleichen Technik wurde das Spektr. des atomaren P untersucht. Beobachtet wurde das Spektr. des $^4S_{3/2}$-Grundzustandes; es besteht aus einem schmalen Dublett, das von der magnet. Hyperfeinstrukturwechselwrkg. des ^{31}P-Kerns herrührt. Der gemessene Abstand beträgt $\delta\nu$ (^{31}P, $^4S_{3/2}$) = 56,2 ± 1,5 MHz; der g_3-Faktor des Grundzustandes beträgt 2,0019 ± 0,0004. Um die beobachtete Aufspaltung als magnet. Hyperfeinstruktur durch den ^{31}P-Kern mit dem Kernspin J = ½ erklären zu können, muß man kleine Beimischungen von angeregten Zuständen zu dem vorherrschenden $3s^2\,3p^3\,^4S_{3/2}$-Grundzustand annehmen. (Physic. Rev. [2] **99.** 527–31. 15/7. 1955. Durham, N. C., Duke Univ., Dep. of Phys.) C. GOTTFRIED. 137

S. I. Weissman und **Clifford S. Garner**, *Paramagnetische Resonanz von Octacyanowolframat(V).* Das paramagnet. Resonanzspektr. von $K_3W(CN)_8 \cdot 0{,}55\,H_2O$ wird an polykristalliner Substanz u. an 0,01 mol. Lsgg. aufgenommen. Das Spektr. der Lsgg. zeichnet sich durch ungewöhnliche Schärfe aus. Es werden Unterss. über die Elektronenaustauschgeschwindigkeit zwischen $W(CN)_8^{3-}$ u. $^{183}W(CN)_8^{3-}$ durchgeführt. (J. Amer. chem. Soc. **78.** 1072. 5/3. 1956. St. Louis, Mo., Washington Univ.; Los Angeles, Calif., Univ. of California.) H. W. LEVI. 137

Mildred Cohn und **Jonathan Townsend**, *Eine Untersuchung von Mangankomplexen mit der paramagnetischen Resonanzabsorption.* Messungen der paramagnet. Resonanzabsorption von wss. Lsg. (0,001–0,01 mol.) von $MnCl_2$ u. von Mn^{2+}-Komplexen. Folgende Dissoziationskonstanten konnten aus dem Verschwinden der Hyperfeinstruktur gemessen werden: Mit *Glucose-6-phosphat* $4{,}76 \cdot 10^{-3}$ (Mol/Liter), *Glucose-1-phosphat* $5{,}18 \cdot 10^{-3}$, *Malonsäure* $2{,}20 \cdot 10^{-3}$, *Glycylglycin* $1{,}45 \cdot 10^{-2}$, *Histidin* $1{,}76 \cdot 10^{-2}$. Für das Verschwinden der Hyperfeinstruktur des Mn^{2+}-Ions in den Komplexen wird eine Erklärung versucht. (Nature [London] **173.** 1090–91. 5/6. 1954. St. Louis, Mo., School of Med., Dep. of Biol. Chem.; Washington Univ., Dep. of Phys.) H. C. WOLF. 137

B. N. Brockhouse, *Energieverteilung von durch paramagnetische Substanzen gestreuten Neutronen.* Messung der Energieverteilung von Neutronen (λ = 1,3 Å), die an einer Anzahl von paramagnet. Substanzen gestreut wurden. Die Eichung der App. erfolgte mit einen V-Standard. Bei $MnSO_4$ ist die Kopplung der Mn-Ionen untereinander schwach; die gemessene Energieverteilungskurve enthält keine Anzeichen einer Kopplung. Die Winkelverteilung der Streuung an Mn_2O_3 zeigt dagegen Strukturen, die wohl auf stärkere Kopplung zurückzuführen sind. (Physic. Rev. [2] **99.** 601—03. 15/7. 1955. Chalk River, Ont., Can., Atom. Energy of Canada Ltd., Phys. Div.) H. C. WOLF. 137

L. Elias und **H. I. Schiff,** *Eine modifizierte Gleichstromleitfähigkeitsmethode für allgemeine Anwendung.* Die Leitfähigkeitsmessung nach GORDON (J. chem. Physics **10.** [1942.] 126) wird von Vff. modifiziert zur Anwendung bei Elektrolyten, für die keine reversiblen Elektroden existieren. Zwei Ag/Ag-Halogenidelektroden in den entsprechenden Halogenidlsgg. in Elektrodengefäßen, deren Herst. angegeben wird, werden mit der Probelsg. als Flüssigkeitsbrücke verbunden. Die auftretenden Diffusionspotentiale sind gering u. bleiben während der Messung konstant. Störungen durch Diffusion wurden wenigstens während 2 Std. nicht beobachtet. Die Leitfähigkeit ist in dem von GORDON (l. c.) angegebenen Bereich von der Stromstärke unabhängig. Vff. wandten die Meth. auf verschied. Elektrolyte in wss., methanol. u. CH_3NO_2-Lsg. an u. erreichten eine Genauigkeit von $\pm 0{,}01$ Leitfähigkeitseinheiten. (J. physic. Chem. **60.** 595—98. Mai 1956. Montreal, Can., McGill Univ., Dep. of Chem.) H. MÜLLER. 138

H. Falkenhagen und **E. Schmutzer,** *Kovolumeneffekt und Theorie der Diffusion starker konzentrierterer Elektrolyte in wässerigen Lösungen.* Vff. zeigen, daß der Kovolumenanteil des Aktivitätskoeff. (vgl. C. **1954.** 4786) auch bei der Diffusion starker Elektrolyte eine entscheidende Rolle spielt u. vergleichen die für diesen Fall abgeleiteten Formeln mit der aus der Literatur entnommenen Daten für *NaCl*, *LiCl* u. *KCl* bei 25° mit dem Ergebnis guter Übereinstimmung. Auf derselben Grundlage läßt sich, wie weiter gezeigt wird, auch das Diffusionspotential behandeln. (Naturwissenschaften **40.** 602—03. Dez. 1953. Rostock, Univ., Inst. für Theoret. Phys.) W. NIEMITZ. 138

P. Souchay und **R. Schaal,** *Kryoskopische Bestimmung der Dissoziationskonstanten sehr schwacher Säuren.* $Na_2SO_4 \cdot 10\,H_2O$ (I) verhält sich beim Übergang in das wasserfreie Salz wie ein kryoskop. Lösungsm., d. h. wenn man eine Verb. in geschmolzenem **I** löst, folgt die Erniedrigung des bei 32,38° gelegenen Übergangspunktes: I—wasserfreies Salz Gesetzen, die dem RAOULTschen Gesetz für reine Lösungsmittel entsprechen. Durch Zugabe von NaOH zu **I** sinkt der Übergangspunkt proportional der Konz. des **I** an OH-Ionen. Es ist also möglich, durch kryoskop. Titration mit NaOH die Dissoziationskonstanten von sehr schwachen Säuren (bis 10^{-15}) zu bestimmen. Mehrere Beispiele zeigen, daß die gefundenen Werte von den wirklichen Werten nicht sehr entfernt liegen. (Bull. Soc. chim. France, Mém. [5] **17.** 819—24. Sept./Okt. 1950. Paris, Fac. des Sci., Labor. d'Enseign. prat. de Chim. gén.) W. WESLY. 139

A. A. Pawar und **M. B. Kabadi,** *Elektrometrische Titrationen einiger gelbildender Systeme. Reaktionen zwischen Zinn(IV)-chlorid und 1. Phosphorsäure, 2. Monokaliumhydrogenphosphat, 3. Dikaliumhydrogenphosphat, 4. Trikaliumphosphat.* Bei den Systemen von $SnCl_4$ mit H_3PO_4, KH_2PO_4 u. K_2HPO_4 wurde nach anfänglichem Anstieg des p_H ein Absinken bis zu einem Minimum beobachtet. Der p_H-Abfall läßt sich so erklären, daß ein Teil der gebildeten HCl zur Überführung des entstehenden Nd. in ein stabiles Gel verbraucht wird. Da der p_H jeder Titrationslsg. $>$ Minimum-p_H ist, muß der p_H nach Erreichen dieses Punktes ansteigen. Beim Syst. $SnCl_4/K_3PO_4$ ergab sich nach anfänglichem p_H-Abfall bis zu einem Minimum ein kleiner Anstieg. Erklärung für den p_H-Abfall: Ein Teil der gebildeten HCl wird zur Stabilisierung des Gels verbraucht, bzw. infolge Pufferwrkg. des Syst. wird die Säureionisation zurückgedrängt. (J. Univ. Bombay [N. S.] **22.** A34—41. Nov. 1953. Bombay, Inst. of Sci.) L. MEYER. 139

S. N. Shroff und **M. B. Kabadi,** *Elektrometrische und thermometrische Titrationen einiger gelbildender Systeme. Reaktionen zwischen Aluminiumsulfat und 1. Monokaliumarsenat, 2. Dikaliumarsenat und 3. Trikaliumarsenat.* (Vgl. vorst. Ref.) Bei Titration von $Al_2(SO_4)_3$ mit KH_2AsO_4, K_2HAsO_4 oder K_3AsO_4 verändert sich der p_H gleichmäßig, u. zwar zunächst p_H-Abfall bis zu einem Minimum, dann wieder p_H-Anstieg. Es wird eine Erklärung dieses Vorgangs angegeben. Bei der thermometr. Titration ergab sich für das Syst. $KH_2AsO_4/Al_2(SO_4)_3$ mit Zunahme an Arsenat ein Temperaturabfall, für die Systeme $K_2HAsO_4/Al_2(SO_4)_3$ u. $K_3AsO_4/Al_2(SO_4)_3$ ein Temperaturanstieg. Der Reaktionsmechanismus läßt sich nach der elektrometr. Titration leichter erklären. (J. Univ. Bombay [N. S.] **22.** Nr. 3. Sect. A. 47—57. Nov. 1953.) L. MEYER. 139

L. J. Csányi, *Über das Oxydationspotential der Peroxysäuren von Schwefel.* Das Oxydationspotential von frisch dargestelltem $S_2O_8^{2-}$ bildet sich in neutraler oder schwach saurer Lsg. je nach Säuregeh. schneller oder langsamer aus, erreicht aber nie den thermodynam. berechneten Wert 2,01 Volt. Es nimmt bei Einw. von Spuren an Reduktionsmitteln sofort ab, worauf nur das dem eingeführten Redoxsyst. entsprechende Potential zu messen ist. Die Best. des Oxydationsnormalpotentials von H_2SO_5 ergab die Potentialgradienten $\Delta E/\Delta p_{H_2SO_5} = 54$ mV bzw. $\Delta E/\Delta p_H = 59$ mV; nach Zugabe von H_2O_2 war $\Delta E/\Delta p_{H_2SO_5} \sim 147-151$ mV; $\Delta E/\Delta p_H \sim 58$ mV; $\Delta E/\Delta p_{H_2O_2} \sim 147-150$ mV. Die Grenzkonz. der Beeinflussung durch H_2O_2 lag bei 10^{-6} Mol/Liter. Es ergab sich $E = 1{,}603 - 0{,}059\, p_H - 0{,}054\, p_{H_2SO_5}$ für $H_2O_2 < 10^{-6}$ Mol/Liter u. $E = E_0 + 0{,}058 \log ([H_2SO_5]^{5/2} \cdot [H^+])/[H_2O_2]^{5/2}$ für $H_2O_2 > 10^{-6}$ Mol/Liter. — Das Potential wird nach Ansicht der Vff. durch das aus der Peroxyschwefelsäure an der Oberfläche der Elektroden gebildete Wasserstoffsuperoxyd bestimmt: $H_2O_4 + 2e + 2H^+ \rightleftharpoons 2H_2O_2$; daneben spielt sich der Vorgang $H_2O_4 + H_2O_2 \rightarrow 2H_2O_2 + O_2$ ab. Es bildet sich eine stationäre H_2O_4-Konz. aus: $[H_2O_4]_{stat} = k[H_2SO_5]^5/[H_2O_2]^3$; der Wert des scheinbaren Normalpotentials E_H ist 1,61 Volt. (Naturwissenschaften **43.** 33—34. Jan. 1956. Szeged, Univ., Inst. für Anorgan. u. Analyt. Chem.) U. WANNAGAT. 140

Frederick H. Giles, *Verwendung charakteristischer Kurven bei der Untersuchung elektrochemischer Systeme.* (Sitzungsbericht.) (Physic. Rev. [2] **99.** 340. 1/7. 1955. Bowling Green State Univ.) GERHARD SCHMIDT. 141

D. R. Turner, *Das anodische Verhalten von Germanium in wässerigen Lösungen.* Durch Messung des Elektrodenpotentials gegen eine gesätt. KALOMEL-Elektrode bei verschied. Stromdichten u. Beobachtung von zeitlich abhängigen Potentialänderungen bei konstantem Strom wird das anod. Verh. von Ge untersucht. Die Anodencharakteristica für Ge-Anoden in wss. Elektrolytlsgg. sind für n-Ge u. p-Ge verschieden. n-Ge zeigt bei ca. 0,8 mA/cm² u. Raumtemp. im Gegensatz zu p-Ge eine ausgeprägte Spannungsschwelle; in vielen Elektrolyten bricht diese an n-Ge-Anoden-($3\Omega \cdot$cm) bei ca. 9 Volt zusammen. Bei niederen Stromdichten folgen sowohl n- als auch p-Ge-Anoden der TAFEL-Gleichung; Abweichungen von diesem Gesetz zeigen bei hohen Stromdichten vornehmlich p-Ge-Anoden. Aus den Potential–Zeit-Kurven ist ersichtlich, daß die Ge-Oberfläche während des anod. Inlösunggehens stets mit einer monomol. Hydroxyd- bzw. Oxydschicht belegt ist; bei sehr hohen Stromdichten erfolgt an der Anode eine sichtbare Bldg. von GeO_2, gelegentlich auch von GeO. Vf. diskutiert folgenden Reaktionsmechanismus: Gemäß $Ge + 2e^+ + 2OH^- \rightarrow Ge(OH)_2^{2+} + 2e^-$ geht Ge anod. als Komplexion in Lsg., wenn 2 „positive Löcher" (e^+) die Ge-Oberfläche erreichen u. 2 OH^- mit der Oberfläche unter Abgabe ihrer Elektronen an das Ge reagieren; auf diese Weise bleibt die monomol. Hydroxyd- bzw. Oxydschicht auf der Anode erhalten. (J. electrochem. Soc. **103.** 252—56. April 1956. Murray Hill, N. J., Bell Telephone Laborr., Inc.) D. ERTEL. 142

I. A. Bagotzkaja, *Über den Mechanismus der Oxydation von Quecksilber durch Sauerstoff in Elektrolytlösungen.* Unter Verwendung einer Vergleichselektrode von Hg in mit Hg_2SO_4 gesätt. 2n H_2SO_4 (I) wurde die Hg-Auflsg. in I in O_2 untersucht. Daneben wurden die Polarogramme bei Anwendung von synthet. Lsgg. mit äquivalenten Mengen an Hg-Ionen u. H_2O_2 aufgenommen. Es zeigte sich, daß die Hg-Auflsg. in I nach einem elektrochem. Mechanismus erfolgt. Sie ist begleitet von der Bldg. einer äquivalenten H_2O_2-Menge. Auf Grund der kinet. Gesetzmäßigkeiten, die bei der Elektrored. von O_2 durch Polarisationsmessungen an der Hg-Elektrode ermittelt werden, kann die Geschwindigkeit der Hg-Auflsg. u. der H_2O_2-Bldg. bestimmt werden. (Журнал Физической Химии [J. physik. Chem.] **25.** 459—67. April 1951. Moskau, Inst. für physik. Chem. der Akad. der Wiss. der UdSSR.) O. LEBTAG. 142

Ju. K. Delimarski, *Polarographie geschmolzener Salze.* Zusammenfassende Übersicht. — 31 Literaturangaben. (Успехи Химии [Fortschr. Chem.] **23.** 766—80. 1954. Kiew.) E. KLEVER. 142

T. R. Beck und **R. W. Moulton,** *Sauerstoffüberspannung in konzentrierten Säurelösungen.* 1. Mitt. *Perchlorsäure.* An Pt- u. Pt–Ir-Elektroden führen Vff. Messungen der O_2-Überspannung in 5mol. $HClO_4$ von -45 bis $+40^0$ sowie in $5-9 \cdot 10^{-3}$mol. $HClO_4$ bei 0^0 durch. Eine dabei auftretende Grenzstromdichte wird auf die Aktivierungsüberspannung an der Anodenoberfläche zurückgeführt. Diese Grenzstromdichte vermindert sich bei niederen Tempp. u. in $HClO_4$-Lsgg. höherer Konzz.; sie bezeichnet gleichzeitig den Beginn der O_3-Bildung. Als Ursache des Auftretens der Grenzstromdichte nehmen Vff. eine Adsorption von ClO_4^--Ionen an der Anode an. (J. electrochem. Soc. **103.** 247—52. April 1956. Seattle, Wash., Univ. of Washington.) D. ERTEL. 143

A_4. Thermodynamik. Thermochemie.

Donald G. Miller, *Ein analytischer Beweis, daß das Extremum der thermodynamischen Wahrscheinlichkeit ein Maximum ist.* Die wahrscheinlichste Verteilung u. daraus die makroskop. Eigg. eines Syst. werden in der statist. Mechanik durch Best. des Maximums der thermodynam. Wahrscheinlichkeit (W) erhalten. Vf. führt den strenggültigen analyt.

Beweis, daß die Verteilung, die man durch Aufsuchen des Extremwerts der thermodynam. Wahrscheinlichkeit erhält, tatsächlich auch die wahrscheinlichste Verteilung ist. Der Beweis wird für den Fall der klass. Statistik angegeben u. auf die BOSE-EINSTEIN- u. FERMI-DIRAC-Statistik sowie auf Strahlung u. die Theorie der Kautschukelastizität von WALL (J. chem. Physics **11.** [1943.] 527) übertragen. Der Beweis ist in diesen Fällen nur von der jeweiligen Form von W abhängig. (J. physic. Chem. **60.** 536—39. Mai 1956. Louisville, Ky., Univ. of Louisville.) W. KRÖNERT. 146

Ira Jacobs, *Störungsberechnung des Volumenausschließungseffektes.* (Sitzungsbericht.) (Physic. Rev. [2] **100.** 1257. 15/11. 1955. Bell Telephone Laborr.) R. STEIN. 148

M. Z. v. Krzywoblocki, *Über einige Probleme beim Gleiten freier Moleküle in Strömungen.* Die fundamentalen Gleichungen der Hydrodynamik u. ihre Grenzen werden diskutiert. Das im Gebiet geringer makroskop. Geschwindigkeiten gültige EPSTEINsche Verf. wird für jeden MACHschen Wert verallgemeinert. Für das Gebiet freier Mol.-Strömungen mit intermol. Zusammenstößen wird eine neue Näherungslösung vorgeschlagen. Das Grenzgebiet für gleitungsfreie Mol.-Strömungen wird betrachtet u. neue Grenzbedingungen für das Gleiten abgeleitet. (Acta physica austriaca **9.** 216—57. 1955. Illinois, Univ.) B. MÜLLER. 149

A. D. K. Laird, *Stabilität der Gasströmung in einem Rohr in bezug auf die vertikale ringförmige Gas–Flüssigkeits-Strömung.* Mit 2 Rohren aus Gummi wird in einem Modellvers. bei vertikalem ringförmigem Fluß eines Gas–Fl.-Gemisches die Abhängigkeit des Druckes von der Wellenlänge, Frequenz u. Amplitude untersucht. Die mathemat.-theoret. Grundlagen für die Verss. werden klargelegt. In Kurven werden die Abhängigkeiten des WEISSBACHschen Reibungsfaktors von der REYNOLDSschen Zahl, der Frequenz u. der Amplitude dargestellt. (Trans. ASME **76.** 1005—10. Okt. 1954. Berkeley, Calif., Univ. of California, Dep. of Mech. Engng.) H. MIETHING. 149

C. F. Curtiss, *Die Quantenmechanik der Stöße zwischen zweiatomigen Molekülen.* Um die Einstellungsgeschwindigkeit therm. Gleichgewichts in Gasen u. ihren Einfluß auf die Transporterscheinungen aufzufinden, werden die Stoßvorgänge zwischen 2atomigen Molekeln quantenmechan. untersucht (vgl. Vf. u. ADLER, C. **1953.** 2239). Dabei wurden gruppentheoret. Methoden verwendet. Solange kleine Übergangswahrscheinlichkeiten in Frage kommen, kann mit der Annahme gestörter Wellen, wie bei TAKUYANAGI (Progr. theoret. Physics [Kyoto] **8.** [1952.] 497) für H_2 durchgeführt, gearbeitet werden. Explicite Ausdrücke für die Winkelverteilung der Übergangswahrscheinlichkeiten werden in Form von Koeffizientensätzen erhalten, welche durch die asymptot. Form der Lösungen einer Gruppe gekoppelter Differentialgleichungen mit der gegenseitigen Entfernung der Moll. als Variablen definiert sind. Zu diesen Gleichungen gehören Integrale einer intermol. Potentialfunktion beliebiger Form. Eine Lösung der Differentialgleichungen für schwache Stöße mit seltenen Übergängen durch Störungsmethoden wird diskutiert. (J. chem. Physics **21.** 2045—50. Nov. 1953. Madison, Wis., Univ., Dep. of Chem., Naval Res. Labor.) E. U. FRANCK. 149

G. R. Grove, K. W. Foster und **R. E. Vallee,** *Thermische Diffusion von Gasen.* (Sitzungsbericht.) (Physic. Rev. [2] **99.** 340— 1/7. 1955. Monsanto Chem. Corp.) GERHARD SCHMIDT. 149

Charles E. Hecht und **George Zimmerman,** *Messung des Joule-Thomson-Koeffizienten. Ein Laboratoriumsversuch.* Ein Gas von 1—2 at Überdruck wird durch eine engporige Glasfritte entspannt u. die Temperaturdifferenz auf deren beiden Seiten durch gegeneinander geschaltete Thermoelemente gemessen. — Beschreibung des App. (in Thermostaten) u. der Arbeitsweise. Die Messungen ergaben für CO_2 u. N_2 gute Übereinstimmung mit den anerkannten Werten für $\Delta T/\Delta P$. — Thermodynam. Rechnungen (Zustandsgleichungen, Expansionswärmen usw.) werden im Anschluß an die Messungen empfohlen. (J. chem. Educat. **31.** 530—33. Okt. 1954. Chicago, Ill., Univ. of Chicago; Bryn Mawr, Pa., Bryn Mawr Coll.) K. BLUMRICH. 149

A. Michels und **A. Botzen,** *Die Wärmeleitfähigkeit von Stickstoff bei Drucken bis 2500 Atmosphären.* Die bei 25, 50 u. 75° erhaltenen Meßergebnisse sind in Tabellen u. Diagrammen wiedergegeben u. werden einer eingehenden thermodynam. Auswertung unterzogen. (Physica **19.** 585—98. Juli 1953. Amsterdam, Gemeente-Univ., Van der Waals Labor.) G. KIRSCHSTEIN. 149

P. Grassmann, *Stoffübertragung zwischen Dampf und Flüssigkeit in N_2–O_2-Gemischen.* Die App., mit der die Stoffübertragung von Gemischen aus N_2–O_2 beobachtet wurde, ist beschrieben. Berechnungen u. n. Beobachtungen führten nicht zum Ziel. Kinematograph. Aufnahmen (1000 je Sek.) ließen sowohl die Geschwindigkeit der Blasen als auch ihre Größe erkennen u. brachten weitgehend Klärung bei verschied.

Konzz. u. Temperaturen. Der Stoffübertragungskoeff. konnte bestimmt werden. (Bull. Inst. int. Froid **1954.** 49—55. Zürich, ETH.) H. MIETHING. 150

F. Din, *Das Flüssigkeits–Dampf-Gleichgewicht des binären Systems Argon–Sauerstoff.* Dampfdruck u. Blasenpunkt von O_2-Ar-Gemischen werden im Bereich von 87—110° K u. zwischen 1 u. 7 at bestimmt. Die dazu benötigte App. u. die Untersuchungsmethoden werden beschrieben. Drücke werden mit einem Differentialmanometer gemessen, Konzz. werden durch Gasanalyse mit Hg-Büretten festgestellt, deren Ablesungen die höchste sonst erreichte Genauigkeit nicht gestatten. Für den Druck wird die Gleichung $\log p = A - B/T$ u. für die Flüchtigkeit α eine ähnliche $\log \alpha = C/T - D$ aufgestellt. Die Konstanten A B C D werden berechnet u. angegeben. Ein Diagramm stellt zum Schluß die Flüchtigkeit in Abhängigkeit von der Temp. mit Druck u. Konz. als Parameter dar. (Bull. Inst. int. Froid **1954.** 17—30. London, Brit. Oxygen Co. Ltd., Res. Dep.) H. MIETHING. 150

K. Kümmerle, *Dampf–Flüssigkeits-Gleichgewichte binärer und ternärer Systeme.* 1. Mitt. *Beschreibung einer Apparatur zur Bestimmung von Verdampfungsgleichgewichten nach der Dampf–Flüssigkeits-Umlaufmethode.* Vf. beschreibt eine Umlaufapp., bei welcher der aus der Fl. gebildete Dampf nach seiner Kondensation total verdampft u. in diesem Zustand der Fl. des Gleichgewichtsgefäßes zugeführt wird. Die Dampfblasen bewirken eine ständige Durchmischung der Fl., die durch einen Magnetrührer noch verstärkt wird, so daß rasch ein stationärer Zustand, der der Gleichgewichtseinstellung entspricht, erreicht wird. Durch eine besondere Konstruktion ist eine Probeentnahme während des Stoffumlaufes ohne Verunreinigung der Fl. durch das Dichtungsmedium möglich. Mit der beschriebenen App. werden auch bei Systemen mit großen Trennfaktoren u. solchen mit großer Dichtedifferenz der Komponenten thermodynam. konsistente Daten erhalten. (Chemie-Ing.-Techn. **28.** 400—03. Juni 1956. Frankfurt/M.-Höchst, Farbwerke Hoechst AG., Techn. Abt., Chem. Verfahrenstechn.) W. KRÖNERT. 150

R. F. Baumann, *Berechnung von Phasengleichgewichten binärer Gemische.* Vf. wendet ein von OTHMER, RICCIARDI u. THAKAR (C. **1955.** 3076) entwickeltes Verf. zur Vorausberechnung der Dampf–Fl.-Werte bin. Systeme auf die Gemische $CHCl_3$–CH_3OH, $CHCl_3$–C_6H_6, NH_3–H_2O u. H_2O–H_2SO_4 an. Die dem Verf. zugrunde liegende Differentialgleichung $[(x_F/x_D) - (1 - x_F)/(1 - x_D)] \cdot (dx_D/dx_F)_P = (L_{xF}/RT^2) \cdot (dT/dx_F)_P$, in der L_{xF} die mol. Verdampfungswärme des fl. Gemisches mit der Zus. x_F bedeutet, wird entweder durch schrittweise Integration oder mit Hilfe der HIRATA-Beziehungen ausgewertet. Voraussetzung für die Anwendbarkeit des Verf. ist die Gültigkeit der Gleichungen von DALTON u. CLAUSIUS-CLAPEYRON, das Fehlen chem. Umwandlungen beim Phasenübergang sowie möglichst genaue Kenntnis der Siedelinie u. der experimentellen Verdampfungswärme des Gemisches bei verschied. Zusammensetzungen. Die Abweichungen zwischen experimentellen u. berechneten Daten werden diskutiert. — Zu Vergleichszwecken werden die Phasengleichgewichtswerte des Syst. H_2O–H_2SO_4 bei 0,1 at experimentell bestimmt. (Chemie-Ing.-Techn. **28.** 397—400. Juni 1956. Karlsruhe, TH, Inst. für Apparatebau u. Verfahrenstechn.) W. KRÖNERT. 150

P. Van der Leeden, *Thermodynamik von Zweiphasensystemen.* Systemat. Begründung der Übergangspunkte u. -linien 1., 2. u. 3. Ordnung in Systemen, in denen sich 2 Phasen einer Komponente im Gleichgewicht befinden. (Physica **21.** 545—53. Juli 1955.) G. KIRSCHSTEIN. 150

Ju. W. Kornew und **W. N. Golubkin,** *Bestimmung des Dampfdruckes und der Sublimationswärme von Kobalt zwischen 1050 und 1250°.* Zur Best. des Dampfdruckes von metall. Co (0,2% Fe, 0,1% Cu, 0,1% C) benutzen Vff. die Meth. der Dampfausströmung aus einer kleinen Düse unter Anwendung der Technik der radioakt. Indicatoren (^{60}Co). Die experimentell erhaltenen Resultate gestatten mit Hilfe der kleinsten Quadrate die Aufstellung der Gleichung für die Abhängigkeit des Dampfdruckes des Co von der Temp.: $\log P = 7{,}585\ (20{,}815/T) \cdot 10^3$ u. die Berechnung seiner Sublimationswärme. Sie ist gleich $95{,}2 \pm 0{,}8$ kcal/Grammatom. Die Temperaturabhängigkeit des Dampfdruckes des Co im Koordinatensyst. log P gegen 1/T zeigt, daß die experimentell erhaltenen Punkte der zwei unabhängig voneinander durchgeführten Versuchsserien sich gut mit einer Geraden decken, die der obigen Gleichung entspricht. Diese bestätigt, daß in Grenzen des Versuchsfehlers die Sublimationswärme für den gegebenen Temperaturintervall von der Temp. unabhängig ist. (Доклады Академии Наук СССР [Ber. Akad. Wiss. UdSSR] [N. S.] **99.** 565—67. 1/12. 1954.) E. STEINBERG. 150

William N. Vanderkooi und **Thomas De Vries,** *Die Wärmekapazität von Gasen bei niedrigen Drucken mit einer Draht–Band-Methode.* Die von EUCKEN u. KROME (Z. physik. Chem., Abt. B **45.** [1940.] 175) angegebene Draht–Band-Meth. wird zur Best. der Akkomodationskoeffizienten u. Wärmekapazitäten von Gasen im Bereich sehr kleiner Drucke (0—7 μ Hg) angewandt. Die entsprechenden Gleichungen für die zeitliche Energieabgabe von Draht u. Band werden abgeleitet. Die Molwärmen bei konstantem Vol. von *CHF_3*, *$CClF_3$* u. *CH_3CF_3* bei 300° werden zu 10,23 ± 0,13; 14,10 ± 0,38 u. 16,83 ± 0,18 cal/Mol·Grad bestimmt. Aus dem Unterschied zwischen dem experimentell bestimmten C_v von CH_3CF_3 u. dem sich aus spektroskop. Daten ergebenden Wert 14,72 wird für die Potentialschwelle der beschränkten inneren Rotation 3370 cal/Mol berechnet. (J. physic. Chem. **60.** 636—39. Mai 1956. Lafayette, Ind., Purdue Univ., Dep. of Chem.) W. KRÖNERT. 151

Joseph F. Masi, *Überblick über die experimentellen Bestimmungen der Wärmekapazität von zehn technisch wichtigen Gasen.* Nach 53 Literaturstellen aus Arbeiten aus den Jahren 1925—1952 werden die Methoden zur Best. der spezif. Wärme der Gase *Luft*, *NH_3*, *CO_2*, *CO*, *H_2*, *CH_4*, *NO*, *N_2*, *O_2* u. *H_2O* zusammengestellt. Erwähnt werden die direkten Methoden mit Strömungscalorimetern, von denen 2 näher beschrieben u. abgebildet u. viele andere zitiert werden. Außerdem werden in der Arbeit auch eine Reihe direkter Methoden zur Best. der Wärmekapazität beschrieben. Kurven u. ausführliche Tabellen vgl. Original. (Trans. ASME **76.** 1067—74. Okt. 1954. Washington, D. C., Nat. Bur. of Stand., Thermodyn. Sect.) H. MIETHING. 151

M. Ch. Karapetjanz, *Über die Berechnung der Entropien verschiedener Verbindungen.* Das vorgeschlagene Näherungsverf. für die Berechnung der Entropie beruht auf der Annahme, daß für die Elemente einer Untergruppe im Period. Syst. die Standardentropie S^0_{298} eine lineare Funktion der spezif. Wärme $(C^0_p)_{298}$ ist: $S^0_{298} = a + b\,(C^0_p)_{298}$. Außerdem sind die S^0_{982}-Werte der Verbb. einander proportional. Beide Gesetzmäßigkeiten gelten sowohl für anorgan. als auch für organ. Verbindungen. Aus diesen Beziehungen ergeben sich folgende Entropiewerte: *SrF_2* ≈ 19,5; *BeF_2* ≈ 10,7; *AgF* ≈ 19,8; *1.2.3-Trimethylbenzol* ≈ 64,0. Für $(C_p)_{AgF}$ erhält man hieraus ≈ 11,5. (Журнал Физической Химии [J. physik. Chem.] **27.** 775—76. Mai 1953. Moskau, Chem.-Technol. Mendelejew-Inst.) O. LEBTAG. 154

J. H. Hildebrand und **D. N. Glew,** *Die Lösungsentropie von Jod.* Vff. wenden die thermodynam. Beziehung $\bar{S}_2 - S_2^s = R(\partial \ln a_2/\partial \ln x_2)\cdot(\partial \ln x_2/\partial \ln T)_{ges.}$ für die Entropieerniedrigung beim Auflösen eines festen Stoffes ($\bar{S}_2$ = Entropie des gelösten Stoffes, S_2^s = Entropie des Stoffes im festen Zustand, x_2 = Molenbruch des Gelösten, a_2 = Aktivität des Gelösten) auf gesätt. Lsgg. von J_2 in verschied. Lösungsmitteln an. Beim Auftragen von $R(\partial \log x_2/\partial \log T)_{ges.}$ gegen $-\log x_2$ bei 25° befinden sich alle Punkte für die violetten, regulären Lsgg. auf einer einzigen Geraden, während die der irregulären, rot u. braun gefärbten Lsgg. darunter liegen. Die Gerade für die violetten Lsgg. deckt sich jedoch nicht mit der theoret. Geraden für ideale Lsgg., sondern verläuft oberhalb dieser u. besitzt eine größere Steigung. Dieser Unterschied wird auf verschied. Einfll. zurückgeführt: 1. Abweichungen vom HENRYschen Gesetz ($\partial \ln a_2/\partial \ln x_2 \neq 1$); 2. Beitrag der Mischungsentropie auf Grund der verschied. Molvoll. von Lösungsm. u. Gelöstem; u. 3. Entropie der Ausdehnung, da das Vol. bei der Auflsg. nicht konstant bleibt. Die beiden letzten Beiträge sind für die eingehend untersuchten Lsgg. in *n-Heptan* beträchtlich. (J. physic. Chem. **60.** 618—20. Mai 1956. Berkeley, Calif., Univ. of California, Dep. of Chem. and Chem. Engng.) W. KRÖNERT. 154

F. E. Fujita, *Über die Schmelzentropie von binären Legierungen.* Ausgehend von einer thermodynam. Theorie des Phasendiagramms untersuchte Vf. die Schmelzentropie von bin. Legierungen. wobei die vorhandenen experimentellen Ergebnisse über die thermodynam. Eigg. von bin. Legierungen während des Schmelzens zugrunde gelegt wurden. Bes. wurden die Einfll. der Diffusion von Gitterleerstellen, des Überganges in den geordneten Zustand auf kurze Entfernungen sowie der Änderung der Atomschwingungen infolge Legierungsbldg. in festen Körpern u. in Fll. diskutiert u. mit einigen experimentellen Ergebnissen verglichen. Graph. wiedergegeben sind die Phasendiagramme, die Schmelzenergien u. die Schmelzentropien der Legierungssysteme *Pb–Cd*, *Sn–Bi*, *Bi–Cd*, *Cd–Zn*, *Pb–Sn*, *Sn–Zn*, *Bi–Sb* u. *Mg–Sb*. (Nippon Kinzoku Gakkai-Si [J. Japan Inst. Metals] **19.** 114—18. Febr. 1955. [Orig.: japan., Auszug: engl.]) C. GOTTFRIED. 154

H. B. Huntington, G. A. Shirn und **E. S. Wajda,** *Berechnung der Entropie von Gitterdefekten.* Es werden Berechnungen zur Abschätzung der mit besetzten Zwischengitterplätzen, Leerstellen sowie aktivierten Komplexen von Leerstellen- u. Kreisdiffusion verknüpften inneren Entropien durchgeführt. Das Verf. wird unter Verwendung eines stark vereinfachten Modells für „fcc-Metalle" angewandt. Das Hauptproblem ist die Entw. der mit der Einführung von Defekten verbundenen Änderung der Gitterschwingungen, das näherungsweise gelöst wird. Die Ergebnisse werden diskutiert. (Physic. Rev. [2] **99.** 1085—91. 15/8. 1955. Troy, N. Y., Rensselaer Polytechn. Inst., Dep. of Phys.) H. W. LEVI. 154

William H. Evans, Rosemary Jacobson, Thomas R. Munson und **Donald D. Wagman,** *Thermodynamische Eigenschaften der Alkalimetalle.* Überblick über die Berechnung der thermodynam. Funktionen u. tabellar. Zusammenstellung der freien Energie, Wärmeinhaltsfunktion, Entropie, Wärmeinhalt, spezif. Wärme, Bildungswärme, freie Bildungswärme u. die Logarithmen der Gleichgewichtskonstante für den festen u. fl. Zustand für die 1- u. 2-atomigen Gase als Funktion der Temp. für die Elemente *Li, Na, K, Rb* u. *Cs.* — 98 Literaturangaben. (J. Res. nat. Bur. Standards **55.** 83—96. Aug. 1955. Ann Arbor, Mich., Univ. of Michigan, Dep. of Chem.; West Orange, N. Y., Vitro Corp.) V. BURBACH. 156

A. S. Dworkin, D. J. Sasmor und **E. R. Van Artsdalen,** *Thermodynamische Eigenschaften des Bornitrids; Wärmekapazität und Entropie bei niederen Temperaturen; Verbrennungs- und Bildungswärme.* (Vgl. C. **1954.** 3634.) Die Wärmekapazität von mikrokristallinem *Bornitrid* (I) wurde im Bereich von 20—300° K gemessen. Aus den Meßwerten für C_p berechnen Vff. die thermodynam. Funktionen S^0, $-(F^0 - H_0^0)/T$ u. $(H^0 - H_0^0)/T$. C_v wird aus C_p nach der Meth. von NERNST-LINDEMANN berechnet. Im Bereich 20—65° K folgt C_v einem T^2-Gesetz, was Vff. mit dem Schichtgitter von I erklären. Vff. bestimmen ferner die Verbrennungswärme von I zu amorphem B_2O_3 u. N_2 mit 90,1 kcal/Mol u. berechnen daraus die Bildungswärme der Rk. $B_{krist.} + \frac{1}{2}N_2 = BN_{krist.}$ zu $H_{298,16^0} = -60,7$ kcal/Mol. (J. chem. Physics **22.** 837—42. Mai 1954. Oak Ridge, Tenn., Oak Ridge Nat. Labor., Chem. Div.) H.-J. BECHER. 156

E. Lange und **W. Miederer,** *Integrale Verdünnungswärmen wässeriger Lösungen von $La(NO_3)_3$, $Ba_3[Fe(CN)_6]_2$, $Mg_2[Fe(CN)_6]$ und $La[Fe(CN)_6]$.* Vff. bestimmen die integralen mol. Verdünnungswärmen verd. wss. Lsgg. von $La(NO_3)_3$ (**I**), $Ba_3[Fe(CN)_6]_2$ (**II**), $Mg_2[Fe(CN)_6]$ **III**) u. $La[Fe(CN)_6]$ (**IV**) in einem Differentialcalorimeter bei 25°. Für den 3—1-wertigen Elektrolyten **I** ergibt sich für die Anfangsneigung im Gebiet großer Verdünnung $V_c = 6100 \sqrt{m}$ cal/Mol (V_c = Verdünnungswärme, m = Molarität). Die Übereinstimmung des experimentellen (15,2) mit dem theoret. Quotienten (14,7) der Anfangsneigungen, bezogen auf die Anfangsneigung eines 1—1-wertigen Elektrolyten (400) ist gut. Für die 2—3- bzw. 2—4-wertigen Elektrolyte **II** u. **III** lauten die entsprechenden Ausdrücke $V_c = 45600 \sqrt{m}$ bzw. $V_c = 47000 \sqrt{m}$. Die experimentellen Quotienten der Anfangsneigungen (114,2 bzw. 117,2) sind hier 2—3 mal so groß wie die theoret. Quotienten (58,4 u. 41,7). Für den 3—3-wertigen Elektrolyten **IV** ergibt sich schließlich mit $V_c = 1400 \sqrt{m}$ ein experimenteller Quotient (3,5), der ca. 8 mal kleiner ist als der entsprechende theoret. Quotient (27,1). Die größer gemessenen mol. intermediären Verdünnungswärmen können durch die Annahme teilweiser Assoziation erklärt werden. In diesem Fall wird die $\sqrt{m}$-Proportionalität bei kleinen Konzz. unverständlich. (Z. Elektrochem., Ber. Bunsenges. physik. Chem. **60.** 362—64. Mai 1956. Erlangen, Univ., Inst. für Phys. Chem.) W. KRÖNERT. 156

W. R. Mickelsen und **N. E. Ernstein,** *Der Einfluß der Turbulenz auf das Wachsen freier Flammen.* Beim Entzünden durch Funken von brennbaren, turbulent strömenden Gasen ergab sich als Wuchsgeschwindigkeiten der Flammen eine statist. Variable, die eine Zufallsstreuung um einen Mittelwert zeigte; der kleinere Teil ergab Werte, die unter denen lagen, die bei laminaren Flammen erhalten wurden. Vff. diskutieren, wie weit diese Ergebnisse sich mit denen anderer Autoren decken. (J. chem. Physics **23.** 1558. Aug. 1955. Cleveland, O., Nat. Advis. Comm. for Aeronaut., Lewis Flight Propuls. Labor.) E. REDER. 157

I. R. King und **H. F. Calcote,** *Einfluß der Anfangstemperatur auf die minimale Funkenzündungsenergie.* Der Einfl. der Anfangstemp. auf die minimale Funkenzündungsenergie in Abhängigkeit vom Mischungsverhältnis mit Luft wurde bei *H_2, C_2H_2, CH_4, C_3H_8, n-Pentan, n-Heptan, Isooctan, Propylenoxyd* u. *CS_2* zwischen —50 u. +250° untersucht. Oberhalb 250° treten Frühzündungen ein u. führen zu nicht reproduzierbaren Meßwerten. Die graph. Darst. der Werte für n-Pentan–Luft-Mischungen zeigt eine Verschiebung des Minimums der Zündungsenergie von brennstoffreicheren zu mageren Brennstoff–Luft-Mischungen mit steigender Temp. bei gleichzeitiger Verbreiterung des Minimums auf einen größeren Mischungsbereich. Der Logarithmus der Zündungsenergie ist umgekehrt proportional zur Temp., abgesehen von den tiefsten Tempp. (—30 bis —50°), wo bei verschied. Brennstoffen eine raschere Zunahme der Energie mit sinkender Zündungstemp. beobachtet wird, für deren Erklärung Kondensations- oder Adsorptionseffekte ausgeschaltet werden konnten. Eine Tabelle der minimalen

Funkenzündungsenergie stöchiometr. Mischungen bei 0, 25 u. 100° wird für die angeführten Brennstoffe angegeben. (J. chem. Physics **23.** 2444—45. Dez. 1955. Richmond, Va., Experim. Inc.) B. MÜLLER. 157

Philip F. Kurz, *Der Wirbelbrenner. Ein nützliches Hilfsmittel zur Untersuchung der Flammenstabilität gasförmiger Brennstoffe und von Brennstoffgemischen.* Da BUNSEN-Brenner allg. zur Unters. von Flammen nur dann geeignet sind, wenn ihre Rohrdurchmesser sehr klein sind (Rohrweiten von $^7/_{16}$ in. sind z. B. zur Unters. von verbrennendem H_2, *Acetylen* u. *Diboran* wegen des leichten Rückschlagens der Flamme schon zu groß), konstruierte Vf. einen Wirbelbrenner („Vortex Burner"), bei dem die brennbaren Gase aus mehreren, symm. angeordneten Düsen radial in den Verbrennungsraum hineingeblasen werden (Konstruktion vgl. Original). Die Reproduzierbarkeit der Versuchsergebnisse sowie die Flammenstabilität, ausgedrückt in Einheiten der Gasströmungsgeschwindigkeit (in Liter/Min.) für das Ausblasen der Flamme, untersucht Vf. als Funktion von den Rohrweiten u. -längen, von den REYNOLDSschen Zahlen u. von der Strömungsgeschwindigkeit der zu verbrennenden Gase. Vf. untersucht die Vorgänge bei der Verbrennung von KW-stoffen (I), von I/H_2-, von I/H_2S-, von H_2/H_2S- u. bes. von H_2/*Propan*-Gemischen. (Rev. sci. Instruments **25.** 418—21. Mai 1954. Columbus, O., Battelle Mem. Inst.) E. ROEDER. 157

A. B. Bhatia und **W. J. Noble,** *Brechung des Lichtes durch Ultraschallwellen.* 1. Mitt. *Allgemeine Theorie.* Theoret, Untersuchung. (Proc. Roy. Soc. [London], Ser. A **220.** 356—68. 8/12. 1953. Edinburgh, Univ., Dep. of Math. Phys.) C. GOTTFRIED. 159

A. B. Bhatia und **W. J. Noble,** *Brechung des Lichtes durch Ultraschallwellen.* 2. Mitt. *Angenäherte Ausdrücke für die Intensitäten und Vergleich mit dem Experiment.* (1. vgl. vorst. Ref.) Theoret. Untersuchung. (Proc. Roy. Soc. [London], Ser. A **220.** 369—85. 8/12. 1953.) C. GOTTFRIED. 159

Mario De Rossi, *Beitrag zur Technik der Messung der Ultraschallgeschwindigkeit in Flüssigkeiten.* Vf. teilt das elektr. Schaltschema u. eine schemat. Darst. einer App. mit, mittels derer die Länge von Ultraschallwellen nach dem Prinzip der sek. Interferenz gemessen wird, u. erörtert die Genauigkeit u. die Anwendungsmöglichkeiten des Verfahrens. (Ricerca sci. **25.** 2334—39. Aug. 1955. Roma, Univ., Fac. di Sci. mat., fis. natur., Labor. di Mis. elettr.) R. K. MÜLLER. 159

W. W. Tarassow und **Je. G. Ponedelnikowa,** *Schallgeschwindigkeit und Struktur assoziierter Flüssigkeiten.* Der Charakter der assoziativen Struktur von Fll. übt einen großen Einfl. auf die Schallgeschwindigkeit in diesen Medien aus, die unmittelbar von der Größe der quasielast. Bindungen der Flüssigkeitsmoll. abhängt. Es dürfte scheinen, daß assoziierte Fll., deren Moll. durch an sich stärkere elast. H-Bindungen verbunden sind, größere Schallgeschwindigkeiten aufweisen mußten als nicht assoziierte, zwischen denen nur schwache Dispersionskräfte wirken. Diese Annahme wird durch Stoffe mit hoher Schallgeschwindigkeit u. geringer Kompressibilität einerseits (Glycerin, Glykole) u. einwertige Alkohole andererseits bestätigt, in welchen die Schallgeschwindigkeit die Größenordnung nicht assoziierter Fll. besitzt. Als weitere Beispiele werden die Isomeren $C_6H_5 \cdot CH_2OH$ u. $C_6H_5OCH_3$ sowie $CH_3CH(OH)CH_2OH$ u. $CH_2(OCH_3)_2$ angeführt. (Доклады Академии Наук СССР [Ber. Akad. Wiss. UdSSR] [N. S.] **96.** 789—91. 1/6. 1954. Chem.-technol. Mendelejew-Inst.) E. v. PEZOLD. 159

A_5. Kolloidchemie. Grenzschichtforschung.

Arthur Bierman, *Elektrostatische Kräfte zwischen ungleichartigen kolloidalen Teilchen.* Die Theorie von VERWEY-OVERBEEK wurde auf ungleichartige Teilchen angewandt u. entsprechend revidiert. Dies geschieht durch Einführung einer Wechselwrkg. abhängig vom Oberflächenpotential. Es wurde gezeigt, daß die Anziehungskräfte zwischen ungleichartigen Platten auf kurze Entfernung entstehen können. Die Bedingungen der Anziehung u. die Reichweite der Kräfte (bis zu einigen hundert Å) werden berechnet. Da die Stärke u. Reichweite dieser Kräfte von der Ungleichartigkeit der Teilchen abhängig ist, werden bei einer koll. Mischung die meisten ungleichartigen Teilchen ausgefällt werden. (J. Colloid Sci. **10.** 231—45. Juni 1955. New York, N. Y., Columbia Univ., Zool. Dep.) P. WOLF. 162

R. Neuwirth, *Atmosphärische Einflüsse auf die Alterung eines anorganischen Sols.* Mit Hilfe der photometr. Meth. wurde die Trübung von Präpp. aus *As_2S_3*-Sol über 2 Jahre lang täglich gemessen. Die auftretende Alterung des Koll., die durch elektronenmkr. Aufnahmen demonstriert wird, war nicht stetig. Es zeigten sich Beschleunigungen u. Verzögerungen im Zusammenhang mit meteorolog. Gesichtspunkten, wie „Gesamttropophär. Kaltfronten", relativer Wirbelgröße sowie Änderung der Höhe der 500 mb-Fläche.

Vf. berichtet über einen Vers. zur Registrierung der Effekte. Die Ursache der Änderungen konnte noch nicht geklärt werden; doch wird nach einem Vorschlag von LOSSNITZER auf die Rolle, die extraterrestr. cm-Wellen u. Kondensationserscheinungen des atmosphär. Wasserdampfes sowie Strukturänderungen des W. spielen können, hingewiesen. (Meteorol. Rdsch. **8.** 108—13. Juli/Aug. 1955. Freiburg i. Br., Meteorol. Observ.) G. RUBAN. 162

K. Lothar Wolf, *Grundlagen der Physik und Chemie der Grenzflächen.* Es werden im ersten Teil rein phänomenolog. die in Oberflächen u. Grenzflächen von Fll. wirksamen Kräfte an Verss. erläutert u. ein kurzer Abriß der Theorie der zwischenmol. Kräfte im Hinblick auf deren Wirken in Oberflächen gegeben. Der zweite Teil zeigt an Hand von Verss. eine Reihe von Oberflächen- u. Grenzflächenerscheinungen sowie von Ausbreitungserscheinungen u. dergleichen. Ausführlicher werden dann noch die Reibung u. damit zusammenhängende Erscheinungen, wie Mahlhärte u. Verschleiß, behandelt. (Farbe u. Lack **61.** 210—16. Mai. 272—79. Juni 1955. Kirchheimbolanden, Labor. für Phys. und Chem. der Grenzflächen.) K. L. WOLF. 166

K. Grütter und **B. Marincek,** *Die Bestimmung der Oberflächenspannung einiger Guß- und Roheisensorten.* (Vgl. C. **1954.** 11033.) Bei Messung der Oberflächenspannung verschied. geschmolzener Roh- u. Gußeisen wurde festgestellt, daß gewöhnliche Roh- u. Gußeisensorten eine Oberflächenspannung zwischen 800 u. 1100 (dyn/cm) haben, während Gußeisen mit Kugelgraphit eine Oberflächenspannung von 1300—1400 aufweist. Bei allen untersuchten Eisensorten nahm die Oberflächenspannung mit der Temp. schwach ab. (Schweiz. Arch. angew. Wiss. Techn. **19.** 171—73. Juni 1953. Zürich, ETH, Lehrstuhl für Metallurgie.) M. WINIKER. 166

J. J. Kipling und **A. D. Norris,** *Molekularquerschnitt von Fettsäurefilmen auf Wasser.* Vff. diskutieren die von verschied. Autoren berechneten Oberflächengrößen der langkettigen Fettsäuren, die zu 20,5 Å^2 für 1 Mol u. 18,5 Å^2 gefunden worden sind. Ersterer Wert wird bei Monoschichten, letzterer bei Kristallen, auch von Paraffinen, bestimmt. Eine konfigurative Erklärung dafür wird gegeben, ebenso auch für den Wert von 25 Å^2 von ALEXANDER für die Fläche eines Fettsäuremoleküls. (J. Colloid Sci. **8.** 547—51. Okt. 1953. Hull, Univ. Coll.) E. JÄGER. 166

Emil J. Burcik, *Einfluß von Elektrolyten auf die Geschwindigkeit der Oberflächenspannungserniedrigung; die Einstellungsgeschwindigkeit des Oberflächengleichgewichts als ein Faktor bei der Reinigung.* (Vgl. C. **1954.** 3869.) Die Oberflächenspannung *oberflächenakt. Substanzen* (**I**) wird durch Zugabe von Elektrolyten verändert: die Geschwindigkeit der Oberflächenspannungserniedrigung erhöht sich je nach der Ladung des zugegebenen Kations bei **I** mit negativer Ladung; bei **I** mit positiver Ladung je nach der Ladung des zugegebenen Anions, während bei neutralem **I** keinerlei Beeinflussung eintritt. Eine Temperaturerhöhung verursacht ebenfalls bei *Na-Laurat*-Lsgg. eine Geschwindigkeitserhöhung der Oberflächenspannungserniedrigung. Die vom Vf. gefundenen Beziehungen zwischen Geschwindigkeit u. Reinigung zeigen, daß die Geschwindigkeit, mit der das Oberflächengleichgewicht erreicht wird, eine wichtige Rolle bei der Reinigung spielt. (J. Colloid Sci. **8.** 520—28. Okt. 1953. State College, Pa., Pennsylvania State Coll., School of Min. Ind.) E. JÄGER. 166

Hemlata Kazi und **C. M. Desai,** *Verminderung und Erhöhung der Grenzflächenspannung von H-Brückenbindungen enthaltenden Flüssigkeiten mit Elektrolytlösungen.* Vorl. Mitt. über die Beobachtung, daß einige aliphat. Alkohole u. Ester, wie Hexanol, n. u. sek. Octanol, Propyl-, Butyl- u. Isoamylacetat, bei Zusatz von Na- u. K-Oleat, -Palmitat, Na-Chlorid u. -Acetat in $0{,}05 \cdot 10^{-3}$ mol. Konz. zunächst eine Verminderung der Grenzflächenspannung zeigen, während vorst. Seifen u. Salze in $0{,}5 \cdot 10^{-3}$ mol. Konz. eine Erhöhung der Grenzflächenspannung bewirken. Die Änderungen der Grenzflächenspannung liegen bei 1—3 dyn·cm^{-1} unter oder über derjenigen gegen reines Wasser. (Sci. and Cult. **19.** 609—10. Juni 1954. Surat, MTB Coll., Chem. Dep.) H. LAMP. 166

T. Gillespie, *Über die Adhäsion von Tropfen und Teilchen beim Aufprall an festen Oberflächen.* 1. Mitt. Zur Unters. von Filterfasereigg. wurden *Paraffinwachs-* u. *Stearinsäure*-Aerosole von ca. 2 μ Durchmesser an einem Stahlzylinder von 300 μ Durchmesser niedergeschlagen. Geladene Teilchen lassen sich zuvor im Hochspannungsfeld aussondern. Es wurde die Abhängigkeit der Anzahl der gefilterten Teilchen vom Auftreffwinkel gemessen. Der „Schlupfkoeff." wurde berechnet. Die Adsorption wird durch Aufladung der Teilchen oder in speziellen Fällen durch Überzug des Zylinders mit Silicon oder Glycerin gefördert. Nicht alle Teilchen, die die Oberfläche treffen, bleiben haften. Dies ist abhängig von der Teilchengeschwindigkeit sowie den physikal. Eigg. des Adsorbenden u. des Adsorbats. (J. Colloid Sci. **10.** 266—80. Juni 1955. Porton, Wiltsh., Chem. Def. Exp. Establ.) P. WOLF. 166

T. Gillespie und **Sir Eric Rideal,** *Über die Adhäsion von Tropfen und Teilchen beim Aufprall an festen Oberflächen.* 2. Mitt. (1. vgl. vorst. Ref.) Es wurde der Schrägaufprall von Aerosolen untersucht. Teilchen eines bestimmten Geschwindigkeitsintervalls zeigen geringe Adsorptionswahrscheinlichkeit. Bei niedrigen Geschwindigkeiten ist zwar die Kontaktfläche klein, die aerodynam. Scherkräfte reichen aber nicht aus, das locker haftende Teilchen abzureißen. Bei hohen Geschwindigkeiten ist die Kontaktfläche groß, die Teilchen haften ebenfalls. In einem mittleren Bereich reichen die Scherkräfte aus, den Kontakt nach dem Aufprall wieder zu lösen. Dies wird durch Experiment u. Berechnung bewiesen. (J. Colloid Sci. **10.** 281—98. Juni 1955. London, King's Coll. Univ., Dep. of Phys. Chem.) P. WOLF. 166

Je. G. Schwidkowski und **G. I. Gorjaga,** *Viscosität von unterkühltem Zinn.* In Fortsetzung früherer Arbeiten (vgl. C. **1955.** 9740) führten Vff. Bestimmungen der Viscosität von Sn bei Tempp. bis zu 850° durch. Während im Temperaturbereich 310—850° die Viscositätswerte beim Erwärmen mit den beim langsamen Abkühlen übereinstimmen, tritt bei weiterer Abkühlung ein merkliches Zurückbleiben derselben gegenüber den im aufsteigenden Ast in Erscheinung. Diese Hysteresis wird als Unterkühlungserscheinung im Sinne einer Verzögerung der vorbereitenden Atomverlagerung vor der Kristallisation gedeutet. (Вестник Московского Университета, Серия Физико-Математических и Естественных Наук [Nachr. Moskauer Univ.] **8.** Nr. 9. [physik.-math. naturwiss. Ser.] Nr. 6. 63—64. Sept. 1953. Lehrstuhl für Molekular- u. Wärmeerschein.) V. EHMCKE. 172

Faridun H. Kapadia, *Adsorption und anomale Viscositäten.* Vorl. Mitt. Zur Prüfung, ob bei Viscositätsmessungen ein Fehler durch Adsorption von gelösten Makromoll. an den Glasoberflächen auftreten kann, wurden *Gummi*-Lsgg. in einer Flasche mit verschied. Mengen an Glaswolle geschüttelt. Die Viscosität der Lsgg. war jedoch stets die gleiche, eine Konzentrationsänderung durch Adsorption konnte also nicht aufgetreten sein. (Makromolekulare Chem. **16.** 238. Okt. 1955. Poona, Nat. Chem. Labor. of India.) O. FUCHS. 172

René Fort, *Allgemeines über die Fließbarmachung.* Unter Fließbarmachung (Fluidisation) versteht man das Insuspensionbringen eines pulverförmigen Betts durch einen aufsteigenden Fl.- oder Gasstrom. Die Erscheinung hängt von verschied. Charakteristiken ab, bes. jedoch von der Natur der verwendeten Flüssigkeit. Im allg. ist die Fließbarmachung durch einen Flüssigkeitsstrom homogener als die durch einen Gasstrom. Im Prinzip besteht jedoch kein Unterschied, die Einfll. der Trägheit u. der Oberflächenspannung genügen zur Erklärung dieser Unterschiede. Vf. beschreibt dann eine einfache App., um im Labor. die Fließbarmachung zu demonstrieren. Hierauf werden die theoret. Grundlagen der Erscheinung kurz besprochen. (Bull. Soc. chim. France, Mém. [5] **1955.** 448—52. März.) C. GOTTFRIED. 173

G. A. H. Elton und **J. B. Peace,** *Sedimentationspotentiale.* 1. Mitt. *Die Messung von Sedimentationspotentialen in einigen wässerigen und nichtwässerigen Medien.* Vff. berichten über die Ergebnisse von Messungen der Sedimentationspotentiale von Glasteilchen in W. u. verd. wss. KCl-Lsgg., sowie von Kieselsäure- u. Glasteilchen in Toluol u. Äther. Die Ergebnisse der Unterss. in wss. Medium werden zur Prüfung der theoret. Gleichungen von SMOLUCHOWSKI u. von HERMANS herangezogen, wobei sich ergibt, daß die erstere zufriedenstellendere Resultate liefert. Die in nichtwss. Medien erhaltenen Potentiale scheinen elektrostat. Ursprungs zu sein u. können nicht auf der elektrokinet. Grundlage der genannten Gleichungen interpretiert werden. (J. chem. Soc. [London] **1956.** 22—26. Jan. London, Battersea Polytechnic.) W. NIEMITZ. 174

M. M. Dubinin, *Eine Untersuchung der porösen Struktur von aktiven Kohlen mittels verschiedener Methoden.* (Vgl. C. **1955.** 11517.) Überblick über nach verschied. Methoden durchgeführte Unterss. über die Porenstruktur verschied. akt. Kohlen. Es werden 2 Porentypen unterschieden, die Makro- u. die Mikroporen, deren Radien zwischen $5 \cdot 10^{-5}$ u. $2 \cdot 10^{-4}$ bzw. $4 \cdot 10^{-7}$ u. $2 \cdot 10^{-6}$ liegen. Porengrößenverteilung, spezif. Oberfläche u. Porenform werden im Zusammenhang mit den Adsorptionseigg. der Kohle diskutiert. — 23 Literaturangaben. (Quart. Rev. [chem. Soc., London] **9.** 101—14. 1955. Moscow, Acad. of Sci.) H. U. WOELK. 176

Sudhamoy Mukherjee und **Sukhamoy Bhattacharya,** *Die Wirkung chemischer Behandlungen auf die Eigenschaften aktivierter Holzkohle. Adsorptionsisothermen für Methylenblau, Jod und Essigsäure.* Vff. bestimmten für einige unter verschied. Bedingungen hergestellte Holzkohlen die Adsorptionsisothermen von Methylenblau, Jod u. Essigsäure. Die meisten Isothermen folgen der FREUNDLICHschen Gleichung. An Hand der ermittelten Konstanten K u. 1/n werden die einzelnen Holzkohlen verglichen, u. es wird gezeigt, daß sich durch Variierung der Herstellungsbedingungen unterschiedliche Typen von akt.

Zentren bilden. (Ind. News Edit. J. Indian chem. Soc. **13.** 240—46. 1950. Calcutta, Bengal Immun. Res. Inst.) G. GEISELER. 176

D. J. C. Yates, *Der Einfluß der polaren Natur des Adsorbates auf die Ausdehnung durch Adsorption.* Das Verf. zur Messung kleiner linearer Ausdehnungen bei der Adsorption nichtpolarer Gase an porösem Glas mit Hilfe eines empfindlichen Interferometers wird auf den Fall polarer Gase übertragen. Ausführliche Messungen des Verh. von porösem Glas während der physikal. Adsorption von *CO* bei der Temp. von fl. Luft zeigen, daß an Stelle einer Ausdehnung bei geringer Bedeckung (Bedeckungsgrad $<0,3$) eine Kontraktion des Glases eintritt, die erst bei stärkerer Bedeckung in eine Expansion übergeht. Vorläufige Messungen an SO_2 u. NH_3 ergeben ähnliche Ergebnisse. Der Mechanismus der Kontraktion ist noch unklar; es wird jedoch angenommen, daß ein Zusammenhang mit den elektr. Eigg. der adsorbierten Moll. besteht, da nichtpolare Moll. mit Quadrupolmomenten (N_2, CO_2) in ihrem Verh. zwischen polaren Gasen u. nichtpolaren Gasen ohne Quadrupolmoment liegen. Weitere Messungen werden an den nichtpolaren Gasen *Ne* u. CO_2 durchgeführt u. verbesserte Ergebnisse für H_2 angegeben. Auf die Beziehung zwischen der linearen Ausdehnung u. der Erniedrigung der freien Oberflächenenergie wird eingegangen. (J. physic. Chem. **60.** 543—49. Mai 1956. Cambridge, Univ., Dep. of Coll. Sci., Ernest Oppenheimer Labor.) W. KRÖNERT. 176

Ss. I. Mitrofanow, I. A. Strigin, W. G. Kuschnikowa und **G. Ss. Roshawski,** *Kinetik der Bildung von Sulfidfilmen auf der Oberfläche von oxydierten Schwermetallmineralien unter den Bedingungen der Flotation.* Die Wachstumsgeschwindigkeit von Sulfidfilmen an der Oberfläche von *Cerussit* (**I**) u. *Chrysokoll* (**II**) wird ausgedrückt: in Abhängigkeit von der Zeit durch $G = a_2 t^{1/n_2}$, von der Konz. durch $G = a_1 C_0^{1/n_1}$ (wobei c = Na_2S-Konz., t = Zeit, a_1, a_2, n_1 u. n_2 = Konstanten u. G = sorbierte Stoffmenge). Dagegen ist die Isotherme der Sulfidierung von *Malachit* $G = a_2 \lg t + b_2$, die Isochrone (in Abhängigkeit von der Konz. c_0) $G = a_1 \lg c_0 + b_1$. Das Optimum des p_H der Lsg. bei der Sulfidierung von **I** 9,7; bei größerem p_H erhöht sich die Bldg. koll. PbS. Die Sulfidierungsgeschwindigkeit an Malachit u. **II** verringert sich mit höherem p_H der Lösung. Innerhalb der Temperaturerhöhung von 4 auf 70° erhöht sich die Sulfidierungsgeschwindigkeit. Die Aktivierungsenergie ist für **I** 4,5, für Malachit 5,0 kcal/g-Mol. Der sich auf **I** bildende Sulfidfilm ist in wss. Lsg. um so weniger stabil, je niedriger das p_H der Lsg.; die Stabilität des Films auf Malachit in W. verringert sich mit höherem p_H. Die Filme reiben sich teilweise mechan. ab, bes. beim Rühren der sulfidierten Mineralkörner mit zermahlenem Quarz, weswegen im Verlauf der Flotation einige Male Na_2S zugesetzt werden muß. Bei gleichzeitiger Sulfidierung unter den Bedingungen der Flotation ist der Sulfidfilm bei **II** wesentlich dünner als bei **I** u. Malachit. (Коллоидный Журнал [Kolloid-J.] **17.** 235—41. Mai/Juni 1955. Moskau, Staatl. Wiss. Forschungsinst. für Buntmet.)
O. POLLAK V. EMHOFEN. 176

Julio Palacios und **A. Baptista,** *Die Adsorption von Kationen an Metallen, nachgewiesen durch radioaktive Tracer.* Metalldrähte aus *Pt, Pd, Au, Ag, Cu* u. *Fe* wurden für 14—45 Tage in eine 0,27 mol. Lsg. von $^{65}ZnSO_4$ getaucht u. nach sorgfältiger Waschung ihr Geh. an radioakt. ^{65}Zn-Atomen mittels GEIGER-Zähler bestimmt. Die Meßergebnisse zeigen, daß bei Pt, Pd u. Au relativ weniger Atome des ^{65}Zn-Kations adsorbiert werden als bei Ag, Cu u. Fe. Bei den drei erstgenannten Metallen wird reine Adsorption vermutet, bei den übrigen gleichzeitiger Ionenaustausch. Autoradiograph. Unters. zeigt, daß der Ionenaustausch in kleinen isolierten Bezirken beginnt. (C. R. hebd. Séances Acad. Sci. **234.** 1676—77. 21/4. 1952.) W. REUSSE. 176

E. Greenhalgh, N. Slack und **B. M. W. Trapnell,** *Die Wechselwirkung von Stickstoff mit reinen Metalloberflächen.* An W-, Mo-, Ta-, Nb-, Cr- u. Fe-Oberflächen zeigt aus NaN_3 gewonnener N_2, ähnlich wie H_2, sowohl eine geringe, bei gewöhnlichen Tempp. zu vernachlässigende, reversible, als auch eine starke, über den gesamten untersuchten Temperaturbereich irreversible Chemisorption. Im Gegensatz zu H_2 ergeben sich jedoch Diskontinuitäten der bei 10^{-2} Torr zwischen -183 u. $+100°$ ermittelten Adsorptionsisobaren, woraus unterschiedliche Reaktionsmechanismen folgen. Alle Metalloberflächen werden durch die schnelle irreversible Chemisorption nur teilweise bedeckt; es ergaben sich folgende, angenäherte Oberflächenbedeckungsgrade: Mo = 0,42; Cr = 0,42; W = 0,36; Ta = 0,25; Nb = 0,15; Fe = 0,02 (?). An den noch freien Oberflächenplätzen kann H_2 z. T. adsorbiert werden. Die Resultate lassen Rückschlüsse auf eine relativ geringe Konz. der für eine kovalente Bindung zur Verfügung stehenden ungepaarten Elektronen in den Metalloberflächen zu; bei Mo, Cr u. W entfallen nur 1,5 ungepaarte Elektronen auf 1 Oberflächenatom. Der schnellen Adsorption geht eine langsamere voraus; bei Fe, Ta u. Cr ist die Adsorptionsgeschwindigkeit proportional $\sqrt{p}$. Das ist von besonderem Interesse, da bisher stets für die Chemisorption eine einfache Rk. 1. Ordnung angenommen wurde. Die langsame Sorption gehorcht vielmehr einem Gesetz der Form: Geschwindigkeit $= K\sqrt{p}\cdot\exp(-\gamma V)$, wobei V das adsorbierte Gasvolumen, K u. γ temperaturabhängige Konstanten darstellen; das Gesetz beschreibt auch die langsame Sorption von H_2 u. O_2 an Metalloberflächen. Die aus diesem Ergebnis abgeleitete Möglichkeit einer Gitterdurchdringung veranlaßt Vff. zu der Annahme, daß in diesem Fall den eingebauten N-Atomen eine Aktivität zukommt, woraus sich Konsequenzen bes. hinsichtlich der katalyt. NH_3-Synth. ergeben. Im Lichte dieser Ergebnisse wird die Kinetik der Synth. kurz besprochen. (Trans. Faraday Soc. **52.** 865—72. Juni 1956. Liverpool, Univ., Dep. of Inorg. and Physic. Chem.) D. ERTEL. 176

R. W. Gable und **H. A. Strobel**, *Nichtwässeriger Ionenaustausch.* 1. Mitt. *Untersuchung einiger Kationengleichgewichte in Methanol.* An *Dowex-50* mit einem Geh. von 8% *Divinylbenzol* werden die Gleichgewichtskonstanten (K) für die Systeme Na^+–H^+, NH_4^+–H^+ u. Ag^+–Na^+ in wasserfreiem Methanol bei konstanter Ionenstärke bestimmt. Die für verschied. Gemische des Austauschers (I) in H^+- u. Na^+-Form erhaltenen Werte von K weichen von den vergleichbaren Werten für wss. Lsgg. ab. Unter der Annahme, daß ein DONNAN-Gleichgewicht vorliegt, läßt sich die auftretende Selektivität von I erklären durch den Unterschied in der Ionensolvatation u. durch Ionenpaarbildung. Im Syst. Na^+–H^+–CH_3OH–H_2O steigt die Selektivität von I gegenüber Na^+ mit steigendem H_2O-Geh. an u. erreicht bei einem Molenbruch von 0,25 in der Lösungsphase ein Maximum. Vff. erklären dieses Verh. durch verschied Solvatation von Na^+ u. H^+ u. die Verteilung des W. in beiden Phasen. (J. physic. Chem. **60.** 513—17. Mai 1956. Durham, N. C., Duke Univ., Dep. of Chem.) H. MÜLLER. 177

Jess W. Thomas, *Die Diffusionsbatteriemethode für Aerosolteilchengrößenbestimmung.* Es werden Diffusionsbatterien beschrieben mit runden oder rechteckigen Querschnitten (Plattenabstand 0,01 cm, Höhe 12,7 cm), mit deren Hilfe die Teilchengrößen u. Diffusionskonstanten submkr. Aerosole gemessen werden. Die Ergebnisse stimmen mit Sedimentations- u. opt. Messungen im Bereich der Teilchendurchmesser 0,30—0,60 μ überein. Bei größeren Teilchen erhält man zu niedrige Werte. Prinzipiell ist die Meth. anwendbar auf Teilchen bis zu atomaren Dimensionen, wird aber wegen Konstruktionsschwierigkeiten bei Teilchendurchmessern von 0,2 μ ihre Grenze finden. (J. Colloid Sci. **10.** 246—55. Juni 1955. Oak Ridge, Tenn., Oak Ridge Nat. Labor., Health Phys. Div.) P. WOLF. 180

Eugene A. Ramskill und **Wendell L. Anderson**, *Der Trägheitsmechanismus bei der mechanischen Filtration von Aerosolen.* Auf der Grundlage der Theorie von LANGMUIR der mechan. Filtration sphär., ungeladener Aerosolteilchen (Teilchenradius <1) wird der Einfl. von mittlerem Faserdurchmesser u. Faserabstand eines Filters sowie von Größe u. D. der Aerosolteilchen auf die Funktion Filterdurchlässigkeit/Filtrationsgeschwindigkeit experimentell untersucht. Zur Unters. werden Aerosole von *Dioctylphthalat* sowie H_2SO_4 von jeweils einheitlichem Teilchendurchmesser zwischen 0,2 u. 1,0 μ u. Filtermaterial aus *Glaswatte, Viscosecellulose, Baumwolle, Holzcellulose* u. *Espartofaser*, deren mittlerer Faserdurchmesser u. Filterwiderstand bestimmt werden, angewandt. Gemessen wird die Filterdurchlässigkeit in % Aerosolteilchen bei verschied. Strömungsgeschwindigkeiten. Es wird gezeigt, daß der Trägheitsmechanismus eindeutig existiert u. bei der mechan. Filtration von kleineren Teilchen eine Rolle spielt. Der Anteil des Trägheitseffektes hierbei ergibt sich aus den Beziehungen $K_p d_e = 2\,r^2\cdot p\cdot v_p/\vartheta\cdot\eta$ u. $K_m\cdot d_e = 2\,r^2\cdot p\cdot v_m/\vartheta\cdot\eta$, wobei K_p u. K_m Konstanten, d_e der effektive Faserdurchmesser, r der Teilchenradius, p die Teilchendichte, η die Viscosität des Gases u. v_m sowie v_p experimentell bestimmte Grenzwerte der Strömungsgeschwindigkeiten bei maximalem u. minimalem Trägheitseffekt sind. Die K_p u. K_m-Werte werden zu 0,04 u. 0,28 bestimmt. d_e ist abhängig von dem Durchmesser d_f u. Abstand d_l der Fasern eines Filters. Ist $d_l >$ oder $= d_f$, so gilt $d_f = d_e$; wenn $d_l < d_f$, so $d_l = d_e$. Die Wrkg. der 3 Mechanismen der mechan. Filtration für verschied. v-Werte u. die allg. Form eines dreidimensionalen Filterdiagramms werden diskutiert. (J. Colloid Sci. **6.** 416—28. Okt. 1951. Washington, D. C., Naval Res. Labor.) R. LAFFERENZ. 180

T. Gillespie, *Die Rolle elektrischer Kräfte bei der Filtration von Aerosolen mittels Faserfilter.* Die elektr. Ladung verschied. Filterfasern u. die Ladungsverteilung von Aerosolen (*Stearinsäure* u. *Polystyrol*) wurden gemessen. Eine einfache Filtrationstheorie, die elektr. u. mechan. Wirkungen berücksichtigt, wurde entwickelt u. an den Filtrationsergebnissen geprüft. Bei einem ungeladenen Aerosol besitzt der Filter bei einer Teilchengröße von ca. 0,1 μ Durchmesser u. Geschwindigkeiten von 5—25 cm/sec ein Maximum der Durchlässigkeit. Anwesenheit elektr. Ladungen setzt die Durchlässigkeit allg. herab. Ferner wird das Maximum zu kleineren Teilchendurchmessern verschoben. (J. Colloid Sci. **10.** 299—314. Juni 1955. Porton, Wiltsh., Chem. Def. Exp. Establ.) P. WOLF. 180

A_6. Strukturforschung.

George Barnes, *Feldemission von Rhenium. Emissionsdiagramm bei hexagonaler Kristallstruktur.* Feldemissionsbilder werden von Re-Einkristallen hexagonaler Struktur aufgenommen. Die Herst. der Re-Kathodenspitzen wird beschrieben. Elektronenmkr. Schattenaufnahmen der Spitze werden gezeigt. Nach dem Emissionsbild ist die Stromdichte auf den niedrig indizierten Kristallflächen am geringsten. Bei Bedeckung von Re mit Sauerstoff wird die Elektronenaustrittsarbeit weniger stark erhöht als bei W-Oberflächen. Eine Strom–Spannungs-Kennlinie von Re wird angegeben. (Physic. Rev. [2] **97.** 1579—83. 15/3. 1955. McMinville, Ore., Linfield Coll.) M. DRECHSLER. 181

D. E. Bradley, *Ein einfaches einstufiges Kohleaufdampfverfahren für Oberflächenabbildung im Elektronenmikroskop.* (Vgl. C. **1956.** 5955.) Nach dem üblichen Schleifen, Polieren u. Ätzen werden zwei Reinigungslackabdrücke von der zu untersuchenden Oberfläche gemacht u. danach ein 50—200 Å starker Kohlefilm aufgedampft. Dieser läßt sich gegebenenfalls durch einen Lack, der sich später durch ein Waschverf. entfernen läßt, verstärken. Der Kohlefilm kann auf eine Wasseroberfläche aufgeschwemmt werden. Das Verf. eignet sich bisher für Ge, Si, Ti, Al, V u. Messing. (Naturwissenschaften **43.** 126. März 1956. Aldermaston Court, Aldermaston, Berks., Res. Labor. Assoc. Electr. Ind.) GRETCHEN MÜLLER. 181

Ss. S. Roginski und **I. I. Tretjakow,** *Über einige Erscheinungen, die auf der Oberfläche eines Wolframeinkristalles im Projektorelektronenmikroskop in Gegenwart von Gasen beobachtet werden.* Das Feldemissionsbild einer bei sehr hohem Vakuum (10^{-10} Torr) ausgeglühten Wolframspitze verändert sich nach Einlassen von Gasen (O_2, H_2, He) erheblich. Bei Gasdrucken von 10^{-6} bis 10^{-8} Torr werden außer einer allg. Intensitätsverminderung im Emissionsbild helle Flecken einheitlicher u. zeitlich unveränderlicher Größe beobachtet, die plötzlich erscheinen u. wieder verschwinden, aber nicht auf der Kathodenoberfläche wandern. Ihre Häufigkeit ist dem Gasdruck proportional. Sie werden als Bilder einzelner an der W-Oberfläche vorübergehend adsorbierter O_2- bzw. H_2-Moll. gedeutet. Beim Einlassen von He wurde die entsprechende Beobachtung nicht gemacht. (Доклады Академии Наук СССР [Ber. Akad. Wiss. UdSSR] **105.** 112—14. 1/11. 1955. Inst. für Physik. Chem. der Akad. der Wiss. der UdSSR.) F. LENZ. 181

F. A. Hamm, *Eine Schleiftechnik zur Verbesserung der Bildqualität elektronenmikroskopischer Linsen.* Es wird eine Schleif- u. Poliertechnik beschrieben, mit der die mechan. Gleichmäßigkeit der Linsenteile wesentlich verbessert werden kann. Es erwies sich als zweckmäßig, sowohl die Objektiv- als auch die Projektivpolschuhe so zu bearbeiten. Das Polieren muß übrigens routinemäßig wiederholt werden, um Verschmutzungen der Polschuhe zu vermeiden. Die erzielte Verbesserung wurde an Testaufnahmen geprüft u. eine wesentliche Erhöhung der Auflsg. festgestellt. Die Asymmetrie des Objektivs konnte von 60 μ auf 1,5 μ verringert werden. (J. appl. Physics **21.** 271—78. April 1950. Easton, Pa., Gen. Aniline and Film Corp., Centr. Res. Labor.) C. REUBER. 181

Ss. N. Baranowski, D. L. Kaminski und **W. M. Kelman,** *Doppelter Magnetspalt.* Unters. der elektronenopt. Eigg. eines Magnetfeldes, das durch zwei zueinander parallele Spalte in großflächigen ebenen Blechen hoher Permeabilität gebildet wird. In entsprechender Weise wie früher für den einzelnen Spalt (C. **1956.** 1232) wird experimentell bestimmt, in welcher Weise ein ursprünglich senkrecht zu den Spalten parallel zur Blechoberfläche einfallendes Elektronenstrahlbündel abgelenkt u. strichfokussiert wird. (Журнал Технической Физики [J. techn. Physik] **25.** 1954—56. Okt. 1955.) F. LENZ. 181

G. von Eller, *Der harmonische Photosummationsapparat und seine Möglichkeiten.* Genaue Beschreibung des App. einschließlich der mathemat. Grundlagen. (Bull. Soc. franç. Minéralog. Cristallogr. **78.** 157—212. Jan./März 1955. Paris, Sorbonne, Labor. de Chim. C., Serv. de Radiocrystallograph.) C. GOTTFRIED. 181

Takanori Tomita, *Eine Methode der Strukturanalyse für die Schichtstruktur.* Es wird eine Meth. zur Berechnung von Strukturfaktoren angegeben, die bes. für Schichtstrukturen u. solche Strukturen geeignet ist, die sich auf Schichtgitter zurückführen lassen. Ferner kann das Verf. verwendet werden, wenn die Reflexe (hkl) u. ($hk\bar{l}$) gleiche Intensität besitzen. (Sci. Rep. Saitama Univ., Ser. A **1.** 45—49. 1952. Urawa, Saitama Univ., Dep. of Phys. [Orig.: engl.]) H. W. LEVI. 181

V. Gerold, *Zur Auswertung der Röntgenkleinwinkelstreuung mittels Fourier-Analyse.* Vf. diskutiert die Theorien über die Auswertung von Kleinwinkelaufnahmen mittels FOURIER-Synth. von POROD (C. **1953.** 495) u. HOSEMANN (C. **1955.** 9744) u. zeigt, daß beide übereinstimmen. Für die Streuung komplementärer Systeme wird nachgewiesen, daß, bei im Vgl. zu den Partikeln sehr großem Gesamtvol., das BABINETsche Theorem gilt. Bei nicht genügend großem Vol. treten infolge von Volumenstreuung Unterschiede in den Beugungsdiagrammen komplementärer Strukturen auf, so daß die Auswertung nach den angeführten Theorien nicht mehr zulässig ist. Auf die Theorie von COWLEY (C. **1951**. II. 3561), die den genannten Theorien analog ist, wird eingegangen. (Z. Elektrochem., Ber. Bunsenges. physik. Chem. **60**. 405—11. Mai 1956. Stuttgart, Max-Planck-Inst. für Metallforsch., Inst. für Metallphys.) W. KRÖNERT. 181

R. Hosemann, *Bemerkung zu der voranstehenden Arbeit von V. Gerold: Zur Auswertung der Röntgen-Kleinwinkelstreuung mittels Fourieranalyse.* Krit. Stellungnahme zur vorst. referierten Arbeit. (Z. Elektrochem., Ber. Bunsenges. physik. Chem. **60**. 412. Mai 1956. Berlin-Dahlem, Fritz-Haber-Inst. der Max-Planck-Ges.) W. KRÖNERT. 181

E. Bright Wilson jr., Chun Chia Lin und **David R. Lide jr.,** *Berechnung der Energieniveaus der inneren Rotation und der Gesamtrotation.* 1. Mitt. *Moleküle vom CH_3BF_2-Typ.* Vff. entwickeln Methoden, um die Energieniveaus der Gesamt- u. der inneren Rotation zu berechnen. Der behandelte Strukturtyp besteht aus einem starren symm. Kreisel, der so mit einem asymm. Gerüst verknüpft ist, daß die Symmetrieachse des Kreisels eine Hauptachse des Gesamtmol. ist. Beispiele dafür sind CH_3BF_2 u. CH_3NO_2. Vff. berechnen Gleichungssysteme für die Rotationsenergie für folgende 3 Fälle: kleine u. große Potentialschwelle u. niedrige Asymmetrie. Vff. diskutieren ferner die auf das Problem anwendbaren Symmetriegruppen. (J. chem. Physics **23**. 136—42. Jan. 1955. Cambridge, Mass., Harvard Univ., Dep. of Chem.) H.-J. BECHER. 182

Inga Fischer-Hjalmars und **Stig Flodmark,** *Kovalente Bor–Bor-Bindungen im Kristall bestimmter Metallboride.* Vff. untersuchen theoret. die Möglichkeit kovalenter Bor–Bor-Bindungen in Boriden vom Typ des CaB_6. Zur Beschreibung der 5 Valenzrichtungen um jedes Bor werden lineare Kombinationen der Atombahnen 2s, $2p_x$, $2p_y$, $2p_z$, $3d_{z^2}$ u. $3d_{x^2-y^2}$ gebildet. Die Verteilung der Valenzelektronen wird durch Unters. der Elektronendichte um ein Boratom untersucht. Unter vereinfachenden Annahmen können einige Parameter der Elektronendichtefunktion ermittelt werden. Aus ihnen ergibt sich ein starker Anteil der 3d-Bahnen bei der Bldg. der Valenzrichtungen. (J. chem. Physics **22**. 1950. Nov. 1954. Stockholm, Univ., Inst. of theoret. Phys.) H.-J. BECHER. 182

Bodie E. Douglas, *Die Lanthanidenkontraktion.* Über Atomvolumenänderungen mit steigender Ordnungszahl, in den Gruppen, Perioden u. bes. in der Reihe der Seltenen Erdmetalle: Verschied. Einfl. des Hinzukommens eines s-, p-, d- oder f-Elektrons auf den Atomradius, Vgl. der Voll. der Lanthanidenatome mit denen der vorhergehenden u. folgenden Elemente, chem. Ähnlichkeiten usw. (J. chem. Educat. **31**. 598—99. Nov. 1954. Pittsburgh, Pa., Univ.) K. BLUMRICH. 182

Olav Foss, *Rotationsisomere von Pentathioverbindungen in Kristallen.* In Pentathioverbb. mit unverzweigten Fünferketten sind cis- u. trans-Rotationsisomere möglich. Als Symmetrieelemente treten bei der cis-Form eine Spiegelebene u. bei der trans-Form eine zweizählige Achse durch das mittlere *S*-Atom auf. In Lsg. sind die cis- u. trans-Formen im Gleichgewicht vorhanden. In Kristallen ist hingegen das Auftreten von Isomeren z.T. durch Gitterenergiebeziehungen u. bei Salzen durch die Art des Kations bestimmt. Stereochem. Betrachtungen werden im Zusammenhang mit den Strukturen der Verbb. *S*-, *Se*- u. *Te-Dimethanthiosulfonat*, *Ba-Pentathionat-* bzw. *-Selenopentathionat-Dihydrat*, *NH_4-Telluropentathionat*, *K*- bzw. *Rb-Pentathionat*, *NH_4*- bzw. *Rb-Selenopentathionat*, *Cs*- bzw. *Rb-Telluropentathionat*, *S*-, *Se*- u. *Te-Dibenzolthiosulfonat*, *S*-, *Se*- u. *Te-Ditoluolthiosulfonat*, *Triselen-di-p-toluolsulfinat*, *Bis-(2-Jodoäthyl)-trisulfid* u. *Se-Diselenocyanat* angestellt. (Acta chem. scand. **7**. 1221—22. 1953. Blindern-Oslo, Univ., Kjem. Inst.) W. KRÖNERT. 182

Paula Feuer, *Elektronenzustände in einem gestörten periodischen Gitter.* Ableitung wellenmechan. Ausdrücke unter Annahme verschied. Arten von Störpotentialen. (Physic. Rev. [2] **99**. 1092—97. 15/8. 1955. Lafayette, Ind., Purdue Univ.) W. KRÖNERT. 190

D. J. Hooton, *Anharmonische Gitterschwingungen und die lineare Kette.* (Vgl. C. **1956**. 4356.) Indem die Reihenentw. der potentiellen Energie nach dem Glied 4. Grades abgebrochen wird, werden für die mittleren Lagen der Atome einer linearen Kette Gleichungen abgeleitet, wobei die Fälle starker u. schwacher Anharmonizität getrennt behandelt werden. Numer. wird der Fall durchgerechnet, daß das interatomare Potential den für festes *He* gültigen Wert hat. (Z. Physik **142**. 42—57. 1955. Göttingen, Max-Planck-Inst. für Phys.) G. KIRSCHSTEIN. 190

R. B. Green, *Theorie der Gleitbandbildung.* (Sitzungsbericht.) (Physic. Rev. [2] **99**. 1635. 1/9. 1955. Baker & Comp. Res. Labor.) R. LEVI. 190

Gerald W. Sears, *Verdampfung idealer Kristalle.* Unterss. über die Verdampfungskinetik von fast-idealen *p-Toluidin*-Kristallen ergeben, daß die Verdampfung von einer idealen Kristallfläche erst von einer krit. Untersättigung des Dampfes an eintritt. Es wird postuliert, daß die Verdampfungsgeschwindigkeit durch zweidimensionale Keimbldg. an Löchern in der ersten Molekülschicht begrenzt wird. Die Unterss. stehen in vollkommener Übereinstimmung mit dem theoret. geforderten Verh. idealer Kristalle u. dienen als Bestätigung der FRANKschen Theorie des Kristallwachstums. (J. chem. Physics **24.** 868—73. April 1956. Schenectady, N. Y., Gen. Electr. Res. Labor.) W. KRÖNERT. 190

B. J. Mason und **J. Hallett,** *Künstliche eisbildende Kristallisationskerne.* Mit Hilfe einer modifizierten Diffusionsnebelkammer untersuchen Vff. die Fähigkeit einer Anzahl von Substanzen zur Bldg. von Eiskernen in unterkühlten Wasserdampfnebeln, um sich widersprechende Angaben anderer Autoren zu prüfen. Untersucht werden AgJ, PbJ_2, $HgCl_2$, $AgNO_3$, Ag_2SO_4, Ag_2S, $PbCl_2$, $NaCl$, J_2, NH_4J, KJ, NaJ, MgJ_2, CdJ_2, CoJ_2, NiJ_2, MnJ_2, $MnCl_2$, HgJ_2, TlJ, SnJ_2, CuS, CdS, SnO, BeO u. MnO_2. Die sorgfältig, unter Verwendung spektroskop. reiner Substanzen u. Ausschluß von *Ag*- u. *J*-Spuren in der Kammer durchgeführten Unterss. ergeben, daß die Mehrzahl der als akt. bezeichneten Verbb. keine Eiskristalle zu bilden vermögen. Eindeutig akt. bei Tempp. oberhalb von -40^0 sind nur AgJ (-5^0), PbJ_2 (-7^0) u. $HgCl_2$ (-25^0) (in Klammern: Grenztempp. der Aktivität). Die abweichenden Ergebnisse anderer Autoren erklären Vff. durch das Vorhandensein von Spuren Ag bzw. J in den Wasserdampfnebeln, die zur Bldg. von AgJ führen. Auf das Verh. der AgJ-Kerne im Zusammenhang mit Strukturfragen wird eingegangen. Aus den Experimenten ergeben sich weitere Möglichkeiten zur Erzeugung von Eiskristallen in der Atmosphäre. (Nature [London] **177.** 681—83. 14/4. 1956. London, Imp. Coll. of Sci. and Technol.) W. KRÖNERT. 190

Sterling B. Hendricks, *Schraubenversetzungen und Ladungsgleichgewicht als Faktoren des Kristallwachstums.* Kurze Diskussion des Wachstumsmechanismus von Kristallen durch Schraubenversetzungen u. Spiralen. Daneben wird für manche Kristalle ein anderes Wachstumsprinzip aufgestellt: das der Notwendigkeit eines Kräftegleichgewichts zwischen den Ionen oder Atomen an den Kristallendflächen. Dies wird an den Beispielen *Kaolinit, Apatit* u. *NaCl* erläutert. (Amer. Mineralogist **40.** 139—46. März/April 1955. Beltsville, Md., Plant Ind. Stat., U. S. Dep. of Agric.) H. C. WOLF. 190

Takemaro Yamamoto, *Einfluß von Kationen auf das Kristallwachstum von* $BaSO_4$ *in Wasser.* Die größten Kristalle von $BaSO_4$ erhält man bei Zugabe von 0,2—0,5n $(NH_4)_2 \cdot SO_4$ oder H_2SO_4 zu 0,02n $BaCl_2$. Die Reihenfolge der Mischung hat kaum einen Einfluß. Die Flächen (0 0 1) u. (0 1 1) entwickeln sich unter entsprechender Verlängerung der Kristalle in Richtung der a- oder der b-Achse in Ggw. von H^+, Cu^{2+}, Mg^{2+}, Ca^{2+}, Zn^{2+}, Cd^{2+}, Al^{6+}, La^{3+}, Ce^{3+}, ZrO^{2+}, Cr^{3+}, Mn^{2+}, Fe^{3+}, Co^{2+}, Ni^{2+}, Th^{4+} u. UO_2^{2+}. H^+ u. Fe^{3+} wirken am stärksten, Th^{4+} u. ZrO^{2+} hindern das Kristallwachstum. (J. chem. Soc. Japan, pure Chem. Sect. [Nippon Kagaku Zassi] **71.** 56—58. Jan. 1950. Tokyo, Meteor. Hauptobservat. [Orig.: japan.]) L. SCHULER. 190

A. W. Cochardt und **H. Wiedersich,** *Das Wachsen von Haarkristallen aus Eisen.* Durch Reduzierung von sublimiertem, wasserfreiem $FeCl_2$ in einer H_2-Atmosphäre bei 500—600° wurden auf dem Material haarförmige Fe-Kristalle (whiskers) von bis zu 5 cm Länge erhalten. Ihr Querschnitt ist quadrat., es handelt sich um raumzentriertes Fe mit [1 0 0] parallel zur Haarachse u. (1 0 0) als Seitenflächen. Sie lassen sich um 1,5% elast. bis zum Abknicken biegen. (Naturwissenschaften **42.** 342. Juni 1955. East Pittsburgh, Pa., Westinghouse Res. Labor.) H. C. WOLF. 190

E. Menzel, W. Stössel und **M. Otter,** *Einkristalle mit reiner Oberfläche.* Halbkugelförmige Einkristalle aus Cu, Ag, Au u. Pb wurden dadurch erhalten, daß man einen Metalltropfen auf einem heizbaren ebenen W- oder Mo-Blech erstarren ließ. Dabei werden Verunreinigungen weitgehend ausgeschieden. Die Kristallqualität u. bes. die Oberflächenqualität ist nach elektronenopt. (vgl. nachst. Ref.) u. lichtopt. Unterss. ausgezeichnet. (Z. Physik **142.** 241—44. 1955. Tübingen, Univ., Phys. Inst.) H. C. WOLF. 190

Chr. Menzel-Kopp und **E. Menzel,** *Elektronenbeugung an Kupfereinkristalloberflächen bei hoher Temperatur.* (Vgl. vorst. Ref.) An den beschriebenen Einkristallhalbkugeln (bes. Cu u. Ag) wurde der Temperatureinfl. auf die Elektronenbeugung in Reflexion u. Durchstrahlung untersucht. Dabei wurde die Störung des Elektronenstrahls durch das Magnetfeld der Präparatheizung mittels alternierender Heiz- u. Beobachtungsperioden vermieden. Mit steigender Temp. verlieren zunächst die LAUE-Punkte, später auch die KIKUCHI-Linien ihren Kontrast, u. zwar zuerst die hochindizierten Reflexe. Andererseits ist auch kurz vor dem F. der Kontrast der stärksten KIKUCHI-Linien noch so stark, daß man nicht von einer „Oberflächenschmelze" reden kann. Es machen sich offenbar die Wärmeschwingungen der Atome geltend. Ihr Einfl. auf die Streuvorgänge kann durch die DEBYEsche Theorie weitgehend beschrieben werden, wenn man zusätzlich annimmt, daß die Wärmeschwingungen an der Oberfläche intensiver sind als im Kristallinnern. (Z. Physik **142**. 245—58. 1955.) H. C. WOLF. 190

W. Kleber, *Die Korrespondenz zwischen Morphologie und Struktur der Kristalle.* Übersicht über histor. Entw. u. neuere Ansichten über die Beziehungen zwischen Kristallstruktur u. Habitus bzw. Morphologie. (Naturwissenschaften **42**. 170—73. 1955. Berlin, Humboldt-Univ., Mineralog.-Petrogr. Inst. u. Museum.) H. C. WOLF. 190

P. Hartman und **W. G. Perdok,** *Über Beziehungen zwischen Struktur und Morphologie bei Kristallen.* 1. Mitt. Es wird eine Theorie aufgestellt, nach der die Morphologie eines idealen Kristalles durch die durch den Kristall laufenden Ketten mit hohen Bindungsenergien bestimmt wird. Ein Vektor in diesen Richtungen wird P. B. C.-Vektor (periodic bond chain vector) genannt. Als Kristallflächen sollen auftreten: 1. sicher solche Flächen, die parallel zu zwei oder mehr P. B. C.-Vektoren liegen; 2. teilweise auch Flächen, die parallel zu nur einem P. B. C.-Vektor liegen. Andere Flächen treten nicht auf. Während STRANSKI u. HONIGMANN die experimentelle Gleichgewichtsform des kub. raumzentrierten Urotropins nur teilweise erklären können, führt die Betrachtung der Vff. zu voller Übereinstimmung mit den Experimenten. Beobachtungen an *Diamanten* stimmen ebenfalls mit der Theorie überein. (Acta crystallogr. [Copenhagen] **8**. 49—52. 10/1. 1955. Groningen, Rijksuniv., Kristallograf. Inst.) M. DRECHSLER. 190

Annelore Pflugmacher und **Inge Kellermann,** *Über die Polymorphie des Germaniumdioxyds.* Vff. beobachten, daß GeO_2 beim Eindampfen wss. Lsgg. aus Kathoden- bzw. Anodenraum nach Überführungsverss. in verschied. Modifikationen anfällt. Es wird angenommen, daß die durch den Stromfluß im Kathodenraum angereicherten Alkalispuren aus den Glasgefäßen dafür verantwortlich sind, daß beim Eindampfen der Kathodenraum-Fl. die graue, unlösl. GeO_2-Modifikation (*Rutil*-Typ) an Stelle der üblichen lösl. Form entsteht. Diese Auffassung wird durch Verss., bei denen zu molekulardispersen GeO_2-Lsgg. *KOH* oder *NaOH* bis zum p_H 7 hinzugesetzt wird, bestätigt, da beim Eindampfen dieser Lsgg. ebenfalls vollständige Umwandlung in die graue Modifikation erfolgt. Die beschriebene Meth. zur Darst. der grauen, unlösl. Form des GeO_2 stellt eine wesentliche Vereinfachung gegenüber den bekannten Verff. dar. (Angew. Chem. **68**. 374. 7/6. 1956. Aachen, TH, Inst. für Anorgan. Chem. u. Elektrochem.) W. KRÖNERT. 190

H.-P. Boehm und **U. Hofmann,** *Die rhomboedrische Modifikation des Graphits.* In 23 Vorkk. von polykristallinem Naturgraphit wurde der Geh. an rhomboedr. Modifikation zwischen 0 u. 30 Gew.-% gefunden; in 66 Graphiteinkristallen u. Kristallfasern wurde ausschließlich die hexagonale,in 11 Kunstgraphiten nur in einem Fall die rhomboedr. Modifikation gefunden. Aus Graphitverbb. wurde nur die hexagonale Modifikation zurückerhalten. Sogenannte „amorphe" Graphite zeigten mittlere bis sehr starke Gitterstörungen. Bei 2000—3000° wandelte sich die rhomboedr. in die hexagonale Modifikation um. Durch eine teilweise Oxydation des Graphits wurde der Geh. an rhomboedr. Modifikation vermindert, doch kann aus den Verss. nicht eindeutig auf eine größere Reaktionsfähigkeit dieser Modifikation geschlossen werden. Die rhomboedr. Modifikation entsteht aus der hexagonalen durch gelinde mechan. Beanspruchung, z. B. beim Mahlen oder Pressen. Bei starker Beanspruchung treten Gitterstörungen auf, u. zwar sowohl als unregelmäßige Verteilung der Schichtebenen auf die um a/3 gegeneinander versetzten Lagen als auch als Desorientierung der Schichtebenen um Bruchteile von a/3. Der elektr. Widerstand an bei Drücken von 1100 at gepreßten Graphitpulvern wurde zu $1{,}3$—$3{,}6 \cdot 10^{-3}\ \Omega \cdot$cm gemessen. Die Unterschiede beruhen auf der Teilchengröße des Graphits; die Messungen ließen nicht entscheiden, ob der spezif. Widerstand der rhomboedr. u. der hexagonalen Modifikation verschieden sind. Die rhomboedr. ist gegenüber der hexagonalen Modifikation von Zimmertemp. bis 3000° instabil; ihre Bldg. bei gelinder mechan. Beanspruchung kann vielleicht durch eine Translationshemmung erklärt werden. (Z. anorg. allg. Chem. **278**. 58—77. Jan. Berichtigung: 299. März 1955. Darmstadt, TH, Eduard-Zintl-Inst. für anorg. u. phys. Chem.) G. RUBAN. 195

Yuen Chu Leung und **Jürg Waser,** *Die Kristallstruktur von Phosphordijodid,* P_2J_4. P_2J_4 wird durch Auflösen stöchiometr. Mengen von weißem *P* u. reinem J_2 in kaltem CS_2 u. langsames Eindampfen der orangeroten Lsg. unter einem trockenen CO_2-Strom in Form langer Prismen (F. 122°) erhalten. Röntgengoniometeraufnahmen ergeben $a_1 = 4{,}56$; $a_2 = 7{,}06$; $a_3 = 7{,}40$ Å, $\alpha_1 = 80°12'$; $\alpha_2 = 106°58'$; $\alpha_3 = 98°12'$ als Gitterkonstanten der triklinen Elementarzelle. Unter der Annahme von $Z = 1$ wird die D. 4,21 berechnet. Die Strukturbest. erfolgt durch Berechnung von PATTERSON- u. FOURIER-Synthesen. Die endgültigen Atomkoordinaten in der Raumgruppe $P\bar{1}$ werden nach der Meth. der kleinsten Quadrate bestimmt: J_1 (x = 0,557; y = 0,730;

z = 0,165); J_2 (0,820; 0,803; 0,695); P (0,397; 0,639; 0,463). Der P–P-Atomabstand ergibt sich zu 2,21 ± 0,06 Å, während die beiden P–J-Abstände 2,475 ± 0,028 Å betragen. Die höhere Symmetrie C_{2h} — 2/m der einzelnen P_2J_4-Moll. im Kristall ist durch bes. Anordnung bedingt u. liegt wahrscheinlich in der Dampfphase nicht vor. (J. physic. Chem. **60.** 539—43. Mai 1956. Houston, Tex., Rice Inst., Chem. Dep.) W. KRÖNERT. 195

Robert Wallaeys und **Georges Chaudron,** *Anwendung der Röntgenstrahlen auf die Untersuchung einer Knochenanhäufung, die von Louis Dubertret und Maurice Dunand in Syrien ausgegraben worden ist.* Bei den röntgenograph. untersuchten Knochen handelt es sich um Säugetierknochen, die im Verlauf einer geolog. Unters. der Basaltgebiete des südlichen Syriens, speziell bei Khirbel u. Embacki, in oder in der näheren Umgebung der basalt. Lava ausgegraben worden sind. Die kristalline Konstitution der Knochen ist sehr heterogen, u. zwar je nach der Lage der Fundstelle zu der Lava, d. h. je nach der Wärmeeinw., der die Knochen ausgesetzt waren. Je nach der Lage der Knochen war die Struktur die eines gewöhnlichen Knochens, eines wasserfreien β-Tricalciumphosphates, von Hydroxylapatit oder eines Gemisches der beiden letzten Phasen. Auffallend war eine Phase, die neben wasserfreiem β-Tricalciumphosphat carbonathaltigen Apatit enthielt. (Bull. Soc. franç. Minéralog. Cristallogr. **78.** 116—21. Jan./März 1955. Vitry-sur-Seine, Labor. du C. N. R. S.) C. GOTTFRIED. 195

W. Hilmer, F. Liebau, E. Thilo und **K. Dornberger-Schiff,** *Ein neuer Kettentyp in der Kristallstruktur des Rhodonits* $[(Mn, Ca)SiO_3]_x$. Es wird die Kristallstruktur eines Rhodonits der chem. Zus. 4,03 MnO·0,97 CaO·5 SiO_2 untersucht. Die Elementarzelle mit den Gitterkonstanten a = 6,68; b = 7,66; c = 12,20 Å; α = 111,1°; β = 860°; γ = 93,2° enthält 10 Moll. (Mn, Ca)SiO_3, wie sich aus der pyknometr. D. 3,65 ergibt. Als Raumgruppe wird $P\bar{1}$ angenommen. Die Berechnung einer PATTERSON- u. einer FOURIER-Projektion auf (y, z) zeigt, daß in den Rhodonitkristallen ein bisher noch nicht beschriebener Kettentyp mit einer Periodizität der Rhodonitkette = 5 SiO_4-Tetraeder vorliegt. Die vorgeschlagene Kettenstruktur steht in Übereinstimmung mit der beobachteten Spaltbarkeit der Kristalle. Die Annahme von Fünferketten erklärt auch den Zusammenhang zwischen den Gitterkonstanten in Kettenrichtung des Rhodonits (12,20 Å) einerseits u. des *Bustamits* (Dreierkette; 7,16 Å) u. des *Diopsids* (Zweierkette; 5,24 Å) andererseits. (Naturwissenschaften **43.** 177—78. April 1956. Berlin-Adlershof, Deutsche Akad. der Wiss.) W. KRÖNERT. 195

Eber K. Halteman, *Nachweis der Existenz von Mikrobeanspruchung in aufgedampften Metallfilmen durch Elektronenbeugung.* Die Linienverbreiterung in Elektronenbeugungsringen von aufgedampften *Ni*-Folien wurde untersucht. Die Abhängigkeit der reinen Beugungsverbreiterung vom BRAGG-Winkel war in größerer Übereinstimmung mit einer Theorie der Verbreiterung durch Mikrobeanspruchung als mit einer Theorie des Teilchengrößenmechanismus. Die FOURIER-Transformation der reinen Beugungsverbreiterung wurde bestimmt u. stand in Übereinstimmung mit einem Mikrodruckmechanismus. Diese Mikrospannungen sind sehr groß u. erstrecken sich nur über einen kurzen Bereich im Kristall; sie können durch Abbaufehler im Gitter hervorgerufen werden. (J. appl. Physics **23.** 150—51. Jan. 1952. Cleveland, O., Case Inst. of Technol., Dep. of Phys.) W. SCHEFFELS. 196

Watt W. Webb, John T. Norton und **Carl Wagner,** *Oxydationsuntersuchungen in Metall–Kohlenstoff-Systemen.* Vff. geben eine allg. Analyse der Oxydation von Legierungen, die C oder Carbide enthalten. Es wird auf die Möglichkeit hingewiesen, daß die Entw. von CO u. CO_2 zum Aufreißen der sonst vor weiterer Oxydation schützenden Oxydschicht an der Oberfläche des Metalls führt. Andererseits kann, wenn das betreffende Metall leicht oxydabel ist, C der unoxydierten Legierung angereichert werden oder in speziellen Fällen durch die Oxydschicht nach außen diffundieren. Für die Systeme *Ni–C, W–C, Mn–C* u. *Ti–C* werden einige experimentelle Werte angegeben u. diskutiert. (J. electrochem. Soc. **103.** 112—17. Febr. 1956. Cambridge, Mass., MIT, Dep. of Metallurgy.) R. STEIN. 197

Jean Blin und **André Guinier,** *Streuung der Röntgenstrahlen bei kleinen Winkeln durch kaltbearbeitete Metalle.* An zwischen 10 u. 90% ausgewalztem, sehr reinem *Cu* sowie an durch Erhitzen auf 150—450° rekrist. Cu wurde mittels GEIGER-Zähler die Kleinwinkelstreuung untersucht. Aus dieser Streuung wird geschlossen, daß durch eine starke Kaltbearbeitung submkr. Hohlräume entstehen, deren Menge ca. 7×10^{18} pro cm^3 bei einem ungefähren Durchmesser von 6,6 Å beträgt. Durch Rekristallisation verschwinden diese Hohlräume wieder. Analoge Verss. an *Ni* ergaben das gleiche Ergebnis, die Intensität der Streuung ist jedoch 3—5 mal stärker als bei Cu. *Al* zeigt eine von dem Streuwinkel unabhängige konstante Streuung. (C. R. hebd. Séances Acad. Sci. **233.** 1288—90. 19/11. 1951.) C. GOTTFRIED. 197

Jean Blin und **André Guinier**, *Experimentaluntersuchung über die submikroskopischen Hohlräume im Innern von gehärteten Metallen.* In Fortsetzung früherer Unterss. (vgl. vorst. Ref.) über die zentrale Streuung von Röntgenstrahlen von Metallen, mit deren Hilfe die Erzeugung von submkr. Hohlräumen durch Härtung nachgewiesen werden konnten, untersuchten Vff. zunächst an *Ni, Cu* u. *Al* den Einfl. des Walzens des rekrist. Metalls, dessen Dicke um 80% red. worden war. Die Röntgenstreuung durch das Metallblättchen geschah derart, daß die Walzrichtung senkrecht oder parallel zu den einfallenden oder reflektierten Strahlen orientiert war. Dieses Metallblättchen wurde hierauf in Ar-Atmosphäre durch Erhitzen rekristallisiert. Die Streuung des rekrist. Blättchen ist schwach bis zu ca. 1°30′ vom Durchstoßpunkt. Unterhalb dieses Winkels wächst sie sehr schnell u. kann selbst größer sein als die des gehärteten Metalls. Zur direkten Unters. des Einfl. der Härtung gingen Vff. von einem dünnen rekrist. Blättchen aus, von dem die Streuung untersucht wurde, nachdem das Blättchen gezogen war, wobei die Längenänderung ca. 8—10% betrug. In diesem Fall waren die absol. Intensitäten stärker als in den gewalzten Blättchen. Die Zunahme der Intensität ist proportional der Längenänderung für einen gegebenen Orientierungswinkel. Es wurde weiter durch die Breite der Interferenzen festgestellt, daß die Gitterstörung in einem gewalzten Metall sehr viel beträchtlicher ist als in einem gezogenen Metall. Bei den gewalzten Metallblättchen ist aus der Anisotropie der Streuung ersichtlich, daß statist. die Hohlräume längliche Gebilde sind mit ihrer großen Achse in einer Richtung senkrecht zur Walzebene. Man kann in bezug zu den Ebenen parallel oder senkrecht zur Walzrichtung 2 Trägheitsmomente dieser Hohlräume bestimmen. Dieses Verhältnis beträgt bei Cu 0,74 u. bei Ni 0,69. (C. R. hebd. Séances Acad. Sci. **236.** 2150—52. 1/6. 1953.) C. GOTTFRIED. 197

Pierre Bussy, *Über die Existenz einer feinorientierten Unterstruktur der Kristalle von Aluminium und seinen Legierungen.* (Vgl. C. **1955.** 299.) Das Aussehen der verschied. mit dem Elektronenmikroskop auf den Oberflächen der Al-Kristalle erkennbaren Unterstrukturen wird in Abhängigkeit von der kristallograph. Orientierung dieser Flächen beschrieben. Hierbei zeigt sich, daß diese Strukturen in enger Beziehung zur Orientierung des Gitters relativ zur betrachteten Oberfläche stehen. Eine Hypothese zur Deutung dieser Erscheinung wird gegeben. (Rev. Métallurgie **52.** 116—20. Febr. 1955.) H. HOCHSTEIN. 197

R. B. Hill und **H. J. Axon**, *Gitterabstände des aluminiumreichen, magnesium- und siliciumhaltigen Mischkristalls.* Die Messungen des Gitterabstandes von Legierungen in der Al-reichen, Mg- u. Si-haltigen tern. festen Lsg. werden mitgeteilt. Eine negative Abweichung von der einfachen Addition wird ermittelt, deren Größe mit steigendem Legierungsgeh. in der festen Lsg. ansteigt. Diese Erscheinung wird als eine Anziehungswrkg. zwischen den unähnlichen gelösten Atomen in der tern. festen Lsg. gedeutet. (J. Inst. Metals **83.** 354—56. März 1955. Manchester, Univ.) H. HOCHSTEIN. 197

Zenji Nishiyama und **Hajime Tani**, *Eine Untersuchung der Alterung von Al–Cu-Legierungen mit Hilfe des Röntgenabsorptionsspektrums.* Unter Verwendung eines Röntgenspektrometers wurde das Cu-K-Absorptionsspektr. von Al–Cu-Legierungen mit einem Cu-Geh. von 5,5% aufgenommen. Die Cu–K-Absorptionsspektren der Legierung wurden für verschieden gehärtete Proben dargestellt. In Übereinstimmung mit den bisher durch die Röntgenstrahlkristallanalyse gewonnenen Ergebnissen bestätigen obige Messungen, daß während des Alterns bzw. Härtens ϑ'', ϑ' u. ϑ ($CuAl_2$) gebildet werden. (Nippon Kinzoku Gakkai-Si [J. Japan Inst. Metals] B **14.** Nr. 8. 17—19. Aug. 1950. [Orig.: japan.; Auszug: engl.]) S. HÜTTIG. 197

J. B. Newkirk, *Umwandlung von geordneten in ungeordnete Zustände bei Kupfer–Gold-Legierungen nahe der Zusammensetzung CuAu.* Röntgenstrahlenunterss. ergeben, daß bei Cu–Au-Legierungen nahe der Zus. CuAu ein begrenzter Temperaturbereich existiert, in dem geordnete u. ungeordnete Zustände im Gleichgewicht sind, wie konjugierte Phasen. Aus DEBYE-SCHERRER-Aufnahmen wird ein Gleichgewichtsdiagramm aufgestellt, nach dem das Gebiet der geordneten u. regellosen Verteilung durch ein 2-Phasengebiet getrennt ist, das bei 43 u. 54 At.-% Au 3 At.-% Cu u. 20° umfaßt. Eine geordnete Verteilung bei Cu_3Au_2 konnte nicht festgestellt werden. (J. Metals **5.** 823—26. Juni 1953; **6.** 673—75. Mai 1954. Schenectady, N. Y., Gen. Electr. Co.) F. VIER. 197

D. Summers-Smith, *Der Aufbau der Uran–Zirkonium-Legierungen.* Das Zr–U-Syst. wird metallograph., dilatometr. u. röntgenograph. unter Benutzung von im elektr. Lichtbogenofen erschmolzenen Legierungen untersucht. Eine kontinuierliche Reihe von körperzentrierten kub. Mischkristallen wird zwischen der γ-U- u. der β-Zr-Phase gebildet. Bei 14,5 At.-% Zr besteht die γ-Phase bis zu $693 \pm 3°$, wo sie einer monotekt.

Rk. unterliegt. Bei 69,5 At.-% Zr besteht die γ-Phase bis zu 606 ± 3°, wo sie durch eine eutektoide Rk. umgewandelt wird. Eine Mischungslücke wird bei 693° von 14,5 bis zu 57 At.-% Zr gebildet, die ein Maximum bei 740 ± 5° u. 34 At.-% Zr erreicht. Die maximale Löslichkeit von Zr im β-U ist 2,5 At.-% bei 693°; die β-Lsg. wandelt sich durch eine eutektoide Rk. bei 662 ± 2° u. ca. 1,5 At.-% Zr um. Die maximale Löslichkeit von Zr in α-U beim Eutektoid wird versuchsweise bei ca. 1 At.-% gesetzt. Die eutektoide Umwandlung erstreckt sich bis zu ca. 61 At.-% Zr. Die Löslichkeit von U in α-Zr wird zu ca. 0,75 At.-% bei 606° geschätzt. Bei den Verss. stellt es sich als unmöglich heraus, die γ-Lsg. durch eine Abschreckung sowohl von Pulver- als auch von Stückproben, die 35 At.-% Zr enthalten, vollständig zu erhalten. Sie wurde jedoch in einer Zr–U-Legierung mit 40 At.-% Zr vollständig erhalten. Die β-U-Lsg. mit 2,5 At.-% Zr konnte durch Abschrecken nicht erhalten bleiben. (J. Inst. Metals **83**. 277—82. Febr. 1955. Aldermaston, Electr. Ind. Res. Labors.) H. HOCHSTEIN. 197

J. D. Grogan und **R. J. Pleasance**, *Übersicht über das System Uran–Nickel.* Die Liquiduslinie des Syst. U–Ni weist 2 Eutektika auf. Das eine ist zusammengesetzt aus U_6Ni u. einer Verb. annähernd U_7Ni_9 mit einem F. von 740° u. 33 (At.-%) Ni, das andere aus UNi_5 u. Ni mit einem F. von 1110° mit 91 Ni. Zwischen beiden steigt dieLiquiduslinie auf 1350° an, dem F. von UNi_5. Folgende Verbb. werden gebildet durch peritekt. Rk.: U_6Ni bei 790°, Verb. von der annähernden Zus. U_7Ni_9 u. U_5Ni_7 bei 785 u. 820°, UNi_2 bei 985° u. eine Verb. mit 78—79 Ni bei 1290°. Ferner tritt eine Verb. mit annähernd 77 Ni auf. Exakte Bestimmungen der Zus. u. der Formeln sind nicht vorgenommen worden. Die Existenz der Verbb. U_6Ni, UNi_2 u. UNi_5 ist durch röntgenograph. Unters. sichergestellt. Die Löslichkeit von Ni in U beträgt bei 790° ca. 2 u. nimmt mit steigender Temp. ab, die von U in Ni beträgt 0,18 bei 1000° u. nimmt ebenfalls ab. (J. Inst. Metals **82**. 141—47. Nov. 1953. Teddington, Middlesex, Phys. Labor.) F. VIER. 197

G. B. Brook, **G. I. Williams** und **E. M. Smith**, *Pseudobinäre Phasenquerschnitte zwischen den Lavesphasen in ternären Uranlegierungen.* Die Phasengrenzen bei 700 u. 900° sind in den pseudo-bin. Systemen UMn_2–UNi_2, UFe_2–UNi_2 u. UCo_2–UNi_2 bestimmt worden. Die C15-Strukturen von UMn_2, UFe_2 u. UCo_2 werden zunehmend zunächst durch eine hexagonale C36-Zwischenstruktur u. dann durch die hexagonale C14-Struktur von UNi_2 ersetzt. Bei 900° werden die Bereiche der beiden Endmischkristalle, die die C15- bzw. C14-Struktur besitzen, beim Übergang vom Mn über Fe zu Co stärker eingeschnürt. Umgekehrt wird das Gebiet der Zwischenlsg. mit der C36-Struktur beim Übergang von Mn über Fe zu Co erweitert. Die Phasengrenzen unterscheiden sich bei 700° nur wenig. (J. Inst. Metals **83**. 271—76. Febr. 1955. Stoke Poges, Fulmer Res. Inst.) H. HOCHSTEIN. 197

Rudolf Vogel und **Helmut Klose**, *Über ternäre Systeme mit zwei seltenen Erdmetallen: Beispiel Silber-Cer-Lanthan.* Therm. Analysen u. Gefügeunterss. ergeben eine völlige Analogie der bin. Zustandsbilder von Ag mit Ce u. La. Zwischen Ce u. La einerseits u. ihren entsprechenden bin. Verbb. andererseits bilden sich lückenlos Mischkristalle. Im Dreistoffsyst. Ag–Ce–La tritt also nur zweiphasiges Gefüge auf. Die Verbb. Ag_3Ce u. Ag_3La sowie Ag_2Ce u. Ag_2La haben den gleichen Schmelzpunkt. Die Mischkristallreihen zwischen diesen Verbindungspaaren haben daher die gleichen FF. wie die Verbb. selbst. Die Legierungen, bes. zwischen 20 u. 60% Ag, sind stark pyrophor, mit höheren Gehh. an Ce stärker als mit solchen an La. (Z. Metallkunde **45**. 670—73. Dez. 1954. Göttingen, Univ., Inst. für Allg. Metallkunde.) F. VIER. 197

James O. Jepson und **Pol Duwez**, *Teilphasendiagramm des Systems Eisen–Cer.* Untersucht werden das Phasendiagramm bis zu 5% Ce u. das Gefüge der Zwischenphasen des Syst. Fe–C. Es wird hierbei festgestellt, daß die Löslichkeit von Ce sowohl im α-Fe als auch im γ-Fe geringer als 0,5 Gew.-% ist. Die α → γ-Umwandlungstemp. wird durch einen Ce-Zusatz schwach erhöht, u. es ist wahrscheinlich, daß das Diagramm von peritektoider Art ist. Die eisenreiche Zwischenphase entspricht der Zus. $CeFe_5$ u. zers. sich bei 1060°. Die zweite Zwischenphase ist $CeFe_2$, welche eine flächenzentrierte kub. Struktur vom C15- ($MgCu_2$-) Typ mit a = 7,302 Å besitzt. (Trans. Amer. Soc. Metals **47**. 543—53. 1955.) H. HOCHSTEIN. 197

Moss V. Davis und **W. P. Fishel**, *Umwandlungsuntersuchungen in Eisen–Kohlenstoff–Titan–Vanadium-Legierungen und die Verteilung von Kohlenstoff zwischen diesen Elementen.* Die Ac_3- u. Ac_1-Umwandlungen einer Anzahl von Fe–C–Ti–V-Legierungen wurden bestimmt u. mit Legierungen von ähnlicher Zus., die jedoch keinen C enthielten, verglichen. Hierbei wird festgestellt, daß Ti- u. V-Carbide nur einen geringen Einfl. auf die Lage der Umwandlungstempp. haben. Jedoch beeinflussen Ti u. V, welche mit dem Ferrit legiert u. nicht an C gebunden sind, die Umwandlungstempp. des bin.

Fe–V- u. des tern. Fe–V–Ti–Zustandsdiagramms. (Trans. Amer. Soc. Metals **47.** 605–10. 1955.) H. HOCHSTEIN. 197

Werner Köster und **Heinz Schmid,** *Das Zustandsbild der β-Phase im System Kobalt–Zink.* Die CURIE-Temp. der β_1-Phase nimmt von 208° bei 49,5% Zn auf 125° bei 55,5% Zn ab. Dementsprechend schwankt die CURIE-Temp. der Co-reichen $\gamma + \beta_1$-Legierungen je nach ihrer Vorbehandlung zwischen diesen beiden Werten, weil die Sättigung der β_1-Phase für Co mit sinkender Temp. von der erstgenannten zur zweitgenannten Konz. abnimmt. Die Temperaturabhängigkeit der Sättigungskurve der β_1-Phase für Co wurde durch magnet. Messung festgelegt. (Z. Metallkunde **46.** 468 bis 469. Juni 1955. Stuttgart, Max-Planck-Inst. für Metallforsch.) H. HOCHSTEIN. 197

Ernst Raub und **Werner Mahler,** *Die Palladium–Chrom-Legierungen.* Das Syst. Pd–Cr wurde röntgenograph., mkr. u. thermoanalyt. untersucht. Danach erstarren die Pd–Cr-Legierungen eutekt. ohne Bldg. einer intermediären Phase. Die sich auf der Pd-Seite bei der Kristallisation bildenden Mischkristalle haben bei der eutekt. Temp. von 1313° eine Sättigungsgrenze von 49,5 At.-% (32,5 Gew.-%) Cr. Mit sinkender Temp. verschiebt sich die Sättigungsgrenze nach der Pd-Seite. Pd löst sich nur wenig in Cr. Eine genaue Feststellung der Löslichkeit war nicht möglich. Bei 570° bildet sich aus den Pd-reichen Mischkristallen u. Cr eine tetragonal flächenzentriert kristallisierende Phase PdCr mit nur schmalem Homogenitätsbereich. Sie zeigt keine deutliche Überstruktur. (Z. Metallkunde **45.** 648–50. Nov. 1954. Schwäbisch-Gmünd, Forschungsinst. für Edelmetalle.) F. VIER. 197

Jörg Diehl, Siegfried Mader und **Alfred Seeger,** *Gleitmechanismus und Oberflächenerscheinungen bei kubisch flächenzentrierten Metallen.* Die Entstehung von Gleitbändern u. ihre Temperaturabhängigkeit bei *Al* kann durch doppelte Quergleitung erklärt werden. Andererseits ergibt sich auf Grund theoret. Überlegungen, daß das von der Temp. abhängende u. erst bei größeren Schubspannungen auftretende Flacherwerden der Verfestigungskurven kub. flächenzentrierter Metallkristalle ebenfalls mit Quergleitung in Zusammenhang zu bringen ist. Durch gleichzeitige Messung der Verfestigungskurve u. elektronenmkr. Oberflächenbeobachtungen bei mehreren Metallen u. zwei Versuchstempp. konnte gezeigt werden, daß die nach den theoret. Betrachtungen für verschied. Metalle u. verschied. Tempp. zu erwartenden Unterschiede in der Oberflächenstruktur tatsächlich auftreten. Die Ergebnisse von Verss. zeigen, daß in allen Fällen eine unmittelbare Korrelation zwischen dem Abbiegen der Verfestigungskurve u. der Bldg. von Gleitbändern besteht. Aus diesen Resultaten läßt sich für die plast. Verformung kub. flächenzentrierter Kristalle im einzelnen folgern: 1. Die Gleitbänder entstehen durch doppelte Quergleitung von Schraubenversetzungen, die an Hindernissen aufgehalten worden sind. 2. Das Flacherwerden der Verfestigungskurve bei großen Verformungen (sogenannter Bereich III) wird durch Quergleitung u. Bldg. von Gleitbändern verursacht. 3. Die Unterschiede sowohl in der Gleitbandbldg. als auch in der Verfestigungskurve zwischen verschied. Metallen gehen ursächlich auf die Stärke der Aufspaltung vollständiger Versetzungen in Halbversetzungen zurück. Die Stapelfehlerenergie ist also eine für das plast. Verh. der kub. flächenzentrierten Metalle ausschlaggebende Eigenschaft. Die Oberflächenerscheinungen bei der plast. Verformung stellen ein zuverlässiges Abbild der Vorgänge im Kristallinnern dar. (Z. Metallkunde **46.** 650–57. Sept. 1955. Stuttgart, TH, Max-Planck-Inst. für Metallforsch.) H. HOCHSTEIN. 200

D. O. Thompson, D. K. Holmes und **T. H. Blewitt,** *Wirkung von Neutronenbestrahlung auf den Young-Modul und die innere Reibung von Kupfer.* An 8 Cu-Einkristallen von 99,999% Reinheit wurde bei Bestrahlung mit Neutronen eine Zunahme des YOUNG-Moduls u. eine Abnahme der inneren Reibung beobachtet. Diese Ergebnisse lassen sich am einfachsten in einem Versetzungsmodell deuten. (J. appl. Physics **26.** 1188. Sept. 1955. Oak Ridge, Tenn., Oak Ridge Nat. Labor.) H. W. LEVI. 200

W. Je. Mikrjukow und **N. S. Posdnjak,** *Untersuchung der physikalisch-mechanischen Eigenschaften von nach der Methode der Pulvermetallurgie hergestellten Werkstoffen auf Eisenbasis.* 2. Mitt. (1. vgl. C. **1954.** 2573.) Die Unters. wurde an aus Eisen–Graphit-Gemischen pulvermetallurg. durch Sintern bei 1150° hergestellten (weiter nicht wärmebehandelten) Proben mit 0,058–3,28% C durchgeführt. Es wurden die Wärme- u. Elektroleitfähigkeit bei 20–500°, die mechan. Eigg. im Zug- u. Druckvers., wie auch durch Härteprüfung nach BRINELL bei Raumtemp., bestimmt. Es wird festgestellt, daß die isothermen Wärmeleitfähigkeitswerte bei Erhöhung des C-Geh. von 0,058 auf 0,32% beinahe bis auf die Hälfte absinken, um dann bei weiterer C-Steigerung sich nur wenig zu verändern. Die Wärmeleitfähigkeit der Proben mit eutektoidem C-Geh. nimmt bei bis zu 243° steigender Temp. linear zu u. bleibt dann prakt. unverändert. Die Elektroleitfähigkeit verringert sich mit zunehmendem C-Geh., am stärksten innerhalb der

C-Konzz. 0,058–0,88%, dann kaum merklich. Die Zerreißfestigkeit nimmt bis zum Maximum bei 0,88% C linear zu, um dann wieder linear abzufallen. Beim Zerreißvers. zeigen die Proben nur geringe Plastizität im Gegensatz zum zähen Verh. im (nicht bis zur Zerstörung durchgeführten) Druckversuch. Die Kurve Brinell-Härte–C-Geh. verläuft unregelmäßig mit einem Maximum bei 0,88 u. einem Minimum bei 1,62% C. Auf die unterschiedlichen Ergebnisse gegenüber dem gegossenen Zustand u. die größeren metallograph. u. chem. bestätigten Gefügeungleichmäßigkeiten des Sintereisens wird hingewiesen. (Вестник Московского Университета, Серия Физико-Математических и Естественных Наук [Nachr. Moskauer Univ.] **8**. Nr. 9. [physik.-math. naturwiss. Ser.] Nr. 6. 97–108. Sept. 1953. Lehrstuhl für Molekular- u. Wärmeerscheinn.)
V. Ehmcke. 200

W. I. Danilowskaja, G. M. Iwanowa und **Ju. N. Rabotnow,** *Kriechen und Relaxation von Chrommolybdänstahl.* Vff. führten mit bei 600° ausgeglühten Proben aus *CrMo-Stahl 30 ChMA* Kriech- u. Relaxationsverss. mit 14–31 kg/mm² Belastung von 100 Std. Dauer bei 500° ohne u. nach vorhergehender plast. Verformung durch. Es wird gegenüber dem n. Kurvenverlauf (nichtverformte Proben) eine merkliche Verlangsamung der Relaxation an den vorher durch Kriechen (20 kg/mm² Belastung, 25 Std., 500°) vorverformten Proben festgestellt, während eine Vorverformung um den gleichen Betrag durch kurzzeitiges Recken mit steigender Belastung ohne merklichen Einfl. auf den Ablauf der Relaxation (u. auch des Kriechvorganges) blieb. In theoret. Auswertung der Ergebnisse wird festgestellt, daß die zwischen Relaxation u. Kriechprozeß bestehende Beziehung (unter vorliegenden Bedingungen) sich in Übereinstimmung mit dem Verfertigungsgesetz gemäß der Formel $p\,p^{\alpha} = k \exp \cdot \sigma/A$ $(p = \varepsilon - \sigma/E)$ befindet, wobei p die plast. Verformung, α, k u. A Materialkonstanten bei gegebener Temp. bedeuten. Auf Grund der hieraus abgeleiteten Formeln läßt sich in zufriedenstellender Übereinstimmung mit experimentellen Daten (bes. für mittlere Spannungen) der Kurvenverlauf beim Kriechen bzw. Relaxieren berechnen. Die verschiedenartige Wrkg. der Vorverformung auf die Verfestigung läßt auf einen unterschiedlichen Mechanismus beim Kriechen u. kurzzeitigen Recken schließen. (Известия Академии Наук СССР, Отделение Технических Наук [Nachr. Akad. Wiss. UdSSR, Abt. techn. Wiss.] **1955**. Nr. 5. 102–08. Mai.)
V. Ehmcke. 200

M. P. Braun, *Erhöhung des Eigenschaftsniveaus von Chrom–Mangan–Siliciumstahl durch zusätzliches Legieren.* Bericht über an CrMnSi-Stahl mit 0,23–0,28% C; 1,3–1,4% Cr; 1,2–1,4% Mn u. 1,0–1,1% Si mit Zusätzen von jeweils W (0,5%); Ti, Nb, V (je 0,05–0,09%) oder des Komplexes W + Ti + Ni (1%) durchgeführte Untersuchungen. Es wurden die mechan. Eigg. im Anreiß- u. Kerbschlagvers. u. die Brinell-Härte im gehärteten u. auf 200–700° angelassenen Zustand bestimmt. In Auswertung der Ergebnisse u. unter Inbetrachtziehung der legierungstechn. Wrkg. der verschied. Elemente in Abhängigkeit von Atomradius u. Kristallgitter wird zusammenfassend festgestellt: Im Vgl. zu den Eigg. des CrMnSi-Stahles ohne solche Zusätze hat das Hinzulegieren der Sondercarbide bildenden Elemente (W, Mo, Ti, Nb) eine Erhöhung der Anlaßbeständigkeit, Verringerung der Neigung zur Anlaßversprödung, Verlagerung des für das Auftreten von Anlaßsprödigkeit krit. Temperaturintervalls zu etwas höheren Tempp., aber auch eine verringerte Kerbzähigkeit an sich, bes. nach niederen u. mittleren Anlaßtempp., zur Folge. Durch weiteres Hinzulegieren von Ni werden die Zähigkeitseigg. u. die Durchvergütbarkeit verbessert sowie eine für prakt. Zwecke vorteilhafte Gefügeausbldg. beim isothermen Austenitzerfall begünstigt. (Известия Академии Наук СССР, Отделение Технических Наук [Nachr. Akad. Wiss. UdSSR, Abt. techn. Wiss.] **1955**. Nr. 5. 119–22. Mai.)
V. Ehmcke. 200

F. Bollenrath und **W. Domke,** *Eigenspannungen nach Oberflächenhärtung mit induktiver Erwärmung.* An Hohlzylindern (45,2 mm Durchmesser, 16 mm Bohrung, 150 mm Länge) aus drei *Vergütungsstählen* mit 85, 92 u. 125 kg Bruchfestigkeit wurde nach Vergüten u. nach anschließender induktiver Oberflächenhärtung der Verlauf der Eigenspannungen über den Querschnitt mit der Meth. der elektr. Dehnungsmeßstreifen u. nach der Meth. des schrittweisen Ausbohrens ermittelt. Die Ergebnisse sind bei verschied. Einhärtungstiefen unter Angabe der maximalen Eigenspannungen u. der Eigenspannungen an der Innen- u. Außenwand wiedergegeben worden. Außerdem wird an einem Beispiel der Verlauf der Eigenspannung über dem Querschnitt kurvenmäßig dargestellt. Die angewendete Meth. der Ermittlung von Eigenspannungen wird auf ihre Zuverlässigkeit diskutiert. (Naturwissenschaften **42**. 174. 1955. Aachen, TH, Inst. für Werkstoffkunde.)
H. Fahlenbrach. 200

W. A. Sweschnikowa, *Über die plastische Verformung von sich verfestigenden Metallen.* Aus Laboratoriumsverss. an dünnwandigen Rohren aus *Cu, Messing* u. *Dur-*

alumin ergibt sich beim Vgl. des experimentellen u. theoret. Moduls der zusätzlichen Belastung, daß weder die Theorie der geringen elast.-plast. Deformationen von ILJUSCHIN noch die Theorie von PRAGER noch die Gleittheorie die Versuchsergebnisse zu erklären vermögen. Vf. modifiziert die Theorie von PRAGER u. leitet Formeln für den sek. Modul der axialen Deformation u. den sek. Elastizitätsmodul für eine zuvor verdrehte, dann bei konstantem τ gestreckte Probe ab. (Известия Академии Наук СССР, Отделение Технических Наук [Nachr. Akad. Wiss. UdSSR, Abt. techn. Wiss.] **1956.** Nr. 1. 155—61. Jan.) O. LEBTAG. 200

Bernard D. Coleman, *Zeitabhängigkeit mechanischer Durchschlagserscheinungen.* (Sitzungsbericht.) (Physic. Rev. [2] **100.** 1257. 15/11. 1955. E. I. du Pont de Nemours and Co.) R. STEIN. 200

G. L. Pearson, W. T. Read jr. und **W. L. Feldmann,** *Mechanische Eigenschaften von dünnen Si-, Ge- und ZnO-Drähten.* (Sitzungsbericht.) (Physic. Rev. [2] **100.** 1251. 15/11. 1955. Bell Telephone Labors.) R. STEIN. 200

M. A. Biot, *Thermodynamische Herleitung der Deformation viscoelastischer Platten.* (Vgl. C. **1956.** 9370.) Theoret. Untersuchung. (Physic. Rev. [2] **98.** 1869—70. 15/6. 1955. New York, N. Y., Shell Developm. Co.) C. GOTTFRIED. 200

E. Cartmell and **G. W. A. Fowles,** Valency and molecular structure. London: Butterworth's Scientific. 1956. (XI + 256 S. m. Abb.) 8°. 32 s. 6 d.

A₇. Gleichgewichte. Kinetik.

Aldo Turco, Giovanni Sordillo und **Massimo Scatena,** *Über die Möglichkeit der Anwendung des Zink-Äthylendiamintetraacetat-Komplexes in einer Szilard-Chalmers-Reaktion.* Es wird versucht, den Komplex von Zn mit *Äthylendiamintetraessigsäure* (I) für den Isotopenaustausch des Zn zu verwenden. Eine 1 mol. I-Lsg. in konz. NH_4OH wird mit HCl neutralisiert, dann ein gleiches Vol. 1 mol. $ZnCl_2$-Lsg. mit p_H 1—2 bei 100° zugegeben, wobei eine Verb. krist., die der Zus. $NH_4ZnHC_{10}H_{12}O_8N_2$ (II) entspricht. Aus einer mit ^{65}Zn markierten Lsg. von II läßt sich Zn auch in 0,9 mol. ammoniakal. $(NH_4)_2S$-Lsg. nicht fällen. Bei p_H 3—11 u. 1—5° rasch gemischte 0,02 mol. Lsgg. von II u. Zn^{2+} werden mit CO_3^{2-} oder S^{2-} gefällt, der Nd. in Phosphat übergeführt, bei 100° getrocknet u. als $ZnNH_4PO_4$ gewogen. Dabei wird rascher Austausch, unabhängig vom p_H, beobachtet. Die Anwendung von II bei Rkk. vom SZILARD-CHALMERS-Typ erscheint danach nicht möglich. (Ricerca sci. **25.** 2361—63. Aug. 1955. Padova, Centro di stud. per la chim. nucl.) R. K. MÜLLER. 221

D. C. Bradley, W. Wardlaw und **Alice Whitley,** *Die Wirkung von Lösungsmitteln auf die Molekülkomplexe von Tantal-n-alkylaten.* (Vgl. C. **1956.** 10196.) Auf ebullioskop. Wege wurden die Mol.-Geww. von Verbb. des Typs $Ta(OR)_5$ (R = *Methyl-, Äthyl-, n-Propyl-* oder *n-Butyl*) in Toluol, Acetonitril, Pyridin u. Diisopropyläther bestimmt, um zu untersuchen, welchen Einfl. das Lösungsm. auf die Assoziation der in Bzl. dimer vorliegenden Verbb. hat. Bes. an der Gegenüberstellung von Acetonitril u. Pyridin als Lösungsm. wird nachgewiesen, daß der Einfl. der Elektronendonatornatur den der DK. des Lösungsm. bei weitem übertrifft. (J. chem. Soc. [London] **1956.** 5—7. Jan. London, Birkbeck Coll.) E. SAJAK. 223

E. Darmois, *Das Lösungsvermögen.* Vf. gibt einen Überblick über die Verhältnisse in idealen Lsgg.: das RAOULTsche Gesetz ist gültig. Lsgg. von fl. Körpern verhalten sich wie Mischungen bei Gasen; die Lösungswärme ist = 0, bei festen Körpern = der Schmelzwärme des festen Körpers, bei Hochpolymeren unterhalb ihrer Verglasungstemp. sehr gering. Bei gesätt. Lsgg. besteht Gleichgewicht zwischen Lsg. u. festem Stoff; Partialdruck = Sublimationsdruck. Bei idealen Lsgg. ist die Löslichkeit unabhängig vom Lösungsm., aber stark abhängig vom F. des gelösten Körpers (SCHRÖDER, LE CHATELIER). Das anomale Verh. des Lösungsm. W. wird an vielen Beispielen diskutiert. Wenn das RAOULTsche Gesetz nicht gilt, wird statt der mol. Löslichkeit x_2 die Aktivität a gesetzt. Der Aktivitätskoeffizient a/x_2 kann aus jeder vom RAOULTschen Gesetz abhängigen Beziehung ermittelt werden. Bei einem Vers., ein Kriterium für ideale Löslichkeit zu finden, wird festgestellt, daß bei Gültigkeit des RAOULTschen Gesetzes bei allen Tempp. u. Drucken die Mischungswärme = 0 ist u. bei der Mischung keine Volumenänderung eintritt. Der umgekehrte Schluß ist nicht immer gültig. Zur Klärung der Unstimmigkeiten wird die polare Struktur der Lösungsmittelmoll. u. nach HILDEBRANDT die Differenz zwischen dem inneren Druck der beiden Komponenten herangezogen. (Chim. analytique [4] **35.** 175—81. Aug. 1953. La Sorbonne.) H. PLUSKAL. 224

Takemaro Yamamoto, „*Überlöslichkeit*“ *von Ammoniumsulfat.* Reines $(NH_4)_2SO_4$ aus H_2SO_4 u. NH_3 u. Umkristallisation wurde in einem doppelwandigen zylindr.

Meßgefäß gelöst u. mit einem dicht eingesetzten Rührer gerührt. Die Lsg. wurde 30 Min. bei 80° gehalten u. dann unter lebhafter Rührung gekühlt (Kühlwasser in der Zwischenwand) u. die Temp. der einsetzenden Kristallisation mit einem Thermometer in der Lsg. beobachtet. Die „Überlöslichkeit" wurde durch Berechnung der Konz. aus der Best. des SO_4^{2-} erhalten. Bei **18,5—42,9°** ist sie 3,78—5,40% höher als die n. Löslichkeit. (J. chem. Soc. Japan, pure Chem. Sect. [Nippon Kagaku Zassi] **71.** 114—15. Febr. 1950. Tokyo, Meteorol. Hauptobserv. [Orig.: japan.]) L. SCHULER. 224

M. E. Dry und **J. A. Gledhill,** *Die Löslichkeiten schwer löslicher Salze in Wasser.* 4. Mitt. *Die Löslichkeit von Quecksilber(I)-chlorid bei 25°.* (Vgl. C. **1955.** 6933.) Zur Best. der Löslichkeit von Hg_2Cl_2 in W. bei 25° wurden Leitfähigkeitsmessungen, p_H-Messungen mit Hilfe der Glaselektrode u. Konzentrationsmessungen durchgeführt. Bei den Leitfähigkeitsmessungen wurde die Leitfähigkeit des W. unter Berücksichtigung des p_H-Wertes von $5{,}085 \pm 0{,}01$ abgezogen. Die in Abhängigkeit vom durchgeleiteten N_2 stehende Zunahme der Leitfähigkeit mit der Zeit wurde auf 0 extrapoliert u. ebenfalls abgezogen. Konzentrationsmessungen wurden spektrophotometr. mit Hilfe der Absorption des Hg(II)-Dithizonkomplexes bei 490 mμ durchgeführt. Es wurden $(7{,}5 \pm 0{,}3) \cdot 10^{-6}$ Mol/Liter festgestellt. Durch Hydrolyse u. Disproportionierung treten in einer gesätt. Hg_2Cl_2-Lsg. eine Reihe Ionen u. nicht ionisierte Stoffe auf, deren Konzz. aus den gemessenen Werten u. Gleichgewichtskonstanten berechnet wurden. Die Hauptbestandteile u. ihre Konzz. sind: H^+ ($8{,}17 \cdot 10^{-6}$ g/Liter), Cl^- ($8{,}40 \cdot 10^{-6}$ g/Liter), $Hg(OH)_2$ ($4{,}03 \cdot 10^{-6}$ Mol/Liter), $HgCl_2$ ($3{,}3 \cdot 10^{-6}$ Mol/Liter). Das Löslichkeitsprod. von Hg_2Cl_2 beträgt $(1{,}33 \pm 0{,}01) \cdot 10^{-18}$. (Trans. Faraday Soc. **51.** 1119—24. Aug. 1955. Grahamstown, S. Africa, Rhodes Univ., Dep. of Chem.) H. PLUSKAL. 224

J. Danon und **A. A. L. Zamith,** *Lösungsmittelextraktion von Polonium aus salpetersauren Lösungen.* Um Spuren von Po aus salpetersaurer Lsg. zu extrahieren, können Ae. oder mit etwas geringerem Erfolg auch andere organ. Lösungsmittel (Diisopropyläther, Isoamylalkohol, n-Amylalkohol, Methylisobutylketon) verwendet werden. Bei Verwendung von peroxydfreiem Ae. muß vorher als Reduktionsmittel etwas H_2O_2, N_2H_4 oder NH_2OH zugefügt werden. Bei Red. mit SO_2 muß die Konz. an HNO_3 $<$ 7 mol. sein. Bei Ggw. starker Oxydationsmittel (CrO_3) tritt keine Extraktion ein. Es wird angenommen, daß Po(II) extrahiert wird. In 8 mol. saurer Lsg. beträgt die Extraktion durch peroxydhaltigen Ae. fast 65%. (Nature [London] **177.** 746—47. 21/4. 1956. Rio de Janeiro, Escola Nac. de Quím.) H. PLUSKAL. 224

W. I. Kusnetzow, *Theoretische chemische Grundlagen der Extraktion von Elementen.* Zusammenfassende Übersicht über die Methoden zur präparativen u. analyt. Trennung der Elemente. — 460 Literaturangaben. (Успехи Химии [Fortschr. Chem.] **23.** 654—96. 1954. Moskau.) E. KLEVER. 224

C. B. Amphlett, *Isotopenaustausch zwischen verschiedenen Oxydationsstufen in wässeriger Lösung.* Übersichtsarbeit über die Kinetik des Isotopenaustausches zwischen verschied. Oxydationsstufen in wss. Lösung. Eingehender behandelt werden Fe, Ce, Eu, V, Hg, Tl, Sb, Sn, U, Mn, J u. S. — 128 Literaturangaben. (Quart. Rev. [chem. Soc., London] **8.** 219—49. 1954. Harwell, Berks., Atomic Energy Res. Establ.) H. GEDSCHOLD. 225

P. G. Ashmore, B. P. Levitt und **B. A. Thrush,** *Die thermische Reaktion zwischen Wasserstoff und Stickstoffdioxyd.* 1. Mitt. *Das logarithmische Photometer.* (Vgl. C. **1956.** 2959.) Für eine quantitative Verfolgung des Reaktionsverlaufs zwischen NO_2 u. H_2 entwickeln Vff. eine Meth. zur photometr., kontinuierlichen NO_2-Bestimmung. Sie beschreiben ein Photometer, dessen Galvanometerausschläge proportional dem Logarithmus des absorbierten Lichtes u. damit gemäß dem BEERschen Gesetz proportional der mol. NO_2-Konz. sind. Die Photometermessungen erfolgen unter Verwendung von ILFORD-Spektralblau (602)- u. Q-anti-UV (805)-Filtern, die von 4450—5000 Å durchlässig sind; dieses Spektralgebiet liegt unter der photochem. Schwelle für NO_2 (4050—4360 Å). Dadurch sind photochem. Effekte auf die Rk. ausgeschlossen. Die Lichtabsorptionen der im Verlaufe der Rk. entstehenden bzw. in Betracht kommenden Gase H_2, H_2O, NO, H_2O_2, HNO_3 u. N_2 liegen sämtlich im UV-Gebiet; N_2O_4 absorbiert nur unterhalb 4000 Å. (Trans. Faraday Soc. **52.** 830—35. Juni 1956. Cambridge, Free School Lane, Dep. of Physic. Chem.) D. ERTEL. 225

P. G. Ashmore und **B. P. Levitt,** *Die thermische Reaktion zwischen Wasserstoff und Stickstoffdioxyd.* 2. Mitt. *Experimentalarbeit über die Kinetik der Reaktion.* (1. vgl. vorst. Ref.) Die Geschwindigkeit der therm. Rk. zwischen H_2 u. NO_2 wurde bei 393° bzw. 411° photometr. untersucht. Mit überschüssigem H_2 wird NO_2 schnell quantitativ ohne Druckänderung zu NO gemäß $NO_2 + H_2 \rightarrow NO + H_2O$ reduziert. Diese Rk. läuft mit größerer Geschwindigkeit ab als der bimol. Zerfall $2\,NO_2 \rightarrow 2\,NO + O_2$. Das entstehende NO wirkt verzögernd; dies ist nicht auf eine Umkehrung des bimol. Zerfalls zurückzuführen, vielmehr scheint NO den Abbruch einer Ketten-Rk. zu bewirken. Das gleichzeitig entstehende H_2O hat wenig Einfl. auf die Reaktionsgeschwindigkeit im Anfangsstadium, wirkt jedoch im Endstadium der Rk. beschleunigend. Geringe Konzz. (einige 10 Torr) zugesetzten O_2 beeinflussen die Reaktionsgeschwindigkeit im Anfangsstadium prakt. nicht, größere O_2-Konzz. (einige 100 Torr) verlangsamen die Geschwindigkeit bes. im Endstadium der Reaktion. N_2-Zusatz verlangsamt den Ablauf der Rk. etwas, CH_4-Zusatz verzögert dagegen viel mehr als N_2. Der Einfl. der Reaktanten u. NO auf die Reaktionsgeschwindigkeit wird von Vff. durch $-\partial p_{NO_2}/\partial t = k_1 \cdot p_{NO_2} \cdot p_{H_2}^{1,50, \pm 0,15}/(p_{NO} + k_2 \cdot p_{NO_2})$ beschrieben, wobei k_1 konstant ist u. k_2 etwas mit p_{H_2} variieren kann. Kurze Diskussion dieser Geschwindigkeitsgleichung u. ihres Anwendungsbereiches. (Trans. Faraday Soc. **52.** 835–48. Juni 1956.) D. ERTEL. 225

J. M. Dunoyer, *Eine Untersuchung der Kinetik der Reaktion eines Gases mit einem pulverisierten festen Körper.* Auf Grund theoret. Erwägungen über die Rk. eines Gases mit einem festen Körper kommt Vf. zu dem Ergebnis, daß man unter gewissen Bedingungen (Gasüberschuß, poröses Pulver) auf die Rk. die Kinetik homogener Gas-Rkk. anwenden kann u. prüft seine theoret. Ergebnisse an der Rk. $MoO_3 + H_2 \rightarrow H_2O + MoO_2$. Die Rk. wird ausgeführt bei Tempp. zwischen 365 u. 445° unter einem H_2-Überdruck von 200 mm. Der Reaktionsverlauf bestätigt die theoret. Ergebnisse; die Temperaturabhängigkeit ergibt eine experimentelle Aktivierungsenergie von 46 kcal/Mol. (J. Chim. physique Physico-Chim. biol. **47.** 290–303. März/April 1950. Paris, Univ., Labor. de Chim. Phys.) M. SCHENK. 225

John Randel Weeks und **George Richard Hill,** *Die Kinetik der Korrosion von Kupfer in sauren Lösungen.* Der Mechanismus des Korrosionsbeginns von Cu in HCl-Lsgg. wurde mittels der Meth. der Beimengung eines radioakt. Spurenelementes untersucht. Dazu wurde reines Cu-Metall mit ca. 0,01% radioakt. ^{60}Co legiert. Vff. bestimmten die Korrosionsgeschwindigkeit als Funktion des p_H-Wertes (0,8–2,8), der Zeit, der Konz. an Cl^--Ionen (konstant 1 mol.) sowie an gelöstem O_2, der Temp. u. der Rührgeschwindigkeit; alle Messungen erfolgten bei 45°, die Temperaturabhängigkeit wurde im Bereich 20–70° untersucht. Aus den erhaltenen Daten (auf ±20% reproduzierbar) leiten Vff. folgenden Reaktionsmechanismus ab: $2\,Cu + O_2 \rightleftharpoons Cu_2 \cdot O_{2(adsorbiert)}$ (1); $Cu_2 \cdot O_{2(ads.)} + H^+ + Cl^- \rightleftharpoons Cu_2 \cdot O_2 \cdot HCl_{(ads.)}$ 2) bzw. $Cu_2 \cdot O_{2(ads.)} + H^+ \rightleftharpoons 2\,Cu^+ + HO_2^-$ (3); insgesamt: $2\,Cu + H^+ + O_2 \rightarrow 2\,Cu^+ + HO_2^-$. Die Reaktionsprodd. reagieren sek. weiter gemäß $HO_2^- + 2\,Cu^+ + 3\,H^+ \rightarrow 2\,Cu^{2+} + 2\,H_2O$. Damit ergibt sich für die Gesamt-Rk. der Cu-Korrosion: $2\,Cu + O_2 + 4\,H^+ \rightarrow 2\,Cu^{2+} + 2\,H_2O$. Die Reaktionsgeschwindigkeit des Korrosionsbeginns wird beschrieben durch $d[Cu^+]/dt = k_3K_1[H^+][O_2]/(1 + (k_3/\overleftarrow{k}_1)[H^+] + K_1[O_2]\{1 + K_2[H^+][Cl^-]\})$, wobei $\overrightarrow{k}_1$ u. $\overleftarrow{k}_1$ die spezif. Konstanten der Reaktionsgeschwindigkeit für Ad- bzw. Desorption von O_2 an der Metalloberfläche gemäß (1), $\overrightarrow{k}_2$ u. $\overleftarrow{k}_2$ entsprechende Konstanten für Ad- bzw. Desorption von HCl an den „oxydierten Plätzen" gemäß (2), k_3 die spezif. Geschwindigkeitskonstante der Rk. (3), sowie $K_1 = \overrightarrow{k}_1/\overleftarrow{k}_1$ u. $K_2 = \overrightarrow{k}_2/\overleftarrow{k}_2$ darstellen. Die mittleren Werte der Konstanten bei 45° betragen: $k_3 = 1,51 \cdot 10^5$ mdd·Mol^{-1}, $k_1 = 1,64 \cdot 10^4$ Mol^{-1}, $k_2 = 54,9$ Mol^{-1}, $\overrightarrow{k}_1 = 3,28 \cdot 10^7$ mdd·Mol^{-1} u. $\overleftarrow{k}_1 = 2 \cdot 10^3$ mdd. Für Entropie u. Freie Energie wurden berechnet: $\Delta S = 19,7$ cal/Grad Mol bzw. $\Delta F = 13,4$ kcal/Mol. (J. electrochem. Soc. **103.** 203–08. April 1956. Salt Lake City, Ut., Univ., Metallurgy and Fuel Technol. Dep., Inst. for Study of Rate Processes.) D. ERTEL. 225

P. Hagenmuller, *Die heterogene Katalyse.* Übersicht über Wesen, thermodynam. Bedingungen, akt. Zentren der heterogenen Katalyse, Kontaktgifte, Porosität, Capillarkondensation, Struktur der verwendeten Mischkatalysatoren u. Beziehung zwischen heterogener Katalyse u. Magnetismus. — 86 Literaturangaben. (Bull. Soc. chim. France, Mém. [5] **17.** D 123–30. Nov./Dez. 1950.) W. WESLY. 227

Robert Lantz, *Katalyse durch konzentrierte Säuren.* Für die Geschwindigkeitskonstante einer gewissen Anzahl von Rkk., die durch konz. Säuren katalyt. beschleunigt werden, haben HAMMET u. DEYRUP (C. **1932.** II. 3443) eine Beziehung zur Acidität abgeleitet. Diese Beziehung verallgemeinert das für sehr verd. Säuren gültige Gesetz der Katalyse; sie ist aber auf die Desulfonierung u. die Decarboxylierung von *Mesitoinsäure* nicht anwendbar, wenn diese Rkk. in hinreichend konz. H_2SO_4 ausgeführt werden. In diesen Fällen wächst die Reaktionsgeschwindigkeit nicht mit der Säurekonz.; sie nimmt vielmehr bis zu einem Höchstwert zu u. geht dann zurück. Für Konzz., die diesen Höchstwert hinreichend überschreiten, wird eine andere Beziehung angegeben. (Bull. Soc. chim. France, Mém. [5] **17.** 1253–60. Nov./Dez. 1950.) W. WESLY. 227

Joseph D. Danforth und **Dean F. Martin,** *Der Einfluß von Alkalimetallionen auf die Aktivität von Crackkatalysatoren.* Vff. vermuten, daß die Abnahme der Aktivität eines Katalysators bezogen auf den Geh. an Alkalimetallionen ein indirektes Maß für den Abstand zwischen den akt. Zentren darstellt. Zur Bestätigung dieser Annahme wurde die Abnahme der Konversion von *Cetan* an verschied. Katalysatoren in Abhängigkeit von ihrem Geh. an Li-, Na-, K- u. Cs-Hydroxyd vor u. nach dem Calcinieren ermittelt. Als Katalysatoren standen Al_2O_3–SiO_2-, SiO_2–MgO- u. Al_2O_3–B_2O_3-Massen zur Verfügung. Es ergibt sich, daß die Konversion des Cetans umgekehrt proportional dem Geh. des Katalysators an oben angeführten Hydroxyden ist. Für verschied. Katalysatormassen ist die Abnahme mit dem Hydroxydgeh. verschieden u. vom Radius der Alkalionen abhängig. Vff. erörtern einen Mechanismus, der die Konstanz der Aktivitätsabnahme eines Katalysators durch Alkali vor u. nach dem Calcinieren erklärt. (J. physic. Chem. **60**. 422—24. April 1956. Iowa, Grinnell Coll., Dep. of Chem.) H. U. WOELK. 227

Jiro Yasumura, *Thermische Behandlung eines Raney-Nickelkatalysators.* 3std. Erhitzen eines RANEY-Ni-Katalysators auf 250, 300, 350 u. 400° setzt die Hydrierungsaktivität auf 98, 95, 65 u. 37% herab. Elektronenmkr. Aufnahmen zeigen, daß durch das Erhitzen ein Übergang von pyramidenförmigen zu säulenförmigen Kristallen erfolgt. (Nature [London] **173**. 80. 9/1. 1954. Tokushima, Japan, Univ., Fac. of Engng., Dep. of Appl. Chem.) H. THEILE. 227

Juro Horiuti, Kozo Tanabe und **Yoshihiro Watanabe,** *Untersuchungen über die Katalyse mit Hilfe des radioaktiven Chlorisotops* ^{36}Cl. 1. Mitt. *Behandlung mit radioaktivem Chlorwasserstoff.* Die katalyt. Aktivität des Pd, Pt, Ni u. Cu für die selektive Oxydation des H_2 in CO wird durch eine Spur HCl-Gas deutlich gefördert, während die von Fe_3O_4 unbeeinflußt bleibt. Vff. untersuchen den Zustand des auf diesen Katalysatoren abgeschiedenen Chlors bzw. ob überhaupt eine Abscheidung stattfindet. Zu diesem Zweck werden Probestücke dieser Katalysatoren zusammen mit Vergleichsmaterial bei 250°, der Temp. der selektiven Oxydation, 8 Std. in einer Atmosphäre von radioakt. $H^{36}Cl$ belassen u. danach die Chlorabscheidung mittels GEIGER-MÜLLER-Zähler untersucht. Als Probestücke werden *Cu, Zn, Ag, Pt, Ni, Fe, Fe_3O_4, Pd, Au, Graphit, Glas* sowie platiniertes Pt verwendet. Prakt. scheidet sich bei der Behandlung mit $H^{36}Cl$ auf allen Probestücken — mit Ausnahme des massiven Pt — Chlor ab. Die aufgenommene Aktivität ist bei den Edelmetallen geringer als bei den unedlen Metallen, sie sinkt mit zunehmendem Standardpotential (mit Ausnahme bei Gold). (J. Res. Inst. Catalysis, Hokkaido Univ. **3**. 1—9. Nov. 1953. Sapporo, Hokkaido Univ., Res. Inst. for Catalys. [Orig.: engl.]) H. GEDSCHOLD. 227

Juro Horiuti, Kozo Tanabe, Yoshihiro Watanabe und **Kazunori Tanaka,** *Untersuchungen über die Katalyse mit Hilfe des radioaktiven Chlorisotops* ^{36}Cl. 2. Mitt. *Der Zustand des auf den Katalysatoren abgeschiedenen Chlors.* (1. vgl. vorst. Ref.) Die Fortsetzung der vorst. angeführten Unterss. durch 1—2maliges Waschen der mit $H^{36}Cl$ behandelten Probestücke mit W. bzw. im Falle des Ag mit verd. Ammoniak ergibt, daß in der Mehrzahl der Fälle die wasser- bzw. ammoniaklösl. stöchiometr. Chloride vorliegen. Bei Glas ist das Na^+-Ion für die Chlorabscheidung verantwortlich. Im Falle des Graphits können auch die gegebenenfalls vorhandenen Verunreinigungen (Fe_2O_3, Ton) Träger der Rk. sein; ein Schluß auf die Abscheidungsform des Chlors ist daher nicht möglich. (J. Res. Inst. Catalysis, Hokkaido Univ., **3**. 10—15. Nov. 1953. [Orig.: engl.]) H. GEDSCHOLD. 227

Ch. Eyraud, B. Domanski und **L. de Mourgues,** *Untersuchungen über die katalytische Aktivierung von Platindrähten. Die Verbrennung von Methan–Luft-Gemischen.* Sogenannter „jungfräulicher" Pt-Draht (I) zeigt keine katalyt. Wrkg. bei der Verbrennung des *Methans* (II) in Ggw. von Luft, erst nach mehrmaliger Benutzung stellt man an Hand der Steigerung der pro Sek. verbrannten **II**-Menge (diese wird als Aktivierung A bezeichnet) fest, daß A bis zu einem von Drahttemp., Konz. des **II** usw. abhängigen maximalen Betrag wächst. Die Verss. wurden an den Gemischen 3% **II** + 97% Luft durchgeführt, die Temp. betrug 1000°. Die Ggw. geringer Mengen Fremdmetalle beeinflußte A nicht. Beim Erhitzen von **I** in H_2 ergab sich zuweilen eine Zunahme von A, doch verlor **I** dann wieder an A; A durchschritt ein Minimum u. nahm dann wieder auf den gleichen Betrag zu, den es vor dieser Behandlung aufwies. Eine zweite derartige Einw. des H_2 bleibt dann wirkungslos. Spektrograph. Unterss., auch von **I** mit 2% *Pd*-Zusatz, konnten keine Klarheit über diesen Vorgang bringen; Röntgenstrahlenunterss. zeigten bei **I** mit höherer A zwar größere Kristalle, jedoch ist diese Größe nicht allein maßgeblich, da beim Eintauchen von rotglühendem **I** in W. die A verschwindet, obgleich die DEBYE-SCHERRER-Aufnahmen unverändert bleiben. Wahrscheinlich ist A von der Zahl der akt. Zentren abhängig, die mit diesen Aufnahmen nicht erfaßt werden. Bei konstanter Temp. ist **I** umso schneller aktiviert u. A liegt umso höher, je reiner **I** ist. Auch Temperatursteigerungen erhöhen A u. lassen es schneller konstant werden. **I**, der bei höherer Temp. aktiviert wurde, behält auch nach der Abkühlung ein höheres A gegenüber einem nicht so hoch erhitzten **I.** (Bull. Soc. chim. France [5] **1956.** 808—13. Mai. Lyon, Fac. des Sci., Labor. de Chim. Ind.) E. ROEDER. 227

A_8. Präparative anorganische Chemie. Komplexchemie. Metallorganische Verbindungen.

C. C. Addison und **J. Lewis,** *Die Chemie der Nitrosylgruppe* (*NO*). Vff. erörtern zunächst die Stabilität u. die Struktur der NO-Gruppe u. geben einen umfassenden Überblick über ihre Rkk. u. Verbindungen. Bes. werden behandelt: Kovalente Verbb. des Typs NO—X, die Ionenverbb. NO^+X^- u. M^+NO^- sowie Komplexverbb. mit 1- u. 2-Elektronenbindung u. Metallkomplexe, die eine NO-Gruppe enthalten. (Quart. Rev. [chem Soc., London] **9.** 115—49. 1955. Nottingham, Univ., u. Sheffield, Univ.) H. U. WOELK. 243

J. Schenk und **J. A. Prins,** *Plastischer Schwefel.* Bei Unterss. über die Bldg. von plast. S bei Unterkühlung von S, der über 160° erhitzt war, beobachteten Vff. folgendes: 1. Wird S im Vakuum erhitzt u. dann abgekühlt, so krist. er innerhalb weniger Min. aus; es tritt keine Unterkühlung auf. 2. Der Zusatz von weniger als 1% eines 3-wertigen Elements (*P* oder *As*) begünstigt die Bldg. von plast. S. Dieser Einfl. 3-wertiger Elemente ist wahrscheinlich auch bei der gewöhnlichen Unterkühlung durch die Ggw. von etwas N_2 vorhanden. Wird der N_2 durch Erhitzen im Vakuum entfernt, so tritt keine (oder nur vorübergehende) Bldg. von plast. S auf. Vff. erklären diese Beobachtungen durch Annahme von sehr langen Ketten S_∞ bei höheren Tempp. an Stelle von S_8-Ringen bei tieferen Temperaturen. Diese langen Ketten werden wahrscheinlich durch 3-wertige Elemente zu einem Netzwerk verknüpft, das stabiler als die einzelnen Ketten ist. (Nature [London] **172.** 957. 12/11. 1953. Delft, TH, Labor. voor Techn. Phys.) G. WILLE. 253

Oskar Glemser und **Hans Schröder,** *Schwefel–Stickstoff–Fluor-Verbindungen.* 2. Mitt. *Darstellung und Eigenschaften von* SNF_3. (1. vgl. C. **1955.** 11178; vgl. auch C. **1956.** 3792.) Leitet man ein Gasgemisch von SNF u. SN_2F_2 bei 20° über AgF_2, so erhält man nach fraktionierter Dest. im Hochvakuum in einer Ausbeute von 90% SNF_3 (**I**), ein farbloses Gas mit F. —81°, $Kp._{(extrapol.)}$ —23°, mol. Verdampfungsenthalpie 5211 cal., TROUTONscher Konstante 20,8; $D._4^{-80}$ 1,92. Die Reinigung von **I** kann auch durch längeres Stehenlassen bei Raumtemp. erfolgen, wobei sich überschüssiges SNF u. SN_2F_2 in Form grüngelber Kristalle absetzen. Die Hydrolyse von **I** mit W. u. mit NaOH führt zu SO_3^{2-} u. F^-, ein Teil des 1-wertigen N geht in NH_4^+ über. (Z. anorg. allg. Chem. **284.** 97—100. März 1956. Göttingen, Univ., Anorg.-chem. Inst.) U. WANNAGAT. 253

W. Gerrard und **M. F. Lappert,** *Reaktionen von Alkoholen mit Bortrichlorid.* (Vgl. C. **1953.** 4507.) Aus Bortrichlorid u. n- bzw. iso- u. sek.-Butylalkohol in den entsprechenden Molverhältnissen entstehen bei tiefer Temp. (—10°) die entsprechenden Borate, Chlorboronate, $BCl(OR)_2$ u. Dichlorboronite, BCl_2OR. Dagegen reagiert tert.-Butylalkohol sofort zu tert.-Butylchlorid u. Borsäure. Der Mechanismus der Bldg. dieser Verbb. wird kurz diskutiert. Die Chlorboronate zersetzen sich bei Zimmertemp. leicht in Alkylchlorid, Trialkylborat u. B_2O_3, während sich die Dichlorboronite weniger leicht in Alkylchlorid, BCl_3 u. B_2O_3 zersetzen. Bei der Zers. von Isobutylchlorester tritt eine Umlagerung der Alkylreste zu tert.-Butylchlorid ein. HCl entalkyliert Tributylborate (mit Ausnahme des tert.-Butylborats) nicht; selbst HBr entalkyliert diese Verbb. nur langsam.

Versuche: *Tri-n-butylborat* (**I**), $C_{12}H_{27}O_3B$, $Kp._{11}$ 110°, n_D^{17} 1,4118, *Triisobutylborat* (**II**), $C_{12}H_{27}O_3B$, $Kp._{12}$ 96°, n_D^{18} 1,4050, u. *Tri-sek.-butylborat* (**III**), $C_{12}H_{27}O_3B$, $Kp._{14}$ 83°, n_D^{19} 1,3974, wurden aus den entsprechenden Alkoholen u. BCl_3 in Pentan bei —10° hergestellt, nach 30 Min. Stehen bei 15° wurde im Vakuum dest. (92 bzw. 93 u. 80% (Ausbeute). Bei 12std. Einw. wurden nur die Ausgangsprodd. isoliert. — *n-Butyldichlorboronit* (**IV**), $C_4H_9OCl_2B$, $Kp._{20}$ 42°, aus n-Butanol u. BCl_3 bei —80°; 100% (Ausbeute); *Isobutyldichlorboronit* (**V**), $Kp._{20}$ 34°, n_D^{18} 1,4099, $D._4^{20}$ 1,047, analog aus Isobutanol; ca. 100%. Mit sek.-Butanol ließ sich auf diesem Wege kein Chlorboronit (auch nicht bei —80°) isolieren. Es wurde weiter durch Messung des entwickelten BCl_3 aus **IV** u. **V** deren therm. Beständigkeit bei 15 u. 100° gemessen (s. Original). Bei der Einw. von **IV** auf n-Butanol bei —80° konnte nur **I** isoliert werden. — *Di-n-butylchlorboronat*, $C_8H_{18}O_2ClB$, n_D^{20} 1,4132—1,4141, $D._4^{20}$ 0,941, wurde aus 2 Mol n-Butanol u. BCl_3 bei —80° erhalten. Es werden weiter die genauen Versuchsergebnisse der Rkk. von **I, II** u. **III** mit BCl_3 beschrieben. (J. chem. Soc. [London] **1951.** 2545—50. Okt. London, Northern Polytechnic.) H. W. ZIMMER. 258

Egon Wiberg und **Walter Simmler,** *Über eine neue Klasse von Siliconen mit Urotropin-Struktur.* Führt man die Hydrolyse von Alkyltrichlorsilanen in stark verd. äther. Lsg. (ZIEGLERsches Ringschlußprinzip) im Verhältnis $RSiCl_3 : H_2O = 1 : 1{,}5$ u. mit sperrigen Alkylresten R, deren Radius größer als 2,67 Å ist, durch, so erhält man nicht wabenförmig vernetzte *Alkylkieselsäureanhydride* (I), $(RSiO_{1,5})_x$ (vgl. auch C. **1956.** 6896), sondern niedermol. Formen von Urotropinstruktur, $(RSiO_{1,5})_4$, (II), mit hohem F., von leichter Flüchtigkeit u. guter Löslichkeit in organ. Flüssigkeiten. Sie leiten sich vom *Silicoadamantan* („*Silamantan*") (III) ab u. sind als *2.4.6.8.9.10-Hexoxa-1.3.5.7-tetraalkylsilamantane* zu bezeichnen.

Versuche: *Hexoxatetrabutylsilamantan* (IV), $(C_4H_9)_4Si_4O_6$, bildete sich mit 95% Ausbeute gemäß 4 $(C_4H_9)SiCl_3$ (0,07 mol. Lsg. in Ae.) + 6 H_2O → **IV** + 12 HCl bei Raumtemp. nach Abdampfen des Lösungsm. u. des HCl bei -40^0 sowie zweimaliger Sublimation im Hochvakuum. Es ist weiß, pulverig-weich, nach der Sublimation dreieckig oder rautenförmig, doppelbrechend krist., D. 1,11 ± 0,01, F. ∼ 225° (geschlossenes Röhrchen), sublimiert schon bei Raumtemp. u. Normaldruck, löst sich gut in Ae., Tetrahydrofuran, Dioxan, Aceton, schlecht in Methanol, A., wss. u. alkoh. Laugen, nicht in Bzl. oder CH_2Cl_2. **IV** krist. tetragonal (pseudokub.), die Elementarzelle enthält 4 Moll. mit a = 13,37; c = 14,71 Å; c/a = 1,10. — *Hexoxatetraisopropylsilamantan* (**V**), $C_{12}H_{28}O_6Si_4$, bildet sich bei der Hydrolyse von $(CH_3)_2CHSiCl_3$ (0,105 mol. in Ae.) neben dem *Isopropylkieselsäureanhydrid* (**VI**), $[(CH_3)_2CHSiO_{1,5}]_x$, von dem es durch wiederholte Vakuumsublimation abgetrennt werden konnte (Ausbeute 55,5%). Es stellt ein farbloses, zähes, an der Luft unverändert haltbares Wachs dar, das in offener Flamme lebhaft mit weißem Rauch u. Rückstand verbrennt u. in Ae. u. Tetrahydrofuran lösl., in Bzl. u. CH_2Cl_2 unlösl. ist. Sein Erweichungspunkt beträgt ca. 80°; bei 100° liegt es als dünnfl. Öl vor. Die Hydrolyse von 0,739 mol. Lsg. führte nur mit 6,6% zu **V**, die Hauptmenge lag als **VI** vor. **V** entsteht nicht durch Depolymerisation von **VI** während der Hochvakuumsublimation.

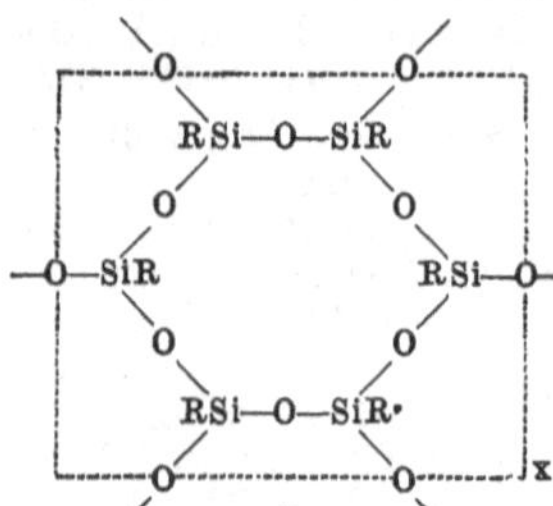

I

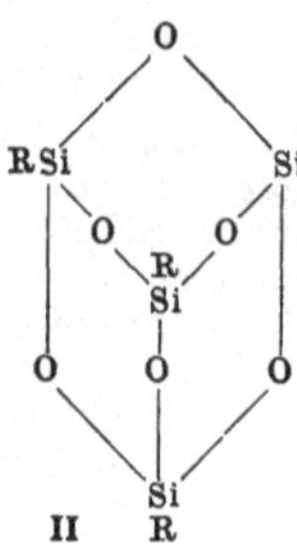

II

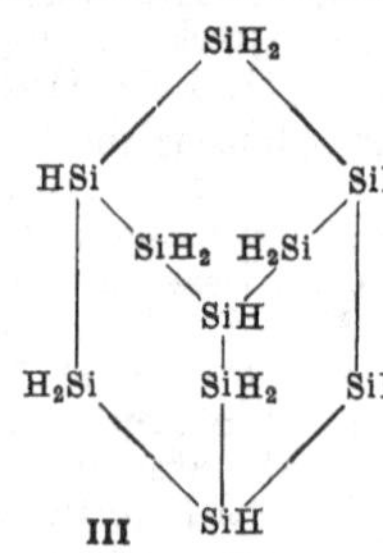

III

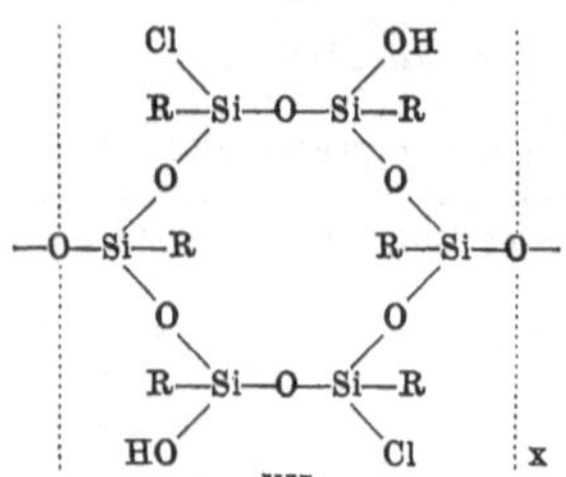

VII

— $C_2H_5SiCl_3$ wird in Ae./Tetrahydrofuran (1 : 1) (0,3 mol. Lsg.) bzw. in Ae. allein (0,212 mol. Lsg.) nur zu hochmol. $(C_2H_5SiO_{1,5})_x$ hydrolysiert. Die Abscheidung hochmol. Prodd. beginnt erst, wenn 90% des bei der Hydrolyse gebildeten HCl mit dem Ae. abdest. worden sind. Die zu diesem Zeitpunkt vorliegende Substanz entspricht Analysen u. der Mol.-Gew.-Best. nach der Zus. **VII**. — Eine 0,31 mol. Lsg. von CH_3SiCl_3 in Ae. ergibt bei der Hydrolyse nur $(CH_3SiO_{1,5})_x$. (Z. anorg. allg. Chem. **282.** 330—44. Dez. 1955. München, Univ., Inst. für Anorg. Chem.) U. Wannagat. 261

Heinrich Remy und **Hans Falius**, *Über das Verhalten der Unterphosphorsäure.* Im Verlauf der Unters. des Verh. der Unterphosphorsäure, $H_4P_2O_6$, die sich vom festen nach kurzer Zeit in den fl. Zustand umwandelt, ohne daß sich die analyt. Zus. ändert, stellen Vff. fest, daß sowohl das Dihydrat als auch die wasserfreie Säure bei Ausschluß von Feuchtigkeit zwischen 0 u. 5° unverändert bleiben, während sich die Säure bei Zimmertemp. innerhalb von sechs Tagen verflüssigt. Die Raman-Unters. der sirupösen Fl. zeigt, daß diese keine Unterphosphorsäure mehr enthält. Die Art der Zersetzungsprodd., auf deren Bldg. die Verflüssigung beruht, wird noch untersucht. Weiterhin wird ein bequemes Verf. zur Darst. größerer Mengen von *Natriumhypophosphat* entwickelt: In einem gekühlten offenen Rundkolben befindet sich eine Aufschlämmung von 100 g rotem *P* in 100 ml H_2O. Unter kräftigem Rühren wird eine Lsg. von 170 g $NaClO_2$ in 350 ml H_2O im Laufe von 5 Std. zugetropft. Nach Beendigung der Rk. wird der nicht umgesetzte P abfiltriert u. die Lsg. nach Leininger u. Chulski (C. **1950.** I. 1456) weiterverarbeitet. (Naturwissenschaften **43.** 177. 2. April-H. 1956. Hamburg, Univ., Chem. Staatsinst., Anorg. Abt.) W. Krönert. 264

Jean Besson und **Horst Dietrich Hardt**, *Zur Kenntnis der fettsauren Salze des Berylliums.* Vff. stellten die „Neutralsalze" $[Be(OOCR)_2]$ u. die „Oxysalze" $[Be_4O(OOCR)_6]$

des Be mit *HCOOH*, *CH_3COOH*, *C_2H_5COOH* u. *$CH_2ClCOOH$* her. Das Oxyacetat entsteht aus α-$Be(OH)_2$ + konz. CH_3COOH u. kann nach Extraktion aus Eisessig in gut ausgebildeten Oktaedern erhalten werden. Durch Kochen mit Eisessig u. Acetylchlorid entsteht daraus das neutrale Acetat, das aber beim Erhitzen oder längerem Lagern wieder in das Oxyacetat übergeht. Das neutrale Formiat entsteht als schwerlösl. Verb. aus dem Oxyacetat u. konz. HCOOH. Es kann durch Vakuumsublimation (50 Torr, 200—220°) in das ebenfalls stabile Oxyformiat übergeführt werden. Mit Propionsäure ist nur das Oxysalz beständig, das aus bas. Be-Carbonat u. heißer Propionsäure erzeugt wurde. Es enthielt Propionsäure gelöst, die es erst allmählich abgibt. Es bildet Prismen, die bei 95° infolge Abgabe von freier Säure ohne Modifikationswechsel zerspringen. Ganz analog verhält sich das Oxychloracetat, das bei 130° die freie Säure abgibt. Es wurde in einer Aufschlemmung von Silicagel in Bzl. aus bas. Be-Carbonat u. einer benzol. Lsg. von Chloressigsäure hergestellt. (Z. anorg. allg. Chem. **277.** 188—200. Nov. **1954.** Saarbrücken, Univ., Chem. Inst.) H. PLUSKAL. 281

H. Krebs, K.-H. Müller und **G. Zürn**, *Über kristallisierte Metallpolyphosphide. 1. Mitt. Darstellung und Struktur des CdP_4.* Bei 3—4tägigem Erhitzen einer Cd–Pb-Legierung (5 : 94 At.-%) mit weißem P auf 565—570° bildet sich an der Ampullenwand mit quantitativer Ausbeute das bisher unbekannte Cadmiumpolyphosphid CdP_4 (I), in kompakten, stark reflektierenden, schwarzen, auch in dünnster Schicht noch opaken Kristallen. Bei einem Cd-Geh. der Legierung von 1,5% entsteht nur $CdPbP_{14}$ (II), von 10% ein Gemisch von **I**, **II** u. HITTORFschem P. **I** bildet sich auch neben rotem P beim Erhitzen von Cd-Amalgam mit weißem P. Es ist sehr reaktionsträge, kann zur Reinigung mit Eisessig u. H_2O_2 oder 20% HCl ausgekocht werden u. löst sich nur in heißem Königswasser. Die Struktur wurde aus Drehkristall- u. WEISSENBERG-Aufnahmen sowie FOURIER-Synth. ermittelt. CdP_4 krist. monoklin in der Raumgruppe C_{2h}^5 — P 2_1/c mit a = 5,26; b = 5,18; c = 7,64 kX u. β = 80° 32'; D. 3,90 u. 2 Formelgewichten pro Elementarzelle. Es bildet ein Raumnetzwerk kovalent miteinander verbundener Cd- (annähernd oktaedr.) u. P-Atome (verzerrt tetraedr. Koordination). Die Cd-Atome sind von je 2 einander gegenüberliegenden P-Atomen im Abstand 2,64; 2,74 u. 2,94 kX umgeben; der Radius des Cd-Atoms vergrößert sich beim Übergang von der Koordinationszahl (KZ) 4 zu der in I vorliegenden KZ 6 um 4%. Die P-Atome der Abstände 2,64 u. 2,74 kX liegen mit den Cd-Atomen in einer Ebene. Das P-Atom mit 2,94 kX Abstand liefert das Bindungselektronenpaar, die anderen P-Atome bestätigen formal nur eine halbe Valenz zum Cd. Cd besitzt damit ein Elektronendodezett, P ein Oktett. Durch den Übergang des Cd in die KZ 6 entsteht eine sehr dichte Packung, Hohlräume sind im Gitter nicht vorhanden. (Z. anorg. allg. Chem. **285.** 15—28. Mai 1956. Bonn, Univ., Chem. Inst.) U. WANNAGAT. 289

W. M. Tarajan, *Über die Eigenschaften des Quecksilber(I)-ions.* Zusammenfassende Übersicht über die Struktur des Hg(I)-Ions, über die Besonderheiten des Gleichgewichtes $Hg_2^{2+} \rightleftharpoons Hg + Hg^{2+}$ u. über die elektrochem. Eigg. des Hg(I)-Ions, aus der hervorgeht, daß es nur eine Reihe von Verbb. gibt, in denen das Hg stets zweiwertig ist, u. daß die Hg(I)-Verbb. als Metallkomplexe des Hg(II) aufzufassen sind. — 49 Literaturangaben. (Успехи Химии [Fortschr. Chem.] **22.** 1002—09. Aug. 1953.) E. KLEVER. 290

Horst Saalfeld, *Zur Kristallographie der Hydrargillitentwässerung.* Der Entwässerungsvorgang von Hydrargillit (I), γ-$Al(OH)_3$, verläuft entweder über das Monohydrat, den *Böhmit* (II), AlO(OH), oder aber zu den wasserfreien Formen, χ, η, γ, δ, ϑ u. α. **II** tritt immer dann auf, wenn die Proben hydrothermal behandelt oder im Vakuum entwässert werden. Vorliegende Unters. verfolgt die Entwässerung **I** → **II** im hydrothermalen Bereich (Temp. 270°, Durck 70 at). Auf Einkristallaufnahmen eines natürlichen **I** (Insel Arö/Norwegen) erscheinen DEBYE-SCHERRER-Interferenzen von **II** mit ungleichmäßig ausgeschwärzten Pulverringen, also als ausgesprochene Texturdiagramme. Die **II**-Kristalle sind demnach in bestimmten Vorzugsrichtungen angeordnet. Die a-Achse des rhomb. **II** tritt, entsprechend der pseudohexagonalen Symmetrie des monoklinen **I** jeweils um 120° gedreht, dreimal auf. Eine 2. Orientierung ist durch die Lage der b-Achse von **II** gegeben, welche einerseits senkrecht auf der Blättchenebene des **I** steht, andererseits aber (bei der Hauptmasse der Kristallite) mit der Blättchennormalen einen Winkel von ca. 45° einschließt. Bzgl. des **I**-Gitters fällt die b-Achse von **II** einmal mit der c-Achse des **I** zusammen, sodann aber mit der [0 2 1]- bzw. [0 $\bar{2}$ 1]-Richtung des **I**; diese beiden **I**-Geraden bilden mit der Blättchennormalen einen Winkel von 46,2°. Die Achsenlängen der Vorzugsrichtungen sind für **I** in der 1. Orientierung: $^1/_3$a = 2,87, c = 9,70, b = 5,06 kX u. in der 2. Orientierung: $^1/_3$a = 2,87, $d_{(021)}$ = 14,02, $^1/_4 d_{(0\bar{2}1)}$ = 3,51 kX; für **II** in beiden Orientierungen: a = 2,86, b = 12,24, c = 3,69 kX. (Naturwissenschaften **43.** 155—56. April 1956. Würzburg, MPI für Silicatforsch.) G. RUBAN. 294

Carl-Heinz Horte und **Joachim Wiegmann,** *Untersuchungen über die Reaktionen zwischen amorphem SiO_2 und Al_2O_3.* Zur Aufklärung der stark exothermen Rk. bei der Erhitzung von *Metakaolin* auf 900—1000° erhitzten Vff. Gele aus gleichzeitig in NH_3-haltigem W. gefälltem $SiCl_4$ u. $AlCl_3$. Die Differentialthermoanalyse zeigte stark exotherme Rk. bei 980—1010° u. ein Reaktionsmaximum bei Al : Si = 1 : 1 an. Durch röntgenograph. Unterss. der kurz unter wie oberhalb der Reaktionstemp. abgeschreckten Präpp. wurde Sillimanitbldg., eingeleitet durch eine kristallograph. Umordnung des Al_2O_3 im Sinne eines Hedvall-Effektes, als Ursache der exothermen Rk. erkannt. (Naturwissenschaften **43.** 9—10. Jan. 1956. Berlin, Inst. für Angew. Silicatforsch.)
U. Wannagat. 294

G. Brauer, R. Müller und **K. H. Zapp,** *Über Europium(II)-oxyd in Mischphasen.* Ausführliche Darst. der C. **1956.** **4658** referierten Arbeit. — EuO läßt sich bei Ggw. von SrO — vermutlich als Mischkristall (röntgenograph. noch nicht bewiesen) — auch durch therm. Zers. von gemischten Carbonaten (Sr, Eu)CO_3 gewinnen. Die therm. Zers. von $EuCO_3$ allein verläuft gemäß $4\,EuCO_3 \rightarrow 2\,Eu_2O_3 + C + 3\,CO_2$. Mit steigendem Verhältnis Eu : Sr durchläuft die absol. Eu(II)-Konz. im Oxydgemisch Eu(II)/[Sr + Eu(II) + Eu(III)] ein Maximum bei 50 At.-% Eu; die höchste relative Eu(II)-Ausbeute Eu(II)/[Eu(II) + Eu(III)] erhält man dagegen bei kleinstem Gesamtgeh. an Eu. Bei der Carbonatzers. sind die Reduktionsgrade wesentlich höher als bei der Red. von Eu_2O_3 mit H_2, doch liegen dann anscheinend Gleichgewichtszustände metastabiler Natur vor, die sich an der Luft spontan zu Eu_2O_3 oxydieren, während die mit H_2 dargestellten EuO/SrO-Gemische gegen Oxydation recht beständig sind. Der Zersetzungsdruck für $SrO \cdot Eu_2O_3$ bei 1050° im Hochvakuum beträgt 10^{-4} Torr. (Z. anorg. allg. Chem. **280.** 40—50. Aug. 1955. Freiburg/Br., Univ., Chem. Labor., Anorg. Abt.)
U. Wannagat. 309

O. Schmitz-Dumont und **Friedrich Füchtenbusch,** *Über Schwermetallamide.* 8. Mitt. *Titanylamid.* (7. vgl. C. **1955.** 10219.) Da das 1-Hydrat von $K_2TiO(SCN)_4$ (**I**) sich beim Entwässern zers., kann wasserfreies **I** (als Diammoniakat, mit 0,23 Mol KSCN verunreinigt) nur aus KSCN u. $TiOSO_4$ in fl. NH_3 bei 0° in 10 Tagen gemäß $TiOSO_{4(fest)} + 4\,K^+ + 4\,SCN^- \rightarrow K_2SO_{4(fest)} + 2\,K^+ + TiO(SCN)_4^{2-}$ u. Eindampfen der roten Lsg. gewonnen werden. **I** u. auch $(PyH)_2TiO(SCN)_4$ (Py = Pyridin) bilden in fl. NH_3 mit KNH_2 einen braunen Nd. von *Titanylamid* (**II**), $TiO(NH_2)_2$. Die Rk. verläuft nach $TiO(SCN)_4^{2-} + 4\,NH_3 \rightleftharpoons TiO(NH_3)_4^{2+}$ (**III**) $+ 4\,SCN^-$; **III** $+ NH_3 \rightarrow [OTi(NH_3)_3NH_2]^+$ (**IV**) $+ NH_4^+$; **IV** $+ NH_2^- \rightarrow TiO(NH_3)_3(NH_2)_2$ (**V**); n-**V** $\rightarrow$ $[\mathbf{II}]_n + 3n\,NH_3$. **II** ist röntgenamorph, resistent gegen O_2 u. hydrolysiert unter Farbumschlag über Grünlichgelb nach Gelblichweiß; das Ti ist in der Verb. offensichtlich 6zählig. **II** verhält sich amphoter. Durch Zugabe von überschüssigem KNH_2 zur Lsg. von **I** fällt ein hellgelbbrauner Nd. von $K_2TiO(NH_2)_4$ (**VI**), der mit **I** $TiO(NH_2)_2$ zurückbildet, u. beim Waschen mit NH_3 u. Trocknen unter NH_3-Abspaltung in orangebraunes $TiO(NHK)_2$ (**VII**) übergeht. **VII** besitzt der Röntgenaufnahme nach ein Flüssigkeitsdiagramm, es ist pyrophor u. reagiert mit W. unter Feuererscheinung. **II** löst sich ebenfalls in NH_4SCN u. NH_4NO_3 bei 0° langsam auf; Reaktionsprodd. konnten jedoch nicht isoliert werden. Beim Erhitzen im Vakuum auf 350—600° zers. sich **II** unter NH_3-Abspaltung quantitativ zu bläulichschwarzem, röntgenamorphem *Titanylnitrid,* $(TiO)_3N_2$, das beim Erhitzen an der Luft in TiO_2, im Hochvakuum bei 1000° in TiO u. N_2 übergeht. **VII** läßt sich bei 260° unter NH_3-Entw. zu *Hexakaliumtrititanylnitrid,* $K_6(TiO)_3N_4$ (**VIII**), abbauen, das dunkelbraun u. pyrophor ist, mit W. unter Feuererscheinung reagiert u. ein Flüssigkeitsdiagramm besitzt. **VIII** zerfällt bei 500—550° gemäß **VIII** $\rightarrow 3\,TiO + 6\,K + 2\,N_2$. — Die beschriebenen Titanylverbb. sind etwas stabiler als die analogen, gleichfalls amorphen Uranylverbindungen. (Z. anorg. allg. Chem. **284.** 278—87. April 1956. Bonn, Univ., Chem. Inst., Anorg. Abt.)
U. Wannagat. 321

Viktor Gutmann, Hans Nowotny und **Gerhard Ofner,** *Darstellung des wasserfreien Titan(II)-chlorids.* Vff. beschreiben die Darst. von wasserfreiem $TiCl_2$ durch Red. des $TiCl_4$ mit H_2 in der elektrodenlosen elektr. Entladung. Das so erhaltene $TiCl_2$ ist frei von Ti-Metall. (Z. anorg. allg. Chem. **278.** 78—81. Jan. 1955. Wien, TH, Inst. für Allg. Chem. u. Inst. für Phys. Chem.) G. Ruban. 321

Kenzi Tamaru, Michel Boudart und **Hugh Taylor,** *Die thermische Zersetzung von German.* 1. Mitt. *Kinetik.* Die therm. Zers. von GeH_4 wird in einem Glasgefäß zwischen 278 u. 330° untersucht. Die Zersetzungsgeschwindigkeit (ZG) ist abhängig vom Druck des GeH_4 (p_{GeH_4}) u. H_2 (p_{H_2}). Bei der Zers. überlagern sich eine Rk. erster Ordnung u. eine nullter Ordnung. Mit fallendem p_{GeH_4} herrscht die Rk. nullter Ordnung vor. Die Aktivierungsenergien betragen $A_1 = 51{,}4$ kcal/Mol, $A_0 = 41{,}2$ kcal/Mol. Durch Vergrößerung des Verhältnisses Oberfläche des Reaktionsgefäßes/Vol. wird die Rk. nullter Ordnung begünstigt. Vff. sind der Ansicht, daß die Rk. erster Ordnung eine homogene

Gas-Rk. ist u. daß bei der Rk. nullter Ordnung an der Ge-Oberfläche adsorbierte Moll., Radikale u. Atome die ZG bestimmen. Bei Zusatz von O_2 wird die Rk. nullter Ordnung wesentlich beschleunigt u. die Aktivierungsenergie A_0 auf 38,2 kcal/Mol erniedrigt. Durch Zusatz von AsH_3, das sich selbst an der Ge-Oberfläche nicht zers., wird die ZG etwas vergrößert. (J. physic. Chem. **59.** 801—05. Sept. 1955. Princeton, N. J., Princeton Univ., Frick Chem. Labor.) R. Lacmann. 326

P. J. Fensham, K. Tamaru, M. Boudart und **Hugh Taylor,** *Die thermische Zersetzung von German.* 2. Mitt. *Mechanismus.* (1. vgl. vorst. Ref.) Der H_2/D_2-Austausch bei 300° an einem Ge-Film wird untersucht. Massenspektrograph. ist kein HD nachzuweisen. Desgleichen entsteht bei der therm. Zers. von GeH_4 in Ggw. von D_2 kein HD. Bei der therm. Zers. eines Gemisches von GeH_4 u. GeD_4 entstehen jedoch große Mengen HD, ohne daß sich Mischhydride der Form GeH_xD_y bilden. Vff. sind der Ansicht, daß die Rk. $GeH_4 \rightarrow GeH_2 + H_2$ die homogene Rk. einleiten kann. Für die Oberflächen-Rk. kommen die Rkk. $GeH_4 \rightarrow GeH_2$ (adsorbiert) $+ H_2$ oder $GeH_4 \rightarrow GeH_3$ (ads.) $+$ H(ads.) in Frage. Für den geschwindigkeitsbestimmenden Schritt nehmen Vff. die Dissoziation von adsorbiertem GeH_x ($x = 2$ oder 3) oder die Desorption von H_2 an. Eine Rück-Rk. nach $GeH_2 + H_2 \rightarrow GeH_4$ findet nicht statt. (J. physic. Chem. **59.** 806—08. Sept. 1955.) R. Lacmann. 326

Ekkehard Gastinger, *Über die Darstellung von Germanium(II)-oxyd.* GeO kann nach der Rk. $Ge + CO_2 = GeO + CO$ dargestellt werden. Die Rk. setzt bei 700° ein u. verläuft bei 800° mit großer Geschwindigkeit. Die für dieses Darstellungsverf. erforderliche umfangreiche App. wird eingehend beschrieben. Eine zweite Meth. zur Darst. von GeO beruht auf der oberflächlichen Oxydation von Ge zu GeO_2 durch Luft von vermindertem Druck bei 700°. Das gebildete GeO_2 wird dann durch überschüssiges Ge zu GeO reduziert. (Z. anorg. allg. Chem. **285.** 103—12. Mai 1956. Paris.) H. W. Levi. 326

W. Rostoker und **A. S. Yamamoto,** *Ein Beitrag zu dem Vanadin–Sauerstoff-Phasendiagramm.* (Vgl. C. **1956.** 2673.) Auf Grund von metallograph. u. röntgenograph. Unterss. sowie von Widerstandsmessungen wird das partielle V–O-Phasenschaubild im Bereich von 0—26 Gew.-% O aufgestellt. Es wird angenommen, daß die körperzentrierte tetragonale β-Phase bei der Stabilisation einer Niedertemperaturallotropen von V entsteht. Es wird gezeigt, daß die β-Phase sich durch eine peritekt. Rk. zwischen VO u. der Schmelze bildet. Eine neue δ-Phase entsteht aus einer peritektoiden Rk. zwischen der β-Phase u. der VO-Phase. Die Grenzmischkristallbldg. sowie die $(\alpha + \beta)/\beta$-, die $\beta/(\beta + VO)$- u. die $(\beta + VO)/VO$-Grenzen werden mitgeteilt. Es werden Angaben über die entsprechenden Gitterparameter u. Härtewerte gemacht. (Trans. Amer. Soc. Metals **47.** 1002—17. 1955.) H. Hochstein. 330

A. W. Lapitzki und **A. Ss. Paschinkin,** *Über die Dehydratation von Kaliumniobat.* Vff. untersuchen den Dehydratationsprozeß des *Kaliumhexaniobats* (**I**; $7K_2O \cdot 6Nb_2O_5 \cdot 27H_2O$) in Abhängigkeit von Temp. u. Zeit. Bei Aufbewahrung von **I** über $CaCl_2$ bei Zimmertemp. werden innerhalb 5 Tagen ca. 7 Moll. u. über konz. H_2SO_4 ca. 10 Moll. W. abgegeben. Nach 35tägigem Stehen über $CaCl_2$ oder H_2SO_4 verliert **I** ca. die Hälfte des Kristallwassers. Zur Unters. des Temperatureinfl. werden für 47, 105, 148 u. 224° Dehydratationsisothermen aufgenommen, wobei der Wasserverlust in Abhängigkeit von der Zeit gemessen wird. Es wird festgestellt, daß **I** bis zu 150—170° kontinuierlich W. abscheidet u. bei jeder Temp. ein Kristallwassergleichgewicht herrscht, das bei 225° bei 1—2 Moll. W. liegt. Diese 1—2 Moll. W. sind sehr fest gebunden u. werden erst bei 318—420° abgegeben. Darst. von $7K_2O \cdot 6Nb_2O_5 \cdot 27H_2O$: Man schm. eine Mischung von 15,72 g Nb_2O_5 u. 27,5 g K_2CO_3 bei 1100° 15—20 Min. im Pt-Tiegel, löst nach Abkühlen die Schmelze in W., gießt A. zu, saugt die Kristalle ab, wäscht mit A. u. Ae. u. trocknet 2 Tage an der Luft. (Вестник Московского Университета, Серия Физико-Математических и Естественных Наук [Nachr. Moskauer Univ.] **10.** Nr. 10. [physik.-math. naturwiss. Ser.] Nr. 7. 91—95. Okt. 1955. Lehrstuhl für Anorgan. Chem.) Ch. Weiske. 331

T. R. Waite, W. E. Wallace und **R. S. Craig,** *Strukturen und Phasenverhältnisse im System Tantal–Wasserstoff zwischen —145 und 70°.* Auf Grund von Röntgenaufnahmen bei verschied. Tempp., Messungen des elektr. Widerstandes u. älterer Messungen der Wärmekapazität (vgl. Kelley, J. chem. Physics **8.** [1940.] 316) wird das Phasendiagramm des Syst. Ta–H angegeben. Es existieren 2 Phasen. Die α-Phase ist eine feste Lsg. von H in Ta mit dem kub. raumzentrierten Gitter des Metalls. Die Gitterkonstante dieser Phase ändert sich mit dem H-Geh. nach der Gleichung $a = 3{,}302 + 2{,}5 \cdot 10^{-3}$ N (N = At.-% H). Die β-Phase ist die Verb. Ta_2H mit einem raumzentrierten tetragonalen Gitter ($a = b = 3{,}38$; $c = 3{,}41$ Å). Die Umwandlung erfolgt bei ausreichenden H-Konzz. bei ca. 50°. (J. chem. Physics **24.** 634. März 1956. Pittsburgh, Pa., Univ., Dep. of Chem.) H. W. Levi. 332

Françoise Chauveau, Pierre Souchay und **Gabriel Tridot,** *Untersuchungen an Peroxymolybdänverbindungen.* Spektralphotometr. Unterss. an wss. Lsgg. von Mo^{6+} in Ggw. von H_2O_2 ergaben, daß in stark $HClO_4$-haltiger Lsg. die Verb. $H_2[Mo_2O_3(O_2)_4]$ auftritt u. Peroxymolybdänkationen nicht aufzufinden sind. Bei der „Monoperoxymolybdänsäure" handelt es sich in Wirklichkeit um eine salzartige Verb. der Zus. $[HMo_2O_6][HMo_2O_3 \cdot (O_2)_4] \cdot 3\ H_2O$. In konz. H_2SO_4 bildet sich ein Kation der wahrscheinlichen Zus. $[HMo_2O_2 \cdot (O_2)_2HSO_4]^{4+}$. (Bull. Soc. chim. France, Mém. [5] **1955.** 1519–24. Nov./Dez. Paris, Fac. des Sci., Labor. de Chim. P. C. B. IV, u. Labor. de Chim. min. de l'E. N. S. de Chim.) U. WANNAGAT. 336

Watt W. Webb, John T. Norton und **Carl Wagner,** *Oxydation von Wolfram.* Vff. berichten über Unterss. der Oxydation von 0,05 cm dicken W-Schichten bei Tempp. zwischen 700 u. 1000° in trockenem bzw. feuchtem O_2. Es bilden sich zwei Oxydschichten aus, von denen die äußere aus porösem, pulvrigem WO_3 besteht, während die innere, dünne Schicht von einem dunkelblauen, dichten u. eng anliegenden Oxyd unbestimmter Zus. gebildet wird. Die Oxydation folgt zu Anfang einem parabol. Geschwindigkeitsgesetz, doch erfolgt gegebenenfalls Übergang zu einem linearen Geschwindigkeitsgesetz. Die Bildungsgeschwindigkeit des inneren Oxydes ist wahrscheinlich umgekehrt proportional seiner Dicke, es scheint mit konstanter Geschwindigkeit in das äußere Oxyd überzugehen. Durch Kombination der Geschwindigkeitsgesetze beider Prozesse ergibt sich ein Geschwindigkeitsgesetz für den gesamten Vorgang. Die Dicke der inneren Schicht strebt einem Grenzwert zu, sobald ihre Bildungsgeschwindigkeit gleich der Geschwindigkeit ihrer Umwandlung in die äußere Schicht wird. (J. electrochem. Soc. **103.** 107–11. Febr. 1956. Cambridge, Mass., MIT, Dep. of Metallurgy.) R. STEIN. 337

Oskar Glemser und **Hans G. Völz,** *Gasförmige Hydroxyde.* 1. Mitt. *Über gasförmiges $WO_2(OH)_2$.* Leitet man Wasserdampf bei Tempp. $>1000°$ über WO_3, so bildet sich gasförmige *Wolframsäure* (I), $WO_2(OH)_2$. Für $WO_{3(gas)} + H_2O_{(gas)} \rightarrow I_{(gas)}$ ist zwischen 1100 u. 1200° $\Delta H = -13$ kcal/Mol; daraus berechnet sich für I eine Verdampfungswärme von 60 kcal/Mol. Aus den Gewichtsverlusten y des WO_3 mit steigendem Wasserdampfdruck x ergibt sich $y = Ax + B$; mit $A = K_p = p_I/p_{H_2O}$ ($= 3{,}84 \cdot 10^{-3}$ bei 1100°) u. B als Gleichgewichtsdruck p_{WO_3}, der die Sublimationswärme des WO_3 zwischen 1100 u. 1200° zu 42 kcal/Mol in guter Übereinstimmung mit dem Literaturwert (41) zu bestimmen gestattet. (Naturwissenschaften **43.** 33. Jan. 1956. Göttingen, Univ., Anorg. Chem. Inst.) U. WANNAGAT. 337

Robert Juza, Albrecht Rabenau und **Gertrud Pascher,** *Über feste Lösungen in den Systemen ZnS/MnS, ZnSe/MnSe und ZnTe/MnTe.* Die Präpp. wurden durch gemeinsame Fällung aus wss. Lsg. oder aus den bin. Verbb. durch trockenes Erhitzen erhalten u. anschließend bei 600° getempert. ZnS löst bis 10 Mol-% MnS unter Ausbldg. des Blendegitters u. zwischen 10 u. 43 Mol-% MnS im Wurtzitgitter. Über 43 Mol-% MnS tritt dieses als zweite Phase im NaCl-Gitter auf. Die Mischkristalle leiten den elektr. Strom nicht, im Zweiphasengebiet tritt eine dem MnS-Geh. entsprechende Leitfähigkeit auf. ZnSe löst bis 35 Mol-% MnSe als Blende u. zwischen 35 u. 50 Mol-% MnSe als Wurtzit. Darüber tritt MnSe im NaCl-Gitter als zweite Phase auf. Auch hier tritt erst im Zweiphasengebiet eine dem MnSe entsprechende Leitfähigkeit auf. ZnTe löst 86 Mol-% MnTe als Blende, darüber liegt MnTe im NiAs-Gitter als zweite Phase vor. Die Mischkristalle zeigen eine elektr. Leitfähigkeit in der Größenordnung der ZnTe-Leitfähigkeit, im Zweiphasengebiet erfolgt ein starker Anstieg. (Z. anorg. allg. Chem. **285.** 61–69. Mai 1956. Kiel, Univ., Inst. für Anorgan. Chem.) H. W. LEVI. 350

Gerhard Trömel, Willi Jäger und **Eberhard Schürmann,** *Untersuchungen im System Eisen–Eisenoxyd–Kalk.* Im Syst. Fe–Fe_2O_3–CaO wurden die Phasen untersucht, die in Schlacken aus Fe_2O_3 u. CaO im Gleichgewicht mit metall. Fe vorliegen. Die bisherigen Feststellungen beruhten im allg. auf chem. u. mkr. Unterss. von Schmelzen, die unter verschied. Bedingungen hergestellt waren, während in der vorliegenden Arbeit genaue röntgenograph. Bestimmungen durchgeführt wurden. Hierbei wurden zwei verschied. Wege eingeschlagen. Einmal wurden die hergestellten Schmelzen nachträglich bei Zimmertemp. nach dem DEBYE-SCHERRER-Verf. u. mit dem Zählrohrgoniometer untersucht. Weiterhin wurde versucht, durch Röntgenaufnahmen in einer Heizkammer bei den hohen Tempp. selbst festzustellen, welche Phasen im Gleichgewicht bei Tempp. bis unmittelbar am F. der Schlacke vorhanden sind. Aus röntgentechn. Gründen wurden einige Verss. außerhalb der Heizkammer in einem Quarzrohr durchgeführt. Die mkr. Unterss. bestätigen, daß in den erstarrten Schlacken nur Dicalciumferrit vorkommt u. daß bei einem CaO-Geh. von mehr als ca. 30% auch noch reines CaO auftritt. Die röntgenograph. Unterss. zeigen eine Veränderung der Gitterkonstante des *Wüstits* mit steigendem CaO-Geh., was auf eine Löslichkeit von CaO im Wüstit hindeutet. Die geringe

Streuung der Werte der Gitterkonstante um die VEGARDsche Gerade zeigt an, daß die Schmelzen fast ideal kristallisierten. Von ca. 10—20% CaO tritt eine Aufspaltung der Gitterlinien des Wüstits auf. Die oberen Werte der Gitterkonstante geben die größte Löslichkeit von CaO im Wüstit bei der eutekt. Temp. an, die unteren Werte die CaO-Löslichkeit an der Grenze des Beständigkeitsbereiches des Wüstits. Die Gründe für die Aufspaltung konnten aus dem Zustandsschaubild abgeleitet werden. Durch Veränderung der Gitterkonstanten von CaO konnte weiterhin gezeigt werden, daß auch CaO eine gewisse Löslichkeit für FeO hat. Da die Röntgenaufnahmen bei Raumtemp. keine Aussagen über die Gleichgewichte bei höheren Tempp. machen u. aus ihnen nichts über die Stabilität des Calciumferrits neben Fe ausgesagt werden kann, wurden Unterss. in einer Hochtemperaturröntgenkammer durchgeführt. Die hierbei angewendete Arbeitsweise schafft entweder reduzierende oder oxydierende Bedingungen, so daß bei der Versuchsdauer entweder eine Red. des Fe_2O_3 oder aber durch Oxydation des Trägerdrahtes eine Vermehrung des Fe_2O_3-Geh. eintrat. Aus den Unterss. bei höheren Tempp. konnte geschlossen werden, daß die eutekt. Temp. bei 1140° liegt u. Calciumferrit in Ggw. von Fe bei 1160° inkongruent schmilzt. (Arch. Eisenhüttenwes. **26.** 687—700. Nov. 1955. Düsseldorf, MPI für Eisenforsch). H. HOCHSTEIN. 354

W. Feitknecht und **A. Kummer,** *Über die Hydroxynitrate des Kobalts. Beitrag zur Kenntnis des Überganges ungeordneter in geordnete Phasen.* Die ungeordnete Form des grünen Kobalthydroxynitrats, $Co(NO_3)_2 \cdot 6\,Co(OH)_2$ (vgl. C. **1937** I, 1630; II. 1517) wandelt sich an Hand von röntgenograph. u. elektronenmkr. Aufnahmen in Lsg. nur langsam in die geordnete Form mit Doppelschichtengitter um: Es bilden sich Keime des letzteren, die infolge größerer Löslichkeit der ungeordneten Form langsam zu geordneten Kristallen anwachsen. Bei der Umwandlung der ungeordneten in die geordnete Form des rosa Kobalthydroxynitrates (mit Einfachschichtengitter) der Zus. $Co(NO_3)_2 \cdot 3\,Co(OH)_2$ treten dagegen Zwischenformen auf, die sich wieder auflösen u. als höher geordnete Form neu ausscheiden. (Z. anorg. allg. Chem. **282.** 41—46. Dez. 1955. Bern, Univ., Inst. für anorg., analyt. u. phys. Chem.) U. WANNAGAT. 355

G. Bouissières, M. Haïssinsky, Guy Pannetier, P. Pascal, R. Viallard, Nouveau traité de chimie minérale. Tome I. Généralités, air, eau, hydrogène, deutérium, tritium, hélium et gaz inertes. Paris: Masson. 1956. (XII + 1102 S. m. Abb.) 8°. 7500 fr.

A₉. Mineralogische und geologische Chemie.

Edward Dwornik und **Malcolm Ross,** *Anwendung des Elektronenmikroskops zu mineralogischen Untersuchungen.* Es werden elektronenmkr. Bilder feiner Fraktionen von uranhaltigen Mineralien aus den USA u. einiger synthet. Mineralien mitgeteilt. Die Aufnahmen sind Teile eines Programms zur mineralog. Charakterisierung der U-Mineralien u. der Begleiter sowie zur Erforschung der geeigneten Abtrennmöglichkeiten. In einer Einleitung wird die Anwendungsmöglichkeit des Elektronenmikroskops in der Mineralogie u. die Präparationstechnik erläutert. (Amer. Mineralogist **40.** 261—74. März/April 1955. Washington, D. C., U. S. Geol. Surv.) H. C. WOLF. 372

Zdeněk Pácal, *Einige beim Studium der geochemischen Prospektionsmethoden gewonnene Erkenntnisse.* Als wichtiges Hilfsmittel bei der chem. Bodenunters. wird die Prüfung auf Konzentrationsunterschiede der Elemente erkannt. In der Umgebung von Erzadern können sie z. B. bei Cu 106:1, bei Pb 170:1, bei Zn 11:1 betragen u. zur Lokalisierung des Verlaufes eines Vork. unter der Erdoberfläche dienen. — Beschreibung eines Beispiels u. des Analysenganges unter Einschluß von Wasser- u. Pflanzenproben. (Věstník ústředního Ústavu geologického **29.** 125—32. 1954.) E. ROTTER. 378

N. D. Ssindejewa, *Ein geochemisches Nachweiskennzeichen für Eisenkiesvorkommen.* Wenn im Brauneisenerz Se u. Te nachzuweisen sind, besteht große Wahrscheinlichkeit für eine Entstehung des Erzes aus der Oxydation von Pyrit (I). Es lohnt in diesem Falle, in der Tiefe nach I zu suchen. (Доклады Академии Наук СССР [Ber. Akad. Wiss. UdSSR] **104.** 114. 1/9. 1955. Labor. für Mineral. u. Geochem. selt. Elemente der Akad. der Wiss. der UdSSR.) R. K. MÜLLER. 378

Herbert E. Hawkes und **Harold Bloom,** *Geologische Anwendung eines Testes auf citratlösliche Metalle in Flußablagerungen.* Ein von BLOOM vorgeschlagenes Verf. zur Best. der citratlösl. Schwermetalle (Pb, Zn, Cu) wurde in Canada an Flußablagerungen erprobt. Die Verss. zeigten, daß in diesen überdurchschnittliche Gehh. an extrahierbaren Metallen bis zu 4 Meilen unterhalb einer stromaufwärts gelegenen Erzlagerstätte nachweisbar sind. Bei Berücksichtigung von Kornverteilung, Mineralbestand u. Geh. an organ. Substanz ist das Verf. zum Aufsuchen von Lagerstätten geeignet. (Science [Washington] **122.** 77—78. 8/7. 1955. Cambridge, Mass., MIT, Dep. of Geol.; Golden, Colo., Colorado School of Mines, Dep. of Chem.) P. NEY. 378

Vl. Steinocher und **J. Vodička,** *Amphibolasbest aus Pikrit von Loužnice.* Der erwähnte Asbest ist feinfaserig bis filzartig. Die Fasern sind 5—10 cm lang u. hellgraugrün, die filzigen Teile schmutzigweiß. Nach den opt. Eigg. (n_α 1,611, n_β 1,619, n_γ 1,634 nach der Immersionsmeth. bei Tageslicht) gehört der Asbest in die *Tremolit–Aktinolith-*Gruppe der monoklinen Amphibole. Er kann zur Herst. von Wärmeisolationsplatten dienen. (Věstník ústředního Ústavu geologického **29.** 132. 1954.) E. ROTTER. 380

Josef Vachtl, *Die ungarischen Bauxite, ihr Alter und ihre Mineralzusammensetzung.* Röntgenograph. u. therm. Differentialanalysen von 17 Bauxitproben der ungar. Lagerstätten Nésza, Iszkaszentgyörgy, Halimba u. Gánt. (Věstník ústředního Ústavu geologického **29.** 97—108. 1954. Prag [Praha], Ústřední ústav geol.) E. ROTTER. 380

Clifford Frondel und **Rutherford J. Gettens,** *Chalkonatronit, ein neues Mineral aus Ägypten.* In Höhlungen von Bronzefiguren aus dem ägypt. Altertum fand sich neben Cuprit u. Atakamit in Form einer grünlichblauen Kruste ein Mineral der Formel $Na_2Cu(CO_3)_2 \cdot 3\,H_2O$, das Chalkonatronit genannt wurde. Die synthet. Verb. ist bereits seit 1852 bekannt. Eigg.: leistenförmige, vermutlich monokline Kristalle oder pseudohexagonale Blättchen mit hoher Doppelbrechung u. starkem Pleochroismus, weich, etwas abfärbend, $D = 2{,}27 \pm 0{,}03$. Stärkste Interferenzen des Pulverdiagramms in der Reihenfolge abnehmender Intensität: 6,92, 4,17, 3,68, 2,87 u. 2,42 Å. Zur Bldg. trugen die sodahaltigen Grundwässer des ariden Gebietes bei. (Science [Washington] **122.** 75—76. 8/7. 1955. Cambridge, Mass., Harvard Univ., Dep. of Mineral.; Washington, D. C., Smithsonian Inst., Freer Gall. of Art.) P. NEY. 380

J. Eiduks und **H. Matisons,** *Mineralogische Zusammensetzung und physikalisch-chemische Eigenschaften einiger Tone der Vorkommen von Zesis und Murleja.* Im Vork. von Zesis-Murleja (Lettland) sind *violetter* (**Ia**), *grüner* (**Ib**) u. *rotbrauner Ton* (**Ic**) zu unterscheiden. Untersucht wurden die Fraktionen: 0,06 mm (1. Fraktion), 0,06—0,005 mm (2. Fraktion) u. $<$0,005 mm (3. Fraktion). **Ia** besteht überwiegend aus der 2. Fraktion; die Feinteilchen bestehen aus Glimmer, Hydroglimmer u. Montmorillonit. **Ib** enthält 48,5% Teilchen unterhalb 0,005 mm. Die Menge der Austauschkationen ist hier viel größer als bei **Ia** u. **Ic** (auch in der 3. Fraktion). **Ib** ist feindisperser als **Ia** u. **Ic** u. enthält weniger Fe-Oxyde. Die 1. u. 2. Fraktion von **Ib** enthalten Quarz, Feldspat u. Glimmermineralien. Die 3. Fraktion enthält Glimmer, Hydroglimmer u. Montmorillonit. Die groben Teilchen von **Ic** bestehen aus Quarz, Feldspat u. Glimmer. In der 3. Fraktion von **Ic** ist viel Glimmer u. Hydroglimmer, jedoch wenig Montmorillonit enthalten. **Ic** enthält mehr Fe-Oxyde als **Ia** u. **Ib**. (Известия Академии Наук Латвийской ССР [Nachr. Akad. Wiss. LettSSR] **1954.** Nr. 4. 101—12.) O. LEBTAG. 380

Tom. F. W. Barth, *Untersuchungen über den magmatischen Gesteinskomplex des Oslo-Gebietes.* 14. Mitt. *Die Herkunft der Oslo-Magmen.* (13. vgl. OFTEDAHL, Skr. norske Vidensk.-Akad. Oslo, I. Mat.-naturvidensk. Kl. Nr. **3.** [1953.] 1.) In der ausführlichen Arbeit behandelt Vf. den Chemismus der verschied. Magmenergüsse im Oslo-Gebiet u. die Herkunft der Magmen. Auf die geolog. u. tekton. Verhältnisse wird eingegangen. (Skr. norske Vidensk.-Akad. Oslo, I. Mat.-naturvidensk. Kl. **1954.** Nr. 4. 1—20. Oslo.) J.-E. HILLER. 385

P. Ss. Ssawtschenko, *Der Jodgehalt in den Grundwässern im Gebiet des nördlichen Donez.* Die Brunnenwässer aus verschied. Gebieten links u. rechts des Donezflusses enthalten 1,13—3,30 γ/Liter Jod. Das Leitungswasser in den Städten Lisitschansk u. Werchni enthält ebenfalls nur 1,44—1,65 γ/Liter. Diese Jodarmut, die bei der Bevölkerung Kropferscheinungen verursacht, wird dadurch begünstigt, daß hier alluviale Sandablagerungen auftreten, die sauren Charakter haben, für W. durchlässig sind u. leicht durchlüftet werden. Dadurch werden die J-Verbb. leicht zu freiem J_2 oxydiert, an die Luft abgegeben u. dort gebunden. (Доклады Академии Наук СССР [Ber. Akad. Wiss. UdSSR] [N. S.] **99.** 293—94. 11/11. 1954. Ukrain. Inst. für Kommunalhyg.) O. LEBTAG. 393

Yukichi Yoshino, *Jahreszeitliche Änderungen der chemischen Befunde des Toneflusses.* Vom Jan. 1947 bis März 1948 wurde bei Maebashi (Gumma) Cl^-, Ca^{2+}, Gesamtrückstand u. $KMnO_4$-Verbrauch des W. aus dem Tonefluß bestimmt. Cl^- u. Ca^{2+} sind am höchsten im Winter, am niedrigsten im Frühsommer. Das p_H von 6,0—6,5 bleibt während des ganzen Jahres gleich. (J. chem. Soc. Japan, pure Chem. Sect. [Nippon Kagaku Zassi] **71.** 71—72. Jan. 1950. Tokyo [Orig.: japan.]) L. SCHULER. 393

H. K. Paetzold, *Neue experimentelle und theoretische Untersuchungen über die atmosphärische Ozonschicht.* (Vgl. C. **1956.** 9082.) Zusammenfassender Überblick, bes. eigener Unterss. über die atmosphär. O_3-Schicht unter besonderer Berücksichtigung der photochem. Konst. des O_3, der Best. der vertikalen Zonenverteilung, der Abhängigkeit des O_3 von der Breite, des O_3-Haushalts sowie der Verwendung des O_3 als Indicator für die Luftzirkulation u. den Massenaustausch. (J. atmospheric terrestr. Physics **7.** 128—40. Sept. 1955. Weissenau/Ravensburg, MPI für Phys. der Stratosphäre.) C. GOTTFRIED. 396

N. A. Renzetti, *Ozon in der Atmosphäre von Los Angeles.* Die Luft von Los Angeles enthält bei intensivem Dunst O_3, das aus photochem. Rkk. zwischen KW-stoffen u. NO_2 stammt. Es wird ein Verf. zur spektroskop. Best. des O_3-Geh. beschrieben. (J. chem. Physics **24.** 909. April 1956. Los Angeles, Calif., Air Pollut. Found.) H. W. LEVI. 396

B. Allgemeine und theoretische organische Chemie.

S. Ramamurty, *Elektronenenergieniveaus des Indens.* Vf. berechnet die Elektronenenergieniveaus des *Indens* (I) mittels der ASMO-Meth. unter der Annahme, daß I acht π-Elektronen besitzt, die für die spektroskop. Niveaus maßgebend sind, die Wechselwrkg. zwischen den Elektronen 1, 2, 3, 4, 7 u. 8 vernachlässigt werden kann u. der C=C-Abstand 1,39 Å beträgt. Die MO's können dann durch $\Phi_1 = (1/\sqrt{8\sigma_1})[\sum_{k=1}^{8} e^{2\pi i l k/8} \cdot K(\nu)]$ wiedergegeben werden, worin $l = 0, \pm 1, \pm 2, \pm 3, \pm 4$, σ_1 ein Normierungsfaktor u. $K(\nu)$ der $2p\pi$-AO' des k-ten Atoms ist. Die beobachteten Banden bei 2952 Å werden einem Übergang vom $^3A_1$-Zustand (3,89 eV) in den $^1A_1$-Grundzustand zugeschrieben. (Current Sci. **22.** 168—69. Juni 1953. Waltair, Andhra Univ., Phys. Dep.) K. FRENKLER. B 10

J. W. Cook, R. Schoental und **E. J. Y. Scott,** *Beziehung zwischen Bindungsstruktur und längstwelliger Ultraviolettabsorptionsbande bei polycyclischen aromatischen Kohlenwasserstoffen.* Bei einer Reihe polycycl., aromat. KW-stoffe werden die Wellenzahlen (ν) der längstwelligen UV-Absorptionsbanden mit der Anzahl (Q) der im Mol. vorhandenen chinoiden Ringe (KÉKULÉ-Formulierungen) verglichen. Dabei wurde gefunden, daß die Abhängigkeit zwischen Mol.-Gew. u. ν bei verwandten KW-stoffen, z. B. *Perylen, 1.2-Benzperylen* u. *Naphtho-[2'.3';1.2]-perylen* durch vertikale Geraden wiedergegeben werden kann. Die KW-stoffe, die unabhängig von der Konst. gleiche Q-Zahlen (0—4) haben, können in horizontalen Zonen angeordnet werden, z. B. für Q = 2 *Naphthacen, 3.4.8.9-Dibenzpyren, Naphtho-[2'.3';3.4]-pyren, Anthanthren, Peropyren* u. *4.5;6.7-Dibenzperopyren.* (Proc. physic. Soc., Sect. A **63.** 592—98. 1/6. 1950. Glasgow, Univ., Chem. Dep.) H. GOLD. B 114

Orfeo O. Orazi, Renee A. Corral und **Edgardo Coloccia,** *Die Halogenierung mit N-Bromderivaten. Absorptionsspektren dieser Produkte.* Von folgenden N-Bromderivv. wurden Löslichkeiten in CCl_4 [Mol/Liter bei 24° (1. Zahl) u. bei 76,5° (2. Zahl)] sowie die UV- u. sichtbaren Spektren in CCl_4 bestimmt: *1.3-Dibrom-5.5-dimethylhydantoin* (**I**) 0,003, 0,024; *N-Bromsuccinimid* (**II**) 0,0018, 0,015; *1-Brom-3.5.5-trimethylhydantoin* (**III**) 0,048, 0,36; *N-Bromacetamid* (**IV**) 0,004, 0,052; *1.3-Dibrom-5-methyl-5-äthylhydantoin* (**V**) 0,073, >1,7. Aus den Meßwerten wurden das Absorptionsvermögen der bei 76,5° gesätt. Lsgg. von **I**—**IV** u. der 0,5 mol. **V**-Lsg. in CCl_4 berechnet u. für die Wellenlängen 3800 bis 2830 Å tabelliert. Für die Beschleunigung der Bromierung durch Licht ist das Absorptionsvermögen der Br-Derivv. wichtig, da die anderen Reaktionsteilnehmer (Allyl-, Carbonylverbb., Steroide) im allg. nicht absorbieren. Es ergab sich, daß alle untersuchten Verbb. jenseits der Durchsichtigkeitsgrenze (ca. 3000 Å) des Pyrexglases beträchtlich absorbieren (am wenigsten **II**, etwas mehr **IV**, weiter folgen **I**, **III** u. **V**). Hierauf können die Unterschiede der Bromierungsgeschwindigkeit bei den verschied. Verbb. u. Lichtarten zurückgeführt werden. (An. Asoc. quím. argent. **43.** 55—61. März 1955. Ciudad Eva Perón, Fac. Quím. y Farm., Instit. Investigg., Cátedra Quím. organ. I.) W. METZENER. B 118

Panos Grammaticakis, *Beitrag zur Kenntnis der Absorption von Pyridinderivaten im mittleren UV und im Sichtbaren.* 1. Mitt. Die Spektren im mittleren UV u. im Sichtbaren der α-, β- u. γ-Pyridincarbonsäuren, einiger ihrer Ester, ihrer Hydrazide sowie einiger Pyridoylhydrazone werden mitgeteilt u. mit denen entsprechender Benzolderivv. verglichen. Der Ersatz des Phenylrestes durch den Pyridylrest bedingt im Falle der Benzoesäure u. ihrer Ester eine beträchtliche Zunahme der Extinktion, im Falle der Benzoylhydrazine u. -hydrazone eine bathochrome Verschiebung der langwelligsten Hauptbande A. Die Einführung einer Carboxylgruppe in das Pyridin ist von einem bathochromen Effekt begleitet ($\beta < \alpha < \gamma$) u. im Falle der α-Substitution außerdem von einer Zunahme der Extinktion. Auch beim Übergang von den β-Pyridoylhydrazinen zu den β-Pyridoylhydrazonen wächst die Extinktion bei gleichzeitiger bathochromer Verschiebung von A. Im übrigen sind die Spektren denen der analogen Benzolderivv. ähnlich. Der Übergang von den β-Pyridoylhydrazonen zu den entsprechenden γ- u.

α-Derivv. bedingt eine zunehmende Verschiebung der Absorption nach längeren Wellen, ohne daß sich die Spektren in sich wesentlich ändern. — Im einzelnen wurden untersucht (im folgenden bedeutet F_s = F. bei schnellem, F_e = F. bei langsamem Erhitzen; F_2 bedeutet, daß eine Verb. nach dem Schmelzen wieder erstarrt, um noch einmal bei höherer Temp. zu schm.): *α-Pyridincarbonsäure*, F_s 139° (A.); *Äthylester*, $Kp._{14}$ 124°; *Hydrazid*, F. 101° (Bzl.). — *β-Pyridincarbonsäure*, F_s 236° (A.); *Methylester*, $Kp._{18}$ 110°; F. 38°; *Hydrazid*, F. 164°. — *γ-Pyridincarbonsäure*, F_s 317° (A.); *Äthylester*, $Kp._{14}$ 108°; *Hydrazid*, F. 171° (A.). — α - P y r i d o y l h y d r a z o n von: *Cyclohexanon* (I), $C_{12}H_{15}$·ON_3, F. 148° (wss. A.). — *Crotonaldehyd* (II), $C_{10}H_{11}ON_3$, F_e ~107°; F_s ~75° [F_2 107°] (wss. A.). — *Benzaldehyd* (III), F. 193° (A.). — *Furfurol* (IV), $C_{11}H_9O_2N_3$, F. 168° (A.). — *Zimtaldehyd* (V), $C_{15}H_{13}ON_3$,F. 213° (orangegelbe Nadeln aus A., werden bei 160—170° farblos). — *o-Oxybenzaldehyd* (VI), $C_{13}H_{11}O_2N_3$, F. 174°, aus A. gelbe Nadeln. — *m-Oxybenzaldehyd* (VII), $C_{13}H_{11}O_2N_3$, F_e ~203°, F_s ~213° (A.). — *p-Oxybenzaldehyd* (VIII), $C_{13}H_{11}O_2N_3$, F_e ~265°; F_s ~272° (A.). — *o-Methoxybenzaldehyd*, $C_{14}H_{13}O_2N_3$, F. 172° (A.). — *p-Methoxybenzaldehyd* (IX), $C_{14}H_{13}O_2N_3$, F. 145°; gelbe oder farblose Nadeln aus A. (die UV-Spektren der beiden Formen sind gleich, die Spektren im Sichtbaren dagegen verschieden). — *o-Nitrobenzaldehyd* (X), $C_{13}H_{10}O_3N_4$, F. 189°; aus A. gelbe Blättchen. — *m-Nitrobenzaldehyd* (XI), $C_{13}H_{10}O_3N_4$, F. 217°. — *p-Nitrobenzaldehyd* (XII), $C_{13}H_{10}O_3N_4$, F. 286°, aus A. gelbliche Nadeln. — *Acetophenon* (XIII), $C_{14}H_{13}ON_3$, F. 142° (A.). — β - P y r i d o y l h y d r a z o n von: *Aceton* (XIV), $C_9H_{11}ON_3$, F. 143° (Aceton). — **III**, $C_{13}H_{11}ON_3$, F_s ~68°, F_2 ~154°. — **IV**, $C_{11}H_9O_2N_3$, F_e ~192°; F_s ~196°; aus A. gelbliche Blättchen. — **V**, $C_{15}H_{13}ON_3$·³/₄ H_2O, F. ~135°, F_2 174—175°; aus A. gelbliche Blättchen. — **VI**, $C_{13}H_{11}O_2N_3$·H_2O, F_s ~127°, F_2 193°; aus A. gelbe Nadeln. — **VII**, $C_{13}H_{11}O_2N_3$·H_2O, F. ~155°, F_2 ~232—233° (A.). — **VIII**, $C_{13}H_{11}O_2N_3$·³/₄ H_2O, F. ~175 bis 180°, F_2 ~250—251°, (A.). — **IX**, $C_{14}H_{13}O_2N_3$·¹/₄ H_2O, F. ~95°, F_2 ~159°; F_3 ~187°. — **X**, $C_{13}H_{10}O_3N_4$·³/₄ H_2O, F. ~129°, F_2 ~194° (A.). — **XI**, $C_{13}H_{10}O_3N_4$·1,25 H_2O, F. ~138 bis 140°, F_2 ~187° (A.). — **XII**, $C_{13}H_{10}O_3N_4$, F. ~261° (A.). — **XIII**, $C_{14}H_{13}ON_3$, F_e ~186°, F_s ~189° (A.). — γ - P y r i d o y l h y d r a z o n von: **XIV**, $C_9H_{11}ON_3$, F. 162° (Aceton). — **I**, F. 174° (A.). — **II**, $C_{10}H_{11}ON_3$, F_e ~204°, F_s ~214° (A.). — **III**, F. 198° (A.). — **IV**, $C_{11}H_9O_2N_3$, F_e 214°, F_s ~216° (A.). — **V**, $C_{15}H_{13}ON_3$·½ H_2O, F_e ~201°, F_s ~194° [F_2 201°], aus A. gelbliche Blättchen, aus Bzl. fast farblos. — **VI**, F. 248°, aus A. gelbliche Blättchen. — **VII**, $C_{13}H_{11}O_2N_3$·³/₄ H_2O, F_e ~276°, F_s ~279—280° (A.). — **VIII**, $C_{13}H_{11}O_2N_3$, F. ~320° (A.). — **IX**, F_s ~135°, F_2 ~165—166°, F_3 ~174° (A.). — **X**, $C_{13}H_{10}O_3N_4$, F. 234°, aus A. gelbliche Blättchen. — **XI**, $C_{13}H_{10}O_3N_4$, F. ~232—233° (A.). — **XII**, $C_{13}H_{10}O_3N_4$, F. 290°, aus A. orangegelbe Prismen. — **XIII**, $C_{14}H_{13}ON_3$, F_e ~174°, F_s ~166° [F_2 174°] (A.). (Bull. Soc. chim. France, Mém. [5] **1955.** 1471—79. Nov./Dez. Paris, Fac. de Sci., Labor. de chim. organ. I.) N. ULLMANN. B 118

Joyce Fabian, Vladimir Delaroff, Pierre Poirier und **Maurice Legrand,** *Untersuchung der Ultraviolett- und Infrarotspektren des Colchicins und verwandter Verbindungen.* Die UV- u. Infrarot(IR)-Spektren des *Colchicins* (I) u. einiger verwandter Verbb. werden mitgeteilt. Die UV-Spektren sind untereinander sehr ähnlich, unterscheiden sich aber, je nachdem, ob der Substituent **X** ein bewegliches H-Atom besitzt oder nicht. Im letzteren Fall wird ein bei 350 mμ liegendes Maximum um ca. 20 mμ bathochrom verschoben. Der Wegfall der H-Brückenbindung mit der Tropoloncarbonylgruppe bedingt demnach eine Zunahme der Resonanzenergie des Moleküls. Eine Ausnahme macht **I**, dessen Spektr. in die Klasse der Verbb. mit beweglichem H gehört. — Die IR-Spektren gestatten, sofern die Verbb. keine freien OH-Gruppen enthalten, eine Unterscheidung der *n.* (**a**) u. der *iso-* (**b**) Verbb., u. zwar im allg. auch dann, wenn nur eins der beiden Isomeren bekannt ist. Zur Unterscheidung ist am besten die langwelligere der beiden NH-Banden der Säureamidgruppe am Ring B geeignet. Sie liegt bei den n. Verbb. bei 3260 cm^{-1} (Thiocolchicine 3278 cm^{-1}), bei den iso-Verbb. dagegen immer über 3290 cm^{-1}. Diese Regel ist nicht anwendbar, wenn **X** eine SOR- oder SO_2R-Gruppe enthält. In diesen Fällen kann man aber, falls beide Isomere bekannt sind, die bei 3439—3442 gelegene NH-Bande zur Unterscheidung heranziehen; sie ist bei den iso-Verbb. wesentlich intersiver als bei den normalen. Wegen der intermol. H-Brückenbindungen sind diese Vergleiche nur zulässig, wenn man 0,03 bis 0,04mol. Lsg. verwendet. — Die Lage der Tropoloncarbonylbande hängt nur von der Natur des 1. Atoms des Substituenten **X** ab; eine intramol. H-Brückenbindung scheint dagegen keinen Einfl. zu haben. — Im einzelnen wurden folgende Verbb. untersucht

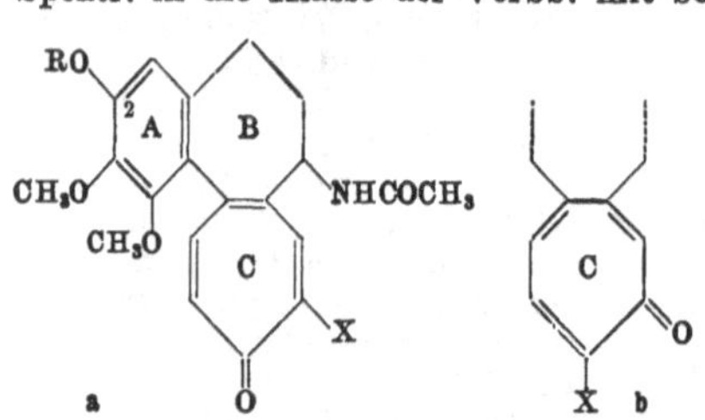

(wo nicht anders vermerkt, werden das UV- [in A.] u. das IR-Spektr. [in $CHCl_3$] mitgeteilt; $[\alpha]_D$ in $CHCl_3$ [c ~ 0,5%]; FF. bei langsamem Erhitzen; R = CH_3): *Colchicein* (X = OH), **b**. — *Colchicin* (I) X = OCH_3), **a** u. **b**. — *2-Desmethylcolchicin* (R = H; X = OCH_3); UV. — *Colchicosid* (R = $C_6H_{11}O_5$; X = OCH_3); UV. — *Colchiceinamid* (X = NH_2), **a**: F. 257—260°; $[\alpha]_D$ —200°; **b**: F. 170—175°; $[\alpha]_D$ —338°. — *N-Methylcolchiceinamid*, **a**: F. 198—200°; $[\alpha]_D$ —113° (c, bezogen auf Solvat, mit 0,5 Mol A.); **b**: F. 280—285°; $[\alpha]_D$ —392°. — *N.N-Dimethylcolchiceinamid*, **a**: F. 145—150°; $[\alpha]_D$ +378° (c, bezogen auf Solvat, mit 0,5 Mol Bzl.); **b**: F. 198—200°; $[\alpha]_D$ —303° (c, bezogen auf Solvat, mit 12% Bzl.). — *2-Desmethylcolchiceinamid*; UV. — *Colchicosamid* (R = $C_6H_{11}O_5$; X = NH_2); UV. — *N.N-Diäthylcolchicosamid*; UV. — *N.N-Cyclopentamethylencolchicosamid*; UV. — *Thiocolchicin* (X = SCH_3), **a** u. **b**. — *S-Äthylthiocolchicein* (X = SC_2H_5); IR. — *S-Isopropylthiocolchicein*; IR. — *S-Benzylthiocolchicein*; IR. — *S-Isopropylthiocolchicein-S-oxyd*; IR. — *S-Isopropylthiocolchicein-S-dioxyd*; IR. — *Desmethoxyhexahydrocolchicin*, $[\alpha]_D$ —82°; *Isomeres*, $[\alpha]_D$ —160° (in beiden Fällen c u. Lösungsm. nicht angegeben); IR. (Bull. Soc. chim. France, Mém. [5] **1955.** 1455—63. Nov./Dez. Serv. de Rech. Roussel-Uclaf.) N. ULLMANN. B 118

Fausto Ramirez und **Peter von Ostwalden,** *Die Konstitution des Adrenochrommonosemicarbazons.* Es wurden das UV-Absorptionsspektr. des *Adrenochrommonosemicarbazons* in wss. Lsgg. als Funktion des p_H u. das Infrarotspektr. im festen Zustand untersucht. λ_{max} (mμ): p_H 1,1, 377 (ε_{max} 29100); 1,5, 374 (27400); 2,1, 362 (25200); 4,0, 356 (25200), 446 (6600); 6,1, 356 (25400), 449 (6800); 7,1, 356 (25800), 445 (7200); 10,0, 358 (18400), 441 (17600); 12, 447 (30100); 13, 447 (33400); λ_{max} (μ): 2,98—3,05, 3,21 bis 3,29, 5,92, 6,06, 6,25. Bei p_H 1 liegt im wesentlichen die kation. Form **III** vor, bei

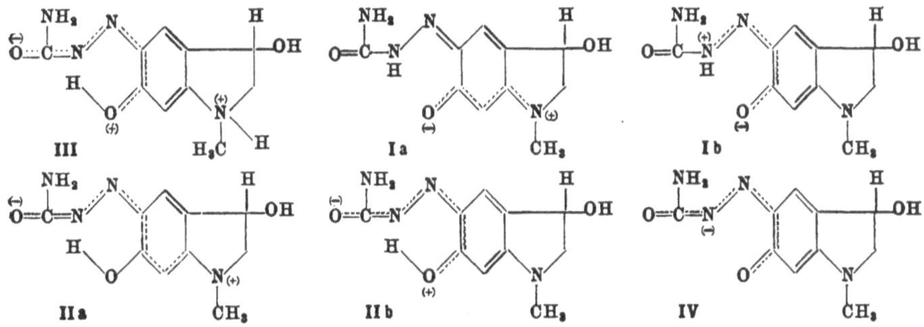

p_H 6,1 u. 7,1 die neutrale **II**, bei p_H 13 die anion. **IV**. Im festen Zustand kann die Verb. in Übereinstimmung mit der Infrarotabsorption als **I** (**Ia** m-Amino-o-Chinon-Typ, **Ib** o-Chinon–Semicarbazon-Typ) formuliert werden. Der isosbest. Punkt bei 360 mμ zeigt das Gleichgewicht zwischen kation. u. neutraler Form (wahrscheinlich **III** ⇌ **II**) an, derjenige bei 393 mμ ein solches zwischen neutraler u. anion. (**I**—**II** ⇌ **IV**). Die scheinbaren p_K-Werte wurden zu 2,0 u. 10,2 bestimmt. (J. org. Chemistry **20.** 1676—80. Dez. 1955. New York, N. Y., Columbia Univ., Dep. of Chem.) K. MAIER. B 118

H. L. McMurry und **Vernon Thornton,** *Wechselbeziehung von Infrarotspektren. Paraffine, Olefine und aromatische Verbindungen mit strukturellen Gruppen.* Vff. stellen Beziehungen auf zwischen charakterist. Banden der Infrarotspektren von Paraffinen, Olefinen u. aromat. KW-stoffen u. strukturellen Eigenschaften. Die Unterss. sollen die Zuverlässigkeit von Strukturanalysen der KW-stoffe erhöhen. Es werden daher nur Spektren von KW-stoffen für die Herleitung charakterist. Banden herangezogen, wodurch die so bestimmten Wellenlängenbereiche oft beträchtlich schmaler u. damit besser definiert werden als in früheren Veröffentlichungen. Ferner werden Intensitätsangaben gemacht; so können Intensitätsveränderungen durch Struktureinfll. für analyt. Zwecke nutzbar gemacht werden. In manchen Fällen ist eine Abschätzung der Konz. struktureller Gruppen möglich. Die Beziehungen zwischen Struktur u. Infrarotbande werden krit. ausgewertet u. ihre Grenzen bei der Lösung von Strukturproblemen augenfällig gemacht. (Analytic. Chem. **24.** 318—34. Febr. 1952. Bartlesville, Okla., Phillips Petroleum Co., Res. Div.) H. SCHÖTTLER. B 120

Robert E. Kitson und **Norman E. Griffith,** *Die von der Nitrilvalenzschwingung herrührende Infrarotabsorptionsbande.* Im Verlaufe von Messungen der Infrarotabsorption ungesätt. Dinitrile wurde beobachtet, daß die von der CN-Valenzschwingung hervorgerufene starke Bande bei 2250 cm^{-1} machmal in ein Dublett aufspaltet, das von der Steinsalzoptik des PE 12 C-Spektrometers eben noch aufgelöst wird. Zur Erklärung dieses Verh. wurde die CN-Bande von ca. 70 Nitrilen untersucht. In gesätt. oder olefin.

Nitrilen ohne Konjugation zwischen CN- u. Olefingruppe tritt e i n e Bande bei 2250 ± 10 cm^{-1} auf, in konjugierten Nitrilen wird diese Bande nach 2225 ± 8 cm^{-1} verschoben. In Dinitrilen, welche beide Typen von Gruppen enthalten, treten beide Frequenzen auf. Wenn die CN-Gruppe am aromat. Kern sitzt, liegt die charakterist. CN-Frequenz zwischen diesen beiden Werten. Da der exakte Wert dieser Frequenz von der Art der anderen Kernsubstituenten abhängt, kann aus der jeweiligen Lage der CN-Frequenz auf spezielle Beziehungen zwischen den CN-Gruppen u. anderen Teilen des Moleküls geschlossen werden. Untersucht wurden: *Aceto-, Propio-, β-Chlor-, β-Brom-, β-Isopropoxy-, β-Oxypropio-, 2.3-Dichlor-2-methylpropio-, n-Butyro-, 4-Chlor-, 4-Brombutyro-, n-Valero-, 5-Bromvalero-, Isocapro-, 6-Aminocapro-, n-Heptano-, Nonano-, Undecano-, Pentadecano-, Heptadecanonitril, Acetoncyanhydrin, Malon-, Bernstein-, Glutar-, Adipin-, β-Methylglutar-, Äthylbernstein-, Pimelin-, β-Methyladipin-, Tetramethylbernstein-, Azelain-, Sebacinsäuredinitril, Suberonitril,* DL-, *meso-Diacetylcyanhydrin, Acrylo-, Methacrylo-, Vinylacetonitril, cis-, trans-1-Cyanpropen-(1), trans-1-Cyanbuten-(2), 3-Cyan-2-methylpropen-(1), 1-Cyanbutadien-(1.3), Fumarsäuredinitril, cis-1.4-Dicyanbuten-(1), trans-1.4-Dicyanbuten-(2), 1.2-Dicyanbuten-(1), -(2), 2.3-Dicyanbuten-(2), 1.3-Dicyan-2-methylpropen-(1), 2-[Cyanmethyl]-3-cyanpropen-(1), 1.4-Dicyan-2-methylbuten-(2), 1.4-Dicyan-3-methylbuten-(1), 1.6-Dicyanhexadien-(2.4), α.α'-Azo-bis-isobutyronitril, 2-Cyanmethylacrylsäureäthylester, Benzo-, Phenylaceto-, β-Phenylpropio-, p-Chlor-, 2.5-Dichlor-, m-, p-Nitro-, p-Aminobenzonitril, o-, m-, p-Tolunitril, Terephthalsäuredinitril, 1-* u. *2-Naphthonitril.* (Analytic. Chem. **24.** 334—37. Febr. 1952. Wilmington, Del., E. I. du Pont de Nemours Co., Polychem. Dep., Res. Div.) H. SCHÖTTLER. B 120

Reinhard Mecke und **Hilmar Spiesecke,** *Das Infrarotspektrum der Dithioessigsäure.* Zwischen 1 u. 25 bzw. 1 u. 15 μ wurde das Infrarotspektr. von fl. u. dampfförmiger (bei 70°) *Dithioessigsäure* (**I**, $Kp._{17}$ 38—40° aus $CH_3MgJ + CS_2$, Symmetrieklasse C_s) u. von fl. u. dampfförmiger (bei 25, 70 u. 100°) *Thioessigsäure* (**II**, Kp. 87—88°, durch Einleiten von H_2S in Acetanhydrid + NaOH) aufgenommen. Für das Schwingungsspektr. von **I** sind die Zuordnungen angegeben, die Grundschwingungen der Essigsäuren u. ihrer Derivv. werden verglichen. Aus der Lage der ν-SH-Frequenz (2481 cm^{-1}) von fl. **I** gegenüber der von **II** u. den Mercaptanen (2550 bzw. 2575 cm^{-1}) sowie ihrer großen Intensität wird eine schwache Assoziation der **I** vermutet. Wie schon von SHEPPARD (Trans. Faraday Soc. **45.** [1949.] 693) bei **II** gefunden, liegen die Werte der CH-Valenzschwingungen gegenüber denen der reinen KW-stoffe etwas höher, die Deformationsschwingungen andererseits niedriger. Dabei nimmt **I** eine Mittelstellung zwischen den reinen KW-stoffen u. **II** ein. Die Frequenzverschiebung muß für **I** außer mit einer Änderung der Kraftkonstanten noch mit einer solchen der effektiven Massen der benachbarten Atomgruppen erklärt werden. Dies steht auch im Einklang zur Annahme einer Polarität der C–S-Bindung, welche die Assoziation von **I** begünstigt. Die auch von SHEPPARD (l. c.) gefundene schwache C=S-Bande bei 1225 cm^{-1} zeigt eine deutliche Temperaturabhängigkeit, ab 70° tritt auch die OH-Valenzschwingung auf, so daß die Annahme eines Tautomeriegleichgewichts $CH_3COSH \rightleftharpoons CH_3CSOH$ damit als richtig erwiesen ist. (Chem. Ber. **89.** 1110 bis 1116. 4/5. 1956. Freiburg/Br., Univ., Inst. für physikal. Chem.) B. GNAUCK. B 120

William Tarpley und **Cecelia Vitiello,** *Infrarotspektren von Steroiden. Neue Lösungsmittel für Steroide, die in Schwefelkohlenstoff schwerlöslich sind.* Vff. untersuchten die Verwendbarkeit neuer Lösungsmittel für schwerlösl. Steroide, um im Bereich 2—15 mμ geeignete Infrarotspektren für Vergleichsunterss. zu erhalten. Sie erhalten in 0,2%ig. Lsg. von Δ^5-Pregnen-3β-ol-20-on in CS_2 ein brauchbares Spektr., indem sie eine Küvette von 8,5 mm Schichtdicke verwenden. Spektren von gereinigtem Bromoform (**I**) u. Methylenbromid (**II**) sowie 17-Äthinylöstradiol in **I** u. 16,17α-Oxido-Δ^5-pregnen-3β-ol-20-on in **II** in 0,2 u. 1 mm Küvetten werden mitgeteilt. Für diese Steroide sind **I** u. **II** sehr viel bessere Lösungsmittel als Chlf. u. CCl_4 u. ermöglichen charakterist. Spektren. Durch Ergänzen der in **I** mit den in **II** erhaltenen Spektren bleiben nur schmale Bereiche nicht auswertbar. Im Gegensatz zu CS_2 als Lösungsm. treten keine Störungen im Bereich der Doppelbindungsabsorption auf. (Analytic. Chem. **24.** 315—18. Febr. 1952. Bloomfield, N. J., Schering Co., Chem. Res. Dep.) H. SCHÖTTLER. B 120

Tetsuji Nishikawa, Takashi Itoh und **Koichi Shimoda,** *Molekularstruktur des Methylamins aus seinem Mikrowellenspektrum.* (Vgl. SHIMODA, J. chem. Physics **22.** [1954.] 1456 u. J. physic. Soc. Japan **9.** [1954.] 974.) Wird bei dem Mikrowellenspektr. des *Methylamins* $\Delta J = 0$ der Einfl. der Wechselwrkg. $K = 1 \longleftrightarrow -1$ auf die Niveaus $K + \tau - 1 \mp 3$ m berücksichtigt, so können die früheren Ergebnisse verbessert u. zufriedenstellendere Zuordnungen der Serien erreicht werden. Die Trägheitskonstanten A, B, C_1, C_2, D, die Behinderungspotentialkonstante α u. die Konstante der Inversionsverdoppelung Δ_a wurden aus einem Teil der beobachteten Frequenzen u. aus den STARK-Koeff. der Linien der p_1-Serie erhalten. Aus dieser wurde die Molekularstruktur des Methylamins bestimmt:

es ist C—H = 1,093 Å; N—H = 1,014 Å; C—N = 1,474 ± 0,005 Å; ∢ HCN = 109° 30′ ± 1°; ∢ HNH = 105° 50′ ± 1°; ∢ CNH = 112° 10′ ± 1° u. der Winkel zwischen der CN-Achse u. der Methylachse = 3° 30′ ± 20′. Aus α wurde die Schwellenhöhe der inneren Rotation zu 691,1 ± 1,0 cm^{-1} berechnet. (J. chem. Physics **23**. 1735—36. Sept. 1955. Tokyo, Univ., Faculty of Science, Dep. of Phys.) C. GOTTFRIED. B 121

T. Gäumann, U. Gugerli, C. Béguin und **Hs. H. Günthard**, *Dielektrische Messungen an Cyclanonen. 1. Mitt. Dielektrische Eigenschaften der Cyclanone mit 5, 6, 7 und 10 Ringgliedern im festen und flüssigen Zustand bei tiefen Frequenzen.* Vff. berichten über Messungen dielektr. Eigg. an reinen fl. u. festen Phasen von *Cyclopentanon* (**I**), *-hexanon* (**II**), *-heptanon* (**III**) u. *-decanon* (**IV**) mit Frequenzen unterhalb 300 kHz. **I** u. **IV** zeigen beim Übergang vom fl. zum festen Zustand einen scharfen Abfall der Dielektrizitätskonstante. **II** weist zwei feste Phasen (s, I) u. (s, II) auf. Die Phase (s, I) ist zwischen —32° (F.) u. —53,5° existenzfähig, sie besitzt eine DK. von vergleichbarer Größe wie die fl. Phase, niedrige Relaxationszeit ($\tau_0 \sim 10^{-8}$ sec) u. hat wahrscheinlich freie Dipolorientierung. Für die Phase (s, II) wird eine ca. 10mal kleinere Leitfähigkeit als bei (s, I) gefunden; eine Best. der stat. DK. ε_0 u. des Relaxationsparameters τ_0 konnte wegen des Einfl. der Ionenleitfähigkeit auf ε'' ($\varepsilon^* = \varepsilon' - j\varepsilon''$) nicht sicher durchgeführt werden. Für den COLE-Parameter α ergab eine Abschätzung ca. 0,3. Das dielektr. Verh. von **III** gleicht qualitativ dem von **II**. Im Temperaturbereich —21 bis 55° existiert wiederum eine Phase (s, I) mit niedriger Relaxationszeit u. nahezu gleichem ε' wie die Fl., unterhalb —55° liegt eine zweite Phase (s, II) vor. Besonders auffallend ist der Temperaturverlauf der spezif. Leitfähigkeit der festen Phase (s, I); $\varkappa$ durchläuft etwas oberhalb des Umwandlungspunktes ein Minimum, was auf einen Ionenleitungsmechanismus hindeutet (diese Leitfähigkeit ist prakt. unabhängig von der Frequenz). Die Größenordnung der spezif. Leitfähigkeit der Phase (s, II) scheint nach Vff. auf ein Enolisierungsgleichgewicht zurückzuführen zu sein. — Einzelergebnisse: **I**, F. 54°, n_D^{20} 1,4370, stat. DK. ε_0 bei 25° 13,58. —5° 14,68, —30° 15,75, —40° 16,18, —50° 16,50, —53° 16,58, —54° 16,59, —55° 3,38, —56° 3,33, —60° 3,00, —70° 2,88, —80° 2,86, —100° 2,84. — **II**, F. —32°, n_D^{20} 1,4504, $D.^{20}$ 0,9464 (Temperaturabhängigkeit im fl. Zustand $D^t = D^0 + kt$ mit D in g/cm^3, t in °C, D^0 = 0,9625, k = —0,852·10^{-3} g·cm^{-3} $Grad^{-1}$), Realteil der DK. ε' (bei 300 kHz) u. spezif. Leitfähigkeit $\varkappa$ in Mho·cm^{-1}·10^6 bei 25°, ε' 15,78, $\varkappa$ 3,38 (nachst. in gleicher Anordnung); 10°, 16,65, 4,47; —10°, 18,16, 3,00; —20°, 18,93, 2,34; —30°, 19,84, 1,65; —32°, 20,0, 1,60; —32° (s, I) 20,9), 0,245; —35°, 21,2, 0,225; —40°, 21,5, 0,195; —45°, 21,8, 0,176; —50°, 22,2, 0,144; —57° (s, II) 2,71, 0,0136; —60°, 2,67, —; —80°, 2,60, —. — **III**, F. —21°, n_D^{20} 1,4676, ε' u. $\varkappa$ in Mho·cm^{-1}·10^9 (wie vorst. angeordnet) 25°, 13,16, —; —5°, 13,83, —; —15°, 14,83, —; —25° (s, I), 15,0, 1,42·10^{-9}; —30°, 15,2, 1,05; —40°, 15,4, 0,78; —50°, 15,5, 0,54; —55°, 15,5, 0,47; —56° (s, II), 2,60, —; —66°, 2,55, —; —65°, 2,52, —; —85°, 2,43, —. — **IV**, F. 25°, $D.^{30}$ 0,9531 (Temperaturabhängigkeit im fl. Zustand $D^t = D^0 + kt$, mit D^0 = 0,9765, k = —0,780·10^{-3}), ε' bei 20° 3,06, 30° 11,4, 60° 9,91, 90° 8,77, 100° 8,44, 110° 8,05, 120° 7,81, 130° 7,54, 140° 7,29, 150° 7,07. (Helv. chim. Acta **39**. 132—44. 1/2. 1956. Zürich, ETH, Organ.-chem. Labor.)
G. WINKLER. B 132

T. Gäumann, U. Gugerli und **Hs. H. Günthard**, *Dielektrische Messungen an Cyclanonen. 2. Mitt. Dielektrische Eigenschaften der Cyclanone mit 5, 6, 7, 8 und 10 Kohlenstoffatomen in flüssiger Phase bei hohen Frequenzen (250 MHz).* (1. vgl. vorst. Ref.) Vff. führen im Anschluß an Messungen der dielektr. Eigg. nachst. Verbb. in Abhängigkeit vom Aggregatzustand bei tiefen Tempp. (l. c.) an den fl. Phasen von *Cyclopentanon* (**I**), *-hexanon* (**II**), *-heptanon* (**III**), *-octanon* (**IV**) u. *-decanon* (**V**) dielektr. Messungen im Frequenzbereich 1—250 MHz bei 15—45° zur genaueren Best. des Relaxationsverh. durch. — Der Realteil der DK. ist im ganzen Frequenzbereich frequenzunabhängig, der COLE-Parameter ist gleich Null. Alle untersuchten Verbb. scheinen im untersuchten Temperaturbereich DEBYEsches Relaxationsverh. zu zeigen. Die gefundenen Relaxationszeiten sind von der Größenordnung 10^{-11} sec, wie sie bei polaren Fll. mit niedriger Viscosität meist angetroffen werden. Bei **I**, **II** u. **III** nimmt die Relaxationszeit mit steigender Temp. ab; **IV** u. **V** haben bedeutend größere τ_M-Werte als die niederen Ketone, außerdem scheint bei **V** bei zunehmender Temp. ein Ansteigen der Werte zu erfolgen. Nach Vff. dürfte das durch die größere Zahl von Konstellationen bei den beiden größeren Ringen bedingt sein. Bei Temperaturerhöhung wird sich das therm. Gleichgewicht zwischen den Konstellationen ändern, wobei sich sowohl Viscosität als auch Relaxationszeit ändern werden u. Anlaß zu einem Temperaturgang der beobachteten Art geben könnten. Der Fehler in τ_M beträgt ca. 20%; bei einer Diskussion der Temperaturabhängigkeit ist deshalb nach Vff. Vorsicht geboten. (Helv. chim. Acta **39**. 145—52. 1/2. 1956.) G. WINKLER. B 132

Kenkichi Nukada und **Yoshié Bansho**, *Synthese und dielektrische Polarisation von Anthranol-(9).* Vff. beschreiben die Darst. von reinem *Anthranol-(9)* (**I**). Seine DKK.,

Dipolmomente u. DD. in verschied. Lösungsmitteln werden gemessen (Bzl. 6,3°, 1,72; 15° 1,99; Dioxan 1,82, Toluol 1,88 D). Die Zeit bis zum völligen Verschwinden der Fluorescenz bei Lsgg. von I wird als Maß für die Umlagerungsgeschwindigkeit zum Anthron angesehen; in A., Ae., Dioxan u. Bzl. sind diese Geschwindigkeiten klein. Es wird angenommen, daß die Stabilität von I in Lsg. durch die Wechselwrkg. zwischen den π-Elektronen des Lösungsm. u. dem Proton der OH-Gruppe von I zunimmt.

Versuche: *Anthranol-(9)* (I), gelbe Kristalle, durch 10 Min. Kochen von 3 g Anthron in 10%ig. NaOH unter N_2, Zugabe von Eis, Kühlen auf −5°, Neutralisieren u. Extraktion mit Toluol; 1,5—1,7 g (Ausbeute). (Bull. chem. Soc. Japan **26**. 454—57. Nov. 1953. Tokyo, Governm. Chem. Ind. Res. Inst. [Orig. engl.]) K. L. WOLF. B 132

P. G. Edgerley und **L. E. Sutton**, *Stereochemie von Salicyliden und einigen verwandten Verbindungen.* Zur Aufklärung der Konfiguration von „α“ -(I) u. „*β-Disalicylid*“ (II) bestimmten Vff. deren Dipolmomente sowie die von *Tetrasalicylid, Di-, Tri-, Tetra-o-, Di-, Tri-m-, Di-* u. *Tri-p-kresotid* in Bzl. bei 25°; sie betragen in vorst. Reihenfolge 6,26, 2,95, 2,07, 6,34, 4,28, 1,25, 6,74, 3,08, 6,67 u. 3,18 D. Die Ergebnisse werden hinsichtlich der Stereochemie dieser Verbb. ausführlich diskutiert. Während dem I die Struktur des cis-Disalicylids zukommt, ist II ein Trisalicylid, dessen Konfiguration sich der ebenen nichtpolaren Form nähert. (J. chem. Soc. [London] **1951**. 1069—74. April. Oxford, Univ., Physical. Chem. Labor.) O. W. SCHULZ. B 132

R. T. Fowler, *Eine Neubestimmung der Ionisationskonstanten des Nicotins.* Mittels potentiometr. Titration bei 0, 25 u. 40° unter Verwendung verschied. konz. starker u. schwacher Säuren wurden die Ionisationskonstanten wss. Lsgg. des *Nicotins* (I) neu bestimmt, wobei sich für die 1. Dissoziationskonstante bei 25° ein Wert von $1{,}05 \cdot 10^{-6}$ u. für die 2. ein solcher von $2{,}63 \cdot 10^{-11}$ ergab. Danach reagiert I prim. als einsäurige Base bei der Titration mit starken oder schwachen Säuren. Die Ergebnisse werden diskutiert u. mit den früher erhaltenen verglichen. (J. appl. Chem. **4**. 449—52. Aug. 1954. N. S. W., Univ. of Sydney, Chem. Engng. Dep.) W. NIEMITZ. B 139

Adrien Albert und **C. W. Rees**, *Affinität der Tetracycline zu Metallkationen.* Die an *Aureomycin* u. *Terramycin* ausgeführten Unterss. (C. **1955**. 7645) werden auf deren Muttersubstanz *Tetracyclin* (I) ausgedehnt. Aus ihnen ergeben sich die 3 Ionisationskonstanten 3,35 (bas.), 7,82 u. 9,57 (alle ±0,06), die auf Ionisation der 2-, 5- u. 7-Stellung zurückgeführt werden. Weiter werden die Stabilitätskonstanten einer Reihe von 1:1 u. 2:1-Komplexe des I mit folgenden Kationen: Fe^{3+}, Al^{3+}, Cu^{2+}, Ni^{2+}, Fe^{2+}, Co^{2+}, Zn^{2+} u. Mn^{2+} bestimmt u. mit denen des *Chlorotetracyclins* u. *Oxytetracyclins* (*Aureo-* u. *Terramycins*) verglichen, wobei sich eine weitgehende Ähnlichkeit ergibt. (Nature [London] **177**. 433—34. 3/3. 1956. Australian Nat. Univ., Dep. of Med. Chem.) W. NIEMITZ. B 139

I. Smith, B. J. Stevens und **J. B. Jepson**, *Chemische Veränderungen bei der elektrolytischen Entsalzung.* Durch papierchromatograph. Unterss. stellen Vff. fest, daß neben der bekannten Umwandlung von Arginin in Ornithin auch eine Reihe anderer Rkk. ablaufen. Starke organ. Anionen (z. B. Schwefelsäurekonjugate im Harn) wandern schnell durch die Membrane. Tyrosin kann in völlig entsalzten Lsgg. ausfallen. Es treten, bes. leicht bei J-Derivv., reduktive Dehalogenierungen von substituierten Phenolen auf. Poly-J- u. Poly-Br-Derivv. von Tyrosin u. Thyronin werden stufenweise dehalogeniert. Es können reduktive Umwandlungen substituierter Acrylsäuren zu den entsprechenden Propionsäuren u. Hydrierungen von Pyridincarbonsäuren zu ninhydrinpositiven Piperidin- u. Dehydropiperidinderivv. auftreten. Diese Umwandlungen können zur Identifizierung bestimmter Verbb. u. für präparative Zwecke (Darst. von Monojod- u. Monobromtyrosin) benutzt werden. (Biochem. J. **62**. 2 P. Jan. 1956. London, Middlesex Hosp., Courtauld Inst. of Biochem.) E. SCHWERDTFEGER. B 141

M. L. J. Bernard, *Beitrag zur Untersuchung organischer Peroxyde mittels Polarographie.* Nach kurzer Besprechung der theoret. u. experimentellen Grundlagen der polarograph. Unters. wird eingehend über die Polarographie organ. Peroxyde (**A**) berichtet. Untersucht wurden im einzelnen die *Peroxyde* von *Pinen, Limonen, Terpinolen, Dicyclopentadien, Chaulmoograsäureäthylester, Leinöl, Linolensäure, Cyclohexanon, Citral, Citronellol, Geraniol, Linalool, Terpentinöl, Tetralin, Dioxan, tert.-Butylperbenzoat*, ferner *tert.-Butylhydroperoxyd, Dibenzoylperoxyd, Bis-tert.-butylperoxyd, trimeres Acetonperoxyd, Peressigsäure*, sowie zum Vgl. die *Persulfate* des *K, Na* u. *NH_4*,*Na-Perborat* u. H_2O_2. Die Messungen erfolgten sowohl im wss. als auch im Bzl.-Methanol-Medium. Die Ergebnisse werden eingehend diskutiert, bes. hinsichtlich der Reaktionsmechanismen sowie der Struktur der einzelnen **A**-Verbb., u. zeigen für den vorliegenden Zweck die Überlegenheit der polarograph. Meth. zur Analyse gegenüber anderen an. Die **A** lassen sich leicht reduzieren u. auf Grund ihres verschied. Verh. von den Hydroperoxyden unterscheiden. — Weiter werden die Anwendungen hinsichtlich der polarograph. Best. derartiger Verbb., auch in Mischungen, an Hand einiger Beispiele besprochen. Aus der Unters. der Autoxydationsvorgänge ergeben sich prakt. Anwendungen für die Kontrolle der Peroxydbldg. in Essenzen u. Ölen. (Ann. Chimie [12] **10.** 315—52. März/April 1955.) W. NIEMITZ. B 142

B. A. Arbusow und **W. Ss. Winogradowa,** *Parachore der Methyltrialkylsilane.* Für die untersuchten *Methyltrialkylsilane* R_3SiCH_3 werden folgende Parachor (P)-Werte gefunden: bei $R = C_2H_5$ 374,9; *n*-C_3H_7 492,2; *n*-C_4H_9 610,3; *n*-C_6H_{13} 847,1; *n*-C_8H_{17} 1086,7; *n*-$C_{10}H_{21}$ 1322,0. Von den für 3 u. für 2 parallele Ketten berechneten P-Werten stimmen letztere besser mit den gefundenen überein; danach ist die gestreckte Form der Moll. mit 2 parallelen Ketten, entsprechend den Orthopropionsäureestern, wahrscheinlicher.

V e r s u c h e : *Methyltrihexylsilan,* $C_{19}H_{42}Si$, Kp.$_9$ 176,5—177°; aus Hexyl–MgBr u. CH_3SiCl_3 in Ae. auf dem Wasserbad ($1^1/_2$ Std.); D.$^{20}_0$ 08016; n_D^{20} 1,4465. — *Methyltrioctylsilan,* $C_{25}H_{54}Si$, Kp.$_5$ 209,5—211°; D.$^{20}_0$ 0,8128; n_D^{20} 1,4520. — *Methyltridecylsilan,* $C_{31}H_{66}Si$, Kp.$_{4,5}$ 261—262,5°; D.$^{20}_0$ 0,8211; n_D^{20} 1,4565. (Известия Академии Наук СССР, Отделение Химических Наук [Nachr. Akad. Wiss. UdSSR, Abt. chem. Wiss.] **1955.** 1031—36. Nov./Dez. Kasan, Uljanow-Lenin-Univ., Chem. Butlerow-Inst.) R. K. MÜLLER. B 148

M. Ch. Karapetjanz, *Kritische Temperaturen und Drucke einiger Kohlenwasserstoffe.* Aus Näherungsgleichungen für die Berechnung der krit. Temp. u. des krit. Druckes werden die Werte für die homologen Reihen der *n-Alkane* (C_2-C_{16}), *2-Methylalkane,* (C_5-C_{15}) *3-Methylalkane* (C_6-C_{15}), *2.2-Dimethylalkane* (C_6-C_{15}), *1-Alkene* u. der *cycl. Alkane* (C_3-C_{16}) angegeben. Die mittlere Abweichung der berechneten t_{kr}- u. p_{kr}-Werte von den experimentell gefundenen betrug für 22 KW-stoffe 0,5° [Buten-(1) u. Octen-(1) bilden eine Ausnahme] bzw. etwas über 0,1 at. Es wurden die Werte für 40 KW-stoffe berechnet, die bisher nicht bekannt waren. (Нефтяное Хозяйство [Petroleum-Wirtsch.] **33.** Nr. 4. 66—71. April 1955.) A. HELMS. B 150

W. M. Tatewski und **Ju. A. Pentin,** *Chemische Konstitution und Gesetzmäßigkeiten bei den Verbrennungswärmen flüssiger Alkane und Alkylbenzole.* 2. Mitt. (1. vgl. Вестник Московского Университета, Серия Физико-Математических и Естественных Наук [Nachr. Moskauer Univ.] **8.** Nr. 5. [physik.-math. naturwiss. Ser.] Nr. 3. [1953.] 69). Aus Gleichungen, die die verschied. Typen u. Untertypen der C–C- u. C–H-Bindungen berücksichtigen, werden für *Bzl.* u. 66 seiner *Derivv.* mit Alkylgruppen die Verbrennungswärmen bei T = 298,16° K berechnet. In den 36 Fällen, in denen experimentelle Daten zum Vgl. gegeben werden, besteht gute Übereinstimmung. (Вестник Московского Университета, Серия Физико-Математических и Естественных Наук [Nachr. Moskauer Univ.] **9.** Nr. 3. [physik.-math. naturwiss. Ser.] Nr. 2. 81—84. März 1954. Moskau, Univ., Lehrstuhl für physik. Chem.) R. K. MÜLLER. B 156

R. G. Vines, *Die Wärmeleitfähigkeit organischer Dämpfe: Der Einfluß der Molekülwechselwirkung.* Eine Reihe einfacher Verbb. werden im Gaszustand bei verschied. Tempp. u. Drucken untersucht. Die Messungen ergeben, daß die Änderung der Leitfähigkeit mit dem Druck eine Funktion der Abweichung vom idealen Zustand ist. Dämpfe mit merklicher Dipolwechselwrkg. zeigen einen starken Druckeffekt im Gegensatz zu solchen Dämpfen, bei denen nur VAN DER WAALSsche Kräfte wirksam sind. In allen Fällen ist es wahrscheinlich, daß die Änderungen der spezif. Wärme mit dem Druck eine Folge der veränderten Wärmeleitfähigkeit ist. Untersucht wurden: *Nitromethan, Methanol, tert.-Butanol, Acetaldehyd, Diacetyl, Aceton, Methylacetat, Äthylacetat, Äthylformiat, Methylenbromid, Äthylidenchlorid, Äthylendichlorid, Äthylchlorid, Chlf., Diäthylamin, Triäthylamin, Ae., Thiophen, Bzl., Hexan, Cyclohexan, Methan, Argon,* CO_2 u. *Luft.* (Austral. J. Chem. **6.** 1—26. Febr. 1953. Melbourne, Univ., Div. of Tribophysics.) W. KAUFMANN. B 158

K. K. Carroll, *Ionenaustauschchromatographie in Alkohol.* Es wird untersucht, inwiefern die Verwendung von A. an Stelle von W. die Chromatographie verschied. organ. Säuren an Dowex 1,8% DVB in der Formiatform beeinflußt. In wss. Lsg. ergibt sich nur ein angenäherter Zusammenhang zwischen den Elutionsmaxima [Elutionsmittel 1- u. 4 mol. Ameisensäure (I)] u. den p_K-Werten der einzelnen Säuren. Bei etwa gleichen p_K-Werten werden Säuren mit aromat. Charakter stets später als aliphat. Säuren eluiert. Dieses Verh. wird auf die Verteilungskoeffizienten α zwischen Harz u. Lsg. zurückgeführt, wobei der Austauscher als organ. Lösungsm. angesehen wird. Wird als Elutionsmittel **I** in A. verwendet, so werden die aromat. Säuren früher, die übrigen mehr wasserlösl. Säuren dagegen später als in wss. Lsg. eluiert. Dieser Umstand wird wiederum als Lösungseffekt erklärt. Aus dem Zusammenhang zwischen α- u. R_f-Werten in A.-W.-Gemischen ergibt sich, daß Säuren, die in alkoh. Lsg. früher eluiert werden, große R_f-Werte (>0,80) besitzen u. umgekehrt. Diese Abstufung der R_f-Werte kann bei der Chromatographie mit sek.-Butanol–W.-I (80:8:12) bestätigt werden. Untersucht wurden: *Anthranil-*, *Phenylessig-*, *Benzoe-*, *m-Brombenzoe-*, *Phenoxyessig-*, *Salicyl-*, *o-Nitrobenzoe-*, *Nicotin-*, *Adipin-*, *Bernstein-*, *Itacon-*, *Malein-*, *Citronen-*, *Fumar-*, *Weinsäure* u. *Acetylglycin*. (Nature [London] **176**. 398—400. 27/8. 1955. London, Ont., Univ. of Western Ontario, Collip Medical Res. Labor.) GÜNTER LANGE. B 177

A. A. Sprysskow und **Ju. L. Kusmina,** *Untersuchung der Sulfurierungsreaktion.* 33. Mitt. *Gleichgewicht zwischen Sulfonsäuren und ihren Chloriden.* (32. vgl. C. **1956**. 7797.) Das sich beim Lösen des *Chlorids* (I) von *m-Nitrobenzolsulfonsäure* (II) in konz. H_2SO_4 + $ClSO_3H$ einstellende Gleichgewicht zwischen I u. II wird in Ggw. von P_2O_5 als Bodenkörper bei 80° in 3 Std. fast, in 10 Std. völlig erreicht. Die Konstante der Rk. $RSO_2Cl + H_2SO_4 \rightleftharpoons RSO_3H + ClSO_3H$ wird nach $K = [x][n+x]/[1-x][m-x]$ berechnet; bei Anwendung von 1 Mol I sind hierin [x] die Menge der entstehenden II, [m] bzw. [n] die angewendeten Mengen H_2SO_4 u. $ClSO_3H \cdot K$ wird fast konstant zu 0,51 gefunden. Für *m-Sulfobenzoesäure* u. das *Chlorid* $ClSO_2C_6H_4CO_2H$ wird als Mittelwert bei 80° K = 1,22 angegeben. Die Konstante der Rk. von *Toluol-2.4-disulfonsäuredichlorid* unter den gleichen Bedingungen wird nach dem sich einstellenden Gleichgewicht $CH_3C_6H_3(SO_2Cl)_2 + H_2SO_4 \rightleftharpoons CH_3C_6H_3(SO_2Cl)(SO_3H) + ClSO_3H$ berechnet, wobei sich als Mittelwert K = 0,90 ergibt. (Журнал Общей Химии [J. allg. Chem.] **23** (**85**). 1536—39. Sept. 1953. Iwanow, Chem.-Technol. und Med. Inst.) R. KNOBLOCH. B 221

J. P. V. Gracey und **A. R. Ubbelohde,** *Die Delokalisierung von Elektronen in festen organischen Komplexen von Anthracen.* Um die Bindungsart in festen Anthracenkomplexen festzustellen, wurden vergleichende Unterss. an Alkali–Anthracen-Komplexen (M_xAn) unternommen. Es werden Methoden zur Variation des Alkaligeh. (x = 1,1 bis 2,12) beschrieben. Bei der Bldg. des Komplexes M_2An wurde Volumenkontraktion beobachtet. Diese hängt von der Elektropositivität des Alkalimetalls ab. Messungen der Elektronenpolarisierbarkeit, der Leitfähigkeit u. anderer Eigg. der festen Komplexe lassen Vorliegen einer quasi-metall. Bindung zwischen M u. An u. Abwesenheit von freien Ionen im Komplex M_xAn vermuten. (J. chem. Soc. [London] **1955**. 4089—97. Dez. London, Imp. Coll. of Sci.; Belfast, Queen's Univ.) H. BÜTTNER. B 223

J. P. Phillips und Stanley Price, *Einige $C_{(7)}$-substituierte Derivate von 8-Oxychinolin.* Zur Prüfung, ob 7-ständige Substituenten in 8-Oxychinolin die Chelatbldg. mit Kationen ster. hindern, wurden die Absorptionsspektren einiger Derivv. in Ggw. u. in Abwesenheit von Al^{3+} bestimmt. Im einzelnen wurden die Spektren gemessen (in 0,1 n HCl u. 0,1 n NaOH) von *7-Phenylazo-*, *7-[o-Tolylazo]-*, *7-[m-Tolylazo]-8-oxychinolinsulfonsäure-(5)*, *7-[o-Tolylazo]-*(I) u. *7-[m-Tolylazo]-8-oxychinaldinsulfonsäure-(5)* (II). Nur I u. II bilden danach keine Chelate, demzufolge hindert also ein Substituent in 7-Stellung die Komplexbldg. nicht. Es wurde ferner die Chelatbldg. mit Mg^{2+}-, Cu^{2+}- u. Fe^{3+}-Ionen in 0,1 n HCl u. in Pufferlsg. bei p_H 3,5 untersucht. Von diesen bildeten Cu^{2+} u. Fe^{3+} jedoch Chelate nur in Pufferlsg., Mg^{2+} gab keine Komplexe. Als reversible Indikatoren waren die Chelate nicht geeignet, sie können jedoch als irreversible Indikatoren bei der Br_2-Titration verwendet werden, da sie bei Br_2-Überschuß von rot nach farblos umschlagen. — Die Azoverbb. entstanden durch Kupplung von 8-Oxychinolin- bzw. 8-Oxychinaldinsulfonsäure-(5) mit diazotierten Toluidinen. (J. Amer. chem. Soc. **73**. 1875—76. 10/4. 1951. Louisville, Ky., Univ., Chem. Dep.) H. LEHWALD. B 223

Pascaline Daudel, *Anwendung der Spinzustandsmethode auf die Untersuchung von Intermediärkomplexen.* Vf. untersucht mittels der Spinzustandsmeth. nach VROELANT u. DAUDEL (C. R. hebd. Séances Acad. Sci. **228**. [1949.] 399) den Einfl. eines substituierenden Atoms (durch Ausbldg. einer neuen σ-Bindung u. Beitrag eines π-Elektrons zum π-Syst. des Reaktionspartners) auf ein konjugiert ungesätt. organ. Mol. bei einer Substitution. Die Elektronegativität dieses Atoms wird gleich der des C gesetzt. Für eine Anzahl von Verbb. werden die freie-Valenzindices J_1 u. J_2 der Stelle, an der die Substitution stattfindet, vor u. nach der Rk. sowie der Bindungsindex I der neuen Bindung berechnet. Es wird gezeigt, daß sowohl zwischen I u. J_1, als auch J_2 u. J_1 eine lineare Beziehung besteht. (C. R. hebd. Séances Acad. Sci. **230**. 99—100. 2/1. 1950.) K. FRENKLER. B 225

R. D. Brown, *Theoretische Untersuchung der Reaktionsfähigkeit von konjugierten Bindungen.* 2. Mitt. *Die Bedeutung einiger theoretischer Maßzahlen.* (1. vgl. C. **1952**. 4746.) Bei Additions-Rkk. an π-Bindungen in konjugierten Systemen (z. B. von OsO_4) kann, wie Vf. zeigt, die Bindungslokalisierungsenergie B der Bindung angenähert als Maß für die Aktivierungswärme H_π der Rk. betrachtet werden. Vf. bespricht die Voraussetzungen, unter denen diese Beziehung besteht. Relationen zwischen H_π u. anderen theoret. Größen (Bindungsordnungen, freie Valenzindices) können auf Grund ihrer Beziehung zu B gedeutet werden, mehr empir. u. weniger geeignet zur Beschreibung von Reaktivitäten ist das Redoxpotential des entsprechenden o-Chinons. (J. chem. Soc. [London] **1951.** 1950 bis 1955. Aug. London, King's Coll., Dep. of Theoret. Phys.) J. KLEINWÄCHTER. B 225

Phyllis D. Landor und **S. R. Landor,** *Allene.* 1. Mitt. *Umlagerung von Propin-(2)-yl-acetaten.* Bei der Pyrolyse von *1-Äthinyl-2.2.6-trimethylcyclohexylacetat* (**I**) entsteht neben *1-Äthinyl-2-2-6-trimethylcyclohexen-(1)* (**III**) unter Umlagerung *2.2.6-Trimethylcyclohexylidenvinylacetat* (**II**), während die Pyrolyse von *1-Äthinyl-2.2.6.6-tetramethylcyclohexylacetat* (**IV**) in hoher Ausbeute als einziges Prod. *2.2.6.6-Tetramethylcyclohexylidenvinylacetat* (**V**) liefert. Die Allenstruktur von **II** u. **V** wird durch das Auftreten starker C=O- u. Allen-C=C-Valenzschwingungen im Infrarotspektr. u. durch das Fehlen von Maxima im UV-Spektr. bestätigt. Als Mechanismus der Umlagerung von **I** u. **IV** wird angenommen, daß sich im Übergangszustand zwischen Acetat- u. Äthinylgruppe ein 6-Ring ausbildet. Bei **I**, nicht dagegen bei **IV**, kann sich in einer Konkurrenz-Rk. im Übergangszustand ein zweiter 6-Ring ausbilden zwischen Acetatgruppe u. α-ständigem Ring-H-Atom (vorausgesetzt, daß beide Gruppen zueinander cis-orientiert sind), aus dem nach Elimination von Essigsäure **III** entsteht. — **II** u. **V** reagieren mit 2.4-Dinitrophenylhydrazin (**XV**) in saurer Lsg. unter Bldg. von *2.2.6-Trimethyl-* (**VI**) u. *2.2.6.6-Tetramethylcyclohexylidenacetaldehyd-2.4-dinitrophenylhydrazon* (**VII**); **II** bzw. **V** werden also unter den Reaktionsbedingungen zu den Enolen von *2.2.6-Trimethyl-* (**VIII**) bzw. *2.2.6.6-Tetramethylcyclohexylidenacetaldehyd* (**IX**) hydrolysiert, die dann mit **XV** zu **VI** bzw. **VII** weiterreagieren. Während **IX** auch durch einfache Hydrolyse von **V** zugänglich ist, kann **VIII** nur durch sein Infrarotspektr. ($\nu_{C=O}$ 1695 cm^{-1}) in den Hydrolyseprodd. von **II** nachgewiesen werden; **VIII** lagert sich unter Protonenwanderung um zum unkonjugierten *2.2.6-Trimethylcyclohexen-(1)-ylacetaldehyd* (**X**). — Das von HENBEST u. WOODS (C. **1954.** 2626) als **VI** angesprochene Prod. wurde als *1.1.3-Trimethyl-2-acetylcyclohexen-(3)-2.4-dinitrophenylhydrazon* (**XI**) identifiziert. Es entsteht aus dem durch Isomerisation von 1-Äthinyl-2.2.6-trimethylcyclohexanol (**XII**) mit Ameisensäure gebildeten *1-Acetyl-2.2.6-trimethylcyclohexen-(5)* (**XIII**) durch Rk. mit **XV**. Zwischen **XIII** u. dem **XI** entsprechenden Keton (**XIV**) wird ein Gleichgewicht angenommen, das weitgehend auf der Seite von **XIII** liegt (Verss., **XIII** zu **XIV** zu isomerisieren, scheiterten); da bei **XIII** die Hydrazonbldg. durch die mit der Acetylgruppe in gleicher Ebene liegende Methylgruppe verhindert wird, verschiebt sich das Gleichgewicht bei der Hydrazonbldg. auf die Seite von **XIV**.

Versuche: *2.2.6-Trimethylcyclohexylidenvinylacetat* (**II**), $C_{13}H_{20}O_2$, Kp.$_{0,5}$ 81 bis 83°, durch Erhitzen von 31 g **I** (F. 59—60°) mit ZnO in MS 550-Siliconöl u. Fraktionieren; 11 g (Ausbeute); Infrarotspektr.: $\nu_{C=O}$ 1750; $\nu_{C=C}$ 1970 cm^{-1}. — *1-Äthinyl-2.2.6-trimethylcyclohexen* (**III**), Kp.$_{15}$ 90°, beim Fraktionieren vorst. Verb.; 7 g; an der Luft schnell rot werdend; UV-Spektr.: λ_{max} 2270 Å; ε = 11000. — *2.2.6-Trimethylcyclohexylidenacetaldehyd-2.4-dinitrophenylhydrazon* (**VI**), $C_{17}H_{22}O_4N_4$, F. 182—183°, aus 0,4 g **II** mit H_2SO_4-saurer Lsg. von 0,75 g **XV** in Methanol; zinnoberrote Nadel; 0,58 g; UV-Spektr. (Chlf.): λ_{max} 3870 Å; ε = 31300. — *2.2.6-Trimethylcyclohexen-(1)-ylacetaldehyd* (**X**), Kp.$_3$ 81—83°, unter exothermer Rk. aus **II** in Methanol bei Zugabe von konz. HCl u. 3std. Stehen bei Zimmertemp.; UV-Spektr.: λ_{max} 2960 Å; ε = 36. *2.4-Dinitrophenylhydrazon,* $C_{17}H_{22}O_4N_4$, F. 118—119°; gelbe Tafeln aus Methanol–Chlf.; UV-Spektr. (Chlf.): λ_{max} 3590 Å; ε = 22700. — *1-Acetyl-2.2.6-trimethylcyclohexen-(5)* (**XIII**), Kp.$_{20}$ 86 bis 90°, durch 1 std. Isomerisation von 5 g **XII** mit 98%ig. Ameisensäure; 3,5 g; UV-Spektr.: λ_{max} 2430 Å; ε = 1290. — *1.1.3-Trimethyl-2-acetylcyclohexen-(3)-2.4-dinitrophenylhydrazon* (**XI**), $C_{17}H_{22}O_4N_4$, F. 152—154°, aus vorst. Verb. u. **XV**, 2 Wochen bei Zimmertemp., gelbe Nadeln aus Methanol–Chlf.; UV-Spektr. (Chlf.): λ_{max} 3710 Å; ε = 25000. — *1-Äthinyl-2.2.6.6.tetramethylcyclohexanol*, Kp.$_{15}$ 92°, aus 2.2.6.6-Tetramethylcyclohexanon u. Na-Acetylid in fl. NH_3; 77%. — *1-Äthinyl-2.2.6.6-tetramethylcyclohexylacetat* (**IV**), $C_{14}H_{22}O_2$, F. 96° (A.), durch Acetylieren der GRIGNARD-Verb. vorst. Alkohols. — *2.2.6.6-Tetramethylcyclohexylidenvinylacetat* (**V**), $C_{14}H_{22}O_2$, Kp.$_{17}$ 132°, durch Pyrolyse von 4 g vorst. Verb.; 3,2 g, Infrarotspektr. $\nu_{C=O}$ 1750; $\nu_{C=C}$ 1970 cm^{-1}. — *2.2.6.6-Tetramethylcyclohexylidenacetaldehyd* (**IX**), Kp.$_6$ 105—106°, durch Hydrolyse von **V** mit konz. HCl in Methanol; UV-Spektr.: λ_{max} 2480 Å; ε = 5418; Infrarotspektr. $\nu_{C=O}$ 1665 cm^{-1}. *2.4-Dinitrophenylhydrazon* (**VII**), $C_{18}H_{24}O_4N_2$, F. 181° (Methanol–Chlf.), aus **V** oder **IX** mit **XV**; UV-Spektr. (Chlf.): λ_{max} 3840 Å; ε = 28200. (J. chem. Soc. [London] **1956.** 1015—19. April. Manchester, Univ., London, Woolwich Polytechn.) G. PÖTZSCHER. B 225

Dallas T. Hurd, *Über den Mechanismus der durch Säuren katalysierten Umlagerung von Siloxanbindungen in Organopolysiloxanen.* Die durch Säuren katalysierte Umlagerung von Siloxanbindungen führt wahrscheinlich über eine Gleichgewichtseinstellung, der Koordinierung des Säureprotons mit dem Siloxan-O folgt eine Spaltung der Siloxanbindung unter Bldg. einer Silanol- u. einer Silylester- (bzw. Silylhalogenid)-gruppe. Die Silanolgruppen sind im Gegensatz zur bas. katalysierten Umlagerung offenbar die akt. Zwischenglieder bei der Umlagerung u. der Polymerisation von Diorganosiloxanen durch Säuren. Die Beschaffenheit des Endprod. u. das Ausmaß der Gleichgewichtseinstellung in diesen Systemen hängt von der Konz. der Silanol- u. Silylester- (bzw. Silylhalogenid)-endgruppen ab. Die Verss. wurden mit Oktamethylcyclotetrasiloxan unter Best. der Viscositätsänderungen durchgeführt. Als Säuren kamen zur Verwendung: rauchende u. 98%ig. H_2SO_4, rauchende u. 70%ig. HNO_3, Halogenwasserstoffsäuren, Perchlorsäure u. Pyrophosphorsäure. Überraschenderweise üben organ. Säuren keine katalyt. Wrkg. aus, obgleich z. B. perfluoraliphat. Säuren in wss. Lsg. starke Säuren sind. (J. Amer. chem. Soc. **77.** 2998—3001. 5/6. 1955. Schenectady, N. Y., Gen. Electr. Res. Labor.) J. ROCH. B 225

Donald H. Powers und **D. Stanley Tarbell,** *Die Schönberg-Umlagerung. Kinetik der Umlagerung von Bis-[4-chlorphenyl]-thioncarbonat in das Thiolcarbonat.* Vff. bestimmten spektrophotometr. die Umlagerungsgeschwindigkeit von *Bis-[4-chlorphenyl]-thioncarbonat* [I; F. 158—159° (A.), aus Thiophosgen u. 4-Chlorphenol] ohne Lösungsm. bei Tempp. um 250° zu *Bis-[p-chlorphenyl]-thiolcarbonat,* F. 96—97° (II). Die Rk. ist 1. Ordnung u. verläuft fast quantitativ. Die Aktivierungsenergie beträgt 38,2 kcal/Mol, die Aktivierungsentropie —12,6 cal/Grad·Mol (263,8°). Die kinet. Daten lassen auf einen nucleophilen Angriff des S auf das aromat. Syst. schließen, wodurch im Übergangszustand ein 4gliedriger Ring entsteht. UV-Spektren von **I** u. **II** sind angegeben. (J. Amer. chem. Soc. **78.** 70—71. 5/1. 1956. Rochester, N. Y., Univ., Dep. of Chem.) J. RICHTER. B 225

Donald B. Denney, *Eine ^{18}O-Tracer-Untersuchung der Umlagerung von p-Methoxy-p'-nitrobenzoylperoxyd.* Wie LEFFLER (C. **1953.** 7511) erhielt Vf. aus p-Methoxy-p'-nitrobenzoylperoxyd (I, mit ^{18}O in der Carbonylgruppe des Anisoylrestes) in $SOCl_2$ nach $1^1/_2$std. Kochen *p-Nitrobenzoyl-p-methoxyphenylcarbonat* (II), das bei Verwendung von bes. reinem $SOCl_2$ nach dem Infrarotspekt. offenbar von p-Nitrobenzoesäureanhydrid in Spuren begleitet war. Die alkal. (NaOH) Hydrolyse von **II** ergab nach 15 Min. Kochen *p-Methoxyphenol* (F. 54—55°; 53% Ausbeute), das keinen Überschuß an ^{18}O (0,19 At.-% ^{18}O) enthielt. Da weder Phenol noch Na-Phenolat einen O-Austausch mit W. erleiden, spricht dieser Befund dafür, daß nebenst. Kation **A** nicht auftritt. Für die Umlagerung von **I** in **II** wird dagegen das Auftreten von **B** als Übergangszustand bzw. Zwischenstufe für wahrscheinlich gehalten. In welcher Weise Anionen bei der Rk. eine Rolle spielen, konnte nicht geklärt werden, da **II** gegenüber Li-p-Chlorbenzoat nicht stabil ist.

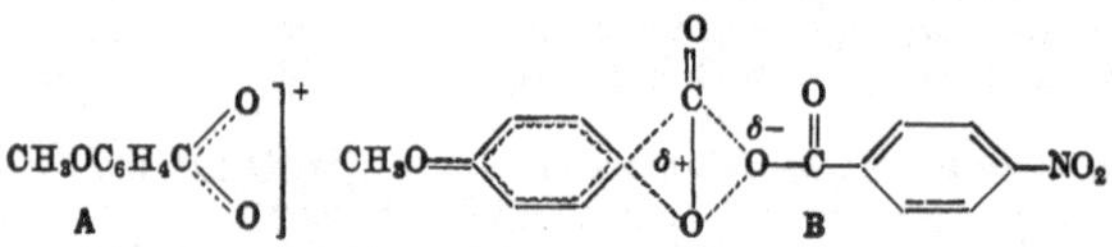

Versuche: *Anissäure,* $CH_3OC_6H_4C^{18}O^{18}OH$ (0,86 At.-% ^{18}O), F. 182,6—184° (Bzl.), durch Zutropfen von Anisoylchlorid zu W. (mit 1,57 At.-% ^{18}O), 24 Std. erhitzen; ergab nach 2std. Kochen mit $SOCl_2$ *Anisoylchlorid,* $CH_3OC_6H_4C^{18}OCl$, Kp.$_{17}$ 142 bis 144°, 82% (Ausbeute). — *p-Methoxy-p'-nitrobenzoylperoxyd mit ^{18}O* (I), F. 108 bis 108,5° (Aceton–Pentan), nach LEFFLER (l. c.); 11%; ergab: *p-Nitrobenzoyl-p-methoxyphenylcarbonat mit ^{18}O* (II), F. 126—128°. (J. Amer. chem. Soc. **78.** 590—92. 5/2. 1956. New Haven, Conn., Yale Univ., Sterling Chem. Labor.) B. GNAUCK. B 225

William R. Nummy und **D. Stanley Tarbell,** *Der Einfluß der Variation der Allylgruppe auf die Umlagerung von Allyläthern der Salicylsäure.* Nach TARBELL u. WILSON (C. **1943.** I. 1879) tritt bei der CLAISEN-Umlagerung der Crotylgruppe in O-Crotyl-3.5-dichlorsalicylsäure (III) zu 2-[Buten-(3')-yl-(2')]-4.6-dichlorphenol eine Inversion der Crotylgruppe ein, bei der Umlagerung von O-[Phenanthryl-(9')-methyl]-3.5-dichlorsalicylsäure zu 2-[Phenanthryl-(9')-methyl]-4.6-dichlorphenol jedoch nicht. Es wird vermutet, daß entweder der cycl. Zwischenzustand durch die räumliche Größe des Phenanthrenmol. verhindert wird oder die 9.10-Doppelbindung in Phenanthren infolge ihres starken, aromat. Charakters eine Elektronenverschiebung nicht zuläßt. Zur Klärung dieser Frage wird aus 3.5-Dichlorsalicylsäureamid (II) u. 3-Brommethylcumarin (IX) über das Amid *2-[Cumarinyl-(3')-methoxy]-3.5-dichlorbenzoesäure* (I) dargestellt, bei deren Pyrolyse zwar CO_2 entwickelt wurde, aber kein krist. Prod. entsteht. Die Instabilität von **I** wird auf Ausbldg. eines Lactonringes zurückgeführt. Als Vergleichssubstanz ohne die störende Empfindlichkeit sollte *2-[2'.2'-Dimethylbenzpyranyl-(3')-methoxy]-3.5-dichlorbenzoesäure* geeignet sein. Verss., die Säure darzustellen, scheiterten jedoch. 3-Methylcumarin wird mit CH_3MgJ in *1-[o-Oxyphenyl]-2.3-dimethylbuten-(1)-ol-(3)* verwandelt, Ringschluß mit HCl gibt *2.2.3-Trimethylbenzopyran,* das mit N-Bromsuccinimid in *3-Brommethyl-2.2-dimethylbenzopyran* u. anschließend mit **II** in *2-[2'.2'-Dimethylbenzpyranyl-(3')-methoxy]-3.5-dichlorbenzamid* übergeführt wird. Alle Verss., dieses zu verseifen, führen ebenfalls zur Spaltung der Ätherbindung, gleiches gilt für die Verseifung von I-Methylester u. dem analog dargestellten *2-[2'.2'-Dimethylbenzopyranyl-(3')-methoxy]-3.5-dimethylbenzamid.* — Die Alkylierungsgeschwindigkeit der phenol. Gruppe in 3.5-Dimethylsalicylsäuremethylester ist erheblich geringer als die des 3.5-Dichlorsalicylates. Der Allyl- (**IV**) u. Crotyläther (**V**) von 3.5-Dimethylsalicylsäure (**VII**) entsteht erst bei Alkylierung des Na-Salzes von 3.5-Dimethylsalicylamid in Toluol; Rkk. in Aceton oder mit K_2CO_3 oder NaOH + CH_3OH geben keine Ausbeute. **IV** gibt bei CLAISEN-Umlagerung *2-[α-Methylallyl]-4.6-dimethylphenol* (gibt bei Ozonisierung HCHO), **V** *2-Allyl-4.6-dimethylphenol.* Die relative Umlagerungsgeschwindigkeit von **IV** u. **V** sowie von **III** u. *O-Allyl-3.5-dichlorsalicylsäure* (**VI**) wird an der CO_2-Entw. gemessen, u. folgende Halbwertszeiten in Min. für 50%ig. Umwandlung (Temp. in []) werden ermittelt: **VI**, 28,1 [125°], 7,4 [140°]; **IV** 200 [100°], 28,2 [125°], 7,3 [140°]; **III** 4,1 [125°], bei 140° unmeßbar schnell; **V** 2,7 [125°], bei 140° unmeßbar schnell.

Versuche: *3.5-Dichlorsalicylamid* (**II**), $C_7H_5O_2NCl_2$, F. 190—190,5° (50% A.), aus dem Säurechlorid mit NH_4OH; 37% (Ausbeute). — *3-Methylcumarin* (**VIII**), durch 7std. Erhitzen von Na-Salicylaldehyd u. Propionsäureanhydrid; 55%. — *2-[Cumarinyl-(3')-methoxy]-3.5-dichlorbenzamid,* $C_{17}H_{11}O_4NCl_2$, F. 208—209°, durch 1std. Kochen einer Lsg. von **II**, 3-Brommethylcumarin (**IX**) u. NaJ in Methyläthylketon unter Zutropfen einer Lsg. von K_2CO_3; Prismen aus verd. Essigsäure; 65%. — *2-[Cumarinyl-(3')-methoxy]-3.5-dichlorbenzoesäure* (**I**), $C_{17}H_{10}O_5Cl_2$, F. 185—187° (Zers.), durch Rk. vorst. Verb. in H_2SO_4 + Eisessig mit wss. $NaNO_2$ bei 0°; Nadeln aus Eisessig; 72%; gibt bei Pyrolyse bei 235—240° nur 44% der berechneten CO_2-Entw. u. neben wenig unbekanntem amorphem Material 37% *3.5-Dichlorsalicylsäure.* — *1-[o-Oxyphenyl]-2.3-dimethylbuten-(1)-ol-(3),* $C_{12}H_{16}O_2$, F. 79,5—80°, durch Zutropfen von **VIII** in Ae. zu einer CH_3MgJ-Lsg., 5std. Rühren; Nadeln aus n-Hexan; 79%. — *2.2.3-Trimethylbenzopyran,* $C_{12}H_{14}O$, Kp.$_1$ 83°, durch Zutropfen vorst. Verb. zu konz. HCl bei 0°, 3std. Stehen; D.^{25} 1,0278; n_D^{25} 1,5525; 56%; liefert bei Ozonisierung Salicylaldehyd u. nicht *o-Oxyacetophenon* (*2.4-Dinitrophenylhydrazon,* $C_{14}H_{12}O_5N_4$, F. 212—213°, aus Eisessig). — *3-Brommethyl-2.2-dimethylbenzopyran,* $C_{12}H_{13}OBr$, F. 69—70°, durch 6½std. Kochen einer Lsg. vorst. Verb. mit N-Bromsuccinimid u. wenig Benzoylperoxyd in CCl_4; aus Hexan rhomb. Kristalle; 54%. — *2-[2'.2'-Dimethylbenzopyranyl-(3')-methoxy]-3.5-dichlorbenzamid,* $C_{19}H_{17}O_3NCl_2$, F. 142—143°, durch 10 Min. Kochen von **II** u. vorst. Verb. in Methyläthylketon mit wasserfreiem Na_2CO_3; Nadeln aus Hexan + Chlf.; 30%. — *2-[Cumarinyl-(3')-methoxy]-3.5-dichlorbenzoesäuremethylester,* $C_{17}H_{12}O_5Cl_2$, F. 171°, durch Zutropfen von Na_2CO_3 zu einer sd. Lsg. von 3.5-Dichlorsalicylsäuremethylester, **IX** u. NaJ in Methyläthylketon, 5std. Kochen unter Rühren; aus Eisessig Nadeln; 86%; Hydrolyse durch Kochen mit CLAISEN-Alkali oder mit konz. H_2SO_4 (kalt) ergibt Salicylsäure. — *Cumarinyl-(3')-carbinol,* $C_{10}H_8O_3$, F. 186—187° (40%ig. A.) durch 4monatiges Stehen vorst. Esters mit $NaHCO_3$ in wss. A., Ansäuern, Abfiltrieren von 3.5-Dichlorsalicylsäure u. Verdünnen. — *3.5-Dimethylsalicylsäure* (**VII**), F. 178—180°, aus Na-3.5-dimethylphenolat u. CO_2 im Autoklaven bei 150°/800 lbs./sq.in., 5 Std.; 80%. *Säurechlorid,* $C_9H_9O_2Cl$, F. 75—76°. *Säureamid,* $C_9H_{11}O_2N$, F. 161—161,5°; 69%. — *2-[2'.2'-Dimethylbenzpyranyl-(3')-methoxy]-3.5-dimethylbenzamid,* $C_{21}H_{23}O_3N$, F. 167,5—168,5° (Essigester + Hexan), wie die analoge 3.5-Dichlorverb., 4 Std.; 26%. — **VII**-*Benzylester,* $C_{16}H_{16}O_3$, F. 57,8—58°, durch 16std. Kochen von Na-3.5-Dimethylsalicylat mit Benzylchlorid u. wenig Diäthylamin bei 135°; Nadeln aus Essigsäure; 89%. **VII**-*Methylester,* $C_{10}H_{12}O_3$, F. 73°; 76%. — *2-Allyloxy-3.5-dimethylbenzoesäure* (**IV**), $C_{12}H_{14}O_3$, F. 78,5 bis 79,0°, aus vorst. Verb. in trockenem Toluol mit $NaOCH_3$–CH_3OH, Abdestillieren des azeotropen CH_3OH–Toluol-Gemisches bis Kp. 110°, Zufügen von Allylbromid, 20std. Kochen; Nadeln aus Hexan; 55%. — *2-Crotyloxy-3.5-dimethylbenzoesäure* (**V**), $C_{13}H_{16}O_3$, F. 103,5—104° (Hexan), analog vorst. Verb.; 37%. — *2-[α-Methylallyl]-4.6-dimethylphenol,* $C_{12}H_{16}O$, Kp.$_{17,5}$ 126,5°, durch 30 Min. Erhitzen vorst. Verb. unter N_2. *Phenylurethan,* $C_{19}H_{21}O_2N$, F. 100—100,5° (Ligroin). *α-Naphthylurethan,* $C_{23}H_{23}O_2N$, F. 144,5—145,5°. — *2-Allyl-4.6-dimethylphenol,* Kp.$_{22}$ 121—122°. *Phenylurethan,* F. 108,5—109°. (J. Amer. chem. Soc. **73.** 1500—04. 10/4. 1951. Rochester, N. Y., Univ., Dep. of Chem.) H. LEHWALD. B 225

Alfred P. Wolf, William E. McEwen und R. H. Glazier, *Die Umlagerung und Kondensation von Reissert-Verbindungen mit Grignard-Reagentien.* Durch Zugabe von CH_3·MgBr in Ae. wurden mit den Dioxan (**I**)-Lsgg. nachst. Verbb. unter 60° folgende Umlagerungen erzielt: 1-Benzoyl-1.2-dihydrochinaldonitril (**V**) → *Methylphenylchinolyl-(2)-carbinol* [**XI**; 59% (Ausbeute)] u. *2-Benzoylchinolin* (**II**; Spur); 1-Benzoyl-6-methoxy-1.2-dihydrochinaldonitril (**VI**) → *Methylphenyl-6-methoxychinolyl-(2)-carbinol* (**III**; 56%); 2-Benzoyl-1.2-dihydroisochinaldonitril (**VII**) → *Methylphenylisochinolyl-(1)-carbinol* (32%); 1-[p-Chlorbenzoyl]-1.2-dihydrochinaldonitril (**VIII**) → *Methyl-p-chlorphenylchinolyl-(2)-carbinol* (10%); 1-Anisoyl-1.2-dihydrochinaldonitril (**IX**) → *Methyl-p-ani-*

sylchinolyl-(2)-carbinol (4%). 1-[p-Toluyl]-1.2-dihydrochinaldonitril (**IV**) u. 1-Acetyl-1.2-dihydrochinaldonitril ergaben keine Umlagerungsprodukte. Offenbar inhibieren sowohl elektronenanziehende als auch elektronenabgebende p-Substituenten die Umlagerung. Für den Angriff der GRIGNARD-Verb. gibt es 3 Möglichkeiten: 1. An der CN-Gruppe, 2. am aciden H-Atom in 2-Stellung des Chinolinringes u. 3. an der Carbonylgruppe der 1-Acylgruppe. Zur Erklärung der Inhibitorwrkg. der p-Substituenten wird angenommen, daß elektronenanziehende Substituenten die Rk. 3 gegenüber 1 u. 2 begünstigen, während Donorgruppen die Rkk. 3 u. 2 verlangsamen zugunsten von Rk. 1. Untersucht wurde ferner die Wrkg. aromat. GRIGNARD-Verbb. auf REISSERT-Verbb., so wurde aus **V** mit C_6H_5MgBr in **I** unter 60° nur wenig **II** erhalten. In sd. **I** (vgl. BOEKELHEIDE u. WEINSTOCK, C. **1953**. 1482) entstanden dagegen 8,5% *Diphenylchinolyl-(2)-carbinol* u. 4% **II** u. aus **VII** 50% rohes *Diphenylisochinolyl-(1)-carbinol*. Die Rk. von Mesityl-MgBr mit **V** ergab bei 60° eine Spur **II**, in p-Xylollsg. bei 134° dagegen außerdem ziemlich viel Chinolin. Da CH_3MgBr mit einer Mischung von **VI** u. **V** (das in der Carbonylgruppe mit ^{14}C markiert war) ^{14}C-**XI** u. unmarkiertes **III** lieferte u. diese beiden Umlagerungskondensations-Rkk. etwa gleich schnell ablaufen, kann nur ein intramol. Mechanismus für diese Rkk. in Betracht kommen; entweder entsteht z. B. **II** über nebenst. Äthyleniminzwischenstufe **A** oder nach BOEKELHEIDE u. WEINSTOCK (l. c.) über **B**. Bei Einw. konz. HCl-Lsgg. von 2.4-Dinitrophenylhydrazin (**XII**) auf **IV** u. *2-p-Chlorbenzoyl-1.2-dihydroisochinaldonitril* wurden die *2.4-Dinitrophenylhydrazone* von *p-Tolualdehyd* bzw. *p-Chlorbenzaldehyd* in 96 bzw. 50% Ausbeute erhalten. Dimorphie wurde bei folgenden Verbb. festgestellt: **V**, F. 142,5—143,5°, Umwandlung beim Stehen: F. 154—155°; **VI**, F. 96—99° bzw. F. 127°; **VII**, F. 56—57° bzw. F. 125—126°; ferner bei **XI**.

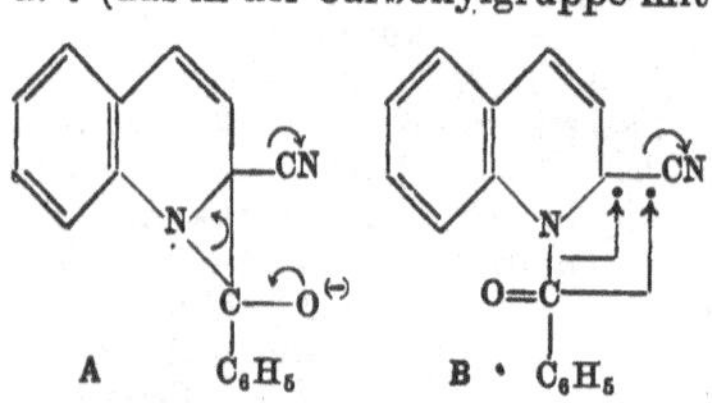

A B

Versuche (FF. korr.): *Methylphenylchinolyl-(2)-carbinol* (**XI**), F. 102,2—102,8° (PAe.), durch Zugabe von CH_3MgBr in absol. Ae. zu **V** in absol. **I** unter N_2 unter Erwärmung auf 60° (50 Min.); 59% (Ausbeute); daneben *2-Benzoylchinolin* (**II**), F. 108,5 bis 109° (A.). — *Methylphenyl-6-methoxychinolyl-(2)-carbinol* (**III**), $C_{18}H_{17}O_2N$, F. 98,5 bis 99,0° (absol. A.), aus **VI** analog **XI**; 56%; *Pikrat*, $C_{24}H_{20}O_9N_4$, F. 174,5—175,5° (absol. A.). — *Methylphenylisochinolyl-(1)-carbinol*, F. 92,2—93,3° (absol. A.), aus **VII** analog **XI**; 32%. — *Methyl-p-chlorphenylchinolyl-(2)-carbinol*, *Pikrat*, $C_{23}H_{17}O_8N_4Cl$, F. 155,3—156,2° (A.), a) aus **VIII** analog **XI**, öliges Prod. mit Pikrinsäure umsetzen; 9,6%; b) durch Zugabe von p-Chloracetophenon zu Chinaldinsäure (**X**), 4 Std. bei 200 bis 230°, in 5%ig. HCl-Lsg. gießen, nach Abtrennen des Ketonüberschusses Öl mit Pikrinsäure umsetzen u. fraktionierte Kristallisation aus absol. A.; 2,3%, daneben 44% *Chinolinpikrat*, F. 203,0—203,5°, auch aus **V** u. Mesityl-MgBr in p-Xylol, 45 Min. bei 134,°; 29%, daneben wenig **II**. — *Methyl-p-anisylchinolyl-(2)-carbinol*, $C_{18}H_{17}O_2N$, F. 122,2—123,0° (A.), a) aus **IX** analog **XI**; 4,1%; b) wie a), jedoch in Xylolgemisch, 70 Min. bei 130°; 3,8%, daneben durch Extraktion der Xylollsg. mit 6n HCl: *Verb.* $C_{24}H_{19}O_2N_2$, F. 222,2—223,2° (Bzl.). — *Diphenylchinolyl-(2)-carbinol*, F. 188,9—190,4° (absol. A.), aus **V** u. C_6H_5MgBr analog **XI**; 8,5%, Hauptprod.: **II**. — *Diphenylisochinolyl-(1)-carbinol*, $C_{22}H_{17}ON$, F. 143,2—143,6° (absol. A.), aus **VII** analog Vorst.; 49,8%. — *1-[p-Toluyl]-1.2-dihydrochinaldonitril* (**IV**), $C_{18}H_{14}ON_2$, F. 149,5—150,2° (CCl_4), durch Zugabe von p-Toluylchlorid zu KCN u. Chinolin in W. (30 Min.); 42,3%; ergab durch Einw. von **XII** in konz. HCl (30 Min. bei 100°, dann 52 Std. bei n. Temp.): *p-Toluylaldehyd-2.4-dinitrophenylhydrazon*, F. 233—234,2° (96,3%); daneben **X**, F. 154°; 52,7%. — *2-[p-Chlorbenzoyl]-1.2-dihydroisochinaldonitril*, $C_{17}H_{11}ON_2Cl$, F. 155,2—155,8° (Diisopropyläther; Umkristallisation aus A. führt zur Zers.), analog **IV** aus Isochinolin u. p-Chlorbenzoylchlorid; 11%; ergab analog **IV**: *2-p-Chlorbenzaldehyd-2.4-dinitrophenylhydrazon*, F. 267—268° (Nitrobenzol); 50%. (J. Amer. chem. Soc. **78**. 861—68. 20/2. 1956. Upton, N. Y., Brookhaven Nat. Labor.; Univ. of Kansas.) B. GNAUCK. B 225

D. J. Malter, John H. Wotiz und **C. A. Hollingsworth**, *Die Kinetik der Reaktion von Lithiumaluminiumhydrid mit einigen primären Alkylbromiden.* Gasvolumetr. verfolgt wurde die Kinetik der Rk. von $LiAlH_4$ mit *n-Butyl-* (**I**; Kp. 99—100°) bzw. *n-Amylbromid* (**II**; Kp. 123—127°, n_D^{20} 1,4440) in Ae. unter N_2 bei 25°. Die Reaktionsgeschwindigkeit nimmt nach Umsatz eines H-Atoms des $LiAlH_4$ stark ab, außerdem tritt ein Nd., der vermutlich ein Polymeres $(AlH_3)_x$ darstellt, auf. Die Rk. läuft nach einer Kinetik 2. Ordnung ab, folgender Mechanismus wird angenommen: $LiAlH_4$ + **I** (bzw. **II**) $\xrightarrow{k_1}$ A_1 + P, A_1 + **I** (bzw. **II**) $\xrightarrow{k_2}$ A_2 + P (P: KW-stoffprod., A_1 bzw. A_2: Reaktionsprodd. des $LiAlH_4$

nach Umsatz eines bzw. zweier H-Atome), wobei $k_1 \gg k_2$. Folgende k-Werte wurden ermittelt: I $k_1 = 7,8 \cdot 10^{-3}$ (Liter/Mol·Min), $k_2 = 2,7 \cdot 20^{-4}$; II $k_1 = 7,4 \cdot 10^{-3}$, $k_2 = 1,6 \cdot 10^{-4}$. Die Kinetik der 2. Stufe konnte wegen des auftretenden Nd. weniger genau ermittelt werden. Eine Entscheidung darüber, ob AlH_4^- oder H^- die reaktionsfähigen Partikel sind, konnte nicht getroffen werden. (J. Amer. chem. Soc. **78.** 1311—13. 5/4. 1956. Pittsburgh, Pa., Univ. of Pittsburgh, Dep. of Chem.) B. GNAUCK. B 225

N. N. Ssemenow, G. B. Ssergejew und **G. A. Kapralowa,** *Kinetik des thermischen Zerfalls von n-Propylbromid und Isopropylbromid.* Im Temperaturgebiet von 350—500° wird der therm. Zerfall von *Propylbromid* (I) bei 90 mm Hg, von *Isopropylbromid* (II) bei 30 mm Hg untersucht. Die Aktivierungsenergie beträgt für I 42 u. für II 47 kcal/Mol. Durch Zusatz von 4% Br_2 wird bei 400° die Zerfallsgeschwindigkeit von I versechsfacht, auch O_2 beschleunigt den Zerfall, 10% C_3H_6 verlangsamen ihn etwas, bei 440° aber nicht mehr; HBr erhöht die Anfangsgeschwindigkeit etwas. Bei II ist C_3H_6-Zusatz ohne Einfluß. Mit dem Anfangsdruck P nimmt die anfängliche Zerfallsgeschwindigkeit bei I proportional $P^{3/2}$, bei II proportional P zu. Für die Abnahme der Geschwindigkeit mit fortschreitendem Zerfall wird keine Erklärung gefunden. (Доклады Академии Наук СССР [Ber. Akad. Wiss. UdSSR] **105.** 301—04. 11/11. 1955. Moskau, Lomonossow-Univ.) R. K. MÜLLER. B 225

G. D. Allen und **William A. Waters,** *Die Oxydation von Isobutyraldehyd mit dem freien Radikal* $\cdot ON(SO_3K)_2$ *aus Kaliumnitrosyldisulfonat.* Es wird die Geschwindigkeit der Oxydation von *Isobutyraldehyd* (I) mit $\cdot ON(SO_3K)_2$ [II; durch Dissoziation von Kaliumnitrosyldisulfonat (FREMYsches Salz); purpurfarbige wss. Lsg.] bei 25° in wss. Carbonat–Bicarbonat-Puffer konstanter Ionenstärke colorimetr. verfolgt. Sie ist 1. Ordnung in bezug auf die Konz. von I, II u. (angenähert) auf die OH^--Konz. u. wird durch Zusatz von $KClO_4$ u. NaCl stark vermindert. Im folgenden Mechanismus wird deshalb der Schritt 2 als geschwindigkeitsbestimmend angesehen: $(CH_3)_2CH \cdot CHO + OH^- \rightleftharpoons (CH_3)_2C{=}CHO^- + H_2O$ (1); $(CH_3)_2C{=}CHO^- + \cdot ON(SO_3K)_2 \rightarrow \{:ON(SO_3K)_2\}^- + (CH_3)_2\dot{C}{-}CHO \leftrightarrow (CH_3)_2C{=}CHO\cdot$ (2); $(CH_3)_2\dot{C}{-}CHO + \cdot ON(SO_3K)_2 + H_2O \rightarrow (CH_3)_2C(OH) \cdot CHO + HON(SO_3K)_2$ (schnell). Die Oxydation findet also über das Enol des Aldehyds u. ein resonanzstabilisiertes Radikal statt u. gibt als erstes Prod. *α-Oxyisobutyraldehyd,* der unter Dehydratisierung in *α-Methylacrolein* (*2.4-Dinitrophenylhydrazon,* $C_{10}H_{10}O_4N_4$, F. 204°) übergeht. Neben unverändertem I (*2.4-Dinitrophenylhydrazon,* F. 182°) findet sich in der Reaktionsmischung Kaliumhydroxylamindisulfonat u. Aceton. — Die Rk. von *Propionaldehyd* verläuft analog, bei hohen Aldehyd- u. Alkalikonzz. ist die Geschwindigkeit jedoch größer als die 1. Ordnung. (J. chem. Soc. [London] **1956.** 1132—35. Mai. Oxford, Dyson Perrins Labor.) G. PÖTZSCHER. B 225

Donald J. Cram, Frederick D. Greene und **C. H. Depuy,** *Untersuchungen über Stereochemie.* 25. Mitt. *„Eclipsing"-Effekte bei* E_2*-Reaktionen.* (24. vgl. C. **1955.** 5747.) Unter „Eclipsing"-Effekten verstehen Vff. die Unterschiede in der Reaktionsgeschwindigkeit von Diastereomeren, die nur durch die Anordnung der Gruppen um beide asymm. C-Atome bedingt sind; nämlich Unterschiede in den Wechselwirkungen der Substituenten an Cα u. Cβ (ohne Eintritt einer Bindung) in der ster. Hinderung der Resonanz u. im Solvatationsgrad. Diese Effekte wurden an Eliminierungs-Rkk. des 1.2-Diphenylpropyl-(1)-Syst. untersucht, wobei Änderungen bes. in der Art der austretenden Gruppen, des Lösungsm., in der Basenstärke des Katalysators u. dessen Mol.-Größe betrachtet wurden. So wurde titrimetr. bzw. UV-spektrophotometr. die Kinetik der Rkk. von *threo-* u. *erythro-1.2-Diphenylpropyl-(1)-chlorid* (**Ia, b**), *-bromid* (**IIa, b**) u. *-trimethylammoniumjodid* (**IIIa, b**) bei Tempp. zwischen 30 u. 100° in 1. A. + Na-Äthylat, 2. n-Octanol-(1) + Na-Octyl-(1)-at, 3. n-Octanol-(2) + K-Octyl-(2)-at, 4. tert.-Butylalkohol (**VI**) + tert.-K-Butylat (**VII**), 5. **VI** + K-Äthylat, 6. tert.-Amylalkohol + tert.-K-Amylat, 7. Bzl. + K-Octyl-(2)-at u. 8. A. + Bzl. (3 : 2) + Na-Äthylat. Prodd. waren hauptsächlich (mehr als 86% Ausbeute) *cis-* u. *trans-α-Methylstilben* (**IV**); deren thermodynam. Stabilität, ebenso die von *threo-* u. *erythro-1.2-Diphenylpropyl-(1)-formiat* (**Va, b,** an Stelle von **I—III**) wurde in saurer Lsg. geprüft. Es resultierte ein 50facher Überschuß von trans-**IV** (beide Phenylgruppen in trans-Stellung) gegenüber cis-**IV**, während **Va/Vb** 0,82 betrug. Hieraus wird geschlossen, daß die Diastereomeren von **I—III** etwa den gleichen Energieinhalt besitzen, wobei die erythro-Verbb. **Ia** u. **IIa** etwas stabiler sind als **Ib** u. **IIb**, für **III** wird wegen der Größe der $N^+(CH_3)_3$-Gruppe eine größere Stabilität von **IIIb** gegenüber **IIIa** angenommen (vgl. CRAM, C. **1954.** 9491). Für Rkk. mit prim. oder sek. Alkoholaten wird stereochem. ein trans-Verlauf angenommen, d. h. die threo-Isomeren liefern trans-**IV**, die erythro-Verbb. cis-**IV**; ebenso verliefen auch die Rkk. von **IIa** u. **b** mit **VII** bei 50°. Hingegen entstand vornehmlich trans-**IV** bei den Rkk. von

Ia u. **b** mit **VII** sowie von **IIa** u. **b** mit **VII** bei 75°; da aber unter den Reaktionsbedingungen cis-**IV** sich schnell in trans-**IV** umlagert, dürfte sich aus **Ib** zunächst cis-**IV** bilden, das dann in die trans-Verb. umgelagert wird. **IIIb** ergab in **VI** + **VII** bei 30° (wo cis-**IV** stabil ist) nur trans-**IV**. Vff. vermuten, daß (mit Ausnahme von **IIa** u. **b** bei gleichzeitiger Ggw. tert.-Alkoholate) für die threo- u. erythro-Verbb. der E_2-Mechanismus zutrifft. Die Verhältnisse V der Eliminierungsgeschwindigkeiten $k_{E_2\text{—threo}}/k_{E_2\text{—erythro}}$ verhielten sich wie folgt: für **I** bei 50° 1,1 ([im Syst.] 1), 15 (4), bei 75° 1,0 (1), 0,9 (2), 3,5 (3), ca. 5 (7), 10,6 (4), ca. 4 (5), 10,6 (6); für **II** bei 50° 0,7 (8), 5,4 (4) u. für **III** bei 30° 1,1 (Verhältnis der Bildungsgeschwindigkeit von trans-**IV**, 4), bei 75° 57 (1). Da die Reaktionsgeschwindigkeiten von **Ia** u. **b** (im Syst. 4) bei gleichen Tempp. u. Basenkonzz. gleich sind, darf bei Vgl. der Rkk. der untersuchten Diastereomeren angenommen werden, daß der Bruch u. die Neubldg. von Bindungen für beide stereochem. Reihen gleich verläuft. Bei den Fällen, wo V nahe 1 liegt, ist zu schließen, daß die stereomeren Übergangszustände hier einen den Ausgangsstoffen ähnlichen geometr. Aufbau bzgl. der „Eclipsing"-Effekte besitzen. Bei V > 1 werden hauptsächlich Unterschiede in den Stabilitäten der Übergangszustände angenommen; der threo-Übergangszustand (der zum trans-Olefin führt) ist stabiler als derjenige der erythro-Reihe. Somit wurden gewissermaßen „Eclipsing"-Effekte nachgewiesen; je größer V, desto stärker soll der Übergangszustand **A** 4 eclypt. gebundene Gruppen) gegenüber **B** bzw. **C** (keine Gruppe eclypt. gebunden)

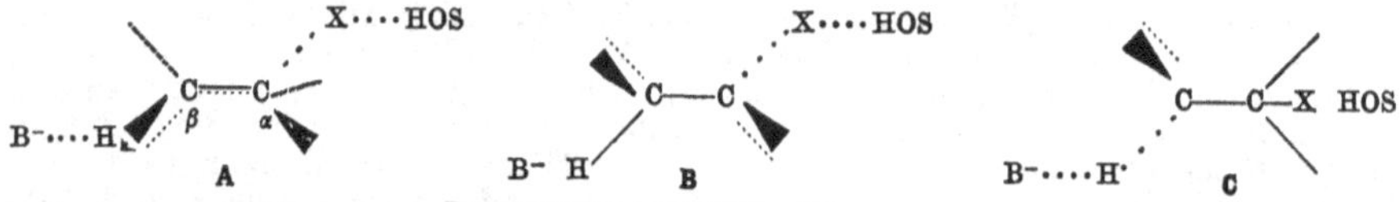

B^- = Basenanion; SOH = Lösungsm.

beteiligt sein, wobei **A** der Struktur des Endprod., **B** u. **C** aber der des Ausgangsmaterials ähneln. Mit der Basenstärke nimmt bei **Ia** u. **b** auch V zu. Hierdurch wird vermutlich der Grad der Unterstützung wiedergegeben, den das Elektronenpaar der CH-Bindung zum C—X-Bindungsbruch leistet. Eine Trennung der Wrkg. der Basenstärke von der von Solvatationseffekten ist hier jedoch nicht möglich.

Versuche: *threo-1.2-Diphenylpropyl-(1)-dimethylamin,* $C_{17}H_{21}N$, $Kp._2$ 140° (Badtemp.), durch 48std. Erhitzen von erythro-1.2-Diphenylpropyl-(1)-p-toluolsulfonat mit absol. Dimethylamin in Bzl. im geschlossenen Rohr auf 75°; 40% (Ausbeute); analog: *erythro-Verb.*, $Kp._2$ 130° (Badtemp.); 35%; aus vorst. Verbb. mit Methyljodid (12 Std. bei 0°): *threo-1.2-Diphenylpropyl-(1)-trimethylammoniumjodid* (**IIIa**), $C_{18}H_{24}NJ$, F. 174 bis 176° (Zers.) bzw. *erythro-Verb.* (**IIIb**), F. 212—213° (Zers.); 85%. — *threo-1.2-Diphenylpropyl-(1)-chlorid* (**Ia**), F. 51—52,5°; *erythro-Verb.* (**Ib**), F. 139—140°; *threo-1.2-Diphenylpropyl-(1)-bromid* (**IIa**), F. 60—61°; *erythro-Verb.* (**IIb**), F. 149—152°; Darst. vgl. CRAM, C. **1954**. 2791. (J. Amer. chem. Soc. **78**. 790—96. 20/2. 1956. Los Angeles, Calif., Univ. of California, Dep. of Chem.) B. GNAUCK. B 225

Gerhard Geiseler und **Friedrich Asinger,** *Über die Abhängigkeit der Reaktionsfähigkeit funktioneller Gruppen in Paraffinkohlenwasserstoffen von ihrer Stellung in der Molekel.* 2. Mitt. *Der Einfluß der Kettenlänge des Alkylrestes auf die Hydrolysegeschwindigkeit primärer und sekundärer Mono- und Disulfochloride.* (1. vgl. ASINGER, C. **1943**. II. 811.) Durch Titration wurde die Kinetik der Hydrolyse folgender Sulfochloride zwischen 30 u. 60° in 80 Vol.-%ig. wss. Dioxan untersucht [in ( ) Aktionskonstante log A, Aktivierungsenergie E in kcal/Mol, Aktivierungsentropie Δ S in cal/Grad·Mol]: *Methan-* ($Kp._{15}$ 58°; 6,48; 15,4; —30,8), *Äthan-* (**I**; 6,34; 15,4; —31,6), *Propan-1-* (5,97; 14,9; —33,2), *Butan-1-* (5,90; 14,9; —33,4), *Octan-1-* ($Kp._4$ 110—120°; 5,84; 14,9; —33,8), *Dodecan-1-* (5,77; 14,9; —34,1), *Octadecan-1-* (5,81; 15,0; —33,9), *Isobutan-* (5,82; 14,9; —33,8), *Propan-2-* (6,41; 17,1; —31,2) u. *Butan-2-sulfochlorid* (6,31; 17,0; —31,6), *Propandisulfochlorid-(1.3)* (**II**, F. 48°; 7,21; 16,0; —27,5), *Butandisulfochlorid-(1.4)* (F. 41,5°; 6,88; 15,9; —29,0), *Pentandisulfochlorid-(1.5)* (6,57; 15,5; —30,4), *Hexandisulfochlorid-(1.6)* (6,58; 15,6; —30,4), *Decandisulfochlorid-(1.10)* (6,43; 15,6; —31,0) u. *Butandisulfochlorid-(1.3)* (**III**, F. 83,0—83,5°; 6,48; 16,7; —30,8). Aus den k-Werten ist zu ersehen, daß die Reaktionsgeschwindigkeit mit der Kettenlänge des Alkylrestes abnimmt u. sich einem Grenzwert nähert; hierbei hat die Veränderung von A einen größeren Einfl. als die von E, was auf einen ster. Einfl. der Alkylgruppe hindeutet. Nicht-α-ständige Alkylverzweigungen wirken sich kaum auf den k-Wert aus, dagegen liegen die k-Werte der sek.-Sulfochloride um mehr als eine Zehnerpotenz niedriger als die der isomeren prim. Verbb.; dieser Unterschied ist durch höhere E-Werte bedingt. Die starke Reaktivität der kurzkettigen Disulfochloride wird auf gegenseitige räumliche Beeinflussung der beiden SO_2Cl-Gruppen zurückgeführt. Äthandisulfochlorid ist so reaktionsfähig, daß neben der Hydrolyse eine Abspaltung von Chlorsulfonsäure erfolgt, wodurch auch *Äthylensulfonsäure* entsteht. Mit wachsender Entfernung zweier SO_2Cl-Gruppen nimmt diese Wechselwrkg. stetig ab. Die gegenüber **II** geringe Reaktionsgeschwindigkeit von **III** ist offenbar auf die veränderte Stellung der 2. SO_2Cl-Gruppe (sek. statt prim.) zurückzuführen, wodurch E einen Wert zwischen denen für prim. u. sek. Sulfochloride annimmt. Die Hydrolyse wird stark durch OH^--Ionen katalysiert, es erfolgt bei deren Ggw. sofortige Zers., H^+-Ionen beeinflussen die Rk. nicht. Für den Gesamtablauf der Rk. gilt daher $v = k_1 \cdot [S] + k_2 \cdot [S][OH^-]$, wobei $[S]$ = Konz. an Sulfochlorid. Unter obigen Bedingungen ist $[OH^-] \ll [S]$, also gilt $v = k_1 [S]$. Nach den stark negativen Δ S-Werten ist anzunehmen, daß die Sulfochlorid-moll. stark solvatisiert sind. In Übereinstimmung hiermit ist der Befund, daß die Hydrolyse obiger Sulfochloride in wss. 80%ig. Aceton durchweg schneller verläuft (in diesem Lösungsm. betrug der k-Wert von *Decan-1-sulfochlorid* bei 30° $17{,}7 \cdot 10^{-6}\,sec^{-1}$. Vff. sind mit TOMMILA u. HIRSJARVI (C. **1953.** 1463) der Ansicht, daß eine Teil-Rk. nach dem S_N1-Mechanismus verläuft; als Übergangszustand wird nebenst. Komplex

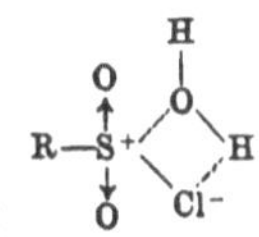

angenommen. Die kurzkettigen Monosulfochloride sowie die Disulfochloride wurden aus den Rhodaniden durch oxydierende Chlorierung nach ASINGER u. Mitarbeitern (Ber. dtsch. chem. Ges. **75.** [1942.] 42 u. früher) dargestellt. Langkettige prim. u. sek. Sulfochloride konnten am besten aus den trockenen Sulfonaten mit PCl_5 erhalten werden.

Versuche: *Dodecan-1-sulfochlorid*, F. 39,4—41,6°, durch Erhitzen von Dodecan-1-chlorid mit $Na_2SO_3 \cdot 7\,H_2O$ im Drehautoklaven (10 Std. auf 200°; → *Na-Dodecan-1-sulfonat*, $C_{12}H_{25}O_3SNa$); Salz mit PCl_5 verreiben, äther. Lsg. in Eiswasser einrühren; 52,6% (Ausbeute). — *Octadecan-1-sulfochlorid*, F. 58—59,5°, analog vorst. Verb. aus Octadecyl-(1)-chlorid, Pentanlsg. in Eiswasser einrühren; 59,8%. — *Pentandisulfochlorid-(1.5)*, $C_5H_{10}O_4Cl_2S_2$, F. 66,5—67° (Chlf.-CCl_4 bzw. Bzl.-PAe.), durch 50std. Kochen von 1.5-Dibrompentan u. KSCN in A. (→ *Pentandirhodanid-(1.5)*, $C_7H_{10}N_2S_2$, gelbes, viscoses Öl; 95,4%), Öl als Suspension in W. chlorieren (Temp. steigt dabei auf 75°); 98,2%. — *Hexandisulfochlorid-(1.6)*, $C_6H_{12}O_4Cl_2S_2$, F. 85,5—86° (PAe.-Bzl.), analog vorst. Verb. aus 1.6-Dibromhexan (→ *Hexandirhodanid-(1.6)*, $C_8H_{12}N_2S_2$; quantitativ); 88,5%. — *Decandisulfochlorid-(1.10)*, analog vorvorst. Verb. aus 1.10-Dibromdecan($Kp._1$ 140—142°) über das Rhodanid (83%); 30,0%. (Chem. Ber. **89.** 1100—10. 4/5. 1956. Leuna-Merseburg, Leuna-Werke, Hauptlabor.) B. GNAUCK. B 225

Friedrich Asinger, Gerhard Geiseler und **Hans Eckoldt,** *Über die Abhängigkeit der Reaktionsfähigkeit funktioneller Gruppen in Paraffinkohlenwasserstoffen von ihrer Stellung in der Molekel.* 3. Mitt. *Über die Abhängigkeit der Hydrolysegeschwindigkeit der Sulfochloridgruppe von ihrer Stellung in der Molekel.* (2. vgl. vorst. Ref.) Wie l. c. wurde die Hydrolyse von *Dodecan-2-* (I), *-4-* (II) u. *-5-sulfochlorid* (III) in 80%ig. wss. Dioxan zwischen 40 u. 60° verfolgt u. die Daten mit denen von Dodecan-1-sulfochlorid (**IV**; n_D^{20} 1,4631 extrapoliert) verglichen. Die log A- u. E-Werte betrugen: **I** 8,090; 14,910 (kcal/Mol); **II** 7,955; 16,950; **III** 8,025; 17,120. **IV** hydrolysiert danach 10mal schneller als **I** u. dieses 1,3mal schneller als **II** oder **III**. Nach diesen Ergebnissen ist es nicht möglich, die Mersole durch Hydrolyse in Anteile verschied. Mol.-Geww. aufzuspalten, eine Trennung prim. u. sek. Sulfochloride ist jedoch wenigstens teilweise durchführbar. Bei einem Ausgangsgemisch von 8,5% prim. u. 91,5% sek. Dodecansulfochloriden ist nach 15%ig. Umsatz **IV** zu 75% hydrolysiert.

Versuche: *Dodecyl-(2)-mercaptan*, durch Einleiten von H_2S in eine Na-Alkoholatlsg. einer 1 : 1-Mischung von Methanol u. Isopropanol bei 0° bis zur Sättigung, Dodecyl-(2)-bromid zugeben u. 20 Std. bei 130° im Autoklaven schütteln; 72,5% (Ausbeute). — *Dodecan-2-sulfochlorid* (I), $Kp._{10^{-4}}$ 40—50°, durch Einw. von ozonisiertem O_2 auf vorst. Verb. in Chlf. bei n. Temp., wss.-methanol. Lsg. mit NaOH neutralisieren u. eindampfen [→ *Na-Dodecan-2-sulfonat*; 72,8%], Salz mit PCl_5 verreiben, Ae.-Lsg. in Eiswasser einrühren, Reinigung durch Kurzwegdest.; n_D^{20} 1,4627; 52,7% (Rohausbeute). — Analog: *Dodecan-4-sulfochlorid* (II), n_D^{20} 1,4612; 56,7%; *Dodecan-5-sulfochlorid* (III), n_D^{20} 1,4640. (Chem. Ber. **89.** 1233—38. 4/5. 1956.) B. GNAUCK. B 225

R. B. Fahim und **E. A. Moelwyn-Hughes,** *Die Kinetik der Reaktion von Methyljodid mit Trimethylamin in Tetrachlorkohlenstoff.* Es werden die Kinetik der Rk. von *Methyljodid* (**I**, Kp. 315,61° K) mit *Trimethylamin* (**II**) in CCl_4 (**III**) bei 298,23° K bei Ausschluß der Gasphase untersucht u. die Aktivitätskoeffizienten γ von **I** u. **II** in **III**, sowie die Dampfdrucke von **I** zwischen 252,70 u. 330,86° K u. von **II** bei 0° C u. aus **I** u. **II** gebildeten *Tetramethylammoniumjodids* (**IV**) in **III** bei Ggw. von **I** bzw. **II** bestimmt. Lsgg. von **I** in **III** verhalten sich n., die Lösungswärme beträgt 203 ± 2 cal/Mol. Lsgg. von **II** in **III**

verhalten sich anomal, γ nimmt mit wachsender Konz. sehr stark ab. **IV** ist in **III** unlösl., die Löslichkeit nimmt bei Ggw. von **I** linear mit dessen Konz., bei Ggw. von **II** stärker mit der **II**-Konz. zu. Die Rk. von **I** mit **II** wird zu Beginn durch das sich einstellende heterogene Gleichgewicht zwischen gelöstem u. ausgefallenem **IV** kompliziert. In Lsgg. mit einem Überschuß an **I** wächst die Geschwindigkeitskonstante 2. Ordnung, in Lsgg. mit einem Überschuß an **II** sinkt sie mit fortschreitender Reaktion. Ebenso sinken im Verlauf der Rk. die Konstanten E_A u. A der ARRHENIUSschen Gleichung. Diese Ergebnisse sind jedoch bei Berücksichtigung der Löslichkeitsverhältnisse u. möglicher Katalysatoreffekte vielleicht mit einer Rk. 2. Ordnung mit einer wahren, kleinen Geschwindigkeitskonstanten zu vereinbaren. (J. chem. Soc. [London] **1956.** 1035—41. April. Cambridge, Univ., Dep. of Phys. Chem.) G. PÖTZSCHER. B 225

P. A. T. Swoboda und **E. M. Crook,** *Die nichtkatalysierte Hydrolyse von Phosphorsäureestern.* Es wurde die Kinetik der sauren Hydrolyse der 3 biochem. wichtigen Ester *Glycerin-1-phosphat* (**I**), *Glycerin-2-phosphat* (**II**) u. *Äthanolaminphosphat* (**III**) durch colorimetr. Best. des anorgan. Phosphats u. Best. des Glycerins (**IV**) oder Äthanolamins mittels Perjodatoxydation untersucht. Das **II**-Hydrolysat enthielt **IV** u. Orthophosphat, während kein Monometaphosphat nachweisbar war. Bei p_H 3—7 bestand zwischen Reaktionsgeschwindigkeit u. Konz. am **II**-Ion $(C_3H_5[OH]_2 \cdot OPO_3H)^-$ eine Beziehung 1. Ordnung. Die Rk. wurde durch Säure nicht katalysiert. Die Reaktionsgeschwindigkeit war von der Ionenstärke unabhängig. Eine Basenkatalyse durch Acetationen oder neutrale Anilinmoll. erfolgte nicht. Mit **I** u. **III** wurden die gleichen Ergebnisse erhalten. Aus den bei 80—100° bestimmten Geschwindigkeitskonstanten berechneten sich bei 100° für die einwertigen Ionen von **I** u. **II** sowie für das Zwitterion von **III** die Werte $1{,}35 \cdot 10^{-5}$, $2{,}77 \cdot 10^{-5}$ u. $3{,}07 \cdot 10^{-5}$ sec^{-1}. Die Aktivierungsenergie betrug 29,9, 30,3 u. 29,6 kcal/Mol, der ARRHENIUS-Frequenzfaktor $4{,}28 \cdot 10^{12}$, $15{,}08 \cdot 10^{12}$ u. $6{,}71 \cdot 10^{12}$. Die Unters. der Hydrolyse in mit ^{18}O angereichertem W. deutet auf eine Spaltung der Ester zwischen P- u. O-Atomen hin. (Biochem. J. **59.** XXIV—XXV. März 1955. London, Univ. Coll., Dep. of Biochem.) K. MAIER. B 225

John D. Roberts und **Clare McG. Regan,** *Analyse von Carbonsäuregemischen durch spektrophotometrische Bestimmung der Geschwindigkeit der Reaktion mit Diphenyldiazomethan.* Vff. verfolgen spektrophotometr. die Rk. zwischen Carbonsäuren u. Diphenyldiazomethan (**I**) in A. bzw. Bzl.; da A. auch mit **I** unter Bldg. von Benzhydryläthyläther reagiert, muß zur Best. der Geschwindigkeitskonstante k_1 mit einem großen Überschuß an Carbonsäuregemisch (A, B) gearbeitet werden. Die Rk. ist dann prakt. pseudo-unimol. in bezug auf **I**. Nach vorheriger Best. der Geschwindigkeitskonstanten der reinen Säuren k_{2A} u. k_{2B} lassen sich die Molenbrüche x_A u. x_B nach den Gleichungen $x_A = [A]/([A] + [B]) = (k_2 - k_{2B})/(k_{2A} - k_{2B})$ u. $x_B = 1 - x_A$ berechnen. Die Meth. wird an den Mischungen Essigsäure–Benzoesäure u. m- u. p-Methoxybenzoesäure geprüft. Die mittlere Abweichung vom theoret. Wert beträgt 2%. — In Bzl. verläuft die Rk. zwar quantitativ in Richtung der Benzhydrylesterbldg.; infolge Assoziation der Säuremoll. läßt sich aber nicht feststellen, welcher Ordnung die Rk. hinsichtlich der Säuren ist. Die Best. ist nur bei einer sehr reaktionsfähigen Säure in Ggw. eines relativ großen Betrages einer wenig reaktionsfähigen Säure möglich. Mit Hilfe einer Zeit–D.-Kurve läßt sich die von jeder der beiden Säuren verbrauchten **I**-Menge berechnen. Als Beispiel wird das Gemisch Chloressigsäure–Essigsäure bestimmt, bei dem die k_2-Werte in Bzl. um den Faktor 100 differieren; mittlere Fehlergrenze 2%. (Analytic. Chem. **24.** 360—62. Febr. 1952. Cambridge, Mass., Massachusetts Inst. of Technol., Dep. of Chem. and Labor. for Nucl. Sci. and Engng.) H. M. BARCHET. B 225

V. R. Stimson, *Die Kinetik der Alkyl–Sauerstoffspaltung bei der Esterhydrolyse.* 2. Mitt. *tert.-Butyl-2.4.6-trimethylbenzoat in wässerigem Aceton.* (1. vgl. C. **1955.** 5990.) Die Kinetik der säurekatalysierten Alkylsauerstoffspaltung von *tert.-Butyl-2.4.6-trimethylbenzoat* wurde in verschied. Aceton–W.-Gemischen bei 3 Tempp. u. in Aceton–A.-Gemisch bei 97° untersucht. Die Rkk. folgen der 1. Ordnung, die ARRHENIUS-Gleichung wird streng erfüllt, die Werte von E u. A unterscheiden sich von denen bei der Acyl-O_2-Spaltung: für 60%ig. wss. Aceton ist E $30{,}5 \pm 0{,}5$ $kcal \cdot Mol^{-1}$, log A 16,1 sec^{-1}, ΔS_{97} 12 $cal \cdot Mol^{-1} \cdot Grad^{-1}$; für 80%ig. wss. Aceton sind die Werte 31,0, 16,2 u. 13. Die Größe von log $(10^6 k_1/c_A)$ ist 4,1 bei 100° in 60%ig. Aceton (k_1 in sec^{-1}). Nach der hohen Konstanten zu urteilen, ist die Rk. nicht ster. gehindert. Die Aktivierungsenergie beträgt ca. 30 $kcal \cdot Mol^{-1}$ (Unterschied zur Acyl–O_2-Spaltung). In Lsg. mit mehr als 90% Aceton u. mit HCl als Katalysator fällt die Geschwindigkeitskonstante 1. Ordnung während der Umsetzung. Der Mechanismus kann aufgeteilt werden in 1. den Protonisierungs- u. 2. den bindungslösenden Schritt. Durch Best. der Abhängigkeit der k-Werte von der HAMMETTschen Säurefunktion H als Maß für die Protonisierungskraft des

Lösungsm. wird der Einfl. der beiden Teil-Rkk. auf die Gesamtgeschwindigkeit untersucht. Bei Konzz. des Lösungsm. zwischen 60 u. 90% können die Geschwindigkeitsvariationen auf Schritt 1 zurückgeführt werden, in höherkonz. Lsgg. spielen andere Faktoren eine Rolle. In mehr als 90% ig. Aceton sinkt die Geschwindigkeit, obgleich die H-Funktion ansteigt; bei mehr als 95% ist die Geschwindigkeit der Wassermenge proportional, was S_N1-Rkk. entspricht. So lange die Protonisierungskraft des Lösungsm. groß ist, bestimmt sie die Geschwindigkeit, sonst ist Schritt 2 maßgebend. In Aceton–A. steigt H mit steigendem Acetongeh., die Geschwindigkeit fällt jedoch fast linear. (J. chem. Soc. [London] **1955.** 2010—13. Juni. Armidale, N. S. W., New England Univ.)
P. HOLZLÖHNER. B 225

V. R. Stimson, *Die Kinetik der Alkyl–Sauerstoffspaltung bei der Esterhydrolyse.* 3. Mitt. *tert.-Butylbenzoat in wässerigem Aceton.* (2. vgl. vorst. Ref.) Vf. untersuchte die Kinetik der sauren Esterspaltung von *tert.-Butylbenzoat* bei verschied. Tempp. in 60- u. 80% ig. wss. Aceton. Die Rk. gehorcht der 1. Ordnung, die Konstanten sind der Säurekonz. proportional, von der Esterkonz. unabhängig. Ohne Säurekatalyse blieb die Rk. aus. Der log $10^6\ k_1/c_A[sec^{-1}]$ in 60% ig., wss. Aceton bei 100° ist gleich 4,2, mehr als das Doppelte dessen von Äthylbenzoat (1,97), doch nur durch Faktor 1,17 verschieden von dem des tert.-Butyl-2.4.6-trimethylbenzoats (I). Die Konstanten der ARRHENIUS-Gleichung sind: In 60- u. 80% ig. Aceton $E = 29,2$ bzw. 30,0 kcal/Mol, log $A = 15,3$ bzw. 15,7 sec^{-1}, sie sind verschieden von denen bei der Acylspaltung nach der 2. Ordnung gefundenen (16—20 kcal/Mol u. 7—8), doch sind sie vergleichbar mit denen von **I,** so daß in letztem Fall nicht der Mesitylrest von **I** die ungewöhnlichen Werte verursachen kann. Die Geschwindigkeitsänderung mit der Variation des Lösungsm. ist ähnlich der von **I.** (J. chem. Soc. [London] **1955.** 2673—75. Aug.) P. HOLZLÖHNER. B 225

Myron L. Bender und **Ray S. Dewey,** *Zwischenstufen bei Reaktionen von Carbonsäurederivaten.* 5. Mitt. *Der Mechanismus der alkalischen Hydrolyse von 2.4.6- Trimethylbenzoesäuremethylester.* (4. vgl. C. **1956.** 1551.) Die Kinetik der alkal. Hydrolyse von *2.4.6-Trimethylbenzoesäuremethylester* (**I,** $Kp._1$ 77—79°, aus Mesitoesäure [**II,** F. 152 bis 153°] über das Säurechlorid; n_D^{20} 1,5083) wurde unter den von GOERING u. Mitarbeitern (C. **1955.** 3831) angewandten Bedingungen, aber in verschlossenen Glasampullen, unter N_2 bei 126° in 60% Dioxan + 40% H_2O mit einem Geh. von $H_2{}^{18}O$ titrimetr. verfolgt; $k_2 = 2,2 \pm 0,2 \cdot 10^{-3}$ Liter/Mol·sec. Dieser Wert weicht von dem von GOERING u. Mitarbeitern (l. c.) gefundenen $(1,40 \cdot 10^{-3})$ etwas ab; dies ist nur z. T. auf eine Rk. zwischen dem NaOH enthaltenden wss. Dioxan u. dem Glasgefäß zurückzuführen. Der ^{18}O-Geh. der erhaltenen **II** (massenspektrograph. nach Verbrennung zu CO_2 bestimmt) entsprach dem Übertritt eines O-Atoms aus dem W. in die Carbonylgruppe, daher wird eine Acyl–O-Spaltung bei der Hydrolyse postuliert. Ein ^{18}O-Austausch wurde auch zwischen **I** u. dem Lösungsm. während der Hydrolyse beobachtet. Das Verhältnis des k-Wertes der Hydrolyse zu dem des O-Austauschs beträgt $6,8 \pm 0,5$. Offenbar tritt bei der Hydrolyse von **I** eine ähnliche symm. Additionsverb. (vgl. nachst. Ref.) als Zwischenstufe auf, wie bei der Hydrolyse von Äthylbenzoat früher vermutet wurde (vgl. BENDER, C. **1953.** 6651). Da GOERING u. Mitarbeiter (l. c.) für di-o-substituierte Benzoesäuremethylester einen konstanten HAMMETT-ϱ-Wert fanden, wird auf allg. Gültigkeit dieses Mechanismus bei der untersuchten Verbindungsreihe geschlossen. (J. Amer. chem. Soc. **78.** 317—19. 20/1. 1956. Chicago, Ill., Illinois Inst. of Technol., Dep. of Chem.) B. GNAUCK. B 225

Myron L. Bender, Ricardo R. Stone und **Ray S. Dewey,** *Zwischenstufen bei Reaktionen von Carbonsäurederivaten.* 6. Mitt. *Kinetik des Sauerstoffisotopenaustauschs zwischen substituierten Benzoesäuren und Wasser.* (5. vgl. vorst. Ref.) Massenspektrograph. untersucht wurde die Kinetik des O-Austauschs zwischen substituierten Benzoesäuren u. einem $H_2{}^{18}O$-haltigen W.–Dioxan-Gemisch (2 : 1) in Ggw. von ca. 0,07n HCl bei 80°. Die k-Werte (10^5 k in sec^{-1}) betrugen für: *Benzoesäure* (F. 122° [W.–Methanol] 1,14, *m-Chlor-* (F. 154°) 1,13 u. *p-Chlorbenzoesäure* (F. 234,5—235° [A.]) 0,70, *p-Anissäure* (F. 183,9—184,3° [W.]) 0,64, *p-Toluylsäure* (F. 178°) 1,03 u. *Mesitoesäure* (F. 151,5 bis 152,5° [A.], durch Carbonisieren der entsprechenden GRIGNARD-Verb.) 0,00102. Die Bldg. von Säuren mit zwei ^{18}O-Atomen wurde vernachlässigt. In reinem W. verliefen die Rkk. etwas schneller (vgl. ROBERTS u. UREY, J. Amer. chem. Soc. **61.** [1939.] 2584), der gleiche Unterschied tritt bei der sauren Hydrolyse von Äthybenzoat auf. Die Substituenteneffekte sind nach obigen Daten recht gering, eine Parallelität zu den bekannten elektr. Effekten der Substituenten ist nicht erkennbar. Dieses Ergebnis entspricht den früher (vgl. TIMM u. HINSHELWOOD, J. chem. Soc. [London] **1938.** 862) bei der sauren Hydrolyse der entsprechenden Ester erhaltenen Daten. Zum Mechanismus des O-Austauschs wird langsame Addition von W. u. H^+ an die Carbonsäure unter Bldg. obenst. Orthosäure angenommen,

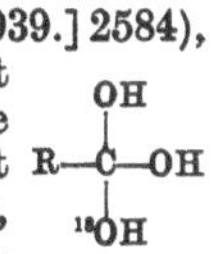

die schnell wieder in W., n. Säure u. H^+ zerfällt; ähnliche Annahmen wurden auch früher für die Hydrolyse der Ester gemacht. (J. Amer. chem. Soc. **78.** 319—21. 20/1. 1956.)

B. Gnauck. B 225

S. Winstein und **M. Shatavsky,** *Benachbarter Kohlenstoff und Wasserstoff.* 21. Mitt. *Anti-7-Derivate von Norbornen (Bicyclo-[2.2.1]-hepten) als Homoallylsysteme.* (20. vgl. J. Amer. chem. Soc. **77.** [1955.] 4183; 19. vgl. C. **1956.** 8576.) Vff. vergleichen die Solvolysedaten folgender Verbindungsgruppen in 80%ig. A.: 1. *exo-5-Bromnorbornen* (relative Reaktionsgeschwindigkeit bei 25°) 1 (k = 1,0 [Std.$^{-1}$], bei 75°), *exo-5-Brom-anti-7-oxynorbornen* (I) 2 (1,9; 75°), *exo-5-anti-7-Dibromnorbornen* (II) 23 (1,0; 50°), *exo-5-Methoxy-anti-7-bromnorbornen* 190 (0,36; 25,1°); 2. *exo-2-Bromnorbornan* 1,0 (1,36; 75°), *exo-cis-2.3-Dioxy-exo-5-bromnorbornan* (III) 7,7·10^{-3} (0,021; 75°), *exo-cis-2.3-Dioxy-exo-5-anti-7-dibromnorbornan* (IV) 6,0·10^{-4} (0,00236; 75°), *exo-cis-2.3-Dioxy-anti-7-bromnorbornan* (V) $<3\cdot10^{-8}$, *trans-2.3-Dibromnorbornan* 1,0·10^{-3} (0,042; 99,9°), *exo-2-syn-7-Dibromnorbornan* 8·10^{-3} (0,029; 75°); 3. *exo-5-Chlornorbornen* 1 (6,9·10^{-6}; 74,6°), *exo-5-anti-7-Dichlornorbornen* 14 (6,4·10^{-5}; 75°), *endo-4-exo-5-Dichlornorbornen* 6,3·10^{-3} (1,2·10^{-6}; 99,9°) u. *cis-endo-4.5-Dichlornorbornen* $<2{,}2\cdot10^{-4}$ ($<8{,}3\cdot10^{-8}$; 99,9°); ferner in H_2O bei Ggw. von NaOH **III** 5,4·10^3 (10400 Liter/Mol·Std.; 25°; [NaOH] = 0,0110 mol.), **IV** — (ohne NaOH: 0,015 Std.$^{-1}$; 50°), **V** 1 (1,94 Liter/Mol·Std.; 25°; [NaOH] = 0,0548 mol.); 4. in Essigsäure bei 25°: *exo-5-Brom-anti-7-norbornylen-p-toluolsulfonat* 1·10^4 (1,99·10^{-5} sec^{-1}), *anti-7-Norbornylen-p-toluolsulfonat* 2·10^5 (3,70·10^{-4}), *exo-5-Norbornylen-p-toluolsulfonat* 8·10^3 (1,5·10^{-5}) u. *endo-4-Norbornylen-p-toluolsulfonat* 1 (1,9·10^{-9}). Aus den Daten geht hervor, daß die Substituenten in anti-7-Stellung eine hohe Reaktionsfähigkeit zeigen, entsprechend der für syn-Derivv. von Roberts u. Mitarbeitern (C. **1955.** 4339) beschriebenen geringen Reaktivität. Die Erhöhung der Reaktionsfreudigkeit in anti-7-Stellung durch Einführung der Doppelbindung wird auf anchimere Unterstützung der Ionisierung zurückgeführt; es findet wegen der geringen Entfernung zwischen $C_{(7)}$ u. $C_{(2)}$ bzw. $C_{(3)}$ eine stärkere Wechselwrkg. zwischen dem kation. Zentrum an $C_{(7)}$ u. der π-Elektronenwolke der 2.3-Doppelbindung statt als bei exo-5-Bornylderivv., die entsprechend viel langsamer reagieren. Vermutlich bleibt bei solvolyt. Substitutionen an $C_{(7)}$ des anti-7-Norbornenylsyst. die Konfiguration an diesem C-Atom weitgehend erhalten. Prodd. eines Angriffs nucleophiler Agentien auf $C_{(2)}$ bzw. $C_{(3)}$ wurden nicht gefunden, was wegen der sonst notwendigerweise eintretenden Anellierung eines 3- an einen 4-gliedrigen Ring im Bicycloheptylskelett nicht überraschend ist. Wegen der hohen Reaktionsfähigkeit des 7-Bromatoms war es möglich, **II** durch selektive Hydrolyse in wss. Aceton in **I** zu überführen. Die Struktur von **II**, das neben anderen Dibromiden bei der Br_2-Addition an Bicyclo-[2.2.1]-heptadien entstand, wurde nachgeprüft durch Oxydation mit $KMnO_4$ u. Darst. des Acetonids (Dipolmoment 3,64 D) aus dem so erhaltenen **IV**. **IV** ergab mit Zn(+ $CuSO_4$) u. wss. A. zunächst **V** u. schließlich bei längerer Einw. das von Kwart u. Vosburgh (C. **1956.** 4380) dargestellte *exo-cis-2.3-Dioxynorbornan* (F. 139—140°). **I** ergab bei Enthalogenierung mit Zn u. A. *anti-7-Oxynorbornen,* das durch Hydrierung in *anti-7-Oxynorbornan* übergeführt wurde, dessen Identität mit dem von Woodward u. Norton auf anderem Wege dargestellten Material sichergestellt wurde.

V e r s u c h e: *exo-cis-2.3-Dioxynorbornan,* $C_7H_{12}O_2$, F. 139—140°, durch Zugabe von $KMnO_4$ u. $MgSO_4$ in W. zu Norbornen in 95%ig. A. bei —40 bis —60°; 0,5 Std. bei —40 bis —50°, dann auf —10° erwärmen u. SO_2 durchleiten; 40% (Ausbeute). — *exo-cis-2.3-Dioxy-exo-5-bromnorbornan* (III), $C_7H_{11}O_2Br$, F. 70—71,5° (Methylenchlorid-PAe.), durch Einw. von $KMnO_4$ wie vorst. auf eine 70:30-Mischung von exo-Dehydronorbornylbromid + Nortricyclylbromid; 36%. — *exo-cis-2.3-Dioxy-anti-7-bromnorbornan* (V), $C_7H_{11}O_2Br$, F. 100—101° (Methylenchlorid–PAe.), durch 40 Min. Kochen von Zn-$CuSO_4$ mit **IV**. — *exo-cis-2.3-Dioxy-exo-5-anti-7-dibromnorbornanacetonid,* $C_{10}H_{14}O_2Br_2$, F. 88,5—89,2° (Pentan), durch Zugabe von **IV** zu wasserfreiem $CuSO_4$ in absol. Aceton (69 Std.); 67%. — *exo-cis-2.3-Dioxy-anti-7-bromnorbornanacetonid,* $C_{10}H_{15}O_2Br$, F. 80—81°, analog vorst. Verb. aus **V** 92 Std.; 80%. — *exo-5-Brom-anti-7-oxynorbornen* (I), C_7H_9OBr, F. 48—49° (PAe.), aus dem Dibromidgemisch der Br_2-Addition an Bicycloheptadien (23% Geh. an ungesätt. Dibromid) in 60%ig. Aceton, 5 Std. bei 25°, mit W. verdünnen, Öl des CH_2Cl_2-Extrakts in PAe. schnell an Kieselsäure-Celit (2:1, vgl. Trueblood u. Malmberg, C. **1949.** E. 1180) chromatographieren; 54%; ergab mit p-Toluolsulfonylchlorid in Pyridin quantitativ: *2-exo-Brom-7-anti-tosyloxybicyclo-[2.2.1]-hepten-(5),* $C_{14}H_{15}O_3BrS$, F. 68—69° (PAe.). — *anti-7-Oxynorbornen,* $C_7H_{10}O$, F. 118—119° (Pentan), aus **I** durch Kochen mit Zn-Staub + $CuSO_4$ in 95%ig. A.; 52%. — *7-Oxynorbornan,* F. 150—151° (Pentan), durch Hydrieren vorst. Verb. bei Ggw. von 5%ig. Pd-$BaCO_3$ (10 Min.); 54%; *p-Toluolsulfonat,* $C_{14}H_{18}O_3S$,

F. 54—55°. (J. Amer. chem. Soc. **78.** 592—97. 5/2. 1956. Los Angeles, Calif., Univ. of California, Dep. of Chem.) B. GNAUCK. B 225

A. M. Eastham und **G. A. Latremouille,** *Die Chemie der Äthylenoxyde.* 5. Mitt. *Die Reaktion von Äthylenoxyd mit Halogenionen in neutraler und saurer Lösung.* (4. vgl. C. **1956.** 5518.) Vff. bestimmten die Geschwindigkeitskonstanten (k; in Liter·Mol^{-1}·min^{-1}) u. die Aktivierungsenergien (A in kcal) für die Rk. von *Äthylenoxyd* (I) mit Halogenionen (II) in neutraler Lsg. bei 25° zu: (J^-): k = $2·10^{-2}$, A = 16,0; (Br^-): k = $1,7·10^{-3}$, A = 18,4; (Cl^-): k = $2,5·10^{-4}$, A = 19,4. Hierbei wurde für LiCl ein positiver, für NaCl dagegen der übliche negative Salzeffekt beobachtet. — Für die Rk. von I mit einem Überschuß von II wurden die k_{H+}-Werte für die Säurekatalyse nach mehreren Methoden in guter Übereinstimmung mit anderen Autoren bestimmt: J^-: 33; Br^-: 7,0; Cl^-: 2,2; F^-: sehr gering. (Canad. J. Chem. **30.** 169—76. März 1952. Nat. Res. Counc., Div. of Chem.) H. RÖPKE. B 225

P. B. D. de la Mare und **C. A. Vernon,** *Die Reaktion zwischen tert.-Butylchlorid und Natriumthiophenolat.* Die Rk. zwischen *tert.-Butylchlorid* (I) u. *Na-Thiophenolat* (II) in A. verläuft nach dem Gesetz 2. Ordnung. Neben geringen Mengen tert.-Butylphenylsulfid (**III**, $Kp._{15}$ 90—92°, F. —13°, n_D^{25} 1,5307) entsteht in ca. 90%ig. Ausbeute Isobutylen (→ 1.2-Dibrom-2-methylpropan, $Kp._{763}$ 148—150°; n_D^{25} 1,5068). **III** erwies sich unter den bei den kinet. Messungen verwandten Bedingungen als stabil. Die Haupt-Rk. wird als bimol. Eliminierung (E 2) angesehen, sie verläuft rascher als die entsprechend Rk. zwischen **I** u. Phenolat bzw. Natriumäthylat. Die kinet. Messungen der Rk. zwischen **I** u. **II** wurden in A. bei 44,6, 58,4 u. 68,0° durchgeführt; die Aktivierungsenergie E errechnet sich zu 24,8 kcal/Mol u. der Frequenzfaktor $\log_{10}$ B zu 14,46 Liter·Mol^{-1}·min^{-1}. (J. chem. Soc. [London] **1956.** 41—44. Jan. London, Univ. Coll., William Ramsay and Ralph Forster Labors.) J. MATTNER. B 225

Stanley J. Cristol, John Q. Weber und **Margaret C. Brindell,** *Mechanismus von Eliminierungsreaktionen.* 16. Mitt. *Reaktion von Natriumjodid mit cis- und trans-2-Bromcyclohexyl-(1)-nitraten und -arylsulfonaten.* (15. vgl. C. **1956.** 5244.) Titrimetr. verfolgt wurden die Eliminierungs-Rkk. von *trans-1.2-Dibromcyclohexan* (**I**) zwischen 62,37 u. 88,17°, von *trans-* (**IIa**, $C_{13}H_{17}O_3BrS$, F. 44—45°) u. *cis-2-Bromcyclohexyl-p-toluolsulfonat* (**IIb**, $C_{13}H_{17}O_3BrS$, F. 79—80°), *-p-brombenzolsulfonat* (**IIIa, b**) (**IIa** u. **IIIa** zwischen 48,86 u. 74,15°, **IIb** u. **IIIb** zwischen 62,37 u. 88,17°) u. *-nitrat* (**IVa, b**) zwischen 87,99 u. 115,85° unter dem Einfl. von NaJ in n-Propylalkohol. Die k-Werte bei 70° (10^5 k in Liter/sec·Mol) u. E-Werte (kcal/Mol) betrugen: **I** 0,363; 25,9; **IIa** 8,20; 24,0; **IIb** 0,132; 23,1; **IIIa** 32,9; 23,0; **IIIb** 0,692; 23,5; **IVa** ca. 0,014; 32,4; **IVb** ca. 0,016; 31,7. Die Rkk. wurden bis zu 20—60%ig. Umsatz verfolgt, eine Korrektur wegen der Salzeffekte war nicht notwendig. Die k_{trans}/k_{cis}-Werte von **II**, **III** u. **IV** verhalten sich wie 67 : 48 : 1. Es wird angenommen, daß die Debromierung durch J^- stereospezif. verläuft; in einigen Fällen (z. B. bei **IVa, b**) ist jedoch der Eliminierungsschritt nicht geschwindigkeitsbestimmend. Vor der Eliminierung soll allg. eine Verdrängungs-Rk. durch J^- stattfinden (vgl. HINE, C. **1955.** 11364). Für die Eliminierungs-Rkk. der trans-Verbb. wird der von YOUNG u. Mitarbeitern (J. Amer. chem. Soc. **65.** [1943.] 2099 u. früher) vorgeschlagene koplanare „concerted"-trans-Übergangszustand angenommen. Für die cis-Verbb. wird vorst. Mechanismus als begründet angesehen. Die Gleichheit der Reaktionsgeschwindigkeiten von **IVa** u. **b** wird mit der Annahme erklärt, daß im geschwindigkeitsbestimmenden Schritt sowohl Br^- als auch NO_3^- durch J^- verdrängt werden können; **IVb** ergibt dann eine trans-J-Verb. (**V**) u. die aus **IVa** entstandene cis-J-Verb. epimerisiert schnell zu **V**. (J. Amer. chem. Soc. **78.** 598—601. 5/2. 1956. Boulder, Colo., Univ. of Colorado, Dep. of Chem.) B. GNAUCK. B 225

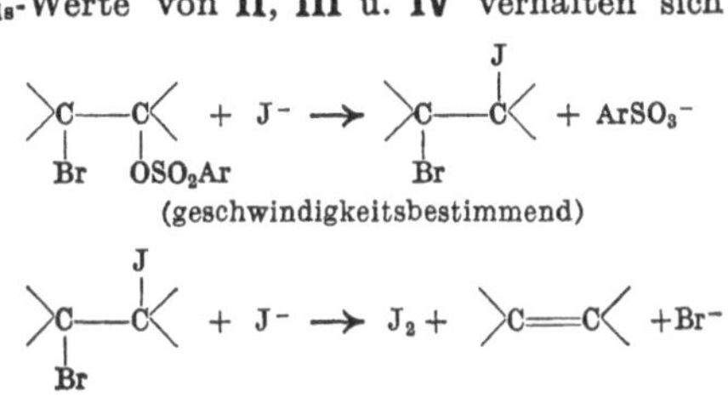

Yrjö Kauko und **Okyay Alpaut,** *Über die Zersetzung des Harnstoffes.* Die Berechnung der Gleichgewichtskonstanten der *Harnstoff* (I)-Zers. mit Hilfe der Standard-Bildungsarbeiten bzw. der Enthalpien u. Entropien der Zersetzungsprodd. von I zeigte, daß die Zersetzungsgeschwindigkeit von I nur über Cyanate (II) von der Gleichgewichtslage abhängen kann. Die Best. der I-Zersetzungsgeschwindigkeit ohne Katalysatoren bei 50—90° durch Ermittlung des Geh. an I (mit Xanthydrol), II (spektralphotometr.) u. NH_3 sowie des p_H-Wertes der Lsg. ergab: Bei 90° verzögerte ein Zusatz von 0,5 Mol NH_3/Liter zu einer Lsg. von 0,2 Mol I die Rk. erheblich, ein solcher von 0,034 Mol CO_2/Liter beschleunigte etwas, während 0,25 Mol $(NH_4)_2CO_3$/Liter die Zersetzungsgeschwindigkeit konstant ließen. Ohne Zusätze steigt der p_H-Wert rasch auf ca. 9, bei NH_3-Zusatz sinkt er mit der Zeit ab, bei CO_2-Zusatz steigt er mit fortlaufender I-Zers. an, während er in Ggw. von $(NH_4)_2CO_3$ prakt. konstant bleibt. In reinen I-Lsgg. nimmt anfänglich die II-Konz. bis etwa zur Gleichgewichtseinstellung zu u. sinkt dann wieder ab, mit NH_3-Zusatz verläuft der II-Geh. ganz ähnlich. Die angewendete II-Bestimmungsmeth. versagt bei $(NH_4)_2CO_3$- u. CO_2-Zusätzen. (Naturwissenschaften **42.** 390. Juli 1955. Ankara, Univ., Physikal.-chem. Inst.) K. MAIER. B 225

Shiu May Loh und **E. E. Turner,** *Orientierungseffekte in der Diphenylreihe.* 14. Mitt. *Die thermische Zersetzung einiger „Diazoperbromide".* (13. vgl. MARLER u. TURNER, C. **1937.** I. 3482.) *2-Nitrobiphenylen-4.4'-bis-[diazoniumperbromid]* (I) zerfällt in heißem Eisessig (IV) in *2'.4.4'-Tribrom-* (II) u. *4.4'-Dibrom-2-nitrobiphenyl* (III); in Ggw. von Zimtsäure, Acetanilid oder Aceto-p-toluidid entsteht nur III. Die Bldg. von II schreiben Vff. einem intramol. Mechanismus zu, III scheint nicht Zwischenprod. bei der Bldg. von II zu sein. Die Zersetzungs-Rkk. der Diazoniumperbromide in A. oder IV werden in einigen Fällen untersucht.

Versuche: *2-Nitrobiphenylen-4.4'-bis-[diazoniumperbromid]* (I), durch Kühlen einer Lsg. von 2-Nitrobenzidin in wss. HBr auf -2^0, Zugabe von wss. $NaNO_2$-Lsg., 10 Min. Stehen u. Zugabe von Br_2 in 47%ig. HBr; 96,5% (Ausbeute). — *4.4'-Dibrom-2-nitrobiphenyl* (III), $C_{12}H_7O_2NBr_2$, F. 124° (A.), a) durch Zugabe von 7,33 g I zu ca. 95° heißem IV u. Verkochen des überschüssigen Br_2; 2,15 g; b) aus I analog a) in Ggw. von 3,57 g III; 7,42 g; c) aus I u. 100° heißem IV analog a) in Ggw. von je 1 Mol Zimtsäure, Acetanilid oder Aceto-p-toluidid. — *2'.4.4'-Tribrom-2-nitrobiphenyl* (II), $C_{12}H_6O_2NBr_3$, F. 195—196°, a) neben III nach a); 1,7 g; b) durch Zers. des Diazoniumperbromids von 2-Amino-4.4'-dibrom-2'-nitrobiphenyl (VI) mit heißem IV. — *3'.4.4'-Tribrom-2-nitrobiphenyl,* $C_{12}H_6O_2NBr_3$, F. 141—142° (aus IV), aus 3-Brom-2'-nitrobenzidin analog I u. Behandlung analog III nach a). — *2-Amino-3'.4.4'-tribromdiphenyl,* $C_{12}H_8NBr_3$, F. 78° (A.), durch Red. vorst. Verb. mit $SnCl_2$. — *2.3'.4.4'-Tetrabrombiphenyl* (V), $C_{12}H_6Br_4$, F. 124—125° (aus IV), a) durch Behandlung des Diazoniumperbromids vorst. Verb. analog III nach a); b) aus dem Bis-[diazoniumperbromid] des 2.3'-Diamino-4.4'-dibrombiphenyls analog a). — *2-Amino-2'.4.4'-tribrombiphenyl,* $C_{12}H_8NBr_3$, F. 154° (verd. A.–Bzl.), durch Red. von II mit $SnCl_2$. — *2.2'.4.4'-Tetrabrombiphenyl,* $C_{12}H_6Br_4$, F. 273° (aus IV), a) aus vorst. Verb. analog V nach a); b) aus 2.2'-Dibrombenzidin analog a); c) aus VII analog a). — *2-Amino-4.4'-dibrom-2'-nitrobiphenyl* (VI), $C_{12}H_8O_2N_2Br_2$, F. 103—104° (A.), durch Zugabe von 4.4'-Dibrom-2.2'-dinitrobiphenyl zu einer heißen Lsg. von S u. Na_2S in W. unter Rühren u. 1std. Kochen. — *2-Amino-4.4'-dibrombiphenyl,* $C_{12}H_9NBr_2$, F. 130° (Nadeln aus A. oder PAe.), durch Red. von III mit $SnCl_2$. — *2.4.4'-Tribrombiphenyl,* $C_{12}H_7Br_3$, F. 81° (A.), aus vorst. Verb. analog V nach a). — *2.4.4'-Tribrom-3'.5-dinitrobiphenyl,* $C_{12}H_5O_4N_2Br_3$, F. 164—165° (A.), aus vorst. Verb. u. HNO_3. — *2-Brom-3'.5-dinitro-4.4'-dipiperidinobiphenyl* (?), $C_{22}H_{25}O_4N_4Br$, F. 145—146° (orangerote Nadeln aus A.), durch Erhitzen vorst. Verb. mit überschüssigem Piperidin. — *2.4-Dibromjodbenzol,* $C_6H_3Br_2J$, F. 45 bis 46° (A.), durch Diazotierung von 29 g 2.4-Dibromanilinhydrochlorid in wss. HCl u. Gießen in eine KJ-Lsg.; 27 g. — *Biphenylen-4.4'-bis-[diazoniumperbromid]* (VII), aus Benzidin analog I. — *4.4'-Dibrombiphenyl,* F. 164° (Methanol), a) durch Zers. von VII in sd. C_2H_5OH; b) durch Zers. von VIII in IV bei 100°. — *4-Brombiphenyl,* durch Zers. des Biphenyl-4-diazoniumperbromids (VIII) in sd. C_2H_5OH. — *4.4'-Dibrom-3.3'-dimethyl-2-nitrobiphenyl,* $C_{14}H_{11}O_2NBr_2$, F. 240—241° (aus IV), durch Diazotierung von 2-Nitro-o-tolidin, Bldg. des Bis-diazoniumperbromids u. dessen Zers. in IV analog III nach a). — *4.4'-Dibromdiphenyläther,* F. 60° (A.), aus 4-Aminodiphenyläther der vorst. Verb. analog. (J. chem. Soc. [London] **1955.** 1274—77. April. London, Univ., Bedford Coll.) I. KARUTZ. B 225

J. C. Bevington, *Die Reaktion zwischen Diphenylpikrylhydrazyl und 2-Cyanpropyl-(2)-Radikalen.* In Fortsetzung früherer Arbeiten (vgl. Nature [London] **175.** [1955.] 477 u. früher) untersucht Vf. die Rk. zwischen dem Radikalfänger *Diphenylpikrylhydrazyl* (I; auch ^{14}C-markiert) u. *^{14}C-Azoisobutyronitril* (II) in Bzl. bei 60°. Die Geschwindigkeit der Bldg. von Radikalen aus II (bei Annahme völligen Zerfalls von II in Radikale) ist größer als die Geschwindigkeit des Verbrauchs von I. Sowohl bei Abwesenheit als auch bei Ggw. eines Überschusses von I treten als Zersetzungsprodd. von II *Tetramethylbernsteinsäuredinitril* (III) neben wenig *Isobutyronitril* (IV) auf, wobei die Bldg. von IV stärker von I unterdrückt wird. Diese Ergebnisse deuten darauf hin, daß die Zers. von II in zwei Richtungen erfolgt, nämlich a) zu Radikalen, die bei Ggw. von I von diesem völlig gebunden werden, unter Bldg. von *Diphenylpikrylhydrazin* (V) u. b) auf einem Wege, der von I nicht beeinflußt wird u. der zur hauptsächlichen Bldg. von III führt. Die Deutung wird erschwert dadurch, daß auch V leicht mit II unter Bldg. von III u. IV reagiert u. daß zwischen I u. V ein sehr schneller Wasserstoffaustausch erfolgt. — Ferner wird dilatometr. die durch **II** ausgelöste Polymerisation von Styrol (**VI**) bei 60° verfolgt. Während bei Abwesenheit von **I** die Polymerisation sofort einsetzt, tritt bei Ggw. von **I**, das die aus **II** gebildeten Radikale abfängt, eine längere Induktionsperiode auf u. die Geschwindigkeit der Rk. ist kleiner als die ohne **I**. Das Polymerisat ist farblos u. bei Anwendung von ^{14}C-**I** akt.; es wird also im Gegensatz zu den Ansichten von HAMMOND u. Mitarbeiter (C. **1956**. 9139) bei der Rk. entstehendes **V** in das Polymere mit eingebaut. **V** selbst ist ein Inhibitor der Polymerisation von **VI**. Es wird folgender Mechanismus angenommen [R = Polystyrolkette; Ph = C_6H_5; Pk = $C_6H_2(NO_2)_3$]: $R\cdot CH_2\cdot CH\cdot Ph\cdot + Ph_2N-NH\cdot Pk \rightarrow RCH_2\cdot CH_2Ph + Ph_2N\cdot \dot{N}Pk$; $R\cdot CH_2CHPh\cdot + Ph_2N\cdot NPk \rightarrow RCH{=}CHPh + Ph_2N\cdot NHPk$. (J. chem. Soc. [London] **1956**. 1127—32. Mai. Edgbaston Birmingham, Univ., Chem. Dep.) G. PÖTZSCHER. B 225

Robert C. Petry und **Robert H. Schuler**, *Die Radiolyse von flüssigem Methyljodid*. Bei der 100 Min. dauernden Bestrahlung von fl. CH_3J mit 100 keV Röntgenstrahlen von 0,2—0,4 Å entstehen H_2, CH_4, C_2H_6, C_2H_4 u. C_2H_2 in Mol-%-Ausbeuten von 0,067, 0,47, 0,9, 0,067 u. 0,026 (bezogen auf die von J_2 = 1,0). Die Gesamtausbeuten sind proportional der Bestrahlungsstärke. Daneben werden Spuren von höheren KW-stoffen, Methylenjodid u. C_2H_5J festgestellt. Bestrahlungsverss. in Ggw. von 1—20 Mol-% überschüssigem J_2 ergaben eine Abnahme der gasförmigen Spaltprodd., die aber erst bei höheren J_2-Konzz. merklich wird. Bei 10%ig. J_2-Überschuß red. sich die Ausbeuten an H_2, CH_4 u. C_2H_6 auf 64, 36 bzw. 24% der Ausbeuten ohne J_2. Analoge Ergebnisse wurden bei der Bestrahlung mit schwacher 300 mC ^{60}Co-γ-Strahlen erhalten ($J_2 : H_2 : CH_4 : C_2H_6 : C_2J_4$ = 1,0 : 0,065 : 0,45 : 0,89 : 0,13). Der mögliche Mechanismus der während der Spaltung ablaufenden Rkk. wird angeführt u. diskutiert, ion. Prozesse wie CH_3J (angeregt) $\rightarrow CH_3J^+ + e^-$ bzw. $CH_3J + e^- \rightarrow CH_3J^- + 3{,}6$ eV müssen große Bedeutung bei der Spaltung besitzen, der starke Anteil an C_2H_6, C_2H_4, C_2H_2 u. J_2 gilt als Beweis dafür. (J. Amer. chem. Soc. **75**. 3796—3802. 5/8. 1953. Upton, N. Y., Brookhaven Nat. Labor.) H. LEHWALD. B 226

A. P. Meschtscherjakow und **L. W. Petrowa**, *Über die Umwandlungen von 2.3.3-Trimethylpentanol-(4)*. Bei der katalyt. Hydrierung mit einem Mischkatalysator aus Ni u. Al_2O_3 bei 280—290° u. 100—120 at H_2-Druck bildet 2.3.3-Trimethylpentanol-(4) (**I**) ein Gemisch von *2.3.3-* (**II**) u. (überwiegend) *2.3.4-Trimethylpentan* (**III**) (durch Unters. des RAMAN-Spektr. nachgewiesen), wobei als Zwischen-Rk. Isomerisierung des prim. gebildeten 2.3.3-Trimethylpentens-(4) (**IV**) angenommen wird. Die therm. Zers. des Essigsäureesters von **I** bei 430—450° verläuft ebenfalls unter Isomerisierung; neben **IV** entsteht eine erhebliche Menge *2.3.4-Trimethylpenten-(4)* (**V**); der Nachw. von **IV** u. **V** in dem Gemisch erfolgte durch Unters. der Oxydationsprodukte. Für Vergleichszwecke wird **II** durch GRIGNARD-Synth. aus 2-Chlor-2.3-dimethylbutan u. C_2H_5MgCl hergestellt. **I** läßt sich auch durch Hydrieren an Ni-Silicagel bei 280—290°/120 at nicht in reines **II** überführen; vielmehr entsteht hauptsächlich *2.3-Dimethylbutan*.

V e r s u c h e : *Tetramethyläthylen*, Kp. 70—73°, durch Dehydratation von Pinakolinalkohol mit $ZnCl_2$/Bimsstein bei 200—220°; $D.^{20}_4$ 0,7007; n_D^{20} 1,4050; 60% (Ausbeute). — *2.3.3-Trimethylpenten-(1)-on-(4)*, $C_8H_{14}O$, Kp. 145—150°, 35 g vorst. Verb. werden mit 42,5 g $(CH_3CO)_2O$, am besten bei 0°, behandelt; $D.^{20}_4$ 0,8541, n_D^{20} 1,4321; 69,3%. *Semicarbazon*, $C_9H_{17}ON_3$, F. 150—152°. — *2.3.3-Trimethylpentanol-(4)* (**I**), $C_8H_{18}O$, Kp. 164 bis 166,5°, aus 50 g vorst. Verb. durch Hydrieren (15% Ni + 15% Al_2O_3; 200°; 100—120 at); $D.^{20}_4$ 0,8557, n_D^{20} 1,4381, durch Fraktionieren des Reaktionsprod. (44 ml) werden 40 ml **I** erhalten. *Acetat*, $C_{10}H_{20}O_2$, $Kp._{12-13}$ 65—67°, man tropft zu 25 g **I** + 6 g Mg in 50 ml Ae. eine Lsg. von 27,3 g CH_3COCl in 50 ml zu, läßt 1 Std. unter Kühlung mit kaltem W. einwirken u. erwärmt 2 Std. auf 40—50°; $D.^{20}_4$ 0,8821, n_D^{20} 1,4259; 20 g. Das durch Hydrieren von **I** an Ni + Al_2O_3 bei 280—290°/100—120 at entstehende Gemisch von **II** + **III** hat Kp. 113,8—114,8°, $D.^{20}_4$ 0,7218, n_D^{20} 1,4060. — *2-Chlor-2.3-dimethylbutan*, Kp. 108—110°, aus einem Gemisch von Tetramethyläthylen u. α-Methyl-α-isopropyläthylen durch Behandeln (2 Std.) mit dem doppelten Vol. HCl (D. 1,19); $D.^{20}_4$ 0,8781, n_D^{20} 1,4168. — *2.3.3-Trimethylpentan* (**II**), Kp. 114—114,5°, aus vorst. Verb., C_2H_5Cl u. Mg in Ae.; ungesätt. KW-stoffe werden durch Chromatographieren entfernt; $D.^{20}_4$ 0,7275, n_D^{20} 1,4073; 28%. — Das beim Durchleiten von dampfförmigem **I**-Acetat durch ein mit Glaswolle gefülltes Quarzrohr bei 430—450° entstehende Gemisch von **IV** u. **V** (Kp. 103—106°) liefert beim Oxydieren mit 2%ig. $KMnO_4$-Lsg. (aus **IV**) *α.α.β-Trimethylbuttersäure*, $C_7H_{14}O_2$ (*Amid*, F. 130—132°), u. (aus **V**) HCO_2H u. nachst. Verbindung. — *2.3-Dimethylpentanon-(4)*, Kp. 133—135°, wird zum Vgl. aus 2.3-Dimethylpenten-(2)-on-(4) durch Hydrieren (Pt/Kohle; Zimmertemp.) hergestellt; $D.^{20}_4$ 0,8273, n_D^{20} 1,4087. (Известия Академии Наук СССР, Отделение Химических Наук [Nachr. Akad.

Wiss. UdSSR, Abt. chem. Wiss.] **1955.** 1057—62. Nov./Dez. Zelinsky-Inst. für organ. Chem. der Akad. der Wiss. der UdSSR.) R. K. MÜLLER. B 227

A. S. Gow jr. und **J. H. Simons,** *Kinetik der durch Fluorwasserstoff katalysierten Alkylierung von Toluol mittels tert.-Butylchlorids.* (Vgl. SPRANER u. SIMONS, J. Amer. chem. Soc. **64.** [1942.] 648, sowie PEARSEON u. SIMONS, ebenda **67.** [1945.] 352.) Vff. untersuchten den Einfl. des Druckes von Fluorwasserstoff auf die Alkylierung von Toluol (**III**) mittels tert.-Butylchlorids (**IV**). HF wurde bei 3 Tempp. allein u. in Ggw. von 2-Fluorpyridin (**I**; dargestellt durch Diazotierung von 2-Aminopyridin in HF-Lsg.), Trimethylessigsäure, Trifluoressigsäure, deren Ag-Salz (**II**) u. W. als Promotoren angewandt. Es wurde gefunden, daß HCl die Reaktionsgeschwindigkeit beträchtlich verlangsamt u. daher am Mechanismus der Rk. beteiligt ist. Andererseits steigt die Geschwindigkeit mit Zunahme der Promotorkonz., wobei die 3 O-haltigen Verbb. bei gleicher mol. Konz. annähernd die gleiche Wrkg. haben (vgl. auch l. c.). **I** ist 4 mal wirkungsvoller (vermutlich infolge größerer Basizität) als die anderen Promotoren; die Wrkg. von **II** hingegen ist bei niedrigen Konzz. gering. Bei Abwesenheit der Promotoren u. relativ hohen HF-Drucken nimmt die Geschwindigkeit anfangs ab, da die Katalysatorkonz. zufolge Rk. mit **IV** gleichfalls abnimmt. — Vff. schlagen einen Mechanismus vor, der im wesentlichen in einem Protonenübergang besteht u. folgende Hauptschritte enthält: n-HF + m-BH + **III** + **IV** → n-HF + m-BH + BuT + HCl (**a**); **IV** + (n + 1)-HF + mBH ⇌ BuF + HCl + n-HF + m-BH (**b**); n-HF + m-BH + **III** + BuF → (n + 1)-HF + m-BH + BuT (**c**) (BH = bas. Promotor, Bu = tert.-Butyl, T = Tolyl). Unter der Voraussetzung, daß 3 Rkk. die Hauptumsetzung darstellen, d[BuF]/dt vernachlässigbar klein, [Säure] = const., [**IV**] $\sim (P_\infty - P)$ u. [HCl] $\sim [(P_\infty - P) + (P_\infty - P)] - (P_\infty - P_0)$ = beobachtete Gesamtzunahme des Druckes — ist, ergibt sich die Gleichung $t = a + b \log (P_\infty - P) + c \log[d - (P_\infty - P)]$, die den experimentellen Daten von 7 der insgesamt 38 Verss. genügt. Die übrigen erfüllen die Gleichung $t = a + b(P_\infty - P) + c \log (P_\infty - P)$, die man unter der Annahme erhält, daß der Beitrag der Rk. **a** zur Geschwindigkeit vernachlässigbar gering ist. Daraus folgt, daß **b** u. **c** die Hauptschritte sind u. die Bedeutung von **a** mit großer Reaktionsbeschleunigung zunimmt. (J. Amer. chem. Soc. **78.** 52—56. 5/1. 1956. University Park, Pa., State Univ., Coll. of Chem. and Physics.) J. RICHTER. B 227

B. A. Kasanski, W. T. Alexanjan, M. Ju. Lukina, A. I. Malyschew und **Ch. Je. Sterin,** *Isomerisation von Äthylcyclopropan an Silicagel unter den Bedingungen der chromatographischen Adsorption.* Beim Filtrieren von *Äthylcyclopropan* (**I**) durch eine Schicht von *Silicagel* (**II**) (Gewichtsverhältnis **I** : **II** = 1 : 16) werden 32% des **I** isomerisiert, hauptsächlich zu *cis-* u. *trans-Penten-(2)*: 12 bzw. 17% neben 3% *Penten-(1)* u. 68% unverändertem **I.** (Известия Академии Наук СССР, Отделение Химических Наук [Nachr. Akad. Wiss. UdSSR, Abt. chem. Wiss.] **1955.** 1118—19. Nov./Dez. Zelinsky-Inst. für organ. Chem. der Akad. der Wiss. der UdSSR.) R. K. MÜLLER. B 227

Je. K. Mankasch und **W. W. Schtschekin,** *Kinetik des Zerfalls von Cyclohexen in Abhängigkeit von der Struktur des Katalysators.* Für einen Katalysator mit Vol. W, Oberfläche S u. Gewicht g gilt $k_v = k_0 s_0 \varrho$, wobei k_v die Geschwindigkeitskonstante der Rk. 1. Ordnung, bezogen auf 1 Vol. des Katalysators ist, $k_0 = k_v \cdot W/S$, s_0 = spezif. Oberfläche des Katalysators in cm^2/g, $\varrho = g/W$. Diese Gleichung gibt die Verhältnisse beim katalyt. Zerfall von Cyclohexen besser wieder als die Gleichung von WHEELER (Advances Catalysis related Subjects **3.** [1951.] 250), weil sie die Struktur des Katalysators berücksichtigt. (Известия Академии Наук СССР, Отделение Химических Наук [Nachr. Akad. Wiss. UdSSR, Abt. chem. Wiss.] **1955.** 1119—22. Nov./Dez. Erdölinst. der Akad. der Wiss. der UdSSR.) R. K. MÜLLER. B 227

C. Präparative organische Chemie. Naturstoffe.

Avery A. Morton und **Armand E. Brachman,** *Kondensationen mit Natrium.* 31. Mitt. *Die Wirkung von Salzen und anderen Substanzen auf die Alkylierung von Toluol, eine modifizierte Wurtz-Reaktion.* (30. vgl. J. Amer. chem. Soc. **67.** [1945.] 2224; 38. vgl. C. **1956.** 4392.) Bei der WURTZschen Rk. von n-Amylchlorid mit Na, bei der neben der Bldg. von *n-Decan* (**I**) eine Disproportionierung zu *Penten* u. *Pentan* auftritt, tritt in Ggw. von Toluol als Lösungsm. ein Na-Austausch *n-Amyl-Na* → *Benzyl-Na* auf. Infolgedessen wird neben **I** als Hauptprod. *n-Hexylbenzol* (**II**) erhalten. Es wird der Einfl. von Alkalihalogeniden u. -alkoholaten sowie von Kohle, Na-Phenolat, Na- u. K-Benzoat, KSCN, AgJ, Cu-Bronze u. Triäthylamin auf diese Rk. untersucht. In allen Fällen tritt eine Erhöhung der Ausbeute an **II** auf Kosten der **I**-Ausbeute ein; dabei ist von den Alkalihalogeniden (Erhöhung auf 30—40% [Ausbeute] **II** bei 11—29% **I** gegenüber 25% **I** u. 16% **II** ohne Zusatz)

CsCl (42% **II**) am wirksamsten, die Wrkg. der anderen genannten Zusätze liegt etwa in der gleichen Größenordnung; wesentlich stärker wirksam sind die Alkalialkoholate, von diesen die sek. Alkoholate stärker als die prim. u. tert. u. die K-Salze stärker als die Na-Salze (am stärksten K-sek.-Amylat [72% **II**], K-sek.-Octylat [72% **II**] u. K-Isopropylat [73%, bei gleichzeitigem Zuatz von Triäthylamin 76% **II**]). Die Menge der in allen Fällen entstehenden überschüssigen Na-organ. Verbb. wird durch die Überführung mit CO_2 in *n-Capronsäure* bzw. *Phenylessigsäure* bestimmt. (J. Amer. chem. Soc. **73.** 4363—67. Sept. 1951. Cambridge, Mass., Inst. of Technol., Dep. of Chem.) L. WAPPES. 470

A. A. Petrow, *Fortschritte auf dem Gebiete der Divinylchemie.* Zusammenfassende Übersicht über die Darstellungsmethoden, über die physikal. u. chem. Eigg. (Rkk.), über die Polymerisation des Divinyls. — 701 Literaturangaben. (Успехи Химии [Fortschr. Chem.] **22.** 905—47. Aug. 1953. Leningrad.) E. KLEVER. 520

Paul D. Bartlett und **Edwin B. Lefferts,** *Starkverzweigte Moleküle.* **3. Mitt.** *Die Darstellung von Tri-tert.-butylcarbinol mit tert.-Butyllithium.* (2. vgl. C. **1956.** 7496.) *Tri-tert.-butylcarbinol* (**I**; F. 117,5° [wss. A.]) entsteht in bis zu 81%ig. Ausbeute bei der Rk. von Hexamethylaceton mit tert.-Butyl-Li in Ae. bei —60 bis —70° über das *Li-Alkoholat* (**Ia**). **I**, das eine mol. kryoskop. Konstante von 74° besitzt, reagiert nicht mit Keten, p-Toluolsulfonsäure oder Phenylisocyanat, jedoch kann das *p-Nitrobenzoat* (**II**; $C_{20}H_{31}$·O_4N, F. 105—106°) aus **Ia** mit p-Nitrobenzoylchlorid in Ae. bei 0° gewonnen werden. Die Solvolyse-Geschwindigkeitskonstante (k) von **II** in 75%ig. wss. Methanol bei 25° beträgt $4{,}8\cdot10^{-5}$ sec^{-1}, in 60%ig. wss. Aceton $1{,}5\cdot10^{-5}$. Die bimol. k für die basenkatalysierte Hydrolyse von **II** in 60%ig. wss. Aceton beträgt 1,1 [Liter/Mol·Sek.], in 75%ig. Methanol ist sie unmeßbar klein; die säurekatalysierte k in 75%ig. CH_3OH beträgt $4{,}9\cdot10^{-3}$. Die Werte werden mit denen von p-Nitrobenzoesäureäthyl- u. tert.-butylester verglichen. (J. Amer. chem. Soc. **77.** 2804—05. 20/5. 1955. Cambridge, Mass., Harvard Univ., Converse Mem. Labor.) H. LEHWALD. 560

Paul D. Bartlett und **Martin Stiles,** *Starkverzweigte Moleküle.* **4. Mitt.** *Solvolyse der p-Nitrobenzoate von Tri-tert.-butylcarbinol und einigen seiner Homologen.* (3. vgl. vorst. Ref.) Durch Einw. der entsprechenden Li-Derivv. auf p-Nitrobenzoylchlorid bei tiefer Temp. werden *p-Nitrobenzoesäure-[tri-tert.-butylcarbinyl]-ester* (**I**), *-[isopropyldi-tert.-butylcarbinyl]-ester* (**II**), *-[tert.-butyldiisopropylcarbinyl]-ester* (**III**) u. *-[triisopropylcarbinyl]-ester* (**IV**) dargestellt. Bei der Darst. des zur Gewinnung von *Tri-tert.-butylcarbinol* erforderlichen *Hexamethylacetons* aus tert.-Butyl-Li u. CO_2 entsteht in erheblicher Menge auch *tert.-Butylneohexylketon,* dessen Bldg. nicht unterdrückt werden konnte u. das durch Überführung in das *Oxim,* Rk. mit PCl_5 zu *Neopentylacetonitril* u. Hydrolyse zu *Neopentylessigsäure* nachgewiesen wurde. Bei der Solvolyse von **I** in 60%ig. wss. Dioxan bei 40 bzw. 80—90° in Ggw. von $NaJO_4$ entsteht *3.3.4.4-Tetramethyl-2-tert.-butylpenten-(1)* (**V**), vermutlich durch Ionisierung des Carbinols, Wanderung einer CH_3- u. dann einer tert.-Butylgruppe u. Abspaltung eines Protons. **V** wird durch alkal. $KMnO_4$ nicht oxydiert, entfärbt Br_2 in CCl_4 unter HBr-Entw. u. geht bei der Hydrierung in das entsprechende *Paraffin* über. Durch Einw. von Benzopersäure auf **V** entsteht ein *Epoxyd* (**VI**), das nicht hydratisiert werden kann, mit H_2SO_4 oder HJO_4 aber in eine Verb. mit positivem SCHIFF-Test u. einer CO-Bande im Infrarot verwandelt wird. Die Ozonisierung von **V** ergibt ein **VI**-haltiges Gemisch. Bei der Einw. von OsO_4 auf **V** entsteht ein nichtkrist. *Glykol* (**VIII**), das mit HJO_4 zu *tert.-Butyltriptylketon* [**VII**; *Hexamethylhexanon-(3)*] reagiert. Daneben entsteht eine weitere *Oxyverb.*, die ebenfalls mit HJO_4 reagiert; Verss. zur Darst. größerer Mengen dieser Verb. schlugen fehl. **VII** wurde zum Vgl. folgendermaßen erhalten: *Dimethyl-tert.-butylessigsäure* wurde aus Triptyl-MgCl durch Carbonisierung bzw. aus Hexamethylaceton durch Umlagerung mit H_2SO_4 zu *Methyltriptylketon* u. Oxydation mit NaOCl dargestellt, in das *Säurechlorid* verwandelt, mit tert.-Butyl-Li umgesetzt u. anschließend mit HNO_3 zu **VII** oxydiert. Bei Verss., **VII** nach FAVORSKIĬ u. NAZAROV (Bull. Soc. chim. France, Mém. [5] **1.** [1934.] 46) durch Rk. von Pinakolin mit Na u. anschließende Pinakolinumlagerung zu erhalten, ergaben durch red. Aldolisierung lediglich *2.2.5.6.6-Pentamethylheptanon-(3).* — Die Solvolyse von **II** ergibt ein *Olefin* mit ähnlichen Eigg. wie **V**, das nicht durch $KMnO_4$ oxydiert wird u. mit Benzopersäure zu einem *Epoxyd* reagiert, das zusammen mit einer Carbonylverb. auch bei der Ozonisierung entsteht. Ähnliche Olefine entstehen aus **III** u. aus **IV**. Auf Grund der vergleichenden Unters. der Infrarotspektren werden diesen Olefinen folgende wahrscheinliche Strukturen zugeschrieben: Aus **II** *3.3.4.4-Tetramethyl-2-isopropylpenten-(1)*, aus **III** *3.3.4-Trimethyl-2-isopropylpenten-(1)* u. aus **IV** *2.4-Dimethyl-3-isopropylpenten-(2)* u. *3.4-Dimethyl-2-isopropylpenten-(1)* oder *3.4-Dimethyl-3-isopropylpenten-(1)*. Die in Ggw. von $NaClO_4$ durchgeführte Solvolyse der p-Nitrobenzoate in 60%ig. wss. Dioxan verläuft als Rk. 1. Ordnung mit Geschwindigkeitskonstanten [$k_1\cdot10^6\cdot sec^{-1}$], die bei 28,1, 40 u. 50° für **I** 21,5, 90,5 u.

317, für II 4,92, 24,2 u. 84,2, für III 5,67, 25 u. 86,5 u. für IV —, 2,93 u. 9,73 betragen. Aus diesen Werten wurden nach log(k/T) = A/T + B die Konstanten A u. B berechnet u. hieraus die Enthalpien u. Entropien.

Versuche: *Pivalinsäure*, F. 25°, Kp. 161—162°, aus Pinakolin durch Oxydation mit NaOCl; 79% (Ausbeute). *Säurechlorid*, Kp. 104—105°, mit $SOCl_2$; 63%. — *Hexamethylaceton*, Kp. 152—153°, aus tert.-Butyl-Li in Ae. mit CO_2 unter N_2 bei —35°, dann 12 Std. rühren bei —40 bis —60°; 33,1%, daneben vorst. Säure u. *tert.-Butylneohexylketon* (*2.4-Dinitrophenylhydrazon*, F. 130—131°. *Oxim*, $C_{11}H_{23}ON$, F. 113,5—114,5°, Nadeln aus wss. CH_3OH). — *Neopentylessigsäure*, $C_7H_{14}O_2$, Kp.$_{13}$ 112°, aus 6 g vorst. Oxim mit PCl_5 in Ae. (2 Std. kochen) u. Hydrolyse des gebildeten *Neopentylacetonitrils* (3,3 g) mit sd. 50%ig. H_2SO_4 in Ggw. von NaCl; 2,1 g. *S-Benzylthiuroniumsalz*, $C_{15}H_{24}O_2N_2S$, F. 150 bis 151°. *Amid*, F. 135—136° (W.). *Anilid*, F. 139—140° (Chlf.-PAe.). — *p-Nitrobenzoesäure-[tri-tert.-butylcarbinyl]-ester* (I), $C_{20}H_{31}O_4N$, F. 105—106° (PAe.; wird bei 108° unter Zers. wieder fest u. schm. dann bei 240° [p-Nitrobenzoesäure]), aus tert.-Butyl-Li, Hexamethylaceton u. p-Nitrobenzoylchlorid (vgl. vorst. Ref.), daneben *p-Nitrobenzoesäure-[di-tert.-butylcarbinyl]-ester*, $C_{16}H_{22}O_4N$, F. 114—115°. — *Di-tert.-butylcarbinol*, F. 46 bis 48°, aus 1,5 g vorst. Nebenprod. mit KOH in Diäthylenglykol; 0,5 g. *Phenylurethan*, F. 119—121°. — *p-Nitrobenzoesäure-[triisopropylcarbinyl]-ester* (IV), $C_{17}H_{25}O_4N$, F. 77 bis 78° (wird bei 127° wieder fest, dann F. 241—242°), aus Diisopropylketon (Kp. 123—124°) u. Isopropyl-Li analog I; 27%. — *p-Nitrobenzoesäure-[isopropyldi-tert.-butylcarbinyl]-ester* (II), $C_{19}H_{29}O_4N$, F. 103—104° (wird bei 119° wieder fest, dann F. 241—242°); 31%. — *p-Nitrobenzoesäure-[diisopropyl-tert.-butylcarbinyl]-ester* (III), $C_{18}H_{27}O_4N$, F. 94—95° (wird bei 121° wieder fest, dann F. 241—242°); 27%. — *3.3.4.4-Tetramethyl-2-tert.-butylpenten-(1)* (V), $C_{13}H_{26}$, F. 135—138°, aus I in 60%ig. Dioxan (48 Std. bei 40°; mit NaOH neutralhalten) u. Chromatographie; 83,2%. Gibt mit RuO_4 in CCl_4 bei 0° einen von V verschied. ungesätt. *KW-stoff*. — *3.3.4.4-Tetramethyl-2-tert.-butylpentan*, F. 116—118°, aus 0,1 g V durch Hydrieren über PtO_2 in Essigsäure (24 Std.); 73 mg. — *Epoxyd von* V (VI), $C_{13}H_{26}O$, F. 165—169°, a) aus V mit Benzopersäure in Bzl. bei 0—5° u. Chromatographie; 55,5%; b) aus V mit O_3 in Äthylacetat bei —15 bis —20° (1 Std.) u. Chromatographie. — *Glykol* $C_{13}H_{28}O_2$ (VIII), aus V in Ae. u. Pyridin mit OsO_4 (3 Wochen unter Verschluß im Dunklen) u. Chromatographie; 9% (gibt mit $HJO_4 \cdot 2\,H_2O$ in Ae. VII), daneben eine weitere *Oxyverbindung*. — *3.3.4.4-Tetramethylpentanon-(2)* (*Methyltriptylketon*), F. 58—60°, Kp. 171—175°, aus 13,5 g Hexamethylaceton mit konz. H_2SO_4 bei 0° (8 Std.); 7 g. — *Dimethyl-tert.-butylessigsäure*, F. 198—199° (PAe.), aus vorst. Verb. in NaOH mit NaOCl (1$^1/_2$ Std. bei 65—75°, 20 Std. bei 90° u. 6 Std. kochen); 76%. *Säurechlorid*, F. 74—76° (PAe. bei —70°), aus 14 g Säure mit $SOCl_2$; 9,5 g. — *Hexamethylhexanol-(3)* (*tert.-Butyltriptylcarbinol*), Kp.$_{70}$ 130—135°, aus tert.-Butyl-Li u. vorst. Säurechlorid bei —55 bis —65° (6 Std. rühren); n_D^{25} 1,4547; 74%. *Phenylurethan*, $C_{19}H_{31}O_2N$, F. 101—102°. — *Hexamethylhexanon-(3)* (*tert.-Butyltriptylketon*; VII), Kp.$_{14}$ 75—80°, a) aus vorst. Verb. mit konz. HNO_3 (6 Std. stehen u. kurz kochen); 46%; b) aus VIII in Ae. mit $HJO_4 \cdot 2\,H_2O$ (2 Std. stehen). Gibt bei der Red. mit $LiAlH_4$ wieder 65% vorst. Verbindung. — *Methyltriptyl-tert.-butylcarbinol*, aus 0,5 g VII u. CH_3Li in Ae. (2 Std. stehen u. 4 Std. kochen), Hydrolyse mit W. u. Chromatographie aus PAe.; 120 mg. — *3.3.4.4-Tetramethyl-2-isopropylpenten-(1)*, Kp.$_{40}$ 101—103°, aus II in 60%ig. Dioxan (5 Tage bei 50°); n_D^{26} 1,4590—1,4590; 83,5%. (J. Amer. chem. Soc. **77**. 2806—14. 20/5. 1955.) H. LEHWALD. 560

Robert L. Letsinger, Arthur W. Schnizer und **Edward Bobko**, *Der Verlauf der Spaltung von 2-Methoxyoctan durch alkalimetallorganische Verbindungen.* Bei der Rk. von *2-Methoxyoctan* (I; $C_9H_{20}O$, Kp. 162—164°, aus K-Octanolat-(2) u. CH_3J; n_D^{25} 1,4071, D.$^{25}_4$ 0,7806; 86% [Ausbeute]) mit Amyl-Na in Pentan bei 0—5° (3$^1/_2$ Std.) wird aus den fl. Anteilen des Gemisches eine Octenfraktion erhalten, die 96% *Octen-(1)* (II; Kp. 120,5 bis 121,0°, n_D^{25} 1,4063) u. 4% *Octen-(2)* (III; Kp. 123,6—126,0°; n_D^{25} 1,4102) enthält; aus den abzentrifugierten festen Bestandteilen läßt sich nach Zers. mit CH_3OH u. W. eine Octenfraktion mit 93% II u. 7% III isolieren. Analog verläuft die Rk. von I mit Isopropyl-Li in sd. Pentan unter prakt. ausschließlicher Bldg. von II. Mit Amyl-Na in Ggw. von CH_3ONa bei 25° (22 Std.) metalliertes II liefert bei der Zers. 75% III. III wird durch Isopropyl-Li in sd. Pentan nicht zu II isomerisiert. — Der Verlauf der Spaltung wird an Hand bekannter analoger Eliminierungs-Rkk. diskutiert. (J. Amer. chem. Soc. **73**. 5708—10. Dez. 1951. Evanston, Ill., Northwestern Univ., Chem. Labor.) H.-G. PLUST. 560

C. R. Raha, *Die katalytische Wirkung von Aluminiumchlorid bei Alkylierungsreaktionen.* Unter der katalyt. Einw. von $AlCl_3$ wurden aus Chloressigester u. Acetessigester *α-Acetobernsteinsäureester*, aus Äthylenchlorhydrin u. Malonester *γ-Butyrolacton* u. aus Propylen-α-chlorhydrin u. Malonester *γ-Valerolacton* erhalten. Der Mechanismus der Rkk.

wird durch die Bldg. von Carboniumionen nach folgendem Schema erklärt: $HOCH_2 \cdot CH_2Cl + AlCl_3 \rightarrow \overset{\ominus}{A}lCl_4 + HOCH_2\overset{\oplus}{C}H_2$.

Versuche: *α-Acetobernsteinsäurediäthylester*, Kp.$_{10}$ 115—120°, aus Acetessigsäureäthylester u. Choressigsäureäthylester in Chlf. in Ggw. von $AlCl_3$ bei Zimmertemp., Zers. mit Eis u. HCl. *Phenylhydrazon*, F. 155—157°. *Semicarbazon*, $C_{11}H_{19}O_5N_3$, F. 164 bis 165°. — *α-Acetobernsteinsäure*, $C_6H_8O_5$, F. 183—184° (W.), aus vorst. Verb. u. HCl (D. 1,17), 48 Std. bei 10°. — *γ-Valerolacton*, Kp.$_8$ 100—101°, aus Malonsäurediäthylester u. Propylen-α-chlorhydrin in Chlf. in Ggw. von $AlCl_3$, ca. 18 Std. bis zum Ende der HCl-Entw., dann Zugabe von 10%ig. eiskalter HCl u. 40std. Kochen; Oxydation mit HNO_3 (D. 1,41) gibt *Bernsteinsäure*. — *γ-Butyrolacton*, Kp.$_{12}$ 85—100°, aus Äthylenchlorhydrin analog vorst. Verb.; 60—80% Ausbeute; Oxydation mit HNO_3 gibt *Bernsteinsäure*. (J. Amer. chem. Soc. **76**. 622—23. 20/1. 1954. Calcutta, Bose Inst.)

WALTER SIMON. 850

Karl-Dietrich Gundermann und **Rainer Thomas**, *Über Mercaptoacrylsäurederivate*. 2. Mitt. *Zum Bildungsmechanismus der α-Alkylmercaptoacrylonitrile*. (1. vgl. Chem. Ber. **88**. [1955.] 1432.) Vff. beschreiben die Synth. einer Reihe von *α-Alkylmercaptoacrylonitrilen* durch Umsetzung der entsprechenden α-Chlor-β-alkylmercaptopropionitrile mit KBr in Dimethylformamid (II) (vgl. l. c.). Durch quantitative Best. der Halogenwasserstoffabspaltung wird gezeigt, daß die Bldg. der α-Alkylmercaptoacrylonitrile über eine Umlagerung der Thioäthergruppe zu einem cycl. Sulfoniumsalz u. eine Umhalogenierung zu *α-Alkylmercapto-β-brompropionitrilen* verläuft. Die Menge des abgespaltenen Halogenwasserstoffs ist das experimentell am einfachsten feststellbare relative Maß für die Umlagerungstendenz der verschied. Thioäthergruppen, die nur in sehr geringem Maße von der Konst. des Restes R am Schwefel abhängig ist. Die theoret. Voraussagen über die Reaktionsfähigkeit von α-Chlor-β-phenylmercaptopropionitril (Reaktionsvermögen stark herabgesetzt durch die verringerte Basizität des Schwefelatoms infolge der Einbeziehung seiner freien Elektronenpaare in die Mesomerie des Phenylrestes) u. von α-Chlor-β-[p-methoxyphenylmercapto]-propionitril (Kompensation des E-Effektes des Phenylrestes auf das Schwefelatom durch die p-Methoxygruppe) werden durch das Experiment bestätigt. — Kristalline Dimere bilden sich spontan von *α-Cyclohexylmercapto-* (>90%) u. bes. leicht von *α-Methylmercaptoacrylonitril* (I) (~70%). Das Infrarotspektr. von monomerem I zeigt im Gebiet der Doppelbindungsvalenzschwingungen eine starke Bande (1577 cm^{-1}), die sowohl bei dimerem I als auch bei α-Methylmercaptopropionitril fehlt; dies erscheint als ein weiterer Hinweis für die vermutliche Cyclobutanstruktur der Dimeren. α-Arylmercaptoacrylonitrile scheinen sich in anderer Weise zu verändern. *α-[p-Methoxyphenylmercapto]-acrylonitril* bildet nur wenig eines krist. Prod. des Dimeren, in der Hauptsache erfolgt HCN-Abspaltung u. weitere Zersetzung.

Versuche: *α-Chlor-β-methylmercaptopropionitril*, C_4H_6NClS, Kp.$_{10}$ 90—91°, durch Versetzen von Methylmercaptan in Bzl. mit α-Chloracrylonitril (III) bei 30° in Ggw. von Na-Methylat; n_D^{20} 1,5070; 78% (Ausbeute). — *α-Methylmercaptoacrylonitril* (I), C_4H_5NS, Kp.$_{12}$ 45—47°, durch 4std. Erwärmen vorst. Verb. mit KBr in II auf dem Wasserbad; n_D^{20} 1,5030; 66%. *Dimeres*, $C_8H_{10}N_2S_2$, F. 63—65° (A.), durch 2tägiges Stehenlassen von I unter der 10fachen Wassermenge im verschlossenen Kolben; 65%. — *α-Brom-β-methylmercaptopropionitril*, C_4H_6NBrS, Kp.$_{0,2}$ 68—70°, aus α-Bromacrylonitril wie oben; n_D^{20} 1,5450; 32,4%. — *α-Methylmercapto-β-brompropionitril*, C_4H_6NBrS, Kp.$_{0,1}$ 79—81°, durch Einleiten von HBr in frisch dest. I; n_D^{20} 1,5462; 30%. — *α-Chlor-β-n-butylmercaptopropionitril*, $C_7H_{12}NClS$, Kp.$_{12}$ 120—120,5°, durch langsames Versetzen einer Suspension von $NaOCH_3$ in n-Butylmercaptan mit III unter Kühlung; n_D^{20} 1,4914; 71%; gibt mit KBr in II *α-n-Butylmercaptoacrylonitril*, $C_7H_{11}NS$, Kp.$_{11}$ 80—83°, n_D^{20} 1,4890; 78,5%. — *α-Chlor-β-tert.-butylmercaptopropionitril*, $C_7H_{12}NClS$, Kp.$_2$ 84°, aus tert.-Butylmercaptan, NaOH u. III; n_D^{20} 1,4890; 70%; gibt mit KBr in II *α-tert.-Butylmercaptoacrylonitril*, $C_7H_{11}NS$, Kp.$_{12}$ 67—68°, n_D^{20} 1,4802; 75,2%. — *α-Chlor-β-cyclohexylmercaptopropionitril*, $C_9H_{14}NClS$, Kp.$_{0,2}$ 102—103°, aus Cyclohexylmercaptan, $NaOCH_3$ u. III; n_D^{20} 1,5781; 85,6%; gibt mit KBr in II *α-Cyclohexylmercaptoacrylonitril*, $C_9H_{13}NS$, Kp.$_{0,2}$ 63—65°, n_D^{20} 1,5190; 82%. *Dimeres*, $C_{18}H_{26}N_2S_2$, F. 100—101° (A.); 93%. — *α-Chlor-β-phenylmercaptopropionitril*, C_9H_8NClS, Kp.$_{0,2}$ 101—103°, aus Thiophenol, $NaOCH_3$ u. III; n_D^{20} 1,5206; 82,5%; 19,2 g geben bei Rk. mit fl. NH_3 im Autoklaven *α-Phenylmercapto-β-aminopropionitril*, welches sogleich durch 4std. Erhitzen mit konz. HCl auf dem Wasserbad hydrolysiert wird (Isolierung über einen Kationenaustauscher) zu *S-Phenylisocystein* (*α-Phenylmercapto-β-aminopropionsäure*), $C_9H_{11}O_2NS$, F. 200—202° (W./A.); 1,9 g; bei der Entschwefelung mit RANEY-Ni wird nur *β-Alanin* gebildet. — *α-Chlor-β-[p-methoxyphenylmercapto]-propionitril*, $C_{10}H_{10}ONClS$, Kp.$_{0,01}$ 131—133°, aus p-Methoxythiophenol, $NaOCH_3$ u. III; n_D^{20} 1,5770; 79,4%; gibt mit KBr in II *α-[p-Meth-*

oxyphenylmercapto]-acrylonitril, $C_{10}H_9ONS$, Kp.$_{0,02}$ 130—131°; ~20%. *Dimeres*, $C_{20}H_{18}$·$O_2N_2S_2$, F. 125—126° (Methanol). — *α-Methylmercaptopropionamid*, C_4H_9ONS, F. 93 bis 93,5° (Ligroin), aus α-Methylmercaptopropionylchlorid u. konz. NH_4OH bei 0°; 70%. — *α-Methylmercaptopropionitril*, C_4H_7NS, Kp.$_{88}$ 99,5—100,5°, aus 10 g vorst. Verb. durch vorsichtiges Erhitzen mit P_2O_5; 5,7 g (Rohprod.). — *α-Äthylmercaptoacrylonitril*, C_5H_7NS, Kp.$_{12}$ 48—51°, aus α-Chlor-β-äthylmercaptopropionitril mit KBr in **II**; n_D^{20} 1,4918; 72%; gibt bei Umsetzung mit fl. NH_3 wie vorst. *α-Äthylmercapto-β-aminopropionitril* (50%), daraus *S-Äthylisocystein*. (Chem. Ber. **89**. 1263—70. 4/5. 1956. Münster/Westf., Univ., Organ.-chem. Inst.) G. Winkler. 850

U. Eisner, J. Polonsky und **E. Lederer**, *Synthesen von aliphatischen langkettigen verzweigten und hydroxylierten Substanzen.* 10. Mitt. *über die Bestandteile des Diphtheriebacillus.* (9. vgl. Pudles u. Lederer, C. **1956**. 9741.) Bei Verss. zur Synth. der 2-Hexadecyl-4-tetradecyl-3.5-dioxyeikosansäure gelangten Vff. bis zum *[2-Tetradecyl-3-acetoxyoctadecanoyl]-cetylmalonester* (**IV**), dessen Ketogruppe sich jedoch nicht reduzieren ließ. Die alkal. u. saure Hydrolyse von **IV** ist beschrieben, ferner die Synth. des *2-Hexadecyl-4-tetradecyl-5-acetoxyeikosanon-(3)-säureäthylesters* (**VI**), dessen Red. ebenfalls nicht gelang, u. weitere Synthesen ähnlich gebauter *Lactone, Amide* u. *Amine*.

Versuche: *Cetylmalonsäurediäthylester* (**I**), $C_{23}H_{44}O_4$, Kp.$_{0,2}$ 170°, F. 22°, aus Malonester u. Cetyljodid. — *Cetylmalonsäuremonoäthylester* (**Ia**), $C_{21}H_{40}O_4$, F. 60—63° (CCl_4), aus vorst. Verb. u. alkoh. KOH (24 Std. bei n. Temp.). — *2-Tetradecyl-3-acetoxyoctadecansäure* (**II**), $C_{34}H_{66}O_4$, F. 51—54° (Aceton–CH_3OH), aus 15,3 g der 3-Oxysäure mit Acetanhydrid in Pyridin; 15,8 g roh (Ausbeute), chromatograph. Reinigung (an Al_2O_3, eluiert mit 0,5%ig. äther. CH_3COOH). *Chlorid* (**III**), aus 7,84 g **II** u. Oxalylchlorid in Bzl. bei Ggw. von Pyridin (6 Std. bei 50°). — *[2-Tetradecyl-3-acetoxyoctadecanoyl]-cetylmalonsäurediäthylester* (**IV**), $C_{57}H_{108}O_7$, F. 33—35° (Aceton), aus der benzol. Lsg. von rohem **III** u. der Na-Verb. von **I** (24 Std. bei 60—70°); 13,1 g roh (gelblich, ölig), chromatograph. Reinigung (Mg-Silicat–Celit 2 : 1, PAe.–Bzl. 1 : 1). — Hydrolyse von 1,443 g **IV** mit 1%ig. methanol. KOH in Ggw. von Dioxan (4 Std. kochen) gab 1,328 g feste Prodd.; 1,27 g, chromatographiert an Al_2O_3 u. nacheinander eluiert mit PAe., PAe.–Bzl. (1), Bzl., Bzl.–Ae. (2), Ae. u. Ae.–CH_3COOH, gaben: (1) 214 mg eines Gemisches von *[Hentriakonten-(15)-yl-(15)]-heptadecylketon* (**V**) [$C_{49}H_{96}O$, F. 45°; UV- u. Infrarotspektren; Red. mit $LiAlH_4$ in sd. Dioxan (3 Std.) gab nach chromatograph. Reinigung (Al_2O_3, PAe.) 40% *17-Tetradecylpentatriakonten-(16)* (?), $C_{49}H_{98}$, F. 36° (Aceton); UV- u. Infrarotspektren] u. *2-Tetradecyloctadecen-(2)-säuremethylester* ($C_{33}H_{64}O_2$, F. 39°, UV-Spektr.; *freie Säure*, F. 60°, UV-Spektr.), getrennt durch fraktionierte Kristallisation aus Aceton; (2) 206 mg (roh) *2-Tetradecyl-3-oxyoctadecansäuremethylester*, $C_{33}H_{66}O_3$, F. 65° (Aceton–CH_3OH); *freie Säure*, F. 70°. — Hydrolyse von **IV** mit sd. Propionsäure–H_2SO_4 (15 Std.) gab nach Chromatographie **V**, daneben unveränderten **IV** zurück. — Es gelang weder mit $NaBH_4$ noch mit Adams-PtO_2 noch mit Al-Isopropylat, die Ketogruppe in **IV** zur CHOH-Gruppe zu reduzieren; Rk. mit $NaBH_4$ in Dioxan–CH_3OH bei 60° u. anschließende alkal. Verseifung gab neben neutralen Prodd. nur Cetylmalonsäure. — *α-Stearoylstearinsäureäthylester*, $C_{38}H_{74}O_3$, F. 49—50° (Aceton), durch Rk. von **Ia** mit Dihydropyran in Bzl. bei Ggw. von p-Toluolsulfonsäure (2 Std., Erwärmung), Behandeln mit Na-Pulver (6 Std.) u. Zugabe von benzol. Stearoylchlorid (über Nacht stehenlassen, dann 5std. Erhitzen in Ggw. von CH_3COOH, chromatograph. Reinigung (Mg-Celit, PAe.–Bzl.); Verseifung gab *Stearon* (F. 82°). — *2-Hexadecyl-4-tetradecyl-5-acetoxyeikosanon-(3)-säureäthylester* (**VI**), $C_{54}H_{104}O_5$, Öl, analog vorst. Verb. aus **I** u. **III** (gewonnen aus 4,75 g **II**), Reinigung an Mg-Silikat–Celit mit PAe.; n_D^{20} 1,4645; 2,1 g. — Vers. der Red. von **VI** mit $NaBH_4$ gab nach Verseifung mit KOH nur neutrale Prodd.; 6std. Kochen von **VI** mit ca. 0,5n-KOH in CH_3OH–A. gab **V**. — *3-Tetradecyl-4-pentadecylbutanolid*, $C_{33}H_{64}O_2$, F. 40° (Aceton–CH_3OH), durch Rk. von 1 g **II** mit Oxalylchlorid in sd. Bzl. bei Ggw. von Pyridin (5 Std.), Entfernen des Bzl., Zugeben von äther. CH_2N_2-Lsg. zur äther. Lsg. des Rückstandes, Stehenlassen über Nacht, Abdampfen des Ae., Erhitzen der alkoh. Lsg. des Rückstandes mit Ag_2O (7 Std.), Filtrieren u. 8std. Kochen mit KOH, dann chromatograph. Reinigung (Al_2O_3, Bzl.); 0,29 g; Infrarotspektrum. Verseifung gab nach dem Ansäuern ein Gemisch aus dem Lacton u. der entsprechenden Oxysäure, F. 48—49°. — *2-Eikosyl-3-acetoxytetrakosansäure* (**VII**), $C_{46}H_{90}O_4$, F. 61—62° (A.), durch Acetylierung von 4,665 g der entsprechenden Oxysäure (F. 72—79°, Gemisch von zwei Diastereomeren) u. chromatograph. Reinigung (Al_2O_3, 0,5%ig. äther. CH_3COOH); 3,8 g. — *3-Eikosyl-4-heneikosylbutanolid*, $C_{45}H_{88}O_2$, F. 65—66° (Aceton), aus 1,04 g **VII** wie oben; 0,49 g; Infrarotspektr.; verbraucht bei der Verseifung ein Äquivalent KOH, die gebildete Oxysäure relactonisiert sich teilweise beim Ansäuern. — *3-Eikosylpentakosandiol-(1.4)*, $C_{45}H_{92}O_2$, F. 60—62° (Aceton), aus 93 mg vorst. Lactons u. $LiAlH_4$ in Ae. u. chromatograph. Reinigung (Al_2O_3, Bzl.–Ae.); 73 mg. — *3-Eikosylpentakosandiol-(1.4)-sulfit*, C_{45}·

$H_{90}O_3S$, F. 44—45° (Aceton), aus 60 mg vorst. Verb. u. $SOCl_2$ in PAe. (1std. Erhitzen) u. chromatograph. Reinigung (Al_2O_3, PAe. u. PAe.–Bzl.); 57 mg. — *2-Hexyl-3-acetoxydecansäureamid*, $C_{18}H_{35}O_3N$, F. 92—93°, Flitter (Ae.–PAe.), Kp.$_{0,1}$ 120° (Badtemp.), durch Acetylierung von 2-Hexyl-3-oxydecansäure, Überführung in das *Chlorid* (**VIII**) mit Oxalylchlorid–Pyridin u. Umsetzung mit NH_3-Gas in Bzl. (einige Std.). — *2-Hexyl-3-oxydecylamin*, $C_{16}H_{35}ON$, Kp.$_{0,03}$ 120° (Badtemp.), aus 0,8 g vorst. Amids u. $LiAlH_4$ in Dioxan (40 Std. bei 80—120°); n_D^{17} 1,4627; 0,295 g. — *2-Hexyl-3-acetoxydecansäuredimethylamid*, Kp.$_{0,1}$ 145°, aus 10 g **VIII** u. $(CH_3)_2NH$ in Bzl. (16 Std.); n_D^{21} 1,4590; 9,65 g (roh). — *[2-Hexyl-3-oxydecyl]-dimethylamin*, $C_{18}H_{39}ON$, Kp.$_{0,04}$ 134°, aus vorst. Amid u. $LiAlH_4$ in sd. Dioxan (55 Std.); n_D^{22} 1,4537; $D.^{22}_4$ 0,8431; 7,07 g roh. — *2-Eikosyl-3-acetoxytetrakosansäureamid*, $C_{46}H_{91}O_3N$, F. 95—98° (Bzl. oder A.), aus **VII** mit Oxalylchlorid–Pyridin in sd. Bzl. (6 Std.), dann mit NH_3 (20 Min.). (Bull. Soc. chim. France, Mém. [5] **1955**. 212—18. Febr. Paris, Inst. de Biol. Phys.-Chem.) J. ROTHE. 870

R. R. Fraser und **F. L. M. Pattison**, *ω-Fluoracetessigsäureäthylester*. Für biol. Vergleichsverss. mit Acetessigsäure wurde *ω-Fluoracetoacetat* (**I**) aus Fluoracetylchlorid u. Na-Malonsäureäthyltetrahydropyranyl-(2)-ester über *Fluoracetylmalonsäureäthyltetrahydropyranyl-(1)-ester* u. *Fluoracetylmalonsäuremonoäthylester* dargestellt. **I**, $C_6H_9O_3F$, Kp.$_{12}$ 78—80°, n_D^{25} 1,4180; Ausbeute 35%; LD_{50} 2,5 mg/kg (Maus). *2.4-Dinitrophenylhydrazon*, $C_{12}H_{13}O_6N_4F$, F. 91—91,5°. (Nature [London] **176**. 696. 8/10. 1955. London, Canada, Univ. of West. Ontario, Dep. of Chem.) K. MAIER. 870

John H. Billman und **Lyman R. Caswell**, *Synthese von disekundären Aminen: N.N'-Diphenyl-α.ω-diaminoalkane*. Es wurde eine neue, allg. Darstellungsmeth. für *N.N'-Diphenyl-α.ω-diaminoalkane* entwickelt, die in relativ guter Ausbeute aus *Na-Acetanilid* u. α.ω-Dibromalkanen zu *N.N'-Diacetyl-N.N'-diphenyl-α.ω-diaminoalkanen* führt, die leicht hydrolysiert werden konnten. Während die niederen Glieder der Reihe *Dihydrochloride* bilden, geben die höheren *Sesquihydrochloride* u. *Monohydrochloride*.

Versuche (FF. korr.): N.N'-Diacetyl-N.N'-diphenyl-α.ω-diaminoalkane, durch Überführung von Acetanilid in Toluol unter N_2 mit $NaNH_2$ in das Na-Deriv. (2 Std. erhitzen auf 80—100°), Zutropfen des α.ω-Dibromalkans in Toluol ($1^1/_2$—2std. Kochen nach Beendigung der exothermen Rk.), Gießen in W. + wenig HCl, Einengen der Toluolschicht u. Kristallisation aus Ae. oder A.: *-methan*, F. 83—83,5°; 30,9% (Ausbeute). — *-äthan*, F. 156,5—157°; 3,9%. — *-propan*, F. 120,5—121°; 67,3%. — *-butan*, F. 132—133°; 78,7%. — *-pentan*, F. 124—125°; 74,1%. — *-hexan*, F. 179 bis 180°; 99,3%. — *-heptan*, F. 78,5—79°; 31,5%. — *-nonan*, Kp.$_8$ 308—310° (Zers.); 80%. — *-decan*, F. 42,5—43°; 85%. — N.N'-Diphenyl-α.ω-diaminoalkane, aus vorst. Diacetylverbb. durch 8std. Kochen mit HCl über die Hydrochloride, die mit verd. NaOH zers. wurden: *-äthan, Dihydrochlorid*, F. 214—215°, bei schnellem Erhitzen F. 223—224° (unkorr.); 99,4%. — *-propan, Dihydrochlorid*, F. 193,5—194°; 94,3%. — *-butan*, F. 35—36°. *Dihydrochlorid*, F. 217,5—218,5°, bei schnellem Erhitzen F. 228 bis 229° (Zers.); 98,1%. — *-pentan, Dihydrochlorid*, F. 190—191°; 90%. — *-hexan*, F. 74,5 bis 75,5°. *Sesquihydrochlorid*, F. 217—218°; 96,9%. — *-heptan, Sesquihydrochlorid*, F. 194,5 bis 195°; 74,2%. — *-nonan*, F. 47—48°. *Sesquihydrochlorid*, F. 213—214°; 63,5%. *Monohydrochlorid*, F. 185—186°; 13,5%. — *-decan*, F. 76,5—77,5°. *Sesquihydrochlorid*, F. 211,5 bis 212° unter Zers. zum *Monohydrochlorid*, F. 187—188°; 88,9%. — N.N'-Dibenzoyl-N.N'-diphenyl-α.ω-diaminoalkane: *-äthan*, F. 193—194°. — *-butan*, F. 131—131,5°, bei schnellem Erhitzen F. 120—121° (unkorr.). — *-decan*, F. 84—85°. — N.N'-Dibenzolsulfonyl-N.N'-diphenyl-α.ω-diaminoalkane: *-äthan*, F. 231,5—232°. — *-propan*, F. 95—96°. — *-butan*, F. 189—190°. — *-pentan*, F. 144,5—145°. — *-hexan*, F. 154—155°. — *-nonan*, F. 77,5—78,5°. — *-decan*, F. 130 bis 131°. — N.N'-Bis-[p-toluolsulfonyl]-N.N'-diphenyl-α.ω-diaminoalkane: *-äthan*, F. 223—223,5°. — *-propan*, F. 131—132°. — *-butan*, F. 206,5—207,5°. — *-pentan*, F. 127,5—128,5°. — *-hexan*, F. 158,5—159°. — *-heptan*, F. 102,5—103°. — *-decan*, F. 144—145°. (J. org. Chemistry **16**. 1041—46. Juli 1951. Bloomington, Ind., Univ., Chem. Labor.) W. ZIEGLER. 910

John D. Ingham, Walter L. Petty und **Peter L. Nichols jr.**, *Die Addition des Azidions an Epoxyde*. Vff. beschreiben eine verbesserte Meth. zur Darst. von Azidoalkoholen aus Epoxyden mit Na-Azid (vgl. VANDER WERF u. Mitarbeiter, C. **1954**. 9508).

Versuche: *1-Azido-3-chlorpropanol-(2)* (**I**), Kp.$_{0,5}$ 44—48°, durch Zugabe von Epichlorhydrin (**II**) zu wss. NaN_3 bei 25—30° u. langsame Zugabe von 70%ig. $HClO_4$, um den p_H-Wert der Lsg. zwischen 6—9 zu halten; 60% (Ausbeute; Meth. A); ferner durch rasche Zugabe des Epoxydes zu einer wss. Lsg. von NaN_3 u. $Mg(ClO_4)_2$ bei 0—5°; 75% (Meth. B); $D.^{25}_4$ 1,291, n_D^{25} 1,4818. — *1-Azidopropanol-(2)*, Kp.$_{21}$ 72—74°, durch Zugabe des Epoxydes zu wss. NaN_3-Lsg. unter Rühren (Meth. C); $D.^{25}_4$ 1,060, n_D^{25} 1,4533;

70%. — *1-Azidopropandiol-(2.3)*, $Kp_{0,3}$ 92—95°, aus dem entsprechenden Epoxyd nach Meth. A; $D.^{25}_4$ 1,2581, n_D^{25} 1,4892; 65%. — *Glycidylazid*, $Kp._8$ 37—39°, aus **II** nach Meth. A oder B über **I** (nicht isoliert) u. folgende HCl-Abspaltung mit wss. NaOH; $D.^{25}_4$ 1,129, n_D^{25} 1,4530; 55% (Gesamtausbeute auf **II** bezogen); gibt bei der Nitrierung in nichtwss. Lsg. *1-Azido-3-nitratopropanol-(2)*, $Kp._1$ 88°, $D.^{25}_4$ 1,3636, n_D^{25} 1,4861; 45%. (J. org. Chemistry **21**. 373—75. März 1956. Pasadena, Calif., Inst. of Technol., Jet Propulsion Labor.)
G. WINKLER. 920

Ch. Malen und **J. R. Boissier**, *Die Erweiterung der Reaktion von Ritter auf aliphatische Dialkylaminonitrile.* 1. Mitt. Die durch die KNOEVENAGEL-MERCKLIN-Rk. erhaltenen *α-Dialkylaminonitrile* bzw. die durch Cyanäthylierung von sek. Aminen zugänglichen *β-Dialkylaminonitrile* liefern bei der RITTER-Rk. in Essigsäure/H_2SO_4 bei 60° mit Olefinen *ω-Dialkylamino-α-alkyl-N-tert.-alkylcarbonsäureamide.* Große α-Substituenten üben eine ster. Hinderung aus. Zur Charakterisierung werden die *Hydrochloride* hergestellt. 3 der Verbb., die lokalanästhet., analget., convulsiv., spasmolyt. u. hypotensive Eigg. besitzen, werden zum Konstitutionsbeweis aus N-[2.4.4-Trimethylpentyl-(2)]-chloracetamid (**II**) u. den sek. Aminen hergestellt.

Versuche: *α-Morpholinopropionitril*, $Kp._{24}$ 125—126°, durch Zugeben von Acetaldehyd zu $NaHSO_3$ in W. bei 60°, 2—3std. Stehen mit Morpholin u. Stehen mit wss. NaCN über Nacht; 76% (Ausbeute). — Acetonitrile: *Dimethylamino-*, $Kp._{15}$ 30 bis 32°; 80%. — *Diäthylamino-* (**I**), $Kp._{15}$ 55—56°; 90%. — *Piperidino-*, F. 20°, $Kp._{15}$ 80 bis 82°; 80%. — *Morpholino-*, F. 61°, $Kp._{15}$ 95—96°; 75%. — *Pyrrolidino-*, $Kp._{22}$ 86 bis 87°; 64%. — *2-Methylpiperidino-*, $Kp._{20}$ 106—107°; 90%. — α-Diäthylaminoverbb.: *-butyronitril*, $Kp._{30}$ 85°; 35%. — *-n-valeronitril*, $Kp._{25}$ 121—122°; 71%. — *-n-önanthsäurenitril*, $Kp._{0,1}$ 58—60°; 42%. — *-propionitril*, $Kp._{25}$ 95—96°, aus $NaHSO_3$, Aldehyd, NaCN u. Amin; 55%. — Propionitrile: *β-Piperidino-*, $Kp._{20}$ 118—120°, durch 30 Min. Kochen von Piperidin (**III**) u. Acrylnitril; 90%. — *β-Dimethylamino-*, $Kp._{15}$ 70—72°; 80%. — *β-Diäthylamino-*, $Kp._{15}$ 91—92°; 85%. — *β-Morpholino-*, $Kp._{20}$ 135—136°; 70%. — N-[2.4.4-Trimethylpentyl-(2)]-verbb.: *-2-diäthylaminoacetamid* (*TR 310*), $Kp._{0,05}$ 90—92°, a) durch Zutropfen von **I** u. Diisobutylen zu Eisessig/konz. H_2SO_4 bei 55—65°, Stehen über Nacht, Gießen auf Eis, Alkalisieren u. Ausäthern; 60%; b) aus **II**. *Hydrochlorid*, F. 108—110° (Äthylacetat); 75%. — *-2-dimethylaminoacetamid* (*TR 312*); 60%. *Hydrochlorid*, F. 181—182°. — *-β-dimethylaminopropionamid* (*TR 318*); 80%. *Hydrochlorid*, F. 146—147°. — *-α-diäthylaminopropionamid* (*TR 376*), $Kp._{0,02}$ 87—88°; 42%. *Hydrochlorid*, F. 193—193,5°. — *-α-diäthylaminobutyramid* (*TR 367*), $Kp._{0,05}$ 90—95°; 5%. — *-α-diäthylaminovaleramid* (*TR 377*); 7%. *Hydrochlorid*, F. 130—131°. — *-α-diäthylaminoönanthsäureamid* (*TR 368*), $Kp._{0,05}$ 115—120°; 8%. *Hydrochlorid*, F. 172,5—173°. — *-β-diäthylaminopropionamid* (*TR 357*), $Kp._{0,05}$ 103—104°; 80%. *Hydrochlorid*, F. 86—87°. — *-α-pyrrolidinoacetamid* (*TR 359*), $Kp._{0,02}$ 95—96°; 65%. *Hydrochlorid*, F. 168,5—169°. — *-α-piperidinoacetamid* (*TR 311*), $Kp._{0,05}$ 99—100°, a) analog; 35%; b) durch 3std. Kochen von **II** u. **III** in Toluol; 78%. *Hydrochlorid*, F. 170—171°. — *-β-piperidinopropionamid* (*TR 358*), $Kp._{0,05}$ 118—120°; 70%. *Hydrochlorid*, F. 157—158°. — *-α-[2-methylpiperidino]-acetamid* (*TR 356*), $Kp._{0,05}$ 103—104°, a) analog; 70%; b) aus **II**. — *-α-morpholinoacetamid* (*TR 315*), $Kp._{0,05}$ 109—110°; 65%. *Hydrochlorid*, F. 175—176°. — *-α-morpholinopropionamid* (*TR 363*), $Kp._{0,05}$ 112—114°; 30%. *Hydrochlorid*, F. 114,5—115,5°. — *-β-morpholinopropionamid* (*TR 319*); 80%. *Hydrochlorid*, F. 121—122°. — *-α-Chloracetamid* (**II**), F. 61—62° (A. u. Diisobutylen), durch Zugeben von Br_2 u. Chloracetonitril zu Eisessig/H_2SO_4 bei 60°. — α-Diäthylaminoacetamide: *N-[tert.-Butyl]-* (*TR 373*), $Kp._{0,05}$ 59—60°; 95%. *Hydrochlorid*, F. 127—127,5°. — *N-[tert.-Amyl]-* (*TR 374*), $Kp._{0,01}$ 66—67°; 80%. *Hydrochlorid*, F. 113—114°. — *N-[3-Methylpentyl-(3)]-* (*TR 375*), $Kp._{0,05}$ 75—76°; 46%. — *N-[tert.-Amyl]-α-äthyl-* (*TR 366*), $Kp._{0,05}$ 65—70°; 50%. *Hydrochlorid*, F. 133—134°. — *N-[tert.-Amyl]-α-[n-amyl]-* (*TR 369*), $Kp._{0,05}$ 102 bis 103°; 37%. — *N-[tert.-Amyl]-α-piperidinoacetamid* (*TR 317*); 80%. *Hydrochlorid*, F. 167—168°. — *N-[3-Methylpentyl-(3)]-α-piperidinoacetamid* (*TR 316*); 90%. *Hydrochlorid*, F. 158—159°. — *N-[tert.-Amyl]-β-piperidinopropionamid* (*TR 360*), $Kp._{0,05}$ 102—103°; 80%. *Hydrochlorid*, F. 176—177°. — *N-[tert.-Amyl]-α-morpholinoacetamid* (*TR 361*), $Kp._{0,05}$ 103—104°; 85%. *Hydrochlorid*, F. 214,5—215°. — *N-[3-Methylpentyl-(3)]-α-morpholinoacetamid* (*TR 362*), $Kp._{0,05}$ 105—106°; 90%. *Hydrochlorid*, F. 196,5 bis 197°. (Bull. Soc. chim. France [5] **1956**. 923—26. Juni. Paris, Centre de Rech. des Labors. Toraude.)
R. PASEDAG. 950

R. Maugé, Ch. Malen und **J. R. Boissier**, *Die Erweiterung der Reaktion von Ritter auf aliphatische Dialkylaminonitrile.* 2. Mitt. (1. vgl. vorst. Ref.) Es werden verschied. *N-[tert.-Alkyl]-* bzw. *N-[3.3.5-Trimethylcyclohexyl]-dialkylaminocarbonsäureamide* hergestellt, die lokalanästhet., analget., u. antispasmod. Eigg. besitzen. Die *tert. Alkohole* werden durch GRIGNARD-Rk. von Ketonen oder Estern gewonnen. *3.3.5-Trimethylcyclohexanol* wird durch Hydrierung von 3.3.5-Trimethylcyclohexanon (I) in Ggw. von RANEY-Ni erhalten u. besteht nach Lage des F. zu 75% aus der trans-Form. Triisobutylen ist der RITTER-Rk. nicht zugänglich.

Versuche: 2-Methylverbb.: *-nonanol-(2)* (II), $Kp._{20}$ 98—104°, durch 1 std. Rühren von n-Heptyl-MgBr u. Aceton in Äther. — *-nonen-(2)*, $Kp._{20}$ 70—75°; 50% (Ausbeute). — *-hexen-(2)*, Kp. 93—100°. — *-isohexen-(2)*, Kp. 82—86°. — *-n-hepten-(2)*, Kp. 118—120°. — *-isohepten-(2)*, Kp. 112—114°. — *-n-decen-(2)*, $Kp._{18}$ 88—90°. — *-n-undecen-(2)*, $Kp._{18}$ 98—100°. — *3-Methylhepten-(3)*. — *1-Methylcyclohexen*, Kp. 108 bis 109°. — *1.3.3.5-Tetramethylcyclohexen*, Kp. 145—152°, aus CH_3MgBr u. I u. Dehydratation mit konz. H_2SO_4; 65% (Ausbeute). — *2-Methyltridecanol-(2)*, mit CH_3MgJ u. Laurinsäureäthylester. — *2-Methyltridecen-(2)*, $Kp._{20}$ 132—135°; 60%. — *2-Methylocten-(2)*, Kp. 145—147°. — *3.3.5-Trimethylcyclohexanol*, F. 45—46°, $Kp._{16}$ 85—86°, durch Hydrieren von I in 95%ig. A. in Ggw. von RANEY-Ni. — *Triisobutylen*, Kp. 170 bis 180°, durch Stehen von H_2SO_4/W. (3:1) mit tert.-Butylalkohol bei 20—25° über Nacht; 60%. — α-Piperidinoacetamide: *N-[2-Methyl-n-nonyl-(2)]- (TR 395)*, $Kp._{0,1}$ 115—117°, durch Zugeben von Piperidinoacetonitril u. II zu konz. H_2SO_4 u. Eisessig bei 50—60°, Stehen über Nacht, Gießen auf Eis, Alkalisieren u. Ausäthern; 50%. *Hydrochlorid*, F. 114—115°. — *N-[2-Methyl-n-hexyl-(2)]- (TR 393)*, $Kp._{0,1}$ 86 bis 89°; 36%. *Hydrochlorid*, F. 81—82°. — *N-[2-Methylisohexyl-(2)]- (TR 413)*, *Hydrochlorid*, F. 142—143°. — *N-[2-Methylheptyl-(2)]- (TR 436)*, $Kp._{0,1}$ 95—96°; 68%. *Hydrochlorid*, F. 131—132°. — *N-[2-Methylisoheptyl-(2)]- (TR 415)*, $Kp._{0,05}$ 95—96°; 75%. *Hydrochlorid*, F. 146—147°. — *N-[2-Methyl-n-octyl-(2)]- (TR 411)*, $Kp._{0,1}$ 107—110°; 86%. *Hydrochlorid*, F. 121—122°. — *N-[2-Methyl-n-decyl-(2)]- (TR 432)*, $Kp._{0,1}$ 130 bis 132°; 54%. *Hydrochlorid*, F. 105—106°. — *N-[2-Methyl-n-undecyl-(2)]- (TR 430)*, $Kp._{0,1}$ 132—135°; 40%. *Hydrochlorid*, F. 107—108°. — *N-[2-Methyltridecyl-(2)]- (TR 409)*, $Kp._{0,08}$ 148—152°; 71%. *Hydrochlorid*, F. 108—109°. — *N-[3-Methylheptyl-(3)]- (TR 391)*, $Kp._{0,1}$ 113—115°; 71%. *Hydrochlorid*, F. 112—113°. — *N-[1-Methylcyclohexyl]- (TR 397)*, $Kp._{0,1}$ 105—107°; 63%. *Hydrochlorid*, F. 220°. — *N-[1.3.3.5-Tetramethylcyclohexyl]- (TR 399)*, $Kp._{0,1}$ 103—107°; 22%. *Hydrochlorid*, F. 160—161°. — α-Morpholinoacetamide: *N-[2-Methyl-n-hexyl-(2)]- (TR 394)*, $Kp._{0,1}$ 101—102°; 61%. *Hydrochlorid*, F. 150—150,5°. — *N-[2-Methylisohexyl-(2)]- (TR 414)*, *Hydrochlorid*, F. 161 bis 162°. — *N-[2-Methyl-n-heptyl-(2)]- (TR 437)*, $Kp._{0,1}$ 106—107°; 65%. *Hydrochlorid*, F. 152—153°. — *N-[2-Methylisoheptyl-(2)]- (TR 416)*; 69%. *Hydrochlorid*, F. 166—167°. — *N-[2-Methyl-n-octyl-(2)]- (TR 412)*, $Kp._{0,08}$ 112—115°; 85%. *Hydrochlorid*, F. 145 bis 146°. — *N-[2-Methyl-n-nonyl-(2)]- (TR 396)*, $Kp._{0,08}$ 120—122°; 56%. *Hydrochlorid*, F. 90—91°. — *N-[2-Methyl-n-decyl-(2)]- (TR 433)*; 95%. *Hydrochlorid*, F. 119—120°. — *N-[2-Methyl-n-undecyl-(2)]- (TR 431)*; 77%. *Hydrochlorid*, F. 129,5—130°. — *N-[2-Methyltridecyl-(2)]- (TR 410)*; 95%. *Hydrochlorid*, F. 88—89°. — *N-[3-Methyl-n-heptyl-(3)]- (TR 392)*, $Kp._{0,1}$ 120—122°; 86%. *Hydrochlorid*, F. 115—116°. — *N-[1-Methylcyclohexyl]- (TR 398)*, $Kp._{0,1}$ 111—115°; 58%. *Hydrochlorid*, F. 217—218°. — *N-[1.3.3.5-Tetramethylcyclohexyl]- (TR 400)*, *Hydrochlorid*, F. 165—167°. — N-[2-Methyl-n-nonyl-(2)]-verbb.: *-β-piperidinopropionamid (TR 427)*, $Kp._{0,1}$ 138—140°; 64%. *Hydrochlorid*, F. 155—156°. — *-β-morpholinopropionamid (TR 428)*, $Kp._{0,1}$ 146 bis 148°; 67%. *Hydrochlorid*, F. 140—141°. — *-α-morpholinopropionamid (TR 429)*, $Kp._{0,1}$ 130—133°; 25%. *Hydrochlorid*, F. 76,5—77,5°. — *-α-diäthylaminoacetamid (TR 424)*, $Kp._{0,1}$ 105—107°; 70%. *Hydrochlorid*, F. 98—99°. — *-β-diäthylaminopropionamid (TR 426)*, $Kp._{0,1}$ 123—125°; 57%. *Hydrochlorid*, F. 87—88°. — *-α-pipecolinoacetamid (TR 425)*, $Kp._{0,1}$ 126—128°; 54%. *Hydrochlorid*, F. 117—118°. (Bull. Soc. chim. France [5] **1956**. 926—29. Juni.) R. PASEDAG. 950

Edward F. Mellon und **Sam R. Hoover**, *Wasserabsorption von Proteinen. 7. Mitt. Hygroskopizität von Aminosäuren und ihre Beziehung zur Wasserdampfabsorption von Proteinen.* (6. vgl. C. **1956**. 9746.) Durch frühere Arbeiten von MELLON u. Mitarbeitern wurde gezeigt, daß die Wasserdampfabsorption von Proteinen auf spezif. polare Gruppen zurückzuführen ist. Da einige dieser polaren Gruppen in den einzelnen Aminosäuren vorhanden sind, wurde die Hygroskopizität der reinen Aminosäuren mit der von Peptiden u. Proteinen verglichen. Folgende Aminosäuren u. Aminosäurederivv. sind prakt. nicht hygroskop. bei allen Feuchtigkeiten bis zu (u. einschließlich) 93% relativer Feuchtigkeit (r.F.): *DL-Alanin*, *DL-* u. *L-Asparaginsäure*, *L-Cystin* (0,8%), *L-Glutaminsäure*, *Glykokoll*, *Oxy-L-prolin* (0,5%), *DL-Isoleucin*, *DL-* u. *L-Leucin*, *DL-* u. *L-Methionin*, *DL-Norleucin*, *DL-Phenylalanin*, *DL-Serin*, *L-Tyrosin* u. *DL-Valin*; *L-Prolinpikrat*, *Glycinanhydrid*, *Carbobenzoxyglycin*, *Benzoylglycin*, *Benzoylglycinamid*, *Hippursäureäthylester*, *Glycylglycin* u. *Benzoylglycylglycin*. — *L-Lysinmonohydrochlorid* ist bei 51% r.F. nicht hygroskop., nimmt jedoch bei 75% r. F. genau 2 Mol H_2O auf. *L-Prolin* ist bei 31% r. F. nicht hygroskop., bildet aber bei 51% r. F. ein Monohydrat. *L-Asparagin* ist bei 75% r. F. nicht hygroskop., absorbiert jedoch bei 93% r. F. 1 Mol H_2O. Die Hydrochloride von *Glykokollmethyl-* u. *-äthylester* sind bei 51% r. F. nicht hygroskop., lösen sich jedoch in dem W., das sie bei 75% r. F. absorbieren, auf. *Glycylglycinhydrochlorid* krist. aus 95%ig. A. als Monohydrat, das bei niedriger r. F. bei 70° oder bei 30° langsam W. abgibt; bei 105° wird das W. schnell abgegeben. Das teilweise bei 70° getrocknete Prod. löst sich bei 75% r. F. in seinem absorbierten W. auf, das s o r g f ä l t i g getrocknete Prod. bleibt bei 83% r. F. trocken u. löst sich bei 93% r. F. in seinem absorbierten W. auf. Die Absorptionsisotherme von *Alanylglycylglycin* zeigt eine Hydratbldg. an; die Übergänge des wasserfreien Prod. zum Mono- u. Dihydrat sind jedoch nicht scharf. Das Prod. bleibt als Dihydrat beständig, auch wenn die Feuchtigkeit bis zu 6% r. F. red. wird. *Carbobenzoxyglycylglycin* absorbiert bei 51% r. F. nur wenig W. u. erreicht bei 75% r. F. eine Wasserabsorption von 0,89 Mol (Monohydrat?). *L-Argininhydrochlorid* u. *Carbobenzoxytriglycin* haben keine besondere Tendenz zur Hydratbldg., absorbieren jedoch bei höheren r. Feuchtigkeiten merklich Wasser. Diese Ergebnisse werden diskutiert. (J. Amer. chem. Soc. **73.** 3879—82. Aug. 1951. Philadelphia, Pa., Eastern Reg. Res. Labor.) K. F. MÜLLER. 950

M. R. Vernsten und **M. B. Moore,** *Darstellung einiger N-Carbäthoxyaminosäuren.* Durch Umsetzen äquimol. Mengen der Na-Salze von 15 α-Aminosäuren mit Chlorameisensäureäthylester (I) in sodaalkal. wss. Lsg. wurden die entsprechenden *N-Carbäthoxyaminosäuren* dargestellt. Lysin u. Tyrosin reagierten mit 2 Mol **I**, Tryptophan u. Serin gaben nur monosubstituierte Derivate. Die Racemate der Aminosäuren gaben bei der Rk. krist. Verbb., die *l*-Formen häufig ölige Derivate. Bei *l*-Arginin, *l*-Histidin u. *l*-Cystin resultierten nur unreine Produkte.

V e r s u c h e (FF. korr.): N - C a r b ä t h o x y a m i n o s ä u r e n, aus äquimol. Mengen NaOH, Na_2CO_3 u. der Aminosäure in W. durch Zutropfen von **I** unter Rühren u. Kühlen (Reaktionstemp. ca. 10°); nach 1 std. Rühren in der Kälte u. 2 Std. bei Zimmertemp. wird mit konz. HCl auf p_H 4 angesäuert, eingeengt u. mit Ae. bzw. PAe. extrahiert: *-glycin,* F. 73—74°; 66% (Ausbeute). — *-dl-alanin,* $C_6H_{11}O_4N$, F. 80—81,5°; 46%. — *-dl-valin,* $C_8H_{15}O_4N$, F. 56—58°; 70%. — *-l-leucin,* $C_9H_{17}O_4N$, Öl; 80%. — *-dl-isoleucin,* F. 93—95° (verd. A.); 61%. — *-dl-norleucin,* F. 56—57°; 86%. — *-dl-phenylalanin,* $C_{12}H_{15}O_4N$, F. 92—94°; 85%. — *-dl-methionin,* $C_8H_{15}O_4NS$, Öl; 98%. — *-dl-asparaginsäure,* $C_7H_{11}O_6N$, F. 139,5—141°; 42%. — *-l-glutaminsäure,* $C_8H_{13}O_6N$, Öl; 70%. — *-dl-tryptophan,* $C_{14}H_{16}O_4N_2$, F. 108—110° (Essigester/PAe.); 85%. — *-dl-serin,* $C_6H_{11}O_5N$, Öl; < 10%. — *-α-aminoisobuttersäure,* $C_7H_{13}O_4N$, F. 78—80°, aus α-Aminoisobuttersäureäthylesterhydrochlorid; 52%. — *N.O-Dicarbäthoxy-l-tyrosin,* $C_{15}H_{19}O_7N$, F. 90—91°; 48%. — *$N_{(\alpha)}.N_{(\varepsilon)}$-Dicarbäthoxy-l-lysin,* $C_{12}H_{22}O_6N_2$, Öl, mit 2 Mol **I**; 96%. (J. Amer. chem. Soc. **75.** 1320—21. 20/3. 1953. North Chicago, Ill., Abbott Labors.) G. MOHR. 950

Robert W. Holley, *Enzymatische Abspaltung der Schutzgruppe in der Peptidsynthese.* Bei der Einw. von Chymotrypsin auf *Benzoyl-L-phenylalanyl-L-leucyl-L-leucin* bei p_H 7,3 wird *Benzoyl-L-phenylalanin* spezif. abgespalten u. *L-Leucyl-L-leucin* in 80%ig. Ausbeute isoliert.

V e r s u c h e (FF. korr.): *Benzoyl-L-phenylalanin, Hydrazid,* $C_{16}H_{17}O_2N_3$, F. 196 bis 199° (A.), aus dem Äthylester mit Hydrazinhydrat in A. (4 Std. bei 70—80°); 76% (Ausbeute). *Azid* (**I**), in n-HCl–Eisessig mit wss. $NaNO_2$. — *Benzoyl-L-phenylalanyl-L-leucin, Methylester,* $C_{23}H_{28}O_4N_2$, F. 163—166° (wss. A.), aus L-Leucinmethylester (**II**) u. **I** in Ae.; 63%. *Hydrazid,* $C_{22}H_{28}O_3N_4$, F. 208—212° (wss. A.), aus dem Methylester; 97%. *Azid,* analog **I**. — *Benzoyl-L-phenylalanyl-L-leucyl-L-leucinmethylester,* $C_{29}H_{39}O_5N_3$, F. 200—203° (wss. A.), a) aus **II** u. vorst. Azid; 61%; b) aus L-Leucyl-L-leucinmethylester (durch Hydrogenolyse von 392 mg der N-Carbobenzoxyverb. in Dimethylformamid über Pd-Schwarz) u. **I**; 248 mg. — *Benzoyl-L-phenylalanyl-L-leucin,* aus vorst. Verb. mit wss.-methanol. NaOH; 90%. — *L-Leucyl-L-leucinhydrat,* $C_{12}H_{24}O_3N_2 \cdot H_2O$, F. 258 bis 263° (A.), $[\alpha]_D^{23}$ —13,4° (c = 1; n-NaOH), durch Einw. von 28 mg Chymotrypsin auf 535 mg vorst. Verb. bei p_H 7,3 (8 Std. bei Zimmertemp.); 80%, daneben 278 mg *Benzoyl-L-phenylalanin.* (J. Amer. chem. Soc. **77.** 2552—53. 5/5. 1955. Geneva, N. Y., Cornell Univ., New York State Agric. Exp. Stat.) I. GNICHTEL. 950

David B. Reisner, *Schwefelhaltige Aminosäuren.* Durch Kondensation von Benzyl- bzw. Methylmercaptan mit den entsprechenden α.β-ungesätt. Aldehyden bzw. Ketonen nach CATCH u. Mitarbeitern (J. chem. Soc. [London] **1947.** 1609), Überführen der *β-Mercaptocarbonylverbb.* in die *Hydantoine* u. alkal. Hydrolyse werden S-haltige *Aminosäuren* (**A**) dargestellt. *4-Methylmethionin* wurde auch bei der Debenzylierung von S-Benzyl-4-methylhomocystein (**III**) u. anschließenden Methylierung erhalten, *3-Phenylmethionin* wurde dargestellt durch Red. von ω-Methylmercaptoacetophenon mit $LiAlH_4$ zu *1-Phenyl-2-methylmercaptoäthanol,* Umsetzen des mit $SOCl_2$ gebildeten *Chlorids* mit

Na-Acetamidomalonester u. Hydrolyse mit verd. HCl. Die Bldg. von 4-Phenylmethionin bei vorst. Syntheseweg konnte durch Vgl. des beim Abbau der zugehörigen Sulfone (**V** bzw. **VI**) mit N-Bromsuccinimid erhaltenen *2-* bzw. *3-Phenyl-3-[methylsulfonyl]-propionaldehyds* ausgeschlossen werden. Die in β-Stellung S-haltigen **A** *S-Methylpenicillamin* u. *S-Methyl-3-phenylcystein* wurden aus ihren Azlactonen nach SAVARD u. Mitarbeitern (Canad. J. Res., Sect. B. **24.** [1946.] 28) erhalten. Nach TOENNIES u. KOLB (J. biol. Chemistry **128.** [1939.] 399) wurden die **A** zu ihren *Sulfoxyden* oxydiert, die *Sulfone* ließen sich aus letzteren mit H_2O_2 bzw. aus den **A** mit H_2O_2 in Ggw. von $(NH_4)_2MoO_4$ u. $HClO_4$ darstellen. *2-Amino-2-methyl-4-[methylsulfinyl]-n-buttersäure* u. *2-Amino-4-[methylsulfinyl]-n-valeriansäure* (**IV**) wurden mit HN_3 in die *Sulfoximine* übergeführt, phenylsubstituierte **A** gaben analog nur Gemische von anscheinend sulfonierten Verbindungen. Vier der dargestellten **A**, die potentielle Antagonisten des Methionins sind, zeigten gegen *E. coli* bei p_H 7 u. 37° wachstumshemmende Eigenschaften. Die R_f-Werte der Verbb. in Butanol–Essigsäure, Lutidin–Kollidin u. Phenol–W. sind angegeben.

Versuche (FF. korr.): *β-Methylmercaptobutyraldehyd* (**I**), $C_5H_{10}OS$, Kp.$_{23}$ 80°, durch Zugeben von 2 Tropfen Piperidin zu äquimol. Mengen Crotonaldehyd u. CH_3SH unter Kühlung, 90 Min. Rühren bei 5—10°, 3std. Weiterrühren bei Raumtemp., 1std. Erhitzen auf 90°, Verdünnen mit Ae. u. Einengen; 85% (Ausbeute). — *Methylmercaptobutanon-(3)*, $C_5H_{10}OS$, Kp.$_{55}$ 106°, aus Methylvinylketon u. CH_3SH; n_D^{25} 1,4711; 80%. — *5-[β-Benzylmercaptopropyl]-hydantoin* (**II**), F. 117—118° (Essigester), durch 5std. Erhitzen von β-Benzylmercaptobutyraldehyd, $(NH_4)_2CO_3$ u. NaCN in 50%ig. A. auf 55° unter Rühren, Einengen auf ∼ die Hälfte, vorsichtiges Versetzen mit konz. HCl, 7 Min. Erhitzen auf 90° u. Stehen in der Kälte; 74,3%. — *5-Methyl-5-[β-methylmercaptoäthyl]-hydantoin*, F. 109,5—110,5°, analog **II**; 93,8%. — *5-[β-Methylmercaptopropyl]-hydantoin*, F. 191—192°, aus **I**; 50,1%. — *5-[β-Methylmercapto-β-phenyläthyl]-hydantoin*, F. 173—174°, aus Methylmercaptohydrozimtaldehyd; 49,1%. — *S-Benzyl-4-methylhomocystein* (**III**), F. 222,5—223,5° (Zers.; W.), durch Hydrolyse von **II**; 93,4%. — *2-Methylmethionin*, F. 284—285° (Zers.; W.-CH_3OH), analog; 61%. — *4-Methylmethionin*, F. 238—239° (Zers.; W.-CH_3OH), a) wie vorst.; 70,5%; b) durch Zugeben von Na zu 7,17 g **III** in fl. NH_3, Entfärben mit NH_4Cl, Versetzen mit CH_3J, Verdampfen des NH_3, Aufnehmen in W., Einstellen auf p_H 6 mit konz. HCl, Einengen, Versetzen mit Aceton u. Stehen in der Kälte; 4,1 g. — *1-Phenyl-2-methylmercaptoäthanol*, Kp.$_{1,8}$ 113—114,5°, durch Zugeben von ω-Methylmercaptoacetophenon in absol. Ae. zu $LiAlH_4$ in absol. Ae. unter Rühren, 1std. Kochen unter Rühren, Zers. mit Eiswasser u. 5n H_2SO_4 in der Kälte u. Einengen der Ae.-Lsg.; 83,4%. *S-Methojodid*, F. 134—135° (Zers.). — *1-Phenyl-2-methylmercaptoäthylchlorid*, $C_9H_{11}ClS$, Kp.$_{2,8}$ 106—107°, durch Versetzen vorst. Verb. in absol. Chlf. mit $SOCl_2$ in absol. Chlf. unter Kühlung, 90 Min. Stehen in der Kälte u. über Nacht bei Raumtemp. u. Einengen; n_D^{25} 1,5692; 81,5%. — *2-Acetamido-2-carbäthoxy-3-phenyl-4-methylmercaptobuttersäureäthylester*, $C_{18}H_{25}O_5NS$, F. 95—96° (Ae.–Pentan), durch Zugeben von 11,6 g Acetamidomalonsäurediäthylester u. KJ zu $NaOC_2H_5$ in absol. A. unter Rühren, Versetzen mit vorst. Chlorid in der Hitze in einem Schuß, 2std. Rühren bei Raumtemp. u. 5std. Kochen u. Rühren, Heißfiltration, Einengen u. Stehen über Nacht bei Raumtemp.; 1,6 g. — *3-Phenylmethionin*, F. 203—204° (Zers.; W.), durch 7½std. Kochen der rohen vorst. Verb. in W. u. konz. HCl (4 : 1) unter Rühren, Stehen bei Raumtemp., Aufnehmen des verfestigten, abgeschiedenen Öls in Eisessig/konz. HCl (8 : 1), 8std. Kochen u. Rühren, Heißfiltration, Aufnehmen des Rückstandes des Filtrats in Aceton, Einengen, 6½std. Kochen des abgeschiedenen *Hydrochlorids* [F. 208—209° (Zers.); 48,7%] in Essigsäure/konz. HCl, Eindampfen zur Trockne u. Einstellen der aceton. Lsg. mit n-Amylamin (**VII**) auf p_H 6; 12,8% (roh). — *4-Phenylmethionin*, F. 201—202° (Zers.; W.), analog **III**; 49,3%. — *S-Methylpenicillamin*, F. 282—283° (W.), a) durch Einleiten von CH_3SH in Na in absol. Methanol unter Kühlung u. Rühren, Versetzen mit α-Benzamidoseneciosäuremethylester in absol. Methanol u. Bzl., 1std. Rühren bei Raumtemp., Stehen über Nacht, Zugeben von Eisessig, Einengen bei Raumtemp. im Vakuum, Extraktion des trockenen Rückstandes mit warmem absol. Bzl., Eindampfen zur Trockne, Aufnehmen in 85%ig. HCOOH, konz. HCl u. W., 6std. Kochen, Einengen, Einstellen mit **VII** auf p_H 6,5, Versetzen mit Aceton u. 2tägiges Stehen in der Kälte; 48%; b) aus 2-Phenyl-4-isopropylidenoxazolon-(5) u. CH_3SH analog a); 34%. — *S-Methyl-3-phenylcystein*, F. 178—179° (Zers.; W.), analog vorst. Verb. nach b) aus 2-Phenyl-4-benzaloxazolon-(5) über *2-Benzamido-3-methylmercaptohydrozimtsäuremethylester*, $C_{18}H_{19}O_3NS$, F. 97—98,5° (Essigester–Pentan; 96,4%); 59,3%. — *2-Amino-4-[benzylsulfinyl]-n-valeriansäure*, F. 214—215° (Zers.; W.), durch Oxydation von **III** mit H_2O_2; 64,7%. — *2-Amino-2-methyl-4-[methylsulfinyl]-n-buttersäure*, F. 239,5—240,5° (Zers.; W.–CH_3OH), analog vorst. Verb.; 91,8%. — *2-Amino-4-[methylsulfinyl]-n-valeriansäure* (**IV**), F. 213,5—214,5° (Zers.; W.–CH_3OH); 84,4%. — *2-Amino-3-phenyl-4-[methyl-*

sulfinyl]-n-buttersäure, F. 205—206° (Zers.; W.-CH_3OH); 74,4%. — *2-Amino-4-phenyl-4-[methylsulfinyl]-n-buttersäure*, F. 189—190° (Zers.; W.-CH_3OH); 87,7%. — *2-Amino-3-[methylsulfinyl]-isovaleriansäure*, F. 166—167° (W.-CH_3OH); 77,7%. — *2-Amino-3-[methylsulfinyl]-hydrozimtsäure*, F. 147—148° (Zers.; W.-CH_3OH); 73,2%. — *2-Amino-4-[methylsulfonyl]-n-valeriansäure*, F. 230—231° (Zers.; wss. Methanol), durch 4std. Kochen von 600 mg **IV** in wss. Methanol, wenig konz. HCl u. 30% ig. H_2O_2, Einstellen auf p_H 6,5 mit **VII** u. Versetzen mit Aceton; 430 mg. — *2-Amino-4-[benzylsulfonyl]-n-valeriansäure*, F. 229—230° (Zers.; W.), analog vorst. Verb.; 70,6%. — *2-Amino-2-methyl-4-[methylsulfonyl]-n-buttersäure*, F. 288—289° (Zers.; W.-CH_3OH), nach der Meth. von Toennies u. Kolb (l. c.); 73,6%. — *2-Amino-3-phenyl-4-[methylsulfonyl]-n-buttersäure* (**V**), F. 222—223° (Zers.; W.), analog vorst. Verb.; 50,8%. — *2-Amino-4-phenyl-4-[methylsulfonyl]-n-buttersäure* (**VI**), F. 196,5—197,5° (Zers.; W.-CH_3OH); 95,4%. — *2-Amino-3-[methylsulfonyl]-isovaleriansäure*, F. 167—168° (Zers.; W.-CH_3OH); 63,3%. — *2-Amino-3-[methylsulfonyl]-hydrozimtsäure*, F. 141—142° (Zers.; W.-CH_3OH); 51,2%. — *1-Methyl-3-amino-3-carboxypropylmethylsulfoximin*, F. 199—200° (Zers.; W.-CH_3OH), durch Zutropfen von konz. H_2SO_4 zu **IV** bei 3° unter Rühren, Erwärmen auf 45° u. Rühren, Zugeben von 1,4n HN_3 in Chlf. in 90 Min. unter Ansteigenlassen der Temp. auf 48°, 10std. Rühren bei 48—50° u. Weiterrühren über Nacht bei Raumtemp., Gießen auf Eis, Einstellen auf p_H 2,5 mit festem $Ba(OH)_2$ u. auf p_H 5 mit festem $BaCO_3$, mehrmaliges Zentrifugieren, Dekantieren u. Aufschlämmen in W. bis zur Aminosäurefreiheit der Lsg. (Ninhydrinprobe) u. Einengen bei 50°; 98,4%. — *3-Amino-3-carboxybutylmethylsulfoximin*, F. 199—200° (Zers.; W.-CH_3OH); analog vorst. Verb.; ~ 100%. — *2-Phenyl-3-[methylsulfonyl]-propionaldehyd, 2.4-Dinitrophenylhydrazon*, $C_{16}H_{16}O_6N_4S$, F. 188—189° (Zers.; Essigester), aus **V** u. N-Bromsuccinimid. — *3-Phenyl-3-[methylsulfonyl]-propionaldehyd, 2.4-Dinitrophenylhydrazon*, $C_{16}H_{16}O_6N_4S$, F. 196—198° (Zers., nach Farbumschlag bei 169° von Gelb nach Rot; Essigester), analog aus **VI**. (J. Amer. chem. Soc. **78.** 2132—35. 20/5. 1956. Newark, N. J., Wallace and Tiernan Inc., Res. Labors.) W. Gehrmann. 950

P. D. George und **J. R. Elliott**, *Aminierung von Chlormethylsiloxanen.* Die Aminierung von Chlormethylpentamethyldisiloxan (**I**) bzw. von Chlormethylheptamethylcyclotetrasiloxan (**II**) u. von Chlormethyltrimethylsilan (**III**) gelingt mit überschüssigem fl. NH_3 im verglasten Druckgefäß bei 70°, bzw. mit wasserfreien Alkyl- oder Arylaminen. Anwesenheit von Fe wirkt störend. Die Rk. von **II** mit fl. NH_3 führt zu einem in Bzl. lösl. *Aminomethylsiloxangummi*, der beim Stehen unter Vernetzung NH_3 verliert. Chlormethyldimethylchlorsilan gibt mit $C_4H_9NH_2$ in Ggw. von Feuchtigkeit das cycl. Aminomethylsiloxan $C_4H_9N[CH_2Si(CH_3)_2]_2O$. Die aus **I** erhaltenen *Amine* mit Ausnahme der *N-Phenylverb.* polymerisieren beim Stehen bei Zimmertemp. u. depolymerisieren beim Stehen in 1% ig. Lsg. in Cyclohexan. Die Viscosität/Temp.-Koeffizienten der *Aminomethylsiloxane* sind deutlich höher als bei den entsprechenden Methylsiloxanen. Die Infrarotspektren von Aminomethyl–Si-Verbb. sind abgebildet.

V e r s u c h e (DD. = $D.^{15}{}_4$, $D.^{20}{}_4$ u. $D.^{25}{}_4$; $\eta\eta = \eta^{100F}$, η^{150F} u. η^{210F} in cSt): *Aminomethylpentamethyldisiloxan*, $C_6H_{19}ONSi_2$, $Kp._{18}$ 51°, F. —70,8°, aus **I** u. fl. NH_3 durch 10std. Erhitzen auf 75° im glasgefütterten Autoklaven; DD. 0,850, 0,846 u. 0,842; n_D^{20} 1,4108; $\eta\eta$ 1,147; 0,820 u. 0,596; 56% (Ausbeute). *Hydrochlorid*, F. 175°. — *Bis-[pentamethyldisiloxanylmethyl]-amin*, $C_{12}H_{35}O_2NSi_4$, $Kp._{18}$ 127°, als Nebenprod. bei der Darst. vorst. Verb., wenn das Rohprod. mit wss. $NaHCO_3$ gewaschen wird; DD. 0,857, 0,852 u. 0,848; n_D^{20} 1,4161; $\eta\eta$ 1,88, 1,29 u. 0,92; 22%. — N - s u b s t i t u i e r t e A m i n o m e t h y l h e p t a m e t h y l c y c l o t e t r a s i l o x a n e: *N.N-Dimethyl-*, $C_{10}H_{29}O_4NSi_4$, $Kp._9$ 92—94°, aus **II** u. Dimethylamin durch 60std. Schütteln im Autoklaven bei Zimmertemp.; n_D^{20} 1,4131—1,4132; 34%; polymerisiert bei längerem Stehen, nach 2monatigem Stehen erhöhte Viscosität, n_D^{20} 1,4209. — *N.N-Diäthyl-*, $C_{12}H_{33}O_4NSi_4$, $Kp._{1,5}$ 80—100°, aus **II** u. Diäthylamin in sd. Isooctan (64 Std.); n_D^{20} 1,4180—1,4142; 60%. Polymerisiert beim Stehen, nach einigen Monaten (vorwiegend *Trimeres*): DD. 0,977, 0,971 u. 0,968; n_D^{20} 1,4249; $\eta\eta$ 119, 55,0 u. 26,6. — *N-n-Butyl-*, $C_{12}H_{33}O_4NSi_4$, $Kp._{0,5}$ 75—94°, mit n-Butylamin analog vorst. Verb.; n_D^{20} 1,4195—1,4196; 36%. Polymerisiert beim Stehen, nach einigen Monaten: DD. 0,975, 0,971 u. 0,967; n_D^{20} 1,4241; $\eta\eta$ 584, 255 u. 117. — *N-Phenyl-*, $C_{14}H_{29}O_4NSi_4$, $Kp._{0,5}$ 122—127°, aus **II** u. Anilin in sd. Toluol (70 Std.); DD. 1,045, 1,042 u. 1,038; n_D^{20} 1,4710; $\eta\eta$ 7,59, 3,80 u. 2,14; 57%; polymerisiert nicht. — *N-Methyl-N-phenyl-*, $C_{15}H_{31}O_4NSi_4$, $Kp._1$ 126—136°, mit N-Methylanilin analog vorst. Verb.; n_D^{20} 1,4741—1,4743; 53%; polymerisiert beim Stehen, nach einigen Monaten: DD. 1,045, 1,040 u. 1,037; n_D^{20} 1,4780; $\eta\eta$ 87,0, 42,0 u. 21,8. — *Cycl. Aminosiloxan, n-$C_4H_9N[CH_2Si(CH_3)_2]_2O$*, $C_{10}H_{25}ONSi_2$, $Kp._{11}$ 98°, aus n-Butylamin u. Chlormethyldimethylchlorsilan in feuchtem sd. Toluol (10 Std.); n_D^{20} 1,4360; 12%. — Folgende N - s u b s t i t u i e r t e A m i n o m e t h y l t r i m e t h y l s i l a n e aus **III** analog den Siloxanen: *N-n-Butyl-*, Kp. 165°, $Kp._{62}$ 90°, n_D^{20} 1,4238. — *N.N-Diäthyl-*, Kp. 145—150°, n_D^{20} 1,4231. — *Anilinomethyltrimethylsilan*, $Kp._{12}$ 119°, n_D^{20} 1,5241. — *Aminomethyltrimethylsilan*, Kp. 94°, n_D^{20} 1,4170; daneben *Bis-[trimethylsilylmethyl]-amin*, $Kp._{50}$ 87°, n_D^{20} 1,4252. — *Piperidinomethyltrimethylsilan*, $Kp._9$ 59°, n_D^{20} 1,4519. (J. Amer. chem. Soc. **77.** 3493—98. 5/7. 1955. Schenectady, N. Y., General Electric Co., Res. Labor.) L. KLENK. 980

Maurice Prober, *Cyanmethylsiliciumverbindungen.* Die Darst. von *Cyanmethyltrimethylsilan* (I), *Cyanmethylpentamethyldisiloxan* (II) u. *Cyanmethylheptamethylcyclotetrasiloxan* (III) gelingt aus den entsprechenden Chlormethylverbb. durch Umsetzung der GRIGNARD-Verbb. mit $(CN)_2$, direkt dagegen nur in schlechter Ausbeute mit NaCN bei 200°; mit NaCN in sd. A. tritt Spaltung der C—Si-Bindung ein, CuCN u. AgCN reagieren nicht. Jodmethyltrimethylsilan wird durch AgCN unter Bldg. von $(CH_3)_3SiNC$ gespalten. Die Hydrolysebeständigkeit der Si—C-Bindung gegen W. > 5% ig. HCl > 5% ig. NaOH nimmt in der Reihenfolge I < II < III zu. Die Darst. von *1.3-Bis-[cyanmethyl]-tetramethyldisiloxan* gelingt nicht durch Entmethylierung von I mit konz. H_2SO_4, jedoch durch Gleichgewichtseinstellung von II mit H_2SO_4. Dagegen tritt bei der Gleichgewichtseinstellung von III mit Hexamethyldisiloxan (IV) oder Oktamethylcyclotetrasiloxan in Ggw. von H_2SO_4 Verlust eines Teils der CH_2CN-Gruppen ein. Für I, II u. III werden die Dichten, Viscositäten (η) u. Dampfdrucke bei verschied. Tempp. bestimmt u. durch Vgl. der daraus errechneten Aktivierungsenergien E_v des viscosen Flusses, der Verdampfungswärmen u. -entropien u. der kub. Ausdehnungskoeffizienten mit den entsprechenden Daten der Descyanverbb. der Einfl. der CN-Gruppe auf die innermol. Kräfte diskutiert. Die E_v-Werte steigen erheblich bei Einführung einer CN-Gruppe. Die Infrarotspektren von I, II u. III zeigen eine starke Bande bei 2242 ± 5 cm^{-1}. Für III wird die stat. DK. bei 1 kHz bei —50 bis +50° bestimmt; das Dipolmoment ist 3,54; ein Übergang in festen Zustand wird nicht festgestellt.

Versuche (DD. = $D.^{20}_4$, $D.^{27,8}_4$ $D.^{65,0}_4$ u. $D.^{98,9}_4$; $\eta = \eta^{37,8}$, $\eta^{65,0}$ u. $\eta^{98,9}$ in cP.): *Cyanmethyltrimethylsilan* (I), $C_5H_{11}NSi$, $Kp._{54}$ 84—85°, a) aus Trimethylsilylmethyl-MgBr u. $(CN)_2$ in Ae. bei —40 bis —50°; n_D^{20} 1,4203; DD. 0,827, 0,811, 0,788 u. 0,757; η 1,08, 0,72 u. 0,47; Dampfdruck bei 54,9° 13,0 (mm), 66,3° 22,5, 81,4° 45,5, 96,8° 84,5; 54% (Ausbeute); b) aus 61,3 g Trimethylchlormethylsilan mit NaCN (8 Std. im Autoklaven bei 200°); 4,5 g, neben 6,1 g *Hexamethyldisiloxan* (IV; Kp. 100—101°, n_D^{20} 1,3788). Gibt beim Vers. der Entmethylierung mit konz. H_2SO_4 78% IV. — *Isocyantrimethylsilan*, C_4H_9NSi, Kp. 117—118°, $Kp._{168}$ 69—71°, F. 11—12°, aus 50 g Jodmethyltrimethylsilan in Diphenyläther mit AgCN bei 175°; n_D^{20} 1,3922; 49%. — *Cyanmethylpentamethyldisiloxan* (II), $C_7H_{17}ONSi_2$, $Kp._{14}$ 82—83°, aus Chlormethylpentamethyldisiloxan über die GRIGNARD-Verb. analog I; n_D^{20} 1,4118; DD. 0,875, 0,858, 0,834 u. 0,802; η 1,45, 0,95 u. 0,64; Dampfdruck bei 75,7° 9,4, 95,6° 24,2, 111,3° 47,3, 128,3° 92,3°; 38%. — *Cyanmethylheptamethylcyclotetrasiloxan* (III), $C_9H_{23}O_4NSi_4$, $Kp._{2,0-2,5}$ 92—93°, analog II aus Chlormethylheptamethylcyclotetrasiloxan; n_D^{20} 1,4155; DD. 1,021, 1,002, 0,979 u. 0,938; η 4,87, 2,72 u. 1,48; Dampfdruck bei 118,5° 11,6, 133,1° 23,2, 148,7° 43,5, 166,1° 83,7; 52%. — *1.3-Bis-[cyanmethyl]-tetramethyldisiloxan*, $C_8H_{16}ON_2Si_2$, $Kp._{0,1}$ 97—99°, aus 57,7 g II mit konz. H_2SO_4 (20 Std.); n_D^{20} 1,4393; 11,0 g; daneben 8,3 g IV u. 26,3 g II. (J. Amer. chem. Soc. **77.** 3224—28. 20/6. 1955. Schenectady, N. Y., Gen. Electr. Co., Res. Labor.) L. KLENK. 980

Robert E. Lyle, Elmer J. DeWitt und **Ian C. Pattison,** *Darstellung und Eigenschaften einer Reihe von ätherischen und ungesättigten Boranen.* Es wurden nach $CH_2{=}CH(CH_2)_nX \xrightarrow{Mg} CH_2{=}CH(CH_2)_nMgX \xrightarrow{BF_3\text{-Ätherat}} [CH_2{=}CH(CH_2)_n]_3B$ u. $RO(CH_2)_nX \xrightarrow{Mg} RO\cdot(CH_2)_nMgX \xrightarrow{BF_3\text{-Ätherat}} [RO(CH_2)_n]_3B$ verschied. *Trialkenyl-*, *Tris-[alkoxyalkyl]-* u. *Tris-[aryloxyalkyl]-borane* dargestellt. Für die Gewinnung der Ausgangsverbb. wurden die nachst. Rkk. benutzt: a) $CH_2{=}CH(CH_2)_nX \xrightarrow{Mg} CH_2{=}CH(CH_2)_nMgX \xrightarrow[2.\ H^+]{1.\ CH_2O} CH_2{=}CH(CH_2)_nCH_2OH$; b) $\overbrace{CH_2\cdot CH_2\cdot CH_2\cdot CH}^{O}\cdot CH_2Cl \xrightarrow{Na} CH_2{=}CH(CH_2)_3OH$; c) $CH_2{=}CH(CH_2)_nCH_2OH \xrightarrow{PBr_3+\text{Pyridin}} CH_2{=}CH(CH_2)_nCH_2Br$; d) $NaOR + Br(CH_2)_nX \rightarrow RO(CH_2)_nX$; e) $RX + NaO(CH_2)_nOH \rightarrow RO(CH_2)_nOH$; f) bzw. f') $RO(CH_2)_nOH + SOCl_2$ bzw. $PBr_3 \rightarrow RO(CH_2)_n{-}Cl$ bzw. —Br. Bei dem Vers., 3-Chlorpropylphenyläther in die GRIGNARD-Verb. überzuführen, um diese dann mit BF_3 umzusetzen, erwies sich die GRIGNARD-Verb. als instabil. Es mußte ein ätherlösl. Mg-Phenolat entstanden sein, denn durch Ansäuern der äther. Reaktionslsg. u. Behandeln mit Bromwasser wurde in 90% ig. Ausbeute *2.4.6-Tribromphenol* (F. 95°) isoliert. — Alle Borane sind gegen O_2 empfindlich, die Aryloxyalkylborane jedoch am wenigsten. — *Tri-n-buten-(3)-yl-* (I) u. *Tri-n-penten-(4)*

ylboran zeigen im UV-Spektr. einen Wendepunkt bei 240 mμ bzw. ein Maximum bei 236 bis 242 mμ, während Tri-n-butylboran (II) ein Maximum bei 205 mμ besitzt. Dies deutet auf eine Wechselwrkg. zwischen dem B-Atom u. den π-Elektronen der C=C-Bindung in den beiden erstgenannten Verbb. hin. Eine solche Wechselwrkg. konnte auch im UV-Spektr. von α.α-Diphenyläthylen (III)-II-Gemischen in A. beobachtet werden. Mit steigenden Mengen an II verschwand der Wendepunkt im Spektr. von III bei 236 mμ u. das der benzoiden Bindung zuzuschreibende Maximum bei 250 mμ wurde kleiner u. verschob sich nach 260 mμ hin. — Bei der Rk. von I mit Br_2 wurden 3 Mol Br_2 rasch absorbiert, ohne daß die C—B-Bindungen aufbrachen. Die Analysenresultate für die entstandene Verb. waren jedoch noch unbefriedigend.

Versuche: *Buten-(3)-ol-(1)*, Kp. 112—115°, Darst. nach a); n_D^{25} 1,4179. — *Penten-(4)-ol-(1)*, Kp. 134—139°, b); n_D^{25} 1,4340; 51% (Ausbeute). — *Hexen-(5)-ol-(1)*, $Kp._{15}$ 57—58°, a); n_D^{25} 1,4335; 61%. — *Buten-(3)-ylbromid*, Kp. 98—100°, c); n_D^{25} 1,4576; 35%. — *Penten-(4)-ylbromid*, $Kp._{64}$ 54—55°, c); n_D^{25} 1,4620; 46%. — *Hexen-(5)-ylbromid*, $C_6H_{11}Br$, $Kp._{16}$ 47—51°, c); $D._4^{25}$ 1,2017, n_D^{25} 1,4632; 66%. — *3-Chlorpropylmethyläther*, Kp. 110—118°, d); n_D^{25} 1,4123; 54%. — *4-Brombutylmethyläther*, $Kp._{35}$ 68 bis 75° u. 70—82°, d) u. f'); n_D^{25} 1,4505; 50 u. 62%. — *5-Brompentylmethyläther*, $Kp._{20}$ 80 bis 86° u. $Kp._{25}$ 83—95°, d) u. f'); 52 u. 48%. — *3-Chlorpropylphenyläther*, $Kp._{13}$ 127 bis 129°, d); n_D^{25} 1,5235; 71%. — *4-Brombutylphenyläther*, $Kp._{14}$ 150—161°, F. 38—40° d); 65%. — *5-Brompentylphenyläther*, $Kp._{14}$ 171—175°, d); n_D^{25} 1,532; 67%. — *3-Oxypropylbenzyläther*, $Kp._{16}$ 150—165°, e); 52%. — *4-Oxybutylbenzyläther*, $Kp._{16}$ 167—172°, e); 58%. — *5-Oxypentylbenzyläther*, $Kp._{15}$ 171—184°, e); 53%. — *3-Chlorpropylbenzyläther*, $Kp._{16}$ 135—143°, f); 80%. — *4-Chlorbutylbenzyläther*, $Kp._{14}$ 150—158°, f); 67%. — *5-Chlorpentylbenzyläther*, $Kp._{21}$ 171—175°, f); 60%. — *4-Oxybutylmethyläther*, $Kp._{27}$ 85 bis 90°, e); 54%. — *5-Oxypentylmethyläther*, $Kp._{34}$ 100—106°, e); 44%. — Die nachst. *Borane* der Zus. R_3B wurden durch Zugeben von frisch dest. BF_3-Ätherat zur äther. Grignard-Lsg. aus dem entsprechenden Halogenid unter N_2 u. 1—3std. Kochen dargestellt: *R* = *Buten-(3)-yl* (I), $Kp._{17}$ 98—103°; 57%. — *R* = *Penten-(4)-yl*, $Kp._{18}$ 130 133°; 76%. — *R* = *Hexen-(5)-yl*, $Kp._{18}$ 112—123°; 70%. — *R* = *3-Methoxypropyl*, $Kp._{15}$ 158—161°; 50%. — *R* = *4-Methoxybutyl*, $Kp._3$ 170—180°; 27%. — *R* = *5-Methoxypentyl*, $Kp._{14}$ 210—214°; 39%. — *R* = *4-Phenoxybutyl* (IV), $Kp._5$ 295—325°, n_D^{25} 1,5365; 36%. — *R* = *5-Phenoxypentyl* (V), $Kp._2$ 275—280°, n_D^{25} 1,5278; 21%. — *R* = *3-Benzyloxypropyl*, $Kp._2$ 170—180°; 30%. — *R* = *4-Benzyloxybutyl*, $Kp._2$ 203—223°; 13%. — *R* = *5-Benzyloxypentyl*, $Kp._4$ 225—250°; 9%. — *1.8-Diphenoxyoctan*, F. 85—86°, neben **IV**; 10%. — *1.10-Diphenoxydecan*, F. 90—91°, neben **V**; 6%. — *γ-Benzyloxybuttersäure*, $C_{11}H_{14}O_3$, $Kp._{10}$ 188—189°, durch Carbonisieren der Grignard-Lsg. aus 3-Chlorpropylbenzyläther; $D._4^{25}$ 1,0107, n_D^{25} 1,5098; 40,7% (roh). — *Reaktionsprod. von 3 Br_2 u.* **I**, $C_{12}H_{21}Br_6B$, F. ca. 25° (Methanol), aus **I** in CCl_4 durch Zutropfen von Br_2 in CCl_4. (J. org. Chemistry **21**. 61—64. Jan. 1956. Durham, N. H., Univ., Dep. of Chem.)
L. Fischer. 980

James W. Wilt, *Reaktion von Silber-β-phenylisovalerat mit Brom.* Beim Verlauf der Rk. von Br_2 mit Ag-β-Phenylisovalerat über ein freies Radikal müßte neben [*Brom-tert.-butyl*]-*benzol* (I) auch [*Bromisobutyl*]-*benzol* (II) entstehen. Es wurde jedoch nur I isoliert, das ebenso wie II gegen AgBr beständig ist, also nicht durch Umlagerung von I entsteht.

Versuche: [*Brom-tert.-butyl*]-*benzol*, $Kp._2$ 69—70°, a) aus Ag-β-Phenylisovalerat mit Br_2 in CCl_4 bei 0°, dann 1½ Std. bei Zimmertemp. u. 15 Min. kochen; n_D^{20} 1,5442; $D._4^{20}$ 1,260; 16% (Ausbeute), neben 48% *β-Phenylisovaleriansäure*, F. 52—54°; b) aus 1-Brom-2-methylpropen ($Kp._{232}$ 56°, n_D^{20} 1,4611, $D._4^{20}$ 1,300) in Bzl. mit H_2SO_4 bei 15—20°; n_D^{20} 1,5444; $D._4^{20}$ 1,269; 21%. — [*Bromisobutyl*]-*benzol*, $Kp._2$ 57°, aus Benzyldimethylcarbinol ($Kp._2$ 61,5—62°, n_D^{20} 1,5158, $D._4^{20}$ 0,966) u. HBr bei 20°; n_D^{20} 1,5389; $D._4^{20}$ 1,261; 71%. (J. Amer. chem. Soc. **77**. 6397—98. 5/12. 1955. Storrs, Conn., Univ., Dep. of Chem.)
I. Ahrlé. 1010

Simon Miron und **Alexander Lowy**, *Substituierte Bis-phenoxymethane.* Es wurden nachst. substituierte Bis-phenoxymethane aus den entsprechenden Alkaliphenolaten durch 2—12std. Kochen mit der berechneten Mengen CH_3J_2 unter Zusatz von 3-Methylbutanol dargestellt (FF. korr.): *Bis-p-phenyl-*, F. 180,2—180,9° (Aceton); 63% (Ausbeute). — *Bis-o-phenyl-*, F. 104—104,8° (70%ig. A.); 54%. — *Bis-p-tert.-amyl-*, F. 41,5—41,9°, $Kp._1$ 185—186°; 64%. — *Bis-o-cyclohexyl-*, F. 95,8 bis 96,6° (85%ig. A.); 53%. — *Bis-p-benzyl-*, F. 74,8—75,4° (A.); 59%. — *Bis-p-chlor-*, F. 69,7—70,2° (PAe.); 62%. — *Bis-o-chlor-*, F. 87,7—88,6° (PAe.);57%. — *Bis-2.4-dichlor-*, F. 100,4—100,8° (80%ig. A.); 74%. — *Bis-p-brom-*, F. 74—74,5° (80%ig. A.); 62%. — *Bis-p-formyl-*, F. 84—85° (bei schnellem Erhitzen; wss. A.), wird bei langsamem Erhitzen bei 82° weich, dann wieder fest u. schm. schließlich bei 240°

(Zers.), Kp.$_1$ 218—219°, Kp.$_2$ 233—234°; 60%. Bildet eine *Bisulfitverb.*, red. $AgNO_3$, aber nur sehr schwach FEHLINGsche Lösung. — Alle Verbb. geben mit heißer konz. H_2SO_4 rote, grüne, orangefarbene oder braune Färbungen; die Spaltung gelingt in 4—40%ig. Ausbeute durch Kochen in HCl–Eisessig in Ggw. von Phloroglucin. (J. Amer. chem. Soc. **73.** 1872—73. April 1951. Pittsburgh, Pa., Univ., Dep. of Chem.) H. LEHWALD. 1060

Alexander Robertson und **W. B. Whalley,** *Eine neue Synthese des C-Methylphloroglucins.* Vff. beschreiben eine Synth. des *C-Methylphloroglucins* aus der C-Formylverb. des symm. Trioxybenzoesäuremethylesters durch CLEMMENSEN-Red. u. anschließende hydrolyt. Zers. mit Alkali. Auf analogem Wege werden verwandte Verbb. hergestellt.

Versuche: *3-Formyl-2.4.6-trioxybenzoesäuremethylester,* $C_9H_8O_6$, F. 169°, aus 5 g 2.4.6-Trioxybenzoesäuremethylester u. HCN in Ae. durch Einleiten von HCl bei 0° u. Zers. des Aldiminsalzes mit W. bei 100°; Nadeln aus Methanol 5 g (Ausbeute). *Oxim,* $C_9H_9O_6N$, F. 201° (Zers.), Nadeln aus verd. Methanol. — *C-Methylphloroglucin,* F. 214°, aus 10 g vorst. Verb. durch Red. mit amalgamiertem Zn u. HCl über *2.4.6-Trioxy-3-methylbenzoesäuremethylester* (**I,** F. 146°, Prismenrosetten aus PAe., 8,7 g), durch dessen Verseifung u. Decarboxylierung mit 10%ig. KOH; 6,6 g. — *C-Methylphloroglucin-β-monomethyläther,* $C_8H_{10}O_3$, F. 119°, aus 2.6-Dioxy-4-methoxy-3-methylbenzoesäuremethylester analog vorst. Verb. als *Hydrat,* F. 88—89°; 100%; sublimiert bei 140°/0,1 mm. — *2-Oxy-4.6-dimethoxy-3-methylbenzoesäuremethylester,* F. 146°, aus 7 g 2.4.6-Trioxy-3-methylbenzoesäuremethylester (I) u. Dimethylsulfat in Aceton + K_2CO_3; 6 g; 3 g geben mit sd. 20%ig. KOH *2-Oxy-4.6-dimethoxytoluol,* F. 66°; 2,2 g. — *3-Formyl-2.4.6-trioxy-5-methylbenzoesäuremethylester,* $C_{10}H_{10}O_6$, F. 168°, schmale Prismen aus Methanol, aus 4 g I u. HCN in Ae. u. Verseifen des zunächst entstehenden Aldiminsalzes mit sd. W.; 4,3 g; gibt *Oxim,* $C_{10}H_{11}O_6N$, F. 195°, schmale Nadeln aus verd. Methanol. — *2.4.6-Trioxy-3.5-dimethylbenzoesäuremethylester,* $C_{10}H_{12}O_5$, F. 139°, lange Prismen aus verd. Methanol, aus 3 g vorst. Verb. durch CLEMMENSEN-Red.; 2,7 g; gibt beim Kochen mit 10%ig. KOH *C.C'-Dimethylphloroglucin,* F. 162° (Bzl.–Essigester); 100%. — *2.6-Dioxy-4-methoxy-3.5-dimethylbenzoesäuremethylester,* $C_{11}H_{14}O_5$, F. 99°, Prismen aus verd. Methanol, aus 0,5 g 3-Formyl-2.6-dioxy-4-methoxy-5-methylbenzoesäuremethylester durch CLEMMENSEN-Red.; 0,4 g; durch Zers. von 0,3 g entsteht *4.6-Dioxy-2-methoxy-m-xylol,* $C_9H_{12}O_3$, F. 145°; 0,2 g. — *3-Formyl-2.4.6-trioxy-5-methylacetophenon,* $C_{10}H_{10}O_5$, F. 134°, aus verd. Methanol Nadelrosetten, aus 2 g C-Methylphloracetophenon, HCN u. $Zn(CN)_2$ in Ae. u. Verkochen des zunächst entstehenden Aldiminsalzes; 2 g. *2.4-Dinitrophenylhydrazon,* $C_{16}H_{14}O_8N_4$, F. 294—295° (Zers.), orangefarbene Nadeln aus viel Essigsäure. — *C-Formylphloracetophenon,* F. 182—183°, analog. — *C-Methylphloracetophenon,* F. 210—211°, Nadeln, aus 4,5 g vorst. Verb. durch CLEMMENSEN-Red.; 2,2 g. (J. chem. Soc. [London] **1951.** 3355—56. Dez. Liverpool, Univ.)

H. TIMMLER. 1060

John P. Lambooy, *Verbessertes Verfahren zur Hydrolyse von Diazoniumsalzen.* Zur Erzielung besserer Ausbeuten beim Ersatz der Diazoniumgruppe durch die Hydroxylgruppe schlägt Vf. eine App. zur Wasserdampfdest. vor, die eine augenblickliche Entfernung des entstandenen Phenols aus dem Reaktionsgemisch sowie die portionsweise Zugabe der Diazoniumsalzlsg. ermöglicht.

Versuche: *o-Äthylphenol,* aus o-Äthylanilin; 88% (Ausbeute). — *o-Kresol,* aus o-Toluidin; 84—89%. — *m-Kresol,* aus m-Toludin; 91%. — *p-Kresol,* aus p-Toluidin; 89%. — *2.4-Dimethylphenol,* aus 2.4-Dimethylanilin; 80%. (J. Amer. chem. Soc. **72.** 5327—28. Nov. 1950. Rochester, N. Y., Univ., School of Med. and Dent., Dep. of Physiol. and Vital Economics.) H.-J. PETROWITZ. 1060

D. E. Pearson, W. G. De Pierri jr. und **Lamar Field,** *Die Darstellung des Benzolsulfonats von 2.4.6-Tri-tert.-butylphenol, einem sterisch gehindertem Phenol. 2.4.6-Tri-tert.-butylphenolbenzolsulfonat,* $C_{24}H_{34}O_3S$, F. 124,5—126,5° (CH_3OH), aus 2.4.6-Tri-tert.-butylphenol (I) in Pyridin mit Benzolsulfonylchlorid (24 Std. kochen, Abkühlen über Nacht u. 24 Std. bei 5°); 19% (Ausbeute). Die Sulfonierung von I mit p-Toluolsulfonylchlorid in Pyridin gelang nicht. (J. Tennessee Acad. Sci. **30.** 234. Juli 1955. Nashville, Tenn., Vanderbilt Univ.) L. BÜRGER. 1060

G. Leandri, G. Modena und **F. Montanari,** *Über die Addition von Schwefelchloriden an Acetylen.* 1. Mitt. Schwefelchloride der Formel R—S—Cl werden von C_2H_2 unter Bldg. von *2-Chlorvinylsulfiden,* R—S—CH=CH—Cl addiert, die vermutlich trans-Struktur besitzen. Diese Verbb. sind gek. durch die Reaktionsfähigkeit des Halogens u. die leichte Oxydierbarkeit zu *Sulfonen,* in denen das Halogen noch sehr reaktionsfähig ist; die Verwendung zur Synth. von Verbb. vom Typ R—X—CH=CH—Y (X = S, SO_2; Y = nucleophiler Rest oder H) wird beschrieben.

Versuche: Aryl-β-chlorvinylsulfide bzw. -sulfone: *Phenyl-* (**I**), Kp.$_9$ 124°. *Sulfon* (**Ia**), F. 50—51°. — *p-Nitrophenyl-* (**II**), F. 108—109°. *Sulfon* (**IIa**),,

F. 159—160°. — *p-Phthalimidophenyl-*, F. 194—195°. — *p-Phenacylphenyl-*, F. 164°. *Sulfon*, F. 183—184°. — *1.2-Bis-phenylmercaptoäthylen*, F. 66°, aus **I** mit Thiophenol. — *1.2-Bis-phenylsulfonyläthylen* (**III**), F. 227—228°, aus vorst. Verb. durch Oxydation. — *1.2-Bis-p-nitrophenylmercaptoäthylen*, F. 126°, aus **II** mit p-Nitrothiophenol. — *1.2-Bis-p-nitrophenylsulfonyläthylen*, F. 290°. — β-Substituierte Vinylphenylsulfone, aus **Ia**: *β-Methylamino-*, F. 132—133°. — *β-[β-Phenylhydrazino]-*, F. 101°. — *β-Hydroxylamino-*, F. 95—96°. — *β-Cyclohexylamino-*, F. 117—118°. — *β-Piperidino-*, F. 85—86°. — *β-Phenylmercapto-* (**IV**), F. 76—77°. Gibt mit Piperidin bzw. Cyclohexylamin vorst. bzw. vorvorst. Verb., daneben *β.β-Bis-phenylmercaptoäthylphenylsulfon*, F. 70—71° (gibt bei der Oxydation **III**; mit C_2H_5ONa das auch aus **Ia** erhältliche *β-Äthoxyvinylphenylsulfon*, $Kp._3$ 167—169°). — *β-[p-Nitrophenylmercapto]-*, F. 154—155°. Läßt sich in vorvorst. bzw. drittvorst. Verb. überführen, daneben *β.β-Bis-p-nitrophenylmercaptoäthylphenylsulfon*, F. 185—186°. — β-Substituierte Vinyl-p-nitrophenylsulfone, aus **IIa**: *β-Amino-*, F. 197—198°. — *β-Hydrazino-*, F. 159 bis 160°. — *β-Cyclohexylamino-*, F. 187,5°. — *β-Piperidino-*, F. 117—118°. — *β-Phenylmercapto-*, F. 156—157°. Gibt mit Piperidin bzw. Cyclohexylamin vorst. bzw. vorvorst. Verbindung. — *β-[p-Nitrophenylmercapto]-*, F. 189—190°. — *α.β-Dichlorvinylphenylsulfid*, $Kp._{16}$ 130—132°, aus Thiophenol u. Trichloräthylen. *Sulfon*, F. 70—72°. — β-Substituierte α-Chlorvinylphenylsulfone, aus vorst. Sulfon: *β-Methylamino-*, F. 166—167°. — *β-Phenylamino-*, F. 177—178°. — *β-Phenylmercapto-*, F. 96—97°. Gibt bei der Red. **IV**. (Boll. sci. Fac. Chim. ind. Bologna **12**. 170. 1954. Bologna, Univ., Ist. Chim. Ind.) G. Platzer. 1090

Lamar Field, *Grignard-Reagentien von Sulfonen.* 3. Mitt. *Darstellung und Eigenschaften.* (2. vgl. C. **1954**. 8328.) Die Umsetzung von Methylphenylsulfon (**I**) in n-Butyläther mit Methyl-MgJ (**II**) im nahezu mol. Verhältnis gibt unter Entw. von fast 1 Mol CH_4 *Phenylsulfonylmethyl-MgJ* (**III**), das sich nicht zu R_2Mg u. MgX_2 disproportioniert, bei 17 std. Erhitzen auf 100°/0,6 mm beständig ist u. kein Ätherat bildet. Mit Benzaldehyd (**IV**) setzt sich **III** zu *β-Phenyl-β-oxyäthylphenylsulfon* (**V**) um. Mit Äthyl-MgBr bildet **I** *Phenylsulfonylmethyl-MgBr*, das die gleichen Eigg. wie **III** hat. Wird **I** u. **II** im Verhältnis 25,6 : 154 zusammengegeben, so entwickeln sich 2 Mol CH_4, mit **IV** bildete sich aus dem Prod. jedoch auch nur **V**; bei Verss. zum Nachw. der Bis-Verb. durch Halogenolyse bildete sich *Diphenyldisulfid* (**VI**). Wird **I** mit überschüssigem **II** bis zur Beendigung der Gasentw. erhitzt, tritt weitgehende Red. zu **VI** ein. *Jodmethylphenylsulfon* konnte mit Mg bei Ggw. von Äthylbromid in schlechter Ausbeute in **III** übergeführt werden. Weiterhin wird die Darst. verschied. Sulfone beschrieben: *3-Chlor-* u. *3-Jod-1-p-tolylsulfonylpropen-(1)*, *2-Chloräthylphenylsulfon*, *2-Jodäthyl-p-tolylsulfon* u. *1.1-Dimethyl-4-chlor-* (bzw. *-jod)-butyl-p-tolylsulfon*; sie reagieren nicht mit Mg.

Versuche (FF. korr.): *Phenylsulfonylmethyl-MgJ* (**III**), $C_7H_7O_2JSMg$, F. 194° (Zers.; vorher leichtes Sintern), aus **I** u. **II** in n-Butyläther (4,5 Std. bei 71—74°); 77% (Ausbeute). — *β-Phenyl-β-oxyäthylphenylsulfon* (**V**), F. 92—94° (CCl_4), aus **III** u. **IV** in Ae.-Bzl; 45%. — *Phenylsulfonylmethyl-MgBr*, $C_7H_7O_2BrSMg$, aus **I** u. Äthyl-MgBr. — *Jodmethylphenylsulfon*, $C_7H_7O_2JS$, F. 64—64,5° (A.), aus Na-Benzolsulfinat u. Methylenjodid in A. (41 Std. kochen); 70%. — *3-Chlor-1-p-tolylsulfonylpropen-(1)*, F. 57,5 bis 58,5° (CCl_4–PAe.), aus 3-p-Tolylsulfonylpropen-(2)-ol-(1) (F. 123—124°) vgl. Culvenor u. Mitarbeiter (C. **1950**. II. 992); 93%. Wird in Dioxan über Pd zu *1-[p-Tolylsulfonyl]-propen-(1)*, $C_{10}H_{12}O_2S$, F. 101—102°, hydriert, dieses weiter zu *n-Propyl-p-tolylsulfon*, F. 51,5—52,5°. — *3-Jod-1-p-tolylsulfonylpropen-(1)*, F. 72—74° (CCl_4), analog vorst. Verb.; läßt sich nicht reduzieren. — *2-Chloräthylphenylsulfon*, $C_8H_9O_2ClS$, F. 54—55° (Isopropanol–A.), mit Äthylenchlorbromid analog drittvorst. Verb.; 43%, daneben 22% *1.2-Bis-phenylsulfonyläthan*, F. 177,3—184°. — *2-Jodäthyl-p-tolylsulfon*, $C_9H_{11}O_2JS$, F. 100—101°, aus 2-Oxyäthyl-p-tolylsulfon, J_2 u. rotem P; Prismen aus A.–CCl_4; 53%. — *1.1-Dimethyl-4-chlorbutyl-p-tolylsulfon*, $C_{13}H_{19}O_2ClS$, F. 80—80,5° (A.), aus γ-Chlor-n-propyl-p-toluolsulfonat u. α-[p-Tolylsulfonyl]-isopropyl-MgBr (aus Isopropyl-p-tolylsulfon in Bzl. mit Äthyl-MgBr in Ae.); 38%. — *1.1-Dimethyl-4-jodbutyl-p-tolylsulfon*, $C_{13}H_{19}O_2JS$, F. 94,5—95° (CH_3OH, A. u. CCl_4–PAe.), aus vorst. Verb. u. NaJ; wird nach mehreren Monaten blaßgelb orangefarben; 91%. Gibt mit Mg u. J_2 in Tetrahydrofuran (kurz erhitzen, dann 18 Std. bei 26° u. 9 Std. am Rückfluß) 35% *1.8-Bis-[p-tolylsulfonyl]-1.1.8.8-tetramethyloctan*, $C_{26}H_{38}O_4S_2$, F. 145—145,5° (CCl_4–PAe., Methanol u. A.). (J. Amer. chem. Soc. **78**. 92—97. 5/1. 1956. Nashville, Tenn., Vanderbilt Univ., Dep. of Chem.) J. Roch. 1090

Albrecht Zappel, *Die Reaktion von Chlorsilanen mit Benzaldehyd.* Vf. beschreibt die Rk. von $SiCl_4$ mit Benzaldehyd bei Zimmertemp., die nach der Gleichung $SiCl_4 + C_6H_5CHO \rightarrow (SiCl_2O)_n + C_6H_5CHCl_2$ abläuft. Die homogene Mischung der Ausgangsprodd. zeigt nach einigen Wochen eine Viscositätszunahme, die durch Einw. von Tageslicht beschleunigt wird; nach 2—3 Monaten tritt Entmischung ein, wobei die schwere Phase hauptsächlich aus Chlorpolysiloxanen (Mol.-Gew. 1800—2000, n ≅ 15) besteht. Da immer mit einem Überschuß von Aldehyd gearbeitet wurde, scheint die Rk. nicht über die Stufe der Chlorpolysiloxane hinauszugehen (bei längeren Reaktionszeiten u. unter drast. Reaktionsbedingungen könnte die Rk. gegebenenfalls bis zur Bldg. von SiO_2 verlaufen). Die Rk. ist nicht auf $SiCl_4$ beschränkt, sondern verläuft auch — etwas langsamer — z. B. mit Phenyltrichlorsilan in analoger Weise. Der scheinbare Widerspruch zu den Ergebnissen mit Triphenylchlorsilan (ROCHOW u. GINGOLD, C. **1956**. 687) läßt sich mit einer starken ster. Hinderung erklären. (J. Amer. chem. Soc. **77**. 4228. 20/8. 1955. Leverkusen, Farbenfabriken Bayer AG.) G. WINKLER. 1120

L. I. Braddock und **Mary L. Willard**, *2.4-Dinitrophenylhydrazone der Alkylphenylketone.* Da die *2.4-Dinitrophenylhydrazone* von symm. aliphat. Ketonen mit mehr als 7 C-Atomen nicht krist. erhalten werden konnten, wurden die Eigg. von *Phenylketonen* mit langer aliphat. Seitenkette untersucht. Sie wurden nach der Meth. von BRADY (J. chem. Soc. [London] **1931**. 756) ohne Schwierigkeiten erhalten. — 2.4-Dinitrophenylhydrazone: *n-Hexylphenylketon-*, F. 135,0°, rote monokline Prismen oder (polymorphe Form) orangefarbene monokline Platten. — *n-Heptylphenylketon-*, F. 103,0—103,5°, orangefarbene monokline Platten. — *n-Tridecylphenylketon-*, F. 100,0 bis 100,1°, sehr dünne orangefarbene Platten, monoklin oder triklin. — *n-Pentadecylphenylketon-*, F. 98,0—99,0°, orangefarbene monokline Platten. — *n-Heptadecylphenylketon-*, F. 98,0—99,0°, orangefarbene monokline Täfelchen. (J. Amer. chem. Soc. **73**. 5866—67. Dez. 1951. State College, Pa., Dep. of Chem.) H. TIMMLER. 1160

G. Zigeuner und **F. Hanus**, *Studien auf dem Gebiet der Harnstoff–Formaldehyd-Kondensation.* 5. kurze Mitt. (4. vgl. C. **1952**. 7102.) Für die Bldg. von *N.N.N'-Tris-[2-oxy-3.5-dimethylbenzyl]-carbamid* (**I**) bei der Umsetzung von aus 1 Mol Harnstoff u. 2 Mol Formaldehyd (**II**) gewonnenem *Bis-[oxymethyl]-carbamid* (**III**) mit 2.4-Dimethylphenol (**IV**; 2.4-Xylenol) in saurem Medium werden folgende Möglichkeiten diskutiert: **III** enthält Tris-[oxymethyl]-carbamid; **III** bildet vor bzw. während der Umsetzung mit **IV** Verbb. mit tert. N, z. B. höhere Kondensate, die dann mit **IV** zu **I** reagieren; unter dem Einfl. der bei der Umsetzung mit **IV** angewandten Ameisensäure spaltet **III** teilweise **II** ab, der mit weiterem **III** u. **IV** reagiert. (Mh. Chem. **83**. 250—52. 15/2.; S.-B. österr. Akad. Wiss., math.-naturwiss. Kl., Abt. IIb **161**. 250—52. 1952. Graz, Univ., Inst. für organ. u. pharmazeut. Chem., u. Vianova-Kunstharz G. m. b. H., Forschungslabor.) F. J. MEYER. 1280

G. Zigeuner und **K. Voglar**, *Studien auf dem Gebiet der Harnstoff–Formaldehyd-Kondensation.* 6. kurze Mitt. *Zur Kenntnis der Urone.* (5. vgl. vorst. Ref.) Bei der Umsetzung von Dimethylolurondimethyläther (**II**; vgl. KADOWAKI, C. **1936**. II. 3535) mit 2.4-Dimethylphenol (**III**; 2.4-Xylenol) in Ameisensäure (3 Std. bei 50°) entsteht neben *N.N'-Bis-[2-oxy-3.5-dimethylbenzyl]-uron* (**IV**; $C_{21}H_{26}O_4N_2$) *N.N.N'-Tris-[2-oxy-3.5-dimethylbenzyl]-carbamid* (**I**). Demnach enthält **II** Trimethylolharnstofftrimethyläther. Bei der Einw. von **III** auf **IV** entstehen 2 Mol *2.2'-Dioxy-3.3'.5.5'-tetramethyldiphenylmethan* u. 1 Mol *N.N'-Bis-[2-oxy-3.5-dimethylbenzyl]-carbamid* (**V**). Läßt man erst Formaldehyd (**VI**) auf **II** (in Ameisensäure) einwirken u. dann **III**, wird die **IV**-Ausbeute wesentlich erhöht. **IV** entsteht auch aus **V** mit **VI** in Ameisensäure. (Mh. Chem. **83**. 1098—99.; S.-B. österr. Akad. Wiss., math.-naturwiss. Kl., Abt. IIb **161**. 1098—99. 1952.) F. J. MEYER. 1280

G. Zigeuner, *Studien auf dem Gebiet der Harnstoff–Formaldehyd-Kondensation.* 7. kurze Mitt. *Über die Spaltung von Carbamidomethylätherbrücken durch Alkohole.* (6. vgl. vorst. Ref.) Bis-[phenylcarbamidomethyl]-äther wird durch die Einw. von A. in Ggw. von HCl (10 Min. bei 25°) unter Bldg. von *N-Methylol-N'-phenylharnstoffäthyläther* ($C_{10}H_{14}O_2N_2$, F. 113°; 90% Ausbeute) gespalten. Andere Bis-carbamidomethyläther verhalten sich analog. (Mh. Chem. **83**. 1099—1100.; S.-B. österr. Akad. Wiss., math.-naturwiss. Kl., Abt. IIb **161**. 1099—1100. 1952.) F. J. MEYER. 1280

G. Zigeuner und **H. Berger**, *Studien auf dem Gebiet der Harnstoff–Formaldehyd-Kondensation.* 8. Mitt. *Zur Kenntnis des Trimethylentriurethans.* (7. vgl. vorst. Ref.) *Trimethylentriurethan* (**I**) wird durch 2.4-Dimethylphenol (**II**; 2.4-Xylenol) in saurer Lsg. unter Bldg. von *N.N-Bis-[2-oxy-3.5-dimethylbenzyl]-urethan* (**III**) u. *N-2-Oxy-3.5-dimethylbenzylurethan* (**IV**) gespalten, wobei **III** mit **II** unter Bldg. von **IV** u. *2.2'-Dioxy-3.3'.5.5'-tetramethyldiphenylmethan* weiterreagieren kann. **III** wird auch aus **IV** oder aus Urethan mit **II** u. Formaldehyd dargestellt.

Versuche: *N.N-Bis-[2-oxy-3.5-dimethylbenzyl]-urethan* (**III**), $C_{21}H_{27}O_4N$, F. 151° (derbe Prismen aus Cyclohexan), a) aus **I** mit **II** in Ameisensäure (2 Tage bei 50°); daneben **IV**; b) aus **IV** mit 30%ig. CH_2O u. **II** in HCOOH (3 Std. bei 50°); c) aus 10 g Urethan mit 40%ig. CH_2O u. **II** in HCOOH (16 Std. bei 50°); 10 g (Ausbeute). — *2.2'-Dioxy-3.3'.5.5'-tetramethyldiphenylmethan*, F. 148° (Cyclohexan), a) analog **III**, a), aber auf dem sd. Wasserbad; b) aus 1 g **III** mit **II** in HCOOH (3 Std. bei 100°); 0,7 g. — *N-2-Oxy-3.5-dimethylbenzylurethan* (**IV**), F. 73° (Cyclohexan), als Nebenprod. bei der Darst. vorst. Verbindung. (Mh. Chem. **83.** 1326—33; S.-B. österr. Akad. Wiss., math.-naturwiss. Kl., Abt. IIb **161.** 1326—33. 1952.) F. J. MEYER. 1280

G. I. Kiprianow und **G. W. Chrapal**, *Synthese einiger Derivate von β-Phenylisopropylamin.* 5. Mitt. *N-[β-Chloräthyl]- und N-[β-Dimethylaminoäthyl]-derivate.* (4. vgl. C. **1956.** 6654.) Bei der Rk. von β-Phenylisopropylamin mit Äthylenoxyd wird *N-[β-Oxyäthyl]-β'-phenylisopropylamin* (**I**) erhalten, das über die Chloräthylverb. mit Dimethylamin in *N.N-Dimethyl-N'-[β-phenylisopropyl]-äthylendiamin* übergeführt wird. Analog werden aus N-Benzyl- u. N-Phenyl-β-phenylisopropylamin *N.N-Dimethyl-N'-benzyl-(phenyl)-N'-[β-phenylisopropyl]-äthylendiamin* gewonnen.

V e r s u c h e: *N-Benzyl-β-phenylisopropylamin* (**II**), Kp.$_6$ 160°; aus β-Phenylisopropylamin u. Benzaldehyd u. Red. des entstehenden Azomethins mit Na/absol. Alkohol. — *N-Phenyl-β-phenylisopropylamin* (**III**), Kp.$_2$ 147—148°; aus Phenylaceton u. Anilin in Ggw. von $ZnCl_2$ u. Red. des erhaltenen Anils mit Na/absol. A.; 54% (Ausbeute). *Hydrochlorid*, F. 152—154°. *Saures Oxalat*, F. 168—168,5°. — *N-Benzyl-N-[β-oxyäthyl]-β-phenylisopropylamin* (**IV**), Kp.$_3$ 185—188°; man erhitzt 3,08 g Äthylenoxyd, 14 g **II** u. 0,1 g W. 8 Std. auf 100° im Rohr; 15,25 g. *Hydrochlorid*, $C_{18}H_{23}ON \cdot HCl$, F. 199 bis 201° (Aceton). — *N-Phenyl-N-[β-oxyäthyl]-β-phenylisopropylamin* (**V**), Kp.$_3$ 184—186°; aus 5,1 g **III** u. 1,4 g Äthylenoxyd in Ggw. von wenig W. (5½ Std. bei 175—190°); 94%. *Pikrat*, $C_{23}H_{24}O_8N_4$, F. 136—136,5° (Bzl.). — *N-[β-Chloräthyl]-β-phenylisopropylamin-hydrochlorid* (**VI**), $C_{11}H_{16}NCl \cdot HCl$, F. 152—153° (Aceton); aus **I**-Hydrochlorid in Toluol mit PCl_5 (½ Std. Erhitzen); 72%. — *N-Benzyl-N-[β-chloräthyl]-β-phenylisopropylamin* (**VII**), Kp.$_2$ 175—183°; aus **IV** in Chlf. mit $SOCl_2$; 93%. *Hydrochlorid*, $C_{18}H_{22}NCl \cdot HCl$, F. 150—152° (Aceton). — *N.N-Dimethyl-N'-[β-phenylisopropyl]-äthylendiamin*, Kp.$_3$ 115—120°; man erhitzt **VI** mit wss. Dimethylamin (1:4 Mol) 12 Std. auf 170—180° im Rohr; 68%. *Dihydrochlorid*, $C_{13}H_{22}N_2 \cdot 2\,HCl$, F. 188—190° (Aceton). — *N.N-Dimethyl-N'-benzyl-N'-[β-phenylisopropyl]-äthylendiamin*, aus **VII** u. wss. Dimethylamin in Methanol (16 Std. bei 180°); 69%. *Dipikrat*, $C_{32}H_{34}O_{14}N_8$, F. 213,5°. *Dihydrochlorid*, $C_{20}H_{28}N_2 \cdot 2\,HCl$, F. 83—85°. — *N.N-Dimethyl-N'-phenyl-N'-[β-phenylisopropyl]-äthylendiamin*, Kp.$_2$ 179—184°; aus **V** in Chlf. mit $SOCl_2$ u. Rk. der Chloräthylverb. mit wss. Dimethylamin (7 Std. bei 130—140°); 60%. *Dipikrat*, $C_{31}H_{32}O_{14}N_8$, F. 158,5—159° (A. u. Bzl.). *Oxalat*, $C_{21}H_{28}O_4N_2$, F. 153—154,5° (Aceton). (Украинский Химический Журнал [Ukrain. chem. J.] **20.** 53—56. 1954. Charkow, Ukrain. Inst. für experiment. Endokrinologie.) O. POLLAK v. EMHOFEN. 1310

John V. Capinjola, *N.N'-Di-n-butyl-p-phenylendiamin. N.N'-Di-n-butyl-p-phenylendiamin* (**I**) wurde nach dem Verf. von MICHAELIS u. Mitarbeitern (J. Amer. chem. Soc. **61.** [1939.] 1989) aus *N.N'-Di-p-toluolsulfonyl-p-phenylendiamin* (erhalten aus p-Phenylendiamin u. p-Toluolsulfochlorid) u. Di-n-butylsulfat in alkal. Lsg. dargestellt; bei mehrstd. Kochen entsteht in 47%ig. Ausbeute zunächst die *alkylierte Verb.*, $C_{28}H_{36}O_4N_2S_2$, F. 132—132,5° (Methanol), nach Hydrolyse mit Eisessig + konz. H_2SO_4 bei 90° in 91%ig. Ausbeute **I**; Reinigung durch Vakuumsublimation bei 100°; F. 53,2 bis 53,8°. *Dihydrochlorid*, $C_{14}H_{26}N_2Cl_2$. (J. Amer. chem. Soc. **73.** 1849. April 1951. Detroit, Mich., Ethyl Corp., Res. Labors.) R. KAYSER. 1310

Xorge Alejandro Dominguez, Beatriz Gomez, Erika Homberg und **Jorge Slim**, *Untersuchungen über Bis-[benzylisochinoline].* 1. Mitt. *Synthese von dl-N-[4-Oxyphenylacetyl]-5-jod-4-acetoxy-3-methoxyphenylalaninmethylester.* Bei der Rk. von *p-Benzyloxyphenylacetylchlorid*, dargestellt aus *p-Benzyloxyacetophenon* durch WILLGERODT-Rk., mit Glycin nach SCHOTTEN-BAUMANN entstand *p-Benzyloxyhomohippursäure* (**I**). Die Kondensation von **I** mit 5-Jodvanillin in Ggw. von Acetanhydrid u. $KHCO_3$ lieferte das entsprechende *Azlacton* (**II**), welches mit $CH_3 \cdot OH/CH_3COONa$ in den *α-[N-(4-Benzyloxyphenylacetyl)-amino]-5-jod-4-acetoxy-3-methoxyzimtsäuremethylester* übergeführt wurde. Die Hydrierung dieses Esters mit RANEY-Ni ergab *dl-N-[4-Oxyphenylacetyl]-5-jod-4-acetoxy-3-methoxyphenylalaninmethylester.*

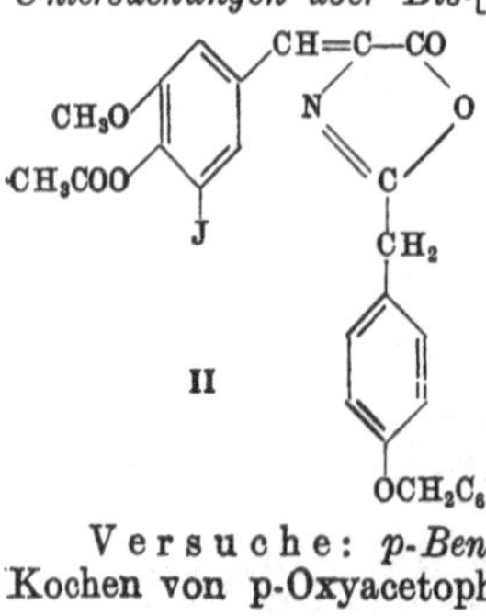

II

V e r s u c h e: *p-Benzyloxyacetophenon*, $C_{15}H_{14}O_2$, F. 95—96° (A.), durch 3std. Kochen von p-Oxyacetophenon, Benzylchlorid u. KOH in A. u. Gießen in W.; 93%

(Ausbeute). *Semicarbazon*, F. 197—199° (Methanol). — *p-Benzyloxyphenylessigsäure*, F. 120—121°, nach WEISS (J. Amer. chem. Soc. **70.** [1948.] 4263); 33%. — *p-Benzyloxyhomohippursäure* (**I**), $C_{17}H_{17}O_4N$, F. 190—192° (Bzl.-A., 2:1), durch 1std. Kochen vorst. Verb. mit $SOCl_2$ in PAe., Eindampfen, Zusatz von Glycin in 10%ig. NaOH u. Einstellen auf p_H 5—5,5; 72%. — *5-Jodvanillin*, F. 176°, nach PEPPER u. MACDONALD (C. **1955.** 2879); 91%. — *Azlacton* **II**, $C_{27}H_{22}O_6NJ$, F. 188° (A.), durch 45 Min. langes Kochen vorst. Verb. mit **I**, $KHCO_3$ u. Acetanhydrid u. Gießen in W.; 72%. — *α-[N-(4-Benzyloxyphenylacetyl)-amino]-5-jod-4-acetoxy-3-methoxyzimtsäuremethylester*, $C_{28}H_{26}O_7NJ$, F. 189 bis 190° (Bzl.), durch 2½std. Kochen von **II** u. Acetanhydrid in Methanol u. Gießen in W.; 78%. — *dl-N-[4-Oxyphenylacetyl]-5-jod-4-acetoxy-3-methoxyphenylalaninmethylester*, $C_{21}H_{22}O_7NJ$, F. 182°, durch 10std. Schütteln vorst. Verb. mit RANEY-Ni u. H_2 in Methanol bei 100 mm; 40%; 4std. Kochen mit 20%ig. HCl liefert *p-Oxyphenylessigsäure*, F. 141—143°. (J. Amer. chem. Soc. **77.** 1288—90. 5/3. 1955. Monterry N. L., Mexico, Inst. Tecnol. y de Estudios Superiores; Centro Bioquím. del Norte, Labor. de Quím. Orgán.) H.-J. KRAEGE. 1350

A. G. Brook, K. M. Tai und **Henry Gilman,** *Die Reaktionen von Triphenylsilyllithium mit Stilben.* Vff. erhalten bei der Addition von Triphenylsilyllithium (**I**) an trans-Stilben (**II**) an Stelle des erwarteten 1-Triphenylsilyl-1.2-diphenyläthans (vgl. GILMAN u. WU, C. **1955.** 9314) neben viel polymerem, Si enthaltendem Material verschied. Reaktionsprodd., aus denen *1.2-Bis-[triphenylsilyl]-1.2-diphenyläthan* (**III**) u. *1-Triphenylsilyl-1.2.3.4-tetraphenylbutan* (**V**) isoliert werden. Die Konst. von **II** u. **V** wird durch Abbau-Rkk. bzw. unabhängige Synth. gesichert. Vff. nehmen hinsichtlich des Reaktionsmechanismus an, daß sich das prim. Addukt durch die erhöhte Solvenswrkg. des als Lösungsm. verwendeten Äthylenglykoldimethyläthers (**IV**) als akt. metallorgan. Reagens verhält, das sich an weitere **II**-Moll. addieren kann (**IV** wird von **I** in wenigen Std. zu 40—50% gespalten). Mit Tolan wird wie vorst. neben viel polymerem, Si enthaltendem Material wenig **III** erhalten.

V e r s u c h e (alle Rkk. unter N_2): *1.2-Bis-[triphenylsilyl]-1.2-diphenyläthan* (**III**), $C_{50}H_{42}Si_2$, F. 250—252° (Bzl.), a) durch Zugabe von **II** in Bzl. zu **I** in **IV** u. 24std. Rühren bei Zimmertemp.; 26% (Ausbeute; daneben **V**); b) wie vorst. mit Tolan; 8%; c) durch 12std. Kochen von α-Brombenzyltriphenylsilan mit Na in Xylol; 19% (daneben *Prod. vom F. 235—238°*, vermutlich Diastereoisomeres von **III**; 9%); gibt bei 5½std. Kochen mit KOH in Dioxan/Methylcellosolve *Triphenylsilanol* (**VI**), F. 149—151°; 80%, u. *Bibenzyl*, F. 51—52°; 67%. — *1-Triphenylsilyl-1.2.3.4-tetraphenylbutan* (**V**), $C_{46}H_{40}Si$, F. 155—157° (PAe.), neben **III**; 24%; gibt bei 16std. Kochen mit KOH 39% **VI** u. 73% *1.2.3.4-Tetraphenylbutan*, $C_{28}H_{26}$, F. 89—91° (A.), das zum Vgl. durch Red. von Tetraphenylthiophen mit Na/Amylalkohol [22%; daneben *1.2-Diphenyl-3-benzylhydrinden* (**VII**), F. 181—182°; 36%], aus 1.2.3.4-Tetraphenylbutadien-(1.3) (F. 183—184°) mit Na/Amylalkohol (36%; daneben 35% **VII**) oder durch katalyt. Hydrierung über RANEY-Ni in Dioxan bei 1300 lbs./sq.in. (48%) dargestellt wurde. (J. Amer. chem. Soc. **77.** 6219—21. 5/12. 1955. Toronto, Can., Univ., u. Ames, Io., State Coll., Dep. of Chem.) G. WINKLER. 1380

Leon D. Freedman, Henry Tauber, G. O. Doak und **Harold J. Magnuson,** *Die Herstellung einiger Organophosphorverbindungen mit Anticholinesteraseaktivität.* Von 50 bereits früher (vgl. J. Amer. chem. Soc. **75.** [1953.] 683 u. früher) dargestellten Organophosphorverbb. zeigten die meisten wenig oder gar keine Hemmwrkg. gegen Cholinesterase aus menschlichem Plasma (COHN-Fraktion IV-6) bei p_H 7 in Konzz. von 0,003 Mol/Liter. Für die folgenden wirksamen Verbb. wurden die für die graph. interpolierte I_{50} (50%ig. Inhibierung) nötigen Konzz. (in Mol/Liter) ermittelt: P h o s p h i n s ä u r e n: *o-Bromphenylphenyl-*, $6 \cdot 10^{-5}$; *Bis-[o-bromphenyl]-*, $1 \cdot 10^{-4}$; *Bis-[o-chlorphenyl]-*, $5 \cdot 10^{-4}$; *Bis-[m-bromphenyl]-*, $2 \cdot 10^{-3}$; *Bis-[m-chlorphenyl]-*, $2 \cdot 10^{-3}$; *m-Chlorphenylphenyl-*, $3 \cdot 10^{-3}$; *m-Bromphenyl-m-methylaminophenyl-*, $4 \cdot 10^{-3}$; *Bis-[m-methylaminophenyl]-*, $4 \cdot 10^{-3}$; *o-Bromphenyläthyl-*, $4 \cdot 10^{-3}$. — P h o s p h o n s ä u r e n: *o-Brombenzol-* (**I**), $4 \cdot 10^{-3}$; *o-Chlorbenzol-*, $4 \cdot 10^{-3}$; *m-Brombenzol-*, $5 \cdot 10^{-3}$; *o-Aminobenzol-*, $8 \cdot 10^{-3}$; *m-[n-Butylamino]-benzol-*, $9 \cdot 10^{-3}$. Aus den entsprechenden Benzoldiazoniumfluoroboraten werden nach den l. c. beschriebenen Methoden eine Reihe weiterer *Phosphin-* u. *Phosphonsäuren* dargestellt u. ihre I_{50} bestimmt. Die entsprechenden *Ester* besitzen durchweg eine höhere Anticholinesteraseaktivität als die freien Säuren; zum Vgl. Pyrophosphorsäuretetraäthylester, I_{50} $5 \cdot 10^{-9}$.

V e r s u c h e: P h o s p h o n s ä u r e n, aus dem entsprechenden substituierten Benzoldiazoniumfluoroborat in Äthylacetat mit PBr_3 in Ggw. von CuBr (Meth. **A**), in Isopropylacetat mit PBr_3 u. CuBr (Meth. **B**) oder in Äthylacetat mit PCl_3 u. CuBr (Meth. **C**), daneben die entsprechenden Phosphinsäuren (vgl. l. c.): *o-Jodbenzol-*, F. 219 bis 222° (verd. HCl), nach **A**; I_{50} $4 \cdot 10^{-4}$; 22% (Ausbeute). — *o-Carboxybenzol-*, F. 175,5 bis 179°, nach **A**; I_{50} $4\cdot10^{-3}$; 37%. — *o-Methoxybenzol-*, F. 202—203° (etwas von der Erhitzungsgeschwindigkeit abhängig), nach **A**; I_{50} $4\cdot10^{-3}$; 20%. — *2.5-Dichlorbenzol-*, F. 193—196°, nach **A**; I_{50} $6\cdot10^{-3}$; 32%. — *2-Brom-5-nitrobenzol-*, *Monohydrat*, Zers. >230°, nach **B**; I_{50} $7\cdot10^{-2}$; 15%. — *2-Chlor-4-aminobenzol-*, F. >200° (3n HCl; stark abhängig von der Erhitzungsgeschwindigkeit); I_{50} $1\cdot10^{-2}$; 86%. — *o-Fluorbenzol-*, F. 146—149°, nach **C**; I_{50} $>1\cdot10^{-2}$; 41%. — *2-Brom-5-methylbenzol-*, F. 199—203°, nach **A**; I_{50} $>1\cdot10^{-2}$; 27%. — *2-Chlor-4-nitrobenzol-*, F. 221,5—224°; I_{50} $>1\cdot10^{-2}$; nach **A** 20%, nach **C** 32%. — *2-Methoxy-4-nitrobenzol-*, *Hydrat*, F. 226,5—227,5°, nach **C**; I_{50} $>1\cdot10^{-4}$; 31% (daneben keine Phosphinsäure). — *o-Brombenzol-*, *Diäthylester*, $Kp._{0,1}$ 115—121°, aus **I** mit PCl_5 (30 Min. kochen) u. Rk. des rohen *o-Brombenzolphosphonylchlorids* in CCl_4 mit A.; I_{50} $1\cdot10^{-5}$; 75%. — Phosphinsäuren, als Nebenprod. bei der Darst. der Phosphonsäuren; Darst. der Ester analog vorst. Ester: *o-Jodphenylphenyl-*, F. 206—207,5° (95%ig. A.), aus o-Jodbenzoldiazoniumfluoroborat u. Phenyldichlorphosphin nach **A**; I_{50} $1\cdot10^{-3}$; 28%. — *Bis-[2.5-dichlorphenyl]-*, F. 232 bis 233° (wss. A.); I_{50} $1\cdot10^{-3}$; 13%. — *Bis-[o-methoxyphenyl]-*, F. 234—238° (6n HCl); I_{50} $4\cdot10^{-3}$; 10%. — *Bis-[o-fluorphenyl]-*, F. 220—222° (wss. A.); I_{50} $4\cdot10^{-3}$; 11%. — *Bis-[2-brom-5-methylphenyl]-*, F. 265—271° (wss. A.); I_{50} $7\cdot10^{-3}$; 12%. — *Bis-[2-brom-5-nitrophenyl]-*, F. >300° (wss. A.); I_{50} $>1\cdot10^{-2}$; 12%. — *Bis-[2-chlor-4-nitrophenyl]-*, Zers. bei 270—275° (wss. A.); I_{50} $>1\cdot10^{-2}$; nach **A** 2%, nach **C** 0%. — *o-Bromphenylphenyl-*, *Isopropylester*, $Kp._{2,0}$ 183—191°; I_{50} $1\cdot10^{-6}$; 50%. *Äthylester*, $Kp._{0,1}$ 157—165°; I_{50} $1\cdot10^{-5}$; 74%. *Methylester*, $Kp._{0,1}$ 160—168°; I_{50} $8\cdot10^{-5}$; 55%. — *Bis-[o-bromphenyl]-*, *Äthylester*, F. 115—118°, $Kp._{0,1}$ 186—194°; I_{50} $3\cdot10^{-6}$; 38%. (J. Amer. chem. Soc. **75.** 1379—81. 20/3. 1953. Chapel Hill, N. C., U. S. Publ. Health Serv., School of Publ. Health, Ven. Dis. Exp. Labor.) H. W. ZIMMER. 1380

Günther Naumann, *Beitrag zur Synthese von 1.4-Divinylbenzol.* Es wird eine neue Meth. zur Darst. von *1.4-Divinylbenzol* (**I**) durch Enthalogenierung von *1¹.1².4¹.4²-Tetrabrom-1.4-diäthylbenzol* (**III**) mit Zn beschrieben. Da **III** wenig lösl. ist, läßt es sich aus Bromierungsprodd. von techn. Diäthylbenzol (**II**) leicht in reiner Form gewinnen. Mit Mg an Stelle von Zn tritt keine merkliche Rk. ein. Wegen starker Polymerisationsneigung von **I** müssen Inhibitoren verwendet werden: in wss. Lsg. Hydrochinon, in nichtwss. Lsg. Cu-Oleat u. Phenyl-β-naphthylamin. Das monomere **I** ist bei niederer Temp. einige Tage beständig. Sulfonierte Polystyrolharze, die mit reinem **I** oder mit dem aus techn. **II** erhaltenen Isomerengemisch vernetzt wurden, zeigten Übereinstimmung hinsichtlich Quellung u. Austauschleistung.

Versuche: *1¹.1².4¹.4²-Tetrabrom-1.4-diäthylbenzol*, F. 157,5° (Bzl.), durch Bromierung von **II** unter UV-Bestrahlung bei 150—160° (2 Std.); 80% (Rohausbeute). — *1.4-Divinylbenzol* (**I**), $Kp._8$ 72°, F. 30,2°, aus vorst. Verb. mit Zn-Pulver in sd. Dioxan in Ggw. von Phenyl-β-naphthylamin; n_D^{40} 1,5820, $D.^{20}_4$ 0,928; 38%. (J. makromolekulare Chem. [4] **1.** 277—82. 1955. Wolfen, VEB Farbenfabrik.) G. SEELIGER. 1410

Philip L. Southwick, Harold L. Dimond, Mead S. Moores und **David I. Sapper**, *Spaltung einiger α.β-ungesättigter Ketone durch alkalisches Wasserstoffperoxyd.* Die Oxydation von α.β-ungesätt. Ketonen mit alkal. H_2O_2 kann zur Epoxydbldg. an der Doppelbindung führen. Dies scheint jedoch nicht der Fall zu sein, wenn in α-Stellung sich ein Substituent befindet, wie Vff. an 3 Beispielen zeigen: *N-Acetyl-1-[p-chloranilino]-4-phenylbuten-(3)-on-(2)* (**I**), *N-Acetyl-1-anilino-1.4-diphenylbuten-(3)-on-(2)* (**II**) u. *Cinnamoyldibenzoylmethan* (**III**). In diesen 3 Fällen erfolgt nicht nur Angriff an der α.β-ständigen Doppelbindung (unter Spaltung), sondern auch Angriff in α'-Stellung u. dort um so leichter, je beweglicher das dort vorhandene H-Atom ist. Auf diese Weise erfolgt Spaltung zwischen der C=O-Gruppe u. dem α'-C-Atom. Ein möglicher Reaktionsmechanismus, bei dem prim. Anlagerung von H_2O_2 an der α.β-ständigen Doppelbindung u. sek. Angriff in α'-Stellung durch den im Mol. vorhandenen Peroxydrest erfolgt, wird diskutiert.

Versuche (FF. korr.): Oxydation von **II** mit 30%ig. H_2O_2 in alkal. Lsg. in A. bei 40° ergibt *Benzanilid*, F. 160—161°; 88% (Ausbeute), *Benzaldehyd* (*2.4-Dinitrophenylhydrazon*, F. 231—234°), *Acetaldehyd* (*2.4-Dinitrophenylhydrazon*, $C_8H_8O_4N_4$, F. 144—147 u. F. 155—160°) u. *Benzoesäure*, F. 118°. — Analog aus **I** *p-Chloracetanilid*, F. 179°; 27%. — *Cinnamoyldibenzoylmethan* (**III**), $C_{24}H_{18}O_3$, F. 140—141,5°, aus A. citronengelbe Nadeln, aus Dibenzoylmethan u. Cinnamoylchlorid in absol. A. mit Na. — Oxydation von **III** analog **I** ergibt *Benzaldehyd* u. *Benzoesäure*. — N-Desylacetanilid u. N-Phenacylacetanilid werden von alkoh.-alkal. H_2O_2 nicht angegriffen. (J. Amer. chem. Soc. **78.** 101—04. 5/1. 1956. Pittsburgh, Pa., Carnegie Inst. of Technol., Dep. of Chem.) J. KLEINWÄCHTER. 1740

A. T. Blomquist und **Joseph A. Verdol**, *Thermische Dimerisierung von Allen zu 1.2-Dimethylencyclobutan.* Allen (**I**) wurde bei 500—510° u. einer Kontaktzeit von ca.

6 Sek. durch ein mit Glaskugeln gefülltes, vertikal angeordnetes PYREX-Rohr geleitet u. dabei in Ausbeuten von 41—61% (1,7—3,8% Umwandlung) in *1.2-Dimethylencyclobutan* (**II**; Kp. 74°, n_D^{20} 1,4685, n_D^{25} 1,4662) übergeführt. Das aus 2.3-Dibrompropen-(1) mit Zn-Staub in A. dargestellte **I** (Kp. —36 bis —35°) erwies sich als frei von Methylacetylen; dagegen konnte es nicht restlos von *2-Brompropen* (Kp. 45—46°) befreit werden, demzufolge war auch das gebildete **II** immer schwach bromhaltig. Das Prod. der Dimerisierung enthielt kein 2-Vinylbutadien-(1.3) u. wurde auch durch Erhitzen auf 500—600° in Ggw. oder Abwesenheit von Essigsäure nicht in diese Verb. umgewandelt. **II** bildet 1:1-Addukte mit N-Phenylmaleinimid u. Maleinsäureanhydrid (**III**). Entgegen den Angaben von ALDER u. ACKERMANN (C. **1955.** 1265) finden Vff., daß beim Kochen von **II** mit **III** in Bzl. kein *$\Delta^{4a,8a}$-Oktahydronaphthalin-2.3.6.7-tetracarbonsäuredianhydrid* (**IV**), sondern ausschließlich *Bicyclo-[4.2.0]-octen-(1[6])-dicarbonsäure-(3.4)-anhydrid* (**V**; F. 77—78° [Hexan]) gebildet wird. Dagegen entsteht **IV** (F. 245° [Acetanhydrid]) beim Erhitzen von **II** oder **V** mit **III** in Bzl. auf 150°. Dieser Befund stützt die Annahme, daß **V** u. wahrscheinlich auch 4.5-Dimethylenhexahydrophthalsäureanhydrid Zwischenprodd. bei der Bldg. von **IV** sind. (J. Amer. chem. Soc. **78.** 109—12. 5/1. 1956. Ithaca, N. Y., Cornell Univ., Baker Labor. of Chem.) G. LOHAUS. 1810

J. P. Wibaut und **F. L. J. Sixma,** *Ozonabsorption und Ozonolyse von Cyclooctatetraen. Cyclooctatetraen* (**I**) nimmt zwischen —15 u. —60° durchschnittlich 3½ Mol O_3 auf (Tabelle), *Cyclooctatetraenoxyd* 2½ Mol. Nach Hydrolyse des Ozonids aus **I** u. HNO_3-Oxydation wurde *Oxalsäure* (**II**) in 12%ig. Ausbeute isoliert. Nach H_2O_2-Oxydation des hydrolysierten Ozonids aus **I** in Essigsäure konnten durch Chromatographie **II**, *Glykolsäure* u. *Äthantetracarbonsäure* (**III**) im ungefähren Verhältnis 1:2:1 nachgewiesen werden, ferner *Bernsteinsäure* u. außerdem noch mindestens 2 weitere saure Substanzen, von denen die eine vielleicht *Malonsäure* ist; die Gesamtausbeute an Carbonsäuren betrug nur 1—2%, Ameisen- u. Essigsäure konnten nicht nachgewiesen werden. Aus den Ergebnissen folgt, daß entweder zwischen **I** u. *Bicyclo-[4.2.0]-octatrien* ein Gleichgewicht besteht oder daß bei der Ozonisation der analoge Mechanismus vorliegt wie der von FRIESS u. BOEKELHEIDE (J. Amer. chem. Soc. **71.** [1949.] 4145) für die Halogenaddition an **I** vorgeschlagene.

Versuche (z. T. mit **E. F. J. Duynstee** und **J. C. Scheer**): *Cyclooctatetraen* (**I**), $Kp._{78}$ 70,9—71,5°; n_D^{25} 1,5350. — *Cyclooctatetraenoxyd*, $Kp._{11}$ 74,8—75,3°, aus **I** u. Perbenzoesäure; n_D^{20} 1,5403; Ausbeute 31%. — *Äthantetracarbonsäure* (**III**), $C_6H_6O_8$, F. 169° (Zers.). — Best. der O_3-Absorption a) durch Sättigen von Chlf. mit O_3 bei der gewünschten Temp., Zerbrechen einer ca. 2 mMol **I** enthaltenden Ampulle in der Lsg. u. kontinuierliches Durchleiten einer pro Min. konstanten Menge O_3; b) durch Kühlen von ca. 1 mMol O_3 in Chlf. auf —30 bis —40° u. Einleiten eine konstanten O_3-Stroms von bekanntem O_3-Gehalt. — Eingießen von 9 nach a) erhaltenen Ansätzen in W., 2—4wöchiges Stehen, Einengen der wss. Phase bei 33° u. 10 mm u. 2std. Erhitzen mit 37%ig. HNO_3 lieferte 0,51 g *Oxalsäure* (**II**), F. 99,5—99,8°; aus der Mutterlauge konnten noch 0,2 g *Ca-Oxalat* gefällt werden; Gesamtausbeute 12,3% **II**. — Nach Ozonisation von 1 g **I** in Chlf. bei —31°, Zugabe von Eisessig nach Beendigung der O_3-Absorption, Entfernung des Chlf. bei 30°/10 mm, Zugabe von 30%ig. H_2O_2, 1std. Erhitzen auf dem Dampfbad u. Addition von $Pb(NO_3)_2$ wurden 32 mg eines *Pb-Salzes* erhalten; nach Rk. von 20 mg des Salzes mit H_2SO_4, 22std. Extraktion mit Ae. u. Einengen wurde chromatographiert; **II, III,** *Glykolsäure* u. eine saure Verb. mit R_F 0,54, *Malonsäure* oder *Äthantricarbonsäure*, konnten nachgewiesen werden, daneben eine Verb. mit R_F 0,82. — Nach Ozonisation von **I** in Chlf., Ersatz des Chlf. durch CH_3COOH, Zugabe von 30%ig. H_2O_2, 1std. Erhitzen auf dem Dampfbad, Einengen u. Chromatographie wurden **II, III,** *Glykolsäure, Malonsäure* (?), *Bernsteinsäure* u. eine Verb. mit R_T 0,82 nachgewiesen; das Chromatogramm ist dargestellt, die R_T- u. R_F-Werte sind tabellar. angegeben. (Recueil Trav. chim. Pays-Bas **73.** 797—808. Sept./Okt. 1954. Amsterdam, Univ., Labor. of Organ. Chem.) H.-J. NITZSCHKE. 1810

Tod W. Campbell und **Galvin M. Coppinger,** *Synthese und Absorptionsspektren einiger Analoga des Humulons.* Vff. stellten 2 Analoge des *Humulons* (**I**) dar durch Acylierung von Dimethylphloroglucin (**II**) u. anschließende Oxydation mit O_2 in Ggw. von Pb-Acetat u. Spaltung des entstandenen Pb-Salzes mit H_2SO_4 zu *Acyl-3.5-dimethyl-2.3-dioxy-4.6-diketocyclohexen-(1)*, wobei als Acylreste CH_3CO— u. $CH_3CH_2CH_2CO$— eingeführt wurden. Die Absorptionsspektren der synthetisierten Analoga wurden mit denen von **I** verglichen u. zeigten große Ähnlichkeit.

Versuche: Acylierung von **II** nach KARRER [1917]; *Dimethylphloracetophenon*, F. 221—222°; *Dimethylphlorobutyrophenon*, F. 140°. — *Butyro-3.5-dimethyl-2.3-dioxy-4.6-diketocyclohexen-(1)*, $C_{12}H_{16}O_5$, F. 104,5—105,0° (wss. CH_3OH), durch Behandeln gleichmol. Mengen vorst. Verb. in CH_3OH u. Pb-Acetat mit O_2 u. Spaltung des ausfallenden, gelben Pb-Salzes mit überschüssiger 6n H_2SO_4 u. Ae.; hellgelb, kristallin; 30–50% Ausbeute. Ebenso die *Acetoverb.* $C_{10}H_{12}O_5$, F. 150,5–151,5°. (J. Amer. chem. Soc. **73**. 1849–50. April 1951. Albany, Calif., Western Regional Res. Labor.)

R. KAYSER. 1980

Ng. Ph. Buu-Hoï und **P. Demerseman**, *Durch Zinkchlorid katalysierte Benzylierung von Phenolen und Naphtholen.* (vgl. BUU-HOÏ u. Mitarbeiter, C. **1954**. 1236 u. früher.) Die Benzylierung von Phenolen u. Naphtholen mit Benzylchlorid u. seinen kernhalogenierten Homologen sowie mit α-Naphthylmethylchlorid gelingt in p-Stellung in guter Ausbeute ohne merkliche Bldg. von Benzyläthern in sd. Chlf. (12 Std.) in Ggw. katalyt. Mengen $ZnCl_2$ (vgl. BUU-HOÏ u. DEMERSEMAN, C. **1954**. 7641). Der auch nach dieser Meth. zugängliche bekannte 5-Benzylsalicylsäuremethylester wird in das *Hydrazid* (**I**) übergeführt, das in einer Konz. von 10^{-4} in vitro ebenso wie *5-[p-Chlorbenzyl]-* (**II**), *5-[p-Methylbenzyl]-* (**III**) u. *5-[α-Naphthylmethyl]-salicylhydrazid* (**IV**) gegen *Mycobacterium tuberculosis* bakteriostat. Wrkg. zeigt, in vivo gegen Tuberkulose bei Mäusen u. Meerschweinchen u. gegen tuberkulöse Meningitis bei Kaninchen jedoch prakt. unwirksam ist. **I** zeigt ferner eine baktericide Wrkg. gegen *Staphylokokken, Bacterium coli, Pneumokokken* u. *Enterokokken* in Konzz. $<10^{-3}$, gegen *Bacterium anthracis* bei $>10^{-3}$ bis $<10^{-4}$ u. gegen *Streptokokken* bei $5 \cdot 10^{-6}$ bis 10^{-6} (bakteriostat. Wrkg. bei 10^{-5} bis $5 \cdot 10^{-6}$). Die fungistat. Aktivität gegen Röhrchenkulturen von *Trichophytonmentagrophytes* (im Haartest keine Wrkg. bei 1%ig. Konz.) lag für **I**, **III** u. **IV** bei 10^{-3}, für **II** bei 10^{-2} bis $5 \cdot 10^{-3}$.

Versuche (Darst. der verschied. substituierten Benzylphenole vgl. l. c.; Umkristallisation aus PAe. oder Cyclohexan; Ausbeuten 40% [Phenole mit freien o- u. p-Stellungen] bis 85% [Phenole mit nur einer freien o-Stellung] für Monosubstitutionsprodd., bzw. 20–45% für Disubstitutionsprodd. je nach der Zahl der freien o- u. p-Stellungen des Phenols; Verbb. ohne Angabe von F. u. n_D sind viscose Öle oder dicke Harze): *2-Benzyl-4-tert.-octylphenol*, $C_{21}H_{28}O$, $Kp._{0,4}$ 192°, n_D^{19} 1,5548. — *x-Benzyl-tert.-octyl-m-kresol*, $C_{22}H_{30}O$, $Kp._{14}$ 218–220°, n_D^{24} 1,5675. — *2-[p-Chlorbenzyl]-4-tert.-octylphenol*, $C_{21}H_{27}OCl$, $Kp._{0,2}$ 190°, F. 64°. — *2-[p-Chlorbenzyl]-4-tert.-butylphenol*, $C_{17}H_{19}OCl$, $Kp._{0,4}$ 179–180°, F. 87°. — *2-Benzyl-4-chlor-5-methylphenol*, $C_{14}H_{13}OCl$, $Kp._{15}$ 200–205°, n_D^{15} 1,6043. — *2-Chlor-4-[o-chlorbenzyl]-phenol*, $C_{13}H_{10}OCl_2$, $Kp._{12}$ 195–196°, n_D^{24} 1,6143. — *2-Chlor-4-[2.4-dichlorbenzyl]-phenol*, $C_{13}H_9OCl_3$, $Kp._{13}$ 215–216°, n_D^{24} 1,6203. — *2-[o-Chlorbenzyl]-4-chlorphenol*, $C_{13}H_{10}OCl_2$, $Kp._{16}$ 212–214°, n_D^{23} 1,6153. — *2-[2.4-Dichlorbenzyl]-4-chlorphenol*, $C_{13}H_9OCl_3$, $Kp._{12}$ 221–223°, F. 55°, n_D^{25} 1,6212. — *2-[o-Chlorbenzyl]-4-chlor-5-methylphenol*, $C_{14}H_{12}OCl_2$, $Kp._{14}$ 224–225°, F. 92°. — *2-[p-Chlorbenzyl]-4-chlor-5-methylphenol*, $C_{14}H_{12}OCl_2$, $Kp._{13}$ 226–228°, F. 108°. — *2-[2.4-Dichlorbenzyl]-4-chlor-5-methylphenol*, $C_{14}H_{11}OCl_3$, $Kp._{30}$ 265–266°, F. 108°. — *3-Methyl-4-[p-chlorbenzyl]-6-isopropylphenol*, $C_{17}H_{19}OCl$, $Kp._{15}$ 220–224°. — *2-Methyl-4-[o-chlorbenzyl]-5-isopropylphenol*, $C_{17}H_{19}OCl$, $Kp._{29}$ 242–244°, n_D^{21} 1,5864. — *2-Methyl-4-[p-chlorbenzyl]-5-isopropylphenol*, $C_{17}H_{19}OCl$, $Kp._{12}$ 215–216°, n_D^{21} 1,5855. — *2-Methyl-4-[2.4-dichlorbenzyl]-5-isopropylphenol*, $C_{17}H_{18}OCl_2$, $Kp._{12}$ 222–226°, n_D^{19} 1,5930. — *2-Benzyl-3-methyl-4-chlor-6-isopropylphenol*, $C_{17}H_{19}OCl$, $Kp._{18}$ 219–220°, n_D^{24} 1,5861. — *x-Benzyl-o-oxybiphenyl*, $C_{19}H_{16}O$, $Kp._{16}$ 245–246°, n_D^{28} 1,6358. — *x-[p-Chlorbenzyl]-o-oxybiphenyl*, $Kp._{17}$ 264–268°, n_D^{23} 1,6376. — *x-[p-Chlorbenzyl]-α-naphthol*, $C_{17}H_{13}OCl$, $Kp._{12}$ 260–262°, F. 119°. — *1-[p-Chlorbenzyl]-β-naphthol*, $C_{17}H_{13}OCl$, $Kp._{15}$ 264–265°, F. 106°. — *x-Benzyl-5-oxyhydrinden*, $C_{16}H_{16}O$, $Kp._{20}$ 221–223°, F. 60°. — *4-Methyl-2-[α-naphthylmethyl]-phenol*, $C_{18}H_{16}O$, $Kp._{15}$ 246–248°. *β-[Diäthylamino]-äthyläther*, $C_{24}H_{29}ON$, $Kp._{0,2}$ 205–207°, blaßgelbes Öl. — *x-[p-Chlorbenzyl]-guajacol*, $C_{14}H_{13}O_2Cl$, $Kp._{0,2}$ 174 bis 175°, n_D^{19} 1,5992. — *x-[p-Chlorbenzyl]-4-methoxyphenol*, $C_{14}H_{13}O_2Cl$, $Kp._{1,5}$ 195 bis 198°, F. 80°. — *x.y-Dibenzyl-o-kresol*, $C_{21}H_{20}O$, $Kp._{15}$ 260–265°, n_D^{24} 1,6177. — *2.4-Bis-[p-chlorbenzyl]-3-methyl-6-isopropylphenol*, $C_{24}H_{24}OCl_2$, $Kp._{0,6}$ 249–250°, F. 105°. — *x.y-Bis-[p-chlorbenzyl]-o-kresol*, $C_{21}H_{18}OCl_2$, $Kp._{14}$ 280–284°. — *x.y-Bis-[o-chlorbenzyl]-4-chlorphenol*, $C_{20}H_{15}OCl_3$, $Kp._{13}$ 290–292°, n_D^{21} 1,6351. — *x.y-Dibenzylguajacol*, $C_{21}H_{20}O_2$, $Kp._{0,5}$ 230–232°, F. 108°. — *x.y-Bis-[p-chlorbenzyl]-guajacol*, $C_{21}H_{18}O_2Cl_2$, $Kp._{0,2}$ 238–240°, F. 133°. — *2.6-Bis-[p-chlorbenzyl]-4-tert.-butylphenol*, $C_{24}H_{24}OCl_2$, $Kp._{0,8}$ 239–240°, F. 79°. — *4.6-Dibenzyl-5-oxyhydrinden*, $C_{23}H_{22}O$, $Kp._{20}$ 278–280°, F. 77°. — *2.4-Bis-[p-chlorbenzyl]-α-naphthol*, $C_{24}H_{18}OCl_2$, $Kp._{12}$ 315–318°, F. 133°. — *x.y-Dibenzyl-o-oxybiphenyl*, $C_{26}H_{22}O$, $Kp._{15}$ 302–305°, n_D^{26} 1,6438. — *4-Methyl-2-[p-chlorbenzyl]-phenol*, $Kp._{16}$ 210°, F. 54°; lange seidige Nadeln aus PAe.; 50% (Ausbeute), daneben *Disubstitutionsprod.*, $Kp._{16}$ 280–290°. *β-[Diäthylamino]-äthyläther*, $Kp._{0,4}$ 182–185°, schwach gelbes Öl, n_D^{19} 1,5668 (*Hydrochlorid*, $C_{20}H_{27}ONCl_2$, F. 172 bis 173°, Nadeln). — *2-Methyl-4-[p-chlorbenzyl]-phenol*, $Kp._{14}$ 206–208°, F. 71–72° (PAe.). — *5-Benzylsalicylhydrazid* (**I**), $C_{14}H_{14}O_2N_2$, F. 172° (A.), aus 5-Benzylsalicylsäuremethylester mit 95%ig. Hydrazinhydrat in A. (20 Std. kochen), lange Nadeln; 90%. *4-Chlorbenzalderiv.*, $C_{21}H_{17}O_2N_2Cl$, F. 157°, aus Toluol Prismen. *2-Oxybenzalderiv.*, $C_{21}H_{18}O_3N_2$, F. 277°, aus n-Propanol sublimierbare Mikrokristalle. — *5-[p-Chlorbenzyl]-salicylhydrazid* (II), $C_{14}H_{13}O_2N_2Cl$, F. 174° (A.), seidige Prismen. *4-Chlorbenzalderiv.* $C_{21}H_{16}O_2N_2Cl_2$, F. 245°, aus A. Prismen. *Salicylidenderiv.*, $C_{21}H_{17}O_3N_2Cl$, F. 275°, aus A. Mikrokristalle. — *5-[p-Methylbenzyl]-salicylsäure*, $C_{15}H_{14}O_3$, F. 132—133°, aus dem Methylester. *Methylester*, $C_{16}H_{16}O_3$, Kp.$_{15}$ 220°, F. 98° (A.) aus 180 g Methylsalicylat (V), 140 g p-Methylbenzylchlorid u. $ZnCl_2$ in $CHCl_3$ (4 Std. kochen); Prismen; 121 g. *Hydrazid* (III), $C_{15}H_{16}O_2N_2$, F. 163°, aus A. Prismen. — *5-[α-Naphthylmethyl]-salicylsäure*, $C_{18}H_{14}O_3$, F. 173°, aus Essigsäure Mikrokristalle. *Methylester*, $C_{19}H_{16}O_3$, Kp.$_3$ 267—270°, F. 113° (A.), aus 85 g **V**, 83 g α-Naphthylmethylchlorid u. $ZnCl_2$ in $CHCl_3$ (3 Std.k ochen); Nadeln; 26 g. *Hydrazid* (IV), $C_{18}H_{16}O_2N_2$, F. 184° (A.), seidige Nadeln. (J. org. Chemistry **20.** 1129—34. Aug. 1955. Paris, Univ., Dep. of org. Chem., Radium Inst.)

L. BÜRGER. 2260

Josef Schmitt, Pierre Comoy, Jean Boitard und **Michel Suquet,** *Über die Darstellung von „Polybenzilen" und „Polystilbenen"*. Die Oxydation der entsprechenden Polydesoxybenzoine (**A**; vgl. C. **1956.** 416) mit SeO_2 führt zu *Mono-* u. *Bis-[arylglyoxyloyl]-benzilen (Polybenzilen)*. Die Benzilsäureumlagerung von *4-Phenylglyoxyloylbenzil* liefert *4-[α-Amygdalyl]-benzilsäure* (F. 227°, gelbe Kristalle). Bei der Behandlung der **A** mit Al-Isopropylat (**IV**) bei 180—270° entstehen durch Dehydratation der intermediär gebildeten Alkohole *Mono-* u. *Distyrylstilbene (Polystilbene)*, die eine bemerkenswerte Stabilität u. Fluorescenz zeigen. Aus 4-Methyl-4'-phenylacetyldesoxybenzoin (**II**) u. CH_3MgJ wird *4-Phenylisopropenyl-4'-methyl-α-methylstilben* erhalten. 4-Methoxy-4'-phenylacetyldesoxybenzoin (**III**) wird mit Pyridinhydrochlorid (**V**) zur *4-Oxyverb.* entmethyliert, die mit SeO_2/Essigsäure zu *4-Acetoxy-4'-phenylglyoxyloylbenzil* oxydiert wird.

Versuche: Benzile: *4-Phenylglyoxyloyl-*, $C_{22}H_{14}O_4$, F. 126° (A. oder Bzl.), durch 2std. Kochen von 4,8 g 4'-Phenylacetyldesoxybenzoin (**I**; F. 181°) mit SeO_2/Essigsäure/W.; gelbe große Prismen oder lange gelbe Nadeln; 4 g (Ausbeute). — *3-Phenylglyoxyloyl-*, $C_{22}H_{14}O_4$, F. 87° (Ae.–PAe.), wie vorst. aus 1 g 3'-Phenylacetyldesoxybenzoin (F. 80°); nach Einengen auf dem Wasserbad u. Ausäthern hellgelbe Nadeln; 0,6 g. — *4.4'-Bis-[phenylglyoxyloyl]-*, $C_{30}H_{18}O_6$, F. 212° (nach Erweichen ab 208°; Propylacetat), aus 1 g 4-Phenacyl-4'-phenylacetyldesoxybenzoin (F. 255°); gelbe Kristalle; 0,9 g. — *4-Methyl-4'-phenylglyoxyloyl-*, $C_{23}H_{16}O_4$, F. 107° (Ae.–PAe.), aus **II** (F. 179°); gelbe Kristalle. — *4-Methyl-3'-phenylglyoxyloyl-*, $C_{23}H_{16}O_4$, F. 87° (Ae.–PAe.), aus 4-Methyl-3'-phenylacetyldesoxybenzoin (F. 68°); gelbe Kristalle. — *4-Phenylglyoxyloyl-4'-[p-methylphenylglyoxyloyl]-*, $C_{31}H_{20}O_6$, F. 188° (Dioxan), aus 1 g 4-[p-Methylphenacyl]-4'-phenylacetyldesoxybenzoin (F. 247—248°) in 3 Std.; gelbe Kristalle; 0,75 g. — *4-Methoxy-4'-phenylglyoxyloyl-*, $C_{23}H_{16}O_5$, F. 137° (Äthylacetat), aus 1,7 g **III** (F. 175°); große gelbe Prismen; 1,8 g. — *4-Methoxy-3'-phenylglyoxyloyl-*, $C_{23}H_{16}O_5$, F. 91° (Ae.–PAe.), aus 1 g 4-Methoxy-3'-phenylacetyldesoxybenzoin (F. 66°); citronengelbe Kristalle; 0,9 g. — *4-Phenylglyoxyloyl-4'-[p-methoxyphenylglyoxyloyl]-*, $C_{31}H_{20}O_7$, F. 188° (Dioxan), aus 1 g 4-[p-Methoxyphenacyl]-4'-phenylacetyldesoxybenzoin (F. 247—248°) in 3 Std.; gelbe Kristalle; 0,9 g. — Stilbene: *4-Styryl-*, $C_{22}H_{18}$, F. 267° (Toluol), sublimiert bei 270°/1 mm, durch 1std. Erhitzen von 2 g **I** mit **IV** ansteigend von 200 auf 260° u. kurzes Aufkochen mit verd. HCl; gelbe Blättchen, die in Lsg. stark violett fluorescieren; 1,4 g. — *3-Styryl-*, $C_{22}H_{18}$, F. 166° (Äthylacetat), sublimiert bei 165°/1 mm, analog bei 200—280°; violette Fluorescenz in Lsg.; 0,45 g aus 5 g. — *4.4'-Distyryl-*, $C_{30}H_{24}$, F. >350° (Anisol), sublimiert bei 230°/1 mm bei 190—280° in ½ Std., Behandlung mit 4n Na_2CO_3 u. kurzes Aufkochen mit 4n HCl; kanariengelbe Kristalle mit blauvioletter Fluorescenz 0,3 g aus 1 g. — *4-Methyl-4'-styryl-*, $C_{23}H_{20}$, F. 276° (Anisol), sublimiert bei 260°/1 mm, aus 2 g **II** bei 200—280°; gelbgrüne Kristalle, die in Lsg. blauviolett fluorescieren; 1,3 g. — *4-Methyl-3'-styryl-*, $C_{23}H_{20}$, F. 165° (Bzl.–A.), sublimiert bei 160°/0,5 mm, Kp.$_1$ 210° (Badtemp.), bei 180—270°, in Lsg. violette Fluorescenz. — *4-Styryl-4'-[p-methylstyryl]-*, $C_{31}H_{26}$, F. >350° (Anisol), sublimiert bei 330°/1 mm, bei 200—280°; kleine gelbgrüne Kristalle; 0,35 g aus 0,9 g. — *4-Methoxy-4'-styryl-*, $C_{23}H_{20}O$, F. 272°, sublimiert bei 270—280°/1 mm, aus 2 g **III** bei 200—270°; gelbgrüne, fluorescierende Kristalle; 1,2 g. — *4-Methoxy-3'-styryl-*, $C_{23}H_{20}O$, F. 153—154° (Bzl.), Kp.$_1$ 260°, bei 180—270°; ~100%. — *4-Styryl-4'-[p-methoxystyryl]-*, $C_{31}H_{26}O$, F. >300° (Anisol), sublimiert bei 300°/1 mm, bei 200—280°; feine gelbe Kristalle. — *4-Phenylisopropenyl-4'-methyl-α-methyl-*, $C_{25}H_{24}$, F. 143° (Äthylacetat), Kp.$_1$ 250—260°, durch Zugeben von 5 g **II** zu CH_3MgJ in Ae., ½std. Erhitzen auf dem Wasserbad, Zers. mit Eis u. verd. HCl u. Ausäthern; Blättchen mit violetter Fluorescenz; 1,5 g. — *4-Oxy-4'-phenylacetyldesoxybenzoin*, $C_{22}H_{18}O_3$, F. 210° (Aceton), Kp.$_{0,4}$ 310°, durch 30 Min. langes Erhitzen von 3 g **III** mit **V** auf 220—230°; 2,6 g. — *4-Acetoxy-4'-phenylglyoxyloylbenzil*, $C_{24}H_{16}O_6$, F. 132—133°

(CH_3OH), durch 3std. Kochen vorst. Verb. mit SeO_2/Essigsäure/W. u. Erhitzen mit Acetanhydrid auf dem Wasserbad. (Bull. Soc. chim. France [5] **1956.** 636—42. April. Ets. Clin-Byla, Labor. de Rech.) R. PASEDAG. 2370

Roland Jaunin, *Über das 1.2-Dianilino-1.2-diphenyläthan. Trennung der Diastereomeren als Komplexe mit Dimethylformamid.* Durch Red. von Benzylidenanilin mit Na wird ein Gemisch von *dl-* u. *meso-1.2-Dianilino-1.2-diphenyläthan* (dl- u. meso-**I**) erhalten. Durch Komplexbldg. mit Dimethylformamid (DMF) können dl- u. meso-**I** getrennt werden, da dl-**I**·*2 DMF* in DMF 5—6mal leichter lösl. ist als *meso*-**I**·*2 DMF*. Die diastereomeren *1.2-Bis-[o-toluidino]-1.2-diphenyläthane* (**II**) u. *1.2-Bis-[p-toluidino]-1.2-diphenyläthane* (**III**) wurden ebenfalls durch Red. mit Na aus den entsprechenden Anilen erhalten. Von den **II** liefert nur *meso*-**II** einen Komplex mit DMF, der zur Abtrennung gut geeignet ist. Von den **III** reagiert ebenfalls nur die meso-Form, die Komplexverb. ist aber unbeständig. Die diastereomeren *1.2-Dicyclohexylamino-1.2-diphenyläthane* (**IV**) bilden keine Komplexverbb. mit DMF. Die beiden Formen können durch Fällung des *Tartrats der dl-Verb.* aus A. getrennt werden, ferner werden die diastereomeren **IV** durch partielle Hydrierung von dl- bzw. meso-**I** erhalten. Die Infrarotspektren der Komplexverbb. in festem Zustand zeigen Wasserstoffbrückenbindung, in CCl_4-Lsg. dagegen nicht. Die verschied. Reaktionsfähigkeit von DMF gegenüber **I**—**IV** wird mit deren unterschiedlicher Basizität erklärt.

V e r s u c h e (FF. korr.): *1.2-Dianilino-1.2-diphenyläthan* (**I**), aus 36,2 g Benzylidenanilin in Ae. mit feinverteiltem Na in Ae. durch 6std. Kochen unter N_2 u. energ. Rühren; 25—28 g (Ausbeute, roh). — **I**, F. 168—169° (Essigester–A.), durch Auflösen von 28 g rohem **I** in sd. DMF, 2std. Stehen bei Raumtemp. u. Zers. der Komplexverb.: *meso*-**I**·*2DMF* [F. 115° (Zers.)], durch Lösen in sd. Essigester u. Zusatz von A.; 6—8 g. *dl*-**I**, F. 151—153° (Butanol), aus dem Filtrat von meso-**I**·2DMF durch Verdünnen mit W. u. Ansäuern mit HCl; 9—10,5 g. *dl*-**I**·*2DMF*, F. 83° (unter Zers. zu dl-**I** aus 1 g dl-**I** durch Lösen in DMF in der Kälte u. 1tägiges Stehen bei Zimmertemp.; 850 mg. — *N-Benzylanilin*, F. 35°, aus dem Filtrat von dl-**I** durch Alkalisieren mit verd. NaOH. *Hydrochlorid*, F. 200—205° (Zers.); 4—5 g. — *1.2-Bis-[o-toluidino]-1.2-diphenyläthan* (**II**), aus 39 g Benzyliden-o-toluidin analog **I**; 28—30 g (roh). *meso*-**II**, F. 141—143° u. 153 bis 154° nach Wiedererstarren bei 145° über *meso*-**II**·*2DMF* [F. 72° (Zers.); 7—8 g]; 4,5—5 g. *dl*-**II**, F. 151—152° (Essigester–A.); 10—11 g. — *N-Benzyl-o-toluidin*, F. 60 bis 61°, aus dem Filtrat. — *1.2-Bis-[p-toluidino]-1.2-diphenyläthan* (**III**), analog **I** aus 39 g Benzyliden-p-toluidin. *meso*-**III**, F. 180—181° (Butanol); 11—12 g. *dl*-**III**, F. 140 bis 142° (Tetrahydrofuran–A.); 12—14 g. — *1.2-Dicyclohexylamino-1.2-diphenyläthan* (**IV**), F. 112—115° (roh), durch 12std. Schütteln von 7,5 g Benzylidencyclohexylamin mit aktiviertem Al in Ae. + W.; 4,6 g. *dl*-**IV**, F. 129—130° (A.), a) aus rohem **IV** in sd. A. über das *D-Tartrat*, F. 190—191° (Zers.), das in sd. A. mit n-NaOH zers. wird; 31%; b) durch Hydrierung von dl-**I** in Eisessig in Ggw. von PtO_2 u. Alkalisieren mit verd. NaOH; 68%. *meso*-**IV**, F. 143—144° (A.), aus dem Filtrat von dl-**IV**-D-Tartrat mit 0,5n NaOH; 32%; oder durch Hydrierung von meso-**I**. (Helv. chim. Acta **39.** 111 bis 116. 1/2. 1956. Lausanne, Univ., Labor. de Chim. organ.) I. v. BRUNN. 2510

Wesley Cocker und **D. S. Jenkinson,** *Die Abspaltung nichtangularer Alkylgruppen bei Aromatisierungsreaktionen.* 3. Mitt. (2. vgl. C. **1956.** 3020.) *1.2.3.4-Tetrahydro-5.7.8-trimethyl-1-phenylnaphthalin* (**I**) wird mit Pd-Kohle zu *1.2.4-Trimethyl-7* (oder *6*)*-phenylnaphthalin* (**II**) u. seinem *8-Phenylisomeren* (**III**), mit Se aber zu *2.4-Dimethylmesobenzanthren* u. wahrscheinlich **II** dehydriert. *8-Cyclohexyl-1.2.4-trimethylnaphthalin* (**IV**) liefert mit Se *1.2.4-Trimethylnaphthalin.* **I** behält also die Phenylgruppe, während **IV** die Cyclohexylgruppe abspaltet. — **II** u. **III** geben trotz auftretender intensiver Färbung keine stabilen Addukte mit Pikrinsäure, Styphninsäure oder Trinitrobenzol, wahrscheinlich wegen gehinderter Planarität. — Bei einem Vers. der Darst. von **I** wurde C_6H_5MgBr mit 1.2.3.4-Tetrahydro-5.7.8-trimethyl-1-oxonaphthalin (**V**) umgesetzt; dabei entstand nicht 1.2.3.4-Tetrahydro-5.7.8-trimethyl-1-phenyl-1-oxynaphthalin (**VII**) oder sein Dehydratisierungprod., sondern eine Verb. ,die auch aus Cyclohexyl-MgBr u. **V** erhalten wird u. die die Konst. **VI** haben wird; sie gibt bei energ. RANEY-Ni-Red.

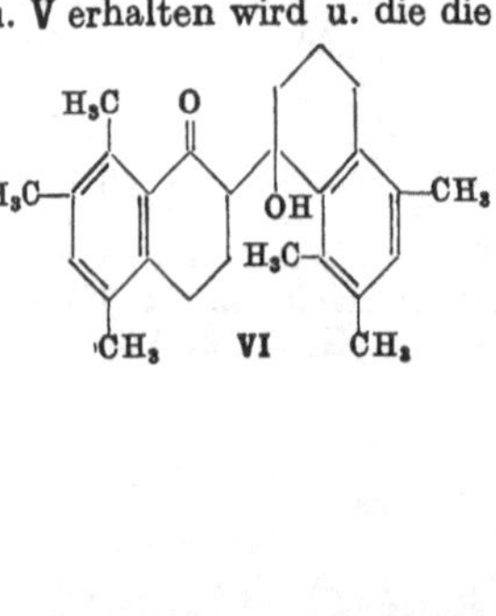

VI

1.2.3.4-Tetrahydro-5.7.8-trimethylnaphthalin u. beim Erhitzen auf 150° oder mit Acetanhydrid dessen *1-Oxoverbindung.* — Die analog der Darst. von **I** aus C_6H_5Li u. **V** über **VII** versuchte Gewinnung von **IV** gelang nicht, da Cyclohexyl-Li nicht erhalten werden konnte. Erfolgreich war dagegen die Red. des Gemisches aus **V** u. Cyclohexanon u. Dehydratation zu *1.2-Dihydro-4-[cyclohexen-(1')-yl]-5.7.8-trimethylnaphthalin* (**VIII**), wobei das

Pinakon [*1.2.3.4-Tetrahydro-5.7.8-trimethyl-1-oxynaphthyl-(1)*]-*1-oxycyclohexan* Zwischenprod. sein wird. **VIII** konnte nicht red. werden, isomerisierte aber mit H_2 + RANEY-Ni unter Druck zu einer Verb., die nur **IV** sein kann.

Versuche: *1.2.3.4-Tetrahydro-1-oxy-5.7.8-trimethyl-1-phenylnaphthalin* (**VII**), $C_{19}H_{22}O$, F. 83—84°, aus C_6H_5Li u. 6 g **V** in Ae. (N_2); am nächsten Tage 20 Min. kochen u. auf Eis-HCl gießen; Rhomben aus Essigester–PAe.; 9,4 g (Ausbeute). — *1.2-Dihydro-5.6.8-trimethyl-4-phenylnaphthalin*, $C_{19}H_{20}$, F. 89°, aus 8,5 g **VII** u. $KHSO_4$ (3 Std./155°); Nadeln aus A.; 4,7 g. — *1.2.3.4-Tetrahydro-5.7.8-trimethyl-1-phenylnaphthalin* (**I**), $C_{19}H_{22}$, F. 63°, aus 6 g vorst. Verb. durch Hydrierung über PtO_2 in Essigester; Nadeln aus A.; 4,3 g. — *1.2.4-Trimethyl-7* (oder *6*)-*phenylnaphthalin* (**II**), $C_{19}H_{18}$, F. 133 bis 134°, aus 1,5 g **I** u. Pd-Kohle (4½ Std./260—280°); Benzolextrakt mit A. verd. [0,23 g Rückstand (**A**.)]; aus Bzl.–PAe. Nadeln; 0,3 g. Aus den Mutterlaugen *1.2.4-Trimethyl-8-phenylnaphthalin* (**III**), $C_{19}H_{18}$, Kp.$_4$ 189—193°, F. 77—78°, aus PAe. Platten; 0,65 g. Aus **A** durch Chromatographie in Bzl.–PAe. an Al_2O_3 noch 0,07 g **III** u. 0,1 g nichtkrist. *Prod.*, F. 270°, in Bzl. leuchtendgrün fluorescierend. — *2.4-Dimethylmesobenzanthren*, $C_{19}H_{16}$, F. 82—83°, aus 1,8 g **I** u. Se; Kp.$_4$ 200—210°; Platten aus A.; 0,65 g; an der Luft sehr oxydabel. *Trinitrobenzolat*, $C_{25}H_{19}O_6N_3$, F. 136°, aus Bzl.–PAe. scharlachrote Nadeln. — *Verb.* $C_{26}H_{32}O_2$ (**VI**?), F. 152—153°, aus 6,3 g **V** in Ae. u. Cyclohexyl-MgBr oder C_6H_5MgBr in Ae. über Nacht; Prismen aus Chlf.–PAe.; 3,5 g. — *1.2.3.4-Tetrahydro-5.7.8-trimethylnaphthol-(1)*, $C_{13}H_{18}O$, F. 78°, aus 1 g **V** u. $LiAlH_4$; Nadeln aus PAe.–CH_3OH; 1 g. — *1.2-Dihydro-4-[cyclohexen-(1')-yl]-5.7.8-trimethylnaphthalin* (**VIII**), $C_{19}H_{24}$, F. 217° (schnell heizen), aus 9,4 g **V**, Cyclohexanon u. Al-Folie in Bzl. u. absol. A. (1:2) durch 2std. Kochen u. nach Zusatz von weiterem A. 6std. Kochen; in verd. HCl gießen u. wss. Schicht mit Bzl. extrahieren; Eindampfrückstand 2 Std. mit CH_3COOH–$(CH_3CO)_2O$ kochen; Nadeln aus CH_3COOH; 3,2 g; in konz. H_2SO_4 $KMnO_4$-farben. — *8-Cyclohexyl-1.2.4-trimethylnaphthalin* (**IV**), $C_{19}H_{24}$, F. 158—159°, aus 3 g vorst. Verb. in A. durch 6std. Erhitzen mit H_2 u. RANEY-Ni auf 150° bei 100 at; Nadeln aus Bzl.–PAe.; 2,4 g; in konz. H_2SO_4 scharlachrot. — Dehydrierung von 1,4 g **IV** mit Se u. Dest. gibt 0,45 g einer Fraktion mit Kp.$_{14}$ 150—153° u. 0,4 g einer Fraktion mit Kp.$_{16}$ 180—210°; erstere ist *1.2.4-Trimethylnaphthalin*, F. 52—53°, aus CH_3OH Platten. *Pikrat*, F. 146—147°. (J. chem. Soc. [London] **1954**. 2420—23. Juli. Dublin, Univ., Trinity Coll., Chem. Labor.) K. LEHMSTEDT. 2700

A. W. Kirssanow, Je. Ss. Lewtschenko und **G. Ss. Tretjakowa,** *Gewinnung von Azotol A aus dem gemischten Anhydrid der Kiesel- und 2.3-Oxynaphthoesäure.* Es wird durch Kondensation von 2.3-Oxynaphthoesäure (**I**) mit Anilin in Ggw. von $SiCl_4$ *2.3-Oxynaphthoesäureanilin* (**II**; *Azotol A*) gewonnen. Läßt man $SiCl_4$ auf **I** einwirken, so entsteht unter HCl-Entw. ein amorpher „gelber Stoff“, der durch W. leicht unter Bldg. von **I** u. SiO_2 hydrolysiert wird, die Zus. $[O(COC_{10}H_6O)_2Si]_x$ hat u. vermutlich das polymere gemischte Anhydrid aus **I** u. Kieselsäure ist. Läßt man auf diesen „gelben Stoff“ Anilin einwirken, so entsteht **II**. Bei der Rk. von **I** mit überschüssigem $SiCl_4$ u. überschüssigem Anilin wird neben **II** *2.3-Oxynaphthoesäurediphenylamidin* erhalten. Das nach dieser Meth. erhaltene **II** enthält SiO_2 u. muß durch Umkristallisieren aus Lauge gereinigt werden.

Versuche: *2.3-Oxynaphthoesäureanilid* (**II**), F. 243° (NaOH + Säure), 0,06 Mol **I**, 30 ml Chlorbenzol u. 0,034 Mol $SiCl_4$ werden ½ Std. auf 50—60°, ½ Std. auf 100° u. nach Zugabe von 0,36 Mol Anilin 4 Std. auf 170° erhitzt, das Reaktionsgemisch wird mit wss. Soda neutralisiert u. mit Wasserdampf dest.; 87% (Ausbeute), SiO_2-Geh. 1%. Gibt man zu 0,02 Mol **I** u. 0,132 Mol Anilin in 10 ml Chlorbenzol bei 50° tropfenweise eine Lsg. von 0,035 Mol CCl_4 in 4 ml Chlorbenzol u. erhitzt je 2 Std. auf 130 u. 150—160°, so erhält man 67,9% **II** u. 18% *2.3-Oxynaphthoesäurediphenylamidin*, F. 215—216°. Erhitzt man 1 Mol **I** mit 0,6—1,2 Mol $SiCl_4$ auf 40—60° bis zum Aufhören der HCl-Entw. u. 20 Min. auf 100°, so erhält man den „gelben Stoff“, der beim Erhitzen mit Anilin **II** gibt; 82%. Beim Kochen des „gelben Stoffes“ in Methanol oder A. entstehen **I**-*Methyl*- u. **I**-*Äthylester*; 68 bzw. 51%. (Украинский Химический Журнал [Ukrain. chem. J.] **19**. 504—07. 1953. Inst. für organ. Chem. der Akad. der Wiss. der UkrSSR.) G. FROELICH 2700

L. G. Wolfsson, N. N. Melnikow, A. F. Plate, Ju. N. Ssaposhkow und **G. Ss. Taitz,** *Über die Reaktion von Hexachlorcyclopentadien mit einigen ungesättigten Verbindungen.* Es wurden durch Kondensation von Hexachlorcyclopentadien (**I**) mit Cyclopenten-, Cyclohexen- u. Bicyclo-[2.2.1]-heptenderivv. einige *Endomethylenchlorindane* u. *-naphthaline* dargestellt u. auf ihre tox. Wrkg. gegenüber Rüsselkäfern geprüft. Am wirksamsten erwies sich das aus **I** u. Bicyclo-[2.2.1]-heptadien-(2.5) erhaltene *1.2.3.4.10.10-Hexachlor-*

1.4; 5.8-diendomethylen-1.4.4a.5.8.8a-hexahydronaphthalin (*Aldrin*), dessen tox. Wrkg. doppelt so stark war wie die von Chlorindan.

Versuche: *Hexachlorcyclopentadien* (I), Kp.$_{16}$ 114—116°; D.$^{20}_{4}$ 1,7125; n_D^{20} 1,5632. — *4.5.6.7.8.8-Hexachlor-4.7-endomethylen-1.2.3a.4.7.7a-hexahydroinden*, F. 162 bis 165° (Methanol), aus äquimol. Mengen I u. Cyclopenten durch 5std. Erhitzen auf 120 bis 125° im Rohr; T (Toxizität gegenüber Rüsselkäfern in % im Vgl. zur Toxizität von Chlorindan) = 11; 50% (Ausbeute). — *4.5.6.7.8.8-Hexachlor-4.7-endomethylen-1-methyl-1.2.3a.4.7.7a-hexahydroinden*, F. 51—53°, aus I u. 1-Methylcyclopenten-(2) (5 Std. bei 120° im Rohr); T = 30. — *1.2.3.3.3a.7a-Hexachlor-4.7-endoxy-7-methyl-3a.4.7.7a-tetrahydroinden*, F. 175—176° (Methanol), aus I u. 2-Methylfuran (7 Std. bei 70°); T = 30; geringe Ausbeute. — *1.2.3.4.9.9-Hexachlor-1.4-endomethylen-1.4.4a.5.6.7.8.8a-oktahydronaphthalin*, Kp.$_{0,8}$ 154°, F. 77° (Methanol), aus I u. Cyclohexen (30 Std. bei 115°); n_D^{20} 1,5647; T = 50; 33%. — *1.2.3.4.10.10-Hexachlor-1.4;5.8-diendomethylen-1.4.4a.5.8.8a-hexahydronaphthalin* (*Aldrin*), F. 93—95°, aus I u. Bicyclo-[2.2.1]-heptadien-(2.5) (25 Std. bei 100° im Rohr); T = 200. — *1.2.3.4.10.10-Hexachlor-1.4;5.8-diendomethylen-1.4.4a.5.6.7.8.8a-oktahydronaphthalin*, F. 76,5—77° Methanol), aus I u. Bicyclo-[2.2.1]-hepten-(2) (6½ Std. bei 150°); T = 100; 76%. — *1.2.3.4.10.10-Hexachlor-1.4;5.8-diendomethylen-6-methyl-1.4.4a.5.6.7.8.8a-oktahydronaphthalin*, Kp.$_{11}$ 185 bis 192°, F. 55—58° (A.), aus I u. 5-Methylbicyclo-[2.2.1]-hepten-(2) (11 Std. bei 150°); D.$^{20}_{4}$ 1,5127; n_D^{20} 1,5596; T = 9; 46%. — *1.2.3.4.10.10-Hexachlor-1.4;5.8-diendomethylen-6-äthyl-1.4.4a.5.6.7.8.8a-oktahydronaphthalin*, Kp.$_{7}$ 189—191°, F. 56—58° (A.), aus I u. 5-Äthylbicyclo-[2.2.1]-hepten-(2) (13 Std. bei 150°); D.$^{20}_{4}$ 1,4673; n_D^{20} 1,5550; T = 14. — *1.2.3.4.10.10-Hexachlor-1.4;5.8-diendomethylen-6-n-amyl-1.4.4a.5.6.7.8.8a-oktahydronaphthalin*, Kp.$_{0,1}$ 188° (an anderer Stelle Kp.$_{0,1}$ 138°), aus I u. 5-n-Amylbicyclo-[2.2.1]-hepten-(2) (27 Std. bei 120—130°); D.$^{20}_{4}$ 1,3604; n_D^{20} 1,5403; 64%. — *1.2.3.4.10.10-Hexachlor-1.4;5.8-diendomethylen-6-acetoxy-1.4.4a.5.6.7.8.8a-oktahydronaphthalin*, F. 172—173° (Bzl.-Methanol-Gemisch), aus I u. 6-Acetoxybicyclo-[2.2.1]-hepten-(2) (23 Std. bei 95°); T = 20; 33%. — *1.2.3.4.7.7-Hexachlor-5-phenylbicyclo-[2.2.1]-hepten-(2)*, F. 73—74° (Methanol), aus I u. Styrol (3 Std. bei 165—170°); T = 30; 87%. (Доклады Академии Наук СССР [Ber. Akad. Wiss. UdSSR] **105.** 1252—55. 21/12. 1955. Wiss. Ssamoilow-Inst. für Düngemittel u. Insektofungicide u. Zelinsky-Inst. für Organ. Chem. der Akad. der Wiss. der UdSSR.) G. FROELICH. 2700

Arthur G. Anderson jr. und **Robert G. Anderson,** *Darstellung von Acenaphthylen aus Acenaphthen.* Vff. fanden zur Darst. von *Acenaphthylen* 2 Wege: 1. Bromierung von Acenaphthen (I) u. Debromierung des *1.2-Dibromacenaphthens* (II) mit Zn in A. oder Tetrahydrofuran; 2. Dampfphasenpyrolyse von Acenaphthenyl-(1)-acetat (III).

Versuche: *1.2-Dibromacenaphthen* (II), F. 120,5—123°, durch ½std. Kochen von I u. N-Bromsuccinimid in CCl_4 in Ggw. von Benzoylperoxyd, Filtration u. Eindampfen; aus A.-Bzl. Nadeln; 56% (Ausbeute). — *Acenaphthylen*, F. 91—92° (Sublimation), a) durch Zutropfen II in absol. A. zu Zn-Pulver in sd. absol. A., 1std. Kochen, Zentrifugieren u. Gießen in warme 5%ig. HCl; 80,1%; Bromierung in Ae. ergab II zurück. *Pikrat*, F. 201—202°, orangefarbene Kristalle. b) Eine Lsg. von III in Essigsäure wurde unter N_2 innerhalb von 2 Std. in ein auf 480° geheiztes Pyrexrohr getropft u. das in der Kühlfalle aufgefangene Pyrolysat in W. gegossen; 71%. (J. Amer. chem. Soc. **77.** 6610—11. 20/12. 1955. Seattle, Wash., Univ., Dep. of Chem.) W. HUNGER. 2750

Fritz Arndt und **James M. Schlatter,** *Diazomethan als Oxydationsmittel und sein Verhalten gegen stabile Tautomere der Anthronreihe.* Von dem tautomeren Paar Dianthron (I) u. Dianthranol (II) wird I bei der Einw. von CH_2N_2 in Bzl., A. oder Dioxan unverändert zurückgewonnen, II ergibt in alkoh. Lsg. das *O.O-Dimethylderiv.*, in äther. Lsg. dagegen eine dunkelrote amorphe Verb. mit geringem Methoxylgehalt. Das unterschiedliche Verh. von I u. II stimmt mit der Tatsache überein, daß sich I in neutraler oder schwach saurer Lsg. nicht in II umlagert. Gegenüber Anthron wirkt CH_2N_2 als Oxydationsmittel, u. es entsteht, auch unter Luft- u. Lichtausschluß, ausschließlich I. Analog werden aus Anthranol (III) I u. III-*Methyläther* gebildet, letzterer konnte jedoch nicht isoliert werden u. wurde auf Grund der CH_3O-Best. nachgewiesen. Reiner III-Methyläther wird durch CH_2N_2 nicht angegriffen.

Versuche: *Dianthron* (I), $C_{28}H_{18}O_2$, F. 273° (Zers.; Dioxan), a) aus 1 g Anthron in Bzl.-Ae. + CH_2N_2 unter N_2 u. Stehen; 0,9 g (Ausbeute); in reinem Ae. 0,78 g; in absol. A.-Ae. 0,6 g; b) aus 1,7 g III in Bzl.-Ae. mit CH_2N_2; 0,556 g. — *Dianthranol* (II), aus 1,5 g I durch 2½std. Kochen in Pyridin unter N_2 u. Abdampfen, Aufnehmen des gelben Nd. in sd. 5%ig. NaOH u. Filtrieren unter N_2 in Eis-H_2SO_4; 1,4 g. *Dimethyläther* (*10.10'-Dimethoxy-9.9'-dianthracen*), $C_{30}H_{22}O_2$, F. 245—247°, aus 1,5 g II + CH_2N_2 in

A.–Ae.; gelbe Nadeln aus Ligroin; 1,2 g. — *Dehydrodianthron*, F. 310° (Zers.), aus **II** durch Oxydation in Pyridin mit Hg(II)-Acetat; gelbe Kristalle. — *9-Methoxyanthracen*, F. 94—95° (PAe.). (Chem. Ber. **87.** 1336—39. 30/9. 1954. Bloomington, Ind., Univ., Chem. Dep.) H. Lehwald. 2800

Walter Ried und **Heinz Bender,** *Über aromatische und heterocyclische o-Dialdehyde. 2. Mitt. Synthese von Thionaphthendialdehyd-(2.3).* (1. vgl. C. **1956.** **6935.**) Die Chlormethylierung von Thionaphthen (**II**) mit CH_2O u. HCl führt zu *2.3-Bis-[chlormethyl]-thionaphthen*, dessen *Bis-pyridiniumsalz* mit p-Nitrodimethylanilin (**III**) das *Bis-nitron* des *Thionaphthendialdehyds-(2.3)* (**I**) liefert. **I** selbst entsteht daraus durch Zers. mit HCl u. läßt sich mit Acetondicarbonsäurediäthylester (**IV**) zu *Thionaphtheno-[2'.3':4.5]-$\Delta^{2.6}$-cycloheptadienon-(1)-dicarbonsäure-(2.7)-diäthylester*, mit Cyclohexandion-(1.4) (**V**) zu *Dithionaphthen-[2'.3':2.3; 3''.2'':6.7]-* bzw. *-[2'.3':2.3; 2''.3'':6.7]-anthrachinon* kondensieren. Aus 2.3-Dibromthionaphthen (**VII**) wird über *3-Bromthionaphthyl-(2)-Li* *2.3-Dilithiumthionaphthen* erhalten. Letzteres entsteht auch aus 3-Bromthionaphthen (**VIII**) u. Butyl-Li (**VI**) u. gibt mit CO_2 *Thionaphthendicarbonsäure-(2.3)*, ist aber infolge starker Verunreinigung durch Nebenprodd. zur **I**-Synth. mit N-Methylformanilid ungeeignet. Die Bemühungen, in 2.3-Dimethylthionaphthen mit N-Bromsuccinimid 4 Br-Atome in die Seitenketten einzuführen, waren erfolglos.

V e r s u c h e: *2.3-Bis-[chlormethyl]-thionaphthen*, $C_{10}H_8Cl_2S$, F. 109—110° (PAe.), durch rasches Einleiten von HCl-Gas in Paraformaldehyd in Eisessig u. 6—8 std. Erhitzen mit **II** auf 60°; 50% (Ausbeute). — *Thionaphthen-2.3-bis-[methylpyridiniumchlorid]*, F. 208—210°, durch 5—6std. Erhitzen vorst. Verb. mit Pyridin auf dem sd. Wasserbad; äußerst hygroskopisch. *Perchlorat*, $C_{20}H_{18}N_2S \cdot 2ClO_4$, F. 167—168°. — *Thionaphthendialdehyd-(2.3)-bis-[p-dimethylaminophenylnitron]*, $C_{26}H_{26}O_2N_4S$, F. 200° (Dimethylformamid), durch sehr langsames Zusetzen von W. zu vorst. Pyridiniumsalz, $NaNH_2$, Pyridin u. **III** bei 20—30° in 12 Std.; 89%. — *Thionaphthendialdehyd-(2.3)* (**I**), $C_{10}H_6O_2S$, F. 111—112° (Bzn.), durch 15 Min. Schütteln vorst. Verb. mit 2n HCl/Ae.; 95%. *Bis-[2.4-dinitrophenylhydrazon]*, $C_{22}H_{14}O_8N_8S$, F. 303° (Zers.; Dimethylformamid). — *Thionaphthen-[2'.3':4.5]-$\Delta^{2.6}$-cycloheptadienon-(1)-dicarbonsäure-(2.7)-diäthylester*, $C_{19}H_{16}O_5S$, F. 150—151° (A.), durch Erhitzen von **I** u. **IV** in Ggw. von $(C_2H_5)_2NH$ auf 130 bis 140° bis zur klaren Lsg. u. 2std. Erhitzen auf 100°; hellgelbe Kristalle; 67%. —*Dithionaphtheno-[2'.3':2.3; 3''.2''* (bzw. *2''.3''*)*:6.7]-anthrachinon*, $C_{26}H_{12}O_2S_2$, F. 358 bis 360°, durch 1std. Kochen von **I** u. **V** in A. in Ggw. von Piperidin. — *2.3-Dilithiumthionaphthen*, a) durch langsames Zugeben von **VII** zu **VI** in Ae. unter Kühlung, 30 Min. Rühren bei Raumtemp., Zugeben von Li unter Kühlen u. 30 Min. Rühren; b) aus **VI** u. **VIII**. — *Thionaphthendicarbonsäure-(2.3)-dimethylester*, F. 91°, $Kp._{18}$ 210—218°, a) aus vorst. Lsg. nach a) durch Gießen auf CO_2 u. Ae. bei —60°, Fällen mit verd. HCl u. Verestern; 50%; b) aus vorst. nach b) erhaltener Lsg.; 31%. (Chem. Ber. **89.** 1574 bis 1577. 1956. Frankfurt/M., Univ., Inst. für organ. Chem.) R. Pasedag. 3071

Richard Kuhn und **Gerhard Osswald,** *Neue Synthese von β-Pyrrolidonen; Darstellung von DL-γ-Oxoprolin, DL-allo-Oxyprolin und 4-Äthoxypyrrolcarbonsäure-(2).* N-Carbäthoxyglycinester-Na (**I**) reagiert mit Fumarsäurediäthyl- (**II**), Crotonsäureäthyl- (**IV**), Acrylsäureäthyl- (**VI**) u. Zimtsäureäthylester (**VIII**) in Bzl. unter Bldg. von *1.3-Dicarbäthoxypyrrolidonen-(4)* in 40—70%ig. Ausbeute. Der Enolgeh. der Verbb. liegt bei 60 bis 90%, $FeCl_3$ gibt intensiv rote bis violette Färbungen, CH_2N_2 liefert die entsprechenden *Enolmethyläther* u. Cu(II)-Acetat grüne *Cu(II)-Komplexe.* Mit Zn erhitzt, geben die Verbb. rote bis violette Fichtenspanreaktionen. Es sind *Semicarbazone, Thiosemicarbazone* u. mit p-Nitrobenzoylchlorid (**VII**) Ester der Enolform erhältlich. Bei der Umsetzung der Na-Verb. von 1.2.3-Tricarbäthoxypyrrolidon-(4) (**III**) mit Alkyl- u. Acylhalogeniden entstehen nur O-Äther bzw. O-Ester. Die Ketonspaltung zu *1.2-Dicarbäthoxy-* (**X**), *1-Carbäthoxy-2-methyl-*, *1-Carbäthoxy-* u. *1-Carbäthoxy-2-phenylpyrrolidon-(4)* erfolgt mit konz. HCl, wobei im Falle **III** → **X** nachverestert werden muß. Das Enolisierungsbestreben ist verlorengegangen, die Charakterisierung bzw. Reinigung wird über *Semicarbazone* u. *2.4-Dinitrophenylhydrazone* vorgenommen. **X** red. ammoniakal. $AgNO_3$-Lsg. u. liefert ein *Diäthylmercaptal*, das sich mit $KMnO_4$ zum *Disulfon* oxydieren läßt. Während die Verseifung von **X** mit $Ba(OH)_2$ nicht befriedigend verlief, wurde mit 57%ig. HJ bei ~100° u. Schütteln des *Hydrojodids* mit AgCl *DL-γ-Oxoprolinhydrochlorid* erhalten, das ammoniakal. $AgNO_3$-Lsg. u. Fehlingsche Lsg. schon in der Kälte red. u. das erwartete Infrarotspektr. besitzt. Die Hydrierung von **X** über PtO_2 in CH_3OH u. Verseifung des *Oxyesters* mit $Ba(OH)_2$ führt zu *DL-allo-Oxyprolin* (**XI**), die Meerwein-Ponndorf-Red. mit Al-Isopropylat (**IX**) analog zu **XI** u. *DL-Oxyprolin* (2:1). Bei der Einw. von Diäthylsulfit (**XII**) auf **X** entstand *1.2-Dicarbäthoxy-4-äthoxy-Δ^4-pyrrolin* bzw. *-Δ^3-pyrrolin.* Dieses ließ sich einerseits mit $Ba(OH)_2$ zu *4-Äthoxy-Δ^4-* bzw. *-Δ^3-pyrrolincarbonsäure-(2)* verseifen, die mit Phenylisocyanat (**XIII**) eine *N-Anilinoformylverb.* sowie ein *Cu(II)-Salz* liefert, andererseits mit N-Bromsuccinimid (**XIV**), anschließende Dehydrobromierung mit $(C_2H_5)_3N$ u. alkal. Verseifung in *4-Äthoxypyrrolcarbonsäure-(2)* überführen. Letztere wird als *Tl(I)-Salz* charakterisiert, red. nicht ammoniakal. $AgNO_3$-Lsg., gibt mit p-Dimethylaminobenzaldehyd intensive Rotfärbung u. mit diazotiertem m-Nitranilin (**V**) einen ziegelroten Azofarbstoff. Die Ätherspaltung gelang mit $AlBr_3$ in Benzol. Die erhaltene *4-Oxypyrrolcarbonsäure-(2)*, die sich durch Umsetzung mit **V** zu einer *Azoverb.* $C_{11}H_8O_5N_4$ charakterisieren ließ, gibt mit Oxydationsmitteln einen schwer lösl. tiefblauen Farbstoff u. ist nicht ident. mit dem von MINAGAWA (Proc. Imp. Acad. [Tokyo] **21.** [1945.] 33. 37) als Spaltstück der prosthet. Gruppe von Pektase erhaltenen Oxyminalin.

Versuche: Pyrrolidone-(4): *1.2.3-Tricarbäthoxy-* (**III**; *Stereoisomerengemisch ?*), $C_{13}H_{19}O_7N$, $Kp._{0,4}$ 154—158°, $Kp._{0,1}$ 149—150°, durch 10—12std. Stehen von **I** (mit Na in Bzl. hergestellt) u. **II** in Bzl. bei Feuchtigkeitsausschluß u. Raumtemp., 20—30 Min. Kochen, Zugeben von Ae., Schütteln mit Eiswasser, Gießen auf konz. H_2SO_4/Eis, Sättigen mit NaCl u. Extraktion mit Essigester; 80—87% (Ausbeute). *Semicarbazon*, $C_{14}H_{22}O_7N_4$, F. 183—185° [A./W. (1:1)]; 92%. *Thiosemicarbazon*, $C_{14}H_{22}O_6N_4S$, F. 164—164,5° A./W.); 89,5%. *p-Nitrobenzoylverb.*, $C_{20}H_{22}O_{10}N_2$, F. 99,5 bis 101° (A.), a) mit **VII**/Pyridin; 58%; b) durch 1std. Erhitzen von Na-**III** mit **VII**/Dioxan auf dem Wasserbad; schwach orangefarbene Kriställchen; 25%. *Cu-Komplexverb.*, $C_{26}H_{36}O_{14}N_2Cu$, F. 99—101° (A./W.). *Enolmethyläther*, $C_{14}H_{21}O_7N$, F. 65—68° [A./W. (1:3)], $Kp._{10^{-3}}$ 125—130°, mit CH_2N_2/Ae.; 97%. *Enolbenzyläther*, $C_{20}H_{25}O_7N$, $Kp._{10^{-3}}$ 135—145° (Badtemp.), durch 8std. Kochen von Na-**III** in Dioxan mit Benzylbromid, Einengen u. Ausäthern; orangefarbenes dickes Öl; 91%. — *1.3-Dicarbäthoxy-2-methyl-* (*Stereoisomerengemisch ?*), $C_{11}H_{17}O_5N$, $Kp._{0,02}$ 105—106°, $Kp._{10^{-3}}$ 90—95° (Badtemp.), krist. teilseise, durch 1½std. Erhitzen von **I** u. **IV** auf dem Dampfbad, Stehen über Nacht u. weiter wie bei **III**; 64,5%. *Semicarbazon*, $C_{12}H_{20}O_5N_4$, F. 193—194° (A.), verfilzte Nädelchen. *p-Nitrobenzoylverb.*, $C_{18}H_{20}O_8N_2$, F. 75—76° (80%ig. A.). *Cu-Komplexverb.*, $C_{22}H_{32}O_{10}N_2Cu$, F. 204—205° [Zers.; A./W. (1:1)]. — *1.3-Dicarbäthoxy-*, $C_{10}H_{15}O_5N$, F. 62—63° (Bzn.), $Kp._{10^{-3}}$ 110—115°, durch ½std. Stehen von **I** u. **VI** in Bzl., 1std. Kochen u. wie bei **III**, aber Extraktion mit Chlf.; seidige, biegsame Nadeln, die nach 1—2 Tagen unter Gelbbraunfärbung zerfließen. *Semicarbazon*, $C_{11}H_{18}O_5N_4$, F. 208—209° (A.), verfilzte Nädelchen. *p-Nitrobenzoylverb.*, $C_{17}H_{18}O_8N_2$, F. 85—86° (A.). *Cu-Komplexverb.*, $C_{20}H_{28}O_{10}N_2Cu$, ab 205° Dunkelfärbung u. Zers., blaßgrünes Kristallpulver aus Dioxan. — *1.3-Dicarbäthoxy-2-phenyl-*, $C_{16}H_{19}O_5N$, F. 108—109° [A./W. (1:1)], durch 3std. Kochen von **I** u. **VIII** in Bzl., 3std. Kochen mit A., dann wie bei **III**, aber Ausäthern; Prismen; 39%. *Semicarbazon*, $C_{17}H_{22}O_5N_4$, F. 197—199° (A./W.), kleine abgeschrägte Prismen. *p-Nitrobenzoylverb.*, $C_{23}H_{22}O_8N_2$, F. 129—129,5° (A.), schwachgelbliche Kristalle. *Cu-Komplexhydrat*. $C_{32}H_{36}O_{10}N_2Cu \cdot H_2O$, F. 134—136° (A./W.). *Enolmethyläther*, $C_{17}H_{21}O_5N$, F. 102—103° (Cyclohexan), Drusen. — *1.2-Dicarbäthoxy-* (**X**), $C_{10}H_{15}O_5N$, $Kp._{12}$ 170—175°, $Kp._{10^{-3}}$ 116—122°, durch 30 Min. Erhitzen von **III** u. konz. HCl auf dem Dampfbad bis zur Beendigung der CO_2-Entw. oder durch 12std. Stehen mit konz. HCl bei Raumtemp., Einengen, 4—6std. Kochen mit äthanol. HCl u. Extraktion mit Chlf.; 45—55%. *Semicarbazon*, $C_{11}H_{18}O_5N_4$, F. 157,5—158,5° (Tetrahydrofuran/Bzn.). *2.4-Dinitrophenylhydrazon*, $C_{16}H_{19}O_8N_5$, F. 131—132° (A.), lange gelbe, rhomb. Prismen. *Diäthylmercaptal*, durch 4std. Stehen von **X**, C_2H_5SH, $ZnCl_2$ u. Na_2SO_4 bei 0—5° u. 24 Std. bei Raumtemp., Gießen auf Eiswasser u. Extraktion mit Chlf.; orangefarbenes Öl, das bei der Hochvakuumdest. Mercaptan abspaltet; 92%; *Disulfon*, $C_{14}H_{25}O_8NS_2$, F. 100—102° (A./W.), mit $KMnO_4$/Aceton; glänzende Schuppen; 55%. — *1-Carbäthoxy-2-methyl-*, $C_8H_{13}O_3N$, $Kp._{15}$ 127—128°, analog **X**; 81%. *Semicarbazon*, $C_9H_{16}O_3N_4$, F. 165—167° [A./W. (1:2)]. *2.4-Dinitrophenylhydrazon*, $C_{14}H_{17}O_6N_5$, F. 176—178° (sek.-Butanol oder CCl_4), orangefarbene Kristalle. — *1-Carbäthoxy-*, $C_7H_{11}O_3N$, $Kp._{12}$ 122—132° (Badtemp.), in 15 Min.; 73%. *Semicarbazon*, $C_8H_{14}O_3N_4$, F. 178—179° (Dioxan). *2.4-Dinitrophenylhydrazon*, $C_{13}H_{15}O_6N_5$, F. 198—199° (Dioxan/Cyclohexan), orangefarbene Prismen. — *1-Carbäthoxy-2-phenyl-*, $C_{13}H_{15}O_3N$, F. 40 bis 45°, $Kp._{10^{-3}}$ 115—120°, mit Eisessig/HCl in 15 Min.; 73%. *Semicarbazon*, $C_{14}H_{18}O_3N_4$, F. 198—199° (A./W.). *p-Nitrophenylhydrazon*, $C_{19}H_{20}O_4N_4$, F. 196—198° (A.), gelbe Blättchen. — *DL-Pyrrolidon-(4)-carbonsäure-(2)-hydrochlorid* (*DL-Oxoprolinhydrochlorid*), $C_5H_7O_3N \cdot HCl$, F. 170—172° (2n HCl–Eisessig–Essigester), durch Erhitzen von **X** mit 57%ig. HJ unter Zugabe von Hg u. Einleiten von N_2 auf 100° bis zur Beendigung der C_2H_5J-Entw., Steigerung der Temp., Einengen, Schütteln mit AgCl/W. über Nacht, Filtrieren u. Einengen; zu Büscheln vereinigte Stäbchen; 71%. — *1.2-Dicarbäthoxy-4-oxypyrrolidin*, $C_{10}H_{17}O_5N$, $Kp._{0,01}$ 109—115° (Badtemp.), durch 3½std. Hydrieren von 1,52 g **X** in CH_3OH über PtO_2; 1,9 g. *p-Nitrobenzoylverb.*, $C_{17}H_{20}O_8N_2$, F. 105—107° (A.). — *DL-allo-Oxyprolin* (**XI**), $C_5H_9O_3N$, F. 241—242° (Zers.; W./Aceton), durch 5std.

Kochen vorst. Oxyverb. in CH_3OH mit $Ba(OH)_2$-Lsg., Versetzen mit W. u. 2nH_2SO_4, Abfiltrieren, 1 std. Kochen mit $CuCO_3$, Fällen des *Cu-Salzes* mit Aceton Lösen in W. u. Behandeln mit H_2S; 35%. — *DL-Oxyprolin*, $C_5H_9O_3N$, F. 248—250° (W./Aceton), durch 4—5 std. langsame Dest. von **IX**/Isopropylalkohol u. **X** in Bzl., Einengen, Versetzen mit 2n H_2SO_4, Ausäthern, Verseifen des sirupösen Öls (99%) wie bei **XI** über das *Cu-Salz*; 21%. Daneben 45,5% Cu-**XI**. — *1.2-Dicarbäthoxypyrrolidin*, $C_{10}H_{17}O_4N$, Kp.$_{14}$ 144—150°, durch 50 Min. Hydrieren von **X** in Eisessig in Ggw. von PtO_2; 53%. — *DL-Prolin*, F. 203—205°, durch Erhitzen vorst. Verb. mit 57%ig. HJ unter Einleiten von N_2 auf 100—120°, Einengen, Behandeln mit Anionenaustauscher IR 45, 15 Min. Kochen mit $CuCO_3$ → *Cu-Salz* ($C_{10}H_{16}O_4N_2Cu$, blaue Kristalle; 65%), das mit H_2S entkupfert wird; Kristalle; 64%. — *1.2-Dicarbäthoxy-4-äthoxy-Δ⁴-pyrrolin*, $C_{12}H_{19}O_5N$, Kp.$_{2\cdot10^{-3}}$ 105 bis 108°, Kp.$_{10^{-3}}$ 102—104°, durch 4—5 std. Kochen von **X** u. **XII** in 15%ig. äthanol. HCl/absol. A. bis zur Beendigung der SO_2-Entw., Einengen u. Erhitzen auf 200°; 84%. — *4-Äthoxy-Δ⁴-pyrrolincarbonsäure-(2)*, $C_7H_{11}O_3N$, F. 199—201° (Zers. unter Dunkelfärbung; W./Aceton), durch 4—5 std. Kochen vorst. Verb. mit $Ba(OH)_2$, Ausfällen mit n-H_2SO_4, Filtrieren u. Einengen; kleine Nädelchen; 53%. *N-Anilinoformylverb.*, $C_{14}H_{16}O_4N_2$, F. 179—180° [A./W. (1:2)], durch 1 std. Schütteln mit n-NaOH/**XIII**; 50%. *Cu-Salz*, $C_{14}H_{20}O_6N_2Cu$, violettes Pulver. — *1.2-Dicarbäthoxy-4-äthoxypyrrol*, $C_{12}H_{17}O_5N$, Kp.$_{0,004}$ 104—105°, Kp.$_{10^{-3}}$ 115—120°, durch Erhitzen vorvorst. Verb. in CCl_4 mit **XIV** bis zum Beginn der Rk., dann 1½—2 std. Kochen mit $(C_2H_5)_3N$; 29,5%. — *4-Äthoxypyrrolcarbonsäure-(2)*, $C_7H_9O_3N$, F. 158—160° (ab 150° Blauschwarzfärbung; Chlf.), durch 15 Min. Erhitzen vorst. Verb. mit 2n $NaOH/CH_3OH$ auf dem Dampfbad, Einengen, 20 Min. Erhitzen auf dem Dampfbad, Versetzen mit halbkonz. H_2SO_4 u. Ausäthern; Prismen; 82,5%. *Methylester*, $C_8H_{11}O_3N$, F. 77—78° (Cyclohexan oder Bzn.); 78%. *Tl(I)-Salz*, $C_7H_8O_3NTl$, perlmutterglänzende Blättchen; 72%. — *Azoverb.* $C_{13}H_{12}O_5N_4$, F. 176—177° (unter Dunkelfärbung; 2n NaOH–2n HCl, aus **V**, vorst. Säure u. A.; ziegelrot. — *4-Oxypyrrolcarbonsäure-(2)*, durch 4 std. Kochen 300 mg vorvorst. Säure mit $AlBr_3$ in Bzl., Gießen auf Eis/2n H_2SO_4, Ausschütteln mit Benzylalkohol/Ae. (2:1), Extraktion mit $NaHCO_3$ u. Behandeln mit Kationenaustauscher IR-120; graubraunes amorphes Pulver; 200 mg. Gibt mit **V** *Azoverb.* $C_{11}H_8O_5N_4$ als dunkelbraunes Pulver. — *Blauer Farbstoff* $C_{10}H_6O_6N_2$, F. > 300° (2n NaOH–2n H_2SO_4), durch Versetzen von 300 mg vorst. Säure mit J_2/A.; 100 mg. — Die Spektren der letzten Verbb. im UV bzw. Sichtbaren sind angegeben. (Chem. Ber. **89**. 1423—42. 1956. Heidelberg, Max-Planck-Inst. für Med. Forsch., Inst. für Chem.)

R. PASEDAG. 3081

Alfred Roedig und **Hans-Joachim Becker**, *Untersuchungen zur β-Chloraktivität von hochchlorierten α.β-ungesättigten Carbonylverbindungen.* 1. Mitt. *Kondensationen mit Anilin und Phenylhydrazin.* In β-anionoid substituierten α.β-ungesätt. Carbonyl (u. C=N)-Verbb. ist die anionoide Gruppe nucleophilen Substitutionen leichter zugänglich als in den entsprechenden Verbb. ohne Gruppen mit E-Effekt. Der Effekt wird auf die Ausbldg. mesomerer Formen zurückgeführt, in denen die anionoide Gruppe formal der Doppelbindung konjugiert ist. Bei Acetalisierung wird die Wrkg. aufgehoben. Solche Verbb., speziell hochchlorierte Vinylketone, ermöglichen daher die gleichen Ringschlüsse, wie sie mit 1.3-Dicarbonylverbb. erzielt werden können. Untersucht wurden Verbb. vom Typ $Cl_2C = CR—CO—R'$, die mit Anilin (**VII**) die entsprechenden *Dianilinverbb.* liefern. Die Konst. wird in einem Fall durch Oxydation zu *N.N'-Diphenylharnstoff* sichergestellt. Bei dem Reaktionsprod. (**V**) aus Trichloracrolein (**VI**) u. **VII** führt der oxydative Abbau überraschend zu *Oxalsäuredianilid*. Bei der Umsetzung von Perchlorpentadien-(1.4)-on-(3) (**III**) mit **VII** wird die Struktur *1.5-Dianilino-1.2.4.5-tetrachlorpentadien-(1.4)-on-(3)* für das Reaktionsprod. angenommen. Aus *1.1-Dianilino-2.4.4-trichlorbuten-(1)-on-(3)* (**I**) erhält man mit Phenylhydrazin (**VIII**) unter **VII**-Abspaltung das entsprechende *Pyrazol*. Direkt gelangt man in die Pyrazolreihe, wenn die Halogenketone mit **VIII** umgesetzt werden, wobei R u. R' Ausbeuten u. Reaktionsbedingungen beeinflussen. Perchlorpenten-(1)-on-(3) (**IV**) dagegen liefert mit **VIII** wahrscheinlich ein *Pyrazolon*. **VI** reagiert mit **VIII**, Hydroxylamin, Acetamid, Hydrazin oder 1.2-Dianilinoäthan nur mit der Carbonylgruppe, mit **VII** dagegen zu *β.β-Dianilino-α-chloracrolein* (**V**), das mit konz. H_2SO_4 in *2-Oxy-3-chlorchinolin* übergeführt werden kann. Trichloracroleinacetal reagiert in keinem Falle.

Versuche (z. T. mit FUGMANN u. SCHOEDEL): *1.1-Dianilino-2.4.4-trichlorbuten-(1)-on-(3)* (**I**), $C_{16}H_{13}ON_2Cl_3$, F. 168° (Zers.), aus 1-H-Pentachlorbuten-(3)-on-(2) (**II**) u. **VII** in Ae.; grünlichgelbe Nadeln aus Chlf. mit ½—¾ Vol. Bzn.; 65,7% (Ausbeute); Oxydation mit $KMnO_4$ → *N.N'-Diphenylharnstoff*, F. u. Misch-F. 239°. — *1-Phenyl-3-dichlormethyl-4-chlor-5-anilinopyrazol*, $C_{16}H_{12}N_3Cl_3$, F. 138—139°, aus **I** u. **VIII**, in Eisessig; Nadeln aus Methanol; 40%. — *1.1-[N.N'-o-Phenylendiamino]-2.4.4-trichlorbuten-(1)-on-(3)*, $C_{10}H_7ON_2Cl_3$, Zers. bei 171°, aus 2,4 g **II** u. o-Phenylendiamin in Ae.; Nadeln aus

Methanol; 1,1 g. — *1-Phenyl-3-dichlormethyl-4.5-dichlorpyrazol*, $C_{10}H_6N_2Cl_4$, F. 57,5—58° (CH$_3$OH), Kp.$_{0,8}$ 155°, Kp.$_{12}$ 195—197°, aus 24,2 g II u. VIII in Ae.; 15,5 g. (roh). — *1.1-Dianilino-2.4.5.5-tetrachlorpentadien-(1.4)-on-(3)* oder *1.5-Dianilino-1.2.4.5-tetrachlor-pentadien-(1.4)-on-(3)*, $C_{17}H_{12}\cdot ON_2Cl_4$, F. 172,5° (Zers.), aus **III** u. **VII** in Ae.; Nadeln aus Chlf. u. Bzn.; 53%. — *1-Phenyl-3-trichlorvinyl-4.5-dichlorpyrazol*, $C_{11}H_5N_2Cl_5$, Kp.$_{0,45}$ 148°, aus 29 g **III** u. **VIII** in Ae.; n_D^{20} 1,6194; 17,6 g. — *1.1-Dianilinoperchlorpenten-(1)-on-(3)*, $C_{17}H_{12}ON_2Cl_6$, F. 173° (Zers.), aus **IV** u. **VII** in Ae.; grünlichgelbe Kristalle; 81,4%. — *1-Phenyl-4.5-dichlorpyrazolon-(3)*, $C_9H_6ON_2Cl_2$, Zers. bei 249—250°, aus 36 g **IV** u. **VIII** in Ae.; bräunliche Kristalle aus Methanol; 18 g (roh). — *β.β-Dianilino-α-chloracrolein* (**V**), $C_{15}H_{13}ON_2Cl$, F. 169°, a) aus 10 g **VI** u. **VII** in Eisessig; Blättchen aus 60%ig. Methanol; 10,6 g; b) aus 2 g **VI** u. **VII** in 2nHCl; 1,5 g (roh). — *Oxalsäuredianilid*, $C_{14}H_{12}O_2N_2$, F. u. Misch-F. 247°, aus 10 g **V** u. $KMnO_4$; Blättchen aus Methanol; 1,8 g. — *β.β-Bis-[p-nitranilino]-α-chloracrolein*, $C_{15}H_{11}O_5N_4Cl$, F. 285° (Zers.), aus **VI** u. p-Nitranilin in Eisessig; gelbe Nadeln aus Chlorbenzol. — *2-Oxy-3-chlorchinolin*, C_9H_6ONCl, F. u. Misch-F. 246—248°) CH$_3$OH), aus 1 g **V** u. konz. H_2SO_4 (20 Min. bei 100—110°); 0,4 g. — *2.3-Dichlorchinolin*, F. u. Misch-F. 103—105°, aus 1,7 g vorst. Verb. u. PCl_5 + $POCl_3$ (4 Std. bei 160—165°); Blättchen aus Methanol; 1,7 g. — *1-Phenyl-4.5-dichlorpyrazol*, F. 44—46° (CH$_3$OH), aus 16 g **VI** u. **VIII** in Eisessig (4 std. Kochen); Kp.$_{0,45}$ 87°; 0,9 g (roh). — **VI**-*Oxim*, $C_3H_2ONCl_3$, F. 136° (sublimiert), aus 1,6 g **VI**, Hydroxylaminhydrochlorid u. Na-Acetat in Eisessig; Nadeln aus Methanol; 1,2 g. — **VI**-*Hydrazon*, $C_3H_3N_2Cl_3$, F. 101° (Sublimation bei 110°/0,04 mm), aus 2 g **VI** u. Hydrazinhydrat in Eisessig; 1,4 g. — *2-Trichlorvinyl-1.3-diphenyl-2.3.4.5-tetrahydroimidazol*, $C_{17}H_{15}N_2Cl_3$, F. 117°, aus **VI** in CH$_3$OH u. 1.2-Dianilinoäthan in Eisessig; Nadeln aus Methanol; 50%. — *Verb.* $C_7H_9O_2Cl_3$, F. 210° (Zers.) aus 5 g **VI** u. Acetamid; Nadeln aus 50%ig. Methanol oder W.; 5,5 g. — **VI**-*Phenylhydrazon*, $C_9H_7N_2Cl_3$, F. 98°, aus 1,6 g **VI** u. **VIII** in Eisessig (30 Min. bei Raumtemp.); hellgelbe Kristalle aus Methanol; 1,3 g (roh). — *1.3-Diphenyl-4.5-dichlorpyrazol*, $C_{15}H_{10}N_2Cl_2$, F. 87—88°, aus 23,6 g Trichlorvinylphenylketon u. **VIII** in Ae.; Kp.$_{0,9}$ 190—195°, Nadeln aus Methanol; 4,6 g (roh). — *1-Phenyl-3-methyl-5-chlorpyrazol*, $C_{10}H_9N_2Cl$, Kp.$_{0,04}$ 81°, aus 13,9 g β.β-Dichlorvinylmethylketon u. **VIII** in Eisessig; n_D^{20} 1,5794; 13,8 g. — *1-p-Nitro-phenyl-3-methyl-5-chlorpyrazol*, F. 101,5—102°, aus 4,5 g vorst. Verb. mit HNO_3 u. H_2SO_4; Nadeln aus Methanol; 2,1 g. — *1-Phenyl-3-dichlormethyl-4-chlorpyrazol*, $C_{10}H_7N_2Cl_3$, F. 56° (CH$_3$OH), aus 41,8 g 1.2.4.4-Tetrachlorbuten-(1)-on-(3) u. **VIII** in Ae.; Kp.$_{0,3}$ 131 bis 136°; 19,9 g (roh). — *1-Phenyl-3-trichlormethylpyrazol*, $C_{10}H_7N_2Cl_3$, F. 85—86°, aus 20,5 g 1.4.4.4-Tetrachlorbuten-(1)-on-(3) u. **VIII** in Ae.; Kp.$_{0,1}$ 145—147°, Blättchen aus PAe.; 16 g (roh). — *1-Phenylpyrazolcarbonsäure-(3)-methylester*, $C_{11}H_{10}O_2N_2$, F. 74—75° (CH$_3$OH + W.), aus 10 g vorst. Verb. durch Kochen in Methanol; 6,1 g. *Freie Säure*, F. 145°, aus 1,4 g Ester u. alkoh. NaOH; Nadeln aus W.; 1 g. (Liebigs Ann. Chem. **597**. 214—26. 1955. Würzburg, Univ., Chem. Inst.) G. HOHMANN. 3122

P. M. Kotschergin und **M. N. Schtschukina**, *Untersuchungen in der Imidazolreihe.* 1. Mitt. *4(5)-Phenylimidazolyl-(2)-mercaptane und -sulfide.* Durch Kondensation von α-Aminoacetophenonhydrochlorid oder α-Amino-p-nitroacetophenonhydrochlorid mit KSCN in absol. A. oder Eisessig werden *4(5)-Phenyl-* (**I**) bzw. *4(5)-p-Nitrophenyl-2-mercaptoimidazol* (**II**) dargestellt. Bei Durchführung der Rk. in wss. Lsg. entstehen infolge Hydrolyse des Hydrochlorids Dihydropyrazine, die unter Lufteinw. zu Pyrazinen oxydiert werden. Die Oxydation von **II** mit HNO_3 führt zu *4(5)-p-Nitrophenylimidazol*, während bei der Red. mit H_2S *4(5)-p-Aminophenyl-2-mercaptoimidazol* entsteht. Durch Einw. von äquimol. Mengen von Alkyl (Aryl)-halogeniden auf **I** u. **II** werden *4(5)-Phenyl-2-methyl-*, *4(5)-Phenyl-2-äthyl-*, *4(5)-Phenyl-2-n-propyl-*, *4(5)-Phenyl-2-n-butyl-*, *4(5)-Phenyl-2-iso-amyl-*, *4(5)-Phenyl-2-n-hexyl-*, *4(5)-Phenyl-2-p-nitrophenyl-* (**III**), *4(5)-p-Nitrophenyl-2-iso-amylmercaptoimidazol* (**IV**) u. aus **I** u. 2 Mol C_2H_5J *1-Äthyl-4-phenyl-2-äthylmercaptoimid-azol* (**V**) erhalten. Die Imidazole werden auf ihre antibakterielle Wrkg. in vitro untersucht. Das Wachstum wird z. T. bei den *Staphylokokken* (*aureus*), *hämolyt. Streptokokken, Pneumokokken, Sporac anthracoidae, menschlichen Tuberkeln, Tuberkeln der Vögel, säurefesten Saprophyten* B_5, *Microsporonen, Trichophytonen* u. *Achorionen* gehemmt. **IV** u. **V** zeigen auch antibakterielle Aktivität gegen Diphtheriestamm PW_8 u. *Proteus vulgaris.* Hohe Aktivität gegen Tuberkeln liegt bei 4(5)-Phenyl-2-alkylmercaptoimidazolen mit längeren Alkylresten vor. Die Wrkg. wird aber in Ggw. von Serum stark vermindert.

Versuche: *4(5)-Phenyl-2-mercaptoimidazol* (**I**), F. 261°, a) man kocht eine Lsg. von 28 g α-Aminoacetophenonhydrochlorid u. KSCN in absol. A. 3½ Std.; schwachgrüne Kristalle aus A. u. Bzl.; 23 g (Ausbeute); b) analog Vorst. in Eisessig (2 Std. bei 100°); 80,5%. — *4(5)-p-Nitrophenyl-2-mercaptoimidazol* (**II**), $C_9H_7O_2N_3S$, a) aus α-Amino-p-nitroacetophenonhydrochlorid u. KSCN in CH$_3$OH (2 Std. kochen); 89,3%; b) in Eisessig (2 Std. bei 100°); aus Eisessig gelbe lange Nadeln; mit starken Laugen dunkelviolette, mit $FeCl_3$ rotbraune Färbung, beim Erhitzen auf 240° Dunkelfärbung, schm. nicht bis 320°. — *4(5)-p-Nitrophenylimidazol*, F. 225°, man gibt portionsweise II zu 100° heißer 10%ig. HNO_3 u. erwärmt 15 Min.; aus A. gelbe Nadeln. *Nitrat*, F. 200°, aus A. blaßgelbe Nadeln. — *4(5)-p-Aminophenyl-2-mercaptoimidazol*, $C_9H_9N_3S$, F. 237 bis 239°, man leitet in eine Lsg. von 6 g II in alkoh. NH_3 10 Std. H_2S bei Zimmertemp. ein u. kocht 1 Std.; aus A. bräunliche Kristalle, die sich bei 220° dunkel färben. — *4(5)-Phenyl-2-methylmercaptoimidazol*, $C_{10}H_{10}N_2S$, F. 135,5—136,5° (60%ig. A.), man läßt zu alkoh. NaOH I zutropfen, setzt CH_3J zu, erwärmt 4 Std. auf 43 bis 45° u. kocht noch 10—15 Min.; 97,5%. *Hydrochlorid*, $C_{10}H_{11}N_2ClS$, F. 189 bis 191°; aus A. lange Nadeln. — *4(5)-Phenyl-2-äthylmercaptoimidazol*, $C_{11}H_{12}N_2S$, F. 129 bis 130°, aus I u. C_2H_5J (2 Std. bei 65—70°, 1/2 Std. kochen); aus verd. A. lange Nadeln; 97,1%. *Hydrochlorid*, $C_{11}H_{13}N_2ClS$, F. 62—63°, aus A. lange Nadeln. — *4(5)-Phenyl-2-n-propylmercaptoimidazol*, $C_{12}H_{14}N_2S$, F. 78—79°, aus I u. n-Propylbromid (2 Std. bei 35—37°, 1 Std. bei 55—60°, 1 Std. kochen); aus wss. Aceton Nadeln; 98,5%. *Hydrochlorid*, $C_{12}H_{15}N_2ClS$, F. 148,5—149°, aus A. Prismen. — *4(5)-Phenyl-2-n-butylmercaptoimidazol*, aus I u. n-Butylbromid (3 3/4 Std. kochen), Reinigung über das Hydrochlorid; Öl; 99%. *Hydrochlorid*, $C_{13}H_{17}N_2ClS$, F. 180—181° (Zers.), aus A. Nadeln. — *4(5)-Phenyl-2-isoamylmercaptoimidazol*, $C_{14}H_{18}N_2S$, F. 81—83°; man gibt I zu einer alkoh. Na-Äthylat-Lsg., setzt Isoamylbromid zu, kocht 1 Std. u. reinigt über das Hydrochlorid; aus A. kleine Nadeln; 90%. *Hydrochlorid*, $C_{14}H_{19}N_2ClS$, F. 170—170,5°, aus A. farblose Blättchen. — *4(5)-Phenyl-2-n-hexylmercaptoimidazol*, aus I u. *n*-Hexyljodid analog Vorst. (2 Std. kochen); Öl; 91,8%. *Hydrochlorid*, $C_{15}H_{21}N_2ClS$, F. 138°; aus A. farblose Nadeln. — *4(5)-Phenyl-2-p-nitrophenylmercaptoimidazol* (**III**), $C_{15}H_{11}O_2N_3S$, F. 150—152° (Zers.), zu 11,1 g I in alkoh. Na-Äthylatlsg. gibt man p-Nitrojodbenzol u. kocht 4 Std.; gelbe Blättchen aus Aceton u. A.; 18,0 g. *Hydrochlorid*, $C_{15}H_{12}O_2N_3ClS$, F. 242—243,5° (in geschlossener Kapillare); aus A. schwachgelbe Kristalle. — *4(5)-p-Nitrophenyl-2-isoamylmercaptoimidazol* (**IV**), aus II u. Isoamylbromid analog Vorst. (2 Std. kochen), Öl; 76,2%. *Hydrochlorid*, $C_{14}H_{18}\cdot O_2N_3ClS$, F. 185—186° (Zers.); aus A. gelbe Kristalle. — *1-Äthyl-4-phenyl-2-äthylmercaptoimidazol* (**V**), Kp.$_{0,55}$ 157—160°, aus 5,5 g I analog Vorst. mit überschüssigen C_2H_5J (3 Std. bei 70—72°, 3 Std. kochen); dicke Fl.; 3,95 g. *Pikrat*, $C_{19}H_{19}O_7N_5S$, F. 184—185°; aus A. gelbe Prismen. (Журнал Общей Химии [J. allg. Chem.] **25** (**87**). 2182—88. Okt. 1955. Wiss. Chem.-Pharmazeut. Ordshonikidse-Forschungsinst.) CH. WEISKE. 3122

P. M. Kotschergin und **M. N. Schtschukina**, *Untersuchungen in der Imidazolreihe.* 2. Mitt. *4(5)-Phenylimidazolyl-(2)-alkyl(aryl)-sulfone und -sulfoxyde.* (1. vgl. vorst. Ref.) Durch Oxydation von 4(5)-Phenylimidazolyl-(2)-alkyl(aryl)-sulfiden mit der äquimol. Menge H_2O_2 werden *4(5)-Phenylimidazolyl-(2)-isoamyl-* u. *4(5)-Phenylimidazolyl-(2)-n-hexylsulfoxyd* u. mit der doppelten H_2O_2-Menge *4(5)-Phenylimidazolyl-(2)-methyl-* (**III**), *4(5)-Phenylimidazolyl-(2)-äthyl-*, *4(5)-Phenylimidazolyl-(2)-n-propyl-*, *4(5)-Phenylimidazolyl-(2)-n-butyl-*, *4(5)-Phenylimidazolyl-(2)-isoamyl-*, *4(5)-Phenylimidazolyl-(2)-n-hexyl-* *4(5)-Phenylimidazolyl-(2)-p-nitrophenyl-* (**I**), *4(5)-p-Nitrophenylimidazolyl-(2)-isoamylsulfon* (**II**) u. *1-Äthyl-4-phenylimidazolyl-(2)-äthylsulfoxyd* dargestellt. Die Darst. des Sulfons vorst. Verb. gelingt auch mit HNO_3 nicht. Durch Red. von I mit H_2S entsteht *4(5)-Phenylimidazolyl-(2)-p-aminophenylsulfon* u. durch Hydrierung von II in Ggw. von Ni *4(5)-p-Aminophenylimidazolyl-(2)-isoamylsulfon.* Die Alkyl (Aryl)-sulfonylgruppe an $C_{(2)}$ verringert die bas. Eigg. der Imidazole stark. Bei der Unters. der antibakteriellen Aktivität der Sulfoxyde u. Sulfone wird festgestellt, daß das Wachstum der *hämolyt. Streptokokken, Pneumokokken, Diphtheriebacillen (Stamm PW 8), menschlichen Tuberkeln, Tuberkeln der Vögel, säurefesten Saprophyten, Microsporone, Trichophytone, Achorione* gehemmt sind. Die Wirksamkeit der Sulfone ist geringer als die der Sulfide. 4(5)-Phenylimidazolyl-(2)-isoamylsulfoxydhydrochlorid hindert außerdem das Wachstum von *Staphylococcus aureus* u. 4(5)-Phenylimidazolyl-(2)-n-hexylsulfon das der *Anthracoiden.* Die Nitrogruppen enthaltenden Sulfone sind inaktiv.

Versuche: *4(5)-Phenylimidazolyl-(2)-methylsulfon* (**III**), $C_{10}H_{10}O_2N_2S$, F. 149 bis 150° (30%ig. A.), man gibt zu 4(5)-Phenyl-2-methylmercaptoimidazol in Eisessig 27%ig. H_2O_2 u. läßt 100 Std. bei 25—30° stehen; 72% (Ausbeute). — *4(5)-Phenylimidazolyl-(2)-äthylsulfon*, $C_{11}H_{12}O_2N_2S$, F. 127,5—128°, aus 4(5)-Phenyl-2-äthylmercaptoimidazol analog III in 48 Std.; aus Toluol oder A. Nadeln; 70%. — *4(5)-Phenylimidazolyl-(2)-n-propylsulfon*, $C_{12}H_{14}O_2N_2S$, F. 142—143°, aus 0,3 g 4(5)-Phenyl-2-n-propylmercaptoimidazol analog III in 48 Std. bei 15—18°; aus 60—70%ig. A. Nadeln; 0,3 g. — *4(5)-Phenylimidazolyl-(2)-n-butylsulfon*, $C_{13}H_{16}O_2N_2S$, F. 153—154°, aus 0,5 g 4(5)-Phenyl-2-n-butylmercaptoimidazolhydrochlorid in 66%ig. Essigsäure analog **III**; lange Nadeln aus A.; 0,42 g. — *4(5)-Phenylimidazolyl-(2)-isoamylsulfoxydhydrochlorid*, $C_{14}H_{19}ON_2ClS$, F. 158—159° (Zers.), aus 4(5)-Phenyl-2-isoamylmercaptoimidazolhydrochlorid in Eisessig u. der äquimol. Menge H_2O_2 in 24 Std. bei Zimmertemp.; 98,8%. Daraus mit $NaH\cdot CO_3$ *4(5)-Phenylimidazolyl-(2)-isoamylsulfoxyd*, dickes Öl, zers. sich beim Destillieren. —

4(5)-Phenylimidazolyl-(2)-isoamylsulfon, $C_{14}H_{18}O_2N_2S$, F. 150—151° (A.), a) man gibt zu 3 g 4(5)-Phenyl-2-isoamylmercaptoimidazolhydrochlorid in Eisessig 2,9 ml 27% ig. H_2O_2, läßt 48 Std. bei 40—45° stehen u. behandelt mit $NaHCO_3$; 2,7 g; b) aus vorst. Hydrochlorid mit 20% ig. H_2O_2 in 72 Std. bei Zimmertemp.; 90%. — *4(5)-Phenylimidazolyl-(2)-n-hexylsulfoxyd*, aus 0,8 g 4(5)-Phenyl-2-n-hexylmercaptoimidazol (**IV**) u. 0,5 ml 20% ig. H_2O_2 in Eisessig in 48 Std. bei 15—18°; Öl. *Pikrat*, $C_{21}H_{23}O_8N_5S$, F. 149—150° (A.). — *4(5)-Phenylimidazolyl-(2)-n-hexylsulfon*, $C_{15}H_{20}O_2N_2S$, F. 102—103°, aus **IV**-Hydrochlorid u. 27% ig. H_2O_2 in 66% ig. Essigsäure analog Vorst.; aus A. Nadeln; 79,5%. — *4(5)-Phenylimidazolyl-(2)-p-nitrophenylsulfon* (**I**), $C_{15}H_{11}O_4N_3S$, F. 180—181,5°, aus 4(5)-Phenyl-2-p-nitrophenylmercaptoimidazol analog **III** in 45 Std. bei 40—50°; schwachgelbe Prismen aus Eisessig; 93,9 g. — *4(5)-Phenylimidazolyl-(2)-p-aminophenylsulfon*, $C_{15}H_{13}O_2N_3S$, F. 240,5—241° (Zers.), man leitet in eine Lsg. von **I** in A. + verd. NH_4OH 5 Std. bei Zimmertemp. H_2S ein u. kocht 1 Std.; aus 70% ig. A. lange Prismen; 72,1%. — *4(5)-p-Nitrophenylimidazolyl-(2)-isoamylsulfon* (**II**), $C_{14}H_{17}O_4N_3S$, F. 178—178,5°, aus 4(5)-p-Nitrophenyl-2-isoamylmercaptoimidazol analog **III** in 24 Std. bei 40—45°; aus Eisessig gelbe Prismen; 89,9%. — *4(5)-p-Aminophenylimidazolyl-(2)-isoamylsulfon*, $C_{14}H_{19}O_2N_3S$, F. 164—165°, man hydriert **II** in A. in Ggw. von Ni bei Zimmertemp.; aus A. lange Prismen; 95,7%. *Hydrochlorid*, $C_{14}H_{20}O_2N_3ClS$, F. 242—246° (Zers.); aus A. Blättchen. — *1-Äthyl-4-phenylimidazolyl-(2)-äthylsulfoxyd*, aus 3,85 g 1-Äthyl-4-phenyl-2-äthylmercaptoimidazol in Eisessig u. 4,6 ml 27% ig. H_2O_2 in 48 Std. bei 40—50°; Öl; 3,3 g. *Pikrat*, $C_{19}H_{19}O_8N_5S$, F. 151° (Zers.), aus A. lange Nadeln. (Журнал Общей Химии [J. allg. Chem.] **25** (**87**). 2318—23. Nov. 1955.) CH. WEISKE. 3122

Henry P. Ward, *Einige substituierte 5-Benzalhydantoine und 5-Benzylhydantoine.* Es wurden einige *5-Benzalhydantoine* u. *5-Benzylhydantoine* synthetisiert.

V e r s u c h e : H y d a n t o i n e , *Benzalverbb.* aus Hydantoin u. dem entsprechenden Benzaldehyd mit Na-Acetat in sd. Eisessig–Acetanhydrid; geben mit H_2 in n-NaOH über RANEY-Ni die *Benzylverbb.*: *5-[2.4-Dichlorbenzal]*-, $C_{10}H_6O_2N_2Cl_2$, F. 310—312°, aus 2.4-Dichlorbenzaldehyd; aus Essigsäure schwach gelbe Kristalle; 60% (Ausbeute). — *5-[2.4-Dichlorbenzyl]*-, $C_{10}H_8O_2N_2Cl_2$, F. 226—227°, aus vorst. Verb. in Eisessig–Acetanhydrid mit HJ (2 Std. bei 118°); aus Essigsäure Nadeln; 56%. — *5-[2-Äthoxybenzal]*-, $C_{12}H_{12}O_3N_2$, F. 222—223°, gelbe Nadeln; 68%. — *5-[2-Äthoxybenzyl]*-, $C_{12}H_{14}O_3N_2$, F. 171—172°, aus W. Blättchen; 80%. — *5-[3.4-Diäthoxybenzal]*-, $C_{14}H_{16}O_4N_2$, F. 245 bis 247°, gelbe Nadeln; 65%. — *5-[3.4-Diäthoxybenzyl]*-, $C_{14}H_{18}O_4N_2$, F. 186—187°; 75%. — *5-[4-Oxy-3-äthoxybenzal]*-, $C_{12}H_{12}O_4N_2$, F. 263—265°, aus 4-Oxy-3-äthoxybenzaldehyd u. Hydantoin in Pyridin u. Diäthylamin (8 Std. am Rückfluß); 76%. — *5-[4-Oxy-3-äthoxybenzyl]*-, $C_{12}H_{14}O_4N_2$, F. 194—195°, 60%. — *5-[4-Oxy-3.5-dimethoxybenzal]*-, $C_{12}H_{12}O_5N_2$, F. 304—306°, analog vorvorst. Verb.; gelbe Kristalle; 45%. — *5-[4-Oxy-3.5-dimethoxybenzyl]*-, $C_{12}H_{14}O_5N_2$, F. 225—226°; 60%. (J. Amer. chem. Soc. **74**. 4212—13. 20/8. 1952. Washington, D. C., Catholic Univ., Dep. of Chem.) H.-R. SCHÜTTE. 3122

L. K. Ramachandran und **W. B. McConell**, *3-[o-Nitrophenyl]- und 3-[p-Phenylazophenyl]-2-thiohydantoine von Aminosäuren.* Durch Rk. von o-Nitrophenylisothiocyanat (**I**) bzw. p-Isothiocyanazobenzol (**II**) mit Aminosäuren wurden über die *N-Thiocarbamylderivv. 5-Alkyl-3-o-nitrophenyl-* bzw. *5-Alkyl-3-[p-phenylazophenyl]-2-thiohydantoine* dargestellt, deren Verwendung wegen ihrer chromophoren Gruppe bei Peptidanalysen erörtert wird. Mit Prolin entstehen entsprechende kondensierte Zweiringsysteme. Die UV-Apsorptionsmaxima u. mol. Extinktionskoeffizienten der Azoverbb. sind tabellar. aufgeführt. (Vgl. C. **1956**. 6339.)

V e r s u c h e : 5 - A l k y l - 3 - o - n i t r o p h e n y l - 2 - t h i o h y d a n t o i n e , aus der Aminosäure in 50% ig. Pyridin u. **I** unter Zugabe von 0,5 n NaOH bis p_H 8,5; nach 10—40 Min. wurde zur Entfernung von überschüssigem **I** u. Pyridin mit Ae. extrahiert u. die das *Thiocarbamylderiv.* enthaltende wss. Lsg. mit konz. HCl auf p_H 1 eingestellt u. 2 Tage stehengelassen (beim Glycinderiv. in 2 n HCl 2 Std. gekocht); aus A.–W. schwachgelbe Kristalle in 70—80% ig. Ausbeute; die 5-Alkylreste leiten sich von nachst. Aminosäuren ab: *Glycin*, F. 163—164°, mit NH_3 Farbumschlag nach Purpur u. mit Säuredämpfen wieder nach Gelb. — *dl-Valin*, F. 159—162°. — *dl-Asparaginsäure*, F. 210°. — *l-Asparagin*, F. 236°. — *l-Glutamin*, F. 166—168°. — *l-Cystin*, F. 112—113°. — *dl-Phenylalanin*, F. 140°. — *l-Tyrosin*, F. 191°. — *l-Prolin*, F. 168—169°. — *l-Histidin*, F. 235°. — *l-Lysin*, F. 89°, mit einem 2. o-Nitrophenylthiocarbamylaminorest am endständigen C-Atom der Seitenkette. — *dl-Tryptophan*, F. 218°. — 5 - A l k y l - 3 - [p - p h e n y l - a z o p h e n y l] - 2 - t h i o h y d a n t o i n e , wie vorst., aber mit 85% ig. Pyridin zur besseren Löslichkeit von **II** u. bei p_H 9,7; zur Beschleunigung der Rk. mit Asparagin u. Glutamin wurde wenig W. zugefügt u. auf 40—45° erwärmt; Cystin reagierte nicht; die Prodd. sind glänzende orangerote Kristalle u. zeigen mit Säuredämpfen Farbumschlag nach Tiefrot, mit NH_3 wieder nach Gelb; die 5-Alkylreste leiten sich von nachst. Aminosäuren ab: *dl-Alanin*, $C_{16}H_{14}ON_4S$, F. 184—186° (Zers.). — *dl-Valin*, $C_{18}H_{18}ON_4S$, F. 258 bis 259° (Zers.). — *dl-Leucin*, $C_{19}H_{20}ON_4S$, F. 204—205° (Zers.). — *dl-Isoleucin*, $C_{19}H_{20}\cdot ON_4S$, F. 220—221° (Zers.). — *dl-Serin*, $C_{16}H_{14}O_2N_4S$, F. 151—152° (Zers.). — *dl-Threonin*, $C_{17}H_{16}O_2N_4S$, F. 233—234° (Zers.). — *dl-Asparaginsäure*, $C_{17}H_{14}O_3N_4S$, F. 223—224° (Zers.). — *l-Asparagin*, $C_{17}H_{15}O_2N_5S$. — *l-Glutaminsäure*, $C_{18}H_{16}O_3N_4S$, F. 196—197° (Zers.). — *l-Glutamin*, $C_{18}H_{17}O_2N_5S$, F. 210—211° (Zers.). — *l-Oxyprolin*, $C_{19}H_{22}O_2N_4S$, F. 140—141° (Zers.). — *dl-Phenylalanin*, $C_{22}H_{18}\cdot ON_4S$, F. 254—255° (Zers.). — *l-Tyrosin*, $C_{22}H_{18}O_2N_4S$, F. 224—225° (Zers.). — *dl-Tryptophan*, $C_{24}H_{19}ON_5S$, F. 194—195° (Zers.). — *dl-Methionin*, $C_{18}H_{18}ON_4S_2$, F. 210—211° (Zers.). — *l-Arginin*, $C_{19}H_{21}ON_7S$, F. 181—182° (Zers.; W.). — *l-Histidin*, $C_{19}H_{16}ON_6S$, F. 235—236° (Zers.; W.). — Durch Analysen u. Infrarotspektren wurde festgestellt, daß bei folgenden Aminosäuren die Rk. nur bis zum *p-Phenylazophenylthiocarbamylderiv.* verläuft: *Glycin*, $C_{15}H_{14}O_2N_4S$, F. 179 bis 180° (Zers.). — *l-Prolin*, $C_{18}H_{18}O_2N_4S$, F. 131—132° (Zers.). — *l-Lysin*, $C_{32}H_{32}O_2N_8S_2$, F. 164—165° (Zers.), beide Aminogruppen tragen p-Phenylazophenylthiocarbamylreste. (J. Amer. chem. Soc. **78.** 1255—57. 20/3. 1956. Saskatoon, Saskatchewan, Nat Res. Council of Canada, Prärie Reg. Labor.) W. Hunger. 3122

R. Passerini und **L. Pentimalli**, *Diazokupplung von 2-Aminonaphtho-[1'.2':4.5']-oxazol.* — *2-Oxy-α-naphthylthioharnstoff*, aus 1-Amino-β-naphtho lu. KSCN in wss. HCl (10 Std. kochen). — *2-Aminonaphtho-[1'.2':4'.5]-oxazol*, $C_{11}H_8ON_2$, F. 199°, aus 10 g vorst. Verb. mit gelbem HgO in sd. A. (28 Std.); aus Bzl. glänzende Blättchen; 2,7 g (Ausbeute). *4'-p-Nitrobenzolazoderiv.*, $C_{17}H_{11}O_3N_5$, F. 304° (Zers.), mit diazotiertem p-Nitranilin in Essigsäure; aus Pyridin rotviolette Nadeln. (Boll. sci. Fac. Chim. ind. Bologna **12.** 165. 1954. Bologna, Univ., Ist. Chim. Ind.) G. Platzer. 3132

Kurt Alder, Hans Krieger und **Herbert Weiß**, *Darstellung und Verhalten von Bicyclo-[1.2.3]-octen und Bicyclo-[2.2.3]-nonen. Beiträge zur Kenntnis der Wagnerschen Umlagerung und der Phenylazidreaktion.* Aus Cyclopentadien (**I**) u. Acrylnitril (**II**) erhält man *2-Cyanbicyclo-[1.2.2]-hepten-(5)* (**III**), durch dessen totale Hydrierung *2-Aminomethylbicyclo-[1.2.2]-heptan* (**IV**) leicht zugänglich wird. Der früher (Ber. dtsch. chem Ges. **71.** [1938.] 2404) beschriebene leichte Übergang des Bicyclo-[1.2.2]-heptan- in das Bicyclo-[1.2.3]-octan-Syst., z. B. **IV** in *Bicyclo-[1.2.3]-octanol-(2)* (**V**) mit HNO_2 ist mit einer Spannungsverminderung verbunden; Vff. stellen fest, daß der bekannte u. ohne Abfall der Ringspannung eintretende Übergang des Bicyclo-[2.2.2]- in das Bicyclo-[1.2.3]-Syst. auch umgekehrt möglich ist: Beim Vers. der Hydratisierung des *Bicyclo-[1.2.3]-octens-(2)* (**VI**) nach Bertram-Walbaum entsteht als Hauptprod. *Bicyclo-[2.2.2]-octanol-(2)* (**VII**). — Analog zur **V**-Darst. wird aus Cyclohexadien-(1.3) (**VIII**) u. **II** *2-Cyanbicyclo-[2.2.2]-octen-(5)* (**IX**), daraus *2-Aminomethylbicyclo-octan* (**X**) u., mit HNO_2, *Bicyclo-[2.2.3]-nonanol-(2)* (**XI**) erhalten. Durch Red. des aus **VIII** u. Acrolein (**XIV**) nach Diels u. Alder (Liebigs Ann. Chem. **478.** [1930.] 137) gebildeten *2-Formylbicyclo-[2.2.2]-octens-(5)* erhält man *2-Oxymethylbicyclo-[2.2.2]-octan* (**XII**), aus dem mit H_3PO_4 *Bicyclo-[2.2.3]-nonen-(2)* (**XIII**) entsteht. Seine Hydrierung liefert *Bicyclo-[2.2.3]-nonan*. — **VI** u. **XIII** addieren Phenylazid (**XV**) ähnlich wie monocycl. Olefine langsam (vgl. Liebigs Ann. Chem. **501.** [1933.] 1); die prim. entstehenden *Hydrotriazole* **XVI** bzw. (nach N_2-Eliminierung) *Anile* **XVII** gehen in „N_4-*Körper*" **XVIII** über. Aus **III** u. **IX** werden mit **XV** die Verbb. **XVI** dargestellt. Die Verbb. **XVIII** aus „*Norcampheranil*" (Typ **XVII**) bzw. aus dem **XVII**-Deriv. des *2-Oxo-1.4;5.8-bis-endomethylendekahydronaphthalins* u. **XV** werden beschrieben, sowie die Hydrierung der **XVI**-Verb. aus *2-Acetoxybicyclo-[1.2.2]-hepten-(5)* [**XIX**; Addukt von **I** an Vinylacetat (**XX**)] zu (nach Verseifung) *2-Oxy-5-phenylamino-6-aminobicyclo-[1.2.2]-heptan.*

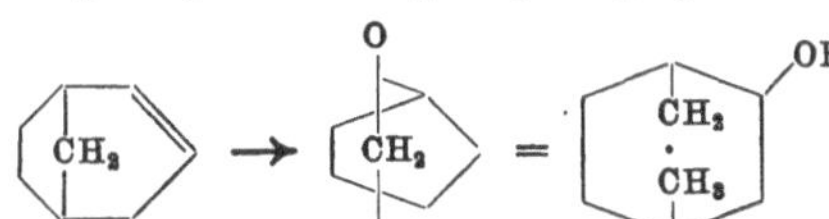

VI VII

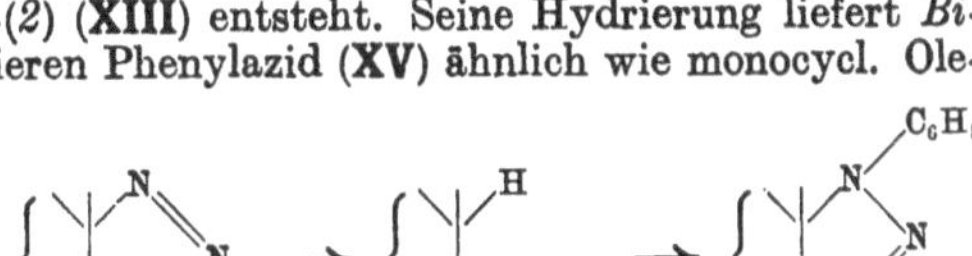

XVI XVII XVIII

V e r s u c h e: *2-Cyanbicyclo-[1.2.2]-hepten-(5)* (**III**), Kp.$_{13}$ 84—89°, aus **I** u. **II**; 95% (Ausbeute). *Hydrotriazol*, $C_{14}H_{14}N_4$, F. 158° (Methanol), aus **III** mit **XV** in äther. Lsg.; krist. bei 3tägigem Stehen. — *2-Cyanbicyclo-[1.2.2]-heptan*, $C_8H_{11}N$, F. 36—37°, Kp.$_{19}$ 97°, aus **III** durch Hydrierung (Raney-Ni) in Methanol. — *2-Aminomethylbicyclo-[1.2.2]-heptan* (**IV**), Kp.$_{13}$ 68°, aus **III** in bei 0° mit NH_3 gesätt. Methanol durch Hydrieren (Raney-Ni; 3—4 Std. bei 60° u. 100 at H_2); 100%. — *2-Oxymethylbicyclo-[1.2.2]-heptan*, Kp.$_{13}$ 95—96°, durch Hydrieren (Cu-Cr-Oxyd, 4 Std. bei 150° u. 150—160 at H_2) aus dem nach DIELS u. ALDER [1928] aus **I** u. **XIV** gewonnenen *2-Formylbicyclo-[1.2.2]-hepten-(5)*; 90%. — *Bicyclo-[1.2.3]-octen-(2)* (**VI**), F. 47°, Kp. 133°, aus vorst. Verb. durch Erhitzen mit 85% ig. H_3PO_4 auf 160°, 70%, oder aus *Bicyclo-[1.2.3]-octanol-(2)* [**V**; F. 183°, aus **IV** nach ALDER u. WINDEMUTH (l. c.) mit HNO_2] durch Erhitzen mit $KHSO_4$ auf 180°, 60%. „*N_4-Körper*", $C_{20}H_{22}N_4$, F. 202° (Zers.; Essigester–Ligroin), durch 4tägiges Erhitzen von 5 g **VI** u. 10 g **XV** im Rohr auf 85°. — *Cyclopentancarbon-(1)-essigsäure-(3)*, $C_8H_{12}O_4$, F. 139° (Essigester–Cyclohexan), aus **VI** durch Ozonisation u. oxydative Spaltung des Ozonids. — *Bicyclo-[2.2.2]-octanol-(2)* (**VII**), F. 217—218°, a) durch Verseifen des Acetats neben etwas **V**; *Acetat*, Kp.$_{13}$ 98—100°, aus **VI** nach BERTRAM-WALBAUM durch 6std. Kochen in Eisessig mit etwas 50% ig. H_2SO_4, Hydrolyse u. Ausäthern neben etwas **V**-*Acetat*; 69%; b) durch Hydrieren (RANEY-Ni) aus *2-Acetoxybicyclo-[2.2.2]-octen-(5)* (Kp.$_{13}$ 92—94°, aus **VIII** u. **XX** nach ALDER u. RICKERT, Liebigs Ann. Chem. **543.** [1939.] 1). — *2-Cyanbicyclo-[2.2.2]-octen-(5)* (**IX**), $C_9H_{11}N$, F. 58°, Kp.$_{12}$ 104—106°, aus **VIII** u. **II** durch 12std. Erhitzen im Autoklaven auf 120°; 80%. *Hydrotriazol.* $C_{15}H_{16}$·N_4, F. 184° (Essigester–Ligroin), aus **IX** u. **XV** durch Erhitzen im Rohr (2 Tage, 70°). — *2-Cyanbicyclo-[2.2.2]-octan*, $C_9H_{13}N$, F. 98°, Kp.$_{15}$ 108°, aus **IX** durch Hydrieren (RANEY-Ni) in Methanol. — *2-Aminomethylbicyclo-[2.2.2]-octan* (**X**), Kp.$_{17}$ 96°, aus **IX** wie **IV**; 100%. *Hydrochlorid*, $C_9H_{17}N \cdot HCl$. — *Bicyclo-[2.2.3]-nonanol-(2)* (**XI**), F. 162° (geschlossenes Röhrchen), aus **X**·HCl in W. mit $NaNO_2$ u. Eisessig (ber. Menge) unter Durchleiten von Wasserdampf; campherartige M. im Kühler, rein durch Sublimieren; 70%. — *2-Oxymethylbicyclo-[2.2.2]-octan* (**XII**), F. 25—26°, Kp.$_{16}$ 116—117°, viscoses Öl, durch Hydrieren (Cu–Cr-Oxyd; 3 Std. bei 150° u. 160 at. H_2) von 2-Formylbicyclo-[2.2.2]-octen-(5) in Dioxan; 90%. *3.5-Dinitrobenzoat*, $C_{16}H_{18}O_6N_2$, F. 108—109° (PAe.). — *Bicyclo-[2.2.3]-nonen-(2)* (**XIII**), C_9H_{14}, F. 93° (Methanol u. Sublimation), Kp. 158—160°, aus **XI** durch Erhitzen mit konz. H_3PO_4 u. etwas Hydrochinon u. Cu-Pulver auf 160—180° (zuletzt 200 bis 220°); 50—60%; oder aus **XII** durch Erhitzen mit 85% ig. H_3PO_4 auf 160° (zuletzt 220°); 67%. „*N_4-Körper*", $C_{21}H_{24}N_4$, F. 184° (Zers.; Essigester), aus 5 g **XIII** u. 10 g **XV** durch Erhitzen (6 Tage auf 70—80°) im Rohr. — *cis-Hexahydrohomoterephthalsäure*, $C_9H_{14}O_4$, F. 151—152° (Essigester), durch Ozonisierung von **XIII** in Eisessig u. Spaltung des Ozonids mit H_2O_2. — *Bicyclo-[2.2.3]-nonan*, C_9H_{16}, F. 124°, Kp. 168°, campherartige flüchtige Verb.; aus **XIII** durch Hydrieren (PtO_2) in Eisessig; scheidet sich mit W. ab, rein durch Sublimieren. — *Norcampheranil*, $C_{13}H_{15}N$, F. 165° (Zers.; Methylacetat), krist. nach 8tägigem Stehen. *Dihydroverb.*, $C_{19}H_{22}N_4$, F. 240° (Zers.; aus Essigester), durch Hydrieren (PtO_2) des „N_4-Körpers" in Essigester. — *2-Oxo-1.4;5.8-bis-endomethylendekahydronaphthalinanil*, Kp.$_{0,2}$ 147°, durch Erhitzen der Oxoverb. mit Anilin u. etwas Anilinhydrochlorid (3 Std.; 175—180°). „*N_4-Körper*", $C_{24}H_{26}N_4$, F. 233° (Zers.; CH_3CN), aus dem Anil bei 100—105° (10 Tage im Rohr); 50%. — *2-Oxo-3-phenylamino-1.4;5.8-bis-endomethylendekahydronaphthalin*, $C_{18}H_{21}ON$, F. 127° (Methanol), aus vorst. „N_4-Körper" mit Oxalsäure in Essigester (N_2-Entw.) u. kurzes Kochen (Nd. von *Anilinoxalat*). — *2-Acetoxybicyclo-[1.2.2]-hepten-(5)* (**XIX**)-*Hydrotriazol*, $C_{15}H_{17}O_2N_3$, F. 135—136° (Essigester), aus 2 g **XIX** u. 2 g **XV**, krist. nach wenigen Stunden. — *2-Oxy-5-phenylamino-6-aminobicyclo-[1.2.2]-heptan*, $C_{13}H_{18}ON_2$, F. 145° (Essigester–Ligroin), durch Hydrieren vorst. Hydrotriazols (RANEY-Ni) in Essigester (unter Bldg. von NH_3), Eindampfen im Vakuum u. Verseifen mit methanol. KOH. (Chem. Ber. **88.** 144—55. 26/1. 1955. Köln, Univ., Chem. Inst.) F. J. MEYER. 3153

Joachim Goerdeler und **Franz Bechlars,** *Über 1.2.4-Thiodiazole.* 3. Mitt. *N-Halogenisoharnstoffe, N-Rhodanmethylisoharnstoffe und 3-Alkoxy-5-amino-1.2.4-thiodiazole.* 5. Mitt. *über N-Halogenamidine.* (2. vgl. C. **1955.** 4590; 4. vgl. C. **1955.** 4595.) Aus Salzen von Alkyl (Aryl)-isoharnstoffen u. Hypohalogeniten entstehen *N-Chlor-* bzw. *N-Bromisoharnstoffe. N-Jod-O-cyclohexyl-* u. *-O-benzylisoharnstoff* wurden durch Einw. einer wss. NaOCl-Lsg. auf die Hydrochloride in Ggw. von J^- in geringer Ausbeute gewonnen. Die Beständigkeit der N-Halogenisoharnstoffe nimmt mit zunehmender Größe des O-Substituenten u. in der Reihe J-, Br-, Cl-Deriv. zu. Mit Rhodanionen in CH_3OH bilden die N-Halogenisoharnstoffe *3-Alkoxy* (*Aryloxy*)*-5-amino-1.2.4-thiodiazole*; im Falle des N-Chlor-O-methylisoharnstoffs (**II**) konnte beim Arbeiten in konz. wss. Lsg. das Zwischenprod. dieser Rk., *N-Rhodan-O-methylisoharnstoff* (**I**), isoliert werden, was in den anderen Fällen nicht gelang, doch lassen sich bei der Rk. stets 2 Phasen unterscheiden: in der 1., kurzen, fällt anorgan. Chlorid aus, in der 2. verschwindet allmählich das Oxydationsvermögen. Die Cyclisierung von **I** ist stark vom p_H-Wert der Lsg. abhängig, sie erfolgt nur im schwach sauren Bereich, während im stark sauren u. alkal. Bereich andere Rkk., wahrscheinlich hydrolyt. u. Redox-Rkk., eintreten. Die UV-Spektren der 3-Alkoxy (Aryloxy)-5-amino-1.2.4-thiodiazole ähneln denen der 3-Alkyl-5-aminothiodiazole, ihre Basizität ist gering, sie sind gegen wss. Säuren in der Wärme empfindlich. Ihre *Acetylderivv.* — der Acetylrest dürfte an die seitenständige Aminogruppe treten — lösen sich in NaOH.

Versuche (FF. korr.): N-Chlorisoharnstoffe, durch Zutropfen von 2 mol. NaOCl-Lsg. zur 0,5 mol. wss. Lsg. des Isoharnstoffhydrochlorids (bei der Methyl- u. Äthylverb. unter Kühlung): *O-Methyl-* (II), $C_2H_5ON_2Cl$, F. 30—31° (Zers.), aus Ae. + Ligroin Nädelchen; 74% (Ausbeute). — *O-Äthyl-*, $C_3H_7ON_2Cl$, Kp.$_{0,5}$ 46°, F. 4,5°, $n_D^{20,5}$ 1,4861; 80%. — *O-[β-Chloräthyl]-*, $C_3H_6ON_2Cl_2$, F. 57—58° (Zers.), aus Bzl. + Ligroin Plättchen; 80%. — *O-Cyclohexyl-*, $C_7H_{13}ON_2Cl$, F. 56° (Zers.), aus CH_3OH + W. Stäbchen; 96%. — *O-Phenyl-*, $C_7H_7ON_2Cl$, F. 135—136° (Zers.), aus Bzl. Stäbchen; 96%. — *O-Benzyl-*, $C_8H_9ON_2Cl$, F. 58—59° (Zers.), aus CH_3OH rechteckige Tafeln; 92%. — N-Bromisoharnstoffe, analog den Cl-Verbb. mit NaOBr: *O-Methyl-*, $C_2H_5 \cdot ON_2Br$, F. 22°, Kp.$_{0,03}$ 43°, n_D^{20} 1,5392; 65%. — *O-Äthyl-*, $C_3H_7ON_2Br$, Kp.$_{0,02}$ 41°, F. 3°, $n_D^{19,5}$ 1,5239; 80%. — *O-[β-Chloräthyl]-*, $C_3H_6ON_2ClBr$, F. 42—43° (Zers.), aus Bzl. + Ligroin Plättchen; 65%. — *O-Cyclohexyl-*, $C_7H_{13}ON_2Br$, F. 49—50°, aus CH_3OH u. W. schwach gelbliche Stäbchen; 78%. — *O-Phenyl-*, $C_7H_7ON_2Br$, F. 93—94° (Zers.), aus Chlf. Stäbchen; 78%. — *O-Benzyl-*, $C_8H_9ON_2Br$, F. 88—89° (Zers.), aus CH_3OH + W. schwach gelbliche Tafeln; 78%. — N-Jodisoharnstoffe, durch Versetzen äquimol. Mengen Isoharnstoffhydrochlorid u. KJ in W. mit NaOCl-Lsg. unter Rühren u. Kühlen: *O-Cyclohexyl-*, $C_7H_{13}ON_2J$, F. 84° (Zers.), aus CH_3OH + W. gelbe Plättchen; Ausbeute gering. — *O-Benzyl-*, $C_8H_9ON_2J$, F. 108° (Zers.), aus Ae. + Ligroin gelbe Plättchen; gering. — 5-Amino-1.2.4-thiodiazole: *3-Methoxy-* (III), $C_3H_5ON_3S$, F. 172—172,5° (aus W. Nadeln), a) durch Zugabe von wasserfreiem NaSCN zu **II** in CH_3OH unter Rühren, 5tägiges Stehen bei Zimmertemp. u. Eindampfen; 40%; b) durch Rühren von **I** in der Mutterlauge unterhalb 0° u. Neutralisation mit Na_2CO_3; 46%; die schwach alkal. Mutterlauge ergab durch Sättigen mit NaCl, Petrolätherextraktion u. Sublimation des Rückstands *Schwefeldicyanid* [F. 62° (Zers.)]. *Hydrochlorid*, $C_3H_5ON_3S \cdot HCl$, F. 159° (Zers.; Nadeln). *Pikrat*, $C_3H_5ON_3S \cdot C_6H_3O_7N_3$, F. 166—167° (Zers.). *N-Acetylverb.*, $C_5H_7O_2N_3S$, F. 242,5°, gelbe Nadeln. — *3-Äthoxy-*, $C_4H_7ON_3S$, F. 105—105,5° (aus CCl_4 Schuppen), analog **III**, aber 2std. Erhitzen des Reaktionsgemischs, Abdampfen des CH_3OH u. Ätherextraktion des Rückstands; 45%. *Hydrochlorid*, $C_4H_7ON_3S \cdot HCl$, F. 140° (Zers.; Nadeln). *Pikrat*, $C_4H_7ON_3S \cdot C_6H_3O_7N_3$, F. 188—189° (Zers.; gelbe Nadeln). *N-Acetylverb.*, $C_6H_9O_2N_3S$, F. 200—200,5° (Nadeln). — *3-[β-Chloräthoxy]-*, $C_4H_6ON_3ClS$, F. 105,5—106,5° (Zers.; aus Bzl. derbe Säulen), analog **III**, nach 24std. Stehen wurde filtriert, eingeengt u. in W. eingerührt; 50%. *Pikrat*, $C_4H_6ON_3ClS \cdot C_6H_3O_7N_3$, F. 158,5° (Zers.; gelbe Nadeln). *N-Acetylverb.*, $C_6H_8O_2N_3ClS$, F. 171—172° (Zers.; Nädelchen). — *3-Cyclohexyloxy-*, $C_8H_{13}ON_3S$, F. 116,5—117,5° (Bzl.-Ligroin), analog **III**, nach 3std. Stehen wurde eingedampft, mit Ae. extrahiert, in die Lsg. HCl eingeleitet u. das Hydrochlorid durch Erwärmen in W. hydrolysiert; 50%. *Hydrochlorid*, $C_8H_{13}ON_3S \cdot HCl$, F. 136—145° (Zers.; Nadeln). *Pikrat*, $C_8H_{13}ON_3S \cdot C_6H_3O_7N_3$, F. 160—161° (Zers.; gelbe Nadeln). *N-Acetylverb.*, $C_{10}H_{15}O_2N_3S$, F. 161—162° (feine Nädelchen). — *3-Phenoxy-*, $C_8H_7ON_3S$, F. 139—140,5° (aus Bzl. derbe hexagonale Säulen), analog **III**, nach Abtrennen von NaCl wurde 1 Std. gekocht, eingeengt u. mit W. versetzt; krist. aus viel W. als *Hemihydrat*, F. 75—114°. *Hydrochlorid*, $C_8H_7ON_3S \cdot HCl$, F. 125—141° (Zers.; rechteckige Tafeln). *Pikrat*, $C_8H_7ON_3S \cdot C_6H_3O_7N_3$, F. 146—147° (Zers.; gelbe Nadeln). *N-Acetylverb.*, $C_{10}H_9O_2N_3S$, F. 222° (Plättchen). — *3-Benzyloxy-*, $C_9H_9ON_3S$, F. 107,5° u. nach Wiedererstarren 111—112° (aus Bzl. Nadeln), analog **III**, nach 3std. Stehen wurde eingeengt u. mit W. versetzt; 75%. *Hydrochlorid*, $C_9H_9ON_3S \cdot HCl$, Nadeln. *Pikrat*, $C_9H_9 \cdot ON_3S \cdot C_6H_3O_7N_3$, F. 147—148° (Zers.; gelbe Nadeln). *N-Acetylverb.*, $C_{11}H_{11}O_2N_3S$, F. 205 bis 205,5° (sechseckige Platten). — *N-Rhodan-O-methylisoharnstoff* (I), $C_3H_5ON_3S$, F. 64 bis 65° (Zers.; aus Ae. mit Ligroin lange Nadeln), durch Versetzen von Methylisoharnstoffhydrochlorid in W. mit 2 mol. NaOCl-Lsg. unter Kühlung u. Rühren, Neutralisation mit 20%ig. H_2SO_4, starkes Abkühlen, Zufügen von wss. KSCN-Lsg. von —15° u. dann von eiskalter wss. $NaHCO_3$-Lsg. u. Abpressen auf Ton. (Chem. Ber. **88**. 843—51. 1955. Bonn, Univ., Chem. Inst.) I. SPAETH. 3173

Joachim Goerdeler und **Marianne Willig**, *Über 1.2.4-Thiodiazole*. 4. Mitt. *N-Chlor-N'.N'-dialkylguanidine und 3-Dialkylamino-5-amino-1.2.4-thiodiazole*. 6. Mitt. *über N-Halogenamidine*. (3. bzw. 5. vgl. vorst. Ref.) N'.N'-disubstituierte Guanidinsalze reagieren mit NaOCl unter Bldg. der *N-Chlorverbb.*, deren Beständigkeit mit wachsenden N'.N'-Substituenten zunimmt, u. die sich mit Rhodanionen zu *3-Dialkyl(Diaryl)-amino-5-amino-1.2.4-thiodiazolen* umsetzen, wobei die Ausbeuten durch gleichzeitig verlaufende Oxydations–Reduktions-Vorgänge ungünstig beeinflußt werden. Günstiger ist die „Eintopfmeth.", nämlich die Umsetzung des Guanidinsalzes mit Br_2 u. Rhodanid; *3-Dimethylamino-5-amino-1.2.4-thiodiazol* (I) ließ sich am besten aus freiem N'.N'-Dimethylguanidin u. Dirhodan erhalten. Die 3-Dialkylamino-5-aminothiodiazole sind beständige Substanzen, die aber durch Alkali in der Hitze zerstört werden, ihre UV-Spektren zeigen gegenüber denjenigen der 3-Alkyl- u. 3-Alkoxyverbb. eine Verschiebung zum langwelligen Bereich. Mit $AgNO_3$ werden *Additionsverbb.* im Verhältnis 1:1 mit hoher Lichtempfindlichkeit gebildet. Die wss. u. wss.-alkoh. Lsgg. der Amine reagieren neutral, die ihrer Hydrochloride stark sauer. Diazotierung in H_3PO_4 oder H_2SO_4 u. anschließende Kupplung mit Naphthol gab unklare oder negative Ergebnisse, dagegen konnten aus I u. der Diphenylverb. die *Nitrosamine* dargestellt werden, während die *Dibenzylverb.* (II) unter den gleichen Bedingungen nur schwarze Schmieren bildete. Eine Sulfonierung mit $C_6H_5SO_2Cl$ oder p-Acetamidobenzolsulfochlorid gelang nicht, doch konnte II glatt acetyliert werden.

Versuche (FF. korr.): N-Chlor-N'.N'-dialkyl(diaryl)-guanidine: *N'.N'-Dimethyl-*, $C_3H_8N_3Cl$, F. 50—52° (Zers.), durch Versetzen von N'.N'-Dimethylguanidinsulfat in W. unter Kühlung u. Rühren mit 2 mol. NaOCl-Lsg. u. Ätherextraktion; 92% (Ausbeute), ist nur kurze Zeit haltbar. — *N'.N'-Pentamethylen-*, C_6H_{12}·N_3Cl, F. 64—66° (Zers.), wie vorst. aus N'.N'-Pentamethylenguanidinsulfat (III); 70%. — *N'.N'-Dibenzyl-*, $C_{15}H_{16}N_3Cl$, F. 114° (Zers.), aus N'.N'-Dibenzylguanidinhydrochlorid; die in Flocken ausgefallene Verb. wurde in Chlf. gelöst, beigemengtes Hydrochlorid mit Ae. ausgefällt, es wurde filtriert, eingeengt u. PAe. zugesetzt; 70%. — *N'.N'-Diphenyl-*, $C_{13}H_{12}N_3Cl$, F. 140—148° (Zers.), aus Diphenylguanidinnitrat; 65%. — 3-Dialkyl-(Diaryl)-amino-5-amino-1.2.4-thiodiazole: *3-Dimethylamino-* (I), $C_4H_8N_4S$, F.161° (aus Bzl. Rhomben), durch Lösen von N'.N'-Dimethylguanidinnitrat in CH_3OH, Versetzen mit 2 mol. $NaOCH_3$-Lsg., Filtration, Eindampfen unter vermindertem Druck u. CO_2-Ausschluß, Aufschlämmen in Bzl. u. Zutropfen von benzol. Dirhodanlsg.; 31%. *Pikrat*, $C_4H_8N_4S·C_6H_3O_7N_3$, F. 179—181°, gelbe Nadeln. — *3-Piperidino-*, $C_7H_{12}N_4S$, F. 142° (aus Bzl. Rhomben), durch gleichzeitiges Zutropfen von 2 mol. $NaOCH_3$-Lsg. u. methanol. Br_2-Lsg. zu III u. KSCN in CH_3OH bei —10° unter Rühren, Stehen bei Raumtemp. (2—3 Std.), Ansäuern mit Eisessig, Eindampfen, Aufnehmen in W. u. Ätherextraktion; 5%. *Pikrat*, $C_7H_{12}N_4S·C_6H_3O_7N_3$, F. 172—174° (gelbe Nadeln). — *3-Dibenzylamino-* (II), $C_{16}H_{16}N_4S$, F. 132° (aus 50%ig. CH_3OH Schuppen), wie vorst.; nach dem Ansäuern wurde eingeengt u. mit W. gefällt; 52%. *Hydrochlorid*, $C_{16}H_{16}N_4S·HCl$, Zers. beim Erwärmen. *Acetylderiv.*, $C_{18}H_{18}ON_4S$, F. 193—195° (Blättchen). — *3-Diphenylamino-*, $C_{14}H_{12}N_4S$, F. 268° (Schuppen aus Essigester); 60%. *Hydrochlorid*, $C_{14}H_{12}N_4S·HCl$, F. 215 bis 230° (Zers.). *$AgNO_3$-Additionsverb.*, $C_{14}H_{12}N_4S·AgNO_3$, F. 180—190° (Zers.). — *3-Dimethylamino-5-nitrosamino-1.2.4-thiodiazol*, $C_4H_7ON_5S$, Zers. bei 175°, durch Versetzen von I in 85%ig. HCOOH bei 0° mit $NaNO_2$; 20% — *3-Diphenylamino-5-nitrosamino-1.2.4-thiodiazol*, $C_{14}H_{11}ON_5S$, Zers. bei 182°, analog vorst. Verb.; 57%. (Chem. Ber. **88**. 1071—77. 1/7. 1955.) I. SPAETH. 3173

Joachim Goerdeler und **Albrecht Fincke,** *Über 1.2.4-Thiodiazole.* 5. Mitt. *Darstellung und Eigenschaften des 3-Amino-5-phenyl-1.2.4-thiodiazols.* (4. vgl. vorst. Ref.) Durch Umsetzung von Thionbenzoesäureäthylester mit freiem Guanidin erhalten Vff. rohes *Thiobenzoylguanidin* (I), das wegen seiner Zersetzlichkeit nicht analysenrein zu gewinnen war; als Nebenprod. entstand *2.4-Diamino-6-phenyl-1.3.5-triazin*, außerdem war die Rk. von Dunkelfärbung u. H_2S-Entw. begleitet. Der dehydrierende Ringschluß von I zu *3-Amino-5-phenyl-1.2.4-thiodiazol* (II) verlief glatt. II wird von Säuren kaum, von heißem Alkali allmählich abgebaut. Die UV-Absorptionsmaxima von II sind gegenüber denen des isomeren 5-Amino-3-phenyl-1.2.4-thiodiazols um 20 bzw. 40 mμ nach Rot verschoben. II reagiert nicht mit H_2S oder angesäuertem KJ, durch $ZnCl_2$ in HCl oder Na in A. wird aber der Ring geöffnet. II hat nur geringe Basizität, Acetylierung u. Sulfonylierung verlaufen glatt, ein Nitrosamin ließ sich nicht erhalten. In starker Säure läßt sich II diazotieren, das Diazoniumsalz läßt sich mit akt. Komponenten, nicht aber mit Phenoläther oder aromat. KW-stoffen kuppeln.

Versuche (FF. korr.): *Thionbenzoesäureäthylester*, $Kp._{11}$ 109—114°, aus Benzimidoäther in Ae. durch Einleiten von H_2S unter Eiskühlung (2 Std. kräftiger, 6—8 Std. schwacher H_2S-Strom); 65—70% (Ausbeute). — *3-Amino-5-phenyl-1.2.4-thiodiazol* (II), $C_8H_7N_3S$, F. 131° (aus CH_3OH–W. Nadeln), durch Schütteln vorst. Verb. mit Guanidin in A. unter Eiskühlung, Zufügen von Na_2CO_3 u. CH_3OH nach 5 Tagen bei Raumtemp., dann von Br_2 in CH_3OH, Erhitzen auf dem Wasserbad nach Filtration u. Versetzen mit W.; 28%. *Hydrochlorid*, $C_8H_7N_3S·HCl$, F. 110° (Zers.). *$AgNO_3$-Verb.*, $C_8H_7N_3S·AgNO_3$, Zers. oberhalb 200°. — *3-Acetamido-5-phenyl-1.2.4-thiodiazol*, $C_{10}H_9ON_3S$, F. 143° (aus A. rhomb. Plättchen). — *3-[p-Acetamidobenzolsulfonamido]-5-phenyl-1.2.4-thiodiazol*, C_{16}·$H_{14}O_3N_4S_2·H_2O$, F. 114—115° (CH_3OH), durch 1std. Erhitzen von II mit p-Acetamidobenzolsulfochlorid in Pyridin auf dem Wasserbad, Versetzen mit Eiswasser, Lösen in NaOH u. Ausfällen mit Säure; 82%. — *3-[p-Aminobenzolsulfonamido]-5-phenyl-1.2.4-thiodiazol*, $C_{14}H_{12}O_2N_4S_2$, F. 187° (Nadeln aus A.–W.), aus vorst. Verb. mit 2nNaOH (2 Std. auf dem Wasserbad). — *[5-Phenyl-1.2.4-thiodiazolyl-(3)-azo]-phenol*, $C_{14}H_{10}ON_4S$, F. 212 bis 217° (Zers.; aus CH_3OH rotbraune Rhomben), durch Diazotierung von II in 85%ig. H_3PO_4 in der Kälte, Vermischen nach 10 Min. mit Phenol in CH_3OH u. Eingießen in W.;

64%. — *[5-Phenyl-1.2.4-thiodiazolyl-(3)-azo]-β-naphthol*, $C_{18}H_{12}ON_4S$, F. 202—204° (dunkelrote Nädelchen), analog. (Chem. Ber. **89**. 1033—36. 3/4. 1956.) I. SPAETH. 3173

Joachim Goerdeler, Josef Ohm und **Otto Tegtmeyer**, *Über 1.2.4-Thiodiazole. 6. Mitt. Darstellung und Eigenschaften des 1.2.4- und des 1.3.4-Thiodiazols.* (5. vgl. vorst. Ref.; vgl. auch C. **1955**. 8852.) Durch Diazotierung von 5-Amino-1.2.4- (**III**) u. 2-Amino-1.3.4-thiodiazol, SANDMEYER-Rk. u. katalyt. Red. der erhaltenen *Bromthiodiazole* (**IV** bzw. **V**) wurden die beiden Stammkörper *1.2.4-* (**I**) u. *1.3.4-Thiodiazol* (**II**) erhalten, während die reduktive Diazotierung in Ggw. von A. oder H_3PO_2 nicht gelang. **I** ist im Gegensatz zu **II** säureempfindlich, wobei die Spaltung von **I** durch verd. schneller als durch konz. Säuren erfolgt; bei der polarograph. Red. zeigt **I** ein Halbwellenpotential von —2,00 V (in W.), während **II** bis —2,1 V resistent ist. Auch gegenüber Oxydationsmitteln ist **I** sehr viel resistenter als **II**. Durch wss. Alkali werden **I** u. **II** zerstört; nucleophile Substitutionen mit Hilfe metallorgan. Verbb. gelangen weder bei **I** noch **II**. **IV** u. **V** tauschen ihr Halogenatom gegen nucleophile Reste aus. — Die UV- u. Infrarotabsorptionen von **I** u. **II** sind angegeben.

Versuche (FF. u. Kpp. korr.): *5-Chlor-1.2.4-thiodiazol*, C_2HN_2ClS, $Kp._{758}$ 122 bis 122,5°, F. —8 bis —7°, durch Diazotierung von **III** in 37%ig. HCl in Ggw. von Cu-Pulver bei —10°, $1^1/_2$std. Rühren in der Kälte u. $^1/_2$ Std. bei 50—60°, Neutralisation mit NaOH u. Ätherextraktion; $D.^{20}$ 1,496, $n_D^{21,2}$ 1,5388; 58% (Ausbeute). — *5-Brom-1.2.4-thiodiazol* (**IV**), C_2HN_2BrS, F. 27,5—28°, analog vorst. Verb., aber nur kurzes Erwärmen auf 40° u. Wasserdampfdest.; 74%. — *3-Methyl-5-brom-1.2.4-thiodiazol*, $C_3H_3 \cdot N_2BrS$, F. 24—25°, analog **IV** aus 3-Methyl-5-amino-1.2.4-thiodiazol; 69%. — *1.2.4-Thiodiazol* (**I**), $C_2H_2N_2S$, $Kp._{753}$ 120,7—121,2°, F. —35 bis —33°, durch Hydrierung von **IV** in CH_3OH in Ggw. von Triäthylamin u. RANEY-Ni B in 14 Std. bei Raumtemp., Ausfällung von $(C_2H_5)_3N \cdot HBr$ mit Ae. u. Filtration; $D.^{20}$ 1,3298, $n_D^{21,2}$ 1,5316; 72%; bildet mit Br_2 in Chlf. eine in gelben Nadeln krist., an der Luft zersetzliche Verbindung. *Hydrochlorid*, $C_2H_2N_2S \cdot HCl$, aus Ae. mit HCl; leicht sublimierende Kristalle. *Hydrobromid*, $C_2H_2N_2S \cdot HBr$, aus Ae. mit HBr; leicht sublimierbare Kristalle. *Hydrogensulfat*, $C_2H_2N_2S \cdot H_2SO_4$, aus Ae. mit konz. H_2SO_4; sehr hygroskop. Kristalle. *Methojodid*, $C_2H_2N_2S \cdot CH_3J$, F. 164° (Zers.; A.). *$AgNO_3$-Verb.*, $C_2H_2N_2S \cdot AgNO_3$, F. 80—81° (Nadeln). *$HgCl_2$-Verb.*, $C_2H_2N_2S \cdot HgCl_2$, beim Erhitzen sublimierende Kristalle. *$CoCl_2$-Verb.*, $C_2H_2N_2S \cdot {}^1/_2\,CoCl_2$, violette Nadeln. — *3-Methyl-1.2.4-thiodiazol*, $C_3H_4N_2S$, $Kp._{753}$ 131,8—132,9°, F. —19 bis —17°, analog **I**; $D.^{20}$ 1,2104, n_D^{21} 1,5149; 78%. — *5-Oxy-1.2.4-thiodiazol*, $C_2H_2ON_2S$, F. 120,5° (Bzl.-Ligroin 5:1), durch 2std. Erwärmen von **IV** in konz. H_2SO_4 auf dem Wasserbad, Gießen in Eiswasser u. Ätherextraktion; 64%. — *5-Methylamino-1.2.4-thiodiazol*, F. 58,5—60° (Ligroin), aus **IV** u. CH_3NH_2 in A. ($^1/_2$std. Kochen nach Abklingen der exothermen Rk.); 92%. — *Formylthiosemicarbazid*, F. 173—174° (Zers.; W.), a) durch Erhitzen von Thiosemicarbazid u. wasserfreier HCOOH auf 140° unter Rühren (45—60 Min.) 50—60%; b) durch Eintragen von Thiosemicarbazid in Ameisensäureessigsäureanhydrid unterhalb 50°; 85%. — *2-Amino-1.3.4-thiodiazol*, F. 190—191° (W. oder A.), aus vorst. Verb. u. Acetylchlorid (die unter Aufblähen einsetzende Rk. wird durch Kühlen gemäßigt), Zusatz von Eiswasser nach 5—6 Std., Filtration u. Alkalisieren; 80%. — *2-Brom-1.3.4-thiodiazol* (**V**), C_2HN_2BrS, F. 72—73°, durch Verreiben vorst. Verb. mit $NaNO_2$, Eintragen in Cu-Pulver enthaltende 40%ig. HBr bei —10° unter Rühren, 1std. Rühren bei —5° u. 1 Std. bei Raumtemp., Neutralisation mit starker NaOH, Zugabe von $NaHSO_3$-Lsg., Erwärmen auf 60°, Filtration u. kontinuierliche Ätherextraktion; sublimiert bei 56°/12 Torr; 75—90%; ist nur in ganz reinem Zustand im Exsiccator längere Zeit haltbar. — *2-Methyl-5-brom-1.3.4-thiodiazol*, $C_3H_3N_2BrS$, F. 107,5—108° (W. oder Sublimation im Vakuum bei 64°), analog **V** aus 2-Methyl-5-amino-1.3.4-thiodiazol; 80 bis 90%. — *2-Chlor-1.3.4-thiodiazol*, C_2HN_2ClS, F. 32,5—33°, analog **V** mit 25%ig. HCl; 70—75%; ist noch unbeständiger als **V**. — *2-Methylamino-1.3.4-thiodiazol*, $C_3H_5N_3S$, F. 164,5—165° (CH_3OH-W.), aus **V** mit überschüssigem CH_3NH_2 in A. bei 150° (2—3 Std.); 80%. — *2-Mercapto-1.3.4-thiodiazol*, $C_2H_2N_2S_2$, F. 143° (aus CH_3OH-W. lanzettförmige Nadeln), durch $1^1/_2$std. Kochen von **V** u. Thioharnstoff in A., kurzes Kochen mit wss. KOH, Ansäuern u. Ätherextraktion; 75%. — *1.3.4-Thiodiazol* (**II**), $C_2H_2N_2S$, F. 42—43° (quaderartige Kristalle), durch Hydrierung von **V** in CH_3OH in Ggw. von $(C_2H_5)_3N$ u. vorred. PtO_2 bei Raumtemp. u. gelindem Überdruck; $Kp._{13}$ 82—83,5°, $Kp._{760}$ 204—205° (Zers.), n_D^{42} 1,5470; 90%. *Hydrochlorid*, $C_2H_2N_2S \cdot HCl$, sehr hygroskop., leicht sublimierbare Kristalle. *Hydrobromid*, $C_2H_2N_2S \cdot HBr$, leicht sublimierbare Kristalle. *Pikrat*, $C_2H_2N_2S \cdot C_6H_3O_7N_3$, F. 98° (Zers.; citronengelbe Nadeln). *Methojodid*, $C_2H_2N_2S \cdot CH_3J$, F. 240—241° (Zers.; CH_3OH-W.). *$AgNO_3$-Verb.*, $C_2H_2N_2S \cdot AgNO_3$, F. 169° (Zers.). *$HgCl_2$-Verb.*, $C_2H_2N_2S \cdot HgCl_2$, F. 214—126° (Zers.; lange glänzende Nadeln). — *2-Methyl-1.3.4-thiodiazol*, $C_3H_4N_2S$, F. 22,0—22,7°, analog **II**; $Kp._{17}$ 93°, $Kp._{760}$ 200,5—201,3° (Zers.), $D.^{20}$ 1,2395, n_D^{20} 1,5320; ~100%. *Hydrochlorid*, $C_3H_4N_2S \cdot HCl$,

F. 116—119° (Zers.), stark hygroskop. Kristalle. *Pikrat*, $C_3H_4N_2S \cdot C_6H_3O_7N_3$, F. 103 bis 105° (Zers.). *$HgCl_2$-Verb.*, $C_3H_4N_2S \cdot HgCl_2$, F. 151—152° (Zers.). *$AgNO_3$-Verb.*, $C_3H_4N_2S \cdot AgNO_3$, F. 168—169° (Zers.). (Chem. Ber. **89**. 1534—43. 4/6. 1956.) I. Spaeth. 3173

C. Mentzer und **J. Massicot**, *Wasserstoffübertragungsreaktionen in der Reihe der Flavone.* Ausführliche Wiedergabe der C. **1955**. 5308 u. **1956**. 8087 referierten Arbeiten. Nachzutragen ist die Hydrierung von 5-Oxy-, 5-Oxy-7-methoxy-, 7-Oxy-, 5-Methoxy-7-oxy-, 5.7-Dimethoxy-, 6-Methoxy-, 6-Oxy-7-methoxy-, 6.7-Dimethoxy-, 8-Oxy- u. 8-Methoxyflavon, die zu *5-Oxy-* (20% [Ausbeute]) bzw. *5-Oxy-7-methoxyflavanon* (16%), *2'.4'-Dioxy-* (64%), *2'.4'-Dioxy-6'-methoxy-* (60%) bzw. *2'-Oxy-4'.6'-dimethoxydihydrochalkon* (46%), *6-Methoxyflavanon* (24%), *2'.5'-Dioxy-4'-methoxy-* (6%), *2'-Oxy-4'.5'-dimethoxy-* (35%; daneben 41% *6.7-Dimethoxyflavanon*), *2'.3'-Dioxydihydrochalkon* (22%) bzw. *8-Methoxyflavanon* (4%) führt. — Bei Unterss. des Verh. der 2-Benzal- u. 2-Benzylcumaranone gegenüber Pd-Schwarz mit u. ohne H_2-Acceptor oder -Donator wird gefunden: In Ggw. von Tetralin wandeln sich die 2-Benzalcumaranone ohne OH-Gruppe im Phenylrest mit guten Ausbeuten in die entsprechenden Benzylverbb. um; es wurden auf diese Weise erhalten: *4.6-Dioxy-*, *4.6-Dimethoxy-*, *4.6-Dimethoxy-4'-methoxy-* u. *6.3'.4'.5'-Tetramethoxy-2-benzylcumaranon-(3)*. Ist der Phenylrest durch freie OH-Gruppen substituiert (z. B. 4.6.3'.4'-Tetraoxy-2-benzalcumaranon, dann führt die Red. über das entsprechende Benzylcumaranon hinaus bis zur Spaltung des Heteroringes unter Bldg. des *Dihydrochalkons*. Durch diese Rk. können biogenet. Synthesen, z. B. die Bldg. des *Phloretins* in den Blättern des Apfelbaumes, gedeutet werden. (Bull. Soc. chim. France [5] **1956**. 144—48. Jan.) E. Rotter. 3211

Robert J. Dummel, Walter Wrinkle und **Harry S. Mosher**, *Das Pyridyl-(2)-analoge des Demerols.* Das durch Kondensation von Pyridyl-(2)-acetonitril mit Bis-[2-chloräthyl]-methylamin in Ggw. von $NaNH_2$ nach der Meth. von Eisleb (Ber. dtsch. chem. Ges. **74**. [1941.] 1433) erhaltene *1-Methyl-4-[pyridyl-(2)]-4-cyanpiperidin* (**I**) wird mit konz. H_2SO_4 in das *Amid* übergeführt, das bei der Behandlung mit Methanol u. HCl *1-Methyl-4-[pyridyl-(2)]-4-carbomethoxypiperidin* gibt, welches das Pyridyl-(2)-Analoge des Demerols (Meperidins) ist. Die Infrarotmaxima der dargestellten Verbb. sind angegeben.

Versuche: *Pyridyl-(2)-essigsäuremethylester*, $Kp._2$ 74—78°, durch Zugeben von Picolyl-(2)-Li (aus Li, Brombenzol u. 2-Picolin) zu Ae./Trockeneis unter trockenem N_2, Lösen der erhaltenen Paste in absol. Methanol, Sättigen mit HCl-Gas $<10°$, Stehen bei Raumtemp., Einengen der klaren 2-Phasenmischung unter vermindertem Druck, Behandlung mit Soda u. wenig W. u. Extraktion mit CH_2Cl_2; n_D^{24} 1,5070—1,5092; 50% (Ausbeute). *Pikrat*, F. 141—142,5°. — *Pyridyl-(2)-acetamid*, F. 120—122° (Nadeln aus Aceton), a) durch Lösen vorst. Esters in 28%ig. NH_4OH, 2tägiges Stehen bei Raumtemp. u. Einengen unter vermindertem Druck; 81,7%; b) durch 2std. Erhitzen von 2-Vinylpyridin mit Schwefelblume, konz. NH_4OH u. Dioxan im Rohr auf 150°, Einengen des Rohrinhalts bei 40—60°, Versetzen mit Aceton, Abtrennen des S, Aufnehmen des Eindampfrückstandes in sd. Methyläthylketon u. Einengen; 40,8%. *Pikrat*, F. 155 bis 157° (A.). *Hydrochlorid*, F. 185—186°. — *Pyridyl-(2)-acetonitril*, F. 23—25,5°, $Kp._2$ 76—77°, aus vorst. Verb. nach Sperber u. Mitarbeitern (C. **1952**. 6687) analog der Pyridyl-(3)-verb.; n_D^{25} 1,5224; 79%. *Pikrat*, F. 155—157° (A.). — *1-Methyl-4-[pyridyl-(2)]-4-cyanpiperidin* (**I**), $C_{12}H_{15}N_3$, F. 44—45,5° (Hexan), $Kp._{1,5}$ 120—122°, durch portionsweises Zugeben der gelatinösen Suspension von $NaNH_2$, Toluol u. Al-Octanoat unter Rühren zu vorst. Verb. u. Bis-[2-chloräthyl]-methylamin in Toluol in ~20 Min. unter Ansteigenlassen der Temp. auf 90°, 1std. Kochen u. Einengen unter vermindertem Druck; 48,4% (roh). *Hydrochlorid*, F. 182—183,5° (Sublimation). *Methojodid*, F. 235—236° (A.). *Pikrat*, F. 203—208°. Daneben ein dunkelrotes Öl, das sich nicht kristallisieren ließ. — *1-Methyl-4-[pyridyl-(2)]-piperidin-4-carbonsäureamid*, $C_{12}H_{17}ON_3$, F. 160—161,5° (Toluol oder Aceton), durch vorsichtiges Lösen von **I** in konz. H_2SO_4, 2tägiges Stehen bei Raumtemp., Gießen auf Eis, Zugeben von 28%ig. NH_4OH bei 0°, Chloroformextraktion u. Einengen; Nadeln; 94,4%. *Hydrochlorid*, F. 240—242,5° (A./Ae.). *Methojodid*, F. 206—209° (A./Ae.). *Pikrat*, F. 195—198° (A.). — *1-Methyl-4-[pyridyl-(2)]-4-carbomethoxypiperidin*, $C_{13}H_{18}O_2N_2$, F. 45—47°, $Kp._{0,07}$ 96—97°, durch Sättigen der methanol. Lsg. vorst. Verb. mit HCl $<10°$, 8std. Kochen, Einengen unter vermindertem Druck, Aufnehmen in eiskalter, gesätt. Sodalsg. u. 25%ig. NaOH, Chloroformextraktion u. Eindampfen; n_D^{23} 1,5248; 34,2%. *Hydrochlorid*, $C_{13}H_{19}O_2N_2Cl$, F. 193—193,5° (Chlf./Hexan). *Dipikrat*, $C_{25}H_{24}O_{16}N_8$, F. 197—199,5° (A.). *Methojodid*, F. 196—198,5° (A./Ae.). — *1-Methyl-4-[pyridyl-(2)]-piperidin*, $C_{11}H_{16}N_2$, $Kp._3$ 83—84°, beim Vers., **I** mit A. u. H_2SO_4 in den Äthylester überzuführen; n_D^{20} 1,5268. *Dihydrochlorid*, $C_{11}H_{18}N_2Cl_2$, F. 201—205° (A./Ae.). *Methojodid*, F. 187—188° (A./Ae.). *Dipikrat*, $C_{23}H_{22}O_{14}N_8$, F. 212—215° (A.). (J. Amer. chem. Soc. **78**. 1936—37. 5/5. 1956. Stanford, Calif., Univ., Dep. of Chem. and Chem. Engng.) W. Gehrmann. 3231

K. Sutter-Kostič und **P. Karrer,** *N-Methyl-o-dihydrochinolin aus Chinolinjodmethylat und aus N-Methyl-α-chinolon.* Durch $LiAlH_4$-Red. entsteht sowohl aus Chinolinjodmethylat (**II**; vgl. SCHMID u. KARRER, C. **1950.** I. 545) als auch aus N-Methyl-α-chinolon (I) *N-Methyl-o-dihydrochinolin,* das schon bei Raumtemp. u. p_H 3 zu *N-Methyl-1.2.3.4-tetrahydrochinolin* u. *Chinolin* (**III**) disproportioniert wird. Analog verhält sich 1.2-Dihydrochinolin. Die Red. von **II** mit $Na_2S_2O_4$ in Ggw. von $NaHCO_3$ führt überwiegend zu **III**, das nur Spuren eines stark reduzierenden Dihydroderiv. enthält. **III** bildet sich schon bei der Einw. von $NaHCO_3$ u. Na_2CO_3 auf **II**.

Versuche: *N-Methyl-1.2-dihydrochinolin,* $C_{10}H_{11}N$, Kp.$_{0,04}$ 70—75° (Badtemp.), durch 8std. Kochen von 2,5 g **I** mit $LiAlH_4$/Ae. unter Durchleiten von N_2, Zers. mit W. u. Einengen im N_2-Strom; 0,72 g (Ausbeute). — *N-Methyl-1.2.3.4-tetrahydrochinolin (Kairolin), Pikrat,* $C_{16}H_{16}O_7N_4$, F. 144,5° (A.), durch 18std. Stehen vorst. Verb. in A. mit 2n HCl bei p_H 3,0 bei Raumtemp., Versetzen mit W., Einstellen auf p_H 8—9 mit $NaHCO_3$, Ausäthern, Dest. bei 50—55° (Badtemp.)/0,01 mm u. fraktionierte Kristallisation der Pikrate. — *Chinolin* (**III**)-*Pikrat,* $C_9H_7N \cdot C_6H_3O_7N_3$, F. 204° (A.), a) neben vorst. Pikrat als schwerstlösl. Anteil; b) durch 1std. Rühren von 10 g **II** mit wss. $NaHCO_3$, Na_2CO_3 u. $Na_2S_2O_4$ unter Durchleiten von Ae.; 670 mg. — Die UV-Absorptionsspektren sind angegeben. (Helv. chim. Acta **39.** 677—81. 2/5. 1956. Zürich, Univ., Chem. Inst.) R. PASEDAG. 3231

P. R. Brook, F. Blumer, H. J. V. Krishna, S. Schnell und **P. Karrer,** *Reduktionsprodukte des Phenanthridinjodmethylats und des Nicotinsäureamidjodpropylats.* Bei der Red. von Phenanthridinjodmethylat (**III**) mit $Na_2S_2O_4$ entsteht neben wenig *N-Methylphenanthridon* (**V**) *N.N'-Dimethyl-9.10.9'.10'-tetrahydro-9.9'-diphenanthridyl* (**I**), dessen UV- u. Infrarotspektr. dem von N-Methyl-1.2-dihydrophenanthridin (**IV**) ähnelt u. das Säureempfindlichkeit besitzt. Die Oxydation von **I** mit Ag_2O bzw. $K_3[Fe(CN)_6]$ in Aceton führt zunächst zur *N-Methylphenanthridiniumcarbinolbase,* die sofort mit Aceton ein *Kondensationsprod.* (**II**) liefert. Aus **II** wird mit Pikrinsäure *N-Methylphenanthridiniumpikrat* (**VI**), mit HJ **III** u. mit 2.4-Dinitrophenylhydrazin *Aceton-2.4-dinitrophenylhydrazon* erhalten. In **II** läßt sich kein akt. H-Atom nachweisen, u. sein UV-Spektr. stimmt weitgehend mit dem von **IV** überein. Die CrO_3-Oxydation von **I** in Aceton liefert **V**, während mit $K_3[Fe(CN)_6]$ in Methyläthylketon **V** u. **VI** isoliert wurden. Im Gegensatz zu STEIN u. STIASSNY (Nature [London] **176.** [1955.] 734) finden Vff., daß bei der Red. von Nicotinsäureamidjodpropylat (**VII**) mittels $NaBH_4$ das gleiche *N-Propyldihydronicotinsäureamid* entsteht, das von KARRER u. STARE (Helv. chim. Acta **20.** [1937.] 418) mit $Na_2S_2O_4$ erhalten wurde.

Versuche: *N.N'-Dimethyl-9.10.9'.10'-tetrahydro-9.9'-diphenanthridyl* (**I**), $C_{28}H_{24}N_2$, F. 185,5—186° (A.), durch 1½std. Stehen von **III** mit wss. $Na_2CO_3/Na_2S_2O_4$ im N_2-Strom u. Chromatographie. Daneben **V** (F. 109°). — *Kondensationsprod. von N-Methylphenanthridiniumcarbinolbase u. Aceton* (**II**), $C_{17}H_{17}ON$, durch 15 Min. Schütteln von 200 mg **I** in wss. Aceton mit Ag_2O bei 25° u. p_H 8; hellgelbes Öl, das in Bzl. blauviolett fluoresciert; 241 mg (Ausbeute). Gibt mit 56%ig. HJ bzw. mit CH_3J/CH_3OH bei 95° **III** (F. 202—203°), mit methanol. 2.4-Dinitrophenylhydrazin *Aceton-2.4-dinitrophenylhydrazon* (F. 123°). — *N-Methylphenanthridiniumpikrat* (**VI**), $C_{14}H_{12}N \cdot C_6H_2O_7N_3$, F. 234°, a) aus **II**; b) aus **I** mit $K_3[Fe(CN)_6]$ über **II**; c) aus **I** mit $K_3[Fe(CN)_6]$ in Methyläthylketon/Na_2CO_3 neben **V**. — CrO_3-Oxydation von 400 mg **I** in Aceton → 40 mg **V**. — *N-Propyldihydronicotinsäureamid,* F. 93° (Ae.), durch portionsweises Zugeben von $NaBH_4$ zu **VII** in wss. $NaHCO_3$/Ae.; hellgelbe Nädelchen. (Helv. chim. Acta **39.** 667—76. 2/5. 1956. Zürich, Univ., Chem. Inst.) R. PASEDAG. 3231

J. Büchi, A. Aebi, R. Bosshardt und **E. Eichenberger,** *Synthese und pharmakologische Untersuchung offener und cyclischer Äthylendiamide.* 1. Mitt. *über heterocyclische Siebenringe.* 1.4-Diazacycloheptandion-(5.7) konnte nicht durch Kondensation von Malonester (**II**) mit Äthylendiamin (**I**) erhalten werden. Mit Ausnahme von *6-Äthyl-1.4-diazacycloheptandion-(5.7)* entstanden bei der Umsetzung von Monoalkylmalonestern mit **I** in Ggw. von $NaOC_2H_5$ keine reinen Monoalkyldiazacycloheptandione, sondern amorphe Polymerisate unbekannter Struktur. Die Rk. von Dialkylmalonsäurediäthylestern mit wasserfreiem **I** in Ggw. von $NaOC_2H_5$/A. oder NaH/Xylol führt in 2,5—21%ig. Ausbeute zu *6.6-disubstituierten 1.4-Diazacycloheptandionen-(5.7).* Die durch Kondensation von Monoalkylaminen mit Dichloräthan (**IV**) gewonnenen *N.N'-Dialkyläthylendiamine* bzw. das aus Benzaldehyd u. **I** über die SCHIFFsche Base erhaltene *N.N'-Dibenzyläthylendiamin* reagieren mit **II** nicht unter Ringschluß. Auch N.N'-Diphenyläthylendiamin gibt mit Diäthylmalonsäurediäthylester (**III**) nicht das 7-Ringdiamid, sondern *N.N'-Diphenylimidazolidon.* Bei der Rk. von **III**, Dibutyl- bzw. Phenyläthylmalonsäurediäthylester mit **I** entstehen *Bis-[dialkylacetyl]-äthylendiamine,* die auch aus **I** u. Dialkylessigsäurechloriden hergestellt werden. — Die Verbb. zeigen prakt. keine sedative u. analget. Wirkung.

Versuche (FF. korr.): 1.4-Diazacycloheptandione-(5.7): *6.6-Diäthyl-*, $C_9H_{16}O_2N_2$, F. 312—313° (Dioxan), a) durch 3std. Kochen von I u. III mit NaO·C_2H_5, Versetzen mit Eis u. Ansäuern mit 18%ig. HCl; 16,4% (Ausbeute); b) durch 10std. Kochen von I u. III in Xylol mit NaH; 14,7%. — *6-Isopropyl-6-äthyl-*, $C_{10}H_{18}O_2N_2$, F. 302—305° (A./W.), aus Isopropyläthylmalonsäurediäthylester u. I in Ggw. von $NaOC_2H_5$ in 16 Std.; Nadeln. — *6-Äthyl-*, F. 338—341°. — *6.6-Di-n-propyl-*, F. 280 bis 281°. — *6.6-Di-n-butyl-*, F. 290—292°. — *6.6-Di-n-amyl-*, F. 242—247°. — *6-n-Butyl-6-äthyl-*, F. 195—197°. — *6-Isoamyl-6-äthyl-*, F. 259—261°. — Äthylendiamine: *N.N'-Bis-[diäthylacetyl]-*, $C_{14}H_{28}O_2N_2$, F. 240—241° (A./PAe.), durch 24std. Erhitzen von 100%ig. I u. III auf 180° im Rohr; Nadeln; 7,7%. — *N.N'-Bis-[di-n-propylacetyl]-*, $C_{18}H_{36}O_2N_2$, F. 204—205° (A. u. Bzl.), durch 15 Min. Schütteln von Dipropylacetylchlorid, I u. Pyridin; 35,1%. — *N.N'-Bis-[di-n-butylacetyl]-*, F. 212—213°. — *N.N'-Bis-[-phenyläthylacetyl]-*, F. 156—157°. — *N.N'-Diphenyl-*, $C_{14}H_{16}N_2$, F. 63° (A./W.), $Kp._{12}$ 228—230°, durch 45 Min. Kochen von Anilin u. IV; 31,1%. — *N.N'-Diphenylimidazolidon*, $C_{15}H_{14}ON_2$, F. 216—217° (A.), a) durch 22std. Kochen von 21,2 g vorst. Verb., III u. $NaOC_2H_5$ bei 140°; 0,5 g; b) durch 16std. Kochen von 6,4 g vorst. Verb. mit III u. NaH in m-Xylol unter Durchleiten von N_2; 0,7 g. (Helv. chim. Acta **39**. 950—57. 2/5. 1956. Zürich, ETH, Pharmazeut. Inst.) R. Pasedag. 3370

J. Büchi, H. Dietrich und **E. Eichenberger**, *Synthese und pharmakologische Wirkung von 2.3-Benzo-5.7-dioxo-4.5.6.7-tetrahydro-1.4-diazepinen.* 2. Mitt. *über heterocyclische Siebenringe.* (1. vgl. vorst. Ref.) Durch Kondensation von Mono- bzw. Dialkylmalonestern mit o-Phenylendiamin unter N_2 u. in Ggw. von $NaOC_2H_5$ entstehen *2.3-Benzo-5.7-dioxo-4.5.6.7-tetrahydro-1.4-diazepine*, deren UV-Spektren diskutiert werden. Die Verbb. werden am N methyliert u. zeigen keine sedativen Eigg., während einige mit Pyramidon vergleichbare analget. Wrkg. bei geringerer Toxizität besitzen.

Versuche: *2.3-Benzo-5.7-dioxo-4.5.6.7-tetrahydro-1.4-diazepin* (*o-Phenylenmalonamid*), F. ~350°, sublimiert bei 240°/0,08 mm; 66% (Ausbeute). — 2.3-Benzo-5.7-dioxo-4.5.6.7-tetrahydro-1.4-diazepine: *6.6-Diäthyl-*, $C_{13}H_{16}$·O_2N_2, F. 262—264° (A.), durch 4std. Erhitzen von techn. o-Phenylendiamin, Diäthylmalonsäurediäthylester u. $NaOC_2H_5$ unter N_2 auf 180—200°, Gießen auf Eis u. Ansäuern mit konz. HCl; 43%. — *6-Methyl-*, Zers. bei 326° (Pyridin); 44%. — *6-Äthyl-*, Zers. bei 300° (Pyridin); 66,6%. — *6-n-Propyl-*, F. 285° (Pyridin); 54%. — *6-Allyl-*, F. 282° (Pyridin oder A.); 49%. — *6-n-Butyl-* (I), F. 312—315° (Pyridin oder A.); 47%. — *6.6-Dimethyl-*, F. 313—315° (Pyridin); 54%. — *6.6-Di-n-propyl-*, F. 252,5° (A.); 43%. — *6.6-Diallyl-*, F 239,5—240,5° (A.); 35%. — *6.6-Di-n-butyl-*, F. 236° (A.); 36%. — *6-Äthyl-6-isopropyl-*, F. 269° (A.); 35%. — *6-Äthyl-6-n-amyl-*, F. 243,5° (A.); 44%. — *6-Äthyl-6-isoamyl-*, F. 254—255° (A.); 41%. — *1.6-Di-n-butyl-*, $C_{17}H_{24}O_2N_2$, F. 136 bis 137° (PAe.), durch 3wöchiges Stehen von I u. n-Butylbromid in äthanol. KOH bei Raumtemp. u. Einengen. — *1.4.6-Tri-n-butyl-*, $C_{21}H_{32}O_2N_2$, F. 96—97° (PAe.). — *1.6-Di-n-propyl-*, F. 131—133° (A.). — *1.4-Dimethyl-6.6-diäthyl-*, aus Äthanol. — *1.4-Di-n-propyl-6.6-diäthyl-*, F. 89—90° (A.). — *1-n-Butyl-6.6-diäthyl-*, F. 144—146° (PAe.). — *1.4-Di-n-butyl-6.6-diäthyl-*, F. 90—92° (PAe.). — *1.4-Dibenzyl-6.6-diäthyl-*, F. 133—134° (A.). — *1.4-Dibenzyl-6.6-di-n-butyl-*, F. 122—123° (A.). (Helv. chim. Acta **39**. 957—65. 2/5. 1956.) R. Pasedag. 3370

D. H. Hey und **L. C. Lobo**, *Die Aporphinreihe.* 1. Mitt. *Entwicklungen der Bischler-Napieralski-Pschorr-Synthese. Synthese des* (±)-*Isobulbocapnins und* (±)-*Actinodaphninmethyläthers.* Es wird die Darst. von 7 substituierten *o-Nitrophenyl-N-aryläthylacetamiden* durch bekannte Methoden beschrieben u. deren Umwandlung mit Hilfe der Bischler-Napieralski-Rk. in *3.4-Dihydroisochinoline*, deren Methylierung, Red. zu substituierten *1-[o-Aminobenzyl]-tetrahydro-2-methylisochinolinen* u. der Ringschluß durch die Pschorr-Rk. zu Aporphinderivaten. Die Darst. des *3.4-Dimethoxy-2-nitrophenyl-N-phenylacetamids* (I) wird, ausgehend vom Vanillin, nach dem von Kay u. Pictet [1913] eingeführten, von den Vff. verbesserten Verf. beschrieben; I wurde ferner nach einer neuen Meth., bei der aus dem *2-Nitroveratrumaldehyd* (II) durch Einw. von Ag_2O die *2-Nitroveratrumsäure* (III) u. dann daraus über das Säurechlorid das Diazoketon hergestellt wurde, das sich mit Phenyläthylamin (IV) in Ggw. von Ag_2O umsetzt, dargestellt. Aus diesen Ergebnissen wurde eine allg. Meth. zur Darst. von substituierten *N-2-[3.4-Methylendioxyphenyl]-äthyl-o-nitrophenylacetamiden* entwickelt, nach der 5 Verbb. hergestellt wurden. 4 davon konnten durch sukzessive Anwendung der Bischler-Napieralski- u. der Pschorr-Rk. in Derivv. des Aporphins u. Noraporphins übergeführt werden. In 2 Fällen, in denen der Benzylrest als schützende Gruppe dient, hat diese Meth. zur Synth.

von phenol. Aporphinen, einem Aporphinäther, dem (±)-*Isobulbocapnin*, u. einem Noraporphinäther, dem (±)-*Actinodaphninmethyläther*, geführt. — Im Gegensatz zu SPÄTH u. HROMOTKA (C. **1929**. I. 1948) u. in Übereinstimmung mit KAY u. PICTET (l. c.), KONDO (J. pharmac. Soc. Japan [Yakugakuzasshi] **1925.** 429) u. GULLAND u. Mitarbeitern (J. chem. Soc. [London] **1929.** 1666) war es nicht möglich, **I** mit Hilfe der BISCHLER-NAPIERALSKI-PSCHORR-Rk. in ein Isochinolinderiv. umzuwandeln.

Versuche: *3.4-Dimethoxy-2-nitrophenyl-N-phenyläthylacetamid* (**I**), $C_{18}H_{20}O_5N_2$, F. 79°: a) Die Nitrierung von O-Acetylvanillin nach PSCHORR u. SUMULEANU [1899] bei —12 bis —20° gab in 80%ig. Ausbeute *O-Acetyl-2-nitrovanillin*, das innerhalb von 2 Std. mit sd. verd. HCl hydrolysiert wurde zu *2-Nitrovanillin* (**V**), F. 137°; 80% (Ausbeute); zu der kalten Lsg. von 50 g **V** in Methanol u. Dimethylsulfat tropfenweise 30%ig. NaOH zugeben, erhitzen u. mit Dimethylsulfat u. 30%ig. NaOH versetzen; Abscheidung von *2-Nitroveratrumaldehyd* (**II**), F. 54—56°, aus A. gelbliche Nadeln; 46,5 g. *3.4-Dimethoxy-2-nitrobenzylalkohol* (**VI**), F. 66—68°, 1. durch Zugeben von 10 g **II** in Isopropylalkohol zu Al-Isopropylat in Isopropylalkohol u. 36std. Dest. (2—3 Tropfen pro Min.), bis das Destillat acetonfrei ist; überschüssigen Isopropylalkohol entfernen u. mit 10%ig. H_2SO_4 auf 50° erwärmen; aus A. gelbe Nadeln; 7,5 g; 2. durch Erhitzen von 20 g **II** in Methanol u. 40%ig. HCHO auf 70° u. Zufügen von W.; 16 g gelbe Nadeln; nach Ansäuern des Filtrats 0,7 g *2-Nitroveratrumsäure* (**III**), F. 200—202°. 10 g **VI** in kleinen Mengen unter Kühlung zu $SOCl_2$ geben, ½ Std. kochen u. auf Eis gießen; das *3.4-Dimethoxy-2-nitrobenzylchlorid* in Bzl. lösen u. PAe. zufügen; 9 g Nadeln, F. 57—58°; durch Kochen in A. mit wss. KCN überführen in *3.4-Dimethoxy-2-nitrobenzylcyanid*, F. 68—69°; 7,5 g. 15 g zu 10 g *2-Nitrohomoveratrumsäure* (**VII**), F. 146°, hydrolysieren u. über das Säurechlorid in **I** überführen; aus A. Nadeln; 10 g; b) durch Zufügen von Ag_2O zu 10 g **II** in 2%ig. NaOH bei 70° u. 4std. Kochen; wird die Lsg. heiß filtriert u. angesäuert, scheiden sich 9 g **III** in gelben Plättchen ab; ebenso erreicht man Abscheidung von 9 g **III** durch langsames Zufügen von 15%ig. NaOH zu **II** in sd. $AgNO_3$ u. W. bis zur Zers. des Ag-Spiegels. 10 g **III** nach PISOVSCHI [1910] in das Chlorid (9 g), F. 73°, überführen, das in absol. Bzl. bei 0—5° mit Diazomethan behandelt wurde: Abscheidung von 8 g *ω-Diazo-3.4-dimethoxy-2-nitroacetophenon*, $C_{10}H_9O_5N_3$, F. 116° (Zers.), aus absol. Bzl. gelbliche Nadeln. Zu 5 g des Diazoketons in absol. Bzl. bei 60° **IV** u. Ag_2O zufügen, nach 10 Min. mit A. versetzen u. 2 Std. bei 65—70° halten; nach dem Filtrieren PAe. zufügen u. von dem sich abscheidenden Öl abdekantieren; die klare Lsg. mit PAe. verdünnen, Öl mit A./W. u. Kohle kochen; Abscheidung eines Öls (2 g) aus dem gelben Filtrat; nach Umkristallisieren aus A. 0,5 g Nadeln. Durch 1std. Stehen von 1 g des Diazoketons in W. mit NH_4OH, Ag_2O u. A., ½std. Kochen u. Zufügen von W. Abscheidung von 0,22 g *3.4-Dimethoxy-2-nitrophenylacetamid*, F. 150—151°, aus W. Nadeln. Läßt man 1 g des Amids in konz. H_2SO_4 mit wss. $NaNO_2$ unter Kühlung u. N_2-Entw. reagieren u. nach dem Zufügen von W. 15 Min. kochen, entstehen 0,7 g **VII**, aus W. Blättchen. — *o-Nitrophenyl-N-phenyläthylacetamid* (**VIII**), F. 98—99°, a) durch 2std. Kochen von 10 g o-Nitrophenylessigsäure in absol. Bzl. mit $SOCl_2$, Verdampfen im Vakuum, Lösen des o-Nitrophenylacetylchlorids in Bzl. u. Zugeben unter Eiskühlung zu **IV** in W.; mit 10%ig. OH versetzen, nach 15 Min. Benzolschicht abtrennen u. nach dem Reinigen mit verd. HCl u. Trocknen PAe. zufügen; aus wss. A. Nadeln; 12 g; b) durch 1std. Erhitzen von ω-Diazo-o-nitroacetophenon in Bzl. mit **IV**, Ag_2O u. A. auf 70°, ½Std. kochen u. filtrieren; Filtrat mit PAe. versetzen, von dem braunen Öl abdekantieren u. nochmals mit PAe. versetzen; aus Bzl. gelbliche Nadeln; 10 g. — *4-Benzyloxy-3-methoxy-2-nitrophenyl-N-2-[3.4-methylendioxyphenyl]-äthylacetamid* (**IX**), $C_{25}H_{24}O_7N_2$, F. 123—124°: durch 4std. Kochen von 10 g **V**, Dioxan, Benzylchlorid, K_2CO_3 u. W., Gießen in W. u. Dampfdest.; das Öl ergab aus A. 13 g Nadeln von *O-Benzyl-2-nitrovanillin*, $C_{15}H_{13}O_5N$, F. 108—109°. 10 g davon mit Na_2CO_3, Ag_2O u. W. 4 Std. kochen, filtrieren, Rückstand mit W. kochen u. heiß filtrieren; Platten von *Na-O-Benzyl-2-nitrovanillat*, das in W. gelöst u. angesäuert wurde: Abscheidung von 9 g *O-Benzyl-2-nitrovanillinsäure* (**X**), $C_{15}H_{13}O_6N$, F. 183—184°, aus A. Nadeln. Durch Ansäuern des ursprünglichen Filtrats konnte noch eine kleine Menge gewonnen werden. Ferner Darst. von **X** durch Erhitzen von 20 g **V**, $AgNO_3$ u. W. auf 80°, Zufügen von 25%ig. NaOH, weiteres 1—1½std. Kochen bis zur Zers. des Ag-Spiegels u. weitere Aufarbeitung wie oben; 18 g. 12 g **X** zu PCl_5 in Chlf. geben, ½ Std. stehenlassen, filtrieren, Lösungsm. bei 30° im Vakuum entfernen u. den Rückstand mit Ae. versetzen; körniges *4-Benzyloxy-3-methoxy-2-nitrobenzoylchlorid* (11 g), aus Bzl. Nadeln; F 108°. 15 g des Säurechlorids in Bzl. bei 5° zu einer äther. Lsg. von Diazomethan geben u. 3 Std. stehenlassen; aus Bzl. 14 g gelbliche Nadeln von *4-Benzyloxy-ω-diazo-3-methoxy-2-nitroacetophenon*, $C_{16}H_{13}O_5N_3$, F. 152—154° (Zers.). Zu 8 g in Bzl. 4,5 g 2-[3.4-Methylendioxyphenyl]-äthylamin (**XI**) u. Ag_2O bei 65° zufügen, nach 2 Std. weiteres Ag_2O zufügen u. ½ Std. kochen. Nach Filtrieren Lsg. eindampfen u. PAe. zufügen; braunes Öl nach dem Festwerden in sd. Eisessig lösen u. nach 2 Std. Nd. absaugen; aus wss. A. Nadeln; 4,7 g. — *4-Benzyloxy-3-methoxy-6-nitrophenyl-N-2-[3.4-methylendioxyphenyl]-äthylacetamid* (**XII**), $C_{25}H_{24}O_7N_2$, F. 195—197°: durch langsames Zufügen von 40%ig. NaOH zu sd. 20 g O-Benzylvanillin, $AgNO_3$ u. W., 1std. Kochen, Filtrieren u. Ansäuern des Filtrats; aus Bzl. 19 g Nadeln von *O-Benzylvanillinsäure*, $C_{15}H_{14}O_4$, F. 171—172°. 12 g davon überführen in das Säurechlorid (11 g), F. 65—66° (Lösungsm. im Vakuum bei 30° entfernen); 11 g Säurechlorid nach den vorst. für die Nitroverb. beschriebenen Methoden umsetzen zu *4-Benzyloxy-ω-diazo-3-methoxyacetophenon*, $C_{16}H_{14}$·O_3N_2, F. 98—99° (Zers.); aus A. gelbliche Nadeln; 10 g; in Dioxan mit Ag_2O u. NH_4OH 2 Std. auf 80° erhitzen, filtrieren u. in W. gießen; aus W. 8 g Plättchen von *4-Benzyloxy-3-methoxyphenylacetamid*, $C_{16}H_{17}O_3N$, F. 133—134°. Hydrolyse von 6 g des Amids mit 10%ig. NaOH gab 5 g *4-Benzyloxy-3-methoxyphenylessigsäure*, F. 114—116°, aus Bzl. Prismen. Nitrierung nach DOUGLAS u. GULLAND [1931] ergab Nadeln von *4-Benzyloxy-3-methoxy-6-nitrophenylessigsäure*, F. 222°. 6 g davon in das *Säurechlorid* überführen, das bei 0° zu einer Lsg. von **XI** in Chlf. gegeben wurde; nach 5 Min. nacheinander 5%ig. NaOH u. Chlf. zufügen u. Chloroformschicht verdampfen; aus Äthylendichlorid u. A. Nadeln; 5 g. — *3.4-Dimethoxy-6-nitrophenyl-N-2-[3.4-methylendioxyphenyl]-äthylacetamid* (**XIII**), $C_{19}H_{20}O_7N_2$, F. 199—201°: Überführung von **III** in *6-Nitroveratrumaldehyd* nach PSCHORR u. SUMULEANU (l. c.) u. 25 g davon mit $AgNO_3$, W. u. NaOH 1½ Std. kochen, filtrieren u. mit Säure versetzen. Lsg. mit Kohle erhitzen, filtrieren u. das heiße Filtrat ansäuern; aus heißem W. 20 g gelbliche Plättchen von *6-Nitroveratrumsäure*, F. 186°. 15 g in das *Säurechlorid* (14,5 g), F. 120—122°, überführen u. aus 13 g mit Diazomethan Darst. von *ω-Diazo-3.4-dimethoxy-6-nitroacetophenon*, F. 157—158° (Zers.); aus Dioxan gelbe Nadeln; 11,5 g. Zu 10,5 g in Dioxan bei 60° **XI** u. Ag_2O zufügen; nach 2 Std. Zugabe von weiterem Ag_2O, 10 Min. Erhitzen auf 100° u. Abkühlung auf 0°; aus Äthylendichlorid Plättchen; 9,5 g. — *3.4-Methylendioxy-6-nitrophenyl-N-2-[3.4-methylendioxyphenyl]-äthylacetamid* (**XIV**), $C_{18}H_{16}O_7N_2$, F. 203—206°: durch Zufügen von Ag_2O bei 70° zu 6-Nitropiperonylaldehyd in 5%ig. Sodalsg., 1std. Kochen, Filtrieren, Behandeln, mit Kohle u. Ansäuern; aus heißem W. 5 g gelbe Plättchen von *6-Nitropiperonylsäure*, F. 170—172°. (Nach einer anderen Meth. Darst. durch Oxydation von 30 g Piperonylaldehyd mit $AgNO_3$ in alkal. Lsg. u. Nitrierung der Piperonylsäure [32 g] nach JOBST u. HESSE [1879] in 32%ig. Ausbeute.) 10 g in Bzl. mit $SOCl_2$ kochen, filtrieren u. bei 70° im Vakuum verdampfen; nochmals Bzl. zufügen u. verdampfen; 11 g gelbes Öl von *6-Nitropiperonyloylchlorid* in Bzl. mit äther. Diazomethan in *ω-Diazo-3.4-methylendioxy-6-nitroacetophenon*, $C_9H_5O_5N_3$, F. 133—134° (Zers.), überführen; aus Bzl. gelbe Nadeln; 9,5 g. Rk. von 10 g mit **XI** wie oben beschrieben; aus Pyridin gelbe Nadeln; 9 g. — *3-Benzyloxy-4-methoxy-2-nitrophenyl-N-2-[3.4-methylendioxyphenyl]-äthylacetamid* (**XV**), $C_{25}H_{24}O_7N_2$, F. 106—107°: durch 4std. Kochen von 5 g 2-Nitroisovanillin, A., W., Benzylchlorid u. Na_2CO_3, Zufügen von W. u. überschüssiges Benzylchlorid mit Wasserdampf entfernen; Öl ergab nach dem Festwerden aus A. u. Bzl./PAe. 6 g Plättchen von *O-Benzyl-2-nitroisovanillin*, $C_{15}H_{13}O_5N$, F. 102—103°. Aus 5 g 6-Nitroisovanillin entstanden auf dieselbe Weise 6 g *Benzyläther*, F. 133—134°, in Plättchen. Oxydation von 5 g mit $AgNO_3$ in alkal. Lsg., Reinigung des Na-Salzes der Säure aus heißem W. u. Ansäuern; aus wss. A. 4 g Nadeln von *O-Benzyl-2-nitroisovanillinsäure*, $C_{15}H_{13}O_6N$, F. 186°. Überführung von 5 g in das Säurechlorid, F. 122—123°; 4,2 g Nadeln, u. weiter in *3-Benzyloxy-ω-diazo-4-methoxy-2-nitroacetophenon*, $C_{16}H_{13}O_5N_3$, F. 123—124°, aus Bzl. gelbliche Nadeln (3,6 g). 7 g mit **XI** reagieren lassen; aus wss. A. Plättchen; 4 g. — *Verb.* $C_{18}H_{18}O_4N_2$, F. 123—124°, entstand an Stelle einer Ringschlußverb. beim Kochen von **I** mit P_2O_5 in S-freiem Xylol u. Versetzen mit Eis u. HCl. Ähnliche Ergebnisse mit konz. H_2SO_4, geschmolzenem $ZnCl_2$, $POCl_3$, Polyphosphorsäure u. einem Gemisch von $POCl_3$ u. Polyphosphorsäure als Dehydrierungsmittel in Xylol oder Toluol. — Bei **VIII** trat ebenfalls kein Ringschluß ein. — *1-Benzyl-3.4-dihydroisochinolin*, durch 1std. Kochen von 10 g Polyphosphorsäure u. 5 g Phenyl-N-phenäthylacetamid in absol. Xylol, Gießen in W. u. Erhitzen auf 70° mit konz. HCl; wss. Schicht abtrennen, filtrieren, mit NaOH alkal. machen u. mit Ae. extrahieren; 1,8 g; $Kp._8$ 174—176°. *Pikrat*, F. 174 bis 175°. — *1-[4-Benzyloxy-3-methoxy-2-nitrobenzyl]-3.4-dihydro-6.7-methylendioxyisochinolin*, $C_{25}H_{22}O_6N_2$, F. 138—140°, durch 4tägiges Stehen von 5 g **IX** in absol. Chlf. mit 10 g PCl_5 in einem verschlossenen Gefäß, in dem alle 12 Std. der Druck red. wird; zu der eiskalten Lsg. Eis zusetzen u. bei Raumtemp. stehenlassen; Chlf. u. $POCl_3$ bei 30° entfernen; die gummiartige Substanz in HCl-haltigem heißem A. lösen u. mit Kohle kochen; 3,5 g gelbe Nadeln des *Hydrochlorids*, $C_{25}H_{22}O_6N_2$·HCl, F. 191—192°. Die heiße alkoh. Lsg. tropfenweise mit NH_4OH versetzen; aus wss. A. Nadeln. *Jodmethylat*, $C_{25}H_{22}O_6N_2$·CH_3J, F. 160—161°, durch 2std. Kochen mit CH_3J in Methanol; aus Methanol/Aceton gelbliche Nadeln. — *1-[2-Amino-4-benzyloxy-3-methoxybenzyl]-1.2.3.4-tetrahydro-2-methyl-6.7-me-*

thylendioxyisochinolindipikrolonat, $C_{26}H_{28}O_4N_2 \cdot 2C_{10}H_8O_5N_4$, F. 185—186°, durch Zufügen von konz. HCl zu 1 g vorst. Jodmethylat in Dioxan bis zur Trübung; zu der kalten Lsg. in kleinen Mengen Zn-Staub zufügen bis zum Verschwinden der gelben Farbe; W. zufügen, filtrieren, Filtrat im Scheidetrichter mit Ae. überdecken u. bei 15° mit NH_4OH alkalisieren; mit Ae. extrahieren u. die als braunes Öl erhaltene Base in heißem A. lösen u. zu einer Lsg. von 1 g Pikrolonsäure in kochendem A. zufügen; aus Aceton gelbe Nadeln; 0,7 g. — *(±)-3-Oxy-4-methoxy-5.6-methylendioxyaporphin (Isobulbocapnin)*, $C_{19}H_{19}O_4N$, F. 165—166°, durch Zerreiben von 1,8 g vorst. Verb. in kaltem Methanol mit konz. H_2SO_4 u. Abfiltrieren der Pikrolonsäure; das Filtrat mit wss. Ba-Nitrit versetzen, 4 Std. bei 0° stehenlassen, katalyt. Cu-Pulver zufügen u. ½ Std. kochen; W. zufügen, Cu-Pulver u. $BaSO_4$ abfiltrieren, das Filtrat in einem Scheidetrichter mit Ae. überdecken u. mit wss. NaOH versetzen; mit Ae. extrahieren, das braune Öl mit konz. HCl versetzen u. ½ Std. auf 70° erwärmen; die kalte Lsg. mit W. versetzen, mit NH_4OH alkalisieren u. mit Ae. extrahieren; gummiartige Substanz mit PAe. behandeln; aus Äthylendichlorid/PAe. u. A./Ae. Täfelchen; 40 mg. — *1-[4-Benzyloxy-3-methoxy-6-nitrobenzyl]-3.4-dihydro-6.7-methylendioxyisochinolin*, $C_{25}H_{22}O_6N_2$, F. 164—165°, aus 5 g **XII** wie für **IX** beschrieben; 2,6 g Plättchen des *Hydrochlorids*, $C_{25}H_{22}O_6N_2 \cdot HCl$, F. 224—226° (A.); Base krist. aus Äthylendichlorid/Methanol in Plättchen. *Jodmethylat*, $C_{25}H_{22}O_6N_2 \cdot CH_3J$, F. 180 bis 181°, aus Essigsäure gelbe Nadeln. — *1-[6-Amino-4-benzyloxy-3-methoxybenzyl]-1.2.3.4-tetrahydro-2-methyl-6.7-methylendioxyisochinolindipikrolonat*, $C_{26}H_{28}O_4N_2 \cdot 2C_{10}H_8O_5N_4$, F. 176°, durch Red. von 1 g vorst. Jodmethylats mit Zn-Staub in Eisessig; aus A. Nadeln; 0,8 g. — *(±)-3-Oxy-2-methoxy-5.6-methylendioxyaporphin*, F. 126—129°, aus 2 g vorst. Verb. wie oben beschrieben; aus Äthylendichlorid/PAe. Nadeln; 0,15 g; an der Luft Bräunung; in Essigsäure u. wss. NaOH leicht löslich. *Pikrolonat*, $C_{19}H_{19}O_4N \cdot C_{10}H_8O_5N_4$, F. 198—199° (Zers.), aus A. gelbe Nadeln. — *1-[3.4-Dimethoxy-6-nitrobenzyl]-3.4-dihydro-6.7-methylendioxyisochinolin* (**XVI**), $C_{19}H_{18}O_6N_2$, F. 198—202° (Bräunung bei 195°): Aus 9 g **XIII** u. PCl_5 in absol. Chlf. entstand das *Hydrochlorid*, $C_{19}H_{18}O_6N_2 \cdot HCl$, F. 213—214°; aus verd. HCl gelbe Plättchen; 5 g. *Base* aus A., der Äthylendichlorid enthält, in Blättchen. *Jodmethylat*, $C_{19}H_{18}O_6N_2 \cdot CH_3J$, F. 208—209°, aus Essigsäure gelbe Nadeln. — *1-[6-Amino-3.4-dimethoxybenzyl]-1.2.3.4-tetrahydro-6.7-methylendioxyisochinolindipikrolonat*, $C_{19}H_{22}O_4N_2 \cdot 2C_{10}H_8O_5N_4$, F. 170—190°, durch Zufügen von Zn-Staub zu 1 g **XVI** in verd. HCl (1 : 1); mit Ae., dann mit konz. NH_4OH versetzen; Nd. in A. lösen u. mit einer alkoh. Lsg. von Pikrolonsäure versetzen; 0,5 g. *Dihydrochlorid*, F. 249 bis 250° (Zers.), durch Red. von 1 g vorst. Jodmethylats mit Zn-Staub in verd. HCl (1 : 1); 0,2 g. — *(±)-2.3-Dimethoxy-5.6-methylendioxynoraporphin (Actinodaphninmethyläther)*, $C_{19}H_{19}O_4N$, F. 114—115°, durch Red. von 2 g **XVI** mit Zn-Staub in verd. HCl (1 : 1), Filtrieren u. Diazotieren mit $Ba(NO_2)_2$ in W. bei 0°; nach 15 Min. bis zur Beendigung der N_2-Entw. auf 60° erhitzen, dann unter Kochen mit Zn-Staub versetzen; gelbe Lsg. mit NH_4OH alkalisieren u. mit Ae. extrahieren; grüne, gummiartige Substanz aus Ae.; in Äthylendichlorid lösen u. mit PAe. versetzen bis zur Abscheidung eines farblosen Gummis; aus Ae./A. (3 : 1) Nadeln; 0,1 g. — *1-[3.4-Methylendioxy-6-nitrobenzyl]-3.4-dihydro-6.7-methylendioxyisochinolin*, $C_{18}H_{14}O_6N_2$, F. 159° (Zers.), a) durch 4tägiges Stehen von 8 g **XIV** mit PCl_5 in absol. Chlf. bei 0°, Versetzen mit Eis u. Entfernen des Chlf. u. PCl_5 bei 50°, wss. Lsg. mit NH_4OH neutralisieren, mit Kohle kochen, filtrieren u. mit NH_4OH versetzen; Abscheidung eines mauvefarbenen Öls, das zu einem amorphen Pulver erstarrt; in Essigsäure/A. (1 : 1) lösen, mit Kohle kochen, filtrieren u. mit verd. NH_4OH versetzen; aus Methanol u. wenig Äthylendichlorid Plättchen; 1,9 g. *Jodmethylat*, $C_{18}H_{14}O_6N_2 \cdot CH_3J$, F. 228—229°, aus Methanol u. wenig Aceton gelbe Nadeln. — *1-[6-Amino-3.4-methylendioxybenzyl]-1.2.3.4-tetrahydro-2-methyl-6.7-methylendioxyisochinolindipikrolonat*, $C_{19}H_{20}O_4N_2 \cdot 2C_{10}H_8O_5N_4$, F. 169° (Zers.), aus 2 g vorst. Jodmethylats; aus A. gelbliche Platten; 2 g. — *(±)-2.3.5.6-Bis-methylendioxyaporphin*, $C_{19}H_{17}O_4N$, F. 181—182°, aus 2 g vorst. Verb.; aus A./Ae. (1 : 1) Nadeln; 50 mg. — Verss., **XV** mit PCl_5 in Chlf. in 1-[3-Benzyloxy-4-methoxy-2-nitrobenzyl]-3.4-dihydro-6.7-methylendioxyisochinolin umzuwandeln, führten zur Debenzylierung. (J. chem. Soc. [London] **1954**. 2246—56. Juli. London, Univ., King's Coll.) E. FRANCK. 3500

Richard Kuhn, Irmentraut Löw und **Heinrich Trischmann,** *Die Konstitution des α-Chaconins.* Das in *Solanum chacoense* u. in geringer Menge auch in *Solanum tuberosum* vorkommende Alkaloidglykosid *Chaconin* (**I**) (vgl. KUHN u. LÖW, Suomalaisen, Tiedeakatemian Toimituksia [Ann. Acad. Sci. fennicae], Sarja A. II, Nr. **60.** [1955.] 488) liegt zu 90% als α-**I**, F. 243° (Zers.); Nadeln aus CH_3OH, $[\alpha]_D^{20}$ −85° (Pyridin), vor. Durchgreifende Hydrolyse von α-**I** (vgl. auch l. c.) gibt neben 1 Mol *D-Glucose* u. 2 Mol *L-Rhamnose* (**II**) als Aglykon *Solanidin.* Partielle Säurehydrolyse liefert neben 1 Mol **II** 2 *isomere Glykoalkaloide,* nämlich β_1- u. β_2-**I**, die bei weiterer Hydrolyse das **II**-freie γ-**I** (vgl. SCHREIBER, C. **1955.** 10755) das *β-D-Glucosid des Solanidins,* liefern. Vff. konnten durch

Spaltung des *permethylierten* α-I die Verknüpfungsweise der beiden II-Reste mit der Glucose klären. Es entstand dabei *2.3.4-Trimethyl-L-rhamnose* u. *3.6-Dimethyl-D-glucose.* Danach ist α-I das *(1 → 2);(1′ → 4)-Bis-[α-L-rhamnopyranosyl]-β-D-glucopyranosyl-Δ^5-solaniden-3β-ol.* Im Säurehydrolysat von permethyliertem β_2-I konnte papierchromatograph. *2.3.6-Trimethyl-D-glucose* identifiziert werden.

V e r s u c h e : *Oktamethyl-α-chaconinmethojodid,* $C_{54}H_{92}O_{14}NJ$, F. 180° (Bzl./Bzn.; sintert unter Schäumen bei 165°), durch 2 maliges Schütteln von α-I in Dimethylformamid mit CH_3J u. Ag_2O (50 u. 30 Std. bei Raumtemp.); 88% (Ausbeute). — *Permethyliertes α-Chaconin,* schaumig erstarrte M., aus 12 g vorst. Verb. u. Ag_2CO_3 in wss. CH_3OH (6 Std. rühren); 10,5 g (Ausbeute). — *2.3.4-Trimethyl-L-rhamnose,* $C_9H_{18}O_5$, Kp.$_{0,001}$ 140°, zähes Öl, a) aus 3,0 g II u. 1,5%ig. CH_3OH/HCl (40 Std. bei 100° im Rohr), anschließend in Dimethylformamid mit CH_3J u. Ag_2O schütteln (40 Std.) u. Hydrolyse des gebildeten *Methyltrimethylrhamnosids* (Kp.$_{12}$ 120—140° [Bad] 1,35 g) mit sd. 2n HCl (3½ Std.); n_D^{24} 1,4560; b) aus 10 g vorst. Verb. mit 5%ig. CH_3OH/HCl (5,5 Std. am Rückfluß), Zugabe von W., im Vakuum Einengen, Fällen des Aglykons mit n-HCl, dann 3 Std. Kochen u. Ausschütteln der salzsauren Lsg. mit Chlf.; $[\alpha]_D^{25}$ +24° (c = 0,5; W.), n_D^{22} 1,4595; 1,965 g. *Anilid,* $C_{15}H_{23}O_4N$, F. 123—124° (nach Sublimation bei 100—110°/ 0,001 Torr); $[\alpha]_D^{29}$ +136° (c = 0,5; absol. A.), in Ggw. von HCl nach 40 Std. $[\alpha]_D$ +16°. — *3.6-Dimethyl-D-glucose,* $C_8H_{16}O_6$, F. 116—117° (Prismen aus Methylacetat; sintert ab 114°), aus der von vorst. Verb. befreiten salzsauren Lsg. durch Entsäuerung mit Amberlite IR 45 u. Chromatographie an Carboraffin–Celite, $[\alpha]_D^{23}$ +103° (2 Min.) → +62° (4 Std.) (c = 0,5%; W.). (Chem. Ber. **88.** 1690—93. 2/11. 1955. Heidelberg, Max-Planck-Inst. für Med. Forsch., Inst. für Chem.) S. TODT. 3500

N. F. Prosskurnina und **A. P. Jakowlewa,** *Über die Alkaloide von Galanthus Woronowi.* 5. Mitt. *Isolierung von Galanthamidin.* (3. vgl. C. **1956.** 1025.) Das Pflanzenmaterial stammte aus dem Bezirk von Batum u. wurde Anfang Dezember, zum Beginn der Vegetationsperiode gesammelt. Zur Unters. kamen die Wurzeln. Diese enthalten neben *Lycorin* (I) u. *Galanthin* (II) ein weiteres, *Galanthamidin* (III) genanntes Alkaloid. III enthält die $CH_2\langle{}^{O}_{O}$-Gruppe; die CH_3O-Gruppe fehlt. Bes. hervorzuheben ist, daß die Wurzeln Galanthamin nicht enthalten, das in den Zwiebeln u. oberird. Teilen der Pflanze vorkommt.

V e r s u c h e : 1,5 kg lufttrockner, zerkleinerter Wurzeln werden nach Durchfeuchten mit 8%ig. NH_3 mit $C_2H_4Cl_2$ extrahiert u. die Alkaloide aus dem Extrakt in 5%ig. H_2SO_4 übergeführt; auf Zusatz von überschüssigem NH_3 fällt nach 24 Std. ein Gemisch (8 g) von Alkaloiden aus, das mit Aceton ausgekocht wird; unlösl. bleiben 6 g I, F. 244—246°, u. aus der Lsg. scheiden sich 0,17 g II, F. 125—127°, krist. ab; der Verdampfungsrückstand des Acetons liefert beim Behandeln mit A. 0,6 g III. — *Galanthamidin* (III), $C_{18}H_{23}O_5N$, F. 211—213°; aus Methanol Kristalle; $[\alpha]_D$ —94,2° (c = 0,53; Methanol). *Jodmethylat,* F. 219° (Zers.); Kristalle. (Журнал Общей Химии [J. allg. Chem.] **26** (**88**). 172—73. Jan. 1956. Allunions Wiss. Chem.-pharmaz. Ordshonikidse-Forschungsinst.) R. KNOBLOCH. 3500

Karel Wiesner, William Irving Taylor, Sanford Kermit Figdor, Merrill Frederick Bartlett, John Richard Armstrong und **John Amsley Edwards,** *Garrya-Alkaloide.* 2. Mitt. *Weitere Versuche über den Abbau von Garryin und Veatchin.* (1. vgl. C. **1953.** 1817.) Ausführliche Wiedergabe der von BARTLETT u. Mitarbeitern. (C. **1954.** 93 u. 10011) referierten vorl. Mitteilungen. Es wird ferner die Umsetzung von Veatchin (I) u. Garryin (II) mit C_2H_5MgBr zu *Äthyldihydroveatchin* (III) bzw. *Äthyldihydrogarryin* (IV), die miteinander nicht ident. sind, beschrieben, während die Red. von I u. II mit $LiAlH_4$ dasselbe *Dihydroveatchin* (*Dihydrogarryin*) liefert. III u. IV geben bei der Se-Dehydrierung *1-Methyl-7-äthylphenanthren,* aus den Dehydrierungsprodd. von IV wurde ferner als bas. Anteil eine *Phenanthridinbase* $C_{18}H_{19}N$ isoliert, deren UV-Spektr. dem der Base $C_{16}H_{15}N$ (V; vgl. 1. Mitt. l. c.) gleicht; die etwas größeren Wellenlängen sprechen dafür, daß sich die Äthylgruppe an $C_{(9)}$ befindet. II liefert analog Isoatisin (vgl. JACOBS, C. **1952.** 4615) durch Oxydation u. nachfolgende Dehydrierung *Pimanthren* (*1.7-Dimethylphenanthren*) u. eine *Phenanthridinbase* $C_{15}H_{13}N$. II gibt mit C_6H_5MgBr *Phenyldihydrogarryin,* das sich ohne Hydrogenolyse zu *Phenyltetrahydrogarryin* hydrieren läßt. Durch $KMnO_4$-Oxydation von V wurde *Benzoltetracarbonsäure-(1.2.3.4)* erhalten. — Die Infrarotspektren der l. c. beschriebenen Pyrolyseprodd. sind graph. wiedergegeben.

V e r s u c h e : *Äthyldihydrogarryin* (IV), $C_{24}H_{39}O_2N$, F. 169,5° (Ae.), aus 38 g II-Hydrat nach Dehydration mit C_2H_5MgBr; 25 g (Ausbeute); sublimiert im Hochvakuum bei 140°, pK 6,52 (50%ig. Methylcellosolve). — *Äthyldihydroveatchin* (III), $C_{24}H_{39}O_2N$, aus 18 g I u. C_2H_5MgBr; 20,4 g Öl (unrein), pK 7,3 (50%ig. Methylcellosolve).

— *Phenyldihydrogarryin*, $C_{28}H_{39}O_2N$, F. 140—141,5° (Ae., Aceton + W.), aus 1,051 g **II** u. Phenyl-MgBr; 1,47 g. — *Phenyltetrahydrogarryin*, $C_{28}H_{41}O_2N$, F. 154—156° u. nach Wiedererstarren 185—187° (Ae.), aus vorst. Verb. durch 24std. Hydrieren über Pd-Kohle in A.; *Diacetylderiv.*, $C_{32}H_{45}O_4N$, F. 149° (Ae.); wird durch $LiAlH_4$ entacetyliert. — Die Oxydation von 8 g **II** mit $KMnO_4$ in Pyridin/1,25%ig. NaOH ergab 1 g *Oxogarryin*, F. 189° (Aceton), u. 5,624 g *amorphe Säuren* (*Methylester*, $C_{23}H_{35}O_6N$ oder $C_{23}H_{33}O_6N$, sublimiert im Hochvakuum bei 140°), deren Se-Dehydrierung (10 Std. bei 340° unter N_2) *Pimanthren* [$C_{16}H_{14}$, F. 77—78° (Methanol); *Trinitrobenzolat*, $C_{16}H_{14} \cdot C_6H_3O_6N_3$, F. 154° (A.)] u. eine *Phenanthridinbase* $C_{15}H_{13}N$ [F. 66—70° (Chromatographie u. Sublimation); *Pikrat*, $C_{15}H_{13}N \cdot C_6H_3O_7N_3$, F. 220—222° (Methanol)] lieferte. — Die Dehydrierung von **III** u. **IV** mit Se (10 Std. bei 325°) ergab als Neutralstoff *1-Methyl-7-äthylphenanthren* (*Trinitrobenzolat*, $C_{17}H_{16} \cdot C_6H_3O_6N_3$, F. 134—135°) u. bas. Prodd., die als *Pikrate* [$C_{18}H_{15}N \cdot C_6H_3O_7N_3$, F. 205—210° (aus **III** in Spuren) bzw. $C_{18}H_{15}N \cdot C_6H_3O_7N_3$, F. 228—230° (aus **IV**)] charakterisiert wurden. — *Dihydroveatchin* $C_{22}H_{35}O_2N$, F. 145° (Aceton + W.), aus **I** oder **II** mit $LiAlH_4$. *Diacetylderiv.*, $C_{26}H_{39}O_4N$, Öl, pK 5,24 (50%ig. Methylcellosolve). — *Tetrahydroveatchin*, $C_{22}H_{37}O_2N$, F. 154° (Aceton + W.), aus vorst. Verb. in Eisessig mit H_2/PtO_2. — *Pyrolysebase A* (vgl. l. c.), $C_{20}H_{29}ON$, F. 138° (Ae.). *Pikrat*, $C_{20}H_{29}ON \cdot C_6H_3O_7N_3$, F. 260° ($CH_3OH$). *Jodmethylat*, $C_{21}H_{32}ONJ$, F. 310° (A.-Ae.). — *Pyrolysebase B*, $C_{20}H_{29}ON$, F. 184—185° (Ae.). In den l. c. für diese Verbb. angegebenen Formeln ist N statt N_3 zu setzen. — *Dihydropyrolysebase A*, $C_{20}H_{31}ON$, F. 150° (Ae.). — *Tetrahydropyrolysebase A*, $C_{20}H_{33}ON$, F. 202° (Methanol. *Diacetylderiv.*, F. 155° (Ae.). — *Benzoltetracarbonsäure-(1.2.3.4)-tetramethylester*, $C_{14}H_{14}O_8$, F. 129—130° (Ae.), aus dem Jodmethylat von **V** durch 24std. Kochen mit alkal. $KMnO_4$-Lsg. u. Veresterung mit CH_2N_2. (Chem. Ber. **86.** 800—16. 30/6. 1953. Fredericton, Can., Univ. of New Brunswick, Chem. Labor.) W. SIRRENBERG. 3500

Hans-Joachim Teuber, *Über den Abbau des Kakothelins mit alkalischem Wasserstoffperoxyd, insbesondere über die Säure $C_{20}H_{23}O_8N_3$.* Kakothelin (I) wird durch alkal. H_2O_2 unter Öffnung des Chinonringes u. Decarboxylierung zu einem *Aminoxyd* $C_{20}H_{23}O_9N_3$ (II) abgebaut; das Oxyd-O-Atom haftet am $N_{(b)}$-Atom. Durch Red. mit SO_2 erhält man aus II eine saure *Aminosäure* $C_{20}H_{23}O_8N_3$ (III), die als *3-Carboxymethylen-2-nitromethylennucinhydrat-3-epoxyd* aufzufassen ist. **III** bildet mit überschüssiger Mineralsäure Salze; 2 Carboxylgruppen sind durch Titration, Bldg. eines *K-* bzw. *Ag-Salzes* u. eines *Dimethylestess* nachweisbar. Aus dem Ag-Salz wurde durch Einw. von CH_3J das $N_{(b)}$-Methylbetain erhalten. **III** reagiert mit HBr unter Aufnahme eines Mol. Halogenwasserstoff zu einer *Verb.* $C_{20}H_{24}O_8N_3Br$, deren Halogen nicht ionisiert ist u. durch Alkalien unter Rückbldg. von **III** abgespalten wird.

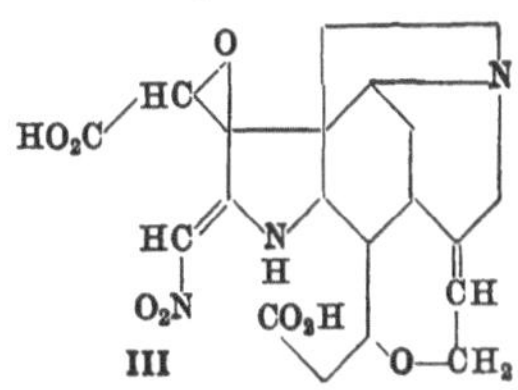

III

Es handelt sich also um eine Aufspaltung des Oxidoringes unter Bldg. eines *Bromhydrins*. Die Ggw. einer Nitromethylengruppe als Seitenkette in **III** folgt aus der Addition von 1 Mol Br_2 zur *Verb.* $C_{20}H_{23}O_8N_3Br_2$. Durch Einw. von SO_2 oder NaOH erhält man daraus **III** zurück, durch Einw. von HBr entsteht obiges Bromhydrin. Die fehlende Basizität des $N_{(a)}$ wird auf die Nähe der Nitromethylengruppe zurückgeführt. Der sek. Charakter des $N_{(a)}$ ergibt sich aus der Bldg. eines *Nitrosoderiv.*, das als Nitrolsäure vorliegen soll. **III** kuppelt mit Phenyldiazoniumsulfat zu einer *orangefarbenen Verb.*, deren Lsg. durch $Na_2S_2O_4$ entfärbt wird. Es wird angenommen, daß an Stelle einer Diazaminoverb. eher ein Azokörper oder ein Nitroaldehydphenylhydrazon vorliegt. Durch Red. von **III** mit $Fe(OH)_2$ in alkal. Lsg. wurde eine *Säure* $C_{20}H_{23}O_7N_3$ (**IV**) erhalten, der die Struktur eines α-Ketiminoxims oder Isonitrosoketimins zugeschrieben wird. Mit starken Mineralsäuren erfolgt offenbar Umlagerung zu einer echten Nitrosoverbindung. Die gleichzeitige Red. der Aminoxydgruppe gelang nicht. Durch katalyt. Hydrierung von **IV** entsteht unter Aufnahme von 5,5 Mol H_2 ein bisher ungeklärtes Gemisch. Die Hydrierung des Oxims zum prim. Amin u. damit die Endständigkeit der Nitrogruppe konnte jedoch nachgewiesen werden. Durch Einw. von Br_2 in saurer Lsg. verliert **IV** 1 Mol H_2 unter Bldg. der *Verb.* $C_{20}H_{21}O_7N_3$. Es wird angenommen, daß es sich um ein Isocyanat handelt, das durch eine Art LOSSENscher Umlagerung, etwa über ein Hydroximsäurebromid, entsteht. Die bei der Red. von **III** mit $SnCl_2$–HCl beobachtete HCN-Entw. wird als BECKMANNche Umlagerung 2. Art über ein Iminoxim aufgefaßt. Bei dieser Red. wird die Nitrogruppe reduziert. Durch Red. von **III** mit verd. HJ nimmt der Epoxydring 1 Mol H_2 auf, die Nitrogruppe wird nicht angegriffen u. man erhält die *Oxysäure* $C_{20}H_{25}O_8N_3$, die auch durch direkte Red. von **II** zugänglich ist. Nach den Ergebnissen der Pb(IV)-Acetattitration u. den vergeblichen Verss., W. abzuspalten, ist das Hydroxyl der Oxysäure α-ständig. Durch Permanganatoxydation von **III** erhält man eine *Verb.* $C_{20}H_{21}O_9N_3$, wahrscheinlich ein α-Oxyketon. Ein Monosemicarbazon, ein

Nitrophenylhydrazon u. ein Monomethylester davon konnten dargestellt werden. Die Verb. scheint zwei saure Gruppen wie **III** zu enthalten. Die Oxydation von **III** mit HNO_3 ergab unter Verlust eines N-Atoms eine noch nicht näher untersuchte *Verb.* $C_{20}H_{22}O_9N_2$. Aus der Mutterlauge von **II** wurden 4 weitere unbekannte Säuren isoliert. Es krist. Nadeln aus, die aus einer Mol.-Verb. oder Mischkristallen einer nitrierten C_{18}-Säure u. **II** bestehen dürften. Beim Trocknen der Kristalle wird außer 5—6 Mol W. vielleicht auch Nitromethan abgespalten. Durch Einw. von SO_2 auf die Mol.-Verb. wurde weiter eine *Säure* $C_{20}H_{24}O_7N_2$ isoliert. Nach Behandlung der Mutterlauge von **II** mit SO_2 wurde eine *Säure* $C_{19}H_{22}O_7N_2$ isoliert, die ein Epoxyd der HANSSEN-Säure [1887] sein könnte. Als weiteres Nebenprod. wurde eine *Sulfonsäure* $C_{20}H_{24}O_9N_2S$ erhalten. Die UV-Spektren von **III**, **II**, **IV** u. von Salzen anderer isolierter Verbb. werden angegeben.

Versuche: *Kakothelin* (**I**), $C_{21}H_{21}O_7N_3 \cdot HNO_3 + H_2O$, durch Rk. von Brucin mit HNO_3 u. Reinigung durch Umfällen. — *Aminoxyd* $C_{20}H_{23}O_9N_3$ (**II**), durch Suspendieren von **I** in W., Lösen mit NaOH, Zugabe von NaOH u. 30%ig. H_2O_2 bei 0° unter exothermer Erwärmung auf 40—50°, $^3/_4$std. Stehen, Fällung mit H_2SO_4, Ansäuern u. 1—2 Std. Stehen; $[\alpha]_D^{20}$ +266,6°, +264° (c = 1 bzw. 0,5; 85%ig. Essigsäure); *Tetrahydrat*, F. 256° (Verpuffen); 67—72% (Ausbeute); Kochen der wss. Lsg. führt zur Abscheidung schwerer lösl. Formen mit weniger Kristallwasser. — *Aminosäure* $C_{20}H_{23}O_8N_3$ (**III**), *Dihydrat*, verpufft bei 280—282° (W.), a) aus 28,5 g Perchlorat durch Digerieren mit NaOH in wss. Suspension; 22 g; b) aus dem Zinndoppelsalz durch Zers. mit H_2S u. Behandeln mit Acetat; c) durch Erhitzen von 10 g **II** in NaOH mit SO_2 auf 100°; 6,8 g; $[\alpha]_D^{20}$ +42,1, +40,5° (1,2 ;0,1n NaOH), +233—233,5° (0,9—0,3% scharf getrocknetes **III** in n-$NaHCO_3$), +274° (c = 1,1; n-CH_3COO_2Na). *Zinndoppelsalz*, durch Erwärmen von **II** mit $SnCl_2$ in HCl. *Perchlorat*, $C_{20}H_{23}O_8N_3 \cdot HClO_4$, verpufft bei 272° (gelbe Blättchen aus verd. $HClO_4$), durch Erwärmen von 10 g **II** in wss. H_2SO_3 auf 100° u. Zusatz von $HClO_4$; 9,4 g. *Ag-Salz*, $C_{20}H_{22}O_8N_3Ag$, gelbe Kristalle, aus 2 g **III** in W. durch Versetzen mit Ag_2CO_3 bei 70°; 1,6 g. *Hg-Salz*, seidige Nadeln, durch Digerieren von **III** mit bas. Hg-Acetat in Wasser. *K-Salz*, blaßgelbe Nadeln, durch Lösen von **III** in methanol. KOH, Zusatz von Pyridin u. wenig W. u. Stehen über Nacht. *Saures Sulfat*, $C_{20}H_{23}O_8N_3 \cdot H_2SO_4$, Nadeln, aus **III** in 0,5n H_2SO_4 durch Versetzen mit 7n H_2SO_4 bei 10°. *Hydrochlorid*, $C_{20}H_{23}O_8N_3 \cdot HCl$, Nadeln. *Bromhydrin*, $C_{20}H_{24}O_8N_3Br$, verkohlt oberhalb 280—300°, Prismen, aus 2,5 g **III** u. 8n HBr (kurzes Erwärmen u. 2 Min. Kochen des entstandenen Hydrobromids), Verdünnen mit W., Eindampfen im Vakuum, Abstumpfen mit Acetat u. Fällung aus Essigsäure durch Verdünnen; 1,4 g. *Dibromderiv.*, $C_{20}H_{23}O_8N_3Br_2$, verpufft bei 200—205°, aus 1,13 g **III**·$HClO_4$ als Aufschlämmung in wss. $HClO_4$ durch Erwärmen mit Bromwasser auf 80° u. Eintragen des durch Umlösen aus wss. $HClO_4$ gereinigten *Perchlorates* [$C_{20}H_{23}O_8N_3Br_2 \cdot HClO_4$; 1,3 g] in sd. wss. Acetatlsg.; $[\alpha]_D^{20}$ −51,3° (0,8 g getrocknete Substanz in wss. 80%ig. Essigsäure]; 0,7 g; gibt beim Erwärmen in $HClO_4$ mit SO_2 oder mit NaOH **III**; durch Erhitzen mit HBr entsteht **III**-Bromhydrin. *Nitrosoderiv.*, $C_{20}H_{22}O_9N_4$, F. ~ 230° (Aufschäumen, Pyridinwasser–CH_3OH), aus **III**·$HClO_4$ in wss. $NaHCO_3$-Lsg. durch Versetzen mit $NaNO_2$-Lsg., Ansäuern mit HCl bei 5° u. 2—3std. Stehen. *Verb.* $C_{26}H_{27}O_8N_5 \cdot 3H_2O$, F. 256—259° (orangefarbene Prismen), durch Zufügen von Phenyldiazoniumsulfatlsg. zu **III** in NaOH. *Methylbetain*, $C_{21}H_{25}O_8N_3$, verpufft bei 263° (W.), durch 30 Min. Schütteln einer Aufschlämmung von 1,7 g **III**-Ag-Salz in wss. CH_3OH mit CH_3J, Einengen u. Fällen mit Aceton–Ae.; 0,8 g. *Dimethylester, Hydrochlorid*, $C_{22}H_{27}O_8N_3 \cdot HCl$, sintert ab 195° (Polyeder aus Aceton), durch 15—20std. Stehen von 2,3 g **III** in methanol. HCl u. Trocknen des Tetrahydrates (2,2 bis 2,4 g) im Vakuum; $[\alpha]_D^{20}$ +277,6°, +288° (c = 0,76 bzw. 2; W.); *Perchlorat*, $C_{22}H_{27}O_8N_3 \cdot HClO_4$, aus dem Dihydrat (verpufft bei 275° Prismen u. Nadeln) im Vakuum bei 90°; $[\alpha]_D^{20}$ +246°, +255°, +258° (c = 0,9, 1,1, 0,8; Aceton–W. 1 : 1). *Freier Ester*, $C_{22}H_{27} \cdot O_8N_3$, a) aus der Hydrochloridmutterlauge durch Fällen mit $PbCO_3$, Sättigen mit $NaHCO_3$ u. Chloroformextraktion; b) aus dem Hydrochlorid in W. durch Zers. mit $NaHCO_3$ u. Extraktion; $[\alpha]_D^{20}$ +194° (c = 0,7; Chlf.). *Chlorhydrinmonomethylester, Perchlorat*, $C_{21}H_{26}O_8N_3Cl \cdot HClO_4$, F. 242° (wss. CH_3OH oder Aceton–W.), aus **III** durch 3tägiges Stehen in methanol. HCl im geschlossenen Rohr u. Fällung mit $HClO_4$; $[\alpha]_D^{20}$ +167° (c = 0,7; wss. 50%ig. Aceton); *Hydrochlorid*, $C_{21}H_{26}O_8N_3Cl \cdot HCl$, F. 210—213° (Nadeln aus W.), neben dem Perchlorat. *Chlorhydrindimethylesterhydrochlorid*, $C_{22}H_{28}O_8N_3Cl \cdot HCl$, hellgelbe Prismen ($CH_3OH$), aus **III** durch 2tägiges Stehen in methanol. HCl u. Abdest. bei n. Druck u. dann im Vakuum als Rückstand. — *Säure* $C_{20}H_{21}O_9N_3$, verpufft bei 224° (gelbliche watteartige Nadeln aus W.), durch Oxydation von **III** in $Ba(OH)_2$-Lsg. mit $Ba(MnO_4)_2$. *Perchlorat*, $C_{20}H_{21}O_9N_3 \cdot HClO_4$, das Hydrat verpufft bei 305° (Kristalle aus $HClO_4$), $[\alpha]_D^{20}$ +196° (c = 0,76; Aceton–W. 1 : 1). *Semicarbazon*, $C_{21}H_{24}O_9N_6 \cdot H_2O$, gelbliche Prismen. *p-Nitrophenylhydrazon*, $C_{26}H_{26}O_{10}N_6 \cdot H_2O$, ockergelbes Pulver. *Monomethylesterperchlorat*, $C_{21}H_{25}O_9N_3 \cdot ½ HClO_4 \cdot 3H_2O$, gelbe Prismen, durch 20std.

Stehen der Säure mit methanol. HCl u. Fällen des erhaltenen Esters mit $HClO_4$. — *Verb.* $C_{20}H_{22}O_9N_2$, gelbes Pulver aus wss. CH_3OH, aus **III**·$HClO_4$ durch 10 Min. Erwärmen mit HNO_3–$NaNO_2$ auf 50°, 10 Min. auf 55—60° u. Einengen im Vakuum. — *Verb.* $C_{20}H_{23}O_7N_3$ (**IV**), gelbe Prismen, aus **III** in wss. NaOH durch Zufügen von $Fe(OH)_2$ bei 70—80° in 30 Min.; fällt als *Tetrahydrat* an; $[\alpha]_D^{20}$ —32,4° (c = 0,9; 0,1n NaOH), $[\alpha]_D^{21}$ —26,2° (c = 1,1 [Tetrahydrat]; 0,1n NaOH); daneben *Verb.* $C_{20}H_{25}O_7N_3 \cdot HClO_4$, Prismen, u. *Verb.* $C_{40}H_{50}O_{13}N_6$. *Perchlorat*, $C_{20}H_{23}O_7N_3 \cdot HClO_4$, verpufft bei 265° (Nadeln); fällt als *Hydrat* an. — *Verb.* $C_{20}H_{31}O_5N_3$ oder *Verb.* $C_{20}H_{29}O_5N_3$ + $C_{20}H_{31}O_6N_3$, F. 212 bis 214° (Kristalle aus Aceton–W.), durch Hydrieren vorst. Verb. in Ggw. von PtO_2 in W.; $[\alpha]_D^{20}$ —14,7° (c = 0,68 [lufttrockene Substanz]; W.). — *Verb.* $C_{20}H_{21}O_7N_3 \cdot HClO_4$, tiefgelbe Kristalle (wss. Essigsäure–$HClO_4$), aus **IV** in wss. $HClO_4$ durch Versetzen mit Bromwasser bei 5—15°, Luftdurchleiten u. Eindampfen im Vakuum. — *Oxysäure* $C_{20}H_{25}O_8N_3$, hellgelbe Kristalle, aus dem Perchlorat oder Hydrojodid in W. durch Zers. mit NaOH; $[\alpha]_D^{20}$ +47,2° (c = 1; 0,1n NaOH); fällt als *Monohydrat* ($[\alpha]_D^{20}$ +39,2°) an. *Perchlorat*, $C_{20}H_{25}O_8N_3 \cdot HClO_4$, F. 280—285° (Zers.), aus **III** durch Lösen in wss. HJ u. Erhitzen auf 90—100° unter gleichzeitiger Red. des J_2 mit H_2SO_3; fällt als *Dihydrat* an. *Hydrojodid*, $C_{20}H_{25}O_8N_3 \cdot HJ$ (gelbe Kristalle aus wss. HJ), a) aus **III** in wss. HJ durch 2—3std. Kochen in Ggw. von P; b) aus **II** in wss. HJ durch 3std. Kochen in Ggw. von P; 78%. *Dimethylester* $C_{22}H_{29}O_8N_3$, durch 24std. Stehen der Säure in methanol. HCl; fällt als *Monohydrat*, $[\alpha]_D^{20}$ +109° (c = 1,8; CH_3OH), an; *Perchlorat*, $C_{22}H_{29}O_8N_3 \cdot HClO_4$. — *Verb.* $C_{22}H_{28}O_7N_3Cl \cdot HClO_4$, durch Behandeln vorst. Säure mit methanol. HCl u. Überführung in das Perchlorat neben vorst. Dimethylesterperchlorat. — *Verb.* $C_{20}H_{24}O_7N_2 \cdot HClO_4$, verpufft bei 302°, aus der Mutterlauge von **II**; $[\alpha]_D^{20}$ —96° (c = 0,7; 0,1n NaOH). — *Verb.* $C_{18}H_{31}O_{14}N_3$, watteartige Nadeln, neben vorst. Verb., $[\alpha]_D^{22}$ +52,6° (c = 0,5; 85%ig. Essigsäure). — *Säure* $C_{19}H_{22}O_7N_2$, Kristalle aus dem Perchlorat durch Zers. mit NaOH; $[\alpha]_D^{20}$ +11,9° (c = 1,4; 0,1n HCl). *Perchlorat*, $C_{19}H_{22}O_7N_2 \cdot HClO_4$, verpufft bei 310—315°, aus den Mutterlaugen von **III** durch langwierige Extraktion u. Fällung mit $HClO_4$. *Pikrat*, $C_{19}H_{22}O_7N_2 \cdot C_6H_3O_7N_3$, verpufft bei 257° (Blättchen). *Dimethylesterperchlorat*, $C_{21}H_{26}O_7N_2 \cdot HClO_4 \cdot H_2O$, durch Behandeln mit methanol. HCl u. Überführen in das Perchlorat. — *Verb.* $C_{19}H_{24}O_7N_2 \cdot HClO_4$, Kristalle, aus vorst. Dimethylesterperchlorat durch 30 Min. Kochen in wss. HJ in Ggw. von P, Verdünnen u. 4std. Kochen. Freie Säure $C_{19}H_{24}O_7N_2$, Kristalle, aus der Säure $C_{19}H_{22}O_7N_2$ durch Hydrieren in W. in Ggw. von PtO_2. Pikrat, $C_{19}H_{24}O_7N_2 \cdot C_6H_3O_7N_3$, Blättchen. — *Verb.* $C_{20}H_{24}O_6N_2$, verpufft bei 280—283°, durch Erhitzen vorst. Verb. mit Acetanhydrid in Pyridin. — *Sulfonsäure*, $C_{20}H_{24}O_9N_2S$, Kristalle, aus der Mutterlauge von **III**; $[\alpha]_D^{20}$ +99,7° (c = 0,3; W.). *Ag-Salz*, $C_{20}H_{23}O_9N_2SAg$, Kristalle, durch Rk. mit Ag_2CO_3 in Wasser. *Pb-Salz*, $C_{20}H_{23}O_9N_2S_2Pb$, Prismen, durch Rk. mit Pb-Acetat. *Benzylthiuroniumsalz*, Prismen, durch Rk. mit Benzylthiuroniumchlorid. (Chem. Ber. **86**. 232—61. 13/3. 1953. Heidelberg, Univ., Chem. Inst.) H. BERTSCH. 3500

G. K. Hughes, F. P. Kaiser, N. Matheson und **E. Ritchie,** *Die Bestandteile von Legnephora moorei F. Muell.* In der Wurzelrinde der genannten Menispermaceae wurden *d-Quercit* [(+)-*Protoquercit*, $C_6H_{12}O_5$, F. 234°, $[\alpha]_D^{20}$ +22° (c = 1,14; W.); *Pentabenzoylderiv.*, F. 155°, $[\alpha]_D^{15}$ +59,5° (c = 1,16; Chlf.)] u. *Isocorydinmethojodid* [$C_{21}H_{26}O_4NJ$, F. 229° (Zers.), $[\alpha]_D^{20}$ +132° (c = 1,31; W.), Nadeln aus A.; Methylierung → *O-Methylcorydinmethojodid*, F. 258° (Zers.), $[\alpha]_D^{24}$ +180° (c = 0,48; W.)] gefunden. (Austral. J. Chem. **6**. 90—91. Febr. 1953. Sydney, Univ., Dep. of Organ. Chem.) K. NEZEL. 3500

T. F. Platonowa, P. Ss. Massagetow, A. D. Kusowkow und **L. M. Utkin,** *Über die Alkaloide aus der Familie der Mohnpflanzen.* Bei der Unters. von 11 Arten aus der Familie der Papaveraceen auf Alkaloidgeh. werden nachst. neue Alkaloide gefunden: *Fumaridin, Fumarinin, Fumaritin, Fumvaillin, Pahybrin, Römeridin* u. *Chelidamin.* Angegeben werden der Fundort der Pflanzen u. ihr Geh. an neuen u. schon bekannten Alkaloiden (im folgenden in %, auf Trockengewicht bezogen). Fumaria Schleicheri Soy-Will.: Transkaukasien; *Protopin* (0,05), *Fumaridin* (0,01), *Fumaramin* (0,01), *Fumarinin* (0,005), *Fumaritin* (0,002), insgesamt 0,47% Alkaloidgeh.; Fumaria micrantha Lag.: Daghestan; *Protopin* (0,08), *Fumaramin* (0,01), insgesamt 0,6%; Fumaria Vaillantii Loisl.: Zentralasien; *Protopin* (0,06); *Fumaridin* (0,005), *Fumvaillin* (0,007), insgesamt 0,7%; Papaver hybridum L.: Daghestan; *Pahybrin* (0,03), insgesamt 0,12%; Papaver pavoninum Schrenk.: Kirgis. Alatau; α-*Allokryptopin* (0,002), *Protopin* (0,002), *Römeridin* (0,002), insgesamt 0,1%; Roemeria hybrida (L.) DC.: Zentralasien, Mujun-Kumy; *Protopin* (0,04), *Römeridin* (0,02), insgesamt 0,8%; Glaucium corniculatum (L.) Curt.: Transkaukasien; α-*Allokryptopin* (0,3), *Protopin* (0,03), insgesamt 1%; Glaucium flavum Crantz.: Transkaukasien; *Glaucin* (0,4), insgesamt 2%; Glaucium squamigerum Kar. et Kir.: Zentralasien, Tjan-Schan; *Protopin* (0,5), *Corydin* (1,8), α-*Allokryptopin* (0,2), insgesamt 3,6%; Chelidonium majus L.: Altai; *Sanguinarin, Chelerytrin,*

Chelidamin (0,01), *Protopin* (0,04), *Chelidonin* (0,06); Hypecoum pendulum L.: Östliches Transkaukasien; *Protopin* (0,03), insgesamt 0,15%. Einige dieser Pflanzen sind schon früher (vgl. T. A. HENRY, The plant alkaloids, London 1949, S. 169) mit beträchtlich abweichendem Ergebnis untersucht worden, was auf Verschiedenheit im Pflanzenmaterial zurückzuführen ist.

Versuche: In den meisten Fällen werden die getrockneten u. zerkleinerten Pflanzenteile mit 10%ig. NH_3 durchfeuchtet, mit $C_2H_4Cl_2$ extrahiert, die Alkaloide aus dem Extrakt in 10%ig. H_2SO_4 übergeführt u. nach Zusatz von 25%ig. NH_3 bis zur alkal. Rk. mit Ae., dann Chlf. extrahiert; die weitere Behandlung ist von Fall zu Fall verschieden. Fumaria Schleicheri. Zur Trennung der Alkaloide wird an Al_2O_3 in Chlf. chromatographiert u. mit Chlf., Chlf. + 2% Methanol oder Methanol eluiert. *Fumaridin* (Dimethyläther von Fumaramin ?), $C_{23}H_{26}O_5N_2$, F. 190—191° (Methanol); gelbe Nadeln; enthält 2 CH_3O-Gruppen; das Ultrarotspektr. zeigt eine CO-Gruppe an; das UV-Spektr. ist dem von Fumaramin sehr ähnlich; FRÖHDES-Reagens gibt eine dunkelgrüne, in Dunkelrosa u. dann Braun übergehende Färbung. *Dihydrochlorid*, $C_{23}H_{26}O_5N_2 \cdot 2\,HCl$, F. 213—214° (A. + Ae.). *Tartrat*, $C_{23}H_{26}O_5N_2 \cdot C_4H_6O_6$, F. 217° (80%ig. A.); dient zur Isolierung des Alkaloids. *Pikrat*, F. 204—205° (A.). *Jodmethylat*, F. 247—248°; aus A. Kristalle. — *Fumaramin*, $C_{21}H_{22}O_5N_2$, F. 223—224° (A.); gelbe Nadeln; enthält eine CO-, aber keine CH_3O-Gruppe. *Hydrobromid*, $C_{21}H_{22}O_5N_2 \cdot HBr$, F. 258—260°; aus 75%ig. A. Kristalle. *Tartrat*, F. 200° (50%ig. A.); grünlich; dient zur Isolierung des Alkaloids. — *Fumarinin*, $C_{16}H_{15}O_4N$, F. 189—190° (Chlf. + A.); hellgelbe Nadeln; enthält die CH_3N-Gruppe; die CH_3O-Gruppe ist nicht vorhanden. *Hydrochlorid*, $C_{16}H_{15}O_4N \cdot HCl$, F. 255—257° (A. + Ae.). *Oxalat*, F. 213° (25%ig. A.); dient zur Isolierung des Alkaloids. — *Protopin*, wird als solches aus dem Adsorbat an Al_2O_3 isoliert. — *Fumaritin*, $C_{20}H_{21}O_5N$, F. 157—159° (A.); rechteckige Tafeln; enthält die CH_3N-Gruppe; wird als solches aus dem Adsorbat isoliert. *Hydrochlorid*, $C_{20}H_{21}O_5N \cdot HCl$, F. 224° (A. + Ae.); rechteckige Tafeln. *Hydrobromid*, F. 219°; aus A. Kristalle. — Fumaria micrantha. *Protopin*, F. 205—206° (A,); aus dem Ae.-Extrakt durch Verreiben mit Aceton. — *Fumaramin*, aus dem Ae.-Extrakt nach Abscheiden von Protopin durch Lösen in Chlf., Schütteln mit 5%ig. NaOH zur Entfernung von phenol. Alkaloiden, Chromatographieren der nichtphenol. Anteile in Chlf. u. Eluieren mit Chlf. (1.—16. Fraktion), Chlf. + 2% Methanol (17.—28. Fraktion) u. Methanol (29. Fraktion); das Alkaloid reichert sich in der 17.—20. Fraktion an u. wird durch Verreiben mit Methanol oder als Hydrobromid abgeschieden. — *Protopin*, aus der 4.—11. Fraktion des Eluats durch Verreiben mit Methanol; zur Reinigung dient das *Oxalat*, F. 230°. — Fumaria Vaillantii. *Protopin*, aus dem Ae.-Extrakt nach Verreiben mit Aceton u. Chromatographieren der sich ausscheidenden Kristalle, neben *Fumaridin*. — *Fumvaillin* $C_{20}H_{19}O_6N$, F. 180,5—181,5°, aus dem Ae.-Extrakt nach Verreiben mit Aceton, Entfernung der sich ausscheidenden Kristalle u. Chromatographieren des in der Mutterlauge bleibenden Gemisches; aus Aceton derbe Kristalle; $[\alpha]_D$ —44,4° (c = 4,4; Chlf.); das Alkaloid hat nichtphenol. Charakter u. enthält 2 CH_3O-Gruppen. *Hydrochlorid*, $C_{20}H_{19}O_6N \cdot HCl$, F. 212° (A.). — Papaver hybridum. *Pahybrin*, $C_{22}H_{30}O_4N_2$, amorph, hellgelb. *Dihydrobromid*, $C_{22}H_{30}O_4N_2 \cdot 2HBr$, F. 204° (Zers.); aus dem Ae.-Extrakt durch Lösen in A. u. Ansäuern mit konz. HBr; aus W. Nädelchen; $[\alpha]_D$ +44,6° (c = 0,83; W.). *Hydrojodid*, F. 200° (Zers.), aus W. Prismen. — Roemeria hybrida. *Protopin*, aus dem Ae.-Extrakt durch Verreiben mit etwas Methanol. — *Römeridin*, $C_{31}H_{39}O_5N_3$, F. 228—230°; aus Aceton Nadeln; enthält 1 OH-Gruppe u. 3 CH_3O-Gruppen; FRÖHDES-Reagens gibt eine braunviolette Färbung. *Hydrochlorid*, $C_{31}H_{39}O_5N_3 \cdot HCl$, F. 258—260°; aus dem Ae.-Extrakt nach Verreiben mit Methanol, Entfernen der sich ausscheidenden Kristalle, Lösen des Alkaloidgemisches aus der Mutterlauge in Aceton u. Ansäuern mit alkoh. HCl; aus W. Kristalle. — Papaver pavonium. *Protopin*, aus dem Ae.-Extrakt durch Verreiben mit Methanol. — *α-Allokryptopin*, F. 157—159° (Essigester); man löst die nach Abscheidung von Protopin in der Mutterlauge befindlichen Alkaloide in 10%ig. H_2SO_4, macht mit 20%ig. NaOH alkal., extrahiert mit Ae., verdampft u. behandelt den Rückstand mit Aceton. — *Römeridin*; befindet sich in der Acetonmutterlauge nach Abscheidung vorst. Alkaloids u. wird als Hydrochlorid isoliert. — Chelidonium majus. Der $C_2H_4Cl_2$-Extrakt wird mit 10%ig. H_2SO_4 geschüttelt, wobei die schwerlösl. Sulfate von *Sanguinarin* (F. 240—242°) u. *Chelerytrin* (*Tartrat*, F. 210—213°) ausfallen; die Mutterlauge wird nach Zusatz von NH_3 bis zur alkal. Rk. mit Chlf. extrahiert u. das Alkaloidgemisch aus dem Extrakt mit wenig Methanol verrieben. Hierbei wird *Chelidamin*, $C_{19}H_{19}O_4N$, F. 204—205°, erhalten; gelbliche Nadeln aus A. + Chlf.; $[\alpha]_D$ —316,9° (c = 4,4; Chlf.); *Hydrochlorid*, $C_{19}H_{19}O_4N \cdot HCl$, F. 254—256°; aus W. Kristalle; *Jodmethylat*, F. 275° (W.). In der methanol. Mutterlauge befinden sich *Protopin* u. *Chelidonin*, $C_{20}H_{19}O_5N$, F. 133° (A.); $[\alpha]_D$ +110° (c =

3,6; Chlf.), dessen *Hydrochlorid*, $C_{20}H_{19}O_5N \cdot HCl$, bei 295° schmilzt. (Журнал Общей Химии [J. allg. Chem.] **26** (88). 173—80. Jan. 1956. Allunions Wiss. Chem.-pharmaz. Ordshonikidse-Forschungsinst.) R. KNOBLOCH. 3500

Henry Rapoport und **Satoru Masamune**, *10-Oxymorphin.* Δ^7-Desoxycodein u. Neopin werden durch CrO_3-Oxydation in die entsprechenden *10-Oxyverbb.* übergeführt. Heroin u. O^3-Benzylmorphin werden unter gleichen Bedingungen nicht oxydiert, während Thebain *14-Oxycodeinon* liefert. *10-Oxymorphin* konnte nur durch Oxydation von O^3-Allylmorphin u. nachfolgende Ätherspaltung erhalten werden.

Versuche (FF. korr.): *O^3-Benzylmorphin*, F. 127—128,5° (Essigester), nach VON MERING [1897]; Reinigung durch Al_2O_3-Chromatographie u. Eluierung mit Chlf.; 85% (Ausbeute). — *O^3-Allylmorphin* nach FÖLDI [1920]; Reaktionsmischung alkalisieren, mit Bzl. ausziehen; Reinigung durch Chromatographie u. Eluierung mit Chlf.-Bzl. (1:1); $[\alpha]_D^{21}$ —117° (c = 1,4; A.); 90%. — *O^3-Allyl-10-oxymorphin*, $C_{20}H_{23}O_4N$, F. 137,5 bis 139°, aus vorst. Verb. mit CrO_3 in H_2SO_4 (6—9 Std. bei 3—5°); bei 120°/10 μ sublimiert; $[\alpha]_D^{22}$ —100° (c = 0,85; A.); 10%. — *10-Oxymorphin*, $C_{17}H_{19}O_4N$, F. 325° (Zers.), aus vorst. Verb. mit Na in fl. NH_3; nachher Zugabe von CH_3OH, Eindampfen unter N_2, Aufnehmen in W., Einstellen auf p_H 8,3 mit HJ, 2tägiges Extrahieren des Nd. mit Aceton; $[\alpha]_D^{21}$ —94,5° (c = 0,69; 2n CH_3COOH); 79%; Reinigung über *Triacetyl-10-oxymorphin*, $C_{23}H_{25}O_7N$, F. 186—187° (Essigester), gewonnen mit Acetanhydrid in Pyridin (7 Std. bei 100°); $[\alpha]_D^{22}$ —86,8° (c = 0,93; A.); 82%; Verseifung mit NaOH in A.; 93%. — *10-Oxyneopin*, $C_{18}H_{21}O_4N$, F. 204—205° (Aceton), aus Neopin; bei 170°/10 μ sublimiert; $[\alpha]_D^{22}$ —8,4° (c = 0,9; A.); 10%. — *10-Oxy-Δ^7-desoxycodein*, $C_{18}H_{21}O_3N$, F. 144,5—145,5° (Essigester), aus Δ^7-Desoxycodein; bei 125°/20 μ sublimiert; $[\alpha]_D^{21}$ —67,1° (c = 0,63; A.); 25%. Alle Reaktionsgemische wurden an Al_2O_3 mit Bzl.-Chlf. chromatograph. getrennt, wobei größere Mengen nichtumgesetzter Ausgangsstoffe zurückgewonnen wurden. — *14-Oxycodeinon*, F. 273—274° (Chlf.-A.), durch Oxydation von 10,4 g Thebain; $[\alpha]_D^{25}$ —110° (c = 0,81 in 10%ig. Essigsäure); 2,5 g. (J. Amer. chem. Soc. **77**. 6359—61. 5/12. 1955. Berkeley, Calif., Univ., Dep. of Chem.) A. NOWAK. 3500

W. H. Tallent, V. L. Stromberg und **E. C. Horning**, *Pinus-Alkaloide. Die Alkaloide von P. sabiniana Dougl. und verwandten Arten.* Von 27 qualitativ untersuchten *Pinus*-Arten (Tabelle) erwiesen sich *P. attenuata Lemmon, coulteri D. Don, monophylla Torr. & Frem., pinceana Gordon, radiata D. Don, remorata Mason, jeffreyi Balfour, sabiniana Dougl.* u. *torreyana Perry* als alkaloidhaltig. Aus den 3 letzteren wurde ein Alkaloid, $C_9H_{17}N$, isoliert, das *Pinidin* (I) genannt wird. Es enthält eine hydrierbare Doppelbindung, die wahrscheinlich in einer $CH_3CH{=}C$-Gruppe vorliegt, wie aus der Bldg. von *Acetaldehyd* bei Ozonolyse hervorgeht. Sein Infrarotspektr. weist ein scharfes Maximum bei 3,31 μ (in CCl_4) auf. Wahrscheinlich ist I ein monocycl. sek. Amin vom Piperidintyp. Sein *Hydrochlorid* zeigt charakterist. HN^+-Banden bei 3,9—4,2 μ; sein *N-Jodmethylat* (*N-Methylpinidinhydrojodid*) ein scharfes Maximum bei 3,8 μ. I-Acylderivv. konnten, vielleicht wegen ster. Hinderung, nicht erhalten werden.

Versuche (FF. auf dem KOFLER-Heiztisch): 3 kg Nadeln von P. sabiniana wurden mit 750 g Soda u. 10 Liter W. dampfdest.; Alkalisieren des Destillats, Ausziehen mit Chlf., der Chloroformschicht mit 2n HCl, Neutralisieren, Ausäthern u. fraktionierte Kolonnendest. lieferte zunächst (+)-α-*Pipecolin*, $Kp._{751}$ 118—119°; $[\alpha]_D^{22}$ +5,6° (c = 1,532; absol. A.) [*Hydrochlorid*, F. 192—194° (Essigester-Hexan); $[\alpha]_D^{23}$ —3,9° (c = 1,221; absol. A.); *Pikrat*, F. 115—116° (Bzl.)]; 0,03% (Ausbeute), dann *Pinidin* (I) $C_9H_{17}N$, $Kp._{751}$ 176—177°; $n_D^{21,5}$ 1,4622; $[\alpha]_D^{25}$ —10,5° (c = 1,880; absol. A.); 0,28%, aus P. jeffreyi 0,12%, aus P. torreyana 0,08%. *Hydrochlorid*, $C_9H_{18}NCl$, F. 244—246°, aus Essigester-A. Nadeln; 61%. *Methojodid*, $C_{10}H_{20}NJ$, F. 214—218°, aus Essigester-A. u. Bzl.-CH_3OH Nadeln; 37%; gibt mit wss. KOH I zurück; 45%. — *Dihydropinidin*, $C_9H_{19}N$, $Kp._{751}$ 173—174°, durch Hydrierung von I in A. oder ohne Lösungsm. mit 10%ig. Pd-Kohle bei n. Bedingungen; $n_D^{21,5}$ 1,4460; $[\alpha]_D^{25}$ —1,2° (c = 1,617; absol. A.); ca. 100%. *Hydrochlorid*, $C_9H_{20}NCl$, F. 247—248°, aus Essigester Nadeln; 95%. — Nach Ozonisieren von 1,68 g I in CH_3COOH, tropfenweiser Zugabe der Lsg. zu Zn-Staub in W. u. Durchleiten von N_2 durch das Filtrat in eine Dimedonlsg. (50%ig. A.) werden 63 mg *Acetaldehyd-Dimedon-Deriv.*, F. 140—145°, in Nadeln erhalten; Cyclisation in A.-W. (3 : 1) mit einem Tropfen konz. HCl führt zu dem *substituierten Oktahydroxanthen*, F. 176,5—179°. (J. Amer. chem. Soc. **77**. 6361—64. 5/12. 1955. Bethesda, Md., Nat. Inst. of Health, Nat. Heart Inst., Labor. of Chem. of Natural Prodd.) A. NOWAK. 3500

Willy Logemann, Luigi Almirante, Lorenzo Caprio und **Alberto Meli**, *Vereinfachte Rauwolfia-Alkaloidmodelle.* 1. Mitt. *Über Tetrahydro-4-carbolin- und Hexadehydroyohimbanderivate.* Zur Darst. blutdrucksenkender Stoffe, die den Rauwolfia-Alkaloiden ähneln, werden analog den Verff. von HAHN u. Mitarbeitern (vgl. Ber. dtsch. chem. Ges.

71. [1938.] 2192 u. früher) 2 Reihen von Verbb. synthetisiert, die das Ringsyst. des Yohimbans enthalten. Die vom 15.16.17.18.19.20-Hexadehydroyohimban abgeleiteten Verbb. haben sympathicolyt. u. blutdrucksenkende Wrkg., während Substanzen mit offenem Ring D keine besonderen pharmakol. Eigg. aufweisen.

Versuche: 3.4.5.6-Tetrahydro-4-carboline: *4-[3.4.5-Trimethoxybenzoyl]-3-[3-(3.4.5-trimethoxybenzoyloxy)-benzyl]-*, $C_{38}H_{38}O_9N_2$, F. 130—132° (verd. A., dann Essigester), aus 3-[3-Oxybenzyl]-3.4.5.6-tetrahydro-4-carbolin u. 3.4.5-Trimethoxybenzoylchlorid (III) in wasserfreiem Pyridin (60 Std. bei Zimmertemp.). — *4-Acetyl-3-[3-methoxy-4-acetoxybenzyl]-*, $C_{23}H_{24}O_4N_2$, F. 185—186° (verd. A.), aus 3-[4-Oxy-3-methoxybenzyl]-3.4.5.6-tetrahydro-4-carbolin (I) u. Acetanhydrid in Pyridin. — *4-[3.4.5-Trimethoxybenzoyl]-3-[3-methoxy-4-(3.4.5-trimethoxybenzoyloxy)-benzyl]-*, $C_{39}H_{40}O_{10}N_2$, F. 173—174° (verd. A., dann Essigester), aus I u. III in Pyridin. — *4-Stearoyl-3-[3-methoxy-4-stearoyloxybenzyl]-*, $C_{55}H_{88}O_4N_2$, F. 90—91° (CH_3OH), aus I-Hydrochlorid mit Stearoylchlorid in Pyridin. — *10-Methoxy-3-[4-oxy-3-methoxybenzyl]-*, $C_{20}H_{22}O_3N_2$, F. 196—197° (A.), mit ammoniakhaltigem A. aus dem *Hydrochlorid*, F. 257—259°, das aus 5-Methoxytryptaminhydrochlorid u. 4-Oxy-3-methoxyphenylbrenztraubensäure in W. nach 48 Std. bei 100° erhalten wurde. — *4-[3.4.5-Trimethoxybenzoyl]-10-methoxy-3-[3-methoxy-4-(3.4.5-trimethoxybenzoyloxy)-benzyl]-*, F. 195—196° (CH_3OH, dann Essigester), aus vorst. Verb. u. III in Pyridin. — 15. 16. 17. 18. 19. 20-Hexadehydroyohimbane: *17-Methoxy-18-acetoxy-*, $C_{22}H_{22}O_3N_2$, F. 140—142° (A.), aus 17-Methoxy-18-oxy-15.16.17.18.19.20-hexadehydroyohimban (II) mit Acetanhydrid in Pyridin. — *17-Methoxy-18-propionyloxy-*, $C_{23}H_{24}O_3N_2$, F. 184—185° (verd. A.), aus II u. Propionsäureanhydrid. — *17-Methoxy-18-butyryloxy-*, $C_{24}H_{26}O_3N_2$, F. 97—100°, mit ammoniakhaltigem A. aus dem *Hydrochlorid*, F. 237—240°, das aus II u. Butyrylchlorid in Pyridin erhalten wurde. — *17-Methoxy-18-benzyloxy-*, $C_{27}H_{26}O_2N_2$, F. 264—265° (Äthylenglykol), aus II mit Benzylchlorid u. KOH in A. (5 Std. am Rückfluß). — *17.18.19- Trimethoxy-*, $C_{22}H_{24}O_3N_2$, F. 157° (CH_3OH), mit 10%ig. NH_4OH aus einer wss. Lsg. des *Hydrochlorides*, $C_{22}H_{24}O_3N_2 \cdot HCl$, F. 245° (A.), das aus 3-[3.4.5-Trimethoxybenzyl]-3.4.5.6-tetrahydro-4-carbolinhydrochlorid in W. bei p_H 4,5 mit Formaldehydlsg. nach 10 Tagen bei Zimmertemp. erhalten wurde. (Chem. Ber. **88.** 1952—56. 1955. Milano, Ist. Carlo Erba per Ricerche Terapeut.) A. NOWAK. 3500

Werner Wöhlbier, Siegfried Beckmann und **Hans Kern,** *Zur Kenntnis des Schachtelhalmalkaloids Equisetin (Palustrin).* Auf Grund der Bldg. von *Pyrrol* bei der Zinkstaubdest. von Equisetin (I) nehmen Vff. das Vorhandensein eines wahrscheinlich hydrierten Pyrrolringes in I an. Durch die Darst. eines *Nitrosamins* aus I konnte das Vorhandensein einer sek. Aminogruppe (vgl. EUGSTER, GRIOT u. KARRER, Helv. chim. Acta **36.** [1953.] 1387) bestätigt werden. Da I von Dichromat–H_2SO_4 nicht oxydiert wird, dürfte ein O als tert. OH-Gruppe vorliegen. Oxydation mit konz. HNO_3 gibt eine *Säure* $C_{10}H_{15}O_5N_3$. Bei der mehrstd. Wasserdampfdest. der in NaOH gelösten Rohbasen von *Equisetum palustre* oder beim Kochen von I in 2n NaOH wurde eine *Base AI* erhalten, deren *Dihydrochlorid* ebenso wie I-Dihydrochlorid beim Erhitzen über den F. u. Lösen der Schmelze in CH_3OH eine grüne Fluorescenz zeigte. Beim Kochen von I in 20%ig. NaOH wurde eine *Base AII* u. drei weitere bas. Abbauprodd., *A III, A IV* u. *A V*, isoliert. Bei der Alkalieinw. unter Rühren bzw. nach längerer Reaktionszeit wurde statt A II eine weitere flüchtige *Base A VI* gebildet.

Versuche: *Pyrrol*, aus I-Dihydrochlorid durch Dest. mit Zn-Staub. *1.3.5-Trinitrobenzolat*, F. 94—95° (CH_3OH). — *Säure* $C_{10}H_{15}O_5N_3$, aus I mit konz. HNO_3 (3 Std. auf dem Wasserbad, dann Eindampfen); daneben wenig bas. u. neutrale Anteile. — *Base A I*, amorph, a) aus den Rohbasen durch Wasserdampfdest. aus ca. 2n natronalkal. Lsg.; b) aus I mit sd. 2n NaOH (4 Std.). *Dihydrochlorid*, $C_{17}H_{39}O_5N_3 \cdot 2\,HCl$, F. 225—230° (Zers.; CH_3OH–Isopropanol). *Pikrat*, F. 110—112°. — *Base A II*, aus I mit sd. 20%ig. NaOH (3 Std.); Öl von spermaartigem Geruch (*Pikrat*, $C_5H_{13}ON_3 \cdot 3\,C_6H_3O_7N_3$, F. 288—290° [Zers.], gelbe Nädelchen); daneben aus dem Rückstand der Wasserdampfdest. *Base-A III-hydrochlorid*, F. 228° (Zers.), aus CH_3OH–Isopropanol Nädelchen, ferner *Formaldehyd* (*p-Nitrophenylhydrazon*, F. 180—181°. *Dimedonderiv.*, F. 189—190°), *Base A IV*, Kp. 106—107° (*Pikrat*, F. 209—210° [Zers.; CH_3OH]) u. *Base A V*, gelbe, sich allmählich braun färbende Substanz von pyrrolähnlichem Geruch. — *Base A VI, Pikrat*, $C_5H_{11}ON_3 \cdot 3\,C_6H_3O_7N_3$, F. 118° ($CH_3OH$), aus I mit sd. NaOH unter Rühren (5—6 Std.). — *Nitrosoequisetin*, $C_{17}H_{28}O_3N_4$, F. 146—147° (Tetraeder aus Ae.), aus I-Dihydrochlorid mit $NaNO_2$ in verd. HCl (einige Std. in der Kälte); über das *Monohydrochlorid*, $C_{17}H_{28}O_3N_4 \cdot HCl$, F. 210—211° (Zers.), kurze flache Nadeln aus CH_3OH–Essigester oder CH_3OH–Aceton. — Die R_F-Werte der Pikrate der neuen Basen sind angegeben. (Chem. Ber. **88.** 1706—10. 2/11. 1955. Stuttgart-Hohenheim, Landw. Hochsch., Chem. Inst.) S. TODT. 3500

Norma S. Leeds, David K. Fukushima und **T. F. Gallagher,** *Untersuchungen an Ring-D-steroidepoxyden von Enolacetaten; eine neue Synthese von Östriol und Androstan-3β.16α.17β-triol.* 3β-Oxyandrostan-17-on (**I**; Isoandrosteron) bildet mit Isopropenylacetat *3β.17-Diacetoxy-Δ^{16}-androsten,* dessen *16α.17α-Epoxyd* (**II**) sich mit $LiAlH_4$ ebenso wie das aus **II** durch Umlagerung entstandene *3β.16α-Diacetoxyandrostan-17-on* (**III**) zu *3β.16α.17β-Trioxyandrostan* reduzieren läßt. **III** geht mit Alkali in das stabilere *3β.17β-Dioxyandrostan-16-on* über, aus dem bei der Red. *Androstan-3β.16β.17β-triol* entsteht. Analog läßt sich das aus dem *Enolacetat* von Östron erhaltene *Epoxyd* direkt oder über das durch Umlagerung entstandene *3.16α-Diacetoxy-$\Delta^{1.3.5}$-östratrien-17-on* zu *Östriol* reduzieren.

Versuche (FF. korr.): *Δ^{16}-Androsten-3β.17-dioldiacetat,* $C_{23}H_{34}O_4$, F. 170—172°, aus 2,79 g **I** mit Isopropenylacetat in Ggw. von konz. H_2SO_4 (langsam dest. unter Zugabe von Isopropenylacetat u. H_2SO_4); $[\alpha]_D^{29}$ +16,4° (Chlf.); 2,67 g (Ausbeute). — *16α.17α-Epoxyandrostan-3β.17β-dioldiacetat* (**II**), $C_{23}H_{34}O_5$, F. 151—152° (Aceton–PAe.), aus 4,41 g vorst. Verb. mit 0,05 mol. Benzopersäure in Bzl. (20 Std. bei Zimmertemp.); $[\alpha]_D$ +22,9° (Chlf.); 2,63 g. — *3β.16α-Diacetoxyandrostan-17-on* (**III**), $C_{23}H_{34}O_5$, F. 184—185° (CH_3OH oder Aceton–PAe.), a) aus 401 mg **II** durch Chromatographie an Silicagel mit Ae.–Bzl.; 151 mg; $[\alpha]_D^{23}$ +57,1° (Chlf.); b) aus 173 mg **II** in Methanol mit 6n H_2SO_4 (5 Tage bei Zimmertemp.) u. Reacetylierung; 104 mg; c) aus **II** durch Erhitzen auf 200° (10 Min.). — *3β.17β-Dioxyandrostan-16-on,* $C_{19}H_{30}O_3 \cdot H_2O$, F. 214—220° (Zers.; Aceton), aus 50 mg **III** mit 0,04n NaOH in 60%ig. wss. Methanol (4 Std. bei Zimmertemp.); $[\alpha]_D^{23}$ —149° (Dioxan); 31 mg. *Diacetat,* $C_{23}H_{34}O_5$, F. 179—181°; $[\alpha]_D^{23}$ —120° (Chlf.). — *Androstan-3β.16α.17β-triol,* $C_{19}H_{32}O_3$, F. 260—262°, aus **II** oder **III** mit $LiAlH_4$ in Ae.; $[\alpha]_D^{31}$ —1,9° (A.). *Triacetat,* $C_{25}H_{38}O_6$, F. 174—176° (Aceton–PAe.), durch Red. von 83 mg **III** oder 537 mg **II** in Ae. mit $LiAlH_4$ u. Reacetylierung; $[\alpha]_D^{22}$ —57° (Chlf.); 59 bzw. 400 mg. — *3β.16β.17β-Trioxyandrostan,* $C_{19}H_{32}O_3$, F. 253—256° (Aceton–CH_3OH), aus 127 mg vorvorst. Diacetat mit $LiAlH_4$ in Ae.; $[\alpha]_D^{23}$ +13° (A.); 50 mg. *Triacetat,* $C_{25}H_{38}O_6$, F. 194—196°; $[\alpha]_D^{27}$ +22° (Chlf.). — *3.17-Diacetoxy-$\Delta^{1.3.5.16}$-östratetraen,* $C_{22}H_{26}O_4$, F. 149—150° (PAe.), aus 5 g Östron mit Isopropenylacetat in Ggw. von H_2SO_4; $[\alpha]_D^{32}$ +90,9° (Chlf.); 5,7 g. — *16α.17α-Epoxy-$\Delta^{1.3.5}$-östratrien-3β.17β-dioldiacetat,* $C_{22}H_{26}O_5$, F. 150—152° (Aceton–PAe.), aus vorst. Verb. analog **II**; $[\alpha]_D^{27}$ +94,9° (Chlf.). — *3.16α-Diacetoxy-$\Delta^{1.3.5}$-östratrien-17-on,* $C_{22}H_{26}O_5$, F. 179—180°, aus vorst. Verb. durch Chromatographie an Silicagel oder mit $HClO_4$ in Essigsäure; $[\alpha]_D^{28}$ +122° (Chlf.). — *Östriol,* F. 278,5—284°, a) aus 5,5 g roher vorvorst. Verb. in Essigsäure mit $HClO_4$ (½ Std. bei Zimmertemp.), dann mit $LiAlH_4$ in Ae. (1 Std. kochen) u. Reinigung durch Gegenstromverteilung; 131 mg; b) aus 3,2 g vorvorst. Verb. mit $LiAlH_4$ in Bzl.–Ae.; 2,4 g. (J. Amer. chem. Soc. **76**. 2943—48. 5/6. 1954. New York, N. Y., Sloan-Kettering Inst. for Cancer Res.) H. SCHEURLEN. 3700

Poul Borrevang, *$C_{(21)}$-Derivate von Verbindung S, Cortison und Hydrocortison.* Die *21-Tosylate* (**Ia, IIa** u. **IIIa**) von Verb. S (**I**; Δ^4-Pregnen-3.20-dion-17α.21-diol), Cortison (**II**; Δ^4-Pregnen-3.11.20-trion-17α.21-diol) u. Hydrocortison (**III**; Δ^4-Pregnen-3.20-dion-11β.17α.21-triol) lassen sich in guter Ausbeute u. Reinheit mit Tosylchlorid in Pyridin bei tiefen Tempp. bzw. aus **I** u. **II** mit Tosylanhydrid in Pyridin bei Zimmertemp. bzw. aus **II** mit Tosylchlorid u. wss. NaOH darstellen. Die Tosylate geben mit NaJ, NaBr u. $CaCl_2$ bzw. NH_4Cl die entsprechenden *21-Halogenverbb.*, von denen die aus **I** u. **II** erhaltenen *Jodverbb.* (**Ib** u. **IIb**) mit KCN die *21-Cyanverbb.* bzw. ebenso wie die Tosylate mit KSCN oder K-Thiolacetat die *21-Thiocyanate* bzw. *21-Thiolacetate* geben.

Versuche: *Δ^4-Pregnen-3.20-dion-17α.21-diol* (**I**), *21-Tosylat* (**Ia**), $C_{28}H_{36}O_6S$, F. 159—160° (CH_3OH) bzw. $C_{28}H_{36}O_6S \cdot CH_3OH$, F. 97—98° (Zers.; CH_3OH), $C_{28}H_{36}O_6S \cdot C_2H_5OH$, F. 160—161° (96%ig. A.), a) aus **I** in Pyridin u. Tosylchlorid in CH_2Cl_2 unter Kühlung mit Trockeneis (2 Std.), dann 18 Std. bei +2°; 69,2% (Ausbeute); b) wie unter a), aber mit Tosylanhydrid; 41,5%; c) wie unter b), aber bei Zimmertemp.; 41,5%; d) wie unter a), aber 2,5 Std. kochen; 17,3%. *21-Acetat,* F. 228—231°, aus **Ia** mit K-Acetat in sd. Aceton (4,5 Std.); 77,3%. — Δ^4-Pregnen-3.20-dion-17α-ole: *21-Jod-* (**Ib**), $C_{21}H_{29}O_3J$, F. 135—136° (Zers.; Dunkeln bei 125°), aus **Ia** mit NaJ in Aceton (7—8 Min. kochen) u. Fällung mit wss. $Na_2S_2O_3$; 95,4%. — *21-Brom-*, $C_{21}H_{29}O_3Br$, F. 223—224° (Zers.), aus **Ia** mit NaBr in sd. CH_3OH (3 Std.); 73,4%. — *21-Chlor-*, $C_{21}H_{29}O_3Cl$, F. 234—235° (Zers.), aus **Ia** mit $CaCl_2$ in sd. A. (5 Std.); 96,0%. — *21-Cyan-*, $C_{22}H_{29}O_3N$, F. 249—251° (CH_3OH), aus **Ib** mit KCN in sd. CH_3OH (10 Min.); 38,5%. — *21-Thiocyan-*, $C_{22}H_{29}O_3NS$, F. 188—189° (CH_3OH), aus **Ib** mit KSCN in sd. Aceton (3,5 Std.); 94,2%. — *21-Thiol-21-acetat,* $C_{23}H_{32}O_4S$, F. 219—222° (99%ig. A.), aus **Ib** mit K-Thiolacetat in sd. Aceton (2,5 Std.); 84,6%. — *Δ^4-Pregnen-3.11.20-trion-17α.21-*

diol-21-tosylat (**IIa**), $C_{28}H_{34}O_7S \cdot C_6H_6$, F. 108—109° (Zers.; Bzl.), $C_{28}H_{34}O_7S \cdot CH_3OH$, F. 141—143° (Sintern bei ca. 100°; CH_3OH), a) aus **II** analog **Ia**, a), aber 18 Std. bei —18°; 73,0%; b) aus **II** analog **Ia**, c); 15,2%; c) aus **II** in Dioxan mit Tosylchlorid u. wss. NaOH; 48,6%. — Δ^4-Pregnen-3.11.20-trion-17α-ole, Darst. analog den entsprechenden **I**-Derivv.: *21-Jod-* (**IIb**), $C_{21}H_{27}O_4J$, F. 155—156° (Zers.; Dioxan); 98,3%. — *21-Brom-*, $C_{21}H_{27}O_4Br$, F. 249—250° (Zers.); 85,0%. — *21-Chlor-*, $C_{21}H_{27}O_4Cl$, F. 282—284° (Zers.; A.); 93,9% (mit $CaCl_2$) bzw. 86,0% (mit NH_4Cl). — *21-Cyan-*, $C_{22}H_{27}O_4N$, F. 236—237° (A.); 19,1%. — *21-Thiocyan-*, $C_{22}H_{27}O_4NS$, F. 193—194° (Bzl.); 98,4% (aus **IIb**) bzw. 88,6% (aus **IIa**). — *-21-thiol-21-acetat*, $C_{23}H_{30}O_5S$, F. 224—226° (CH_3OH); 73,0% (aus **IIb**) bzw. 70,8% (aus **IIa**). — *Δ^4-Pregnen-3.20-dion-11β.17α.21-triol-21-tosylat* (**IIIa**), $C_{28}H_{36}O_7S \cdot CH_3OH$, F. 119—121° (Zers.; CH_3OH), aus **III** analog **Ia**, a); 52,8%. — *21-Jod-Δ^4-pregnen-3.20-dion-11β.17α-diol*, $C_{21}H_{29}O_4J$, F. 148—149° (Zers.), aus **IIIa** analog **Ib**; 87,1%. (Acta chem. scand. **9**. 587—94. 1955. Copenhagen, Leo Pharmaceut. Prods.) H. ENCHELMAIER. 3750

N. L. Wendler, R. P. Graber, R. E. Jones und **M. Tishler**, *Synthese von $C_{(11)}$-Oxycorticosteroiden. 17α-Oxycorticosteron.* Vorl. Mitt. zu der nachst. referierten Arbeit. (J. Amer. chem. Soc. **72**. 5793—94. Dez. 1950.) E. BIENECK. 3750

N. L. Wendler, R. P. Graber, R. E. Jones und **M. Tishler**, *Die Synthese von $C_{(11)}$-Oxycorticosteroiden. 17-Oxycorticosteron.* (Vgl. C. **1956**. 8099.) Vff. ketalisierten 20-Cyan-Δ^{17}-pregnen-21-ol-3.11-dion-21-acetat (**I**) zum *3-Dimethylketal* (**II**), das mit Bicarbonat desacetyliert wurde; Red. des erhaltenen *3.3-Dimethoxy-20-cyan-Δ^{17}-pregnen-21-ol-11-ons* (**III**) mit $LiBH_4$ oder $NaBH_4$ zum nicht isolierten *11β.21-Diol* u. Ketalspaltung ergab *20-Cyan-Δ^{17}-pregnen-11β.21-diol-3-on* (**V**), dessen *Acetat* (**Va**) zu *4.5-Dihydro-17-oxycorticosteron-21-acetat* (**VI**) umgesetzt wurde. Bromierung von **VI** u. Dehydrobromierung mit Semicarbazidacetat gab *17-Oxycorticosteron-21-acetat* (**IV**). Es gelang nicht, direkt aus 20-Cyan-Δ^{17}-pregnen-21-ol-3.11-dion (**Ia**) **III** herzustellen, dagegen gelang die Synth. von **V** aus **Ia** über das *Semicarbazon.*

Versuche (FF. korr.): *3.3-Dimethoxy-20-cyan-Δ^{17}-pregnen-21-ol-11-on-21-acetat* (**II**), $C_{26}H_{37}O_5N$, F. 172,5—175,5° (Zers.). Das aus Orthoameisensäuretrimethylester, Bzl., Methanol u. einer Spur konz. H_2SO_4 hergestellte Gemisch wurde erwärmt u. mit **I** (F. 194—196,5°) 4 Std. auf 70—75° erwärmt; nach Zugabe von Pyridin u. Ae. wurde die organ. Schicht abgetrennt; aus Methanol mit 0,1% Pyridin Prismen; $[\alpha]_D^{23}$ +9,0° (c = 1,22; Chlf.); 81,9% (Ausbeute). — *3.3-Diäthoxy-20-cyan-Δ^{17}-pregnen-21-ol-11-on-21-acetat* (**IIa**), $C_{28}H_{41}O_5N$, F. 142,4—143,6° (Ae.), analog **II**; $[\alpha]_D^{23}$ +14,5° (c = 1,0; Chlf.); 63%. — *3.3-Dimethoxy-20-cyan-Δ^{17}-pregnen-21-ol-11-on* (**III**), $C_{24}H_{35}O_4N$, F. 183,5 bis 184° (Zers.), aus **I** in Tetrahydrofuran mit Methanol, W. u. einer 1mol. wss. Lsg. von $KHCO_3$ (64 Std. bei Zimmertemp. oder 15 Min. unter Rückfluß); aus Methanol–Ae. feine Nadeln. — *20-Cyan-Δ^{17}-pregnen-11β.21-diol-3-on* (**V**), $C_{22}H_{31}O_3N$, F. 217,5—220,5° (teilweise bei 207—210°), a) **III** in Tetrahydrofuran wurde mit W. u. $NaBH_4$ versetzt u. 2 Std. gekocht; die auf Raumtemp. abgekühlte Lsg. wurde mit Essigsäure versetzt, die Tetrahydrofuranschicht im Vakuum eingeengt, der Rückstand mit gesätt. Salzlsg. versetzt u. mit Essigester extrahiert; der amorphe Rückstand wurde in Aceton mit W. u. 2,5n HCl 1½ Std. bei Raumtemp. stehengelassen; $[\alpha]_D^{25}$ +24,4° (c = 1,03; Aceton); b) das aus **Ia** hergestellte *Semicarbazon*, $C_{23}H_{32}O_3N_4$, F. 244—245° (Zers.), wurde in Tetrahydrofuran mit $LiBH_4$ red., das resultierende *11β-Oxy-3-semicarbazon* wurde in einem Gemisch von Eisessig, W. u. Na-Acetat mit Brenztraubensäure unter N_2 3½ Std. auf 75—85° erhitzt u. **V** mit Chlf. extrahiert. *21-Acetat* (**Va**), $C_{24}H_{33}O_4N$, F. 180,5—182,5° (Aceton–Ae.), aus **V** mit Essigsäureanhydrid–Pyridin; $[\alpha]_D^{25}$ +34,1° (c = 0,95; Aceton). — *Pregnan-11β.17α.21-triol-3.20-dion-21-acetat* (**VI**), $C_{23}H_{34}O_6$, F. 217,6—219,8°, eine Lsg. von OsO_4 in Bzl.–Pyridin wurde mit **Va** versetzt, 65 Std. bei Zimmertemp. stehengelassen, mit Chlf. u. konz. HCl 15 Min. gerührt u. die gereinigte Bzl.–Chlf.-Schicht im Vakuum eingeengt; aus Aceton–PAe. prismat. Nadeln; $[\alpha]_D^{25}$ +86,6° (c = 1,05; Aceton). — *4-Brompregnan-11β.17α.21-triol-3.20-dion-21-acetat* (**VII**), F. 190,4—191,6° (Zers.; Aceton–PAe.), aus **VI** in Eisessig–HBr mit Br_2 in Essigsäure in Ggw. von Na-Acetat; $[\alpha]_D^{25}$ +99,0° (c = 1,0; Aceton). — *17-Oxycorticosteron-21-acetat* (**IV**), $C_{23}H_{32}O_6$, F. 218 bis 221,5°, zu **VII** in Eisessig wurde unter N_2 eine Lsg. von Semicarbazidhydrochlorid u. Na-Acetat in Eisessig zugegeben, 2 Std. auf 65—67° erwärmt u. mit Na-Acetat u. Brenztraubensäure 4 Std. auf 70—72° erhitzt; aus Essigester Prismen; $[\alpha]_D^{25}$ +157,5° (c = 1,0; Dioxan); 55,6%. — *17-Oxycorticosteron*, $C_{21}H_{30}O_5$, F. 215,5—221° (Zers.; Aceton–Essigester), durch Hydrolyse von **IV** wie oben; $[\alpha]_D^{24}$ +163° (c = 0,89; Methanol) — Die UV-Maxima von vorst. Verb., **II, IIa, III, IV, V** u. **Va** sind angegeben. (J. Amer. chem. Soc. **74**. 3630—33. 20/7. 1952. Rahway, N. J., Merck & Co., Inc., Res. Labors.) G. SCHORRE. 3750

J. K. Norymberski und **Gilbert F. Woods,** *Partielle Reduktion von Steroidhormonen und verwandten Substanzen.* Einige Δ^4-Pregnen-3.20-dione, wie Cortisonacetat (**I**), Cortisolacetat (**II**), 11-Desoxycorticosteron (**III**), Progesteron (**IV**) u. 11-Oxoprogesteron (**V**) konnten mit 1,5 Mol $NaBH_4$ bei 0° direkt u. stereospezif. zu den entsprechenden *Δ^4-Pregnen-3-on-20β-olen* red. werden. Dabei lieferte die Red. von **III** u. **IV** neben dem erwarteten *20β.21-Dioxy-Δ^4-pregnen-3-on* bzw. *20β-Oxy-Δ^4-pregnen-3-on* (**VII**) noch *3β.20β.21-Trioxy-Δ^4-pregnen* bzw. *3β.20β-Dioxy-Δ^4-pregnen.* Nach der gleichen Meth. wurde auch Δ^4-Androsten-3.17-dion (**VIII**) direkt zu *Testosteron* (**IX**), daneben *Δ^4-Androsten-3β.17β-diol* (**X**) u. ein *Molekülkomplex* aus **X** u. *Androstan-3β.17β-diol,* u. Δ^4-Androsten-3.11.17-trion (**XI**) zu *11-Oxotestosteron* reduziert.

Versuche (FF. nach KOFLER; opt. Drehungen in Chlf. bei 15—20°): *20β.21-Diacetoxy-17α-oxy-Δ^4-pregnen-3.11-dion* (**VI**; REICHSTEINs *Verb.-U-Diacetat*), F. 248 bis 251° (Aceton), aus 200 mg **I** in CH_3OH mit 1,4—1,6 Mol $NaBH_4$ (1 Std. bei 0°), anschließende Acetylierung u. Chromatographie; $[\alpha]_D$ +205° (c = 1,45), +179° (c = 0,86; Aceton); 120 mg (Ausbeute). — *20β.21-Diacetoxy-11β.17α-dioxy-Δ^4-pregnen-3-on* (REICHSTEINs *Verb.-E-Diacetat*), F. 225—226° (Aceton), aus 200 mg **II** analog **VI**; $[\alpha]_D$ +169° (c = 0,65; Aceton); 100 mg. — *20β.21-Dioxy-Δ^4-pregnen-3-on,* $C_{21}H_{32}O_3$, F. 163—167° (Ae.), aus 210 mg Diacetat mit wss.-methanol. KOH; $[\alpha]_D$ +98° (c = 0,86; Chlf.-Ae., 4:1); 37 mg. *Isopropylidenderiv.*, F. 121—123°, aus Hexan Prismen; $[\alpha]_D$ +94° (c = 1,03; Aceton). *Diacetat,* $C_{25}H_{36}O_5$, F. 155—156° (vorher Schmelzen bei 143—144° u. Wiedererstarren), aus 150 mg **III** analog **VI**; aus Aceton-Hexan Nadeln; $[\alpha]_D$ +123° (c = 0,95), +120° (c = 0,97; Aceton); 100 mg, daneben 50 mg *3β.20β.21-Triacetoxy-Δ^4-pregnen,* $C_{27}H_{40}O_6$, F. 128—131°, Prismen aus Aceton-Hexan; $[\alpha]_D$ +40° (c = 0,87). — *20β-Oxy-Δ^4-pregnen-3-on* (**VII**), $C_{21}H_{32}O_2$, F. 173—175° (Aceton-Hexan), aus 350 mg **IV** in CH_3OH mit $NaBH_4$; $[\alpha]_D$ +88° (c = 0,71); 110 mg, daneben *3β.20β-Dioxy-Δ^4-pregnen,* $C_{21}H_{34}O_2$, F. 178—180°, Prismen aus Aceton-Hexan; $[\alpha]_D$ +43° (c = 1,3) (liefert mit MnO_2 in Chlf. **VII**). **VII**-*Acetat,* $C_{23}H_{34}O_3$, F. 164—165°, Blättchen aus Aceton-Hexan; $[\alpha]_D$ +140° (c = 1,27). — *20β-Oxy-Δ^4-pregnen-3.11-dion,* $C_{21}H_{30}O_3$, F. 197—200° (Prismen aus Aceton-Hexan), durch Red. von 250 mg **V** in CH_3OH mit $NaBH_4$; $[\alpha]_D$ +201° (c = 0,94); 96 mg. *Acetat,* $C_{23}H_{32}O_4$, F. 205—207°, Platten aus Aceton-Hexan; $[\alpha]_D$ +218° (c = 0,81). — *Testosteron* (**IX**), $C_{19}H_{28}O_2$, F. 154—155° (Aceton-Hexan), a) aus **VIII** durch Red. mit $NaBH_4$; $[\alpha]_D$ +110° (c = 0,7; A.); daneben *3β.17β-Dioxy-Δ^4-androsten* (**X**), $C_{19}H_{30}O_2$, F. 162—163°, Nadeln aus Aceton-Äthylacetat; $[\alpha]_D$ +48° (c = 1,14; Chlf.-A. [1:1]), *Verb.* $C_{19}H_{30}O_2 \cdot C_{19}H_{32}O_2 \cdot H_2O$, F. 152—154° (Prismen aus Aceton-Hexan); $[\alpha]_D$ +30,5° (c = 0,83; Chlf.-A. [1:1]) (liefert mit MnO_2 in Chlf. **IX** u. *3β.17β-Dioxyandrostan,* F. 166—167°; $[\alpha]_D$ +8° [c = 0,36; A.]) u. *Nadeln vom F. 217 bis 233°* (CH_3OH); $[\alpha]_D$ +70° (c = 0,3; Dioxan); b) aus 200 mg **VIII** u. KBH_4 bei 22°; 135 mg; c) aus 200 mg **VIII** u. $NaBH(OCH_3)_3$; 130 mg. — *11-Oxotestosteron,* $C_{19}H_{26}O_3$, F. 186,5—188° (Nadeln aus Aceton-Hexan), aus 100 mg **XI** durch Red. mit $NaBH_4$; $[\alpha]_D$ +199° (c = 0,68; Aceton); 45 mg. — Die UV- u. Infrarotspektren aller Verbb. werden angegeben. (J. chem. Soc. [London] **1955.** 3426—30. Okt. Sheffield, Nether Edge Hosp., Rheumatism Res. Unit.) S. TODT. 3750

S. A. Simpson, J. F. Tait, A. Wettstein, R. Neher, J. v. Euw, O. Schindler und **T. Reichstein,** *Über Bestandteile der Nebennierenrinde und verwandte Stoffe.* 90. Mitt. *Konstitution des Aldosterons, des neuen Mineralocorticoids.* (89. vgl. Experientia [Basel] **9.** [1953.] 333.) Inhaltlich in der zweitnachst. referierten Arbeit enthalten. (Experientia [Basel] **10.** 132—33. 15/3. 1954. London, Middlesex Hosp. Med. School; Basel, CIBA AG., Forschungslabor., u. Univ., Organ.-chem. Anst.) H.-J. KOCH/Berlin. 3750

S. A. Simpson, J. F. Tait, A. Wettstein, R. Neher, J. v. Euw, O. Schindler und **T. Reichstein,** *Aldosteron. Isolierung und Eigenschaften.* 91. Mitt. *über Bestandteile der Nebennierenrinde und verwandte Stoffe.* (90. vgl. vorst. Ref.) Zur Best. von *Aldosteron* (**I**; *Elektrocortin*) in nach dem Verf. von CARTLAND u. KUIZENGA (J. biol. Chemistry **116.** [1936.] 57) gewonnenen Nebennierenextrakten werden die Extrakte an Papier mit Toluol-Äthylacetat-CH_3OH-W. (45:5:25:25) chromatographiert, wobei **I** fast genau so schnell wie 17-Oxycorticosteron (**II**) wandert. Die Ermittlung der Zonen erfolgt durch direkte Photokopie im UV-Licht (vgl. HAINES u. DRAKE, Federat. Proc. **9.** [1950.] 180) der teilweise abgedeckten Chromatogramme. Die **I**-haltige Zone wird dann nach Elution mit CH_3OH im Syst. Propylenglykol-Toluol erneut chromatographiert, wobei **I** gleich schnell wie Cortison (**III**) wandert u. durch Vgl. der Intensität der Flecken mit der von bekannten **III**-Proben der **I**-Geh. bestimmt wird. Für die Best. in Blut wird das Blut mit 2%ig. $(NH_4)_2C_2O_4$ versetzt, mit Äthylacetat extrahiert, der Extrakt zweimal zwischen PAe.-A. u. W. verteilt, die wss.-alkoh. Phase mit Chlf.-Ae. ausgeschüttelt u. wie angegeben chromatographiert. Fehler der Best. für >5 g **I** $\pm 20\%$, für 1—5 γ **I** $\pm 40\%$. Es wurden für frische Rindernebennieren Gehh.

von 22—84 (γ/kg), für 3—4 Tage bei 0° aufbewahrte Schweinenebennieren 50—590 u. für Rinderblut 2—5 ermittelt. Für die präparative Gewinnung von I aus Rindernebennieren werden die Extrakte durch Verteilung zwischen wss. CH_3OH u. Pentan angereichert u. durch wiederholte Verteilungschromatographie gereinigt. I bildet ein *21-Monoacetat* (*Verb. 867*) u. ein *Diacetat* (*Verb. 869*) u. ist gegen Säuren unbeständig. Mit 1%ig. methanol. HCl entstehen aus I 2 krist. *Verbb. 870* u. *871*; diese Verbb. sind keine Ketoacetale, wie sie sich z. B. bei der Einw. von methanol. HCl auf 21-Acetoxy-$\Delta^{4.16}$-pregnadien-3.20-dion oder 21-Acetyl-17-oxycortexon (→ *21.21-Dimethoxyprogesteron*) sowie auf III (→ *11-Keto-21.21-dimethoxyprogesteron*) u. auf II-21-Acetat (→ *21.21-Dimethoxy-11β-oxyprogesteron*) bilden. Die Struktur von I u. seinen Acetaten wird an Hand der Infrarotspektren diskutiert. Im $^{24}Na/^{42}K$-Test von SIMPSON u. TAIT (Endocrinology **50.** [1952.] 150) ist I ca. 100mal stärker wirksam als Cortexon, *867* ist fast gleich (1,25mal schwächer) u. *869* 136mal schwächer wirksam als freies I.

Versuche (FF. korr.): *Aldosteron* (I; *Elektrocortin*), *Hydrat*, $C_{21}H_{28}O_5 \cdot H_2O$, Doppel-F. ca. 104—108° u. ca. 154—158°, oder F. ca. 164—170° (Trübung bei ca. 115 bis 125°), aus je (zweimal) 500 kg gefrorenen Rindernebennieren durch Extraktion nach CARTLAND u. KUIZENGA (l. c.; 167 bzw. 1692 g Extrakt), Verteilung zwischen Pentan u. 30%ig. CH_3OH, Extraktion der wss.-methanol. Phasen mit Chlf.–Ae., Waschen mit W., 0,5%ig. HCl, W., 20%ig. $KHCO_3$ u. W., Verteilungschromatographie an Kieselgur mit W. als stationärer u. PAe., PAe.–Bzl., Bzl., Bzl.–Chlf. u. Chlf. als mobiler Phase (insgesamt 140 Fraktionen; dabei wurden außer I u. amorphen Prodd. folgende Verbb. isoliert bzw. papierchromatograph. identifiziert: 470 mg rohe u. 380 mg reine *Verb. 864*, *phenol. Verb.* + 5 mg *Adrenosteron*, 106 mg *Verb. vom* $Kp._{0,01}$ *150—220°*, 100 mg *11-Dehydrocorticosteron*, *Corticosteron*, II, *Verb. 857* + 2—3 schwächer polare Stoffe sowie die *Verbb. 71* (Nadeln vom F. 300—320°), *74*, *83*, *84*, *85* (Körner), *87*, *90* u. „*Y*“) u. anschließende Verteilungschromatographie der Fraktionen 86—90 in Cellulosepulver mit Toluol–PAe.–W.–CH_3OH (dabei außer amorphem Material *Verbb. 85*, „*C*“ (F. 220 bis 235°), „*Y*“, „*R*“, „*D*“, „*E*“ u. „*V*“); aus feuchtem Aceton Blättchen; für das Hydrat: $[\alpha]_D^{23}$ +145,0 ± 2° (c = 0,9896; Aceton); 22 bzw. 35 mg (Ausbeute) bzw. 5,8 mg aus 22,8 kg Schweinenebennieren. *21-Monoacetat* (*Verb. 867*), F. 198—199°, nach Chromatographie aus Aceton–Ae. flache Nadeln; $[\alpha]_D^{24}$ +121,7 ± 3° (c = 0,7105; Chlf.). *Diacetat* (*Verb. 869*), glasartige M. nach Chromatographie. I gibt (auf Papier) folgende Farb-Rkk.: mit Tetrazoliumblau blau, beim Erhitzen mit Alkali gelb, mit Cl_2–$SbCl_3$ schwachgelbe Fluorescenz, mit $SbCl_5$ bräunlich mit gelber Fluorescenz, mit $ZnCl_2$–Benzoylchlorid hellblau mit hellblauer Fluorescenz, mit Anisaldehyd-H_2SO_4 gelbbraun, mit H_2SO_4 + 15% SO_3 bräunlich mit gelber Fluorescenz, mit 60%ig. $HClO_4$ blaue Fluorescenz, mit MILLONs Reagens blaue Fluorescenz, mit m-Dinitrobenzol + Alkali (ZIMMERMANN) blauviolett mit gelber Fluorescenz, mit 2.4-Dinitrophenylhydrazin in methanol. HCl gelb (mit NaOH braun), mit Dianilinoäthan + K_2PtJ_6 blauviolett; folgende Farb-Rkk. waren negativ: konz. H_2SO_4, Trichloressigsäure in Chlf. oder in H_2SO_4, Dimethylsulfat, J_2 in HJ, Phenolsulfonat in H_3PO_4, Hydrazin, Dianilinoäthanhydrochlorid, 3.5-Dinitrobenzoesäure, Anilinphthalat, 2.6-Dichlorphenolindophenol, Ninhydrin, $SnCl_4$, $FeCl_3$, $FeCl_3$ + $K_3Fe(CN)_6$, Nitroprussid-Na + Alkali (LEGAL), Kieselwolframsäure, Phosphormolybdänsäure, K_2PtJ_6, $KBiJ_4$, $BeCl_2$, $La(NO_3)_3$. — *21.21-Dimethoxyprogesteron*, F. 80—84° (Ae.–PAe.), aus 15 mg 21-Acetoxy-$\Delta^{4.16}$-pregnadien-3.20-dion bzw. 15 mg 21-Acetyl-17-oxycortexon (Verb.-S-acetat) mit sd. 1%ig. methanol. HCl (1 Std.); 8 bzw. 7 mg. — *11-Keto-21.21-dimethoxyprogesteron*, F. 160—163°, aus 50 mg III analog vorst. Verb.; 30 mg. — *21.21-Dimethoxy-11β-oxyprogesteron*, $C_{23}H_{34}O_5$, F. 133—134,5°, aus 60 mg II-Acetat analog vorvorst. Verb.; nach Chromatographie aus Aceton–PAe. viereckige Prismen; $[\alpha]_D^{23}$ +219,0 ± 2° (c = 0,9497; Chlf.); 27 mg, daneben 22 mg II. — *Verb. 870*, F. 216—222°, aus 3 mg I analog drittvorst. Verb. u. Chromatographie; nach Sublimation bei 160°/0,03 mm aus Ae. zu Drusen vereinigte Nadeln; 0,2 mg, daneben 0,2 mg *Verb. 871*, F. 192—196°, nach Sublimation bei 165°/0,03 mm aus Ae. eine aus gerade abgeschnittenen Stäbchen bestehende Druse. *871* entsteht wahrscheinlich auch aus I mit wss. HCl. (Helv. chim. Acta **37.** 1163—1200. 15/6. 1954.) H.-J. KOCH/Berlin. 3750

S. A. Simpson, J. F. Tait, A. Wettstein, R. Neher, J. v. Euw, O. Schindler und **T. Reichstein**, *Die Konstitution des Aldosterons.* 92. Mitt. *über Bestandteile der Nebennierenrinde und verwandte Stoffe.* (91. vgl. vorst. Ref.) Auf Grund zahlreicher Abbau-Rkk. wird dem *Aldosteron* (I) die Struktur eines *18-Oxocortexons* zugeschrieben, das in Lsg. hauptsächlich in der Cyclohalbacetalform vorliegt. I ist auf Grund seines UV-Spektr. ein Δ^4-3-Ketosteroid u. liefert mit Na-Wismutat 1 Mol *CH_2O*, besitzt also eine Ketolseitenkette. Beim Abbau von I mit HJO_4 oder CrO_3 bilden sich *CH_2O* u. ein neutrales *Lacton 874*. 21-Monoacetyl-I (Verb. *867*) liefert mit Na-Wismutat kein CH_2O u. gibt mit

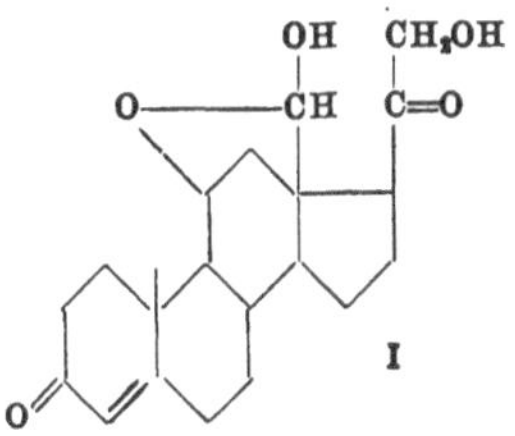

I

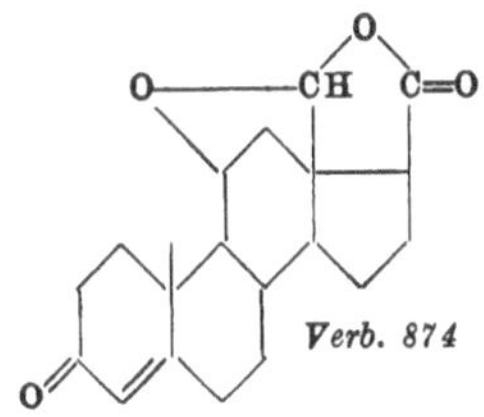

Verb. 874

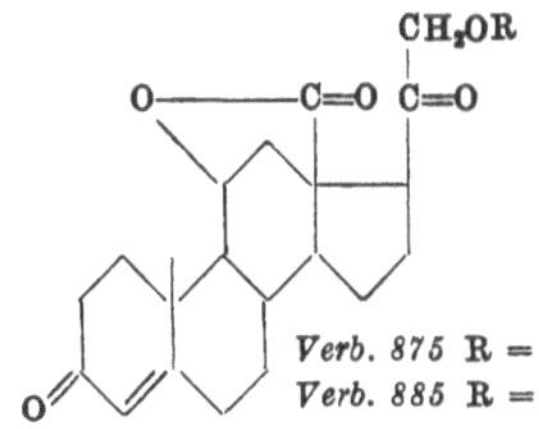

Verb. 875 R = CH_3CO
Verb. 885 R = H

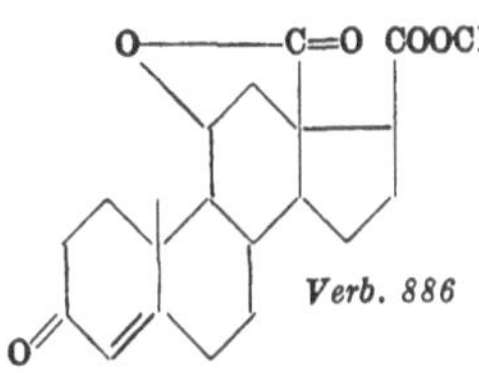

Verb. 886

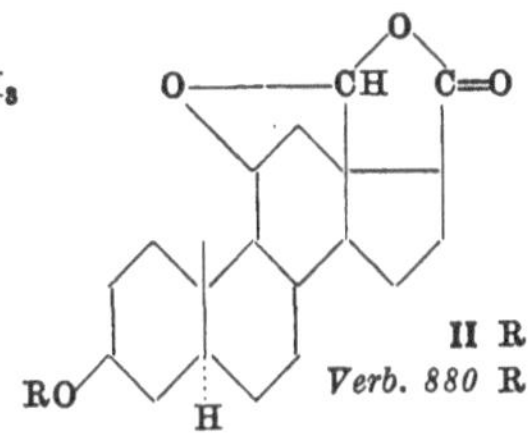

II R = H
Verb. 880 R = CH_3CO

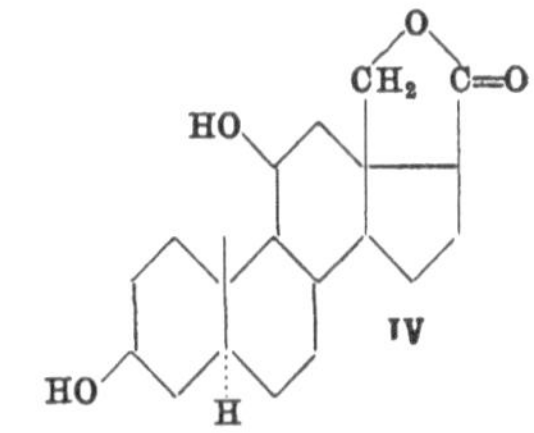

IV

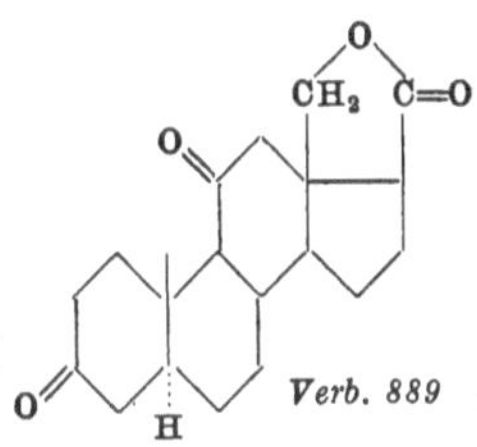

Verb. 889

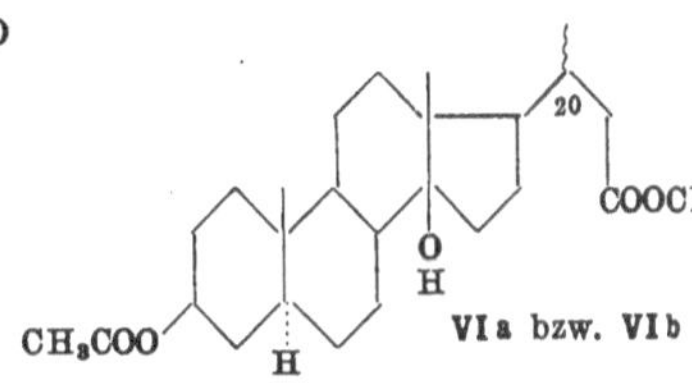

VIa bzw. VIb

CrO_3 eine neutrale *Verb. 875*, die stark red., die 21-Acetoxygruppe also noch enthält, u. auf Grund des Infrarotspektr. eine γ-Lactongruppierung besitzt. Da diese Gruppierung in **I**, *867* u. Diacetyl-**I** (Verb. *869*) nicht enthalten ist u. die Ketolseitenkette noch intakt ist, muß sie aus der Dehydrierung an $C_{(18)}$, das auch an der Bldg. von *874* beteiligt ist, hervorgegangen sein. Unter Berücksichtigung der Tatsache, daß **I** zwei u. *874* keine freien OH-Gruppen enthält, wird angenommen, daß in **I** eine cycl. Halbacetalgruppierung an $C_{(18)}$ vorliegen muß. Zur Klärung der Stellung der zweiten Oxygruppe von **I** wird *874* über Pt in Eisessig zum Lacton **II** (unrein) hydriert, aus dem sich bei der Red. nach WOLFF-KISHNER reines *3β.11β-Dioxyandrostan-18-säure-17-carbonsäure-18→11-lacton* (**III**) gewinnen läßt, das durch seinen *Methylester* (*Verb. 876*) u. dessen *Acetat* (*Verb. 882*) charakterisiert wird. *876* läßt sich zur *3-Ketoverb.* (*877*) oxydieren. Aus den Mutterlaugen von **III** werden durch Methylierung mit CH_2N_2 u. Oxydation mit CrO_3 *3.11-Diketo-5α-ätiansäuremethylester* (*Verb. 878*) u. eine *Verb. 879* unbekannter Struktur erhalten. Bei einer Wiederholung dieser Verss. wurde das Hydrierungsgemisch von *874* acetyliert u. das reine **II**-*Acetat* (*Verb. 880*; daneben etwas *Verb. 881*) nach WOLFF-KISHNER reduziert. Aus dem erhaltenen Gemisch lassen sich außer wenig Neutralstoffen u. einer Lactonfraktion (**A**) Säuren (**B**) isolieren, die nach Veresterung *876* (→ *882* bzw. *877*) u. aus den Methylestermutterlaugen (**C**) durch Acetylierung u. Chromatographie außer einem *Nebenprod. 884* weiteres *882* u. *3β-Acetoxy-11β-oxy-5α-ätiansäuremethylester* (*Verb. 883*) geben. Zum weiteren Strukturbeweis von **II** u. seinen Derivv. wird *875* zum *freien Ketol 885* verseift u. mit $NaJO_4$ zu einer *Säure* abgebaut, deren *Methylester* (*Verb. 886*) zu *876* hydriert bzw. weiter (die Mutterlaugen des Hydrierungsprod.) zu der mit *877* ident. *Verb. 887* oxydiert werden kann. Aus **A**, das wahrscheinlich die Verb. **IV** enthält, kann nach Oxydation mit CrO_3 in geringer Menge das *Ketolacton 889* isoliert werden. Wegen des anomalen Verlaufs der WOLFF-KISHNER-Red. von *880*, wobei als Neben-Rk. eine CANIZZARO-Disproportionierung angenommen wird, werden Modellverss. mit Isodigitoxigenin (**V**) durchgeführt. Dabei wird ein Gemisch von Säuren erhalten, aus dem nach Methylierung u. Acetylierung zwei an $C_{(20)}$ isomere *Methylesteracetate* **VIa** bzw. **VIb** u. *Acetylisodigitoxigensäuremethylester* isoliert werden; das erwartete Lacton wurde nicht gefunden.

Versuche (FF. korr.; opt. Drehungen in Chlf.): *3.11-Diketo-17-oxy-Δ^4-ätiensäure*, F. 273—277° (Aceton–Ae.), aus 20 mg Cortison in CH_3OH mit $Na_2H_3JO_6$ in wss. H_2SO_4 (3 Std. bei 20°); 19,4 mg (Ausbeute), daneben *Formaldehyd* (*Dimedonverb.*, F. 192—194°). *Methylester*, F. 224—227°. — *Lacton 874*, $C_{20}H_{24}O_4$, F. 308—313° (Zers.), a) aus 7 mg **I**-Hydrat (bzw. aus **I**-Mutterlaugen, vgl. vorst. Ref.) analog vorst. Verb.; nach Sublimation bei 210—230°/0,01 Torr aus Aceton–Ae. viereckige Körner; $[\alpha]_D^{25}$ $+121,2 \pm 2°$ (c = 0,9154); 6,7 mg, daneben 0,4 mg *Säure* sowie CH_2O; b) aus 1,9 mg **I**-Hydrat mit CrO_3 in Eisessig; 0,9 mg. — *Lacton 875*, F. 193—194°, aus 7,5 mg *867* analog *874*, b);

aus CH_3OH–Ae. hexagonale (teilweise rhomb. begrenzte) Blättchen; $[\alpha]_D^{24}$ $+117{,}2 \pm 3^0$ (c = 0,6186); 5,5 mg. – *Lacton* **II**, F. ca. 222–265⁰ (Zers.; sehr unscharf), aus 9,692 mg *874* mit H_2 in Eisessig über PtO_2; aus Aceton–Ae. Kristalldrusen; 4,5 mg. *Acetat* (*Lacton 880*), F. 222–226⁰, aus 20,1 mg *874* analog **II** u. anschließende Acetylierung; aus Aceton–Ae.–CH_3OH flache Nadeln, die sich bei 219⁰ in dünne lange Nadeln umwandeln; $[\alpha]_D^{26}$ $\pm 0^0$; 4,2 mg, daneben aus den Mutterlaugen durch Chromatographie weitere 1,5 mg *880* u. 0,7 mg *Verb. 881*, F. 210–221⁰ (CH_3OH–Ae.). 9,2 mg reines *880* geben bei der Red. mit Hydrazinhydrat in alkoh. $NaOC_2H_5$ (1½ Std. bei 100⁰) 0,8 mg neutrale Anteile, 1,4 mg Lactone (**A**) u. 6,7 mg Säuren (**B**). – *Methylesteracetat* **VIa**, $C_{26}H_{42}O_5$, F. 125–126⁰ (Ae.–Pentan), aus **V** (F. 270⁰) mit Hydrazinhydrat u. alkoh. $NaOC_2H_5$ im Rohr (16 Std. bei 178⁰), anschließende Methylierung, Acetylierung u. Chromatographie; $[\alpha]_D^{25}$ $+11{,}4 \pm 2^0$ (c = 1,0187); 23%, daneben 5% *isomeres Methylesteracetat* **VIb**, $C_{26}H_{42}O_5$, F. 170–171,5⁰ (Aceton–Pentan); $[\alpha]_D^{24}$ $+9{,}7 \pm 1{,}5^0$ (c = 1,4528), u. 9% *Acetylisodigitoxigensäuremethylester*, $C_{26}H_{38}O_6$, F. 149–152⁰ (Aceton–Pentan); $[\alpha]_D^{25}$ $-33{,}7 \pm 1{,}5^0$ (c = 1,6446). 3β-11β-Dioxy-5α-ätiansäuremethylester, 3β-Acetoxy-Δ^5-ätiensäure u. 3β-Oxy-$\Delta^{5.16}$-ätiadiensäure werden bei der Red. nach WOLFF-KISHNER nicht verändert. –*3β.11β-Dioxyandrostan-18-säure-17-carbonsäure-18→11-lacton* (**III**), F. 270–275⁰ (Aceton–Ae.), aus 10,2 mg rohem Hydrierungsprod. von *874* (**II** + Mutterlaugen) mit Hydrazinhydrat u. alkoh. $NaOC_2H_5$ (14 Std. bei 148⁰ im Rohr); 4,1 mg. *Methylester* (*Verb. 876*), F. 232 bis 237⁰, a) aus **III** mit CH_2N_2 in Ae.; aus Aceton–Pentan Prismen; $[\alpha]_D^{25}$ $+81{,}5 \pm 6^0$ (c = 0,326); b) analog aus **B**, daneben 5,2 mg Mutterlaugen (**C**). *Methylesteracetat* (*Verb. 882*), $C_{23}H_{32}O_6$, F. 194–195⁰, aus CH_3OH hexagonale Blättchen; $[\alpha]_D^{26}$ $+64{,}1 \pm 4^0$ (c = 0,4839). – *3β-Acetoxy-11β-oxy-5α-ätiansäuremethylester* (*Verb. 883*), F. 199–201⁰, aus **C** durch Acetylierung u. Chromatographie; aus Ae.–Pentan flache Nadeln, aus CH_3OH hexagonale Blättchen; $[\alpha]_D^{24}$ $52{,}2 \pm 8^0$ (c = 0,2395; Aceton); 2,4 mg, daneben weitere 1,018 mg *882* u. wenig *Verb. 884*, F. 190–201⁰, aus Ae.–Pentan flache, doppelt zugespitzte Nadeln. – *3.11-Diketo-5α-ätiansäuremethylester* (*Verb. 878*), F. 205–212⁰, aus den Mutterlaugen von **III** in Chlf. mit äther. CH_2N_2, anschließende Oxydation mit CrO_3 in Eisessig u. Chromatographie; aus Ae.–Pentan Spieße; daneben *Verb. 879*, F. 205 bis 215⁰ (Sintern ab 197⁰), Blättchen. – *Ketol 885*, F. 203–218⁰, aus 6,3 mg *875* mit wss.-methanol. $KHCO_3$ (48 Std. bei 18⁰); aus Aceton–Ae. Körner; 3,5 mg, daneben wenig *Säuren vom F. 273–288⁰* (Zers.), aus Aceton Körner. – *Säure vom F. 310–320⁰* (Zers.; Rohprod.), aus 5,8 mg *885* in CH_3OH mit $Na_2H_3JO_6$ in verd. H_2SO_4; aus Aceton–Ae. Körner; 2,8 mg. *Methylester* (*Verb. 886*), Doppel-F. 219⁰ u. 225⁰, aus Aceton–Ae. Prismen, Umwandlung in feine Nadeln. – *3-Keto-11β-oxyandrostan-18-säure-17-carbonsäure-18→11-lactonmethylester* (*Verb. 877* bzw. *887*), $C_{21}H_{28}O_5$, F. 209–211⁰, a) aus 3,5 mg *876* mit CrO_3 in Eisessig; aus Ae. Nadeln; $[\alpha]_D^{25}$ $+102 \pm 8^0$ (c = 0,2528); 2,2 mg; b) aus *886* durch Hydrierung u. Oxydation. – *Ketolacton 889* (?), Doppel-F. 275⁰ u. 290⁰, aus **A** mit CrO_3 in Eisessig; aus Aceton–Ae. Nadeldrusen, Umwandlung in grobe Nadeln. (Helv. chim. Acta **37.** 1200–23. 15/6. 1954.) H.-J. KOCH/Berlin. 3750

Edward A. Ham, Robert E. Harman, Norman G. Brink und **L. H. Sarett**, *Untersuchungen über die Chemie des Aldosterons.* Einige der von SIMPSON u. Mitarbeitern (vgl. vorst. Ref.) gefundenen Abbau-Rkk. u. die Struktur von *Aldosteron* (**I**; *11β.21-Dioxy-3.20-diketo-Δ^4-pregnen-18-al*) werden bestätigt. Das aus **I** mit $NaJO_4$ gewonnene *Lacton* (**II**; vgl. l. c. [Verb. 874]) gibt bei der Einw. von Alkali die *Lactolsäure* **III**, die bei der Sublimation wieder **II** liefert. **III** läßt sich mit CrO_3/Pyridin oder Br_2 zu der von SIMPSON (l. c.) auf anderem Wege erhaltenen *Lactonsäure* oxydieren. Die $NaBH_4$-Red. von **III** führt zu Verb. **IV**, die beim Erhitzen das *Dioxylacton* **V** gibt, das zum entsprechenden *Diketolacton* **VI** oxydiert werden kann. **III**-*Methylester* zers. sich bei der Behandlung mit Methansulfonylchlorid. – Die Strukturen der Verbb. werden an Hand der Infrarotspektren diskutiert.

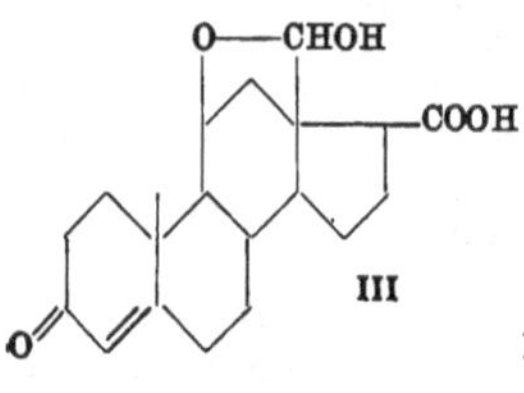
III

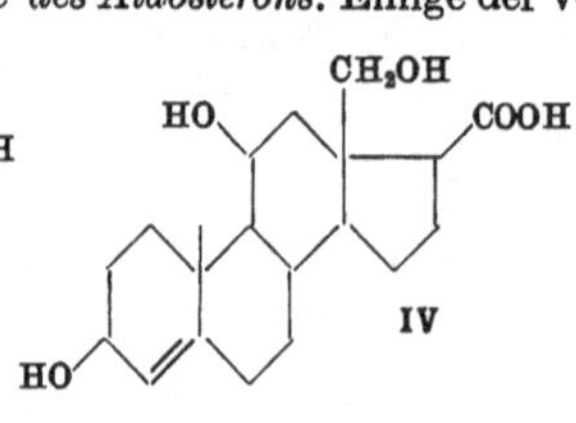
IV

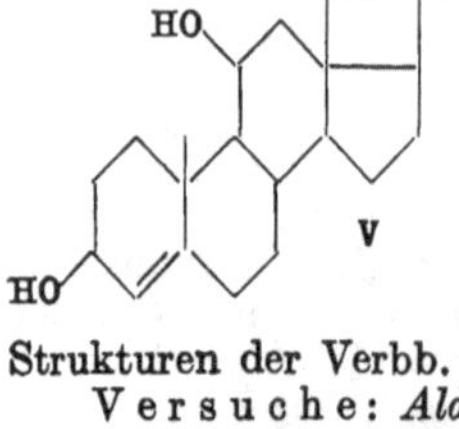
V

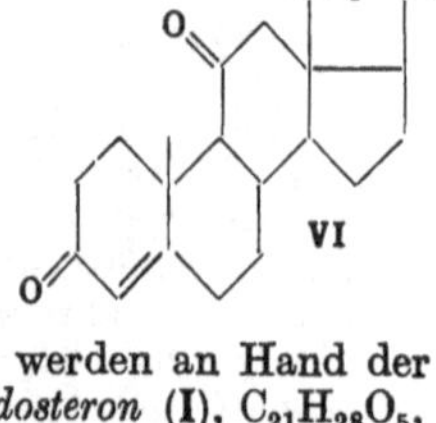
VI

V e r s u c h e: *Aldosteron* (**I**), $C_{21}H_{28}O_5$, nach HARMAN u. Mitarbeitern (C. **1956.** 3875). Trocknung bei 100⁰ im Hochvakuum verändert das Prod. nicht. – *Lacton* **II**,

F. 295—305° (Aceton), aus I mit HJO_4 in W. u. Dioxan (2 Std. bei Zimmertemp.); quantitative Ausbeute. Gibt mit Essigsäureanhydrid u. Pyridin (10 Min. auf dem Dampfbad) *Kristalle vom F. 294—296.* Wird bei 16std. Behandlung mit CrO_3/Pyridin nicht verändert. Gibt mit 0,05n HCl in Methanol *viscose Schmiere,* die von 0,1n HCl nicht verändert wird (entsteht auch aus **III** bei gleicher Behandlung). — *Lactolsäure* **III**, F. 285—300°, aus **II** mit wss.-methanol. NaOH (5 Min. kochen); aus Aceton körnige Kristalle. Gibt bei der Sublimation bei 230°/0,1 mm **II**. *Methylester,* mit Diazomethan in Dioxan (mit Essigsäureanhydrid/Pyridin amorphes *Acetat*). — *Verb.* **IV**, aus **III** u. $NaBH_4$ in 0,05n NaOH (1½ Std. auf dem Dampfbad), amorph. — *Dioxylacton* **V**, aus **IV** (5 Min. bei 210—220°); neutrales Harz. — *Diketolacton* **VI**, F. 230—237° (Sintern bei 211°), aus **V** u. CrO_3/Pyridin in Pyridin (über Nacht bei Zimmertemp.). — I-*21-Monoacetat,* F. 193—196,5°, a) aus I mit sd. Acetanhydrid; b) aus dem Diacetat mit wss. A. oder Dioxan in 0,05mol. Essigsäure, HCl oder HJO_4. — I-*18.21-Diacetat,* amorph, aus **I** oder dem Monoacetat. — *Lactonsäure* $C_{20}H_{24}O_5$, a) aus **III** u. CrO_3 in wss. Essigsäure (über Nacht bei Zimmertemp.); b) aus **III** mit wss. $CaCO_3$ in Ggw. von Br_2 (5 Min. bei Zimmertemp.). Die Lactonspaltung gelingt nicht mit 0,1n NaOH, mit NH_3 in CH_3OH oder mit H_2SO_4 in CH_3OH; mit methanol. HCl (1 Std. bei 100°) *krist. Prod. vom F. 204 bis 213°* (sintert bei 190°), wahrscheinlich der *Methylester.* (J. Amer. chem. Soc. **77.** 1637—40. 20/3. 1955. Rahway, N. J., Merck & Co., Inc., Chem. Div., Res. Labors.) WALTER SIMON. 3750

Carlo **Runti**, Su alcuni nuovi esteri del guaiacolo. Trieste: Tip. Smolars. 1955. (12. S. m. Abb.) 8°.

Beilsteins Handbuch der organischen Chemie. 4. Aufl. Hrsg. u. bearb. v. **F. Richter.** Erg. Werk 2, d. Literatur v. 1920—1929 umfassend. Bd. 28, T. 2. General-Sachregister f. d. Hauptwerk u. d. Ergänzungswerke 1 u. 2. H-Z. Berlin, Göttingen, Heidelberg: Springer-Verl. 1956. (VII + 1291 bis 2474 S.) 4°. DM 424,—.

D. Makromolekulare Chemie.

Minoru Imoto und **Kiichi Takemoto,** *Einfluß von Dimethylanilin auf den Hyperkonjugationseffekt bei der Radikalpolymerisation. Dimethylanilin* (**I**) in geringen Konzz. erhöht die Anfangsgeschwindigkeit (R_0) der mit *2.2'-Azo-bis-isobutyronitril* (**II**) gestarteten Polymerisation von *p-Methyl-* (**III**), *p-Äthyl-* u. *p-tert.-Butylstyrol* (**IV**) (in Bzl., 60—85°; Monomerkonz. 0,455 Mol/Liter, **II**-Konz. $2{,}5\cdot10^{-3}$ Mol/Liter), ohne aber die **II**-Zers. zu beeinflussen. R_0 der Polymerisation von *Styrol* wird durch **I** nicht beeinflußt. Höhere **I**-Konzz. führen über ein Maximum (ca. $0{,}4-0{,}6\cdot10^{-2}$ Mol **I**/Liter) wieder zu einem Absinken von R_0. Den der Hyperkonjugation der p-Alkylgruppen parallel laufenden Befund, daß R_0 von **III** am stärksten, R_0 von **IV** am wenigsten beeinflußt wird, deuten Vff. mit einer Verstärkung der Hyperkonjugation durch **I**, die über den Benzolring hinweg die Doppelbindung aktiviert. (J. Polymer Sci. **19.** 205—07. Jan. 1956. Osaka, Japan, Osaka City Univ., Minami-Ogimachi, Kita-Ku, Inst. of Polytechnics.) K. PRCHAL. 4010

K. Dialer und **R. Kerber,** *Zur Kenntnis der Polyäthensulfonsäuren. Äthensulfonsäure* (**I**) ist als freie Säure, als Alkalisalz oder als Ester polymerisierbar, mit verschied. Vinylverbb. lassen sich auch Copolymerisate darstellen. Da Angaben über Mol.-Gew.-Bestimmungen bisher fehlen, untersuchen Vff. die Viscositäten von Proben des Na-Salzes der polymeren **I** (S-Geh. 22,4 ± 0,3%) nach 15 Std. Hochvakuumtrocknung bei 60° in $^1/_2$mol. NaCl-Lsg. im UBBELOHDE-Viscosimeter bei 25 ± 0,05° mit variablem Fremddruck. Diese Lsgg. weisen selbst im Gebiet niedriger Konzz. (wenige g/100 cm³) noch eine geringe, aber deutliche Strukturviscosität auf. Die Extrapolation der spezif. Viscosität auf den Grenzwert bei unendlich kleiner Schubspannung wurde graph. im Diagramm η_{sp} gegen den angelegten Fremddruck bestimmt. Die Abhängigkeit der Viscositätszahl von der Konz. ist allg. sehr gering. Ferner wurden Sedimentationskonstanten in der Ultrazentrifuge (mittleres Schwerefeld 180000 Erdschweren) bestimmt (vgl. DIALER, VOGLER u. PATAT, C. **1953.** 68, hinsichtlich der Meth.) u. die Werte auf die Standardbasis (W. als Lösungsm., 20°) umgerechnet. Die Sedimentationskonstante ist bes. bei niedrigen Mol.-Geww. nur geringfügig von der Konz. abhängig. Ferner wurden die Diffusionskonstanten in einer modifizierten MEYERHOFF-Zelle (vgl. C. **1952.** 1502) bei 25° gemessen u. auf Standardbasis umgerechnet. Auch diese Konstanten sind nur wenig von der Konz. abhängig. Das partielle spezif. Vol. wurde pyknometr. in 0,5%ig. Lsg. bei 25° gemessen. Aus den Sedimentations-, Diffusions- u. Dichtekonstanten folgt das Mol.-Gew. der untersuchten Proben auf Grund der SVEDBERGschen Beziehung, das nur die Aufstellung der Viscositäts–Mol. Gew.-Beziehung in der Form $[\eta]_{\tau\to0} = 2{,}1_5\cdot10^{-4}$ (Mol.Gew.$_{UZ}$)^{0,65} [cm³·g⁻¹] erlaubt. Aus dem niedrigen Wert des Exponenten folgt, daß die Moll. der polymeren **I**, sofern genügend Gegenionen vorhanden sind, schon bei relativ kleinen Polymerisationsgraden als schlecht durchgespülte Knäuel vorliegen. *Polyvinylalkoholschwefelsäureester* (II), die sich von polymerer I nur durch ein O-Atom zwischen C u. S unterscheiden, zeigen im Diagramm [η] gegen Mol.-Gew. eine zu den für polymeres I ermittelten Werten parallele Gerade. Daraus folgt, daß beide Polymere den gleichen Exponenten der Viscositäts–Mol.-Gew.-Beziehung besitzen, also etwa den gleichen Knäuelungs- resp. Durchspülungsgrad zeigen. Der Wert des Koeff. dieser Beziehung beträgt für II jedoch das Doppelte des Wertes für polymere I, was entweder auf Unterschiede in der Mol.-Gew.-Verteilung oder solche des Sulfonierungs- bzw. Verzweigungsgrades zurückzuführen sein dürfte. (Makromolekulare Chem. 7. 56–61. Dez. 1955. Hannover, TH, Inst. für Techn. Chem.) W. RUSKE. 4010

C. S. Marvel und **Arjeh B. Galun**, *Copolymerisation von trans-Methyl-β-benzoylacrylat.* Im Vgl. zu cis- u. trans-Dibenzoyläthylen (I) bildet aktiviertes *Methyl-β-benzoylacrylat* (II) infolge geringerer Resonanzmöglichkeit wenige stabile Radikale. Demzufolge sind für II günstigere Bedingungen der Copolymerisation mit *Butadien* (III) u. *Styrol* (IV) gegeben. Bei Copolymerisation von II u. III nimmt das Mol.-Gew. mit Zunahme von II ab. Bei Copolymerisation von II u. IV tritt keine Verzögerung wie bei I u. IV auf. Es entstehen sehr elast., harte Produkte. Mit Acrylonitril kann II nicht copolymerisiert werden. Die Anteile an copolymerisiertem II werden durch Infrarotanalyse unter Benutzung von 4-Carbomethoxy-5-benzoylcyclohexen als Modellsubstanz mit der 1680 cm^{-1} Bande bestimmt. — *β-Benzoylacrylsäuremethylester* (II), $C_{11}H_{10}O_3$, F. 35°, aus β-Benzoylacrylsäure in wss. $NaHCO_3$- u. konz. $AgNO_3$-Lsg. u. Behandlung des *Ag-Salzes* in Bzl. mit CH_3J; nach Dest. beim $Kp._5$ 150° gelbe Nadeln; 82% (Ausbeute). — *4-Carbomethoxy-5-benzoylcyclohexen*, $C_{15}H_{16}O_3$, $Kp._1$ 128°, aus II, III u. einer Spur Hydrochinon in absol. A. unter Erhitzen in verschlossenem Rohr u. Dest. des Öls; n_D^{20} 1,5453. Die Polymerisationen erfolgten mit 10 g der Monomeren, 2,9%ig. Seifenlsg., 3% $K_2S_2O_8$ u. HOOKERs Laurylmercaptan bei 50°. (J. org. Chemistry **20.** 587–90. Mai 1955. Urbana, Ill., Univ. of Illinois, Noyes Chem. Labor.) H. REICHERT. 4010

W. Kern, R. Munk, A. Sabel und **K. H. Schmidt**, *Lineare Polyester mit alkoholischen Endgruppen und deren Bestimmung.* Die Best der alkoh. Endgruppen von Polyestern durch Acetylierung in Ggw. von Pyridin u. die der Endgruppen durch Titration oder Methylierung mit Diazomethan ist nur bis zum Mol.-Gew. 25000 möglich. Durch Glykolabspaltung aus *Bernsteinsäurediglykolester* ließ sich der Geh. des Polyesters an COOH-Endgruppen nicht unter 0,1% drücken. Beim Ersatz des Glykols durch Hexandiol-(1.6) (I; 34% Überschuß) erhält man COOH-freie Polyester, ebenso bei Kondensation in Toluol, jedoch nicht über Mol.-Geww. 3000 hinaus. Zur Mol.-Gew.-Best. oberhalb 10^4 wurden Polyester durch 12–14std. nicht katalysierte Nachkondensation mit I hergestellt. Fraktioniert wurde in 1–3%ig. Lsg. in Tetrahydrofuran durch Fällung mit Petroläther. Um auch die COOH-Gruppen vollständig umzusetzen, wurden die nachkondensierten Polyester 10–14 Std. mit Phenylisocyanat bei 70° unter Anwendung von Pyridin als Katalysator behandelt, dann mit verd. Säure hydrolysiert u. das gebildete Anilin nach Diazotierung u. Kupplung mit α-Naphthyläthylendiamin photometr. bestimmt. Die Mol.-Geww. konnten so auf ±3% genau bestimmt werden. (Makromolekulare Chem. **17.** 201–18. März 1956. Mainz, Univ., Organ.-chem. Inst.) S. NEUE. 4010

Yoshikazu Hachihama und **Izumi Hayashi**, *Polyamide aus Tetrahydrofurandipropionsäure-(2.5): Die Wirkungen des in die Kette des Polyamidmoleküls eingebauten Tetrahydrofuranringes.* (Vgl. C. **1955.** 3638.) Vff. stellen aus *Tetrahydrofurandipropionsäure-(2.5)* (T) u. einer Reihe von *Polymethylendiaminen* (mit n = 2, 4–10) durch Erhitzen äquimol. Mengen in absol. A. nylonähnliche *Salze* nT (z. B. 2T = Salz aus T u. Äthylendiamin) dar, für die folgende FF. ermittelt wurden: *2T* 141–143°, *4T* 174–175°, *5T* 181–182°, *6T* 192–194°, *7T* 219–221°, *8T* 190–192°, *9T* 133–135° u. *10T* 141–142°. *Azelainsäure* bildet zum Vgl. folgende *Nylonsalze*: *69* 146–148°, *79* 188–189°, *89* 163–165°. Aus diesen Angaben folgt, daß der F. der Salze bis zum Diamin mit 7 CH_2-Gruppen ansteigt, um dann wieder abzufallen. Dieses Ergebnis kann darauf zurückgeführt werden, daß die größte Stärke der Ionenbindungen zwischen $^{(-)}OOC-R-COO^{(-)}$ u. $H_3N^{(+)}-R'-N^{(+)}H_3$ erreicht wird, wenn beide fast gleichen Raum im Kristallgitter einnehmen. Diese Salze wurden in m-Kresol (3 g in 5 cm^3) gelöst u. 5 Std. im N_2-Strom auf 200 ± 10° erhitzt, die Reaktionslsg. in A. eingetragen, abgesaugt u. mit A. gewaschen. Die so erhaltenen nT-*Polyamide* zeigten folgende FF. u. Grenzviscositäten (m-Kresol, 20°): *2T*, 217–218°, 0,25; *4T*, 206–210°, 0,31; *5T*, 149–153°, 0,64; *6T*, 188–190°, 0,75; *7T*, 145–148°, 0,62; *8T*, 178–180°, 0,69; *9T*, 146–149°, 0,61 u. *10T*, 175–178°, 0,74. Mit Ausnahme der Polyamide 2T u. 4T konnten diese Prodd. aus der Schmelze versponnen u. die erhaltenen Fasern kalt verstreckt werden. Die Viscositätszahlen zeigen, daß Polyamide von hohem Mol.-Gew. mit geradzahligen Diaminen u. mit n > 4 gebildet werden. Der Vgl. der FF. der nT-Polyamide mit denen entsprechender Nylonreihen mit Adipinsäure (n6-), Sebacinsäure (n10-) u. Azelainsäure (n9-Polyamide) zeigt, daß auch die FF. der nT-Polyamide einen alternierenden Gang zeigen, wobei die Polyamide mit geradzahligen Diaminen höhere FF. haben als die entsprechenden Polykondensate mit ungeradzahligen Diaminen. Die F.-Kurven der nT-Polyamide liegen niedriger als die der n9-, n10- u. n6-Polyamide (in der angegebenen Reihenfolge). Eine auf den Bindungslängen u. Winkeln aufgebaute Berechnung zeigt, daß die Kettenlänge von T der der Azelainsäure entspricht, so daß die aus beiden Dicarbonsäuren abgeleiteten Polyamide annähernd gleiche Faserperioden haben sollten. Aus dem Röntgendiagramm des 6T-Polyamids folgt eine Faserperiode von 39,4 Å, die dem berechneten Wert 41,3 Å, der das Doppelte der Ketteneinheit darstellt, entspricht. Für Nylon 69 wurde die Faserperiode zu 40,2 Å gefunden u. zu 41,9 Å berechnet. Der Einbau von Äthergruppen in die Polyamidkette bewirkt allg. eine Herabsetzung des F., wie der Vgl. *Polypentamethylendiglykolamid* (F. 130°) u. *Polypentamethylenglutaramid* (F. 198°) zeigt. Der Einbau von T hingegen zeigt wenig Einfl. auf die Festigkeit der Kette, obwohl T eine Ätherbrücke enthält. Die geringe Erniedrigung des F. gegenüber den Nylonpolyamiden mit Azelain- oder Sebacinsäure dürfte auf eine weniger dichte Kettenpackung auf Grund der räumlich größeren Tetrahydrofuranringe zurückzuführen sein. Dieser Ring zeigt andererseits auch nicht den Einfl. des Benzolringes, der zu einer starken Erhöhung des F. führt (*Polyheptamethylen-p-phenylendipropionamid*, F. 269—273°, oder *Polydekamethylen-p-phenylendipropionamid*, F. 265°). Die Löslichkeit der nT-Poylamide in organ. Lösungsmitteln ist größer als die der entsprechenden n6-Nylonderivv.; so sind die nT-Derivv. z. B. in Eisessig u. heißem A. lösl., Nylon 66 hingegen nicht. Dieses Ergebnis wird auf das Vorhandensein des Äther-O in der Kette, nicht auf eine geringere Kristallinität der nT-Polyamide zurückgeführt. Vff. stellen ferner *Copolyamide* dar, in denen ein Teil der T durch Adipin- oder Azelainsäure durch Mischung entsprechender Mengen der Nylonsalze 6T u. 66 bzw. 6T u. 69 ersetzt wurde. Die F.-Kurve der 66–6T-Copolyamide besitzt ein Minimum bei einer Zus. 6T : 66 = 2 : 1. Dieses Copolymere ist bereits bei Zimmertemp. in A. lösl., was auf red. Kristallinität zurückgeführt wird. Die F.-Kurve des 69–6T-Copolyamids zeigt hingegen einen annähernd geradlinigen Verlauf ohne Minimum; beide Einheiten können einander also im Kristallgitter vertreten, wie aus den oben angeführten Faserperioden zu erwarten war. Die Löslichkeit dieser Copolyamide ändert sich mit ihrer Zusammensetzung. Hinsichtlich verschied. Fasereigg. untersuchte Proben von 6T (Grenzviscosität 0,70) u. einem 66–6T-Copolyamid (4 : 1; Grenzviscosität 0,85) zeigten, daß die D. von 6T u. 66–6T nur wenig unter der von Nylon 66 liegt (entsprechend 1,092, 1,108 u. 1,138). Die Feuchtigkeitsaufnahme (20°, 65% relative Luftfeuchtigkeit) beträgt analog 4,60, 4,29 u. 3,8%. Die mechan. Fasereigg. von 6T u. 66–6T liegen nur wenig unter denen von Nylon 66, so daß diese Fasern allg. brauchbar sind. Die Farbstoffaufnahmefähigkeit von 66–6T u. 6T liegt weit über der von Nylon 66, Nylon 69 u. Polycapramid, die Fasern sind auch mit direkten u. sauren Farbstoffen, die für Nylon 66 u. Nylon 69 nicht verwendbar sind, anfärbbar. Auch diese Eig. läßt sich auf das O-Atom des Tetrahydrofuranringes zurückführen. (Makromolekulare Chem. **17**. 43—55. Dez. 1955. Osaka, Univ., Fac. of Engng., Dep. of Chem. Technol.) W. RUSKE. 4010

Hermann Staudinger, Karl-Heinz In den Birken und **Magda Staudinger,** *Über den micellaren oder makromolekularen Bau der Cellulosen.* 373. Mitt. *über makromolekulare Verbindungen.* (372. vgl. BAKER u. GRUNEWALD, C. **1956**. 8517; vgl. auch C. **1952**. 4706.) Vff. untersuchten die heterogene Acetylierung (Pyridin–Essigsäureanhydrid u. Bzl.–Essigsäureanhydrid mit H_2SO_4 als Katalysator) von mercerisierten u. nativen *Baumwoll-*, *Ramie-*, *Flachs-* u. *Hanffasern* in nativem u. abgebautem Zustand. Die Acetylierung der trockenen mercerisierten Cellulosen verläuft sehr langsam, die der includierten Fasern sehr rasch unter Übergang in Triacetate (saures Acetylierungsgemisch, 1 Tag). Die trockenen nativen Fasern sind reaktionsfähiger, die includierten nativen Fasern reaktionsträger als die entsprechenden mercerisierten Fasern. Die Acetylierung der includierten Fasern erfolgt homogen, bei partiell acetylierten Prodd. sind die OCH_3-Gruppen gleichmäßig in der Faser verteilt. Bei partieller saurer Acetylierung wurden *Triacetate* neben unveränderten Cellulosen erhalten, diese Inhomogenität wird durch die Spaltenbldg. der abgebauten Fasern erklärt. In der nativen Cellulosefaser sind nach röntgenograph. Beobachtungen ein Teil der Celluloseketten in krist., ein anderer Teil in amorphen Anteilen enthalten. Beide müssen das gleiche Aufbauprinzip besitzen, da kein Unterschied in der Reaktionsfähigkeit feststellbar ist. Die Vorstellung des Makromolekülgitters kann solche makro- u. mikrokristalline (röntgenkristalline u. röntgenamorphe) Bereiche der Cellulose in festem Zustand darstellen u. das Langperiodengitter der Cellulose sowie die Inclusionserscheinungen u. die Acetylierungsweise erklären. Eine gleichartige Beschaffenheit u. nur verschiedenartige Dimensionierung der krist. Bereiche fester Cellulose macht auch verständlich, daß bei regenerierten Cellulosen der krist. Anteil viel kleiner ist als bei nativen. Beim Ausfällen einer Cellulose aus der Lsg. bilden sich bei der großen Tendenz der Zusammenlagerung der langen Fadenmoll. zahlreiche Kristallkeime aus, so daß die in der Lsg. vorhandene Menge Cellulose verbraucht ist, bevor größere Kristallite entstanden sind. (Makromolekulare Chem. **9.** 148—87. Febr. 1953. Freiburg/Br., Staatl. Forschungsinst. für makromolekulare Chem.) D. AMELUNG. 4050

Karl Keirstead und **John Myers,** *Hydrolyse von Celluloseacetatsulfat in Aceton.* H_2SO_4-haltiges, faserförmiges Acetat wird gründlich mit dest. W. gewaschen. Von diesem noch H_2SO_4 in gebundener Form enthaltenden Prod. (*Acetatsulfat*) wird eine gewisse Menge in Aceton gelöst, bei 25° gehalten, u. durch Analyse in verschied. Zeitabschnitten das Fortschreiten der Hydrolyse des Sulfats u. Acetats beobachtet. Zur Analyse werden 100 ml so verd., daß 200 ml mit einer Acetonkonz. von 70% entstehen. Zur Best. der abgespalteten H_2SO_4 u. Essigsäure wird eine bes. potentiometr. Titrationsmeth. angewandt, die näher beschrieben wird. Die Resultate waren folgende: Nach 24 Std. ist die Hydrolyse vollständig. Daß die Hydrolysendauer von der Temp. stark abhängt, wird durch 2 Kurven gezeigt, die die Ergebnisse für die ersten 5 Std. bei 25 u. 34° wiedergeben. Während die Hydrolyse des Sulfats unter den angegebenen Bedingungen schneller als die des Acetats vor sich geht, scheinen die Verhältnisse bei Anwesenheit von mehr W., z. B. in 70%ig. Aceton, umgekehrt zu sein. Die Abspaltung der H_2SO_4 kann nicht erst während der Verdünnung mit W. eintreten, wie durch Verss. wahrscheinlich gemacht wird, bei denen die Acetonlsg. mit PAe. gefällt wird. Salzbldg. der Acetatsulfate verlängert die Dauer der vollständigen Hydrolyse auf mehr als das 10fache. (Canad. J. Chem. **32.** 815—22. Sept. 1954. Valcartier, Quebec, Canadian Armament Res. and Developm. Establ.) A. MÖHRING. 4050

Pierre Schneebeli, *Rolle des Pyridins bei der Additionsreaktion des Phenylisocyanats an die alkoholischen Funktionen der Cellulose.* Vf. konnte zeigen, daß bei der Rk. von Phenylisocyanat auf *Cellulose* in einem Gemisch von Pyridin u. Toluol das Pyridin nicht nur katalyt. wirkt, sondern auch eine Quellung der Cellulose hervorruft, die die Rk. erst möglich macht. Bei zu geringer Konz. des Pyridins ($c_p < 0{,}3$) tritt keine Rk. ein. (C. R. hebd. Séances Acad. Sci. **236.** 1034—36. 9/3. 1953.) A. MÖHRING. 4050

R. T. Bottle und **G. A. Gilbert,** *Ein Verfahren zur Empfindlichkeitssteigerung bei der Bestimmung der reduzierenden Endgruppen von Stärkekomponenten.* Vff. beobachten, daß unter anaeroben Bedingungen eine Empfindlichkeitssteigerung bei der Best. von reduzierenden Endgruppen in partiell hydrolysierter *Amylose* (**I**; aus Kartoffelstärke, DP 415) bzw. *Amylopektin* (**II**) in 6mol. KOH (100°, 5 Min.) mit *3.5-Dinitrosalicylsäure* (**III**; 1,5%ig. Lsg. in 0,2mol. KOH) erreicht wird. Es läßt sich eine fortschreitende Verzögerung des Abbaus feststellen, die zum Stillstand kommt, wenn 100 Glucose Reste pro Mol. zerstört worden sind. Daher wird vermutet, daß das Kettenende in eine nicht reaktionsfähige Gruppe (z. B. Gluconsäure), die nicht durch **III** oder Alkali angegriffen wird, übergeht. Durch Erhöhung der Erhitzungszeit von 5 auf 30 Min. läßt sich auch eine Empfindlichkeitssteigerung in der Best. reduzierender Endgruppen bzw. des DP von unabgebauter **I** erreichen, wobei ein Wert von 5000 ± 1000 erhalten wird. **II** verbraucht unter gleichen Versuchsbedingungen nur ca. $^1/_{10}$ der mit **I** reagierenden **III**-Menge u. besitzt einen höheren DP-Wert. (Chem. and Ind. **1954.** 1201—02. 25/9. Birmingham, Univ., Dep. of Chem.) P. FAHRNLAENDER. 4050

G. A. Gilbert, C. T. Greenwood und **F. J. Hybart,** *Auswertung der Methoden bei Anwendung von Stearinsäure und Cellulose zur Reinigung von Amylopektin.* Vff. prüfen die von MEYER u. GIBBONS (Helv. chim. Acta **33.** [1950.] 210) angegebene Meth. zur Reinigung des *Amylopektins* (**I**), die auf der Entfernung von *Amylose* (**II**)-Resten aus **I** durch fraktionierte Fällung mit Stearinsäure (**III**) beruht. Es wird festgestellt, daß das Schütteln von aus Kartoffelstärke isoliertem **I** (75 mg in 10 ml W., p_H 5) mit einer **III**-Suspension (50 mg in 0,2 ml A.) keine Entfernung der **II**-Reste ermöglicht. Die Jodtitrationskurven von unbehandeltem u. mit **III** behandeltem **I** zeigen keine Unterschiede. Auch die Verwertung der selektiven Adsorption von **II** an Cellulose (**IV**) (Baumwolle) zur Reinigung von **I** genügt nicht, um die letzten **II**-Reste zu entfernen, da die adsorbierten Mengen nur sehr gering sind (0,008% des **IV**-Gemisches). Es läßt sich nachweisen, daß die augenscheinliche Reinigungswrkg. von **III** durch ihre Adsorption an **II** zustande kommt, wodurch die Bldg. des **II**-Jodkomplexes verhindert wird. (J. chem. Soc. [London] **1954.** 4454—57. Dez. Egdbaston, Birmingham, Univ., Dep. of Chem.) P. FAHRNLAENDER. 4050

Richard E. Reeves, *Cuprammonium–Glykosid-Komplexe.* 7. Mitt. *Glucopyranosid-Ringkonformation in der Amylose.* (6. vgl. C. **1952.** 196.) Vf. stellt fest, daß *Amylose* (**I**) nur eine begrenzte Löslichkeit (nach 5 Std. 22%; nach 16 Std. 37%) in Kupferoxydammoniak (**II**) besitzt. Sie steigt jedoch bis auf 91% bei Zusatz geringer Mengen NaOH (Konz. bis zu 0,5n). Neutrale **I**-Lsgg. werden durch **II** gefällt; alkal. bleiben dagegen bei

II-Zusatz klar. I-Gele, hergestellt durch direkte Einführung von I in II oder Fällung, enthalten ca. 0,5—0,6 Atome Cu pro Mol Glucoseanhydrid. Ferner wird ein Absinken der spezif. opt. Drehung beobachtet, wenn neutrale I-Lsgg. mit Alkali versetzt werden. Das gleiche gilt auch für alkal. Lsg. von *Methyl-β-maltosid*. Dagegen wird die opt. Drehung von *Methyl-α-D-glucopyranosid-* u. *Methyl-β-cellobiosid*-Lsgg. bei Alkalizusatz kaum verändert. Aus den Eigg. von I geht hervor, daß im I-Mol. eine Glucopyranosidringkonformation, u. zwar in 2 räumlich verschied. gelagerten wannenförmigen Ringsystemen

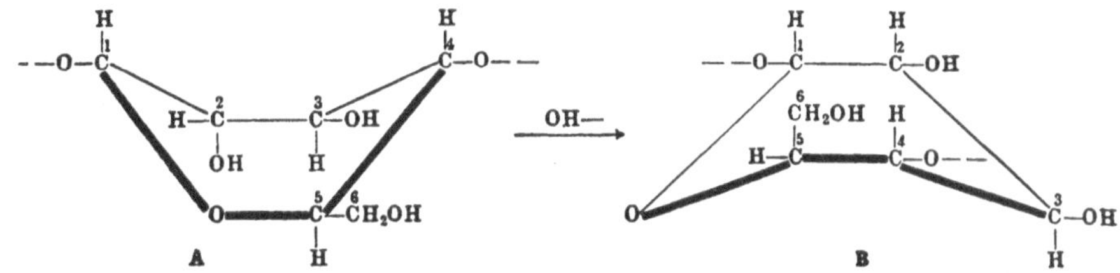

A u. **B** vorliegt. Die Verss. zeigen, daß in der Alkali-I nur die eine Ringform vorherrscht. Die Umwandlung von 2 Ringformen in eine einzige unter Einw. von Alkali ist auf die Neigung einer am Ring befindlichen, senkrecht zur Ringebene orientierten OH-Gruppe zurückzuführen, unter Dissoziation in eine waagerechte Lage überzugehen. (J. Amer. chem. Soc. **76.** 4595—98. 20/9. 1954. New Orleans, La., South. Reg. Res. Labor.) P. FAHRNLAENDER. 4050

I. B. Cushing, R. V. Davis, E. J. Kratovil und **D. W. MacCorquodale,** *Die Sulfatierung von Chitin in Chlorsulfonsäure und Dichloräthan. Na-Chitinsulfat* (*Na-Salz* des *Schwefelsäureesters* von *Poly-⟨1.4⟩-N-acetylglucosamin*; I) ist als heparinähnlich wirkendes Antikoagulans bekannt. Zur Herabsetzung der Toxizität ist ein Abbau des Chitinmol. (Mol.-Gew. 50000) zu kleineren Submoll. notwendig, was nach der beschriebenen Veresterungsmeth. simultan erreicht wird. 8 g Chitin werden in 100 ml Dichloräthan u. 20 ml Chlorsulfonsäure 2 Std. auf 25° gehalten. Der Überschuß wird im N_2-Strom bei Raumtemp. verdrängt. Der Rückstand wird mit Trimethylamin neutralisiert, in W. suspendiert, durch mehrfaches Umfällen aus Isopropanol u. A. gereinigt, in das Na-Salz übergeführt, erschöpfend dialysiert u. mit A. gefällt. 4 Parallelverss. ergaben 8—12 g I mit 13,2—14,5% S; 2,5—3,2% N; 22—44 I.E./mg (in vitro-Antikoagulationstest); η_{sp}/c (c = 1; 25°; W.) 0,25—0,40; η_{sp}/c (c = 1; 25°; 0,9%ig. NaCl) 0,14—0,16; $[\alpha]_D^{25}$ —25° (c = 5,0; W.); Mol.-Gew. 12100—17100. Wss. Lsgg. von I sind instabil, da abgespaltene H_2SO_4 autokatalyt. wirkt. Die biol. Wirksamkeit geht schnell verloren. Eine Stabilisierung kann durch vorsichtiges Alkalisieren erreicht werden. Die Entfärbung der gelben wss. I-Lsg. gelingt ohne signifikante Änderung der Wirksamkeit u. der physikal. Daten mittels H_2O_2. Das Absorptionsspektr. fällt von 220 mμ nach 600 mμ ohne ausgesprochene Maxima ab. Ein dialysiertes Prod. hatte nur 2,3% N (gegenüber 3,6%), ohne daß sich Desaminierungsprodd. wie Glucose oder Desoxyzucker im Hydrolysat hätten papierchromatograph. nachweisen lassen. (J. Amer. chem. Soc. **76.** 4590—91. 20/9. 1954. North Chicago, Ill., Abbot Labors.) H. BOSER. 4050

R. L. M. Synge, *Anwendung von Elektrophorese, Chromatographie und verwandten physikalischen Methoden für künftige Erfordernisse der Proteinchemie.* Vf. gibt einen Überblick über folgende, dem Proteinchemiker zur Verfügung stehende Verff.: Elektrophorese, Chromatographie u. Diffusionsverfahren. (Inst. int. Chim. Solvay, Cons. Chim. **1953.** 153—70. Bucksburn, Grande-Bretagne Rowett Res. Inst.) K. HEYNS. 4070

Barbara W. Low, *Die Struktur und Konfiguration von Aminosäuren, Peptiden und Proteinen.* Ausführliche Übersicht über die Ergebnisse der Unters. von Aminosäuren, Peptiden u. Proteinen mittels der Meth. der Beugung von Röntgenstrahlen. Die aus diesen Ergebnissen abgeleiteten Vorstellungen vom räumlichen Bau der genannten Körper werden unter besonderer Berücksichtigung der PAULINGschen Schraubenstrukturen dargestellt. (Proteins **1.** 235—390. 1953 [Part].) K. HEYNS. 4070

John Fuller Taylor, *Isolierung von Proteinen.* Übersicht über die für die Isolierung von Proteinen wesentlichen Prinzipien u. Methoden: Denaturierung, Enzymwirkungen, Komplexverbb.; analyt. Methoden zur Kontrolle der Isolierung, Best. der Einheitlichkeit von Proteinen; Konz., Reinigung u. Stabilisierung; Löslichkeit, chem. u. physikal. Trennung von Proteinen; Adsorption, Isolierung u. Verteilung; immunolog. Methoden. Den Abschluß bildet eine ausführliche Sammlung von Literaturangaben für die Isolierung einer großen Anzahl alphabet. aufgeführter Proteine. (Proteins **1.** 1—85. 1953 [Part].) K. HEYNS. 4070

Hugo Theorell, *Einige Beziehungen zwischen prosthetischen Gruppen und Proteinen.* (Vortrag.) Nach einem histor. Überblick, in dem die Begriffe „essential group", „prosthetic group", „coenzyme" u. „active group" eingehend definiert werden, bespricht Vf. die *Flavoproteine* [Dissoziationskonstanten (Diss.), Absorptionsmaxima (Ab_m), Fluorescenz u. Inhibitoren], die *Pyridinnucleoproteine* (Diss., Ab_m u. Redoxpotentiale) u. die *Hämoproteine* (*Hämoglobin, Myoglobin, Cytochromc* u. *Peroxydasen*). (Inst. int. Chim. Solvay, Cons. Chim. **1953.** 301—47. Stockholm, Inst. Nobel de Médecine.) K. HEYNS. 4070

Jules Duchesne und **André Monfils,** *Absorptionsschwingungsspektren im Bereich der Radiofrequenzen von einigen festen piezoelektrischen Körpern.* Vff. nehmen Bezug auf eine frühere Arbeit (vgl. C. **1956.** 4914), in der ein neuer Typ von Radiofrequenzspektren einiger antibiot. Substanzen beschrieben worden war, u. berichten über gleichlaufende Unterss. an *Hefedesoxyribonucleinsäure,* hochpolymerisierter *Ribonucleinsäure* aus Hefe sowie aus Escherichia coli sowie an *l-Chloromycetin.* Außerdem wurden zur Nachprüfung der Meth. Messungen an Rochellesalz u. Quarz durchgeführt. Die benutzte Frequenz lag im Gebiet von 30 MHz. Für Rochellesalz stimmte der erhaltene Mittelwert von $4{,}1 \cdot 10^{-4}$ für Δ mit Ergebnissen von anderer Seite überein, für Quarz entsprach er dem berechneten Wert. Für alle Substanzen sind die Δ-Werte tabellar. zusammengestellt. Aus den sehr niedrigen Δ-Werten der Desoxyribonucleinsäure u. der Ribonucleinsäure kann man schließen, daß diese Substanzen einen sehr niedrigen Wärmeausdehnungskoeff. haben müssen, daß die Wärmeleitfähigkeit dagegen außerordentlich groß sein muß. Von der Erwägung ausgehend, daß die Piezoelektrizität die Bedingung der Aktivität der Spektren zu sein scheint, dürften die Substanzen in irgendeiner Art piezoelektr. sein. (C. R. hebd. Séances Acad. Sci. **241.** 749—50. 19/9. 1955.) C. GOTTFRIED. 4090

E. Biologische Chemie. Physiologie. Medizin.

E_1. Allgemeine Biologie und Biochemie.

Lieselotte Herforth und **Peter Schäfer,** *Über fluorescierende Stoffe in Hauttransplantaten.* Vff. untersuchen den Stoffwechsel bei Transplantationsprozessen an Ratten, indem sie Transplantatextrakte (0,025; 0,05; 1 g Extrakt/100 cm^3 Chlf.) gefiltertem UV-Licht von 3650 Å aussetzen. Die Fluorescenzintensität (I) wird mit einer Sekundärelektronen-Vervielfacheranordnung gemessen. Der Tangentenanstieg der den drei Meßpunkten entsprechenden Kurve wird als Maß für die Fluorescenzänderung/Lipoidgewichtseinheit gegen die n. Haut eingeführt. Die Transplantate werden 16 Tage lang beobachtet u. in 3 Gruppen eingeordnet: a) einheilende Autotransplantate, die zwischen dem 10. u. 16. Tag verstärkte **I** zeigen, b) nicht einheilende Autotransplantate, die zwischen dem 2. u. 6. Tag ansteigende **I** u. zwischen dem 6. u. 8. Tag abfallende **I** aufweisen, c) nicht einheilende Homotransplantate, bei denen fast gleichbleibende **I** beobachtet wird. (Naturwissenschaften **43.** 110—11. März 1956. Leipzig, Inst. für Radioaktivität; Berlin-Spandau, Städt. Krankenhaus.) R. LENSCHAU. 4102

Ss. A. Neifach, *Die Arbeiten von W. A. Engelhardt auf dem Gebiete der chemischen Dynamik der Zellen.* Anläßlich der 35jährigen wissenschaftlichen Tätigkeit u. des 60. Geburtstages des bedeutenden sowjet. Biochemikers W. A. ENGELHARDT werden dessen Arbeiten über den Phosphatcyclus u. die Phosphorylierungsprozesse in der Zelle sowie sein „Actor–Katalysator-Prinzip" dargestellt. (Физиологический Журнал СССР имени И. М. Сеченова [Ssetschenow J. Physiol. UdSSR] **41.** 3—8. Jan./Febr. 1955. Leningrad, Inst. für exp. Med. der Akad. der med. Wiss. der UdSSR.) E. RENTZ. 4150

J. Müller, *Der Einfluß ionisierender Strahlung auf das Auftreten eines die Zellteilung herabsetzenden humoralen Faktors im Serum von Kaninchen.* Kaninchen erhielten eine einmalige Ganzkörperröntgenbestrahlung von 900 r. Das 24 Std. später von ihnen gewonnene Serum (4 ml), dem 0,1 ml 50—100 μC radioakt. saures Na-Phosphat enthaltende Salzlsg. zugesetzt worden war, diente als Substrat für eine Herzfibroblasten (Hühnerembryo)-Kultur. Die Zellen zeigten ein um 30% schlechteres Wachstum (Zunahme der Radioaktivität der Zellen) als solche, die mit Serum unbestrahlter Tiere kultiviert wurden. — In weiteren Verss. dienten solche Sera als Nährlsg. für Escherichia coli. Auch hier zeigte sich eine einwandfreie Verzögerung bei den Sera bestrahlter Tiere, die auch bei den Kulturen in Sera unbestrahlter Tiere eintrat, aber in viel geringerem Ausmaß. Wenn das Blut in vitro bestrahlt wurde, trat die erhöhte wachstumshemmende Wrkg. nicht auf. — Der für die Hemmung der Zellteilung verantwortliche Faktor ist nicht ultrafiltrierbar, wird durch Erwärmen auf 56° (30 Min.) inaktiviert u. ist beim Koagulieren des Serum (A., Ae. bei niedriger Temp.) an das Koagulum gebunden. Die wachstumshemmende Wrkg. tritt in den Fraktionen Pseudoglobulin u. Albumin auf.

Präincubation mit hitzegetöteten E. coli, oder mit einer Zellsuspension von Kalbsthymus, oder mit anderen abgetöteten Mikrokokken oder Bacilli anthracoides führen zur Inaktivierung. — Die Tatsache, daß die Bestrahlung in vitro wirkungslos ist, zeigt, daß der Effekt nicht durch physiko-chem. Veränderungen hervorgerufen wird. (Nature [London] **178.** 43—44. 7/7. 1956. Prag, Inst. of Ind. Health and Occupat. Diseases.) P. LOCH. 4150

Alexander Todd, *Struktur und Funktion der Nucleinsäuren.* Allg. Überblick über die Strukturchemie u. biol. Bedeutung der Nucleinsäuren (vgl. auch C. **1955.** 5812). (Advancement of Sci. **12.** 157—64. 1955.) K. H. WOLF. 4150

Charles F. Crampton, Rakoma Lipshitz und **Erwin Chargaff,** *Untersuchungen über Nucleoproteine.* 1. Mitt. *Dissoziation und Reassoziation des Desoxyribonucleohiston vom Kalbsthymus.* Bei Unterss. zur Klärung der Eigg. des *Desoxyribonucleohistons* (I) wurde festgestellt, daß bei NaCl-Konzz. über 0,5 mol. eine schrittweise Spaltung des I erfolgt. Bei steigender Salzkonz. verliert die Nucleinsäure die Fähigkeit, mit dem Protein wieder zusammenzutreten, wenn die Lsg. mit Chlf. behandelt wird; Fällung der Säure durch A. bewirkt, daß das Protein in Lsg. bleibt. Die Dissoziation wird von einer Erhöhung der Viscosität begleitet, während das Absorptionsspektr. im UV nicht verändert wird. — 26 Literaturangaben. (J. biol. Chemistry **206.** 499—510. Febr. 1954. New York, N. Y., Columbia Univ., Coll. of Phys. and Surg., Dep. of Biochem.) W. KNÖPKE. 4150

Charles F. Crampton, Rakoma Lipshitz und **Erwin Chargaff,** *Untersuchungen über Nucleoproteine.* 2. Mitt. *Fraktionierung der Desoxyribonucleinsäuren durch fraktionierte Dissoziation ihrer Komplexe mit basischen Proteinen.* (1. vgl. vorst. Ref.) Vff. untersuchten die Fraktionierung von *Desoxyribonucleinsäuren* (I) durch die Bldg. verschied. Komplexe mit *Proteinen* (II) u. Fällung mit NaCl. Die Fraktionen unterschieden sich in der Zus. des bas. Anteils, dagegen blieb das mol. Verhältnis von *Adenin* zu *Thymin, Guanin* zu *Cytosin* u. von den *Purinen* zu den *Pyrimidinen* gleich. Die Verss. erstreckten sich auf I von Menschen, Schweinen, Rindern, Seeigelsperma u. Bakterien, während als II *Thymusnucleohistonpräpp.* u. Komplexe mit *Histon* oder *Globin* als Ausgangsmaterial verwandt werden. Die Bedingungen der Beeinflussung der Histonnucleate bei schrittweiser Extraktion mit Salzlsgg. wachsender Stärke sind beschrieben. Als notwendig erwies sich die Ggw. von Chlf.; die Zus. der einzelnen Fraktionen ist angegeben. (J. biol. Chemistry **211.** 125—42. Nov. 1954. New York, N. Y., Columbia Univ., Coll. of Phys. and Surg.) W. KNÖPKE. 4150

D. L. Woodhouse, *Die Purin- und Pyrimidinzusammensetzung einiger Desoxyribonucleinsäuren aus Tumoren.* (Vgl. C. **1955.** 2921.) Aus dem Kochsalzextrakt von 10 Tumoren verschied. Herkunft werden durch Hydrolyse mit Perchlorsäure bei 100° *Pyrimidin-* u. *Purinbasen* freigesetzt. Ihre Trennung geschieht chromatograph. mittels Filterpapierstreifenmethode. Die Identifizierung erfolgt durch Best. der UV-Absorption. Das Verhältnis von *Adenin* zu *Guanin* u. von *Thymin* zu *Cytosin* ist in allen Präpp. auch im n. Gewebe größer als 1. Die einzige Abweichung ergibt sich in einem niedrigen Thyminwert von 0,87 im Falle eines Sarkoms der Maus gegenüber Vergleichswerten von 0,98—1,20 in den übrigen 11 Proben. (Biochem. J. **56.** 349—52. Febr. 1954. Birmingham, Med. School, Cancer Res. Labor.) H. WRBA. 4160

Sabbas Ghelelovitch, *Einfluß der Ernährung auf die Entwicklung von hereditären Tumoren bei Drosophila.* Bei Larven der Drosophila Melanogaster Meig. vermindert Unterernährung allg. die Wahrscheinlichkeit der Bldg. von Tumoren. In der quantitativen Empfindlichkeit auf die Unterernährung bestehen genotyp. Unterschiede. Futtermangel im frühen Larvenstadium kann durch Futterüberschuß im älteren Stadium ausgeglichen werden. (C. R. hebd. Séances Acad. Sci. **238.** 1545—47. 5/4. 1954.) G. WELTZIEN. 4160

A. K. Burow, *Erzeugung von Ultraschallschwingungen hoher Intensität zur Behandlung von bösartigen Geschwülsten bei Tieren und Menschen.* Zur Behandlung maligner Tumoren empfiehlt Vf. einen von ihm neukonstruierten Ultraschallapp., welcher es gestattet, im MHz-Bereich in parallelen Strahlenbündel auf großer Fläche (40—50 cm^2) bisher unerreichte Intensitäten zu erzielen (350—600 W/cm^2). (Доклады Академии Наук СССР [Ber. Akad. Wiss. UdSSR] **106.** 239—41. 11/1. 1956. Labor. für anisotrope Strukturen der Akad. der Wiss. der UdSSR.) E. RENTZ. 4160

Glynn P. Wheeler, Jeanenne S. Morrow und **Howard E. Skipper,** *Untersuchungen mit Senfgasen.* I. Mitt. *Ionenaustauschchromatographie von Reaktionsgemischen von Purinen und Pyrimidinen mit Stickstofflost.* Zur Klärung des Wirkungsmechanismus von Senfgasen im Organismus untersuchen Vff. das Verh. von *Stickstofflost* (I, HN_2, *Methyl-bis-[β-chloräthyl]-amin*) in vitro gegenüber Spaltprodd. von Nucleinsäuren, wie *Adenin* (II), *Guanin* (III), *Thymin* (IV) u. *Uracil* (V). Ionenaustauschchromatographie erlaubt eine Auftrennung des Reaktionsgemisches in die einzelnen Komponenten. Aus **I** u. **II** entstanden 2 Verbb., aus **I** u. **III**, **I** u. **IV** bzw. **I** u. **V** wurde jeweils ein Reaktionsprod. nachgewiesen. Mit *Cytosin* reagiert **I** nicht. Chromatographie an Dowex 50, Elution mit verd. H_2SO_4, verschied. Konz., Abb. der Elutionskurven. Über die Natur der Reaktionsprodd. wird nichts ausgesagt. (Arch. Biochem. Biophysics **57.** 124—32. Juli 1955. Birmingham, Ala., South. Res. Inst.) H. GOEBEL. 4160

Glynn P. Wheeler, Jeanenne S. Morrow und **Howard E. Skipper,** *Untersuchungen mit Senfgasen. 2. Mitt. Papierchromatographie und Radioautographie von Reaktionsgemischen verschiedener Verbindungen mit* ^{35}*S-Schwefellost.* (1. vgl. vorst. Ref.) Mit Hilfe von Papierchromatographie u. Radioautographie konnte in vitro eine Verbindungsbldg. von ^{35}*S-Lost* (**I**, *β.β'-Dichlordiäthylsulfid*) mit *Purinen* u. *Pyrimidinen* nachgewiesen werden. In 0,05 mMol **I** u. Purin bzw. Pyrimidin in n/10 NaOH nach 72std. Stehen bei 37° mit WHATMAN Nr. 1 chromatographiert (5%ig. Na_2HPO_4 gesätt. mit Isoamylalkohol); Abb. der Autoradiogramme. **I** reagiert mit allen der wichtigsten bas. Bausteine der Nucleinsäuren, u. zwar wurden jeweils Reaktionsprodd. erhalten mit *Purin, substituierten Purinen, Benzimidazol, Imidazol,* substituierten *Pyrimidinen* u. *Pyrimidin* (?), ebenso aus **I** u. *Xanthin, Xanthosin, 1-Methyl-, 3-Methyl-, 7-Methyl-, 9-Methyl-,* 1.7-Dimethyl-, *1.3.9-Trimethyl-, 1.3-Dimethyl-* u. *1.3.7-Trimethylxanthin.* Die Verss. mit den Xanthinen zeigen, daß das Vorhandensein einer NH-Gruppierung im Ring zur Rk. mit **I** nicht unbedingt notwendig ist, sondern daß Alkylierung an den einsamen Elektronenpaaren der Ringstickstoffe eintreten kann. (Arch. Biochem. Biophysics **57.** 133—39. Juli 1955.) H. GOEBEL. 4160

Nora Bargoni, Esercitazioni di biochimica. Torino: Ed. Levrotto e Bella. 1954. (VI + 180 S. m. Abb.) 8°. L. 1200,—.

E_2. Enzymologie. Gärung.

R. D. Sagers, J. V. Beck, W. Gruber und **I. C. Gunsalus,** *Ein mit Tetrahydrofolsäure verbundenes, die Formiminogruppe transferierendes Enzym.* In Extrakten aus Clostridium acidi-urici findet sich ein *Enzym* (**I**), das die Formiminogruppe (—CH=NH) aus *Formiminoglycin* (**II**) überträgt. **II**, das als Zwischenprod. des Purinabbaues durch Clostridium cylindrosporum bekannt ist, liefert in Ggw. von **I** u. Zusatz von *Tetrahydrofolsäure*: Glykokoll + NH_3 + Formiat. Offenbar entsteht dabei Formimino-**I** als Zwischenprodukt. (J. Amer. chem. Soc. **78.** 694—95. 5/2. 1956. Provo, Ut., Brigham Young Univ., Labor. of Bact.; Urbana, Ill., Univ. of Illinois, Labor. of Bact. and Chem.) A. HESSE. 4210

Bruce Levenberg und **John M. Buchanan,** *Formylglycinamidinribotid- und 5-Aminoimidazolribotidzwischenstufen bei der biologischen Neusynthese der Inosinsäure.* [*α-N-Formyl*]*-glycinamidribotid* (**I**) reagiert in Ggw. eines durch Fällen von Taubenleberextrakt mit 13—33% A. erhaltenen Enzympräp. mit *Glutamin* (**II**) in Ggw. von *Adenosintriphosphat* (**III**) unter Bldg. von [*α-N-Formyl*]*-glycinamidinribotid* (**IV**) u. *5-Aminoimidazolribotid* (**V**). **V** verhält sich an Ionenaustauschern wie ein typ. Mononucleotid u. ist aus den enteiweißten Incubationsgemischen durch Chromatographie an Dowex 1-Acetat mit 0,04 mol. NH_4-Acetatpuffer, p_H 5,3, isolierbar. **V** ist aus 85%ig. A. als Ba-Salz fällbar. Die Konst. des heterocycl. Ringsyst. von **V** wurde durch Umwandlung

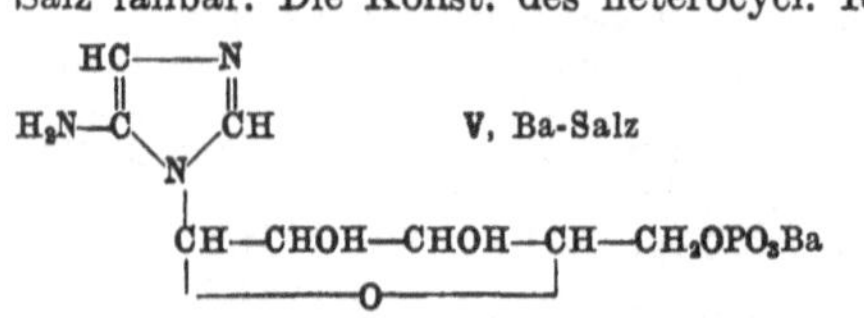

V, Ba-Salz

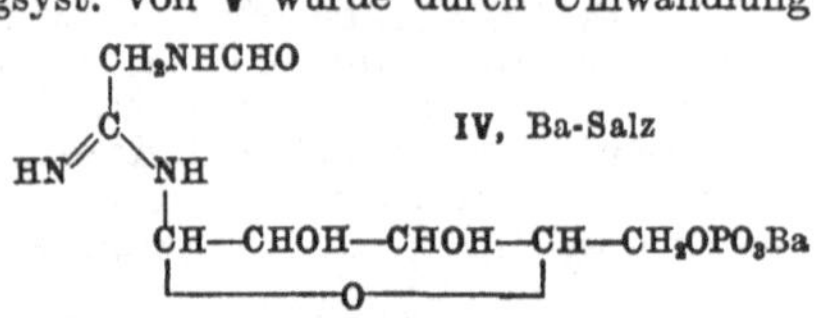

IV, Ba-Salz

von $^{14}C_{(2)}$-**V** in das Ureidoderiv. u. Hydrolyse zur freien Base, *5-Ureidoimidazol*, isoliert als *Pikrat*, bewiesen. Zerlegung obigen Enzympräp. mittels $(NH_4)_2SO_4$-Fraktionierung ergab 2 Fraktionen (*I*, 0—35% Sättigung, *II* 45—60% Sättigung), deren keine für sich allein die **V**-Bldg. aus **I**, **II** u. **III** katalysierte. Bei Incubation von *I* mit **I**, **II** u. **III** entstand eine Verb., **IV**, deren Isolierung als Ba-Salz analog zu **V** erfolgte u. der Konst. **IV** zukommt. Aus **IV** u. **III** entsteht in Ggw. von *II* **V**. **IV** u. **V** werden in Ggw. von Taubenleberenzymen, $NaHCO_3$, Asparaginsäure (**VI**), **III** u. Formiat in *Inosinsäure* (**VII**) übergeführt. *L-Azaserin* hemmt die Bldg. von **IV** aus **I**, ist jedoch auf die Umwandlung von **V** in *5-Amino-4-imidazolcarboxamid*, die mit **VI** eintritt, u. **VII** prakt. ohne Einfluß. (J. Amer. chem. Soc. **78.** 504—05. 20/1. 1956. Cambridge, Mass., Massachusetts Inst. of Technol., Dep. of Biol., Div. of Biochem.) K. MAIER. 4210

Jesse C. Rabinowitz und **W. E. Pricer jr.,** *Eine der Formiminoglycinverwertung parallelgehende ATP-Bildung. Clostridium cylindrosporum*-Extrakte bilden aus *4-Amino-*

imidazol oder *Xanthin* (I) *Formiminoglycin* (II), gewaschene Zellsuspensionen von *Cl. acidi-urici* wandeln II in Essigsäure (III) u. CO_2 um. Es wurden Extrakte erhalten, die die Spaltung von II in *Glycin* (IV), HCOOH u. NH_3 bewirken. Bei Behandlung der *Cl. acidi-urici*-Extrakte mit Dowex-1 (Chloridform) wird die Enzymaktivität von dem Zusatz eines erhitzten Zellextraktes abhängig, wobei dieser durch mehrere Folsäurederivv., z. B. Tetrahydrofolsäure, Teropkrin, N^5-Formyltetrahydrofolsäure (VII), N^{10}-Formyltetrahydrofolsäure, Diglutamyl-N^{10}-formylfolsäure oder die Säure selbst, ersetzbar ist. Mit Dowex behandelte Extrakte lyophilisierter, 2 Jahre bei -10^0 aufbewahrter *C. cylindrosporum*-Zellen zeigen einen zusätzlichen Bedarf an *Adenosindiphosphat* (V) u. *Orthophosphat.* V war nicht durch Uridinphosphat, Cytidindiphosphat, Inosindiphosphat oder Guanosindiphosphat ersetzbar, Adenosintriphosphat (VI) ist völlig unwirksam. Anscheinend wirkt V bei einer die II → IV-Umwandlung begleitenden Phosphorylierung als Phosphatacceptor. Bei Verwendung einer durch Acetonfällung von *C. cylindrosporum*-Extrakt erhaltenen Fraktion ist die Umwandlung von II → IV + HCOOH von der Bldg. der äquivalenten Menge VI begleitet: II + V + anorgan. Phosphat → IV + HCOOH + NH_3 + VI. VII stimuliert die Rk. nicht, erhitzter *C. acidi-urici*-Extrakt verdoppelt die VI-Ausbeute. Die Aktivität der gereinigten Fraktion ist völlig vom V-Zusatz abhängig. (J. Amer. chem. Soc. **78.** 1513—14. 5/4. 1956. Bethesda, Md., US Publ. Health Serv., Nat. Insts. of Health, Nat. Inst. of Arthritis and Metabolic Diseases.) K. MAIER. 4210

Richard W. Schayer, *In vivo-Hemmung von Monoaminoxydase, die an radioaktivem Tyramin geprüft wurde.* Aus $^{14}C_{(\alpha)}$-DL-Tyrosin wurde radioakt., papierchromatograph. einheitliches Tyramin (I) dargestellt, um die in vivo-Hemmung von *Monoaminooxydase* (II) durch zahlreiche, teils pharmakol. wirksame Substanzen zu prüfen. Es wurde früher angenommen, daß die sympathicomimet. Aktivität auf die Hemmung der II zurückzuführen sei. Bei diesen Unterss. wurde keine Zusammenhang zwischen sympaticomimet. Aktivität u. in vivo-Hemmung der II gefunden. Von den geprüften Verbb. hemmen in vivo nur Marsilid u. Cholin-p-tolylätherbromid II (Maus). Vielleicht hemmen andere Cholinaryläther. Einige Verbb., die in vitro hemmen, sind in vivo ohne Wrkg.; die stark sympathicomimet. Amine, wie Ephedrin u. Benzedrin, zeigen keine Wirkung. Dies führt zu der Annahme, daß ein anderer Wirkungsmechanismus die pharmakol. Aktivität erklärt oder I nicht das geeignete Substrat für die Prüfung der in vivo-II-Hemmung ist. Es wird eine Meth. zur Best. der in vivo-Hemmung von II angegeben. (Proc. Soc. exp. Biol. Med. **84.** 60—63. Okt. 1953. Chicago, Ill., Northwestern Univ., Med. School, Rheumatic Fever Res. Inst.) G. FAUST. 4210

Pierre Gonnard, Henri Schmitt und **Gabriel Glikman,** *Cocain und Aminoxydase.* Die Wrkg. der *Aminoxydase* (I) wurde manometr. gemessen, nachdem die Potenzierung der Wrkg. von Adrenalin (III) u. Noradrenalin (IV) auf Blutdruck u. die Nickhaut durch *Cocain* (II) erfolgt war. II hemmt in vitro die I (Extrakte oder Fragmente aus Nieren von Hund, Ratte, Meerschweinchen) nur in sehr großen Dosen [III, IV u. *Tyramin* (V) als Substrate]. — In vivo wird die Wrkg. der I durch II folgendermaßen beeinflußt: In Rattenleber ist die I-Wrkg. gegen III u. V unbeeinflußt; in Hundeleber ist die Wrkg. der I gegen III u. IV unbeeinflußt oder schwach erhöht, während die Wrkg. der I gegen V unregelmäßig beeinflußt, manchmal vermindert wird; in der Katzennickhaut bleibt nach II-Injektion die Wrkg. von I gegen III u. V unverändert; in Arterien (Hund) erfolgt nach II-Injektion eine starke Beeinflussung der an sich von Tier zu Tier verschied. Wrkg. der I, wobei sowohl Aktivierung als auch Hemmung beobachtet wird. (J. de Physiol. **47.** 329—37. 1955. Paris, Fac. de Méd., Labor. de Biochim. méd.) A. HESSE. 4210

Aaron Bunsen Lerner, Thomas B. Fitzpatrick, Evan Calkins und **William H. Summerson,** *Säugetier-Tyrosinase: Wirkung auf mit Tyrosin strukturell verwandte Substanzen.* (Vgl. C. **1951.** II. 1143.) *Tyrosinase* aus dem HARDING-POSSEY-Mäusemelanom oxydiert nach Unterss. der Vff. im Gegensatz zu den aus Pflanzen, Insekten u. Meerestieren gewonnenen Präpp. nur Substanzen mit freiem Phenolhydroxyl u. freier Aminogruppe, wie *L-Tyrosin, L-Tyrosinäthylester, L-Dopa* u. langsamer *DL-Dopa* u. *dl-Paredrin.* Die Induktionsperiode wird außer durch Dopa auch durch andere Brenzcatechin (I)-Derivv., wie *dl-Cobefrin* (II), *l-Arterenol* (III), *dl-Isuprel* (IV), I selbst, jedoch auch durch m- u. p-Dioxybenzolabkömmlinge, wie *Homogentisinsäure* (V), *Hydrochinon* (VI) u. *p-Benzylhydrochinon* (VII) verkürzt. Durch Dopa aktiviertes Ferment kann auch sonst nicht oder nur langsam oxydierte Substanzen, wie II—VII, umsetzen. *N-Acetyl-, N-Formyl-, 3-Fluor-, 3-Aminoderivv. des Tyrosins* sind Inhibitoren. Die Hemmung durch N-Acetyltyrosin ist kompetitiv. (J. biol. Chemistry **191.** 799—806. Aug. 1951. Maryland, Army Chem. Center, Biochem. Branch.) W. ZILLIG. 4210

Robert C. Krueger, *Der Einfluß von β-Ketosäuren auf die Wirkung der Tyrosinase. Acetessigsäure* u. *Oxalessigsäure* reagieren mit den durch Einw. von *Tyrosinase* (I) auf Mono- u. o-Diphenole gebildeten o-Chinone. Dies führt zu einer Erhöhung der Geschwindigkeit der Oxydation des Substrates, zu erhöhter Pigmentierung u. zu Decarboxylierung der β-Ketosäuren. In Ggw. von Ascorbinsäure werden o-Chinone nicht angehäuft, u. die beschriebene Rk. tritt nicht ein. Offenbar ist die Rk. bei dem mit I verbundenen Pigmentierungsvorgang wichtig. (Arch. Biochem. Biophysics **56**. 394—404. Juni 1955. Cincinnati, O., Univ. of Cincinnati, Dep. of Biol. Chem.) A. HESSE. 4210

W. Brackman und **E. Havinga,** *Die Oxydation von Phenolen mit Kupfer–Amin-Katalysatoren und ihre Beziehung zur Wirkungsweise der Tyrosinase.* 1. Mitt. *Die katalytische Oxydation einwertiger Phenole zu o-Chinonderivaten.* Bei der Suche nach Modell-Rkk. für den Mechanismus der *Tyrosinase*-Wrkg. wurde gefunden, daß *Cu-Komplexe verschied. Amine* die Oxydation 1- u. 2wertiger Phenole der Benzol- u. Naphthalinreihe durch O_2 bei Zimmertemp. u. in verd. (bes. alkoh.) Lsg. katalysieren. Als Primärprodd. entstehen im allg. die *o-Chinone* (p-Chinone höchstens in Spuren), die das Amin rasch zu substituierten Brenzcatechinen addieren. Deren Oxydation liefert als Endprodd. der Rk. in teilweise hoher Ausbeute Amin-substituierte o-Chinone. Für die im folgenden näher untersuchten Beispiele wird ein Cu-Komplex des *Morpholins* (I) als Katalysator gewählt. Die Oxydation von *Phenol* (**II**), aber auch von *Brenzcatechin* (**III**) oder *Guajacol* (**IV**) liefert *4.5-Dimorpholinobenzochinon-(1.2)* (**V**), dessen Konst. durch Bldg. von *2.3-Dimorpholinophenazin,* **I**-Abspaltung zu *2.3-Dioxyphenazin* (**VI**) u. Identifizierung als *2.3-Diacetoxyphenazin* (**VII**) bewiesen wird. Saure oder alkal. Hydrolyse des **V** führt über das instabile *5-Morpholino-2-oxybenzochinon-(1.4)* (**VIII**) zum *2.5-Dioxybenzochinon-(1.4)* (**IX**), aus dem über **VI** auch **VII** erhalten werden kann. Für die **III**-Oxydation ist die Anwesenheit von Cu nicht unbedingt erforderlich, Cu beeinflußt jedoch die Reaktionsrichtung stark. Die Oxydation von *Hydrochinon* (**X**) u. *p-Chinon* (**XI**; unter bestimmten Bedingungen auch von **II**) führt zum *2.5-Dimorpholinobenzochinon-(1.4)* (**XII**), dessen Hydrolyse **VIII** bzw. **IX** liefert. Bei der Oxydation von *Resorcin* (**XIII**) wird vermutlich das nicht rein erhältliche **VIII** als Cu-Komplex erhalten. — Ähnlich verläuft die katalyt. Oxydation von *Naphthol-(1)* (**XIV**) u. -(2) (**XV**), jedoch mit der Komplikation, daß auch freie Naphtholradikale auftreten, die dimerisieren oder weiterreagieren. Aus **XIV** oder **XV** wird durch die Oxydation *4-Morpholinonaphthochinon-(1.2)* (**XVI**) erhalten, dessen Konst. einerseits durch Bldg. des *4-Morpholino-1.2-benzophenazins* u. Hydrolyse zu *Naphtheurhodol,* andererseits durch alkal. oder saure Hydrolyse zu *2-Oxynaphthochinon-(1.4)* (**XVII**) bewiesen wird. **XVI** kann auch leicht durch Rk. von *Naphthochinon-(1.2)-sulfonsäure-(4)-salzen* mit **I** allein in W. oder von *Naphthochinon-(1.2)* (**XVIII**) mit **I** (unter Aufnahme von 2 Mol O_2 u. Bldg. von H_2O_2) erhalten werden. Das isomere *2-Morpholinonaphthochinon-(1.4)* (**XIX**) kann durch Oxydation von *Naphthochinon-(1.4)* mit **I** + O_2 erhalten werden. Es bildet kein Phenazin u. wird mit HCl leicht zu **XVII** hydrolysiert. Die bei der katalyt. Oxydation angenommene prim. Bldg. unsubstituierter o-Chinone läßt sich im Falle des **XV** durch Abfangen des **XVIII** mit CH_3NO_2 als *4-Nitromethylnaphthochinon-(1.2)* beweisen. — Die Redoxpotentiale von **V**, **XVI** u. **XIX** werden durch potentiometr. Titration in $^1/_{15}$mol. Phosphatpuffer (p_H 6,81) mit gepufferter Na-Dithionitlsg. bestimmt u. pro **I**-Gruppe eine Erniedrigung um ca. 140 mV gegenüber dem Redoxpotential der unsubstituierten Chinone gefunden.

V e r s u c h e : Folgende Phenole werden in alkoh. Lsg. durch O_2 in Ggw. von $Cu(NO_3)_2$ u. **I** (oder Methylamin) oxydiert: **II**, *Kresole* u. *Xylenole, p-tert.-Butyl-, p-Isobutyl-, 3.4.6-Trimethyl-, Chlor-, Brom-* u. *Jodphenol, Tyrosin, Pyrogalloldimethyläther,* alle *Di-* u. *Trioxybenzole,* **IV**, *Eugenol, Isoeugenol, 4-Oxydiphenyl, Thymol, 3-Methyl-4-chlorphenol,* **XIV** u. **XV**. Nicht oxydiert werden: *Anisol, o-* u. *p-Nitro-, 2.4.6-Trichlor-* u. *2.4.6-Tribromphenol.* Als komplexbildende Amine eignen sich bei **II**, *p-Kresol* (**XX**), **XIV** u. **XV**: NH_3, *Methyl-, Dimethyl-, Isopropyl-, n-Pentyl-, Benzyl-* u. *Di-n-butylamin, Piperidin* u. **I**. Unwirksam sind: *Trialkylamine, N-Methylmorpholin* u. *-piperidin, Chinolin* u. seine Homologen, *N-Alkylcolamine, Amide, Harnstoff, Histidin, Acridin, Carbazol, Indol, N-Methylindol* u. *α-Aminosäuren.* Bei **II** unwirksam, bei **XIV** u. **XV** hingegen wirksam sind: *Pyridin* u. seine Homologen, *N.N'-Dimorpholinoäthan, Imidazol, Hydantoin* u. *Guanidin.* Als Metallion ist nur *Cu* wirksam, unwirksam dagegen *Ti, V, Cr, Fe, Mn, Co, Ni, Mo, Ag, Cd, Sn, Sb, Ce, W, Pt, Au, Hg, Tl, Pb, Bi* u. *U.* — Alle Oxydationsverss., soweit nicht anders vermerkt, werden in Ggw. des Cu–**I**-Komplexes bei Zimmertemp. u. in Methanollsg. bei gleichzeitiger Messung des O_2-Verbrauches durchgeführt. Cu wird als Nitrat oder Acetat angewandt. FF. korrigiert. — *4.5-Dimorpholinobenzochinon-(1.2)* (**V**), $C_{14}H_{18}O_4N_2$, F. 204° (rote Nadeln aus Butanol [**XXI**]); aus **II** (oder **III** oder **IV**) in ½ (bzw. 2 oder 1) Tag; 64 (bzw. 31 bzw. 60)% (Ausbeute). Zur Abhängigkeit der Ausbeuten von den Konzz. der Reaktionspartner u. der Reaktionszeit vgl. Original. Bei sehr langsamer O_2-Zufuhr werden statt **V** langsam ca. 2% **XII** (?) gebildet. Mit 5%ig. HCl fällt aus den filtrierten Reaktionslsgg. langsam ein sehr stabiler *roter Cu-Komplex,* dessen organ. Komponente als ein orangegefärbtes Chinon charakterisiert wird, das u. a. ein gelbes Sulfat, rotes Na-Salz u. unlösl. Komplexsalze mit verschied. Übergangsmetallen bildet. — *2.3-Dimorpholinophenazin,* $C_{20}H_{22}O_2N_4$, F. 221,5° (gelbe Nadeln aus A.); durch Zugabe von **V** zu kochender Lsg. von o-Phenylendiamin u. Essigsäure in A. u. Verdünnen der warmen Lsg. mit warmer wss. KOH. — *2.3-Dioxyphenazin* (**VI**), durch 6std. Erhitzen vorst. Verb. mit 20%ig. H_2SO_4 auf 200° u. Extraktion des schwarzen Nd. mit heißer 5%ig. KOH; orangegelb. — *2.3-Diacetoxyphenazin* (**VII**), F. 230° (blaßgelbe glitzernde Blättchen aus Toluol); durch 2std. Kochen von **VI** mit Acetanhydrid u. Na-Acetat. — *2.5-Dimorpholinobenzochinon-(1.4)* (**XII**), F. 249° (blaßrote Nadeln aus **XXI**); durch Oxydation von **X** oder **XI** sowohl in Ggw. als auch in Abwesenheit von Cu. Ausbeute in Ggw. von Cu fast quantitativ. Ohne Cu Rk. sehr langsam. — *2.5-Dioxybenzochinon-(1.4)* (**IX**), sublimiert bei 160° (orange), aus **V** oder langsam aus **XII** mit verd. HCl. Intermediär wird vermutlich **VIII** gebildet. — *5-Morpholino-2-oxybenzochinon* (?) (**VIII**), wahrscheinlich bei katalyt. Oxydation von **XIII** unter Verbrauch von 4 Mol O_2 pro g-Ion Cu als schwarzer, alles Cu enthaltender Nd., der in verd. HCl unter Bldg. von **IX** lösl. ist. Wird vermutlich auch bei Adsorption von **V** an Al_2O_3 in Methanol gebildet. — *4-Morpholinonaphthochinon-(1.2)* (**XVI**), $C_{14}H_{13}O_3N$, F. 197° (rote Nadeln aus W. oder **XXI**); durch katalyt. Oxydation von a) **XV** in ca. 70 bis 80%ig. Ausbeute (Näheres vgl. Original) neben etwas Dinaphtholderivv., b) **XIV** in 37%ig. Ausbeute neben — bes. bei hohen Cu-Konzz. — viel Dinaphtholderivv. u. c) **XVIII** in W., A. oder bes. rasch in Isopropanol in 92%ig. Ausbeute neben 43% (bezogen auf absorbiertes O_2) Peroxyden. — *4-Morpholino-1.2-benzophenazin,* $C_{20}H_{17}ON_3$, F. 164—177° (gelbe Nadeln aus A. oder Essigsäure); aus **XVI** mit o-Phenylendiamin u. etwas Essigsäure in kochendem Alkohol. — *Naphtheurhodol,* durch 3std. Erhitzen (140°) von 50 mg vorst. Verb. mit 6 ml 10%ig. HCl im Einschmelzrohr; 30 mg. *Acetat,* F. 220°. — *2-Oxynaphthochinon-(1.4)* (**XVII**), durch 15 Min. Erwärmen (100°) von 545 mg **XVI** mit 10 ml konz. HCl u. 10 ml W.; gelbe Nadeln; 368 mg. — *2-Morpholinonaphthochinon-(1.4)* (**XIX**), F. 153,5° (orangegelbe Nadeln aus **XXI**). — 15std. Rk. von **XV** in Methanol in Ggw. von Cu u. **I**, aber unter O_2-Ausschluß, gibt 57% *2.2'-Dioxydinaphthyl-(1.1')*. Ebenso bei Verwendung von Pyridin oder 2.4.6-Collidin statt **I**. **II** u. **XX** geben unter den gleichen Bedingungen keine Reaktion. (Recueil Trav. chim. Pays-Bas **74**. 937—55. Juli 1955. Leyden, Univ., Labor. of organ. Chem.) K. PRCHAL. 4210

David Shemin, Charlotte S. Russell und **Tessa Abramsky,** *Der Succinat-Glycin-Cyclus.* 1. Mitt. *Der Mechanismus der Pyrrolsynthese.* (Vgl. C. **1954**. 9791.) Gibt man in ein Hämolysat von roten Blutkörperchen der Ente *$^{14}C_{(2)}$-Succinat* (**I**) oder *$^{14}C_{(2)}$-Glycin* (**II**) als Substrat, dann setzt die Zugabe von nichtmarkierter *δ-Aminolävulinsäure* (**III**) stark die ^{14}C-Aktivität des entstehenden *Protoporphyrins* (**IV**) herab. $^{14}C_{(5)}$-**III** liefert ein **IV** mit gleicher Verteilung an ^{14}C wie $^{14}C_{(2)}$-**II**. Diese Ergebnisse stützen die Annahme, daß der biol. Mechanismus der *Porphyrin* (**V**)-Synth. über die Kondensation von **I** am α-C-Atom des **II**, über *α-Amino-β-ketoadipinsäure,* anschließende Decarboxylierung zu **III**, *Porphobilinogen* (**VI**) zu **IV** läuft. Ein Homogenat aus roten Blutkörperchen besitzt kein **V**-Synthesevermögen für **I** + **II**, jedoch für **III**. Ähnliches gilt für einen partikelfreien Extrakt aus roten Blutkörperchen. Offenbar sind jene Enzyme, die **III** in **IV** überführen, lösl., u. die Homogenisierung zerstört die Aktivität nur jener Enzyme, die für die Kondensation von **I** u. **II** verantwortlich sind. Vff. diskutieren die Bldg. des **V**. Die gefundenen Ergebnisse stehen im Einklang mit der Entstehung von Formaldehyd bei der Bldg. von **V** aus **VI** (vgl. RADIN u. Mitarbeiter, C. **1951**. I. 2180). (J. biol. Chemistry **215**. 613—26. Aug. 1955. New York, N. Y., Columbia Univ., Coll. of Phys. and Surg., Dep. of Biochem.) H. RUTTLOFF. 4210

Joanne Olivard und **Esmond E. Snell,** *Wachstum und enzymatische Wirkungen von Vitamin B_6-Analogen.* 1. Mitt. *D-Alaninsynthese.* Der Einfl. einer Anzahl von Vitamin B_6-Analogen auf das Wachstum u. auf die Aktivität von zellfreier *Alaninracemase* (**I**) wurde unter Bedingungen bestimmt, bei welchen die enzymat. Synth. von *D-Alanin* aus *L-Alanin* durch **I** die wachstumsbegrenzende Rk. für *Streptococcus faecalis* darstellt. *ω-Methylpyridoxal* (**II**), *ω-Methylpyridoxamin* (**III**) u. deren *5-Phosphate* ermöglichen ein ausgezeichnetes Wachstum; diese Verbb. sind aktiver als die entsprechenden Formen von Vitamin B_6 ([*Pyridoxal* (**IV**) usw.]. **II**-Phosphat aktiviert **I** von *S. faecalis*; seine Affinität zur *Aporacemase* ist jedoch nur $^1/_{10}$ der des **IV**-Phosphats. — Die mit **II**-Phosphat als Coenzym erzielte Racemisierungsgeschwindigkeit ist geringer als die durch **IV**-Phosphat erzielte. Die Affinität von L-Alanin zum **II**-Phosphat–Apoenzym-Komplex ist etwa halb so groß wie die zu dem **IV**-Phosphat–Aporacemase-Komplex. Das Verhältnis der Wrkg. des **I** zu der des **IV** wird durch steigende L-Alaninkonzz. des Mediums erhöht. — Die Aktivierung von zellfreier **I** durch **IV**-Phosphat wird kompetitiv gehemmt durch: *4-Nitrosalicylaldehyd, 5-Desoxypyridoxal*, **IV**, *Pyridoxamin*, **II**, **III** u. *Pyridoxin*. — Desoxypyridoxin u. dessen Phosphat hemmen unter den angewandten Bedingungen das Wachstum nicht; sie hemmen auch nicht die Aktivierung der Alaninaporacemase durch **IV**-Phosphat, wenn das Analoge u. das Coenzym gleichzeitig zugesetzt werden. (J. biol. Chemistry **213**. 203—14. März 1955. Austin, Tex., Univ., Biochem. Inst. and Dep. of Chem., u. Clayton Found. of Res.) K. F. MÜLLER. 4210

Joanne Olivard und **Esmond E. Snell**, *Wachstum und enzymatische Wirkungen von Vitamin B_6-Analogen*. 2. Mitt. *Synthese verschiedener Aminosäuren*. (1. vgl. vorst. Ref.) *ω-Methylpyridoxal* (**I**), *ω-Methylpyridoxin* u. dessen *Phosphat* fördern an Stelle von *Vitamin B_6* das Wachstum von *Streptococcus faecalis* unter Bedingungen, die zur Synth. von *D-Alanin* oder den L-Isomeren von *Leucin* (**II**), *Isoleucin, Valin, Phenylalanin* (**III**), *Tyrosin* (**IV**), *Methionin* oder *Serin* erforderlich sind. Vitamin B_6 ermöglicht das Wachstum von *S. faecalis* in Abwesenheit von *L-Cystein*; die ω-Methylanalogen tun dies nicht, sondern hemmen das Wachstum, indem sie die Verwertung von B_6 unter diesen Bedingungen stören. Sie hemmen auch das Wachstum, wenn die Verfügbarkeit des *L-Alanins* begrenzt ist; diese Hemmung wird kompetitiv durch B_6 erleichtert. — Die Synth. von **II**, **III** u. **IV** aus den entsprechenden Ketosäuren findet vermutlich über eine Transaminierung mit Glutaminsäure statt. Die entsprechenden zellfreien *Transaminasen* werden sowohl durch *Pyridoxal* (**V**)-Phosphat als auch durch **I**-Phosphat aktiviert. Die Wrkg. des **V**-Phosphats u. **I**-Phosphats bei der Aktivierung der Apoenzyme entspricht nicht der Wrkg. von B_6 u. seinem ω-Methylanalogen bei der Förderung des Wachstums unter solchen Bedingungen, unter denen die Wrkg. dieser Enzyme das Wachstum begrenzt. — **I**-Phosphat ersetzt auch **V**-Phosphat bei der Aktivierung der *Alanin-Glutaminsäure-Apotransaminase*. Es ist fast inakt. als Aktivator der *Cysteinsulfhydrase*. Indirekt wurde gezeigt, daß die Affinität der **IV**-*Glutaminsäure-Transaminase* zu ihrem Substrat herabgesetzt wird, wenn **I**-Phosphat das **V**-Phosphat als Coenzym ersetzt. (J. biol. Chemistry **213**. 215—28. März 1955.) K. F. MÜLLER. 4210

Emil L. Smith und **Anne Stockell**, *Aminosäurenaufbau der kristallinen Carboxypeptidase*. Hydrolysate von krist. *Carboxypeptidase* (**I**) aus Ochsenpankreas wurden mit Hilfe von Kationenaustauschern, sulforiertem Polystyrol (Dowex 50), nach der Meth. von MOORE u. STEIN (C. **1952**. 4666) untersucht. Kurze Hydrolysendauer, 20—24 Std., ergab zu niedere Werte an Valin u. Isoleucin; 70std. Hydrolyse führte zu Verlusten an Serin, Threonin, Asparaginsäure u. Lysin. Das Mol.-Gew. wird in guter Übereinstimmung mit physikal. Messungen zu **34440** berechnet. **I** enthält alle gewöhnlich auftretenden Aminosäuren. Die S-haltigen Säuren sind schwach vertreten bei einem relativ hohen Geh. an Serin u. Threonin. 37 anion. stehen 37 kation. Gruppen gegenüber u. bedingen einen isoelektr. Punkt bei p_H 6. (J. biol. Chemistry **207**. 501—14. April 1954. Salt Lake City, Ut., Univ. of Utah, Coll. of Med., Labor. for the Study of Hereditary and Metabolic Disorders and Depp. of Biol. Chem. and Med.) H. GEHM. 4210

Nathan Grossowicz und **Yeheskel S. Halpern**, *Hemmung der L-Asparaginase in Auszügen von Mycobacterium phlei durch D-Asparagin*. Die aus einem zellfreien Auszug von Mycobacterium phlei gewonnene *Asparaginase* desaminierte ausschließlich *L-Asparagin* (**I**); *D-Asparagin* (**II**) wurde nicht angegriffen. Bei Verwendung von **I** u. **II** im Verhältnis 1:4 wurde eine 75%ig. Enzymhemmung gefunden. Vff. machen Angaben über die Reaktionsgeschwindigkeit bei verschied. Konzz. von **I** mit u. ohne Zusatz von **II** u. beweisen, daß eine kompetitive Hemmung der L-Asparaginase durch **II** vorlag. (Nature [London] **177**. 623—24. 31/3. 1956. Jerusalem, Hebrew Univ., Hadassah Med. School, Dep. of Bacteriol.) S. HOTHORN. 4210

Jack Durell und **Joseph S. Fruton**, *Die durch Proteinase katalysierte Transamidierung und ihre Wirksamkeit*. Die durch Papain katalysierte Hydrolyse des *Benzoyl-l-argininamids* (**I**) in Ggw von NH_2OH liefert *Benzylarginin* (**II**), NH_4^+ u. *Benzoyl-l-argininhydroxamsäure* (**III**). **III** hydrolysiert zu **II** u. NH_2OH (vgl. JOHNSTON, MYCEK u. FRUTON (C. **1951**. I. 1607). Nimmt man an, daß nur eine akt. enzymat. Gruppe in die Hydrolyse von **I** u. **II** eingreift u. für die Transamidierung sorgt, so lassen sich die Ergebnisse theoret. ableiten. Die experimentellen Werte, bei 4 verschied. NH_2OH-Konzz., stimmen gut mit den theoret. Werten überein. Bei konstanter NH_2OH-Konz. verläuft die Rk. bei p_H 5,75 u. 7,5 nahezu gleich. Bei niederer Temp. (27°) ist die Transamidierung wirksamer als bei höherer Temperatur. Die Aktivierungsenergie der Hydrolyse liegt ca. 4,5 cal über der der Transamidierung. In Ggw. von *Trypsin* ist der Verlauf der Transamidierung langsamer, **III** hydrolysiert rascher. **III** wurde aus dem entsprechenden

Ester mit methanol. NH_2OH in Ggw. von KOH als sirupöse M. erhalten. (J. biol. Chemistry **207.** 487—500. April 1954. New Haven, Conn., Yale Univ., Dep. of Biochem.) H. GEHM. 4210

James S. L. Jacobs, Philip M. West und **Clinton E. Tempereau,** *Untersuchungen bei proteolytischer Enzymsysteme Patienten mit emotionellen Störungen.* Vff. versuchten, eine Beziehung zwischen emotionellen Störungen u. dem durch Messung der Serumkonz. von *Chymotrypsininhibitor* verfolgten *Proteinstoffwechsel* bzw. der durch Best. der *Uropepsin*-Exkretion kontrollierten Nebennierentätigkeit zu finden. Parallel zur Schwere des Falles gesteigerter Proteinabbau wurde bei Furchtzuständen weniger deutlich bei schizophrenen Psychosen u. unausgeprägt bei Konversionshysterie festgestellt. Die Nebennierenaktivität war bei Schizophrenen gegenüber den Kontrollen gesteigert. (Proc. Soc. exp. Biol. Med. **78.** 410—12. Nov. 1951. Los Angeles, Univ. of California, School of Med.; Long Beach, Calif., Vet. Hosp., Dep. Psych.) W. ZILLIG. 4210

Robert De Bellis, Ines Mandl, John D. MacLennan und **Edward L. Howes,** *Trennung proteolytischer Enzyme aus Clostridium histolyticum.* Durch wiederholte fraktionierte Fällung mit einer gesätt. neutralisierten $(NH_4)_2SO_4$-Lsg. (p_H 7,5) wurden die aus dem Kulturfiltrat von Clostridium histolyticum gefällten Enzyme in 4 Fraktionen getrennt: 1. Eine *Proteinase*-Fraktion, die von Blutgruppen A-Substanz, von Collagenase- u. Peptidaseaktivität ganz u. von Amidase-Esterase fast frei war; 2. *Kollagenase* bei 24—27% Sättigung; sie war frei von Proteinase, enthielt wenig Peptidase, aber noch Amidase-Esterase. Sie war akt. gegen natives Kollagen, Azocoll u. Gelatine, inakt. gegen Casein, Hämoglobin, Albumin u. Fibrin. 3. *Amidase-Esterase* (Maximum bei 28%), greift Benzoylargininamid u. Argininmethylester an u. wird durch Cystein stark aktiviert. 4. Die *Peptidase*-Fraktion scheint aus mehreren Enzymen zu bestehen: Einer Co^{2+}-aktivierten Dipeptidase, die Leucylglycin, Leucylalanin usw. angreift u. einer Aminopolypeptidase, die nicht aktiviert zu werden braucht. (Nature [London] **174.** 1191—92. 25/12. 1954. New York, N. Y., Columbia Univ., Coll. of Phys. and Surg., Dep. of Surg. and Microbiol.) A. DILLMANN. 4210

Kurt N. von Kaulla und **Landrum B. Shettles,** *Beziehungen zwischen menschlicher Samenflüssigkeit und dem fibrinolytischen System.* In 50 verschied. Proben menschlicher Samen-Fl. wurde ein *Fibrin spaltendes Enzym* (**I**) gefunden, dessen Aktivität nicht durch die Anzahl der Spermatozoen (Oligo- u. Azoospermie) beeinflußt wird. Wahrscheinlich wird **I** in der Prostata gebildet. Es konnte gezeigt werden, daß bei einer bestimmten Samenflüssigkeitskonz. geronnenes Plasma schneller als geronnenes Fibrinogen gelöst wird. Offenbar ist in der Samen-Fl. neben Profibrinolysin (oder einer nahe verwandten Verb.) u. Fibrinolysokinase auch Antifibrinolysin enthalten. Die Antifibrinolysinkonz. ist in der Samen-Fl. kleiner als im Serum. Große Konzz. an Samen-Fl. vermindern die Wrkg. von Plasmin (Fibrinolysin), während kleinere Konzz. eine synergist. Wrkg. mit Plasmin zeigen. (Proc. Soc. exp. Biol. Med. **83.** 692—94. Aug./Sept. 1953. Welfare Island, Goldwater Memorial Hosp., Columbia Univ., Coll. of Phys. and Surg., Dep. of Obstetr. and Gynecol.; New York City, N. Y., Sloane Hosp. for Women.) G. FAUST. 4210

Ramon Villarreal, *Pepsinsekretion und -synthese in vitro.* Es sollte geprüft werden, ob *Pepsin* (**I**) im isolierten Magen gebildet wird (Versuchstiere Mäuse). Der Magen wurde präpariert u. mit isoton. Phosphatpufferlsg. u. Glucoselsg. gefüllt. In der gleichen Außenlsg. wurde der Magen unter großem Sauerstoffdruck bei 38° incubiert. Anschließend wurde die im Mageninneren abgeschiedene Säuremenge bestimmt u. die **I**-Aktivität nach ANSON u. MIRSKY gemessen. Durch Carbaminylcholin wird die **I**-Sekretion aktiviert. Das Maximum liegt bei einer Konz. von 10^{-1} mg% (3fache Normalsekretion). Atropinsulfat beeinflußt die **I**-Sekretion nicht, verringert sie jedoch auf den Normalwert, wenn Carbaminoylcholin zugegen ist (Histamin begünstigt die **I**-Bldg. schwach). Um die in vitro gebildete **I**-Menge zu bestimmen, wurde das im nicht incubierten Magen gefundene **I** von dem im incubierten bestimmte **I** abgezogen. Es wurde keine **I**-Synth., auch nicht in Ggw. von Aminosäuregemischen, beobachtet. Mögliche Ursachen für das Mißlingen der **I**-Synth. werden diskutiert. (Proc. Soc. exp. Biol. Med. **83.** 817—19. Aug./Sept. 1953. Salt Lake City, Ut., Univ. of Utah, Coll. of Med., Dep. of Physiol.) G. FAUST. 4210

Z. Ramer, *Zur Frage der Aktivierbarkeit von Pepsin und Kathepsin durch Kaliumcyanid und Schwefelwasserstoff.* Es wurde die Aktivierbarkeit von *Pepsin* (**I**) u. *Kathepsin* (**II**) durch Aktivatoren, wie CN^- u. H_2S in anderer Versuchsanordnung geprüft. Es wurden käufliche **I**-Präpp. untersucht, die meist mit **II** verunreinigt sind. Die **I**-Aktivierung ist von der Enzymkonz. abhängig. Bei hohen Enzymkonzz. hemmt CN^- die **I**-, nicht aber die **II**-Aktivität. Die Hemmung durch H_2S ist weniger ausgeprägt. Die

Ergebnisse stimmen mit denen von WISS (Helv. chim. Acta **29.** [1945.] 237) überein. (Hoppe-Seyler's Z. physiol. Chem. **296.** 73—78. 1954. Basel, Univ., Physiol.-chem. Inst.) G. FAUST. 4210

Luigi Gorini und **Françoise Felix,** *Über den Mechanismus der Schutzwirkung von Ca^{2+} und Mn^{2+} auf Trypsin. Trypsin* (I) erleidet durch Autolyse, bei der das Enzym seine eigene Proteinkomponente hydrolyt. spaltet, einen Aktivitätsverlust. Um den Einfl. von Metallionen auf diesen Vorgang zu prüfen, untersuchten Vff. die Restaktivität von Trypsin–Diisopropylfluorphosphat- bzw. –Diäthyl-p-nitrophenylphosphat-Komplexen (inaktiviertes, aber nicht denaturiertes I) unter dem Einfl. von bivalenten Metallionen (Mg^{2+}, Ca^{2+}, Mn^{2+}) reaktionskinetisch. Die Verss. zeigen, daß bes. Ca^{2+} u. Mn^{2+} die enzymat. Aktivität des I gegenüber seinem eigenen Protein herabzusetzen vermögen u. somit zur Aktivitätssteigerung gegenüber anderen Proteinen beitragen. (Biochim. biophysica Acta [Amsterdam] **11.** 535—42. Aug. 1953. Paris, Fac. des Sci., Labor. de Chim. biol.) W. ZILLIG. 4210

Allen S. Fox, *Proteinsynthese und -genese.* Die enzymat. Aktivität von Kulturhomogenaten von Neurospora crassa u. Drosophila wird mit den Substraten Tyrosin u. 3.4-Dioxyphenylalanin untersucht. Vf. entwickelt seine von anderen Theorien abweichende Hypothese zur Entstehung des Proteins. Es wird als erster Schritt die quantitative Synth. einer Vorstufe angenommen, die durch ein Gen-Syst. kontrolliert wird. An diese schließt sich dann als zweiter Schritt die durch ein anderes Gen-Syst. geregelte Umwandlung der Vorstufe in das Enzym an. (Nature [London] **173.** 350—51. 20/2. 1954. Pavia, Univ., Ist. di Genetica.) R. LENSCHAU. 4210

Bention Nisman, Marie-Louise Hirsch und **Julius Marmur,** *Untersuchung der Proteinsynthese durch Zellfragmente von B. coli.* 1. Mitt. *Der Einbau von ^{14}C-Valin.* Die Zellfragmente werden durch Zerreiben der gefrorenen Zellen einer Kultur von B. coli (ML 308) mit Quarzstaub u. Zentrifugieren erhalten. Es wird der Einbau von *^{14}C-Valin* (I), das in der Isopropylgruppe gleichmäßig markiert war, in Ggw. von 19 anderen Aminosäuren (II) sowie allein untersucht. Der I-Einbau in Ggw. anderer II hängt von der Zus. des Substrats ab u. erfordert *Hexose-1.6-diphosphat* bzw. *-6-phosphat* u. das Paar *Brenztraubensäure* (II)–*Bernsteinsäure* oder II–Citronensäure; *Adenosintriphosphat* oder *Adenylsäure* wirken nicht immer stimulierend. Der I-Einbau erfolgt irreversibel, da ^{12}C-Valin das eingebaute I nicht verdrängen kann. Der I-Einbau in Ggw. anderer II wird durch *Chloromycetin, 5-Methyltryptophan, Penicillin* u. *KCN* unterbunden u. durch *Ribonuclease* oder *Desoxyribonuclease* teilweise gehemmt. Der Einbau von I allein hängt von den gleichen Faktoren wie der Einbau in Ggw. von anderen II ab, jedoch ist der Einbau reversibel. (C. R. hebd. Séances Acad. Sci. **240.** 1939—41. 9/5. 1955.) E. SCHWERDTFEGER. 4210

Claude Lapresle, *Untersuchung über den Abbau des menschlichen Serumalbumins durch einen Extrakt aus Kaninchenmilz.* 1. Mitt. *Bedingungen für optimale Aktivität und Wirkungsweise der Proteasen aus Kaninchenmilz.* Die Milz von entbluteten Kaninchen wird unter Wasserzusatz homogenisiert, der Brei zentrifugiert u. der Überstand für die Unterss. verwendet. Als p_H-Optimum für die *Protease*-Aktivitäten des Extraktes gegenüber menschlichem *Serumalbumin* (I) wurde p_H 3 gefunden. Aus den Vergleichen zwischen stark verminderter Trichloressigsäurefällbarkeit u. der wenig veränderten Biuret-Rk. nach Bebrütung von I bei p_H 3 u. 37° schließt Vf., daß ein Abbau durch Spaltung von relativ wenigen Peptidbindungen unter Bldg. hochmol. heterogener Spaltprodd. erfolgt. Die Ergebnisse der papierelektrophoret. Unterss. gestatten die gleiche Deutung. (Bull. Soc. Chim. biol. **37.** 969—75. 1955. Paris, Inst. Pasteur, Serv. de Chim. microbienne.) E. SCHWERDTFEGER. 4210

S. Gollub, D. Feldman, D. C. Schechter, F. E. Kaplan und **D. R. Meranze,** *Thromboplastinase, ein neues Enzym, das Thromboplastin zerstört.* Auf Grund der Beobachtung, daß die *Thromboplastin* (I)-Aktivität von Gewebesuspensionen durch gewisse Bakterien stark vermindert wird, wurden Verss. zur Darst. von einem I zerstörenden Ferment durchgeführt. I wurde aus Ratten- u. Menschenhirn sowie menschlicher Placenta erhalten. *Thromboplastinase* (II) wurde aus Bacillus cereus-B. megatherium isoliert. Diese Mikroorganismen wachsen in einer einfachen Nährsalzlsg, ohne II zu bilden; enthält aber das Nährmedium I-haltige Gewebe oder Brain Heart Infusion (Difco), so wird II gebildet. Auch im Dialysat des letzten wird II durch B. cereus-B. megatherium gebildet. Durch Zentrifugieren wurde ein zellfreier I-Extrakt erhalten, der durch Adsorption an $Ca_3(PO_4)_2$ u. folgende Elution mit Natriumcitrat gereinigt wurde. Die Gerinnungszeiten von menschlichem Plasma durch so erhaltene II-Lsg. sind außerordentlich verkürzt. Ebenso wurden die Gerinnungszeiten in Abhängigkeit von der I-Konz. bestimmt. Die II-Wrkg. wurde durch die Abschwächung der I-Aktivität gemessen (4 Teile I, 5 Teile 0,25 mol. $CaCl_2$-Lsg. u. 1 Teil I-Lsg.). Diese Verss. ergaben, daß die II-Wrkg. proportional der II-Konz. ist. Akt. II wurde in Lsgg. nach vollständiger I-Zerstörung nachgewiesen. II wird durch Cu^{2+} gehemmt u. verändert nicht den p_H-Wert, so daß hierdurch kein Verlust der I-Aktivität erklärt werden kann. Ebenso wird kein Gerinnungsinhibitor durch II gebildet. Andere geprüfte Fermente haben keine Wrkg. wie II auf Thromboplastin. Es wird die Abspaltung von Phosphat aus I mit der II-Wrkg. in Beziehung gebracht. (Proc. Soc. exp. Biol. Med. **83.** 858—63. Aug./Sept. 1953. Philadelphia, Pa., Southern Div., Albert Einstein Med. Center, Dep. of Res.) G. FAUST. 4210

Joan F. Powell und **J. R. Hunter,** *Adenosindesaminase und Ribosidase in Sporen von Bacillus cereus.* Suspensionen von desintegrierten ruhenden Sporen des Bacillus cereus desaminieren *Adenosin* (I) u. *Cytidin,* nicht aber Adenin, Guanosin, Guanin oder Cytosin. Die Homogenate zeigen auch *Ribosidase* (II)-Wrkg. gegen I u. *Inosin,* nicht aber gegen Guanosin, Xanthosin, Cytidin oder Uridin. Die *Desaminase* (III)-Wrkg. ist mit dem Sporenextrakt, die II-Wrkg. mit den Sporentrümmern verbunden. — Die III-Wrkg. gegen I ist in intakten ruhenden Sporen hitzestabil, dagegen hitzelabil in den Homogenaten sowie den keimenden Sporen. II ist in unbeschädigten u. in beschädigten Sporen hitzestabil; auch die gekeimten Sporen zeigen eine hitzestabile II. — Die Desaminierung von I ist nicht oxydativ u. erfordert anscheinend keinen Cofaktor. (Biochem. J. **62.** 381—87. März 1956. Porton, Wiltshire, Microbiol. Res. Dep., Min. of Supply.) A. HESSE. 4210

W. Radsma, H. L. Golterman und **J. C. Birkenhäger,** *Der Einfluß von Thyroxin auf den Sauerstoffverbrauch von Leberhomogenaten.* Vff. empfehlen die Benutzung verd. Leberhomogenate unter Zusatz geeigneter Substanzen u. Cofaktoren, um die Sauerstoffaufnahme in vitro zu kontrollieren. Die Verss. werden bei 38°, p_H 8 in der WARBURG-App. durchgeführt. Atmungshemmung bis zu 40% wird bei einem Reaktionsgemisch von 1,5% Homogenat, 0,04 mol. Na-Lactat, $^1/_3$ mg DPN/cm^3, u. *Thyroxin* (I) beobachtet; ebenso bei dem gleichen Gemisch mit $^1/_6 \cdot 10^{-3}$ mol. ascorbinsaurem Na. Keinen Einfl. des I auf den Sauerstoffverbrauch finden Vff. bei 1,5% Homogenat u. 0,01 mol. Na-Succinat, während das gleiche Syst. durch Zusatz von Cytochrom c proportional der zugesetzten Menge einen Anstieg des Sauerstoffverbrauchs bis zu 110% zeigt. (Biochim. biophysica Acta [Amsterdam] **14.** 150—51. Mai 1954. Amsterdam, Municipal Univ., Labor. of Physiol. Chem.) R. LENSCHAU. 4210

A. B. Roy, *Die Sulfatase der Ochsenleber.* 2. Mitt. *Reinigung und Eigenschaften der Sulfatase A.* (1. vgl. C. **1954.** 9063.) Aus Acetontrockenpulver von Ochsenleber wurde durch Extraktion mit W. bei 37°, fraktionierte 2stufige Fällung bei p_H 6,8 u. —9° mit Aceton, Dialyse der wss. Lsg. des 2. Nd., nochmalige 2stufige Acetonfällung bei p_H 7,0 u. —9° in Ggw. von $CaCl_2$ u. Dialyse des 2. Nd., 3stufige $(NH_4)_2SO_4$-Fraktionierung (30, 20, 40% Sättigung: akt., inakt. bzw. akt. Nd.) u. jeweilige Dialyse der Lsgg. der akt. Ndd. ein *Sulfatase A* (I)-Präp. erhalten, dessen zentrifugierte konz. Lsg. in 0,1 mol. NaCl bei $\leq 0°$ haltbar war (Anreicherung 1000fach; elektrophoret. noch mindestens 4 Komponenten nachweisbar). 1 I-E. ist die Enzymmenge, die unter den Standardbedingungen $(1\,\gamma)^{1/4}$ *2-Oxy-5-nitrophenol* (II) aus dem *Sulfat* abspaltet. Während frühere I-Präpp. in 0,13 mol. Acetatpuffer ein p_H-Optimum von 4,9—5,0 aufweisen, zeigten neuere mehrfache Optima bei 4,6, 4,9 u. 5,2, wobei das p_H-Optimum mit der I-Konz. schwankt, u. die beiden Extremwerte bei niedrigen bzw. hohen I-Konzz. gelten. Die I-Aktivität ist nicht direkt der I-Konz., sondern annähernd der 1,5ten Potenz derselben proportional. Dies beruht vielleicht auf einer Polymerisation der I-Moll. zu dimeren Komplexen, die wirksamer als die einfachen I-Moll. sind. Dies würde auch die Änderung des p_H-Optimums mit der I-Konz. erklären. Die optimale Substratkonz. ist 0,003 mol. II-Sulfat, die MICHAELIS-Konstante K_m $8 \cdot 10^{-4}$ Mol. II-Sulfat. I wird durch Na_2SO_4 u. Na_2SO_3 konkurrierend gehemmt (Dissoziationskonstante des I–Inhibitor-Komplexes $7 \cdot 10^{-4}$ bzw. $2 \cdot 10^{-6}$ Mol), ferner stark durch Phosphat. I hydrolysiert die einfacheren Arylsulfate viel langsamer als II-Sulfat. I unterscheidet sich in den Eigg. stark von der Arylsulfatase (III) der TAKA-Diastase. I ist ein Globulin, III ein Albumin. (Biochem. J. **55.** 653—61. Nov. 1953. Edinburgh, Univ., Dep. of Biochem.) K. MAIER. 4210

E₃. Mikrobiologie. Bakteriologie. Immunologie.

Ricardo A. Margni, *Die Verwendung verdünnter Kupfersulfatlösungen als Inhibitor von Penicillin in Blutkulturen.* Der störende Einfl. von Penicillin auf Blutkulturen von Patienten, die eine Behandlung mit diesem Antibioticum erhalten hatten, kann durch $CuSO_4$ (1:10000) ausgeschaltet werden, ohne daß dieser Zusatz das Bakterienwachstum schädigt. (Rev. Inst. Malbrán **16.** 237—40. 1954.) G. GERBER. 4310

William Drell und **Max S. Dunn,** *Die Hemmung von Milchsäurebakterien durch ω-substituierte Analoga der Pantothensäure.* 5 ω-substituierte *Pantolacton*-Analoge, *α-Oxy-β-methyl-γ-valerolacton* (*ω-Methylnorpantolacton*, **I**), *α-Oxy-β-methyl-γ-caprolacton* (*ω-Äthylnorpantolacton*, **II**), *α-Oxy-β.β.δ-trimethyl-γ-caprolacton* (*ω-Isopropylpantolacton*, **III**), *α-Oxy-β.β-dimethyl-γ-(o-äthoxyphenyl)-γ-butyrolacton* (*ω-[o-Äthoxyphenyl]-pantolacton*, **IV**), *α-Oxy-β-methyl-γ-phenyl-γ-butyrolacton* (*ω-Phenylnorpantolacton*, **V**), wurden synthetisiert u. mit *β-Alanin* (**VI**) zu *ω-Methylnorpantothensäure* (**VII**), *ω-Äthylnorpantothensäure* (**VIII**), *ω-Isopropylpantothensäure* (**IX**), *ω-(o-Äthoxyphenyl)-pantothensäure* (**X**) u. *ω-Phenylpantothensäure* (**XI**) kondensiert. Für Vergleichszwecke wurden *α-Oxy-γ-butyrolacton* u. *α-Oxy-γ-valerolacton* mit **VI** zu *N-(α.γ-Dioxybutyryl)-β-alanin* (**X**) u. *N-(α.γ-Dioxyvaleryl)-β-alanin* (**XI**) umgesetzt. Zum Vgl. mit *Pantoyltaurin* (**XII**) u. *ω-Methylpantoyltaurin* (**XIII**) wurden die Taurinanaloga *ω-Methylnorpantoyltaurin* (**XIV**) u. *ω-Isopropylpantoyltaurin* (**XV**) dargestellt. Alle *Pantothensäure*-Analoga (**XVI**) hemmten das Wachstum von 23 Milchsäurebakterienstämmen (abnehmende Aktivität in der angegebenen Reihenfolge). Die Hemmung war, die durch **X** ausgenommen, von kompetitiven Typ. **XIV** u. **XV** erwiesen sich als bedeutend weniger wirksam als **XII** oder die entsprechenden ω-substituierten Pantothensäuren. Die untersuchten Milchsäurebakterien sind auf Grund der Empfindlichkeit gegen **XII** u. Taurinanaloge mit abgewandelter Pantoylkomponente (L. dextranicum 8358, 8086, 8359, L. mesenteroides 9135, 8293) bzw. der relativen Resistenz gegen **XII** u. Nichtbeeinflußbarkeit durch ω-substituierte **XII**-Analoge (L. mesenteroides P-60, L. fermenti, L. gayoni, L. pentosus, L. brassicae, L. mannitopoeus) in 2 Gruppen einteilbar. 7 der 23 Stämme zeigten bei **XVI**-Konzz. unterhalb des Hemmbereiches keine Wachstumsstimulierung, die restlichen dagegen in fast allen Fällen.

V e r s u c h e: Darst. der Lactone aus den entsprechenden Aldolen nach J. Amer. chem. Soc. **70**. [1948.] 2057. — *ω-Methylnorpantolacton* (**I**), Kp.$_{4,5}$ 110—112°; aus CH_3CHO u. CH_3CH_2CHO (*Aldol*, Kp.$_{12}$ 73—76°; 58% [Ausbeute]); n_D^{25} 1,4571; 30%. — *ω-Äthylnorpantolacton* (**II**), Kp.$_2$ 120—121°, aus CH_3CH_2CHO u. CH_3CH_2CHO (*Aldol*, Kp.$_{12}$ 84 bis 86°; 31%); n_D^{25} 1,4575; 25%. — *ω-Isopropylpantolacton* (**III**), F. 90,5—92,0°; aus 2 Mol $CH(CH_3)_2CHO$; 49%. — *ω-(o-Äthoxyphenyl)-pantolacton* (**IV**), Kp.$_{1,5}$ 194—197°, F. 119,5—120° (C_6H_6); 120 g o-Äthoxysalicylaldehyd u. 58,5 g frisch dest. Butyraldehyd 6 Tage bei Raumtemp. mit gleichem Vol. 40%ig. K_2CO_3-Lsg. rühren, halbe obere Schicht bei 90° zu Lsg. von 25 g $NaHSO_3$ in 50 cm³ W. geben, nach Zusatz von 50 cm³ W. bei 0° stehenlassen, 150 cm³ Ae. u. 190 cm³ zusetzen, wss. Phase mit 2mal 100 cm³ Ae. extrahieren, Ae.-Eindampfrückstand mit 200 cm³ sd. Lsg. von 83 g $NaHSO_3$ mischen, unter Erwärmen ½ Std. rühren, bei 0° über Nacht stehen lassen, 95 cm³ KCN-Lsg. (0,8 Mol) bei 5—10° innerhalb 45 Min. zugeben, 2½ Std. bei 10° u. 2½ Std. bei Raumtemp. rühren, wss. Phase 2mal mit 125 cm³ Ae. extrahieren, Ae. mit organ. Phase vereinigen, mit 300 cm³ 12n HCl 1 Std. bei $<10°$ u. 12 Std. bei Raumtemp. rühren, Nd. (NH_4Cl) durch 150 cm³ W. lösen, Ae. entfernen, 2½ Std. kochen, bei p_H 7,2 mit 6mal 150 cm³ Ae. extrahieren, Ae.-Extraktionsrückstand mit Bzl. abdampfen, fraktionieren; 54%. Aus der wss. Phase *α-Oxyisovaleriansäure*. — *ω-Phenylnorpantolacton* (**V**), Kp.$_1$ 170 bis 174°, F. 80—81° (Ae.-PAe.); 174 g dest. Benzaldehyd, 450 cm³ gesätt. K_2CO_3-Lsg. u. 40 cm³ W. 9 Std. bei 22—24° unter N_2 rühren, Aldol mit Ae. abtrennen, mit n-Essigsäure u. gesätt. $NaHCO_3$-Lsg. waschen, Ae. entfernen u. innerhalb 1 Std. Aldol zu 650 cm³ heißer $NaHSO_3$ (312 g)-Lsg. geben, bei 10° langsam 350 cm³ KCN (3 Mol)-Lsg. zugeben (Temp. $<15°$), nach 1std. Rühren Cyanhydrinschicht mit Ae. abtrennen, wss. Phase mit 2mal 150 cm³ Ae. extrahieren, vereinigte Ae.-Extrakte bei 5° mit 900 cm³ 12n HCl verrühren, über Nacht stehenlassen, Ae. entfernen, nach 3std. Kochen mit 9mal 200 cm³ C_6H_6 bei p_H 7,2 extrahieren, C_6H_6 entfernen, ½ Std. mit 1400 cm³ 1,7n NaOH kochen, mit 5mal 200 cm³ C_6H_6 extrahieren, C_6H_6-Extrakte verwerfen, auf p_H 3 stellen, 1 Std. auf 100° erwärmen, ölige Phase abtrennen u. mit C_6H_6-Extrakt der wss. vereinigen, fraktionieren; 34%. — Darst. der ω-substituierten **XVI**: A. Na-Salz von **VI** oder Taurin mit dem Lacton bei 115—125° (2—3 Std.) verschmelzen; B in absol. A. lösen, Filtrat mit absol. Ae. fällen. — *ω-Isopropylpantothensäure* (**IX**); Meth. A 36%, B 67%. — *ω-(o-Äthoxyphenyl)-pantothensäure* (**X**), B 83%. — *ω-Methylnorpantothensäure* (**VII**), A 72%, B 100%. — *ω-Äthylnorpantothensäure* (**VIII**), A 83%, B 89%. — *ω-Phenylnorpantothensäure* (**XI**), B 94%. — *N-(α.γ-Dioxybutyryl)-β-alanin* (**X**), A 59%. — *N-(α.γ-Dioxyvaleryl)-β-alanin* (**XI**), A 56%. — *ω-Isopropylpantoyltaurin* (**XV**), A 45%, B 94%. — *ω-Methylnorpantoyltaurin* (**XIV**), B 90%. (J. Amer. chem. Soc. **76**. 2804—08. 20/5. 1954. Los Angeles, Calif., Univ. of California, Chem. Labor.) K. MAIER. 4330

R. Bönicke, *Die Katalaseaktivität INH-sensibler und -resistenter Mycobakterien und ihre Hemmbarkeit durch INH.* Der von UECKER (Inaug.-Diss. Kiel 1954) an einem saprophytären Mycobakterienstamm gemachte Befund, daß die *Katalase* (**I**)-Aktivität dieses Stammes durch *Isonicotinsäurehydrazid* (**II**) erheblich red. wurde, u. die Ergebnisse von MIDDLEBROOK (C. **1954**. 10506), daß sich **II**-resistente Varianten **II**-empfindlicher Tuberkelbakterienstämme von ihren **II**-sensiblen Ausgangsstämmen durch das völlige Fehlen einer katalyt. H_2O_2-Spaltung unterscheiden, konnten in Verss. an einer größeren Zahl **II**-sensibler u. -resistenter Humanstämme des *Mycobact. tuberculosis* sowie an mehreren **II**-sensiblen u. -resistenten saprophyt. Mycobakterienstämmen bestätigt werden. Die Best. der **I**-Aktivität durch manometr. Messung der O_2-Bldg. (WARBURG-App.) unterstützte ferner die Annahme, daß die tuberkulostat. **II**-Wirksamkeit mit der Hemmung der katalyt. H_2O_2-Spaltung eng zusammenhängt. Sowohl bei den geprüften humanen Tb-Bakterienstämmen (z. B. *H 37 Rv*) als auch bei den saprophytären Mycobakterienstämmen (z. B. *M. phlei*) war — bei den erstgenannten deutlich stärker — eine partielle Hemmbarkeit der katalyt. H_2O_2-Spaltung durch **II** nachweisbar. Die **I**-Hemmung beruht vermutlich auf der Eig. von **II**, mit Fe-Porphyrinen zu reagieren. Während sich alle **II**-resistenten Stämme der *M. tuberculosis* als **I**-negativ erwiesen, waren die **II**-resistenten saprophytären Mycobakterienstämme wie ihre **II**-empfindlichen Ausgangsstämme **I**-positiv. Das H_2O_2-Spaltungsvermögen der resistenten saprophytären Stämme war selbst durch hohe **II**-Konzz. nicht hemmbar. **II**-resistente Tuberkelbakterien sind demnach Varianten mit fehlender **I** u. daher in der Vermehrung nicht durch **II** blockierbar. **II**-resistente saprophytäre Mycobakterien sind Varianten mit einer durch **II** nicht hemmbaren **I** u. deshalb in ihrer Vermehrung nicht durch **II** zu beeinflussen. (Naturwissenschaften **41**. 430. Sept. 1954. Borstel, Tuberkulose-Forschungsinst.) K. MAIER. 4330

Elliot Volkin, *Die Bindung der Glucose in Coliphagen-Nucleinsäuren.* Auf Grund der Beobachtungen von COHEN (Sympos. quant. Biol. **18**. [1953.] 221) bzw. von JESAITIS u. GOEBEL (Sympos. quant. Biol. **18**. [1953.] 205), wonach Pankreas-*Desoxyribonuclease* (**IV**) u. *Darmphosphatase Desoxyribonucleinsäure* (**I**) von *Tb*-Coliphagen nicht merklich zu *Oxymethylcytosin* (**II**)-*Nucleosid* hydrolysieren können, bzw. *T 4*-Coliphagen-**I** erhebliche Mengen *Glucose* (**III**) enthält, wurde versucht, die Bestandteile derartiger enzymat. Hydrolysate durch Ionenaustauschchromatographie zu trennen u. zu identifizieren. In *T 4*-**I** ist anscheinend **III** im Mol-Verhältnis 1:1 mit **II** verbunden, wobei **III** wahrscheinlich als O-Glucosid an die 5-Oxymethylgruppe von **II** gebunden ist. In *T 2*- u. *T 6*-**I** beträgt das Verhältnis von **III**:**I**-*P* ca. 0,17. Die Hydrolyse von weitgehend gereinigter *T 4*-**I** durch Pankreas-**IV** erfaßte 11% der Phosphorylbindungen. Das halbe Digestat wurde mit *Crotalus adamanteus*-Gift, das *Diesterase* (**V**) u. *5'-Monoesterase* (**VI**) enthält, die andere Hälfte mit einem prakt. **VI**-freiem **V**-Präp. behandelt, wobei die Hydrolyse nach Spaltung von 70% der Phosphorylbindungen der durch **IV** gebildeten Polynucleotide aufhörte. Die **II**-Best. erfolgte in den einzelnen Verbb. oder den Gemischen spektrophotometr., die von **III** mittels der Anthronmeth.; außerdem nach Abspaltung durch Kochen mit *Dowex-50-H* durch Anionenaustauschchromatographie in einem Boratsyst. u. durch das Hexokinase–Feuerfliegenluminescenz-System. (J. Amer. chem. Soc. **76**. 5892—93. 20/11. 1954. Oak Ridge, Tenn., Oak Ridge Nat. Labor.) K. MAIER. 4331

Branimir Miletić, *Restauration durch Katalase bei lysogenen, bestrahlten Bakterien. Produktion von Bakteriophagen.* Die Restauration durch *Katalase* zeigt sich anscheinend nur bei lysogenen Bakterien. Bei Erhitzen über 60°, d. h. Zerstören der enzymat. Wrkg., bleibt die Restauration aus. Sie zeigt sich bei mit UV oder Röntgenstrahlen bestrahlten Kulturen von E. coli lysog. in einer Vermehrung der überlebenden Zellen u. der Zentren der Produktion des Virus. (C. R. hebd. Séances Acad. Sci. **238**. 1541—42. 5/4. 1954.) G. WELTZIEN. 4331

L. Cima, *Modifikationen des Bakterienstoffwechsels durch kombinierte Antibioticawirkung.* Nach Wachstum von E. coli auf verschied. Antibioticis u. Kombination derselben [*Penicillin, Chloramphenicol* (**I**), *Dihydrostreptomycin, Terramycin* (**II**) u. *Gantrisin*] wurde die Reduktionsfähigkeit gegen Triphenyltetrazol (Dehydraseaktivität), Kaliumferricyanid (Sulfhydrylgruppen) u. die Anfärbung mit Toluidinblau (Ribonucleinsäure) untersucht. So waren in Ggw. von **I** alle Rkk. positiv, bei **II** dagegen nur sehr schwach ausgeprägt. Bei Kombination der Antibiotica kam es in den meisten Fällen zu einer Summationswrkg., seltener zu einer Interferenz. (Arch. ital. Sci. farmacol. [3] **4**. 72—77. Jan. 1954. Padova, Ist. di Farmacol.) G. GERBER. 4340

Günter Schmidt-Kastner, *Actinomycin E und Actinomycin F, zwei neue biosynthetische Actinomycingemische.* Streptomyceten bilden in einer Nährlsg. mit anorgan. N-Quellen bei Zugabe von Aminosäuren in einer Menge von 0,005—0,5% neue Actinomycine. Mit DL-Isoleucin werden die *Actinomycine* E_1 u. E_2 gebildet, die im Peptidteil — wahrscheinlich an Stelle von N-Methylvalin — 1 bzw. 2 Mol N-Methylisoleucin enthalten. Mit Sarkosin werden 6 neue Verbb. erhalten, die mit F_0—F_5 bezeichnet werden.

F_1 u. F_3 enthalten als erste Actinomycine weder Prolin noch Oxyprolin. F_5 enthält eine noch unbekannte Aminosäure. (Naturwissenschaften **43.** 131—32. März 1956. Elberfeld, Bayer A.-G., Physiol. Labor.) F. LINGENS. 4340

John Ehrlich, Mildred P. Knudsen, Lucia E. Anderson, Harold J. Koepsell, George L. Coffey, Dorothy L. Kohberger, Arthur B. Hillegas und **Julian E. Oyaas,** *Antibiotische Untersuchungen von Azaserin.* Das aus einer Streptomyceskultur PARKE-DAVIS Nr. 04926 gewonnene *Azaserin* hat eine inhibierende Wrkg. auf Erroscelestus in Eiern, CROCKER-Mäusesarkom 180 u. in vitro auf eine Anzahl grampositiver u. -negativer Bakterien. Das krist. *Azaserin* hat eine nur mäßige Wrkg. auf Bakterien, die das Wachstum inhibieren von Species von Acetobacter, Agrobacterium, Bacillus, Clostridium, Escherichia, Hämophilus, Mycobacterium, Neisseria, Pasteurella, Salmonella u. Vibrio in einer Konz. von 50 $\mu g/cm^3$ oder weniger. Bei einer Konz. von 250 $\mu g/cm^3$ oder weniger wirkt es inhibierend auf Alternaria, Armillaria, Aspergillus, Candida, Cercospora, Endomycopsis, Gelasinospora, Helminthosporium, Histoplasma, Kloeckera, Mortierella, Mucor, Mycoderma, Nematospora, Phycomyces, Pichia, Polyporus, Poria, Saccharomyces, Schizosaccharomyces, Sporobolomyces, Torulopsis, Zygosaccharomyces. Wenig oder keine Einw. hat es auf Protozoen oder Viren. (Nature [London] **173.** 72. 9/1. 1954. Detroit, Mich., Parke, Davis & Co.) G. WELTZIEN. 4340

G. Fischer, B. Bizzini, M. Raynaud und **A.-R. Prévot,** *Untersuchungen über die ligninzersetzenden Bakterien.* 2. Mitt. *Merkmale der aus Boden isolierten ligninabbauenden Bakterien.* (1. vgl. RAYNAUD u. Mitarbeiter, C. **1956.** 155.) Die aus den verschiedensten Böden isolierten ligninabbauenden Bakterien gehörten der Gattung *Pseudomonas* an. Sie zeigten im Kulturverh. hinsichtlich Nitrat → Nitrit-Red., Kohlenhydratabbau, Farbstoffbldg. auf Kartoffel usw. untereinander erhebliche Unterschiede. Die ligninolyt. Wirksamkeit ist anscheinend eine charakterist. Eig. von *Pseudomonas.* In vitro ist der Ligninabbau ein stark aerober Prozeß, der von starkem O_2-Verbrauch begleitet ist. (Ann. Inst. Pasteur **88.** 618—24. Mai 1955.) K. MAIER. 4350

N. A. N. Rao und **T. K. Wadhwani,** *Über die Methode zur Isolierung eines Peptides aus dem Zellhomogenat von Mycobacterium tuberculosis $H_{37}R_v$.* Aus Zellhomogenaten von Kulturen von *Mycobacterium tuberculosis $H_{37}R_v$*, die 3 Wochen lang bei Ggw. von $(NH_4)_2SO_4$ als alleiniger N-Quelle gewachsen waren, wurde papierchromatograph. ein Peptid gewonnen, das bisher noch nicht isoliert werden konnte. In dem entwickelten Chromatogramm wurde zwischen diesem Peptid u. dem im Homogenat enthaltenen Lysin eine ninhydrinnegative Substanz gefunden, die im UV-Licht eine blaue Fluorescenz zeigt. Das über dieser Zone befindliche Peptid konnte durch Extraktion mit 75%ig. Aceton u. Verdampfen des Lösungsm. im Vakuum unter N_2-Atmosphäre u. bei höchstens 40^0 rein dargestellt werden. (Naturwissenschaften **43.** 106—07. März 1956. Bangalore, Indian Inst. of Sci., Pharmacol. Labor.) R. RUTKOWSKI. 4350

Odd Wager, Pertti Paljakka und **Timo Seppälä,** *Cortison und zirkulierende Antikörper. Die Wirkung einer Einzeldosis von Cortison auf zirkulierendes Diphtherieantitoxin und Lymphocytenzahl bei vorher immunisierten Kaninchen.* Bei Kaninchen, welche 1 Jahr früher gegen Diphtherie immunisiert wurden, verursacht eine Einzeldosis von 50 mg *Cortisonacetat* keine Änderung der Konz. des zirkulierenden Diphtherieantitoxins, während die Lymphocytenzahl vermindert wird. — 13 Literaturangaben. (Ann. Med. exp. Biol. fenn. **33.** 125—32. 1955. Helsinki, Univ., Dep. of Serolog. and Bacteriol. and Wihuri Res. Inst.) H. LAMP. 4370

Lewis Thomas, Richard T. Smith und **Richard von Korff,** *Fällung eines Proteins in menschlichem und Kaninchenplasma durch Heparin in der Kälte.* Injiziert man Kaninchen ein aus gramnegativen Bakterien abgeleitetes Endotoxin, so tritt nach 1—6 Std. in der Kälte durch Heparin im Plasma eine Fällung von gelatinöser Proteinsubstanz auf, die sich beim Erwärmen wieder auflöst. Im Serum tritt keine solche Fällung ein. Die ähnliche Wanderung bei der Papierelektrophorese, sowie die teilweise Koagulierbarkeit durch Thrombin deuten auf Beziehungen zum Fibrinogen. 10 Min. nach intravenöser Injektion von *Liquoid* (*Na-Polyanetholsulfonat*) verschwindet das Material aus dem Blut. Ein ähnliches, mit Heparin fällbares Protein ist in n. menschlichem Plasma vorhanden, ganz bes. bei Patienten mit akuten rheumat. Erkrankungen; die Menge des Nd. verminderte sich hier aber bei *Salicylat-* u. *Cortison*-Therapie. (Proc. Soc. exp. Biol. Med. **86.** 813—18. Aug./Sept. 1954. Minneapolis, Minn., Univ. of Minnesota, Med. School.) TH. MARSSON. 4370

K. Ss. Ssuchow und **G. Ss. Nikiforowa,** *Kristalline Einschlüsse des Tabakmosaikvirus in den Plastiden des Mosaiktabaks.* Es wird bestätigt, daß in den Chloroplasten krist. Gebilde vorliegen, die einwandfrei aus Virusteilchen bestehen. In den einzelnen Granulen der Plastiden liegen keine großen Virusaggregate vor, jedoch linsenförmige

Gebilde, die im gesunden Material nicht vorkommen u. möglicherweise parakrist. Virusanhäufungen darstellen. Ihre Natur bleibt zunächst ungeklärt. Im Elektronenmikroskop beobachtet man die Kristalle nur in den zerstörten Chloroplasten der Mosaiktabakblätter, nicht jedoch in den Chloroplasten aus Blättern ohne Mosaikanzeichen. (Доклады Академии Наук СССР [Ber. Akad. Wiss. UdSSR] **104.** 786—88. 11/10. 1955. Abt. biol. Wiss. der Akad. der Wiss. der UdSSR, Elektronen-Labor.) O. LEBTAG. 4374

Alfred Gierer und Gerhard Schramm, *Die Infektiosität der Nucleinsäure aus Tabakmosaikvirus.* Die durch kurzzeitige Phenolbehandlung des *Tabakmosaikvirus* (TMV) isolierte *Ribonucleinsäure* (I) hat infektiöse Eigg.; es wurde gezeigt, daß der Effekt nicht auf Beimengungen von intaktem Virus beruht oder von der Anwesenheit kleinerer Mengen von nativem Virusprotein abhängt. Somit erscheint I als diejenige Komponente des Virus, die den Reproduktionsvorgang bewirkt. Bezieht man die Aktivität der I nicht auf das Gewicht des Virus, sondern auf die im Virus enthaltene I, so ergibt sich, daß I 1000 mal weniger wirksam ist als die an Protein gebundene I des nativen TMV. Die isolierte I ist sehr instabil. — Tabellen, Versuchsbeschreibung. (Z. Naturforsch. **11b.** 138 bis 142. März 1956. Tübingen, Max-Planck-Inst. für Virusforsch.) H. GOEBEL. 4374

Hanns W. Schulz-Ehlbeck, *Untersuchungen über die Virucidie von Desinfektionsmitteln.* Unterss. von Feindesinfektionsmitteln (I) wie Gemische von *Phenol*-Derivv. u. Seife, verschied. *quartäre NH_4-Verbb.*, Präpp. auf der Basis von *Ampholyt*-Seifen u. ein *Oxychinolinsulfat*-Präp. ergaben keine ausreichende Virusinaktivierung durch I. Gute Wrkg. zur Hände- u. Instrumentenschnelldesinfektion mit einer *quartären NH_4*-Verb. im Gemisch mit halogenierten *Alkyl*- u. *Aralkylphenolen* in alkoh. Lösung. Die Grobdesinfektionsmittel waren den I überlegen, günstige Wrkg. zeigten *Kresolseifen*-Präpp., eine *Formaldehydseifen*-Lsg. u. vor allem die Tuberkulosesputumdesinfektionsmittel (II) wie *1-Methyl-6-chlor-3-oxybenzol* in *Alkali* (III) sowie *o-Kresol* in Seife u. die alkal. Lsg. von *p-Chlor-m-kresol*, beide mit Geh. an freiem III. Mit den II konnten Virussuspensionen bei 2%ig. Anwendung in 5 Min. inaktiviert werden. (Aerztl. Forsch. **8.** I/556—60. 10/12. 1954. Hamburg-Langenhorn, Allg. Krankenhaus Heidberg.) H. DOSSMANN. 4374

R. Corbaz, L. Ettlinger, E. Gäumann, W. Keller-Schierlein, F. Kradolfer, E. Kyburz, L. Neipp, V. Prelog, A. Wettstein und H. Zähner, *Stoffwechselprodukte von Actinomyceten.* 4. Mitt. *Die Foromacidine A, B, C und D.* (3. vgl. C. **1956.** 2785.) Aus dem Kulturfiltrat zweier Streptomyceten (ETH. 8703 u. 9427), die mit *Streptomyces ambofaciens* PINNERT-SINDICO verwandt sind, wurden 4 lipophile, bas. Antibiotica, *Foromacidin* (I) *A, B, C* u. *D* isoliert. I*A, B* u. *C* sind mit den von *S. ambofaciens* gebildeten Spiramycinen *I, II* u. *III* identisch. I*A, B* u. *C* geben bei milder saurer Hydrolyse *Mycarose* u. *Forocidin* (II) *A, B* u. *C*. I*B* u. II*B* liefern bei alkal. Hydrolyse 1 Mol *Essigsäure*, I*C* u. II*C* 1 Mol *Propionsäure*. Die 4 I-Verbb. enthalten nach dem UV-Spektr. den gleichen Chromophor u. anscheinend ein konjugiertes Diensystem. I*A, B* u. *C* besitzen 1 OCH_3, 4 NCH_3, 6, 4—5 bzw. 4—5 akt. H u. ≥ 5, ≥ 6 bzw. ≥ 6 CCH_3-Gruppen, je 2 mit Pd in A. hydrierbare Doppelbindungen, sowie zusätzlich eine mit PtO_2 in Eisessig hydrierbare Gruppierung. II*B* u. *C* besitzen nach dem UV-Spektr. prakt. den gleichen Chromophor, 1 OCH_3, 2 NCH_3, 5 CCH_3, 5 akt. H-Atome u. 2 mit Pd hydrierbare Doppelbindungen. Bei der Bldg. der II-Verbb. wird, wie papierchromatograph. nachweisbar war, noch 1 Mol eines Dimethylaminozuckers abgespalten. Für II*A, B* u. *C* läßt sich eine untenst. vorläufige Teilformel ableiten. Die biol. Aktivität von I*A, B* u. *C* ist sehr ähnlich, die von *D* eine Zehnerpotenz kleiner. Sie sind in vitro gegenüber grampositiven Bakterien hochwirksam, I*A, B* u. *C* in gewissem Grade auch gegenüber gramnegativen. Sie besitzen gegenüber ersteren ebenfalls in vivo gute Wirksamkeit, außerdem in vivo gegenüber Pasteurellen, Spirochäten, Amöben (*Entamoeba histolytica*) u. Malariaerregern (*Plasmodium berghei*). Die akute Toxizität ist gering. Penicillinresistente Mikroorganismen sind I-empfindlich, dagegen tritt bei I-Verbb. u. *Pikromycin* eine partiell gekreuzte Resistenz auf. Anscheinend besteht eine Verwandtschaft der I-Verbb. mit den Antibioticis der *Carbomycin–Erythromycin*-Gruppe.

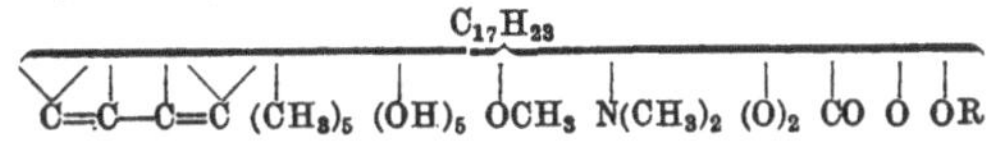

II A R = H
II B R = CH_3CO
II C R = CH_3CH_2CO

V e r s u c h e: *Isolierung der Foromacidine A, B, C u. D*: Kulturfiltrat (50 Liter) bei p_H 8,5 mit Äthylacetat extrahieren, 15 Liter Extrakt mit 0,5n Essigsäure ausziehen, letztere sodaalkal. stellen, mit Essigester extrahieren, Essigsäureextraktion wiederholen Basen nach Neutralisation in Essigester aufnehmen, im Vakuum eindampfen, 145stufige GRAIG-Verteilung von 11,6 g Rohbasen zwischen Chlf.–0,2mol. Citratpufferlsg., p_H 4,9 (1 : 1): Fraktion 71—115 4,8 g Roh-I*A*, 39—70 2,4 g Roh-I*B*, 16—38 2,7 g Roh-I*C* + wenig I*D*, I*C*- u. I*D*-Trennung durch 290stufige Verteilung zwischen Chlf.–mol. Acetatpuffer, p_H 4,5: Fraktion 130—140 5,6 g reines IC, 115—129 5,2 g, weniger rein, 55—90 0,78 g ID. *Foromacidin A*, $C_{45}H_{78}O_{15}N_2$, F. 134—138°, 4,8 g Rohprod. über 112 Stufen wie bei der Isolierung verteilen, Fraktion 55—88 (4,15 g) aus Ae.-PAe. umlösen; $[\alpha]_D$ —81° (c = 0,34; CH_3OH), —56° (c = 0,52; Chlf.), pK^*_{MCS} 6,8 (scheinbarer pK-Wert in Methylcellosolve-W.), λ_{max} 231 mμ, log ε 4,45 (A.), ν_{max} 3500, 1735 cm^{-1} (KBr). *Foromacidin B*, $C_{47}H_{80}O_{16}N_2$, F. 130—132° (Ae.-PAe.), 4,5 g Rohprod. über 242 Stufen zwischen Chlf.-mol. Acetatpuffer, p_H 4,55, verteilen, Fraktion 121—130 2,3 g reines IB, 115—120, 131—150 1,6 g fast reines IB (80—95 0,25 g IC); $[\alpha]_D$ —83° (c = 0,82, A.), —61° (c = 0,93; Chlf.), pK^*_{MCS} 6,8, λ_{max} 231 mμ, log ε 4,43, ν_{max} 3500, 1733, 1245 cm^{-1} (KBr). *Foromacidin C*, $C_{48}H_{82}O_{16}N_2$, F. 124—128° (Ae.-PAe.), durch 2malige Verteilung; $[\alpha]_D$ —79° (c = 1,19; A.), —62° (c = 0,90; Chlf.), pK^*_{MCS} 6,8, λ_{max} 231 mμ, log ε 445, ν_{max} 3500, 1733, 1190 cm^{-1} (KBr). *Foromacidin D*, F. 135—140° (Ae.-PAe.), $[\alpha]_D$ —75° (c = 0,81; A.), pK^*_{MCS} 6,8, λ_{max} 231 mμ, log ε 4,44, ν_{max} 3500, 1725, 1245 cm^{-1} (KBr). — Saure Hydrolyse von IA, B u. C: 1 Gewichtsteil I mit 50 Volumenteilen 0,75n HCl 24 Std. bei Raumtemp. belassen, mit $NaHCO_3$ neutralisieren, Forocidine mit Chlf. extrahieren, aus der wss. Schicht durch Benzolextraktion *Mycarose*, F. 126,5—127,5°, papierchromatograph. außerdem *Dimethylaminozucker* nachweisbar. *Forocidin B*, $C_{32}H_{55}$·$O_{12}N$, F. 227—231°, aus 800 mg IB 505 mg chloroformlösl. bas. Anteile; Plättchen (Aceton-Ae.), $[\alpha]_D$ —6° (c = 0,65; A.), pK^*_{MCS} 7,5, λ_{max} 232 mμ, log ε 4,41, ν_{max} 3400, 1735, 1245 cm^{-1} (KBr). *Forocidin C*, $C_{33}H_{57}O_{12}N$, F. 217,5°, aus 400 mg IC 250 mg chloroformlösl. bas. Anteile; Nädelchen (Aceton-Ae.), $[\alpha]_D$ — 7° (c = 1,62; A.), pK^*_{MCS} 7,6, λ_{max} 232 mμ, log ε 4,41, ν_{max} 3400, 1735, 1195 cm^{-1} (KBr). — Alkal. Hydrolyse von IA, B, C u. IIB, C: IA 0,4 Mol HCOOH, IB 1,3 Mol HCOOH u. Essigsäure, IC 1,3 Mol HCOOH u. Propionsäure, IIB 1,1 Mol Essigsäure, IIC 1,2 Mol Propionsäure, Identifizierung als p-Phenylphenacylacetat u. -propionat. (Helv. chim. Acta **39.** 304—17. 1/2. 1956. Basel, CIBA-Akt.-Ges., Forsch.-Labor., Pharmazeut. Abt.; Zürich, ETH, Inst. für spezielle Bot. u. Org.-chem. Labor.) K. MAIER. 4380

L. Hough und **M. B. Perry**, *Ein extracelluläres Polysaccharid aus Mucor racemosus.* Vff. beobachten die Bldg. eines *glucanhaltigen Polysaccharids* (I) in Mucor racemosus-Kulturen, die auf einem 5% *Glucose* (II) enthaltenden Substrat gezüchtet worden sind. Die Hauptkomponente von I wird durch fraktionierte Fällung mit A. erhalten, besitzt $[\alpha]_D^{20}$ —51° (c = 1,0; W.), enthält 0,56% N (entsprechend ca. 3,5% Protein) u. ist homogen. Wss. Lsgg. von I sind sauer, geben keine Färbung mit Jod u. red. FEHLING-Lsg. nicht. Hydrolyse mit 98%ig. Ameisensäure (100°, 20 Std.) liefert *Glucuronsäure* (*D-Glucurono-6.3-lacton*; 58%), *D-Galaktose* (4,5%), *D-Mannose* (6,8%) u. *L-Fucose* (III) (13,4%). Autohydrolyse von 1%ig. wss. I-Lsg. (p_H 2,6, 80°, 9 Std.) führt zur Abspaltung sämtlicher Desoxyhexosemoll., woraus hervorgeht, daß III in der Furanoseform als nicht red. Endgruppe vorliegt. Durch Perjodatoxydation wird III zerstört. Daraus ergibt sich, daß es die nicht red. Endstellungen einnimmt. (Biochem. J. **61.** VIII—IX. Sept. 1955. Bristol, Univ., Dep. of organ. Chem.) P. FAHRNLAENDER. 4380

J. Singh, T. K. Walker und **M. L. Meara**, *Die Zusammensetzung der Fettsäuren des Fettes von Aspergillus nidulans.* Das getrocknete Mycel des nach der näher beschriebenen Vorschrift kultivierten Pilzes *Aspergillus nidulans* enthält (bezogen auf Trockengewicht) 45% eines hellgelben, halbfesten Fettes. Kennzahlen: VZ. 290,8; JZ. 73,4; freie Fettsäuren (berechnet als Ölsäure) 0,8%; Unverseifbares 1,4%. Zus. der Fettsäuren (%): 0,7 *Myristin-*, 20,9 *Palmitin-*, 15,9 *Stearin-*, 1,4 *Arachidon-*, *Behen-* u. *Lignocerin-*, 1,2 *Hexadecen-*, 40,3 *Öl-*, 17,0 *Linol-*, 0,2 *Linolen-* u. 2,4 ungesätt. C_{20}—C_{22}-Säuren. Wegen des geringen Geh. an freien Fettsäuren scheint eine Kultur des Pilzes in größerem Maßstab lohnenswert, zumal bei hoher Ölausbeute ein Fett erhalten wird, das, wie orientierende Verss. zeigten, für Ernährungszwecke geeignet ist. (Biochem. J. **61.** 85—88. Sept. 1955. Manchester, Univ., Coll. of Technol., Liverpool, Univ., Dep. of organ. Chem.) H. P. FIEDLER. 4380

Hisaya Tsugami, *Ernährungsphysiologie von Dermatophyten.* 6. Mitt. *Aminosäuren.* Es wurde die Abhängigkeit des Wachstums von T. gypseum von einer einzigen *Aminosäure* (I) als N-Quelle untersucht. Auf Grund der Best. der optimalen Konz. von *Glutaminsäure* wurde das G2G-Medium hergestellt. Bei Zusatz einer geringen Menge einer anderen I wurde entweder Wachstumssteigerung oder Hemmung gefunden, die auf eine antagonist. Beziehung zwischen den beiden I zurückzuführen ist. Das halbsynthet. H I-Medium enthält sauer hydrolysiertes *Casein* als einzige N-Quelle, dessen eingeschlossenes *Cystin* (II) durch die Hydrolyse inaktiviert wurde. Es wurde deshalb II zugefügt (H2C-Medium). Das zugesetzte II wurde in Ggw. von Glucose im Autoklaven behandelt, wobei eine Aktivitätsminderung eintrat. Die wirksame Menge II im hitzesterilisierten H2C-Medium wurde mit Hilfe einer mikrobiol. Meth. bestimmt. Der ermittelte Wert stellt den II-Bedarf von T. gypseum dar. Das Mycel von T. gypseum, das auf einem GI-Medium mit *Asparagin* als einziger N-Quelle längere Zeit kultiviert wurde, wurde einer sauren Hydrolyse unterworfen. Mit Hilfe der Papierchromatographie konnten 14 I in dem Hydrolysat nachgewiesen werden. (Jap. J. Dermatol. Venereol. **65.** 222—26. April 1955. Osaka, Univ., Med. School, Dep. of Dermatol. and Urol., u. Prefectural Hosp., Dep. of Dermatol. [Orig.: japan.; Auszug: engl.]) S. HOTHORN. 4380

Hisaya Tsugami, *Ernährungsphysiologie von Dermatophyten.* 7. Mitt. *Zuckerverbrauch.* (6. vgl. vorst. Ref.) Ernährungsbilanzen über den Zuckerverbrauch von Dermatophyten zeigen übereinstimmend hohe Werte, ohne jedoch eine Vereinheitlichung zuzulassen. Vf. fand in seinen Verss. einen ökonom. Koeff. zwischen 0,22—0,34 für T. gypseum, T. interdigitale, T. rubrum, Endodermophyton concentricum u. Achorion Schoenleinii. *Glucose* (**I**) eines **I**–Pepton-Mediums wurde fast vollständig verbraucht, während *Galaktose* (**II**) nur zu einem Teil abgebaut wurde. Aus einem Gemisch beider Zucker wurde **I** wesentlich rascher verbraucht als **II**. (Jap. J. Dermatol. Venereol. **65.** 226—30. April 1955. [Orig.: japan.; Auszug: engl.]) S. HOTHORN. 4380

Hisaya Tsugami, *Ernährungsphysiologie von Dermatophyten.* 8. Mitt. *Vitamin B_6-Gehalt des Nährmediums zur Kultivierung von Dermatophyten.* (7. vgl. vorst. Ref.) Um den *Vitamin B_6* (**I**)-Bedarf u. die Biosynth. durch Dermatophyten untersuchen zu können, muß der **I**-Geh. des zur Aufzucht gewählten Nährmediums bekannt sein. Es wurden 36 verschied. Materialien mit Hilfe einer mikrobiol. Bestimmungsmeth. (Saccharomyces carlsbergensis ATCC 9,080) auf ihren **I**-Geh. geprüft. Die **I**-Gehh. verschied. Nährmedien für Dermatophyten werden angegeben. (Jap. J. Dermatol. Venereol. **65.** 231—33. April 1955. [Orig.: japan.; Auszug: engl.]) S. HOTHORN. 4380

Hisaya Tsugami, *Ernährungsphysiologie von Dermatophyten.* 9. Mitt. *Vitamin B_6-Bedarf und Biosynthese von Dermatophyten.* (8. vgl. vorst. Ref.) *Pyridoxin* beschleunigte nicht das Wachstum von T. gypseum A 801, pleomorph A 701, T. interdigitale i 802 u. T. rubrum R811. Bei Verwendung des G 1-Mediums konnten größere Mengen von synthetisiertem *Vitamin B_6* (**I**) gefunden werden bei T. gypseum, A801, T. interdigitale i 802, T. rubrum R811, Achorion Schoenleinii S701 u. Mikrosporon japonicum J823. Der **I**-Geh. in den Mycelien entspricht dem anderer nichtpathogener Pilze u. übertrifft den anderer Naturprodukte. Es wurde gefunden, daß Dermatophyten eine Substanz produzieren, die das Wachstum von Sacch. carlsbergensis hemmt. (Jap. J. Dermatol. Venereol. **65.** 234—36. April 1955. [Orig.: japan.; Auszug: engl.]) S. HOTHORN. 4380

E_4. Pflanzenchemie. Pflanzenphysiologie. Pflanzenpathologie.

J. D. Bu'Lock, *Bestandteile höherer Pilze.* 4. Mitt. *Ein Chinon aus Polyporus fumosus.* (3. vgl. JONES, C. **1954.** 6739.) Aus dem auf einem Weizenaufguß-Glucose-Medium gewachsenen Pilzstamm *Polyporus fumosus* wurde *2.5-Dimethoxybenzochinon* (**I**) isoliert, das mit konz. H_2SO_4 eine rote Farb-Rk. gab u. folgendes UV-Spektr. zeigte: λ_{max} 2820 u. 3600—3700 mμ (log ε = 4,13 u. 3,53). **I** wurde bisher im Gegensatz zu seinem 2.6-Isomeren noch nicht aus natürlichen Quellen isoliert. Es ist möglich, daß **I** aus einer in dem Kulturmedium vorhandenen Vorstufe gebildet wird, u. zwar in einer kurzen Phase während des Wachstumsprozesses bald nach der Impfung.

V e r s u c h e: *2.5-Dimethoxybenzochinon*, $C_8H_8O_4$, F. ca. 250° (Zers.; bei ca. 200° beginnende Sublimation), a) der Pilz wurde in Penicillinflaschen auf einem Glucose–Salze–Weizenaufguß-Medium aufgezogen u. nach dem Heranwachsen einer Mycelschicht (nach 3 Wochen) das Kulturmedium abgelassen u. 4 mal mit Methylenchlorid extrahiert; nach dem Verdampfen 0,1 g halbkrist. Material; Reinigen durch Vakuumsublimation oder durch Umkristallisieren aus A. oder Essigsäure; b) durch $ZnCl_2$-katalysierte Addition von Methanol an Benzochinon. (J. chem. Soc. [London] **1955.** 575—76. Febr. Manchester, Univ.) E. FRANCK. 4420

P. Correale und **E. Cortese,** *Über das Vorkommen von Oxyphenylalkylaminen in den Samen und Keimen zweier Ginsterarten.* (Vgl. auch CORREALE u. CORTESE, C. **1954.** 3281.) 1. Weder in Samen noch in Keimen von Genista spartium wurden Derivv. des Brenzcatechins aufgefunden, reichlich dagegen eine noch unbekannte Substanz wahrscheinlich monophenol. Natur. 2. Vergleichende papierchromatograph. Unters. der Acetonextrakte von Samen (a), Keimen auf Sandboden, 10 Tage alt (b) u. sodann auf Gartenerde verpflanzten, 3 Wochen älteren Keimen (c) ergab: a enthalten Spuren von *Tyramin* (**I**) u. *Dopa* (**II**); *Tyrosin* (**III**) ist nach Säurehydrolyse nachweisbar. b enthalten freies **III**, viel **I**, Spuren **II** sowie *Epinin* (**IV**), *Oxytyramin* (**V**) u. eine noch unbekannte *diphenol. Substanz* (**VI**); von diesen Substanzen sind in c noch nachzuweisen **I** u. **V** sowie Spuren von **IV** u. **VI**. (Naturwissenschaften **41.** 139—40. März 1954. Bari, Univ., Pharmakol. Inst.) H. SCHLOTTMANN. 4420

Karl Herrmann, *Über das Vorkommen von Kaffeesäure und Chlorogensäure im Obst und Gemüse.* Vf. wies *Kaffee-* (**I**) u. *Chlorogensäure* (**II**) in verschied. Obst- u. Gemüsearten nach, indem Ae.- u. Essigesterextrakte auf Papier aufsteigend in Butanol–Essigsäure–W. u. Essigsäure chromatographiert wurden. **I** u. **II** wurden an ihren in beiden Lösungsmittelgemischen umgekehrten R_F-Werten, an ihrer Fluorescenz im UV-Licht u. an der Farb-Rk. mit Natriumnitrit–Essigsäure erkannt. Ferner wurde die durch salzsaure Hydrolyse der **II**-haltigen Extrakte entstandene **I** papierchromatograph. erfaßt. **II** wurde gefunden in: Apfel, Birne, Quitte, Süß- u. Sauerkirsche, Pflaume, Aprikose, Johannis- u. Stachelbeere, Tomate; **I** u. **II** in: Möhre, Bohne, Sellerie, Kopf- u. Feldsalat, Gurke, Schwarzwurzel u. verschied. Kohlarten. Ein eindeutiger Nachw. gelang nicht in: Spinat, Porree, Zwiebel u. Spargel. (Naturwissenschaften **43.** 109. März 1956. Halle/Saale, Univ., Inst. für landwirtschaftl. Technol. u. Vorratspflege.)
H. KAMPFER. 4420

N. H. E. Ahlers und **A. C. Dennison,** *Die spektroskopische Prüfung von Schlangenkürbisölen.* Aus den zerquetschten Samen vom japan. (*Trichosanthes cucumeroides* bzw. ind. Schlangenkürbis (*Trichosanthes anguina*) wurde durch Extraktion mit PAe. (Kp. 40 bis 60°) das Öl mit Ausbeuten von 22 bzw. 30% erhalten; n_D^{25} 1,494 bzw. 1,496; Säurewert: 5 bzw. 7 mg KOH/g. Die UV-Spektren der Öle wurden über den Wellenlängenbereich von 220—300 mμ in Cyclohexanlsgg. aufgenommen. In jedem Fall wurden 3 Absorptionsmaxima mit der Hauptbande bei 275 mμ u. Nebenbanden bei 265 u. 287 mμ verzeichnet (charakterist. für konjugierte Triensysteme). Intensitätsmessungen zeigen, daß *Punicinsäure* (**I**) zu ca. 37 bzw. 41% in den Ölen vorhanden ist. Infrarotspektren der Öle wurden von 2,5—15 μ registriert, sie zeigen die Absorptionsbanden von langkettigen ungesätt. Triglyceriden u. Maxima bei 10,1 u. 10,67 μ. Die Wellenlängen sind ident. mit denen von Granatapfelsamenöl, dessen ungesätt. Fettsäure eine cis.cis–trans- oder eine trans–cis.cis-Orientierung zugeordnet ist. Es ist daher wahrscheinlich, daß **I** oder das entsprechende Isomere der Fettsäurebestandteil beider Öle ist. (Chem. and Ind. **1954.** 603. 22/5. Teddington, Middlesex, Paint Res. Stat.)
H. BENISCHKE. 4420

Luigi Panizzi und **Maria Luisa Scarpati,** *Konstitution des Cynarins, des aktiven Prinzips der Artischocke.* Aus einem Auszug der Blätter von Cynara scolymus wurde *Cynarin* (**I**) krist. erhalten u. die Konst. aufgeklärt. Es ist eine schwache Säure, gibt mit $FeCl_3$ grüne Farbe, ist oxydierbar u. gibt gelben Nd. mit Pb-Acetat oder BaOH. Es wurde eine Hexaacetyl-, ein Tetrahydro- u. ein Pentamethylderiv. erhalten. Durch Spaltung mit Alkali entsteht Protocatechusäure, durch Verseifung mit verd. Alkalien Chinasäure (**II**) u. 2 Mol Kaffeesäure (**III**). Verseift man das Tetrahydroderiv., so erhält man **II** u. Dihydrokaffeesäure. Bei Verseifung des Pentamethylderiv. entstehen Methanol, **II** u. 2 Mol 3.4-Dimethoxyzimtsäure. Oxydation mit $KMnO_4$ ergibt Veratrumsäure. **I** ist also ein Tridepsid aus 2 Mol **III** u. 1 Mol **II**. Die Verseifung der vollständig methylierten Substanz liefert 3.4-Dimethoxyzimtsäure u. 3.5-Dimethoxy-1.4-dioxycyclohexancarbonsäure; daraus kann man schließen, daß im **I** die **II** in Stellung 1 u. 4 mit **III** verestert ist.

V e r s u c h e: *Cynarin* (**I**), $C_{25}H_{24}O_{12} \cdot H_2O$, F. 227—228°, aus einem Auszug der Blätter durch Fällung als Pb-Salz u. Freisetzung mit H_2SO_4 u. H_2S, flache Nadeln oder kleine Plättchen, $[\alpha]_D^{25°}$ —59°; *Hexaacetylcynarin,* F. 168—172°; *Tetrahydrocynarin,* F. 134—140°; *Pentamethylcynarin,* F. 160—161°, aus **I** mit Methylsulfat. (Nature [London] **174.** 1062. 4/12. 1954. Rom, Univ., Inst. di Chim. Organ.) A. DILLMANN. 4420

T. W. Goodwin, *Untersuchungen über die Carotinogenese.* 19. Mitt. *Ein Überblick über die Polyene in einer Anzahl reifer Beeren.* (18. vgl. C. **1956.** 8941.) Vf. untersucht die *Polyene* in den Beeren von 23 Pflanzenspecies, die zu 8 Familien gehören, wobei besonderer Wert auf eine möglichst vollständige Erfassung auch der nur in geringer Konz. vorkommenden Polyene gelegt wird. Die vorliegenden Ergebnisse gestatten noch keine Rückschlüsse auf taxonom. Korrelationen. Da in den meisten lycopinhaltigen Beeren kein Tetrahydrolycopin gefunden werden konnte, nimmt Vf. im Gegensatz zu PORTER u. LINCOLN (C. **1951.** I. 1892) eine Parallelbldg. der Polyene u. nicht eine aufeinanderfolgende an. (Biochem. J. **62.** 346—52. Febr. 1956.)
E. SCHWERDTFEGER. 4420

T. W. Goodwin und **D. G. Land,** *Untersuchungen über die Carotinogenese.* 20. Mitt. *Carotinoide einiger Chlorobiumspecies.* (19. vgl. vorst. Ref.) Vff. untersuchen die Carotinoide von Chlorobium limicola (C. l.), Ch. thiosulphatophilum (C. t.) u. einer unbekannten halophilen Art. In allen 3 Species ist *γ-Carotin* (**I**) das Hauptpigment (ca. 85% der Gesamtcarotinoide). Bei C. l. u. C. t. tritt auch *Rubixanthin* (10—15%) auf. Diphenylamin (**II**) hemmt, ähnlich wie bei Rhodospirillum rubrum, die Synth. von **I** u. seinen Derivv. stark, stimuliert jedoch die Synthesen von *Phytoin, Phytofluin* u. *ζ-Carotin* nur wenig. In den II-Kulturen konnten außerdem 2 unidentifizierte farblose Verbb. in geringer Konz. nachgewiesen werden. (Biochem. J. **62.** 553—56. April 1956. Liverpool, Univ., Dep. of Biochem.) E. SCHWERDTFEGER. 4420

A. Lukton, C. O. Chichester und **G. Mackinney,** *Charakterisierung eines zweiten Pigmentes in Erdbeeren.* Neben *Pelargonidin-3-glucosid* enthalten Erdbeeren in geringer Menge *Cyanidin-3-glucosid* (I). Die Pigmente wurden aus n-Butanol als Hydrochloride gefällt u. an einer Cellulosesäule mit n-Butanol–2n HCl getrennt. Aus dem konz. Eluat wurde I als Hydrochlorid gefällt, als Pikrat gereinigt u. wieder in das Hydrochlorid übergeführt. I u. seine Hydrolysenprodd. wurden papierchromatograph. sowie durch Absorptionsspektren bzw. Osazon identifiziert. (Nature [London] **176.** 790. 22/10. 1955. Berkeley-Davis, Univ., Dep. of Food Technol.) K. HERRMANN. 4420

K. Sivarama Sastry und **P. S. Sarma,** *Die Art der Wirkung von Ammoniumsulfat auf die Biosynthese der Ascorbinsäure in Pflanzen.* *^{14}C-Glucose* (I) wird von Phaseolussamen etwa in gleichem Ausmaß in *Ascorbinsäure* (II) verwandelt, wie das für Ratten bekannt ist. $(NH_4)_2SO_4$ hemmt diese Umwandlung, hat aber keinen Einfl. auf den Abbau der II. $(NH_4)_2SO_4$ verhindert nur die Verwertung der I; aus Glucurono-γ-lacton (III) wird aber trotzdem noch II gebildet. $(NH_4)_2SO_4$ hemmt also die Umwandlung von I in III. (Biochem. J. **62.** 451—55. März 1956. Madras, Univ. of Madras, Biochem. Labor.) A. DILLMANN. 4425

T. Kojima, *Untersuchung über die Synthese von Vitamin C bei Pflanzen und Tieren.* 3. Mitt. *Über die Vitamin C-Synthese bei Pflanzen.* (2. vgl. C. **1956. 11488.**) Bei Phaseolus mungo (grüne u. kleine Bohnen) läßt sich sogenanntes gebundenes Vitamin C (I) feststellen. Beide synthetisieren I bei der Keimung, jedoch je nach Varietät verschieden stark. Bei gleicher Bohnenart zeigen große Bohnen mehr I bei der Keimung als kleine. — 5 Tabellen. (Tokyo Jikeikai med. J. **67.** 179—81. 20/2. 1953. [Orig.: japan.]) L. SCHULER. 4425

L. Wiklander und **M. M. Elgabaly,** *Die relative Aufnahme von resorbierten einwertigen und zweiwertigen Kationen durch abgeschnittene Gerstenwurzeln in Abhängigkeit von der Austauschkapazität.* Das Verhältnis der Aufnahme von 2wertigen Ionen zu der der 1wertigen Ionen durch abgeschnittene Gerstenwurzeln aus verschied. Tonmineralien u. Austauschharzen erhöht sich mit abnehmender Austauschkapazität der Systeme. Dies ist eine Folge der engen Beziehungen zwischen der Austauschkapazität u. der ungleichmäßigen Verteilung 1wertiger u. 2wertiger Ionen zwischen der festen Phase u. der Lösung. Die Ergebnisse stützen die früheren Annahmen über die Anwendung der Theorie des DONNAN-Gleichgewichts auf das Syst. „feste Phase–Pflanze". (Soil Sci. **80.** 91—93. Aug. 1955. Alexandria, Ägypten, Univ.) A. JACOB. 4450

M. W. Ulubekowa, *Untersuchung der Photosynthese bei grünen Algen mit ^{14}C.* Bei Verss. mit *$^{14}CO_2$* wurde das Verhältnis der CO_2-Mengen festgestellt, welche die grünen Zellen bei verschied. Typen des Stoffwechsels assimilieren können. Während im Verlauf von 1 Std. bei der Chemosynth. die Assimilation von CO_2 nur zu einigen Hundertstel % des Trockengewichts der Zellen erfolgt, nähert sie sich bei der Photored. der Photosynth. u. erreicht 1—2%. Bei längerdauernden Verss. erfolgt aber eine Verminderung sowohl der Chemosynth. wie der Photored.; bes. stark tritt das Vorherrschen der Photosynth. als der Hauptquelle der Bldg. von organ. Verbb. bei den grünen Algen hervor. (Доклады Академии Наук СССР [Ber. Akad. Wiss. UdSSR] **104.** 491—93. 21/9. 1955. Vernadsky-Inst. für Geochem. u. analyt. Chemie der Akad. der Wiss. der UdSSR.) A. JACOB. 4460

Wilhelm Simonis und **Horst Kating,** *Untersuchungen zur lichtabhängigen Phosphorylierung.* 1. Mitt. *Die Beeinflussung der lichtabhängigen Phosphorylierung von Algen durch Glucosegaben.* Vff. untersuchen an der Alge Ankistrodesmus braunii die lichtabhängigen Phosphorylierungen unter dem Einfl. von Glucosegaben. Nach kurzfristiger Einw. (5 Min.) von *^{32}P* ist die Einlagerung von radioakt. Phosphat nach Belichtung um 30% erhöht. Diese vermehrte P-Aufnahme betrifft aber nur die in Trichloressigsäure lösl. Fraktion I. Die in Trichloressigsäure unlösl. Fraktion I bleibt dabei unverändert u. scheint an der lichtabhängigen Phosphorylierung zunächst nicht beteilgt. Die Werte für das anorgan. Phosphat sinken ab. — Werden die Algen für 10 Min. mit einer 0,15% ig. Glucoselsg. vorbehandelt, so ist die ^{32}P-Aufnahme bei Belichtung verstärkt (Photosynthesephosphorylierung). Darüber hinaus tritt nach Glucosevorbehandlung eine Verschiebung des ^{32}P-Anteils ein: Nach Belichtung ist mehr ^{32}P in der Fraktion I zu finden, während bei den im Dunkeln vorbehandelten Zellen die Fraktion II mehr ^{32}P enthält. Wird die Glucose den Zellen gleichzeitig mit ^{32}P angeboten, so ist kaum noch eine gesteigerte Aufnahme an radioakt. P erkennbar; es bleibt jedoch die verschied. Verteilung des ^{32}P (mit oder ohne Belichtung) zwischen beiden Fraktionen deutlich. In Ggw. von Glucose scheint somit keine zusätzliche lichtabhängige Phosphorylierung einzutreten.

Nach ROTHSTEIN wird dies u. a. durch die an den Zellgrenzflächen ablaufenden Aufnahmeprozesse bedingt, die größere Mengen von P beanspruchen. Vff. diskutieren die Möglichkeit, daß die bei der Photosynth. gewonnene Energie auch zu anderen Aufgaben als nur zur CO_2-Assimilation verwendet werden kann. (Z. Naturforsch. **11b.** 165—72. März 1956. Hannover, Tierärztl. Hochschule, Botan. Inst.) H. SCHIMASSEK. 4460

B. B. Wartapetjan und **A. L. Kurssanow,** *Der Anteil des Sauerstoffes des Wassers und der Atmosphäre an der Atmung der Pflanzen.* Die Frage, ob bei der Atmung O_2 der Atmosphäre oder O des W. wirksam ist, wurde mit Hilfe des Isotops ^{18}O an etiolierten Weizenkeimpflanzen untersucht. Es ergab sich, daß der Luft zugesetzter ^{18}O nicht in der Atmungs-CO_2 erschien. Wenn die Pflanzen in W. mit ^{18}O gezogen wurden, hatte die Atmungs-CO_2 einen stark erhöhten Geh. an ^{18}O. Es wird daraus der Schluß gezogen, daß der ^{18}O des W. bei der Oxydation der organ. Substanz Verwendung findet u. daß eine direkte Oxydation durch den atmosphär. O_2 beim Atmungsprozeß nicht stattfindet. Dieser nimmt nur an der Biosynth. von W. in den Geweben der Pflanze teil. (Доклады Академии Наук СССР [Ber. Akad. Wiss. UdSSR] **104.** 272—75. 11/9. 1955.) A. JACOB. 4462

Werner Kloft, *Beeinflussung der Atmung und Photosynthese von Pflanzengeweben durch Pflanzenläuse.* Da Infektion mit parasit. Pilzen (Rostpilze, Mehltau) Respirationssteigerungen u. abnehmende Photosyntheseleistung hervorrufen, wurden auch Pflanzengewebe, die von Blatt- u. Schildläusen besogen werden, in dieser Richtung untersucht. Für jeden Pflanzenteil wurde zuerst in einem geschlossenen Kreislauf mehrere Std. lang die n. Nettoassimilation (Abnahme der CO_2-Konz. im Kreislaufvol. bei künstlicher Belichtung) u. die n. Respiration (Ansteigen der CO_2-Konz. bei Dunkelheit) gemessen, dann erneut nach Besetzung mit Aphiden. Das Anstechen des Gewebes durch die Läuse bewirkte eine 2—4 Std. dauernde, jedoch innerhalb dieser Zeit nahezu völlig zurückgehende Hemmung der Assimilationsleistung, die sich beim Abnehmen der Läuse wiederholte. Unterss. mit radioakt. markierten Tieren ergaben, daß von den Tieren verstärkt Speichel in die Pflanzenteile abgegeben wird, der Assimilationshemmung u. Wasserbilanzstörungen bewirkt. Vgl. des O_2-Verbrauchs besogener gegen unbesogene Gewebe mittels der manometr. WARBURG-Technik zeigte teilweise erhebliche Respirationszunahmen unter der Saugtätigkeit (5 Aphiden-, 3 Coccidenarten). (Naturwissenschaften **43.** 65. Febr. 1956. Würzburg, Univ., Inst. für Angew. Zool.) K. MAIER. 4490

D. Rudd Jones und **Jenifer Wignall,** *Acetylierung von Sulfanilamiden in Pflanzen.* Vff. ließen Pflanzen von Vicia faba L., mit den Wurzeln in eine wss. Lsg. von *Sulfanilamid* (I) getaucht, wachsen u. untersuchten papierchromatograph. den danach aus Wurzeln, Stengeln u. Blättern gepreßten Saft. Als Vgl. ließ man Saft von unbehandelten Pflanzen mitlaufen, dem I u. *Acetylsulfanilamid* (II) nachträglich zugegeben worden waren. I war vor allem in den Blättern der Versuchspflanzen vorhanden, in den Wurzeln aber eine gebundene Droge, die als **II** identifiziert werden konnte. Acetylierung erfolgt demnach vorwiegend in der Wurzel, in geringerem Maße in Stengeln u. Blättern. Das Syst. n-Butanol/NH_3/H_2O ergab die beste Trennung. Die niedrigeren R_F-Werte von **I** u. **II** in Verbindung mit den Zellsäften sind auf die verschieden langen Einwirkungszeiten zurückzuführen. (Nature [London] **175.** 207—08. 29/1. 1955. Welwyn, Herts., Butterwick Res. Labor., Imp. Chem. Ind. Ltd.) M. EBERT. 4495

Robert Bloch, *Abwehrreaktionen von Pflanzen bei Anwesenheit von Toxinen.* Vf. bespricht an Hand der Literatur die anatom. u. physiol. Veränderungen von Pflanzen bei der Abwehr von Toxinen. 25 Literaturangaben. (Phytopathology **43.** 351—54. Juli 1953. New Haven, Conn., Yale Univ., Dep. of Plant Sci.) E. HANSCHKE. 4495

René Truhaut und **Guy Deysson,** *Wirkung des Triäthylenmelamins auf die Keimlinge von Pisum sativum L.; Schutzversuche mit β-Mercaptoäthylamin. 2.4.6-Tris-*[*äthylenimino*]*-1.3.5-triazin* (*TEM*) bewirkte in Konzz. von 10^{-4} bis 10^{-6} in KNOPscher Fl. in 24 Std. eine Hemmung des Längenwachstums der Wurzeln von Erbsenkeimlingen um 55—44%. *β-Mercapotoäthylamin* (*Cystamin*) in Konz. von 10^{-3} schützt etwas. (C. R. hebd. Séances Acad. Sci. **240.** 1123—25. 7/3. 1955.) H. GUDE. 4495

E₅. Tierchemie. Tierphysiologie. Tierpathologie.

A. M. Kogan und **O. A. Jerschowa,** *Zur Frage der biochemischen Veränderungen der Knochen von Tieren bei der experimentellen alimentären Mycotoxikose.* An 6 Hunden u. 31 Ratten, die mit der Nahrung mit Fusarium sporotrichiella infiziertes Getreide erhielten, wurden verschied. Knochenveränderungen festgestellt: Die Knochen waren kürzer mit dickeren Epiphysen u. weicher, ihr Gewicht u. Wassergeh. höher, der Geh. an organ. Substanz u. Mineralstoffen, vor allem Fett, Ca u. P, gestiegen, die Phosphataseaktivität höher als bei den Kontrollen. (Вопросы Питания [Fragen d. Ernähr.] **15.** Nr. 2. 56—57. März/April 1956. Moskau, Ernährungsinst. der Akad. der Med. Wiss. der UdSSR, Abt. für Nahrungshygiene.) E. RENTZ. 4520

Jean Roche, Raymond Baret und **Yvonne Robin,** *Über das Vorkommen von freiem Methylguanidin im Gewebe von Wirbeltieren.* In Dialysaten essigsaurer (1%) Extrakte aus zahlreichen Organen verschied. Wirbeltiere konnten Vff. kein *Methylguanidin* (**I**) nachweisen. Sie glauben daher, daß **I** von anderen Autoren nur gefunden werden konnte, weil bei der Extraktion auf die Unbeständigkeit von *Kreatin* (**II**) u. *Kreatinin* (**III**) keine Rücksicht genommen wurde. Wie Vff. feststellen konnten, entsteht durch Hydrolyse oder Oxydation aus **II** u. **III** jeweils **I** u. in geringem Maße auch *Glykocyamin.* Das gleiche gilt für andere Guanidinderivv., wie z. B. das *Vitiatin.* (C. R. Séances Soc. Biol. Filiales **148.** 443—45. März 1954. Marseille, Univ., Labor. de Chim. biol., Fac. de Méd.; Concarneau, Finistère, Coll. de France, Labor. de Biol. marine.) H. HELGE. 4520

Albert Wollenberger, *Zonenelektrophorese von Muskelextrakten: Trennung von Phosphokreatin, Kreatin, β-Alanin enthaltenden Peptiden und Nucleotiden.* Papierelektrophoret. konnten aus Perchlorsäureextrakten von Kaninchenmuskelpräpp. auf Filterpapier oder Cellulosepulver u. unter Verwendung von Succinatpuffer (p_H 5,6) folgende Verbb. getrennt u. durch ihre UV-Fluorescenz nachgewiesen werden: *Phosphokreatin, Kreatin, Adenosinmono-, -di-* u. *triphosphat, oxydiertes DPN, Anserin* u. *Carnosin.* (Nature [London] **173.** 205—07. 30/1. 1954. Uppsala, Univ., Inst. of Biochem.) E. MOISAR. 4520

Harris H. Tallan, Stanford Moore und **William H. Stein,** *Untersuchungen über die freien Aminosäuren und verwandten Verbindungen in den Geweben der Katze.* Vff. untersuchten die ninhydrinpositiven Verbb. proteinfreier Extrakte aus Leber, Hirn, Pankreas, Gastrocnemius, Niere u. Blase, sowie Blutplasma u. Harn der Katze mittels Säulenchromatographie an Dowex 50–X4. Es konnten nachgewiesen werden: *Asparaginsäure* (**IV**), *Asparagin* (**V**), *Glutamin, Glutaminsäure, α-Aminoadipinsäure, Glykokoll, Sarkosin, Alanin, β-Alanin, β-Aminoisobuttersäure, α-Amino-n-buttersäure, γ-Aminobuttersäure, Valin, Leucin, Isoleucin, Serin* (**VI**), *Threonin* (**VII**), *Methionin, Cystin, Taurin, Felinin, Glutathion* (**I**), *Prolin* (**VIII**), *Phenylalanin, Tyrosin, Tryptophan, Histidin, 1-Methylhistidin, 3-Methylhistidin, Carnosin* (**II**), *Anserin* (**III**), *Ornithin, Lysin* (**IX**), *Arginin, Kreatinin, Citrullin, Harnstoff, Äthanolamin, Phosphoäthanolamin* u. *Glycerophosphoäthanolamin.* Außerdem wurden Hydrolysate der Extrakte chromatographiert, um die Ggw. von gebundenen Aminosäuren festzustellen. Außer in **I, II** u. **III** tritt gebundene **IV** in größeren Mengen auf, als sich durch das vorhandene **V** erklären läßt. Weiterhin sind meßbare Mengen an gebundenem **VI, VII, VIII** u. **IX** vorhanden. (J. biol. Chemistry **211.** 927—39. Dez. 1954. New York, N. Y., Rockefeller Inst. for Med. Res., Labor.) K. NEHRING. 4520

E. Gordon Young und **Donald G. Smith,** *Die Aminosäuren im Ichthulokeratin von Lachseiern.* Vff. isolierten aus unbefruchteten Eiern von Salmo salar *Ichthulokeratin* (**I**) u. bestimmten durch Ionenaustauscherchromatographie nach MOORE u. STEIN die Aminosäurezusammensetzung. Es wurde gefunden (Aminosäure-N als % des Gesamt-N): Alanin 4,8; Arginin 10,4; Asparaginsäure 6,0; Cystin 2,0; Glycin 3,3; Glutaminsäure 8,6; Histidin 1,6; Isoleucin 3,2; Leucin 4,9; Lysin 3,7; Methionin 1,0; Phenylalanin 3,0; Prolin 9,0; Serin 3,3; Threonin 4,4; Tryptophan 3,0; Tyrosin 2,6; Valin 3,7 u. Ammoniak 7,2. Die Ähnlichkeit in der Zus. mit Neurokeratin u. das Verhältnis Histidin:Lysin:Arginin wie 1:3:4,5 bestätigen die Zuordnung von **I** zu den *Pseudokeratinen.* **I** wird leicht durch Pepsin, aber nicht durch Trypsin angegriffen. (J. biol. Chemistry **219.** 161—64. März 1956. Halifax, Can., Nat. Res. Council, Maritime Regional Labor.) E. SCHWERDTFEGER. 4520

Tatsuo Koyanagi und **Michio Matsuoka,** *Isolierung von Tyrosin aus der Seidenraupenpuppe.* Es wurde gefunden, daß bei Vereinigung eines Dyalysates von Seidenraupenpuppen mit dialysiertem Puppenhomogenat sogar in Ggw. von *Malonat* eine Entfärbung des *Methylenblaus* (**I**) nach der THUNBERG-Meth. eintrat, was darauf schließen ließ, daß im Dialysat ein Stoff vorkam, der durch im Homogenat befindliche Fermente dehydriert werden konnte. Durch Extraktion von Seidenraupenpuppen mit 70%ig. A., wiederholte Absorption an Aktivkohle u. anschließende fraktionierte Elution mit verd. Pyridinlsgg. wurden Fraktionen gewonnen, aus denen sich reines *Tyrosin* (**II**) isolieren ließ. Wurde **II** zu dialysierten Puppenhomogenaten im THUNBERG-Vers. zugesetzt, trat eine Entfärbung der im Homogenat vorkommenden *Melanine* (**III**) ein, ehe die **I**-Farbe verschwand. Diese reversible Entfärbung von **III** läßt die Wichtigkeit von **II** u. **III** für einen geregelten H-Transport im Stoffwechsel der Seidenraupe vermuten. (Bull. sericult. Exp. Stat. **14.** 253—61. Sept. 1954. Iwata, Univ., Landwirtschl. Abt. [Org.: japan.; Auszug: engl.]) S. HOTHORN. 4520

J. P. Ebel und **J. Colas,** *Eigenschaften der Proteinreserven der Oocyte von Parascaris equorum.* Oocyten von Parascaris equorum enthalten Inklusionen, die im wesentlichen aus *Protein* (I) bestehen. Dieses I weist besondere Löslichkeitseigg. auf: Es ist lösl. in dest. W., in verschieden verd. u. mäßig konz. Säuren, in 0,85% ig. u. 5% ig. NaCl-Lsg. u. in 60—70% ig. A., während es in 10% ig. NaCl-Lsg. u. in 96% ig. A. unlösl. ist. 1 mol. KSCN-Lsg. löst die I-Inklusionen, während 2 mol. KSCN-Lsg. das Cytoplasma vollständig dispergiert u. die I-Inklusionen als isolierte Formen bestehen läßt. Auf Grund dieser Tatsachen entwickeln Vff. eine Meth. zur Isolierung des I aus den Inklusionen, die beschrieben wird. Das I hat einen N-Geh. von 16,2% u. einen P-Geh. von 0,2%; die Rkk. auf Nucleoproteide, auf S-haltige Proteine u. auf Kohlenhydrate sind negativ. Elektrophorese bei p_H 8,3 zeigt eine geringe Beweglichkeit u. die Ggw. von 3 Komponenten. Die papierchromatograph. Analyse des I-Hydrolysates ergab neben den üblichen *Aminosäuren* ca. 20% *Prolin.* (C. R. Séances Soc. Biol. Filiales **148.** 1580—83. Okt. 1954.) K. NEHRING. 4520

R. Reed, M. J. Wood und **M. K. Keech,** *Schraubenförmige Natur der Kollagenfibrille.* Bei Einw. verschied. Reagentien im p_H-Bereich 1—12,5 u. Tempp. 25—37° auf *Kollagenfibrillen* (I) zeigt sich elektronenmkr., daß sie bes. in der ersten Reaktionsstufe, Schraubenform annehmen. Bei längeren Reaktionszeiten treten für einzelne Reagentien charakterist., tiefergehende Änderungen auf. I wandelt sich in Reihe von Struktureinheiten mit schraubenförmigen Enden um, die mit „helical tactoids" bezeichnet werden, u. die 6000—12000 Å lang u. 1000—2000 Å breit sind. Mit steigendem p_H werden sie kürzer, u. ihr Neigungswinkel zur Fibrillenachse variiert mit dem Quellungsumfang. Sie haben keine ausgesprochene Windungsrichtung, in ein u. derselben Fibrille kommen beide Drehrichtungen vor. Weitere Auflsg. der „helical tactoids" führt vor allem unter sauren Bedingungen zu feineren Strukturen, ohne daß die charakterist. Querstreifung rechtwinklig zur Fibrillenachse wesentlich beeinflußt wird. Mit steigender Unterteilung werden die Fibrillen unter Verlust der Cohäsion flacher u. lösen sich zu einem Syst. von Fasern mit 200—500 Å Breite auf. Diese Fasern werden als Polypeptidkettenbündel angesprochen. Die Befunde werden diskutiert unter der Annahme eines Fibrillenaufbaues auf der Basis von 2 regulären Schraubensystemen für die Einzelfasern, die sich lediglich in der Drehrichtung unterscheiden. Während die zu einer Faser gehörenden Polypeptidketten ident. zusammengesetzt sein sollen, haben die Fasern unterschiedliche chem. Zusammensetzung. Dies würde die unterschiedliche Angreifbarkeit der Fasern gegen Temp. u. Reagentien erklären. (Nature [London] **177.** 697—99. 14/4. 1956. Leeds, Univ., Dep. of Leather Ind. u. Dep. of Med.) W. KÖNIGSDORF. 4520

G. N. Festenstein, F. W. Heaton, J. S. Lowe und **R. A. Morton,** *Eine Komponente des unverseifbaren Anteils von Lipiden tierischer Gewebe* (λ_{max} *272 mμ*). Durch Chromatographie der unverseifbaren Fraktionen verschied. tier. Gewebe an Al_2O_3 wurde eine Substanz (I), $C_{28}H_{42}O_2$, λ_{max} 272 mμ (Cyclohexan), Wendepunkt ca. 330 mμ, Plateau ca. 410 mμ ($E^{1\%}_{1\,cm}$ 180, 13,8) nachgewiesen. I findet sich in Schweinedarm, Pferdemagen u. -darm, Rattenleber, -niere, -darm u. -Submaxillardrüse (n. u. Vitamin A-Mangeltiere), dagegen nicht in den unverseifbaren Fraktionen des Rinder- u. Schafdarmes u. der Blase, den Testes u. der Vagina von Vitamin A-Mangelratten. I enthält keine OH-Gruppen, ist alkalilabil, u. ist auf Grund der Ultrarot- u. UV-Absorption möglicherweise ein Steroid mit einer chromophoren *8(9)-en-7.11-dion*-Gruppierung. Das Unverseifbare des Pferdedarmes enthält geringe Mengen einer schwächer polaren Substanz, λ_{max} 266 mμ (*Cholesta-3.5-dien-7-on,* ein *Carotinoid* wahrscheinlich, *10'-Apocarotinal*) u. ein höheres Paraffin, $C_{36}H_{74}$, F. ca. 57°. (Biochem. J. **59.** 558—66. April 1955. Liverpool, Univ., Dep. of Biochem.) K. MAIER. 4520

M. I. Rawitsch-Schtscherbo und **A. K. Morosowa,** *Einfluß des Zustandes des Zentralnervensystems auf die Bildung von Antikörpern unter der Einwirkung eines Lipoidantigens.* 28 Kaninchen erhielten intravenös die Emulsion eines Lipoidantigens aus dem getrockneten Rinderherz. Die Antikörper traten bei unbehandelten Tieren am 16. Tage nach Beginn der Immunisierung auf u. hielten 30—35 Tage an. Verabfolgte man den Tieren *NaBr* als 30—40% ig. Lsg. per os in Mengen von 0,2—0,3 g/kg Körpergewicht, so traten die Antikörper bereits am 12. Tage auf u. verschwanden erst am 80. Tage. Unter dem Einfl. von *Luminal* blieb demgegenüber die Bldg. der Antikörper bei 3 Kaninchen ganz aus, bei 7 erschienen sie am 12. Tage u. verschwanden nach 45 Tagen. Nur NaBr fördert also die Bldg. der Antikörper als Rk. auf die Zufuhr von Lipoidantigenen. (Журнал Микробиологии, Эпидемиологии и Иммунобиологии [J. Mikrobiol., Epidemiol., Immunobiol.] **27.** Nr. 1. 49—50. Jan. 1956. Kursk, Med. Inst., Lehrstuhl für biol. u. organ. Chem.) F. DU MANS. 4551

R. Mallein, *Biochemische Untersuchung zweier Fälle von Porphyrie.* (Bull. Soc. Chim. biol. **37.** 731—34. 1955. Lyon, Hôp. Ed. Herriot, Labor. de la Pharmacie.) H. IPPEN. 4552

Dieter Müting, *Über den Aminosäurengehalt des menschlichen Magen- und Duodenalsaftes.* Der papierchromatograph. untersuchte Magen- bzw. Duodenalsaft stammte von n. u. diabet. Versuchspersonen u. wurde nüchtern oder nach Reizung mit Coffein entnommen. Die Säfte wurden mit 20%ig. Trichloressigsäure enteiweißt, im Vakuum auf $^1/_{10}$ des ursprünglichen Vol. eingeengt u. neutralisiert. Es ließen sich *Asparaginsäure, Glutaminsäure, Lysin, Arginin, Histidin, Tyrosin, Tryptophan, Phenylalanin, Oxyprolin, Prolin, Cystin, Methionin, Leucin, Isoleucin, Valin, Glycin, Alanin, Serin* u. *Threonin* nachweisen. Der Reizsaft ist etwas reicher an Aminosäuren als der Nüchternsaft, desgleichen der superacide als der n. bzw. anacide Magensaft. (Naturwissenschaften **41.** 580. 2. Dez.-H. 1954. Karlsburg, Krs. Greifswald, Forschungsinst. für Diabetes.) K. NEHRING. 4555

D. R. Swift, *Beeinflussung des Fischwachstums durch Säugetierwachstumshormon.* 4 Jahre alten Forellen (Salmo trutta) werden 2mal/Woche 50 µg *Säugetierwachstumshormon* (I)/10 g Fisch intraperitoneal injiziert; Kontrollfische erhalten 0,6%ig. NaCl-Lösung. In 4 Wochen konnte eine deutliche Wachstumszunahme, die aus der Länge der Fische berechnet wurde, festgestellt werden: n. Tiere 0,2, Kontrolle 0,3, mit I behandelte Tiere 0,7% Wachstumszunahme/Woche. In einem 2. Vers. wurden folgende Zunahmen ermittelt: 1,0, 0,4 u. 1,1%. (Nature [London] **173.** 1096. 5/6. 1954. Ambleside, Westmorland, Freshwater Biol. Assoc., Ferry House.) H. P. FIEDLER. 4559

A. Ss. Agadshanow und **N. Ss. Agadshanow,** *Zur Frage der Charakteristik der gonadotropen Hormone beim Menschen.* Bei schweren Formen der Hyperemesis der Schwangeren beobachteten Vff. sowohl im Urin wie im Blut einen Anstieg der gonadotropen *Hormone* (I) bis zu 100000—160000 ME/Liter, u. zwar vorwiegend des Faktors B. Bei Nephropathie der Graviden nimmt hauptsächlich Faktor A zu; sein Geh. im Blut u. Urin beträgt bei schweren Formen bis zu 200000—350000 ME/Liter. Bei Präeklampsie u. Eklampsie steigt der I-Geh., doch vorwiegend der des Faktors A. Bei Toxikosen verändern sich die I auch qualitativ. Sie erhalten eine gewisse Thermoresistenz. Die bei den Toxikosen während der 1. Hälfte der Gravidität gewonnenen I verlieren nach 1—15 Min. Kochen einen erheblichen Teil ihrer Aktivität. Der bei Toxikosen während der 2. Graviditätshälfte gewonnene Faktor A ist resistenter. Erst nach 30 Min. werden die I in jedem Falle zerstört. Auch erwerben die I bei Schwangerschaftstoxikosen eine stimulierende Wrkg. auf das Geschlechtssyst. der Vögel (männliche Küken). Bei Placentarchorion u. bei Chorioepitheliom erreicht der I-Geh. des Blutes u. des Urins 200000—400000 ME/Liter. Auch in diesem Fall haben die I eine starke stimulierende Wrkg. auf das Geschlechtssyst. der Vögel. Sie sind thermoresistenter als bei n. Gravidität. Dies weist auf eine qualitative Veränderung der I hin, dagegen nicht auf ihre eventuelle hypophysäre Genese. (Проблемы Эндокринологии и Гормонотерапии [Probleme Endokrinol. Hormontherap.] **1.** Nr. 2. 3—9. März/April 1955. Inst. für Geburtshilfe u. Gynäkol. des Gesundheitsminist. der UdSSR.) F. DU MANS. 4559

P. Schlechter und **C. Boltraffio,** *Die Wirkung einmaliger massiver Östrogendosen auf die Rattenhypophyse.* 25—40 g schwere infantile weiße Rattenweibchen wurden einmalig mit 0,3—1,0 g *Östradiolbenzoat* (I) (Progynon B) oder des gleich wirksamen Dipropionats (Ovocycllin) behandelt, nach 3—12 Tagen getötet u. die isolierte Hypophyse anderen Tieren transplantiert, denen gleichzeitig ein Ovar u. nach 72 Std. bei der Tötung das zweite Ovar entfernt wurde. Als Maß für die gonadotrope Aktivität des Hypophysentransplantats gilt die Differenz der mit 10^6 multiplizierten Gewichtsverhältnisse Ovar/Gesamtkörpergewicht. Bei den Spendertieren wurde ferner das Uterusgewicht ermittelt. Infolge der Depotwrkg. von I sind die Ergebnisse mit verschied. Dosen prakt. gleich: Trotz beträchtlicher Zunahme des Uterusgewichts der Spender zeigen ihre Hypophysen an den Empfängern um so geringere Aktivität, je später nach der I-Injektion die Transplantation erfolgte; 10 Tage nach Injektion ist die Aktivität auf Null abgesunken; da jedoch mit kleinen I-Dosen bei den Spendern selbst das Verhältnis Ovar/Körpergewicht erheblich ansteigt, ist anzunehmen, daß die Hypophyse unter dem Einfl. von I zur erhöhten Gonadotropinsekretion angeregt wird u. infolgedessen daran verarmt, wobei zunächst nur Corpus luteum-Hormon, später auch Follikulin sekretiert wird. Die Wrkg. von I scheint unmittelbar auf die Hypophyse ohne Zwischenschaltung des Genitalapp. zu erfolgen. (Arch. Scienze biol. **35.** 110—19. März/April 1951. Bologna, Univ., Inst. für allg. Pathol.) W. KIMPEL. 4559

P. H. Jellinck, *Zur Exkretion synthetischer Östrogene.* Die Verss. wurden an Kaninchen durchgeführt. Die Östrogene wurden zur oralen Applikation in wss. 20%ig. A. u.

zur subcutanen Injektion in Erdnußöl gelöst oder suspendiert. *Hexöstrol* (**I**) wird bei großen Schwankungen sowohl im freien als auch im gebundenen Zustand ausgeschieden, wobei die Art der Verabreichung offensichtlich keine Rolle spielt. Die als Disulfat im Urin ausgeschiedene **I**-Menge ist gering. **I** wird vom Faeces nicht angegriffen, da es in diesem nachweisbar ist. *Äthinylöstradiol* wird in unverändertem Zustand hauptsächlich mit den Faeces ausgeschieden, während *Östron*, *α-Östradiol* oder *Östriol* weder im Harn noch in Faeces nachweisbar waren. *Stilböstrol* u. sein Glucuronid wurden im Harn nachgewiesen, während *Triphenylchloräthylen* im unveränderten Zustand in Faeces wiedergefunden wurde. Vom *Dipropyldibenzanthracendiol* (*9.10-Dioxy-9.10-di-n-propyl-9.10-dihydro-1.2;5.6-dibenzanthracen*) konnte nur eine geringe Menge im Harn nachgewiesen werden, während das *4-tert.-Amylphenol* nur als Glucuronid aus dem Harn isoliert werden konnte. (Biochem. J. **58**. 262—65. Okt. 1954. London, Middlesex Hosp., Med. School, Courtauld Inst. of Biochem.) H. P. FIEDLER. 4559

Mario Teti und **Micheline Langlois**, *Der Einfluß von Östradiol und Testosteron auf die Mitosen der Hornhaut bei der Maus.* In hohen Konzz. haben *Östradiol* (**I**) u. *Testosteron* (**II**) eine nachgewiesene tox. Wrkg. auf die Mitose der Zellen der Hornhaut bei der Maus; in geringen Konzz. begünstigt dagegen **II** die Teilung dieser Zellen. Der Einfl. von **I** u. **II** auf die Mitose wird durch das Auftreten morpholog. Anomalien der Metaphase u. der Anatelophase unterstrichen. (C. R. Séances Soc. Biol. Filiales **148**. 1031—32. Juni 1954.) K. F. MÜLLER. 4559

Louis Gallien, *Teilweise feminisierende Wirkung von Testosteronpropionat bei Amphibien.* Die Verss. an Xenopus lävis Daudin (zungenlose Kröten) mit männlichen Hormonen ergaben eine sexuell paradoxe Entw. mit Verfettung u. deutlichen weiblichen Geschlechtsmerkmalen. (C. R. hebd. Séances Acad. Sci. **238**. 1539—40. 5/4. 1954.) G. WELTZIEN. 4559

Maurice Mayer und **Ch. Levasseur**, *Über die Behandlung gewisser Fälle von wiederholtem Abort und habituellem Absterben des Foetus durch die Zufuhr synthetischer Östrogene.* Ausführliche Arbeit der in C. **1952**. 5764 referierten Vorausmitteilung. Zu ergänzen ist: Erfolgsrate 79%. Ausführlicher Bericht über klin. Beobachtungen, Einzelheiten der Behandlung u. die Grundlagen der Therapie. (Semaine Hôpitaux Paris **27**. 1984—95. 22/6. 1951.) H. DANNENBAUM. 4559

Julia M. Einbinder, **Charles L. Fox jr.** und **Carl T. Nelson**, *Wirkung von Corticotropin und 11-Desoxycorticosteron auf Anaphylaxie und Gewebeelektrolyte bei Mäusen.* Während *Cortison* (**I**) gegen den anaphylakt. Schock schützt, ist die Mortalität bei Verabreichung von *Corticotropin* (**II**) nur wenig verringert gegenüber der unbehandelter Mäuse, u. bei Gabe von *11-Desoxycorticosteronacetat* (**III**) wird sie stark erhöht. **II** bewirkt eine Verschiebung der Gewebeelektrolyte in der gleichen Richtung, wie sie bei Anaphylaxie unbehandelter Mäuse eintritt, u. entgegengesetzt wie bei **I**-geschützten Tieren. (Amer. J. Physiol. **182**. 518—20. Sept. 1955. New York City, N. Y., Columbia Univ., Coll of Physic. and Surg., Dep. of Dermatol; Flower and Fifth Avenue Hosp., New York Med. Coll., Dep. of Surg.) A. DILLMANN. 4560

M. N. Bland, **B. J. Constable**, **L. J. Harris** und **R. E. Hughes**, *Zunahme des Lebergewichtes und einige andere metabolische Effekte, die nach Verabreichung von ACTH an junge Meerschweinchen beobachtet werden.* 1. Mitt. Werden junge Meerschweinchen auf skorbutogene Kost gesetzt u. wird diesen Tieren 8 mg *ACTH* (**I**)/Tag in 4 Dosen/Tag intramuskulär verabreicht, so nimmt das Lebergewicht dieser Tiere deutlich zu: 7,35 bis 8,05% (bezogen auf das Körpergewicht); Werte des Blindvers.: 4,95—5,35%, Kontrollen zu Beginn des Vers.: 4,31—5,51%. **I** stört im übrigen das n. Wachstum der Tiere nicht. Die **I**-Wrkg. ist übrigens schon am 2. Tage feststellbar u. an insgesamt 250 Tieren beobachtet worden. (Biochem. J. **51**. XXXV. Juli 1952. Cambridge, Univ., Dunn Nutrit. Labor. and Med. Res. Council.) H. P. FIEDLER. 4560

R. E. Hughes, **L. J. Harris**, **B. J. Constable** und **M. N. Bland**, *Zunahme des Lebergewichtes und einige andere metabolische Effekte, die nach Verabreichung von ACTH an junge Meerschweinchen beobachtet werden.* 2. Mitt. (1. vgl. vorst. Ref.) Unter den in der 1. Mitt. beschriebenen Versuchsbedingungen ist in Übereinstimmung mit den Angaben des Schrifttums auch eine Abnahme des *Vitamin C* (**I**)-Geh. der Leber u. der Nebenniere, die ebenfalls nach 10 Tagen eine deutliche Gewichtszunahme (bis zu 75%) aufweist, feststellbar. Trotzdem war die **I**-Gesamtmenge in den beiden Organen z. T. größer als bei den Kontrollorganen. Der *Glutathion*-Geh. der Leber zeigt keine Veränderungen, dagegen war der *Glykogen* (**II**)-Geh. der Leber der mit *ACTH* vorbehandelten Tiere ganz beträchtlich erhöht; er reicht aber nicht aus, um das erhöhte Lebergewicht zu erklären. Im einzelnen wurden in den Lebern der 10 Tage mit ACTH vorbehandelten Tiere folgende Inhaltsstoffe bestimmt: Lebergewicht (**III**) 27,2 g, 9,1% Fett (**IV**), 64,9%

W. (V), 17% Protein (N 6,25; VI) u. 4,8% II; beim Bindvers.: 17,9 g III, 11,53% IV, 64,9% V, 22,6% VI u. 2,13% II. Ausgangswerte: 16,1 g III, 7,35% IV, 67,8% V, 19,8% VI u. 2,16% II. Werden die Tiere auf n. Kost gesetzt, so bewirkt ACTH eine Abnahme des IV-Geh. der Leber (von 2,12% auf 0,83% nach 10 Tagen). (Biochem. J. **51.** XXXV. Juli 1952.) H. P. FIEDLER. 4560

A. L. Greenbaum, *Veränderungen in Körperzusammensetzung und respiratorischen Quotienten erwachsener weiblicher Ratten nach Behandlung mit gereinigtem Wachstumshormon.* Vf. stellte durch postmortale Analyse fest, daß 70 Tage lang durch Injektion mit krist. Wachstumshormon (I) behandelte Ratten gegenüber Kontrollen wesentlich mehr Protein u. weniger Fett enthielten. Während die respirator. Quotienten der Kontrollen konstant bis 0,86 blieben, sanken diejenigen der behandelten Tiere bei ausreichender Ernährung schon 24 Std. nach Beginn des Vers. dauernd, bei beschränkter Nahrungsaufnahme für ca. 20 Tage, nach denen sie wieder langsam den Normalwert erreichten, auf 0,70—0,75. Die respirator. Quotienten von Leberschnitten u. Zwerchfellstücken zeigten dasselbe. Die unter Nahrungsbeschränkung mit I behandelten Tiere wuchsen nach Verbrauch der Fettreserven nicht mehr. Vf. schließt daraus, daß die durch I gesteigerte Proteinsynth. auf Kosten eines verstärkten, vielleicht von I verursachten Fettabbaues abläuft. (Biochem. J. **54.** 400—07. Juni 1953. London, Univ. Coll., Dep. of Biochem.) W. ZILLIG. 4560

A. L. Greenbaum und **Patricia McLean,** *Der Einfluß des Hypophysenwachstumshormons auf den Fettabbau.* (Vgl. vorst. Ref.) Mit einer neuen Meth. zur Best. der Gesamtaktivität des Fettsäureoxydasesyst. (I) in Leberhomogenaten im WARBURG-App. u. durch Acetoacetatbest. verfolgen Vff. die Fettsäureoxydation erwachsener weiblicher Ratten nach Gabe von Wachstumshormon (II). Nach 6 Std. ist I gehemmt, nach 12 bis 24 Std. stark stimuliert, nach 48 Std. zur Norm zurückgekehrt. Durch Berechnung des O_2-Verbrauchs der Teil-Rkk.: Oxydation der Fettsäure zu Acetoacetat, zu C_2-Bruchstücken u. dieser zu CO_2 u. H_2O wurde wahrscheinlich gemacht, daß das Hormon die letzte Rk. beeinflußt. Die Berechnung der Aktivität des Leber-I in Beziehung zur zeitlichen Änderung des Fettgeh. der Leber zeigt, daß das Hormon auch die extrahepat. Fettsäureoxydation aktiviert. II verursacht Ketonämie, beeinflußt die Aktivität der Plasmapseudocholinesterase nicht u. senkt diejenige der Leberesterase. (Biochem. J. **54.** 413—24. Juni 1953.) W. ZILLIG. 4560

A. L. Greenbaum und **Patricia McLean,** *Die Mobilisierung von Lipiden durch das Wachstumshormon aus Hypophysenvorderlappen.* (Vgl. vorst. Ref.) Vff. untersuchten an n. erwachsenen, mit Wachstumshormon behandelten weiblichen Ratten die zeitliche Änderung der Verteilung der Lipide in Leber u. Plasma. Das Hormon verursacht eine schnelle Mobilisierung des Fetttransportes zur Leber, der 6 Std. nach Applikation sein Maximum erreicht hat u. hauptsächlich durch Neutralfette, daneben durch Cholesterinester bewerkstelligt wird. Anschließend beginnt in der Leber die Synth. von Phospholipiden u. ihre Abgabe ins Plasma, das sie vermutlich zu den extrahepat. Geweben transportiert. 24 Std. nach Injektion ist die Norm wieder erreicht. (Biochem. J. **54.** 407—13. Juni 1953. London, Univ. Coll., Dep. of Biochem.; Cambridge, Univ., School of Biochem.) W. ZILLIG. 4560

D. Dexter, H. B. Stoner und **H. N. Green,** *Die Ausschüttung antidiuretischer Hormone des Hypophysenhinterlappens durch Adenosintriphosphat.* Männlichen Albinoratten wurde *Mg–ATP* injiziert, u. zwar je 100 mg Körpergewicht: 0,05—0,4 mg intravenös, 1—150 mg intraperitoneal u. 10 mg intramuskulär. Dosen über 2 mg interperitoneal gegeben, erwiesen sich am wirksamsten; sie entsprachen der Wrkg. von *Pitressin.* Beide wirkten additiv. Bei Verss. mit verwandten Verbb. erwiesen sich solche mit einer 6-NH_2- oder terminaler P_2O_7-Gruppe am wirksamsten. Der sehr schwache Effekt des Inosins ist in der unbekannten Bindung an das Adenosin begründet. Die antidiuret. Wrkg. der ATP konnte weder mit schlechter Magenresorption noch mit einer Ableitung des W. vor Passieren der Niere, noch mit einer Exsudatbldg. an der Injektionsstelle erklärt werden. Auch wurde der Blutfluß der Niere bei den verwandten Dosen nicht verändert. Entfernung der Neurohypophyse hemmte die antidiuret. Wrkg. von ATP. Plasma u. Urin von ATP-Ratten enthielten eine antidiuret. Substanz. Gleiche Dosen führten bei Kaninchen ebenfalls zu Erfolgen. Vff. erklären die Wrkg. der ATP mit der Freisetzung eines antidiuret. Hormons aus dem Hypophysenhinterlappen. (J. Endocrinology **11.** 142—59. Aug. 1954. Sheffield, Univ., Dep. of Pathol.; Carshalton, Surrey, Serum Res. Inst.) H. TÄNZLER. 4560

M. Ginsburg, *Die Sekretion von antidiuretischem Hormon als Folge von Hämorrhagie und das Schicksal des Vasopressins in nebennierenlosen Ratten.* Vf. vermutet, daß die Inaktivierung des *antidiuret. Hormons* (I) u. das Schicksal von injiziertem *Vasopressin* (II) durch die Entfernung der Nebenniere beeinflußt wird. Ratten wurde 48 Std. u. 6 Tage nach beiderseitiger Entfernung jener bis 6 ml Blut entnommen. Sie erhielten während dieser Zeit eine 0,9%ig. *NaCl*-Lsg. statt Trinkwasser oder eine intravenöse Injektion von 5 mg *Cortisonacetat* (III)/Tag. Dabei ergab sich, daß bei Entnahmen von mehr als 2 ml Blut eine größere antidiuret. Wrkg. der nebennierenlosen gegenüber den intakten Ratten, wohl wegen der Ausschüttung von I während der Blutentnahme, auftritt. Das Plasmavol. unbehandelter, nebennierenloser Tiere war ungefähr 30% geringer als das intakter Tiere. NaCl oder III hielten das Vol. auf n. Niveau. Intravenös injiziertes II (100 mE./100 g Körpergewicht) 24 u. 48 Std. nach Entfernung der Nebennieren verschwand bei intakten Tieren schneller aus dem Blut. Nach 48 Std. waren die Nieren der behandelten Tiere in der II-Entfernung aus dem Kreislauf gehemmt. Gaben von III konnten das Verschwinden beschleunigen, wobei allerdings die Rate intakter Tiere nicht erreicht wurde. NaCl blieb hierbei ohne Einfluß. Die Exkretion von I folgte der intravenösen Injektion von II. Sie betrug bei nebennierenlosen Tieren 2,1 ± 0,3% der injizierten Dosis, bei intakten 6,7 ± 0,7%. (J. Endocrinology **11.** 165—76. Aug. 1954. Bristol, Univ., Dep. of Pharmacol.) H. TÄNZLER. 4560

Hilary M. Grundy und **Sylvia A. Simpson,** *Isolierung eines hochwirksamen Mineralcorticoids aus Rindernebennierenextrakt.* Die von TAIT u. Mitarbeitern (**C. 1953.** 4067) in Rindernebennierenextrakt nachgewiesene Substanz (I) von hoher Wrkg. auf den Mineralstoffwechsel adrenalektomierter Ratten ist, wie durch papierchromatograph. Trennung nachgewiesen wurde, von *Cortison* (II) verschieden. I besitzt nicht die für II u. andere *3α.β*-ungesätt. *Ketosteroide* charakterist. Absorption (λ_{max} ~2400 Å), gibt mit Triphenyltetrazoliumchlorid eine positive, für Rindensteroide mit *α-Ketol*-Gruppierung in *20.21*-Stellung gültige Rk. u. hat eine ca. 20fach größere Aktivität im Mineralstoffwechsel als *Desoxycorticosteron.* Der hydrophile Charakter eines typ. Corticosteroids kann annäherungsweise durch die Gleichung $z = 2{,}5\, x_3 + 1{,}5\, x_{17} + x_{11}$ ausgedrückt werden, wobei x = 1 für O- u. 3/2 für OH-Gruppen (Index von X = Stellung). Die Wanderungsgeschwindigkeit im Chromatogramm (stationäre Phase polares Lösungsm., bewegliche Phase, nichtpolares Lösungsm.) ist eine Funktion von *z*, dessen Größe außerdem von den angewendeten Solventien abhängt. In einem bestimmten Syst. geben die *z*-Werte die Folge der betreffenden Verbb. im Chromatogramm wieder. I wandert etwas rascher als *Δ^4-Pregnan-17.21-diol-3.11.20-trion* (z = 5,75) (KENDALL, Verb. *E*) u. viel langsamer als *Δ^4-Pregnan-17.21-diol-3.20-dion* (z = 4,75) (REICHSTEIN, Verb. *S*), so daß der z-Wert von I zwischen 5,75 u. 4,75 liegt. Dieser Umstand sowie das UV-Spektr. u. die Bldg. von Di- oder Polyacetaten bei der Acetylierung deuten auf eine OH-Gruppe in 3-Stellung von I hin. Von den 28 aus Nebennierenrinde isolierten Steroiden zeigt nur *Allopregnan-3β.11.21-triol-20-on* (REICHSTEIN, Verb. *R*, *z* = 5,25) oder *Allopregnan-3.17.21-triol-20-on* (Verb. *P*, *z* = 6,00) einen für I in Frage kommenden *z*-Wert. I ist möglicherweise mit einer dieser Verbb. oder einem Epimeren derselben identisch. (Nature [London] **169.** 795—96. 10/5. 1952. London, Courtauld Inst. of Biochem.; Middlesex Hosp., Med. School, Dep. of Phys. Appl. to Med.) K. MAIER. 4561

Marthe Vogt, *Unterdrückung der Eosinopenie, hervorgerufen durch arterielles Hundeplasma in nebennierenlosen Mäusen, durch Adrenalin.* Vf. injiziert ♂ Mäusen, deren Nebennieren entfernt wurden, subcutan *Adrenalin* (I) in Dosen von 5 μg u. in der höchst verträglichen von 20 μg, um festzustellen, ob so die bei Injektionen von 0,1 ml Hundeplasma auftretende Eosinopenie (E) verhindert werden kann. Dabei erwies sich die größere Dosis von I wirksamer, konnte aber nicht gänzlich das Auftreten von E verhindern, sie wirkte außerdem toxisch. Vf. hält deshalb die Meth. für den Nachw. von *Rindenhormonen* in nativem Plasma allein für ungeeignet. Er empfiehlt eine vorangehende chem. Extraktion der Hormone. (J. Endocrinology **11.** 207—09. Aug. 1954. Edinburgh, Univ., Dep. of Pharmacol.) H. TÄNZLER. 4561

E. G. Tomich und **E. A. Woollett,** *Die relativen Aktivitäten von Trijodthyronin und Thyroxin.* (Vgl. C. **1954.** 581.) Vff. vergleichen die Wirksamkeiten von *3.5.3'-Trijodthyronin* (I) u. *L-Thyroxin* (II) mit Hilfe nachst. Methoden: 1. Bei 3 Gruppen (a—c) ♂ Ratten wurde der O_2-Verbrauch 10 Tage lang bestimmt. a erhielt vom 3.—9. Tag I; b II täglich subcutan injiziert; c diente als Kontrolle. Gleichermaßen wurde I u. II oral verabreicht. I erwies sich dabei 3,7- u. 7,5mal wirksamer als II. 2. ♂ Mäusen wurde am 1., 3. u. 5. Tag subcutan I u. II injiziert u. 2 Tage danach die verschied. Lebensdauer bestimmt (Anoxia-Meth.). I war 4,5mal wirksamer als II. 3. ♀ Ratten, deren Trinkwasser 0,1% *Thiouracil* enthielt, bekamen 10 Tage lang I oder II mit physiol. NaCl-Lsg. subcutan injiziert. Am 11. Tag wurden die Tiere getötet u. das Gewicht der Schilddrüse bestimmt. I war hier 7,4mal wirksamer als II. (J. Endocrinology **11.** 134—41. Aug. 1954. Greenford, Middlesex, Glaxo Labors. Ltd.) H. TÄNZLER. 4562

J. H. Wilkinson und **N. F. MacLagan,** *Der Effekt einer Antithyroxinverbindung auf die Dejodierung von Trijodthyronin bei Ratten.* (Vgl. C. **1955.** 7478.) Zur Aufklärung der Antithyroxinwrkg. des *Oxy-3.5-dijodbutylbenzoats* (I) wurde Ratten 6 γ *Trijodthyronin* (**II**), das in 3'-Stellung mit ^{131}J markiert war, subcutan injiziert. Den Versuchstieren wurden gleichzeitig 50 mg **I** oral verabreicht u. täglich die Radioaktivität von Harn u. Faeces gemessen. Während Vergleichstiere ohne **I**-Gaben in 5 Tagen ca. 25% des radioakt. J im Harn ausgeschieden hatten, wurden bei den Versuchstieren nur ca. 9% festgestellt. Die Wrkg. von **I** beruht also auf einer Verhinderung der Dejodierung von **II**. (Biochem. J. **56.** VII. Jan. 1954. London, Westminster Med. School, Dep. of Chem. Pathol.) H. Niemann. 4562

Hugh Poate, *Mit 2-Thiocarbäthoxy-1-methylglyoxalin behandelte Thyreotoxicose* („*Neo Mercazole*"). Zur Behandlung von Thyrotoxicosen hat sich *Neo Mercazole* als geeigneter erwiesen als Thiouracilverbindungen. Es red. ferner den Gefäßreichtum der Schilddrüse u. Grundumsatz, verursacht keine Hyperplasie u. wirkt nicht auf das weiße Blutbild ein. (Lancet **264.** 879—81. 2/5. 1953. Sydney, Royal Prince Alfred Hosp.) F. Günther. 4562

Neil J. Elgee und **Robert H. Williams,** *Die Hemmung des Abbaus von ^{131}J-Insulin in vivo.* Da die Radioaktivität von Insulin (I) proteingebunden ist, läßt sich der Abbau von **I** durch Messung der Radioaktivität des Trichloressigsäure (**II**)-Filtrats u. -Nd. bestimmen. Der Faktor [T]/[B] stellt das Verhältnis der entsprechenden Fraktion von Niere, Leber, Muskel u. Blut zu dem der Gesamtkörperkonz. dar. Obgleich Zn in vitro die Zers. u. Inaktivierung von **I** hemmt, konnte in vivo oral u. subcutan keine Beeinflussung der Stabilität von **I** festgestellt werden. Auch *Polyphloretinphosphat* (2 mg/kg u. 40 mg/kg, beide intramuskulär) war wirkungslos. *5-Isopropyliden-2.4-dithiohydantoin* (*MC 2346*; E. R. Squibb & Sons; **III**; 1 cm^3 einer 2%ig. Suspension in 0,9%ig. NaCl-Lsg. bei p_H 8,9; intravenös) wurde 7 Ratten 2 Min. vor der Injektion von radioakt. **I** (1 I.E., 10 μC) verabreicht. 7 Kontrolltiere erhielten nur alkal. NaCl-Lsg. u. **I**. **III** setzte die Radioaktivität der **II**-Filtrate aller Gewebe herab, erhöhte sie im **II**-Nd. von Leber, Muskel u. Blut u. erniedrigte dieselbe in der Niere. Folglich hemmt **III** den Abbau von **I**. Intravenös wirkt **III** ähnlich, aber schwächer, oral (25 mg, in alkal. NaCl-Lsg., mit Sonde, 4 Std. vor **I**) hatte es bei einmaliger Verabreichung keinen Effekt. Kausale Zusammenhänge zwischen dieser Hemmung der **I**-Zerstörung u. der antidiabet. Wrkg. von **III** bei subtotaler Resektion des Pankreas werden vermutet. (Proc. Soc. exp. Biol. Med. **87.** 67—70. Okt. 1954. Seattle, Wash., Univ. of Washington, Dep. of Med.) F. W. van Klaveren. 4564

Neil J. Elgee und **Robert H. Williams,** *Der Einfluß von Änderungen im Kohlenhydratstoffwechsel auf die Verteilung und den Abbau von ^{131}J-Insulin.* Bei gleicher Versuchsanordnung u. Testmeth. (Elgee u. Williams, vgl. vorst. Ref.) wurde der Abbau von radioakt. *Insulin* (I) bei *Glucose* (**II**)- u. *Fructose* (**III**)-Belastung, bei *Alloxan* (**IV**)- u. *Phlorrhizin* (**V**)-Verabreichung u. im Hungerstadium an Ratten untersucht. **II** (1 cm^3, 50%ig. Lsg., intravenös) injiziert während 1 Min., sofort danach wurde **I** (0,47—10 μC = 0,005—0,02 mg in 0,5 cm^3 0,9%ig. NaCl-Lsg.) intravenös verabreicht. Nach 5, 15, 30 u. 60 Min. war die Gesamtradioaktivität in der Niere gegenüber den Kontrollen herabgesetzt, da **I** in Leber u. Muskel verbraucht wurde. Ein weiterer Vers. zeigte, daß **II**-Belastung den Abbau von **I** in Leber u. Muskel nicht fördert. Die gleiche Menge u. Konz. **III** setzte die Radioaktivität beider Fraktionen der Niere herab u. diejenige des Trichloressigsäure (**VI**)-Nd. in Muskel u. Leber herauf. Ähnliche Verss. zeigen, daß der Abbau von **I** durch **II** u. **III** eher gehemmt als gefördert wird. 24 Std. nach Verabreichung von **IV** (40 mg/kg) war die Radioaktivität des **VI**-Nd. in Blut u. Leber erhöht, die des **VI**-Filtrats in Blut u. Niere herabgesetzt, möglicherweise da **IV** nicht nur in Pankreas, sondern auch in Leber u. Niere Zellschäden verursacht. **V** (30 mg in 0,2 cm^3 Propylenglykol, subcutan) beeinflußte den Abbau von **I** nicht. Da die Wirksamkeit der *Insulinase* durch Hungern beeinflußt wird (Broh-Kahn u. Mitarbeiter, C. **1950.** I. 561; Endocrinology **52.** [1953.] 698), wurde obiger Test an Ratten nach 72 Std. Hungern ausgeführt. Die leichte Herabsetzung der Radioaktivität des **VI**-Nd. der Niere u. die leichte Steigerung derselben in der Leber scheinen die Hemmung der Zerstörung von **I** durch Hungern zu bestätigen. (Proc. Soc. exp. Biol. Med. **87.** 178—182. Okt. 1954.) F. W. van Klaveren. 4564

I. Leslie und **J. Paul,** *Die Wirkung von Insulin auf die Zusammensetzung der Zellen und des Mediums während der Kultur von Hühnerherzexplantationen.* Vff. bebrüteten Herzgewebe von 13 Tage alten Hühnerembryonen 6 Tage mit wechselnden Konzz. von *Insulin* (I) in folgendem Medium: Zerkleinerte Embryonen wurden über Nacht bei 37° in 10 ml Tyrode-Lsg. belassen, dann wurde abzentrifugiert, je 100 ml mit 50—70 ml

Hühnerserum versetzt u. mit n/10 NaOH auf p_H 7,6—7,8 eingestellt. Gaben von Penicillin u. Streptomycin in geringen Konzz. verhinderte Bakterien-, nicht Gewebewachstum. Dosen von 1—3 I.E. I/ml stimulierten stärkstens die Bldg. von *Phospholipiden* (II), *Ribonucleinsäuren* (III), *Desoxyribonucleinsäuren* (IV) u. *Proteinstickstoff* (V). Das Verhältnis von III : IV u. III : V in den Zellen wächst dabei. $1 \cdot 10^{-2}$ I.E./ml Medium verstärken die Bldg. von II, III u. IV. I brit. u. dän. Herkunft wirkten ähnlich. Der hyperglykäm. Faktor blieb ohne Wirkung. Höhere Konzz. von I führten außerdem zu einer höheren Ausnützung von *Glucose* u. einer Abnahme des *Pyruvat*-Spiegels des Mediums. α-Ketoglutarsäure bleibt davon unberührt. Vff. schließen, daß I direkt das Wachstum der Embryonenzellen fördert u. den Citronensäurecyclus, vermutlich durch Steigerung der Pyruvatumsetzungen, u. damit die Energieerzeugung vermehrt. (J. Endocrinology **11**. 110—24. Aug. 1954. Glasgow, Univ., Dep. of Biochem.) H. TÄNZLER. 4564

J. L. Mongar und **H. O. Schild**, *Hemmung der Histaminausschüttung bei Anaphylaxie.* Unterss. an Meerschweinchenlungenhomogenat von mit Eialbumin sensibilisierten Tieren zeigten, daß Zusatz des spezif. Antigens zur Ausschüttung von 20—40% des vorhandenen *Histamins* (I) führt. Zusatz von 1 mMol *Jodessigsäure* (II) vermindert die I-Freisetzung auf 5% oder weniger. Die durch Zusatz von 1 mg *Compound 48/80* (*Kondensationsprod.* von *p-Methoxyphenyläthylmethylamin* u. *Formaldehyd*)/ml oder 0,15 mg *Octylamin*/ml verursachte I-Ausschüttung in Höhe von 20—40% der Gesamtmenge wird durch 1 mMol II dagegen fast verdoppelt. Gleiche Ergebnisse wurden bei O_2-Ausschluß erhalten. Vff. schließen aus den Ergebnissen, daß die I-Ausschüttung bei Anaphylaxie eine leicht zu unterbrechende, energieverbrauchende Rk. ist, die chem. induzierte wird dagegen durch Störung des n. Zellstoffwechsels verstärkt. (Nature [London] **176**. 163. 23/7. 1955. London, Univ. Coll., Dep. of Pharmacol.) F. KRUSEN. 4569

John Whitney, Stephen Smith III, Jessie Marmorston, Howard Goodman und **Alvin Sellers**, *Antidiuretischer Einfluß des Renins auf den Hund.* Vff. injizieren Hunden *Renin* (I) u. beobachten Verminderung des Urinvol. u. der *Kreatinin-* u. *p-Aminohippursäure*-Ausscheidung. Vermutlich sind diese Tatsachen auf die Anregung zur erhöhten Sekretion *antidiuret. Hormone* durch I zurückzuführen. (Amer. J. Physiol. **176**. 419—22. März 1954. Los Angeles, Calif., Inst. of Med. Res., Cedars of Lebanon Hosp., u. Univ. of Southern California, School of Med., Dep. of Med.) R. LENSCHAU. 4569

J. H. P. Jonxis, T. H. J. Huisman, P. C. van der Schaaf und **H. K. Prins**, *Aminosäurezusammensetzung von Hämoglobin-E.* Vff. untersuchten das Blut einer Familie, die *Hämoglobin* (I)-*E*-Träger war. Das Blut des Vaters enthielt I-A u. I-F, das der Mutter I-A u. I-E (38%). Von den 5 Kindern waren 2, deren Blut gleichfalls I-E mit 27 u. 44% enthielten. Nach Abtrennung von I-F mittels Säulenchromatographie gelang es Vff. nicht, quantitativ I-A von I-E zu trennen. Es gelang aber, I-E auf 65% anzureichern. Die prozentuale Zus. der Aminosäuren in I-E zeigte keine Unterschiede zu der von I-A u. auch zu der von I-B. Gleichfalls waren auch die N-Endgruppen von I-E die gleichen, die von Vff. in I-A, -B u. -C bestimmt wurden. Ein Unterschied liegt nur in den physikal. Eigg. u. vielleicht in der Aminosäuresequenz. (Nature [London] **177**. 627—28. 31/3. 1956. Groningen, Univ., Dep. of Pediatr.) G. BRATFISCH. 4572

Victor P. Seeberg, John Hidalgo und **Werner Wilken**, *Hämoglobinregeneration nach oraler Zufuhr von Eisen in Chelatbindung.* Bei mit mehrwöchiger Milch- u. Wasserdiät behandelten Ratten war ein starkes Absinken des Bluthämoglobingeh. festzustellen. Mit oraler bzw. intravenöser Zufuhr von *Ferrosulfat, Natriumferriäthylendiamintetraacetat* u. *Eisenoxydsaccharat* konnte eine Regeneration des Hämoglobins erreicht werden. (Science [Washington] **119**. 608—09. 30/4. 1954. Berkeley, Calif., Res. Div., Cutter Labor.) H. HENNERSDORF. 4572

B. Maupin, J. Schneebeli und **R. Ardry**, *Untersuchung über Nucleinsäuren in den Blutplättchen des Menschen.* Nach den Methoden von SCHNEIDER u. von SCHMIDT u. THANNHÄUSER wurden *Ribonucleinsäure* u. *Desoxyribonucleinsäure* in den Blutplättchen bestimmt. Von Gesamtnucleinsäure-P wurden Spuren gefunden; Desoxyribonucleinsäure-P war nicht nachweisbar, dagegen kleine Mengen (10 mg/100 g Trockensubstanz) von Ribonucleinsäure-P in der nichtgranulären Fraktion, die auch Spuren von Protein-P enthält. — Die Blutplättchen werden als cytoplasm. Fragmente angesehen, die aus der Peripherie der Megakaryocyten stammen. (C. R. Séances Soc. Biol. Filiales **148**. 441—43. März 1954.) TH. MARSSON. 4573

John V. Evans, *Elektrolytkonzentration in den roten Blutkörperchen verschiedener englischer Schafsrassen.* Die Gesamt-Blut-Na-Konz. variiert umgekehrt mit der des K, jedoch war eine Trennung von Na u. K nicht möglich. Es werden für die verschied. Schafsrassen bestimmte Typen aufgestellt. (Nature [London] **174**. 931—32. 13/11. 1954. Bucksburn, Aberdeenshire, England, Rowett Res. Inst.) G. WELTZIEN. 4573

Isao Tateno und **Edwin D. Kilbourne,** *Hämolytische Wirksamkeit von Diäthylstilböstrol und einigen Steroidhormonen. Diäthylstilböstrol* (I), *Progesteron* u. *Desoxycorticosteronacetat* erzeugten „in vitro" Hämolyse menschlicher „O"-Erythrocyten. Die hämolyt. Aktivität von **I** änderte sich mit der Temp., dem p_H sowie mit Zusätzen von *Ca*, menschlichem Serum oder nichthämolyt. Corticosteroiden. Vor Beginn der Hämolyse war in mit **I** versetzten Zellsuspensionen erhöhte *K*-Konz. zu beobachten. (Proc. Soc. exp. Biol. Med. **86.** 168—70. Mai 1954. New Orleans, Tulane Univ., School of Med., Dep. of Med., Div. of Infect. Dis.) TH. MARSSON. 4573

Harrison Latta und **Sarah Stephens Polt,** *Die Hemmung der Resorcinhämolyse durch Saccharose.* Die durch *Resorcin* verursachte, in 2 Stufen (Schrumpfung u. Quellung) erfolgende Hämolyse wird durch 5%ig. *Saccharose*-Lsg. vollständig, durch 5%ig. *Glucose*-Lsg. nur teilweise gehemmt. Es handelt sich um einen osmot., keinen chem. Effekt. (Science [Washington] **120.** 271—73. 13/8. 1954. Cleveland, O., Western Res. Univ., Inst. of Pathol.) TH. MARSSON. 4573

Harold L. Taylor, F. C. Bloom, K. B. McCall und **Lee A. Hyndman,** *Ein verbessertes Verfahren zur Gewinnung von menschlichem Serumalbumin aus Placentaextrakten.* Vff. haben ihr früheres Verf. (GORDON u. Mitarbeiter, C. **1955.** 6062) so modifiziert, daß Serumalbumin in größerer Reinheit u. Ausbeute gewonnen wird. Es umfaßt jetzt folgende Schritte: Aus dem Kochsalzextrakt der Placentae wird die Hauptmenge der Globuline durch A. gefällt. Die restlichen Globuline, Hämoglobin u. Albumin werden bei p_H 4,95 durch Zugabe von Zn-Ionen abgetrennt u. erneut in 0,15mol. NaCl-Lsg. gelöst. Das Hämoglobin wird bei p_H 7,2 durch Zugabe von Zn-Ionen gefällt, Hämatin bei p_H 4,7 unter Zusatz von Na-Caprylat. Das verbleibende Plasmaprotein wird bei -8^0 durch Zusatz von A. bis zu einer Konz. von 25% erneut gefällt, sodann in W. gelöst. Restliches Zn wird durch Ionenaustauscherbehandlung gebunden, Globulinreste werden bei p_H 5,8 u. 40% A. abgetrennt. Aus dieser Lsg. wird das Albumin bei p_H 4,8—4,9 u. -10^0 durch Zugabe von A. gewonnen. Es wird durch Anionenaustauscher vom Acetat befreit. (J. Amer. chem. Soc. **78.** 1353—55. 5/4. 1956. Lansing, Mich., Dep. of Health, Div. of Labors.) K. HEYNS. 4574

Harold L. Taylor, F. C. Bloom, K. B. McCall, Lee A. Hyndman und **H. D. Anderson,** *Die Bereitung von γ-Globulin aus Placentablut durch Äthanolfraktionierung.* (Vgl. vorst. Ref.) Gefrorene Placentae werden aufgetaut, zerkleinert u. mit isoton. NaCl-Lsg. extrahiert; aus diesem Extrakt wird die Hauptmenge der Globuline durch Zusatz von A. in der Kälte abgetrennt (vgl. vorst. Ref.). Erneut gelöst, wird aus dieser Fraktion das α-Globulin bei p_H 4,8 mit 8%ig. A. abgeschieden. Darauf folgt die Fällung einer *γ-Globulin*-reichen Fraktion bei p_H 7,0—7,2 mit 25%ig. Alkohol. Aus dieser wird eine Fraktion mit den restlichen α- u. β-Globulinen bei p_H 5,1 mit 17%ig. A. abgetrennt. Es verbleibt eine Lsg., aus der bei p_H 7,0 mit 25%ig. A. das γ-Globulin in einer Reinheit von 96% gefällt werden kann. (J. Amer. chem. Soc. **78.** 1356—59. 5/4. 1956. Lansing, Mich., Dep. of Health, Div. of Labors.) K. HEYNS. 4574

Adam Kepes, *Potentiometrische Untersuchung über die Fixierung von Alkali- und Erdalkaliionen an Serumalbumin.* Die Fixierung von Kationen an ein Protein führt zu einer Erniedrigung des p_H-Wertes der Lösung. Vf. konnte durch potentiometr. Titration von Rinderserumalbumin mit NaOH in Ggw. von *NaCl, KCl,* $CaCl_2$, $BaCl_2$ u. $MgCl_2$ bei $+5(\pm 1)^0$ zeigen, daß die Fixierung zweiwertiger Ionen stärker als die von einwertigen ist, u. daß der Hauptsitz der Fixierung eine funktionelle Gruppe ist, deren scheinbare p_K in W. 8,2 beträgt. (C. R. hebd. Séances Acad. Sci. **239.** 117—20. 5/7. 1954.) K. NEHRING. 4574

Victor Ross, *Wasserstoffionenaktivität und Fällung von Rinderserumalbumin und β-Lactoglobulin mit Salmin. Rinderserumalbumin* (I) oder *β-Lactoglobulin* (II) wurden durch *Salmin* (III) bei optimalem p_H-Wert fast quantitativ gefällt. Die Mengen von **I** u. **II**, die mit einer gegebenen Menge **III** bei gegebenem p_H Gemische bilden, aus denen beide Komponenten quantitativ ausgefällt werden, tragen die gleiche Anzahl negativer Nettoladungen. Wurden Gemische mit Mol-Verhältnissen $<1{,}00$ auf fallende, unter dem Optimal-p_H liegende Werte eingestellt, so wird alles **I** oder **II** zusammen mit abnehmenden **III**-Mengen gefällt. Bei Erreichen des Optimal-p_H für ein mol. Verhältnis von 1,00 (Transitional-p_H) erscheint eine Spur Protein in der überstehenden Fl., wobei die Menge mit fallendem p_H ansteigt. Bei jedem $p_H <$ Optimal-p_H erhält man Fällungen in denen die Reaktionspartner in den gleichen Verhältnissen auftreten, wie sie in einem Gemisch vorliegen, das dieses p_H als Optimum hat. (Arch. Biochem. Biophysics **50.** 34—45. Mai 1954. New York, N. Y., Columbia Univ., Coll. of Phys. and Surg., Dep. of Biochem.) K. NEHRING. 4574

Victor Ross, *Reaktion von Salmin mit Ovalbumin, Hämoglobin, Insulin und Casein.* (Vgl. vorst. Ref.) Vf. untersucht die Rkk. von *Salmin* mit *Ovalbumin* (I), *Hämo-*

globin (II), *Insulin* (III) u. *Casein* (IV) bei p_H-Werten unterhalb des *Transitional-p_H* zur Best. der Beziehung der Gewichtsverhältnisse der Reaktionspartner in der Fällung zum Verhältnis ihres allg. angenommenen Mol.-Gewichtes. Bei I entspricht das Gewichtsverhältnis dem Mol.-Gew.-Verhältnis, bei II beträgt es die Hälfte u. bei III ist es doppelt so groß. Da für II kein allg. anerkanntes Mol.-Gew. bekannt ist, konnte hier kein Vgl. durchgeführt werden. (Arch. Biochem. Biophysics **50.** 46—54. Mai 1954.)
K. NEHRING. 4574

Georges Sandor, *Aktivitätskoeffizient eines isoelektrischen Proteins.* Die Unterss. wurden mit *Euglobulin I* (I), einem schwer lösl. *γ-Globulin* aus antibakteriellem *Pferdeimmunserum* durchgeführt. Es wurde die Löslichkeit des isoelektr. Euglobulins bei 2 verschied. Ausgangskonzz. (6,97 u. 13,67$^0/_{00}$) in Abhängigkeit von der durch verschied. NaCl-Konzz. zwischen 0,0033 u. 0,1152 variierenden Ionenstärke gemessen, wobei sich je nach der Proteinkonz. 2 verschied. lineare Abhängigkeiten ergaben. (C. R. hebd. Séances Acad. Sci. **239.** 120—22. 5/7. 1954.) K. NEHRING. 4574

J. Enselme, J. Tigaud, R. Lambert und **J. Cottet,** *Elektrophoretische Untersuchungen über die Serumproteine der Ratte. Statistische Untersuchung der Ergebnisse.* Die elektrophoret. Unterss. wurden an Einzelseren von 20 Ratten, 4 Sammelseren von 10 Ratten u. einem Sammelserum von 20 Ratten durchgeführt. Es ließen sich klar *Albumin,* α_1-, α_2-, *β-* u. *γ-Globulin* trennen. Die Ergebnisse zeigen eine Zus. der einzelnen Gipfel aus mehreren GAUSSschen Kurven, sowie einen Anstieg der elektrophoret. Beweglichkeit u. des %-Satzes der β-Globuline bei zunehmendem Alter der Tiere. Zur Unters. der %-Sätze der einzelnen Proteinfraktionen erscheint die Benutzung von Sammelproben statist. zulässig, jedoch nicht für die Beweglichkeitsmessungen an den einzelnen Gipfeln. (Bull. Soc. Chim. biol. **36.** 1599—1609. 1954. Lyon, Fac. mixte de Méd. et de Pharm., Labor. de Chim. Biol. et Méd.) K. NEHRING. 4574

René Frentz, *Papierelektrophorese der Serumproteine von Carcinus maenas Pennant.* Mittels Papierelektrophorese in Puffer p_H 8,6 nach DURRUM bei 110—150 V (Anfärbung mit Bromphenolblau) untersucht Vf. qualitativ u. halbquantitativ die Veränderungen der Serumproteine von Carcinus maenas Pennant im Verlauf des Häutungs- u. Sexualcyclus. Die Proteinfraktionen werden in weitwandernde (Distalflecken; I), mittelwandernde (Intermediärflecken; II) u. wenigwandernde (Proximaflecken; III) unterteilt. Das *Hämocyanin* scheint in I zu liegen. In den Perioden A u. B der Häutung (DRACH, Ann. Inst. océanograph. **19.** [1939.] 103) sind wenig Proteine nachweisbar, während in der Periode C bei ♂ Tieren I u. II u. bei ♀ Tieren I, II u. III erscheinen, wobei II u. III gelb gefärbt sind u. Hepatopankreasanteile enthalten. Bei ♀ verstärken sich II u. III parallel mit fortschreitender Vitellogenese. III bei ♀ scheint, nach der Gelbfärbung zu urteilen, *Lipoproteine* zu enthalten. (C. R. hebd. Séances Acad. Sci. **239.** 1867—68. 20/12. 1954.)
K. NEHRING. 4574

Frank W. Putnam, *Anomale menschliche Serumglobuline.* (Science [Washington] **122.** 275—77. 12/8. 1955. Chicago, Ill., Univ. of Chicago, Dep. of Biochem., u. Argonne Cancer Res. Hosp.) H. DOSSMANN. 4574

D. Hamer, *Wechselwirkungen von hochmolekularen Säuren mit Albumin.* Polysäuren verhüten in salzfreien Lsgg. von *Albumin* (I) eine Hitzekoagulation von I, *Polyphosphate* (*Nucleinsäuren*), *Polysulfate* (*Heparin* u. *Dextransulfat*) u. *Polycarbonsäuren* (*Alginsäuren* u. *Bakterienpolyglutaminsäure*) erwiesen sich als wirksam. Es konnten auch Wirkungen auf die opt. Drehung von I nachgewiesen werden. Diese Agentien verhindern zwar die Koagulation, jedoch nicht völlig die Denaturierung. In bezug auf die Schutzwrkg. scheint weniger die Mol.-Größe der hochmol. Säuren als vielmehr die Zahl der Säuregruppen eine Rolle zu spielen. (Biochem. J. **56.** 610—13. April 1954. Birmingham, Med. School, Cancer Res. Labors., Dep. of Pathol.) K. NEHRING. 4574

Amir Rouhi, Judith Blass und **Jacques Polonovski,** *Lösung von Aminosäuren in Lipidextrakten.* Bei der Lipidextraktion von *Serum* u. *Plasma* nach BLOOR sind im Petrolätherextrakt *Harnstoff* u. *Aminosäuren* (I) nachweisbar. Papierchromatograph. Vgll. der freien I von Serum u. Plasma mit den, in den entsprechenden Extrakten gefundenen führen Vff. zu der Annahme, daß es sich bei den extrahierten I um Anteile der freien I handelt. Es werden etwa die Hälfte der vorhandenen freien I durch PAe. extrahiert, wobei *Leucin, Valin, Tyrosin, Phenylalanin, Serin, Glycin, Lysin, Arginin, Methionin* u. *Cystin* bevorzugt erscheinen. Verss. der Vff. ergaben, daß sich I in Petrolätherlsg. von Lipiden lösen, wenn I u. Lipide in wss. Emulsion aufeinander einwirken; von den untersuchten Lipiden zeigten jedoch nur *Phosphoaminolipide* ein Aufnahmevermögen für I. (Bull. Soc. Chim. biol. **36.** 1417—23. 1954. Paris, Inst. Pasteur, Serv. de Chim. biol.)
K. NEHRING. 4574

Pierre Rebeyrotte, *Zusammensetzung der säurefällbaren Lipoproteinsynapsen.* Die elektrophoret. Unters. nach TISELIUS der aus Pferdeserum isolierten Lipoproteinsynapsen ergab trotz Variation von Konz., p_H, Ionenstärke u. Art des Pufferions nur 2 Bestandteile. Die Kurven der elektrophoret. Beweglichkeiten deuten auf die Identität einer Fraktion mit dem Serumalbumin u. die Herkunft der anderen Fraktion von den *α-Globulinen* hin. Die beiden Fraktionen besitzen den gleichen isoelektr. Punkt 4,7. Die Verss. zur präparativen Auftrennung in die beiden Fraktionen durch Fällung mit Salzen oder organ. Lösungsmitteln führten stets zu einer Denaturierung. Die Aussalzkurven bestätigen die Ggw. von 2 Hauptfraktionen. (Bull. Soc. Chim. biol. **36.** 1623–30. 1954. Paris, Fac. de Méd., Labor. de Chim.) K. NEHRING. 4574

Pierre Rebeyrotte, *Anwendung der Elektrorheophorese auf die Untersuchung der säurefällbaren Lipoproteinsynapsen.* Mit Hilfe der Elektrorheophorese gelingt es Vf., die Lipoproteinsynapsen von MACHEBOEUF in 2 Haupt- u. 1 Nebenfraktion aufzutrennen. Von den Hauptfraktionen ist eine proteinreich u. lipid- u. kohlenhydratarm u. eine proteinreich mit etwas Polysacchariden u. wenig Lipiden. Die ihrer Beweglichkeit nach zwischen den Hauptfraktionen liegende Nebenfraktion ist sehr lipid- u. kohlenhydratreich, aber proteinarm. Die Elektrorheophorese gestattet somit eine selektivere Identifizierung als die freie Elektrophorese, die nur 2 Fraktionen zeigt. Die Technik der Meth. u. die Anfärbung der getrennten Fraktionen werden beschrieben. (Bull. Soc. Chim. biol. **36.** 1617–21. 1954. Paris, Fac. de Méd., Labor. de Chim.) K. NEHRING. 4574

Gérard Biserte, André Charbonnier und **François Guérin,** *Untersuchung über die Veränderungen des Proteinogramms und des Lipoproteinogramms von bei 37° im Brutschrank aufbewahrtem, menschlichem Serum.* Die 24–96std. Lagerung im Brutschrank bei 37° bewirkte einen Abfall der *β-Globuline* u. einen Anstieg der *$α_2$-Globuline*, wie die Unterss. mittels freier u. Papierelektrophorese zeigten. Bei den *Lipoproteiden* (**I**) tritt eine vergrößerte Wanderungsgeschwindigkeit der *β*-**I** ein, die sich schließlich mit den *α*-**I** vereinigen. Vorherige Fettextraktion des Serums mit Aceton–Ae. hatte keinen Einfl. auf die Proteinogramme. Drei Seren von Fällen mit schwerem Ikterus zeigten anomale Proteinfraktionen zwischen dem *β*- u. *γ*- u. zwischen $α_2$- u. *β*-Globulin, die nach Aufbewahrung bei 37° weniger deutlich in Erscheinung traten. In diesen Fällen waren auch die **I** anomal, insofern, als sich papierelektrophoret. keine *β*-Fraktion nachweisen ließ, sondern nur schwache **I**-Komplexe, die fast gar nicht wanderten. Brutschrankbehandlung vergrößerte die Wanderungsgeschwindigkeit dieser Komplexe, ohne daß sie jedoch die der *β*-**I** erreichten. (C. R. hebd. Séances Acad. Sci. **239.** 127–28. 5/7. 1954.) K. NEHRING. 4574

Jean-Luc de Gennes und **Jacqueline Truffert,** *Wirkung von Protaminsulfat auf die Fette des menschlichen Serums in vivo.* Nach Vorverss. an Hunden erhielten 18 nicht hyperlipäm. u. 20 hyperlipäm. Patienten langsame intravenöse Injektionen von *Protaminsulfat* (**I**), die nach 4 Std. im Serum zu durchschnittlichen Abnahmen der opt. Dichte (BECKMANN-Spektrophotometer, 650 mμ) von 24 bzw. 21%, des KUNKEL-Testes (Photometer von MEUNIER) von 34 bzw. 36%, des Gesamtfettes von 25 bzw. 20% u. des Gesamtcholesterins von 20 bzw. 17% führten. **I** erzeugte also in vivo wie in vitro eine Klärung des Serums u. eine erhebliche Senkung des Geh. an zirkulierenden Lipiden im Serum. (C. R. Séances Soc. Biol. Filiales **149.** 648–51. April 1955. Broussais, Hôpital.) H. CARLS. 4574

P. G. Ackermann, H. J. Buehler, G. Toro und **W. B. Kountz,** *Serumcholesterin-, Phospholipoid- und Lipoproteinspiegel bei älteren männlichen Personen.* Vff. bestimmten im Blutserum von älteren Personen (52–94 Jahre) *Cholesterin* (**I**)-, *Phospholipoid* (**II**)- u. S_F 12–20-Spiegel. In diesen Altersgruppen stellten Vff. eine geringeres Absinken des S_F-Spiegels mit fortschreitendem Alter fest u. eine gute Übereinstimmung zwischen S_F- u. **I**-Spiegel. Der **II**-variierte linear mit dem **I**-Spiegel. (Proc. Soc. exp. Biol. Med. **88.** 447–48. März 1955. St. Louis, Mo., St. Louis Chronic Hospital, Washington Univ., School of Med., Div. of Gerontol; Anheuser Busch., Inc.) G. BRATFISCH. 4574

A. Comfort, *Der Einfluß der Plasma-β-Lipoproteinkonzentration auf die Wirkung injizierten Heparins beim Kaninchen.* Intravenöse Injektionen von *Heparin* (**I**) an Kaninchen mit Lanolinfütterungslipämie bewirkten ein starkes Anwachsen der anod. Wanderungsgeschwindigkeit des *β-Lipoproteins* (**II**) bei p_H 8,6. Auch in vitro läßt sich dieser Effekt durch Zugabe von Plasma **I**-injizierter Tiere, jedoch nicht durch **I** selbst auslösen. Genauere Unterss. zeigten, daß bei einem Serumcholesterinspiegel >1 mg/ml **I** die Wanderungsgeschwindigkeit von **II** vergrößert, wobei der prozentuale Zuwachs starken Schwankungen, auch bei dem gleichen Tier, unterworfen sein kann. Bei einem Serumcholesterinspiegel <1 mg/ml hat **I** entweder keinen Einfl. auf die Wanderungsgeschwindigkeit von **II** oder verringert diese im Vgl. zu Parallelkontrollen; die geringe Wrkg. von **I** auf *$α_2$-Lipoprotein* scheint jedoch nicht beeinflußt zu werden. Nach Ansicht des Vf. handelt es sich bei dieser Erscheinung vermutlich eher um einen Konzentrationseffekt als um das Auftreten einer I-empfindlichen Komponente. (Biochem. J. **56**. IX—X. Jan. 1954. London, Univ. Coll., Dep. of Zool.) K. NEHRING. 4574

Meier Burstein und **Jean Samaille,** *Über die Klärung von lipämischem Serum durch Heparin in vitro.* Durch Zugabe eines Überschusses von $CaCl_2$ gelang es Vff., lipäm. Serum nach Heparin (I)-Zusatz durch Zentrifugieren (10 Min. 10000 U/Min.) auch *in vitro* zu klären. Gleichzeitig nahm der Fettgeh. des Serums ab. Dies beruht auf der Unlöslichkeit der Chylomikronen, die an der Oberfläche des zentrifugierten Serums ein fettiges Häutchen bilden. I, $CaCl_2$ u. Zentrifugieren allein bewirkten keine Senkung des Serumfettgehaltes. Zur vollständigen Klärung eines stark lipäm. Serums sind mindestens 2—3 mg I in 0,1 cm^3 gelöst u. mindestens 0,1 cm^3 mol. $CaCl_2$-Lsg. pro 1 cm^3 Serum erforderlich. (C. R. hebd. Séances Acad. Sci. **241**. 664—65. 29/8. 1955.) H. CARLS. 4574

Meier Burstein und **Jacques Loeb,** *Natürliches Antithrombin und plasmatischer Cofaktor des Heparins.* Die vermutete Identität des *natürlichen Antithrombins* mit dem *plasmat. Cofaktor,* der in Verb. mit *Heparin* der Koagulation des Fibrinogens durch das Thrombin entgegenwirkt, wird durch eine Reihe von Verss. (Fraktionierung, Thermostabilität, Adsorption, Elution, Extraktion mit Chlf. u. Verbrauch bei der Koagulation) bewiesen. (C. R. hebd. Séances Acad. Sci. **239**. 904—05. 11/10. 1954.) TH. MARSSON. 4574

Norma Alkjaersig und **Walter H. Seegers,** *Aktivierung von gereinigtem Prothrombin in Zusammenhang mit der Gewinnung von Plättchenfaktor 3, Plättchencofaktor I und Ac-Globulin.* Ein gereinigtes *Plasma-Ac-globulin* (I) wurde dadurch gewonnen, daß I u. *Prothrombin* (II) nicht an $Mg(OH)_2$ (nach WARE), sondern an Tricalciumphosphat adsorbiert wurden, welches dann mit Natriumcitrat fraktioniert eluiert wurde. Bei einer Konz. von 25% Natriumcitrat wurde I gefällt u. gegen dest. W. dialysiert (Versuchstemp. 0^0). — Bei hohen I-Konzz. liefert die Umsetzung mit den gereinigten Gerinnungsfaktoren genügende *Thrombin* (III)-Mengen, um *Serum-Ac-globulin* (IV) aus I zu ergänzen. Bei niedrigen I-Konzz. muß III zugegeben werden, um die Umwandlung von I in IV zu begünstigen. — 60 ml I-Dialysat (aus 800 ml Rinderplasma) enthielten 1805 I.E./ml u. 0,27 mg Tyrosin/ml, entsprechend einer spezif. Aktivität von 6700 E./mg Tyrosin neben 105 Prothrombin-Einheiten pro ml. (Amer. J. Physiol. **182**. 347—50. Aug. 1955. Detroit, Mich., Wayne Univ., Coll. of Med., Dep. of Physiol. and Pharmacol.) H. CARLS. 4574

Rudolf Jagenburg, *Aminosäuren und Peptide im Kinderharn.* 2dimensionale Papierchromatographie in Butanol–Essigsäure–W. u. Phenol–W.–NH_3 des entsalzten Harns von 40 Kindern im Alter von 3 Wochen bis zu 1 Jahr ergaben 32 Flecken. Es wurden identifiziert (geordnet nach fallender Konz.): *Glycin* (I), *Histidin* + *Arginin* (nur kleine Mengen), *Alanin* (II), *Glutamin, Serin, Tyrosin, Glutaminsäure* (III), *Threonin, Lysin, Valin* + *Tryptophan* + *Methionin, Cystin, α-Amino-n-buttersäure, Asparaginsäure, Phenylalanin, Isoleucin* + *Leucin, Prolin* (IV) u. *Oxyprolin.* 3 häufig auftretende Flecken könnten β-Aminoisobuttersäure, γ-Amino-n-buttersäure u. α-Aminoadipinsäure sein u. 2 schwächere Flecken 1- u. 3-Methylhistidin. Von besonderem Interesse scheinen 2 gelbe Flecken, die wahrscheinlich Peptide sind u. im Harn von Erwachsenen nicht zu finden waren. Die Reinigung u. Hydrolyse einer dieser Verbb. ergab I, II, III u. IV, wobei I u. IV überwiegen. Die Nahrung (Muttermilch oder Kuhmilch) scheint keinen Einfl. auf die Ausscheidung von Aminosäuren u. Peptiden auszuüben. (Acta chem. scand. **9**. 1047. 1955. Gothenburg, Schweden, Univ., Dep. of Med. Biochem.) E. SCHWERDTFEGER. 4577

C. Chatagnon und **P. Chatagnon,** *Neuraminsäure und Proteinurie.* 600 Unterss. am Harn von 30 n. u. 40 an Proteinurie leidenden ♀ Versuchspersonen über mehrere Monate hin ergaben, daß sich im Normalfall, wenn weder Albumin noch Pseudoalbumin, BENCE-JONES Protein oder cytolog. Elemente ausgeschieden werden, *Neuraminsäure* (I) unter den Bedingungen der üblichen chem. Harnanalyse nicht nachweisen läßt. Im Fall der Proteinurie hingegen, auch wenn nur Spuren von Proteinen (Albumin oder Pseudoalbumin) ausgeschieden werden, ist die I-Rk. positiv. Bei steigendem Geh. des Harns an Proteinen wird auch die I-Rk. stärker. I ist auch bei physiol. Proteinurie nachweisbar. Bei dialysiertem Harn konnte die gleiche I-Menge wie bei filtriertem gefunden werden. Die Ergebnisse papierchromatograph. Unterss. des Harns führen Vff. zu der Vermutung, daß I die Glykoproteine (α- u. γ-*Globulin*) begleitet. (C. R. Séances Soc. Biol. Filiales **148**. 1765—67. Nov. 1954. Seine-et-Oise, Labor. centr. de Biol. de l'Hôp. de Maison-Blanche Neuilly-sur-Marne.) K. NEHRING. 4577

O. P. Wieland, R. S. de Ropp und **J. Avener,** *Die Identität des Auxins im normalen Urin.* Genau nach dem Verf. von KÖGL, HAAGEN-SMIT u. ERXLEBEN (Hoppe-

Seyler's Z. physiol. Chem. **214.** [1933.] 241) aufgearbeiteter Urin wurde papierchromatograph. u. mittels des Haferkoleoptilen-Spalttestes nach THIMANN u. SCHNEIDER auf die Ggw. von pflanzlichen Wuchsstoffen u. deren chem. Natur untersucht. In 80 Liter Urin konnte außer *Indolylessigsäure* (I) keine Spur eines anderen Auxins entdeckt werden. Durch trockene methanol. HCl wird I nicht zerstört, sondern es entsteht der I-Methylester, dessen biol. Aktivität bedeutend größer ist als die von I. Somit widersprechen die Ergebnisse den Resultaten obiger Arbeit. (Nature [London] **173.** 776—77. 24/4. 1954. Pearl River, N. Y., Amer. Cyanamid Comp., Lederle Labors. Div.)

H. KOBLITZ. 4577

John A. Benson jr., Kwang S. Kim und **Jesse L. Bollman** (unter techn. Mitarbeit von **Emery Van Hook**), *Extravasculäre Proteindiffusion.* Die Unterss. an Ratten u. Kaninchen zeigten, daß unter Standardbedingungen Darm, Leber u. Muskel pro Zeiteinheit eine nahezu konstante *Protein*-Menge an die Lymphe liefern. Die Eiweißkonz. der Lymphe von Rattendarm oder -leber ist dem Vol. des Lymphstromes umgekehrt proportional. Die Konz. der Proteinfraktionen in den Kaninchenlymphen u. die Austauschgeschwindigkeiten von ^{131}J-markiertem menschlichen Serumalbumin zwischen Plasma u. Lymphe beim Kaninchen zeigen, daß die Gleichgewichtseinstellung der Plasmaproteine mit der Lymphe in der Leber schnell, im Darm weniger schnell u. in der Skelettmuskulatur langsam verläuft. (Amer. J. Physiol. **182.** 217—20. Juli 1955. Rochester, Minn., Univ., Mayo Found. and Mayo clinic, Sect. of Biochem.)

E. SCHWERDTFEGER. 4578

K. Schmid, Edith C. Rosa und **Margaret B. MacNair,** *Fraktionierung der Proteine der menschlichen Synovialflüssigkeit und des Plasmas.* Vff. beschreiben eine Meth. zur Fraktionierung der Proteine der menschlichen Synovial-Fl. nach 3 std. Incubation bei 35° mit Hyaluronidase in 6 Fraktionen mittels A.-Fällung bei niedriger Temp. u. niedriger Salzkonz. in Ggw. von zweiwertigen Metallionen in Anlehnung an die Methoden 6 u. 10 von COHN. Die Meth. wurde auch auf die Fraktionierung n. menschlichen Plasmas angewandt. Die Trennung der Proteine aus Fraktion IV von denen der Fraktion V wurde gesondert untersucht. Die einzelnen Fraktionen wurden elektrophoret. untersucht, die Eigg. der Proteinfraktion der Synovial-Fl. mit den entsprechender Plasmafraktionen verglichen u. auf Ähnlichkeit u. Unterschiede hingewiesen. (J. biol. Chemistry **219.** 769—80. April 1956. Boston, Mass., Robert W. Lovett Mem. Labor. for Study of Crippling Dis., Gen. Hosp. and Harvard Med. School, Dep. of Biophys. Chem.)

E. SCHWERDTFEGER. 4578

W. N. Orechowitsch, T. P. Lewtschuk und **M. I. Lewjant,** *Über den Einbau von Aminosäuren in die Proteine des unbefruchteten Hühnereies.* In einer früheren Arbeit von ORECHOWITSCH u. Mitarbeitern (vgl. C. **1956.** 7585) war gezeigt worden, daß im Unterschied zum Embryo in der Eihaut u. im Dotter des befruchteten Hühnereies keine Eiweißsynth. erfolgt. Um zu klären, ob dies auch für das unbefruchtete Hühnerei zutrifft, wurden in die Eihaut, in die Luftkammer oder in das Eigelb *$^{14}C_{(COOH)}$-Glycin* (I), *$^{14}C_{(COOH)}$-Tyrosin* (II) u. *$^{14}C_{(COOH)}$-Lysin* (III) sowie *^{35}S-Methionin* (IV) eingeführt. Nach verschied. Zeiträumen der Incubation bei 37° wurde das Eindringen von I, II, III u. IV in verschied. Teile des Eies untersucht. Nach Zufuhr von II, III oder IV zeigte sich in Eihaut u. Eigelb prakt. keine Radioaktivität. Der Einbau von II, III u. IV in die Proteine des Embryoschildes verlief sehr langsam. Die Ergebnisse sprechen dafür, daß im Eigelb u. in der Eihaut keine Synth. oder Erneuerung der Eiweißstoffe erfolgt. Bei Einführung von I in die Eihaut oder in das Eigelb wurde nur in der Eihaut eine Radioaktivität beobachtet. Wurde I in α-Stellung markiert, so war das gleiche zu beobachten. Dieses Verh. von I konnte noch nicht geklärt werden. (Биохимия [Biochemie] **20.** 714—17. Nov./Dez. 1955. Moskau, Inst. für biol. u. med. Chem. der Akad. der med. Wiss. der UdSSR.)

O. LEBTAG. 4583

A. E. Harper, D. A. Benton, M. E. Winje und **C. A. Elvehjem,** *Leucin–Isoleucin-Antagonismus bei der Ratte.* (Vgl. auch C. **1956.** 7859.) Bei früheren Unterss. war festgestellt worden, daß bei hoher *Leucin* (I)-Zufuhr das Wachstum der Ratte bei einer Ration mit 9% *Casein* zurückgehalten wird. Es wurde angenommen, daß die Ursache in einem Antagonismus der *Aminosäuren* (III) liegen könnte. Weitere Verss. an Ratten ergaben, daß die retardierende Wrkg. von I durch Beifütterung von *Isoleucin* (II) aufgehoben wurde. Von 5 verschied. essentiellen III trat diese Wrkg. nur bei II auf. Es wird angenommen, daß bei einem Überschuß von I die Verwertung des bakteriell gebildeten II vermindert wird. Damit wird zum ersten Mal das Auftreten von III-Antagonismus auch bei Säugetieren nachgewiesen. (Arch. Biochem. Biophysics **51.** 523—24. Aug. 1954. Madison, Wis., Univ. of Wisconsin, Coll. of Agricult., Dep. of Biochem.)

K. NEHRING. 4584

James H. Meyer, *Einfluß des Gehaltes der Nahrung an Natriumchlorid und Protein auf Wachstum, N-Bilanz und Körperzusammensetzung der wachsenden Ratte.* Es wurden Futtergemische mit verschied. Casein (**I**)-Geh. (10, 25 u. 40%) an wachsenden Ratten verglichen, wobei (a) ein Grundfutter mit 15% *NaCl*, (b) die gleiche Menge Grundfutter ohne *NaCl* u. (c) das Grundfutter ad libitum verfüttert wurden. Beim Vgl. zwischen *a* u. *c* ist die Wachstumsdepression durch NaCl bei allen **I**-Gehh. von gleicher Größenordnung; der Zuwachs an Fett, W., N, Asche, Na u. K war bei *a* geringer. Vgll. von *a* u. *b* zeigen einen größeren Gewichtszuwachs bei *a* infolge eines erhöhten Gewichtes des Gastrointestinaltraktes; das Gewicht der ausgeweideten Tiere war gleich. Der Zuwachs an W., Na u. K war gleich, während der N- u. Aschezuwachs bei *b* größer war. Die Depression des Fettansatzes bei *a* hing von der **I**-Menge ab. Die N-Bilanz-Unterss. ergaben für *a* eine Erhöhung der scheinbaren N-Verdaulichkeit, jedoch war die N-Retention geringer als bei *b* oder *c*. (Amer. J. Physiol. **182.** 83—88. Juli 1955. Davis, Calif., Univ., Animal husbandry Dep.) E. SCHWERDTFEGER. 4585

Ja. M. Bersin und **Ja. Ja. Rosenbach,** *Der Einfluß der Salze von Co, Mn, Cu und Zn auf die Eiproduktion und auf die Incubationseigenschaften der Hühnereier.* Hühner, die 1 Jahr lang neben dem n. Futter ein Gemisch von 0,25 (mg-%) $CoCl_2$, 25 $MnSO_4$, 20 $CuSO_4$ u. 1,2 $ZnCl_2$ erhielten, zeigten im Vgl. zur Kontrolle eine um 7,8% erhöhte Legefreudigkeit. Das mittlere Eigewicht war um 0,9 g größer als bei der Kontrolle. Die Zahl der ausgeschlüpften Kücken war um 6,16%, das Gewicht des ausgeschlüpften Kücken um 1 g erhöht. (Известия Академии Наук Латвийской ССР [Nachr. Akad. Wiss. LettSSR] **1954.** Nr. 4. 55—57.) O. LEBTAG. 4585

H. Fisher und **H. M. Scott,** *Der Bedarf von Küken an essentiellen Aminosäuren in Beziehung zu ihrem Vorkommen im fettfreien Organismus.* In Zusammenhang mit der Ansicht von MITCHELL, der die engen Beziehungen zwischen dem Geh. der Muskelproteine an essentiellen *Aminosäuren* (**I**) u. deren Bedarf nachwies, wurde an Hand von Unterss. von PRICE u. Mitarbeitern (vgl. C. **1954.** 6267) die Frage untersucht, ob entsprechende Beziehungen auch zwischen dem **I**-Bedarf der Kücken u. dem Geh. an essentiellen **I** aus dem gesamten Organismus sich ergeben würden. Die Werte ergaben eine gute Übereinstimmung mit der Norm für den Bedarf an den einzelnen **I** (aufgestellt vom National Research Council), so daß es als möglich angesehen wird, aus den Gehaltszahlen den Bedarf abzuleiten. (Arch. Biochem. Biophysics **51.** 517—19. Aug. 1954. Urbana, Ill., Agricult. Exp. Stat., Dep. of Animal Sci.) K. NEHRING. 4585

Lorene L. Rogers, Richard B. Pelton und **Roger J. Williams,** *Aminosäurezugabe und freiwilliger Alkoholkonsum bei Ratten.* Es wird die Wrkg. von oral zugeführtem *Glutamin* (**I**) auf die Senkung des freiwilligen A.-Konsums (10%ig. A.) von Ratten mit der Wrkg. von Glutaminsäure, Na-Glutamat, Asparagin u. Glycin verglichen. Von den untersuchten Verbb. bewirkt nur **I** eine statist. gesicherte Senkung. Die **I**-Wrkg. klingt nach Absetzen der **I**-Zufuhr rasch ab. (J. biol. Chemistry **220.** 321—23. Mai 1956. Austin, Tex., Univ., and Clayton Found. for Res., Biochem. Inst. and Dep. of Chem.) E. SCHWERDTFEGER. 4585

H. Feinberg, L. Rubin, R. Hill, C. Entenman und **I. L. Chaikoff,** *Rückgang der Serum-Lipide und -Lipoproteine beim Hund durch Äthioninfütterung. Äthionin* (**I**)-Fütterung bewirkt bei Hunden die Ausbldg. von Fettlebern u. einen fast vollständigen Rückgang der zirkulierenden *Lipide*, einschließlich *Phospholipiden, Cholesterin, Fettsäuren* u. *Lipoproteinen*, wobei der Rückgang für alle Fraktionen annähernd parallel verläuft. Die Fütterungsverss. dauerten 130 Tage, wobei **I** vom 9.—36. Tag u. vom 65.—90. Tag in Höhe von 125 mg/Tag zugeführt wurde. Histolog. Gewebsunterss. 65 Tage nach der letzten **I**-Gabe zeigten keine Schädigungen durch **I**. (Science [Washington] **120.** 317—18. 20/8. 1954. Berkeley, Calif., Univ., School of Med., Dep. of Physiol. and Donner Labor. of Med. Physics.) K. NEHRING. 4585

Elizabeth Kaiser, Yvette Fay Francis und **B. M. Kagan,** *Vitamin A-Stoffwechsel bei nephrektomierten Ratten.* Der *Vitamin A* (**I**)-Geh. von Serum u. Leber ohne u. mit **I**-Zufuhr bei nephrektomierten Ratten war von den **I**-Werten anders operierter Tiere nicht verschieden. Demnach spielt die Niere im **I**-Stoffwechsel keine deutliche Rolle. (Proc. Soc. exp. Biol. Med. **85.** 457—58. März 1954. Chicago, Ill., Michael Reese Hosp., Kunstadter Labor. for Pediatr. Res., Dep. of Pediatr. Res.) F. KRUSEN. 4587

William Montagna, *Untersuchung von Penetration und lokaler Wirkung von Vitamin A an der Haut von Meerschweinchen. Vitamin A* (**I**) in A. oder Chlf. gelöst, dringt schnell in die intakte Haut durch die Talgdrüsen. Die Chloroformlsg. dringt schneller durch. Lsgg. von **I** in *Linolsäure* (**II**), *Ölsäure* (**III**) oder viscoser *Petrolatpaste* durchdringt die Haut langsamer. Die Penetration wird durch die von **I** hervorgerufene Fluorescens geprüft. **I** in **III**, **II** oder in A. bedingt eine Hypertrophie der Epidermis, aber eine ähnliche

Hypertrophie wird auch von den Fettsäuren (**IV**) allein hervorgerufen. Während die **IV** mit oder ohne **I** die Keratinisierung wenig verzögern, ruft **I** in A. diese Wrkg. nicht hervor. Haarwachstum wird auch nicht mit großen **I**-Mengen in A. beeinflußt. (Proc. Soc. exp. Biol. Med. **86.** 668—72. Aug./Sept. 1954. Providence, R. I., Brown Univ., Arnold Biol. Labor.) H. R. SCHÜTTE. 4587

Marian E. Swendseid, Marvin Gasster und **James A. Halsted,** *Grenzen der Resorption von oral verabreichtem Vitamin B_{12}. Wirkung von „intrinsic factor"-Quellen.* Bei Verabreichung verschied. Mengen *^{60}Co-Vitamin B_{12}* an Patienten mit n. Magenfunktion werden nur bestimmte Mengen vom Magen-Darm-Trakt resorbiert, während der Rest mit den Faeces ausgeschieden wird. Die mittlere resorbierte Menge ist ca. 1,6 g *Vitamin B_{12}* (**I**). Auch die gleichzeitige Gabe von *„intrinsic factor"* (**II**) erhöht nicht die resorbierte Menge an **I**. Bei gastro-exstirpierten Individuen bedingt gleichzeitige **II**-Gabe eine Erhöhung der **I**-Resorption. Vff. vermuten, daß bei Patienten mit n. Magenfunktion ein zusätzlicher Faktor wirkt, der die Resorption von **I** durch die Darmwand begrenzt. Eventuell bildet sich von einer bestimmten **I**-Konz. ab ein *Cobalamin-Protein-Komplex,* der nicht durch den Magen-Darm-Trakt resorbiert wird. (Proc. Soc. exp. Biol. Med. **86.** 834—36. Aug./ Sept. 1954. Los Angeles, Calif., Veterans Administr. Center, u. Univ. of California, Dep. of Home Economics Physiol. Chem. and Med.) H. R. SCHÜTTE. 4587

G. Tixier und **J. Neudörffer,** *„Intrinsic factor". Seine Bestimmung in Organpräparaten.* Zur Best. des *„intrinsic factor"* (**I**) schlagen Vff. eine nephelometr. Meth. vor, die auf der Eigenart des Escherichia coli-Stammes 113/3 beruht, Vitamin B_{12} (**II**) nur ausnutzen zu können, wenn es nicht durch Zusatz von **I** blockiert ist. Wegen der Parallelität zwischen Wachstumsabnahme u. Zunahme der **I**-Konz. bei gegebener **II**-Konz. schlagen Vff. als therapeut. **I**-Einheit die Menge vor, die genau 1 γ **II** für den genannten Stamm unverwertbar macht. Durch die Zerstörbarkeit des **I** durch 10 Min. Erhitzen auf 110° ist auch die **I**-Best. in **I**–**II**-Kombinationen möglich. (C. R. Séances Soc. Biol. Filiales **149.** 249—51. Febr. 1955.) H. IPPEN. 4587

Bacon F. Chow, David A. Rosen und **Calvin A. Lang,** *Der Vitamin-B_{12}-Spiegel im Serum von Diabetikern mit Retinopathie.* Nach intramuskulärer Verabreichung einer Testdosis wird von Diabetikern mit Retinopathie (mR) mehr, von Diabetikern ohne Retinopathie (oR) weniger *Vitamin B_{12}* als von Nicht-Diabetikern im Harn ausgeschieden. Folglich wurde bei 16 Patienten mR u. 18 oR der Serum B_{12}-Spiegel nach einer Meth., die noch auf 10 $\mu\gamma$ B_{12} anspricht (OKUDA u. Mitarbeiter, Federat. Proc. **13.** [1954.] 1546), bestimmt. Bei mR lagen die Werte im Mittel höher (292 $\pm$ 24) als bei oR (162 $\pm$ 18 $\mu\gamma$ B_{12}/cm^3 Serum). Bei 200 $\mu\gamma$/cm^3 liegt eine scharfe Grenze für beide Gruppen, nur eine Ausnahme wurde festgestellt. — Somit beeinflußt B_{12} den Kohlenhydratstoffwechsel. In Bestätigung dazu wird (ohne experimentelle Daten) berichtet, daß die durch *ACTH* (**I**) oder *Cortison* (**II**) induzierte Hyperglykämie u. Glucosurie durch B_{12} aufgehoben wird. Eine zusätzliche Verabreichung von B_{12} bei der *Insulin-*, **I**- oder **II**-Therapie wird trotz Erwähnung der Auswertungsschwierigkeiten versuchsweise empfohlen. (Proc. Soc. exp. Biol. Med. **87.** 38—39. Okt. 1954. Baltimore, Md., John Hopkins Univ., School of Hyg., and Public Health, and John Hopkins Hosp., Wilmer Inst.) F. W. VAN KLAVEREN. 4587

K. Takeuchi, *Untersuchung über das sogenannte gebundene Vitamin C.* 1. Mitt. *Über sogenanntes gebundenes Vitamin C im Harn.* Nach dem Verf. von HISANO finden sich im Mischharn von 10 gesunden Erwachsenen minimal 0,06, maximal 0,73 mg% sogenanntes *gebundenes Vitamin C* (**I**) im Mittel 0,25 mg% oder 25,51% des vor der Hydrolyse mit 0,5 n HCl gefundenen. Bei Anwendung des Verf. von ROE u. KUETHER (J. biol. Chemistry **147.** [1943.] 399) mit 2.4-Dinitrophenylhydrazin (**II**) auf das Prod. nach dem Verf. von HISANO übersteigt nur ein Wert über 0% **I** die Fehlergrenze u. ist signifikant. Bei entsprechendem Mischharn nach Einnahme von 1 g *Aspirin* (**III**) abends u. 0,5 g **III** morgens ergibt sich bei Vgl. der Ergebnisse bzgl. **I** mit u. ohne Ae.-Ausschüttelung nur in einem Fall ein signifikanter Unterschied, der aber genau dem auf *Glucuronsäure* (**IV**) umgerechneten Wert entspricht. Im Ae.-Auszug ist mit Naphthoresorcin **IV** nachgewiesen. Die Fähigkeit zur Red. von Indophenol (**V**) des sogenannten gebundenen **I** rührt offenbar nicht von wirklichem **I** her u. läßt sich bei Verwendung der verbesserten **V**-Xylolmeth. nicht bestätigen. (Tokyo Jikeikai med. J. **67.** 79—84. 20/2. 1953. [Orig.: japan.]) L. SCHULER. 4587

K. Takeuchi, *Untersuchung über das sogenannte gebundene Vitamin C.* 2. Mitt. *Über das sogenannte gebundene Vitamin C in Pflanzengeweben und über Vitamin C- ähnliche Stoffe, die bei Hydrolyse von Zuckern mit Säuren auftreten.* (1. vgl. vorst. Ref.) Nach dem Verf. von NAGAYAMA [1944] werden im Gewebe von *Panax ginseng* minimal 0,33, maximal 2,74, im Mittel 1,63 mg-% sogenanntes *gebundenes Vitamin C* (**I**), also 16,79% von dem vor der Hydrolyse gefundenen. In dem nach NAGAYAMAs Verf. gebildeten Material findet sich nach dem Ergebnis nach ROEs Verf. kein sogenanntes gebundenes I. In der Zuckerreihe, bes. bei Fructose (II), zeigt sich nach NAGAYAMA u. dem $HgCl_2$-Verf. eine Zunahme der reduzierenden Eigenschaft. Bei Anwendung von ROEs Verf. auf das Prod. nach Säurehydrolyse von Zuckern ergibt sich eine Abnahme von Glucose u., obwohl bei II eine Zunahme des analyt. Werts eintritt, zeigt die absorptionsspektroskop. Best. keine Ggw. von wahrem I. Indophenol wird red., die von Ascorbinsäureoxydase veranlaßte Oxydation ist nicht nur auf Ascorbinsäure begrenzt. Aus den Verss. ist kein unmittelbarer Beweis für das Auftreten von sogenannter gebundener I, auch nicht nach NAGAYAMAs Verf. abzuleiten. Auch nach ROEs Verf. mit 50facher Verdünnung läßt sich der Einfl. von Zucker nicht völlig vermeiden. (Tokyo Jikeikai med. J. **67.** 85—89. 20/2. 1953. [Orig.: japan.]) L. SCHULER. 4587

K. Takeuchi, *Untersuchung über das sogenannte gebundene Vitamin C. 3. Mitt. Über das sogenannte gebundene Vitamin C in Pflanzengeweben, insbesondere hinsichtlich des Verfahrens von Schwarze.* (2. vgl. vorst. Ref.) Aus den an verschied. Versuchsmaterial unter verschied. Bedingungen gewonnenen Ergebnissen hinsichtlich sogenannten *gebundenen Vitamins C* (I) läßt sich zwar keine endgültig zwingende Entscheidung treffen, doch wird der von SCHWARZE u. GÜNTHER (C. **1949.** II. 438) aus den unterschiedlichen Ergebnissen bei Verwendung starker (HCl) u. schwacher (HPO_3) Säure auf das Vorhandensein von freiem u. gebundenem I gezogene Schluß dahin ausgelegt, daß z. B. die Bindung an Eiweiß wegen der geringen analyt. Unterschiede bei wiederholtem Auswaschen usw. nur von adsorptiver oder oberflächenbedingter Art sei. — 7 Tabellen. (Tokyo Jikeikai med. J. **67.** 90—95. 20/2. 1953. [Orig.: japan.]) L. SCHULER. 4587

T. Kojima, *Untersuchung über die Synthese von Vitamin C bei Pflanzen und Tieren.* 1. Mitt. *Bei tierischem Gewebe.* Tier. Organe in Schnitten bzw. als Homogenisat wie z. B. Leber der weißen Maus, Lunge, Leber u. Niere von Meerschweinchen, Kaninchenleber, Hühnerleber, Rinderlunge u. -niere usw. werden mit dem 2—5fachen einer Aufschlämmung von 10—15 g Eigelb in 100 cm³ Phosphatpuffer (PP) bzw. PP + RINGER (p_H 7,2) bei 37—38° 1—24 Std. aerob bzw. anaerob bebrütet u. in obigen Fällen wird eine Zunahme (bei Nieren sonst meist Abnahme) von *Vitamin C* (I) festgestellt. Das gleiche Ergebnis bei Organauszügen mit Ringer-PP. Die I-Zunahme ist bei frischen Organen u. Organauszügen, 2—4 Tage nach der Tötung eisgelagert, kaum abgeschwächt. Bei kurz dauernder anaerober oder aerober Incubation u. bei vorheriger Luftoxydation zeigen sich keine bemerkenswerten Unterschiede in der I-Zunahme, bei längerer Dauer ist keine Zunahme mehr beobachtbar, ebensowenig ein Verderben durch I-zerstörende Mikroben. Bei sämtlichen Rinderorganauszügen zeigt sich in allen Fällen I-Abnahme. — 21 Literaturangaben. 9 Tabellen. (Tokyo Jikeikai med. J. **67.** 170—75. 20/2. 1953. [Orig.: japan.]) L. SCHULER. 4587

T. Kojima, *Untersuchung über die Synthese von Vitamin C bei Pflanzen und Tieren.* 2. Mitt. *Über die Beziehung zwischen dem sogenannten synthetisierten Vitamin C durch tierische Gewebe und dem sogenannten gebundenen Vitamin C.* (1. vgl. vorst. Ref.) Da bei Bebrütung von tier. Gewebe ohne *Eigelb* (I)-Zusatz schon Zunahme an *Vitamin C* (II) eintritt, scheint I gegebenenfalls nur als Hemmstoff gegen die Autoxydation zu wirken. Die für II-Synth. unfähig gehaltenen Meerschweinchenorgane zeigen eine bemerkenswerte II-Zunahme bei der Bebrütung. Das sogenannte gebundene II nach SCHWARZE nimmt bei Bebrütung im gleichen Betrag zu wie II überhaupt. Gleich nach der Bebrütung verschwindet das sogenannte gebundene II sehr rasch. Die Zunahme von II im tier. Gewebe durch Bebrütung scheint die Folge des Freiwerdens von sogenannten gebundenem II zu sein. — 7 Tabellen. (Tokyo Jikeikai med. J. **67.** 176—78. 20/2. 1953. [Orig.: japan.]) L. SCHULER. 4587

Marianne Rabinowicz und Albert Rakoto Ratsimamanga, *Beitrag zur Untersuchung des Schicksals verschiedener Corticosteroide im Verlaufe der Entwicklung des experimentellen Skorbuts.* Während der ersten Phase des experimentellen Skorbuts beim Meerschweinchen beobachtet man eine Abnahme der wasserlösl. *Corticosteroide* (I). Überlebt das Tier den Schock, so findet wieder eine Zunahme der I statt. Der experimentelle Skorbut des Meerschweinchens kann z. T. mit dem Syndrom von SELYE in Verbindung gebracht werden. Nebennierenextrakte skorbut. Meerschweinchen sind für die adrenalektomierte Ratte, die *Ascorbinsäure* synthetisiert, wirksam. (C. R. Séances Soc. Biol. Filiales **148.** 971—73. Juni 1954.) K. F. MÜLLER. 4587

H. C. Dudley und Leo Friedman, *Einfluß von Vitamin D auf die Deponierung von Gallium im Knochen der Ratte.* Gallium u. Radiogallium (^{72}Ga) werden nach parenteraler Verabfolgung in Form des Citrats schnell u. vorzugsweise in den Knochen, u. zwar in den Enden der Femura mehr als im Schaft, abgelagert. Menge u. Enden/Schaft (E/S.)-

Verhältnis des deponierten Radiogalliums u. parallel dazu der Aschegeh. der Femura junger u. erwachsener, auf Normaldiät gehaltener bzw. zusätzlich mit *Vitamin D* (**I**) gefütterter u. rachit. Ratten ohne u. nach **I**-Gabe werden von Vff. vergleichend untersucht. Während die Unterschiede zwischen Tieren verschied. Altersklassen u. zwischen n. u. zusätzlich mit **I** gefütterten Tieren unbeträchtlich waren, wurde in den Knochen rachit. Tiere ohne gleichzeitige Deponierung von Ca wesentlich mehr ^{72}Ga abgelagert u. das E/S.-Verhältnis auf ca. 1,4 erniedrigt. Vor der ^{72}Ga-Injektion mit **I** behandelte rachit. Ratten bauten nur unwesentlich mehr ^{72}Ga ein, ihr E/S. glich jedoch fast dem n. Ratten. (Science [Washington] **115.** 146—47. 8/2. 1952. Bethesda, Mo., Nav. Med. Res.) R. ZILLIG. 4587

T. M. Ferguson, R. L. Atkinson und **J. R. Couch,** *Beziehungen zwischen Vitamin E und der embryonalen Entwicklung von Vogelaugen.* Bei Embryonen aus Eiern von mit einer *Vitamin E*-freien Diät gefütterten Truthennen werden Linsenstörungen u. hohe embryonale Sterblichkeit zwischen dem 24. u. 28. Tag der Incubationszeit beobachtet. Wird mit der Diät gleichzeitig *α-Tocopherylacetat* verabreicht, treten die anomalen Begleiterscheinungen nicht auf. ,,Fish solubles" u. getrocknete Molke heben die anomalen Erscheinungen allein u. in Kombination nicht auf. (Proc. Soc. exp. Biol. Med. **86.** 868—71. Aug./Sept. 1954. Texas, Coll. Stat., Dep. of Poultry Husbandry.) H. R. SCHÜTTE. 4587

L. P. Pankowa, *Über die Resorption konzentrierter Lösungen von Natriumchlorid.* Nach der Prüfung der Resorption der gegenüber dem Blutplasma hyper-, hypo- u. isoton. *NaCl* (**I**)-Lsgg. im Hundedünndarm werden hyperton. **I**-Lsgg. ohne Verdünnung bis zur isoton. Konz. resorbiert. **I**-Lsgg. mit einer Gefrierpunktserniedrigung über 0,82° werden nicht resorbiert, sondern mit aus den Darmwänden oder aus dem Blutplasma stammendem W. verdünnt. Diese Zellen spielen eine akt. Rolle bei der Resorption von **I**. Hypo- u. isoton. **I**-Lsgg. mit einer Gefrierpunktserniedrigung von 0,48—0,58° ergaben einen hyperton. Rest, der resorbiert wurde. Bei einer Gefrierpunktserniedrigung unter 0,48° waren die Reste iso- oder hypotonisch. Vf. sieht in den Ergebnissen einen Beweis für die Beteiligung der Darmepithel-Zellen an der **I**-Übertragung. (Физиологический Журнал СССР имени И. М. Сеченова [Ssetschenow J. Physiol. UdSSR] **41.** 801—06. Nov./Dez. 1955. Taschkent, Med. Inst., Lehrstuhl für Pathophysiol.) G. BREHM. 4594

E. G. Daskalakis und **I. L. Chaikoff,** *Die Bedeutung der Esterifizierung bei der Resorption von Cholesterin durch die Intestina.* Ratten (♂) erhielten wechselnde Mengen *^{14}C-Cholesterin* (**I**; 1—48 mg). Das in der Brustlymphe während der ersten 24 Std. wiedergewonnene **I** wurde untersucht. Mit wachsender, zugefügter **I**-Menge stieg auch die Menge des resorbierten **I** an, aber der Prozentgeh. nahm ab. Etwa 70% des ^{14}C-**I** in der Lymphe waren verestert. Dihydrol-**I** bockierte die **I**-Resorption bis zu 80%, Ergosterin bis zu 50%. Allo-**I**, Cholestenon, Dehydroisoandrosteron, 7-Dehydro-**I**, Epi-**I**, Brassica- u. Stigmasterin wirkten nicht. — Diskussion. (Arch. Biochem. Biophysics **58.** 373—80. Okt. 1955. Berkeley, Calif., Univ. of California, School of Med., Dep. of Physiol.) H. PATZSCH. 4594

Mustapha M. Khan, Kenneth O. Donaldson und **Lawrence M. Marshall,** *Die in vivo-Fixierung von CO_2 in den organischen Säuren des Hühnerembryos.* Vff. injizieren 0,2 cm^3 einer 0,15 mol. Lsg. von $NaH^{14}CO_3$ intravenös in die Vitellinvenen 12 Tage bebrüteter Hühnerembryos u. töten sie nach 5, 15 u. 45 Minuten. Es werden Leber- u. Kadaverextrakte hergestellt u. chromatographiert. Aus den einzelnen Fraktionen des Chromatogramms werden folgende organ. Substanzen isoliert: *Fumar-*, *Milch-* u. *Bernsteinsäure*, *Malat* (**I**), *Citrat* u. *Lipoide.* Die Radioaktivitätsmessungen der einzelnen Komponenten zeigen im Gegensatz zu Verss. an ausgewachsenen Ratten die höchsten Werte, nämlich 60, 41, 15% entsprechend der Lebensdauer nach der Injektion, für **I**. Die Aktivität ist in Leberpräpp. durchweg höher als in Kadaverpräparaten. (Amer. J. Physiol. **176.** 461—62. März 1954. Washington, D. C., Howard Univ., School of Med., Dep. of Biochem.) R. LENSCHAU. 4596

Bernard R. Landau, A. Baird Hastings und **Frances B. Nesbett,** *Der Ursprung der Glucose- und Glykogenkohlenstoffatome aus ^{14}C-Brenztraubensäure in der Leber von normalen und diabetischen Ratten.* Vff. incubieren Leberschnitte von n. (a) u. alloxandiabet. (b) Ratten in einem Substrat mit Gehh. an K^+ (110 mMol/Liter), Mg^{2+} (20), Ca^{2+} (10), HCO_3^- (40), Cl^- (90—100) unter aeroben Bedingungen (95% O_2, 5% CO_2) bei p_H 7,4—7,5 mit 40 mMol *$^{14}C_{(1)}$-Brenztraubensäure* (**I**) (1—2 μC), je 30 mMol **I** + *Glycerin* u. 40 m Mol **I** + 20 mMol *Glucose* (**II**) (37°, 90 Min.). Aus den Leberpräpp. wird *Glykogen* (**III**) isoliert u. zu **II** (n-H_2SO_4, 3 Std. im Dampfbad) hydrolysiert, außerdem wird **II** aus dem Substrat gewonnen. — Zur ^{14}C-Best. wird **II** nach Umwandlung in **II**-*Phenylosazon* (**IIa**) mit HJO_4 zu *1.2-Bis-[phenylhydrazonmesoxaldehyd]* (= $C_{(1,2,3)}$) (**V**) u. H·COOH (= $C_{4,5}$) oxydiert u. diese mit HgO in CO_2 übergeführt, das als $BaCO_3$ bestimmt wird. Aus der Mutterlsg. von **IIa** wird mit Na_3AsO_3 bei Ggw. von HCl, Zusatz von Na-Acetat

u. *Dimedon* das *Dimedon*-Deriv. von HCHO (= $C_{(6)}$) isoliert. Ein anderer Teil **II** wird in *Gluconitril* übergeführt, das in HCN (bestimmt als CO_2 nach Überführung in AgCN u. Oxydation mit MnO_4^-) (= $C_{(1)}$) u. *Arabinose* (**IV**) gespalten wird. **IV** liefert nach Überführung in das Phenylosazonderiv. u. dessen HJO_4-Oxydation **V** u. H·COOH ($C_{(2.3.4)}$ u. $C_{(5)}$.) Durch Umwandlung von **II** in *Methyl-α-D-glucopyranosid* (CH_3OH-haltige 1% ig. HCl) (F. 160—163°) u. dessen Oxydation mit Pb-Acetat wird $C_{(3)}$ als CO_2 bestimmt. In den Verss. wird festgestellt, daß die Verteilung der Aktivität in **II** aus **III** die gleiche ist wie in aus dem Substrat gewonnener **II**. Bei Zusatz von **I** wird asymm. markiertes **II** erhalten. Aus den Ergebnissen geht hervor, daß bei b- u. Hungertieren eine größere Menge **I** durch die Leber in **II** umgewandelt wird als bei a-Ratten. (J. biol. Chemistry **214**. 525—35. Juni 1955. Boston, Mass., Harvard Med. School, Dep. of Biol. Chem.) P. FAHRNLAENDER. 4596

V. C. Sutherland, T. N. Burbridge und **H. W. Elliott,** *Der in vitro-Stoffwechsel menschlicher Gehirnrinde.* Der Gesamt-O_2-Verbrauch während des endogenen Stoffwechsels ist größer als auf Grund des endogenen Kohlenhydratgeh. als *Glucose* (**I**) u. *Milchsäure* (**II**) zu erwarten ist. Die Differenz beruht anscheinend auf Oxydation von Nichtkohlenhydratmaterial. Die endogene **II**-Bldg. u. beschränkt der endogene O_2-Verbrauch werden durch 0,01 mol. **I** herabgesetzt. Die Menge der in Ggw. von 0,01 mol. **I** aufgenommenen **I** ist größer als für die Aufrechterhaltung der Atmung erforderlich ist. Verss. mit $^{14}C_{(1)}$-**I** zeigten, daß die aufgenommene **I** teilweise oxydiert, in **II** umgewandelt u./oder im Gewebe gespeichert wird. Obwohl die Oxydation von **I** mit abnehmendem endogenem Stoffwechsel zunahm, betrug der Anteil der Oxydation radioakt. **I** nur ca. 50% des Gesamt-O_2-Verbrauchs in Ggw. von **I**. Die in Ggw. von 0,01 mol. extracellulärer **I** gebildete **II** leitet sich über das EMBDEN-MEYERHOF-Schema ausschließlich von exogener **I** her. Anscheinend wird **II** in Ggw. von **I** nur so lange extracellulär gespeichert, wie noch ein Überschuß intracellulärer **I** während des gleichzeitig bestehenden endogenen Stoffwechsels vorhanden ist. Die aerobe **II**-Speicherung nimmt zu, wenn **I** in Verb. mit *Pyruvat* oder *Glutamat*, nicht mit *Alanin* jedoch zugegen ist. Der endogene Q_{O_2} des Gehirns unterscheidet sich bei den einzelnen Tierspezies beträchtlich. (Amer. J. Physiol. **180**. 195—201. Jan. 1955. San Francisco, Calif., Univ. of California, School of Med., Dep. of Pharmacol. and Exp. Therapeutics.) K. MAIER. 4596

Robert W. Swick und **Dorothy T. Handa,** *Die Verteilung von fixiertem Kohlenstoff in Aminosäuren.* Vff. untersuchten nach oraler Zufuhr von $Ca^{14}CO_3$ den Anteil des fixierten ^{14}C in den *nichtessentiellen Aminosäuren* von Leber, Muskel u. Dünndarm der Ratte sowohl bei Ggw. als auch bei Abwesenheit dieser Verbb. im aufgenommenen Futter. Die Höhe des ^{14}C-Einbaus ist bei Prolin, Arginin, Glutaminsäure u. Asparaginsäure 2—3mal so hoch, wenn diese Aminosäuren im Futter fehlen, während unter entsprechenden Bedingungen bei Serin, Glycin u. Alanin nur ein geringer Anstieg erfolgt. Nach den Beobachtungen der Vff. scheinen Prolin u. Arginin der Leber auch andere Vorstufen als Glutaminsäure (vielleicht Histidin oder Lysin) zu haben. Die Ergebnisse zeigen, daß die Ratte im Bedarfsfalle auch mehr als katalyt. Mengen der Dicarbonsäuren aus CO_2 u. Triose synthetisieren kann. (J. biol. Chemistry **218**. 577—85. Febr. 1956. Lemont, Ill., Argonne Nat. Labor., Div. of biol. and med. Res.) E. SCHWERDTFEGER. 4596

Dominic D. Dziewiatkowski, *Ausnutzung von Sulfatschwefel bei der Ratte für die Snthese von Cystin.* (Vgl. auch C. **1955**. 8900.) Nach intraperitonealer Zufuhr von ^{35}S als Sulfat wurde ^{35}S in geringem Ausmaß in *Cystin* (**I**) nachgewiesen, das aus der Haut mit Haar, dem Skelett mit Muskeln u. aus den inneren Organen isoliert worden war. Nur ca. 0,02% der ^{35}S-Gabe wurden je Millimol der **I**-Probe mit dem höchsten ^{35}S-Geh. gefunden. (J. biol. Chemistry **207**. 181—86. März 1954. New York, Hosp. of the Rockefeller Inst. for Med. Res.) J. SCHWAIBOLD. 4596

Oscar W. Portman und **George V. Mann,** *Weitere Untersuchungen über den Stoffwechsel des ^{35}S-Taurins in der Ratte.* (Vgl. J. biol. Chemistry **213**. [1955.] 733.) Von intraperitoneal an Ratten verabreichtem *^{35}S-Taurin* wird ein um so höherer Prozentsatz im Urin ausgeschieden, je größer die Gabe war. Fütterung proteinarmer Kost, von Cholesterin oder Injektion von Brombenzol vermindern die ^{35}S-Ausscheidung; diese wird aber erhöht durch Fütterung von Cystin oder durch Injektion von Cysteinsäure. Der ^{35}S-Geh. der Gewebe ist bes. nach Fütterung proteinarmer Kost erhöht; die mit Trichloressigsäure fällbare Fraktion enthält sehr wenig, das aus sauren Hydrolysaten isolierte Cystin gar keine Aktivität. Die proteinfreien Extrakte aus Niere u. Leber enthielten die Radioaktivität hauptsächlich als ^{35}S-Taurin. (J. biol. Chemistry **220**. 105—12. Mai 1956. Boston, Mass., Harvard School of Public Health, Dep. of Nutrition.) A. DILLMANN. 4596

Robert B. Loftfield und **Anne Harris,** *Beteiligung freier Aminosäuren an der Eiweißsynthese.* Ratten erhielten über Zeiträume zwischen 6 Std. u. 3 Tagen eine kontinuierliche

Infusion von *L-^{14}C-Valin* (I), *L-^{14}C-Isoleucin* (II) u. *L-^{14}C-Leucin* (III) u. Injektionen von Fe-Oxyd-Saccharat zur Stimulation der *Ferritin* (**IV**)-Synthese. Das nach verschied. Zeiträumen isolierte **IV** wies die gleiche Verteilung der Radioaktivität von **I**, **II** u. **III** auf wie das Lebergewebe. Vff. nehmen daher an, daß **IV** wie verschied. andere Proteine aus Aminosäuren u. nicht aus anderen Proteinen synthetisiert wird. Es konnte außerdem gezeigt werden, daß die Hauptmenge der freien Aminosäuren in der Leber aus endogenem Eiweiß stammt, selbst wenn relativ große Mengen Aminosäuren in den Kreislauf eingeführt werden. Die Bedeutung dieser Beobachtung für die Best. der Umwandlungsgeschwindigkeit von Proteinen u. Aminosäuren wird diskutiert. (J. biol. Chemistry **219**. 151—59. März 1956. Boston, Mass., Harvard Univ., General Hosp., Collis P. Huntington Memorial Hosp., Med. Labor.) E. SCHWERDTFEGER. 4596

Roger Gaudry und **Fernand Martel,** *Notiz über den Stoffwechsel einiger höherer Aminosäurehomologen bei der Ratte.* Verfütterung von *DL-α-Amino-ε-oxycapronsäure* (*Hexahomoserin*), *DL-α-Amino-δ-oxyvaleriansäure* (*Pentahomoserin*), *DL-α-Amino-ε-methylmercaptocapronsäure* oder *DL-ε-Dithio-bis-α-aminocapronsäure* (*Hexahomocystin*) an Ratten hatte ihre rasche Desaminierung im Organismus zur Folge. Eine Verwertung der daraus entstehenden *Ketosäuren* erfolgt nicht, vielmehr erscheinen diese im Harn u. werden bei der Kreatininbest. nach JAFFÉ (Farbentw. mit Pikrinsäure u. NaOH) miterfaßt. (C. R. Séances Soc. Biol. Filiales **148**. 472—73. März 1954. Quebec, Can., Univ. Laval.) K. NEHRING. 4596

B. A. Askonas, P. N. Campbell, G. Godin und **T. S. Work,** *Die Verteilung der Radioaktivität in kristallinem β-Lactoglobulin nach Injektion von ^{14}C-Valin und -Lysin bei einer Ziege.* (Vgl. C. **1955**. 4873.) 2 Std. nach intravenöser Injektion von *DL-^{14}C-Lysin. HCl* u. *DL-^{14}C-Valin* wurde die Milch einer Ziege gesammelt u. krist. *β-Lactoglobulin* (I) daraus gewonnen. Fraktionierung der nach partieller Hydrolyse von **I** anfallenden Peptide an Zeokarb 225 W.R. lieferte 11 Lysin (**II**)-haltige Di- u. Tripeptide u. 6-Valin (**III**)-haltige. Bei Best. der Aktivitäten der Dinitrophenylderivv. ergaben 5 der 6 **III**-Peptide 2057 bis 2190 Ausschläge/Min./cm², was innerhalb von 3% mit **III**-Werten des Caseingesamthydrolysats (**IV**) übereinstimmt, während das 6. Peptid um 50% unter dem Mittelwert lag. Die **II**-Werte ergaben Ausschläge mit Extremwerten von 1800 u. 2960, bei einem **II**-Wert des **IV** von 2300. Es konnten keine Zwischenstufen in Form gebundener Aminosäuren nachgewiesen werden. Peptide aus dem Abbau von Blutproteinen scheinen somit nicht für die Synth. von **I** herangezogen zu werden. (Biochem. J. **58**. XLIV. Dez. 1954. London, Nat. Inst. for Med. Res.) K. NEHRING. 4596

S. M. Gadshijewa, *Ausscheidung von Eiweiß und Nucleinsäuren mit dem Darmsaft bei Hunden im Verlaufe von 2 Stunden bei vollwertiger und eiweißarmer Ernährung.* In Verss. an 3 Hunden mit einem nach THIRY isolierten Dünndarmabschnitt wird festgestellt, daß bei vollwertiger Nahrung mit 24,2% Protein in 24 Std. pro 1 cm Darmabschnitt 412—500 mg Darmsaft sezerniert werden; davon sind 222—322 mg fest u. 155 bis 250 mg flüssig. Der Darmsaft enthält 12—15 mg *Protein* u. 1,3—1,7 mg *Nucleinsäuren*, der feste Anteil 0,14—0,27% *Ribonucleinsäure* (**I**) u. 0,26—0,36% *Desoxyribonucleinsäure* (**II**). Werden die Tiere 1 Monat lang eiweißarm (2,7%) ernährt, so beträgt die Menge des Darmsaftes pro cm 456—1007 mg, u. zwar nimmt der fl. Anteil um das 1,5—3,3fache zu, der feste Anteil um ca. 20% ab. Protein u. **I** nehmen ebenfalls um ca. 20% u. **II** um 10% ab, was auf eine herabgesetzte Synth. der Zellproteine im Darm zurückgeführt wird. (Вопросы Питания [Fragen d. Ernähr.] **15**. Nr. 2. 55. März/April 1956. Moskau, Ernährungs-Inst. der Akad. der med. Wiss. der UdSSR, Pathomorphol. Labor.) E. RENTZ. 4596

Ss. I. Aschbel und **Je. G. Kesselbrener,** *Einfluß einer unterschiedlichen Eiweißernährung auf die Stickstoffbilanz bei Pneumosklerose toxisch-chemischer Ätiologie.* Bei 9 von 10 Patienten mit Pneumosklerose tox.-chem. Ätiologie war die N-Bilanz — im Gegensatz zu gesunden Versuchspersonen — bei n. Ernährung negativ, der N-Geh. des Serins war höher als in der Norm. Als Hauptursache der negativen N-Bilanz wird die Ausscheidung großer Mengen von eitrigem Sputum angesehen. Durch Zufuhr von Eiweiß (2—2,2 g/kg Körpergewicht täglich, die Hälfte davon am besten in Form von Milch, Quark u. Käse) läßt sich der N-Stoffwechsel wieder normalisieren. (Вопросы Питания [Fragen d. Ernähr.] **15**. Nr. 2. 14—18. März/April 1956. Gorki, Wiss. Forschungs-Inst. für Arbeitshygiene u. Berufskrankh., Klin. Abt.) E. RENTZ. 4596

Edward Leonard und **Jack Orloff** (unter techn. Mitarbeit von **Alma Bartol** und **Agnes Preston**), *Regulation der Ammoniakausscheidung bei der Ratte.* Es wurde die Beziehung zwischen NH_3-Ausscheidung bei der Ratte u. Änderungen des Säure–Basen-Gleichgewichtes, Harn-p_H-Werten u. Nierenglutaminaseaktivität untersucht. Im Gegensatz zu den Befunden bei Mensch u. Hund, bei denen der Harn-p_H-Wert die ausschlaggebende Rolle spielt, scheint bei der Ratte die NH_3-Bldg. der Nieren hauptsächlich durch

Säure–Basen-Änderungen des Körpers reguliert zu werden. Bei chron. acidot. Ratten ist die Nierenglutaminaseaktivität bei verstärkter NH_3-Ausscheidung erhöht, jedoch steigt bei akuter Säurenbelastung die NH_3-Ausscheidung ohne wesentliche Veränderungen der Glutaminaseaktivität an. Ob die verstärkte NH_3-Ausscheidung bei beginnender Acidosis auf einer verstärkten NH_3-Bldg. aus Glutamin u. anderen Verbb. oder auf einer verminderten Verwertungsgeschwindigkeit des NH_3 innerhalb der Zelle beruht, läßt sich nicht entscheiden. (Amer. J. Physiol. **182.** 131—38. Juli 1955. Bethesda, Md., Nat. Inst. of Health, Nat. Heart Inst., Labor. of Kidney and electrolyte metabolism.)
E. SCHWERDTFEGER. 4596

R. Cavier und **J. Savel,** *Die Ureogenese bei Schweineascaris* (*Ascaris lumbricoides Linné, 1758*). (Vgl. auch C. **1955.** 4873.) Die Unters. der verschied. Wege der Ureogenese bei Ascaris lumbricoides führte zur Feststellung einer *Arginase*-Aktivität der Gewebe, bes. der Intestinalgewebe, die *Harnstoff*-Bldg. aus *Arginin* ermöglicht. Außerdem konnten verschied. Zwischenstufen des KREBS-Cyclus aufgefunden werden. Das Auftreten von *Glutamin* als Transportform des NH_3 wurde nachgewiesen. Die Nematoden können Purinbasen (mit Ausnahme von Guanin) abbauen, doch ist diese Fähigkeit bei ausgewachsenen Tieren stark reduziert. (Bull. Soc. Chim. biol. **36.** 1425—31. 1954. Paris, Fac. de Pharm., Chaire de Zool., Labor. de Parasitol.) K. NEHRING. 4596

R. Cavier und **J. Savel,** *Beitrag zur Untersuchung des Aminostickstoffs bei Schweineascaris* (*Ascaris lumbricoides Linné, 1758*). (Vgl. vorst. Ref.) Ca. 35% des Nicht-Protein-N der Perivisceral-Fl. von Ascaris lumbricoides bestehen aus Aminosäuren, die papierchromatograph. qualitativ u. halbquantitativ bestimmt wurden. Es wurden *Arginin* (I), *Histidin* (II), *Lysin* (III), *Glutaminsäure* (IV), *Asparaginsäure* (V), *Phenylalanin, Tryptophan, Tyrosin, Cystin* (VI), *Methionin* (VII), *Glycin, Alanin, Serin, Valin, Leucin* u. *Prolin* nachgewiesen. Quantitativ überwiegen **I** bis **V**, während **VI** u. **VII** nur in geringer Menge vorhanden sind. (Bull. Soc. Chim. biol. **36.** 1433—38. 1954.) K. NEHRING. 4596

R. Cavier und **J. Savel,** *Untersuchung einiger Gesichtspunkte des intermediären Aminosäurestoffwechsels bei Schweineascaris* (*Ascaris lumbricoides Linné, 1758*). (Vgl. vorst. Ref.) Der intermediäre Aminosäurestoffwechsel von Ascaris lumbricoides (A) zeigt die 3 Hauptpunkte, die auch von den höher organisierten Tieren bekannt sind: *oxydative Desaminierung, Transaminierung* u. *Decarboxylierung.* Es ist eine L-*Aminosäureoxydase* vorhanden, die jedoch eine noch nicht völlig geklärte Rolle spielt. Die oxydative Desaminierung erstreckt sich im wesentlichen nur auf *Asparaginsäure* u. *Glutaminsäure* (I). Bei der Transaminierung durch Gewebe von A spielt bes. **I** eine wesentliche Rolle unter den resultierenden Reaktionsprodukten. Die Decarboxylierung scheint bes. die *Diaminosäuren* zu betreffen. Unter den Reaktionsprodd. finden sich *Histamin, Cadaverin* u. *Putrescin,* die nach Ansicht der Vff. in gewissen Fällen von Ascaridiose von Bedeutung sein können. (Bull. Soc. Chim. biol. **36.** 1631—39. 1954.) K. NEHRING. 4596

Raymond Devis, *Die Bindungen zwischen Steroiden und Proteinen im tierischen Organismus.* Vf. berichtet über mit seiner Methodik erhaltene Ergebnisse zur Frage der Steroid–Eiweiß-Bindung. 1—2tägige Behandlung des zu untersuchenden Materials (Plasma, Gewebeextrakt oder ähnliches) mit 5—15% Papain, Extraktion mit Chlf. u. n-Butanol, Hydrolyse der verbleibenden wss. Phase mit konz. HCl durch 10 Min. Kochen u. erneute Extraktion mit den genannten Lösungsmitteln. Hieran wird eine weitere Fraktionierung mit üblichen Methoden (Extraktion mit $NaHCO_3$ u. NaOH, Umsetzung mit GIRARD-Reagens P u. Chromatographie) angeschlossen. Die Best. der 17-Oxycorticoide (I) u. der 17-Ketosteroide (II) in den verschied. Extrakten vor der weiteren Fraktionierung ergab folgende Werte in γ pro 100 ml n. menschliches Plasma: Extraktion vor Hydrolyse 8 **I**, 80 **II**; nach Papainverdauung 32 **I**, 280 **II**; nach HCl-Hydrolyse des Rückstandes nach Papainverdauung u. Extraktion 4 **I**, 0 **II** u. nach ausschließlicher HCl-Hydrolyse 23 **I**, 310 **II**. Hieraus schließt Vf. auf das Vorliegen größerer an Proteine gebundener **I**- u. **II**-Mengen im menschlichen Plasma u. auf möglicherweise vorhandene, durch heiße HCl hydrolysierbare Bindungen zwischen Steroiden u. Nichtproteinen. Vf. beschreibt eine auf dem obigen Verf. basierende Bestimmungsmeth. für *Cholesterin* (III), mit der in manchen Fällen Werte erhalten werden, die z. B. im diabet. Coma um 30% unter den mit der Meth. von SCHÖNHEIMER u. SPERRY erhaltenen liegen. Der Unterschied erklärt sich aus dem Vorhandensein von Steroiden, die mit **III** nicht ident. sind, bei den üblichen Rkk. ohne vorherige Trennung jedoch miterfaßt werden. Diese Differenzen werden aber nach Meinung des Vf. für die Routineunterss. der Klinik keine größere Rolle spielen. — 80 Literaturangaben. (Bull. Soc. Chim. biol. **37.** 563—85. 1955. Louvain, Univ., Labor. de Chim. Hormonolog.) H. IPPEN. 4596

R. M. C. Dawson, *Phospholipoidstoffwechsel in Hirn und Leber.* Hirnschnitte (Meerschweinchen) wurden mit $^{32}PO_4^{3-}$ incubiert, dann einer milden alkal. Hydrolyse unterworfen u. die ^{32}P-haltigen Verbb., nachdem Alkali u. Fettsäuren entfernt worden waren, papierchromatograph. aufgetrennt. Es fand kein nennenswerter ^{32}P-Einbau in *Phosphatidyläthanolamin* (I), *Phosphatidylserin* oder *Phosphatidylcholin* (II) statt, wohl aber in „*Diphosphoinositid*" (III) u. ein phosphatidsäureähnliches Lipid. — Bei in vivo-Verss. (Ratte) wurde $^{32}PO_4^{3-}$ injiziert u. nach verschied. Zeiten in ähnlicher Weise das Lebergewebe untersucht. Der ^{32}P-Einbau in I, II u. III erreichte nach 9—12 Std. seine maximale Intensität, wobei der ^{32}P-Geh. von I um 50% höher lag als bei II oder III. — Nach papierchromatograph. Auftrennung wurden die Aktivitäts/Zeit-Kurven bestimmt. Daraus ergab sich, daß II bzgl. des P-Stoffwechsels die Vorstufe für *Glycerylphosphorylcholin* (IV) u. I die Vorstufe für *Glycerylphosphoryläthanolamin* (V) ist. Dagegen ist IV keine Vorstufe für II, noch V für I. — Hieraus muß auf die Ggw. einer *Lecithinase* B u. einer *Kephalinase* in der Leber geschlossen werden. (Biochem. J. **57**. XV. Juni 1954. Oxford, Univ. of Oxford, Dep. of Biochem.) H. Benischke. 4596

A. W. Palladin und **N. Wertaimer**, *Erneuerung der Proteine im Zentralnervensystem bei verschiedenem funktionellem Zustand.* Im Katzenvers. über die Geschwindigkeit des Einbaues in die Proteine unter Anwendung von ^{35}S-Methionin (I) zeigte sich, daß die Erneuerung der Proteine am raschesten in der grauen Substanz des Großhirns u. im Kleinhirn, den phylogenet. jüngsten u. funktionell kompliziertesten Abteilungen des Zentralnervensyst., erfolgt. Am langsamsten erfolgt die Proteinerneuerung im Rückenmark (phylogenet. am ältesten, funktionell am einfachsten). Fast die gleiche Geschwindigkeit der Proteinerneuerung beobachtet man in der weißen Substanz des Großhirns. Thalamus, Mittelhirn u. verlängertes Mark nehmen eine Zwischenstellung ein. Im Vers. mit Meerschweinchen beobachtet man bei C-Avitaminose fast keine Änderung der Aktivität der Hirnproteine (0,29—0,68 gegenüber 0,42—0,66 in der Norm), beim Hungern dagegen eine stärkere Abnahme (0,23 im Mittel gegenüber 0,52 in der Norm). Im Kaninchenvers. bewirkt eine E-Avitaminose eine Abnahme der relativen spezif. Aktivität der Proteine um 54% im Großhirn, um 52% im Kleinhirn, um 51% im Rückenmark. Beim Hungern nimmt die Intensität der Proteinerneuerung in den Vorderlappen des Großhirns u. im Kleinhirn viel weniger, im Rückenmark etwa gleich viel wie bei E-Avitaminose ab. Die Proteinerneuerung im Zentralnervensyst. hängt demnach vom funktionellen Zustand ab. (Доклады Академии Наук СССР [Ber. Akad. Wiss. UdSSR] **102**. 319—21. 11/5. 1955. Biochem. Inst. der Akad. der Wiss. der UkrSSR.) O. Lebtag. 4598

R. M. Hainer, *Untersuchungen über Kupfer–Chlorophyllin-Geruchsysteme.* Der Mechanismus der Geruchshinderung von *Chlorophyllin* (I) wurde durch Titration einer gepufferten Suspension von K–Cu–I bis zum Geruchsendpunkt mit *Amylmercaptan* (II), *n-Propylmercaptan, Diallylsulfid, Diisobutylketon, Vanillin, Trimethylamin, Limonen, Äthylacetat* (III), *n-Valeriansäure, Thioglykolsäure, Hexamethylendiamin* u. *H_2S* (IV) untersucht. Außerdem wurde an gepulvertem I die physikal. Adsorption von gasförmigem III, Methyläthylketon, N_2, IV u. II geprüft. Als Vgl. dienten einige andere adsorptionsfähige Stoffe, wie z. B. Holzkohle, Diatomeenerde, Silicagel. I zeigte eine z. T. weit überlegene Gasaffinität. Im Gegensatz zu den anderen Adsorptionsstoffen war die Adsorption bei I durch Hitze nicht reversibel. — Diskussion über die Unterschiede der chem. u. physikal. Adsorption. (Science [Washington] **119**. 609—10. 30/4. 1954. Cambridge, Mass., Arthur D. Little, Inc.) H. Hennersdorf. 4598

E6. Pharmakologie. Therapie. Toxikologie. Hygiene.

Aage E. Arnold-Larsen, *Cholecystographie mit „Telepaque".* Vf. erprobte bei 157 Patienten *Geatrast* (I; *β-[3.5-Dijodo-4-oxyphenyl]-α-phenylpropionsäure*); enthält 50% Jod) u. bei 170 Patienten *Telepaque*, beide Male zur oralen Cholecystographie u. fand beim Vgl. I wegen geringerer Nebenwirkungen geeigneter. (Ugeskr. Laeger **116**. 1105—07. 29/7. 1954. Aalborg, Kommunehospital.) K. Genest. 4601

Robert C. Moreau, *Chemischer Strahlenschutz.* Übersichtsarbeit über die biol. Wrkg. der verschied. Strahlungen auf das Zellniveau u. Anführung organ. Verbb., u. a. Cysteine, Cysteamine, die zu einer wesentlichen Erhöhung der Strahlenresistenz beitragen. (Rev. gén. Sci. pures appl. **61**. 197—220. 1954. Paris, Fac. de Pharmac.)
Gerhard Schmidt. 4601

N. A. Talvitie und **W. D. Wagner**, *Untersuchungen über die Vanadiumtoxizität. 2. Mitt. Verteilung und Ausscheidung von Vanadium bei Tieren.* Ratten u. Kaninchen erhielten intraperitoneal bzw. intravenös ein lösl. V(v)-Salz (I) in Mengen, die keine histolog. Veränderungen an Nieren u. Darm hervorriefen. Die Ausscheidung von I geschieht hauptsächlich über die Niere (Urin: Faeces = 5:1) u. hängt von der Zahl der applizierten Dosen ab; 61% von I werden innerhalb der ersten 24 Std. u. 10—12% durch die Faeces ausgeschieden. Ca. 10% werden im Körper bis zu 2 Wochen hauptsächlich in den Skelettknochen zurückgehalten. Der I-Spiegel im Blut ist spektrograph. bis ca. 6 Std. nach der Applikation meßbar. (A. M. A. Arch. ind. Hyg. occupat. Med. 9. 414—22. Mai 1954. Cincinnati, Public Health Service, Occupational Field Headquarters, Dep. of Health, Education and Welfare, Toxicol. Section.) H. ZELLER. 4606

J. M. Ritchie, *Der Effekt von Nitrat auf den aktiven Zustand des Muskels.* Vf. untersuchte den Einfl. von NO_3- u. *Coffein* auf den akt. Status des Sartoriusmuskels vom Frosch in RINGER-Lsg. bei 0°. Nach Stimulierung mittels einer Multielektrode wurde bei plötzlicher mechan. Entspannung die Zeit bis zur Wiederherst. der vollen Muskelspannung gemessen (Maß für Intensität des akt. Status). Akt. Status u. volle Aktivität (Zeit von Stimulus bis zur 1. Entspannung im Tetanus) wurden durch NO_3^- (statt NaCl in RINGER-Lsg. 0,982% $NaNO_3$) u. *Coffein* ($6\cdot10^{-5}$ mol.) verlängert. Durch letzteres war die Reversibilität zum ursprünglichen Verh. langsamer, außerdem war die Verringerung der Tetanusspannung — wie sie NO_3^- erzeugt — bei Coffein nur in wenigen Fällen sichtbar. (J. Physiology **126.** 155—68. 28/10. 1954. London, Mill Hill, National Inst. for Med. Research.) P. HOLZLÖHNER. 4606

H. Betz und **J. Closon,** *Einfluß von Natriumcyanid auf die durch Stickstofflost hervorgerufene Alarmreaktion. Methyl-bis-[chloräthyl]-amin* (I; *Stickstofflost*; 75 γ) ruft bei Mäusen nach intraperitonealer Injektion eine stimulierende Wrkg. auf das Nebennierenrindensyst. hervor, die durch eine *NaCN*-Injektion (17 γ) 5 Min. vor der I-Gabe verringert wird. NaCN schützt die Tiere nicht gegen tödlich verlaufende Operationen, wie Einfrieren oder Injektionen von *Adrenalin,* obgleich die Widerstandskraft der durch I stimulierten Mäuse größer ist. (C. R. Séances Soc. Biol. Filiales **148.** 618—20. März 1954. Liège, Belgien, Univ., Labors. d'Anatomie patholog. et de Radiothérapie.) H. KOCKERT. 4606

F. P. W. Winteringham und **G. C. Hellyer,** *Die Wirkungen von Methylbromid, Äthylendibromid und Äthylendichlorid auf den Phosphorstoffwechsel von Musca domestica L.* Die extrahierten, mit ^{32}P markierten Zwischenprodd. wurden mit kombiniertem radioakt. spurenpapierchromatograph. Verf. bestimmt. Durch *Methylbromid* (I) wurden ATP u. *Argininphosphorsäure* (II) deutlich vermindert, nachdem die Tiere 1 Min. behandelt u. vollkommen paralysiert worden waren. Die Tiere erholten sich zeitweise in frischer Luft, u. die Gehh. an ATP u. II wurden normalisiert. Behandlung mit I bis zum Verenden bewirkte langsames, aber vollständiges Verschwinden von *Phosphoglycerat* (III) nach 1 Stunde. Die Abnahme von ATP war manchmal mit einer entsprechenden Bldg. von AMP u. freiem PO_4^{3-} verbunden, in anderen Fällen nur mit einer solchen von freiem PO_4^{3-}. Nach 1 std. Behandlung mit Äthylendibromid waren die Konzz. von ATP, II u. G-6-P unverändert, III stark vermindert u. PO_4^{3-} entsprechend erhöht. Äthylendichlorid bewirkte in 5 Min. tiefe Narkose, aber nur geringe Abnahme von ATP u. II, ebenso Cyclopropan, ersteres dagegen bei schwerer Einw. starke Abnahme von ATP u. II, III blieb unbeeinflußt. (Biochem. J. **58.** XLV—XLVI. Dez. 1954. Slough, Bucks., Pest Infestat. Labor.) J. SCHWAIBOLD. 4607

W. R. Jondorf, D. V. Parke und **R. T. Williams,** *Untersuchungen über Detoxikation.* 66. Mitt. *Der Stoffwechsel der Halogenbenzole. 1.2.3-, 1.2.4- und 1.3.5-Trichlorbenzol.* Kaninchen erhielten 500 mg/kg der Trichlorbenzole mit Magensonde verabreicht. Innerhalb von 5 Tagen wurden nach Zufuhr von *1.2.3-Trichlorbenzol* (I) im Mittel 78% der verabreichten Dosis als Trichlorphenol mit dem Harn wieder exkretiert, wobei als überwiegendes Stoffwechselprod. *2.3.4-Trichlorphenol,* daneben geringe Mengen *2.3.5-Trichlorphenol* u. Spuren von *3.4.5-Trichlorbrenzcatechin* gefunden wurden. 62% der verabreichten I-Menge wurden in gebundener Form ausgeschieden, u. zwar 50% als Glucuronide, 12% als H_2SO_4-Äther u. 0,3% als *2.3.4-Trichlorphenylmercaptursäure. 1.2.4-Trichlorbenzol* (II) wird in 5 Tagen zu 42% in Phenole übergeführt, hauptsächlich *2.4.5-* u. *2.3.5-Trichlorphenol,* sowie wenig *3.4.6-Trichlorbrenzcatechin.* 38% der zugeführten II-Menge erscheinen im Harn in konjugierter Form, nämlich 27% als Glucuronide, 11% als H_2SO_4-Äther u. 0,3% als *2.3.5-* u. *2.4.5-Trichlorphenylmercaptursäure.* Am langsamsten verläuft der Stoffwechsel von *1.3.5-Trichlorbenzol* (III), das nur zu 9% zu *2.4.6-Trichlorphenol* oxydiert wird. 23% der verabreichten III-Menge erscheinen in konjugierter Form im Harn, u. zwar 20% als Glucuronide u. 3% als H_2SO_4-Äther. Mercaptursäuren wurden hier nicht nachgewiesen. Unverändertes III wurde in den Faeces gefunden. R_F-Werte der Trichlorphenole mit Benzol + Essigsäure + W. (1:1:2) u. A. + n-Butanol + 3 n-NH_4OH-$(NH_4)_2CO_3$-Puffer (11:40:19): *2.3.4-Trichlorphenol* 0,92, 0,83; *3.4.5-Trichlorphenol* 0,88, 0,89; *3.4.5-Trichlorbrenzcatechin* 0,55, 0,76; *2.3.5-Trichlorphenol* 0,90, 0,84; *2.3.6-Trichlorphenol* 0,92, 0,73; *2.4.5-Trichlorphenol* 0,92, 0,83; *3.4.6-Trichlorbrenzcatechin* 0,67, 0,72; *2.3.5-Trichlorchinol* 0,70, —; *2.4.6-Trichlorphenol* 0,92, 0,74; *2.4.6-Trichlorresorcin* 0,64, 0,94; u. *Trichlorphloroglucin* 0,10, —. Die Farb-Rkk. mit 2.6-Dichlorchinonchlorimid, diazotiertem p-Nitranilin, diazotierter Sulfanilsäure, Brentamine Fast Red B salt u. $FeCl_3$ werden angegeben. Die Mercaptursäuren wurden nach der Isolierung in die Trichlorthiophenole u. diese durch Oxydation mit äthanol. J_2-Lsg. in die Hexachloridphenyldisulfide übergeführt. Zur Identifizierung wurden folgende synthet. Disulfide dargestellt: *2.3.4.2'.3'.4'-*, F. 185°; *3.4.5.3'.4'.5'-*, F. 152°; *2.3.5.2'.3'.5'-*, F. 168°; *2.4.5.2'.4'.5'-*, F. 136–137°, u. *2.4.6.2'.4'.6'-Hexachlordiphenyldisulfid*, F. 173°. Sämtlich Nadeln, unlösl. in W., wenig lösl. in kaltem, mehr in heißem Alkohol. Die erhaltenen Ergebnisse werden mit den früher mit Mono- u. Dichlorbenzolen erhaltenen verglichen. Die Isolierung u. Identifizierung der Stoffwechselprodd. wird beschrieben. — 28 Literaturangaben. (Biochem. J. **61.** 512–21. Nov. 1955. London, St. Mary's Hosp., Med. School, Dep. of Biochem.) F. KRUSEN. 4607

J. K. Eaton und **R. G. Davies**, *Die Toxizität einiger synthetischer organischer Verbindungen für die rote Obstbaumspinnmilbe.* Die nachst. Aufzählung gibt die Ergebnisse der Unterss. über die Toxizität für Sommereicr u. geschlechtsreife Weibchen von Metatetranychus ulmi (KOCH) wieder. Die Verbb. wurden in 0,1 % ig. wss. Lsg., die außerdem 4% Aceton, 0,05% Cyclohexylamindodecylsulfat u. 0,025% Dioctylnatriumsulfosuccinat enthielt, geprüft. *Diphenyl* 10,7 (Letalität in % für Sommereier); 14,4 (Letalität in % für geschlechtsreife Weibchen). — *4.4'-Diaminodiphenyl* 0,0; 0,0. — *2.2'.4.4'-Tetranitrodiphenyl* 14,8; 27,4 (0,025% ig. Lsg.). — *Diphenylmethan* 0,0; 47,2. — *Benzophenon* 0,6; 57,1. — *Diphenylcarbinol* 6,9; 38,9. — *1.1-Diphenyläthan* 0,0; 56,5. — *p.p'-Dichlordiphenylmethylcarbinol* 97,0; 100,0. — *2.2-Diphenyl-1.1.1-trichloräthan* 37,3; 59,0. — *DDT* 0,0; 50,9. — *Dibenzyl* 0,0; 59,1. — *Benzil* 0,1; 65,7. — *Benzoin* 1,3; 41,5. — *Stilben* 6,7; 54,2. — *Dibenzoylmethan* 5,2; 12,0. — *Dibenzylketon* 5,2; 12,0. — *Phenylsterylketon* 34,4; 91,5. — *α.γ-Diphenylglycerin* 0,0; —; — *Dibenzyläther* 3,8; 0,0. — *Benzoesäurebenzylester* 5,0; 84,0. — *Diphenylcarbonat* 4,4; 71,2. — *Bis-[p-chlorphenoxy]-methan* 57,8; 87,8. — *Diphenylsulfon* 98,1; 69,1. — *4-Chlordiphenylsulfon* 96,0; 80,9. — *4.4'-Dichlordiphenylsulfon* 0,0; 54,1 (0,025% ig. Lsg.). — *3.3'-Diaminodiphenylsulfon* 0,0; 10,8. — *4-Chlor-4'-methyldiphenylsulfon* 30,7; 50,3. — *2.4-Dinitro-4'-methyldiphenylsulfon* 0,0; 30,8. — *2.2'-Dioxy-5.5'-dimethyldiphenylsulfon* 0,0; 8,6. — *2.2'-Dioxy-5.5'-dichlordiphenylsulfon* 4,4; 50,8. — *2.2'-Dimethyl-4.4'-dioxydiphenylsulfon* 0,0; 24,8. — *3.3'-Dimethyl-4.4'-dioxydiphenylsulfon* 0,0; 7,5. — *Diphenylsulfid* 34,0; 50,3. — *Diphenyldisulfid* 0,0; 41,3. — *Azobenzol* 98,6; 75,7. — *Dimethylthiuramdisulfid* 24,4; —; — *Tetramethyldiuramdisulfid* 99,5; 31,3 (0,05% ig. Lsg.). — *Tetraäthyldiuramdisulfid* 92,2; 41,1 (0,05% ig. Lsg.). — *Tetramethylthiurammonosulfid* 72,3; 38,7 (0,05% ig. Lsg.). — *N.N'-Dimethyl-N.N'-diphenylthiuramdisulfid* 6,5; —; — *N.N'-Diäthyl-N.N'-diphenylthiuramdisulfid* 15,5; —; — *Bis-[cyclopentamethylen]-thiurammonosulfid* 21,7; 21,8 (0,05% ig. Lsg.). — *Bis-[cyclopentamethylen]-thiuramdisulfid* 42,2; 42,0 (0,05% ig. Lsg.). — *Bis-[cyclopentamethylen]-thiuramhexasulfid* 15,1; 77,6 (0,05% ig. Lsg.). — *Benzylaminbenzyldithiocarbamat* 10,0; —; — *Diäthylamindiäthyldithiocarbamat* 21,8; —; — *n-Butylsulfid* 0,0; —; — *n-Butyldisulfid* 0,0; —; — *n-Butylmercaptan* 1,7; —; — *Thiophenol* 6,8; —. — Gegen Wintereier wurden geprüft: *Spindeltyp Petroleumöl* 3% (Konz.), 100 (Letalität in %). — *n-Dodecylthiocyanat* 0,2%, 98,5. — *Dicyclohexylamin-2.4-dinitro-6-cyclohexylphenat* 0,2%, 99,0. — *Benzaldehydphenylhydrazon* 0,2%, 33,7. — *4-Aminoazobenzol* 0,2%, 28,2. — *Azobenzol* 0,2%, 25,6. — *Hydrazobenzol* 0,2%, 9,3. — *4-Oxyazobenzol* 0,2%, 4,1. (Ann. Appl. Biol. **37.** 471–89. Sept. 1950. Kent, East Malling Res. Stat.) P. LOCH. 4607

E. J. Moynahan, *Arzneimittelexantheme.* Besprechung verschied. Präpp., die Arzneimittel- bzw. Überempfindlichkeits-Rkk. verursachen können. Behandelt werden *Sera, Sulfonamide, Isoniazid, PAS, Penicillin, Streptomycin, Tetracycline, Erythromycin, Au, Hg, As, Barbiturate* (I), *Opium* u. Derivv., *Phenylbutazon, Troxidone, Methoin, Thiouracil, Jodide, Bromide, Antihistaminica, Leberextrakte, Insulin.* Im allg. verschwinden die Erscheinungen beim Absetzen der Mittel. Schwere Rkk., wie sie u. a. durch *Hg, As* u. I. auftreten können, sind mit *Cortison, Corticotropin* u. *BAL* zu behandeln, bei anaphylakt. Schock ist Therapie mit *Adrenalin, Noradrenalin* u. *Aminophyllin* indiziert. (Practitioner **176.** 510–19. Mai 1956. London, Guy's Hosp.) H. DOSSMANN. 4607

J. Lecomte, *Reizwirkung von Veratrin auf die Haut.* Intradermale Injektionen von 10–100 γ *Veratrin* (I) rufen auf der menschlichen Haut lokale Erytheme, Entzündungen u., je nach Dosis, schwächere oder stärkere Schmerzen hervor, die von vasodilatator. Hautreflexen begleitet sind. Durch Infiltration von Anaestheticis, wie *Percain* (100 γ), *Phenergan* (100 γ) u. *Histaphen* (200 γ) in die Haut, 5 Min. vor der I-Injektion, treten obengenannte Erscheinungen nicht auf, *Novocain* (500 γ), *Xylocain* (500 γ), *Neoantergan* (200 γ) u. *Thephorin* (200 γ) verringern sie, während *Atropin* (300 γ) u. *Cystinamin* (500 γ) die Wrkg. von I nicht beeinflussen. (C. R. Séances Soc. Biol. Filiales **148.** 607–09. März 1954. Liège, Univ., Labor. de Pathol. méd.) H. KOCKERT. 4607

M. Elliott, P. H. Needham und **C. Potter,** *Die insekticide Wirksamkeit von pyrethrinähnlichen Substanzen.* 1. Mitt. *Die Toxizität zweier synthetischer pyrethrinähnlicher Ester im Vergleich mit den natürlichen Pyrethrinen und die Signifikans der Ergebnisse beim biologischen Test eng verwandter Verbindungen.* Aus natürlichem Pyrethrin abgespaltene (+)-trans-Chrysanthemummonocarbonsäure wurde mit synthet. erhaltenem (±)-2-Allyl-3-methylcyclopenten-(2)-ol-(4)-on-(1) verestert u. der gleiche Ketoalkohol zur Darst. des stereoisomeren Esters mit synthet. (±)-cis–trans-Chrysanthemummonocarbonsäure als Säurekomponente verwendet. Die so erhaltenen Verbb. (+)-*trans-Chrysanthemummonocarbonsäure*-(±)-*2-allyl-3-methylcyclopenten-(2)-ol-(4)-on-(1)-ester* (I), $C_{19}H_{26}O_3$, u. (±)-*cis–trans-Chrysanthemummonocarbonsäure*-(±)-*2-allyl-3-methylcyclopenten-(2)-ol-(4)-on-(1)-ester* (II), $C_{19}H_{26}O_3$, wurden mit bevorzugt auf Pflanzen lebenden Insekten (Phaedon cochleariae Fab., Oryzaephilus surinamensis L., Plutella maculipennis Curt., Macrosiphum solanifolii Ashm. u. Aphis fabae Scop.) auf ihre tox. Wrk. geprüft u. mit einem natürlichen Standardgemisch (III) aus *Pyrethrin I, Pyrethrin II, Cinerin I* u. *Cinerin II* verglichen. — Die Toxizität von I betrug je nach dem Testtier $^1/_8$ bis zum 4fachen der Toxizität von III. II besaß unter denselben Bedingungen $^1/_6$ bis 2fache Toxizität wie das Standardpräparat. — An Hand der Ergebnisse werden die Einfll. von spezif. Wrkg., von Strukturabweichungen sehr eng verwandter Verbb. u. die fragwürdige Brauchbarkeit der Verwendung eines Gemisches wie III als Standard einer krit. Betrachtung unterzogen. (Ann. Appl. Biol. **37.** 490—507. Sept. 1950. Harpenden, Herts., Rothamsted Exp. Stat.) P. LOCH. 4607

Roman Zwieauer, *Versuche mit Gelee Royale. Gelee Royale* (I, bisher bekannte Zus.: Zucker, Eiweiß, äther. Öle, P, S, Vitamin B_2, B_5, B_6, B_8, Pantothensäure), der „königliche Futtersaft" der Bienen, wird im Tiervers. pharmakol. u. anschließend klin.-kosmet. untersucht. Die pharmakol. Unterss. zeigten bei jungen Kaninchen erhöhte Gewichtszunahme u. Ausbldg. eines prächtigen Haarkleides u. bei Hühnern erhöhte Fruchtbarkeit. In klin.-kosmet. Unterss. wurden für I folgende Indikationen festgestellt: Falten, Mamma-Hypoplasie, Haarausfall, Alopecie, Abspannungszustände, Depressionen, vegetative Dystonien u. Kreislaufstörungen. (Österr. Apotheker-Ztg. **9.** 12—13. 1/1. 1955. Wien.) M. NEGWER. 4609

Samuel Saslaw und **Robert MacMillan,** *Chemotherapie der Histoplasmose der Maus mit Vanillinsäureäthylester.* (Vgl. C. **1956.** 493.) Vff. berichten über die Behandlung von mit *Histoplasma capsulatum* infizierten Mäusen mit *Vanillinsäureäthylester.* Die Behandlung auch mit gerade noch tolerierten Dosen brachte keinerlei Erfolg. Behandlungsverss. bei Hunden fielen ebenfalls negativ aus. Die Verss. lassen sich jedoch nicht ohne weiteres auf die menschliche Histoplasmose übertragen. (Antibiotics Annu. **1954/55.** 1008—10. Columbus, O., Ohio State Univ., Coll. of Med., Dep. of Med.) H. GOEBEL. 4610

F. Damiani und **C. Sartarelli,** *Behandlung des parapneumothoracischen Empyems mit endopleuralen p-Aminosalicylsäureinjektionen.* In 1—10tägigen Abständen wurden 16 Patienten mit tuberkulösem parapneumothorac. Empyem 2—7 Monate lang durch Einspritzen von 10—20 cm³ 20%ig. Lsg. von p-Aminosalicylsäure in die von Fl. befreite Pleuralhöhle behandelt. Während bei 50% aller Fälle, unabhängig von der Häufigkeit der Gaben, in $4^1/_2$—7 Monaten Heilung mit völligem Verschwinden von Exsudat eintritt, wird bei 37,5% teilweise, bei 13,5% keine merkliche Besserung beobachtet. Es wird angenommen, daß die Heilungsrate mit verbesserter Technik noch erhöht werden kann. (Athena [Rass. mens. Biol., Clin. Terap.] **16.** 257—61. Nov. 1950. Rom, Osped. Sanator. „B. Ramazzini" del' I. NPS.) W. KIMPEL. 4610

A. M. Bruk, *Örtliche Anwendung von Penicillin und Streptomycin bei chronischer eitriger Entzündung der Oberkieferhöhle.* Bei Injektionen von 50000—200000 E. *Penicillin* (I) in physiol. NaCl-Lsg. in die Oberkieferhöhle von 530 Patienten mit chron. eitriger Entzündung konnte I $1^1/_2$—12 Std. nach der Injektion in Mengen von 0,03—0,48 E./cm³ im Blut nachgewiesen werden. Bei 30 Kranken wurde lokal *Streptomycin* (II) verwendet. In der Schleimhaut der Kranken, die 200000 E. I erhielten, konnte dieses 48 Std. später in Mengen von 0,06 E. je cm³ Schleimhaut gefunden werden. 64,3% der Kranken genasen. Bei der Behandlung mit I waren 5—8 Injektionen erforderlich, mit II 3—4. Komplikationen durch Cholesteatom oder Polyposis hinderten die Genesung. Blieb nach 2 bis 3 Probepunktionen mit I die Besserung aus, so war die weitere Behandlung aussichtslos. (Вестник Ото-Рино-Ларингологии [Nachr. Oto-Rhino-Laryngol.] **18.** Nr. 1. 36—42. Jan./Febr. 1956. Moskau, 1. Med. Inst., Klin. für Hals-, Nasen-, Ohrenkrankh.) F. DU MANS. 4611

I. Oddone und **M. Fazio,** *Klinische Untersuchungen mit Phenoxymethylpenicillin nach peroraler Verabreichung und in der antirheumatischen Prophylaxe.* Vff. empfehlen *Phenoxymethylpenicillin* bei langdauernder therapeut. Behandlungen wegen der guten

Verträglichkeit u. in der antirheumat. Prophylaxe. (Minerva med. [Torino] **47.** I. 93—96. 17/1. 1956. Torino, Univ., Ist. di Patol. Speciale Med. e Metodol. Clin.) H. KOCKERT. 4611

E. Freerksen und **H. Wolter**, *Toxizitätsminderung antibakterieller Stoffe.* Die Entgiftung von *Streptomycin* (I) u. *Dihydrostreptomycin* durch *Isoniazid* (II) ist mit dem II-Deriv. DX_1 = *Neotizide* (CARLO ERBA, Mailand), Ca-Salz von *N-Isonicotinoyl-N'-methansulfonat* bes. ausgeprägt. Der Effekt wird auf den *Ca*-Anteil zurückgeführt. Verss. am Kaninchen: Injektion von 170—240 mg/kg I unter Zusatz von *Ca-Gluconat* (III), *N.N-Dimethylacetamid*, dem Leberpräp. *L2c* (IV; DR. KURT MULLI K. G., Hamburg), *Orotsäure*, *Strepogenin*, *Na-Pantothenat*. Die größte I-Entgiftung wurde mit III erzielt. Bei analogen Verss. mit *Viomycin* (V; *Viocin*, PFIZER) wirkte *Ca* nicht als Entgifter, dagegen IV. Eine Herabsetzung der tödlichen V-Dosis wurde auch mit *Pervitin* u. *Benzedrin* erzielt, nicht mit *Lobelin*. (Naturwissenschaften **43.** 183—84. April 1956. Borstel über Bad Oldesloe, Tuberkulose-Forschungsinst.) H. DOSSMANN. 4611

Th. Halbeisen, *Untersuchungen des antibiotischen Wirkstoffs einer höheren Pflanze (Tropaeolum majus-Kapuzinerkresse).* Unter Verwendung von Frischpflanzen bzw. eines angereicherten Präp. (*Tromalyt*-MADAUS) wurden die pharmakol., bakteriolog. u. immunbiol. Eigg. der aus Tropaeolum majus gewonnenen antibiot. Wirkstoffe geprüft: Toxizität, Resorption im Magen u. Duodenum, bakteriostat. u. bactericide Eigg., biol. Wirkungsspektrum. (Die Medizinische **1954.** 1212—15. 4/9. Bonn, Univ., Hygiene-Inst., u. Gelsenkirchen, Hygiene-Inst. des Ruhrgebiets.) H. KOBLITZ. 4611

Th. Halbeisen, *Untersuchungen über die antibiotischen Wirkstoffe von Tropaeolum majus (Kapuzinerkresse).* Inhaltlich ident. mit der vorst. referierten Arbeit. (Naturwissenschaften **41.** 378—79. Aug. 1954. Bonn, Univ., Hygiene-Inst., u. Gelsenkirchen, Hygiene-Inst. des Ruhrgebiets.) H. KOBLITZ. 4611

A. G. Winter (unter Mitarbeit von **M. Hornbostel**, **J. Schilpp** und **L. Willeke**), *Hemmstoffkonzentrationen im Urin nach Aufnahme von Salat bzw. Wirkstoffanreicherungen (Tromalyt) der Kapuzinerkresse.* (Vgl. vorst. Ref.) Es wurde geprüft, ob die nach Verabreichung von Salat bzw. Wirkstoffanreicherungen (*Tromalyt*-MADAUS) der Kapuzinerkresse per os im Urin auftretenden Wirkstoffmengen die von HALBEISEN für eine Reihe von Bakterienstämmen festgestellten bakteriostat. Konzz. erreichen. Dabei konnte gezeigt werden, daß bereits nach peroraler Aufnahme relativ geringer Mengen Kressenblätter bzw. weniger mg Tromalyt sich ein ausreichender Wirkstoffspiegel im Urin eingestellt hatte, der im Gastest nach WINTER u. WILLEKE bei 16 meist pathogenen Stämmen eine starke bzw. zeitweise völlige Bakteriostase bewirkte. (Naturwissenschaften **41.** 379—80. Aug. 1954. Köln, Madaus, Botan. Inst.) H. KOBLITZ. 4611

W. Wicher, *Antibiotische Wirkstoffe der Kapuzinerkresse (Tromalyt) als Heilmittel in der Urologie.* (Vgl. vorst. Ref.) Bericht über die therapeut. Wirksamkeit von *Tromalyt*-MADAUS in der klin. u. ambulanten Anwendung. (Die Medizinische **1954.** 1215—16. 4/9.) H. KOBLITZ. 4611

Alberto Minarelli, *Eine Hyaluronidase–Probenecid-Kombination in der Gichttherapie.* Um die Harnsteinbldg. nach *Probenecid* (I)-Verabreichung (0,5—1,5 g/Tag) bei Gichterkrankungen herabzusetzen, wird zusätzlich *Hyaluronidase* (I) (spreading factor) subcutan injiziert. Vf. diskutiert eine I–II-Therapie bei Urämien u. Harnsteinen. (Minerva med. [Torino] **47.** I. 346—48. 7/2. 1956. Fusignano, Ravenna, Ospedale Civile „S. Rocco", Sezione Med.) H. KOCKERT. 4614

Richard C. Ursillo und **Byron B. Clark**, *Die Pharmakologie der anticholinergischen quartären Ammoniumverbindung Benzomethamine (N-Diäthylaminoäthyl-N'-methylbenzilamidmethobromid [MC 3199]) mit einer Notiz über das tertiäre Aminanaloge [MC 3137].* *Benzomethamine* (I; *β-[N-Methylbenzilamido]-äthyldiäthylammoniummethobromid*) besitzt eine ähnlich hohe anticholinerg. Wirksamkeit wie *Atropin* (II) u. *Banthine* (III), wie Unterss. bei *Acetylcholin* (IV)-induzierten Spasmen des Kaninchenileums u. *Methacholin*-induzierter Chromodakryorrhoe von Ratten zeigten. Bei Hunden wurde die durch IV u. elektr. Vagusreizung hervorgerufene Hypotension u. gastr. Kontraktion wie bei II u. III unterbunden. Die durch Reizung des Nervus pelvicus hervorgerufene Blasenkontraktion wurde durch I weniger stark als durch III gehemmt. Gegen die Pilocarpinwrkg. (Speichelfluß) ist I nur $^1/_5$ so akt. wie II. In höherer Dosierung tritt nach I Ganglienblockade auf, doch erreicht die Aktivität nur $^1/_5$ derjenigen von Tetraäthylammoniumsalzen. Die akute Toxizität (DL_{50}; Maus) beträgt bei intravenöser bzw. intraperitonealer bzw. intragastr. Verabfolgung 31,8 bzw. 136 bzw. 2700 mg/kg. 3 Wochen lang verabfolgt, riefen 500 mg/kg bei Ratten keine tox. Erscheinungen hervor. Die Wirksamkeiten bei oraler bzw. intravenöser Verabfolgung verhalten sich wie 50 : 1. (J. Pharmacol. exp. Therapeut. **114.** 54—62. Mai 1955. Boston, Mass., Tufts Coll. Med. School, Dep. of Pharmacol.) K. MAIER. 4620

E. Pichler, *Über die therapeutische Bedeutung der spezifischen Anreicherung von Kobaltchlorophyllin im Nervensystem.* Vf. berichtet über therapeut. Erfolge mit *Kobaltchlorophyllin* bei Affektionen des peripheren Nervensyst. u. vergleicht seine Wrkg. mit der von *Vitamin* B_{12}. Für die Wrkg. soll die lokale Anreicherung der Verb. Bedeutung haben. Diskussion des bisher hypothet. Wirkungsmechanismus. (Wiener klin. Wschr. **67** ([N. F.] **10**). 543—45. 29/7. 1955. Graz, Ambulat. für Nervenkrankh. der Steiermärk. Gebietskrankenkasse.) H. HELGE. 4620

G. Stüttgen, *Zur chemischen Konstitution und Wirkung von Antihistaminen aus der Colaminreihe.* Es wurden die Wirkungen von *β-Dimethylaminoäthylbenzhydryläther* (I) u. *β-Pyrrolidinoäthylbenzhydryläther* (II) miteinander verglichen. Die an der Hautquaddel (Mensch) u. am isolierten Darm (Meerschweinchen) gemessene Antihistaminwrkg. ist bei II bedeutend stärker als bei I. Auch das Wachstum von Epidermophyton rubrum wird durch II etwas mehr als durch I gehemmt. Hefeatmung u. Hefegärung werden durch II etwas stärker unterdrückt als durch I. Die nach Adrenalingaben einsetzende Eosinopenie u. Leukocytose werden durch I gehemmt, durch II kann diese Wrkg. nicht erreicht werden. In klin. Unterss. zeigte II eine gegenüber I verlängerte Wirkungsdauer. (Arzneimittel-Forsch. **4.** 338—40. Mai 1954. Düsseldorf, Med. Akad., Hautklinik.) A. LEUSCHNER. 4625

J. F. Riley und **G. B. West,** *Histaminabspaltung bei Ratte und Maus.* Chron. Zufuhr (intraperitoneal) von *Verb. 48/80* (BURROUGHS WELLCOME & COMP.), einem wirksamen *Histamin* (I)-freisetzenden Mittel, rief bei Ratten u. Mäusen eine Abnahme des Gewebe- u. Mastzellen-I der Ohren u. des subcutanen Bindegwebes hervor. Während bei der Ratte eine starke zerstörende Wrkg. auf die Mastzellen beobachtbar ist, ist sie bei der Maus nur gering. Da die maximal verträglichen Dosen verwendet wurden, nehmen Vff. an, daß die I-Abgabe bei der Maus nur zu einem kleinen Teil auf der Wrkg. von *Verb. 48/80* beruht. Die Wrkg. der letzten auf die Mastzellen der Haut des Ohrs u. der Subcutis ist bei der Ratte anscheinend ein reversibler Vorgang. (Arch. int. Pharmacodynam. Thérap. **102.** 304—13. 1/7. 1955. Dundee, Roy. Infirmary, Dep. of Radiotherapie, and Queen's Coll., Dep. of Pharmacol. and Therapeutics.) K. MAIER. 4625

Enrique Acevedo Davenport, Orlando Gonzalez und **Jorge Safian,** *Wirkung der Antihistaminica auf die Entwicklung der experimentellen Glomerulonephritis.* In Verss. an Kaninchen wurde die Wrkg. von *Antistin* u. *Benadryl* auf die durch nephrotox. Dosen von Entenserum hervorgerufenen Nierenveränderungen geprüft. Bei präventiver Behandlung bleiben Hämaturie, Albuminurie u. Blutdrucksteigerung gänzlich aus oder treten nur schnell vorübergehend auf. Biopt. wurden nur bei 2 von 6 Tieren patholog. Nierenveränderungen beobachtet. Diese bleiben bei kurativer Behandlung länger bestehen, doch werden auch hierbei die Beschaffenheit des Harns u. klin. Symptome schnell normalisiert. (Semana méd. **57.** Nr. 16. 633—38. 20/4. 1950. Cátedra de Fisiopath. u. Serv. de Med., Labor. de Fisiopath.) W. KIMPEL. 4625

A. Sonneck, *Die Betäubungsmittel beim Schwein unter besonderer Berücksichtigung des Narcovet.* Bei allen Operationen am Schwein hat sich dem Vf. *Narcovet* (I), ein Kombinationspräp. aus *Evipan-Na* + *Luminal-Na* im Verhältnis 5 : 1, als bes. wirksam u. wirtschaftlich bewährt. Die Dosis betrug 1,2—1,8 g I/50 kg in 25%ig. Lösung. (Tierärztl. Umschau **8.** 369—70. Okt. 1953. Mertzen, Bez. Osnabrück.) L. BERGER. 4627

Gatti Farina, *Die Veränderungen der Serumelektrolyte in Beziehung zur Pentothalnatriumnarkose.* Bei Blut- u. Harnunterss. nach Narkosen wurden übereinstimmend Acetonurie, Absinken der Alkalireserven u. des p_H-Wertes festgestellt. Die Resistenz der Erythrocyten erscheint gelegentlich erhöht, Veränderung der Hämorrhagie- u. Blutgerinnnungszeit sowie der Blutmenge sind zweifelhaft, Hyperglykämie jedoch wird allg. beobachtet. Hyperazotämie u. Hypochlorämie werden allseitig bestätigt, aber verschied. erklärt; sie sind miteinander gekoppelt, jedoch ist unklar, welche von beiden die Primärerscheinung ist, wahrscheinlich spielt die gestörte Nieren- oder Leberfunktion eine Rolle. Dichte Viscosität, kryoskop. Verh. u. Leitfähigkeit von Blut, Plasma u. Serum zeigen verschied. Verhalten. Vf. untersucht jetzt an Kaninchen die Veränderung der Serumleitfähigkeit bei 30° 2, 6, 12 u. 48 Std. nach *Pentothalnatriumnarkose* u. am Menschen nach 8 u. 24 Std.; aus den angeführten Werten geht hervor, daß beim Kaninchen die Leitfähigkeit bis zu einem Minimum nach 12 Std. absinkt, u. nach 48 Std. wieder die Norm erreicht. Beim Menschen dagegen hat das anfängliche Absinken (nach 8 Std.) sich fast ausnahmslos nach 24 Std. noch verstärkt. Ob dieses Absinken auf verminderter Elektrolytproduktion oder verstärkter Verteilung, Ausscheidung oder Abbau beruht, muß offen bleiben. (Athena [Rass. mens. Biol., Clin. Terap.] **16.** 125—28. Juni 1950. Napoli, Univ., Ist. di Patol. spec. chirurg.) W. KIMPEL. 4627

F. H. Shaw und **A. Shulman,** *Morphinantagonisten.* 5 Patienten im späten Krebsstadium erhielten zur Erleichterung der unerträglichen Schmerzen *Morphin* (I) in Dosen

von 3 g aufwärts täglich. Die durch das **I** bewirkte schwere respirator. Depression u. Narkose konnte durch Applikation von bis zu 40 mg *2.4-Diamino-5-phenylthiazol* (**II**) vermindert werden, ohne Einfl. auf die analget. Wrkg. des **I**. Höhere Dosen von **II** führten zum Erwachen der Patienten ohne Verminderung der Analgesie. (Nature [London] **175.** 388—89. 26/2. 1955. Melbourne, Univ., Dep. of Pharmacol. and Physiol.)
H. LAMP. 4627

Jean Cheymol, François Bourillet und **Lothar Kerp,** *Antagonistische Wirkung von Thiamin gegenüber den muskelparalysierenden Wirkungen von curarisierenden Acetylcholinmimeticis.* Am isolierten Rattennervenpräp. vermindern Acetylcholin u. curarisierende Acetylcholinmimetica (**I**; Succinyldicholin, Dekamethonium u. HC 606) die Kontraktionen. In Konzz. von $0,3-1 \cdot 10^{-3}$ verstärkt *Thiamin* (**II**) die verminderten Kontraktionen, bei $5 \cdot 10^{-2}$ kommt es allerdings zur völligen Blockierung der neuromuskulären Übertragung. Bei etwas geringeren Konzz. als diesen zuletzt genannten bringt **II** die durch **I** gehemmten Kontraktionen wieder in Gang. (C. R. hebd. Séances Acad. Sci. **241.** 530—32. 1/8. 1955.)
F. KRUSEN. 4628

D. W. Adamson, J. W. Billinghurst und **A. F. Green,** *Neue Gruppen ganglienblockierender Mittel.* Die bisquartären *Aminocarbinole* (**I**), *-alkene* (**II**), *-alkane* (**III**), *-nitrile* (**IV**), *-äther* (**V**) u. *-ester* (**VI**) besitzen stark wirksame ganglionblockierende Eigenschaften. Die Verb. **I–III** sind Spasmolytica, Antihistaminica u. Analgetica wie *Tricyclamol, Procyclidin, Triprolidin* u. *Thiambuten,* **IV**, **V** u. **VI** der *Methadon*-Reihe, *Diphenhydramin* u. *Trasentin* verwandt. Die wichtigsten Wirkungen von **I—VI** sind Blutdrucksenkung, Antagonismus zur blutdrucksteigernden Wrkg. intravenöser Dosen *N.*[1]*N*[1]*-Dimethyl-N*[2]*-phenylpiperaziniumjodid,* Hemmung der vagalen Bradycardie u. Erhöhung der Hypertensionseffekte von intravenös gegebenem Adrenalin u. *l*-Noradrenalin bei anästhesierten Katzen u. Hunden, Hemmung der durch präganglionäre nicht aber der durch postganglionäre Stimulierung hervorgerufenen Kontraktionen der Nickhaut, Mydriasis nach parenteraler Zufuhr, Hemmung des peristalt. Reflexes isolierten Meerschweinchenileums usw., d. h. die wesentlichen pharmakol. Effekte der Verbb. beruhen auf einer Blockierung autonomer Ganglien. Die erst in hohen Dosen auftretende tox. Wrkg. steht in engem Zusammenhang mit einem neuromuskulären Block. Die Toxizität bei Mäusen steigt mit zunehmendem Wert von m bzw. n etwas bzw. stärker an. Die Aktivitäten waren am größten, wenn die Substituenten an N^{+1} u. N^{+2} nicht größer als C_2H_5 waren. Einige Verbb. wurden subcutan (bis 40 mg) u. intravenös (kleinere Dosis) klin. geprüft, wobei sich *Verb. 356 C 54* am wirksamsten erwies (7—12 std. Blutdrucksenkung). Die Verbb. hemmen die Darmtätigkeit nicht, dagegen stark die Magensäuresekretion, so daß sie vielleicht in der Therapie von Magengeschwüren verwendbar sind. (Nature [London] **177.** 523—24. 17/3. 1956. Beckenham, Kent, Wellcome Res. Labor.; Romford, Essex, Oldchurch Hosp.)
K. MAIER. 4628

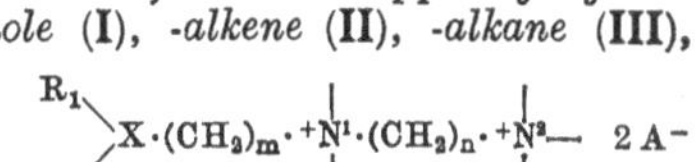

I X = C(OH)CH₂ IV X = C(CN)CH₂
II X = C:CH V X = CH·O
III X = CH·CH₂ VI X = CH·CO·O
R₁, R₂, Phenyl, Cyclohexyl, Pyridyl, Thienyl

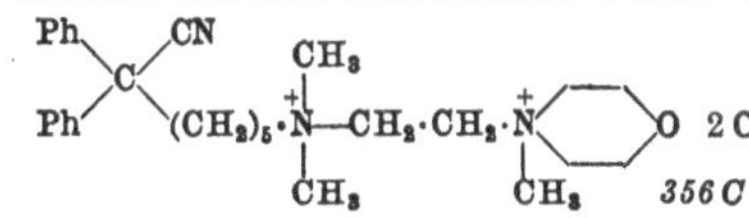

356 C 54

Oswaldo Vital Brazil und **Avelino Barrio,** *Curarisierende Wirkung der Gifte der Elapiden.* 1. Mitt. Vff. untersuchten an Ratten die Wrkg. indirekter Reize verschied. Frequenz auf die Muskeln bei fortschreitender Curarisierung (C.) durch die Gifte (**III**) der Elapiden *Naia naia* u. *Micrurus frontalis* im Vgl. zur C. durch $MgSO_4$ u. Curare (**I**). Mit tetanisierender Frequenz (50—100/Sek.) tritt immer WEDENSKY-Hemmung ein, die jedoch bei **III** weniger ausgeprägt ist u. später eintritt als bei **I**. Diese Hemmung tritt auch bei nichttetanisierenden Frequenzen (10/Sek.) auf, ist jedoch charakterisiert durch eine allmählich nachlassende Ansprechbarkeit durch den ersten Reiz jeder Serie u. bleibt bei einigen Tieren ebenso wie nach $MgSO_4$ auch nach **III** ganz aus, wofür neben individueller Rk. auch die Dosis maßgebend ist. Dyspnoe setzt bereits in einem sehr frühen Stadium der C. ein. Die posttetan. Erschlaffung, die bei Ermüdung, **I** u. $MgSO_4$ bekannt ist, tritt auch bei **III** ein. Das WEDENSKY-Phänomen könnte auf verminderter Bldg. von Acetylcholin (**II**) oder erhöhter Reizschwelle des Muskels gegenüber **II** beruhen. (Prensa méd. argent. **37.** 1249—56. 9/6. 1950. Inst. de Fisiol. de la Fac. de Cienc. Méd. e Inst. Malbrán.)
W. KIMPEL. 4628

Oswaldo Vital Brazil und **Avelino Barrio,** *Curarisierende Wirkung der Gifte der Elapiden.* 2. Mitt. *Wirkungen einiger Curareantagonisten.* (1. vgl. vorst. Ref.) Im Gegensatz zu CUSHNY stellen Vff. fest, daß *Eserin* u. *Prostigmin* infolge ihrer Anticholinesterasewrkg. auch die **III** (vgl. vorst. Ref.)-Vergiftung zu bessern vermögen: die Erregbarkeit des Muskels durch isolierte indirekte u. niederfrequente Impulse wird wiederhergestellt, die WEDENSKY-Hemmung bei tetanisierenden Frequenzen verschwindet u. Atemfrequenz u. -amplitude normalisieren sich. Demgegenüber zeigen *Guanidin* u. *Ca-Ionen* weder bei **III**- noch bei **I**-Vergiftung antagonist. Wrkg., *Adrenalin* nur unbedeutende Effekte; bei $MgSO_4$-Vergiftung kann Ca^{2+} antagonist. wirken. Die **III** beeinflussen also offenbar nicht das Atemzentrum, sondern nur Zwerchfell- u. Intercostalmuskeln. (Prensa méd. argent. **37.** 1313—18. 16/6. 1950.) W. KIMPEL. 4628

Keith S. Grimson, Antone K. Tarazi und **Joe W. Frazer jr.**, *Über eine neue oral anwendbare, ganglienblockierende und blutdrucksenkende quartäre Ammoniumverbindung Su–3088.* Tierexperimentelle u. klin. Unterss. haben gezeigt, daß das *4.5.6.7-Tetrachlor-2-[2'-dimethylaminoäthyl]-isoindolin-bis-methochlorid* (*Su–3088*) oral angewendet eine ganglienblockierende u. blutdrucksenkende Wrkg. hat, sich auch zur Behandlung des Hochdrucks eignet u. bei Dosen von 50—100 mg 12 u. mehr Std. wirksam ist. (Circulation [New York] **11.** 733—41. Mai 1955. Durham, N. C., Duke Univ., School of Med. of Surg.) V. SACHS. 4630

K. W. Bunin, *Einfluß von Ephedrin auf den Charakter der Gefäßreflexe und den Blutdruck bei einigen Infektionskrankheiten.* Empfehlung von *Ephedrin-HCl* (**I**) zur Behandlung cardiovasculärer Störungen bei Fleckfieber- u. Bauchtyphuskranken auf Grund von plethysmograph. Beobachtungen der therm. Gefäßreflexe an 60 Kranken nach subcutaner Zufuhr von 0,03 g **I**, wonach es stets zu einer Normalisierung der patholog. veränderten Gefäß-Rkk. unter Anstieg des arteriellen Blutdruckes kam. Die **I**-Wrkg. ist bedingt durch Erhöhung der reflektor. Erregbarkeit des Rückenmarks u. der höheren Abteilungen des Zentralnervensystems. (Бюллетень Экспериментальной Биологии и Медицины [Bull. exp. Biol. Med.] **40.** Nr. 12. 24—27. Dez. 1955. Moskau, 1. Med. Inst., Lehrstuhl für Infektionskrankheiten.) E. RENTZ. 4630

Manuel René Malinow, Fernando F. Batlle und **Bernardo Malamud**, *Zur Pharmakologie experimenteller Arrythmien der Ratte.* 2. Mitt. *Wirkungsweise von Nupercainhydrochlorid.* (1. vgl. C. **1956.** 3641.) Während intravenöse Gaben von *Nupercainhydrochlorid* (**I**) durch $CaCl_2$ u. *Aconitin* (**II**) hervorgerufene ventriculäre Arrythmien (A) nur in ca. 40% der Fälle verhindern können, macht lokal appliziertes **I** die entsprechenden Gebiete des Herzens gegen **II** unempfindlich. Es ist jedoch möglich, von einem nicht narkotisierten Bezirk der Herzmuskulatur aus A zu erzeugen. Wurde **I** in die pericerebralen Liquorräume injiziert, konnten $CaCl_2$-A nicht mehr provoziert werden. **II** löste dagegen bei 6 von 10 Ratten A aus. (Arch. int. Pharmacodynam. Thérap. **102.** 266—73. 1/7. 1955. Buenos Aires, Argentinia, Pabellón de Cardiol. and Serv. de Cardiol., Res Dep.) G. RENTSCH. 4630

G. W. Kamaljan und **R. W. Dawtjan**, *Der Einfluß von Colamin auf die Arbeit des isolierten Froschherzens auf der Basis der Cadmiumchloridwirkung.* Ein durch Bindung der Sulfhydrylgruppen mittels $CdCl_2$ 1 : 4000—5000 stillgelegtes isoliertes Froschherz kann durch positiv inotrop wirksame Dosen von *Colamin* (4000—9000 γ, am besten 6000 γ/ml) — ähnlich der Wrkg. von Cystein, Harnstoff u. Guanidin — wieder zum Schlagen gebracht werden. (Доклады Академии Наук Армянской ССР [Ber. Akad. Wiss. Armen-SSR] **21.** 113—16. 1955. Erewan, Zoo-Veterinär-Inst.) E. RENTZ. 4630

Hans-Werner Muth, *Die Wirkung des Cynosid compositum bei cardialer Insuffizienz und bei Ödemen.* Cynosid compositum enthält als Hauptglykosid das *Cymarin*, welches in die k-Strophanthinreihe der Herzglykoside gehört u. als Zuckermol. nur die Cymarose besitzt. Während bei peroraler Medikation leicht Überdosierungserscheinungen auftraten, zeigte sich eine gute parenterale Resorption. Es bewirkt eine negative Wasser-, Na- u. Cl-, aber eine schwach positive K-Bilanz. (Die Medizinische **1954.** 1691—94. 11/12. Berlin-Schöneberg, Auguste Viktoria Krankenhaus, II. Inn. Abt.) G. WELTZIEN. 4630

J. C. Nidegger, *Therapeutische Untersuchung eines Herztotalextrakts* (*Recosen*). Bei 52 Herzkranken, die mit *Recosen* (**I**) behandelt wurden, untersuchte Vf. dessen Wirkung. **I** unterstützt die Herzglykoside, so daß geringere Dosen benötigt werden. Es beseitigt auch anginöse Beschwerden bes. bei Arteriosklerotikern. Zur Erzielung eines guten Erfolges ist Behandlung über mindestens einen Monat erforderlich. Die Dosierung soll etwa täglich eine intramuskuläre Injektion oder 3 Dragees betragen. Unerwünschte Nebenwirkungen traten in keinem Falle ein. (Rev. méd. Suisse romande **74.** 414—26. Juli 1954. Genf, Univ., Med. Poliklinik.) L. BERGER. 4630

G. Braun und **F. Thedering jr.**, *Veränderungen des Kohlenhydratstoffwechsels beim Diabetes mellitus unter der Behandlung mit dem Carboanhydrasehemmstoff „6063“.* (Vorl. Mitt.) Vff. berichten über die blutzuckersenkende Wrkg. des peroralen Diureticums *Diamox* (**I**; LEDERLE G. M. B. H., München) bei Zuckerkranken. **I** hemmt durch Blockierung der Carboanhydrase in den Tubulusepithelien der Niere die Rückresorption von

Na^+-, K^+- u. CO_3^{2-}-Ionen sowie von H_2O aus dem Primärharn u. führt so zur Diurese (Die Medizinische **1956.** 830. 2/6. Oldenburg i. O., Pius Hosp.)
EBERHARD MÜLLER. 4634

Seymour J. Gray und **Robert W. Reifenstein,** *Antilysozym- und Steroidtherapie bei ulcerativer Colitis.* Der die ulcerative Colitis begleitende erhöhte Lysozymgeh. der Fäkalien wird durch das oberflächenakt. *Aerosol OT* (*Na-Salz des Dioctylsulfosuccinats;* LEDERLE LABOR. DIV. OF THE AMERICAN CYANAMID COMP.), *ACTH* u. *Cortison* gesenkt, die Entzündung aber nur durch die beiden letzten gemildert. (Ann. New York Acad. Sci. **58.** 474—91. 15/7. 1954. Boston, Mass., Med. Clin., Peter Bent Brigham Hosp. and Harvard Med. School.) P. HOLZLÖHNER. 4645

M. L. Tainter und **O. H. Buchanan,** *Quantitative Vergleiche von kolloidalen Abführmitteln.* Die Aktivität koll. Abführmittel hängt von ihrer Quellfähigkeit ab, wie durch in vitro- u. klin. Verss. mit *Traganth, Gummi arabicum* u. a. gezeigt wurde. *Psyllium–Methylcellulose*-Kombinationen potenzieren die Wrkg. der Mittel. Sie partizipieren nicht am Stoffwechsel u. schädigen kaum. (Ann. New York Acad. Sci. **58.** 438—54. 15/7. 1954. Rensselaer, N. Y., Sterling-Winthrop Res. Inst.) P. HOLZLÖHNER. 4647

Leo J. Cass und **Williem S. Frederik,** *Klinischer Vergleich von voluminösen und stimulierenden Abführmitteln.* Vf. vergleicht die Wrkg. von Abführmitteln, die aus Ballaststoffen bestehen (Beispiel: Methylcellulose) mit stimulierenden (Beispiel: Caroid + Salze von Gallensäuren + Phenolphthalein). Bei sonst gleich guter Wrkg. ist das Einnehmen der letzten angenehmer, der Erfolg einheitlicher u. ohne Nebenwirkungen. (Ann. New York Acad. Sci. **58.** 455—62. 15/7. 1954. Cambridge, Mass., Harvard Univ., Dep. of Hyg.) P. HOLZLÖHNER. 4647

C. Holten, *Abführmittel und „Abmagerungsmittel" mit gefährlichen Eigenschaften (hydrophile Kolloide).* Bericht über einen Fall, in dem durch zu Abführzwecken eingenommene, zu einer zähen M. gequollene *Carboxymethylcellulose* einen Obturationsileus des Dünndarms verursacht hat, der operativ behoben werden mußte. (Ugeskr. Laeger **117.** 349—50. 24/3. 1955. Aarhus, Kommunehosp., 1. med. Univ.-Klinik.)
R. K. MÜLLER. 4647

Harold M. S. Smith, *Toluoltherapie für Ascariasis und „Bot"-Infektionen bei Pferden.* Die Zufuhr von 0,2 ml/pound *Toluol* (**I**) durch Magensonde an Pferde verschied. Alters war von Erfolg in der Behandlung von Ascariasis. In der Behandlung von „Bot"-Infektionen konnte **I** dagegen das gebräuchliche CS_2 nicht ersetzen. (J. Amer. veterin. med. Assoc. **127.** 245—46. Sept. 1955. Hanover, N. J.) F. KRUSEN. 4649

D. A. Price und **W. T. Hardy,** *Die Aktivität bestimmter Verbindungen gegen Bandwurm Thysanosoma actinioides.* Bei der Behandlung von Schafen, die von Thysanosoma actinioides befallen waren, zeigte *2.2'-Methylen-bis-[4-chlorphenol]* gute Wrkg., rief daneben aber auch in einigen Fällen tox. Erscheinungen hervor. Die Verb. ist die wirksame Komponente des Präp. *Teniatol* (PITMAN-MOORE CO., Indianapolis, Ind.), das mit gleichem Erfolg angewendet wurde. *4.4'-Isopropyliden-bis-[2-isopropylphenol]* u. *2.2-Methylen-bis-[4-chlor-6-isopropylphenol]* hatten in solchen Dosen, die bereits starke Durchfälle hervorriefen keine genügende anthelminth. Wirkung. (J. Amer. veterin. med. Assoc. **122.** 216—20. März 1953. Sonora, Tex.) P. LOCH. 4649

Gordon McHardy, George E. Welch, Donovan C. Browne, Joseph E. Blum und **Robert J. McHardy,** *Antibiotische und chemotherapeutische Stoffe bei Amoebiasis.* (Vgl. C. **1956.** 5079.) Bericht über bessere Bekämpfung von Intestinalamöbiasis durch kombinierte Behandlung mit antibiot. u. chemotherapeut. Stoffen (*Ro 2-1160 = 2-Carboxymethylmercaptobenzolstibonsäure, Win 5047 = Dichloracetyldichlorphenylmethyläthanolamin* (**I**), *Fumagillin, Carbomycin, Erythromycin* [**II**]). Mit 200 mg **II** + 750 mg **I** alle 6 Std. wurden die besten Heilungserfolge ohne Nebenwirkungen erzielt. (Antibiotics Annu. **1954/55.** 863—68. New Orleans, La., Louisiana State Univ., School of Med., Dep. of Med., u. Browne-McHardy Clin., Touro Infirmary Charity Hosp., Dep. of Gastroenterol.) H. GOEBEL. 4649

Alexander Mackie und **Ivan W. Parnell,** *Ein Vergleich der Resultate von vier Testverfahren auf anthelminthische Eigenschaften in vitro.* Mitt. der Ergebnisse der Prüfung einer Reihe von Anthelminthica. Es werden die Anzahl Teile von Faeces bzw. W. angegeben, die mit 1 Teil des Anthelminthicums gemischt 1. 90% der lebenden Sklerostome, 2. 50% der Turbatrix aceti töten, die Beweglichkeit von 3. Ascaris lumbricoides u. 4. Fasciola hepatica hemmen. Die Werte werden in dieser Reihenfolge angegeben, es bedeuten: P = paralysierend, L = letal, N = wenig oder kein Effekt, D = depressiv, SD = stark depressiv. *Methyljodid*: 50000, 16000, 1000 (P), 1000 (L); *Äthyljodid* 6700, 1000, 500 (P), 500 (L); *n-Propyljodid* 300, 2000, 500 (P), 1000 (L); *Methylenjodid* 25000, 2000, 2000 (P), 2000 (P); *Jodoform* 16700, 16000, 1000 (D), 1000 (SD); *Tetrabromkohlenstoff* 5000, 4000,

2000 (P), 6000 (L) u. 10000 (P); *Allylchlorid* 1000, 2000, 1000 (D), 1000 (N); *Allylbromid* 14000, 4000, 1000 (P), 5000 (L); *Allyljodid* 83000, 32000, 5000 (P), 5000 (L); *Allylisothiocyanat* 100000, 32000, 4000 (P), 2000 (L), 8000 (P); *$HgCl_2$* 12500, 32000, 1000 (SD), 20000 (L); *Äthylmercurichlorid* 25000, 32000, 2000 (P), 20000 (L); *Äthoxyäthylmercurichlorid* 16700, 32000, 1000 (SD), 16000 (L); *Harnstoff* 200, —, 1000 (N), 1000 (N); *Chlorbenzol* 900, 2000, 1000 (P), 2000 (L); *Brombenzol* 1100, —, 1000 (P), 2000 (L); *Jodbenzol* 900, 2000, 1000 (SD), 3000 (L); *o-Dichlorbenzol* 900, —, 1000 (P), 1000 (L); *p-Dichlorbenzol* 800, —, 1000 (D), 1000 (SD); α- u. *β-Benzolhexachlorid* —, —, 1000 (N), 1000 (N); *γ-Benzolhexachlorid* —, —, 1000 (N), 1000 (D); *δ-Benzolhexachlorid* —, —, 1000 (N), 1000 (L) u. 12000 (P); *2.3.5.6-Tetrachlornitrobenzol* 6, —, 1000 (D), 1000 (N); *Anilin* 3300, —, 1000 (N), 1000 (N); *Diphenylamin* 8, 32000, 1000 (P), 20000 (L); *γ-Nitrophenol* 400, 4000, 3000 (P), 1000 (P); *p-Nitrophenol* 1000, —, 1000 (P), 4000 (L), 12000 (P); *Thymol* 100, 2000, 5000 (P), 10000 (L); *4-n-Hexylresorcin* 16, 8000, 10000 bis 5000 (P), 10000—5000 (L); *Gentianaviolett* 80, 16000, 2500 (N), 5000 (L); Öl aus *Artemisia maritima* enthaltend 65% *β-Thujon* u. 16% *1.8-Cineol* 1000, —, 1000 (SD), 2000 (L), 3000 (P); *2-Mercaptobenzothiazol* 3, 1000, 1000 (SD), 1000 (L) 3000 (P); *Pyridin* 600, —, 5000 (P), 1000 (N); *α-Picolin* 1400, —, 5000 (P), 1000 (P); *β-Picolin* 900, —, 1000 (P), 1000 (N); *2.6-Lutidin* 2000, —, 2000 (P), 1000 (SD); *Chinolin* 1100, —, 1000 (P), 1000 (SD); *2.3-Dihydro-3-ketobenzo-1.4-thiazin* 200, 16000, 1000 (D), 2000 (P); *6.7-Dimethoxy-2.3-dihydro-3-ketobenzo-1.4-thiazin* 2, —, 1000 (D), 4000 (P); *6-Amino-2.3-dihydro-3-ketobenzo-1.4-thiazin* —, —, 1000 (D), 1000 (P); *6-Amino-2.3-dihydro-3-ketobenzo-1.4-thiazinhydrochlorid* 13, —, 1000 (N), 3000 (P); *6-Chlor-2.3-dihydro-3-ketobenzo-1.4-thiazin* —, 16000, 1000 (SD), 8000 (P); *Phenothioxin* 80, 32000, 1000 (N), 1000 (P); *Phenothiazin* 3300, 32000, 1000 (N), 1000 (N); *10-Acetylphenothiazin* —, —, 1000 (N), 1000 (N) u. *Phenothiazon* 2000, 32000, 10000 (P), 8000 (L), 16000 (P). Striche bedeuten hier: kein oder nur sehr geringer letaler Effekt. Außerdem wurden einige weitere Substanzen geprüft, Angaben wie oben, 1. tötende Wrkg. gegenüber 90% von Sklerostomalarven, 2. Wrkg. gegen A. lumbricoides u. 3. gegen F. hepatica: 40%ig. *Nicotinsulfat* 350, —, —; *Nicotin* —, 2000—1000 (P), 200000 (P); *Tetrachlorkohlenstoff* 80, 2000—1000 (P), 1000 (L); *Chenopodiumöl* 1000, 5000 (P), 5000 (L) u. 20000—10000 (P); *$CuSO_4$* 23, —, —; *Jodvermicid* 1250, —, —; *Turpentin* 180, —, —; *Chlf.* 84, —, —; *Hexachloräthan* 830, —, 1000 (L); *Tetrachloräthylen* 320, 2000—1000 (P), 1000 (L); *Toluol* 625, —, —; *β-Naphthol* 8, 5000—2000 (P), 4000—2000 (L); *CS_2* 310, —, — u. *NaF* 1700, —, —. (J. Pharmacy Pharmacol. **7.** 416—20. Juni 1955. Edinburgh, Heriot-Watt Coll.; Rugby, Church Walk.)
F. KRUSEN. 4649

L. Chevillard, R. Charonnat und **H. Giono,** *Percutane Resorption von Nicotinsäureestern.* An Hand der Literatur geben Vff. eine kurze Übersicht zur Frage des Einfl. von *Nicotinsäureestern* als Vehikel auf die percutane Resorption von Medikamenten. (Semaine Hôpitaux Paris **26.** 3492—94. 2/9. 1950. Paris.) U. BALZER. 4660

A. C. Cuckler, C. M. Malanga, A. J. Basso und **R. S. O'Neill,** *Antiparasitäre Aktivität von substituierten Carbanilidkomplexen.* Vff. fanden, daß *Molekülkomplexe substituierter Carbanilide* antiparasitäre Wrkg. bei Coccidiosis der Vögel besitzen. Stärkste Wrkg. besaß ein *Komplex* aus *4.4'-Dinitrocarbanilid* (I) + *2-Oxy-4.6-dimethylpyrimidin* (II; „*Nicarbazin*"), $C_{19}H_{18}O_6N_6$, F. 265—275° (Zers.). Getestet wurden noch folgende Komplexverbb.: I + *3-Amino-asymm.-triazin*, I + *2-Oxypyridin*, *4.4'-Dinitro-2-methylcarbanilid* + II u. *4-Cyano-4'-nitrocarbanilid* + II (orale Verabreichung bei mit Eimeriatenella, E. aceroulina, E. necatrix, E. melcagrimitis oder E. gallopavonis infizierten Hühnchen). I bildet ebenfalls 1:1-Komplexe mit 2-Mercapto-4.6-dimethylpyrimidin, 2-Oxypyrimidin, Formamid, Dimethylacetamid, Dimethylformamid, Tetramethylharnstoff, Acetylpiperidin, Pyridinhydrochlorid u. Trimethylaminhydrochlorid; Carbanilid u. 4.4'-Dichlorcarbanilid bilden keine Komplexe mit **II.** Ebenso tritt Komplexbldg. ein bei p-Nitro- u. p-Cyanophenylharnstoff u. **II,** aber nicht bei Phenylharnstoff u. p-Chlorphenylharnstoff. Die komplexbildenden Verbb. zeigten allein oder im Gemisch keine oder nur geringe Wrkg.; der **I + II**-Komplex ist ca. 5mal wirksamer als m.m'-Dinitrophenyldisulfid („Nitrophenid") bei Coccidiose; gegen Plasmodium gallinaceum (Hühnchen) besteht geringe ($^1/_{10}$ von Chinin), gegen Trichomonas foetus (Maus) u. Histomonas maleagridis (Truthahn) keine Wirkung. (Science [Washington] **122.** 244—45. 5/8. 1955. Rahway, N. J., Merck Inst. for Therapeut. Res. u. Merck & Comp., Res. Labors., Chem. Div.) M. GOEBEL. 4665

José María Espadaler Medina, *Klinische und elektromyographische Untersuchungen über die Wirkung des Monosemicarbazons des Adrenochroms bei neuromuskulären Erkrankungen. Cromoxin* (**I**; *Monosemicarbazon des Adrenochroms*) steigert in der quergestreiften Muskulatur die Milchsäureoxydation. In der n. Muskulatur hat es keinen sicheren Einfl. auf die Muskelleistung. Bei einer Dosierung von 2—5 mg täglich sah Vf. eine günstige Wrkg. des **I** bei 7 von 9 Fällen mit progressiver Muskeldystrophie, was sich in einer Zunahme der Muskelkraft u. Verzögerung der Erschöpfbarkeit, elektromyograph. bestimmt, zeigte. Bei amyotroph. Lateralsklerose (1 Fall) konnte keine Wrkg. beobachtet werden, dagegen erwies sich **I** bei Poliomyelitis im Restitutionsstadium als förderlich. Die Behandlung wurde bis zu 9 Monaten ausgedehnt. Als Nebenerscheinungen wurden Verminderung der Blutungszeit, Eosinopenie, Leukocytose u. Abnahme der Kreatinurie gefunden. (Med. clin. [Barcelona] **25** (**13**). 183—93. Sept. 1955. Barcelona, Clin. Med. Univ. A.) P. G. SCHEURLEN. 4670

H. Keller, *Eine Vergiftung durch Natriumnitrit.* Durch die irrtümliche Verwendung von $NaNO_2$ an Stelle von Nitritpökelsalz bei der Herst. von Fleischwaren kam es zu einer Anzahl von Vergiftungen. Der Nachw. von $NaNO_2$ in den Waren wurde mit *Nitrin* (MERCK) durchgeführt. (Fleischwirtschaft **6.** 195—96. Mai 1954. Gießen, Justus-Liebig-Hochschule, Inst. für tierärztl. Nahrungsmittelkunde.) F. KRUSEN. 4675

Kresten Mellemgård und **Gregers Sørensen,** *Akute Bleivergiftung mit Äthylendiamintetraacetat behandelt.* Bei einer *Pb*-Vergiftung durch Einnehmen von *PbO* werden 6 Tage lang täglich 2 g *Komplexon II-Ca* in 5% ig. Lsg. in isoton. Glucoselsg. intravenös injiziert. In den ersten 2 Tagen ist die Pb-Ausscheidung stark, dann nur noch mäßig erhöht. (Ugeskr. Laeger **117.** 127—29. 3/2. 1955. Frederiksborg, Amts Centralsygehus, med. afd.) R. K. MÜLLER. 4675

Bernhard Rößler, *Eine außergewöhnliche Vergiftungserscheinung nach dem Genuß von gebrannten Mandeln.* Bei einer 16 jährigen kam es nach Genuß von 10 g gebrannten Mandeln, die irrtümlich aus bitteren Mandeln hergestellt waren, zu Vergiftungserscheinungen. In einer Probe wurden 26 mg *HCN*/100 g gebrannte Mandeln gefunden. (Zucker- u. Süßwaren-Wirtsch. **8.** 1084—85. 5/11. 1955. Krefeld, Chem. Untersuchungsamt.) F. KRUSEN. 4675

Charles Pinch und **J. J. Geoghegan,** *Behandlung von Barbituratvergiftung mit modifizierter Elektrotherapie.* Eine mit 29 Tabletten (je 1½ g) *Pentobarbital-Na* vergiftete Patientin erhielt im tiefen Koma Elektrotherapie (Hirnstimulation [9 Std.]). Hierdurch kam es zu schneller Ausschwemmung des Barbiturats aus dem Nervengewebe. Die Behandlung dürfte auch bei durch Morphin, A., oder Insulin hervorgerufenem Koma erfolgreich sein. (Canad. med. Assoc. J. **64.** 233—34. März 1951. Guelph, Ontario, Homewood Sanitarium.) P. LOCH. 4675

J. A. Beijers, *Vergiftungen bei unserem Vieh durch Mittel zur Bekämpfung von Pflanzenkrankheiten, durch Mittel gegen schädliche Insekten und andere Tiere und Unkrautvertilgungsmittel.* Vf. gibt eine Übersicht seiner Erfahrungen mit Vergiftungen bei großen Haustieren, die durch Bekämpfungsmittel gegen Pflanzenkrankheiten (Verbb. von Cu, Tl, Pb, Zn, Hg; Nicotin; Dinitro-o-kresol u. a.) verursacht wurden. F-Vergiftung bei Rindern wurde nur in der Umgebung einer Superphosphatfabrik angetroffen. *Hexachloräthan, Hexachlorcyclohexan* u. *DDT* schienen nicht gefährlich zu sein. Vergiftungen mit *Dicumaron* wurden bei Schweinen beobachtet. (Tijdschr. Diergeneeskunde **81.** 1—14. 1/1. 1956.) H. PATZSCH. 4675

William Seifriz, *Die Mikrochemie der Toxizität.* Besprechung der Änderung des physikal.-chem. Zustands des Protoplasma unter der Einw. von Anaestheticis, Narcoticis u. Stimulantien. Vers. der Begründung der Giftwrkg. von Metallionen. (Mikrochem. verein. Mikrochim. Acta **36/37.** 1114—27. 1951. Philadelphia, Pa., Univ. of Pennsylvania, Dep. of Bot.) PH. FRESENIUS. 4675

M. Dworski, *Prophylaxe und Behandlung der experimentellen Silicose mit Hilfe von Aluminium: Eine experimentelle Untersuchung.* An Meerschweinchen u. Kaninchen konnte nach intraperitonealer, intravenöser u. intratrachealer Injektion einer Suspension von Quarz (**I**)-Partikeln u. koll. *Al-Hydroxyd* bzw. pulverisiertem Al-Hydrat H–1010 gezeigt werden, daß Al die charakterist. bindegewebige Rk. gegen **I** während eines Beobachtungsjahres verhindert. Unreife silicot. Gewebe-Rkk. bilden sich unter Al-Behandlung zurück, dagegen nicht typ. Fibroseknötchen. Diese sollen jedoch nach der Al-Behandlung nicht größer werden. (A. M. A. Arch. ind. Health **12.** 229—46. Sept. 1955. Saranac Lake, N. Y., Saranac Labor.) H. ZELLER. 4681

A. M. Baetjer, C. M. Damron, J. H. Clark und **V. Budacz,** *Die Reaktion von Chromverbindungen mit lebendem Gewebe und dessen Bestandteilen.* Zwischen den bei Chromatarbeitern auftretenden Bronchialkrebsen u. dem in dem betreffenden Lungengewebe nachweisbaren Geh. an säurelösl. u. -unlösl. Cr scheinen an Hand der 10 analysierten Fälle keine eindeutigen Beziehungen zu bestehen. Der höchste Geh. an lösl. u. unlösl. Cr war im Lungengewebe vorhanden, während andere Organe prakt. chromfrei waren. Die Wrkg. von $CrCl_3$ auf Nucleinsäuren u. Proteine in vitro wird beschrieben. (A. M. A. Arch. ind. Health **12.** 258—61. Sept. 1955. Baltimore, Johns Hopkins Univ., School of Hyg. and Public. Health, Dep. of Environmental Med.) H. ZELLER. 4681

Georg Rajka und **Elisabeth Vincze,** *Erfahrungen über Berufsekzeme in der Arzneimittelindustrie.* Berufsekzeme in der Arzneimittelindustrie sind meistens durch Sensibilisierungen bedingt, z. B. durch *Phenothiazinderivv.* (Antihistaminherst.), *p-Nitrobromacetophenon* (Chloromycetinherst.) u. *Äthoxymethylmalodinitril* (Vitamin-B_1-Herst.), außerdem Isonicotinsäurehydrazid, Penicillin u. Streptomycin. Zur Diagnose bei Kontaktekzemen ist die Epicutantestung wertvoll. Anweisungen zur Verhütung u. zur Therapie werden mitgeteilt. — 28 Literaturangaben. (Berufsdermatosen **4.** 124—36. Mai 1956. Budapest, Inst. für Arbeitshyg. u. Stephanhospital, Hautabt.)
H. PATZSCH. 4681

Leonardi Donatelli, I farmaci antiparassitari. Appunti dalle lezioni di L. D. a cura di **Tullio Lobuono.** Istituto di farmacologia e tossicologia della Università di Napoli. Anno accademico 1954—1955. Parte I. Napoli: Ed. Esi, Ed. scientifiche italiane. 1955. (137 S.) 8°. L. 1300.

F. Pharmazie. Desinfektion.

E. Soos, *Erläuterungen zu den in die „Österreichische Arzneitaxe" neu aufgenommenen Substanzen.* Besprochen werden Chemie, Eigg., z. T. Darst. u. Anwendung zahlreicher neu in die „Österr. Arzneitaxe" aufgenommener Emulgatoren oder Salbengrundstoffe (z. B. die verschied. Typen von Lanette, Adulsion u. Tween), ferner von Gummi arabicum desenzymatum, Secale cornutum desoleatum, Alcohol isopropylicus pro uso externo, Alcohol trichlorisobutylicus, Triäthanolamin sowie zahlreicher Sulfonamide. — 22 Literaturangaben. (Österr. Apotheker-Ztg. **9.** 821—26. 24/12. 842—46. 31/12. 1955.)
W. SPITALER. 4750

K. R. Capper, *Der Ergänzungsband 1955 zur Britischen Pharmakopöe.* Überblick über die im Ergänzungsband 1955 zur Brit. Pharmakopöe 1953 neu aufgenommenen Monographien, Änderungen von Herstellungsvorschriften (z. B. statt „dest. W." „gereinigtes W.", das sowohl durch Dest. als auch mit Hilfe von Ionenaustauschern gewonnen werden kann oder bzgl. der Herst. von Citronen- u. Orangensirup), Anweisungen über Vorratshaltung, Verpackung u. Lagerung in Hinblick auf die Haltbarkeit, Gehaltsbestimmungen, biol. Testverff. u. anderes. (Pharmac. J. **175** ([4] **121**). 371—72. 8/10. 1955.) W. SPITALER. 4750

Y. W. Jalander, *Die Benzinnomenklatur.* Deutsche Fassung der C. **1956.** 3101 referierten Arbeit. (Österr. Apotheker-Ztg. **10.** 337—38. 26/5. 1956.) M. NEGWER. 4750

H. H. Bagnall und **F. G. Stock,** *Nitroglycerintabletten.* Eine Unters. von 50 in verschied. Apotheken Birminghams gehäuften Proben von Nitroglycerintabletten ergab in nur 10 Fällen den nach der Brit. Pharmakopöe 1953 vorgeschriebenen Wirkstoffgeh. von 81—121%. Der Gehaltsverlust der übrigen schwankte zwischen 26 u. 57%. Da die Einführung von nichtalkalisiertem Kakao bei der Tablettenherst. den Verlust an Wirkstoff nicht aufzuhalten vermag, wird empfohlen, statt Kakao Lactose u. Glycerin zu verwenden. (Pharmac. J. **174** ([4] **120**). 437. 28/5. 1955.) W. SPITALER. 4766

M. Kučera und **K. Major,** *Die Möglichkeit des Ersatzes von Gummi arabicum beim Dragieren.* Als Ersatz für Gummi arabicum (I) kann der harzähnliche Stoff (II) der Süßkirsche (Prunus avium) beim Dragieren, da er leicht Farbe annimmt, verwendet werden. **II** gleicht in den Eigg. **I,** ist wasserlösl., unlösl. Bestandteile können durch Hydrolyse im Autoklaven bei erhöhtem Druck (0,5 kg Droge, 2,5 atü/l Std.) lösl. gemacht werden. **II,** in 9 Teilen W. gelöst, ist gebrauchsfertig zum Dragieren, als Emulgator u. kann auch stabilisiert werden. Auch unlösl. Traganth kann durch Hydrolyse im Autoklaven lösl. gemacht werden. (Farmácia [Bratislava] **24.** 61—62. Febr. 1955. Praha, Výzk. úst. léč. vestlin, Spofa n. p.) E. VEVERA. 4766

Valentino Facchini, *Die offizinellen Pflanzen bei der Herstellung pharmazeutischer Spezialitäten.* Allg. Übersicht. (Riv. ital. Essenze, Profumi, Piante officin., Olii veget., Saponi **37.** 380—82. 15/7. 1955.) H. IPPEN. 4782

Annelise Grahle, *Beiträge zur Qualitätsbeurteilung einiger Arzneipflanzen.* Unters. des Geh. von *Kamillenblüten* (I) verschied. Jahrgänge u. Provenienzen u. verschied. Lagerungszeit an *Azulen* (II) u. *äther. Öl* (III). Der **II**-Geh. variiert stärker als der **III**-Gehalt. Er ist charakterist. für bestimmte Herkünfte der **I.** Im Gegensatz zum **III** nimmt das **II** der **I** während der Lagerung verhältnismäßig schnell u. gleichmäßig ab. Eine wertvolle Droge kann dadurch erhalten werden, daß stark proazulenhaltige Herkünfte bevorzugt u. die Bestände an **I** von Ernte zu Ernte erneuert werden. (Dtsch. Apotheker-Ztg. **96.** 538—39. 14/6. 1956. Tübingen, Univ., Botan. Inst.)
M. NEGWER. 4782

C. H. Brieskorn, *Eigenschaften und Verbreitung einiger im Pflanzenreich vorkommender pentacyclischer Triterpene.* Übersicht über die Eigg. der *pentacycl. Tri-*

terpene (I) u. ihr Vork. im Pflanzenreich, eingeteilt nach der α-Amyrin-, β-Amyrin- u. Lupeol- u. Germanicolgruppe, außerdem tabellar. Übersicht über das Vork. der I innerhalb der Dikotyledonen. — 112 Literaturangaben. (Pharmaz. Zentralhalle Deutschland **95.** 235—47. Juni 1956. Münster, Westfalen, Univ., Inst. für Pharmazie u. chem. Technol.) M. NEGWER. 4782

P. E. Cattorini, *Der Anbau der Heilpflanze Angelica officinalis (Moench) s. Archangelica L.* Übersicht über Morphologie, Pharmakognosie, Pharmakodynamik, Kultur, Ernte, Schädlinge u. Ertrag von Angelica officinalis (MOENCH) s. Archangelica L. (Fitoterapia [N. S.] **21.** 127—36. Juli/Sept. 1950.) P. LOCH. 4782

Anton Suchár, *Schwankungen des Gehalts an Phenolstoffen im Verlauf der Vegetation in Oleum saturejae aus in verschiedenen hochgelegenen Standorten gezüchteten Pflanzen.* Der Geh. an *Phenolkörpern* (I) wird im äther. Öl (II) bei *Satureja hortensis L.* während einer Vegetationsperiode u. in Abhängigkeit von der Höhe des Standortes der Pflanze über dem Meeresspiegel untersucht. Vf. stellt fest, daß das Maximum von I nach dem Verblühen u. bei 905 m ü. M. am größten ist, ab 307 m ü. M. u. tiefer sinkt der Geh. von I in II. (Farmácia [Bratislava] **24.** 52—55. Febr. 1955. Bratislava, Univ. komensk., farm. fak., úst. farmakogn.) E. VEVERA. 4782

Herbert Kuntscher, *Milchzucker.* 5. Mitt. (4. vgl. C. **1955.** 1325.) Ausführliche Abhandlung über den wichtigsten technolog. Prozeß der industriellen *Milchzucker*-Gewinnung, der Konzentrierung der Molke durch Verdampfung. Beschreibung der verschied., heute gebräuchlichen Vakuumeindampfer (2 Abb.) u. Mitt. von Betriebserfahrungen u. Anleitung für den rationellen Betrieb einer Verdampferstation unter Angabe von hierfür notwendigen Konstanten, Leistungs- u. Verbrauchszahlen. (Pharmaz. Ind. **18.** 136—39. April 1956. Tannheim, Tirol.) M. NEGWER. 4786

L. Rosenthaler, *Anwendungen der Trichloressigsäure.* Trichloressigsäure besitzt in konz. wss. Lsg. (10 + 1) ein starkes Lösungsvermögen für zahlreiche in W. schwer oder unlösl. Stoffe, was auch für die Pharmazie von Bedeutung ist. Die Lsg. kann in manchen Fällen auch HCl oder H_2SO_4 bei Anstellung von Farb-Rkk. ersetzen. Zusammenstellung von Beispielen. (Pharmaz. Ztg. verein. Apotheker-Ztg. **91/100.** 475—76. 5/5. 1955.) PH. FRESENIUS. 4786

Jarmila Šimaljaková, *Möglichkeiten der Anwendung von Mucin aus Leinsamen in der Pharmazie und Medizin.* (Vgl. C. **1955.** 9385.) *Mucin* (I) wird durch Maceration aus Leinsamen gewonnen u. aus der Lsg. mit A. gefällt. Durch Wasserzusatz kann aus dem erhaltenen Pulver *Hydrogel-Mucin* (II) in 2,5%ig. Konz. hergestellt u. mit 0,2% p-Oxybenzoesäure stabilisiert werden. II findet in der Pharmazie als Emulgator u. als Salbengrundlage Verwendung, I als Pudergrundlage. (Farmácia [Bratislava] **24.** 45—52. Febr. 1955. Bratislava, Univ. komensk., Farm. Fak., úst. farm. prev.) E. VEVERA. 4786

H. von Czetsch-Lindenwald, *Über die Zweckmäßigkeit und den Einsatz neuer Pudergrundlagen.* Beschreibung der Eigg. der neuen Pudergrundlage (I) *Orbacid®* (Hersteller: ORGANA-SCHAUMCHEMIE, Frankenthal/Pfalz; II) u. Vergleiche mit anderen I. II ist ein Formaldehyd–Harnstoff-Kunststoff, der als Schaum kondensiert wird u. nach Zermahlen ein aus lauter kleinen Lamellen bestehendes Pulver darstellt, das im mkr. Bild gegenüber *Talcum* u. *Reisstärke* eine äußerst zarte Struktur aufweist. Im Hinblick auf Haftfestigkeit, Haltbarkeit u. Kompatibilität ist II den meisten I überlegen. Ähnliches gilt für das Aufnahmevermögen gegen W. u. Öl. In der Abgabefähigkeit von Arzneistoffen wird II nur von *Milchzucker* übertroffen. Auch die anderen untersuchten Eigg. des II bekräftigen seine Eignung als I, für die Vf. Indifferenz, Haltbarkeit, gute Verträglichkeit, Kompatibilität mit den zuzusetzenden Arzneistoffen, Abgabefreudigkeit derselben, gute Haftfestigkeit, geringe Verstäubungsneigung, neutrales, allenfalls saures p_H u. Sterilisierbarkeit fordert. Bei der Entw. u. Prüfung einer neuen I müssen diese Eigg. vor allen anderen berücksichtigt werden. (Pharmaz. Ind. **18.** 133—36. April 1956. Wolfsberg, Kärnten.) M. NEGWER. 4786

Gerhard Häcker, *Neuzeitliche Pflasterherstellung.* Vortrag. — Kurzer Überblick über die verschied. Pflasterarten (Heftpflaster, medikamentöse Pflaster u. Pflaster-Wundverbände), bes. über ihre neuzeitliche, fabrikationsmäßige Herstellung. (Österr. Apotheker-Ztg. **10.** 358—59. 9/6. 1956. Wien, Verbandpflasterfabrik Dr. Eric Hessle.) M. NEGWER 4794

M. Fischer, *Zur Frage der Normung des chirurgischen Nahtmaterials speziell des Catgut und des Perlon.* Umfassende Erwiderung auf die Arbeit von HUDEMANN (vgl. C. **1955.** 5127). (Pharmazie **10.** 410—18. Juli 1955. Bad Elster, Forschungsinst. für Mikrobiol. u. Hyg.) E. BOYE. 4794

J. Richter und **H.-J. Neuhaus,** *Vorläufige Normen für die Prüfung und Beurteilung von Catgut. Gleichzeitig Vorschläge für das DAB. 7.* (Vgl. vorst. Ref.) Außer in 2 Punkten wird den übrigen Vorschlägen von HUDEMANN (vgl. C. **1955.** 5127) zugestimmt. Es werden weiter kurz besprochen: Länge der Fäden, Durchmesser, Reißfestigkeit, Deklaration u. Verpackung von Sterilcatgut. (Pharmazie **10.** 418—19. Juli 1955. Berlin, Staatl. Inst. für Arzneimittelprüf.) E. BOYE. 4794

—, *Neue Arzneimittel. Bacibil* (HAMOL AG., Zürich): Dragées mit 0,25 (g) Ca-N-Oxymethylmethionat u. 0,03 Dehydrocholsäure. Chemotherapeuticum für die Gallen- u. Nierenwege. — *Oeplexil* (MUELBERGER & BAUDIER, Brüssel): Protrahiert wirkende Kombination von Stilböstrol u. α.α-Dimethoxyphenyl-β.β-bromphenyläthylen. Tabletten. — *Trocinate* (POYTRESS, USA): Diphenylthioessigsäurediäthylaminoäthanolesterhydrochlorid. Tabletten zu 100 mg oder zu 65 mg mit 15 mg Phenyläthylbarbitursäure. Spasmolyticum. — *Reazid* (LABORATOIRE OM, Schweiz), *Neohydrazid* (EBEWE, Unterach, Österreich): Cyanessigsäurehydrazid. Tuberkulostaticum. (Subsidia med. [Wien] **6.** 99—109. Juni 1954.) A. HOTZEL. 4800

—, *Neue Arzneimittel. Neo-Fortemycin* (FARBWERKE BAYER, Leverkusen): Ampullen mit 500000 E. Streptomycinsulfat, 500000 E. Dihydrostreptomycinsulfat, 300000 E. Procain-Penicillin G, 100000 E. Penicillin G-Kalium. — *Omnamycin „S“* (FARBWERKE HOECHST AG., Frankfurt/M.): Ampullen mit 400000 E. Novocain-Penicillin G, 100000 E. Penicillin G-Natrium, 250000 E. Dihydrostreptomycinsulfat, 250000 E. Streptomycinsulfat u. Omnadin. — *Stellamycin* (Hersteller wie vorst): Enthält gleiche Teile Streptomycin u. Dihydrostreptomycin, beide als Sulfat. — *Sulfacillase* (DAUELSBERG & CO., Göttingen):Tabletten mit 75000 E. Procain-Penicillin G, 25000 E. Penicillin G-Kalium, 0,167 g Sulfamethylpyrimidin, 0,167 g Sulfadimethylpyrimidin, 0,167 g Sulfaäthylthiodiazol, 4 E. Trypsin. — *Sulfa-Tardocillin forte* (FARBWERKE BAYER, Leverkusen): Dibenzyläthylendiamin-Penicillin G u. ein Tripelsulfonamid in Saftform. — *Tardocillin compositum* (Hersteller wie vorst.): Ampullen mit je 300000 E. Dibenzyläthylendiamin-Penicillin G u. Procain-Penicillin G. — *Ticarda mit Emetin* (FARBWERKE HOECHST, Frankfurt/M.): Tropfen mit 1 (%) 1.1-Diphenyl-1-dimethylaminoäthylbutanon-(2) (I), 2 Suprifen (II) u. 0,13 Emetin (III). Tabletten zu 7,5 (mg) I, 15 II u. 1 III. Hustenmittel. (Pharmaz. Ztg. verein. Apotheker-Ztg. **90.** 1345—46. 30/12. 1954.) A. HOTZEL. 4800

Bert Schulz, *Hyperhidrosis und Mittel zu ihrer Bekämpfung.* Übersicht mit zahlreichen Rezepturbeispielen. (Österr. Apotheker-Ztg. **10.** 334—37. 26/5. 1956.) M. NEGWER. 4800

Jozefa Ružičková, *Synthetische Morphinersatzstoffe.* Vf. teilt die Stoffe ein in halbsynthet. Derivv., die durch Abwandlung des Morphins (I) gewonnen werden, wie Dilaudid, Dicodid, Acedicon u. a., in synthet. Präpp. mit I-ähnlicher Struktur, wie 3-Oxy-N-methylmorphinan, Dromoran (II), II + 2 Mol H_2O, F. 113—115°, $[\alpha]_D^{20}$ —13,8° (W.), II + 1 Mol H_2O, F. 183—185°, $[\alpha]_D^{20}$ +34,6° (W.), gute u. rasche pharmakol. Wrkg., Dosis 1,5—3 mg, u. in synthet. Präp. mit anderer Struktur als I wie 1-Methyl-4-phenylpiperidincarbonsäure, Dolantin, gute Wrkg., Tabletten mit 0,02 g, in 1 ml Tropfen 0,05 g u. in Ampullen 0,1 g. 1-Methyl-4-oxyphenylpiperidin-4-äthylketon, Cliradon, F. 198—199°, stärker als I in der Wrkg., u. 6-Dimethylamino-4.4'-diphenyl-3-heptanonhydrochlorid, Polamidon. Quantitative Best. der Stoffe erfolgt colorimetr. u. titrimetrisch. (Farmácia [Bratislava] **24.** 57—60. Febr. 1955. Bratislava, Štátn. úst. kontr. liečiv.) E. VEVERA. 4806

K. Münzel, *Die Herstellung von Arzneipräparaten auf aseptischem Wege. (Sterilisationsverfahren i der Ph. Helv. V).* Es werden die Sterilisationsverff. „i“ der schweizer. Pharmakopoe V kommentiert u. ausführlich beschrieben: Sterilisation von Utensilien, Pulvern, organ. Lösungsmitteln, Fetten u. Ölen u. von Fertigpräpp., wie wss. Injektionslsgg. u. Salben. (Schweiz. Apotheker-Ztg. **93.** 763—70. 15/10. 815—20. 29/10. 1955. Basel.) H. P. FIEDLER. 4832

G. H. Arzt, *Verwendung von Enzym im modernen Desinfektionswaschverfahren.* Das kombinierte therm.-biol. Desinfektions- u. Waschverf. mit *Enzym 1500* bedeutet arbeitsmäßig u. finanziell eine bedeutende Ersparnis u. bietet gleichzeitig unter den gegebenen Verhältnissen die von einem chem. Verf. nicht erreichte Sicherheit. (Desinfekt. u. Gesundheitswes. **48.** 33—36. März 1956. Hamburg, Krankenhaus Wintermoor.) E. BOYE. 4832

P. Weiland, *Die Wäschedesinfektion bei Tuberkulosekranken.* Nach kurzer Übersicht über den augenblicklichen Stand der Desinfektion von tuberkulös infizierter Wäsche wird ein chem.-therm. Verf. unter Verwendung geringer Mengen eines waschakt. Desinfektionsmittels bei 50° vorgeschlagen (0,5%ig. Lsgg. von Cl-Kresolpräpp., wie Lysolin, Gevisol). (Desinfekt. u. Gesundheitswes. **48.** 37—39. März 1956.) E. BOYE. 4832

F. Neuwald und **K. Adams,** *In vitro-Prüfung einer Silicon-Hautschutzsalbe.* Zur in vitro-Prüfung wird die *Silicon*-Hautschutzsalbe (3 g) in gleichmäßig dicker Schicht auf einem Objektträger ausgestrichen u. im Trockenschrank bei ca. 50° getrocknet. Der aus Siliconöl u. Salbenträger bestehende Film auf dem Objektträger wird in gleich große Bechergläser, die zu ca. 3 cm hoch mit den zu prüfenden Agentien (Säuren, Laugen, Schmieröle, verschied. Alkohole) gefüllt sind, in einen Brutschrank (37°) gebracht. In bestimmten Zeitabständen (30, 90, 270 Min.) wird das Verh. des Salbenfilmes beobachtet. Die nichteingetauchte Hälfte des Films dient dabei zur Kontrolle. Die Prüfung der Silicon-Hautschutzsalbe (*Silicoderm*, BAYER) ergab Beständigkeit gegen verd. Mineral-, Paraffin- u. Schmieröle. Gegenüber Lauge ist die Beständigkeit geringer. (Berufsdermatosen **4.** 147—49. Mai 1956. Schönberg, Holstein, Apotheke.) H. PATZSCH. 4880

H. Froböse, *Neue capillaranalytische Untersuchungen.* Die Steighöhe von Tinkturen bei Herst. von Capillarbildern ist nur bei mit Optal bereiteten Tinkturen deutlich erniedrigt, sonst gibt sie keinen Anhalt zur Erkennung von Verfälschungen. Für verschied. Tinkturen mit verschied. Verunreinigungen des Lösungsm. wird gezeigt, daß diese das Capillarbild im Unterteil deutlich beeinflussen. Bei Herst. von Capillarbildern aus Tinkturen mit verschied. Lösungsm. muß in getrennten Räumen gearbeitet werden, da die Bilder sonst ungenau werden. (Pharmaz. Praxis **1955.** Nr. 5. Beilage zu Pharmazie **10.** 49—53. Mai 1955. Königswusterhausen, Märk. Apotheke.) PH. FRESENIUS. 4880

E. Pedley, *Die mikrochemische Unterscheidung von Morphin und Nalorphin. Morphin* (I) u. *N-Allylnormorphin* (II) lassen sich mikrochem. unterscheiden. Mit dem CdJ_2-Reagens von MARME bildet **I** eine zunächst silberweiße gelatinöse Fällung, die rasch in feine weiße Nadeln übergeht, **II** eine amorphe Fällung. Mit WAGNERs J-Reagens: **I** rotbraune Fällung, die bald kristallin wird, **II** rotbraune Fällung ohne Kristallbildung. J-freie HJ: **I** lange Nadeln in Bündeln, **II** kurze Tafeln. Pikrolonsäure: **I** kugelige Gebilde, die beim Stehen in Nadelbündel übergehen, **II** schnell lange seidige Nadeln. Die Röntgendiagramme der Pikrolonate u. der freien Basen sind wohl definiert. K_2HgJ_4: **I** Kristalle, **II** amorphe Fällung, auch bei längerem Stehen keine Kristalle. **I** u. **II** lassen sich papierchromatograph. mit n-Butanol/HCl (Eisessig, Citronensäure) im absteigenden Verf. auf KCl-Papier trennen. Die R_F-Werte sind für **I** 0,59/0,46/0,22, für **II** 0,68/0,70/0,39. (J. Pharmacy Pharmacol. **7.** 527—32. Aug. 1955. Preston, North-Western Forensic Sci. Labor.) PH. FRESENIUS. 4880

F. G. Stock und **L. W. Hinson,** *Spektrophotometrische Untersuchungen über die Jodat- und Persulfatoxydationen von Adrenalin und Noradrenalin.* Die spektralen Eigg. von *Adrenochrom* (I) u. *2-Jod*-I werden ermittelt. Die Oxydation von Adrenalin (**II**) u. Noradrenalin (**III**) mit K_2SO_5 wird bei 22° vorgenommen u. dauert 30 Minuten. Die Oxydation von **III** geht wesentlich langsamer als die von **II** vor sich. Die Absorptionsmessung erfolgt bei 490 mμ. Bei der Oxydation mit KJO_3 ist es nicht nötig, die Versuchsbedingungen allzu genau einzuhalten. Man kann die Konz. von **II** u. **III** in Gemischen aus den Extinktionen bei 530 mμ nach KJO_3-Oxydation bei 2 Oxydationszeiten, 1 u. 5 Min., errechnen. (J. Pharmacy Pharmacol. **7.** 512—21. Aug. 1955. Birmingham, City Analyst's Labor.) PH. FRESENIUS. 4880

J. Lingnau und **G. Machek,** *Ein Beitrag zur Bestimmung von Bacitracin und Neomycin in Kombinationspräparaten.* Da *Bacitracin* (I) therapeut. als solches, *Neomycin* aber durchweg in Form seines Sulfats verwendet wird, ist eine Trennung beider auf Grund der verschied. Löslichkeit in A. möglich. Zu diesem Zweck werden in einem Zentrifugenröhrchen befindliche **I**–**II**-Gemische mit 10 ml A. kurze Zeit gut geschüttelt u. anschließend zentrifugiert. Die über dem ungelösten **II**-Sulfat sich befindende **I**-Lsg. wird durch ein Blaubandfilter abfiltriert u. das **I** in einem aliquoten Teil des klaren Filtrats mikrobiol. bestimmt. Das im Zentrifugenröhrchen bzw. auf dem Filter verbliebene **II**-Sulfat wird ohne besonderes Auswaschen der **I**-Reste mit 0,1 mol. Phosphatpufferlsg. (p_H 8) herausgelöst u. in einen Meßkolben übergeführt, aus dem aliquote Mengen nach entsprechendem Verdünnen mikrobiol. bestimmt werden. Zur mikrobiol. **I**-Best. dient *Micrococcus flaxus ATCC 10240* u. zur **II** Best. *Bacillus subtilis* nach den üblichen Methoden. — Beispiele der Anwendung dieser Trennmeth. bei der Testung von galen. **I**/**II**-Kombinationspräpp., wie Tabletten, Trockengemische, Puder oder Salben. (Scientia pharmac. **23.** 234—40. 31/12. 1955. Kundl/Tirol, Biochemie G. m. b. H.)

———

M. NEGWER. 4880

Evans Medical Supplies Ltd., Liverpool (Erfinder: **Charles Flemming White**), England, *Herstellung von Tablettenüberzügen* auf einer Tablettenpresse, dad. gek., daß die vorfabrizierten Kerne durch einen 2maligen Preßvorgang zunächst mit der unteren u. dann mit der oberen Hälfte des Überzuges zusammengepreßt werden. Die Überzugsmasse wird der Presse in Pulver- oder Granulatform zugeführt. (**E. P. 744 799** vom 12/10. 1953, ausg. 15/2. **1956.**) K. Heinze. 4767

Louis Salaün, Frankreich, *Trockenprodukte aus Alginsäure, ihren Salzen oder Estern* aus den Algenschleimstoffen von jodhaltigen Meeresalgen. Das Feuchtprod. wird bei einer Temp. um 0° einem Vakuum von 0,1 mm ausgesetzt u. dabei entwässert. Das Trockenprod. dient zur Herst. von *medizin.* Präpp. auf biol. Grundlage. (**F. P. 1 102 923** vom 28/2. 1952, ausg. 27/10. 1955.) M. F. Müller. 4787

Silicote Corp., übert. von: **Richard L. Talbot,** Oshkosh, Wis., V. St. A., *Salbengrundlage,* bestehend aus Petrolatum, Vaseline oder dgl. u. ca. 8—25% Methyl-, Äthyl- oder Phenylsiloxan mit einer Viscosität von 20—60000 cSt. Für hydrophobe Salben. (**A. P. 2 727 846** vom 22/8. 1951, ausg. 20/12. 1955.) K. Heinze. 4793

Hans P. Kaufmann, Münster/Westf., *Herstellung von Salben* nach D. B. P. 937 971, dad. gek., daß als Grundlage Cellulosederivv. oder -abbauprodd. verwendet werden, die in Formamid angequollen werden. (**D. B. P. 940 370** Kl. 30h vom 27/5. 1942, ausg. 15/3. 1956. Anmeldung bekanntgemacht 21/5. 1953. **Zusatz zu D. B. P. 937 971; C. 1956. 7609.**) K. Heinze. 4793

Sanitary Products Corp., Chicago, Ill., übert. von: **Frank P. Parish,** Taneytown, Md., V. St. A., *Vaginaltampon* aus gepreßtem Zellstoff mit einem Überzug von oberflächenakt. Stoffen, wie Na-Seifen. Die Oberflächenspannung des Vaginalsekretes wird herabgesetzt. (**A. P. 2 734 505** vom 7/5. 1954, ausg. 14/2. 1956.) K. Heinze. 4795

MacLeans Ltd., Brentford (Erfinder: **David Neville Gore**), England, *Antacidum* durch Rk. von $CaCl_2$, $MgCl_2$, $AlCl_3$ mit Na_2CO_3 in wss. Lsg. in der Hitze. Die Fällung wird mit W. ausgewaschen u. getrocknet. (**E. P. 745 493** vom 13/11. 1953, ausg. 29/2. 1956.) K. Heinze. 4805

Alfred Dornow und **Albert Frese,** Hannover, *Herstellung von Diäthylammoniumsalzen substituierter α-Nitrobuttersäureäthylester,* dad. gek., daß man Nitroessigsäureäthylester (**I**) in Ggw. von Diäthylamin (**II**) mit einer einfach ungesätt. Verb., wie Benzalaceton (**III**), Phenylnitroäthylen (**IV**), α-Furyl-β-nitroäthylen (**V**) oder Acrylnitril (**VI**), umsetzt. — Man versetzt z. B. 2,9 (Gewichtsteile) **III** u. 2,7 **I** in Ligroinlsg. unter Eiskühlung mit 1,5 **II**, läßt bei n. Temp. stehen u. erhält 6,5 (92%) des *Diäthylammoniumsalzes* des *α-Nitro-β-phenyl-γ-acetylbuttersäureäthylesters,* $CH_3-CO-CH_2-CH(C_6H_5)-CH(NO_2)-COOC_2H_5$, F. 114° (Ligroin). — **I** + **IV** → 97% *α-aci-α.γ-Dinitro-β-phenylbuttersäureäthylester*-**II**-Salz, F. 98° (A.). — **I** + **V** → 95% *α.γ-Dinitro-β-(α-furyl)-buttersäureäthylester*-**II**-Salz, F. 104°. — **I** + **VI** → 81% *α-Nitro-γ-cyanbuttersäureäthylester*-**II**-Salz, F. 121° (Ae.–CH_3OH). — *Therapeutica* u. Zwischenprodukte. (**D. B. P. 941 907** Kl. 12o vom 4/10. 1952, ausg. 19/4. 1956. Anmeldung bekanntgemacht 13/10. 1955.) O. Müller-Meiningen. 4807

American Home Products Corp., New York, N. Y., übert. von: **William F. Bruce,** Havertown, und **Joseph Seifter,** Willow Grove, Pa., V. St. A., *Substituierte Glycinamide* der Formel $(R')(R'')N\cdot CH_2\cdot CO\cdot N(R''')(R'''')$, worin R′ niederes Alkyl, R″ Aralkyl u. R‴ u. R⁗ Alkyl bedeuten, dienen als *Therapeutica.* — *α-(N-Methyl-N-2-oxy-1-methyl-2-phenyläthylamino)-N.N-diäthylacetamid.* Man kocht l-Ephedrin mit Chloressigsäure-N.N-diäthylamid u. Na_2CO_3 in n-Butylalkohol, $Kp._4$ 186—190°. (**A. P. 2 700 680** vom 23/1. 1951, ausg. 25/1. 1955.) G. Langer. 4807

Norwich Pharmacal Co., übert. von: **Gabriel Gever,** Oxford, und **William C. Ward,** Norwich, N. Y., V. St. A., *Wasserlösliche Nitrofuranderivate* der allg. Formeln **I** u. **II** (R = H u. niederes Alkyl, R_1 = Dialkylaminoalkyl, y = 2 u. 3, B = Mono- oder Dialkylamino, Morpholinyl u. Piperidyl, X = Cl′ u. Br′). Die Herst. erfolgt durch Rk.

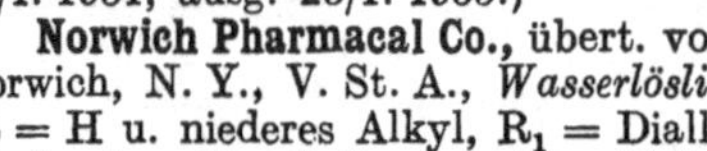

I

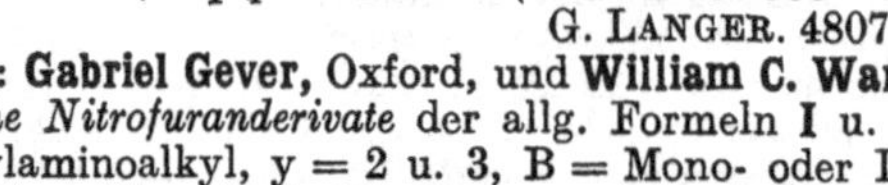

II

von 5-Nitrofurfurol oder einem entsprechenden Keton mit einem Semicarbazid $H_2N-NR_1-CO-NH(CH_2)_yR_2$. — Hergestellt wird z. B. *5-Nitrofurfurol-4′-(3″-morpholinopropyl)-semicarbazonhydrochloridmonohydrat,* F. 187—188°; *5-Nitrofurfurol-4′-(3″-diäthylaminopropyl)-semicarbazonhydrochlorid,* F. 166—167°; *5-Nitrofurfurol-2′-(2″-dimethylaminoäthyl)-semicarbazonhydrochlorid,* F. 226—227°; *Methyl-5-nitrofuryl-(2)-keton-4′-(3″-diäthylaminopropyl)-semicarbazonhydrochlorid,* F. 212—213°; *5-Nitrofurfurol-4′-(3″-isopropylaminopropyl)-semicarbazonhydrochlorid,* F. 215—217°. — Mittel zur *Behandlung von Infektionen.* (**A. P. 2 726 241** vom 15/1. 1954, ausg. 6/12. 1955.) K. Fabel. 4807

Cassella Farbwerke Mainkur Akt.-Ges. (Erfinder: **Werner Zerweck** und **Wilhelm Kunze**), Frankfurt/M., *Dihydrazinodiazine.* Man setzt Iminoisoindolenine der Formel **I,**

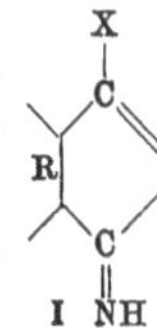

in der X einen austauschfähigen Substituenten (Amino-, Alkoxy-, Mercaptogruppe) u. R einen aromat. oder heterocycl. Ring bedeuten, mit mindestens 3 Mol Hydrazin unter Zusatz schwacher Säuren bei $< 100^0$ um. — Es werden dargestellt: *1.4-Dihydrazinophthalazin*, F. 189° (Zers.); *1.4-Dihydrazino-6-azaphthalazin, Trihydrochlorid*, F. 190° (Zers.); *1.4-Dihydrazino-5-azaphthalazin, Sulfat*, F. 203° (Zers.). — *Heilmittel*. (**D. B. P. 944 552** Kl. 12p vom 14/7. 1953, ausg. 21/6. 1956. Anmeldung bekanntgemacht 22/12. 1955.) I
A. BRÖSAMLE. 4807

Hoffmann-La Roche, Inc., übert. von: **Norbert Steiger**, Nutley, N. J., V. St. A., *6-Anilino-4-(β-dialkylaminoäthoxy)-2-(β-dialkylaminoäthylmercapto)-benzothiazole und deren Salze* der Formel **I** (R = β-Dialkylaminoäthyl; R_1 = Phenyl, alkyl- u. halogensubstituiertes Phenyl). 6-Chlor-4-äthoxybenzo-2.3-thiaza-1-thioniumchlorid (**II**) wird mit Anilin oder dessen alkal- u. halogensubstituierten Derivv. umgesetzt; die entstandene Anilinverb. gibt mit CS_2 das entsprechende 2-Mercapto-4-äthoxy-6-anilinobenzothiazol, das mit $AlCl_3$ in einem Lösungsm. zum entsprechenden 2-Mercapto-4-oxy-6-anilinobenzothiazol hydrolysiert wird, das dann als Alkalisalz mit einem β-Dialkylaminoäthylhalogenid kondensiert wird. — **II** gibt mit Anilin in Essigsäure bei 25—45° 6-Anilino-4-äthoxybenzo-2.3-thiaza-1-thioniumchlorid, das nach dem Erhitzen mit $NaHSO_3$ in A. in Ggw. von 40%ig. NaOH auf 60—80°, dann mit CS_2 zu 2-Mercapto-4-äthoxy-6-anilinobenzothiazol, F. 206—207° (aus Chlorbenzol) umgesetzt wird; daraus mit wasserfreiem $AlCl_3$ in Chlorbenzol bei 130—133° u. Zusatz von HCl → 2-Mercapto-4-oxy-6-anilinobenzothiazol; daraus mit Na-Methylat in Methanol–Chlorbenzol → Di-Na-Salz, das mit 1-Diäthylamino-2-chloräthan bei 90° *6-Anilino-4-(β-diäthylaminoäthoxy)-2-(β-diäthylaminoäthylmercapto)-benzothiazol* liefert, daraus mit methanol. HCl → *Trihydrochlorid*, gelbe Kristalle, F. 112° (A.–Aceton), leichtlösl. in W. u. Methanol, lösl. in A. u. Isopropanol. — **II** + 3-Chloranilin → 6-(3-Chloranilino)-4-äthoxybenzo-2.3-thiaza-1-thioniumchlorid → 2-Mercapto-4-äthoxy-6-(3-chloranilino)-benzothiazol → 2-Mercapto-4-oxy-6-(3-chloranilino)-benzothiazol; + 1-Diäthylamino-2-chloräthan → *6-(3-Chloranilino)-4-(β-diäthylaminoäthoxy)-2-(β-diäthylaminoäthylmercapto)-benzothiazol; Trihydrochlorid*, F. 138—140°. **II** + 2.4-Dichloranilin → 6-(2.4-Dichloranilino)-4-äthoxybenzo-2.3-thiaza-1-thioniumchlorid → 2-Mercapto-4-äthoxy-6-(2.4-dichloranilino)-benzothiazol → 2-Mercapto-4-oxy-6-(2.4-dichloranilino)-benzothiazol → *2-(β-Diäthylaminoäthylmercapto)-4-(β-diäthylaminoäthoxy)-6-(2.4-dichloranilino)-benzothiazol. Trihydrochlorid.* — **II** + p-Toluidin → 6-(p-Toluidino)-4-äthoxybenzo-2.3-thiaza-1-thioniumchlorid → 2-Mercapto-4-äthoxy-6-(p-toluidino)-benzothiazol → 2-Mercapto-4-oxy-6-(p-toluidino)-benzothiazol → *2-(β-Diäthylaminoäthylmercapto)-4-(β-diäthylaminoäthoxy)-6-(p-toluidino)-benzothiazol. Trihydrochlorid.* Vgl. A. P. 2 652 401; C. **1955.** 10571. — *Trichomonacide* u. *Fungicide*. (**A. P. 2 692 881** vom 15/4. 1952, ausg. 26/10. 1954.)

I

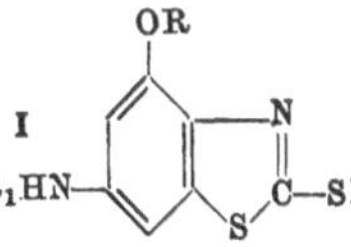

G. KRAUSS. 4807

S. E. Massengill Co., übert. von: **Norman H. Leake, Marvel L. Fielden**, Bristol, Tenn., und **Georg E. Cronheim**, Bristol, Va., V. St. A., *Arzneimittel*, bestehend aus *2.5.8-Trimethylchromon* u. üblichen Streckmitteln für die Tablettenherst., wie Milchzucker, Stärke oder Bentonit. — *Vasodilator. Wirkung*. (**A. P. 2 721 826** vom 12/12. 1951, ausg. 25/10. 1955.)
K. HEINZE. 4807

Dr. Karl Thomae G. m. b. H. (Erfinder: **Ernst Seeger** und **August Kottler**), Biberach/Riss, *5.5-Dipyridyl-(2')-hydantoine* der Formel **I**, worin R H oder einen gegebenenfalls substituierten Alkyl-, Aryl-, Aralkyl-, Cycloalkyl- oder heterocycl. Rest, R_1 H oder einen Acylrest u. X O oder S bedeuten, erhält man durch Umsetzen von α-Pyridil (**II**) mit Harnstoff bzw. Thioharnstoff oder mit an einem oder beiden N-Atomen entsprechend monosubstituierten Harnstoff bzw. Thioharnstoff in einem inerten Lösungsm. in Ggw. von Alkali bei erhöhter Temperatur. — *5.5-Dipyridyl-(2')-3-methylhydantoin*, man setzt **II** mit Methylharnstoff in sd. A. in Ggw. von $NaOC_2H_5$ um, F. 195°. — Analog werden folgende *5.5-Dipyridyl-(2')-hydantoine* dargestellt: *3-Butyl-*, F. 124—125°; *3-Cyclohexyl-*, F. 172—173°; *3-Phenyl-*, F. 208°; *3-Benzyl-*, F. 158—159°; *1-Acetyl-*, F. 237—238°; folgende *5.5-Dipyridyl-(2')-2-thiohydantoine*: *3-Methyl-*, F. 193—194°; *3-Allyl-*, F. 196—197°; *3-Phenyl-*, F. 240° (Zers.); *3-Benzyl-*, F. 198—200°; *3-Cyclohexyl-*, F. 217—218°. — *Antikonvulsiva*. (**D. B. P. 945 510** Kl. 12p vom 24/6. 1953, ausg. 12/7. 1956. Anmeldung bekanntgemacht 19/1. 1956.)

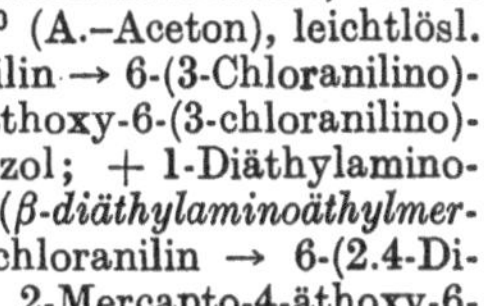

I

A. BRÖSAMLE. 4807

F. Hoffmann-La Roche & Co. Akt.-Ges., Basel, Schweiz, *Herstellung von diacylierten Hydrazinen.* Sie besitzen die allg. Formel **A**, worin (R) den von der Carboxyl- u. der Aminogruppe entkleideten Rest einer Aminosäure, R_1 eine Acylgruppe oder ein H-Atom, R_2 eine Methylgruppe oder ein H-Atom u. n die Zahl 1 oder 2 bedeuten.

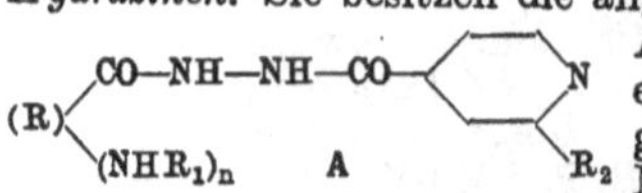

Man erhält die Hydrazine dadurch, daß man eine Verb. der allg. Formel $R'-NHNH_2$ auf bekannte Weise mit dem Anhydrid oder dem Säurehalogenid einer Säure von der allg. Formel R″—OH umsetzt, wobei das eine der beiden Symbole R′ u. R″ den Pyridyl-4-carbonyl- oder den 2-Methylpyridin-4-carbonylrest, während das andere den Acylrest $(NHR_1)_n$— ((R)—CO—, in welchem (R), R_1 u. n das gleiche wie oben bedeuten, darstellt. Falls R_1 ein Carbobenzoxy-, Carboallyloxy- oder Carbonaphthomethoxyrest ist, spaltet man diesen gegebenenfalls durch Hydrogenolyse ab. — Z. B. suspendiert man 61,5 Gewichtsteile N-Acetylmethioninhydrazid (I), F. 100 bis 102°, in 360 Volumenteile Pyridin u. versetzt die Suspension unter zeitweiser Kühlung mit 53,4 Gewichtsteilen Isonicotinsäurechloridhydrochlorid (II). Die Aufarbeitung des Reaktionsprod. ergibt *N¹-Isonicotinyl-N²-(N-acetylmethionyl)-hydrazin*, F. 203—204°; Ausbeute 52 Gewichtsteile. Analog erhält man aus N-Acetylleucinhydrazid, F. 95—100°, u. **II** *N¹-Isonicotinyl N²-(N-acetylleucyl)-hydrazin*, F. 208—210°; aus N-Acetylphenylalaninhydrazid u. **II** *N¹-Isonicotinyl-N²-(N-acetylphenylalanyl)-hydrazin*, F. 210—213°; aus N-Acetylglycinhydrazid, F. 95—97°, u. **II** *N¹-Isonicotinyl-N²-(N-acetylglycyl)-hydrazin*, F. 226—227°; aus **I** u. 2-Methyl-**II** *N¹-(2-Methylisonicotinyl)-N²-(N-acetylmethionyl)-hydrazin*, F. 156 bis 158°; aus N-Carbobenzoxyphenylalaninhydrazid u. **II** *N¹-Isonicotinyl-N²-(N-carbobenzoxyphenylalanyl)-hydrazin*, F. 183—185°, u. daraus durch Hydrogenolyse *N¹-Isonicotinyl-N²-phenylalanylhydrazin*, F. 235—237°; aus Acetylglycinhydrazid u. 2-Methyl-**II** *N¹-(2-Methylisonicotinyl)-N²-acetylglycylhydrazin*, F. 193—194°; aus Hippursäurehydrazid (**III**) u. **II** *N¹-Isonicotinyl-N²-hippurylhydrazin*, F. 240—242°; aus **III** u. 2-Methyl-**II** *N¹-(2-Methylisonicotinyl)-N²-hippurylhydrazin*, F. 224—226°; aus dl-α-Acetylalaninhydrazid, F. 135—136°, u. **II** *N¹-Isonicotinyl-N²-(dl-α-acetylalanyl)-hydrazin*, F. 191—193°; aus *l*(+)-α-Acetylalaninhydrazid, F. 137—139°; $[\alpha]_D$ —61° (c = 1; W.), u. **II** *N¹-Isonicotinyl-N²-[l(+)-α-acetylalanyl]-hydrazin*, F. 205—208°; $[\alpha]_D$ —82,9° (c = 1; W.); aus *l* (—)-Acetylmethioninhydrazid, F. 123—126°; $[\alpha]_D$ —19,1° (c = 1; W.), u. **II** *N¹-Isonicotinyl-N²-[l(—)-acetylmethionyl]-hydrazin*, F. 184—186°; $[\alpha]_D$ —33° (c = 1; n-HCl); aus d(—)-α-Acetylalaninhydrazid, F. 143—145°; $[\alpha]_D$ +63,2° (c = 1; W.), u. **II** *N¹-Isonicotinyl-N²-[d(—)-acetylalanyl]-hydrazin*, F. 204—205°; $[\alpha]_D$ +83,8° (c = 1; W.); aus d(+)-Acetylmethioninhydrazid, F. 113—116°, u. **II** *N¹-Isonicotinyl-N²-[d(+)-acetylmethionyl]-hydrazin*, F. 186—189°; $[\alpha]_D$ +39° (c = 1; n-HCl); aus *l*(—)-Acetylleucinhydrazid u. **II** *N¹-Isonicotinyl-N²-[l(—)-acetylleucyl]-hydrazin*, F. 222—225°; $[\alpha]_D$ —58,6° (c = 1; n-HCl); aus d(+)-Acetylleucinhydrazid, F. 138—140°; $[\alpha]_D$ +35,7° (c = 1; W.) u. **II** *N¹-Isonicotinyl-N²-[d(+)-acetylleucyl]-hydrazin*, F. 222—227°; $[\alpha]_D$ +60,8° (c = 1; n-HCl); aus dl-Acetylmethionylchlorid, F. 91—94°, u. Isonicotinsäurehydrazid *N¹-Isonicotinyl-N²-(dl-acetylmethionyl)-hydrazin*, F. 203—204°. Die diacylierten Hydrazine besitzen gute *chemotherapeut.* Wrkg., bes. gegen Tuberkelbacillen. (**Oe. P. 182 711** vom 19/10. 1953, ausg. 25/7. 1955. Schwz. Prior. 2/12. 1952.) T. OPPERMANN. 4807

Sandoz Akt.-Ges., Basel, Schweiz, *DL-Dihydronorlysergylglycinamid* (**I**), $C_{17}H_{20}O_2N_4$, aus verd. Methanol Nadelbüschel, F. 173—176°. Dihydronorlysergsäuremethylester gibt mit Carbobenzoxychlorid in Pyridin bei —15° Carbobenzoxydihydronorlysergsäuremethylester (**II**), $C_{24}H_{24}O_4N_2$, aus A., F. 237—239° (Vakuum, korr.); daraus entsteht mit Hydrazin in Butanol DL-Carbobenzoxydihydronorlysergsäurehydrazid, aus A., F. 213—215° (Vakuum, korr.); dieses gibt mit 1 n $NaNO_2$-Lsg. u. HCl–Eisessig in W. das DL-Carbobenzoxydihydronorlysergsäureazid, das mit Glykokollamid in Isopropanol Carbobenzoxydihydronorlysergylglycinamid, $C_{25}H_{26}O_4N_4$, liefert, aus Methanol rhomboedr. Plättchen, F. 245—248° (Vakuum, korr.), das dann bei der Red. mit H_2 in Ggw. von Pd-Mohr in A.–HCl unter Abspaltung des Carbobenzoxyrestes **I** gibt. — *Oxytocicum.* (**Schwz. P. 302 316** vom 30/11. 1951, ausg. 16/12. 1954.) G. KRAUSS. 4807

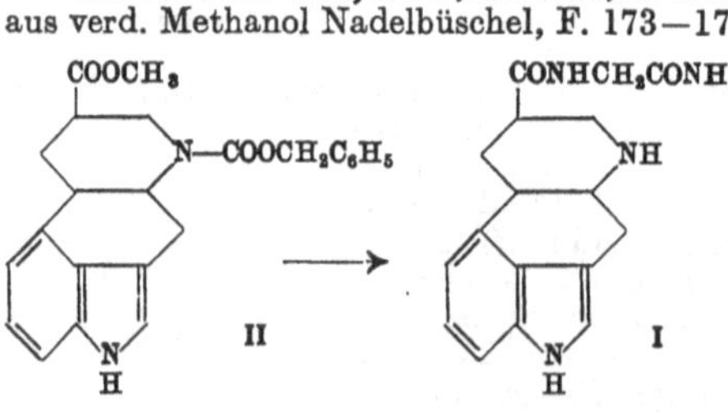

Merck & Co., Inc., Rahway, N. J., übert. von: **George B. Payne**, Albany, Calif., und **Karl Pfister III**, Westfield, N. J., V. St. A., *6-Alkyl-Δ⁶-desoxymorphine, deren Alkylester und Salze* der Formel **I** (R = niedermol. Alkyl, R′ = H, niedermol. Acyl) erhält man

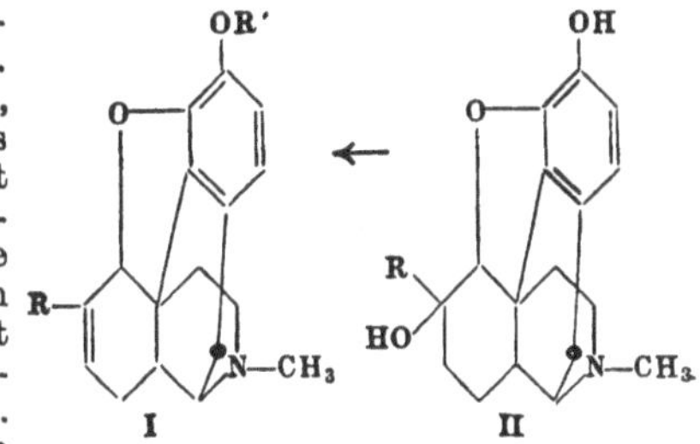

durch Wasserabspaltung aus 6-Alkyldihydromorphin der Formel **II** mit $SOCl_2$ in Ggw. von Chlor-KW-stoffen (Tetrachloräthan, CCl_4, Chlf.), bes. bei 50—90°, u. Veresterung des entstandenen 6-Alkyl-Δ^6-desoxymorphins mit einem niedermol. Carbonsäureanhydrid; anschließend können die Verbb. in die Salze übergeführt werden. Die **I** entstehen durch Kondensation von Dihydromorphinon mit Alkyl-Li in Äther. — Aus trockenem 6-Methyldihydromorphin, F. 210—211°, in wasser- u. alkoholfreiem Chlf. in Ggw. von $SOCl_2$ in Chlf. → *6-Methyl-Δ^6-desoxymorphin*, $C_{18}H_{21}O_2N$, aus Isopropanol, F. 223—226°, nach Sublimation bei ca. 180°/0,1 mm 224—226°; $[\alpha]_D^{25}$ —190° (1% in A.). Mit äthanol. HCl → *Hydrochlorid*, F. 270—275°. *Hydrobromid*, F. 278—282° (Zers.). — Mit Essigsäureanhydrid in Pyridin entsteht *3-Acetyl-6-methyl-Δ^6-desoxymorphin*, $C_{20}H_{23}O_3N$, F. 168 bis 169°; $[\alpha]_D^{25}$ —206° (A.). *Hydrochlorid*, F. 285—290°. — 6-Äthyldihydromorphin, F. 212—213°, → *6-Äthyl-Δ^6-desoxymorphin*, aus Äthylacetat, F. 119—121°; $[\alpha]_D^{25}$ —190° (A.). — Ferner sind herstellbar: *6-Propyl-, 6-Butyl-Δ^6-desoxymorphin; 3-Acetyl-6-äthyl-, 3-Acetyl-6-propyl-, 3-Propionyl-6-methyl-, 3-Propionyl-6-äthyl-, 3-Propionyl-6-butyl-Δ^6-desoxymorphin* u. die entsprechenden *Hydrochloride, Hydrobromide* u. *Sulfate*. — Die Verbb. besitzen *stärkere analget.* Wrkg. als Morphin. (**A. PP. 2 694 067** u. **2 694 068** vom 8/5. 1952, ausg. 9/11. 1954. **Belg. P. 519 773** vom 7/5. 1953, ausg. 13/5. 1955. A.Prior. 8/5. 1952.) G. KRAUSS. 4807

F. Hoffmann-La Roche & Co. Akt.-Ges. (Erfinder: **Karl Vogler**), Basel, Schweiz, *Herstellung von optisch-aktiven 3-Oxy-N-methylmorphinanen*, dad. gek., daß man rac. 1-(p-Methoxybenzyl)-2-methyl-1.2.3.4.5.6.7.8-oktahydroisochinolin (**I**) mit Hilfe von d-(+)-Weinsäure in die opt.-akt. Antipoden zerlegt, diese dann mit H_3PO_4 zu den entsprechenden opt.-akt. Morphinanen cyclisiert u. diese über die Tartrate gewinnt. — Aus 75 (Teilen) rac. **I** u. 41,5 d-(+)-Weinsäure in 425 Methanol auf dem Dampfbad, dann fraktionierte Kristallisation → Tartrat des linksdrehenden **I**, F. 173—174°; $[\alpha]_D^{20}$ +48,8° (c = 2; Methanol), daraus mit NH_3 freie Base; $[\alpha]_D^{20}$ —78,5° (c = 3; Ae.), daraus mit 100%ig. H_3PO_4 bei 130° nach 65 Std., Extraktion mit Ae. → *Tartrat*, F. 180—183° (Monohydrat); $[\alpha]_D^{20}$ +35,5° (c = 2; W.), daraus (+)-*3-Oxy-N-methylmorphinan*, F. 197—198°; $[\alpha]_D^{20}$ +56° (c = 1; Methanol). — Aus der Mutterlauge rechtsdrehendes **I**-Tartrat, F. 130—132°; $[\alpha]_D^{20}$ —26° (c = 2; Methanol) → rechtsdrehendes **I**; $[\alpha]_D^{20}$ +77,5° (c = 3; Ae.), → (—)-*3-Oxy-N-methylmorphinantartratdihydrat*, F. 113—115°; $[\alpha]_D^{20}$ —14° (c = 3; W.), → *linksdrehende Base*, F. 198—199°; $[\alpha]_D^{20}$ —56° (c = 1; Methanol). — Die (+)-Verb., deren Äther u. Ester sind *hustenstillend* u. *antirheumat.*, die (—)-Verb. dagegen ist *analget.* wirksam. (**Schwz. P. 308 134** vom 30/6. 1952, ausg. 1/9. 1955. **D. B. P. 933 628** Kl. 12p vom 12/6. 1953, ausg. 29/9. 1955. Anmeldung bekanntgemacht 1/9. 1955. **E. P. 725 763** vom 26/6. 1953, ausg. 9/3. 1955. Beide Schwz. Prior. 30/6. 1952.) G. KRAUSS. 4807

American Home Products Corp., New York, N. Y., übert. von: **Harvey E. Alburn**, Springfield Township, Montgomery County, und **Joseph Seifter**, Philadelphia, Pa., V. St. A., *Herstellung eines Mittels zur Verhinderung der Blutgerinnung* durch Sulfonierung von gegebenenfalls hydrolyt. abgebauter Pektinsäure mit Chlorsulfonsäure in Ggw. von Pyridin. Der Abbau der Pektinsäure erfolgt durch Erhitzen der wss. Lsg., gegebenenfalls in Ggw. von $CaCl_2$. (**A. P. 2 729 633** vom 13/5. 1952, ausg. 3/1. 1956.) K. HEINZE. 4807

American Cyanamid Co., New York, N. Y., übert. von: **Robert P. Tansey**, Newark, und **George H. Schneller**, Basking Ridge, N. J., V. St. A., *Polyvitaminpräparat*, enthaltend Folsäure, Vitamine des B-Komplexes, z. B. Thiamin, Lactoflavin, Nicotinsäureamid u. dgl., Antioxydantien, wie Nordihydroguajaretsäure, Butyloxyanisol u. Äthylhydrocoffein, in wss. Lsg., die mit p-Oxybenzoesäureestern konserviert u. z. B. mit Citrat auf p_H 3,5—5,5 gepuffert wird. (**A. P. 2 731 390** vom 12/2. 1953, ausg. 17/1. 1956.) K. HEINZE. 4809

Aschaffenburger Zellstoffwerke Akt.-Ges., Redenfelden (Erfinder: **Konrad Bernhauer**, Aschaffenburg), *Verteilungschromatographische Reinigung und Trennung der Vitamine der B_{12}-Gruppe* nach Hauptpatent mit wasserhaltigem n-Butanol, dad. gek., daß Salze, wie $KClO_4$, zugesetzt werden, die die Trennschärfe erhöhen. (**D. B. P. 940 369** Kl. 30h vom 14/8. 1944, ausg. 15/3. 1956. Anmeldung bekanntgemacht 15/9. 1955. **Zusatz zu D. B. P. 930 651; C. 1956. 2548.**) K. HEINZE. 4809

Aschaffenburger Zellstoffwerke Akt.-Ges., Redenfelden (Erfinder: **Konrad Bernhauer** und **Wilhelm Friedrich**, Aschaffenburg), *Reinigung von flüssigen Konzentraten der*

Vitamin-B_{12}-Gruppe, die Phenole oder deren Derivv. u. Lösungsmittel, wie KW-stoffe, halogenierte KW-stoffe oder CS_2, enthalten, durch Verdrängen der B_{12}-Vitamine mit O-haltigen polaren Lösungsmitteln, z. B. Aceton, Methyläthylketon, Ae., Dioxan, Äthylacetat, Butanol, Amylalkohol, Benzylalkohol, u. anschließende Extraktion der B_{12}-Vitamine mit Wasser. (**D. B. P. 940 423** Kl. 30h vom 21/12. 1952, ausg. 15/3. 1956. Anmeldung bekanntgemacht 18/3. 1954.) K. Heinze. 4809

American Home Products Corp., New York, übert. von: **Michael R. Maiese**, Brooklyn, N. Y., V. St. A., *Ascorbinsäurepräparat*, gek. durch einen Geh. an Polyoxyäthylenderivv., z. B. Polyoxyäthylensorbitanmonooleat oder -monolaurat oder dergleichen. Es können viscose Lsgg., die Glycerin u. Geschmacksstoffe enthalten, hergestellt werden, die in Gelatinekapseln verabreicht werden. Beschleunigte Resorption. (**A. P. 2 721 161** vom 23/10. 1951, ausg. 18/10. 1955.) K. Heinze. 4809

Olin Mathieson Chemical Corp., übert. von: **Eric T. Stiller**, Westfield, und **Andrew Ellis O'Keeffe**, Metuchen), N. J., V. St. A., *Gewinnung östrogener Stoffe* mit konjugierten Doppelbindungen aus dem Harn tragender Stuten durch Extraktion mit in W. nicht lösl. organ. Lösungsmitteln, wie Amylalkoholen, Ketonen, Äthern, KW-stoffen u. halogenierten KW-stoffen oder niederen Fettsäureestern von Alkanolen, die ein langkettiges Alkylamin, z. B. n-Dodecylamin, enthalten, bei p_H 0,9—12, bes. p_H 3,4. Die organ. Phase wird durch Behandlung mit Kationenaustauschern, wie Amberlite JR–100, gereinigt u. die Wirkstoffe mit W. extrahiert. Die Lsg. in W. wird gefriergetrocknet. Der Trockenrückstand wird mit W. u. Ae. behandelt, der Ae. mit W. vom p_H 12 extrahiert, die wss. Lsg. neutralisiert u. lipophilisiert. (**A. P. 2 720 483** vom 21/2. 1951, ausg. 11/10. 1955.) K. Heinze. 4809

Armour & Co., übert. von: **Wilfrid F. White** und **Joseph W. Giffee**, Chicago, Ill., V. St. A., *Fraktionierung von adrenocorticotropen Hormonen.* Die unreinen Konzentrate werden der Gegenstromverteilung mit einem zweiphasigen Lösungsmittelsyst. unterworfen, welches aus W., wasserhaltigem Phenol u. absol. Ae. besteht. Die Ae.-Menge beträgt 2,5—15% der Phenolmenge. Das W. kann KCl enthalten. (**A. P. 2 713 021** vom 1/7. 1950, ausg. 12/7. 1955.) K. Heinze. 4809

Farbenfabriken Bayer Akt.-Ges., Leverkusen (Erfinder: **Fritz Schultz**, Wuppertal), *Herstellung von protrahiert wirksamen Kallikreinpräparaten* durch Rk. des Kreislaufhormons mit Polyvinylpyrrolidon, z. B. vom K-Wert 90, in wss. Lsg.; die Hormonlsg. kann Zucker enthalten. Die sterile wss. Lsg. kann unter Zusatz von kristallisierenden Stoffen gemäß D. B. P. 940 134 der Gefriertrocknung unterworfen werden. (**D. B. P. 941 685** Kl. 30h vom 1/8. 1950, ausg. 19/4. 1956. Anmeldung bekanntgemacht 27/12. 1951.) K. Heinze. 4809

Chemie Grünenthal G. m. b. H. (Erfinder: **Heinrich Mückter**), Stolberg/Rhld., *Haltbare Penicillin- bzw. Penicillin–Streptomycin-Präparate* durch Lösen oder Suspendieren der Antibiotica bzw. ihrer Derivv. in einem wss. Vollauszug von Echinaceenextrakten. — Steigerung der Wirksamkeit. (**D. B. P. 942 534** Kl. 30h vom 8/6. 1952, ausg. 3/5. 1956. Anmeldung bekanntgemacht 8/7. 1954.) K. Heinze. 4811

American Cyanamid Co., New York, N. Y., übert. von: **Herman Sokol**, Hasbrouck Heights, N. J., V. St. A., *Trübungsfreie Lösungen von Dihydrostreptomycinsulfat* durch Herst. u. Aufbewahrung der Lsg. in Glasgefäßen, bes. Ampullen, die mit einem Siliconfilm überzogen sind. Die Gefäße bzw. Ampullen werden mit einer Lsg. von polymerem Dimethylsilicon in $CHCl_3$ behandelt. (**A. P. 2 733 185** vom 26/1. 1953, ausg. 31/1. 1956.) K. Heinze. 4811

Chas. Pfizer &. Co., Inc., Brooklyn, N. Y. (Erfinder: **Lloyd Hillyard Conover**, Oakdale, Conn.), V. St. A., *Herstellung von Tetracyclin* (**I**) *und seinen Salzen*, dad. gek., daß man Chlor-**I** oder seine Salze mit H_2 in einem organ. Lösungsm. (Methanol, Dioxan, A., Ae., Glykoläthyläther, Tetrahydrofuran, Dimethoxyäthan), bes. bei einem Druck bis zu 14 atü, in Ggw. eines Katalysators reduziert. — Aus 4,8 g Chlor-**I** in 100 cm^3 Methanol–Dioxan mit H_2 in Ggw. von 0,5 g 50%ig. Pd-Kohle → **I**-*Hydrochlorid*, *-Phosphat*, *-Hydrobromid*, *-Nitrat*, daraus mit verd. NaOH bei p_H 4—5 → **I**, $C_{22}H_{24}O_8N_2$, F. 170—175° (Zers.); $[\alpha]_D^{25}$ —239° (1% Methanol); pK_a 8,9 u. 10,2 (durch Titration in 50%ig. wss. Dimethylformamid); Mol.-Gew. 444; Absorptionsmaxima bei ca. 270 u. 362 mμ (in 0,01 n methanol. HCl). — **I** ist wirksam gegen Aerobacter aerogenes, Klebsiella pneumoniae, Escherichia coli, Salmonella typhosa, Salmonella paratyphi, Staphylococcus aureus, Proteus species, Pseudomonas species, Brucella bronchisepticae, Mycobacterium ranae, Streptococcos faecalis (Tabelle) u. dient zur *Sterilisierung* von *pharmazeut. Anlagen* oder zur *Abtrennung* bestimmter *Mikroorganismen* aus Lsgg. oder zur Behandlung von infizierten Tieren. — Vgl. auch A. P. 2 699 054; C. **1956**. 5918. (**D. B. P. 932 670** Kl. 12o vom 11/10. 1953, ausg. 5/9. 1955. Anmeldung bekanntgemacht 10/2. 1955. A. Prior. 23/10. 1952.) G. Krauss. 4811

Merck & Co., Inc., Rahway, übert. von: **Robert L. Peck**, Plainfield, N. J., und **Charles E. Hoffhine jr.**, Waukegan, Ill., V. St. A., *Neomycin A, Hydrochlorid*, F. ca. 250 bis 260° (Zers., Dunkeln ab ca. 220°); $[\alpha]_D^{25}$ ca. +83° (c = 1,0; W.), gibt positive Ninhydrin-Rk., negative ELSON-MORGAN-Glucosamin-Rk., negative Maltol- u. negative SAKAGUCHI-Rk.; erhält man durch Behandeln von Neomycin B; $[\alpha]_D^{25}$ ca. +58° (c = 0,5; W.); gibt positive ELSON-MORGAN-Glucosamin-Rk.; oder dieses enthaltende, aus *S. fradiae* hergestellten Gärlsgg mit 1—12n Halogenwasserstoffsäuren, H_2SO_4 oder H_3PO_4 bei n. oder erhöhter Temperatur. — 7 g Neomycin (Aktivität 225 E./mg) werden mit 125 cm³ konz. HCl zu 175 cm³ W. 1 Std. im Vakuum erhitzt; die Lsg. wird bis zu p_H 6 neutralisiert u. in eine sd. wss. Pikrinsäurelsg. gegossen. Nach Zusatz von Aktivkohle (Darco G-60), Erhitzen, Filtrieren, Abkühlen u. Lösen des ausgeschiedenen u. abgetrennten gummiartigen Pikrats in Aceton + HCl erhält man Neomycin A-Hydrochlorid, Aktivität 2000 E./mg. — *Heilmittel* gegen *Bact. subtilis* u. *Tuberkulose*. (**A. P. 2 691 675** vom 27/2. 1951, ausg. 12/10. 1954.) G. KRAUSS. 4811

Allied Laboratories, Inc., Kansas City, Mo., übert. von: **Sampson F. Jeffries**, Indianapolis, Ind., V. St. A., *Bacitracin- bzw. Polymyxinsalbe* mit Polyäthylenglykoldiestern, wie -distearat oder -dilaurat, als Trägerstoff. Es können Mineralöl, Petrolatum u. dgl. oder Glycerin–Fettsäure-Partialester zugesetzt werden. (**A. P. 2 713 019** vom 31/1. 1951, ausg. 12/7. 1955.) K. HEINZE. 4811

Dr. Kade, Pharmazeutische Fabrik, Berlin, *Herstellung eines Mittels gegen Brandwunden*. Dextrin wird in W. oder 20%ig. A. oder Isopropanol bis zur sirupartigen Konsistenz gelöst, mit der gleichen bis zur doppelten Menge einer wss. Aufquellung eines Cellulosederiv. u. mit 2% einer alkal. Lsg. von Kaliseife in Kresol, Phenol, Xylenol oder deren Chlorierungsprodd. oder ca. 0,1 (%) Phenylquecksilberacetat bzw. 0,02 2-äthylquecksilbermercaptobenzoxazol-5-carbonsaurem Na versetzt; dann werden in dem so erhaltenen Gemisch bei 50° 1—10 NaCl gelöst. (**D. B. P. 943 793** Kl. 30h vom 16/3. 1955, ausg. 1/6. 1956. Anmeldung bekanntgemacht 8/12. 1955.) K. HEINZE. 4815

Henry M. Burlage, Laboratory manual for, Introduction to pharmacy; a revision of, Laboratory manual for principles and processes of pharmacy; 3rd ed. New York: McGraw-Hill. 1956. (286 S. m. Abb. u. Diagr.) Q. $ 4,50.

—, Organisation mondiale de la santé. Pharmacopoea internationalis. Ed. Iª = Pharmacopée internationale. 2 vol. Genève: Palais des Nations. 1951, 1955. (XVIII + 425 S.; XX + 363 S.) 8°. chaque vol. Fr. 20,—.

G. Analyse. Laboratorium.

F. Ensslin, *Probleme der Probenahme*. Es werden die an die Probenehmer zu stellenden Anforderungen der Probenahme erörtert. Die Probenahme wird beschrieben u. eine Charakteristik der Materialien gegeben. (Metall **7**. 948—50. Nov. 1953. Goslar/Harz.) F. VIER. 5012

Klaus-Dieter Mielenz und **Eberhardt Schönheit**, *Zur Theorie des Quarzfadenmanometers*. Die normalerweise druckunabhängige Reibung der Gase ist für kleine Drucke proportional dem Druck. Auf die Möglichkeit, damit kleine Drucke zu messen, hat LANGMUIR hingewiesen. HABER u. KERSCHBAUM bauten das Einfaden-, WETTERER das Zweifaden-Quarzmanometer. Ein oder zwei an der Spitze verschmolzene freihängende Quarzfäden schwingen im Vakuum gedämpft unter Mikroskopbeobachtung. Vff. geben die strenge Theorie unter Berücksichtigung der Geschwindigkeitsverteilung der Moll. u. verbessern den von HABER u. KERSCHBAUM sowie von EINSTEIN näherungsweisen berechneten Zahlenfaktor 112. (Z. angew. Physik **5**. 90—94. März 1953. Berlin, Freie Univ., Physikal. Inst.) H. PAULI. 5016

Jack Myers und **F. A. Matsen**, *Kinetische Charakteristik des Warburg-Manometers*. Für die Meth. der direkten Messung der Respirationsverlaufs nach WARBURG in n. Gefäßen werden die kinet. Charakteristiken als Terme der Überführungskonstanten für CO_2 u. O_2 durch die verschied. Phasen ihrer Bindungen u. des zeitlichen Verlaufs ihrer Ausbildung gegeben. (Arch. Biochem. Biophysics **55**. 373—88. April 1955. Austin, Tex., Univ., Dep. of Zool., Chem. and Phys.) R. LAFFERENZ. 5016

G. S. Adair, *Modifizierte, für Proteine mit verhältnismäßig kleinen Molekülen undurchdringbare Kollodiummembranen*. Es wird zunächst eine Membrane (M.) mit ziemlich großer Permeabilität hergestellt, indem die Kollodiumlsg. (4 g Nitrocellulose in 50 ml wasserfreiem Ae. + 50 ml absol. A. + 6 ml Äthylenglykol) in mehreren Schichten auf die rotierende Glasform gegossen wird. Nach Montierung u. Prüfung der M. wird diese einige Std. in wss. Glycerin (I)-Lsg. eingeweicht, deren erforderliche Konz. in vorhergehenden Verss. bestimmt wurde. Der größte Teil der innerhalb der M. zurückgebliebenen

I-Lsg. wird mit einer Pipette entfernt; dann wird die M. an ein Glasgefäß mit Preßluft (400—700 mm Hg) angeschlossen u. so lange belassen, bis die letzten Flüssigkeitstropfen von der inneren Oberfläche herausgepreßt worden sind, wobei die äußere Oberfläche in Kontakt mit der I-Lsg. bleiben muß. Dann wird die I-Lsg. von der äußeren Oberfläche schnell u. vollständig entfernt, die M. umgekehrt, an der Luft trocknengelassen u. dann vom Druckluftgefäß abgeschlossen. Nach Einweichen in W. wird die Endpermeabilität gemessen. Diese Endpermeabilität steht in Beziehung zu der Anfangspermeabilität, der I-Konz. u. der Feuchtigkeit. Mit diesen M. wurden Verss. an einem Protein aus Elastin mit einem Mol.-Gew. von 5500 ± 100 durchgeführt. (Biochem. J. **62.** 26P. März 1956. Cambridge, Univ., Physiol. Labor.) E. Schwerdtfeger. 5024

J. Horseling, *Ein Hochvakuumhahn mit kurzer Entgasungszeit.* Bei der Evakuierung von Hochvakuumanlagen dauert es meist mehrere Tage, bis beispielsweise 10^{-6} Torr erreicht wird. Das Hahnfett, mit dem die Vakuumhähne geschmiert werden, absorbiert Luft u. schließt diese ein; sie wird nur sehr langsam abgegeben. Nur ein kleiner Teil der Fettschicht auf der kon. Dichtungsfläche kommt mit dem Vakuum in direkte Berührung, der Rest befindet sich zwischen Hahnzapfen u. Hahngehäuse eingeschlossen u. kann also nur längs sehr enger u. bis einige cm langer Wege einen Ausweg finden. Vf. entwickelt deshalb eine Anordnung, bei der der Hahnzapfen während des Evakuierens aus seinem Sitz herausgehoben u. die Fettschicht so allseitig dem Vakuum ausgesetzt werden kann. Der Gasabschluß wird durch eine abnehmbare, über das Hahngehäuse gestülpte u. mit dieser durch Dichtflanschen verbundene Metallglocke erzielt, welche mitevakuiert wird. Nachdem ca. 10^{-4} Torr erreicht ist, wird der Hahnzapfen in seinen Sitz gebracht, das Vakuum in der Glocke aufgehoben u. diese entfernt. Die danach zur Erreichung des Endvakuums erforderliche Zeit ist wegen der vollständigen Entlüftung des Hahnfetts nur sehr kurz. (Philips'techn. Rdsch. **17.** 217—19. Jan. 1956.) D. Bredtschneider. 5026

Arthur Rose und **Jerry Acciarri,** *Destillationsanalyse.* Zusammenfassender Bericht über die Entw. auf dem Gebiet der Destillationsanalyse seit der letzten Übersicht (vgl. C. **1954.** 3992). Die Zusammenstellung umfaßt die Abschnitte: Dampf-Fl.-Chromatographie; Dest. bei niedrigem Druck; Präzisionsdest. mit Fraktionierungsapp.; automat. Dest. u. Säulenkontrollzubehör; Mechanismus der Fraktionierung; Mikrodest., Rotationsapparaturen u. isotherm. Dest.; Standardverff. u. Tieftemperaturdestillation. — 102 Literaturzitate. (Analytic. Chem. **28.** 720—23. April 1956 (**Part II**). State College, Pa., Appl. Sci. Labor.; University Park, Pa., Pennsylvania State Univ.) W. Krönert. 5038

F. W. Melpolder, T. A. Washall und **J. A. Alexander,** *20-stufiges Gerät zur Molekulardestillation.* Ein 20-stufiges Gerät dient zur Molekulargegenstromdest. hochsd. Erdölbestandteile. Das Gerät besteht aus einem großen u. 19 kleinen, in Serie geschalteten Destillationsgefäßen, es hat eine Kapazität von 1500 ml. Das Gerät kann bei Proben von weniger als 260 ml nach dem Prinzip der Gleichgewichtsdest. (geschlossenes Verf., equilibrium type still) u. für größere Mengen absatzweise (offenes Verf., batch distillation) betrieben werden. (Analytic. Chem. **27.** 974—77. Juni 1955. Philadelphia, Pa., Atlantic Refin. Co.) Ph. Fresenius. 5038

L. H. Tung und **W. C. Taylor,** *Eine Schnellmethode zur Herstellung von Dichtegradientrohren.* Zur Herst. von flüssigkeitsgefüllten Rohren mit einem definierten Dichtegradienten wird eine Fl. der D. ϱ_1 mit der Strömungsgeschwindigkeit u_1 in ein Mischgefäß, das eine mit der ersten Fl. mischbare Fl. der D. ϱ_2 enthält, geleitet; gleichzeitig fließt Fl. aus dem Mischgefäß mit der Geschwindigkeit u_2 in das zu füllende Rohr. Die entsprechenden Gleichungen werden angegeben. Eichung des gefüllten Rohres erfolgte mittels Glasschwimmern. Auf diese Weise ist es z. B. möglich, die D. von *Polyäthylen* oder von anderen Feststoffen rasch auf ± 0,0001 g/cm³ genau zu bestimmen. (J. Polymer Sci. **17.** 441—42. Juli 1955. Midland, Mich., Dow Chem. Comp., Polychem. Res. Dep., High Press. Labor.) O. Fuchs. 5042

Stanley M. Klainer und **Gerson Kegeles,** *Gleichzeitige Bestimmung von Molekulargewicht und Sedimentationskonstante.* Unter Verwendung der Phasenkontrastschlierenoptik (vgl. z. B. Armbruster, Kossel u. Strohmeier, C. **1952.** 2799) u. der von Kegeles (vgl. C. **1953.** 9246) beschriebenen Meßzelle, die hier als Refraktometer dient, lassen sich mit der Gleichgewichtsultrazentrifuge gleichzeitig das Mol.-Gew. M u. die Sedimentationskonstante s bestimmen. Verss. mit *Raffinose* u. *Rinderplasmaalbumin* unter den üblichen Geschwindigkeiten zeigen, daß M u. s in einer Std. auf wenige % genau bestimmt werden können. (J. physic. Chem. **59.** 952—55. Sept. 1955. Worcester, Mass., Clark Univ., Dep. of Chem.) O. Fuchs. 5044

Jean Landais und **Henri Rogel,** *Über die Herstellung eines Regulierkryostaten ohne Wärmezufuhr.* Der Versuchsraum des aus Kunststoff hergestellten Kryostaten ist durch ein „Thermosyphon" vom Kühlraum abgetrennt. Durch dessen Schließung werden

Erwärmungsperioden unterdrückt u. eine Badtemp. bis -35^0 auf $\pm 0{,}1^0$ aufrechterhalten. (Bull. Soc. chim. France [5] **1956.** 465—66. März. Paris, Univ., Labor. Chim. Organ.) H. BOSER. 5046

Louis C. W. Baker und **John E. Stouffer,** *Ein Mikrogasentwickler.* Beschreibung eines zuverlässigen H_2S-Entwicklers aus 2 konzentr. Rohren (KIPP-Prinzip). (J.chem. Educat. **31.** 593. Nov. 1954. Boston, Mass., Boston Univ.) K. BLUMRICH. 5048

G. M. Harris, *Ein einfacher erneuerbarer Bruchverschluß (break-seal).* Speziell zur Entfernung oder Unters. von gasförmigen Prodd. im Verlauf von reaktionskinet. Unterss. in Reaktionsgefäßen aus Glas oder Kieselsäure beschreibt Vf. einen einfachen Verschluß, der aus einer Capillare besteht, die aus einem Glasrohr gezogen wird, das sich in dem Glasstöpsel befindet, der zu dem Reaktionsgefäß führt. Durch Abbrechen der Capillare kann das zu untersuchende Gas entfernt werden. Nach Abschluß des Vers. wird erneut eine Capillare gezogen. (Rev. sci. Instruments **24.** 401—02. Mai 1953. Madison, Wis., Univ. of Wisconsin, Dep. of Chem.) C. GOTTFRIED. 5048

Donald D. DeFord, *Elektroanalyse.* Zusammenfassender Bericht über die Entw. auf dem Gebiet der Elektroanalyse seit der letzten Zusammenstellung (C. **1954. 4444**). Die Übersicht gliedert sich in die Abschnitte: Bücher u. zusammenfassende Artikel; Theorie; Elektrofällungen; Elektrooxydationen u. -redd.; coulometr. Titrationen. — 160 Literaturzitate. (Analytic. Chem. **28.** 660—66. April 1956 (Part II). Evanston, Northwestern Univ., Dep. of Chem.) W. KRÖNERT. 5054

B. Sagortschew, Al. Liptschinsky und **Chr. Schejtanow,** *Eine neue Variante der Methode der inneren Elektrolyse.* Nach einer krit. Betrachtung der bisherigen Verff. zur inneren Elektrolyse wird eine neue, einfache, der von LURJE u. TSCHERNICHOW angegebenen Anordnung ähnliche Versuchsanordnung beschrieben, die auch bei hohen Konzz. eine Zementation völlig vermeidet u. dadurch genaue Ergebnisse sichert. Infolge des niedrigen inneren Widerstandes der Zelle ist außerdem eine rasche Best. möglich. Die Verwendung reiner Metalle als Anodenmaterial u. ein Abschleifen der Anode erübrigt sich. Die Anwendung eines Diaphragmas gestattet trotz der einfachen Versuchsanordnung die Möglichkeit, die Vorteile der komplizierten Diaphragmenmeth. auszunutzen. Weiter können durch Einsatz entsprechenden Amalgams sehr unedle Metalle bestimmt werden. Die einfache Anordnung gestattet die Anwendung der inneren Elektrolyse auch in kleineren Laboratorien. (J. prakt. Chem. [4] **3.** 40—49. März 1956. Sofia, Chem.-techn. Inst.) W. NIEMITZ. 5054

J. King, *Fluorescenzmikroskopie.* Zusammenfassende Behandlung der Methoden u. Apparaturen der Fluorescenzmikroskopie u. einiger Anwendungen. (Research **8.** 191—99. Mai 1955. London, Governm. Labor.) H.-J. EICHHOFF. 5056

F. Gatto, *Elektroakustische Methode zur Thermoelastizitätsmessung.* Es wird eine elektroakust. Meth. zur dynam. Messung der elast. Konstanten fester Körper beschrieben unter Angabe ausführlicher Schaltpläne. Ergebnisse u. Beispiele über die Anwendung der Meth. beim Härten u Rekristallisieren des Al. (Alluminio **22.** 507—21. Okt. 1953. Novara, Ist. Sperim. dei Metalli Legg., Div. Ric.) K. RUMPF. 5060

Harold H. Strain und **Takuya R. Sato,** *Chromatographie und Elektrochromatographie.* Zusammenfassender Bericht über Fortschritte auf dem Gebiet der Instrumentierung u. der Anwendung chromatograph. Methoden in der Analyse u. über entsprechende Verbesserungen; Modifizierungen u. Anwendungen der analogen elektrochromatograph. Methoden in den letzten beiden Jahren im Anschluß an die letzte Übersicht (vgl. C. **1954.** 3527). — 109 Literaturzitate. (Analytic. Chem. **28.** 687—94. April 1956 (Part II). Lemont, Ill., Argonne Nat. Labor.) W. KRÖNERT. 5062

W. Graßmann und **K. Hannig,** *Trennung von Stoffgemischen auf Filtrierpapier durch Ablenkung im elektrischen Feld.* Vff. beschreiben eine Meth. zur kontinuierlichen Trennung von Stoffgemischen durch Elektrophorese auf Filtrierpapier mit einer besonderen Apparatur. Das Prinzip besteht darin, daß man die Analysen-Fl. auf ein zwischen zwei Elektroden aufgespanntes Blatt Filtrierpapier einsickern läßt. Der Papierbogen ist am unteren Rand ausgezackt u. unter den Zacken befinden sich Auffangtrichter, die die einzelnen Komponenten ableiten. Die Anordnung befindet sich in einem Gefäß, das von einem Elektrolyten durchflossen wird. Die Meth. wurde zur Trennung folgender Stoffgemische benutzt: Serumproteine, Aminosäuren, Peptide, Farb- u. Gerbstoffe. Die Möglichkeiten der Trennung der einzelnen Gruppen sind ausführlich beschrieben, unter besonderer Berücksichtigung der günstigsten p_H-Bereiche bei den verschied. Elektrolyten. (Hoppe-Seyler's Z. physiol. Chem. **292.** 32—50. 23/3. 1953. Regensburg, Max-Planck-Ges., Forschungsinst. für Eiweiß u. Leder.) W. KNÖPKE. 5062

H. Zentner, *Eine abgeänderte Methode der Papierelektrophorese.* Bei der Auftrennung von Proteinfraktionen aus Weizenkleber konnte Vf. gute Ergebnisse bei bisher

nicht getrennten Gemischen durch Elektrophorese auf langen Papierstreifen bei hohen Spannungen erreichen. Der Streifen wird spiralförmig um eine von kaltem W. durchflossene Glasröhre gewunden. Die Verdampfung aus dem Streifen wird durch Bedecken mit einem Cellophanstreifen herabgemindert. Durch Einbringen der Glasröhre in einen Holzkasten, der mit von Pufferlsg. durchfeuchtetem Papier ausgekleidet ist, wird die erforderliche Sättigungsatmosphäre hergestellt. Bei seinen 24std. Verss. benutzt Vf. WHATMAN-Papier 3 MM, 60 cm lang, 2,5 cm breit, ein Potentialgefälle von 9 V/cm. Die Meth. macht die Kühlung durch eine organ. Fl. überflüssig u. eignet sich bes. zur Trennung von Enzymen, da die Gefahr der Inaktivierung durch die organ. Fl. ausgeschlossen ist. (Nature [London] **175.** 953. 28/5. 1955. North Sydney, Bread Res. Inst.)
H. ENDRASS. 5062

Erwin Fishman und **H. G. Drickamer,** *Eine Apparatur für optische und spektroskopische Untersuchungen bei hohen Drucken.* Vff. geben eine ausführliche Beschreibung eines von ihnen entwickelten Gerätes für opt. u. spektroskop. Messungen in Fll. bei Drucken bis zu 12000 at; es ermöglicht den Einfl. des Druckes auf alle Phasen der Molekularspektroskopie zu studieren. Die zu untersuchende Lsg. befindet sich in einer Bombe mit zwei aus synthet. Saphiren bestehenden Fenstern, die Messungen im Wellenlängenbereich von 0,2—5 μ gestatten; der apparative Aufbau ist auf die Verwendung des PERKIN-ELMER-Einstrahlspektrometers zugeschnitten. Durch eine geeignete Modifizierung der App. können auch die Druckabhängigkeiten des Brechungsindex, der Lichtstreuung an polymeren Lsgg., sowie anderer verwandter opt. Effekte untersucht werden. Vff. teilen mit, daß sie zur Zeit mit Verss. beschäftigt sind, den die Anwendbarkeit des Gerätes zunächst noch einschränkenden Wellenlängenbereich durch Wahl anderen, geeigneteren Fenstermaterials weiter auszudehnen. (Analytic. Chem. **28.** 804—06. Mai 1956 (Part II). Urbana, Ill., Univ. of Illinois.) D. ERTEL. 5063

M. G. Mellon und **D. F. Boltz,** *Lichtabsorptionsspektrometrie.* Zusammenfassender Bericht über Fortschritte auf dem Gebiet der Lichtabsorptionsspektrometrie für den Zeitraum Aug. 1953 bis Aug. 1955. Die Zusammenstellung schließt an die frühere Übersicht (vgl. C. **1954.** 3762) an. Behandelt werden die chem. Grundlagen der Systeme mit charakterist. Lichtabsorption, die den Messungen zugrunde liegenden physikal. Tatsachen sowie spezif. analyt. Anwendungen. — 696 Literaturzitate. (Analytic. Chem. **28.** 559—76. April 1956. Lafayette, Ind., Purdue Univ.; Detroit, Mich., Wayne Univ.)
W. KRÖNERT. 5063

Svend Brodersen, *Störfiltereffekte in registrierenden Spektroskopen.* Ableitung von Formeln zur Berechnung der Registriergeschwindigkeit, der Linienverschiebung, der Verzerrung der Linienform sowie der äquivalenten Stör-Bandfilterbreite für zwei wichtige Arten von Bandfiltern für niedere Frequenzen in Spektrometerverstärkern u. deren experimentelle Prüfung. (J. opt. Soc. America **43.** 1216—20. Dez. 1953. Copenhagen, Univ., Chem. Labor.) H.-J. EICHHOFF. 5063

A. N. Bronstein, *Erhöhung der Empfindlichkeit der Spektralanalyse von Pulvern.* Die Steigerung der Empfindlichkeit wurde durch Einführung einer künstlichen Basis erreicht, ungeachtet dessen, daß dabei die Konz. der zu bestimmenden Elemente erheblich sank. Als Verdünnungsmittel wurde ZnS angewandt u. dadurch die Empfindlichkeit bei der Best. von *In, Ge, Fe, Co* u. *Mn* bis um das 4—5fache gesteigert, bei der Best. des *Ga* sogar um mehr als das 10fache (von nicht einmal 0,01 auf 0,001%). Die maximale Empfindlichkeit wurde beim Verdünnen 1 : 2 erreicht, jedoch erst beim Verdünnen 1 : 5 fielen die Eichkurven für Proben verschied. Zus. zusammen. — Photometriert wurde die Linie Ga 4172,06 Å, Vergleichslinie K (zugleich Temperaturstabilisator) 4044,14 Å. (Известия Академии Наук СССР, Серия Физическая [Nachr. Akad. Wiss. UdSSR, physik. Ser.] **19.** 159—60. März/April 1955.) A. v. WILPERT. 5063

G. Duyckaerts, *Beitrag zur quantitativen Analyse mittels Infrarotabsorptionsspektren von Pulvern.* 1. Mitt. *Theoretische Prüfung der Frage.* Die früher (vgl. LEJEUNE u. DUYCKAERTS, Spectrochim. Acta [London] **6.** [1954.] 194) vorgeschlagene Formel für den Einfl. der Teilchengröße eines in KBr gepreßten Pulvers auf die Infrarotabsorption wird theoret. betrachtet unter der Annahme, daß alle Partikel gleich groß sind u. in einem transparenten Medium dispergiert sind. Für eine Substanzmenge, die für nicht mehr als eine Schicht ausreicht, gilt $J/J_0 = (1 - H) + H \cdot \Theta$ (Θ: Durchlässigkeit eines Teilchens, für kub. Partikel ist $\Theta = e^{-kd}$, für kugelförmige gilt $\Theta = [1 - (k\,d + 1) \cdot e^{-kd}]/k^2\,d^2/2$ [**A**] mit k: wahre Absorptionskoeffizienten der Substanz u. d: Kantenlänge des Würfels bzw. Kugeldurchmesser; H: Anteil der vom Pulver gelieferten Oberfläche), d. h. die Absorption $(1 - J/J_0)$ u. nicht die Extinktion ($\log J_0/J$) ist proportional der Menge an Substanz im KBr. Für eine Substanzmenge, die n Schichten liefern kann, gilt bei kub. Teilchen $\log J_0/J = -[m \cdot \log \{(1 - K) + K \cdot \Theta\}]/K\,s\,\varrho\,d$, wobei m: Substanzmasse, ϱ: spezif. Gewicht, s: Oberfläche eines Abschnitts des Preßlings senkrecht zum Lichtstrahl, K: Anteil einer Schicht an der Oberfläche. Für kugelförmige Teilchen muß **A** mit dem Faktor 3/2 multipliziert werden. Aus **A** wird abgeleitet: 1. wenn k d groß ist, wird die gesamte Absorption unabhängig von k, 2. wenn k d < 0,3, verhält sich die Dispersion der Partikel vom Standpunkt der Strahlungsabsorption wie die eines Mol. u. 3. die gemessene Extinktion ist proportional der Substanzmenge, d. h. das LAMBERT-BEER-Gesetz ist in obiger Formel enthalten. (Spectrochim. Acta [London] **7.** 25—31. Febr. 1955. Liège, Univ., Labor. de chim. analyt. et Centre d'analyse spectr. molécul.) B. GNAUCK. 5063

J. Bonhomme, *Beitrag zur quantitativen Analyse mittels Infrarotabsorptionsspektren von Pulvern.* 2. Mitt. *Experimentelle Untersuchung.* (1. vgl. vorst. Ref.) Untersucht wurde der Einfl. der Teilchengröße auf die Intensität von Infrarotbanden gepulverter Materialien, u. zwar von *Calcit* (**I**) u. *Dowex 50* (**II**, dem NH_4-Salz einer Polystyrolsulfonsäure). Das Pulver wurde durch Sedimentieren in verschied. Fraktionen etwa gleicher, bekannter Teilchengröße getrennt u. die Fraktionen wurden mit KBr zu Preßlingen verarbeitet. Die Absorption von **I**, dessen Partikel etwa würfelähnliche Gestalt haben, wurde bei 1431, 876 u. 710 cm^{-1} nach der Meth. der „kompensierten Extinktionen" (vgl. PIRLOT, C. **1954.** 1788), die von **II**, dessen Pulverteilchen kugelige Gestalt besitzen, bei 1028 u. 1001 cm^{-1} nach der Basislinienmeth. untersucht; die Teilchengrößen lagen zwischen 26,5 u. 0,001 μ bei **I**, bzw. zwischen 26,1 u. 1 μ bei **II**. Es wurde dabei Übereinstimmung mit früher gezogenen Schlüssen (vgl. LEJEUNE u. DUYCKAERTS, Spectrochim. Acta [London] **6.** [1954.] 194) gefunden: 1. Für eine gegebene Substanzmenge erhöht sich die Extinktion einer Bande mit abnehmender Teilchengröße u. nähert sich bei sehr kleinen Teilchendurchmessern einem Grenzwert, 2. dieser Grenzwert wird um so schneller erreicht, je kleiner der wahre Absorptionskoeff. der Bande ist u. 3. mit zunehmender Partikelgröße scheint die Extinktion sämtlicher Banden die Form einer allg. gültigen Kurve anzunehmen. Die Schlüsse u. Formeln des vorst. Ref. werden durch die Ergebnisse vollauf bestätigt. (Spectrochim. Acta [London] **7.** 32—44. Febr. 1955.) B. GNAUCK. 5063

Robert C. Gore, *Infrarotspektroskopie.* Zusammenfassender Bericht über Fortschritte auf dem Gebiet der Infrarotspektroskopie der letzten beiden Jahre im Anschluß an die vorige Zusammenstellung (C. **1954.** 3762). Die Übersicht umfaßt die Abschnitte: Instrumentierung u. Methodik; Reflexionsspektren; Oberflächenchemie; qualitative Analyse; Wasserstoffbindung–Scherenbindung; biol. Anwendungen; Polymere; Absorptionsintensitäten; Theorie u. Molekülspektren. — 37 Literaturzitate. (Analytic. Chem. **28.** 577—78. April 1956 (Part II). Stamford, Conn., American Cyanamid Co., Stamford Labor., Res. Div.) W. KRÖNERT. 5063

Robert C. Hirt, *Ultraviolettspektrophotometrie.* Zusammenfassender Bericht über die seit der letzten Zusammenstellung (vgl. ROSENBAUM, C. **1954.** 3762) bis Ende Okt. 1955 veröffentlichte Literatur. Die Übersicht gliedert sich in die Abschnitte: Bücher u. Zusammenstellungen, Bibliographie u. Verzeichnisse, Lochkarten, Instrumente u. Zellen, BEERsches Gesetz, spektrophotometr. Titrationen, Vakuum-UV, anorgan. Analyse, organ. Analyse. Nicht behandelt werden Spektren im Zusammenhang mit Struktur-spektrumsbeziehungen sowie Beschreibungen von Verbb. u. Reaktionen. — 138 Literaturzitate. (Analytic. Chem. **28.** 579—83. April 1956 (Part II). Stamford, Conn., American Cyanamid Co., Res. Div.) W. KRÖNERT. 5063

Charles N. Reilley, *Potentiometrische Titrationen.* Zusammenfassender Bericht über die Entw. auf dem Gebiet der potentiometr. Titrationen in der Zeit seit dem letzten Bericht (vgl. ADAMS u. Mitarbeiter, C. **1954.** 3529). Behandelt wird die Literatur, die sich mit der theoret. Entw., Apparaturen u. Anwendungen befaßt. — 180 Literaturzitate. (Analytic. Chem. **28.** 671—78. April 1956 (Part II). Chapel Hill, N. C., Univ. of North Carolina, Dep. of Chem.) W. KRÖNERT. 5066

H. A. Laitinen, *Amperometrische Titrationen.* Zusammenfassender Bericht über die Entw. auf dem Gebiet der amperometr. Titrationen in den letzten vier Jahren. Die Übersicht enthält Literatur aus dem Zeitraum vom 1. Juli 1951 bis 1. Oktober 1955 u. schließt an die letzte Zusammenstellung (C. **1953.** 903) an. Behandelt werden: Apparaturen u. Methodik; Ionenkombinations-Rkk.; Redox-Rkk.; Titrationen unter Verwendung organ. Reagentien; Best. von organ. Verbindungen. — 199 Literaturzitate. (Analytic. Chem. **28.** 666—71. April 1956 (Part II). Urbana, Ill., Univ. of Illinois, Noyes Chem. Labor.) W. KRÖNERT. 5066

W. Simon, *Zur Mikrotitration organischer Verbindungen.* 4. Mitt. *Mikrobürette konstanter Ausflußgeschwindigkeit für automatische Titrationsanlagen.* (3. vgl. C. **1956.** 7325.) Das Prinzip der Bürette, durch die automat. oder halbautomat. Mikrotitrationen unter Verwendung von ca. 10^{-6} Äquivalenten Substanz ausgeführt werden können, besteht darin, daß Hg unter konstantem Druck durch eine feine, thermostasierte Capillare in das Vorratsgefäß für die Titrations-Fl. fließt u. diese mit sehr konstanter Ausflußgeschwindigkeit aus dem Vorratsgefäß verdrängt. Ein Relaisaggregat u. ein Servomotor zum Öffnen u. Schließen der Bürette ermöglichen die Verwendung in automat. gesteuerten Titrationsanlagen. Details werden mitgeteilt. (Helv. chim. Acta **39.** 883—88. 2/5. 1956. Zürich, ETH, Organ.-chem. Labor.) K. F. MÜLLER. 5066

C. Chalmers, *Elektrochemische Theorie und Instrumente der* p_H*-Messung.* 1. Mitt. *Elektrochemische Theorie der* p_H*-Messung.* Einführende Übersicht über die elektrochem. Theorie wss. Lsgg. u. die Grundlagen u. Technik der p_H-Messungen. (Mesures Contrôle ind. **18.** 317—23. Juni 1953. George Kent Ltd., Res. Labor.) D. BREDTSCHNEIDER. 5066

Rafael Diaz, *Die Anwendung der Polarographie bei der Analyse von Elektrolyten zur Herstellung von Metallüberzügen.* Bericht mit 21 Schrifttumsstellen. (Plating **42.** 415—16. April 1955. Minneapolis, Minn., Minneapolis-Honeywell Regulator Co.) F. VIER. 5066

Paolo Papoff und **Ida Maria Vezzosi,** *Leistungskontrolle des Brown-Honeywellschen Potentiometers zur Registrierung variabler Ströme unter besonderer Berücksichtigung der polarographischen Diffusionsströme.* Eine mechan. Aufzeichnung einer Strom–Zeit-Kurve, die der Lebensdauer eines Tropfens der polarograph. Kathode entspricht, ließ sich durch eine geeignete Schaltung erzielen. Hiermit wurde unter Verwendung eines BROWN-Elektronikpotentiometers die Abhängigkeit des maximalen Effektivstromes von der aufgezeichneten Maximalhöhe der Wellen, bzw. deren Durchschnitthöhen ermittelt, u. zwar bei verschied. Frequenzbedingungen u. Dämpfungswerten. Über die Ergebnisse wird tabellar. berichtet. Die Δ-Werte liegen sehr günstig (Maximalabweichung 10%). (Ricerca sci. **25.** 302—13. Febr. 1955. Modena, Univ., Ist. di chim. fis.) H. NÖTH. 5066

M. N. Sastri, *Phenylfluoron als ein Säure–Base-Indicator.* 2.3.7-Trioxy-9-phenyl-6-fluoron kann als Indicator für starke Säure–starke Base-Titrationen verwendet werden. 50 mg der Substanz werden in 5,0 ml einer 0,1n NaOH aufgelöst u. auf 100 ml mit W. aufgefüllt. Für jede Titration werden 2—3 Tropfen dieser Lsg. benötigt. Beim Übergang bas.–sauer tritt ein Farbumschlag Rosa→Gelb auf. Im p_H-Bereich 3,0—9,0 wird eine orangegrüne Fluorescenz der Lsg. beobachtet. (Naturwissenschaften **43.** 179. 2. April-H. 1956. Waltair, South India, Andhra Univ., Chem. Labor.) W. KRÖNERT. 5068

Vittorio Roberti, *Monoäthanolamin, Triäthanolamin, Morpholin und Piperazin in der qualitativen Analyse.* 2. Mitt. Zusammenstellung der Fällungs-Rk. der obengenannten Verbb. mit $Al_2(SO_4)_3$, $FeSO_4$, $FeCl_2$, $FeCl_3$, *Cr-Alaun*, K_2CrO_4, $NiCl_2$, $CoCl_2$, $MnSO_4$, $KMnO_4$, $ZnSO_4$, $BaCl_2$, $SrNO_3$, $CaCl_2$, $MgSO_4$ sowie mit Cl_3CCOOH, *Pikrinsäure, Phosphorwolframsäure* u. *Na-Persulfat* in wss. Lösung. (Boll. chim. farmac. **89.** 94—96. März 1950. Sondalo, Labor. Brichetti.) K. FABER. 5072

R. Fischer und **G. Fessler,** *Das Bendersche Salz, eine Verbindung mit latent gebundenem Schwefelwasserstoff als Reagens in der qualitativen und quantitativen Analyse.* Besprechung des Verh. des BENDERschen Salzes (I; K-Äthylthiocarbonat) gegen Säuren u. Metallionen u. seiner Verwendung zur qualitativen u. quantitativen Best. von Metallen. Ein Trennungsvorgang für Metalle mit I statt H_2S wird beschrieben. Vorschriften zur Herst. von I, von Na-Äthylxanthogenat u. von Dixanthogen sind angegeben. (Pharmazie **10.** 349—62. Juni 1955. Apolda.) PH. FRESENIUS. 5072

Paul F. Deisler jr., Keith W. McHenry jr. und **Richard H. Wilhelm,** *Schnellgasanalysengerät unter Verwendung von α-Teilchen.* Meth. u. Gerät zur Analyse von Gasmischungen auf Grund der Ionisation der Mischungen durch α-Teilchen aus Po von einer RaD-Quelle werden beschrieben. Der Ionisationsstrom ist von der Gaszus. abhängig u. liegt bei der angewandten Spannung u. Elektrodenabstand in der Größenordnung von 10^{-8} Ampere. Es wurden die Gasgemische H_2–N_2, H_2–C_2H_4, C_2H_4–C_2H_6, N_2–CO_2 u. N_2–H_2–C_2H_6 untersucht. Die Analysengenauigkeit beträgt für bin. Mischungen 0,2—0,3 Mol-%. Die Ansprechzeit liegt in der Größenordnung von 10^{-3} sec. (Analytic. Chem. **27.** 1366—74. Sept. 1955. Princeton, N. J., Univ.) W. LUCHSINGER. 5086

Yutaka Okinaka und **Takio Kato,** *Bemerkung über die gasanalytischen Absorptionsmittel für Kohlenmonoxyd.* Verss. über die Absorptionsfähigkeit von CO durch 6 CuCl-Lsgg. verschied. Zus. u. deren CO-Dampfdruck werden beschrieben, u. die Brauchbarkeit der Lsgg. für die CO-Gasanalyse wird besprochen. (Technol. Rep. Tôhoku Imp. Univ. Sendai, Japan **18.** 12—15. 1953. [Orig.: engl.]) W. LUCHSINGER. 5086

U. L. Upson, *Erprobung von Einbauinstrumenten. Ein Entgaser zur Gewinnung luftfreier Proben.* Eine in Leitungen einzubauende Vorr. wird beschrieben, mit der ein lufthaltiger Flüssigkeitsstrom entgast werden kann. Ihre Wirksamkeit wird in Abhängigkeit von der Entlüftungsöffnung, der Flüssigkeitsströmung u. dem Luftgeh. in Schaubildern dargestellt. (Analytic. Chem. **27.** 1443—45. Sept. 1955. Richland, Wash., General Electric Co., Hanford Atomic Prod. Operat.) W. LUCHSINGER. 5088

a) Elemente und anorganische Verbindungen.

V. J. Shiner jr. und **Morris L. Smith,** *Rasche argentimetrische Bestimmung der Halogene durch direkte potentiometrische Titration.* Eine rasche u. genaue Best. von Cl^-, Br^- u. J^- erreichen Vff. durch Verwendung einer sorgfältig hergestellten Ag/AgCl-Elektrode in Verbindung mit einer temperaturkonstanten Kalomelelektrode. Die Titration erfolgt im Acetatpuffer unter Zusatz eines nichtionisierten Netzmittels. Bis zu Konzz. von 0,002 mol. beträgt der Fehler für alle drei Anionen <0,1%, u. ist für eine Cl^--, Br^-- bzw. J^--Konz. von 10^{-4}, 10^{-5} bzw. 10^{-6} mol. noch <1%. (Analytic. Chem. **28.** 1043—45. Juni 1956. Bloomington, Ind., Indiana Univ., Dep. of Chem.) H. MÜLLER. G 245

I. I. Smoljak, *Spektralschnellanalyse auf Fluor.* F wird durch die Linie 5291 Å (bis 1% F-Geh.) nachgewiesen. Zur Best. des F wird in die obere Elektrode eine Nut eingekerbt u. mit (angefeuchtetem u. getrocknetem) Calcit beschickt; die Analysenprobe kommt in eine gleiche Vertiefung der unteren Elektrode. Die Best. erfolgt visuell im Spektrographen I SsP-22 durch Messung der Banden des durch Einführung des Calcits erzeugten Radikals CaF^-: 5291, 5830, 6064,4 u. 6256,6 Å. Die Gleichmäßigkeit des Bogenbrennens u. das Auftreten des Ca (Linie CaO 5473 Å) sind zu prüfen. Vergleichsproben (Fluorit mit 0,001—30% F) ermöglichen die Best., die prakt. genügend reproduzierbar ist. (Известия Академии Наук СССР, Серия Физическая [Nachr. Akad. Wiss. UdSSR, physik. Ser.] **19.** 217. März/April 1955.) A. v. WILPERT. G 246

James Patton und **Wendell Reeder,** *Ein neuer Indicator für die Titration von Calcium mit Äthylendiaminotetraessigsäure.* Für die Best. von Ca neben Mg mit Komplexon III empfehlen Vff. die Verwendung von *2-Oxy-1-(2-oxy-4-sulfo-1-naphthylazo)-3-naphthoesäure* (**I**). Zur Unters. Ca- u. Mg-haltiger Lsgg. wird zuerst in Ggw. von *Eriochromschwarz T* (**II**) die Summe der Kationen mit Komplexon III u. dann mit **I** Ca^{2+} allein bestimmt. Die Titration mit **I** u. **II** wird in gleicher Weise durch Schwermetallionen gestört. Vff. geben eine Vorschrift zur Herst. von **I** an. (Analytic. Chem. **28.** 1026—28. Juni 1956. Dallas, Tex., Campbell Taggart Res. Corp.) H. MÜLLER. G 283

Ajitsankar Bhaduri, *Eine Anmerkung über die Bestimmung von Aluminium durch Anthranilsäure.* Al-Ionen werden durch Anthranilsäure (**I**) bei p_H 4,6 quantitativ gefällt. Von dieser Möglichkeit macht Vf. zur quantitativen Best. von Al-Ionen Gebrauch, indem er entweder Al durch Zusatz von Na-Anthranilatlsg. ausfällt oder eine saure Al-Ionen u. **I** enthaltende Lsg. bei Ggw. von Harnstoff kocht (das aus dem letzteren durch Hydrolyse entstehende NH_3 hält die Lsg. auf p_H 4,2—4,6). Die Auswägung erfolgt als Al_2O_3 durch Erhitzen des Nd. im Pt-Tiegel. Ggw. von viel Na-Acetat oder NH_4-Salzen wirkt störend. (J. Indian chem. Soc. **27.** 281—82. Juni 1950. Calcutta, Univ. Coll. of Sci., Inorgan. chem. Labor.) H. LEHWALD. G 294

H. Flaschka und **A. M. Amin,** *Die maßanalytische Bestimmung des Indiums mit Äthylendiamintetraessigsäure.* Inhaltlich im wesentlichen ident. mit der C. **1956.** 8447 referierten Arbeit. (Z. analyt. Chem. **140.** 6—9. 1953. Graz.) A.-M. FRETZDORFF. G 296

A. Sitaramachandra Murthy, T. P. Sarma und **Bh. S. V. Raghava Rao,** *Yttrium. Seine gravimetrische und colorimetrische Bestimmung mit 8-Oxychinolin. Y-Oxinat* (**I**) der Zus. $Y(Ox)_3$ fällt von p_H 3,84—4,78 u. kann durch Br_2-Titration oder Veraschung zu Y_2O_3 bestimmt werden. Eine Trennung von Y u. Th auf diesem Weg ist nicht möglich. **I** ist in verd. Säuren unter Zers. löslich. Die **I**-Lsg. in Aceton oder CCl_4 kann zur photometr. Y-Best. durch Absorptionsmessung bei **330** u. **340** mμ in geringen Konzz. dienen. (Z. analyt. Chem. **145.** 418—23. 1955. Waltair, Andhra Univ., J. V. D. Coll. of Sci. and Technol.) PH. FRESENIUS. G 300

G. S. Deshmukh und **M. K. Joshi,** *Jodmonochloridendpunkt bei der Oxydation von Thiocyanat mit Permanganat. Bestimmung von Cer.* $Ce(SO_4)_2$ wird durch überschüssiges KSCN zu Ce^{3+} reduziert. Der Überschuß von KSCN wird in Ggw. von HCl, JCl u. CCl_4 mit $KMnO_4$ zurücktitriert, wobei der Endpunkt gleichzeitig durch das Verschwinden der violetten J-Farbe aus dem CCl_4 u. das Auftreten der $KMnO_4$-Farbe in der wss. Phase angezeigt wird. Ggw. anderer 3wertiger Seltener Erden stört nicht. (Z. analyt. Chem. **145.** 345—46. 1955. Benares, Benares Hindu Univ., Dep. of Chem.) PH. FRESENIUS. G 304

M. T. Beck, *Mit Titan(IV)-Ionen stabilisiertes Wasserstoffperoxyd als titrimetrische Maßlösung. Bestimmung von Cer(IV)-Ionen durch direkte Titration.* Eine mit Ti^{4+}-Ionen stabilisierte H_2O_2-Lsg. eignet sich für die Best. von Ce^{4+}-Ionen. Dabei läuft die Rk. $2Ce(SO_4)_2 + H_2O_2 \rightarrow Ce_2(SO_4)_3 + H_2SO_4 + O_2$ ab. Der Titer der Titrationslsg. wird als stabil bezeichnet. Eine Probe, die ca. 50—350 mg Ce^{4+}-Ionen enthält, wird mit 20 ml 20%ig. H_2SO_4 versetzt, auf 50° erhitzt u. in der Hitze bis zum Verschwinden der Gelborangefärbung titriert. Zusatz eines Indicators ist nicht notwendig. Kationen der

3. Gruppe des Period. Syst. stören nicht. Auf gleicher Basis ist auch eine colorimetr. Best. von Ce^{4+} möglich. (Acta chim. Acad. Sci. hung. **5.** 209—14. 1955. Szeged, Univ., Inst. of Inorgan. and Analyt. Chem.) R. Mattner. G 304

Sch. G. Melamed, M. A. Notkina und **Ss. M. Ssolodownik,** *Spektralanalyse des Titans auf Beimischungen.* Es werden 3 Verff. vorgeschlagen: 1. *Best. des P* durch „auswählendes“ Verdampfen des P aus tiefem Bogenkrater der C-Elektrode; Best. nach der absol. Schwärzung der Linie P I-2553, 28 (die intensivere PI-2535,65 wird von der sehr empfindlichen Ti II 2535,87 im Spektrographen „I SsP-22“ überdeckt, bleibt jedoch im Spektrographen „KSs-55“ bis auf 0,005% P identifizierbar); Empfindlichkeit 0,01% P; relativer Einzelfehler $\pm 8\%$. 2. *Best. des Si u. Mg* durch gemeinsames Verdampfen von 15 mg TiO_2, 7,5 mg C-Pulver u. 7,5 mg NiO im C-Krater. Si wird (Empfindlichkeit 0,01% Si) aus den relativen Schwärzungen Si I 2516,12–Ni I 2540,02 Å, Mg aus den Paaren Mg II 2795,53–Ti II 2784,64 (bei 0,001—0,03% Mg) u. Mg 2779,83–Ti II 2784,64 Å (über 0,03% Mg) bestimmt; relative Fehler für beide Elemente $\pm$ 8 bis $\pm 9\%$. 3. *Best. von Si, Mg u. Ca* im Funkengenerator. Preßtabletten aus 100 mg TiO_2 u. 800 mg Cu-Pulver, auf Cu-Unterlage (obere Elektrode: C); bei dieser Mischung 10 Min. lang Schwärzungskonstanz. Best. aus den Linienpaaren Mg II 2795,53–Ti II 2805,01 u. Ca II 3968,47–Ti I 3958,21 Å; Empfindlichkeit 0,1% Si, 0,003% Mg, 0,01% Ca. Relativer Einzelfehler $\pm 5\%$. (Известия Академии Наук СССР, Серия Физическая [Nachr. Akad. Wiss. UdSSR, physik. Ser.] **19.** 179—80. März/April 1955.)
A. v. Wilpert. G 321

W. A. Brooksbank jr., G. W. Leddicotte und **S. A. Reynolds,** *Bestimmung von Spurenelementen in Titan durch Neutronenaktivierungsanalyse.* Durch Bestrahlung von Ti u. Ti-Verbb. mit therm. Neutronen des Uran–Graphit-Reaktors werden durch (n,γ)-Rkk. in Cl, Cu, Mn, Si, Ni, V u. W radioakt. Isotope erzeugt. Die entstandene Strahlung ($\beta + \gamma$) wird mit den Strahlungen von Vergleichsproben bekannter Zus. verglichen. Die Meth. ist spezif. u. gestattet die Best. der Verunreinigungen im Mikrogrammmaßstab. (Analytic. Chem. **28.** 1033—35. Juni 1956. Oak Ridge, Tenn., Oak Ridge Nat. Labor., Analytic. Chem. Div.) H. Müller. G 321

J. Maatsch, *Sauerstoffbestimmungen in Blei und Zink.* Krit. Betrachtung der bekannten Bestimmungsmethoden. Angabe der Schrifttumsstellen. (Metall **7.** 873—74. Nov. 1953. Braunschweig.) F. Vier. G 328

H. Schulten, *Über die Bestimmung des Bleis in Bleiaschen und -krätzen.* Metall- u. Staubanteil werden nicht wie bisher durch Schmelzen mit Na_2O_2, sondern mit H_2SO_4 aufgeschlossen. Dadurch wird die Anwendung einer größeren Einwaage von 10 g möglich. Nach Verdünnen wird filtriert. Die Abtrennung des Pb vom Sb, Sn u. Cu ist quantitativ. $PbSO_4$ wird mit $(NH_4)_2CO_3$-Lsg. zu $PbCO_3$ umgesetzt, das abfiltriert u. mit HNO_3 gelöst wird. Ein aliquoter Teil der $PbNO_3$-Lsg. wird mit H_2SO_4 abgeraucht, $PbSO_4$ abfiltriert u. gewogen. Dauer der Best. 8—10 Stunden. (Metall **7.** 892. Nov. 1953. Nürnberg.)
F. Vier. G 328

R. G. Canning und **P. Dixon,** *Direkte spektrophotometrische Bestimmung von Uran in wässerigen Lösungen.* Es wird eine schnelle Meth. zur direkten Best. von *U* in H_2SO_4-sauren Lsgg. neben *V*, *Cr* u. den *Seltenen Erden* (1—2 g/Liter als Oxyde) sowie bis zu 10 g TiO_2/Liter u. 40 g Fe_2O_3 (als Fe^{3+} oder Fe^{2+})/Liter beschrieben u. diskutiert. U u. V werden durch $FeSO_4$ in 40 Vol.-%ig. H_3PO_4-Lsg. red. u. U(IV) gegen eine entsprechende Vergleichslsg. bei 660 u. 700 mμ spektrophotometriert. Die Dauer einer Best. beträgt ca. 1 Std., die Genauigkeit bei 0,5—5 g U_3O_8/Liter $\geqq 2\%$. Mo, Cu (in Ggw. von Cl^-), größere Mengen Ti sowie NO_3^- stören. Cu wird durch Fällung mit Al-Pulver u. Filtration, Ti durch entsprechendes Verdünnen der Testlsg. u. NO_3^- durch Abrauchen mit H_2SO_4 entfernt bzw. maskiert. Eine gleichzeitige, aber weniger genaue Best. von V als V(III) ist möglich. — V o r s c h r i f t: 2 gleiche Voll. der Probenlsg. (maximal 20 ml mit einem optimalen Geh. von 10—50 mg U_3O_8) werden gegebenenfalls mit W. auf 20 ml aufgefüllt, je 20 ml H_3PO_4 u. 0,5 ml 30%ig. H_2O_2 zugegeben, bis zum Aufhören der O_2-Entw. gekocht, etwas abgekühlt u. je 0,1 g Na_2SO_3 zugegeben. Die Vergleichslsg. wird mit 10 ml n. H_2SO_4, die Testlsg. mit 10 ml 0,5 mol. $FeSO_4$-Lsg. in n. H_2SO_4 versetzt. Beide Lsgg. werden 5 Min. gekocht, abgekühlt, auf 50 ml aufgefüllt, papierfiltriert u. bei 660 u. 700 mμ in 4 cm-Küvetten spektrophotometriert. (Analytic. Chem. **27.** 877—80. Juni 1955. South Australia, Dep. of Mines, Geol. Surv. Labors.) H. Hofmann. G 339

R. J. Guest und **J. B. Zimmerman,** *Bestimmung von Uran in Urankonzentraten. Verwendung von Äthylacetat.* Es wird eine schnelle u. genaue Meth. zur Best. von *U* in angereicherten Konzentraten beschrieben u. diskutiert. U wird aus HNO_3-saurer Lsg. (5% HNO_3), die einen großen Überschuß an $Al(NO_3)_3$ enthält, mit *Äthylacetat* (I) extrahiert, aus dem I-Extrakt mit W. ausgewaschen u. nach der $NaOH–H_2O_2$-Meth. bei 370 mμ

colorimetriert. Der mittlere Fehler beträgt durchschnittlich 0,5%. Für höhere Genauigkeitsansprüche wird eine Variation der vorst. Meth. beschrieben, bei der U durch doppelte Extraktion mit I abgetrennt u. nach der $NaOH-H_2O_2$-Meth. differentialcolorimetr. bei 400 mμ bestimmt wird. Der mittlere Fehler beträgt ca. 0,2%. Störungen durch Th, das unter den gegebenen Bedingungen mitextrahiert wird, werden durch Filtrieren der alkal. Lsg. vor der colorimetr. Best. vermieden. (Analytic. Chem. **27.** 931—36. Juni 1955. Ottawa, Can., Dep. of Mines and Technol. Surv., Mines Branch, Radioact. Div.)
H. HOFMANN. G 339

I. Perman, *Beitrag zur potentiometrischen Uranbestimmung.* Es wurde ein potentiometr. Verf. zur Best. kleiner U-Mengen in Erzen ausgearbeitet. Das U(VI) wird dazu unter Luftzutritt mit fl. Zn-Amalgam zu U(IV) reduziert. Bei Einhaltung bestimmter Säurekonzz. (H_2SO_4 10%, $HClO_4$ 15% oder HCl 5%) wird trotz der Luftatmosphäre ein konstanter Blindverbrauch erzielt. Bei kleineren Säurekonzz. ist die Red. unvollständig, bei wesentlich höheren führt sie teilweise zum U(III). Titriert wurde mit 0,01n $KMnO_4$- oder $Ce(SO_4)_2$-Lsg. in 4n Säure in der Kälte. Durch Zugabe von Ferriammoniumsulfat läßt sich der Titrationsfehler bei geringen Mengen verkleinern. Es ist so möglich, 10 γ U je cm^3 mit einem relativen Fehler unter +0,5% zu titrieren. Der Einfl. störender Elemente ist bei diesem Verf. geringer als mit festem Zn-Amalgam; stark stören Ti, V, Mo u. Fe, weniger Zr, Cr, As, Sb, Bi, Hg, Se, Te u. nur in großen Mengen W, Co, Ni, Cu, Ag u. Sn. Die störenden Elemente werden durch Elektrolyse an der Quecksilberkathode aus 1n Säure und anschließender Cupferronextraktion mit Chlf. aus $HClO_4$- oder H_2SO_4-saurer Lsg. entfernt. Dabei bleibt nur etwas Sb beim U, das aber in geringen Mengen nicht stört. Bei Abwesenheit von Ti, V, Mo u. Nb kann die Cupferronextraktion unterbleiben. Überschüssiges Cupferron bzw. seine Zersetzungsprodd. (HNO_3) werden durch Erhitzen bis zum Rauchen der $HClO_4$ entfernt. Die untere Erfassungsgrenze — ermittelt an künstlichen Mineralproben — liegt bei einer Einwaage von 1 g bei 0,05% U. (Sloven. Acad. Sci. Arts, „J. Stefan" Inst. Physics, Rep. **2.** 27—37. Mai 1955.)
F. UMLAND. G 339

F. Lucena-Conde und **L. Prat,** *Ein neuer Nachweis für Uranylionen, der auf deren Redoxeigenschaften beruht.* Der neue Nachw. beruht auf der Tatsache, daß 4wertiges Uran durch Fe(III) oxydiert wird. Das dabei entstehende Fe(II) läßt sich leicht nachweisen. Zur Durchführung der Probe wird die U-Verb. mit Zn-Amalgam oder Al in saurer Lsg. reduziert. Bei Ggw. anderer Reduktionsmittel wird dann das U als $UF_4 + ThF_4$ gefällt. Der Nd. wird mit $FeCl_3$ behandelt u. das Fe(II) mit o-Phenanthrolin nachgewiesen. Empfindlichkeit: $p_D = 4{,}7$; Störungen: MoO_4^{2-}, VO_3^-, Ti^{4+} u. WO_4^{2-} verringern die Empfindlichkeit. (Mikrochim. Acta [Wien] **1955.** 799—802. Salamanca, Univ., Labor. of Analyt. Chem.)
G. ACKERMANN. G 339

Takayoshi Yoshimori, *Über die Bestimmung von Mangan in Metallen und Legierungen mit Hilfe der sogenannten „induzierten Oxydationsmethode".* Der Einfl. von Fremdmetallionen, wie Al, Mg, Cu, Zn, Cd, Sn, Pb, Bi u. Sb, auf die Bestimmungsmeth. des Mn bei Verwendung einer induzierten Oxydations-Rk. u. der erforderliche Mindestgeh. an $HClO_4$ wurden untersucht. Dabei zeigt sich: 1. Die Ergebnisse werden erst durch die Ggw. von mehr als 1,53 g Al-, Cu-, Mg-, Zn- u. Cd-Ionen beeinflußt. 2. Bei Zugabe einer genügenden Säuremenge treten bei Ggw. größerer Mengen Sn, Bi u. Pb keine Störungen auf. 3. Zufriedenstellende Ergebnisse wurden durch die $HF-H_3PO_4$-Meth. bei Ggw. großer Sn-Mengen erhalten. 4. Bei Ggw. von mehr als 0,3 g Sb in der Lsg. entstand auch nach Zugabe von 15 ml konz. H_2SO_4 eine flockige Fällung, u. die Ergebnisse waren wenig zufriedenstellend. Die Entfernung von Sb als $SbCl_3$ durch Zugabe von KCl vor dem Abrauchen mit H_2SO_4 war das günstigste Abtrennungsverfahren. 5. Die Mindestmenge an $HClO_4$ (60%), die zur Erzielung brauchbarer Ergebnisse notwendig war, wurde festgestellt. 6. Arbeitsvorschriften für die Best. von Mn in Nichteisenmetallen u. Legierungen sowie zahlreiche Beleganalysen werden mitgeteilt. (Nippon Kinzoku Gakkai-Si. [J. Japan Inst. Metals] B **14.** Nr. 8. 38—40. Aug. 1950. [Orig.: japan.; Auszug: engl.])
S. HÜTTIG. G 350

Jiří Adam und **Jan Doležal,** *Polarographische Bestimmung des zwei- und dreiwertigen Eisens in Eisenerzen. 1.2-Dioxybenzoldisulfosäure-(3.5)* („*Tiron*"; I) bildet nach YOE u. JONES (Ind. Engng. Chem., analyt. Edit. **16.** [1944.] 111) in stark alkal. Medium (p_H über 9) mit Fe verschied. innere Komplexsalze. Zur gleichzeitigen colorimetr. Best. von Fe^{2+} u. Fe^{3+} ist das sehr beständige rotgefärbte Salz geeignet. Aus den polarograph. Unterss. (anod. Oxydationsstufe des Fe^{2+}, Reduktionsstufe des Fe^{3+}) ergibt sich, daß sich unter den angeführten Bedingungen ein irreversibles Syst. bildet. Die Verschiebung der Stufe mit sinkender NaOH-Konz. wird am meisten durch das Absinken derjenigen Ionenform des komplexbildenden Reagenses beeinflußt, die sich an der Komplexbldg. beteiligt. Die Stufen eignen sich auch in Ggw. anderer Kationen zur polarograph. Best. des Fe^{2+} u. Fe^{3+}. Der 2wertige Komplex ist gegen Oxydation durch O_2 sehr empfindlich. Die Best. wird durch die Ggw. von U- u. einem größeren Überschuß an Pb-, Bi-, Mn- u. V-Verbb. gestört (9 Polarogramme). — Zu den Unterss. werden ein HEYROVSKÝ-Polarograph, Typ V-301, eine 5%ig. I–Di-Na-Salzlsg., sowie 0,1 mol. Lsgg. der Komplexone I u. III u. der 1.2-Diaminocyclohexan-N.N.N'.N'-tetraessigsäure verwendet. — Unterss. von *Roteisenstein* auf Fe^{2+}: Zerkleinerung unter A.; Einwaage einer Probenmenge, die einer 0,01 mol. $FeCl_2$-Lsg. entspricht. Auflösen in 20—25 cm^3 HCl (1:1 verd.), wobei gegebenenfalls entstehender u. reduzierend wirkender H_2S mit einem Inertgasstrom entfernt wird (Skizze der App.), 5 Min. Kochen unter weiterem Durchleiten von O_2-freiem N_2, Auffüllen auf 50 cm^3, Entnahme einer Menge, die $1 \cdot 10^{-3}$ Mol $FeCl_2$ entspricht, u. Polarographie. (Věstník ústředního Ústavu geologického **29.** 120—25. 1954. Praha, Karlova Univ., Petrograf. ústav u. Ústav analyt. chem.) E. ROTTER. G 354

Takuho Ikegami und **Shoji Morita,** *Bestimmung von Eisenoxyden von in Vorwärmöfen und Tauchbädern gebildetem Eisenzunder.* Vff. untersuchten eine Trennungmeth. zur Best. des Fe_3O_4-Geh. neben Fe_2O_3 in Eisenzunder. Eine fast vollständige Trennung ist magnet. in absol. A. erreichbar. Folgende Werte wurden für Eisenzunder ermittelt: FeO ca. 58%, Fe_3O_4 ca. 34%, Fe_2O_3 ca. 7%. Ferner wurden dicke Zunderschichten in die massiven äußeren u. die körnigen inneren Schichten aufgeteilt. Für die äußere Schicht wurde gefunden: FeO 37—40%, Fe_3O_4 52—57%, Fe_2O_3 5%; für die innere Schicht: FeO 60—70%, Fe_3O_4 12—20%, Fe_2O_3 16%. (Nippon Kinzoku Gakkai-Si [J. Japan Inst. Metals] B **14.** Nr. 8. 47—50. Aug. 1950. [Org.: japan.; Auszug: engl.]) S. HÜTTIG. G 354

A. G. Komarowski, *Schnellmethode zur quantitativen Spektralanalyse hochlegierter Stähle und Legierungen.* Kurzbericht über eine Schnellmeth. zur Best. von *Si, Mn, Cr, Ni, Mo, Ti, V, W, Co, Al, B, Nb* in hochlegierten u. feuerfesten Legierungen, u. zwar sowohl im Funken- wie im Bogenspektrum. Die Eichkurven werden nach dem Verf. der photometr. Interpolation aufgebaut, wobei als Koordinaten die Logarithmen der Konzentrationsverhältnisse (%ig. oder atomar) dienen. Die Neigung der einander parallelen Kurven bleibt erhalten, wenn man von den Si-Werten in einfachen Stählen zu jenen in komplizierten übergeht, die Werte jedoch sinken bedeutend. — Um dem schwierigen Einfl. dritter Elemente auf die Analysenergebnisse besser zu begegnen, wurden die Stähle u. Legierungen in 2—3 Klassen eingeteilt. Zusammen mit der Parallelverschiebung der Eichkurven wird die Wahl der Eichmaße dadurch erleichtert. Dauer einer Best.: 9 Min. im Bogenlicht, 10 Min. im Funken, wobei jedes zusätzliche Element 1 bzw. 1½ weitere Min. beansprucht. (Известия Академии Наук СССР, Серия Физическая [Nachr. Akad. Wiss. UdSSR, physik. Ser.] **19.** 167—69. März/April 1955. Zentrales Wiss. Forschungsinst. für Technol. u. Maschinenbau.) A. v. WILPERT. G 354

A. G. Komarowski, *Lokale Analyse geschweißter Nähte von hochlegierten Stählen und hitzebeständigen Legierungen.* Es wird das Schema eines Generators gegeben, der es ermöglicht, durch einfaches Umschalten verschied. Entladungsformen zu erhalten: Den Hochfrequenzfunken, die Niederspannungs-Impuls-Funkenentladung von hoher Kapazität, die Impulsentladung des Wechselstrombogens sowie die üblichen Bogen- u. Funkenentladungen. Mit dem Hochfrequenzfunken können lokale Analysen Spalte in geschweißten Nähten ohne das Auftreten der Grundstrahlung durchgeführt, mit der Niederspannungs-Impuls-Funkenentladung hoher Mächtigkeit kann an isolierter Stelle ein Spektr. nach einem einzigen Aufblitzen erhalten werden. Als Beispiel wird Best. von Nb, Mo, Si u. Mn angeführt. (Известия Академии Наук СССР, Серия Физическая [Nachr. Akad. Wiss. UdSSR, physik. Ser.] **19.** 152—53. März/April 1955.) A. v. WILPERT. G 354

Ju. M. Burawlew, *Untersuchung des Einflusses der Struktur auf die Resultate der Spektralanalyse von Stählen der Typen R 9, R 18 und 38 ChMJuA.* Bei der Unters. von Standardmustern mehrerer Typen mittel- bis hochlegierter Stähle wurden systemat. Abweichungen bis 20% (relativ) gefunden, u. zwar in den Werten der relativen u. absol. Schwärzungen der legierenden Elemente u. der Basis, ferner in Änderungen des Neigungswinkels sowie Verschiebungen der Eichkurven bei gehärteten Stählen im Verhältnis zu ungehärteten. Die Größe des Struktureinfl. hängt von den Durchführungsbedingungen der Analysen ab. Deformation in der Kälte weisen bei nichtrostenden Stählen einen Struktureinfl. bis 15% auf. (Известия Академии Наук СССР, Серия Физическая [Nachr. Akad. Wiss. UdSSR, physik. Ser.] **19.** 170—71. März/April 1955. Uraler Metallinst., Labor. für Standardmuster.) A. v. WILPERT. G 354

I. A. Grikit, *Einfluß der thermischen Bearbeitung und Deformation von schnellschneidendem Stahl R 18 auf die Resultate der Spektralanalyse.* Es wurden Stahlproben

„R 18“ untersucht, die teils nur gegossen, teils zusätzlich geschmiedet, gehärtet u. gebrannt wurden. Es zeigte sich, daß die Werte für W, V (u. Cr) bei den nur gegossenen (unbearbeiteten) Proben bedeutend höher lagen als bei den geschmiedeten Proben. Die Abweichungen lagen zu hoch, um nur als zufällige angesehen zu werden. Therm. Bearbeitung (Erhitzen) wies keinen nachweisbaren Einfl. auf. Die Abweichungen bei der Cr-Best. waren unerheblich. Langandauerndes Befunken verwischte die Unterschiede nicht; hingegen war im Bogenlicht kein Einfl. der Struktur nach therm. oder mechan. Bearbeitung nachzuweisen. (Известия Академии Наук СССР, Серия Физическая [Nachr. Akad. Wiss. UdSSR, physik. Ser.] **19.** 171—73. März/April 1955.) A. v. WILPERT. G 354

I. A. Grikit, *Einfluß der Zementierung und Nitrierung auf die Resultate der Spektralanalyse.* 5 Stahlproben wurden mit den therm. Zersetzungsprodd. von Bzl. (140—200 Tropfen/Min.) u. 5—6 Std. bei 920° gas-zementiert, 2 weitere bei 525° (25 Std.) u. 540° (30—35 Std.) mit NH_3 azotiert. Die Tiefe der zementierten Schicht betrug 0,8—1,1, die der nitrierten Schicht 0,4—0,7 mm. Dann wurde spektrographiert, wobei C-, Cu- u. Fe-Anti(Hilfs)-Elektroden verwendet wurden. Andere Proben wurden nach dem Zementieren u. Nitrieren gebrannt, langsam oder rasch gekühlt (gehärtet). Die mit allen Proben durchgeführten Bestimmungen ergaben recht bedeutende Abweichungen im Geh. an Cr, Ni, Mn u. Al, teils höhere (bis 30%), teils niedrigere (bis 20%) Werte. Somit beeinflussen Zementieren u. Nitrieren die spektral bestimmten Gehh. erheblich. Das Material der Antielektrode wirkt wesentlich bei den azotierten Proben mit; bei den zementierten bleibt sein Einfl. unwesentlich. Härten u. langsames Abkühlen beeinflussen bes. die Ergebnisse der Ni-Bestimmung. Bei Ausdehnung der Befunkungszeit auf 3—4 Min. verschwindet der Einfl. des Materials der Hilfselektrode, ausgenommen bei Ni, das auch nach 10 Min. Befunken den Einfl. von Zementieren u. Nachglühen zeigt, während bei der Best. von Cr, Mn u. Si die Abweichungen verschwinden. (Известия Академии Наук СССР, Серия Физическая [Nachr. Akad. Wiss. UdSSR, physik. Ser.] **19.** 221—23. März/April 1955.) A. V. WILPERT. G 354

N. W. Bujanow, *Spektrographische Analyse von kohlenstoffhaltigen und schwachlegierten Stählen und Martinroheisen.* Es werden genaue Arbeitsvorschriften gegeben: 1. Für die Best. von *Mn, Si, Cr, Ni, Al, Mo, Ti* u. (gesondert) für die Best. von *Cu* in C- u. schwachlegierten Stählen; 2. für die Best. von Mn u. Si in Martinroheisen: Probeentnahme (u. Vorbereitung der Probe), Elektrode (C u. Cu) App. u. Durchführung der Analyse (Aufnahme der Spektren) Photometrieren, Aufbau der Eichkurven, Dauer u. Genauigkeit der Analysen. (Известия Академии Наук СССР, Серия Физическая [Nachr. Akad. Wiss. UdSSR, physik. Ser.] **19.** 174—78. März/April 1955. Zentrales forschungswiss. Inst. für Schwarzmetalle.) A. V. WILPERT. G 354

Je. Ss. Kudelja und **A. Ss. Demjantschuk,** *Spektralchemische Bestimmung von Kohlenstoff in Eisenlegierungen.* Bei Verwendung einer konstanten Mg-Elektrode wird die Oxydation des C u. die Geschwindigkeit der Diffusion von CO u. CO_2 vermindert. Vff. empfehlen daher die Verwendung einer Mg-Elektrode u. eine Belichtungsdauer von 20 bis 30 Sekunden. Die Konz. des C wird an der Linie C III 2296,8 Å gemessen; zum Vgl. sind die Fe-Linien 2304,7 Å (für C-arme Stähle), 2279,9 Å für legierte u. 2327,4 Å für Gußeisen geeignet. Zur Anregung des Spektr. wird eine Hochfrequenzentladung empfohlen, man kann damit bis hinab zu 0,01—0,02% Fe, mit kondensiertem Funken ab 0,03—0,04% Fe bestimmen. (Известия Академии Наук СССР, Серия Физическая [Nachr. Akad. Wiss. UdSSR, physik. Ser.] **19.** 150—51. März/April 1955. Paton-Elektroschweißinst. der Akad. der Wiss. der UkrSSR.) A. v. WILPERT. G 354

R. Breckpot und **C. Gobert,** *Spektroskopische Bestimmung des Kohlenstoffs im Stahl.* Ähnlich wie die Best. von P (vgl. C. **1949.** E. 761) wird die von C in Stählen ausgeführt unter Benutzung der Linie C III 2296,86 bei mäßiger Dispersion, Funkenanregung hoher Energie, Elektronenvervielfachung u. Strommessung im Vgl. zum Effekt der Linie Fe II 2883,70 der Probe. — Ebene Stahlproben mit Ag- oder Al-Gegenelektrode. Störung durch erheblichen Ni-Geh., nicht aber durch das CO_2 der Luft. — Korrektur für Hintergrundstrahlung usw. durch Eichen. — Der mittlere Fehler bei 0,1—1% C ist $\pm$0,008% C. (Bull. Soc. chim. belges **59.** 102—06. Jan./Febr. 1950. Loewen, Univ., Labor. Centre nat. Rech. métall.) K. BLUMRICH. G 354

Takuho Ikegami, Ohiko Kammori und **Akira Amano,** *Schnellbestimmung kleiner Mengen Kohlenstoff in Eisen und Stahl.* 1. Mitt. *Abänderung des gasvolumetrischen Verfahrens (Gakushin) zur Bestimmung niedriger Kohlenstoffgehalte.* Das von der GAKUSHIN entwickelte gasvolumetr. Verf. zur Best. von $<$0,05% C in Fe u. Stahl wird abgewandelt, indem die Bürette von 350 auf 60 cm³, die Einteilung von 0,1 auf 0,02 cm³ u. der tote Raum des Verbrennungsrohres auf 50 cm³ vermindert werden. Das Gerät gestattet die

Best. von 0,01—0,05% C mit einer Genauigkeit von ±0,002% in ca. 12 Minuten. Eine Zahlentafel gibt die Korrekturwerte für die CO_2-Messung an. (Tetsu to Hagane [J. Iron Steel Inst. Japan] **41.** 531—35. 1955. [Orig.: japan.; Auszug: engl.])
W. Wesly. G 354

T. R. Andrew und **C. H. R. Gentry,** *Die photometrische Bestimmung von Silicium in Stählen.* Eine auf der „Molybdänblau-Rk." basierende Si-Bestimmungsmeth. wandeln Vff. so ab, daß ein relativ großer Analysenbereich erfaßt wird. Die Stahlproben werden je nach Vorschrift in verd. H_2SO_4, verd. HNO_3 oder verd. $HCl–HNO_3$-Mischsäure gelöst; als Reduktionsmittel zur Erzeugung des „Molybdänblau"-Komplexes dient eine Mischung der wss. Lsgg. von $Fe(NH_4)_2(SO_4)_2$ u. $(COOH)_2$. Die Farbentw. ist bei 20±3° nach 20 Min. optimal u. während ca. 19 Std. stabil; das Absorptionsmaximum liegt bei 805 bis 810 mμ. Si-Gehh. von 0,5—3,0% werden mit dem Spekker-Absorptiometer bei 670 mμ unter Verwendung einer W-Fadenlampe u. Ilford-Filter Nr. 608 bestimmt. Zur Best. kleinerer Si-Gehh. verwenden Vff. das Unicam-Spektrophotometer SP 500 u. messen bei 810 mμ. 12 Si-Bestimmungen können nach dieser Meth. in ca. 2½ Std. durchgeführt werden. Ggw. von 0,1% P bzw. As, 1% Pb, 5% Cu bzw. V, 20% Co, Ni, Cr bzw. Mn ist ohne Einfl. auf die Genauigkeit des Verfahrens. Vff. beschreiben eine Abänderung am Spekker-Absorptiometer, durch die es ermöglicht wird, Messungen bei 805 mμ durchzuführen. (Analyst **81.** 339—48. Juni 1956. Mitcham Junct. Surrey, Philips Electric. Ltd.)
D. Ertel. G 354

Masayoshi Ishibashi und **Yuzuru Kusaka,** *Neue volumetrische Methode zur Bestimmung von Ferroeisen in Silicaten.* 1. Mitt. Die Analysenprobe wird mit H_2SO_4 u. HF u. einem bekannten Gewicht NH_4VO_3 (I) erhitzt. Das nicht red. I wird mit einer eingestellten Fe^{2+}-Lsg. (Mohrsches Salz) zurücktitriert. (J. chem. Soc. Japan, pure Chem. Sect. [Nippon Kakagu Zassi] **71.** 160—63. Febr. 1950. Kyoto, Univ. [Orig.: japan.])
L. Schuler. G 354

Takayoshi Yoshimori, *Über die Bestimmung von Schwefel in Guß- oder Roheisen durch die Verbrennungsmethode.* Die Schwefelmengen, die durch die Verbrennungsmeth. in Guß- oder Roheisen gefunden werden, sind immer etwas zu niedrig. In der vorliegenden Arbeit werden folgende Fehlerquellen betrachtet: 1. die Bldg. von Aerosolen aus den Verbrennungsprodd.; 2. die unvollständige Verbrennung der Probe; 3. der Verlust an gebildeten Gasen. Bei der Unters. der einzelnen Faktoren wurden folgende Bedingungen als brauchbar für die Best. gefunden: 1. Verwendung von Luft an Stelle von O_2 bei der Verbrennung; 2. Verwendung ausgewaschener Tonschiffchen (Entfernung von Tonstaub) u. Vorwärmen auf 1260—1280°; 3. Zugabe von ca. 0,1—0,2 g B_2O_3 als Flußmittel; 4. Probeeinwaage 0,1—0,2 g, Korngröße entsprechend 12—32 Maschen/sq.in.; 5. Größe des Verbrennungsschiffchens ca. 110×8 mm; 6. Verbrennungstemp. oberhalb 1250°, Verbrennungszeit 20—40 Min., Strömungsgeschwindigkeit der Luft bei Beginn der Verbrennung 100 ml/Min., anschließend Steigerung der Strömungsgeschwindigkeit um jeweils 100 ml/Min. alle 5—10 Min. u. dann 400—500 ml/Min. bei Beendigung; 7. Durchsaugen der Luft mit einer Wasserstrahlpumpe. — Beleganalysen werden mitgeteilt. (Nippon Kinzoku Gakkai-Si [J. Japan Inst. Metals] B **14.** Nr. 8. 41—44. Aug. 1950. [Orig.: japan.; Auszug: engl.])
S. Hüttig. G 354

Johannes Bünger, *Die potentiometrische Bestimmung des Vanadins in chromreichen Stählen.* Um den Schwierigkeiten der Erkennung des Titrations-Endpunktes bei der visuell-maßanalyt. Best. kleiner V-Gehh. neben großen Mengen Cr aus dem Wege zu gehen, wird die Anwendbarkeit der potentiometr. Titration geprüft. Bei hohen Cr-Gehh. (10% Cr u. höher) werden auch bei Tempp. unter 30° durch einen steigend zugesetzten Überschuß an $KMnO_4$ steigende Anteile von Cr oxydiert. Beim Abrauchen der gelösten Probe mit H_3PO_4–H_2SO_4-Gemisch bilden sich reduzierend wirkende Stoffe, deren störender Einfl. durch Oxydation mit $KMnO_4$ beseitigt werden muß. Es wird ein sicheres Schnellverf. zur Best. kleiner V-Mengen in Cr-reichen Stählen angegeben. (Arch. Eisenhüttenwes. **26.** 675—78. Nov. 1955. Burghausen, Edelstahlwerk Schmidt & Clemens.)
H. Hochstein. G 354

H. Pohl, *Eine photometrische Kupferbestimmung in Nichteisenmetallen und -legierungen.* Cu-Gehh. von 0,002—8% in Nichteisenmetallen können durch photometr. Ausmessen der $Cu–NH_3$-Komplexe bestimmt werden. Der Analysenfehler liegt zwischen ±0,3 u. 5%. Das Verf. kann auch zum Anreichern kleiner Ag-Mengen mit nachfolgender gravimetr. Best. verwendet werden. (Metall **9.** 102—03. Febr. 1955. Berlin-Dahlem, Bundesanst. für mechan. u. chem. Materialprüfung.)
F. Vier. G 358

Shoji Morita und **Kiyoshi Watanabe,** *Methoden zur Fehlerausschaltung infolge des abnormen Farbwechsels des Stärkeindicators bei der jodometrischen Titration von Kupfer.* Der anomale Farbwechsel der Stärkelsg. über blau → purpur → purpurrot → farblos am Endpunkt der jodometr. Cu-Titration kann zur Übertitration führen u. daher zu hohe Werte liefern. Dieser Fehler ist verhältnismäßig groß, wenn die Stärke bei Beginn der Titration zugesetzt wird. Die Autoren geben folgende Meth. zur Ausschaltung des Fehlers an: 1. Zugabe der Stärkelsg. kurz vor dem Endpunkt, wenn die Lsg. gerade noch schwachgelb ist. 2. Wenn die Stärke am Anfang der Titration zugegeben wird, soll die Zugabe erst nach Verdünnen der Lsg. mit W. auf das 4—5fache des Anfangsvol. oder zusammen mit 2 g KSCN erfolgen. 3. Beim Auftreten der Purpurfärbung soll das Titrationsgefäß nach jeder tropfenweisen Zugabe von $Na_2S_2O_3$-Lsg. mit einem Gummistopfen verschlossen und kräftig geschüttelt werden. 5. Verwendung einer 0,004%ig. Methylenblaulsg. an Stelle von Stärke gibt ebenfalls einen relativ scharfen Farbumschlag von Grün nach Blau am Endpunkt. (Nippon Kinzoku Gakkai-Si [J. Japan Inst. Metals] B **14.** Nr. 8. 44—47. Aug. 1950. [Orig.: japan.; Auszug: engl.]) S. HÜTTIG. G 358

E. De Hovre, *Palladiumbestimmung in Schmucklegierungen.* Etwa 50 mg Einwaage werden im Pyrexbecher mit Königswasser gelöst. Man filtriert von gegebenenfalls ungelösten Anteilen ab u. fällt Pd aus 60 ml sd. Lsg. mit 5%ig. HBr, die 5% p-Aminoacetophenon enthält. Zur vollständigen Abscheidung wird die Lsg. auf Raumtemp. gekühlt. Nach Abfiltrieren Nd. bei 120—140° trocknen u. mit Wasserstofflamme im offenen Tiegel zu elementarem Pd reduzieren. Bemerkungen zu den einzelnen Arbeitsgängen erleichtern Anwendung der Methode. (Ing. Chimiste [Bruxelles] **35.** 83—87. Juni 1953. Bruxelles.) W. KUPFER. G 365

Supriya Mohan Sen Gupta, *Ein petrographischer Rechenschieber für Tiefengesteine.* Der Rechenschieber besteht aus 3 Teilen, von denen 2 feststehen, während der 3. zwischen beiden beweglich ist. Im oberen feststehenden Teil sind die Namen der Gesteine aufgezeichnet, am unteren feststehenden ist die mineralog. Zus. der Gesteine in mehreren vertikalen Spalten abgestuft nach Prozenten. Der bewegliche Teil enthält Namen u. Texturen der Gesteine, von denen jede Textur ihre eigene Indicatorlinie besitzt. Mit Hilfe dieses Instruments kann entweder der genaue Name des Gesteins festgestellt werden, wenn die Textur u. die Zus. bekannt ist, oder die Zus. u. Textur, wenn nur der Name bekannt ist, oder man kann den Namen u. die Textur der vulkan. Äquivalente eines Tiefengesteins bestimmen. (Sci. and Cult. **18.** 391—92. Febr. 1953. Calcutta, Presidency Coll., Geol. Labor.) F. ENSSLIN. 5290

H. W. Fairbairn, *Konzentration von schweren Beimengungen von großen Gesteinsproben.* Beschreibung der Abtrennung schwerer Beimengungen aus größeren Mengen (50 lb. oder mehr) Gesteinssand. Zur Trennung mittels schwerer Fll. wird ein neu konstruierter Separator beschrieben. Zum Schluß behandelt der Vf. kurz die Wiedergewinnung der schweren Flüssigkeiten. (Amer. Mineralogist **40.** 458—68. Mai/Juni 1955. Cambridge, Mass., MIT, Dep. of Geol. and Geophys.) C. GOTTFRIED. 5290

b) Organische Verbindungen.

Walter T. Smith jr., William F. Wagner und **John M. Patterson,** *Volumetrische und gravimetrische analytische Methoden für organische Verbindungen.* Zusammenfassender Bericht über die seit der letzten Übersicht (vgl. C. **1954.** 4224) bis Nov. 1955 veröffentlichte Literatur. Behandelt wird die Best. der Elemente *C* u. *H*; *Halogene, Metalle*; *N*; *O*; *S*; der funktionellen Gruppen: *Säure*; *Säureanhydrid*; *Alkohol*; *Aldehyd* u. *Keton*; *Amid*; *Amin*; *Aminosäure*; *Enol*; *Ester*; *Äther*; *Oxiran*; *Peroxyd*; *Phenol*; *Sulfenylhalogenid*; *Sulfid*; *Thiol*; *Olefin* sowie von Gemischen; *Zuckern* u. verwandten Substanzen u. von *Wasser*. — 170 Literaturzitate. (Analytic. Chem. **28.** 706—14. April 1956 (Part II). Lexington, Ky., Univ. of Kentucky.) W. KRÖNERT. 5350

Takeru Higuchi und **C. H. Barnstein,** *Hydroxylammoniumacetat als Carbonylreagens.* Die Verwendung von *Hydroxyammoniumacetat* (**I**) bei der quantitativen Best. von Carbonylverbb. zeigt gegenüber den bisher verwendeten Methoden einige Vorteile. Die gebildeten Oxime besitzen in CH_3COOH eine geringere Basizität als das überschüssige NH_2OH, so daß letztes durch potentiometr. Titration mit $HClO_4$ bestimmt werden kann. Nur Oxime von aliphat. u. cycl. Ketonen besitzen eine so große Basizität, daß sie direkt titriert werden können. **I** wird hergestellt durch Umsetzung von NH_2Cl mit NaOH in absol. A., Versetzen mit CH_3COOH, Eindampfen u. Fällen mit Äther. Im festen Zustand ist **I** stabil; die als Reagens verwendete 0,5mol. Lsg. in CH_3COOH ist bei Zimmertemp. relativ stabil, zers. sich aber bei Temperaturerhöhung. Die Umsetzung, die an verschied. Aldehyden, Ketonen u. Ketosäuren geprüft wurde, verläuft in den meisten Fällen bis zu 99% der Theorie. Große Mengen organ. Säuren stören die Best. nicht. (Analytic. Chem. **28.** 1022—25. Juni 1956. Madison, Wis., Univ. of Wisconsin, School of Pharm.) H. MÜLLER. G 650

L. Rosenthaler und **G. Vegezzi,** *Über Farbreaktionen von Ketonen.* Beschreibung der Farb-Rkk. zahlreicher Ketone nach der Diazo-, Bromnitroso- u. Nitroprussid-Rk. sowie mit Vanillin oder *p-Oxybenzaldehyd* (I) bei Ggw. von H_2SO_4. Die Rk. von Aceton mit I+H_2SO_4 ist bes. empfindlich u. charakteristisch. Die beiden zuerst genannten Rkk. scheiden für einen Ketonnachw. in A. aus. (Mitt. Gebiete Lebensmittelunters. Hyg. [Bern] **44.** 475—84. 1953. Bern, Eidg. Alkoholverwalt., Labor.) PH. FRESENIUS. G 700

Felix Bergmann und **Ruth Segal,** *Die Trennung und Bestimmung von Mikromengen niedriger aliphatischer Säuren, einschließlich Fluoressigsäure.* Niedrige Fettsäuren, bes. *Ameisen-, Essig-* u. *Fluoressigsäure,* werden papierchromatograph. als Hydroxamsäuren getrennt. Die Trennung erfolgt zweidimensional mit 95% A. + 5% NH_3-Pyridin-W. 3 : 1 : 1 (Vol.) in der ersten u. 95%ig. A.-Dioxan-W.-Essigsäure 60 : 20 : 19 : 1 (Vol.) in der zweiten Richtung aufsteigend. Die Anfärbung erfolgt mit 1% $FeCl_3$ in 95%ig. A. + 0,1% HCl. Zur quantitativen Best. wird der nicht angefärbte Fleck ausgeschnitten, mit Na-Acetat-Lsg. extrahiert, die Lsg. mit Sulfanilsäure-Essigsäure u. mit Jod + Essigsäure versetzt, der Jodüberschuß mit $Na_2S_2O_3$ entfernt, α-Naphthylamin + Essigsäure zugegeben u. bei 520 mμ photometriert. Der Reaktionsmechanismus ist noch nicht klar, es entstehen Nitrite. Statt NH_3 im 1. Lösungsm. können auch Mono- oder Dimethyl-, jedoch nicht Trimethylamin verwendet werden. (Biochem. J. **62.** 542—46. April 1956. Jerusalem, Hebrew Univ., Hadassah Med. School.) PH. FRESENIUS. G 810

Hans Freytag, *Neuer luminescenzanalytischer Nachweis von Ascorbinsäure und einigen Mercaptoverbindungen.* Die zu prüfende Lsg. wird mit Monoäthanolaminlsg. (5,7 g in 100 ml W.) auf p_H 7,5 eingestellt (Lyphanpapier) u. auf SCHLEICHER-SCHÜLL Papier Nr. 2190 getüpfelt. Der Tüpfel wird eingetrocknet u. 1 Tropfen einer frisch bereiteten Lsg. von Na-1.2-Naphthochinon-4-sulfonat in W. (0,1 g in 100 ml) darauf gebracht. Unter der Analysenquarzlampe beobachtet man eine weißblaue Fluorescenz bei Ggw. von Ascorbinsäure oder einer HS-Verb., wie *Cystein, Thioglykolsäure, α-Mercaptopropionsäure* oder *Na-Mercaptobutansulfonat.* Im Vgl. mit andern Nachweis-Rkk. (vgl. C. **1955.** 1807) ist eine wesentlich höhere Nachweisempfindlichkeit zu beobachten. Der beschriebene Nachw. wird auf die Unters. von Ascorbinsäure in Citronensaft angewendet. Eine mögliche Deutung des Nachw. ist in der Red. des Reagenses zu 1.2-Dioxynaphthalin-4-sulfonat zu finden, da Naphtholderivv. bekanntlich fluoreszieren. (Z. analyt. Chem. **139.** 263—67. 1953. Fulda, Ondal Werke.) A.-M. FRETZDORFF. G 980

E. v. Schivizhoffen, *Bestimmung von Phenol in Salicylsäure. Phenol* (I) u. *Salicylsäure* (II) lassen sich im Bereich von 0,1—1% I in II mit diazotiertem 3-Nitranilin bei p_H 5,5—6 zu Farbstoffen kuppeln, wobei II erst reagiert, wenn I quantitativ gekuppelt hat. Die Farbstoffe werden mit Bzl. ausgeschüttelt u. der II-Farbstoff daraus mit wss. $NaHCO_3$ entfernt. Dann wird der I-Farbstoff mit verd. NaOH ausgeschüttelt u. mit Filter S 42 colorimetriert. 4-Oxybenzoesäure wird als I mit erfaßt. (Z. analyt. Chem. **145.** 184—87. 1955. Offenbach/M., Farbwerke Hoechst AG., Werk Naphthol-Chem.) PH. FRESENIUS. G 1060

F. G. Fischer und **Helmut Dörfel,** *Die quantitative Bestimmung reduzierender Zucker auf Papierchromatogrammen.* Da die *Formazan* (I)-Bldg. bei der papierchromatograph. Best. *reduzierender Zucker* mit *Triphenyltetrazoliumchlorid* (II) in methanol. NaOH nicht stöchiometr. u. zu einem scharf erkennbaren Ende verläuft, untersuchen die Vff. eingehend den Einfl. der verschied. Reaktionsbedingungen u. arbeiten eine Meth. aus, deren genaue Einhaltung die Best. reduzierender Zucker (spektrophotometr. nach Elution) mit einem maximalen Fehler von 3% ermöglicht. — Die Reagenslsg. soll mindestens 2%ig. u. die Zuckerkonz. in der Größenordnung von 1—3·10^{-7} Mol pro Fleck sein. Die I-Bldg. ist stark von Temp. u. Zeit abhängig: z. B. werden bei 75° in 15 Min. 2 (Moll. I pro Mol. *Gucose* [III]), in 2 Std. 2,8, bei 60° in 2 Std. ca. 1,3 gebildet. Notwendig ist eine bestimmte konstante u. für das ganze Papier gleiche Temperatur. Die Geschwindigkeit der I-Bldg. zeigt etwa folgende Abhängigkeit vom Zucker: *Fructose* (IV) > *Xylose* (V) > *Arabinose* (VI) > III u. *Galakturonsäure* (VII) > *Mannose* (VIII) u. *Galaktose* (IX) > *Rhamnose* (X). Chromatographiert wird mit Essigester/98%ig. Pyridin/W. (40 : 11 : 6). Im 20std. absteigenden Durchlaufchromatogramm trennen sich (geordnet nach steigendem R_F-Wert) VII, *Lactose, Maltose,* IX, III, VIII, V, *Ribose* (XI) u. X gut, in Abwesenheit von Uronsäuren auch Glucosamin. IV u. VIII werden nicht getrennt, VI u. VIII nicht ausreichend zur quantitativen Bestimmung. X u. gegebenenfalls auch V u. XI werden besser in einem 10—12std. Chromatogramm bestimmt. Schärfere Trennung (auch von VI u. VIII) wird mit der leichten Phase eines im Verhältnis 2,5 : 0,8 : 3,5 bereiteten Gemisches in ca. 40 Std. erzielt. — Ausführung: Von der pro Komponente 0,2—0,5%ig. (gesamt 1-bis 2%ig.) neutralen Zuckerlsg. werden abwechselnd mit einer in den etwa zu erwartenden Konzz. der qualitativ bestimmten Komponenten gemischten Vergleichslsg. mindestens je 2 verschied. Mengen (z. B. 5 u. 10 mm^3) in Frontbreiten von je 2 cm auf WHATMAN Nr. 1-Papier aufgetragen u. chromatographiert (s. oben!). Die Chromatogramme werden

30 Min. im Luftstrom bei Raumtemp. (Ventilatortrockenschrank) getrocknet, durch eine frisch(!) bereitete 1 : 1-Mischung von 1n methanol. NaOH u. 4%ig. methanol. **II**-Lsg. entgegen der Laufrichtung gezogen, wie oben getrocknet, in einem thermokonstanten Heizkasten (Beschreibung s. Original) in wasserdampfgesätt. Atmosphäre 60 Min. bei 65° oder 30 Min. bei 70° entwickelt, die **I**-Flecken bei Kunstlicht (Reagens u. Chromatogramm sind lichtempfindlich!) flächengleich ausgeschnitten, in 5 ml einer 10 : 1-Mischung Methanol u. Eisessig 10 Min. eluiert u. die Eluate bei 482 mμ (mol. Extinktion bei 20° $16{,}32\cdot10^3$) spektrophotometriert. (Hoppe-Seyler's Z. physiol. Chem. **297.** 164—78. 1954. Würzburg, Univ., Chem. Inst.) K. PRCHAL. G 3400

J. E. Scott, *Die Herstellung und Fraktionierung saurer Polysaccharide unter Verwendung von quaternären Ammoniumverbindungen mit langen Molekülketten.* Vf. beschreibt die Trennung von Polyanionen durch Fällung mit *Cetylpyridiniumchlorid* (**I**) bei Ggw. geeigneter Konzz. an anorgan. Salzen. *Hyaluronsäure* läßt sich auf diese Weise von *Chondroitinsulfat* (**II**) in 0,2 mol. Na_2SO_4-Lsg. abtrennen. Aus der Lsg. wird **I** durch Absorption an Fullererde oder (wie auch andere quaternäre NH_4-Basen mit langen Molekülketten, die bei tiefen Tempp. sehr schwer lösl. sind), durch Abkühlung (bei **I** auf +5°) entfernt. Auch *Polysaccharide* lassen sich aus **I**-haltigen Salzlsgg. durch Fällung mit A. oder Aceton u. anschließende Behandlung mit Fullererde gleichzeitig mit Proteinen, Aminosäuren u. Pigmenten eliminieren. Die Trennung des *Carrageenins* von **II** oder der *Alginsäure* von ihrem Sulfat ist mittels **I** auch leicht durchführbar. — Vgl. C. **1956.** 754. (Biochem. J. **62.** 31 P. März 1956. Manchester, Univ., Dep. of Pathol., Chem. Pathol. Labor.) P. FAHRNLAENDER. G 4050

d) Medizinische und toxikologische Analyse.

D. Davidsson und **I. MacIntyre,** *Bestimmung von Antipyrin im Plasma.* Bei der *Antipyrin*-Best. in Plasma durch Photometrie des nach Zusatz von $NaNO_2$ u. H_2SO_4 entstehenden *4-Nitrosoantipyrins* bei 350 mμ muß eine Temp. von 22° nach Nitritzusatz eingehalten werden. Die Messung der opt. Dichte vor Nitritzusatz kann fortfallen, wenn vor der Antipyringabe gewonnenes Plasma zur Verfügung steht. (Biochem. J. **62.** 37 P. März 1956. London, Postgraduate Med. School.) PH. FRESENIUS. 5727

Alfred Schwartz, *Technik der Histaminbestimmung in Plasma und Serum nach der Permutitmethode.* Genaue Angaben zu den früheren Mitt. des Vf. (C. R. Séances Soc. Biol. Filiales Associées **123.** [1936.] 219, 801 u. 1181). (Bull. Soc. Chim. biol. **34.** 835 bis 838. 1952. Strasbourg, Inst. de Pharm. et de Méd. expér.) PH. FRESENIUS. 5728

W. Döpfner und **R. Schindler,** *Zur Methodik der p-Aminohippursäurebestimmung.* Zum colorimetr. Nachw. der *p-Aminohippursäure* (**I**) im **I**-Clearance-Vers. wird **I** mit HNO_2 diazotiert u. das entstandene Diazoniumsalz mit N-Naphthyläthylendiamin zu einem Azofarbstoff gekuppelt (überschüssige HNO_2 wird vor der Kupplung mit Ammoniumsulfamat gebunden). Die Meth. ist für alle aromat. prim. Amine (auch für Sulfonamide u. p-Aminosalicylsäure) anwendbar. Als Enteiweißungsmittel kann CCl_3COOH ebenso gut wie $CdSO_4$ verwendet werden. — A u s f ü h r u n g : 2 ml *Serum* werden mit 40 ml CCl_3COOH (3%) enteiweißt. Nach Versetzen von 10 ml Filtrat mit 2 ml 2n HCl wird auf 0—5° abgekühlt (nicht unbedingt erforderlich, jedoch empfehlenswert). Dann werden 1 ml $NaNO_2$ (0,1%), nach 3 Min. 1 ml Ammoniumsulfamat (0,5%) u. nach weiteren 3 Min. 1 ml N-Naphthyläthylendiaminhydrochlorid (0,1%) zugegeben. Nach 20 Min. wird bei Zimmertemp. colorimetriert. (Helv. physiol. pharmacol. Acta **12.** C 66—C 68. 1954. Bern, Univ., Pharm. Inst.) H. PATZSCH. 5728

R. N. Cagan, M. Goldberg und **Leo Loewe,** *Eine einfache Methode zur Bestimmung von Harn-Aminostickstoff.* Vff. passen die colorimetr. Best. von Amin-N im Blut nach RUSSELL (J. biol. Chemistry **156.** [1944.] 467) mit Na-β-Naphthochinon-4-sulfonat den Verhältnissen im Harn an. Sie beschreiben eine einfache Meth. zur Entfernung von Ammoniak (**I**) u. Harnsäure (**II**), die die Best. stören. **I** wird durch Kochen in schwach alkal. Medium (p_H 9,0—9,5) entfernt, **II** aus gerade angesäuerter Lsg. durch Adsorption an Aktivkohle (Norit A). Nach Angaben der Vff. wird Harn-Amino-N nach dieser Meth. durchschnittlich zu 99% erfaßt. (Proc. Soc. exp. Biol. Med. **78.** 713—16. Dez. 1951. Brooklyn, N. Y., Jewish Hosp., Dep. of Med. and Chem.) K. NEHRING. 5732

W. Smolarek und **R. Stahl,** *Über eine einfache quantitative Bestimmungsmethode von freiem Isonicotinsäurehydrazid im Urin.* Zur Best. von freiem Isonicotinsäurehydrazid (**I**) im Harn dient das Reaktionsprod. von **I** u. Dimethylaminobenzaldehyd (**II**), das sich durch seine Gelbfärbung zur photometr. Best. mit dem Filter S 43 eignet. Die Best. erfolgt im 10—20fach verd. Harn nach Ansäuern mit Eisessig (**III**) u. Versetzen mit einer 1%ig. Lsg. von **II** in **III** nach 15 Min. langem Stehen. (Dtsch. med. Wschr. **78.** 273—74. 20/2. 1953. Braunschweig, Städt. Krankenanstalten, II. Med. Klinik.) PH. FRESENIUS. 5732

R. Henry und **M. Thevenet,** *Halbautomatisches Auffangen der Fraktionen bei der mikrochromatographischen Steroidbestimmung im Harn.* Beschreibung u. Abb. einer Apparatur. (Bull. Soc. Chim. biol. **34.** 839—41. 1952. Hôpital, Tenon, Centre d'études biol.) PH. FRESENIUS. 5732

A. S. Babajew, *Die Bestimmung von Kupfer im Blut, Harn und in einer Reihe von Geweben des Organismus unter Anwendung von Tetramethylthiuramdisulfid (Thiuram).* Nach GUSSEINOW u. DSOTZOTI (Труды Азербайджанского Государственного Университета [Arb. Aserbaidshan. Staatl. Univ.] **2.** [1952.] 45) gibt *Tetramethylthiuramidsulfid (Thiuram)* (I) mit Cu^{2+} eine Farb-Rk. von hoher Empfindlichkeit. Vf. untersuchte die Spezifität dieser Rk., wobei sich zeigte, daß I mit W einen weißen Nd. u. mit Ni u. Co gelblichgrüne Färbung gibt. Die untere Nachweisgrenze liegt jedoch bei Ni u. Co u. bes. bei W bei beträchtlich höheren Konzz. als bei Cu, das noch bei einer Konz. von 0,03—0,04 mg% bei schwachem Ansäuern u. vorsichtigem Erwärmen auf 65—75° eine blaßgrüne Färbung gibt. Darüber hinaus wurde für die biochem. Praxis eine für Cu spezif. Analysenmeth. ausgearbeitet, deren Fehlergrenze 2—3% nicht überschreitet. — Der Cu-Geh. des Blutes beträgt beim Menschen 0,06—0,132 (bei Schwangeren bis zu 0,17), bei der Ratte 0,22—0,27 u. beim Kaninchen 0,09—0,14 mg%. Im Knochenmark erwachsener Menschen fanden sich 0,75—1,33 mg%, während der Geh. des Harns 0,016—0,033 mg% Cu betrug. In verschied. tier. Geweben wurden folgende Cu-Mengen gefunden: Leber 2,9—3,5 (Ratte), 0,95—1,2 (Kaninchen), 5,50—5,83 (Zander); Gehirn 0,09—0,12 (Ratte), 0,45—0,72 (Kaninchen). Angaben in mg%, bezogen auf 100 g frisches Gewebe.

Versuche: *Cu-Best. in Blut bzw. Serum.* 5 ml des Untersuchungsmaterials werden vorsichtig eingedampft, darauf 2 ml konz. H_2SO_4 u. 8 ml konz. HNO_3 zugegeben u. zur Trockne eingedampft. Der helle Rückstand wird in 0,1 ml konz. H_2SO_4 unter Zugabe von 2 ml bidest. W. gelöst u. die Lsg. in ein Reagensglas überführt. Das Reaktionsgefäß wird mit 2,9 ml bidest. W. nachgespült, die ebenfalls in das Reagensglas gebracht werden. Dieses wird nun in einem Wasserbad auf 70—75° erwärmt u. nach 4 Min. mit 0,25 ml einer frisch bereiteten, zentrifugierten, konz. alkoh. I-Lsg. versetzt, worauf das Erhitzen nach vorherigem gutem Umschütteln noch 1 Min. fortgesetzt wird. Die Färbung der Lsg. wird mit einer analog bereiteten Serie von Standardlsgg. visuell verglichen. Wird eine größere Genauigkeit erstrebt, so extrahiert man die wss.-alkoh. Lsgg. mit Chlf. oder Bzl. u. colorimetriert diese Extrakte. — Die Best. in Harn u. Geweben erfolgt in ähnlicher Weise, nur empfiehlt sich bei Harn ein Zusatz von konz. NH_4NO_3-Lsg. zwecks Aufhellung des Rückstandes; Gewebe müssen vor der Analyse auf nassem oder trockenem Wege aufgeschlossen werden. (Биохимия [Biochemie] **19.** 528—30. Sept./Okt. 1954. Baku, Aserbaidshan. wiss. Kirow-Forschungsinst. für Kurortlehre u. physikal. Heilmethoden, Biochem. Labor.) H. v. PEZOLD. 5750

Anna-Lisa Nylander und **Carl-Eric Holmquist,** *Polarographische Bestimmung von Blei im Blut.* Zur polarograph. Best. von Pb im Blut wird eine Blutprobe von 5 cm³ naß mit HNO_3 in H_2O_2 verascht. Der Rückstand wird gelöst in verd. HNO_3 u. Ammoniumcitrat-Lösung. Unter einem Abzug wird eine Citrat–Cyanid-Lsg. nach Neutralisation mit NH_3 zugegeben u. im Anschluß daran mit einer Dithizonlsg. geschüttelt. Der Pb-Komplex wird durch Schütteln mit 1 n HCl zerstört, die salzsaure Lsg. in einem zur Elektrolyse gebrauchten Gefäß für 5 Min. auf 90° erhitzt u. im Anschluß daran bei 25° die Polarographie durchgeführt. Nach Auswertung von 56 Blutproben mit bekanntem Pb-Geh. betrug die Standardabweichung bei Ausführung von 2 Parallelbestimmungen 0,5 γ/5 ml Blut. (A.M.A. Arch. ind. Hyg. occupat. Med. **10.** 183—91. Sept. 1954. Tomteboda, Nat. Inst. of Public Health, Dep. of Ind. Hyg.) H. ZELLER. 5762

Kathleen Kumler und **Thomas P. Schreiber,** *Blei im Blut. Eine Schnellmethode zur spektrochemischen Untersuchung.* Zur Bleibest. in Blut wird dieses durch 15 Min. dauernde Behandlung mit H_2SO_4/HNO_3 in Ggw. einer konstanten Menge Bi-Salz aufgeschlossen. Die Lsg. ist dann zum Auftragen auf die Elektrode geeignet. Bi dient als „Bogenstabilisator". Aus der Ablesung der Pb-Linie 2833 Å u. der Bi-Linie 2899 Å wird das Pb/Bi-Intensitätsverhältnis mit einer Emulsionseichkurve ermittelt. Die Pb-Menge ergibt sich aus einer besonderen analyt. Eichkurve, die nach Standardlsgg. erhalten wird. Die Schlitzweite ist auf 10 μ festgesetzt. Die Probenelektrode wird von N_2 umspült. (Amer. ind. Hyg. Assoc. Quart. **16.** 296—300. Dez. 1955. Detroit, Gen. Motors Corp., Res. Labor. Div.) PH. FRESENIUS. 5762

Jan Kubalski, *Nachweis von Chloroform und Chloralhydrat in der toxikologischen Analyse.* Vorl. Mitt. Die Meth. beruht auf der Rotfärbung einer Pyridinlsg. durch Chlf. in Konzz. von 0,025—8,5 mg/cm³. Nur Bromoform reagiert ähnlich. (Acta polon. pharmac. **10.** 269. 1953. Warszawa, Akad. Med., Zakł. Chemii toksykol. i sądowej.) E. FISCHOEDER. 5764

Horst Jatzkewitz, *Ein klinisches Verfahren zur Bestimmung von basischen Suchtmitteln im Harn.* (Vgl. C. **1955.** 9406.) *Nicotin, Morphin, Dilaudid, Eucodal, Dicodid, Cliradon, Dolantin, Dromoran, Polamidon* u. *Pervitin* sind in Mengen bis 15—20 γ/10 cm^3 Harn papierchromatograph. bestimmbar. Zum Entwickeln dient eine Kaliumwismut jodidlsg. (Sprühreagens I), die auch spezif. Erkennung von Pervitin ermöglicht, sowie Sulfanilsäure in HCl, mit $NaNO_2$ u. kurz vor Gebrauch noch mit Na_2CO_3 vermischt (Sprühreagens II). Dauer der Best. 30 Minuten. Die Leistungsfähigkeit der Meth. für klin. u. forens. Zwecke wird demonstriert. (Hoppe-Seyler's Z. physiol. Chem. **292.** 94—100. 23/3. 1953. München, MPI, Klin. Inst. der Dtsch. Forsch.-Anst. für Psychiat. u. Univ.-Nervenklinik.) TH. MARSSON. 5764

M. Lederer, Progrès récents de la chromatographie. 3e partie. Paris: Hermann et Cie. (64 S.) 700 fr.

Frederick Pearson Treadwell, Chimica analitica. 7a edizione italiana completamente rifatta a cura di **L. Malatesta** e **A. Sacco.** Vol. I: Analisi qualitativa. Milano: F. Vallardi. 1955. (XIII + 558 S. m. 11 Abb.) 8°.

H. Angewandte Chemie.

I. Allgemeine chemische Technologie.

A. Raesfeld, *Wärmeübergang und Druckabfall im Anlaufgebiet von luftdurchströmten Spalten.* Vf. untersucht Wärmeübergang u. Druckabfall im Anlaufgebiet, d. h. in dem Teil der Strömung, in dem ein hydrodynam. u. therm. ausgebildeter Endzustand noch nicht erreicht ist. Die Verss. zeigen, daß dieses Gebiet für Wärmeaustausch sehr günstig ist u. daß im Gebiet Re $< 10^4$ die Nu-Zahl größer ist als bei ausgebildeter Strömung u. die Widerstandszahl Ψ kleiner. Das bedeutet, daß der energet. Aufwand für den Wärmeaustausch durch konstruktive Maßnahmen herabgesetzt werden kann, wenn der Anlaufzustand durch eine Verkleinerung des Verhältnisses Länge : Spaltbreite erhalten wird. (Chemie-Ing.-Techn. **25.** 249—52. Mai 1953. Göttingen, Mitt. der Forschungsgruppe für Wärme- u. Kältetechnik.) F. CRAMER. 5816

Edward D. Kane, *Mikrofiltration mit harzimprägnierten Wollefiltern.* Die aus verfilzter Wolle u. Cellulosefasern bestehenden Filterpatronen mit einer Länge von $9^3/_4$ in., einem Gesamtdurchmesser von $2^3/_4$ in. u. einer zentralen Höhlung von 1 in. Durchmesser wurden mit Phenol- oder modifizierten Phenolharzen imprägniert. Sie eignen sich z. B. zum Reinigen der meisten organ. Lösungsmittel, von wss. Salzlsgg. bis zu einem p_H 10, von sauren nicht oxydierend wirkenden Lsgg. u. besitzen nebenbei die Eig., in einem Zweiphasensyst. W. abzuscheiden. Ihr Vermögen, Verunreinigungen zurückzuhalten, betrug bei mit feinem Straßenstaub unternommenen Verss. bei einem Druckabfall von 20 lbs./sq.in. u. einer Durchflußgeschwindigkeit von 3 Gallonen/Min. für Teilchen von 10 μ 80—100 g, für Teilchen von 25 μ 120—140 g u. von Teilchen von 50 μ 160—180 g. (Ind. Engng. Chem. **45.** 860—64. April 1953. Meriden, Conn., Cuno Engng. Labor.) T. OPPERMANN. 5830

James P. Romualdi, Chiao-Lin Chang und **Charles F. Peck jr.,** *Eine Ermüdungstestmaschine für Spannungsbeanspruchung.* Eine Dauerprüfmaschine (Abb.) zur Unters. der Einw. von Spannungen auf die Ermüdungseigg. von rotierenden Versuchsproben wird beschrieben. — Zahlentafeln u. Diagramme. (ASTM Bull. **1954.** Nr. 200. 39—43. Sept., Carnegie Inst. of Technol.) W. WESLY. 5888

Borden Co., New York, N. Y., übert. von: **James S. Mitchell,** Philadelphia, Pa., V. St. A., *Kunstharzhaltiger Kitt für Lampensockel,* zum Verbinden von Glas mit Glas, Glas mit Metall, Metall mit Metall, Asbest oder Keramik mit Glas bzw. Metall, bestehend aus einer Mischung von 14 (Teilen) Phenolharz, 14 Na_2SiO_3, 2 MgO sowie 67 Marmorpulver u. 3 Harz. Die M. wird mit A. angeteigt. Wärmebeständigkeit bis 450°. (**A. P. 2 712 533** vom 23/10. 1950, ausg. 5/7. 1955.) G. SALZMANN. 5811

Farbwerke Hoechst Akt.-Ges., vormals Meister Lucius & Brüning, Deutschland, *Emulsionen,* welche nach dem Trocknen ein glänzendes Prod. ergeben. Die Emulsionen enthalten veresterte Wachse mit einer VZ. von mindestens 100, nicht ionogene Emulgatoren u. feste aliphat. KW-stoffe von höherem Mol.-Gew. oder ihre Oxydationsprodd. (z. B. Oxydationprodd. von Paraffinen der FISCHER-TROPSCH-Synth.). Eine solche Emulsion besteht z. B. aus 8 (Gewichtsteilen) eines Wachses (F. 80—83°, SZ. 17, VZ. 165), welches man durch Verestern des Oxydationsprod. von Rohmontanwachs mit Äthylenglykol gewonnen hat, 3,5 eines mikrokristallinen, mittels Luft oxydierten KW-stoffes (F. des Oxydationsprod. 83—85°, SZ. 30—55), 2,1 eines Additionsprod. aus Äthylenoxyd u. einem Fettalkoholgemisch (mit KW-stoffketten mit 16—18 C-Atomen), 0,03 Triäthanolamin u. 86,37 Wasser. (**F. P. 1 080 747** vom 29/4. 1953, ausg. 13/12. 1954. D. Prior. 29/4. 1952.) T. OPPERMANN. 5825

Imperial Chemical Industries Ltd., England, *Dispersionen fester Stoffe in Wasser.* Um feste Stoffe, wie Fungicide, Insekticide, Farbstoffe, Pigmente, welche in W. nicht oder nur wenig lösl. sind, in eine in W. leicht dispergierbare Form zu bringen, werden die Stoffe zusammen mit einem in W. lösl. Salz eines polysulfonierten Polystyrols verarbeitet. Die zweckmäßig bei ca. 70° getrockneten Prodd. geben mit W. verrührt feine Dispersionen, deren Teilchengröße zwischen 1—3 μ liegt. (**F. P. 1 061 584** vom 22/8. 1952, ausg. 13/4. 1954. E. Prior. 22/8. 1951.) W. WITTHOLZ. 5825

VEB Farbenfabrik Wolfen (Erfinder: **Günter Möbius**, Leipzig, und **Heinrich Häder**), Wolfen, Kr. Bitterfeld, *Herstellung von Entfärbungsharzen.* In bekannter Weise hergestellte, auch als *Ionenaustauscher* verwendbare Harzgallerten werden verfestigt, zerkleinert u. mit Wasserdampf gehärtet. — Man rührt in eine Lsg. von 187,5 kg m-Phenylendiamin u. 190 (Liter) HCl (D. 1,16) in 280 W. bei Raumtemp. 388 30%ig. CH_2O-Lsg., läßt 1 Tag stehen, zerkleinert die Gallerte auf 3—5 mm u. setzt mehrere Tage strömendem Wasserdampf aus, bis das abfließende W. farblos ist. Das Harz schrumpft dabei um 22%. Aufbewahrung des Harzes feucht oder unter Wasser. (**D. P.** [**DDR**] **5 968** Kl. 12d vom 8/3. 1951, ausg. 16/12. 1953 [Wirtschaftspatent].) M. PANKOW. 5827

Ionics, Inc., Cambridge, übert. von: **Walter Juda**, Lexington, und **Andrew A. Kasper**, Watertown, Mass., V. St. A., *Elektrisch leitfähige, anionenaustauschende geformte Körper*, bes. Membranen, mit einer Ausdehnung von mindestens 0,25 inch. in 2 Richtungen, erhält man durch Überführung einer mindestens 30% W. enthaltenden wss. Dispersion eines Reaktionsprod. aus einem Alkylenpolyamin, einem methylolbildenden Phenol u. einem Aldehyd in den festen Zustand, in der Weise, daß eine wesentliche Verdampfung des W. vermieden wird u. das Gel gleichmäßig W. dispergiert enthält. — Ein viscoses Reaktionsprod. aus Resorcin ,Tetraäthylenpentamin u. CH_2O in Ggw. von HCl wird zwischen 2 Glasplatten gegossen u. bei 65° in einer Wasseratmosphäre 3 Std. gehärtet. Aus der Membran können mit 1 n HCl u. dest. W. die lösl. Reaktionsprodd. entfernt werden. (**A. P. 2 731 425** vom 11/4. 1951, ausg. 17/1. 1956.) J. MÜHLEISEN. 5827

N. V. de Bataafsche Petroleum Mij., Den Haag, Holland, *Trennen von Flüssigkeiten in zwei Phasen.* Beim Berühren bilden die beiden Fll. an ihrer Berührungsfläche eine dritte Phase, die aus Verunreinigungen besteht. Man bringt z. B. durch Flügelrührer die beiden Fll., von denen die eine ein Gemisch enthält, u. die andere ein Lösungsm. für eine oder mehrere Komponenten des Gemisches darstellt, miteinander in Kontakt. Dabei bleibt die eine unbeeinflußt, während die andere in der ersten dispergiert ist. Ferner muß die Strömung der Fll. stark genug sein, um ein Absetzen oder Ansammeln der Verunreinigungen auszuschließen u. die disperse Phase zu veranlassen, zu einem Abscheider zu fließen, in welchem die Tropfen dieser Phase koagulieren. (**E. P. 718 192** vom 27/9. 1951, ausg. 10/11. 1954. Holl. Prior. 29/9. 1950.) H. NEBELSIEK. 5829

Enzinger-Union-Werke Akt.-Ges., Mannheim, *Bindung der Oberflächenbestandteile von Filterschichten ohne Verringerung der Porosität.* Das Abschwemmen von nicht fixierten körnigen u. faserigen Teilchen von der Filterschicht wird dadurch vermieden, daß auf die Oberfläche der nassen Filterschicht wss. Lsgg. oder Suspensionen von Polystyrol oder ähnlichen Kunststoffen aufgebracht werden. Es entsteht eine gleichmäßige verteilte, z. T. in die Tiefe dringende Schicht, die nach dem Trocknen bei erhöhter Temp. unlösl., wasser-, säure- u. laugenfest ist u. eine hohe Porosität aufweist. (**Schwz. P. 307 315** vom 22/7. 1952, ausg. 1/8. 1955. Belg. Prior. 2/8. 1951.) O. STEIL. 5831

Esso Research and Engineering Co., übert. von: **Charles E. Paxton**, Jamesburg, N. J., V. St. A., *Mineralölmischung für Luftfilter* mit einem Geh. von 0,05—1% eines polymerisierten KW-stoffes mit einem Mol.-Gew. von 25000—125000, wie Polyisobutylen vom Mol.-Gew. 60000—100000. (**A. P. 2 732 356** vom 11/2. 1952, ausg. 24/1. 1956.) K. HEINZE. 5851

Farbenfabriken Bayer Akt.-Ges. (Erfinder: **Rudolf Stroh** und **Wilhelm Sutter**), Leverkusen, *Staubbekämpfung* mit wss. Lsgg. von Acrylsäureamid u. Polymerisationskatalysatoren, wie Alkalipersulfat. Es können Netzmittel mitverwendet werden. An Stelle von Acrylsäureamid können Verseifungsprodd. von Acrylsäurenitril verwendet werden. Verfestigung des Staubes durch Gelatinierung der Lösung. (**D. B. P. 943 666** Kl. 30h vom 27/6. 1953, ausg. 24/5. 1956. Anmeldung bekanntgemacht 8/12. 1955.) K. HEINZE. 5851

United Kingdom Atomic Energy Authority, London, England (Erfinder: **John Desmond Thornton**), *Füllkörper für Destillations- und Reaktorsäulen.* Die Füllkörper bestehen aus sternförmigen Plättchen mit einer geraden Anzahl von Zacken mit einer oder mehreren zentralen Öffnungen; die Zacken werden nach entgegengesetzten Richtungen um ca. 120° zu einem polygonalen Körper hochgebogen. Füllung für Gas/Fl.-Kontaktapparate u. Destillationssäulen. — Zeichnung. (**E. P. 741 030** vom 3/11. 1953, ausg. 23/11. 1955.) W. MATTHAES. 5865

Hch. Bertrams Akt.-Ges., Basel, Schweiz, *Kontinuierliches Eindampfen unter Luftleere von Flüssigkeiten mit hohem Siedepunkt.* Das Eindampfen erfolgt in einem mit einer Heizschlange (I) versehenen Verdampfer (II), wobei ein fl. Wärmeübertragungsmittel mittels einer Förderpumpe derart umgewälzt wird, daß es I von unten nach oben durchläuft, während das einzudampfende Prod. im entgegengesetzten Sinne oben in II zum Einlauf gebracht u. unten abgezogen wird. — Eindampfen von Natron- u. Kalilauge, Säuren u. Salzlösungen. — Zeichnung. (**Schwz. P. 310 240** vom 5/3. 1953, ausg. 16/12. 1955.) W. MATTHAES. 5865

Johns-Manville Corp., New York, N. Y., V. St. A., *Bremsbelag,* bestehend aus 25—75 Gew.-% Gußeisenspänen, mindestens 50 Vol.-% nicht eisenartigen anorgan. u. organ. Füllstoffen u. (als Bindemittel) einem wärmebeständigen Kautschukvulkanisat. (**E. P. 728 296** vom 30/5. 1952, ausg. 20/4. 1955. A. Prior. 29/3. 1952.) W. OVERBECK. 5893

III. Elektrotechnik.

R. B. Ayer, *Verwendung thorierter Wolframdrähte in Hochleistungssenderöhren.* Vf. berichtet über Entw. u. Erprobung in den letzten 10 Jahren von Hochleistungssenderöhren, wie RCA-5671, RCA-5770 u. RCA-5771, die mit Anodenspannungen $>$5000 V betrieben werden. Die Röhren arbeiteten über 30000 Std. störungsfrei in 50 kW-Sendern u. länger als 22500 Std. in industrieller Anwendung mit Anodenspannungen bis zu 17 kV. (Proc. Inst. Radio Engr. **40.** 591—94. Mai 1952. Lancaster, Pa., RCA., Tube Dep.) H. LIEPACK. 5974

George S. Gibbs, Newton, Mass., V. St. A., *Schaltkontakt.* Vertiefte Einprägungen in bandförmigem Trägermetall werden mit Ag-Pulver ausgefüllt, das gesintert wird. Dann werden die konvexen Belagstellen durch Drücken von der Rückseite her aus der Unterlage herausgepreßt. (**A. P. 2 545 352** vom 5/8. 1947, ausg. 13/3. 1951.) H. KESSEL. 5953

Eugen Dürrwächter, Pforzheim, *Schaltkontakte.* Auf Kontaktkörpern aus Ag Graphit mit 70—99% Ag-Geh. wird durch Ausbrennen des Graphits an einer Fläche eine oberflächliche Ag-Schicht erzeugt. Die übrigen Flächen werden dabei durch Graphitplatten oder Graphit–Wasserglas-Überzüge abgedeckt. (**D. R. P. 762 387** Kl. 21g vom 12/3. 1942, ausg. 22/9. 1952.) H. KESSEL. 5953

Cutler-Hammer, Inc., Milwaukee, übert. von: **Linwood T. Richardson,** Wauwatosa, und **Merle R. Swinehart,** Milwaukee, Wis., V. St. A., *Kontaktkörper* besteht aus faserförmig gefälltem, gepreßtem u. gesintertem Ag-Pulver mit einem Geh. von 7,5—15% feinstverteiltem In_2O_3. (**A. P. 2 572 662** vom 12/7. 1945, ausg. 23/10. 1951.) H. KESSEL. 5953

Siemens-Schuckertwerke Akt.-Ges., Berlin und Erlangen (Erfinder: **Wilhelm Wolf,** Katzwang), *Isoliermaterial* besteht aus Si-Tetraphenyl, auch mit Zusätzen von SiO_2-Pulver u. anorgan. Faserstoffen, z. B. Glasseide oder Asbestfasern. (**D. B. P. 943 539** Kl. 21c vom 14/4. 1949, ausg. 24/5. 1956. Anmeldung bekanntgemacht 4/1. 1951.) H. KESSEL. 5957

General Electric Co., Schenectady, N. Y., V. St. A., *Isoliermaterial.* Organ. oder anorgan. Faserstoffe werden mit einer Lsg. von Phenolformaldehyd (I) in W. u. A. gemischt oder imprägniert. Nach dem Verdampfen der Lösungsmittel wird mit einem Kunstharzgemisch imprägniert, das aus Polyvinylchlorid (II), Anilinformaldehyd (III) u. I in solcher Zus. besteht, daß das Endprod. 19—46 (%) I, 3—27 II u. 2—11 III enthält. (**E. P. 744 500** vom 29/6. 1953, ausg. 8/2. 1956. A. Prior. 11/7. 1952.) H. KESSEL. 5957

Hercules Powder Co. (Erfinder: **William Henry Markwood jr.,** Wilmington, Del., und **George Marion Taylor,** Kenneth Square, Pa.), V. St. A., *Isoliermaterial* für elektr. Leitungen besteht aus einem Polymer von 3.3-Bis-(chlormethyl)-oxacyclobutan mit einem phenol. Stabilisator. (**D. B. P. 943 240** Kl. 21c vom 15/4. 1954, ausg. 17/5. 1956. Anmeldung bekanntgemacht 24/11. 1955. A. Prior. 13/7. 1953.) H. KESSEL. 5957

Siemens-Schuckertwerke Akt.-Ges., Berlin und Erlangen (Erfinder: **Hans Edler, Georg Stauber,** Neuhaus bei Höchstadt/Aisch, und **Wilhelm Gebhardt,** Nürnberg), *Magnetkern* mit einer Umhüllung aus Gießharz (I). Um beim Erhärten u. Schrumpfen des I eine schädliche mechan. Beanspruchung des Kerns zu vermeiden, erhält dieser zunächst eine Hülle aus elast. Kunststoffschaum von so feiner Struktur, daß die Bläschen sich dielektr. nicht störend bemerkbar machen. (**D. B. P. 857 559** Kl. 21g vom 1/12. 1950, ausg. 1/12. 1952. Anmeldung bekanntgemacht 21/12. 1952.) H. KESSEL. 5959

Steatit-Magnesia Akt.-Ges., Lauf/Pegnitz, *Massekerne* werden nach dem Pressen bei ca. 150° im Vakuum oder in einer inerten Atmosphäre gehärtet oder zuerst in einer inerten Atmosphäre u. dann im Vakuum. (**D. R. P. 760 192** Kl. 21g vom 12/9. 1935, ausg. 8/3. 1954.) H. KESSEL. 5959

Siemens-Schuckertwerke Akt.-Ges., Berlin und Erlangen, *Massekern.* Als Isolier- u. Bindemittel dient ein ohne Abspaltung von Stoffen härtbares Kunstharz, bes. ein Äthoxylinharz. (**Schwz. P. 292 562** vom 9/12. 1950, ausg. 2/11. 1953. **E. P. 705 271** vom 10/1. 1951, ausg. 10/3. 1954. Beide D. Prior. 23/5. 1950.) H. KESSEL. 5959

Siemens & Halske Akt.-Ges., Berlin und München (Erfinder: **Peter Weiss**, Berlin), *Massekern.* Bei der Herst. wird der Spritzmasse ein als Gleitmittel dienender, bei n. Temp. fl. Isolierstoff zugegeben (z. B. 2% Paraffinöl), dessen Kp. so hoch liegt, daß er nicht verdampft. (**D. R. P. 761 191** Kl. 21g vom 29/11. 1941, ausg. 22/4. 1954.) H. KESSEL. 5959

Siemens & Halske Akt.-Ges., Berlin und München (Erfinder: **Martin Kersten, Gerhard Liepold** und **Kurt Klesse**, Berlin), *Massekern.* Die Form, in die die Kernmasse eingespritzt wird, wird zusätzlich beheizt, bes. auf eine Temp., die 10—12° unter dem E. des thermoplast. Bindemittels liegt. (**D. R. P. 761 316** Kl. 21g vom 3/4. 1942, ausg. 24/5. 1954.) H. KESSEL. 5959

N. V. Philips' Gloeilampenfabrieken, Eindhoven, Holland, *Massekern.* Das Magnetpulver besteht aus Mischkristallen von mindestens 28 (Mol-%) Ni- u. höchstens 72 Zn-Ferrit in Spinellstruktur. (**Belg. P. 512 885** vom 16/7. 1952, ausg. 5/3. 1954. Holl. Prior. 18/7. 1951.) H. KESSEL. 5959

General Electric Co. Ltd., London, England (Erfinder: **Henry Bailey** und **Henry Farnell Davies**), *Massekern.* Die z. B. 80 (%) Ni u. 20 Fe enthaltenden magnet. Pulverteilchen erhalten in mehreren Arbeitsgängen einen isolierenden Überzug aus Kaolin, K- oder Na-Silicat u. γ-Al_2O_3, u. darüber einen Überzug aus einem härtbaren Kunststoff, z. B. einem Phenolformaldehydkunstharz, oder aus einem Cellulosederiv., z. B. Methylcellulose, Zucker oder Melasse. (**F. P. 1 032 342** vom 12/2. 1951, ausg. 1/7. 1953. E. Prior. 13/2. 1950.) H. KESSEL. 5959

Allgemeine Elektricitäts-Gesellschaft, Berlin (Erfinder: **Max Nippold**, Frankfurt), *Galvanisches Element*, bestehend aus C, Mg u. einer Säure als Elektrolyt, dad. gek., daß die Mg-Elektrode mit einer Bichromatschicht bedeckt ist. — Abbildungen. (**D. B. P. 942 041** Kl. 21b vom 4/9. 1943, ausg. 26/4. 1956. Anmeldung bekanntgemacht 5/3. 1953.) F. LAASS. 5971

Jean Achile Louis Piroux, Seine, Frankreich, *Stromsammlerseparator.* Der Separator wird gebildet aus zwischen den Elektrodenplatten eingepreßten, in diese z. T. eindringenden Körpern, z. B. Kugeln, von $\geq$0,1 mm Korngröße aus Glas, Kaolin, SiO_2, Kieselgur oder Nylon. Der Raum zwischen den Körpern wird durch den Elektrolyten ausgefüllt, der bei Entw. von Gas nach unten ausweicht, so daß die Herst. von gasdichten Sammlern gegeben ist. (**F. P. 1 098 678** vom 25/1. 1954, ausg. 17/8. 1955.) B. SCHMIDT. 5971

Yardney International Corp., V. St. A. (Erfinder: **Jean Doyen**), *Silber–Zink-Stromsammler.* Bei Sammlern mit negativer „unlösl." Zn-Elektrode wird die bei längerem Gebrauch störende Anreicherung von Zn am Boden dadurch vermieden, daß mit Ausnahme der äußersten Zn-Elektroden, die zweckmäßig keinen Separator üblicher Art erhalten, das restliche Paket von abwechselnd positiven u. negativen Elektroden in etwas mehr als halber Höhe mit einem feinen Gitter umgeben wird, das aus 2/10 mm starkem gelochtem Messing–Ni-Blech besteht u. mit der negativen Polklemme leitend verbunden wird. Das bei Entladung des Sammlers in Lsg. gegangene Zn scheidet sich bei Aufladung an diesem Gitter ab u. löst sich hier wieder bei folgender Entladung. — 2 Zeichnungen. (**F. P. 1 085 880** vom 1/6. 1953, ausg. 8/2. 1955.) B. SCHMIDT. 5971

Yardney International Corp., V. St. A. (Erfinder: **Paul Garine**), *Silber–Zink-Stromsammler.* Zur Sicherheit gegen Explosion werden die Elektroden einzeln in abgedeckten Räumen untergebracht, die gasdicht voneinander getrennt u. mit je einem Gasauslaß versehen sind. Die Trennwände sind z. B. mit Gummidichtung fest an Wand u. Boden des Sammlerbehälters gefügt. Sie bestehen jede aus zwei Holzplatten, zwischen die die Separatorfolie gebettet ist, so daß diese nicht durch wandernde Teile der akt. M. beschädigt wird. — 17 Zeichnungen. (**F. P. 1 088 995** vom 25/9. 1953, ausg. 14/3. 1955. Schwz. Prior. 11/11. 1952.) B. SCHMIDT. 5971

Yardney International Corp., V. St. A. (Erfinder: **Meyer Mendelsohn** und **Frank Solomon**), *Silber–Zink-Stromquelle.* Zur Erhöhung der Lebensdauer des Separators wird dieser mit einer Schutzschicht versehen, die wenigstens teilweise aus einem Ionenaustauscher besteht. Verwendbare Ionenaustauscher sind sulfonierte Kunstharze, bes. Polystyrol, Cellulose, Protein, Casein, Zein. Die den Austauscher aufnehmende Schutzschicht besteht aus Polystyrol, einem Polyvinylderiv., einem Butadien–Styrol–Mischpolymerisat, überhaupt einem thermoplast. Stoff, der mit KCl oder NaCl modifiziert sein kann, u. kann außerdem Na- oder K-Methacrylat u. ein die Oxydation des Separators verhinderndes Mittel enthalten. — 7 Beispiele. (**F. P. 1 071 804** vom 16/10. 1952, ausg. 6/9. 1954. A. Priorr. 17/10. 1951 u. 2/5. 1952.) B. SCHMIDT. 5971

Yardney International Corp., V. St. A. (Erfinder: **Paul Lindsay Howard**), *Silber–Zink-Stromsammler*. Zur Herst. der Zn-Elektrode wird auf ein mit Ag-Draht durchflochtenes Netz aus Zn-Draht eine aus 9 cm^3 30%ig. KOH u. 22,5 g ZnO gebildete Paste aufgetragen, der entstehende Körper als Kathode zwischen Ni- oder Stahlanoden in 5%ig. KOH elektrolyt. red., gewaschen u. dann zwischen zwei 200° warmen Heizplatten in einigen Sek. derart getrocknet, daß der sich entwickelnde Wasserdampf den Zutritt von Luft u. damit eine unerwünschte Oxydation des Zn verhindert. — Zeichnungen. (**F. P. 1 092 651** vom 23/11. 1953, ausg. 26/4. 1955. A. Priorr. 22/11. 1952 u. 28/9. 1953.) B. SCHMIDT. 5971

Gilbert Luccardi und **Georges Lagendais**, Seine, Frankreich, *Bleistromsammler*. Damit die Kapazität des Sammlers nicht infolge von Sulfatbldg. u. Zers. von PbO_2 an den Elektroden während des Betriebes absinkt, erhält der übliche Elektrolyt einen Zusatz von Sulfaten u. Hydroxyden von Mn, Co, Ag, Zn, Ce, Pd, Ir oder In. Der Elektrolyt besteht z. B. aus 5,30 (%) Zn-Sulfat; 0,15 In-Sulfat; 82,00 konz. H_2SO_4; 11,55 dest. W.; 1,00 LiOH. (**F. P. 1 081 155** vom 31/3. 1953, ausg. 16/12. 1954.) B. SCHMIDT. 5971

Wilhelm Herberer, Deutschland, *Elektroden für Bleistromsammler*. Als Binder für 100 (Teile) akt. M. dienen 5—10 thermoplast. Stoff (bes. Polyäthylen), der als Pulver oder als wss. Emulsion zugemischt wird u., gegebenenfalls nach dem Trocknen, in Formen bei einem Druck von 10—60 kg/cm^2 u. einer langsam von 50 auf 180° ansteigenden Temp. gefrittet wird. Bei der Herst. der Elektrode können als später entfernbare porenbildende Stoffe Harnstoff oder K_2CO_3 zugesetzt werden. (**F. P. 1 080 243** vom 30/6. 1953, ausg. 7/12. 1954.) B. SCHMIDT. 5971

Siemens & Halske Akt.-Ges., Berlin und München (Erfinder: **Herbert Schnitger**, Darmstadt), *Sekundäremissionselektrode*. Während die emissionsfähige Schichtmasse aus einer Suspension oder einer Lsg. auf einen Träger niedergeschlagen wird, wird die Mischung bzw. Lsg. oder der Träger oder beide in Ultraschallschwingungen versetzt. (**D. B. P. 892 026** Kl. 21g vom 24/12. 1940, ausg. 5/10. 1953. Anmeldung bekanntgemacht 30/10. 1952.) H. KESSEL. 5975

Siemens & Halske Akt.-Ges., Berlin und München (Erfinder: **Wilhelm Hinsch**, Berlin), *Indirekt geheizte Kathode für Kathodenstrahlröhren*. Der aus Ta oder Zr bestehende, auf der der Entladung zugekehrten Seite mit einer Emissionsschicht versehene Kathodenkörper hat im Betrieb mindestens teilweise eine zur Bindung von Gasresten geeignete Temperatur. (**D. R. P. 761 089** Kl. 21g vom 31/12. 1937, ausg. 29/4. 1954.) H. KESSEL. 5975

N. V. Philips' Gloeilampenfabrieken, Eindhoven, Holland, **Mullard Radio Valve Co. Ltd.**, London, England (Erfinder: **Charles Harold Raymond Gentry, Alban William James Gollin** und **Nora Herzfeld**), *Oxydkathode für elektrische Entladungsröhren*. Die Ausgangsmasse enthält Erdalkalicarbonate u. Formiate von Co, W, Mo, Pt, Ir, Os, Pa, Rh, Ru, bes. aber Ni. (**Schwz. P. 307 771** vom 1/5. 1952, ausg. 16/8. 1955. **Belg. P. 511 131** vom 2/5. 1952, ausg. 20/11. 1953. Beide E. Prior. 3/5. 1951. **E. P. 699 977** vom 3/5. 1951, ausg. 18/11. 1953.) H. KESSEL. 5975

Electric & Musical Industries Ltd., England (Erfinder: **Alexander Bruce McFarlane**), *Fluorescenzschirm*. Der Fluorescenzstoff wird in einer wss. Suspension, die ein Alkalisilicat enthält, niedergeschlagen, wobei der Gesamtgeh. an festen Silicatteilchen wenigstens 5,75 g pro Liter der Geamtmenge W. der Suspension beträgt. (**F. P. 1 084 814** vom 8/10. 1953, ausg. 24/1. 1955. E. Priorr. 11/10. 1952 u. 24/9. 1953.) G. GROTE. 5975

IV. Wasser. Abwasser.

J. Leicester, *Gewinnung von Frischwasser aus Salz- oder Brackwasser*. 2. Mitt. (1. vgl. C. **1955**. 10349.) Das von Flotte u. Handelsreedereien verwendete „Admiralitäts-Verdampfer-Gemisch" besteht aus Na-Dinaphthylmethandisulfonat (*Belloid T. D.*) + Na-Äthylendiamintetraacetat (*Sequestrol*, **I**), die mit je 0,002% dem Meerwasser zugesetzt werden u. reine Heizflächen ohne angesetzten Kesselstein bewirken. Ein mit 0,0005% des W. zugemischtes Polyäthylenglykol verhindert das Schäumen u. verbessert damit die Verdampfung, so daß die Leistung des Verdampfers auf über das Dreifache gesteigert werden konnte. Dieses Verf. dürfte auch für Dampfverdichter-Verdampfer auf Dieselschiffen Bedeutung bekommen. Um Kesselsteinbldg. von vornherein auszuschließen, konnten in erfolgreichen Verss. Ca- u. Mg-Ionen in Ggw. großer Mengen Na-Ion durch einen Harzionenaustauscher mit **I** als akt. Gruppe ausgeschieden werden, der mit der konz. NaCl-Sole des Verdampfers regeneriert wurde. Elektrodialyse mit harzaustauscherimprägnierten Membranen dürften für Meerwasser außer für Landanlagen nur für U-Boote in Frage kommen. (Chem. Process Engng. **36.** 251—55. Juli 1955. Royal Naval Sci. Serv.) H. MÜHLMEISTER. 6030

D. G. Perkins, *Städtisches Abwasser als Wasserversorgung einer Raffinerie.* Das biol. gereinigte, mit Kalk u. Alaun enthärtete u. geklärte Abwasser der Stadt Enid wurde zunächst mit 10—50 mg Cl_2/Liter, später mit dem in diesem Fall geeigneteren fl. Br_2 behandelt. Schwierigkeiten machte das durch synthet. Reinigungsmittel verursachte Schäumen, bes. im Dampfkessel, dessen Speisewasser deshalb höchstens 10% des gereinigten Abwassers zugesetzt werden durfte. Die Bldg. von Schaumflocken in den Kühltürmen wurde durch eine Mischung aus Enthärtersalzen + Polyglykol + oberflächenakt. Stoff vom Fettsäuretyp bzw. Polyamide bzw. wasserlösl. Silicone zu bekämpfen versucht. (Oklahoma Engng. Exp. Stat. Publ. **23.** Nr. 1. 41—44. Dez. 1955. Enid, Okla., Champling Refining Co.) H. MÜHLMEISTER. 6036

Harold Bottomley, *Flüssige Abfälle der Petroleumraffination und ihre Beseitigung.* Die Zus. der an den einzelnen Betriebsstationen der Erdölverarbeitung entstehenden Abwässer wird geschildert u. Wege zu ihrer Reinigung bei Wiederverwendung oder Unschädlichmachung bei Ableitung angegeben. In den meisten Fällen können die Inhaltsstoffe durch Rauchgase ausgetrieben, in anderen extrahiert werden. Hinweise auf zweckentsprechende Apparaturen mit Wärmeaustauschern. (Oklahoma Engng. Exp. Stat. Publ. **23.** Nr. 1. 27—35. Dez. 1955. Tulsa, Okla.) H. MÜHLMEISTER. 6036

Brigitte Löliger-Müller, *Ergebnisse der Abwasseruntersuchungen im Rieselgebiet Leipzig-Nord und Delitzsch hinsichtlich des Wurmeigehaltes.* Mit der Frischschlamm-Meth. konnte ein geringer Befall an Wurmeiern (Tabelle) im Leipziger Abwasser festgestellt werden, der mangels genügender Vorklärung wegen fehlender Absatzbecken (es bestehen nur Rechen u. Sandfang) bei der landwirtschaftlichen Verwertung durch Verrieseln u. Verregnen auf die Felder gelangt. Im Erdboden, an Gemüse u. Hackfrüchten konnten daher Wurmeier nachgewiesen werden, die erst nach 6—8 Std. Einweichzeit sich abwaschen ließen u. daher eine Ansteckungsgefahr für Mensch u. Tier bedeuten. Auch durch die Poren von Bitumenröhren, die zur Untergrundbewässerung dienen, dringen Wurmeier hindurch. (Gesundheits-Ing. **77.** 23—24. 15/1. 1956. Leipzig, Karl-Marx-Univ., Vet.-parasitol. Inst.) H. MÜHLMEISTER. 6044

Fred W. Bishop, *Die beschleunigte biologische Oxydation von Abwässern aus Kraftzellstoff-Fabriken.* Die SOUTHLAND PAPER MILLS haben eine Abwässerreinigungsanlage unter Anwendung des Belüftungsverf. für die beschleunigte Herabsetzung des BSB in Kraftzellstoffabwässern aufgebaut, nachdem die diesbzgl. Vorverss. in Labor. u. Versuchsanlage erfolgreich verlaufen waren. Die Herabsetzung des BSB erfolgt während ausreichender Belüftung des Abwassers in Ggw. akklimatisierter Bakterien, denen zur Unterstützung ihrer Aktivität zusätzliche N-Nahrung zugeführt wird. Somit kann der ursprüngliche BSB von 200 bzw. 500 Teilen pro Million durch diese Behandlung um 85 bzw. 60% erniedrigt werden, wobei eine derartige Anlage mit geringfügigen Kosten an Wartung u. Unterhaltung zu betreiben ist. Bes. vorteilhaft ist das Verf. in Verbindung mit Sammel- oder Rückhaltbassins, in denen die Herabsetzung des BSB auf die natürliche Art sonst sehr viel langsamer erfolgt. Unter gewissen Bedingungen kann dann die Rückhaltezeit um ca. 75% verkürzt werden, so daß das beschleunigte Verf. innerhalb der Grenzen des wirtschaftlich Vertretbaren arbeitet. Es werden Anlage u. Betrieb des Verf. kurz beschrieben. — 1 Verfahrensschema. (Tappi **37.** 453—55. Okt. 1954.) P. SCHORNING. 6044

Hilding Köhler und **Markus Båth,** *Quantitative chemische Analyse von Meerwasser-Kondensationskernen.* Vff. beschreiben eine App. zur Versprühung von Meerwasser u. zum annähernd getrennten Auffangen der verschieden großen Tröpfchen bzw. Kondensationskerne, teilweise auch der entgegengesetzter Ladung (mittels geladener Kondensatorplatten) u. berichten über die mit dieser App. erhaltenen Ergebnisse bzgl. des Mg-, Na- u. Cl-Geh. der verschied. Tröpfchen, die je nach ihrer Größe mehr oder weniger vom Ausgangswasser–Mg- bzw. –Na/Cl-Verhältnis abweichende Zus. aufweisen. Tröpfchen mit relativem Cl- (oder SO_4)-Überschuß sind vorzugsweise negativ geladen, solche mit relativem Mg- oder Na-Überschuß positiv. Tröpfchen mit relativem Mg- oder Cl-Überschuß sind meistens kleiner als die mit n. Mg- bzw. Na/Cl-Verhältnissen. Ob bei den kleinsten Tröpfchen ein Mg- bzw. Na- oder ein Cl-Überschuß vorherrschend ist, läßt sich nicht entscheiden. (Nova Acta Regiae Soc. Sci. Upsaliensis [4] **15.** Nr. 7. 1—24. 1953. Uppsala.) W. NIEMITZ. 6060

W. Hancock und **E. Q. Laws,** *Der Nachweis von Spuren von Benzolhexachlorid in Wasser und Abwasserabläufen.* Benzolhexachlorid (I) kann bis zu 1 γ/Liter aus W. mittels akt. Holzkohle extrahiert werden, die durch Auskochen mit konz. HCl, Waschen mit W. u. 1 Std. Glühen bei 900° unter Luftabschluß gereinigt wurde. Durch 1 g in einer

Säule können 5 Liter W. filtriert werden. Die abgesaugte Kohle wird feucht in einem Kolben mit 10 cm^3 Eisessig + Essigsäureanhydrid 1:1 übergossen. In diesem löst sich das adsorbierte I, wird mit 1 g Zn-Staub + 2 g Malonsäure zu Bzl. entchlort, dieses in konz. $HNO_3 + H_2SO_4$ 1:20 übergetrieben, zu m-Dinitrobenzol (II) nitriert, II sorgfältig ausgeäthert, der Ae. unter Zusatz von 0,5 cm^3 Paraffinöl abdest. u. II in Butanonlsg. spektrometr. durch Vgl. mit einer Standardkurve bestimmt. Reinigung u. Zus. der Reagentien u. die ursprünglich von SCHECHTER u. HORNSTEIN (C. **1953.** 6754) angegebene, von den Vff. verbesserte Meth. sowie die mit ihr zu erzielende Genauigkeit werden eingehend geschildert. 3 Diagramme, 6 Tabellen. Verluste sind unvermeidbar, so daß mit 70—80% der wahren Werte zu rechnen ist. Die Meth. dürfte auch für die Best. ähnlicher Körper (synthet. Reinigungsmittel, Desinfektionsmittel) verwendbar sein. (Analyst **80.** 665—73. Sept. 1955. London, Governm. Labor., Dep. of Governm. Chem.) H. MÜHLMEISTER. 6068

V. Anorganische Industrie.

J. Arvid Hedvall, *Bergbau und Chemie.* Die Mineralographie erforscht nichtmetall. feste Stoffe zur Verwertung natürlicher Mineralien außer Erzen, z. B. Pigmentfarben, Baustoffe u. feuerfeste Massen. Gase, wie CO_2 u. Wasserdampf, beeinflussen keram. Brenn- u. Sintervorgänge sowie Glasschmelzen. Die Anwendung der Platzwechsel-Rkk. zwischen O-Verbb. der Erdalkalien u. deren Halogeniden, Sulfiden, Siliciden usw. gestattet die Herst. von Sulfaten, Carbonaten u. Silicaten, u. zwar bereits bei 350—500°. Apatit u. Serpentin ergeben so Phosphatdünger ohne H_2SO_4-Verwendung. (Tekn. Tidskr. **82.** 217—20. 11/3. 1952.) E. BORCHERS. 6148

Bruno Waeser, *Die Gewinnung von Schwefel und die Herstellung von Schwefelsäure.* 1. Mitt. *Rohstoffe und Hauptverfahren.* 2. Mitt. *Nutzbarmachung von Kohle- und Erdölschwefel.* Mit Literatur- u. Patentzitaten versehener Bericht über den derzeitigen Stand der Technik unter besonderer Berücksichtigung der in anderen Ländern gewonnenen neuesten Erkenntnisse. (Erdöl u. Kohle **5.** 497—98. Aug. 575—77. Sept. 1952.) K. O. MÜLLER. H 253

Bruno Waeser, *Die Gewinnung von Schwefel und die Herstellung von Schwefelsäure.* 3. Mitt. *Schwefelsäure aus Kohle- oder Erdölschwefel.* (1. u. 2. Mitt. vgl. vorst. Ref.) Literatur- u. Patentübersicht. (Erdöl u. Kohle **5.** 648. 651. Okt. 1952.) K. O. MÜLLER. H 253

J. Davis, *Mahlen und Windsichten von Schwefel.* Kurze Beschreibung von Bau u. Arbeitsweise der REMA-Ringwalzenmühle u. des REMA-Windsichters, die mit Rückführung als Einheit geschaltet sind u. Störungen durch Klumpen- oder Krustenbldg., Brand u. elektr. Aufladung weitgehend vermeiden; Mahlfeinheit bis 99,8% Durchgang durch ein 200-Maschensieb, abhängig von der Luftgeschwindigkeit im Sichter. (Edgar Allen News **31.** 193—95. Aug. 1952.) H. ECKHARD. H 253

F. Heppenstall und **G. C. Lowrison,** *Die Herstellung von Schwefelsäure.* Vff. beschreiben, beginnend mit der SO_2-Gewinnung aus S, Sulfiden u. Anhydrit u. SO_2-Reinigungen die Oxydationsverff. zu SO_3 im Kammerprozeß mit seinen Abarten nach MORITZ, MILLS-PICKARD, PETERSEN u. KACHKAROFF sowie im Kontaktprozeß mit kurzem Hinweis auf das nasse Kontaktverfahren. (Trans. Instn. chem. Engr. **31.** 389—99. 1953. Immingham, Fisons Ltd.) H. ECKHARD. H 253

H. A. Sommers, *Herstellung und Versand von Kohlensäure.* Vf. gibt eine Übersicht über alle CO_2-Anlagen der USA mit Angaben über Lage, Kapazität, Rohstoff, Herstellungsverff. u. Herstellungskosten. Bedeutung u. Bewertung der einzelnen Rohstoffe (Kalk, natürliche CO_2-Quellen, brennbare Erdgase, Koks u. Gärungskohlensäure) werden erörtert. Verff. mit K_2CO_3 bzw. *Monoäthanolamin* als Absorptionsmittel werden miteinander verglichen. Die Herst. von Trockeneis sowie die üblichen Transportverff. für fl. u. festes CO_2 werden beschrieben. (Chem. Engng. Progr. **49.** 333—39. Juli 1953. New York, N. Y., Food Machinery and Chem. Corp.) GERHARD GÜNTHER. H 260

E. Kuntzsch, *Ein neues Kohlensäuregewinnungsverfahren in der Deutschen Demokratischen Republik.* Beschreibung einer Anlage zur Gewinnung von Kohlensäure aus Gärungsprodukten. — Laufschema. (Chem. Techn. **5.** 587—90. Okt. 1953. Meltewitz, Wurzen.) M. WINIKER. H 260

Imperial Chemical Industries Ltd., London (Erfinder: **Ulrich Kopsch,** Widnes), England, *Herstellen von Wasserstoffperoxyd* durch abwechselndes Reduzieren u. Oxydieren eines in einem organ. Lösungsm. gelösten Anthrachinonderiv., wobei die organ. Lsg. des Anthrachinonderiv. in jedem Kreislauf nach dem Oxydieren mit W. extrahiert wird, um die Hauptmenge des entstandenen H_2O_2 abzutrennen, wonach die organ. Lsg.

auch noch vom Rückstands-H_2O_2 befreit wird, dad. gek., daß das in der organ. Lsg. noch enthaltene Rückstands-H_2O_2 durch Extrahieren derselben mit W. oder einer wss. Lsg. entfernt wird, worauf das nunmehr in der wss. Extraktionslsg. enthaltene Rückstands-H_2O_2 in dieser mit Hilfe eines festen Katalysators zers. u. die so vom Rückstands-H_2O_2 befreite wss. Lsg. zurückgeleitet wird, um mit ihr eine weitere Menge organ. Lsg., aus der bereits die größte Menge des H_2O_2 entfernt worden ist, von ihrem Rückstands-H_2O_2 durch Extrahieren zu befreien. – Zeichnung. (**D. B. P. 939 570** Kl. 12i vom 28/7. 1953, ausg. 23/2. 1956. Anmeldung bekanntgemacht 1/9. 1955.) K. Demmler. H 241

Riedel-de-Haën Akt.-Ges., Seelze (Erfinder: **Josef Sellner** und **Liebfried Knop**, Kufstein-Schaftenau), *Trennen flüssiger Gemische von Wasserstoffperoxyd, Wasser und gegebenenfalls anorganischen Begleitstoffen*, die aus dem Herstellungsprozeß des H_2O_2 stammen, mittels Destillatoren bzw. Konzentratoren, Rektifikatoren u. Abscheidern, dad. gek., daß man mehrere Destillatoren bzw. Konzentratoren stufenweise hintereinander oder teilweise parallel schaltet, sie durch U-förmig ausgebildete Zuleitungen aneinanderschließt u. mit Rektifikatoren sowie mit je einem außerhalb des zugehörenden Konzentrators angeordneten Abscheider derart verbindet, daß die in den Destillatoren bzw. Konzentratoren entstehenden Dämpfe Rektifikatoren u. die die Rektifikatoren verlassenden Abläufe Destillatoren bzw. Konzentratoren zugeführt werden. – Verfahrensschemata. (**D. B. P. 940 894** Kl. 12i vom 7/12. 1943, ausg. 29/3. 1956. Anmeldung bekanntgemacht 5/3. 1953.) K. Demmler. H 241

Pintsch Bamag Akt.-Ges., Berlin (Erfinder: **Thomas Fischer**, Trostberg, Obb.), *Absorption von bei der Ammoniakverbrennung entstehenden nitrosen Gasen in hochkonzentrierter Salpetersäure*, bei der die Gase nach Trocknung u. vor Oxydierung bereits zu 90–95% als NO_2 vorliegen, dad. gek., daß der Oxydationsgrad der aus dem Verbrennungsofen kommenden, zunächst durch Abkühlung von Wasserdampf befreiten u. dann in Räumen einer Oxydation unterworfenen Gase durch Berührung mit hochkonz., ca. 98%ig. HNO_3 auf annähernd 100% gebracht wird u. daß die so vorbehandelten Gase einer Waschung mit hochkonz. HNO_3 in einer einzigen Stufe unterworfen werden. Das Verf. kann unter Druck durchgeführt werden. Die vor u. während der Oxydation der Gase abgeschiedene dünne HNO_3 kann zur Niederschlagung der aus der N_2O_4-Absorption abziehenden HNO_3-Dämpfe benutzt werden, worauf die dad. verstärkte Säure entweder mit dem N_2O_4 zusammen oder mit der N_2O_4-haltigen Absorptionssäure zusammen auf hochkonz. Säure verarbeitet wird. (**D. B. P. 940 043** Kl. 12i vom 30/7. 1935, ausg. 8/3. 1956. Anmeldung bekanntgemacht 12/3. 1953.) A. Zürn. H 243

Appareils et Évaporateurs Kestner, Lille, Frankreich, *Herstellen von Alkalihypochloritlösungen* durch Rk. des Cl_2 mit entsprechenden Alkalihydroxydlsgg., dad. gek., daß die Abführung der Reaktionswärme durch die Kühlung der Reaktions-Fl. mittels Entspannung im Vakuum erfolgt, worauf die Reaktions-Fl. wieder in den Kreislauf eingeführt wird. – Vorrichtung. – Vgl. auch F. P. 1044218; C. **1955.** 8468. (**D. B. P. 941 427** Kl. 12i vom 3/8. 1952, ausg. 12/4. 1956. Anmeldung bekanntgemacht 13/10. 1955. F. Priorr. 26/10. 1951 u. 2/5. 1952.) K. Demmler. H 247

Karl von Asboth, Österreich, *Herstellung von H_2SO_4 aus $CaSO_4$*. Ein Gemisch von $CaSO_4$ u. C wird, gegebenenfalls unter Zusatz von SiO_2, um die Reaktionstemp. zu mildern, in einer Verbrennungskammer in Ggw. von O_2, der in 100% Überschuß zur theoret. Menge angewendet wird, therm. zersetzt. Die entweichenden O_2-haltigen SO_2-Gase gelangen dann in den Kontaktraum. Die Entstaubung der Gase erfolgt vorteilhaft im Cyclon. (**F. P. 1 034 181** vom 20/3. 1951, ausg. 20/7. 1953.) W. Wittholz. H 253

Farbenfabriken Bayer Akt.-Ges. (Erfinder: **Heinz Jonas** und **Paul Lueg**), Leverkusen, *Herstellung von Thionylchlorid* durch Rk. von SO_3, Chlorschwefelverbb. u. Cl_2 bei mäßig erhöhter Temp., dad. gek., daß die Reaktionsteilnehmer in solchem Verhältnis über aktivierte, bes. alkal.-aktivierte Kohle geleitet werden, daß auf ein (gMol)SO_3 mindestens 2 S u. 6 Cl kommen. (**D. B. P. 939 571** Kl. 12i vom 7/12. 1948, ausg. 23/2. 1956. Anmeldung bekanntgemacht 1/2. 1951.) A. Zürn. H 253

Karl Erik Holmberg, Stockholm, Schweden, *Konzentrieren von Isotopen*. Man bildet eine mehr oder weniger stabile Verb. AB aus einer Verb. A, die die Isotopen enthält, die konz. werden sollen, u. einer anderen Verb. B, u. führt diese Verb. AB, falls sie nicht schon fl. ist, z. B. durch Zusatz eines Lösungsm. in eine Fl. über, erhitzt sie, so daß eine Dampfphase entsteht, in der das Verhältnis zwischen dem Geh. an der Komponente A in der Verb. AB zum Gesamtgeh. der Verb. A verschieden ist von dem in der fl. Phase. Dann erzeugt man Gegenstrom zwischen Dampf- u. Flüssigkeitsphase in einer Kaskade, um so einen Isotopenaustausch zwischen den beiden Phasen zu erreichen, so daß die leichteren Isotopen an einem Ende der Kaskade konz. werden u. die schweren Isotopen am anderen. (**E. P. 736 459** vom 16/6. 1953, ausg. 7/9. 1955. Schwed. Prior. 9/7. 1952.) H. Nebelsiek. H 270

Verkaufsgemeinschaft Deutscher Kaliwerke G. m. b. H., Abteilung Kaliforschungsstelle (Erfinder: **Rudolf Bachmann**), Hannover, *Flotation von Kalisalzen unter Verwendung von Amingemischen*, dad. gek., daß bei Verwendung bin. Gemische von gesätt. Aminhomologen die Homologen im Mol-Verhältnis 1:1, bei Verwendung eines bin. Gemisches eines Amins mit gesätt. KW-stoffkette u. eines mit ungesätt. Kette das Mol-Verhältnis gesätt./ungesätt. 3:1 angewandt wird u. daß bei niedrigen Tempp. Amingemische kürzerer, bei höheren Tempp. längerer Kettenlänge verwendet werden. Als bzgl. der Ausbeuten von der Temp. weitgehend unabhängige Gemische prim. gesätt. Amine werden im Mol-Verhältnis 1:1:1 stehende Gemische mit den Kettenlängen C_{14}, C_{16} u. C_{18} oder C_{16}, C_{18} u. C_{20} verwendet. (**D. B. P. 941 609** Kl. 12 l vom 20/11. 1954, ausg. 12/4. 1956. Anmeldung bekanntgemacht 13/10. 1955.) K. WOLK. H 275

Fredrik W. de Jahn, New York, und **Alan N. Mann,** Scarsdale, N. Y., V. St. A., *Gewinnung von Bariumhydroxyd* durch Vermischen von feingemahlenem $BaSO_4$ u. FeS (1:2—3 Mol), Versetzen mit W. u. Verformen zu Kügelchen. Diese läßt man unter Durchleiten von Dampf bei 750—950° einen Ofen passieren. Dabei wird der Schwefel abgetrieben, u. man erhält ein festes Gemisch aus BaO u. Fe_3O_4. Nach dem Vermahlen zieht man durch Auslaugen mit W. das BaO in Form von $Ba(OH)_2$ heraus. (**A. P. 2 724 639** vom 1/2. 1954, ausg. 22/11. 1955.) H. NEBELSIEK. H 285

Ansul Chemical Co., übert. von: **Philip J. Ehman,** Marinette, Wis., V. St. A., *Herstellung einer aktivierten Tonerde* in freifließender Form u. frei von Feinbestandteilen durch Mischen des groben Al_2O_3 mit 0,05—5 Gew.-% P_2O_5. Letzteres reagiert mit dem Restwasser u. bildet einen dünnen H_3PO_4-Überzug auf den einzelnen Teilchen. (**A. P. 2 720 492** vom 24/11. 1952, ausg. 11/10. 1955.) H. NEBELSIEK. H 294

Houdry Process Corp., Wilmington, Del., übert. von: **Sterling E. Voltz,** Norwood, Pa., V. St. A., *Behandeln von Chromoxyd.* Um Cr_2O_3 zu stabilisieren, behandelt man es zuerst längere Zeit bei 350° mit einem Neutralgas, um die Feuchtigkeit auszutreiben, u. anschließend mit O_2-haltigem Gas bei 350—500°. Nachdem man außerdem bei erhöhter Temp. H_2-haltiges Gas hat einwirken lassen, behandelt man es anschließend nochmals bei 350—500° mit O_2. (**A. P. 2 714 054** vom 15/2. 1952, ausg. 26/7. 1955.) H. NEBELSIEK. H 335

United States Atomic Energy Commission, übert. von: **Louis Ziegler,** Woodbury, N. J., V. St. A., *Rückgewinnung von Uran in Form von wässeriger Uranylsulfatlösung aus U-haltigen Abfällen.* Letztere werden gemahlen u. im Luftstrom gebrannt. Die so erhaltenen Uranoxyde werden mit Kalk gemischt u. im Luftstrom auf 600—1000° erhitzt. Dann versetzt man das Röstprod. mit ca. 5—50% H_2SO_4-Lsg., belüftet diese u. fügt ein Peroxyd zu, um alles Uran in den 6 wertigen Zustand überzuführen. Anschließend stellt man die Lsg. auf ein p_H von 2—4 ein u. trennt den Rückstand von der erhaltenen wss. Uranylsulfatlsg. ab. (**A. P. 2 733 125** vom 20/10. 1944, ausg. 31/1. 1956.) H. NEBELSIEK. H 339

National Research Council, Ottawa, Ontario, übert. von: **Frank A. Forward** und **Jack Halpern,** British Columbia, Can., *Ausfällen von Uranoxyd* aus wss. Alkalicarbonatlsgg. durch Einbringen von metall. Ni als Katalysator unter Rühren der Lsg. u. Erhitzen unter H_2-Druck auf 100—350° F. Das ausgefallene Uranoxyd wird von der M. abgetrennt. (**A. P. 2 727 806** vom 1/8. 1952, ausg. 20/12. 1955.) H. NEBELSIEK. H 339

United States Atomic Energy Commission, übert. von: **Aubrey Keith Brewer, Samuel L. Mardorsky** und **T. Ivan Taylor,** Washington, D. C., V. St. A., *Konzentrieren von Uranisotopen.* Man unterwirft eine U-Verb., die die Isotopen ^{235}U u. ^{238}U enthält, einer Mol.-Dest. im Gegenstrom bei 10^{-7} bis 10^{-3} mm Druck u. ca. 85—200°. Der Destillationsrückstand, der einen erhöhten ^{238}U-Geh. aufweist, wird konzentriert. (**A. P. 2 727 000** vom 19/3. 1945, ausg. 13/12. 1955.) H. NEBELSIEK. H 339

Verkaufsgemeinschaft Deutscher Kaliwerke G. m. b. H., Abteilung Kaliforschungsstelle (Erfinder: **Hans Autenrieth**), Hannover, *Herstellung von Leonit* (*Kalimagnesia*) *aus Kaliumchlorid und Magnesiumsulfat* in wss. Medium, dad. gek., daß man die Umsetzungen bei 40—45° im metastabilen, an Kainit übersätt., jedoch an Bittersalz untersätt. Gebiet durchführt u. die Ansätze auf ca. 35° abkühlt. Die Umsetzung wird vorteilhaft so durchgeführt, daß man zwecks Vermeidung der Kainitbldg. zunächst die für die Ansätze erforderliche Menge KCl u. dann das $MgSO_4$ gegebenenfalls unter Zugabe von Leonit als Impfgut zugibt u. die $MgSO_4$-Konz. so einstellt, daß beim Abkühlen Bittersalzsättigung erst bei 35° bzw. vorteilhaft erst bei 26—32° vorliegt. Als wss. Medien dienen statt H_2O Sulfatlauge oder Kalimagnesialauge aus dem üblichen Kalimagnesiaprozeß. Die nach dem Abtrennen des Leonits anfallenden Mutterlaugen werden abgekühlt u. das sich abscheidende KCl u. Bittersalz nach Abtrennen in die erste Stufe des Prozesses zurückgeführt. (**D. B. P. 928 829** Kl. 12 l vom 5/7. 1953, ausg. 9/2. 1956. Anmeldung bekanntgemacht 18/11. 1954.) K. WOLK. 6151

Verkaufsgemeinschaft Deutscher Kaliwerke G. m. b. H., Abteilung Kaliforschungsstelle (Erfinder: **Hans Autenrieth**), Hannover, *Herstellung von Schönit (Kalimagnesia) aus Kaliumchlorid und Bittersalz.* KCl u. $MgSO_4 \cdot 7\ H_2O$ u. H_2O werden bei 30—40° im metastabilen, an Leonit u. Kainit übersätt. Gebiet umgesetzt u. der Ansatz unter weiterer Abscheidung von Schönit auf Tempp. zwischen 25 u. 30° abgekühlt, bei denen KCl neben Schönit u. Bittersalz koexistent ist. Vorzugsweise werden die Ausgangsstoffe bei 25—30° zusammengebracht u. das Gemisch bis zur Auflsg. sämtlichen Bittersalzes auf 30—40° erwärmt u. anschließend wiederum auf die Anfangstemp. abgekühlt. An Stelle von H_2O kann auch Kalimagnesialauge niedrigen $MgCl_2$-Geh. bzw. K_2SO_4-Lauge verwendet werden. (**D. B. P. 926 368** Kl. 12 l vom 20/9. 1953, ausg. 12/1. 1956. Anmeldung bekanntgemacht 16/9. 1954.) K. WOLK. 6151

VI. Silicatchemie. Baustoffe.

Adolf Kaller, *Der Polierprozeß von Glas.* Der Polierprozeß des Glases wird als eine komplizierte Überlagerung von chem. Rkk. zwischen der Glasoberfläche u. dem W. (Hydrolyse des Glases zu einer Kieselgelschicht) u. bes. den Carboxylgruppen im Polierpech u. Polierfilz angesehen. Verschied. Poliermittel geben je nach ihrer Zus. ganz verschieden gute Polierwirkung. Atherm. Glättung oder thermoplast. Glättung im Sinne von KLEMM u. SMEKAL wird nur bei hoch gebrannten Poliermitteln wirksam u. ergibt keine gute Politur; gute Politur ist mit einer mol. Abtragung der Glasoberfläche verbunden. (Naturwissenschaften **43.** 156. April 1956. Jena.) H. C. WOLF. 6188

A. Ss. Sserenko und **A. W. Shidik,** *Einfluß der Feuchtigkeit von Dolomit auf die Verstaubung der Luft.* Anfeuchtung von Dolomit bis 4—6% ermöglichte es, die Verstaubung der Luft bei der Verarbeitung feuerfester Materialien erheblich zu mindern (bei 5,5% Anfeuchtung um das 10fache). Während der Verss. betrug die Lufttemp. 17—19°, die relative Luftfeuchtigkeit 65—82%. Dabei zeigte sich, daß Dolomitteilchen unter 10 μ bedeutend schlechter durchfeuchtet werden als die größeren Teilchen. (Огнеупоры [Feuerfeste Mater.] **20.** 379—81. 1955.) A. v. KOTZEBUE. 6218

T. M. Berkowitsch (unter Mitarbeit von **D. A. Nowikowa** und **L. P. Tretjakowa**), *Über einige kolloidchemische Prozesse in der Technologie von Asbestzementen.* Bei der Produktion von Asbestzementen wird aus den Rohstoffen *Chrysotilasbest* u. *Zement* (*Portlandzement*) eine wss. Suspension hergestellt, die dann filtriert u. entwässert wird. Der Dispersionsgrad der Komponenten ist hierbei von erheblichem Einfl. auf die Filtrierfähigkeit. Eine Besonderheit der Asbestzementsuspensionen besteht darin, daß der Dispersionsgrad des Zements in der Suspension nicht konstant ist, sondern sich spontan ändern kann; dies hängt mit der Hydratation von $3\ CaO \cdot SiO_2$ sowie $3\ CaO \cdot Al_2O_3$ zusammen, die Bestandteile des Zements sind. Vf. schlägt Formeln für die Begriffe des Peptisationseffektes u. Filtrationseffektes vor u. beweist durch seine Unterss., daß sich diese beiden Größen in linearer Abhängigkeit von dem Geh. an $3\ CaO \cdot Al_2O_3$ u. damit der mineralog. Zus. des Portlandzements befinden. Die reine sandige Komponente (Quarz) wird nicht peptisiert, verbessert damit die technolog. Eigenschaften. Da sie aber oft mit feindispersen tonigen Beimengungen verunreinigt ist, wurden Verss. zur Herabsetzung des Dispersionsgrades dieser Beimengungen angestellt. Als kogulationsförderndes Reagens erwies sich u. a. NaCl. (Коллоидный Журнал [Kolloid-J.] **17.** 265—69. Juli/Aug. 1955. Moskau, Wiss. Forschungsinst. zur Unters. von Asbestzementerzeugnissen.) W. OESTREICH. 6222

A. J. Gaskin, R. H. Jones und **H. E. Vivian,** *Untersuchungen über die Reaktion zwischen Zement und Zuschlagstoff.* 21. Mitt. *Die Reaktivität verschiedenartiger Formen von Siliciumdioxyd hinsichtlich der Ausdehnung von Betonstäben.* (20. vgl. MCGOWAN, C. **1955.** 11657.) Vff. untersuchen verschied. Formen von SiO_2, u. a. Quarz, Opal, Chalcedon, Tridymit, Cristobalit, Flint, Pyrexglas u. Quarzglas auf ihre Reaktionsfähigkeit mit Alkalien u. ihre Fähigkeit, Beton zu expandieren. Alle außer makrokrist. Quarz verursachten ein Treiben des Betons. Auch Cristobalit u. Quarzglas, die bislang nicht für reaktiv gehalten wurden, bewirkten eine Ausdehnung. (Austral. J. appl. Sci. **6.** 78—87. März 1955. Melbourne, Commonwealth Sci. and Ind. Res. Org., Div. of Ind. Chem.) D. BREDTSCHNEIDER. 6224

I. C. Bennett und **H. E. Vivian,** *Untersuchungen über die Reaktion zwischen Zement und Zuschlagstoff.* 22. Mitt. *Der Einfluß feingemahlenen opalinischen Materials auf das Treiben des Mörtels.* (21. vgl. vorst. Ref.) Feingemahlener Opal verhindert das Treiben eines Betons mit reaktiven Zuschlagstoffen u. erhöht daneben die Biegezugfestigkeit, wenn er in ausreichender Menge zugefügt wird. Eine Calcination bei Tempp. bis 900° erhöht zwar die Mahlbarkeit des Opals beträchtlich, setzt jedoch auch seine Reaktivität deutlich herab. (Austral. J. appl. Sci. **6.** 88—93. März 1955.) D. BREDTSCHNEIDER. 6224

J. K. McGowan und **H. E. Vivian,** *Untersuchungen über die Reaktion zwischen Zement und Zuschlagstoff.* 23. Mitt. *Der Einfluß von aufgelegten Gewichten auf die Ausdehnung von Mörtelprüfkörpern.* (22. vgl. vorst. Ref.) Vff. untersuchen die Ausdehnung von Mörtelprüfkörpern unter verschied. Belastungen mit aufgelegten Gewichten, um die Differenzen in der Literatur über die Möglichkeit der Voraussage des Verh. von Beton aus den Ergebnissen der Mörtelprüfkörperverss. aufzuklären. Die Unterss. zeigen, daß vom Grad der Belastung 1. die Rk. der Zuschlagstoffe u. die Ausdehnung, 2. die Rißbldg. u. -ausweitung u. 3. die Form u. gegenseitige Lage der Risse in den sich ausdehnenden Mörteln abhängen. (Austral. J. appl. Sci. **6.** 94—99. März 1955.) D. BREDTSCHNEIDER. 6224

J. A. Roberts und **H. E. Vivian,** *Untersuchungen über die Reaktion zwischen Zement und Zuschlagstoff.* 24. Mitt. *Die Wiederherstellung von durch die Alkalireaktion der Zuschlagstoffe zerstörten Zementmörtel.* (23. vgl. vorst. Ref.) Die Festigkeit von gesprungenem u. expandiertem Zementmörtel kann bis zu einem gewissen Grade dadurch wiederhergestellt werden, daß mit einer Na-Silicatlsg. überstrichen wird. Dadurch wird auch die Durchlässigkeit des Mörtels für W. unter Druck deutlich herabgesetzt. (Austral. J. appl. Sci. **6.** 100—04. März 1955.) D. BREDTSCHNEIDER. 6224

Otto Martini, *Schlackennaßbinder-Anregung, Anwendung und Erfahrungen.* Es wird eine Übersicht über die bisherige Literatur über Schlackennaßbinder (I), ein Gemisch aus naß zerkleinerter granulierter Hochofenschlacke u. einem kalkabspaltenden Bindemittel als Anreger, gegeben, dann Unterss. über Anreger u. **I**, wobei sich ergibt, daß Hochofenschlacken die höchsten Festigkeiten nicht durch bestimmte Anreger erhalten, sondern daß die Mahlfeinheit wesentlichen Einfl. hat. Anwendung der **I** zur Herst. von Hohlblocksteinen, Betondachsteinen, Deckenhohlkörpern, Wandbauplatten, Bürgersteigplatten u. Betonrohren wird behandelt u. weiter die Erfahrungen bei der Herst. u. Verarbeitung ausführlich mitgeteilt. Eine Reihe von Tabellen gibt Unterlagen für Verwendung der **I** zu den verschiedensten Zwecken. (Silikattechnik **6.** 339—43. Aug. 1955.) L. KÜHNERT. 6226

L. Jerschow und **O. Kaschperowskaja,** *Die Gewinnung örtlicher Bindemittel auf dem Wege der Vibrationsmahlung.* Die Arbeit enthält eine tabellar. Zusammenstellung über Dauer der Vibrationsvermahlung, Siebrückstand, spezif. Oberfläche u. Druckfestigkeit nach 7 u. 28 Tagen sowie beim Dämpfen im Autoklaven oder in der Kammer von Bindemitteln für Baustoffe, die auf der Grundlage von Kalk-Sand, von Abfällen der Ziegeleien, von Glinit (erhalten durch 8std. Brennen von Lehm), von Kalk-Donezkohleschlacke u. von Kalk-Tripel hergestellt wurden. Die Zus. der einzelnen Chargen wird angegeben. (Строительные Материалы, Изделия и Конструкции [Baumater., Fertigteile, Konstruktionen] **1.** Nr. 9. 11—13. Sept. 1955.) O. LEBTAG. 6228

A. Shukow, Je. Kalenow und **T. Trotzko,** *Die Herstellung leichter Zellenbaumaterialien aus Lehm.* In dem eingehend beschriebenen Tunnelofen wird aus dem Lehm von Chotinsk (58,29% SiO_2, 19,92% Al_2O_3, 6,8% Fe_2O_3, 0,72% TiO_2, 1,76% CaO, 1,79% MgO, 0,06% SO_3) Leichtbaumaterial durch Brennen bei 1200° hergestellt, dem ein rasches Abkühlen in der 2. Zone auf 700—750°, ein langsames Abkühlen in der 3. Zone auf 350° u. ein rasches Abkühlen in der 4. Zone auf 50° folgt. Der angewandte Lehm treibt bei 1170—1220°. Das gewonnene Leichtbaumaterial besitzt das Volumengewicht 0,3—0,8 t/m³, ein Wasseraufnahmevermögen von 3—6% u. eine Druckfestigkeit von 12—60 kg/cm². Es kann als Betonfüllmaterial verwendet werden. (Строительные Материалы, Изделия и Конструкции [Baumater., Fertigteile, Konstruktionen] **1.** Nr. 9. 26—27. Sept. 1955.) O. LEBTAG. 6228

Hubert Schardin, *Das Schlierenmikroskop und seine Anwendung in der Glastechnik.* Überblick über die Möglichkeiten für den Aufbau eines Schlierenmikroskops (Prinzipielles, Sichtbarmachung von Schlieren im n. Mikroskop durch schiefe Beleuchtung, Einführung von Schlierenblenden, Farbschlierenverf.) u. glastechn. mögliche Anwendungen der Schlierenmikroskopie. — 11 Literaturstellen. (Glastechn. Ber. **27.** 70—79. März 1954. Freiburg/Br.) E. DEEG. 6242

Deutsche Gold- & Silberscheideanstalt vormals Roessler, Frankfurt/M. (Erfinder: **Gustav Jaeger,** Neu-Isenburg, und **Klaus Bonath,** Kronberg/Taunus), *Verwendung von kristallographisch einheitlichem Aluminiumoxyd für Gegenstände aus gesinterter Tonerde,* das $<$0,1, zweckmäßig $<$0,01% an Verbb. der Alkalien u. Erdalkalien enthält u. in bekannter Weise bei $>$1000° calciniert oder geschmolzen ist. Diese Tonerde liegt in der Form des α-Al_2O_3 oder Korund vor. (**D. B. P. 938 412** Kl. 80b vom 10/1. 1942, ausg. 26/1. 1956. Anmeldung bekanntgemacht 13/9. 1951.) F. REINHART. 6217

VEB Keramisches Werk Hescho-Kahla, Hermsdorf/Th. (Erfinder: **Werner Rath,** Bad Klosterlausnitz), *Werkstoff für Maschinenteile,* die hohen Tempp. ausgesetzt sind, z. B. Schaufeln u. Läufer für Gasturbinen. Es werden Gemische aus MgO, Al_2O_3 u. SiO_2 verwendet, die ihrer Zus. nach im kieselsäurearmen Teil des Dreiecksschaubildes für das Dreistoffsyst. MgO·Al_2O_3·SiO_2 liegen, der begrenzt wird durch die geradlinige Verb. der Punkte, deren Mischungsverhältnis den Formeln für Enstatit, MgO·SiO_2, Cordierit, 2 MgO·2 Al_2O_3·5 SiO_2 u. entwässerte Tonsubstanz, Al_2O_3·2 SiO_2, entspricht. Das MgO kann teilweise durch andere 2wertige Oxyde, wie BeO, SrO, BaO, u. die Kieselsäure durch andere Flußmittel, wie Erdoxyde, Schwermetalloxyde, Säureanhydride, z. B. der Borsäure, Phosphorsäure, Wolframsäure, Vanadinsäure, Titansäure, ersetzt werden. (**D. P. [DDR] 5 485** Kl. 80b vom 1/10. 1940, ausg. 9/12. 1953 [Wirtschaftspatent].) H. HEYER. 6219

VEB Leuna-Werke „Walter Ulbricht", Leuna (Erfinder: **Heinrich van Thiel,** Neckarbischofsheim), *Hochfeuerfeste Steine und Stampfmassen* aus Sinterdolomit u. Teer (Stein-, Braunkohlenteer u. andere) erhält man durch Einblasen feinzerstäubter, vorgewärmter Luft bei 100° bis zur Beendigung der Schaumbldg. in die Teermasse vor ihrer Mischung mit dem Dolomit u. Brennen der Steine oder Stampfmasse bei Tempp. über 1200° vor ihrer Verwendung. (**D. P. [DDR] 8 059** Kl. 80b vom 6/12. 1952, ausg. 6/10. 1954 [Wirtschaftspatent].) O. KAYSER. 6229

VEB Elektrochemisches Kombinat Bitterfeld (Erfinder: **Hermann Espig**), Bitterfeld, *Herstellung von langfaserigem, künstlichem Asbest* durch Erhitzung von aus Oxyden u. Silicaten bestehenden Gemischen. Zu den asbestbildenden Stoffen werden Gemenge von im Verhältnis von ca. 1:1 bis 1:5 vorliegenden Anteilen von NH_4-Fluorid u. Alkalichlorid im Gewichtsverhältnis von ca. 4:1 bis 10:1 zugegeben, worauf das Gesamtgemisch vorzugsweise 12 Std. bei ca. 1000—1100° gehalten wird. Das Gemisch kann in kleinstückiger Form u./oder geringfügig angefeuchtet zur Anwendung kommen. — 600 (g) MgO, 900 SiO_2, 200 NaCl u. 1000 NH_4F werden in einem Ofen bei 1050° 12 Std. belassen. (**D. P. [DDR] 3 923** Kl. 80b vom 12/8. 1944, ausg. 20/9. 1954 [Wirtschaftspatent].) H. HEYER. 6235

Grünzweig & Hartmann Akt.-Ges. (Erfinder: **Fritz Muthmann**), Ludwigshafen/Rh., *Herstellung von Platten und geformten Gegenständen* aus *mineral. Fasern* u. Bindemitteln durch gleichmäßiges Imprägnieren von Mineralwolle mit einer Dispersion aus einem bituminösen oder öligen Bindemittel, das einen hohen C-Geh. hat u. imstande ist, durch Pyrolyse u. Oxydation in eine nichtklebrige, elast. Form überzugehen. Man leitet durch die imprägnierte Wolle ein heißes Gas oder heiße Luft, wobei das Bindemittel pyrolysiert u. wenigstens teilweise oxydiert wird, so daß sich auf den Einzelfasern der Mineralwolle ein nichtklebriger, elast. Film absetzt, durch den die benachbarten Fasern aneinander gebunden werden. (**E. P. 736 990** vom 5/2. 1953, ausg. 14/9. 1955.)
H. NEBELSIEK. 6235

VII. Agrikulturchemie. Schädlingsbekämpfung.

Curtis L. Godfrey und **F. F. Riecken,** *Verteilung von Phosphor in einigen genetisch verwandten, von Löß abgeleiteten Böden.* In einer Linie von Südwest-Iowa bis zum nördlichen Missouri wurden Böden verschied. Verwitterungsalters untersucht. Es ergab sich eine bestimmte Beziehung zwischen Menge u. Verteilung des P u. dem Stadium der Bodenentwicklung. (Proc. Soil Sci. Soc. America **18.** 80—84. Jan. **1954.** Ames, Io., Iowa Agric. Exp. Stat.) A. JACOB. 6300

W. O. Brown, *Eine vergleichende Laboratoriumsuntersuchung der Phosphatverhältnisse in einigen aus basaltischen und silurischen Muttergesteinen entstandenen Böden.* Ein typ. Basaltboden u. ein typ. Silurboden wurden hinsichtlich ihrer Fähigkeit, Phosphat festzulegen, verglichen. Die Festlegung war höher bei dem basalt. Boden, was wahrscheinlich damit in Zusammenhang steht, daß dieser mehr extrahierbares Fe enthielt. Die Wiederauflsg. von festgelegtem Phosphat durch die Extraktionsmittel, die gewöhnlich zur Best. der aufnehmbaren P_2O_5 benutzt werden, wird geprüft. (Res. exp. Rec. Ministry Agric. Northern Ireland **3.** 142—59. **1955.**) A. JACOB. 6304

S. McConaghy und **J. S. V. McAllister,** *Die Gehalte an aufnehmbarem Phosphat in den landwirtschaftlichen Böden von Nordirland.* Ein großer Teil der basalt. Böden hatte einen niedrigen P-Zustand, trotz des hohen Gesamt-P-Geh. dieser Böden. Über 55% der untersuchten Böden ergaben eine gute P-Wirkung. Böden mit $p_H > 6,0$ hatten gewöhnlich einen besseren P-Zustand als Böden mit p_H-Werten von ungefähr 5,5. Dies kann z. T. daran liegen, daß die Landwirte, die den Kalkzustand ihrer Böden in Ordnung halten, gewöhnlich auch stärker düngen, zweifellos sind aber auch die Bodenphosphate an sich bei p_H-Werten zwischen 6,0 u. 6,5 besser aufnehmbar. Sehr saure Böden hatten gewöhnlich höhere P-Werte als Böden mit $p_H > 5,5$, aber es konnte nicht gezeigt werden, daß diese auch in der Praxis einen besseren P-Zustand aufweisen. (Res. exp. Rec. Ministry Agric. Northern Ireland **3.** 55—58. 1955.) A. JACOB. 6304

Raymond W. Starostka, Joseph H. Caro und **William L. Hill,** *Verwertbarkeit von Phosphor in granulierten Düngemitteln.* Die mit ^{32}P markierten gekörnten P-Dünger von den Korngrößen 4—6, 8—10, 14—20, 28—35 u. < 35 Maschen wurden in Gewächshausverss. als Banddünger oder in Mischung mit dem Boden zu Weizen angewandt. Bei Superphosphat war die Korngröße 14—20 Maschen, bei Dicalciumphosphat 28—35 u. < 35 Maschen am besten. (Proc. Soil Sci. Soc. America **18.** 67—71. Jan. 1954. Beltsville, Md., U. S. Dep. of Agric., Soil and Water Conservation Res. Branch.) A. JACOB. 6304

J. T. Murdock und **W. A. Seay,** *Die Wirkung eines Bodenverbesserungsmittels auf die Aufnahme von Superphosphat durch Weizen im Gewächshaus.* Die Anwendung von Bodenverbesserungsmitteln mit organ. Polyanionen erhöhte den P-Geh. u. die Ausnutzung des Dünger-P, sie vermehrte aber den Ertrag nicht deutlich, wenn auch eine Zunahme angedeutet war. (Proc. Soil Sci. Soc. America **18.** 97—98. Jan. **1954.** Kentucky Agric. Exp. Stat.) A. JACOB. 6304

A. H. Lewis, *Feldversuche mit Nitrophosphaten.* In zahlreichen Feldverss. wurde die Wrkg. von *Billingham-Nitrophosphaten* (**I**) mit *Superphosphat* (**II**) auf die Ertragssteigerung verglichen. Bei Gras erbrachte die Düngung mit **I** höhere Erträge, bei Kartoffeln 90% der Ertragssteigerung der Düngung mit **II**. Gepulverte **I** waren granuliertem Material gleichwertig. (J. agric. Sci. **46.** 287—91. Okt. 1955. Bracknell, Berks., Jealott's Hill Res. Stat.) W. KNÖPKE. 6304

S. M. Donaldson, *Weideuntersuchungen.* Die Verbesserung von Dauerweiden durch Handelsdünger ist auf den verschied. Bodentypen sehr unterschiedlich. Stets bewirken jährliche Anwendungen von Volldünger die höchsten Erträge. Die Steigerung der Erzeugung von Trockensubstanz bewegte sich zwischen 37 u. 156%. Neueinsaat allein verbesserte nicht die Erträge. Wenn Düngung u. Neueinsaat kombiniert wurden, wurden die Erträge erhöht u. die botan. Zus. verbessert. Gemahlenes Rohphosphat wirkte nicht so gut wie Superphosphat. (Canada Dep. Agric., Field Husbandry, Soils agric. Engng. Divis., centr. exp. Farm, Progr. Rep. **1949—1953.** 24—28. 1955.) A. JACOB. 6304

E. M. Dunton jr., R. B. Hall und **M. E. Taylor,** *Der Einfluß bestimmter Düngemittel auf Bodenreaktion und Nährstoffspiegel in der Kartoffelreihe während der Wachstumszeit.* Banddüngung erniedrigte in der Kartoffelreihe deutlich die Boden-Rk., abhängig davon, in welcher Entfernung von dem Düngerband die Proben genommen waren. Die Verminderung des p_H war von einer Zunahme der Konz. an Nitrat u. K begleitet. Zwischen 6 verschied. Mischdüngern bestanden hinsichtlich des Einfl. auf die Boden-Rk. keine merklichen Unterschiede, außer wenn die Bodenproben direkt aus den Düngerbändern entnommen waren. (Proc. Soil Sci. Soc. America **18.** 47—53. Jan. 1954. Norfolk, Virginia Truck Exp. Stat.) A. JACOB. 6304

J. S. V. McAllister und **S. McConaghy,** *Düngungsversuche mit Futterrüben.* Ertragssteigerungen wurden erzielt durch Anwendung von KCl u. NaCl, entweder allein oder in Verbindung. Die Wrkg. der N-Dünger auf den Wurzelertrag war in den einzelnen Jahren verschieden, sie war gering in einem Jahre, in dem die Rüben an u. für sich sehr gut wuchsen. Die NO_3-Form war der NH_4-Form nicht überlegen. (Res. exp. Rec. Ministry Agric. Northern Ireland **3.** 40—45. 1955.) A. JACOB. 6304

I. G. Wywalko, G. P. Kowalenko und **L. A. Leppik,** *Der Einfluß verschiedener Formen der Stickstoffdünger auf die Produktivität von Flachs.* In Gefäß- u. Feldverss. mit Flachs, bei denen neben einer Düngung mit Superphosphat u. K_2SO_4 $(NH_4)_2SO_4$ (**I**), $(NH_2)_2CO$ (**II**), $NaNO_2$ (**III**), $NaNO_3$ (**IV**) u. NH_4NO_3 (**V**) je zur Hälfte im Frühjahr u. als Kopfdüngung gegeben wurde, zeigten die verschied. N-Formen folgende Ergebnisse: Fettgeh. im Samen (in % der Kontrollen): **I** 105; **II** 100; **III** 106; **IV** 103; **V** 96; Fettgeh. im Stroh: **I** 126; **IV** 141; **V** 157; **I** + Mist 129; **IV** + Mist 159; Fasergeh. im Stengel: **I** 160; **II** 180; **III** 180; **IV** 187; **V** 194; Flachsertrag: **I** 134; **II** 151; **III** 161; **IV** 176; **V** 162. (Доповіді Академії Наук Української РСР [Ber. Akad. Wiss. UkrSSR] **1955.** 556 bis 559. Inst. für Pflanzenphysiol. u. Agrochem. der Akad. der Wiss. der UkrSSR.) O. LEBTAG. 6304

W. T. Forsee jr., V. E. Green jr. und **R. H. Webster,** *Düngungsversuche mit Feldmais auf Everglades moorigen Humusböden.* Mais zeigte Ertragserhöhung bei steigendem K-Spiegel der Böden bis zu Werten von 70 lbs. K/acre. Die Erträge lagen zwischen 26 bushel/acre beim niedrigsten K-Spiegel u. 63 bushel beim höchsten. Dieser brachte

Pflanzen, bei denen die Unters. des Stengels ungefähr 5% K in der Trockensubstanz ergab. Bei K-Mangel ergab die Unters. der Gewebe nur 2,72% K. Superphosphat bewirkte Ertragssteigerungen bis zu einem Spiegel von ungefähr 8 lbs./acre wasserlösl. P im Boden. Pflanzen, die keinen P-Mangel zeigten, ergaben bei der Stengelunters. Werte über 0,10% P in der Trockensubstanz. Die Aufnahme von P_2O_5 wurde durch höhere Spiegel des Bodens vermindert, ebenso, aber in geringerem Maße, wurde die Aufnahme von K_2O durch höhere P-Spiegel vermindert. (Proc. Soil Sci. Soc. America **18.** 76–79. Jan. 1954. Florida Agric. Exp. Stat.) A. JACOB. 6304

William L. Owen, *Entwachste Filterrückstände der Zuckerraffinerien als Pflanzennahrung und wachstumsförderndes Mittel.* Der Wert der Filterrückstände aus Zuckerraffinerien mit der Arbeitsweise auf Basis Aktivkohle ist zur Bodenverbesserung ebenso groß wie der der Rückstände aus Rohzuckerfabriken. Die Rückstände führen dem Boden Spurenelemente, bes. Cu, zu. In solchen Böden zeigt das Wurzelwerk der Pflanzen bes. gute Entwicklung. Bei Vgl. des Wachstums auf reinem Sand (**I**), **I** + unbehandeltem Rückstand u. **I** + entwachstem Rückstand nimmt die Höhe der Pflanzen u. ihr Umfang in dieser Reihenfolge zu. (Sugar **49.** Nr. 3. 40–42. März 1954. Wm. L. Owen Labors.) PH. FRESENIUS. 6304

G. Knowles, *Versuche über Unkrautbekämpfung.* Wildhafer (**a**) kann in Flachs u. Gerste ohne Beschädigung der Kulturpflanzen durch Maleinsäurehydrazid bekämpft werden, welches **a** an der Samenproduktion hindert. Die Bekämpfung muß jedoch zu einer Zeit vorgenommen werden, in welcher die Kulturpflanzen am wenigsten geschädigt werden. Bei Gerste tritt die Periode der Widerstandsfähigkeit früher ein, als bei **a**. Bei Weizen u. Hafer war eine Bekämpfung von **a** nicht möglich, weil diese das empfindliche Alter etwa zur gleichen Zeit erreichen wie **a**. *2.4-D* ist infolge seiner guten Wrkg. u. leichten Handhabung sehr viel verwandt worden. Man glaubte zunächst, daß es in Getreide mit Gras- u. Kleeuntersaat nicht benutzt werden könnte; während jedoch Luzerne u. Süßklee sehr empfindlich gegen *2.4-D* sind, sind Rotklee u. Ladinoklee ziemlich widerstandsfähig. Die frühere Annahme, daß Getreide gegen *2.4-D* immun sei, hat sich später nicht bestätigt. Wilder Buchweizen kann nicht mit *2.4-D* bekämpft werden, ebensowenig Quecke. (Canada Dep. Agric., Field Husbandry, Soils agric. Engng. Divis., centr. exp. Farm, Progr. Rep. **1949–1953.** 28–32, ausg. 1955.) A. JACOB. 6312

H. Øhlers, *Versuche mit Fruchtverminderung bei Äpfeln beim Spritzen mit Pflanzenhormonen.* Es wird untersucht, ob sich durch Spritzen mit *α-Naphthylessigsäure*-Präpp. (*Pomoxon, Adhergon, Shellestone*) bei Äpfeln eine Verminderung der Zahl u. Erhöhung der Größe u. des Gewichts der Früchte erzielen läßt. Die beste Wrkg. in dieser Hinsicht wird erreicht, wenn man gegen Ende der Blühperiode mit wss. Lsgg. der Präpp. in üblicher Konz. spritzt. Stärker konz. Lsgg. in geringerer Volumenmenge führten leicht zu Überdosierung mit Blattschäden. Die Wrkg. von *Naphthylacetamid* ist etwas geringer. (Tidsskr. Planteavl **59.** 636–69. 1955.) R. K. MÜLLER. 6312

Giuseppe Pieri, *Neue im Jahre 1951 erprobte Fungicide.* Bericht über neue Mittel zur Bekämpfung von Rebschädlingen. Gegen Peronospora bewährten sich *Solfram* (auf Basis $CuSO_4$ u. S), *Bordeauxbrühe* mit u. ohne Netzmittelzusatz, *Dithane, Fermate* u. *Zerlate* sowie V_4, V_5, CB_{51}, CBD_{51} (Fungicide auf Basis Cu-Bentonit der Fa. CAFFARO). Als zur Bekämpfung von Oidium geeignet erwiesen sich die S-Präpp. *Cosan, Tiomicron, Thiosol* u. *Ultrasolfo M.* (Ann. Sperimentaz. agrar. [N. S.] **6.** 1027–42. 1952. Concyliano.) C. GRIMME. 6312

G. C. Chamberlain und **W. L. Putman,** *Krankheiten und Schadinsekten an Himbeeren in Canada.* Ausführlichere Fassung der C. **1954.** 1334 referierten Arbeit. (Canada Dep. Agric., Publ. **1955.** 3–34. Juni.) M. WINIKER. 6312

Roy D. Shenefelt, *Nachwirkung von Chlordan auf Crabgrass nach Anwendung zur Bekämpfung von Crambus sp.* Bei vergleichenden Bekämpfungsverss. von Crambus sp. mit *DDT* u. *Chlordan* (**I**) ergaben beide restlose Abtötung des Schädlings. Im folgenden Jahre zeigte die **I**-Parzelle vollständiges Fehlen des Wachstums von Crabgrass. Dies bestätigt andere Beobachtungen über die Vernichtung der Keimkraft von Crabgrassamen nach **I**-Anwendung. (J. econ. Entomol. **45.** 138–39. Febr. 1952. Madison, Univ. of Wisconsin, Dep. of Entomol.) C. GRIMME. 6312

John C. Schread, *Bekämpfung von Stephanitis globulifera (Matsumura).* Ausgezeichnete Bekämpfungserfolge wurden erzielt mit: *DDT, Chlordan, Lindan, Heptachlor, Aldrin, Dieldrin* u. *Endrin.* (Connecticut agric. Exp. Stat., New Haven, Circ. **1955.** Nr. 194. 1–6. Juni.) M. WINIKER. 6312

J. Meltzer, *Die Untersuchung von Acariciden und Spintoviciden im Laboratorium.* Die Wirksamkeit einer Anzahl von oviciden u. larviciden Verbb. (*Karathane* [Dinitrocaprylphenylcrotonat]; *Malathion, Diazinon, Parathion, Chlorbenzilat* [Äthyl-4.4'-dichlorbenzilat], *DMC* [Bis-(p-chlorphenyl)-methylcarbinol], *CPBS* [p-Chlorphenylbenzolsulfonat], *CPCBS* [p-Chlorphenyl-p-chlorbenzolsulfonat], *Chlorbenzid* [p-Chlorphenyl-p-chlorbenzolsulfid], *Tedion* [2.4.5.4'-Tetrachlordiphenylsulfon]) auf Tetranychus urticae koch wird in Zahlentafeln wiedergegeben. (Tijdschr. Plantenziekten **61.** 130—42. 1955. 's-Graveland, N. V. Philips-Roxane, Agrobiol. Labor.) W. WESLY. 6312

Donald F. Starr, John T. Schulz und **Paul Ferguson,** *Ergebnisse von Feldversuchen über die Verwendung von Ryania-Insekticiden bei der Kornbohrerbekämpfung.* 2. Mitt. (1. vgl. C. **1956.** 8740.) „Ryania" wird verstäubt 30—35 lbs./acre, gespritzt 6 lbs./acre u. hat in vergleichenden Verss. gut gewirkt. (Agric. Chemicals **7.** Nr. 6. 46. 47. 135. Juni 1952. S. B. Penick & Co. u. Fairmont Canning Co.) W. GRÜTZ. 6312

W. E. De Mol van Oud Loosdrecht, *Die Kohlensäure–Sauerstoff-Druckmethode zur Bekämpfung der großen Narzissenfliege (Lampetia Equestris F.).* 3. Mitt. *Die Behandlung der Zwiebeln in der zweiten Hälfte 1941.* (2. vgl. C. **1955.** 6372.) In Fortsetzung der früheren Unterss. wurden folgende Feststellungen gemacht: Der Sauerstoff kann nicht durch komprimierte Luft ersetzt werden. Eine Mischung von Sauerstoff u. komprimierter Luft hat neben der Kohlensäure wenig Einfluß. Eine Behandlungsdauer von 8 Std. ist als Minimum anzusehen. Bei richtig zusammengestellter Gasmischung befinden sich 6 Tage nach der Behandlung keine lebenden Larven mehr in den Zwiebeln. Eine Erhöhung der Kohlensäuremenge in der Gasmischung auf 30% (Rest Sauerstoff) ist am wirkungsvollsten. (Z. angew. Entomol. **38.** 49—66. Sept. 1955.) M. WINIKER. 6312

Don Kirkham und **W. V. Bartholomew,** *Gleichungen, um Nährstoffumbildungen in Böden unter Benutzung von Befunden mit markierten Substanzen zu verfolgen.* Unter Benutzung von markierten Substanzen wurden theoret. Gleichungen für die Best. der Geschwindigkeit der Mineralisation u. Festlegung von Pflanzennährstoffen im Boden abgeleitet. (Proc. Soil Sci. Soc. America **18.** 33—34. Jan. 1954. Ames, Io., Iowa Agric. Exp. Stat.) A. JACOB. 6324

James A. Vomocil, *In situ-Messung der Bodendichtlagerung. Neue Methode zur Schnellbestimmung mit der γ-Strahlenabsorptionstechnik.* Die Bodendichte wird mit einer App. bestimmt, die aus einem Erzeuger einer γ-Strahlung, einem Detektor für diese Strahlung u. einer Zählvorr. besteht. Die Apparate werden in 2 parallele Löcher im Boden eingesetzt u. eine Reihe von Zählerablesungen gemacht. Der App. wird an Böden von bekannter Dichtlagerung geeicht. (Agric. Engng. **35.** 651—54. Sept. 1954.) A. JACOB. 6324

R. F. Holt, *Amperometrische Titration der Kationenaustauschkapazität von Böden.* Der Boden wird mit Ag-Ionen gesätt., die dann amperometr. in einer Bodenmischung titriert werden. Es ergab sich gute Übereinstimmung zwischen dieser Meth. u. der üblichen Ammoniumacetatmethode. (Soil Sci. **81.** 121—24. Febr. 1956. Storrs Agric. Exp. Stat.) A. JACOB. 6324

J. Benjaminsen, *Phosphorsäurebestimmung in Böden mit verschiedenen Acetatpuffern als Lösungsmittel.* In Pufferlsgg. aus 0,2n Essigsäure + 0,2n Metallacetatlsg. (Na, K, Mg, Ca, Zn) nimmt die Löslichkeitsdepression der Bodenphosphate zu in der Reihenfolge Mg = Na < K < Ca < Zn. Bei Vergleichsverss. mit der H_2SO_4-Meth. nach BONDORFF wird (mit Ca-Acetatpuffer) ein vergleichbares Ergebnis erzielt, wenn man nur die Ergebnisse an einheitlichen Bodentypen vergleicht. (Tidsskr. Planteavl **59.** 670—83. 1955.) R. K. MÜLLER. 6324

J. M. Bremner und **K. Shaw,** *Bestimmung von Ammoniak und Nitrat im Boden.* Vff. beschreiben eine Meth. zur Best. von NH_3 u. NO_3^- mit Hilfe der Diffusionszelle nach CONWAY. NH_3 u. NO_3^- werden mit einer Mischung von K_2SO_4 u. H_2SO_4 bei p_H 1,0 bis 1,5 aus der Bodenprobe extrahiert. Der Extrakt wird in der Zelle mit MgO versetzt, dabei diffundiert NH_3 in 0,02n H_2SO_4 u. kann mit NESSLERs Reagens bestimmt werden. Zur Best. des NO_3^--Geh. wird mit Titanhydroxyd zu NH_3 red. u. der Gesamtgeh. an beiden Substanzen nach der oben beschriebenen Meth. bes. analysiert. (J. agric. Sci. **46.** 320—28. Okt. 1955. Harpenden, Herts., Rothamsted Exp. Stat.) W. KNÖPKE. 6324

S. Schomberg, *Die Bestimmung von Parathion.* Besprechung der Meth. zur Best. von Parathion (I) nach O'KEEFE u. AVERELL (C. **1952.** 4037) u. nach KETELAAR (C. **1954.** 11029), die beide die Nitrophenylgruppe benutzen. Es wird eine neue Meth. beschrieben, bei der **I** aus Präpp. mit PAe. oder Ae. aufgenommen wird. Es folgt Verseifung mit alkoh. KOH, Oxydation mit $HNO_3/HClO_4$ u. weitere Best. des **I** als PO_4^{3-} nach LORENTZ-SCHÄFFER durch Fällung mit Mo. Das Verf. ist zur Best. von **I**-Spuren nicht geeignet, gibt aber ab 10 mg **I** genaue Werte. (Chim. et Ind. **72.** 444—46. Sept. 1954.) PH. FRESENIUS. 6328

Chemische Werke Albert, Wiesbaden-Biebrich (Erfinder: **Rüdiger Lothar von Reppert,** Wiesbaden), *Herstellung von granuliertem Superphosphat,* dad. gek., daß gegebenenfalls mit neutralisierend wirkenden Stoffen versetztes Superphosphat mit geringen Mengen von wss. Kieselfluorwasserstoffsäure (I) allein oder gemeinsam mit Wasserglaslsg. innig vermischt u. dann in einer Vorr., gegebenenfalls unter Bestäubung der bereits gebildeten Granula, mit Tonsubstanzen, granuliert wird. — Z. B. vermischt man 77,2 (Teile) Superphosphat innig mit 20,8 Dolomitmergel (II) u. granuliert das Gemisch zuerst unter Zusatz von 12 wss. I-Lsg. von 10° Bé. Nach der Bestäubung mit 2% **II** erhält man Granula von ausgezeichneter Festigkeit u. sehr hohem Geh. an in W. lösl. H_3PO_4. (**D. P. [DDR] 6 206** Kl. 16 vom 30/5. 1952, ausg. 9/1. 1954 [Ausschließungspatent].) T. OPPERMANN. 6283

Borax Consolidatet Ltd. (Erfinder: **Harold Pratt Knight**), London, England, *Herstellung von Unkrautbekämpfungsmitteln.* Man mischt *Natriumchlorat* u. kristallwasserhaltiges *Na-Borat* (1 : 3) unter Zusatz von *Borsäure* u. erhitzt das Gemisch so, daß ein Teil des Kristallwassers in Freiheit gesetzt wird, z. B. auf 38—50, bes. 42°. Nach dem Abkühlen granuliert man das trockene Produkt. (**E. P. 730 212** vom 16/9. 1952, ausg. 18/5. 1955.) H. NEBELSIEK. 6313

Koninklijke Industrieele Mij. voorheen Noury & van der Lande N. V., Deventer, Holland, *Geruchlose 2-Methyl-4-chlorphenoxyessigsäure,* F. 113—115,5°, u. deren *Salze* erhält man durch Kondensation von o-Kresol mit einem Alkalimetallchloracetat in alkal. Lsg. u. Behandlung des entstandenen Alkali-2-methylphenoxyacetats mit Hypochlorit bei p_H 8 oder mit Cl_2 in Ggw. von Alkalilauge. — *Unkrautvertilgungsmittel.* (**E. P. 729 625** vom 21/5. 1953, ausg. 11/5. 1955. Holl. Prior. 29/5. 1952.) G. KRAUSS. 6313

Dow Chemical Co., Midland, Mich., übert. von: **Arthur W. Swezey**, Garden Grove, Calif., V. St. A., *Wachstumshemmendes Mittel,* bestehend aus einem Chloraryloxypropanol der allg. Formel I, in der 1 X Cl u. das andere X H oder einen Methylrest bedeuten, in Verbindung mit einem üblichen Trägerstoff. — Man erhält die I durch Rk. gleicher Teile eines Alkaliphenolats mit einem Monohalogenpropanol, z. B. 1-Brompropanol-3-oder Propylenchlorhydrin in Ggw. von NaOH oder H_2SO_4 als Katalysator. — Beispiele: *1-(4-Chlorphenoxy)-2-propanol,* Kp.$_{10}$ 145,5—148,5°; *1-(2-Chlorphenoxy)-2-propanol,* Kp.$_{10}$ 141 bis 149°, u. *1-(4-Chlor-2-methylphenoxy)-2-propanol,* Kp.$_{0,3}$ 135°. (**A. P. 2 714 063** vom 23/11. 1951, ausg. 26/7. 1955.) H. NEBELSIEK. 6313

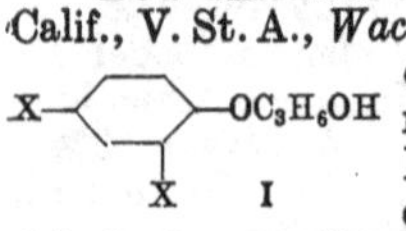

I

Dow Chemical Co., Midland, Mich., übert. von: **Arthur W. Swezey**, Garden Grove, Calif., V. St. A., *Wachstumsverzögerndes Mittel,* z. B. bei keimender Saat oder jungen Sämlingen, bestehend aus einer Verb. der allg. Formel **I**, in der n eine ganze Zahl von 2—3 bedeutet, in Verbindung mit einem üblichen Trägerstoff. Man kann diese Trichlorphenoxyalkanole am besten mit festen Trägerstoffen, wie Talkum u. dgl. gemischt verwenden, ebenso aber auch zusammen mit Düngemitteln. — Man erhält die **I** durch Mischen von gleichen Teilen eines Alkali-2.4.5-trichlorphenats u. eines Halogenalkanols, wie Äthylenchlorhydrin, Propylenbromhydrin, 3-Brom-1-propanol, u. anschließendes 1 std. Erhitzen unter Rühren auf ca. 70—90°. Durch Extraktion, Waschen mit W. u. Vakuumdest. befreit man das Reaktionsprod. von Verunreinigungen. — Beispiele: *2-(2.4.5-Trichlorphenoxy)-äthanol,* F. 66,5 bis 68,5°; *1-(2.4.5-Trichlorphenoxy)-2-propanol,* F. 47,8—48°. (**A. P. 2 712 990** vom 23/11. 1951, ausg. 12/7. 1955.) H. NEBELSIEK. 6313

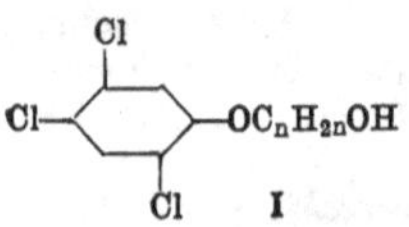

I

Pedro Marron und **Juan Nebrera,** Madrid, Spanien, *Hexachlorcyclohexan* (I)-*Mischung.* I wird in Petroleum-KW-stoffen durch Erhitzen geschmolzen u. die entstandene Lsg. dann abgekühlt. Das auskrist. I wird dann mit einem Terpen-KW-stoff der Formel $C_{10}H_{16}$, der durch Behandeln von Terpentinöl, D. 0,856—0,870, mit konz. H_2SO_4 gewonnen wurde, imprägniert, so daß die I-Kristalle mit einem Film des Terpen-KW-stoffs überzogen sind. — Man löst z. B. 50 (Teile) I bei 150° in einem Petroleum-KW-stoff mit Verdampfungspunkt 250° u. kühlt die Lsg. dann auf 0° ab. 2 des feinkristallinen I werden dann mit 1 I bei 100°, z. B. 1 Std., unter Rückfluß, behandelt, die M. nach dem Abkühlen abfiltriert u. an der Luft getrocknet; sie kann mit inerten Trägern, wie Talkum oder fl. Paraffin, Alkohol, Lanolin u. Leinöl als *Insekticid* bzw. *Acaricid* verwendungsfähig gemacht werden. (**E. P. 740 761** vom 4/12. 1952, ausg. 16/11. 1955. Span. Prior. 9/10. 1952.) G. KRAUSS. 6313

Allied Chemical & Dye Corp., New York, übert. von: **Merrill M. Darley,** Little Neck, N. Y., V. St. A., *Abtöten von DDT-resistenten Fliegen.* Man verwendet ein Gemisch aus 1 (Gewichtsteil) *2.2-Bis-(p-chlorphenyl)-1.1.1-trichloräthan* u. ca. $^1/_{10}$—1 *Di-(4-chlorphenyl)-äthinylcarbinol* in Verbindung mit einem üblichen Trägerstoff oder in W. dispergiert. Dieses Gemisch zeigt einen 2—3fach höheren Abtötungseffekt. (**A. P. 2 711 384** vom 7/6. 1952, ausg. 21/6. 1955.) H. NEBELSIEK. 6313

Ciba Soc. An., Schweiz, *Neue organische Halogenphosphorverbindungen* der allg. Formel I, worin R_1 ein Alkyl-, Cycloalkyl-, Aralkyl-, Aryl- oder heterocycl. Rest (auch substituiert), R_2 ein Arylrest, X u. Y —O—, —S—, —NH— oder >NR_1, Z O oder S, R_4 H, Halogen oder R_1, R_5 H, R_1 oder $-OR_1$, $-SR_1$, $-NH_2$, $-NHR_1$, $-NR_2R_1$ bedeuten, werden durch Kondensation eines α-polyhalogenierten Aldehyds, Ketons oder Esters [Chloral (II), 1.1.3.3-Tetrachloraceton, Trichloressigsäureäthylester] mit einem organ. Phosphit [2.4-Dichlorphenyldiäthylphosphit (III), Pentachlorphenyldiäthylphosphit (IV)] in einem inerten Lösungsm. hergestellt u. dienen als *Zwischenprodd.* u. zur *Schädlingsbekämpfung.* — Beispiel: Zu 14,1 (Teilen) III in 5 Bzl. setzt man 8 II in 5 Benzol. Die Temp. steigt auf 50°, man kühlt ab, erwärmt 1 Std. im Dampfbad u. dest. das Bzl. ab. Man erhält eine glycerinähnliche Fl., Kp.$_{0,05}$ 153—157°, der Zus. V. Aus II u. IV erhält man ein bräunliches Öl, das sich nicht dest. läßt. (**F. P. 1 071 755** vom 23/9. 1952, ausg. 6/9. 1954. Schwz. Priorr. 25/9. 1951 u. 26/8. 1952.) S. Meier. 6313

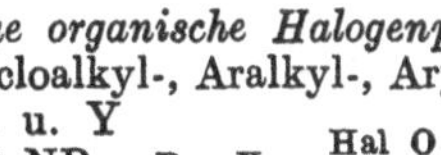

I

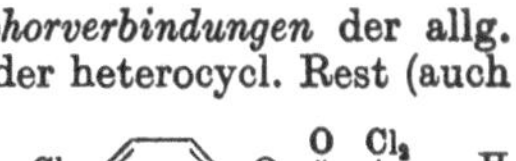

V

—, Stand und Leistung agrikulturchemischer Forschung 3. Frankfurt a. M.: Sauerländer. 1956. (161 S. m. Abb.) 8° = Landwirtschaftliche Forschung. Sonderh. 7. DM 19,80.

VIII. Metallurgie. Metallographie. Metallverarbeitung.

R. I. Taylor, *Kontrolle des Schmelzvorgangs in einem Kupolofen durch ein Pyrometer.* Der Betrieb eines 5 m hohen u. 1 m Durchmesser aufweisenden Kupolofens läßt sich vorteilhaft durch ein 60 cm unterhalb der Mindestbeschickungshöhe u. 4 m oberhalb der Winddüsen eingebautes, 10 cm über das Futter ins Innere hineinragendes Pyrometer überwachen. (Foundry Trade J. **93.** 229—32. 28/8. 1952. Suffolk Iron Foundry Ltd.) K. Steiner. 6372

Jan Buclewicz und **Tadeusz Rzepa,** *Neue Kernbinder in der Volksrepublik Polen.* Bericht über günstige Erfahrungen bei der Verwendung von *Harnstoffharz 121* (Kondensationsprod. des Harnstoffs mit Formaldehyd, Mol-Verhältnis 1 : 2,1) u. *Tallöl ST* [Nebenprod. der Celluloseindustrie, bestehend aus 30—35 (%) ungesätt. Pflanzenöle, 60—65 Abietin- u. Dihydroabietinsäure sowie bis 5 W.] als Kernbinder in Gießereien. (Giessereitechnik **1.** 11—15. Jan. 1956. Krakau.) M. Winiker. 6382

A. E. Murton, H. H. Fairfield und **B. Richardson,** *Eine Methode zur Beurteilung von Sandkernöl.* Man brennt die Sandkerne 30—100 Min. bei 400° F, ermittelt die höchste Brennfestigkeit u. stellt graph. die Zeit fest, die zur Erreichung von 80% der höchsten Brennfestigkeit bzw. dazu nötig ist, daß die Zugfestigkeit übergebrannter Kerne unter 80% des Höchstwertes sinkt. Öle, die bei 400° F eine höchste Brennfähigkeit von 14 kg/cm² zeigen, sind als geeignet anzusehen. Der Einfl. von Feuchtigkeit auf die Brennfestigkeit ist in mehreren Diagrammen wiedergegeben. — Diskussion. (Trans. Amer. Foundrymen's Soc. **59.** 276—81. 1951. Ottawa, Can., Dep. of Mines and Techn. Surveys; Steel Castings Inst. of Canada, u. Owen Sound, Can., Wm. Kennedy and Sons Co., Ltd.) W. Wesly. 6382

O. Jay Myers, *Die Einwirkung von Feuchtigkeit auf Kernsandmischungen.* (Trans. Amer. Foundrymen's Soc. **58.** 557—63. 1950. Minneapolis, Minn., Werner G. Smith Co., Foundry Res.) W. Wesly. 6382

R. P. Schauss, R. F. Baley und **E. E. Woodliff,** *Eine Untersuchung über die Faktoren, die die Formsanddichte, Schrumpfung, Ausdehnung und Verformbarkeit beeinflussen.* Die Einfll. der Formsandeigg., bes. der Art u. Zus. des verwendeten Tonbindemittels auf die Gießbarkeit u. die Beschaffenheit von Gußstücken werden untersucht. — Aussprache. (Trans. Amer. Foundrymen's Soc. **58.** 217—28. 1950. Joliet, Ill., Illinois Clay Products Co., u. Detroit, Mich., Foundry Sand Serv. Engng. Co.) W. Wesly. 6382

D. N. Buttrey, *Verfahren der Kokillengußformerei.* Inhaltsgleich mit der C. **1955.** 5883 referierten Arbeit. (Foundry Trade J. **95.** 531—36. 29/10. 1953. Imp. Chem. Ind., Ltd.) W. Wesly. 6382

M. P. Fedock, *Feuerfestes Gießmaterial als Quelle für Einschlüsse.* (Vgl. C. **1956.** 1719.) Anläßlich der Unters. von Einschlüssen in Kugellagerstahl wurden der Blockschaum u. die Schlacke in einer Zwischenpfanne durch Co als Spurenelement (spektralanalyt. Nachw.) untersucht. In der Hauptsache finden sich der Ausguß u. die ihm zunächst gelegenen Teile der Pfannenauskleidung wieder. Einfl. des Pfannenalters. (Electr. Furnace Steel Conf., Proc. Iron Steel Divis., Amer. Inst. Mining metallurg. Engr. **11.** 269—73. 1953.) K. Stein. 6382

A. W. Cochardt, *Der Einfluß einer statischen Beanspruchung auf die Dämpfung von einigen Legierungen für den Maschinenbau.* Drähte eines *Stahles* mit 0,6 (%) Ni, 12,3 Cr, 0,5 Mo, 0,1 C, 0,5 Mn u. 0,34 Si u. einer hitzebeständigen *Legierung* mit 16 Fe, 38 Ni, 20 Co, 18 Cr, 3,2 Mo, 0,03 C, 0,8 Mn, 1 Si, 2,6 Ti u. 0,2 Al wurden mit anhängenden Gewichten verwunden u. die Abnahme der freien Torsionsschwingung gemessen. Die stat. Belastung der Drähte wurde hierbei zwischen 910 u. 51000 lbs./sq.in., die Schwingungs-Torsions-Beanspruchung zwischen 0 u. 40000 lbs./sq.in. u. die Temp. zwischen 21 u. 705° geändert. Es wurde gefunden, daß die Dämpfung des Stahles stark durch die angelegte stat. Belastung beeinflußt wird; z. B. nimmt bei 400° seine Dämpfung mit der stat. Belastung zu niedrigeren Schwingungsspannungen ab. Bei der hitzebeständigen Legierung dagegen nimmt die Dämpfung mit der stat. Belastung zu. Diese Untersuchungsergebnisse stehen in guter Übereinstimmung mit der Ansicht des Vf. über den Dämpfungsvorgang die noch näher erläutert wird. — 11 Schrifttumsangaben. (Trans. Amer. Soc. Metals **47.** 440—50. 1955.) H. HOCHSTEIN. 6388

T. L. Joseph, *Pelletisieren von Eisenerzkonzentraten.* Ein für Transport u. Hochofenbegichtung an der UNIV. OF MINNESOTA ausgearbeitetes Agglomerierverf. für feinkörnige Konzentrate wird nach App. u. Arbeitsweise mit besonderer Berücksichtigung der Wrkg. von Zuschlägen u. Einfll. auf die Festigkeit der Pellets beschrieben. Auf einem Wanderrost lassen sich auch *Hämatit*-Konzentrate leicht hart brennen, wenn Tempp. über 1300° schnell erreicht werden. — Abb., Schliffbilder, Fließschemata, 22 Literaturstellen. (Blast Furnace Steel Plant **43.** 641—46. Juni. 745—52. Juli 1955. Univ. of Minnesota.) H. ECKHARD. 6390

L. A. Miller, *Verwendung gesinterter Pyrrhotitrückstände zur Erzeugung phosphorarmen Roheisens.* Beschreibung von Verss. zur Verarbeitung eines gesinterten Flotationsrückstandes aus einer Cu–Zn-Erzaufbereitungsanlage in einem kleinen Versuchshochofen. Der hohe Geh. an FeO von 22% neben Fe_2O_3 begrenzte die Betriebstemp. u. veranlaßte, zusammen mit Zn-Resten u. sehr unterschiedlicher Korngröße, erhebliche Störungen. Bei Begichtung mit 100% Sinter mußte mit geringer Schlackenmenge u. extrem bas. gefahren werden. (Blast Furnace Steel Plant **43.** 761—64. 794—95. Juli 1955. Nashville, Tenn., Tennessee Products u. Chemical Corp.) H. ECKHARD. 6400

J. L. Brooks, *Verbesserung von Kupolofen-Gußeisen durch Regelung der Windfeuchtigkeit.* Durch eine konstante Regelung des Feuchtigkeitsgeh. des Kupolofenwindes wird eine bessere Qualität u. eine größere Gleichförmigkeit im erzeugten Gußeisen sowohl hinsichtlich der Zus. als auch der Festigkeitseigg. erreicht. Die Feuchtigkeit wird aus dem Blaswind durch eine $LiCl_2$-Lsg. durch Absorption entfernt. (Iron Age **174.** Nr. 26. 112—13. 1/7. 1954. Sparta, Mich., Muskegon Piston Ring Co.) H. HOCHSTEIN. 6402

Richard Schneidewind und **R. G. McElwee,** *Die Zusammensetzung und die Eigenschaften von Grauguß.* 1. Mitt. Übersicht u. Ableitung einer mathemat. Formel zur Ermittlung der zulässigen Grenzgehh. an *C* u. *Si* für Eisensorten, die in verschied. Öfenarten erschmolzen werden. (Trans. Amer. Foundrymen's Soc. **58.** 312—23. 1950. Ann Arbor, Mich., Univ., Dep. of Chem. and Metallurg., Engng., u. Detroit, Mich., Vanadium Corp. of America, Iron Foundry Div.) W. WESLY. 6402

R. G. McElwee und **Richard Schneidewind,** *Die Wechselbeziehung zwischen den Eigenschaften von Grauguß.* 2. Mitt. (1. vgl. vorst. Ref.) Übersicht über die Wechselbeziehungen zwischen der Zus. einerseits u. der Zugfestigkeit u. Querschnittsgröße von Grauguß andererseits. Ableitung einer mathemat. Formel, die die wahrscheinliche Festigkeit von Graugußstücken von verschied. Querschnitt im voraus zu bestimmen gestattet. — 49 Schrifttumshinweise. Aussprache. (Trans. Amer. Foundrymen's Soc. **58.** 323—32. 1950.) W. WESLY. 6402

E. A. Loria, F. W. Boulger und **H. L. Shaw,** *Beeinflussung der Bearbeitbarkeit von Grauguß.* (Vgl. C. **1956.** 8199.) (Amer. Machinist **96.** Nr. 22. 122—24. 27/10. 1952. Carborundum Co. bzw. Battelle Mem. Inst. — C. **1955.** 10127.) H. HOCHSTEIN. 6402

W. W. Austin jr., *Verbesserung der Bearbeitbarkeit von stark phosphorhaltigem Grauguß.* 2. Mitt. Die in der 1. Mitt. (Trans. Amer. Foundrymen's Soc. **56.** [1948.] 431) empfohlene Arbeitsweise, die Bearbeitbarkeit stark P-haltigen Graugusses durch Entschwefelung u. anschließenden Zusatz von Zr-Ferrosilicium zu verbessern, hat sich in der Praxis bewährt. Zur Entschwefelung ist CaC_2 im bas. gefütterten Kupolofen oder NaOH geeignet. — Diskussion. (Trans. Amer. Foundrymen's Soc. **59.** 282—90. 1951. Birmingham, Ala., Southern Res. Inst.) W. WESLY. 6402

E. A. Lange und **R. W. Heine,** *Einige Wirkungen der Temperatur- und Schmelzvariabeln auf die chemische Zusammensetzung und das Gefüge von Grauguß.* Unterss. über die Einfll. verschied. Faktoren (Oxydation des Fe durch Luft, Temp., Schlacke, FeO, Koks, CO, verrosteter Schrott) auf chem. Zus. u. Gefüge von Grauguß zeigen: Die Oxydation des Si wird durch niedrige Tempp. gefördert, durch hohe Tempp. gehemmt. Die bei niedriger Temp. unbedeutenden C-Verluste wachsen rasch mit der Temperatur. Si wird in geschmolzenem Gußeisen bei Tempp. über 2691° F desoxydiert. Die Gefügeänderungen hängen von den Oxydationsbedingungen ab; die Neigung zum abgeschreckten Zustand nimmt mit der Temp. zu u. hängt von ihr ab. — Diskussion. (Trans. Amer. Foundrymen's Soc. **59.** 472—87. 1951. Madison, Wis., Univ. of Wisconsin, Dep. of Mining and Metallurgy.) W. WESLY. 6402

Edward A. Loria, *Gefüge und mechanische Eigenschaften von Mo-Ni-Cr-haltigem Gußeisen.* Gefüge u. mechan. Eigg. von Grauguß mit (in %) 2,77 C, 1,40 Si, 1,40 Mo, 1,00 Ni, 0,50 Cr nach dem Gießen u. nach dem Härten bei 400, 600 u. 700° F werden im einzelnen wiedergegeben. — Diskussion. (Trans. Amer. Foundrymen's Soc. **59.** 353—59. 1951. Pittsburgh, Mellon Inst. of Ind. Res., u. Niagara Falls, N. Y., Carborundum Co., Res. Dep.) W. WESLY. 6402

Albrecht Guhl, *Die Zwischenstufenvergütung von Gußeisen.* Zusammenfassung von Veröffentlichungen über ein neueres Vergütungsverfahren. — 30 Schrifttumshinweise. (Gießereitechnik **2.** 33—37. Febr. 1956. Blankenburg/Harz.) W. WESLY. 6402

J. E. Rehder, *Eine Einführung in das Glühen von Gußeisen mit Kugelgraphit.* Verss. zur Best. der für die Zers. oder Graphitierung von Zementit (**I**) u. Perlit (**II**) in Gußeisen mit Kugelgraphit (**III**) nötigen Temp. in Abhängigkeit von der Zeit zeigen, daß die Verhältnisse denen von weißem Gußeisen u. schwarzkernigem Schmiedeeisen ähneln. Auch die Kinetik u. die sich abspielenden Vorgänge entsprechen einander. Im allg. ist die Glühzeit infolge des meist hohen Si-Geh. von **III** nicht lang; Mg-Gehh. verzögern die Entfernung der letzten **I**- u. **II**-Spuren. Während der Zers. von prim. **I** ausgeschiedener Graphit liegt in Kugelform vor. Die Prüfung der mechan. Eigg. von **III**-Blöcken, deren **II**-Geh. verschieden weit beseitigt worden ist, zeigt, daß zur Erzielung eines hohen Grades von Dehnbarkeit die Beseitigung des gesamten **II** nicht nötig ist, wenngleich zur Erreichung höchster Dehnbarkeit, wie sie ausgeglühte ferrit. Gußstücke zeigen, ein volles Ausglühen wesentlich ist. — Aussprache. (Trans. Amer. Foundrymen's Soc. **58.** 298—311. 1950. Ottawa, Can., Bur. of Mines, Phys. Metallurgy Div.) W. WESLY. 6404

W. H. White, L. P. Rice und **A. R. Elsea,** *Der Einfluß des Siliciumgehaltes auf die mechanischen und Warmfestigkeitseigenschaften von sphärolithischem Gußeisen.* Mg-Zusatz erzeugt in Gußeisen mit 26—6% Si Kugelgraphit (**I**). Die Umwandlung von Flockengruppen (**II**) in **I** geht einher mit einem Anstieg von Scher- u. Stoßfestigkeit bei zu einem Höchstwert von 5% Si, um bei 6% Si auf die für Eisen mit **II** gültigen Werte zu sinken. Si erhält die Härte des Gußeisens fortschreitend. Im allg. ist spärolith. Gußeisen mit 4—5% Si viel fester u. hinreichend schlagfest, um die Sprödigkeit aufzuheben. Sphärolith. Eisen mit 4—5% Si ist beständiger gegen Volumenvergrößerung u. Verzunderung als Eisen mit **II**; diese erhöhte Beständigkeit weist auch sphärolith. Eisen mit 6% Si bis zu einer Temp. von 1625° F auf. Bei 1840° F ist die Verzunderungsbeständigkeit die gleiche wie die von 18-8 rostfreiem Stahl. (Trans. Amer. Foundrymen's Soc. **59.** 337—47. 1951. Jackson, O., Jackson Iron and Steel Co.; Columbus, O., Battelle Mem. Inst.) W. WESLY. 6404

Ferenc Varga und **Endre Füle,** *Die Prüfung der Verschleißfestigkeit des modifizierten Gußeisens im Laboratorium und im Eisenbahnbetrieb.* Die Verschleißfestigkeit von gewöhnlichem Gußeisen wurde nach dem Syst. KEHL-SIEBEL [1936] u. auf Lokomotiven montierten Bremsklötzen mit solchen aus modifiziertem Gußeisen bereiteten verglichen. Innerhalb der anwendbaren Härtegrenzen verhält sich mit *FeSi* modifiziertes Gußeisen wie gewöhnliches, das mit *CaSi* modifizierte dagegen bedeutend widerstandsfähiger. Die relative Abnützung bei einer Härte von 170—240 HB ergab sich bei dem mit CaSi modifiziertem zu 0,86 gegenüber der aus gewöhnlichem Gußeisen bereiteten, bei 190—260 HB zu 0,67, was eine Ersparnis an Bremsklötzen von 46% entspricht. Die metallograph. Unters. zeigte bei dem mit CaSi modifiziertem Gußeisen eine günstigere Verteilung des Graphits u. gleichmäßigeres Gefüge als in dem mit FeSi modifiziertem Gußeisen. (Kohászati Lapok **10** (**88**). Nr. 4. Öntöde **6.** 85—91. April 1955.) J. PLANK. 6404

D. Iturrioz, *Die Herstellung von Stahl im Konverter mit seitlicher Windführung.* (Metalurgia y Electr. **15.** Nr. 162. 29—31. Nr. 163. 28—30. Nr. 164. 28—30. 1951.) K. RUMPF. 6408

M. Urbain und **P. Flament,** *Die Entkohlung im basischen Siemens-Martin-Ofen.* Schrifttumsangaben über die Abhängigkeit des im Bad gelösten FeO u. [O] vom C-Geh.

des Bades werden eigenen Versuchsergebnissen an einem bas. 25 t-SIEMENS-MARTIN-Ofen gegenübergestellt. Die eigenen Unterss. des Vf. beziehen sich auch auf Beobachtungen über den N_2- u. H_2-Geh. des Bades sowie über Entkohlungsgeschwindigkeiten. Eine Berechnung der fiktiven CO-Drucke zeigt, daß diese für kleinere Entkohlungsgeschwindigkeiten niedriger sind. Die Ursache für die beobachtete Erhöhung des Geh. des Bades an N_2 u. H_2 wird in den hohen Zugaben an Ferrosilicium gesehen. — 13 Schrifttumsangaben. Diskussion. (Rev. Métallurgie **52.** 179—89. März 1955.) H. HOCHSTEIN. 6408

C. C. Busby, M. F. Hawkes und **H. W. Paxton,** *Zugfestigkeit und Kerbschlagzähigkeit von Martensit mit niedrigem Kohlenstoffgehalt.* Die Festigkeitseigg. von Martensit mit 0,11—0,28% C im abgeschreckten u. im abgeschreckten u. angelassenen Zustand werden untersucht, wobei das Anlassen nur bei 100° vorgenommen wurde. Es wurde hierbei gefunden, daß die durch Einschnürung u. Dehnung gemessene Formbarkeit bei allen Zugfestigkeitswerten von 180000—260000 lbs./sq.in. größer ist als bei unlegierten Stählen mit 0,3—0,5% C, die durch Vergütung auf ähnliche Festigkeitswerte gebracht waren. Abschreckungen in Salzwasser ergaben bessere Eigg. als Ölhärtungen. Die Streckgrenze lag verhältnismäßig niedrig. Das Streckgrenzenverhältnis betrug im vergüteten Zustand ca. 0,7. Durch eine geeignete Reckalterung konnte dieser Wert auf ca. 1,0 erhöht werden. Mehrere zugesetzte Legierungselemente hatten auf die Zugfestigkeit keinen Einfl., jedoch verbesserten sie die Kerbschlagzähigkeit der Stähle. Eine Reckalterung jedoch verschlechterte die Kerbschlagzähigkeit. — Schrifttumsangaben. Diskussion. (Trans. Amer. Soc. Metals **47.** 135—56. 1955.) H. HOCHSTEIN. 6408

Ss. E. Garf und **W. A. Kukujewitzki,** *Über die Restspannungen in Kolben aus Stahl 45 bei Induktionsoberflächenhärtung.* Kolbenbolzen aus *Stahl 45* (äußerer Durchmesser 22 ± 0,01 mm, innerer Durchmesser 14,8 mm, Länge 70 ± 0,1 mm) wurden folgendermaßen therm. behandelt: Erwärmen bis 820—830°, Abkühlen in Öl, Anlassen bei 600—650°, 1½std. Abkühlen an der Luft, dann Induktionshärtung mit Wasserkühlung bei 20—25° u. 1½std. Anlassen bei 150—160° in Öl. Die Oberfläche der so behandelten Kolbenbolzen wies eine Härte von H_{Rc} = 54—62 auf. Nachfolgende Unters. ergab, daß an der Oberfläche der Kolbenbolzen tangentiale Restdruckspannungen vorhanden sind, die mit zunehmender Tiefe der gehärteten Schicht ebenfalls zunahmen (ca. 25 kg/mm² bei 0,4 bis 0,5 mm; 50 kg/mm² bei 1,25—1,28 mm Schichttiefe), wobei die Zone der maximalen Zugspannungen mehr von der Oberfläche zurückgeschoben wird. Daraus folgt, daß eine tiefere Härtung (z. B. auf 1,1—1,4 mm) von dem Standpunkt der Festigkeit als wünschenswert erscheint. (Журнал Технической Физики [J. techn. Physik] **24.** 1830—33. Okt. 1954.) W. DAWYDOFF. 6408

Je. L. Winogradskaja, und **N. I. Petrow,** *Verbesserung der Struktur im Nabenteil gegossener Eisenbahnradkränze mit Hilfe gelenkter Kristallisation.* Bericht über an Modellstücken u. ganzen Radkränzen aus Stahlguß (0,20—0,30(%) C; 0,5—0,9 Mn; 0,17 bis 0,37 Si; P u. S je < 0,05) durchgeführte Verss. zur Erzielung gleichmäßigerer Kristallisationsbedingungen, bes. in der hochbeanspruchten Nabe, durch Einformung von „Kristallisatoren" aus Eisendraht. Auf Grund von Zerreiß- u. Kerbschlagverss. u. metallograph. Unterss. an so vergossenen Stücken wird eine wesentliche Verbesserung der Gefügebeschaffenheit, bes. eine Verringerung der Zone stengeliger Kristallstruktur, u. damit im Zusammenhang Erhöhung von Streckgrenze u. Kerbzähigkeit u. deren größere Gleichmäßigkeit über den Nabenquerschnitt festgestellt. Als geeignetste Form des „Kristallisators" erwies sich ein korbartiges Drahtnetz, dessen Gewicht, bezogen auf das der Nabe, um ein vollständiges Auflösen sicherzustellen, nicht mehr als 4,5—5,0% betragen soll. Der C-Geh. des zu verwendenden Drahtes von 5—8 mm Durchmesser soll erheblich unter dem des zu vergießenden Stahles liegen. (Известия Академии Наук Латвийской ССР [Nachr. Akad. Wiss. LettSSR] **1955.** Nr. 4. 139—52. Physik. Inst. der Akad. der Wiss. der LettSSR.) V. EHMCKE. 6408

Subrata Bhattacharyya und **George L. Kehl,** *Die isothermische Austenitumwandlung durch eine von außen angelegte Zugspannung.* Der Einfl. einer von außen angelegten Zugspannung u. einer nachfolgenden bleibenden Verformung auf die isotherm. Umwandlung von Austenit zu Bainit wird in den *AJSJ-Stählen 1085, 4340* u. *1045* bei Tempp. von 280—370, 345—450° bzw. bei 370° untersucht. Hierbei zeigte sich, daß die angelegte Spannung (**I**) einen deutlichen Einfl. sowohl auf die Zeiten des Beginns als auch auf die der Beendigung der Umwandlung ausübt, indem sie diese abkürzt. Für bestimmte Zeiten der isotherm. Umwandlung nimmt der Betrag des umgewandelten Austenits stark in einem bestimmten Spannungsbereich zu, u. diese **I** steht in Beziehung zu der Streckgrenze des instabilen Austenits. Es ist möglich, die Zunahme des Betrages des umgewandelten Austenits mit der plast. Verformung u. der angelegten Spannungsenergie in Beziehung zu setzen. Der Einfl. der I auf die Austenitumwandlung bleibt auch noch bestehen, wenn die angelegte I wieder entfernt worden ist. Diese angelegte I ist sehr wirksam in der Beschleunigung der Umwandlung, wenn sie erst dann angewendet wird, wenn die Umwandlung ohne Anwendung einer I eingeleitet worden ist. Eine I, welche die Streckgrenze des Austenits überschreitet, übt einen merklichen Orientierungseinfl. auf die entstehenden Bainitnadeln aus. Unter hoher I tritt im Austenit Zwillingsbldg. ein. — 37 Schrifttumsangaben. Diskussion. (Trans. Amer. Soc. Metals **47.** 351—79. 1955.) H. HOCHSTEIN. 6410

B. Cina und **J. D. Lavender,** *Hochtemperatur-Röntgenstrahl-Beugungsuntersuchung an einer 18/8 Cr–Ni-Legierung.* Röntgenograph. wird ein austenit. nichtrostender Stahl mit 0,06(%) C, 0,98 Si, 0,33 Mn, 0,006 S, 0,011 P, 17,18 Cr, 7,88 Ni, 0,01 Mo u. 0,015 N untersucht u. festgestellt, daß keine $\gamma \rightarrow \alpha$-Umwandlung bei der Abkühlung von 850 bis 350° eintritt. Die nach dem Anlassen bei 700° beobachtete α-Phase kann sich bei dieser Temp. noch nicht gebildet haben, sondern nur bei der nachfolgenden Abkühlung auf Tempp. unterhalb von 350°. (J. Iron Steel Inst. **179.** 240. März 1955.) H. HOCHSTEIN. 6410

Hiram Brown, *Behandlungen zur Aufrechterhaltung der Eigenschaften der nichtrostenden Stahlsorten 321 und 347.* Die auftretenden Fehlererscheinungen mit Rißbildungen bei nichtrostenden stabilisierten Stählen mit unter 0,08(%) C, ca. 18 Cr, 10 Ni u. einem Ti-Geh. von über 6mal bzw. mit einem Nb-Geh. von über 10mal %-Geh. von C durch teilweise Auflsg. von Ti oder Nb bei hohen Glühtempp. werden erörtert. Es werden Angaben über eine örtliche C-Aufnahme aus dem Ofengas als Quelle von Fehlern an diesen Stählen gemacht. Auch ist metall. Zn eine andere Quelle der Verunreinigung dieser Stahlsorten, vor allem dann, wenn der Gegenstand einer nachträglichen Verformungs- oder Wärmebehandlung unterworfen wird. Das Schweißen mit der Sauerstoff–Acetylen-Flamme muß mit größter Vorsicht ausgeführt werden. (Iron Age **174.** Nr. 22. 93—95. 25/11. 1954. Des Moines, Io., Solar Aircraft Co.) H. HOCHSTEIN. 6410

Xavier Waché, *Über einige Einflüsse auf den Fließwiderstand austenitischer warmfester Legierungen.* Warmfeste Legierungen mit im Mittel 0,3(%) C, 1,5 Mn, 35 Ni, 11 Cr werden verschied. Wärmebehandlungen unterworfen. Aushärtung bei *Ti-* u. *Al-*Zusätzen infolge Ausscheidung einer Phase aus der festen Lsg., die möglichst fein verteilt sein soll. — Gefügebilder. (Métaux **27.** 56—68. Febr. 1952.) K. STEIN. 6418

K. Claus und **K. Löhberg,** *Über die Härte von gewalztem Feinzink mit geringen Magnesiumgehalten.* Durch Härteunterss. von Blechen aus Mg-haltigem Fein-Zn wurde festgestellt, daß Härtungserscheinungen beim Auslagern ohne vorheriges Lösungsglühen u. Abschrecken auftraten. Aus den Unterss. geht hervor, daß die Härtung nur dann auftrat, wenn die Verformung bei Tempp. vorgenommen wurde, bei denen noch keine vollständige Rekristallisation eintritt. — Schrifttumsangaben. (Metall **9.** 670—73. Aug. 1955. Oberursel/Taunus.) F. VIER. 6426

R. A. Colton und **M. Margolis,** *Die Wirkung gewisser Elemente auf die Korngröße von Kupfergußlegierungen.* Die Prüfung der Einw. von *Ni* auf die Korngröße von Cu-Legierungen mit 5% Pb, Sn u./oder Zn zeigt: Die Zus. beeinflußt die Korngröße in wesentlich geringerem Maße als die Kühlgeschwindigkeit. Hohe Kühlgeschwindigkeit führt in sicherster Weise zu feinkörnigen Gußlegierungen. Die (geringe) Wrkg. der Ni-Zusätze auf die Korngröße der Legierungen wird in Zahlentafeln u. Abb. wiedergegeben. — Diskussion. (Trans. Amer. Foundrymen's Assoc. **59.** 360—71. 1951. Barber, N. J., American Smelting and Refining Co., Res. Dep.) W. WESLY. 6432

H. W. Hosking und **J. A. Gregory,** *Das zweistufige Verfahren zur Wiedergewinnung von Mangan aus Siemens-Martin-Ofenschlacke.* Betriebsverss. über die Anwendung des bereits früher von Vff. beschriebenen Verf. zeigen, daß die Mn-Rückgewinnung zu hohen Ausbeuten führt. Die rückgewonnene Legierung enthält ca. 46% *Mn* u. 20% *Si.* (Australas. Engr. **45.** Nr. 8. 48—57. 7/12. 1953. Newcastle, Neusüdwales, Broken Hill Proprietary Co., Ltd., Steelworks, Res. Dep.) W. WESLY. 6436

I. Rozalsky, *Der Einfluß von Vorverformung unter verschiedenen Spannungszuständen auf die Bruchfestigkeit und die Fließeigenschaften von 2 S-O-Aluminium.* Die Brucheigg. (Reckspannung u. elast. Dehnung) von *2 S-O-*Aluminium hängen nicht nur von der Art u. Größenordnung der Vorspannung, sondern auch von dem Spannungszustand ab, unter dem eine bestimmte Vorspannung bewirkt worden ist. So z. B. bewirkt für jede Prüfrichtung für Druckvorspannungen von der gleichen Größenordnung ein Vorspannungszustand von einfachem Druck eine höhere verbleibende Zugverformbarkeit als ein Vorspannungszustand von biachsialem Zug. Für Zugspannungen der gleichen

Größenordnung bewirkt ein Vorspannungszustand von biachsialem Druck eine größere bleibende Zugverformbarkeit als ein Vorspannungszustand von einfachem Zug. — 15 Schrifttumsangaben. Diskussion. (Trans. Amer. Soc. Metals **47.** 77—101. 1955. Wood River, Ill., Wood River Res. Labor.) H. HOCHSTEIN. 6446

W. E. Sicha und **H. Y. Hunsicker,** *Die Merkmale einiger Aluminium–Zink–Magnesium–Kupfer-Gußlegierungen.* Unterss. über Al–Zn–Mg–Cu-Legierungen haben zur Auswahl von 2 Sorten mit verschied. Zus. geführt. Die Sandgußlegierung A 612 enthält (in %): 6,5 Zn, 0,7 Mg, 0,5 Cu, 0,15 Ti, die Dauerformgußlegierung C 612: 6,5 Zn, 1,0 Fe, 0,5 Cu, 0,35 Mg, 0,10 Ti. Die natürlich gealterten Legierungen zeigen gute Dehnungseigg.; sie sind beständig gegen Korrosionen u. Spannungskorrosionsbrüche u. lassen sich gut hartlöten. Löttempp. bis zu 1120° F verschlechtern die mechan. Eigg. u. die Korrosionsfestigkeit nicht. — Aussprache. (Trans. Amer. Foundrymen's Soc. **58.** 333—45. 1950. Cleveland, O., Aluminum Co. of America, Aluminum Res. Labor.) W. WESLY. 6446

P. L. Teed, *Titan — ein Überblick.* Herst., Eigg., Verwendung, Legierungen. (Engineering **175.** 251—52. 20/2. 341—42. 13/3. 413. 27/3. 1953.) M. GEHLEN-KELLER. 6448

W. T. Tiffin und **P. C. Hoffman,** *Rasches Vordringen von Titan als brauchbarer Werkstoff.* Übersicht über Eigg. u. Verwendung von Ti. (Materials and Methods **33.** Nr. 2. 57—59. Febr. 1951. Univ. of Florida.) M. GEHLEN-KELLER. 6448

H. A. Saller, J. T. Stacy und **S. W. Porembka,** *Die Festigkeit von verformten binären Zirkoniumlegierungen bei 1800 bis 2200° F.* Die Einfll. von bin. Zusätzen von *Cr, Nb, Mo, Ta, W* u. *V* auf die Formbarkeit, Härte u. Warmfestigkeit von Zr wurden untersucht. Hierbei zeigte sich, daß Ta- oder W-Zusätze zu Zr eine leichte Verarbeitbarkeit der Legierungen bedingte. Bei 870° wurde bei einem W-Zusatz die größte Härte erzielt. Die Metalle der 6. Gruppe des Period. Syst. erhöhten stärker die Festigkeit der Legierungen als die der 5. Gruppe. W wirkt bei 980—1205° am stärksten erhöhend auf die Festigkeit von Zr. Die 100 Std.-Dauerstandfestigkeit bei 980° von Zr mit 8 Gew.-% W betrug 1700 lbs./sq.in. Keine der untersuchten Zr-Legierungen übertraf im Bereich von 980—1205° in ihrer Festigkeit die *Inconel*-Legierung oder den nichtrostenden austenit. *Stahl 310.* — 15 Schrifttumsangaben. (Trans. Amer. Soc. Metals **47.** 665—79. 1955.) H. HOCHSTEIN. 6448

E. Pelzel, *Maßänderungen bei Eisen–Kupfer-Sinterlegierungen.* Die Maßänderungen von Fe–Cu-Sinterlegierungen wurden bei verschied. Sintertempp. untersucht. Danach ist die Volumenzunahme beim Sintern eine Folge der Sättigung des Fe–Cu-γ-Mischkristalls. Bei der der Sintertemp. entsprechenden Sättigungsgrenze erreicht sie ihr Maximum. Höhere Cu-Gehh. bewirken Schrumpfung. Der für die absol. Maßhaltigkeit notwendige Cu-Geh. hängt von der Korngröße u. der Korngestalt des verwendeten Pulvers ab. — 15 Schrifttumsangaben. (Metall **9.** 565—69. Juni 1955. Aachen.) F. VIER. 6474

E. Pelzel, *Studien über die Korngestalt und den Gefügeaufbau von Verdüsungspulvern.* Es wird über den Einfl. von Legierungzusätzen in *Fe-* u. *Cu*-Pulvern, die durch Luftverdüsung ihrer Schmelzen hergestellt wurden, berichtet. Bei Fe-Pulver werden durch die Frisch-Rk. zwischen dem fl. Oxyd u. C Hohlkugeln gebildet; Zusätze von geringen Mengen *Al* u. *Si* hatten keinen Einfluß. O_2-haltiges Cu ist für pulvermetallurg. Zwecke wegen der bei der Red. mit H_2 auftretenden Wasserstoffkrankheit unbrauchbar. Durch Zusätze von *P, Pb, Zn, Sn, Mn* u. *Al* kann die O_2-Löslichkeit von Cu während der Verdüsung vollkommen verhindert werden. Zusätze von Sn, Zn, Mn u. Al ergeben spratzige Form, bei Zusätzen von P, Pb u. *Ni* bilden sich Kugelkörner aus. — 11 Schrifttumsangaben. (Metall **9.** 81—88. Febr. 1955.) F. VIER. 6474

Toshio Nishihara und **Toshinori Kori,** *Statik pulverförmigen Materials unter Druck.* Unter Benutzung experimenteller Ergebnisse stellen Vff. allgemeingültige Differentialgleichungen des Spannungsgleichgewichts auf mit dem Ziel, die Verteilung der Spannungen in homogenen u. isotropen, unter Druck stehenden Pulvern zu erfassen. Die Anwendung der Gleichungen am Beispiel der Verteilung der Oberflächenhärte verpreßter Pulver bestätigt ihre Richtigkeit u. ermöglicht die Spannungsverteilung zu ermitteln. Ausführliche mathemat. Ableitungen. (Mem. Fac. Engng., Kyoto Univ. **12.** 53—65. Juli 1950. [Orig.: engl.]) M. CLASING. 6474

G. J. Comstock, *Heißpressen führt zu dichten Pulvermetallteilen.* Die Pulvermetallteile werden erst bei Raumtemp. gepreßt, dann erhitzt u. heiß nachgepreßt. Für das Nachpressen („hot coining") werden Drucke bis zu 20 to/si (3150 kg/cm²) angewendet. Die so hergestellten Teile verhalten sich wie Gußteile. (Iron Age **174.** Nr. 14. 80—82. 30/9. 1954. New York, N. Y., Easton Metal Powder Co., Inc.) F. VIER. 6474

H.-J. Booss, *Untersuchungen über die Schneideigenschaften von WC–TiC–Co-Legierungen.* Der Freiflächenverschleiß von Hartmetallegierungen vom Typ *WC–TiC–Co* wird in Abhängigkeit von der Legierungszus. untersucht. Danach ist er vom C-Defekt u. vom Co-Geh. abhängig. Für Legierungen mit einem Co-Geh. zwischen 2 u. 8% u. konstantem C-Defekt u. Geh. an freiem C werden Gleichungen aufgestellt, die in guter Annäherung die Zunahme der Freiflächenverschleißbreite wiedergeben. Voraussetzung ist, daß die Legierungen die ihrer Zus. entsprechende D. besitzen u. der TiC-Geh. zwischen 5 u. 30% liegt. — 23 Schrifttumsstellen. (Metall **9.** 560—64. Juni 1955. Berlin, Vacuumschmelze Akt.-Ges.) F. VIER. 6476

William G. Theisinger, *Herkunft und Verwendung von plattiertem Stahlblech.* Nähere Beschreibung des von der LUKENS STEEL CO. ausgeübten „Sandwich"-Verf. zur Herst. von mit *Ni, rostfreiem Stahl, Monel, Inconel, Ag, Cu, Al, Ta, Hastelloy* u. anderen plattierten C-Stahltafeln mit Hinweisen auf die zur Be- u. Verarbeitung anwendbaren Schneid-, Schweiß- usw. Verff. u. auf die weitgehenden Verwendungsmöglichkeiten in der chem. Industrie, in Schiffahrt u. Eisenbahnwesen. (Metal Progr. **59.** 671—72. 708. 710. 712. 714 u. 716. Mai 1951. Houston, Tex., Lukens Steel Co.) H. ECKHARD. 6478

T. G. Bradbury, *Metallurgische Gesichtspunkte der Betriebswartung.* (Canad. Mining metallurg. Bull. **47.** 664—72. Okt. 1954. Hamilton, Can., Steel Co. of Canada Ltd., Metallographic Labor. — C. **1956.** 5399.) W. WESLY. 6480

Friedrich Förster, *Die magnetische und elektromagnetische Sortentrennung von Stahlhalbzeug und Massenteilen.* (Vgl. C. **1954.** 10093.) Bau u. Verwendung von Geräten zur Trennung von Werkstoffen auf Grund ihrer physikal. Eigg. nach Sorten, Härte u. Fehlern werden besprochen. Unterscheidung der Anwendungsbereiche des magnet. Gleichfeld–Trenn-Verf., des Wirbelstromverf. u. des Verf. mit geringer Meßfrequenz. Erörterung eines Verf. zur absol. Best. magnet. Größen. — 13 Schrifttumsangaben. (Arch. Eisenhüttenwes. **25.** 383—92. Juli/Aug. 1954. Reutlingen.) H. HOCHSTEIN. 6480

L. Beaujard, V. Husarek und **A. Vasset,** *Anzeigen, Zählen oder Aufzeichnen der Fehler metallurgischer Erzeugnisse mittels des automatischen Ultraschall-Rückstrahlverfahrens.* (Rev. Métallurgie **52.** 240—48. März 1955.) H. HOCHSTEIN. 6480

H. Bückle, *Wesen und Anwendungen der Mikrohärte.* 1. u. 2. Mitt. Überblick. — 71 Schrifttumsstellen. (Metall **9.** 549—54. Juli. 1067—74. Dez. 1955. Paris, O. N. E. R. A.) F. VIER. 6480

August Braun, *Zur Deutung der Lastabhängigkeit der Vickers-Härte.* Geliefert wird ein Beitrag zur Frage der elast. Rückfederung u. des Randwulstes bei der VICKERS-Härtebestimmung. Die Form der Lastabhängigkeit hierbei wird erörtert, u. Ausführungen zu Näherungsformeln werden gemacht. Normungsfragen werden behandelt. — Schrifttumsangaben. (Z. Metallkunde **46.** 499—503. Juli 1955. Neuenburg, Schweiz.) H. HOCHSTEIN. 6480

Samuel Storchheim, *Zerstörungsfreie Prüfung zur Bestimmung der Austenit- und Martensitanteile in nichtrostendem Stahldraht.* Beschreibung einer magnet. u. röntgenograph. Prüfvorrichtung. Aus der Beziehung von Remanenz u. Koerzitivkraft werden in nichtrostenden Stahldrähten die Austenit- u. Martensitanteile bestimmt. (Iron Age **174.** Nr. 26. 108—11. 1/7. 1954. Bayside, N. Y., Sylvania Electric Prod., Inc.) H. HOCHSTEIN. 6480

Wolfgang Pitsch und **Kurt Lücke,** *Zur Ausscheidung von Kohlenstoff aus übersättigter Lösung in α-Eisen während der Auslagerung.* An Eisendrähten wurde die Abhängigkeit der Dämpfung u. des elektr. Widerstandes vom C-Geh. ermittelt. Dabei zeigte sich, daß die durch ausgeschiedenen C verursachte Widerstandsänderung mindestens 20% der durch übersätt. gelösten C verursachten beträgt, während das entsprechende Verhältnis der Dämpfungswerte nur 2—3% ausmacht. Ausgeschiedener C liefert einen nicht zu vernachlässigenden Beitrag zur Widerstandserhöhung, während sein Einfl. auf die Dämpfung um eine Größenordnung kleiner ist u. nicht berücksichtigt zu werden braucht. Die zeitliche Änderung des elektr. Widerstandes u. der Dämpfung wurde an Fe–C-Legierungen mit ca. 0,015% C im unverformten Zustande u. nach Streckung um ca. 5% während einer Auslagerung bei 90—170° verfolgt. Unter der Annahme, daß beide Meßgrößen ausschließlich ein Maß für den gelösten C sind, ergeben sich quantitativ verschied. Auslagerungskurven, was dadurch erklärt wird, daß die Widerstandsmessung unter den gemachten Voraussetzungen einen zu hohen Geh. an gelöstem C vortäuscht. Die Konzentrationsabnahme im verformten Mischkristall folgt bis zu 90% dem Gesetz $W(t) = 1 - \exp[-lt/\tau^{2/3}]$ in Übereinstimmung mit der COTTRELLschen Theorie, daß die C-Atome in die Versetzungen wandern. Unter Verwendung der aus den Ausscheidungskurven berechneten Versetzungsdichte von $2{,}5 \cdot 10^{10}\ cm^{-2}$ ergibt sich weiter, daß bis zu 65 C-Atome nach dem angegebenen Gesetz je

Atomebene in jede Versetzung eingebaut werden. Dies bekräftigt eine von DAHL u. LÜCKE geäußerte Vermutung, daß im Zustand der fortgeschrittenen Auslagerung in den Versetzungen Carbidkeime entstehen. — 28 Schrifttumsangaben. Diskussion. (Arch. Eisenhüttenwes. **27.** 45—54. Jan. 1956. Göttingen, Univ.) H. HOCHSTEIN. 6480

Wolfgang Wepner, *Ermittlung kleiner Kohlenstoffgehalte im α-Eisen durch Dämpfungsmessung.* Beschrieben wird ein Torsionspendel, das zur Messung der inneren mechan. Dämpfung drahtförmiger Proben verwendet wird. Mit der Dämpfungsmessung können sehr geringe Beimengungen von C in α-Fe bestimmt werden. Das Verf. ist noch bei Gehh. anwendbar, bei denen die chem. Analyse keine genauen Werte mehr liefert. Als Umrechnungsfaktor von Verlustwinkel in Gew.-% C wurde der Wert 1,30 ± 0,02 + 39° ermittelt. Die Probenvorbereitung, die besondere Maßnahmen erfordert, um Veränderungen im C-Geh. während der Formgebung u. Wärmebehandlung zu vermeiden, wird beschrieben. Die Ergebnisse von Dämpfungsmessungen an 1—4 mm dicken Drähten aus Reinsteisen mit 0,002—0,03% C werden mitgeteilt u. mit dem chem. ermittelten C-Geh. verglichen. — Schrifttumsangaben. (Arch. Eisenhüttenwes. **27.** 55—59. Jan. 1956. Düsseldorf, Max-Planck-Inst. für Eisenforsch.) H. HOCHSTEIN. 6480

R. D. Chapman und **W. E. Jominy,** *Ein Verfahren zur Bestimmung der kontinuierlichen Abkühlungsumwandlungen im Stahl.* Eine Vorr. wurde entwickelt zur Best. der Umwandlung in einem Stahl auf magnet. Wege. Diese Vorr. ist einfach ein elektr. Transformator, in welchem die Probe als Kern wirkt. Wenn eine Umwandlung in der Stahlprobe auftritt, wird die Permeabilität erhöht, wodurch eine EMK. in der Sekundärwicklung des Transformators erzeugt wird. Vier handelsübliche Stahllegierungen (*SAE 4340, 8642, 4140* u. *52100*) wurden zur Ermittlung des M_s-Punktes mittels dieses Verf. untersucht. Es wurde dabei eine gute Übereinstimmung zwischen den metallograph. u. magnet. Bestimmungen gefunden. Die Vorr. wurde auch zur Gewinnung von kontinuierlichen Abkühlungsschaubildern für die Stähle *SAE 4340* u. *4063* verwendet. Es wurde dabei gefunden, daß die magnet. Meth. besser die Bainitgebiete bestimmen kann als die metallograph. Methode. — 18 Schrifttumsangaben. Diskussion. (Trans. Amer. Soc. Metals **47.** 869—91. 1955.) H. HOCHSTEIN. 6480

E. Siebel, *Die Bedeutung der Fließkurve bei der Kaltformgebung.* Beschreibung der Anwendung der Fließkurven von verschied. Werkstoffen (bes. C- u. legierten *Stählen, Cu-* u. *Al-Legierungen*) zur Beurteilung der bei der Formgebung auftretenden Kraftwirkungen u. zur Vorausbest. der Werkstoffestigkeit nach dem Umformen. (VDI-Z. **98.** 133—34. 1/2. 1956. Stuttgart.) W. WESLY. 6490

K. W. Stalker, *Werkstoffschonung und geringere Herstellungskosten durch Kaltformgebungsverfahren.* Durch Anwendung hoher Anpreßdrücke bei der spanlosen Kaltformgebung, z. B. beim Drücken, werden fehlerfreie Gegenstände hergestellt, die keine zusätzliche Behandlung durch Schweißen, Bearbeiten oder Hochglanzpolieren erfordern. (Iron Age **174.** Nr. 26. 69—70. 23/12. 1954. Evandale, O., General Electric Co.) H. HOCHSTEIN. 6490

P. A. Clarkin und **M. B. Bever,** *Die Bedeutung von Wasserdampf und Ammoniak auf aufkohlende Gase.* Proben aus dem niedriggekohlten *Stahl AISI 1020* wurden bei 800, 845 u. 885° 4 Std. lang in verschied. Atmosphären einer Aufkohlungsbehandlung unterworfen. Die NH_3-Konz. im einströmenden Gas wurde von 0—5% u. der Taupunkt des Gases von —35 bis +30° verändert. Ferner enthielt das einströmende Gas 5% CH_4, während der Rest ein Trägergas war. Die Oberflächenhärte, die Mikrohärte u. die Aufkohlungstiefe wurden an in Öl abgeschreckten Proben ermittelt; die Beträge an Restaustenit in den Einsatzschichten wurden durch Analyse bestimmt. Andere Proben wurden nach der Einsatzbehandlung bei 845° an der Luft abgekühlt. Die Einfll. von Veränderungen in der Konz. von NH_3 u. Wasserdampf im einströmenden Gas wurden bestimmt. Mit steigendem Wasserdampfgeh. werden der C-Geh. in der Einsatzschicht, die Tiefe der aufgekohlten Schicht u. die Beträge an Restaustenit verringert. Abnehmende Konzz. von NH_3 im Bereich von 5% auf O führt zu einer Stickstoffabnahme in der Einsatzschicht. Abnehmende NH_3-Konzz. werden von einer Abnahme des C-Geh. in der Einsatzschicht begleitet. — 22 Schrifttumsangaben. Diskussion. (Trans. Amer. Soc. Metals **47.** 794—814. 1955.) H. HOCHSTEIN. 6492

W. L. Walz, *Verbesserung der Lebensdauer von Zahnrädern und Verkürzung der Wärmebehandlung durch Induktionshärtung.* Durch Anwendung der induktiven Hochfrequenzhärtung wird bei großen Zahnrädern die Zahnhärte erhöht u. die Lebensdauer dieser Getriebeteile wesentlich verbessert. Eine örtliche induktive Erhitzung verringert den Zahnverzug. Die Behandlungszeit dauert nur einige Minuten. Die hierfür geeigneten Vorrichtungen u. Arbeitsverff. werden besprochen. (Iron Age **174.** Nr. 9. 93—96. 26/8. 1954. Evansville, Ind., Internat. Harvester Co.) H. HOCHSTEIN. 6492

A. B. Kinzel, D. Swan und **H. Biers,** *Zehn Jahre Fortschritt auf dem Schweißgebiet in den Vereinigten Staaten.* Vgl. die C. **1951.** II. 2519; **1954.** 10335 referierten Arbeiten. (Berg- u. hüttenmänn. Mh. montan. Hochschule Leoben **95.** 291—95. Dez. 1950. New York, N. Y., Union Carbide & Carbon Corp.) W. WESLY. 6506

C. E. Hartbower und **W. S. Pellini,** *Untersuchung über die die Schweißgüte bestimmenden Faktoren.* (Vgl. C. **1953.** 1553.) Es wird eine Meth. beschrieben, bei der die unter der Einw. einer Explosivladung in stumpfgeschweißten Stahlplatten von ca. $^3/_4$ in. Dicke auftretende Ausbauchungen bzw. Bruchbilder zur Beurteilung der in der Umgebung der Schweißnaht vorhandenen Spannungen herangezogen werden. Versuchstempp. 25 bis —105° F. Als Versuchsstähle dienten ein niedriglegierter Stahl mit 0,14 (%) *C*, 1,22 *Mn*, 0,27 *Cu* u. 0,08 *V* sowie ein schwach beruhigter unlegierter *SM-Stahl* mit 0,14 C, 0,6 Mn, 0,27 Cu, sowie verschied. Elektrodenkombinationen. Die Ergebnisse werden mit denen aus Kerbschlagzähigkeits–Temp.-Verss. verglichen. In beiden Fällen wird die Temp. des Steilabfalles bestimmt. Das Verh. geschweißter perlit. Stähle wird weniger durch die Eigg. der wärmebeeinflußten Zone, als durch die Schweißnaht selber bestimmt. Kerbschlagzähigkeit u. Fließfestigkeit der Schweißnaht scheinen die in erster Linie wichtigen Faktoren zu sein. (Weld. J. **30.** Welding Res. Council Engng. Foundat. 499s—511s. Okt. 1951.) O. WERNER. 6506

H. F. Tremlett, *Die Schweißbarkeit von hoch dehnbaren Stählen und die Theorie der Rißbildung.* (Vgl. C. **1953.** 6348.) Zusammenstellung (Zahlentafel) über die Schweißbarkeit (d. h. die Leichtigkeit, mit der Verbindungsstellen mit dem Metallichtbogen ohne Risse in Schweiße u. Stahl verschweißt werden können) von Stählen hoher Festigkeit oder Härte, die bei Zimmertemp. u./oder von Stählen hoher Kriechfestigkeit, die bei Tempp. unter 600° verwendet werden. Für die Rißbldg. wird eine Arbeitshypothese aufgestellt, die im Gegensatz zu anderen Theorien manche Fragen der Schweißbarkeit legierter Stähle zu erklären vermag. (Berg- u. hüttenmänn. Mh. montan. Hochschule Leoben **95.** 241—51. Dez. 1950. Sheffield.) W. WESLY. 6506

P. C. van der Willigen, *Die Schweißelektrode und das metallurgische Verhalten des Schweißgutes.* Übersicht. — 19 Schrifttumshinweise. (Berg- u. hüttenmänn. Mh. montan. Hochschule Leoben **95.** 234—40. Dez. 1950. Eindhoven.) W. WESLY. 6506

E. Zurbrügg, *Argonarcschweißen von Aluminium.* (Berg- u. hüttenmänn. Mh. montan. Hochschule Leoben **95.** 352—56. Dez. 1950. Neuhausen. — C. **1956.** 5124.) W. WESLY. 6506

W. Burkart, *Neuerungen aus der Schleif- und Polierpraxis.* Berichtet wird über das Spritzpolierverf., die Verwendung von Polierringen, die Entw. einer Schleifbandemulsion an Stelle des Schleifbandfetts, so daß die Adhäsion zur Bandunterlage auf ein Minimum herabgesetzt ist u. der Abrieb nach der Umkehrrolle abgeschleudert wird. Erwähnt wird ferner die Einführung von Gummi-Gewebe-Scheiben u. eines neuen Schmirgelzements, der kalt auf die Scheibe aufgetragen werden kann. (Metall **9.** 472—73. Juni 1955. Karlsruhe, Menzerna-Labor.) F. VIER. 6510

James Badaluco, *„Tripoli", seine Verwendung als Schleifmittel beim Polieren. Tripoli* ist ein amorpher Quarz, der in der Nähe von Seneca gefunden u. unter dem Namen *„Pure Seneca Standard Tripoli"* vertrieben wird. Er ist keine Diatomeenerde wie der *Tripolit,* der bei Tripoli in Nordafrika gefunden wird. *Tripoli* läßt sich mit der Hand zerbröckeln; die einzelnen Körnchen sind aber so hart, daß man *Stahl* damit ritzen kann. Bes. geeignet ist er zur Verwendung in fl. oder emulsionsartigen Poliermitteln (Plating **42.** 739—41. Juni 1955.) F. VIER. 6510

A. Arnold, *Über das Entfetten von Metallteilen mit Lösemitteldampf.* Überblick. (Metall **9.** 483—86. Juni 1955. München.) F. VIER. 6512

Carl A. Zapffe und **M. Eleanor Haslem,** *Oberflächenaktive Stoffe und Beizbrüchigkeit.* Verss. über die Wrkg. von zahlreichen oberflächenakt. Stoffen, die sauren Beizbädern für Stähle zugesetzt werden, um die durch H_2-Absorption ausgelöste Brüchigkeit zu verhindern, zeigen: Anionen haben keinen Einfl. auf die Biegungsfähigkeit von Stahl, der mit 10%ig. H_2SO_4 gebeizt worden ist. Kationen reagieren mit der Beizlsg. u. verbessern manchmal die Biegungsfähigkeit von C-Stählen. Nichtionisierte Verbb. (außer Polyäthylenglykol) verbessern die Biegungsfähigkeit von C-Stählen; sie verhindern die Sprödigkeit um so mehr, je höher ihr Mol.-Gew. ist. Der Zusatz einer schäumenden Verb. zu einem von oberflächenakt. Stoffen freien Beizbad verstärkt die Brüchigkeit, vermutlich infolge der Einw. einer S-Komponente. (Wire and Wire Products **26.** 127—33. Febr. 1951. Baltimore, Md., Office of Naval Res., u. American Chem. Paint Co.) W. WESLY. 6512

P. Partiot, *Die Anwendung des „Sulf-inuz" in der Luftfahrtindustrie.* Einige Hinweise auf die techn. Anwendungsmöglichkeiten von *„Sulf-inuz"* für die Luftfahrtindustrie, die die Oberflächenveredlung durch Einlagerung von S u. N in komplexer Form bedeutet. Man erreicht so eine große Widerstandsfähigkeit gegen Festfressen des Motors, einen geringeren Verschleiß, eine Verringerung des Reibungskoeff. durch Selbstschmierung u. eine Verbesserung der Ermüdungserscheinungen. (Métaux **30**. 450—55. Nov. 1955.) H.-J. HEINRICHS. 6512

K. Bayer, *Amerikanische Arbeitsweisen bei der galvanischen Oberflächenbehandlung von Zinkdruckgußteilen.* (Vgl. C. **1956**. 8472.) Nach einem Bericht über die Vorbehandlung werden Angaben über die in Amerika in Betrieb befindlichen automat. Galvanisieranlagen gemacht. Für ein Schnell-*Cu*-Bad wird folgende Zus. als typ. angegeben: 72 (g/Liter) *Cu*, 17 freies *Cyanid*, 45 *KOH*, Netzmittel, p_H-Wert 13, die Stromdichte beträgt 4,3 A/dm². Für *Ni*-Bäder wird folgende Zus. angegeben: 360 $NiSO_4$, 45 $NiCl_2$, 45 $B(OH)_3$, Glanzzusatz u. Netzmittel; der p_H-Wert beträgt 3, gearbeitet wird bei einer Badtemp. von 50—60°. Die Mindestschichtdicken für starke Beanspruchungen betragen für Cu 10 μ, für Ni 12,5 μ, für Cu u. Ni 31,5 μ, für *Cr* 0,25 μ. (Metall **9**. 640—42. Aug. 1955. Düsseldorf.) F. VIER. 6514

E. C. J. Marsh, *Oberflächenbehandlung für Nachrichtenmittel unter besonderer Berücksichtigung der elektrolytischen Überzüge.* Allg. Überblick. (J. Electrodepositors' techn. Soc. **28**. 69—88. 1951/52.) F. MARKHOFF. 6514

W. G. Zelley, *Die Bildung von Zinküberzügen auf Aluminium durch Tauchen.* Um korrosionssichere Überzüge auf Al zu erhalten, ist es notwendig, eine gute Deckung auf dem sehr dünn zu haltenden Zn-Film zu erzeugen. Nach Vorbehandlung der Al-Oberfläche wird diese in eine ein Fe-Salz enthaltende Zinkatlsg. getaucht. Der Fe-Salzzusatz begünstigt eine bessere Deckung u. verringert die Korrosion im Zn-Film. Bei Anwendung einer verdünnteren Lsg., als angegeben, ergeben sich zusätzliche Schwierigkeiten. Als die beste Tauchlsg. wird folgende Zus. vorgeschlagen: 120 (g/Liter) NaOH, 20 ZnO, 50 Rochellesalz, 2 $FeCl_3$, 1 $NaNO_3$. Bei einiger Vorsicht lassen sich auch Walzlegierungen einwandfrei plattieren. Gußlegierungen sind schwieriger zu behandeln. — 17 Literaturangaben. (J. electrochem. Soc. **100**. 328—33. Juli 1953. New Kensington, Pa., Aluminum Comp. of America.) J. FISCHER. 6522

H. Bablik, F. Götzl und **E. Nell,** *Zum „Abkühlen" feuerverzinkter Waren.* (Vgl. C. **1956**. 2876.) Zu schnelles Abkühlen kann bes. bei nach dem „*Galvannealing*-Verf." (Verzinken unter nachträglichem Erwärmen auf 600°) zum Springen der *Fe–Zn*-Legierungsschichten führen. Bei zu langer Erwärmung auf einer Temp. dicht unter dem F. von Zn tritt „Abblättern" der *reinen Zn*-Schicht auf ohne Einw. einer mechan. Verformung. Durch richtig geführtes Abkühlen kann die Verformbarkeit des Zn-Überzuges beeinflußt werden. (Metall **9**. 643—45. Aug. 1955. Wien.) F. VIER. 6522

W. D. Poole, *Weißblech für den Metalldekorateur.* Überblick. Dünne Sn-Überzüge besitzen eine gewisse Porosität, die sich durch Bldg. von Berliner-Blau-Flecken beim Aufpressen von mit Na-Ferricyanid + NaCl getränktem Filterpapier kundtut. Verss. zur Dichtung u. Passivierung von matten, geschmolzenen u. galvan. Sn-Überzügen durch Vorbehandlung mit Chromsäure, Chromat–Phosphat-Lsgg. usw. Einfl. des Ölfilms auf galvan. Sn-Überzügen. (Nat. Lithographer **59**. Nr. 9. 28—31. 80—86. Sept. 1952. Sparrows Point Plant, Bethlehem Steel Co.) B. SCHEIFELE. 6524

W. G. Patton, *Überzüge aus Glasgewebe und Kunstharz in der Werkzeugfertigung.* Die Verwendung von mit Glasgewebe u. Kunststoff überzogenen Teilen aus *Grauguß* für Schweiß- u. Montageeinrichtungen bringen Vorteile im Kraftwagenbau. Ein für diese Zwecke entwickeltes, warmhärtbares Kunstharz, *Ren-ite*, u. seine Verwendung werden beschrieben. (Iron Age **172**. Nr. 6. 136—39. 6/8. 1953.) F. VIER. 6528

W. R. Cavanagh und **R. C. Gibson,** *Phosphatüberzüge auf Metalloberflächen für technische Zwecke.* Überblick über die Faktoren, die das Wachstum der Phosphatschichten auf *Stahl* beeinflussen, u. die Verwendung der Schichten zum Schutz gegen Korrosion, als Haftgrundlage für Anstriche, als Gleitmittel bei der Kaltverformung, zur Erhöhung der Verschleißfestigkeit u. als Wash Primer. — 17 Schrifttumsstellen. (Plating **42**. 742—48. Juni 1955.) F. VIER. 6532

T. P. Hoar und **U. R. Evans,** *Einige Faktoren bei anodischen Prozessen an korrodierenden Metallen.* Da Legierungselemente, wie *Al* u. *Cr*, einen guten Zunderschutz bewirken u. außerdem wirksame Schutzschichten gegenüber dem Angriff durch Elektrolyte bilden, wird angenommen, daß auch bei der Korrosion durch Elektrolyte die Beweglichkeit der Kationen nach außen der bestimmende Faktor ist. Das Ausbleiben der Korrosion bei Metallen, wie *Fe* u. *Zn* bei reichlicher O_2-Zufuhr, wird damit erklärt, daß die Kationen nur schwer durch die vorhandenen Oxydschichten wandern können bzw., daß die durchtretenden Kationen als Oxyd gebunden werden u. die

Schicht verstärken. Schwache Stellen in der Oxydhaut, an denen die Kationen in die Lsg. gelangen, werden ausgeheilt. Wenn zu wenig O_2 an die Grenze Metall–Fl. herangeführt wird, können die Kationen in die Lsg. übertreten unter Ablauf des Korrosionsvorganges nach den Vorstellungen der elektrochem. Theorie der Korrosion mit getrennten Anoden- u. Kathodenstellen. — 46 Literaturzitate. (J. electrochem. Soc. **99.** 212—18. Mai 1952. Cambridge, Univ., Dep. of Metallurgy.) W. KATZ. 6538

Dietrich Horstmann, *Der Angriff eisengesättigter Zinkschmelzen auf kohlenstoffhaltiges Eisen.* (Vgl. C. **1956.** 7358.) Der Angriff von Zn auf unlegierte Stähle erfolgt ebenso wie bei C-armem Weicheisen nach zwei verschied. Zeitgesetzen. Bei hohen u. tiefen Tempp. klingt er parabelförmig mit der Zeit ab. In dem dazwischenliegenden Temperaturgebiet (**I**), das sich bei Weicheisen von 495—515° erstreckt, schreitet er geradlinig mit der Zeit fort. Dieses **I** des verstärkten Angriffs nach geradlinigem Zeitgesetz (**gZ**) wird in Ggw. von lamellarem Perlit im Fe bis zu einem C-Geh. von 0,88% auf 480—520° erweitert. Bei noch höheren C-Gehh. tritt wieder eine Verengung ein. Bei Ggw. von kugeligem Zementit wird dieses **I** auch bei höheren C-Gehh. von 2,08% auf 480—520 erweitert. Bei troostit. Gefüge ist diese Erweiterung des **I** nicht festzustellen. Bei sehr hohen C-Gehh. von 2,08% tritt eine sehr schwache Verengung auf ca. 500—515° ein. Im Gefügezustand des lamellaren Perlits nimmt der Angriff nach parabelförmigem Zeitgesetz bis zu einem C-Geh. von 0,88% sehr stark zu. Er sinkt bei weiter steigendem C-Geh. wieder etwas. Bei einem Stahl mit 0,88% C ist der Angriff ca. 6mal so groß wie bei einem Stahl mit 0,02% C. Bei Ggw. von kugeligem Perlit nimmt der Zn-Angriff ebenfalls mit dem C-Geh. zu. Er ist bei einem Stahl mit 0,88% C etwas geringer als bei perlit. Gefüge u. beträgt nur etwa das 4fache von dem auf Weicheisen mit 0,02% C. Er nimmt mit weiter steigendem C-Geh. bis ca. 1,4% C zu. Bei noch höheren C-Gehh. ist der Angriff wieder kleiner. Im Gefügezustand des Martensits oder in den sich daraus beim Anlassen durch den Verzinkungsvorgang bildenden troostit. Gefügen ist der Angriff von Zn nur wenig größer als bei Weicheisen. Er nimmt auch hier mit steigendem C-Geh. zu. Der verstärkte Angriff nach **gZ** im **I** um 500° nimmt bei einem Gefüge aus lamellarem Perlit bis zu 0,88% C ebenfalls zu; er ist bei diesem C-Geh. fast doppelt so groß wie bei Weicheisen. Bei weiter steigendem C-Geh. nimmt der Angriff wieder ab u. ist bei 2,08% C fast genau so groß wie bei Weicheisen. Bei Ggw. von kugeligem Perlit nimmt der Angriff nach **gZ** mit steigendem C-Geh. zu. Bei 2,08% ist er fast doppelt so groß wie bei C-armem Weicheisen. Bei troostit. Gefüge ist der Angriff nach dem **gZ** bes. groß. Er steigt ebenfalls mit dem C-Geh. u. ist bei 2,08% C über doppelt so groß wie bei Weicheisen. (Arch. Eisenhüttenwes. **27.** 85—93. Febr. 1956. Düsseldorf, Max-Planck-Inst. für Eisenforsch.) H. HOCHSTEIN. 6538

Dietrich Horstmann, *Der Angriff eisengesättigter Zinkschmelzen auf aluminiumhaltiges Eisen.* (Vgl. vorst. Ref.) Der Angriff eisengesätt. Zn-Schmelzen wird durch geringere Al-Gehh. im Eisen bis zu ca. 1% etwas verstärkt. Bei höheren Al-Gehh. von ca. 5% ist der Angriff niedriger als bei Al-freiem Weicheisen. Das Temperaturgebiet des geradlinig mit der Zeit fortschreitenden verstärkten Zn-Agriffs wird durch Al-Gehh. im Eisen geringfügig nach tiefen Tempp. erweitert. — Schrifttumsangaben. (Arch. Eisenhüttenwes. **27.** 161—63. März 1956.) H. HOCHSTEIN. 6538

Carl Carius, *Passivierung von Chromstählen in 6.5-prozentiger Salpetersäure, schwefelsaurer Kupfersulfatlösung und Leitungswasser.* Die Zeitabhängigkeit der Passivierung ferrit. Cr-Stähle in HNO_3-Lsgg. wurde nachgewiesen. Nach Erörterung der potentialbildenden Vorgänge an passiven Cr-Stahlelektroden wurden zur Kennzeichnung ihrer Passivierungsneigung die Umschlagspotentiale von Schmiedeproben mit 2—27% Cr in 2n H_2SO_4 bestimmt. Die Beziehungen zwischen ihnen u. den Ruhepotentialen der Stähle ermöglichten die Best. des zur Gewährleistung des passiven Zustandes erforderlichen Mindest-Cr-Gehaltes. Dieser wurde bei C-Gehh. zwischen 0,06 u. 0,1% zu 14,45% Cr ermittelt. Die Passivierungsneigung martensit. Cr-Stähle mit 0,22 u. 0,38% C u. ca. 14% Cr wurde durch Best. ihrer Umschlagspotentiale gekennzeichnet. — 12 Schrifttumsangaben. (Arch. Eisenhüttenwes. **26.** 769—76. Dez. 1955. Düsseldorf, Edelstahlwerke Gebr. Böhler & Co., Akt.-Ges.) H. HOCHSTEIN. 6538

Marie Gyenes-Hollo, *Der Einfluß von Titan und Bor auf die chemische Widerstandsfähigkeit von Reinaluminium.* Vf. untersucht den Einfl. von 0—0,6% Ti u. 0—1,0% B nach der von ZEERLEDER u. ZERBRÜGG beschriebenen Meth. auf die Korrosionsbeständigkeit von Reinaluminium (Al 99,99). Die Proben wurden vor Korrosionsbeginn einer Wärmebehandlung unterworfen: 1. 14 Std. bei 300°, Abkühlen an Luft; 2. 1 Std. bei 500°, Abkühlen in W.; 3. 4 Std. bei 250/280°, Abkühlen an Luft. Ein wesentlicher Einfl. der Wärmebehandlung u. des Ti- u. B-Geh. war nicht festzustellen. Korrosionsbeanspruchung in 25%ig. HNO_3, 20%ig. H_2SO_4, 5%ig. NaOH u. 10%ig. HCl. —

In gewöhnlichem Al wächst die Korrosionsempfindlichkeit stark mit dem Ti-Geh., bes. in Ggw. von HCl, wahrscheinlich infolge des Fe-Geh. des Al. (Corrosion et Anti-Corrosion **4.** 47—52. Febr. 1956. Budapest, Inst. de Métaux.) H.-G. MOSLÉ. 6538

E. Wick, *Korrosion von Zirkonium, Titan, Tantal, Stellit Nr. 6, und rostfreiem Stahl Typ 316.* Vergleichende Zusammenstellung gegenüber dem Angriff von 34 verschied. Säuren u. Salzen aus der Literatur. (Materials and Methods **35.** Nr. 1. Materials Engng. File Facts Nr. 221. 115—17. Jan. 1952. Nat. Lead Co.) W. HAUG. 6538

Friedrich-Carl Althof, *Die inter- und transkristalline Korrosion und ihre Prüfung.* An Hand von prakt. Beispielen wird das Wesen der inter- u. transkristallinen Korrosion u. als ihr wichtigstes Teilgebiet die Spannungskorrosion erörtert. Die Proben, bes. die Spannungsproben, werden beschrieben. Übersicht über die Korrosionsmittel bei der Prüfung von *Stählen, Cu-* u. *Ni-Legierungen, Al-* u. *Mg-Legierungen* sowie *Zn-, Sn-, Pb-, Au-* u. *Ag-Pt-Legierungen.* — 36 Schrifttumsangaben. (Metall **9.** 110—20. Febr. 1955.) F. VIER. 6538

R. N. Hooker und **J. L. Waisman,** *Lenkung der Spannungskorrosion bei Flugzeugbauteilen.* Beschreibung typ. Spannungskorrosionsschäden bei Flugzeugkonstruktionsteilen aus hochfesten Al-Legierungen u. Besprechung der einzelnen Einflußfaktoren auf die Spannungskorrosion. Verss., die Spannungskorrosion durch Aufbringen von Schutzüberzügen, die entweder als Trennfläche zwischen Metall u. Korrosionsmittel (wenn sie dicht u. porenfrei sind) oder als kathod. Fernschutz (porig u. für nicht abdeckbare Stellen) wirken sollen, zu verhindern. Dazu wurden T-profilartige Probestücke aus verschied. hochfesten Al-Legierungen (Cu, Mg, Zn) mit Überzügen (galvan. Zn, aufgespritztes Zn u. Al 72 S, mit u. ohne zusätzlichen Chromatbehandlungen u. organ. Lacküberzügen) in durch Zusammenziehen mit Schraubenbolzen belasteten Zustande Wechseltauchverss. ausgesetzt. Die Proben waren entweder völlig überzogen oder besaßen blanke Streifen, die Belastungshöhe wurde variiert. Durch die Überzüge konnte die Spannungskorrosion teilweise stark herabgesetzt werden, jedoch wurde noch kein Konservierungsverf. gefunden, das auch den weiteren, durch die Praxis gestellten Anforderungen genügte. Ein Zusammenhang zwischen Schutzwrkg. u. elektrolyt. Lösungspotential des Überzuges konnte nicht festgestellt werden. (Corrosion [Houston] **10.** Nr. 10. Topic of the Month 325—34. Okt. 1954. Douglas Aircraft Co., Santa Monica Div.) H. SPINDLER. 6538

R. N. Hooker und **J. L. Waisman,** *Vermeidung von Spannungskorrosionsbrüchen in Aluminiumteilen.* 1. u. 2. Mitt. (Vgl. vorst. Ref.) Das Auftreten von Spannungskorrosionsbrüchen wird an Beispielen erläutert. Beim Zusammenbau ist das Entstehen von Spannungen zu vermeiden. Restspannungen können auch beim Verformen u. bei Wärmebehandlung auftreten. Gesenkschmieden ist zweckmäßiger als das Arbeiten aus dem Block. Nach spanabhebender Bearbeitung ist Wärmebehandlung angebracht. Zum Schutz gegen Spannungskorrosion können Überzüge aufgebracht werden, die entweder den Kontakt zwischen der Oberfläche u. der korrodierenden Atmosphäre verhindern oder gegen die Oberfläche als Anode wirken. Über die Ergebnisse von Verss. mit gespritzten u. elektrolyt. aufgebrachten *Zn*-Überzügen, teilweise verstärkt durch Lacküberzüge, wird berichtet. (Iron Age **174.** Nr. 11. 123—25. 9/9. Nr. 12. 165—67. 16/9. 1954.) F. VIER. 6538

W. Geilmann, *Verwitterung von Bronzen im Sandboden. Ein Beitrag zur Korrosionsforschung.* Analyt. Unters. einer Anzahl z. T. verschieden weit zers. vorgeschichtlicher Bronzen von Fundstellen mit humosen Sandböden. Im Vgl. zu Funden aus tonigen Böden, die nur wenig zers. sind, geht die Zerstörung in humosen Sandböden bis zur völligen Metallzersetzung. Die Korrosion läuft über Oxyd- u. Carbonatbldg. bis zur Bldg. mehr oder weniger reiner Zinnsäure. Die Zersetzungsgeschwindigkeit wird in erster Linie durch den O_2- u. CO_2-Geh. des Bodenwassers bestimmt. Cu, Pb, Zn, Ni werden fast völlig ausgelaugt, während Fe, Al, PO_4^{3-} u. Humus aus dem Erdboden aufgenommen werden kann. (Angew. Chem. **68.** 201—11. 21/3. 1956. Mainz, Univ., Inst. für analyt. Chem.) H. SPINDLER. 6538

Società Finanziara Siderurgica „Finsider" (Erfinder: **Adriano Carli**), Italien, *Reduktion von Erzen auf schmelzflüssigem Wege.* Die Erhitzung u. das Schmelzen der Erze, bes. von Eisenerzen, zweckmäßig zusammen mit Flußmitteln, Zuschlägen u. Legierungselementen, wird mittels eines beliebigen Brennstoffes, z. B. Heizöl, Naturgas, so durchgeführt, daß dabei das Heizmittel ohne Einfl. auf die Red. der Erze bleibt, während erst die Red. durchgeführt wird, wenn die Erze geschmolzen sind, u. zwar durch eine direkte Einführung C-haltiger Stoffe in die schmelzfl. Masse. — Abbildung. (**F. P. 1 073 884** vom 31/3. 1953, ausg. 29/9. 1954. It. Prior. 30/4. 1952.) H. HOCHSTEIN. 6381

Wargöns Aktiebolag (Erfinder: **Sven Sigvard Bergh**), Schweden, *Zusatzmittel für Metallbäder.* Das Zusatzmittel besteht aus einem zweckmäßig durch Sintern von Metallpulvern hergestellten porösen Gerippe aus mindestens einem der das Bad bildenden Metalle, während die Poren dieses Gerippes wenigstens teilweise mit einem Raffiniermittel, z. B. mit *Alkali-* oder *Erdalkalimetallen, Mg, Zn, P* u. deren Legierungen, ausgefüllt sind. (**F. P. 1 076 497** vom 27/4. 1953, ausg. 27/10. 1954. Schwed. Prior. 28/4. 1952.) H. HOCHSTEIN. 6381

Soc. Alsacienne de Constructions Mécaniques, Frankreich, *Entfernung von Zinn und Antimon aus Metallschmelzen.* Die Entfernung von Sn erfolgt in Ggw. einer Schlacke, die 7—15 Teile *NaCl* auf 100 Teile $CaCl_2$ enthält u. der ein wenig *Kalk* zugesetzt wird, um die Schlacke krümelig zu machen. Bei unterhalb 530° wird der Schmelze $NaNO_3$ zugegeben, bis eine Probe nach dem Abkühlen eine blaue Oberfläche zeigt. Um gleichzeitig Sb zu entfernen, wird in Abwesenheit von $CaCl_2$ die Behandlung so lange fortgesetzt, bis eine Probe kein Sb mehr enthält. (**F. P. 1 074 179** vom 12/2. 1953, ausg. 4/10. 1954.) C. GÖTZE. 6381

August-Thyssen-Hütte Akt.-Ges. (Erfinder: **Franz Bartscherer**), Duisburg-Hamborn, *Leistungserhöhung von Schachtöfen, insbesondere Hochöfen,* bei denen gleichzeitig Windströme von verschied. Pressung, verschied. Temp. oder auch von verschied. O_2-Geh. derartig in den Ofen eingeführt werden, daß wenigstens einer der Windströme eine so hohe Pressung besitzt, daß die Luft bis in die Ofenmitte gelangt, dad. gek., daß zur Erzielung geringsten Koksverbrauches bei gegebener Leistung der oder die nicht bis zur Gestellmitte vordringenden Gasströme geringeren Druckes durch Leitkörper so abgelenkt werden, daß die gesamte Gestellfläche vor den Formen möglichst gleichmäßig beaufschlagt wird u. die O_2-Zone im Gestellquerschnitt die Gestalt einer Zwiebel einnimmt. — Abbildungen u. Kurvenbilder. (**D. B. P. 939 154** Kl. 18a vom 13/3. 1943, ausg. 16/2. 1956. Anmeldung bekanntgemacht 21/5. 1953.) H. HOCHSTEIN. 6391

Heinrich Koppenberg und **Werner Wenzel**, Karlsruhe, *Vergasung von Kohle im Schachtofen bei gleichzeitiger Gewinnung von flüssigem Eisen aus Erzen,* dad. gek., daß das Erz oder ein Teil des Erzes durch mindestens ein Rohr durch die Vergasungskohle hindurch der Schmelzzone des Ofens zugeführt wird, so daß es der Einw. der indirekten Red. durch die im Schacht aufsteigenden Gase ganz oder teilweise entzogen wird. — Abbildung. (**D. B. P. 940 228** Kl. 18a vom 1/2. 1949, ausg. 15/3. 1956. Anmeldung bekanntgemacht 25/9. 1952.) H. HOCHSTEIN. 6401

August-Thyssen-Hütte Akt.-Ges. (Erfinder: **Hanns Wentrup, Willy Oelsen** und **Helmut Maetz**), Duisburg-Hamborn, *Entphosphorung und Entschwefelung von praktisch siliciumfreien Eisen- und Stahlschmelzen,* bes. solchen mit höherem F. als Roheisen, durch Behandeln mit Alkaliverbb., dad. gek., daß den Schmelzen Alkaliverbb., einzeln oder zu mehreren, in einer solchen Menge zugegeben werden, daß die Alkalimenge gerade zur Bldg. der Triphosphate ausreicht. Zweckmäßig wird die gebildete Phosphatschlacke nach der ersten Rk. entfernt. (**D. B. P. 941 197** Kl. 18b vom 27/6. 1943, ausg. 5/4. 1956. Anmeldung bekanntgemacht 12/7. 1951.) H. HOCHSTEIN. 6409

August-Thyssen-Hütte Akt.-Ges., Duisburg-Hamborn, **Dortmund-Hörder Hüttenunion Akt.-Ges.**, Dortmund, und **Phoenix-Rheinrohr Akt.-Ges. Vereinigte Hütten- und Röhrenwerke**, Düsseldorf (Erfinder: **Karl Daeves, Werner Holtmann** und **Wilhelm Bischof**), *Herstellung eines stickstoff- und phosphorarmen Thomasstahls.* Verwendet wird ein vorgetrockneter, d. h. von Wasserdampf u. H_2 ganz oder teilweise befreiter Gebläsewind zur Herst. von THOMAS-Stahl mit weniger als 0,012% N_2 u. weniger als 0,05% *P.* Zweckmäßig wird nur während der letzten Min., bes. während der P-Verbrennung, mit vorgetrocknetem Wind verblasen. (**D. B. P. 941 487** Kl. 18b vom 13/12. 1941, ausg. 12/4. 1956. Anmeldung bekanntgemacht 25/6. 1953.) H. HOCHSTEIN. 6409

Stora Kopparbergs Bergslags Aktiebolag, Schweden, *Windfrischstahl mit geringem Kohlenstoffgehalt.* Der im Konverter gefrischte Stahl hat einen C-Geh. von unter 0,015%, bes. von 0,010%, u. besitzt nach langsamer Abkühlung eine höhere Streckgrenze u. eine tiefere Versprödungsübergangstemp. als die n. Windfrischstähle, wenn sein Geh. an *Mn* höchstens 0,25% beträgt u. dabei das 1,7fache des *S*-Geh. ausmacht. (**F. P. 1 086 613** vom 5/11. 1953, ausg. 15/2. 1955. Schwed. Prior. 5/11. 1952.) H. HOCHSTEIN. 6409

Gußstahlwerk Bochumer Verein Akt.-Ges. (Erfinder: **Eberhard Letixerant** und **Alois Heuvers**), Bochum, *Herstellung dickwandiger Schmiedestücke und Walzwerksstücke mit erhöhter Zähigkeit im Innern* aus an sich bekannten unlegierten oder legierten Stählen mit höchstens 0,4 (%) *C*, bis 1,5 *Mn*, bis 5 *Cr*, bis 0,5 *V*, bis 1 *Ti*, dad. gek., daß die Schmiede- u. Walzwerksstücke einer an sich bekannten Hoch- u. Tiefhärtung unterzogen werden, indem sie oberhalb des Ac_3-Punktes erhitzt, abgeschreckt, sodann zwischen dem Ac_1- u. Ac_3-Punkt erneut erhitzt, abgeschreckt u. schließlich in der üblichen Weise angelassen werden. (**D. B. P. 940 836** Kl. 18c vom 13/5. 1941, ausg. 29/3. 1956. Anmeldung bekanntgemacht 10/7. 1952.) H. HOCHSTEIN. 6411

Hüttenwerk Oberhausen Akt.-Ges. (Erfinder: **Hubert Hauttmann**), Oberhausen/ Rhld., *Herstellung manganarmer weicher Flußstähle*, dad. gek., daß der Stahl im THOMAS-Verf. mit einem Mn-Geh. unter ca. 0,2% erblasen wird u. nach Abstreifung der Schlacke dem Stahl während des Ausgießens in die Pfanne, so viel *Al*, zweckmäßig in kleinen Stücken, zugesetzt wird, daß mindestens 0,02% metall. Al im Stahl verbleiben. (**D. B. P. 940 709** Kl. 18b vom 2/3. 1943, ausg. 22/3. 1956. Anmeldung bekanntgemacht 5/2. 1953.) H. HOCHSTEIN. 6411

Administration-Séquestre des „Röchling'sche Eisen- und Stahlwerke G. m. b. H.", Völklingen/Saar, **Stahlwerke Röchling-Buderus Akt.-Ges.**, Wetzlar, und **Badische Anilin- & Soda-Fabrik Akt.-Ges.**, Ludwigshafen/Rh. (Erfinder: **Immanuel Class** und **Rolf von Tinti**), *Verwendung eines Stahles als Werkstoff für nach dem Wickelverfahren herzustellende hochbeanspruchte Hohlkörper für hohe Drucke.* Verwendet wird ein Stahl mit 0,05 bis 0,50 (%) *C*, 0,50—1,50 *Si*, 0,50—1,50 *Mn*, 0,10—0,50 *V*, Rest Eisen u. die üblichen Verunreinigungen. (**D. B. P. 940 711** Kl. 18d vom 17/5. 1944, ausg. 22/3. 1956. Anmeldung bekanntgemacht 20/8. 1953.) H. HOCHSTEIN. 6411

Bergische Stahl-Industrie (Erfinder: **Artur Seibel**), Remscheid, *Milcharmaturen aus Chrom-Nickel-Stahl.* Verwendet wird als Werkstoff hierfür eine halbaustenit. Cr-Ni-Stahllegierung mit 25—28 (%) *Cr*, 5—4 *Ni*, 0,2—0,4 *C*, 0,4—0,8 *Mn*, 0,8—1,5 *Si*, Rest Eisen u. die üblichen Verunreinigungen. (**D. B. P. 940 713** Kl. 18d vom 15/2. 1952, ausg. 22/3. 1956. Anmeldung bekanntgemacht 24/3. 1955.) H. HOCHSTEIN. 6411

Paul Kemp (Erfinder: **Paul Kemp**, Bois-Colombes, Frankreich), *Entfernung von Blei aus Kupferlegierungen*, bes. Bronzen, auf nassem Wege, dad. gek., daß die Kupferlegierungen in verteilter Form, z. B. als Späne, mit verd. HNO_3, welche bes. ca. 3 bis 13 Vol.-% HNO_3 enthält, zweckmäßig unter Bewegung des Gutes behandelt werden u. die Pb-haltige HNO_3 von dem metall. Material getrennt wird. Die Späne müssen vor der Behandlung von anhaftenden Ölen u. Fetten befreit werden. Der Vorgang selbst wird bei Raumtemp. in einem umlaufenden Behälter durchgeführt. (**D. B. P. 939 594** Kl. 40a vom 5/12. 1953, ausg. 23/2. 1956. Anmeldung bekanntgemacht 1/9. 1955. F. Prior. 16/5. 1953.) G. APEL. 6433

American Smelting and Refining Co., New York, N. Y., übert. von: **Robert A. Colton**, Fanwood, N. J., V. St. A., *Silicium-Bronze-Legierungen* mit glänzender, golden gefärbter Oberfläche bestehen aus 1—5 (%) *Si*, weniger als 0,05 *As*, Rest *Cu*. Sie können außerdem noch 0,25—2 *Mn*, 0,1—1 *Sn* u. 0,25—2 *Fe* enthalten u. werden in Sand gegossen. (**A. P. 2 706 154** vom 7/4. 1951, ausg. 12/4. 1955.) C. GÖTZE. 6433

Rolls Royce Ltd., Derby (Erfinder: **Harold Ernest Gresham** und **Marcus Alan Wheeler**), England, *Nickel-Chrom-Legierungen* bestehen aus 15—30 (%) *Cr*, 7,5—12 *Mo*, 1—3 *Ti*, 0,1—2 *Al*, 0—0,3 *C*, 0—2 *Fe*, 0—1,5 *Mn*, 0—1,5 *Si*, Rest *Ni*. Die Legierungen können außerdem noch bis 10 *Co* enthalten, sie sind widerstandsfähig bei Tempp. von 750—1050° u. eignen sich bes. für Turbinenteile, wie Schaufeln, Düsen u. dergleichen. (**E. P. 730 801** vom 25/10. 1952, ausg. 1/6. 1955.) C. GÖTZE. 6435

General Electric Co., Schenectady, N. Y. (Erfinder: **Robert Burnhardt Johnson**), V. St. A., *Nickellegierungen* bestehen aus 0,1—0,2 (%) *C*, 18—20 *Cr*, 6—11 *Mo*, 9—10 *Co*, 2,25—2,75 *Ti*, 0,25—1,25 *Al*, 0,5—1,5 *Mn*, 0,3—1 *Si*, bis 5 *Fe*, Rest *Ni*. Die Legierungen sind widerstandsfähig bei hohen Tempp., sie sind duktil, schmiedbar, besitzen gute Dauerstandsfestigkeit u. eignen sich bes. für Turbinenteile. (**E. P. 730 133** vom 30/6. 1953, ausg. 18/5. 1955.) C. GÖTZE. 6435

H. A. Wilson Co., Union, N. J., V. St. A., *Thermoelemente* bestehen aus einer Legierung mit einem relativ niedrigen therm. Ausdehnungskoeff., u. zwar aus 55,5—61 (%) *Co*, 8—10,5 *Cr* u. 30,5—35 *Fe* u. einem Metall von relativ hohem Ausdehnungskoeff., nämlich aus 0,5—5 *Si*, Rest *Cu*. Besondere Zuss. des Thermoelementes sind aus dem beigefügten tern. Diagramm ersichtlich. Das Element ist widerstandsfähig gegen chem. u. elektrochem. Korrosion. (**E. P. 731 993** vom 23/3. 1953, ausg. 15/6. 1955. A. Prior. 31/5. 1952.) C. GÖTZE. 6435

United States Atomic Energy Commission, übert. von: **Marion E. Cieslicki**, Mount Lebanon, und **Benny J. Nelson**, New Kensington, Pa., V. St. A., *Uran-Nickel-Legierungen* von der Formel U_6Ni besitzen ein flächenzentriertes Gitter mit der Gitterkonstante 4,88 Å, sie sind widerstandsfähig gegen Korrosion u. können für neutron. Reaktoren verwendet werden. — Zustandsdiagramm. (**A. P. 2 692 823** vom 7/8. 1947, ausg. 26/10. 1954.) C. GÖTZE. 6449

Mallory Metallurgical Products Ltd., London, England, *Sintermetall hoher Dichte.* Ein reduzierbares, hochschm. pulverförmiges Metall, wie *W*, *Mo*, *Ti*, *Zr*, *Ta* oder *Nb*, wird mit einer reduzierbaren Verb. von *Ag* oder *Cu* vermischt. Die Pulverteilchen sollen nicht größer als 2 μ sein. Die Pulvermischung wird darauf in 2 Stufen red., wobei die Teilchengröße nicht unter 0,5 μ sinken darf. In der 1. Stufe erfolgt die Erwärmung 30 Min. lang bei 600—700° u. in der 2. 30—60 Min. bei 900—1000°. Das Gemisch wird dann verformt u. unter Druck bei 1100—1350° gesintert. Als reduzierbare Verbb. kommen Oxyde, Oxalate u. Carbonate in Frage. Der Wirkstoff eignet sich für elektr. Kontakte. (**E. P. 732 029** vom 8/9. 1953, ausg. 15/6. 1955. A. Prior. 28/10. 1952.) C. GÖTZE. 6475

Alan Rinaldo Fraser, Canada, *Exothermisch reagierende Mischung* besteht aus einem metall. Bestandteil, z. B. *Si*, in Form von *Ferrosilicium*, einem reduzierbaren Mittel, z. B. *Ferrochrom*, u. einem Oxydationsmittel, wie $NaNO_3$, $NaClO_3$ u. dergleichen. Die Bestandteile werden in Pulverform mit 0,5—3% *Harz* mit einem Erweichungspunkt, der unterhalb des F. des Oxydationsmittels liegt, z. B. Fichtenharz unter der Marke „*Berez*" vermischt, geformt u. bis zum Schmelzen des Harzes erhitzt. (**F. P. 1 081 020** vom 8/7. 1953, ausg. 15/12. 1954. A. Prior. 9/7. 1952.) C. GÖTZE. 6475

Berlin-Lübecker Maschinenfabrik Bernhard Berghaus, *Herstellung von Sinterkörpern.* Dem Metallpulver werden 0,1—10% *Halogensalze* zugemischt, die die Fähigkeit haben, Oxyde zu lösen. Bevorzugt werden *Chloride* oder *komplexe Chloride.* Es können auch solche Stoffe zugemischt werden, die beim Sintern die entsprechenden Salze bilden. Die zuzusetzenden Salze sollen als Metallkomponente mindestens eines der Metalle des Ausgangspulvers enthalten. (**F. P. 1 079 720** vom 3/4. 1951, ausg. 2/12. 1954. Schwz. Prior. 3/4. 1950.) C. GÖTZE. 6475

Adolf Vambersky, Tschechoslowakei, *Kontaktkörper* aus Sintermetall. *Ag*-Pulver wird mit einer wss. Lsg. einer Verb. versetzt, aus der beim Erhitzen *CdO* oder *PbO* entsteht, z. B. $Cd(NO_3)_2$ oder *Pb-Acetat.* (**F. P. 1 085 972** vom 25/6. 1953, ausg. 8/2. 1955. Tschech. Prior. 25/6. 1952.) H. KESSEL. 6475

British Thomson-Houston Co. Ltd., London, England (Erfinder: **Harold Rawson**), *Kontaktkörper.* Zur Herst. wird ein Gemisch aus *Mo-* oder *W-Silicid*-Pulver mit 15—60% *Ag*-Pulver in nichtoxydierender Atmosphäre bei $>$960° gebrannt, oder das Silicidpulver wird in inerter Atmosphäre vorgesintert u. dann in nichtoxydierender Atmosphäre in Ggw. von Ag auf mindestens 960° erhitzt. (**E. P. 732 049** vom 4/1. 1952, ausg. 15/6. 1955.) H. KESSEL. 6475

British Insulated Callender's Cables Ltd., London, England (Erfinder: **Aubrey Latin**), *Weichlot* besteht aus 20—60 (%) *Pb*, 30—70 *Sn*, 2—10 *Zn*, 0—10 *Cd*, 0,005—1, bes. 0,01 bis 0,1 *Na*, mit oder ohne Verunreinigungen, wie *Ca* u. anderen *Alkalimetallen* als Na in Mengen bis insgesamt 0,1%. Sb darf nicht enthalten sein. Bevorzugte Zus.: 52 Pb, 40 Sn, 8 Zn, bis 0,1 Na. (**E. P. 733 482** vom 16/4. 1952, ausg. 13/7. 1955.) G. APEL. 6505

Frank D. McBride, Philadelphia, Pa., V. St. A., *Lötdraht mit Flußmitteleinlage* besteht aus 2—5 (%) *Cd*, Rest *Sn* oder *Pb*, mindestens aber 9 Sn, das Flußmittel aus 15—35 einer *B-F-Additionsverb. eines Aminoalkohols*, 5—10 *Zn-* oder *Sn-Fluoborat*, 0,1—2 *Cd-* oder *Cd-Sn-Staub* u. 5—15 *Polyäthylenglykol* u. freiem *Aminoalkohol.* — Beispiel: 50 Sn, 48 Pb, 2 Cd, 20 Triäthanolaminbortrifluorid als Flußmittel, 5 Zn-Fluoborat, 10 Polyäthylenglykol, 0,5 Sn-Cd-Staub u. 64,5 Triäthanolamin. (**A. P. 2 713 315** vom 16/8. 1952, ausg. 19/7. 1955.) F. VIER. 6505

Siemens-Schuckertwerke Akt.-Ges., Berlin u. Erlangen (Erfinder: **Friedrich Schmidt**, Erlangen), *Flußmittel zum Preßstumpfschweißen oder Induktionslöten*, dad. gek., daß der Träger des Mittels ein mit letzterem getränktes Band oder eine Schnur hoher Wärmebeständigkeit, z. B. aus Asbest, ist. Der Träger kann außerdem mit einem Klebemittel versehen sein. (**D. B. P. 933 545** Kl. 49h vom 22/11. 1950, ausg. 29/9. 1955. Anmeldung bekanntgemacht 3/4. 1952.) G. APEL. 6507

Union Carbide & Carbon Corp., New York, übert. von: **Louis A. Conant,** Tonawanda, N. Y., V. St. A., *Lichtbogenelektrode für Schutzgasschweißungen* besteht aus einem hochschm. Metall, wie *W*, u. 1—6% Y_2O_3 bzw. aus W u. 0,5—10% CaO, letztere kann auch zum Schneiden verwandt werden. (**A. PP. 2 695 945** u. **2 695 946** vom 4/11. 1952, ausg. 30/11. 1954.) G. APEL. 6507

IX. Organische Industrie.

G. Carrière, *Die Trichlorcarbinole.* Übersicht über Darst. u. chem. Eigenschaften. — 14 Schrifttumshinweise. (Chem. pharmac. Techniek **11.** 93—94. 1/12. 1955.) W. WESLY. H 560

R. S. Montgomery, *Die kontinuierliche katalytische Hydrochlorierung des Styrols.* Eine kontinuierlich arbeitende App. zur Herst. von α-Chloräthylbenzol durch HCl-

Anlagerung an Styrol wird angegeben u. die Beeinflussung der Rk. durch anorgan. u. organ. Katalysatoren näher besprochen. Dabei sind Cu u. Cu-Salze sowie Methanol am günstigsten. (Chem. Engng. Progr. **51.** 239—42. Mai 1955. Midland, Mich., Dow Chem. Corp.) S. TODT. H 1410

General Mills, Inc., übert. von: **Stuart A. Harrison,** Minneapolis, Minn., V. St. A., *Veresterungen,* bes. von höhermol. Fett- u. Harzsäuren mit aliphat. ein- oder mehrwertigen Alkoholen, werden in Ggw. von aliphat. oder aromat. Phosphorigsäureestern, wie Triphenyl- oder Di-2-äthylhexylphosphit, durchgeführt. (**A. P. 2 729 660** vom 21/1. 1953, ausg. 3/1. 1956.) O. MÜLLER-MEININGEN. 6573

Rheinpreußen Akt.-Ges. für Bergbau und Chemie (Erfinder: **Herbert Kölbel,** Homberg/Ndrh., und **Ernst Ruschenburg,** Utfort), *Herstellung von Eisenkatalysatoren zur Kohlenwasserstoffsynthese* durch Red. von CO mit H_2 unter Fällung des Fe mit einer äquivalenten oder geringeren Menge von festen Verbb. des Mg oder der Erdalkalien nach D. R. P. 765 512, dad. gek., daß als Fällungsmittel für die Fe-Salzlsgg. natürlich vorkommende Erdalkaliminerale, wie Magnesit, Dolomit, Kalkspat, Marmor, Aragonit oder Witherit, verwendet werden. An Stelle der natürlich vorkommenden Minerale sind auch künstliche Gemische von Stoffen entsprechender Art, also natürlichen oder techn. Ursprungs, verwendbar. — 100 (Teile) Fe werden als Nitratlsg. mit 100 gegebenenfalls geglühtem, feingemahlenem, ungereinigtem, natürlichem Dolomit in Ggw. von ½ Cu-Nitrat zum Sieden erhitzt u. mit sd. Na_2CO_3-Lsg. gefällt; nach dem Filtrieren u. Auswaschen wird der Nd. mit K_2CO_3 alkal. gemacht u. getrocknet. — Die Katalysatoren zeigen lange Lebensdauer, gute mechan. Festigkeit u. gestatten, die Bildung fl. u. fester KW-stoffe zu regeln. — Vgl. D. B. P. 911 370; C. **1955.** 7547. (**D. B. P. 928 764** Kl. 12o vom 27/11. 1940, ausg. 10/6. 1955. Anmeldung bekanntgemacht 16/4. 1953. **Zusatz zu D. R. P. 765 512; C. 1953. 6393.**) G. KRAUSS. H 500

E. I. du Pont de Nemours & Co., Wilmington, übert. von: **Mark W. Farlow,** Holly Oak, und **Earl L. Muetterties,** Hockessin, Del., V. St. A., *Fluorkohlenwasserstoffe,* bes. CF_4, C_2F_4 u. perfluoriertes Äthan bis Pentan, erhält man durch Rk. von C, z. B. in Form von Kohle, Graphit, Holzkohle oder Rußen mit einem Oxyfluorid (I) eines anorgan. Elements der Gruppen IV—VII des Period. Syst., bes. mit NOF, NO_2F, POF_3, SOF_2 u. SO_2F_2, bei mindestens 900°. Man kann C u. I innig mischen, auf mindestens 900° erhitzen u. die gasförmigen Reaktionsprodd. gegebenenfalls mit Hilfe von N_2 abführen u. kühlen, oder man läßt I auf erhitzten C tropfen. Bes. erfolgt die Rk. von I zwischen den C-Elektroden eines Lichtbogens, wobei man auch den Lichtbogen in fl. I tauchen kann. Durch einen Lichtbogen (27—28 V u. 18—20 A) läßt man SO_2F_2 streichen. Das Kondensat enthält 10 (Mol-%) CF_4 u. 10 C_2F_6. (**A. P. 2 722 559** vom 1/4. 1954, ausg. 1/11. 1955.) J. MÜHLEISEN. H 510

N. V. de Bataafsche Petroleum Mij., Holland, *Katalysatoren.* Man verwendet zur Umsetzung von KW-stoffen H-austauschende Harze in Gelform. — Z. B. leitet man ein Gemisch von Isobuten u. n-Buten (Molverhältnis 3 : 1) bei 80° u. 3 at durch ein Rohr, welches mit Granula von porösem Harzgel gefüllt ist, die OH-Gruppen u. Sulfonsäuregruppen enthalten. Es bildet sich *Isooctren,* Ausbeute 35 Mol-%. Aus Propen erhält man bei 120° u. 11 at in Ggw. eines gleichartigen Katalysators, welcher phenol. OH-Gruppen u. H_3PO_4-Gruppen enthält ein Gemisch der *Di-, Tri-* u. *Tetrameren* des Propens, Ausbeute 30 Gew.-%. (**F. P. 1 083 962** vom 23/9. 1953, ausg. 14/1. 1955. Holl. Prior. 25/9. 1952.) T. OPPERMANN. H 520

DEHYDAG Deutsche Hydrierwerke G. m. b. H. (Erfinder: **Winfried Hentrich,** Riehen bei Basel, Schweiz, und **Alfred Kirstahler**), Düsseldorf, *Herstellung verzweigtkettiger Alkohole,* dad. gek., daß man verzweigtkettige, ungesätt. Verbb. der allg. Formel I

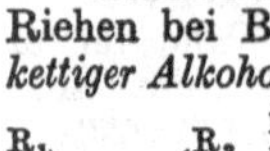

in der R_1—R_4 beliebige aliphat. KW-stoffreste bzw. R_3 u. R_4 auch ein H-Atom bedeuten u. die Gesamtzahl der C-Atome pro Mol. mindestens 6 beträgt, mit CO + H_2 in Ggw. von Katalysatoren (bes. Metalle der 8. Gruppe) bei 100—200° behandelt u. unter Verwendung von Cu-Cr-Katalysatoren nachhydriert. — Beispiel: Man behandelt 400 (Teile) Diisoheptylen, das mit 40 Co-Fe-Katalysator gemischt ist, bei 150—160° u. 250 at mit einem CO-H_2-Gemisch (1 : 2). Das durch Dest. gereinigte Reaktionsprod. wird mit einem Cu-Cr-Katalysator bei 250 bis 260° u. 200—250 at nachhydriert. Man erhält *1-Pentadecanol.* — Analog: 2-Äthylhexen → *verzweigtkettigen Nonylalkohol,* Kp.$_{20}$ 101—104°. (**D. B. P. 931 888** Kl. 12o vom 27/7. 1940, ausg. 18/8. 1955. Anmeldung bekanntgemacht 9/10. 1952.) O. SCHÖN. H 560

Heyden Chemical Corp., New York, N. Y. (**David X. Klein,** Upper Montclair, und **William R. Cake,** Glen Rock, N. J.), V. St. A., *Reines und farbloses Pentaerythrit* (**I**) erhält man aus der zu kristallisierenden Rohlsg. durch Zugabe von vorteilhaft 0,05 bis 0,2 Gew.-% eines nichtion., nichtschäumenden, in W. lösl. Netzmittels u. anschließende

Kühlung, um die Kristallisation des I herbeizuführen. Als Netzmittel eignen sich bes. Äthylenoxydkondensationsprodd. mit Carbonsäuren, die 12—24 C-Atome enthalten, z. B. Fettsäureester des Polyoxyäthylens („Energtic"); Kondensationsprodd. des Äthylenoxyds (II) mit Fett- u. Harnsäuren („Ethofat"); Ester des Tallöls mit II („G-1226") oder Kondensationsprodd. des II mit Alkoholen, wie Dodecylalkohol („Leonil C", „Peregal C") oder mit Polyäthylenglykol-tert.-dodecylthioäthern („Nonic-218"). Weitere geeignete Netzmittel sind in „Synthetic Detergent" 1950, S. 23. 49—50 u. 141—169, aufgeführt. (**A. P. 2 719 867** vom 8/8. 1952, ausg. 4/10. 1955.) G. KÖNIG. H 580

Böhme Fettchemie G. m. b. H., Deutschland, *Herstellung von Oxyalkansulfonsäuren und ihren Salzen* durch Rk. von ungesätt. aliphat. Alkoholen, welche wenigstens 4 C-Atome enthalten, mit neutralen oder schwach alkal. wss. Lsgg. von schwefligsauren Salzen in Ggw. von O_2 oder O_2-haltigen Gasen. — Aus Crotonalkohol u. einer wss. Lsg. von Na_2SO_3 u. $NaHSO_3$ unter Durchleiten eines Luftstromes entsteht das *Na-Salz* der *3-Oxybutan-1-sulfonsäure*. — Mit Allylcarbinol entsteht das *Na-Salz* der *4-Oxybutan-1-sulfonsäure*. — *Oberflächenakt.* Verbb., Textilhilfsmittel, Insekticide u. Desinfektionsmittel. Die Sulfonsäuren sind brauchbar zur Herst. von Sulfonen. (**F. P. 1 102 301** vom 11/6. 1954, ausg. 19/10. 1955. D. Prior. 3/7. 1953.) M. F. MÜLLER. H 600

Gulf Oil Corp., Pittsburgh, übert. von: **Charles E. Carter**, Canonsburg, Pa., V. St. A., *Zur Entfernung von Metallcarbonylen aus den Primärprodukten der Oxosynthese* leitet man das — gegebenenfalls nur teilweise — entspannte Reaktionsgemisch, das einerseits katalyt. wirkende Carbonyle (I), z. B. von Co u. Fe, enthält, andererseits solche von Stahlveredlern, z. B. Ni, Cr u. Mo (aus den Wänden der Reaktionsgefäße stammend), in das obere Ende eines mit Füllkörpern versehenen Zersetzungsturmes, wobei die Eintrittstemp. nicht $>165^0$ F, bes. 100—120^0 F liegt, um vorzeitige Co-Abscheidungen zu vermeiden. In das untere Ende des Turmes wird Naß-, Satt- oder überhitzter Dampf (Temp. bis 420^0 F) u. an einer etwas höher gelegenen Stelle Inertgas, z. B. H_2, N_2 oder CH_4, geleitet. Das im Gegenstrom aufsteigende Dampf-Inertgas-Gemisch bewirkt einen gleichmäßigen Temperaturanstieg des Prod. längs des Zersetzungsturmes. Der Temperaturgradient kann durch weitere Dampf- u. Inertgaszufuhr an höher gelegenen Stellen des Turmes im gewünschten Sinne verändert werden. Die gesamte Dampfmenge wird so bemessen, daß die Kopftemp. 165—212^0 F beträgt. Man erreicht dadurch, daß sich die I — entsprechend ihrer Zersetzungstemp. — in verschied. Höhe des Turmes zers., so daß sich die Metalle getrennt voneinander auf den Füllkörpern niederschlagen. — Zeichnung. (**A. P. 2 721 136** vom 18/6. 1951, ausg. 18/10. 1955.) O. SCHÖN. H 650

Badische Anilin- & Soda-Fabrik Akt.-Ges., Ludwigshafen/Rh., *Kontinuierliche Herstellung aliphatischer Aldehyde* mit 3—5 C-Atomen durch Anlagerung von CO u. H_2 an C_2—C_4-Olefine unter dem Einfl. erhöhter Tempp. (150—200^0) u. Drucke (>200 at, bes. 300—700 at) mittels wss. Co-Salzlsgg., wobei Druck, Temp. u. das Volumenverhältnis des Olefins zur wss. Lsg. so gewählt werden, daß eine homogene Mischung resultiert. Das Gemisch wird von unten nach oben durch eine senkrecht stehende Röhre geleitet, gekühlt, entspannt u. zur Endkobaltisierung auf mindestens 50^0, bes. 80—200^0, erhitzt, wobei gegebenenfalls noch W. zugesetzt werden kann. Alsdann wird die wss. Schicht, die fast das gesamte Co enthält, abgetrennt u. wieder als Katalysatorlsg. in den Kreislauf zurückgeführt. Als Katalysatoren werden bes. Co-Acetat oder -Propionat empfohlen. (**E. P. 735 740** vom 29/4. 1953, ausg. 24/8. 1955. D. Prior. 6/5. 1952.) O. SCHÖN. H 660

James F. McCants, Tulsa, Okla., V. St. A., *Konzentrieren wässeriger Formaldehydlösungen*, dad. gek., daß man diese verdampft, den Dampf in einer Kolonne einem Strom von in W. lösl. Äthern entgegenleitet u. die Kopftemp. >80^0 hält. In den abziehenden Brühen ist CH_2O im Verhältnis zu W. angereichert. Als Äther werden vorgeschlagen: p- u. m-Dioxan, Tetrahydrofuran u. Dioxolan. — Zeichnungen. (**A. P. 2 690 992** vom 1/2. 1950, ausg. 5/10. 1954.) O. SCHÖN. H 670

James F. McCants, Tulsa, Okla., V. St. A., *Konzentrieren wässeriger Formaldehydlösungen*, dad. gek., daß man diese verdampft, den so erhaltenen Dampf in einer Kolonne einem Alkoholstrom entgegenleitet u. die Kopftemp. >80^0 hält. In den abziehenden Brühen ist CH_2O im Verhältnis zu W. angereichert. Als Alkohole werden benützt: A., Isopropanol, Propanol, tert.-Butanol u. 2-Methoxyäthanol. — Zeichnungen. (**A. P. 2 690 994** vom 1/2. 1950, ausg. 5/10. 1954.) O. SCHÖN. H 670

Deutsche Gold- & Silberscheideanstalt vormals Roessler, Frankfurt/M. (Erfinder: **Hermann Schulz**, Neu Isenburg), *Herstellung von β-Alkoxyaldehyden* aus Alkoholen u. ungesätt. Aldehyden, dad. gek., daß man ungesätt. Aldehyde mit Alkoholen in Ggw. von unter Mitverwendung von W. stark verd., sauer wirkenden Stoffen umsetzt. — Beispiele: Man läßt 100 (g) 94%ig. Acrolein, 200 A. u. 200 5%ig. HCl 24 Std. bei 20^0 stehen, worauf man mit 34 cm^3 25%ig. Natronlauge u. 3 Na-Acetat (wasserfrei) neutralisiert.

Man erhält *β-Äthoxypropionaldehyd* in 85—90% ig. Ausbeute, daneben geringe Mengen seines Acetals. — Analog: Aus Crotonaldehyd → 72% *β-Äthoxybutyraldehyd*, $Kp._{40}$ 80 bis 90°. — Tiglinaldehyd → 64% *β-Propoxyisovaleraldehyd* (im Original irrtümlich: β-Propylisovaleraldehyd; der Referent.), $Kp._{15}$ 90—100°. (**D. R. P. 764 107** Kl. 12o vom 20/5. 1938, ausg. 28/7. 1955.) O. SCHÖN. H 690

Distillers Co. Ltd., England, *Herstellung von gesättigten aliphatischen Ketonen* aus ungesätt. Ketonen, welche in α.β-Stellung eine Äthylenbindung enthalten, durch katalyt. Hydrierung in der Dampfphase bei 100—300, bes. bei 150—200°. Als Katalysator dient Pd auf Bimsstein oder γ-Tonerde. — Als Ausgangsketone sind z. B. genannt Methylvinylketon, Äthylidenaceton, Methylisopropenylketon, Mesityloxyd (I). — Aus I wird *Methylisobutylcarbinol* erhalten. — Äthylidenaceton liefert dabei *Methylpropylketon* u. Methylisopropenylketon bildet *Methylisopropylketon*. (**F. P. 1 113 037** vom 16/11. 1954, ausg. 22/3. 1956. E. Prior. 19/11. 1953.) M. F. MÜLLER. H 710

Distillers Co. Ltd., Edinburgh, Schottland (Erfinder: **Alec Elce, Edmund Poulsom** und **Ernest Cecil Craven**), *Essigsäure* (I) u./oder deren Anhydrid erhält man aus Oxydationsgemischen von CH_3CHO (II) durch Dest., wobei man als Kopfprod. CH_2O (III), II u. tiefer als I sd. Prodd. entfernt. Anschließend wird dieser Kopffraktion III durch extraktive Dest. mit W. entzogen, das man als wss. Lsg. als Bodenprod. erhält, wobei man dafür Sorge trägt, daß die wss. Lsg. nicht $>1\%$ III enthält. Zur extraktiven Dest. kann man das Waschwasser der Oxydationsgase von I verwenden. — Vorr., Zeichnungen. (**E. P. 741 485** vom 31/1. 1953, ausg. 7/12. 1955.) O. MÜLLER-MEININGEN. H 810

Dow Chemical Co., Midland, Mich., V. St. A., *Herstellung von Diäthylisonitrosomalonat*, F. 86,5—88°, dad. gek., daß man Diäthylmalonat (I) im $^1/_3$—3fachen seines Vol. eines mit W. nicht mischbaren Lösungsm., das vom Endprod. abdest. werden kann, z. B. Toluol, löst, in der Lsg. mindestens 1,25 Mol $NaNO_2$ (II) je Mol u. I, 1—10 Gew.-% W. (berechnet auf II) suspendiert, allmählich Eisessig zusetzt u. auf 30—50° bis zur Beendigung der Rk. hält. Durch katalyt. Red. der Verb. erhält man *Diäthylacetamidomalonat*, F. 97—99°. — Vgl. auch A. P. 2649474; C. **1954**. 3332. (**Schwz. P. 310 246** vom 29/8. 1952, ausg. 16/12. 1955. A. Prior. 8/9. 1951.) O. MÜLLER-MEININGEN. H 820

Rostislav Michel Ermakoff, Frankreich, *Herstellung von Milchsäure und niederen aliphatischen Monocarbonsäuren*, wie Essigsäure, Propion-, Butter-, Valeriansäure, durch Fermentation von Zuckern u./oder Amylasen (Melasse) bei 35—50° u. p_H 5—7. Bei p_H 5,2—5,8 u. 45° erhält man hauptsächlich Milchsäure, bei höherem p_H (6—6,8) die anderen Säuren. (**F. P. 1 059 935** vom 10/4. 1952, ausg. 29/3. 1954.) S. BÖTTCHER. H 850

Bergwerksgesellschaft Hibernia Akt.-Ges., Deutschland, *Herstellung von Cyanhydrinen* aus HCN u. Ketonen, Aldehyden oder organ. Oxyden, wie Äthylen- oder Propylenoxyd. Die hierfür notwendige HCN wird in der Form angewandt, wie sie bei der Synth. aus CH_4 u. NH_3 gegebenenfalls unter Zusatz von O_2 oder O_2-haltigen Gasen erhalten wird. Das zweckmäßig getrocknete HCN-Gas wird vorzugsweise mit den organ. Verbb. im Gegenstrom zur Umsetzung gebracht. (**F. P. 1 101 873** vom 8/4. 1954, ausg. 11/10. 1955. D. Prior. 9/4. 1953.) M. F. MÜLLER. H 850

George Barsky, New York, N. Y., V. St. A., *Kontinuierliche Herstellung von Cyanhydrinen*. Man läßt ein nicht $>10\%$ HCN enthaltendes Gas, dem eine wss. Alkalilsg. entgegenfließt, in einer turmartigen Anordnung von unten nach oben durch aufeinanderfolgende Reaktionszonen strömen, führt in der Mitte der Vorr. fl. Aldehyd oder Keton u. in die unterste Zone eine Säure ein, um ein $p_H < 7$ einzustellen. — Vorr., Zeichnung. (**A. P. 2 731 490** vom 28/1. 1953, ausg. 17/1. 1956.) O. MÜLLER-MEININGEN. H 850

Badische Anilin- & Soda-Fabrik Akt.-Ges. (Erfinder: **Heinrich Bommer**), Ludwigshafen/Rh., *Verdampfen von Formamid für die Herstellung von Cyanwasserstoff*. Das Formamid wird bei mäßigem Unterdruck oder n. Druck aus einem Sumpf von fl. Formamid heraus verdampft. — Vorrichtung. (**D. B. P. 944 547** Kl. 12k vom 30/9. 1954, ausg. 21/6. 1956. Anmeldung bekanntgemacht 29/12. 1955.) H. NEBELSIEK. H 890

American Cyanamid Co., New York, N. Y., übert. von: **Leslie G. Boatright**, Stamford, Conn., V. St. A., *Herstellung von Ammoncyanat*. Man führt pulverisierten Harnstoff zusammen mit einem inerten Gas, wie NH_3 oder N_2, in eine Erhitzungszone ein u. verdampft ihn hier innerhalb von 15 Sek. bei 275—500°, bes. 350°. (**A. P. 2 712 491** vom 16/3. 1954, ausg. 5/7. 1955.) H. NEBELSIEK. H 890

Badische Anilin- & Soda-Fabrik Akt.-Ges. (Erfinder: **Erwin Rotter** und **Erich Haarer**), Ludwigshafen/Rh., *Niedrigmolekulare Trialkylaminoxyde und deren Hydrate* entstehen durch Oxydation von niedrigmol. Trialkylaminen mit hochprozentigem H_2O_2 bei 0° nicht wesentlich überschreitenden, bes. bei wesentlich $<0°$ liegenden Temperaturen. —

Trimethylaminoxyddihydrat, man kühlt Trimethylamin auf -40^0, versetzt mit auf -40^0 gekühltem 30% ig. H_2O_2 u. dampft auf dem Wasserbad ein oder entwässert unter Zusatz von Bzl. durch azeotrop. Destillation. (**D. B. P. 937 058** Kl. 12q vom 4/11. 1952, ausg. 29/12. 1955. Anmeldung bekanntgemacht 7/7. 1955.) G. LANGER. H 910

Vereinigte Glanzstoff-Fabriken Akt.-Ges., Wuppertal (Erfinder: **Rudolf Lotz**, Klingenberg/M.), *Herstellung von Iminogruppen enthaltenden Aminocarbonsäuren* der Formel $HOOC-CH_2-CH_2-NH-CH_2-CH_2-CO-NH-CH(R)-NH_2$, dad. gek., daß man Ringverbb. der Formel I, worin R = H oder CH_3 bedeutet, in alkal. Lsg., bes. im p_H-Bereich 8–12 erhitzt. — *Imino-β.β'-dipropionsäuremono-(aminomethylamid)*, man kocht Verb. I (R = H) mit 10% ig. wss. NH_4OH, F. 171°. — Analog: *Imino-β.β'-dipropionsäuremono-(α-aminoäthylamid)*, F. 128°. —Zwischenprodukte. (**D. B. P. 936 631** Kl. 12q vom 23/4. 1952, ausg. 15/12. 1955. Anmeldung bekanntgemacht 9/12. 1954.) G. LANGER. H 950

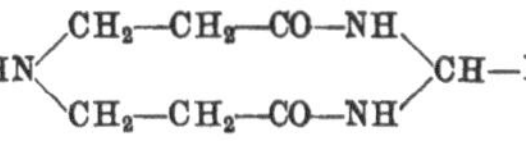
I

Dow Chemical Co., V. St. A. (Erfinder: **Noland Poffenberger** und **Victor S. Morello**), *Extraktion und Wiedergewinnung von Aromaten aus Kohlenwasserstoffgemischen*, z. B. von Bzl., Äthylbenzol, Xylol, Toluol. Man extrahiert das KW-stoffgemisch bei 80–125° u. einem Druck, der höher ist als der n. Druck mit einem selektiven Lösungsm. (0,5 bis 10% W. enthaltendem Diäthylenglykol) nach dem Gegenstromverfahren. Aus dem Extrakt gewinnt man die Aromaten durch Rektifizieren u. fraktionierte Destillation. — 2 Zeichnungen. (**F. P. 1 080 165** vom 1/6. 1953, ausg. 7/12. 1954. A. Prior. 2/6. 1952.) T. OPPERMANN. H 1010

Imperial Chemical Industries Ltd., London, England, *Gewinnung von Kresol* aus chloriertem Kresol, bes. 6-Chlor-o-kresol, durch Hydrierung mit mol. H_2 in Ggw. eines Hydrierungskatalysators. Die Hydrierung wird bei erhöhter Temp. in der Dampfphase vorgenommen. Als Katalysator wird Ni verwendet, das auf körnige Tonerde aufgebracht wird, wobei der Katalysator mittels eines auf eine Temp. von 315–350° gehaltenen Bades erhitzt wird. Das Molverhältnis von H_2 zu Chlorkresol beträgt 5 : 1. (**Oe. P. 184176** vom 23/12. 1952, ausg. 27/12. 1955. E. Prior. 28/12. 1951.) H. HEYER. H 1060

Sprague Electric Co., übert. von: **Moushy Markarian**, North Adams, und **Sidney D. Ross**, Williamstown, Mass., V. St. A., *Aromatische polychlorierte Äther* der allg. Formel I erhält man bei der Einw. von Alkalialkoholaten auf halogenierte Alkylpolychlorbenzole oder von Oxyalkylpolychlorbenzolen auf Alkylhalogenide. — 14,9 g Pentachlorbenzylchlorid (F. 99–102°), 10 g NaOH u. 100 cm^3 Methanol 10 Std. unter Rückfluß erhitzt → *Pentachlorbenzylmethyläther*, $C_8H_5OCl_5$, F. (aus einer Mischung von 2 [Teilen] A. u. 1 Aceton) 107,5 bis 108,5°. — Es werden ferner hergestellt: *Pentachlorbenzyläthyläther*, $C_9 \cdot H_7OCl_5$, F. 65–66°; *Pentachlorbenzylpropyläther*, $C_{10}H_9OCl_5$, F. 43–44°; *Pentachlorbenzyl-n-butyläther*, $Kp._{0,3}$ 138–139,5°, n_D^{20} 1,5612, fl. bei n. Temp.; *1.2-Bis-(brommethyl)-3.4.5.6-tetrachlorbenzol*, F. 114–117°; *1.2-Bis-(n-propoxymethyl)-3.4.5.6-tetrachlorbenzol*, $Kp._{0,25-0,6}$ 148–155°. — α-Bromäthylpentachlorbenzol mit KOH u. A. unter Rückfluß erhitzt → *1-Pentachlorphenyl-1-äthoxyäthan*, $C_{10}H_9OCl_5$, F. 88–89°; β-Chloräthylpentachlorbenzol mit KOH u. A. → *1-Pentachlorphenyl-2-äthoxyäthan*, F. 86–88°. Hierbei entsteht als Nebenprod. Pentachlorstyrol. — In I bedeuten R einwertige, gesätt., aliphat. KW-stoffreste, R' einen 2-wertigen, gesätt., aliphat. KW-stoffrest u. n 1 oder 2. Die Verbb. besitzen hohe dielektr. Konstanten u. eine hohe Feuerschutzwrkg.; daher Verwendung auf diesen Gebieten. Ferner sind sie geeignet als Wärmeübertragungsmittel, Transformatoren-Fll. u. als Zusatzmittel für Schmieröle. (**A. P. 2 702 825** vom 7/8. 1951, ausg. 22/2. 1955.) G. KÖNIG. H 1070

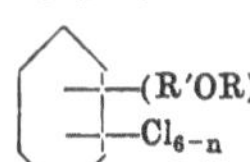
I

Böhme Fettchemie G. m. b. H., Düsseldorf (Erfinder: **Johann Heinrich Helberger**, Ciudad de Tucuman, Argentinien, und **Georg Manecke**, Berlin), *Herstellung von Aminoalkylsulfonsäuren* bzw. in der Aminogruppe substituierten Aminoalkylsulfonsäuren, dad. gek., daß aliphat. Sultone in Abwesenheit von W. mit NH_3 oder beliebig substituierten organ. Basen zur Rk. gebracht werden. — Pharmazeut. Prodd., Desinfektionsmittel, Wasch- u. Textilhilfsmittel u. Zwischenprodukte. — Man setzt *Butansulton* mit *Anilin* bei 100° um. Festes glasartiges Prod., leicht lösl. in W., Kristalle aus Alkohol. — Analoges Prod. aus Butansulton u. *Pyridin*. (**D. B. P. 940 834** Kl. 12q vom 10/10. 1940, ausg. 29/3. 1956. Anmeldung bekanntgemacht 5/2. 1953.) G. LANGER. H 1090

N. V. de Bataafsche Petroleum Mij., Den Haag, Holland (Erfinder: **Curtis W. Smith** und **Roy T. Hohn**), *Herstellung von Dioxyalkoholen bzw. -aldehyden aus ungesättigten Alkoholen bzw. Aldehyden* durch Oxydation mittels H_2O_2, organ. oder anorgan. Peroxyden in Ggw. eines Lösungsm., bes. W., u. katalyt. Mengen (0,25–2% des Ausgangsstoffes) OsO_4 bei 10–100°, bes. 20–50°, wobei die Perverb. so langsam zugegeben wird, daß ein

schwarzer Nd., vermutlich OsO_4, nie ganz verschwindet. — Beispiel: 5 Mol Acrolein, gelöst in 1 Liter W., werden mit so viel einer 2%ig. wss. OsO_4-Lsg. versetzt, daß 0,45% OsO_4 (bezogen auf Acrolein) vorhanden sind. In diese Mischung gibt man bei 25—30° 4,4 Mol H_2O_2 (34%ig) so langsam zu, daß die schwarze Trübung nicht verschwindet (Dauer ca. 2 Std.). Man erhält 77,7% *Glycerinaldehyd.* Analog: Allylalkohol → *Glycerin* (95% Ausbeute). — Methacrolein → *α-Methylglycerinaldehyd.* — Crotonaldehyd → *γ-Methylglycerinaldehyd.* — Citral → *3.7-Dimethyl-2.3.6.7-tetraoxyoctanal* + H_2 → *3.7-Dimethyl-1.2.3.7-pentaoxyoctan.* — C_6H_5—CH=CH—CHO → C_6H_5—*CH(OH)*—*CH(OH)*—*CHO*+H_2 → C_6H_5—*CH(OH)*—*CH(OH)*·*CH_2OH.* — *CH_2=CH—CH_2—CHO* → *HO·CH_2—CH(OH)—CH_2—CHO,* + H_2 →*HO·CH_2·CH(OH)·CH_2·CH_2·OH.* — Octadecen-(9)-al-(1) → *9.10-Dioxyoctadecanal.* — p-Methoxyzimtaldehyd → *p-Methoxyphenylglycerinaldehyd.* — o-Oxyzimtaldehyd → *o-Oxyphenylglycerinaldehyd.* — γ-Chlorcrotonaldehyd → *γ-Chlormethylglycerinaldehyd.* (**E. P. 741 017** vom 23/7. 1953, ausg. 23/11. 1955. **F. P. 1 086 468** vom 24/7. 1953, ausg. 14/2. 1955. Beide A. Prior. 25/7. 1952.)
O. SCHÖN. H 1140

Imhausen & Co. G. m. b. H., Witten/Ruhr, *Benzolcarbonsäuren* erhält man durch Oxydation leicht oxydierbarer Derivv. von alkylaromat. Alkoholen. — Man chlormethyliert z. B. Toluol, führt das erhaltene *Chlormethyltoluol* (I), $Kp._{12}$ ca. 79°, durch Rk. mit NaOH u. CH_3OH in *Methylbenzylmethyläther,* $Kp._{12}$ 70—71,5°, über u. oxydiert anschließend mit Luft in Ggw. eines lösl. Co-Salzes zu *Toluylsäure.* — I + Na_2CO_3 → *Methylbenzylalkohol,* der durch Erhitzen unter Rückfluß in *Dixylyläther* übergeführt wird; daraus durch Luftoxydation *Toluylsäuren* u. *Benzoldicarbonsäure.* — p-Toluylacetat → *p-Oxymethylbenzoesäure.* (**E. P. 730 474** vom 12/8. 1952, ausg. 25/5. 1955. D. Prior. 13/8. 1951. **Zusatz zu E. P. 727 989; C. 1956. 4568.**) U. SIEVERS. H 1200

Chempatents, Inc., Robert B. Egbert, David Brown und **Alfred Saffer,** V. St. A., *Herstellung von Isophthalsäure* aus m-Diisopropylbenzol (I) durch Oxydation mit O_2 in Ggw. eines Katalysators in Form eines Schwermetallsalzes, z. B. Mangancumat (II), u. einer niedermol. aliphat. Carbonsäure mit 1—6 C-Atomen, z. B. Essigsäure oder Capronsäure, als Lösungsmittel. — Man verwendet z. B. 125 (Teile) I, 273 Essigsäure u. 3,75 II. Durch das Gemisch wird unter starkem Rühren bei 200° 9 Std. lang O_2 geleitet. Der Arbeitsdruck beträgt 21—28 at in fl. Phase. Man erhält eine Ausbeute von 20—90% einer rohen Isophthalsäure von 50—90% Reingehalt. (**F. P. 1 103 464** vom 14/4. 1954, ausg. 3/11. 1955. A. Priorr. 15/4., 27/4. u. 10/6. 1953.) M. F. MÜLLER. H 1220

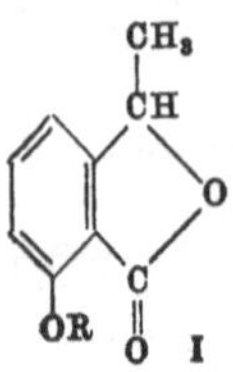
I

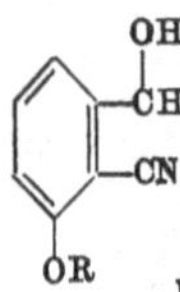
II

American Cyanamid Co., New York, übert. von: **Samuel Kushner,** Nanuet, N. Y., V. St. A., *Substituierte Phthalide* der allg. Formel I (R = H oder niederes Alkyl). Man erhitzt Verbb. der allg. Formel II in Ggw. eines Hydrolysiermittels (Mineralsäuren, Alkalien) auf 40 bis 140°. Beispiele für die Herst. von *3-Methyl-7-methoxyphthalid* u. *3-Methyl-7-oxyphthalid.* — Zwischenprodukte. (**A. P. 2 722 533** vom 3/5. 1952, ausg. 1/11. 1955.)
K. FABEL. H 1250

État Français, Frankreich (Erfinder: **Jean Vaganay** und **Simone Wevert**), *Herstellung symmetrischer Diaryldialkylharnstoffe,* dad. gek., daß man sek. Amine in verd. Salzlsg. bei tiefer Temp. mit Phosgen umsetzt, das Prod. mit kaltem wss. Alkali behandelt u. erwärmt. Unumgesetztes Amin wird als Hydrochlorid abgeschieden u. erneut der Rk. unterworfen. — Beispiel: 363,5 (kg) Monoäthylanilin (I) u. 450 7%ig. NaCl oder 60 33%ig. NaOH, 327 I u. 430 12%ig. I-Hydrochloridlsg. werden auf 0—4° abgekühlt u. während 3 Std. 163 Phosgen zugesetzt. Es entsteht eine Suspension von *Äthylphenylcarbamylchlorid.* Diese wird in 412 33%ig. NaOH eingetragen, wobei die Temp. steigt. Man erwärmt ca. 3 Std. auf 80°, bis die organ. Phase kein Cl_2 mehr enthält, wäscht diese 2mal mit verd. HCl u. mehrmals mit warmem W. u. trocknet. symm.-Diäthyldiphinylharnstoff, Ausbeute 89% (bezogen auf I), F. 72,3°. (**F. P. 1 058 486** vom 18/6. 1952, ausg. 16/3. 1954.) S. BÖTTCHER. H 1280

Hermann Pfanz und **Helmut Dorn,** Magdeburg, *Herstellung von bromierten bzw. perbromierten 4-Oxyhippursäuren* sowie ihrer Äther u. Salze aus 3.5-Dibrom-4-oxybenzoesäure (I) oder 2.3.5.6-Tetrabrom-4-oxybenzoesäure (II) durch Überführung in ihre Säurehalogenide u. anschließende Umsetzung mit Glykokoll, Glykokollestern oder deren Salzen in organ. Lösungsmitteln. Im Falle der Umsetzung des Säurehalogenids von II mit Salzen des Glykokollesters entstehen die *Ester* der *2.3.5.6-Tetrabrom-4-oxyhippursäure,* welche durch organ. Lösungsmittel extrahiert werden. — Man stellt aus 3.5-Dibrom-4-oxybenzoylchlorid u. Glykokolläthylester den 3.5-Dibrom-4-oxyhippursäureäthylester,

F. 180—181°, her. Dieser Ester wird mit 5 g Benzylbromid u. 6 g wasserfreiem K_2CO_3 in 100 cm³ Aceton 7 Std. unter Rückfluß gekocht. Es entsteht dabei der *3.5-Dibrom-4-benzyloxyhippursäureäthylester*, F. 130°, welcher mit methylalkoh. KOH verseift wird unter Bldg. der 3.5-Dibrom-4-benzyloxyhippursäure. (**D. P.** [**DDR**] **8 984** Kl. 12q vom 11/11. 1952, ausg. 6/1. 1955 [Wirtschaftspatent].) M. F. MÜLLER. H 1350

Union Carbide & Carbon Corp., New York, N. Y., V.St.A. (Erfinder: **G. H. Wagner** und **M. M. Burnham**), *Diaryldichlorsilane* erhält man durch Erhitzen von Monoaryldichlorsilanen in Ggw. von ca. 0,00001—5% eines FRIEDEL-CRAFTS-*Katalysators*, bes. $AlCl_3$ u. BCl_3, auf mindestens 50°. Aus $C_6H_5SiHCl_2$ erhält man durch 7—8std. Erhitzen auf 185° in Ggw. von $AlCl_3$ nach Zusatz von NaCl zwecks Unwirksammachen des Katalysators bei der Dest. des Gemisches $(C_6H_5)_2SiCl_2$. (**Belg. P. 522 861** vom 17/9. 1953, ausg. 9/12. 1955. A. Prior. 26/9. 1952.) J. MÜHLEISEN. H 1380

Chas. Pfizer & Co., Inc., übert. von: **Abraham Bavley**, Brooklyn, und **Charles J. Knuth**, Forest Hills, N. Y., V. St. A., *Bicycloheptanderivate* der Formel **I** (R = **Alkyl**; R_1 = Alkyl, Alkoxy; R_2 = H, Carbalkoxy, Acylthio; R_2 = H oder Acylthio, wenn R_1 = Alkyl, u. Carbalkoxy, wenn R_1 = Alkoxy; R, R_1 u. R_2 können 1—18 C-Atome enthalten) entstehen durch Kondensation von [2.2.1]-Bicycloheptenen mit Alkylthiosäuren. — Aus Methylvinylketon + Cyclopentadien (**II**) → 2-Acetylbicyclo-[2.2.1]-hepten-(5) + Thioessigsäure $<80° \rightarrow$ **I**, $R_1 = CH_3$; R = CH_3; R_2 = H, Kp.$_{0,05}$ 94—96°; Ausbeute 76 (%), n_D^{25} 1,5184, D.$^{20}_4$ 1,107. — Äthylvinylketon + **II** → 2-Propionylbicyclo-[2.2.1]-hepten-(5) + Thioessigsäure → **I**, $R_1 = C_2H_5$; R = CH_3; R_2 = H, Kp.$_{0,04}$ 107—108°; n_D^{25} 1,1520, D.$^{20}_4$ 1,120; Ausbeute 86. — β-Chloräthylvinylketon + **II** → 2-Propionyl-3-chlorbicyclo-[2.2.1]-hepten-(5) + Thioessigsäure → **I**, $R_1 = C_2H_5$; R = CH_3; R_2 = $SCOCH_3$, schwachgelbe viscose Fl., Kp.$_{0,06}$ 155—158°; n_D^{25} 1,5396, D.$^{20}_4$ 1,194; Ausbeute 51. — Maleinsäureanhydrid + **II** + Butanol → 2.3-Dicarbbutoxybicyclo-[2.2.1]-hepten-(5) + Thioessigsäure → **I**, R = CH_3; $R_1 = OC_4H_9$; $R_2 = COOC_4H_9$, Kp.$_{0,07}$ 157—184°; n_D^{25} 1,4910, D.$^{20}_4$ 1,128; Ausbeute 77. — *Zwischenprodd.*, *Fungicide*, *Weichmacher* für *Vinylchloridpolymere* u. *-mischpolymere*. (**A. P. 2 706 202** vom 7/12. 1953, ausg. 12/4. 1955.) G. KRAUSS. H 1890

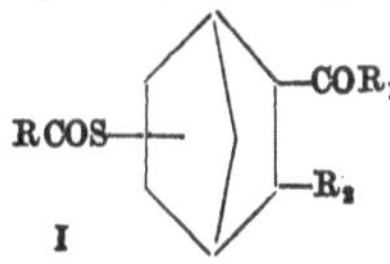

I

Farbenfabriken Bayer Akt.-Ges., Deutschland, *Perchlorindan* erhält man durch Rk. von Cl_2 mit perchlorierten Naphthalinverbb. oder deren hydrierten Derivv., die keine oder nur wenig H-Atome enthalten, wie reines Oktachlornaphthalin (**I**, F. 192°) u. Oktachlornaphthalin-1.4-dichlorid (**II**), Zersetzungstemp. 206° (hergestellt durch Chlorierung des Naphthalins in SO_2Cl_2-Lsg. in Ggw. von $FeCl_3$ bei 50—60°) in Ggw. von FRIEDEL-CRAFTS-Katalysatoren in der Wärme, wenn man nach Beendigung der CCl_4-Entw. die Temp. bis ca. 145° senkt u. weiter Cl_2 einleitet, bis das bei der Rk. gebildete Perchlorinden (**III**), F. 132°, umgesetzt ist. (Bei höheren Tempp. befindet sich Perchlorindan mit **III** im Gleichgewicht.) — Durch Chlorierung von 75 (Teilen) reinen Naphthalins in einer eisenfreien App. in Ggw. von 15 $SbCl_5$ bei 150° u. Erhöhung auf 190° erhält man **I**, das sich in Chlorsulfonsäure farblos löst, während **III** fuchsinrot färbt. Setzt man die Chlorierung bei 160° fort, erhält man eine Mischung von **I** u. **II**; letzteres krist. aus Bzl. oder $CHCl_3$. Wenn sich eine Probe in Chlorsulfonsäure farblos löst, gibt man 7 Fe-Pulver zu u. leitet bei 190—200° Cl_2 ein. Nach Beendigung der CCl_4-Entw. wird die Temp. unter laufenden Ersatz des adsorbierten Cl_2 auf 140—150° gesenkt. Man erhält in 79%ig. Ausbeute ein Prod. mit F. 130°, das bei 120° fest wird. — Aus **I** u. **II** erhält man große Kristalle, F. 128—133°, u. ein reines Prod., F. 135,5°. (**F. P. 1 070 843** vom 5/2. 1953, ausg. 22/7. 1954. D. Prior. 13/2. 1952.) O. KAYSER. H 2650

Comp. pour la Fabrication des Compteurs et Matériel d'Usines à Gaz, Frankreich, *Kontinuierliches Verfahren zur Gewinnung von Naphthalin aus Naphthalinölen* durch Abkühlen, Kristallisieren, Filtrieren oder Absaugen u. Raffinieren. An Hand einer Zeichnung ist die Arbeitsweise beschrieben, welche ein Naphthalin von konstanter Qualität liefert. (**F. P. 1 026 914** vom 29/9. 1950, ausg. 5/5. 1953.) M. F. MÜLLER. H 2700

Ciba Akt.-Ges., Basel, Schweiz (Erfinder: **Alfred Hagenböcker**, Basel, und **Paul Grossmann**, Binningen), *Herstellung von N-Arylalkylendiaminen*, dad. gek., daß man nitrogruppenfreie Halogenarylverbb. mit aliphat. Aminen, die 2 prim. Aminogruppen enthalten, umsetzt u. die entstehenden N-Arylalkylendiamine isoliert. — *(2-Aminoäthylamino)-benzol*, man erhitzt Chlorbenzol mit Äthylendiamin u. 30%ig. NaOH unter 20—25 at im Autoklaven auf 240—250°, Kp.$_{22}$ 149—150°. — Analog entstehen: *1-(2-Aminoäthylamino)-naphthalin*, Kp.$_{20}$ ca. 190°. — *1-(2-Aminoäthylamino)-naphthalinsulfonsäure-(4)*, F. 207—271°. — *1-(2-Aminoäthylamino)-anthrachinon*, F. 144°. — *1.5-Bis-(2-aminoäthylamino)-anthrachinon*. — *1-(2-Aminoäthylamino)-4-chloranthrachinon*. — *1-[2-(2-Aminoäthylamino)-äthylamino]-anthrachinonsulfonsäure-(4)*. — *2-(2-Aminoäthyl-*

amino)-benzoesäuremonohydrochlorid, F. 212—213°. — *1-(2-Aminoäthylamino)-benzolsulfonsäure-(4)*. — Zwischenprodd. für Farbstoffe. (**D. B. P. 932 010** Kl. 12q vom 25/8. 1953, ausg. 22/8. 1955. Anmeldung bekanntgemacht 16/12. 1954. Schwz. Priorr. 28/8., 24/12. 1952 u. 22/7. 1953.) G. Langer. H 2800

Monsanto Chemical Co., St. Louis, Mo., übert. von: **Tracy M. Patrick jr.**, Dayton, O., V. St. A., *Addukte an Butadienmonoxyd* (I) erhält man durch Rk. von **I** mit Aldehyden R—CHO (R = Alkyl $C_1—C_{17}$). Sie enthalten je Mol Aldehyd 1—20 Mol **I** u. werden verwendet als *Antischaummittel, Schmierstoffe, Weichmacher* für Natur- u. Synthesekautschuk u. sonstige Kunstharze, viscositätssteigernde Additive für Schmierstoffe, Verdickungsmittel, Emulgatoren u. dergleichen. — Man erhitzt z. B. 35 (g) **I** u. 108 n-Butyraldehyd (**II**) unter Rückfluß 40,5 Std. auf 71,2—74°, setzt 2mal nach 16,5 u. 24,5 Std. je 0,5 Benzoylperoxyd zu, dest. bis zu 76°/760 mm u. schließlich im Vakuum u. erhält als Destillat *7.8-Epoxy-4-octanon*, Kp.$_{10}$ 59—73°, n_D^{25} 1,469 u. als Rückstand ein fl. Adduktgemisch von 1 Mol **II** an 2—20 **I**. (**A. P. 2 720 530** vom 19/1. 1953, ausg. 11/10. 1955.) O. Müller-Meiningen. H 3030

Texas Co., New York, übert. von: **Kenneth L. Kreuz**, Fishkill, N. Y., V. St. A., *Herstellung von Bicyclen* durch Überleiten von Furanen oder Pyrrolen mit einer aliphat. Seitenkette von wenigstens 4 C-Atomen u. einem H, OH, COOH oder Halogen am δ-C-Atom dieser Seitenkette sowie an einem Ring-C-Atom neben der Seitenkette über einen Katalysator (z. B. $Cr_2O_3 + SiO_2 + Al_2O_3$ oder Kieselgur + P_2O_5) bei hoher Temperatur. — Beispiele für die Herst. von *Cumaron* aus 2-Butenylfuran u. *Indol* aus 3-n-Butylpyrrol. (**A. P. 2 727 901** vom 25/6. 1949, ausg. 20/12. 1955.) K. Fabel. H 3081

Olin Mathieson Chemical Corp., Baltimore, Md., V. St. A., *Herstellung von 1.3-Dioxalanen* aus 1.2-Glykolen u. CO-Verbb. durch Kondensation mit Hilfe von sauren Kationaustauscherharzen, z. B. „Amberlite IR–120", bei 50—150°. — Z. B. erhält man aus Paraformaldehyd u. $HOCH_2—CH_2OH$ *1.3-Dioxolan* (**I**). Weiter werden hergestellt: *2-Propyl-*I, Kp. 130—135°; *2-(1'-Äthylpentyl)-*I, Kp. 205—207°; *2-Amyl-*I, Kp. 176 bis 182°; *2-Isopropyl-*I, Kp. 117—121°; *2-Methyl-2-isopropyl-*I, Kp. 120—135°; *1.4-Dioxaspiro-[4.5]-decan*; *2-Furyl-*I, Kp. 92—105°; *2-(2'-Methoxyäthyl)-*I, Kp. 165°; *2-[1'-Äthylpentenyl-(1')]-*I, Kp.$_{23}$ 95—106°; *2-Chlormethyl-*I, Kp. 155—160°; Reaktionsprod. aus Glyoxal u. $HOCH_2—CH_2OH$; *2-Methyl-2-carbäthoxymethyl-*I, Kp.$_{14}$ 99—99,5°; *4-Methyl-*I, Kp. 76—86°; *4.5-Dimethyl-*I, Kp. 95—105°; *2-(1'-Äthylpropyl)-4-methyl-*I, Kp. 150 bis 176°; *2-Propyl-4-methyl-*I, Kp. 144—146°. (**E. P. 739 022** vom 1/9. 1953, ausg. 26/10. 1955. A. Prior. 3/9. 1952.) K. Fabel. H 3102

Knoll Akt.-Ges., Ludwigshafen/Rh. (Erfinder: **Helmut Kraft**, Mannheim), *Herstellung von 3-(2'-Oxyphenyl)-pyrazol bzw. dessen Substitutionsprodukten.* Abänderung des Verf. zur Herst. von 3-(2'-Oxyphenyl)-pyrazol (I) bzw. dessen Substitutionsprodd. nach D. B. P. 856 297, dad. gek., daß man die im Benzolkern gegebenenfalls substituierten ω-acylierten 2-Oxyacetophenone an Stelle von Semicarbazidhydrochlorid mit Thiosemicarbazid umsetzt. — **I**, F. 98—99°; *3-(2'-Oxy-5'-bromphenyl)-pyrazol*, F. 157—159°. (**D. B. P. 932 909** Kl. 12p vom 13/11. 1952, ausg. 12/9. 1955. Anmeldung bekanntgemacht 3/2. 1955. **Zusatz zu D. B. P. 856 297; C. 1955. 11 640.**) E. Carl. H 3122

Monsanto Chemicals Ltd., London (Erfinder: **John Albert Gardner**, Llangollen, Denbigshire), England, *Organische Thiazol- oder Thiuramgruppen enthaltende Disulfide.* Man leitet in eine wss. Lsg. von Mercaptothiazolen, Dithiocarbaminsäureestern, deren Alkali- oder Erdalkalisalzen unter Bewegung O_2 oder O_2-haltige Gase, erforderlichenfalls in Ggw. eines nichtoxydierenden Emulgators, wie Kohle in koll. oder akt. Form ein u. elektrolysiert die Lsg. gegebenenfalls mit Wechselstrom bei einem p_H, das dem der wss. Lsg. eines n. Salzes der Ausgangsverb. entspricht. — *Di-[benzthiazolyl-(2)]-disulfid.* (**D. B. P. 871 760** Kl. 12p vom 2/9. 1950, ausg. 26/3. 1953. Anmeldung bekanntgemacht 17/7. 1952. E. Prior. 20/8. 1942. **Zusatz zu D. B. P. 841 290. C. 1956. 7950.**) U. Sievers. H 3142

May & Baker Ltd., Dagenham, Essex, England (Erfinder: **Ronald Slack**), *5.6-Pyridotropolone* der Formel I (R = Alkyl, Aryl, Alkoxy, OH, Carboxy, Carbalkoxy, wobei

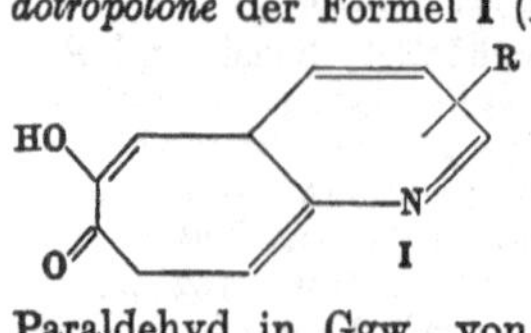

I

der Pyridinring ein oder mehrere R enthalten kann). γ-Aminotropolon (I) wird mit Aldehyden, β-Ketosäureestern u. deren funktionellen Derivv., Alkyl- oder Arylmalonsäureestern in gleicher Weise wie Anilin zu den entsprechenden Chinolinen kondensiert u. die entstandenen Monooxyverbb. in bekannter Weise alkyliert. — Aus **I** u. Paraldehyd in Ggw. von konz. HCl u. 2std. Erhitzen → *β.γ-(2-Methyl-5.6-pyrido)-tropolon*, aus Acetonitril gelbe Prismen, F. 198°; daraus mit äther. Diazomethan → *Methyläther*, F. 175°. — **I** + Äthoxymethylenmalonsäureäthylester → γ-(β'.β'-Dicarbäthoxyvinylamino)-tropolon, aus A. gelbe Nadeln, F. 174°, → *β.γ-(3-Carbäthoxy-4-oxy-*

5.6-pyrido)-tropolon, aus Nitrobenzol, F. 260°, → *β.γ-(3-Carboxy-4-oxy-5.6-pyrido)-tropolon*, aus Pyridin, F. 280° (Zers.). — **I** erhält man nach J. Amer. chem. Soc. **73.** [1951.] 1895. (**E. P. 723 341** vom 11/3. 1952, ausg. 9/2. 1955.) G. KRAUSS. H 3231

X. Färberei. Organische Farbstoffe.

Lee S. Harrow und **Keith S. Heine jr.**, *Die Bestimmung des 1.4-Dioxyanthrachinons in D & C Violet Nr. 2 und D & C Grün Nr. 6.* Es wurde das CLARK-Verf. für 1.4-Dioxyanthrachinon (**I**) (vgl. J. Assoc. off. agric. Chemists **22.** [1939.] 785) abgeändert. **I** ist mit verd. NaOH aus einer Ae.-Suspension der Farbstoffe extrahiert u. bei 250 mμ spektrophotometriert worden. Im Vgl. mit 10 mg aus Toluol krist. **I** vom F. 194—195° in 1 Liter n/10 NaOH wird laut Tabelle 1% **I** zu 90% erfaßt. (J. Assoc. off. agric. Chemists **35.** 751—54. 15/8. 1952. Washington, D. C., Food and Drug Administration.) H. GUDE. 7086

G. G. McKeown, *Die Trennung von Amaranth und Tartrazin.* Durch Chromatographie des Farbstoffgemisches an einer Al_2O_3-Säule (Eluieren mit Na-Acetat u. NaOH-Lsg.) können *Amaranth* (FD & C Red No. 2) u *Tartrazin* (FD & C Yellow No. 5) getrennt u. in unveränderter Form fast quantitativ wiedergewonnen werden. (J. Assoc. off. agric. Chemists **37.** 527—29. 15/5. 1954. Ottawa, Can., Dep. of Nat. Health and Welfare, Food and Drug Labor.) F. RANG. 7086

B. F. Goodrich Co., Akron, O., V. St. A., *Herstellung von Pigmentdispersionen* in einem natürlichen oder synthet. Harz, das mindestens teilweise in einem mit W. mischbaren Lösungsm. lösl. u. in W. unlösl. ist, dad. gek., daß man die Pigmente mit einem festen Harz in einem fl. Medium, bestehend aus W. u. einem organ. Lösungsm., vermahlt u. dafür sorgt, daß während der ganzen Mahloperation genügend Fl. vorhanden ist, u. zwar in solcher Menge, daß weder eine Lsg. noch eine Agglomeration des Harzes stattfindet. Nach dem Mahlen werden die festen Teile des Gemisches von der Fl. abgetrennt. Die so erhaltenen Pulver können entweder in einem Lösungsm. dispergiert oder in fester Form, z. B. zum Färben von Spinnlsgg. von Celluloseacetat, verwendet werden. (**Schwz. P. 307 983** vom 20/11. 1950, ausg. 1/9. 1955.) H. v. SCHILLER. 7007

Badische Anilin- & Soda-Fabrik Akt.-Ges., Deutschland, *Färben von pflanzlichen Fasern.* Man behandelt Polydisulfide von Phthalocyaninen, die Amine binden können oder deren Metalle in mehreren Wertigkeiten reagieren, z. B. das *Polydisulfid von Co-Phthalocyanin*, erhalten durch Red. des Trisulfochlorids mit Fe in saurer Lsg. u. Oxydation des Sulfhydrats, mit einer alkal. Lsg. von $Na_2S_2O_4$ u. färbt aus der so erhaltenen Küpe. (**F. P. 1 055 712** vom 13/5. 1952, ausg. 22/4. 1954. D. Prior. 30/5. 1951.) G. HOPPE. 7021

Établissements Blin & Blin, Frankreich, *Druck- und Färbeverfahren.* Man druckt auf den Textilstoff, bes. aus Wolle oder Seide, ein Mittel, das die Stoffoberfläche gegenüber Farbstoffen aktiviert, bes. eine Cr-Ionen enthaltende Beize, u. taucht daraus den Stoff in ein Färbebad, wobei die bedruckten u. unbedruckten Stellen verschieden gefärbt werden. Die Druckpaste besteht z. B. aus einer Carboxymethylcellulose, Äthanolamin u. Diäthylenglykol u. enthält ein Alkali- oder Erdalkalibichromat u. gegebenenfalls Chromfarbstoffe (**I**) oder Säurefarbstoffe. Das Färbebad kann **I** oder gegen Cr unempfindliche Farbstoffe sowie Prodd. enthalten, die das Aufziehen von **I** auf die unbedruckten Stellen verhindern. (**F. P. 1 088 921** vom 19/6. 1953, ausg. 11/3. 1955.) G. HOPPE. 7021

Sandoz Akt.-Ges., Basel (Erfinder: **Albin Peter**, Brinningen), Schweiz, *Erzeugung von licht-, chlor- und naßechten Ätzartikeln* in marineblauen bis graublauen Tönen. Man verwendet Farbstoffe der Zus. **A**, worin die Kerne I, II, III u. IV noch weiter substituiert sein können, u. bedruckt mit diesen Farbstoffen gefärbte Textilien aus natürlicher Cellulose mit Ätzpasten der für das Ätzen von Küpenfarbstoffen üblichen Zus., dämpft u. behandelt die erhaltenen Drucke in bekannter Weise nach. (**D. B. P. 939 862** Kl. 8n vom 7/12. 1952, ausg. 8/3. 1956. Anmeldung bekanntgemacht 21/7. 1955. Schwz. Prior. 1/12. 1952.) H. v. SCHILLER. 7023

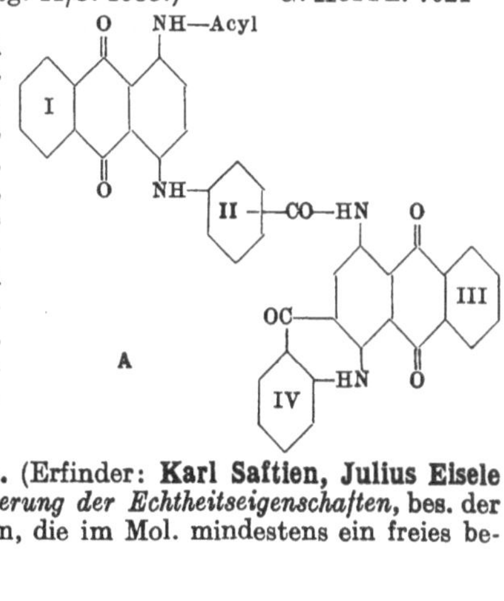

A

Badische Anilin- & Soda-Fabrik Akt.-Ges. (Erfinder: **Karl Saftien, Julius Eisele** und **Fritz Graser)**, Ludwigshafen/Rh., *Verbesserung der Echtheitseigenschaften*, bes. der Naßechtheiten, von Färbungen mit Farbstoffen, die im Mol. mindestens ein freies bewegliches H-Atom enthalten, dad. gek., daß man die Färbungen mit estergruppenfreien, aromat. oder heterocycl. Ringe enthaltenden Carbonsäurehalogeniden oder heterocycl. Verbb., die mindestens einmal die Gruppierung —C(Halogen)=N— im Ring enthalten, behandelt. Die Mittel werden bes. in Form einer Emulsion ihrer Lsg. in zweckmäßig leicht sd. inerten organ. Lösungsmitteln in W. angewendet. Man verwendet z. B. Benzoylchlorid (I), p-Chlor-I, 2.5-Dichlor-I, Terephthaloylchlorid, Cyanurchlorid, 2.4-Dichlorchinazolin u. 2.4.6-Trichlorchinazolin. (**D.B.P. 942 507** Kl. 8m vom 26/3. 1953, ausg. 3/5. 1956. Anmeldung bekanntgemacht 10/11. 1955.) H. v. Schiller. 7029

American Cyanamid Co., New York, N. Y., übert. von: **Robert S. Long**, Bound Brook, N. J., **Walter P. Green jr.**, Laurel, Miss., und **Norman W. Fiess**, Ringoes, N. J., V. St. A., *Öl- und spirituslösliche Azofarbstoffe* erhält man durch Salzbldg. zwischen einem Farbstoff der Zus. I u. Aminoalkylpolyalkylpolyhydrophenanthrenen der Formeln II u. III. —

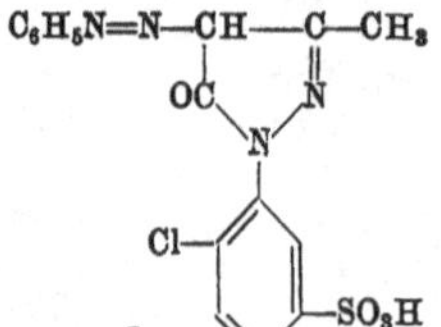
I

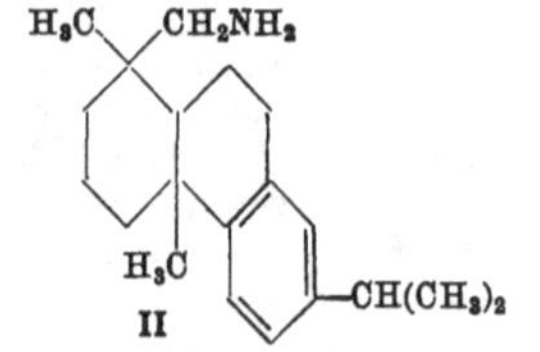
II

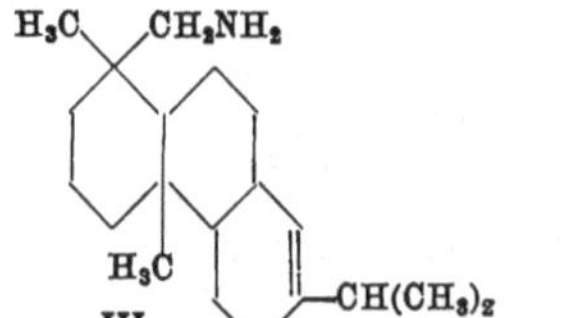
III

Anilin → 1-(2'-Chlor-5'-sulfophenyl)-3-methyl-5-pyrazolon] + III in ameisensaurer Lsg. bei 27—30°. — Die erhaltenen Farbstoffe sind z. B. lösl. in CH_3OH, Toluol, Äthylacetat mit gelber Farbe; sie sind ferner lösl. in CCl_4, Diäthylenglykol, Naphtha u. Oleinsäure. (**A. P. 2 721 111** vom 1/8. 1951, ausg. 18/10. 1955.) U. Sievers. 7053

American Cyanamid Co., New York, N. Y., übert. von: **Joseph Seruto**, Meriden, Conn., V. St. A., *Metallisierbare und metallisierte Azofarbstoffe von Hydrochinonmonoäthern* erhält man durch Kuppeln von Diazokomponenten mit diesen u. gegebenenfalls anschließendes Metallisieren. — 2-Amino-4-nitrophenol-6-sulfonsäure (I) → p-Methoxyphenol (II); Wolle (**B**), chromiert, dunkelgrün. — 6-Nitro-2-aminophenol-4-sulfonsäure (**Ia**) → **II**, chromiert, schwarze Färbung. — Diazooxyd der 1-Amino-2-naphthol-4-sulfonsäure (**III**) + **II**, chromiert, marineblau. — **I** → p-Äthoxyphenol (**IV**) → chromiert, grün. — **IV** + **III**; chromiert, blau. — 1-(p-Sulfophenyl)-3-methyl-4-amino-5-pyrazolon → **IV**; chromiert, bordo. — **I** → p-Butoxyphenol (**V**), chromiert, dunkelgrün. — **Ia** → **V**; chromiert, schwarz. — 1-Amino-2-naphthol-4-sulfonsäure (**VI**) → **V**; chromiert, blau. — **I** → p-Benzyloxyphenol (**VII**); chromiert, grün. — **Ia** → **VII**; chromiert, schwarz. — **VI** → **VII**; chromiert, blau. (**A. PP. 2 709 697** u. **2 709 698** vom 17/6. 1949, ausg. 31/5. 1955.) U. Sievers. 7053

Ciba Akt.-Ges., Basel, Schweiz, *Azofarbstoffe*. Die Verb. **I** wird indirekt diazotiert u. in Na_2CO_3-Lsg. mit 1-(4'-Benzoylamino)-phenyl-3-methyl-5-pyrazolon oder mit 1-[1'.1''-Diphenylyl-(4')]-3-methyl-5-pyrazolon gekuppelt. Rote wasserlösl. Pulver, die Baumwolle im Ein- oder Zwei-Bad-Nachkupferungsverf. echt rotorange färben. (**Schwz. PP. 293 884** vom 14/6. 1951 u. **293 885** vom 21/7. 1950, beide ausg. 4/1. 1954. **Zusätze zu Schwz. P. 290 584; C. 1956. 7421.**) A. Kalix. 7053

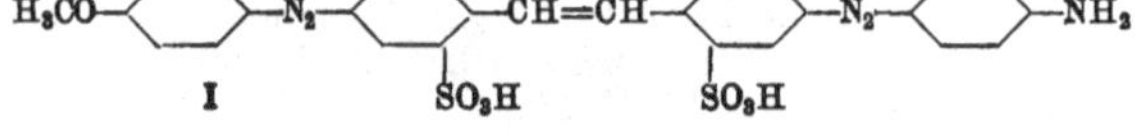
I

Ciba Soc. An., Schweiz, *Azopigmente*, die sich vor allem durch bes. reine Töne auszeichnen, werden erhalten durch Kupplung von Diazoverbb. ohne NO_2- oder löslichmachende Gruppen, bes. der Benzolreihe, mit Carbonsäurearyliden der Formel HO—R—CO—NR_1R_2 (R = Arylrest ohne löslichmachende Gruppe, der die —CO-Gruppe benachbart zum OH enthält u. in der anderen Nachbarstellung zum OH kuppelt; R_1 = Alkyl- oder Aralkylrest mit 2—8 C-Atomen; R_2 = Arylrest). — Beispiel: 4-Chlor-2-methyl-1-aminobenzol → 2-Oxynaphthalin-3-carbonsäure-N-n-butyl-o-anisidid. (**F. P. 1 054 835** vom 28/1. 1952, ausg. 15/2. 1954. Schwz. Prior. 30/1. 1951.) G. Hoppe. 7053

Východočeské chemické závody, národní podnik, Pardubice, Tschechoslowakei, *Herstellung von Polyazofarbstoffen* durch Kupplung von Diazoniumverbb., die sich von Polyazofarbstoffen ableiten, mit weiteren Komponenten der Naphthalinreihe, dad. gek., daß die Kupplung in wss. Lsg. in Ggw. lösl. Salze aromat. Sulfonsäuren als Dispergierungsmittel erfolgt. — Ein Zwischenfarbstoff, welcher in bekannter Weise aus Metanilsäure, 1-Naphthylamin-7-sulfonsäure u. 2-Äthoxy-1-naphthylamin-6-sulfonsäure (I) hergestellt wurde, wird diazotiert u. in ammoniakal. Lsg. in Ggw. von Natrium-m-xylolsulfonat mit 2-(3'-Aminobenzoyl)-amino-5-oxynaphthalin-7-sulfonsäure gekuppelt.

— 4-Aminodiphenyl-3-sulfonsäure → I → 1-Benzoylamino-8-naphthol-3.6-disulfonsäure. Die Kupplung in der letzten Stufe wird in Ggw. von Naphthalin-1-ammoniumsulfonat vorgenommen. (**Schwz. P. 302 542** vom 9/10. 1951, ausg. 3/1. 1955. Tschech. Prior. 19/10. 1950.) U. SIEVERS. 7055

Sandoz Akt.-Ges., Basel, Schweiz, *Neuer Farbstoff der Anthrachinonreihe.* Zu Schwz. P. 281 757 ist nachzutragen: Setzt man 1.4.6.7-Tetrachloranthrachinon mit 2.4.6-Triäthylanilin um u. führt das erhaltene 1.4-Di-(2'.4'.6'-triäthylanilido)-6.7-dichloranthrachinon mit sulfonierenden Mitteln in die Disulfonsäure über, so erhält man einen Farbstoff, der Wolle, Seide u. Nylon mit ausgezeichneter Abendfarbe sehr lebhaft blau färbt. (**Schwz. P. 286 004** vom 6/4. 1950, ausg. 2/2. 1953. **Zusatz zu Schwz. P. 281 757; C. 1956. 5695.**) O. ROICK. 7059

E. I. du Pont de Nemours & Co., übert. von: **Lorraine A. Ringrose**, Wilmington, Del., und **Herman E. Schroeder**, Kennett Square, Pa., V. St. A., *Aminohalogenthiophanthrachinone* der Formel I mit 5.6.7- oder 8-ständiger NH_2-Gruppe (X = Cl, Br, n = 1 oder 2, wobei wenigstens 1 Halogen in o- oder p-Stellung zur NH_2-Gruppe steht) erhält man durch Halogenieren der entsprechenden Aminothiophanthrachinone, vorteilhaft in einem inerten Lösungsm. (Nitrobenzol, W., verd. Säuren) bei 80—160°, wobei die NH_2-Gruppe gegebenenfalls durch Acylierung geschützt werden kann. Man kann auch zuerst polyhalogenieren u. dann dehalogenieren. Die Ausgangsstoffe erhält man nach A. PP. 2 501 131; C. **1951.** II. 604, 2 501 132; C. **1951.** II. 455, 2 513 573; C. **1951.** I. 1074. — Aus 10 (Teilen) 8-Aminothiophanthrachinon, F. 231—232°, 320 W., 32 36%ig. HCl u. 16 Br_2 in 42 Eisessig bei 80—90° nach 4—5 Std. → *8-Amino-5.7-dibromthiophanthrachinon,* violettrote Kristalle, F. 235—238°, Br-Geh. 40,2%, färbt *Celluloseacetat* (**C**) rosa; daraus durch Behandeln mit 80%ig. H_2SO_4 u. Anilin bei 140—145° nach 3 Std. *8-Amino-7-bromthiophanthrachinon,* aus Monochlorbenzol braunorange Kristalle, F. 185—188°, **C** rot. — 7-Aminothiophanthrachinon → *6.8-Dibrom-7-aminothiophanthrachinon,* orangerot, nadelartig, F. 275—280°, → *7-Amino-6-bromthiophanthrachinon,* gelborange, F. 312—313°. — 8-Benzoylaminothiophanthrachinon + Br_2 in SO_2Cl_2 → 8-Benzoylamino-5-bromthiophanthrachinon, gelborange Kristalle, daraus durch Debenzoylierung mit 82%ig. H_2SO_4 *8-Amino-5-bromthiophanthrachinon,* orange, F. 232—235°, **C** scharlachrot. — *8-Amino-5-chlorthiophanthrachinon.* — *6-Amino-5.7-dibromthiophanthrachinon,* orange. — *7-Amino-6.8-dibromthiophanthrachinon.* — *6-Amino-7-bromthiophanthrachinon.* — *5-Amino-6.8-dibromthiophanthrachinon.* — *5-Amino-6-bromthiophanthrachinon.* — *Lichtbeständige Farbstoffe* für *synthet. Fasern,* wie *Celluloseacetat* oder *Nylon* u. Farbstoffzwischenprodukte. (**A. P. 2 559 677** vom 17/6. 1949, ausg. 10/7. 1951.) G. KRAUSS. 7059

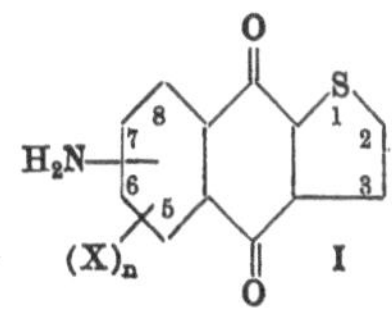

I

General Aniline & Film Corp., New York, N. Y., übert. von: **Paul Nawiasky**, Summit, N. J., und **L. D. Barrick**, Pittsburgh, Pa., V. St. A., *Küpenfarbstoff der Anthrachinonacridonreihe.* Man erhält den in echten, bes. chlorechten Tönen färbenden Farbstoff durch Umsetzen von 2 Mol 4-Aminoanthrachinon-2.1-benzacridon (**I**) mit 1 Mol Azodiphenyl-p.p'-dicarbonsäurechlorid (**II**). — Man erhitzt 68 (Teile) **I**, 42,2 **II** u. 30 Pyridin in 1000 Dichlorbenzol unter Rühren bei 110—115°, bis eine Probe des Reaktionsgemisches in HBO_3-haltigem Essigsäureanhydrid nicht mehr grün gefärbt ist. Nach dem Filtrieren Waschen mit A. u. Trocknen erhält man den Farbstoff der Zus. **III** in Form eines grünen Pulvers, das Baumwolle gelbstichiggrün färbt. (**A. P. 2 729 631** vom 21/5. 1952, ausg. 3/1. 1956.) O. ROICK. 7059

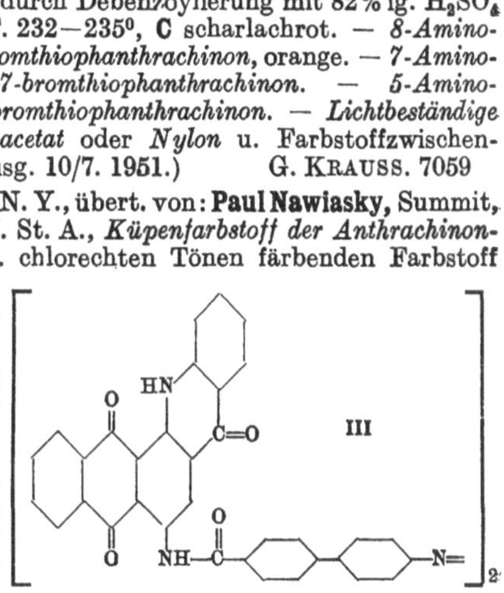

III

XIa. Farben. Anstriche. Lacke. Naturharze.

C. W. Selheimer und **Howard Bauman**, *Dämpfekontrolle in der Farben- und Lackindustrie.* 1. Mitt. *Dämpfeanalyse und Berechnungen für das Verfahren.* Dämpfekondensate aus der Öl- u. Harzkochung werden in wss. u. ölige Schichten zerlegt u. durch Lsg. in Ae., HCl (10%), NaOH (10%), H_2SO_4 konz. u. Methanol fraktioniert. Zur Analyse diente die modifizierte App. von CHELTON, FRON u. MOHR. Prakt. Erprobung an der Tallöl-Glycerin-Veresterung. Aus den Analysendaten kann die Wrkg. eines Dämpfebeseitigungssyst. hergeleitet werden. — 9 Literaturangaben. (Off. Digest Federat. Paint Varnish Product. Clubs **26.** 574—94. Aug. 1954.) B. SCHEIFELE. 7090

C. W. Selheimer, William Muttera, Fred Zavasnik und **Rudolph Novak,** *Dämpfekontrolle in der Farben- und Lackindustrie.* 2. Mitt. *Dämpfeanalyse durch selektive Adsorption (Chromatographie).* (1. vgl. vorst. Ref.) Anwendung der modifizierten App. von CHELTON, FRON u. MOHR auf die techn. u. Laboratoriumsverkochung von Tallöl–Glycerin, Leinöl–Standöl u. Ricinusöl-Tallöl-Dehydratisierung. Versuchsweise wurden die in der Eisvorlage kondensierten Dämpfe der Tallöl–Glycerin-Veresterung auch der selektiven Adsorption in der TSWETT-Silicageladsorptionssäule unterworfen. — 5 Literaturangaben. (Off. Digest Federat. Paint Varnish Product. Clubs **26.** 595—615. Aug. 1954.) B. SCHEIFELE. 7090

C. W. Selheimer, Robert Cotter, Murray Luftglass und **Andrew J. Smith III,** *Dämpfekontrolle in der Farben- und Lackindustrie.* 3. Mitt. *Aktivkohle zur Entfernung lästiger Gerüche aus Gasströmen.* (2. vgl. vorst. Ref.) In die Kondensationsanlage für Dämpfe aus der Tallöl–Glycerin-Veresterung wurde A-Kohle eingeschaltet, um deren Wrkg. u. Kosten zu studieren. — 12 Literaturzitate. (Off. Digest. Federat. Paint Varnish Product. Clubs **26.** 616—28. Aug. 1954.) B. SCHEIFELE. 7090

C. W. Selheimer, Roland Armani und **Henry Jurczak,** *Dämpfekontrolle in der Farben- und Lackindustrie.* 4. Mitt. *Verwendung von Aktivkohle zur Adsorption der Dämpfe aus Kochprozessen der Lackindustrie.* (3. vgl. vorst. Ref.) Bei der Adsorption von Dämpfen aus der Tallöl-Glycerin-Veresterung durch 4 Sorten von A-Kohle passierten die Dämpfe einen Rückflußkühler, wassergekühlten Kondenser mit Vorlage, Wasserwascher u. Kohleturm. Ermittelt wurden die Sättigungswerte der A-Kohlen u. daraus die Kosten berechnet. (Off. Digest Federat. Paint Varnish Product. Clubs **26.** 629—43. Aug. 1954.) B. SCHEIFELE. 7090

C. W. Selheimer und **Charles H. Borchers,** *Dämpfekontrolle in der Farben- und Lackindustrie.* 5. Mitt. *Oxydation der Dämpfe aus der Tallöl–Glycerin-Veresterung mittels Ozon.* (4. vgl. vorst. Ref.) Nach Passieren von Rückflußkühler, Kondenser u. Wascher wurden die Dämpfe in einer Kammer mit O_3-beladener Luft gemischt. (Off. Digest Federat. Paint Varnish Product. Clubs **26.** 644—46. Aug. 1954.) B. SCHEIFELE. 7090

C. W. Selheimer, John P. Antolak und **Jack Paskind,** *Dämpfekontrolle in der Farben- und Lackindustrie.* 6. Mitt. *Oxydation der Dämpfe aus der Tallöl–Glycerin-Veresterung mittels Ozon.* (5. vgl. vorst. Ref.) O_3 wurde durch elektr. Entladung gewonnen u. mit den Dämpfen gemischt, nachdem diese einen Waschturm passiert hatten. Durch die O_3-Behandlung wurde widerlicher Geruch weitgehend beseitigt, doch ist das Verf. teuer. (Off. Digest Federat. Paint Varnish Product. Clubs **26.** 647—52. Aug. 1954.) B. SCHEIFELE. 7090

C. W. Selheimer, Robert Lance, Allen Weinberg und **Donald Brown,** *Dämpfekontrolle in der Farben- und Lackindustrie.* 7. Mitt. *Analyse der Bestandteile von Dämpfen durch Chromatographie mit vorangehender Trennung durch fraktionierte Destillation.* (6. vgl. vorst. Ref.) Die chromatograph. Analyse wurde auf alle Kondensatfraktionen der Dämpfe aus der Tallöl–Glycerin-Veresterung ausgedehnt unter Verwendung von feinem Attapulguston, wobei Wasserkühlung im Mantel der Trennkolonne u. Gasdruck von 25 mm Hg die Trennung beschleunigten. — 14 Literaturhinweise. (Off. Digest Federat. Paint Varnish Product. Clubs **26.** 653—63. Aug. 1954.) B. SCHEIFELE. 7090

C. W. Selheimer, Lawrence White und **Glen Workman,** *Dämpfekontrolle in der Farben- und Lackindustrie.* 8. Mitt. *Katalytische Verbrennung der Dämpfe aus der Tallöl–Glycerin-Veresterung in einer halbtechnischen Anlage.* (7. vgl. vorst. Ref.) Dämpfe der Tallöl–Glycerin-Veresterung aus einer halbtechn. Versuchsanlage wurden durch eine katalyt. Verbrennungskammer geleitet, wobei zwar der Geruch gemildert, aber durch Oxydation von S-Verbb. Augen u. Nase reizende Gase gebildet wurden, so daß unter diesen Bedingungen die Anlage nicht zu empfehlen ist. — Ausführliche Bibliographie (223 Zitate). (Off. Digest Federat. Paint Varnish Product. Clubs **26.** 664—83. Aug. 1954.) B. SCHEIFELE. 7090

C. W. Selheimer und **Charles Henry Borchers,** *Dämpfekontrolle in der Farben- und Lackindustrie.* 9. Mitt. *Bewertung von Mehrstufenwaschern zur Beseitigung von Lackdämpfen.* (8. vgl. vorst. Ref.) Die Wrkg. von Mehrstufenwaschern wird nach der Konzentrationsabnahme der Dämpfe beurteilt. Die chem. Zus. der Rohgase u. der Abgase wurde durch Infrarot- u. Massenspektroskopie ermittelt. (Off. Digest Federat. Paint Varnish Product. Clubs **26.** 684—710. Aug. 1954.) B. SCHEIFELE. 7090

C. W. Selheimer und **Robert Lance,** *Dämpfekontrolle in der Farben- und Lackindustrie.* 10. Mitt. *Analyse der Dämpfe aus Harzverkochungskesseln und Dämpfeniederschlagsanlage.* (9. vgl. vorst. Ref.) Der Infrarotanalyse wurden Rohgase aus Harzkesseln u. die Abgase von Mehrstufenwaschern u. der katalyt. Verbrennungskammer unterworfen. Auch die Massenspektroskopie wurde zur Analyse der Dämpfe herangezogen. — Bibliographie (7 Angaben) u. 172 Literaturhinweise. (Off. Digest Federat. Paint Varnish Product. Clubs **26.** 711—68. Aug. 1954.) B. SCHEIFELE. 7090

C. W. Selheimer, Thomas J. Daly, Robert Vlerick und **Charles H. Borchers,** *Dämpfe-Kontrolle in der Farben- und Lackindustrie.* 11. Mitt. *Generalbibliographie.* (10. vgl. vorst. Ref.) Zusammenstellung von 239 Veröffentlichungen über Dämpfekondensation u. Beseitigung aus den Jahren 1919—1952 mit Kurzreferaten. (Off. Digest Federat. Paint Varnish Product. Clubs **26.** 769—807. Aug. 1954.) B. SCHEIFELE. 7090

W. G. B. Mills, *Erörterung einiger Pigmentprobleme.* Behandelt werden Trockenmahlung u. „Mikronisieren" der Pigmente, Korngrößenanalyse durch mkr. u. elektronenmkr. Unters., Schlämmen, Zentrifugalsedimentation u. Oberflächenmessung durch N_2-Adsorption. Pigmentausflockung wird durch anion. Dispergiermittel (Na-Salze von Arylsulfonsäure–Formaldehyd-Kondensation) verhindert. Beim Flushingverf. werden Zusatzmittel (Triäthanolaminester) angewendet, die in der wss. Phase als Ausflockungsmittel u. in der nichtwss. als Netz- u. Dispergiermittel, aber nicht als Emulgator wirken. Erhöhung der Pigmentkonz. vermindert meist die Filmdehnung u. erhöht die Filmfestigkeit. Nadelförmige Pigmente können infolge Orientierung Risse längs der Pinselstriche ergeben, auch ist die Filmfestigkeit parallel zur Streichrichtung größer. Die Fließfestigkeit einer Anstrichfarbe ist vom Pigment–Bindemittel-Verhältnis, aber auch vom Ausflockungsgrad abhängig. Thixotropes Verh. wird durch Ausflockung u. Teilchenorientierung beeinflußt. (Paint, Oil Colour J. **127.** 869—70. 872. 1/4. 1955.) B. SCHEIFELE. 7092

—, *Feingemahlene Mineralien in der Industrie der Anstrichfarben und der weißen Pigmente.* Beschreibung der Eigg. von stark zerkleinerten Mineralien norweg. Provenienz: 1. *Microdol,* ein Dolomit, der bes. mit Schwerspat zusammen eine hohe Deckkraft besitzt, als weißes Pigment fast den Index von TiO_2 erreicht u. den Vorteil einer geringen D. von 2,87 hat, wodurch er, als Zusatz verwendet, die Sedimentation bei der Lagerung hintanhält. Bei Verwendung von sauren trocknenden Ölen tritt Rk. mit Microdol ein, was man durch Zusätze (Lecithin, Al-Stearat) verhindern kann. 2. *Micro Talc* besitzt Lamellenstruktur u. wird dem Pigment in kleinen Mengen zugesetzt. Er verbessert die Resistenz des Lackfilmes, wirkt bei der Lagerung der Sedimentation entgegen u. ist in größeren Dosen ein Mattierungsmittel. 3. *Micro Mica,* ein Glimmer, der in seinen Eigg. ganz dem Micro Talc entspricht, unterscheidet sich nur durch größere Härte u. Undurchlässigkeit für UV-Licht. 4. *Micro Amiante,* ein Asbest von Faserstruktur u. hellgrüner Farbe wird als Zusatz verwendet u. hat ähnliche Eigg. wie Microdol. (Chim. Peintures **16.** 18—23. Jan. 1953.) G. DALL'ASTA. 7092

Robert E. Brouillard und **Leon Katz,** *Amerikanische Beiträge zur Phthalocyanintechnologie.* Behandelt werden bes. die amerikan. Verff. der Entw. von Phthalocyaninpigmenten durch saures Anpasten u. Mahlung der Salze. — 31 Literaturzitate. (Paint Manufact. **25.** 143—45. April 1955. General Aniline Film Corp.) B. SCHEIFELE. 7092

L. A. Jordan, *Kommentar zu den trocknenden Ölen.* Bewertung der trocknenden Öle; Anforderungen an Öle für Alkydharze; Wärmepolymerisation; Oxydationspolymerisation. Für Alkydharze eignet sich am besten nichtkonjugierte 9.12-Linolsäure, deren Verhältnis Oxydationspolymerisationsgeschwindigkeit:Wärmepolymerisationsgeschwindigkeit den höchsten Wert aufweist. (Chem. and Ind. **1952.** 1208—12. 13/12. Teddington, Middlesex, Paint Res. Stat.) B. SCHEIFELE. 7096

—, *Mehrwertige Alkohole als Zwischenprodukte für Schutzlacke.* Lacktechn. Bewertung von umgeesterten Ölen, Harzestern u. Alkydharzen. (Paint, Oil chem. Rev. **116.** Nr. 10. 12—23. 7/5. 1953.) B. SCHEIFELE. 7096

S. A. Harrison und **W. E. Tolberg,** *Durch Peroxyd katalysierte Polymerisation von Styrol in reinen Fettsäuremethylestern.* Überblick an Hand der Literatur über den Verlauf der Polymerisation von *Styrol* (**I**) in Ggw. von trocknenden Ölen bzw. von Fettsäureestern u. eigne Verss. mit verschied. Estern über die Polymerisation von **I** mit Benzoylperoxyd als Katalysator. Als Methylester finden Verwendung diejenigen von Stearin-, Öl-, Linol-, trans.trans-10.12-Octadecadien- u. Linolensäure, ferner die Methylester einer alkalikonjugierten Linolsäure. Trennung der entstandenen Polystyrole teils durch Dest. unter vermindertem Druck (niedermol. Anteile), teils durch fraktionierte Fällung, in dem die Benzollsg. der Reaktionsprodd. in Methanol eingegossen wird (höhermol. Anteile). Das Fortschreiten der Polymerisation des **I** in den verschied. Estern, das Mol.-Gew. (viscosimetr.) der Prodd. sowie die Zus. derselben (Infrarotanalyse) werden ermittelt. Es zeigt sich, daß die Polymerisation des **I** allein rascher verläuft als in Ggw. der Ester, die in verschied. Weise wirksam werden. Das mittlere Mol.-Gew. der Prodd. liegt im Falle des reinen **I** bei 49000, im Falle Linolat u. Linoleat bei 19000 bzw. 13400, im Falle von Oleat u. Stearat bei 39000, von konjugiertem Methyl-10.12-octadecadienat bzw. von alkalikonjugiertem Linolat bei 40000 bzw. 33000. Aus den Ergebnissen der Infrarotanalyse wird abgeleitet, daß die in den Polymerisaten auftretenden Methylester in gebundener Form vorliegen. Die Ester der konjugierten Fettsäuren finden sich gegenüber den anderen Estern im Polymerisat in etwa doppelter Menge; daraus wird gefolgert, daß in diesem Falle eine Copolymerisation stattgefunden hat; die anderen ungesätt. Ester treten im Polymerisat in geringerer unterschiedlicher Menge auf, im Falle des Linolenates ca. 1, des Oleates bzw. des Linolates ca. 2 bzw. 3 Mol je Mol I-Polymerisat. (J. Amer. Oil Chemists' Soc. **30.** 114—17. März 1953. Minneapolis, Minn., General Mills, Inc.) K. TÄUFEL. 7096

K. Panhäuser, *Zur Technik des Schutzes von Nichteisenmetallen durch Anstrich.* (Vgl. C. **1955.** 11295.) Allg. Ausführungen. (Ind.-Lackier-Betr. **22.** 222—25. Okt. 1954. Düsseldorf.) M. WINIKER. 7106

—, *Ausschalten der Korrosion.* Es wird über einen Anstrich berichtet, der im Trockenzustand einen Geh. von 92—95% an metall. Zn hat. Der D.M.U. (*Detel Metal Undercoat*) schützt Fe u. Stahl. Der Lack wird weder durch Säuren noch durch See- oder Süßwasser, noch durch A., Öl oder Bzn. angegriffen. Er besteht aus Chlorkautschuk u. synthet. Harzen, gelöst in aromat. KW-stoffen. Er ist beständig gegen Kälte u. hohe Temp. bis 230° F, bei besonderem Zusatz sogar bis 5—600° F. Der Lack trocknet in 2—6 Std. mit hellgrauer Farbe. (Ind. Mining Standard **108.** Nr. 2742. 10. 21/5. 1953.) J. FISCHER. 7106

—, *Korrosionsschutzmittel.* Das Korrosionsschutzmittel *Cowanite* für Eisen u. Stahl enthält Zn, C, Latex u. ein schnell verdampfendes Trägermittel u. wird als Anstrich aufgetragen oder aufgespritzt. In 14 Min. bildet sich ein festhaftender trocknender Film, der nach 40 Min. hart ist. Er kann als Grundieren für synthet. u. ölgebundene Anstriche verwendet werden, nicht aber für bituminöse Anstriche oder Emails. Festhaftende Oxydschichten, alte Anstriche u. Walzhaut brauchen nicht entfernt zu werden. (Metallurgia [Manchester] **48.** 253—54. Nov. 1953. Liverpool, Cowanite [Anti-Corrosive] Ltd.) F. VIER. 7106

Raymond B. Seymour, *Grundierung für Schutzüberzüge.* Erläutert werden Untergrundvorbereitung (Sandstrahlen) u. Anstrichaufbau aus Grundierung (Wash primer, Vinylharzgrund) u. Decküberzügen (Vinylharzfarben, Polyfluoräthylen, Vinylidenchloridpolymere [Saran], Styrolcopolymere, Chlorkautschuk, Polyäthylen, Asphalt, Alkydharze, Silicone, Thiokol, Phenolharze, Furanharze, Epoxyharze). Tabellar. Aufstellung der für verschied. Untergründe u. Beanspruchungen geeigneten Anstrichsysteme. (Org. Finishing **14.** Nr. 3. 9—15. 18. März 1953. Mertztown, Pa., Atlas Mineral Prod. Co.) B. SCHEIFELE. 7106

A. E. Bell, *Bestgeeignete Außenanstriche. Nur ein geringer Bruchteil der Außenanstrichschäden ist auf den Anstrich zurückzuführen.* Beim Außenanstrich von Holzverkleidungen, Metalldächern, Asbestzementplatten u. Stuck sind Anstrichschäden zu 98% auf fehlerhafte Konstruktion, schlechte Untergrundvorbereitung u. Feuchtigkeit zurückzuführen. (Canad. Paint Varnish Mag. **28.** Nr. 11. 20. 68. Nov. 1954.) B. SCHEIFELE. 7106

C. E. Hollis und **J. H. W. Turner,** *Vinylemulsionspolymere und ihre Verwendung als Lacküberzüge.* Bei Polymerisation von Styrol, Vinylacetat u. Butadien spielen Rkk. der Radikalübertragung eine Rolle. Die Verfilmung einer Polymerenemulsion hängt weitgehend ab von Oberflächenspannungskräften u. daher von Art u. Menge des inneren oder äußeren Weichmachers. Teilchengröße u. Schutzkolloide sind von starkem Einfl. auf Stabilität u. Fließeigg. der Polystyrol- u. Polyvinylacetatemulsionen. Polyvinylacetatemulsionen sind im allg. leichter zu verarbeiten u. zeigen größere mechan. Festigkeit u. Haftfähigkeit als Polystyrolemulsionen. Polystyrol hat größere Druckfestigkeit u. erfordert mehr Weichmacher als Polyvinylacetat. — 11 Literaturzitate. (J. Oil Colour Chemists' Assoc. **37.** 283—96. Juni 1954. Epsom, Surrey, Distillers Co. Ltd., u. Penarth, Glamorgan, Brit. Resin Products Ltd.) B. SCHEIFELE. 7106

A. C. Fletcher, S. H. A. Hirsch und **J. E. O. Mayne,** *Die Verhinderung von Fehlern bei Emulsionsfarben.* Kennzeichnung u. Vermeidung der häufigsten Fehler von Polyvinylacetatemulsionsfarben, wie Viscositäts- u. Farbtonveränderungen bei Lagerung, Gefrierbeständigkeit, Auftreten von Kratern u. Nadellöchern im Film, Hochziehen beim Überstreichen, Verlust der Haftfähigkeit, Blasenbldg. u. Abblättern, Verfärbung u. Ausblühen. (J. Oil Colour Chemists' Assoc. **37.** 300—16. Juni 1954. Carshalton, Surrey, Vinyl Products Ltd.) B. SCHEIFELE. 7106

André J. M. P. Bernanose, Marcel R. V. Comte und **Paul A. J. Vouaux,** Frankreich, *Phosphorescierendmachen von Oberflächen* verschied. Art durch Aufbringen von organ. Verbb. ohne Verwendung von phosphorescierenden Pigmenten. Man benutzt dazu Lsgg. der organ. Verbb. mit einem Zusatz eines Bindemittels in Form von Gelatine, Gummi arabicum oder Stärke sowie Cellulosederivv. u. andere. Als Fluorescenzstoffe sind genannt *Acridinorange* u. *Trypaflavin.* Diese Stoffe werden z. B. in einer 1%ig. Gelatinelsg., welche eine geringe Menge einer 10%ig. Glyoxallsg. enthält, im Verhältnis 1:25000 gelöst. Mit der erhaltenen Lsg. werden Papier, Glas oder Kreidestücke getränkt bzw. überzogen u. 15 Min. bei 120° getrocknet. (**F. P. 1 091 829** vom 17/10. 1953, ausg. 15/4. 1955.) M. F. MÜLLER. 7093

Farbenfabriken Bayer Akt.-Ges. (Erfinder: **Hans Raab,** Leverkusen, und **Albert Funke,** Opladen), *Herstellung von wasserunlöslichen Monoazofarbstoffen,* dad. gek., daß man diazotiertes 1-Amino-2.4-dinitrobenzol (I) mit o-Alkoxyarylamiden der 2.3-Oxynaphthoesäure für sich oder auf einer Grundlage kuppelt. — I → 1-(2'.3'-Oxynaphthoylamino)-2-äthoxybenzol. Man erhält ein bordorotes Pigment. — I → 1-(2'.3'-Oxynaphthoylamino)-2-methoxybenzol. Blaustichigrotes Pigment. (**D. B. P. 925 122** Kl. 22a vom 5/8. 1953, ausg. 14/3. 1955. Anmeldung bekanntgemacht 19/8. 1954.) U. SIEVERS. 7093

Hans-Jürgen Hahn, Berlin, *Herstellung von Lackfirnissen aus oxydativ trocknenden synthetischen Ölen und synthetischen ungesättigten hochmolekularen Fettsäuren,* dad. gek., daß diese Stoffe mit Cumaronharz verschmolzen werden. — Z. B. werden 65 (Teile) der hochmol. Fettsäure „FO 22" (aus dem Destillationsrückstand der Paraffinoxydation) mit 38 Cumaronharz (springhart) verschmolzen, wobei die Temp. auf 225° gesteigert u. 45 Min. eingehalten wird. Nach dem Erkalten wird die Schmelze mit Lackbzn. (Kp. 140—190°) u. Terpentinöl bis zur geforderten Viscosität verd. u. mit Co-Resinat (0,15% Co, berechnet auf „FO 22") sikkativiert. (**D. P. [DDR] 6 651** Kl. 22h vom 5/12. 1952, ausg. 22/3. 1954 [Wirtschaftspatent].) T. OPPERMANN. 7097

— (Erfinder: **Kurt Thinius,** Eilenburg), *Erzielung der Haftfestigkeit von Schichten aus polaren Filmbildnern auf solchen aus unpolaren Filmbildnern.* Als Haftvermittler werden solche Polymeren zum Ausgleich des Polaritätsunterschiedes verwendet, die im Mol. neben einer polaren Gruppe noch einen unpolaren Rest größeren Radikalgewichtes als das der polaren Gruppe enthalten, bes. Polymerisate oder Mischpolymerisate von Verbb. der Formel CH_2:CR·$COOR_1$ bzw. CH_2:CR·OOC·R_1 (R = H oder beliebiger Rest, wie Alkyl, R_1 unpolarer Rest obengenannter Art); genannt sind Polyvinylisohexylat, -isoheptylat u. deren Mischpolymere mit Vinylestern niederer Fettsäuren, Polyacrylsäureisoheptylester. — Ein mit Polyisobutylendispersion gestrichener Stoff wird mit einer Lsg. eines Mischpolymerisats aus 60% Vinylisoheptylat u. 40% Vinylacetat in Butylacetat u. darauf mit Nitrocellulose überzogen. Das Mischpolymerisat kann auch der Nitrocellulose zugesetzt werden, in der es als Weichmacher wirkt. (**D. P. [DDR] 5 313** Kl. 22i vom 20/8. 1944, ausg. 26/4. 1954 [Ausschließungspatent].) M. PANKOW. 7107

Gerhard Kühnhanss und **Erhard Hüttig,** Rehmsdorf, *Herstellung phosphorhaltiger Harze.* Man kondensiert Phosphonsäuredichloride gesätt. KW-stoffe mit mehrfunktionellen Alkoholen oder Phenolen bei erhöhter Temp. in Ggw. von Katalysatoren. — Man erhitzt 20,1 g Cyclohexanphosphonsäuredichlorid mit 6,2 g Glykol oder 9,2 g Glycerin oder 11 g Hydrochinon auf 140° u. dann längere Zeit in Ggw. von Sn auf 190°. Hellbraune bis hellgelbe, klare, klebrige bis glasartige Massen, die gut an Glas- u. Metalloberflächen haftenbleiben. (**D. P. [DDR] 8 452** Kl. 39c vom 19/6. 1953, ausg. 5/11. 1954 [Wirtschaftspatent].) M. PANKOW. 7107

Firma Dr. Fritz Wermer, Berlin-Oberschöneweide (Erfinder: **Felix Wilborn,** Leipzig) *Lack zur Herstellung stromleitender Überzüge.* In Abänderung des im D. R. P. 715 530 beschriebenen Verf. werden bei der Herst. der Lacke an Stelle der Polymerisationsharze Kondensationsharze oder modifizierte Naturharze entweder für sich allein oder in Mischung untereinander oder mit Polymerisationsharzen, gegebenenfalls unter Zusatz von Weichmachungsmitteln u. anderen üblichen Lackzusätzen verwendet. — Z. B. werden 50 (Gewichtsteile) Novolak in 50 eines Gemischs aus 80 Sprit u. 20 Butanol gelöst. Dieser Lsg. werden 54 eines Alkydharzes mit 25% deutschen, durch Paraffinoxydation gewonnenen Fettsäuren u. 48 Crotonsäure hinzugegeben sowie 20 Benzolhomologe, 20 Monopropylglykoläther, 50 Butanol, 50 A. u. 360 Goldbronze. (**D. P. [DDR] 7 129** Kl. 22h vom 3/8. 1940, ausg. 26/4. 1954 [Ausschließungspatent]. **Zusatz zu D. R. P. 715 530; C. 1942. I. 2716.**) T. OPPERMANN. 7107

Carl S. Ferguson, Stratham, N. H., V. St. A., *Schützen von Pflanzenwurzeln,* z. B. bei Versand u. Lagerung, durch Überziehen der Wurzeln mit einem Gemisch aus Polyäthylenglykol u. Natriumcarboxymethylcellulose unter Zusatz von Calciumperoxyd, Aluminiumsulfat, einigen cm^3 einer 40%ig. Formaldehydlsg. u. einem Netzmittel, gelöst in Wasser. Die mit einem solchen Überzug versehenen Wurzeln hüllt man in wasserdichtes Packmaterial. (**A. P. 2 720 726** vom 23/3. 1951, ausg. 18/10. 1955.) H. NEBELSIEK. 7107

XIb. Plaste (Kunstharze. Plastische Massen).

John Philip, *Reaktionsgefäße für die Produktion synthetischer Harze.* Konstruktionsprinzipien von Reaktionskesseln für die Harzherst. werden besprochen. Die elektr. Heizung zeigt Vorteile. (Paint Manufact. **23.** 410—16. Dez. 1953.) R. SCHÄFF. 7170

Robert P. Hopkins, *Polyester–Urethan-Schäume. Vorläufige Übersicht über die Faktoren der Rezeptur.* Vf. untersuchte den Einfl. der Variablen der Rezeptur von Polyester–Isocyanat-Systemen auf die Eigg. (D., Kompressionsmodul, Druckfestigkeit) des erhaltenen Schaumstoffs. Die Änderungen des Mengenverhältnisses von Toluoldiisocyanat (I) zu Paraplex U-148 sowie I zu W. u. deren Effekt auf die Eigg. wurden ermittelt. Diese Unters. stellt eine Hilfe für die Herstellungsverff. u. die Entw. flexibler Schäume dar. (Rubber Age [New York] **78.** 239—44. 248. Nov. 1955. Philadelphia, Pa., Rohm & Haas Co., Res. Labor.) R. SCHÄFF. 7180

L. Paggi, *Spritzgießen von Nylon.* (Ind. Plast. mod. **4.** Nr. 8. **39. 41. 43. 45. 47.** Sept./Okt. 1952. — C. **1956.** 7094.) M. WINIKER. 7180

—, *Schockhärtung.* Ausführungen über das Verf., Schichtstoffe durch Anwendung eines elektr. Schocks in $^1/_5$ der bisher notwendigen Zeit auszuhärten. Die meisten bisherigen Verss. wurden an Asbestvlies angestellt, das mit wasserlösl. Phenolharz getränkt war. Typ. Anordnung: Platten aus poliertem Kupfer, ca. 36 kg/cm² Druck, Vorheiztemp. (vor Beginn des Elektroschocks) 120°, 50 Volt-50-Perioden-Wechselstrom. Die notwendige Spannung hängt von der Feuchtigkeit, Temp., Dicke u. dem elektr. Widerstand des Materials ab. Das Verf. läßt sich nicht auf elektr. gut isolierende Harze anwenden. (Plastics **18.** 245. Juli 1953.) H. J. SCHENCK. 7204

Walter Knape, Roßlau/Elbe, *Herstellung von Estern organischer Säuren* durch Rk. von Halogenalkylen, bes. von Halogenmethylverbb. ein- u. mehrkerniger Ringsysteme, mit carbonsauren Salzen. Als Ausgangsstoffe kommen z. B. in Betracht: Benzylchlorid, p-Methylbenzylchlorid, Hexahydrobenzylchlorid, Chlormethylnaphthalin, Chlormethyltetrahydronaphthalin, Brommethylpyridin, Tetrahydrofurfurylchlorid. Die carbonsauren Salze leiten sich her von aliphat. Mono- u. Dicarbonsäuren sowie von Säuren der aromat. u. cycloaliphat. Reihe. Die erhaltenen Ester dienen als *Weichmachungsmittel für hochpolymere Stoffe,* ferner als Textilhilfsmittel u. als Ausgangsmaterial für weitere Synthesen. (**D. P. [DDR] 4 402** Kl. 12q vom 24/3. 1949, ausg. 9/5. 1953 [Wirtschaftspatent].) M. F. MÜLLER. 7171

Kurt Thinius und **Lore Kamphenkel,** Magdeburg, *Verminderung des Ab- und Einwanderns von Weichmachern aus Plasten.* Auf die Oberfläche des mit Weichmachern verarbeiteten Plastes bzw. zwischen die einzelnen Schichten eines aus demselben oder einem anderen Plast bestehenden Verbundes wird eine Schicht aus Cellulosetriacetat (I) gebracht. Auskleidung einer Zahnpastentube aus Polyvinylchlorid–Phthalsäureester-Mischung mit I, Überziehen einer Kabelisolation aus Benzylcellulose–Trikresylphosphat, der Schichten eines Kunstleders aus Collodiumwolle–Ricinusöl–Trikresylphosphat-Mischung mit **I.** (**D. P. [DDR] 6 144** Kl. 39b vom 19/11. 1952, ausg. 21/12. 1953 [Wirtschaftspatent].) M. PANKOW. 7171

Kurt Thinius, Magdeburg, *Weichmacher für hydrophile Erikolloide.* Man verwendet die im sauren Medium erhältlichen balsam- oder harzähnlichen Kondensationsprodd. aus aliphat. Diaminen mit mindestens 3 C-Atomen u. CH_2O. So kann man den in salzsaurer Lsg. aus Hexan-1.6-diamin u. CH_2O erhältlichen Balsam zu Polyvinylalkohol bei 150° zumischen. Daraus hergestellte Filme verlieren durch alkal. Nachbehandlung (NH_3, 4n KOH, 4—40 Std.) ihre Wasserlöslichkeit, ebenso durch dreitägiges Erwärmen auf 100°. Sollte der Weichmacher auf Polyvinylalkohollsgg. beim Abkühlen koagulierend wirken, so muß die Lsg. auf heiße Gießunterlagen vergossen werden. Statt Polyvinylalkohol kann man wasserlösl. Celluloseäther, Polyvinylpyrrolidon, Gelatine, Vinylchlorid–Fumarsäure-Mischpolymerisate weichmachen. (**D. P. [DDR] 6 293** Kl. 39b vom 8/4. 1949, ausg. 28/12. 1953 [Wirtschaftspatent].) M. PANKOW. 7171

Pan American Refining Corp., Texas City, übert. von: **Francis T. Wadsworth,** Dickinson, Texas, V. St. A., *Herstellung von Kunstharzen aus Kohlenwasserstoffen.* Crackgase, Propan oder Mischungen mit Propylen oder Butan werden bei 704° der Pyrolyse unterworfen, zunächst mit einem Wasserstrahl u. schließlich auf 38° abgekühlt, auf 25—35 at komprimiert, wieder auf ca. 100° gekühlt u. durch einen Absorber geschickt. Das angereicherte Öl wird von CH_4 befreit, nach dem Abdestillieren der C_2- u. C_3-KW-stoffe wird das Öl fraktioniert u. gelangt als ungesätt. Prod. (F. 267—667°; JZ. 334) unter Zuführung von BF_3, gegebenenfalls mit A., Butyläther, -alkohol oder CH_3COOH in dem Polymerisationskessel. JZ. des Harzes 35. — Zeichnung. (**A. P. 2 712 538** vom 27/7. 1951, ausg. 5/7. 1955.) G. SALZMANN. 7173

Karl Ziegler und **Hans Georg Gellert**, Mühlheim, *Polymerisation von Äthylen und Äthylengemischen und anderen ungesättigten Kohlenwasserstoffen*. Inhaltlich ident. mit D. B. P. 878 560; C. **1954.** 662. (**D. P. [DDR] 8 712** Kl. 12o vom 22/6. 1951, ausg. 16/12. 1954 [Ausschließungspatent].) M. PANKOW. 7173

Kurt Thinius und **Winfried Schäfer**, Magdeburg, *Stabilisieren chlorhaltiger Polymerisationsprodukte* mit Verbb. der Formel $O_2N \cdot NH \cdot C(:X) \cdot NH \cdot R$ (X = O oder S oder Iminogruppe; R = H oder beliebiger Substituent), z. B. Nitroharnstoff, Nitroguanidin, Nitrodicyandiamidin. Stabilisieren von *Vinylchloridpolymerisaten* u. *-mischpolymerisaten*, deren Nachchlorierungsprodd., Chlorkautschuk. (**D. P. [DDR] 7 536** Kl. 39c vom 18/8. 1953, ausg. 12/7. 1954 [Wirtschaftspatent].) M. PANKOW. 7173

Georg Wick, Bitterfeld, **Arnd Iloff**, Schkopau, **Alfred Eckelmann** und **Otto Nehring**, Bitterfeld, *Herstellung von glasklaren, lichtechten Kunststoffolien aus reinem Polyvinylchlorid* unter Zusatz eines Stabilisators. Man zerstört die durch Polymerisation gewonnene Polyvinylchloridemulsion durch Tiefkühlung (z. B. -20^0), u. erwärmt schnell auf mindestens 60^0, bes. $80-100^0$, u. bringt das Polymere so zum Konglomerieren. Man verhindert hierdurch eine Rückbldg. der Emulsion, so daß Emulgator u. Salze leicht ausgewaschen werden können. — 25 Liter 50%ig. Polyvinylchloridemulsion werden mit 1%ig. NaOH neutralisiert, auf -20^0 gekühlt, der so entstandene Eisblock zerkleinert u. in die Stücke Dampf geblasen, bis die wss. Suspension $80-90^0$ heiß ist. Das Polyvinylchlorid wird in einer Zentrifuge gewaschen u. nach Pulvern mit 2% Benzotriazol stabilisiert. (**D. P. [DDR] 8 746** Kl. 39c vom 24/6. 1953, ausg. 29/12. 1954 [Wirtschaftspatent].) M. PANKOW. 7173

Kurt Thinius, Magdeburg, *Herstellung von Polyvinylnitratacetalen.* Man läßt Polyvinylacetale mit Aldehyd- u./oder Ketonresten mit konz. HNO_3, bes. im Gemisch mit indifferenten organ. Verdünnungsmitteln, auch bei 0^0 u. darunter, reagieren. Verwendung der Nitratacetale als Rohstoffe zur Herst. von Lacken u. plast. Massen. — Man rührt Polyvinylformal (1 Teil) in 2—5 Min. in 20—40 eines Gemisches aus 35% wasserfreier HNO_3 mit ca. 0,5% NO_2 u. 65% Methylenchlorid; die Temp. soll nicht $> -10^0$ steigen. Nach 30 Min. gießt man in Film- oder Fadenform in Eiswasser. Farbloses, leicht brennendes, mit Cellulosederivv. gut verträgliches Produkt. (**D. P. [DDR] 6 235** Kl. 39b vom 22/3. 1949, ausg. 5/1. 1954 [Wirtschaftspatent].) M. PANKOW. 7173

B. F. Goodrich Co., New York, N. Y., V. St. A., *Herstellen von Mischpolymerisaten von Vinylidencyanid* (**I**). **I** wird mit $\geqq$ 2 mischpolymerisierbaren Monomeren mischpolymerisiert, von denen wenigstens eines mit dem **I** eine 1:1 abwechselnde Mischpolymerisatkette zu bilden vermag. Die Polymerisation erfolgt in einem wasserfreien Lösungsm. oder in den Monomeren selbst, gelöst in Ggw. eines ein Radikal bildenden Katalysators, z. B. NC—C(RR)—N=N—C(RR)—CN, worin R ein KW-stoffrest ist, oder einer Perverbindung. Als mischpolymerisierbare Monomere dienen monoolefin. KW-stoffe, halogenierte monoolefin. KW-stoffe, einfach ungesätt. Ester, einfach ungesätt. organ. Nitrile, einfach ungesätt. Carbonsäuren u. konjugierte diolefin. KW-stoffe. Hierfür zahlreiche Beispiele. Polymerisationstemp. -15 bis $+100^0$, bes. $0-60^0$. Die Polymerisate können durch Filtration abgetrennt werden. Verwendung bes. für *Fäden, Folien* u. *Formartikel*, die bes. aus Lsgg. oder der Schmelze der Polymerisate hergestellt werden. — 82 Beispiele. (**E. P. 726 068** vom 26/1. 1953, ausg. 16/3. 1955. A. Prior. 26/1. 1952.) W. OVERBECK. 7173

Bell Telephone Laboratories, Inc., New York, N. Y., übert. von: **Field H. Winslow**, Springdale, N. J., V. St. A., *Herstellung von kugelförmigen Polymerisaten.* Die Polymeristion des Methylmethacrylats oder Styrols, bes. einer Mischung von 8 (Teilen) Divinylbenzol u. 7 Äthylvinylbenzol mit 1% Benzoylperoxyd, wird in der 13fachen Menge 0,15—5% Polyvinylalkohol (zu 98% verseiftes Polyvinylacetat) enthaltendem W. bei 80^0 polymerisiert. Hierzu dient ein Rührer aus einem horizontalen, an den Enden rechtwinklig umgebogenen Rohr, der an den Schenkeln aufgehängt ist, während das Zentrum der Drehungsachse oben u. unten offen ist. — Zeichnung. (**A. P. 2 712 536** vom 30/8. 1950, ausg. 5/7. 1955.) G. SALZMANN. 7173

E. I. du Pont de Nemours & Co., Wilmington, Del., V. St. A. (Erfinder: **John Lou Crandall**), *Photopolymerisation* von ungesätt. Verbb. durch Bestrahlen mit Licht einer Wellenlänge zwischen 2500 u. 7000 Å in Ggw. von Acyloinen der allg. Formel Ar—C(R)(OH)—CO—Ar als Katalysatoren (Ar = monovalenter, monocycl. aromat. Kern, R = monovalenter KW-stoffrest mit 1—9 C-Atomen). Nach einem Beispiel wird *Methacrylsäuremethylester* in CO_2 mit 1% α-Allyl-, α-Methyl- oder α-Phenylbenzoinzusatz mit maximaler Emission bei 3600 Å 1 Std. bestrahlt. Farbloses, hartes Polymerisat. Die Acyloine erhält man durch Rk. von aromat. α-Diketonen mit einem GRIGNARD-Reagens;

α-Benzylbenzoin, F. 119,5—120°, *Oxim*, F. 175—176°. — Prodd. bes. geeignet zur Herst. von Druckplatten. (**E. P. 741 570** vom 13/1. 1953, ausg. 7/12. 1955.) H. SCHINDLER. 7173

Devoe & Raynolds Co., Inc., Louisville, KY., übert. von: **John D. Zech**, Wilmington, Del., V.St.A., *Halogenhaltiges Epoxyharz* wird aus 1 Mol eines 2- bzw. mehrwertigen Phenols (I) u. 2—4 Mol Epichlorhydrin (II) hergestellt. — 228 (g) Bis-phenol werden mit 185 II in Ggw. von 2 CH_3COONa bei 130—150° kondensiert. Nach dem Lösen des Prod. in Dioxan wird es mit Na-Aluminat behandelt u. ergibt ein Harz vom Erweichungspunkt 58°; Cl-Geh. 2,5%. Es stellt ein Gemisch von

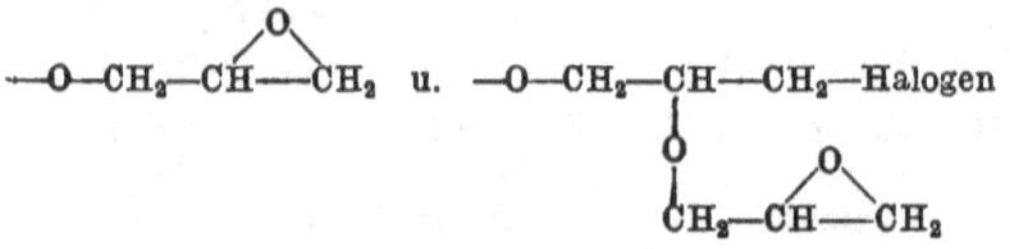

Polyäthern von I dar mit den nebenst. Gruppen u. reagiert mit Aminen, Amiden, Säuren, Mercaptanen u. Phenolen; das Halogen kann gegen —OH, —CN, —SCN, —SH, —S, —S_x, —NH_2, —NHR, NR_2 u. dgl. ausgetauscht werden. Es dient als Weichmachungs- u. Stabilisierungsmittel für Vinyl- u. Vinylidenchloridpolymerisate, verestert mit höheren Fettsäuren als Lackgrundlage, Zusatz zu Schmiermitteln, zur Herst. von Filmen, Lacken (auf Metallen u. Drähten), Gieß- u. Preßkörpern. (**A. P. 2 712 000** vom 31/12. 1951, ausg. 28/6. 1955.) G. SALZMANN. 7177

Devoe & Raynolds Co., Inc., Louisville, übert. von: **Sylvan Owen Greenlee**, Racine, Wis., V. St. A., *Herstellung von Epoxy-Sulfonamid-Harzen.* Ein in Ggw. von NaOH aus Bis-phenol (Hydrochinon, Resorcin), Glycerin oder Trimethylolpropan u. Epichlorhydrin oder aus Diglycidäther (= 2.3-Epoxy-1-propanoläther) u. Phenol (bzw. p.p'-Dioxydiphenylsulfon) hergestelltes Epoxyharz wird mit ca. 10 (%) p-Toluolsulfonamid u. gegebenenfalls 5 Na-Phenolat in Dioxan gelöst. Verwendung als Lack, Kleb- oder Imprägniermittel zur Herst. von Filmen, Formkörpern u. Fäden. — Wärmenachhärtung. (**A. P. 2 712 001** vom 17/3. 1952, ausg. 28/6. 1955.) G. SALZMANN. 7177

Kurt Thinius, Magdeburg, *Weichmachungsmittel für stickstoffhaltige Linearpolykondensationsprodukte.* Man verwendet N.N'-Dichloraldicarbonsäurediamide u./oder deren Derivv. der Formel $[Cl_3C\cdot CH(OR)\cdot NH\cdot CO]_2{:}(CH_2)_n$ ($n \geq 2$; R = H, Acyl, Alkyl, Aryl oder der Dichloraldicarbonsäurediamidrest). — Eine 15—20%ig. Lsg. des Mischpolyamids aus Hexamethylendiaminadipat u. Caprolactam in einem Alkohol-Äthylenchlorhydrin-Gemisch wird mit 25% N.N'-Dichloraladipinsäurediamid, F. 164°, oder dessen Diacetat, F. 147—153°, versetzt. Auch das N.N'-Dichloralbernsteinsäurediamid, F. 172°, kann verwendet werden. (**D. P. [DDR] 6 288** Kl. 39b vom 22/3. 1949, ausg. 25/1. 1954 [Wirtschaftspatent].) M. PANKOW. 7181

—, *Herstellung von Fasern und Flächengebilden aus Lösungen von Polyamiden*, die reaktionsfähige Stoffe mit mindestens 2 Alkyleniminresten enthalten, u. Erhitzen der Gebilde nach der Verformung, bis eine wesentliche Löslichkeitsabnahme eingetreten ist. Die Verbb. mit Iminresten haben die Formel $R-(X\cdot N-CH_2\cdot CH_2)_n$, $R-(N\cdot CH_2\cdot CH_2)_n$ oder $R-[CH-CH_2\cdot NH(R)]_n$ (X = Acylgruppe); genannt seien Polyharnstoffe aus Di- oder Polyisocyanaten u. Alkyleniminen (I), Urethane aus 2- oder mehrwertigen Kohlensäureesterchloriden u. I, Thioharnstoffe aus 2- u. mehrwertigen Senfölen u. I, 1.2-Alkylenimide von Di- u. Polycarbonsäuren, mehrwertige Sulfäthylenimide, 2wertige bas. Alkylenimide aus Bromäthylderivv. 2- u. mehrwertiger prim. Amine, mehrwertige Alkylenimine aus sek. Alkyleniminen u. mehrwertigen Alkylenoxyden. Durch Zusatz von Säuren, CH_2O, Verbb. mit reaktionsfähigem H, Senföle, Isocyanate können die färber. Eigg., Quellbarkeit u. Löslichkeit der Polyamide weiterverändert werden. — Man löst 30 (Teile) des Mischpolyamids aus 50 ε-Caprolactam, 25 Hexamethylendiaminadipat u. 25 4.4'-Diaminodicyclohexylmethan bei 50° in 70 einer Mischung aus 80 CH_3OH, 10 Bzl. u. 10 W. u. gibt 15% (des Polyamids) Oxamid der Formel $(CH_2\cdot CH_2N\cdot CH_2\cdot CH_2\cdot NH\cdot CO)_2$ zu. Filme aus der Lsg. werden 2 Std. auf 150° erhitzt u. sind in heißem 80%ig. A. nur noch wenig quellbar. (**D. P. [DDR] 3 734** Kl. 29b vom 10/12. 1941, ausg. 23/9. 1953 [Ausschließungspatent].) M. PANKOW. 7181

VEB Film- und Chemiefaserwerk Agfa Wolfen, Wolfen, Krs. Bitterfeld (Erfinder: **Wilhelm Brandt, Max Hagedorn** und **Hans-Joachim Nicolai**, Dessau), *Verbesserung der Verträglichkeit von Weichmachern mit synthetischen Hochpolymeren mit Amidgruppen in der Kette*, bei dem die geformten Hochpolymeren mit einem Lösungsm., das weder sie noch den Weichmacher löst, bes. mit W., behandelt werden. — 100 (Teile) des *ε-Caprolactampolyamids* mit 10% niedrigmol. Anteilen werden mit 60 *Dibenzylphenol* bei 260° homogen geschmolzen u. daraus hergestellte Folien 5 Min. lang in W. von 70° gebadet.

Kein Ausschwitzen des Weichmachers beim Lagern; bessere Lostbeständigkeit der extrahierten gegenüber der nichtextrahierten Folie. (**D. P. [DDR] 8 175** Kl. 39b vom 24/2. 1943, ausg. 6/9. 1954 [Wirtschaftspatent].) M. PANKOW. 7181

VEB Filmfabrik Agfa Wolfen, Wolfen, Krs. Bitterfeld (Erfinder: **Paul Möller, Hans-Joachim Nicolai** und **Max Hagedorn,** Dessau), *Verbesserung der Kältefestigkeit von Folien aus Polyamiden* oder Polyurethanen durch Verstrecken in Längs- u. Querrichtung. Zur Prüfung der Kältefestigkeit läßt man auf Rollen aus den Folien, die in einem Rohr stecken, bei der Prüftemp. ein Gewicht fallen u. stellt von 10 Proben die Anzahl der unbeschädigten Rollen fest. (**D. P. [DDR] 8 290** Kl. 39b vom 1/4. 1943, ausg. 15/10. 1954 [Wirtschaftspatent].) M. PANKOW. 7181

VEB Film- und Chemiefaserwerk Agfa Wolfen, Wolfen, Krs. Bitterfeld (Erfinder: **Wilhelm Brandt, Max Hagedorn** und **Hans-Joachim Nicolai,** Dessau), *Verbesserung der Verträglichkeit von Weichmachern mit synthetischen linearen Hochpolymeren* mit Amidgruppen in der Kette. Die Hochpolymeren werden vor oder nach dem Weichmacherzusatz in stückiger Form mit einem Lösungsm., in dem Hochpolymeres u. Weichmacher unlösl. sind, bes. mit W., behandelt, wodurch niedrigmol. Anteile aus dem Hochpolymeren extrahiert werden. — 100 (Teile) ε-Caprolactam, 4 Hexamethylendiaminadipat u. 50 Dibenzylphenol werden 24 Std. in CO_2 auf 260° erhitzt, das Polyamid zerkleinert u. mit W. extrahiert, dann bei 250° geschmolzen u. zu einer Folie ausgezogen, die eine doppelt so hohe Lostfestigkeit wie eine nichtextrahierte Folie zeigt. (**D. P. [DDR] 8 281** Kl. 39b vom 24/2. 1943, ausg. 8/10. 1954 [Wirtschaftspatent].) M. PANKOW. 7181

VEB Film- und Chemiefaserwerk Agfa Wolfen, Wolfen, Krs. Bitterfeld (Erfinder: **Wilhelm Wehr,** Eilenburg), *Herstellung dünnster Folien aus Polyamiden.* Die Polyamide werden mit OH-Gruppen enthaltenden Fll. gequollen, bei bis zu 110° zusammengeschmolzen u. die Schmelze auf kalten Walzen zu Folien $<$0,09 mm Stärke ausgezogen. — Man quillt ein Hexamethylenadipat–ε-Caprolactam-Mischpolyamid mit 95%ig. Isobutanol, schm. die homogene M. bei einer kurz unter dem Kp. des azeotropen Gemisches Isobutanol–W. liegenden Temp. u. zieht bei 20° auf der Walze zu Folien von 0,05 mm Stärke aus. Herst. von Flechtwaren u. Kunststroh aus den Folien. (**D. P. [DDR] 8 190** Kl. 39b vom 7/5. 1940, ausg. 6/9. 1954 [Wirtschaftspatent].) M. PANKOW. 7181

VEB Filmfabrik Agfa Wolfen, Wolfen, Krs. Bitterfeld (Erfinder: **Paul Schlack,** Berlin), *Herstellung von hydrophilen basischen Polyurethanen.* Diprim. aliphat. Glykole, die in offener Kette ein oder mehrere bas. tert. N-Atome enthalten, u. diprim. Glykole ohne bas. N-Atome werden mit Diisocyanaten oder solche in der Hitze abspaltenden Stoffen in etwa äquivalentem Verhältnis (bezogen auf die Summe der Glykole) mischpolymerisiert; der Anteil an der Komponente mit bas. N-Atomen wird so hoch gewählt, daß das Endprod. in heißer 4n Essig- oder Ameisensäure noch lösl. ist. Man kann zunächst nur die eine Glykolkomponente mit dem Diisocyanat reagieren lassen u. später die andere oder die verschied. Glykolkomponenten nebeneinander mit dem Diisocyanat reagieren lassen, die Ansätze vereinigen u. unter Nachsatz von Diisocyanat die Rk. beendigen. Die Verfahrensprodd. können aus der Schmelze oder aus Lsgg. zu Filmen, Überzügen, Fäden verarbeitet werden, die durch Überführung in schwerlösl. Salze (Nitrate, Oxalate u. a.) oder Behandlung mit Gerbmitteln gehärtet werden; sie können mit Alkylierungsmitteln oder Diisocyanaten, 1.2-Alkyleniminen oder -imiden nachbehandelt werden. Verwendung dieser Stoffe als Verpackungsmaterial für Lebensmittel, Arzneimittel, für Wundverschlüsse, photograph. Schichten, als Schlichte u. Appreturmittel, als Färberei- u. Druckereihilfsmittel, als Animalisierungsmittel, Fixierungsmittel, für Gerbstoffe u. Leimungsmittel bei der Papierfabrikation. Vernetzte Polyurethane dienen als Anionenaustauscher. Sie sind mit wss. neutralen oder sauren Proteinlsgg. verträglich, solche Mischlsgg. können auf Folien oder Fasern verarbeitet u. diese durch Nachbehandlung mit Alkylierungs- u. Vernetzungsmitteln gehärtet werden. — Man erhitzt 1 (Mol) N-Methyldiäthanolamin (**I**), 1 1.4-Butandiol (**II**) u. 2 Hexamethylendiisocyanat (**III**) in der 3fachen Menge Chlorbenzol 2½ Std. unter N_2 auf 130°, gießt nach Erkalten die Lösungsmittelschicht ab u. löst die Bodenschicht mit 80° warmer 2n Essigsäure. Das trockene Polyurethan hat F. 135—138°. Es kann mit Gelatinelsgg. gemischt u. die Lsg. zu Filmen ausgegossen werden, die mit CH_2O gehärtet oder mit Epichlorhydrindampf behandelt werden können. — Das Polyurethan aus **I**, Oxalyl-bis-5-aminopentanol-(1) (**V**) u. **III** hat F. 155—180°; das aus 2 **I**, 1 **II** u. **III** hat F. 120 bis 125°; das aus 3 **I**, 2 **II** (u. **III**? der Referent) hat F. 115—123°; das aus 1 **I**, 1 Buten-(2)-diol-(1.4) (**IV**) u. 2 **III** hat F. 80—100°; das aus 1 **I**, 1 **IV**, 1 **II** u. 3 **III** hat F. 128—132°; das aus 2 **I**, 3 **V** u. 5 **III** hat F. 175—180°; das aus 2 **I**, 3 **II** u. 5 **III** hat F. 147—153°; das aus 3 **I**, 2 **V** u. 5 **III** hat F. 155—175°; das aus 2 **I**, 3 **II** u. 5 **III** hat F. 145—152°; das aus 1 Allyldiäthanolamin, 1 **II** u. 2 **III** hat F. 135—140°, mit Pentandiol-(1.5) statt **II** F. 100—110°; das aus 1 N.N'-Dimethyl-N.N'-dioxyäthyläthylendiamin, 1 **II** u. 2 **III**

hat F. 130°, mit 2 **II** u. 3 **III** F. 142—144°; das aus 3 N-Methyldipentanolamin-(1.5) (**VI**), 2 **II** u. 5 **III** hat F. 100—110°; das aus 3 **VI**, 2 **II** u. 5 Tetramethylendiisocyanat hat F. 125—135°. (**D. P. [DDR] 5 381** Kl. 39c vom 24/6. 1942, ausg. 20/11. 1954 [Wirtschaftspatent].) M. PANKOW. 7181

VEB Filmfabrik Agfa Wolfen, Wolfen, Krs. Bitterfeld (Erfinder: **Paul Schlack**, Berlin), *Herstellung von linearen Polythioäthern* durch Rk. von Diestern von Glykolen mit Dimercaptiden in wss. Dispersion, auch in Ggw. von organ. Lösungsmitteln, von Monosulfiden, bes. der Alkalien, von wasserlösl. zur Thioätherbldg. nicht fähigen Reduktionsmitteln. — Zu einer Mischung aus $^1/_{10}$ (Mol) Hexamethylendimercaptan, $^2/_{10}$ NaOH, $^1/_{10}$ krist. Na_2S u. 40 cm^3 N-Methyl-α-pyrrolidon läßt man im sd. Wasserbad unter heftigem Rühren $^1/_{10}$ Hexamethylendibromid fließen u. hält bei der Temp. 4½ Std. u. schm. den Polythioäther mehrfach aus W. um. Farblos, geruchlos, F. 75°, zu Fäden schmelzspinnbar. Man erhält je nach den mitverwendeten Zusatzstoffen mäßig polymere bis hochpolymere Polythioäther, die sich zur Herst. von Überzügen, als weichmachende u./oder elastifizierende Zusätze zu anderen Kunststoffen, wie Polyvinylhalogeniden, eignen u., soweit sie reaktionsfähige Endgruppen enthalten, mit Stoffen, wie α-Chloralkyläthern nachkondensiert, auch durch Oxydation in hochschm. Polysulfone umgewandelt werden können. (**D. P. [DDR] 5 571** Kl. 39c vom 11/11. 1944, ausg. 16/10. 1954 [Wirtschaftspatent].) M. PANKOW. 7185

General Electric Co., New York, übert. von: **Robert Smith-Johannsen**, Niskayuna, N. Y., V. St. A., *Elastisches, hitzebeständiges Organopolysiloxan*, z. B. Alkyl-Aryl-, Chlorphenyl-, Alkylarylpolysiloxan sowie Mischpolysiloxane, gek. durch einen Geh. an 25—29 (%) Al_2O_3, 11—18 Fe_2O_3, 14—16 SiO_2, 7—11 TiO_2, 7—10 CaO oder Na_2O u. gegebenenfalls anderen anorgan. Füllstoffen (SiO_2-Aerogel u. dgl.). Die mit Benzoylperoxyd versetzte M. wird 15 Min. bei 150° geformt u. anschließend 24 Std. bei 250° u. 24 Std. bei 315° gehärtet; sie ist danach bis zu diesen Tempp. beständig. In Toluol oder Xylol gelöst verwendbar als Überzug, auch für Glasfasern, die zur Isolierung elektr. Leitungen dienen; Herst. von Dichtungsplatten. (**A. P. 2 710 289** vom 28/4. 1953, ausg. 7/6. 1955.) G. SALZMANN. 7189

VEB Silikon-Chemie, Radebeul-Dresden (Erfinder: **Richard Müller**, Radebeul, **Max Kahlert**, Nünchritz, **Erwin Körner**, Radebeul, und **Rolf Jäger**, Frankfurt/M.), *Bläh-, Treib- und Schaummittel* zur Herst. von porösem Kautschuk, Leichtbetonsteinen, Porengipssteinen, Porenschamotte, porösen keram. Massen, Kunstharzisolierstoffen, Kunstleder. Man verwendet Si-Verbb., außer Dioxodisiloxan, die mit Alkalien oder in der Wärme H abspalten. — Hochsd. Destillate von der Herst. des Trichlorsilans, die hauptsächlich aus Hexa- u. Octochlorsilan bestehen, werden mit W. umgesetzt. Das feste, weiße, voluminöse Reaktionsprod. wird gemahlen u. 15 (Teile) mit 100 Kautschuk, 40 ZnO, 2 S u. 15 Goldschwefel gemischt u. heiß zu Porenkautschuk vulkanisiert. Ähnlich kann man mit synthet. Fettsäure u. den Chlorsilanen unter alkal. Verseifung schwimmfähige Seife herstellen. (**D. P. [DDR] 8 283** Kl. 39c vom 3/2. 1945, ausg. 11/10. 1954 [Wirtschaftspatent].) M. PANKOW. 7189

N. V. de Bataafsche Petroleum Mij., Den Haag, Holland, *In härtere Erzeugnisse umzuwandelnde Gemische*, die einen oder mehrere mehrwertige Glycidyläther oder deren Ester mit > 1 Epoxygruppe je Mol., < 0,12 g-Äquivalent OH-Gruppen auf 100 g, einen oder mehr mehrwertige Alkohole in einer Menge von 0,07—0,25 g-Äquivalente OH aus diesem Alkohol auf 100 g Glycidyläther u. auch andere Stoffe, wie Lösungsmittel, Füllstoffe u. Pigmente, enthalten. — Man härtet ein aus Diphenylolpropan u. Epichlorhydrin hergestelltes Äthoxylinkondensat nach Vermischen mit Äthylenglykol, Glycerin, n-Butanol oder W. u. Zusatz von 5 (Teilen) Piperidin als Härtungsmittel auf 100 Kondensat durch Erhitzen auf 65°. Bei Zugabe der mehrwertigen Alkohole wird die Härtungszeit stark verkürzt, die endgültig erreichte Härte nicht merklich verringert; n-Butenol ergibt bei Verkürzung der Härtungszeit eine unbefriedigende Härte, W. gibt ein unverwendbares blasenreiches Produkt. (**Oe. P. 183 962** vom 8/12. 1953, ausg. 10/12. 1955. A. Prior. 29/3. 1952.) M. PANKOW. 7205

Kurt Thinius, Magdeburg, *Herstellung eines Verbundkörpers aus chlorhaltigen Polymeren und Polyamiden.* Auf einer der zu vereinigenden Oberflächen oder beiden läßt man durch Polyaddition Polyurethane aus OH-gruppenhaltigen Polyestern u. Diisocyanaten entstehen u. vereinigt die Oberflächen vor der Beendigung der Polyaddition. — Man bestreicht Gewebe mit einer Polyvinylchlorid-Weichmacherpaste u. bringt darauf sowie auf eine Polycaprolactamoberfläche eine Lsg. aus 10 Teilen des Polyesters aus 3 (Mol) Adipinsäure, 3 1.3-Butandiol u. 2 Trimethylolpropan u. 6 Teilen Toluylendiisocyanat in 10—20 Teilen Essigester u. preßt die Oberflächen nach mehrstd. Stehen aufeinander. (**D. P. [DDR] 6 609** Kl. 39b vom 28/4. 1953, ausg. 12/2. 1954 [Wirtschaftspatent].) M. PANKOW. 7205

XII. Kautschuk. Guttapercha. Balata.

—, *Die Natur des starren Kautschuks.* Das anomale Verh. (bes. F.-Verh.) von starrem Naturkautschuk (Kautschuk, der nach längerer Lagerung bei mäßigen Tempp. infolge Kristallisation hart u. unelast. geworden ist) wurde untersucht. Es wurde gefunden, daß es möglich ist, unter kontrollierten Bedingungen (bes. Orientierung während der Kristallisation) solchen Kautschuk zu erhalten. (Rubber Age [New York] **78.** 257—58. Nov. 1955. Nat. Bur. of Standards.) R. SCHÄFF. 7222

A. Ss. Nowikow und **F. A. Galil-Ogly,** *Einfluß von strukturierenden Agentien auf die Plastifizierung und Vulkanisierung von Butadien–Styrol-Kautschuk.* Verbb. vom Typ *p-Anisidin* (I) u. *1.4-Diphenylphenylendiamin* (II) rufen im *Butadien–Styrol-Kautschuk SKS-30 A* u. dessen Lsgg., bes. beim Erhitzen, strukturelle Veränderungen hervor. Diese werden durch die Vulkanisationsbeschleuniger, bes. durch Mercaptobenzthiazol, sowohl bei der therm. oxydierenden Plastifizierung als auch bei der Vulkanisation wesentlich beschleunigt. Die strukturelle Wrkg. von **I** u. **II** drückt sich bei der Vulkanisation durch eine Erhöhung der mechan. Festigkeit, des Gleichgewichtsmoduls u. der Elastizität bei Erhaltung hoher relativer Dehnung aus. Es wird versucht, die beobachteten Erscheinungen theoret. zu deuten. (Коллоидный Журнал [Kolloid-J.] **16.** 126—33. März/April 1954. Moskau, Wiss. Forschungsinst. für die Gummiind.) M. ULMANN. 7228

Horst Frey, *Bestimmung von Zink und Magnesium in vulkanisierten Gummimischungen.* (Vgl. C. **1956.** 7950.) Zur Best. von Zn u. Mg wird eine gewogene Probe sorgfältig verascht u. nach dem Lösen der Asche Fe mittels Cupferron entfernt, da es bei der Zn-Best. stört. Im Filtrat wird Zn gewichtsanalyt. als Anthranilat u. im Filtrat der Zn-Fällung Mg colorimetr. mit Thiazolgelb bestimmt. Größere Mengen Ca stören nicht. Arbeitsweise u. Analysengang sind eingehend beschrieben. (Analytica chim. Acta [Amsterdam] **5.** 313—16. Juni 1951. Höchst/Odw., Veith-Gummiwerke A.-G.) H. STUHLDREER. 7248

Horst Frey, *Quantitative Bestimmung von Calcium in vulkanisierten Gummimischungen.* (Vgl. vorst. Ref.) Ca-Oleat ist in W. schwer löslich. Wenn ein Emulgierungsreagens hinzugesetzt wird, findet kein Ausflocken statt. Aus der eingetretenen Trübung kann nach einer vorher hergestellten Standardkurve im photoelektr. Colorimeter Ca nephelometr. bestimmt werden. Die Best. kann auch in Ggw. von Mg erfolgen. Die erreichbare Genauigkeit genügt in den meisten Fällen für die Kautschukanalyse. Die Meth. kann mit der im vorst. Ref. angegebenen kombiniert werden. Reagentien, App. u. Arbeitsgang sind eingehend beschrieben. (Analytica chim. Acta [Amsterdam] **5.** 317—20. Juni 1951.) H. STUHLDREER. 7248

XIII. Ätherische Öle. Parfümerie. Kosmetik.

Leo H. Narodny, *Die Resonanz des Geruchs.* Verss. mit Bienen wurden durchgeführt, bei denen diese gleiche Fenster aus Glas oder infrarotdurchlässigen Filtern aus TlBr/TlJ anflogen, hinter denen sich Honigköder oder kein Honig befand. In 2 Tabellen wird die Anzahl der Bienen angegeben, welche die einzelnen Fenster anflogen. Bei den Bienen wurde ein elektrostat. Feld von 2 V zwischen Antenne u. Brust mit einem Vakuumrohrelektrometer gemessen; das Bestehen einer 10 μ-Strahlung des Honigs wurde an einem Infrarotabsorptionsspektr. offenbar. Vf. schließt aus den Verss., daß die Strahlung des Honigs mit den 2 V-Magnetronantennen in Resonanz schwingt u. sie zu den mit Honig gefüllten Behältern hinführt. (Perfum. essent. Oil Rec. **47.** 23—28. Jan. 1956. Glen Cove, Me., Round Table Foundat.) H. MÜHLMEISTER. 7260

B. K. Mukherji, *Aromatische Hölzer.* Von folgenden Hölzern werden in Kürze die Heimat, die Ölgewinnung u. die erzeugten Ölmengen angegeben: Sandelholz (*Santalum album*), Zedernholz (*Juniperus virginiana L.* u. *J. mexicana* Scheide), Rosenholz u. Agarholz (durch Pilze infiziertes Holz von *Aquilaria agallocha* Roxb.). Die physikal. u. chem. Konstanten der Öle, wie D., Brechungsindex, Drehung, Löslichkeit, Ester- u. Säurewert, werden mitgeteilt, soweit sie bekannt sind. (Indian Soap J. **18.** 268—72. März 1953.) W. WERGIN. 7262

René Cornon, *Die Ambragerüche.* Überblick über Geschichte, Vork. u. Gewinnung der natürlichen Ambra, die Hypothesen über ihre Bldg., ihre verschied. Sorten, ihre Eigg., Prüfung, Bewertung u. Verwendung in der Parfümerie u. a., die Arbeiten über ihre Zus. u. die Konstanten ihrer Bestandteile sowie die Synth. ähnlich riechender Körper, welche die natürlichen zwar nicht völlig ersetzen können, aber sich bei der Komposition vom Parfüms eigener Note bewährt haben. (Ind. Parfumerie **10.** 291—95. Aug. 351—54. Sept. 1955. Soc. techn. des Parfumeurs de France.) H. MÜHLMEISTER. 7268

Giuliana Brambilla, *Einwirkung des Fruchtmarks von Diospyros kaki L. und Rosa canina L. auf die Haut.* Das Mark der reifen Früchte von *Diospyros kaki L.* u. *Rosa canina L.*, durch Zentrifugalfiltration gewonnen, wurde im Gemisch mit 4% teilweise demethyliertem Pektin, 10% einer das Austrocknen verhindernden u. einer stabilisierenden Substanz bei 30 atü homogenisiert u. zu Gesichtsmasken bei trockener, n. u. fetter sowie mit fettigen eitrigen Pickeln u. Flechten behafteter Haut verwendet. Dank des Geh. an reduzierenden Zuckern, Vitamin C (bei D. k.), C u. K (bei R. c.), Carotinoiden u. Tannin wirkte die Maske straffend u. klärend auf die Haut, ohne daß in 2 Jahren allerg. oder physiol. Nachteile aufgetreten wären. (Ind. Parfumerie **10.** 296—97. Aug. 1955. Mailand.) H. MÜHLMEISTER. 7284

XIV. Zucker. Kohlenhydrate. Stärke.

Howard R. Haise, L. R. Jensen und **Joseph Alessi,** *Die Wirkung von synthetischen Bodenverbesserungsmitteln auf die Bodenstruktur und den Ertrag an Zuckerrüben.* 2 synthet. Bodenverbesserungsmittel, VAMA u. HPAN, wurden auf einem WILLIAMS-Lehm-untergrundboden in Mengen von 0, 500, 1000 u. 1800 lbs./acre ausgestreut u. auf 6 Zoll untergepfügt, mit u. ohne Zusatz von 20 t Stallmist. Die als Versuchsfrucht benutzten Zuckerrüben bekamen eine Reihendüngung von je 100 lbs./acre N u. P_2O_5. Allg. bewirkte VAMA eine stärkere Veränderung des physikal. Zustandes des Bodens als HPAN. Trotz der scheinbaren Verbesserung der Bodenstruktur wurde bei diesen Verss. durch erhöhte Gaben von VAMA u. HPAN eine deutliche Verminderung des Ertrags bewirkt, u. zwar sowohl mit als auch ohne Stallmist. Die Ertragsverminderung betrug 0,52 t für je 100 lbs. Bodenverbesserungsmittel. (Proc. Soil Sci. Soc. America **19.** 17—19. Jan. 1955. Madan, N. Dak., U. S. Northern Grant Plains Field Stat.) A. JACOB. 7406

Stanisław Zagrodzki und **Helena Zaorska,** *Untersuchung über das Absüßen des Scheideschlammes nach der 1. Saturation mit reinem Wasser und mit Rückwasser von der Diffusion.* Diffusionswasser, das mit 0,06% CaO alkalisiert ist, eignet sich gut zum Aussüßen des Scheideschlammes. Der Vorteil der Ersparnis von reinem W. überwiegt den Nachteil der stärkeren Verunreinigung des Saftes mit Nichtzuckerstoffen. Ein Teil derselben kann wieder ausgefällt werden, wenn der Saft zum Löschen von Kalk verwendet wird. (Gaz. Cukrownicza **57.** 177—79. 1955.) F. URBAN. 7412

Walter Bauer, *Wirkstoffe der Kartoffel im Betrieb der Kartoffelfabriken.* Hinweise auf Möglichkeiten, hochwertige Prodd., wie Kartoffelfett (Linol- u. Linolensäure), Wuchshormone, Sterine u. andere außer Kartoffeleiweiß aus dem in Stärkefabriken anfallenden Fruchtwasser zu gewinnen. (Stärke **5.** 40—41. Febr. 1953. Aschach/Donau.) M. ULMANN. 7448

Ralph W. Kerr und **Walter J. Katzbeck,** *Gewinnung von Amylose.* Zur techn. Gewinnung von *Amylose* (**I**) wird eine Stärkesuspension von 35—40% mit 0,15n H_2SO_4 bei 50° behandelt; hierbei erfolgt bevorzugt eine Hydrolyse von vorliegendem *Amylopektin.* Nach Neutralisation der Lsg. wird mit einem **I** fällenden Mittel, wie Pentasol, versetzt. Der ausfallende **I**-Komplex wird schnell durch beheizte Walzen getrocknet. Es resultiert in guter Ausbeute ein amorphes, in heißem W. lösl. Prod. von verhältnismäßig hohem Mol.-Gewicht. (Stärke **5.** 2—4. Jan. 1953. Argo, Ill., Corn Prod. Refining Co.) M. ULMANN. 7448

L. Eynon, A. E. Tate und **J. G. N. Gaskin,** *Die Natur des Bleifehlers bei der Polarisation von Rohr-Rohzuckern.* (Vgl. C. **1955.** 4954.) Die Theorien des Bleifehlers bei der Polarisation von Rohr-Rohzuckern, der bei der Behandlung der Zuckerlsgg. mit trockenem bas. Bleiacetat oder Lsgg. davon entsteht, sowie die verbesserte Korrekturentabelle des BRIT. NAT. COMMITTEE werden besprochen. (Int. Sugar J. **57.** 7—9. Jan. 1955.) R. RUTKOWSKI. 7488

XV. Gärungsindustrie.

Lorand Macher, *Betriebshefe oder Preßhefe?* Vor- u. Nachteile der Verwendung hergeführter Betriebshefe u. des direkten, maischweisen Preßhefezusatzes zur Vergärung der Maischen in Kornbrennereien werden besprochen u. ein neues Verf. unter Verwendung biol. stabiler Stellhefe vorgeschlagen. (Alkohol-Ind. **66.** 349—51. 1/8. 1953.) H. G. SCHULTZE-BERNDT. 7506

K. P. Andrejew und **G. W. Bolonds,** *Eine kontinuierliche Methode ohne Separierung für die Vergärung von Hydrolysenmaische.* Vff. arbeiten mit 2 miteinander verbundenen Gärbottichen u. einer speziellen, von KALJUSHNYI (Гидролизная Промышленность СССР [Hydrolysen-Ind. UdSSR] Nr. 6. [1948]) isolierten Flockenhefe. In den 1. Bottich führt man kontinuierlich frische Maische gemeinsam mit der aus einem Absatzbottich kommenden, schon vergorenen Maische mit der darin befindlichen Hefe ein, während die Vergärung der Zucker erst im 2. Bottich zu Ende geführt wird. Ebenfalls kontinuierlich wird die vergorene Gesamtmasse in einen konusförmigen Absatzbottich gepumpt u. nach teilweisem Absitzenlassen die obere Fl. zur Destillationsanlage, die unteren Anteile zum 1. Bottich weitergepumpt. Beim Arbeiten nach diesem Schema ergeben sich für die Lebenstätigkeit der Hefe verschied. Vorteile, so daß bei verbilligter Arbeitsweise höhere Spritausbeuten erhalten werden. (Гидролизная и Лесохимическая Промышленность [Hydrolysen- u. holzchem. Ind.] **8.** Nr. 7. 5—7. 1955. Allunions Wiss. Forschungsinst. für Hydrolyse u. Spiritus.) M. ULMANN. 7510

G. Aufhammer und **G. Fischbeck**, *Beziehungen zwischen verschiedenen Korneigenschaften der Gerste unter besonderer Berücksichtigung ihrer Spelzenfeinheit.* In einem vierjährigen Vers. wurden 52 Sorten zwei- u. mehrzeiliger Gersten untersucht. Zweizeilige Zuchtsorten hatten bessere Spelzenfeinheit (**I**), geringeren Spelzengeh. (**II**) u. höheres 1000-Korngewicht (**III**), Wintergersten niedrigeren Eiweißgeh. (**IV**). Bei Vererbung hatte das **III** größte relative Konstanz. Auch **II** u. **IV** sind sortentypisch. Zwischen **I** u. **II** sowie **IV** besteht eine gesicherte negative Korrelation. Geringere **I** kann entweder von höherem **II** oder von höherem **IV** abhängen. Bei gleicher **I** kann der **IV** je nach Herkunft sehr unterschiedlich sein. Auch bei gleicher Herkunft genügt multiple Korrelation zwischen **I**, **II** u. **IV** nicht, um bei einer Einzelprobe aus der **I** auf den Extrakt schließen zu können. Für den **II** scheint die Kornform wichtiger als die Größe. Zwischen **II** u. **IV**, **IV** u. **III** sowie **III** u. **II** wurden bei diesen Sortenunterss. keine regelmäßig gesicherten Beziehungen gefunden. (Brauwelt, Ausg. B **95.** 589—94. 24/27. 5. 680—84. 31/5. 1955. München, TH, Inst. für Acker- u. Pflanzenbau Weihenstephan.)
H. G. SCHULTZE-BERNDT. 7540

Horace T. Brown, *Die Eiweißfrage in der Brauerei.* 1. Mitt. Es wird auszugsweise eine Arbeit wiedergegeben, die Vf. 1907 im J. Inst. Brewing **4.** 394—446 veröffentlicht hat. **L. R. Bishop** faßt in seiner krit. Betrachtung der Arbeit des Vf. zusammen, in welcher Weise dessen Auffassungen noch Gültigkeit haben. Die Ansicht, daß Infektionen durch Verminderung des lösl. N im Malz eingeschränkt werden können, hat sich nicht bestätigt. (Brewers' Guild J. **41.** 605—20. Dez. 1955.)
H. G. SCHULTZE-BERNDT. 7544

Heinrich Lüers, *Der Lichtgeschmack des Bieres.* Nach einem Überblick über die einschlägige Literatur wird ausgeführt, daß der Lichtgeschmack des Bieres durch Red. von Dithiodiglykolsäurediäthylester (**I**) zu Thioglykolsäureester entsteht. Vf. beschreibt die Bldg. des **I** aus Cystein bei der Gärung u. den Reaktionsablauf bei der Red. des **I**, der über das Codehydrase I (DPN)- u. Riboflavinsyst. als Wasserstoffüberträger verläuft. Die biochem. u. photochem. Bedingungen dieser Rk. werden erklärt. Da bei Bldg. des Lichtgeschmacks auch CO u. H_2S auftreten, laufen noch andere Rkk. ab, die diskutiert werden. (Brauwelt, Ausg. B **95.** 582—88. 24/27. 5. 1955.)
H. G. SCHULTZE-BERNDT. 7550

Jakob Blom, *Bestimmung von Kohlensäure im Bier.* CO_2 des Bieres wird an carbonatfreie NaOH gebunden. Durch ca. 1n HCl wird die gebundene CO_2 aus einem aliquoten Teil des alkal. Bieres in Freiheit gesetzt u. durch einen zirkulierenden Luftstrom in $Ba(OH)_2$-Lsg. übergetrieben. Die Menge an CO_2 wird durch Titration des nichtverbrauchten $Ba(OH)_2$ mit 0,1n HCl gegen Phenolphthalein bestimmt. Zur Kontrolle führt man Analysen mit abgewogenen Mengen Na_2CO_3 durch. In 1Std. kann ein Analytiker 5 Bestimmungen ausführen. Für Durchschnittsflascheninhalt u. -dichte der verschied. Biersorten werden Tabellen berechnet. (Brauwelt, Ausg. B **95.** 645—46. 24/27. 5. 1955. Kopenhagen, Labor. der Tuborg-Brauereien.)
H. G. SCHULTZE-BERNDT. 7600

Angelo Menozzi e **Ugo Pratolongo**, Chimica vegetale e agraria. Volume III: Chimica delle fermentazione a cura di U. P. 2e edizione. Milano: U. Hoepli. 1955. (XX + 362 m. Abb. u. 6 Taf.) 8°. 2: (K. S. m. 3 Diagr., zahlr. Tab. u. 12 Taf.) 8°. L. 1800.

XVI. Nahrungs-, Genuß- und Futtermittel.

R. Szasz, *Ascorbinsäure zur Konservierung von Lebensmitteln.* Inhaltlich ident. mit der C. **1954.** 2726 referierten Arbeit. (Fermentatio [Gand] **1952.** 8—25.)
R. BEYTHIEN. 7634

Edgar A. Hawk und **Olaf Mickelsen**, *Nährwertänderungen in Lebensmitteln, die Äthylenoxyd ausgesetzt waren.* Bei der Begasung von Versuchsfutter mit *Äthylenoxyd* (**I**), das als Insekticid u. Bactericid eingesetzt wird, wird der Nährwert des Futters ungünstig beeinflußt (gemessen an der Gewichtszunahme von Ratten). Es ist noch nicht bekannt, worauf diese Wrkg. zurückzuführen ist. Wenn auch die Ergebnisse nur für Rattenverss. maßgebend sind, so sollten doch Lebensmittel für menschlichen Gebrauch nicht eher mit I behandelt werden, bevor nicht der Vollwert dieser so behandelten Lebensmittel erwiesen ist. (Science [Washington] **121.** 442—44. 25/3. 1955. Bethesda, Md., Nat. Inst. of Health, Labor. of Biochem. and Nutrit.) H. PATZSCH. 7634

A. Cookson und **J. B. M. Coppock,** *Mehllipoide und Brotverbesserung.* Zusammenfassende Darst. der Theorien u. Reaktionsmechanismen der Backverbesserung durch Oxydationsmittel einerseits u. Krumenweichmacher andererseits unter besonderer Berücksichtigung der natürlichen Mehllipoide. (Brot u. Gebäck **10.** 46—48. 1956. Chorleywood, Herts., England, Brit. Baking Ind. Res. Assoc.) F. GÜNTHER. 7674

A. Rotsch und **E. Tessmer,** *Die Herstellung von Cocosmakronen.* Allg. Ausführungen nebst Rahmenrezepten. (Zucker- u. Süßwaren-Wirtsch. **8.** 205—06. 5/3. 1955. Detmold, Bundesforschungsanst. für Getreideverarbeitung.) M. WINIKER. 7674

V. Subrahmanyan, *Synthetischer Reis.* (Food Technol. Australia **6.** 67—71. Febr. 1954. — C. **1955.** 2556.) M. ULMANN. 7686

Morris B. Jacobs, *Tatsachen über das Honigaroma.* Zus. u. Eigg. verschied. natürlicher Honigarten u. die Bewertung ihres Aromas werden besprochen. (Amer. Perfumer essent. Oil Rev. **65.** Nr. 6. 61—62. Juni 1955.) H. MÜHLMEISTER. 7700

Heinrich Fincke, *Zusammensetzung von Marzipanrohmasse.* Untersuchungsergebnisse des Geh. an W., Zucker, Fett (Mandelöl) u. Asche in 13 Proben von Marzipanrohmasse (I). Aus diesen Angaben kann man auf die Beschaffenheit der benutzten Samen schließen. Es ergibt sich, daß es techn. nicht schwer ist, stets die richtige Zus. bei der Herst. der I einzuhalten. (Zucker- u. Süßwaren-Wirtsch. **9.** 162. 20/2. 1956. Köln, Süßwarenwissenschaftl. Zentralstelle.) F. GÜNTHER. 7704

M. L. Buch, E. C. Dryden und **Claude H. Hills,** *Chromatographischer Vergleich der nichtflüchtigen Säuren aus frischem und gelagertem Apfelsaftkonzentrat.* Die nichtflüchtigen Säuren aus frischem u. gelagertem, gedunkeltem Apfelsaftkonzentrat wurden papierchromatograph. u. verteilungschromatograph. an Kieselsäure getrennt. Unterschiede ergaben sich nicht. Als Lösungsm. für die Papierchromatographie dienten im absteigenden Verf. n-Butylalkohol/Essigsäure/W. 4:1:5, n-Amylalkohol/5 mol. wss. Ameisensäure 1:1 oder A./NH_3/W. 20:1:4. Mit gewisser Sicherheit wurden an den R_F-Werten erkannt: Galakturon-, China-, Citronen-, Äpfel-, Chlorogen-, Citramal-, Kaffee-, Bernstein- u. Milchsäure u. H_3PO_3. 7 weitere Säuren wurden nicht identifiziert. (J. agric. Food Chem. **3.** 960—64. Nov. 1955. Philadelphia, Pa., Eastern Reg. Res. Labor.) PH. FRESENIUS. 7706

A. Mehlitz und **B. Matzik,** *Zur Frage des Vorkommens von Milchsäure in Süßmosten. Weitere Beiträge auf Grund der in der Kelterzeit 1954 gewonnenen Ergebnisse.* (Vgl. C. **1956.** 3445.) *Milchsäure* (I)-Bestimmungen mit der Meth. nach KOCH u. BRETTHAUER (C. **1952.** 3419) ergaben in Preßsäften (in mg/Liter) von Stachelbeeren 78—196, Sauerkirschen 274—530, Erdbeeren 39—142, Heidelbeeren 43—106, Brombeeren 32—44, Johannisbeeren 47—204, Trauben 34—185, Birnen 60—93 u. Äpfeln 128—500. Durch Behandlung zerkleinerter Früchte mit Pektinenzymen wurden diese Werte nicht signifikant verändert. Aus Kelteräpfeln erhaltene Preßsäfte enthielten 136—400, Apfelsüßmoste 168 bis 727 mg/Liter I, wobei keine eindeutigen Zusammenhänge zwischen I-Geh. u. Geschmacksqualität festzustellen waren. (Ind. Obst- u. Gemüseverwert. **40.** 59—62. 17/2. 1955. Berlin, TU, Inst. für Obst- u. Gemüseverwertung.) F. KRUSEN. 7706

C. P. Natarajan, G. S. Mani und **D. S. Bhatia,** *„Volatile value" von indischem Kaffee und Kaffee-Ersatz.* „Volatile value" entspricht der Aromazahl nach HOGL u. wurde hier in einer modifizierten App. nach WURZIGER unter Verwendung von 0,1 n-$KMnO_4$-Lsg. ermittelt. Die Werte für verschied. Kaffeesorten lagen zwischen 18,9 u. 24,1, während die für einige Kaffee-Ersatzmittel zwischen 5,1 u. 13,8 lagen. (Bull. centr. Food technol. Res. Inst., Mysore **3.** 307—09. Sept. 1954. Mysore, Central Food Technol. Res. Inst.) F. KRUSEN. 7720

H. Reuter, *Die Wirksamkeit der Reinigungs- und Desinfektionsmittel Calgonit D. Calgonit stanal und Calgonit TP 1.* Bericht über Unterss., denen zufolge die Präpp, *Calgonit D, Calgonit stanal* u. *Calgonit TP 1* (Zus. nicht angegeben, Herstellerfirma JOH. A. BENKISER G. M. B. H., Ludwigshafen/Rh.) als Reinigungs- u. Desinfektionsmittel für fleischverarbeitende Betriebe (als 1%ig. Lsgg., möglichst bei 50°) geeignet sind. Calgonit TP 1 hat einen schwachen Formaldehydgeruch u. sollte deshalb bes. für Großdesinfektionen der Gesamtbetriebe benutzt werden. (Fleischwirtschaft **7.** 23—25. Jan. 1955. Kulmbach, Bundesforschungsanst. für Fleischwirtschaft, Bakteriol.-histol. Inst.) M. WINIKER. 7750

R. Grau, *Mißverständnisse und Irrtümer in der Phosphatfrage.* In seiner Stellungnahme zur Phosphatfrage hebt Vf. hervor, daß die Wrkg. der *Phosphate* (I) u. anderer Brätzusatzmittel auf Fleischeiweiß eine Salzwrkg. bei günstigem p_H ist, die bei richtiger p_H-Einstellung durch Kochsalz allein ebenfalls erreicht werden kann. Eine Bindemittelwrkg. liegt nicht vor. Es wird eine echte Verbesserung der Brühwurst erreicht. Vortäuschung einer besseren Qualität ist nicht gegeben. Eine gesundheitliche Schädigung durch I wurde bisher nicht bewiesen. Die zulässige Menge der I auf 0,3% des Brätes (Fleisch + Fett) zu beschränken, wird als ausreichend erachtet. (Fleischwirtschaft **7.** 15—16. Jan. 1955. Kulmbach, Bundesforschungsanst. für Fleischwirtschaft, Chem.-Physikal. Inst.) M. WINIKER. 7750

L. Kotter und Th. Schmidhofer, *Die Bewertung des Fettes in Wurstwaren.* Allg. Ausführungen, die darin gipfeln, daß unter Würdigung von ernährungsphysiol. Gesichtspunkten, Verfahrenstechnik, Verbrauchererwartung u. Brauch des Gewerbes das Fett von Wurstwaren nicht als minderwertige Füllsubstanz betrachtet werden kann. Die Notwendigkeit einer Festsetzung von Höchstwerten für den Fettgeh. der Wurstwaren wird verneint. — 126 Literaturhinweise. (Fleischwirtschaft **7.** 3—6. 19—23. Jan. 1955.) M. WINIKER. 7750

K. Raible, *Zur Kenntnis des mikrobiellen Verderbs von flüssigem Hühnereigelb.* 2. Mitt. *Verderb von ungesalzenem Eigelb unter Luftabschluß.* (1. vgl. C. **1956.** 7107.) Vf. verfolgte die sich bei anaerober Aufbewahrung u. anschließendem Verderb von mit Eierschalenverunreinigungen infiziertem fl. Eigelb entwickelnden Mikroorganismen. Bei 37° entwickelten sich fast ausschließlich anaerobe oder mikroaerophile Streptokokken u. Stäbchenbakterien; bei 25° traten neben diesen noch Bacillus-, Escherichia-, Aerobacter-, Pseudomonas- u. Mikrokokkusarten auf, während bei 10° überwiegend Pseudomonas-, Aerobacter- u. Flavobacteriumarten feststellbar waren. Obwohl durch den Luftabschluß der Einfl. von Schimmelpilzen, Hefen u. Strahlenpilzen ausgeschaltet ist, gelingt es nicht, den durch die genannten Organismen verursachten Verderb zu verzögern. Die Tatsache, daß sich bei 10° unter anaeroben Bedingungen aerobe Organismen in überwiegendem Maße vorfinden, wird auf eine Temperaturbeeinflussung des Redoxpotentials zurückgeführt. (Z. Lebensmittel-Unters. u. -Forsch. **99.** 118—23. Aug. 1954. München, Dtsch. Forschungsanst. für Lebensmittelchem.) F. KRUSEN. 7754

W. N. Fawstowa und I. N. Wlodawetz, *Verteilung der Fettkügelchen von Milch und Sahne nach ihrer Größe.* Bei der Verteilung der dispersen Phase in Emulsionen spielt die Oberflächenenergie ε dabei eine wesentliche Rolle, sie ist $\varepsilon = \gamma \pi \delta^2$, wo γ die Oberflächenspannung, δ den Durchmesser der Teilchen bedeutet. Wenn alle Teilchen gleich groß wären, würde die mittlere Oberflächenenergie ε_0 gleich $\gamma \pi \delta_0^2$ sein, wo δ_0 den charakterist. Durchmesser bedeutet. Setzt man ν für die relative Zahl der Teilchen, deren Energie ε nicht erreicht, so berechnet sich für $\nu = 1 - \exp(-\delta^2/\delta_0^3)$, woraus dann nach graph. Best. von δ_0 die Differentialfunktionen für die Verteilung der Teilchenzahl ihrem Durchmesser, der Oberfläche u. dem Vol. nach ermittelt werden können. δ_0 wurde zu 2,9 μ bestimmt in Übereinstimmung mit den Daten anderer Autoren. Die größte Anzahl der Teilchen in der Milch kommt auf die Fraktion mit dem Durchmesser $\delta_0 \sqrt{1/2}$, die größte Oberfläche hat die Fraktion mit $\delta_0 \sqrt{3/2}$ u. das maximale Vol. auf die Fraktion mit $\delta_0 \sqrt{2}$. Wie die Berechnungen aus den Verss. ergeben, ist für das maximale Vol. $\delta = 4—5\ \mu$, aus den Formeln folgt $\delta = 4{,}18$. Bei der Sahne verändern sich infolge der mechan. Einw. beim Zentrifugieren die Größenverhältnisse einiger Teilchen. Man erhält durch eine analoge Berechnung wie bei der Milch das Ergebnis, daß 2 charakterist. Durchmesser vorhanden sind. Der kleinere ist dem bei der Milch gefundenen gleich, der zweite ca. 7,03 μ groß, tritt nur bei einer geringen Anzahl der Teilchen auf. (Коллоидный Журнал [Kolloid-J.] **17.** 456—64. Nov./Dez. 1955. Moskau, Allunions wiss. Forschungsinst. für die Milchwirtschaft.) J. v. SCHROEDER. 7756

G. D. Sperry, *Stabilisatoren für Hochtemperatur–Kurzzeit-Erhitzung.* Zusammenfassende Darstellung. (Proc. annu. State Coll. Washington Inst. Dairying **1955.** 65—73. 7.—10/3. San Diego, Calif., Kelco Co.) F. KRUSEN. 7756

J. Mauron, F. Mottu, E. Bujard und R. H. Egli, *Die Ausnutzbarkeit von Lysin, Methionin und Tryptophan in Kondensmilch und Milchpulver. Untersuchungen über die Verdauung in vitro.* Um die Zerstörung u. Inaktivierung von α-*Aminogruppen* festzustellen, wurden *Tryptophan* (I), *Tyrosin* (II), *Methionin* (III) u. *Lysin* (IV) in frischer, in gekochter Milch u. Milchkonserven (Sprüh- u. Walzenmilchtrockenpulver, in gezuckerter Kondensmilch u. in evaporierter Milch) bestimmt. Keiner Zerstörung unterlagen in allen Milchsorten **I, II** oder **III.** Eine 6%ig. Zerstörung der α-Aminogruppen wurde in einem leicht angebrannten Walzentrockenmilchpulver (**A**) beobachtet. Keine Zerstörung von **IV** wurde in gekochter Milch festgestellt, während eine leichte Zerstörung stattgefunden hatte in Sprühtrockenmilchpulver (3,6%) u. gezuckerter Kondensmilch (4,8%). Beträchtlich war die Zerstörung in evaporierter Milch (8,4%), höher in Walzentrockenmilchpulver (**B**; 13%), am höchsten in **A** (26,6%). Die Inaktivierung derselben Aminosäuren wurde in einem in vitro-Verdauungstest bestimmt, der ausführlich beschrieben ist (mit Pepsin). **I** u. **II** wurden nicht inaktiviert. 13% der α-Aminogruppen wurden in **A** inaktiviert, **II** leicht nur in **B**. **IV** wurde inaktiviert in evaporierter Milch (11,2%), in **B** (20%) u. in **A** (45,8%). Zwischen Zerstörung u. Inaktivierung von **IV** besteht eine enge Korrelation (r = 0,992). Beide werden einer Zucker-Amin-Kondensation zugeschrieben. Die Ausnutzbarkeit von **IV** (y) in industriellen Milchprodd. kann aus der **IV**-Zerstörung (x) nach der Regressionsgleichung: y = 109,58 — 3,099 **x** berechnet werden. — 30 Literaturangaben. (Arch. Biochem. Biophysics **59**. 433—51. Dez. 1955. Vevey, Schweiz, Nestle's Prod. Res. Labor.) H. PATZSCH. 7756

Enrique Ullman, *Die Fettgewinnung aus Molke.* Bericht über eine von der WESTFALIA SEPARATOR AKT.-GES. ausgearbeitete App. u. ihren Betrieb. (Ind. lechera **37**. 30. 32—36. Jan. 1955.) R. K. MÜLLER. 7756

W. C. Cole, *Stabilisatoren und Emulgatoren für Eiscreme.* Übersicht. (Proc. annu. State Coll. Washington Inst. Dairying **1955**. 59—63. 7-10/3. Los Angeles, Calif., Arden Farms Co.) F. KRUSEN. 7756

H. Dibbern und **K. Koenen,** *Einfluß der Fütterung auf die Konsistenz des Butterfettes.* Vff. zeigen, daß bei üblicher Fütterung Sommer- u. Winterbutter sich deutlich in ihrer Konsistenz unterscheiden. Zur Erzielung einer festeren Sommerbutter wird empfohlen, von reiner Weidefütterung abzugehen u. das dabei bestehende Protein–Stärkewert-Verhältnis von 1:3 durch Zufütterung von entsprechendem Beifutter (Trockenschnitzel, Haferschalen, Palmkernschrot u. Rübenmelasse) auf ca. 1:6 einzustellen. Zur Gewinnung einer weicheren Winterbutter soll die Fütterung mit Rüben, Knollen, Rübenblatt u. ähnlichem durch Beifutter auf der Grundlage von Raps-, Sesam-, Sonnenblumen- u. Leinkuchen, sowie von Reis- u. Maispräpp. ergänzt werden. (Molkerei u. Käserei-Ztg. **7**. 222—25. 23/2. 1956. Krefeld, Milchw. Lehr- u. Untersuchungsanst.) F. KRUSEN. 7758

Fritz Hofmann, *Grundlagen zur qualitativen Verbesserung der Käsereibutter.* Der schmirgelig-metall., unter Umständen auch fischige Geschmack der Käsereibutter („Sirtengeschmack") ist hauptsächlich einer Einw. von Cu (Cu-Kessel) auf Milch u. Molke zuzuschreiben. Mit der Entw. dieser Geschmacksstufen, die durch niedrige Pasteurisationstemp. u. zu hohe Reinansäuerung des Butterungsgutes gefördert werden, erhöht sich auch die Peroxydzahl des Fettes. Bei Verwendung nichtrostender Stahlkessel gelingt es, Käsereibutter ohne „Sirtengeschmack" herzustellen. Für Betriebe, die bei der Verwendung von Cu-Kesseln bleiben, wird eine Reihe von Maßnahmen aufgezählt, deren Einhaltung ebenfalls die Herst. einwandfreier Tafelbutter ermöglicht. (Schweiz. Milchztg., wiss. Beilage **81**. 201—08. 13/6. 209—16. 28/6. 217—24. 12/7. 225—32. 26/7. 1955.) R. WOLLER. 7758

T. V. Subba Rao, *Verwertung von Ölkuchen, Samenschalen und anderen Nebenprodukten pflanzlicher Öle und Ölsaaten.* Wichtigste Ölsaaten in Indien sind Erdnuß, Raps, Senf, Leinsaat, Sesam, Ricinus, Baumwolle u. Cocosnuß. Auch Saflor, Mohn, Tabak u. andere werden in kleinem Umfange angebaut. Bis jetzt werden nur 50—60% Öl durch Auspressen gewonnen, während durch Extraktion eine 95%ig. Ausbeute möglich ist. Verwendung der Ölkuchen z. T. als Dünger. Mowrahkuchen enthält Saponine, die bei Verwendung als Viehfutter u. Dünger abgetrennt werden müssen. Kleine Mengen finden in Waschmitteln u. als Brennstoff Verwendung. Bei Ricinuskuchen muß bei Verfütterung das giftige Ricinin abgetrennt werden. Industriell verwertbaren Proteinen wurde bisher keine große Aufmerksamkeit geschenkt, obgleich große Quellen in Form der Ölkuchen vorhanden sind. — 6 Tabellen, 45 Literaturzitate. (Indian Soap J. **18**. 90—100. Sept. 1952. Bombay, Tata Oil Mills Co. Ltd.) J. BÖSS. 7872

T. L. Dodsworth und **W. H. M'K. Campbell,** *Grassilage für Rinder.* (Vgl. C. **1955**. 4957; **1954**. 8467.) Neue Fütterungsverss. bestätigen frühere Ergebnisse. (Scott. Agric. **32**. 137—41. Winter 1952/53. North of Scotland Coll. of Agric.) PH. FRESENIUS. 7782

W. Schneider, *Futterwert von ausgekeimtem Weizen.* Beim Keimprozeß des Weizens tritt in erster Linie ein Substanzverlust auf Kosten der leichtverdaulichen N-freien Extraktstoffe ein. Der Futterwert ist somit für gekeimten u. ungekeimten Weizen prakt. gleich. (Landwirtsch. Jb. Schweiz **69** ([N. F.] **4**). 965—70. 1955. Liebefeld.) M. WINIKER. 7786

H. Olbrich, *Zur Verfütterung der Melasse.* In zunehmendem Maße ist neben die Herst. von Melassemischfuttermitteln die direkte Verfütterung von Melasse getreten. Bedeutung u. Handhabung der Melassefütterung werden nach dem neuesten Stand beschrieben; es wird auf den Zusatz von Melasse als Sicherungsmittel zur Silage eingegangen u. eine Nomenklatur der Schnitzelsorten aufgestellt. (Z. Zuckerind. **6** (**81**). 265—68. 20/5. 1956. Berlin.) H. OLBRICH. 7786

William H. Hale, *Verwendung nichtproteinhaltigen Stickstoffs in der Melassefütterung.* Durch Verabreichung der Melasse mit einer kombinierten Harnstoff- bzw. Ammoniakverfütterung wurde eine Sonderfutterform für Wiederkäuer geschaffen, die zur Entlastung des Kraftfuttermarktes führt u. geeignet ist, die Fleischproduktion u. z. T. auch die Milchgewinnung mit bisher als völlig wertlos angesehenen Abfallprodd. der Landwirtschaft (leere Maiskolben) zu betreiben. Beschreibung der Vorteile der Verfütterung von Harnstoffmelasse u. Ammoniakmelasse. (Z. Zuckerind. **6** (**81**). 268—69. 20/5. 1956. Iowa, State Coll.) H. OLBRICH. 7786

W. Minder, *Nachweis von radioaktiven Lebensmitteln.* (Wiener tierärztl. Mschr. **42.** 652—58. Okt. 1955. — C. **1956.** 9877. 10140.) W. REUSSE. 7788

O. Schetty und **J.-P. Geneux,** *Bestimmung des Wassergehaltes in Konfitüren, Fruchtkonzentraten und kandierten Früchten.* Die Meth. von PRITZKER u. JUNGKUNZ zur Best. des Wassergeh. durch Überdestillieren des W. als azeotropes Gemisch mit einem höhersd. chlorierten KW-stoff wurde in der Weise modifiziert, daß das Analysenmaterial fein zerkleinert u. mit Sand u. $CaCO_3$ innig vermischt wird. Hieran schloß sich die übliche Dest. mit Tetrachloräthylen. (Zucker- u. Süßwaren-Wirtsch. **8.** 202—04. 5/3. 1955. Neuchâtel, Suchard Holling S. A., Labor.) M. WINIKER. 7816

E. Benk, *Zur Prüfung der Fruchtsäfte und Fruchtsaftgetränke mit Hilfe der Formolwertbestimmung.* Ausführungen über die Bedeutung der Formolwertbest. zur Beurteilung von Fruchtsäften u. daraus hergestellten Getränken. Die Best. wird beschrieben. Zahlenwerte für verschied. Erzeugnisse sind angegeben. (Flüssiges Obst **21.** Nr. 9. 16—18. Sept. 1954. Reutlingen.) PH. FRESENIUS. 7818

Angelo Castiglioni, *Papierchromatographie von Saccharin—Dulcin-Mischungen. Saccharin* (**I**) u. *Dulcin* (**II**) lassen sich im aufsteigenden papierchromatograph. Verf. mit n-Butylalkohol + NH_3 (D. 0,88; 4:1) bei 10 cm Steighöhe auf WHATMAN 1-Papier mit R_F-Werten 0,3 (**I**) u. 0,8 (**II**) trennen. Entw. von **I** mit α-Naphthylaminreagens nach GANDINI (Farmaco [Pavia] **1.** [1946.] 34), von **II** mit HNO_3 (Gelbfärbung). (Z. analyt. Chem. **145.** 188—89. 1955. Turin, Univ., Inst. für Warenkunde.) PH. FRESENIUS. 7824

H. Streuli, *Über die Festigkeit von Schokolade.* Vf. erfaßt die Biege-, Zug- u. Scherfestigkeit von Schokolade in Abhängigkeit ihrer Zus., Verarbeitung u. Meßtemp. u. leitet daraus ein Kriterium zur Beurteilung der Temperier- u. Kühlprozesse ab. (Zucker- u. Süßwaren-Wirtsch. **9.** 146. 20/2. 1956. Zürich.) F. GÜNTHER. 7832

G. Koelle, *Beitrag zur mikroskopischen Bestimmung von Tabak in geschnittenem Zustand.* An Hand mkr. Aufnahmen u. einer tabellar. Übersicht über die typ. Merkmale der Blätter häufig verwendeter Tabakersatzpflanzen im Vgl. zum Tabakblatt zeigt Vf., wie mit geringstmöglichen Hilfsmitteln Tabakverfälschungen nachgewiesen werden können. (Tabak-Forsch. **1954.** 5—8. Juli.) M. WINIKER. 7836

Homer J. Preston, *Entnahme von Milchfettproben aus Großanlieferungen.* Verss. ergaben, daß die in Farmen anfallende Milch in Tanks bereits nach zwei Min. langem Durchrühren so hinreichend gemischt ist, daß bei mehrfachen Fettbestimmungen keine auffallenden Divergenzen mehr festzustellen waren. Vf. empfiehlt, zur Erzielung exaktester Ergebnisse die Probenentnahme an verschied. Stellen der Tanks durchzuführen. (Milk Plant Monthly **44.** Nr. 7. 27—28. Juli 1955.) R. WOLLER. 7856

Th. Goldschmidt Akt.-Ges. (Erfinder: **Adolf Schmitz**), Essen, *Herstellung von baktericidem Klareis,* dad. gek., daß man dem W. vor dem Gefrieren amphotere, oberflächenakt. Stoffe, die mindestens eine aliphat. KW-stoffkette mit wenigstens 6 C-Atomen, mindestens eine bas. Aminogruppe u. mindestens eine freie Carboxylgruppe enthalten, in Form ihrer innermol. Salze zusetzt. (**D. B. P. 941 707** Kl. 53c vom 1/8. 1952, ausg. 19/4. 1956. Anmeldung bekanntgemacht 20/10. 1955.) H. MAASS. 7637

National Lead Co., New York, N. Y., übert. von: **Don S. Bolley,** Watchung, N. J., **Ralph H. McCormack,** Detroit, Mich., und **Frank C. Naughton,** North Bergen, N. J., V. St. A., *Phytingewinnung aus Ölsaaten.* Entöltes Mehl aus Flachssaat, Erdnuß oder Sojabohnen wird mit angesäuertem W. bei p_H 4,5—4,9 mehrmals extrahiert. Die vereinigten zentrifugierten Extrakte werden durch Zugabe von NaOH auf p_H 7,0 eingestellt u. ca. 1½ Std. gekocht. Das dabei ausfallende Phytin wird getrocknet. Der Extraktionsrückstand wird durch alkal. Aufschluß auf *Protein* weiterverarbeitet. (**A. P. 2 732 395** vom 20/5. 1952, ausg. 24/1. 1956.) W. KRANZ. 7647

Robert A. Boyer, Cincinnati, O., V. St. A, *Herstellung von Lebensmitteln,* dad. gek., daß man eine Anzahl Fasern aus Eiweiß herstellt u. auf diese ein eßbares Bindemittel aufbringt. (**Oe. P. 183 638** vom 10/9. 1951, ausg. 25/10. 1955.) T. OPPERMANN. 7647

United States of America, übert. von: **Tod W. Campbell,** Orinda, und **Galvin M. Coppinger,** El Cerrito, Calif., V. St. A., *Stabilisieren von entwässerten Vegetabilien, wie getrockneten Kartoffeln.* Man dispergiert ein fettstabilisierendes Antioxydans, wie 6-Äthoxy-2.2.4-trimethyl-1.2-dihydrochinolin, so in dem vegetabil. Gewebe, daß das Antioxydans mit den im Gewebe verteilten natürlichen Fetteilchen überall in innige Berührung kommt. (**A. P. 2 709 657** vom 1/8. 1951, ausg. 31/5. 1955.) H. MAASS. 7679

Slasto Co. of Africa (Pty.) Ltd., Südafrikanische Union, *Extrahieren von Nüssen, Früchten, Samen* u. dergleichen. Man setzt die Nüsse u. dgl. zuerst einer niederen Temp. aus, um die fl. Bestandteile der äußeren Schichten zu verfestigen u. hermet. abzudichten, u. erhitzt sie dann in einem elektr. oder elektromagnet. Feld genügend hoher Intensität, wodurch eine explosionsartige Verdampfung der in den Nüssen u. dgl. enthaltenen Fl. bewirkt wird. Danach behandelt man die Nüsse mit Schall- oder Ultraschallwellen u. unterwirft sie einer Flotation. Hierbei werden die inneren Schalenschichten oder das Nuß- bzw. Fruchtfleisch umgebende Gewebeschichten entfernt. — Vorrichtung. (**F. P. 1 083 026** vom 3/9. 1953, ausg. 4/1. 1955.) T. OPPERMANN. 7689

American Machine & Foundry Co., N. J., übert. von: **Gordon P. Hungerford, John T. Williamson,** Brooklyn, und **Delbert F. Jurgensen jr.,** Tuckahoe, N. Y., V. St. A., *Herstellung von künstlichem Tabakblatt.* Eine 2—8%ig. wss. Lsg. von Na-Carboxymethylcellulose (I) oder einem anderen geeigneten Cellulosederiv. wird in dünnem Strahl in 20%ig. H_2SO_4 eingeleitet. Die sich dabei bildenden **I**-Fäden bleiben mehrere Std. in der Säurelsg., werden durch ein Sieb abgetrennt u. bis p_H 2,4 ausgewaschen. Die strähneartige halbfeste M. wird in der Kolloidmühle zu einer wss. Dispersion vermahlen. Nach Zugabe von Glycerin u. Glyoxal wird die Dispersion zu einem bandförmigen dünnen Film verformt u. dieser mit Tabakstaub überzogen. Auf diese Schicht wird ein weiterer Überzug von **I**, dem gegebenenfalls Fasermaterial, z. B. Glas-, Tabakrippen- oder Zigarettenpapierfasern, zugegeben ist, aufgebracht. Diese wird erneut mit Tabakpuder überzogen u. nochmals mit einer filmbildenden Schicht aus **I**. Das Filmband wird getrocknet. — Vorrichtung. (**A. PP. 2 734 513** vom 10/4. 1951, **2 734 509** vom 20/12. 1951 u. **2 734 510** vom 25/8. 1955, alle ausg. 14/2. 1956.) W. KRANZ. 7735

XVII. Fette. Seifen. Wasch- u. Reinigungsmittel. Wachse. Bohnermassen usw.

S. G. Brooker, *Bedarf und Behandlung vegetabilischer Öle für Nahrungszwecke.* Ausführungen über den Weltbedarf an Nahrungsölen, sowie über deren Extraktion, Raffination, Bleichung, Hydrierung, Desodorierung, Fraktionierung u. Verfestigung. (J. New Zealand Inst. Chem. **19.** 76—81. Juni 1955. Newmarket, Auckland, Abels Ltd.) F. KRUSEN. 7870

Nándorné Homonnay, *Untersuchung und Nutzbarmachung des bei der Ölgewinnung durch Extraktion anfallenden Schlammes.* Arbeitet man bei der Extraktion von Pflanzenölen mit Lösungsmitteln, so entsteht häufig als unerwünschtes Nebenprod. sogenannter Extraktionsschlamm. Darin sind ca. 10% Phosphatide enthalten, die man durch Extraktion mit einer 4—5fachen Menge 96%ig. A. gewinnen kann. (Elelmezési Ipar [Verpflegungs-Ind.] **6.** 58. Febr. 1952.) H. LANGENBECK. 7872

J. Scheiber, *Fragen der Copolymerisation.* Die bisher rein empir. betriebenen Veredelungs- u. Präparationsverff. von fetten Ölen u. Ölprodd. wird durch die ALFREY-PRICEsche Theorie der Copolymerisation systemat. unterbaut. Auf Grund der r-, e- u. Q-Werte können die geeigneten Reaktionspartner vorausgesagt werden. Infolge der negativen Polaritätswerte (e) u. der ster. Behinderung der Fettkomponente (z. B. Ricinensäure) ist Styrol als Reaktionspartner weniger geeignet als z. B. Acrylester oder Acrylnitril. Während der Q-Effekt allg. durch ster. Behinderung red. wird, erfolgt bei Komponenten mit entgegengesetzten Polaritätswerten eine Abminderung dieser Auswrkg. u. infolgedessen günstigere Voraussetzung für die Mischpolymerisation. (Fette, Seifen, Anstrichmittel **57.** 81—86. Febr. 1955.) H. REICHERT. 7882

K. Krishnamurthy und **M. Narayana Rao,** *Herstellung pflanzlicher Aktivkohle zum Bleichen von Öl.* In einer Versuchsanlage wurden aus verschied. Rohstoffen, wie Sägemehl von 5 Holzarten, Baumwollsaatschalen, Erdnußschalen u. Reishülsen, nach dem Mahlen u. Tränken mit 10%ig. HCl + 50 g $ZnCl_2$/100 g oder mit 50 g CaO/100 g Rohstoff Aktivkohlen hergestellt. Die Reishülsen wurden zuvor mit Alkali behandelt. Ihre Aktivierung mit $ZnCl_2$ führte zum besten Bleichmaterial. Dann folgte die $ZnCl_2$-Erdnußschale. — 11 Zitate, 2 Tabellen. (Bull. centr. Food technol. Res. Inst., Mysore **4.** 208—09. Juni 1955. Mysore, C. F. T. R. I.) H. GUDE. 7886

K. Krishnamurthy, *Ausgewinterte Öle und ihre Erzeugnisse.* Nach der Literatur entfernt man zur Gewinnung von Salatöl aus Baumwollsaatöl die höherschm. Glyceride durch Auskühlen u. direktes Abfiltern, während man bei Erdnußöl für die Filtration noch einen Zusatz von Hexan oder Aceton macht. Für die Herst. von Mayonnaise u. Salaten aus besten Ölen, wie Mais- u. ausgewintertes Baumwollsaatöl, werden einige Hinweise gegeben. — 20 Zitate. (Bull. centr. Food technol. Res. Inst., Mysore **4**. 211—13. Juni 1955. Mysore, C. F. T. R. I.) H. GUDE. 7894

Nándorné Homonnay, *Güteuntersuchungen am Öl von Sonnenblumenkernen.* Verschied. heim. Sonnenblumenkernsorten wurden auf Feuchtigkeitsgeh., Gewichtsverhältnis von Schale u. Kern, auf Proteingeh. u. Ölgeh. untersucht. Angeführt werden JZ. u. SZ. der verschiedensten Sonnenblumenarten. (Elelmezési Ipar [Verpflegungs-Ind.] **6**. 79—82. März 1952.) H. LANGENBECK. 7894

Y. K. Raghunatha Rao und **R. G. Krishna Murthy**, *Reiskleieöl durch Lösungsmittelextraktion mit Alkohol.* In einer halbtechn. Versuchsanlage wurden folgende wirtschaftlich arbeitenden Verff. durchgeführt: Reiskleie wird 2 Std. auf 105° erhitzt, damit bei einmonatiger Lagerung der Geh. an freien Fettsäuren nicht über 5% steigt. Bei ca. 3% Feuchtigkeit gewinnt man durch Kaltpressung mit 6 Tonnen/sq.in. 45% des Öles. Nach A.-Extraktion bei 70° u. A.-Verdampfung liegen 1—4% Vitamin-B-haltiger Sirup u. der Rest von insgesamt 16,6% als Öl vor. Das sich trübende Öl wird durch Fällen mit Aceton u. Zentrifugieren von maximal 0,4% Wachs/Kleie befreit. Dann werden daraus mit Alkali die Fettsäuren unter Verlust von ca. 11% des Öles entfernt. Nach Bleichung mit Fullererde + SO_2 bei 90° liegt ein haltbares Speiseöl vor, zu dessen Kennzahlen auch ein Vitamin-E-Geh. von 0,03—0,6% gehört. — 5 Tabellen, 24 Literaturhinweise. (Bull. centr. Food technol. Res. Inst., Mysore **4**. 205—08. Juni 1955. Mysore, Central Food Technol. Res. Inst.) H. GUDE. 7894

M. Takao und **S. Tomiyama**, *Untersuchung über die chemischen Bestandteile und die Verwertung von Tintenfischöl.* 1. Mitt. *Eigenschaften von Tintenfischöl.* Aus der Unters. von 14 Proben verschied. Herkunft, Zeit u. Art der Aufarbeitung von Öl aus den inneren Organen von *Ommastrephes solani pacificus* ergibt sich, daß obige Umstände ohne Einfl. auf die Eigg. sind. $D.^{15}_{15}$ 0,9277—0,9299, n_D^{20} 1,4823—1,4843, VZ. 174,8 bis 184,2, JZ. 189,6—200,6, Unverseifbares 2,51—3,98%. Die SZ. nimmt rasch mit der Lagerungszeit der Eingeweide zu. (J. agric. chem. Soc. Japan [Nippon Nôgeikagaku Kaishi] **27**. 692—94. Okt. 1953. Lion Fett & Oil Co. [Orig.: japan.; Auszug: engl.]) L. SCHULER. 7898

M. Takao und **S. Tomiyama**, *Untersuchung über die chemischen Bestandteile und die Verwertung von Tintenfischöl.* 2. Mitt. *Bestand an Fettsäuren.* (1. vgl. vorst. Ref.) Festgestellt werden ca. 22% gesätt. Fettsäuren (13,6% Palmitinsäure, 4,8% Stearinsäure, 3,6% Myristinsäure u. geringe Anteile an Arachin-, Laurin- u. Caprinsäure), 33% monoäthenoide Fettsäuren (14,3% Ölsäure, 9,8% Gadoleinsäure, 5,8% Zoomarinsäure u. geringe Anteile an Docosensäure u. Tetradecensäure) u. ca. 45% höher ungesätt. Fettsäuren (20% Eicosatetraensäure, 6,2% Docosapentaensäure, 4,4% Docosahexaensäure, 3,5% Docosatetraensäure, 2,0% Tetracosapentaensäure u. geringe Mengen Eicosapentaensäure, Octadecatetraensäure u. Hexadecatriensäure). Am meisten vertreten sind also C_{20}-Säuren. (J. agric. chem. Soc. Japan, Trans. [Nippon Nôgaikaku Kaishi] **27**. 737—45. Nov. 1953. Lion Fett & Oil Co. [Orig.: japan.; Auszug: engl.]) L. SCHULER. 7898

Siegfried Rudischer, *Fragen zur Vitaminisierung der Margarine.* Hinweis auf die Zus. der Margarine u. der hierfür verwendeten Rohstoffe u. kurze Besprechung der als Zusatz zu Margarine in Frage kommenden fettlösl. Vitamine: Vitamin E (Tocopherol), Vitamin A u. Vitamin D. Die Tafelmargarine der DDR enthält neben Vitamin A je kg 3000 I.E. Vitamin D_2, das ist ca. 20% des Gesamtbedarfs an Vitamin D. (Dtsch. Milchwirtsch. **1**. 198—99. Okt. 225—26. Nov. 1954.) H. SPOHN. 7900

Wolfgang Lindner, Neustadt-Glewe, Meckl., *Härtung von Fetten, Fettsäuren oder Ölen,* dad. gek., daß diese mit konz. HNO_3 bei höherer Temp., vorzugsweise bei 80—100°, erhitzt werden oder daß zusätzlich eine Weitererhitzung mit $NaHSO_3$ bei vorzugsweise 120—125° erfolgt, worauf säurefrei gewaschen wird. (**D. P.** [**DDR**] **6 265** Kl. 23d vom 12/12. 1952, ausg. 31/12.1953 [Wirtschaftspatent].) T. OPPERMANN. 7881

Adolf Marzin, Dessau, *Weichmachungs- und Schäumungsmittel für Seifen.* Man verwendet zur Erhöhung der Weichheit u. Anschäumbarkeit von Seifen polychlorierte Fettsäuren mit mehr als 18 Kohlenstoffatomen, bes. solche, die der Paraffinoxydation entstammen, oder polychlorierte Montansäuren an Stelle von Öl-, Leinölfett-, Ricinusölfettsäure oder anderen ungesätt. Säuren. Man kann auch Carbonsäuren verwenden, die durch teilweise oder vollständige Entfernung der Chloratome in ungesätt., gegebenenfalls hydroxylierte Säuren übergeführt worden sind. (**D. P. [DDR] 7 418** Kl. 23e vom 1/7. 1952, ausg. 1/7. 1954 [Wirtschaftspatent].) T. Oppermann. 7911

Farbwerke Hoechst Akt.-Ges., vormals Meister Lucius & Brüning (Erfinder: **Friedrich Erbe**), Frankfurt/M., *Reinigen von naphthensauren Seifen.* Man mischt die wss. Lsg. der Seifen mit in W. lösl., O-haltigen Lösungsmitteln (I), z. B. CH_3OH, Dioxan, Aceton, trennt den sich abscheidenden dunklen Schlamm ab u. dest. I ab. (**E. P. 744 048** vom 30/5. 1952, ausg. 1/2. 1956.) C. Lüttgen. 7911

Centre National de la Recherche Scientifique, Frankreich (Erfinder: **Pierre Savary**), *Herstellung sulfonierter aliphatischer Dicarbonsäuren* mit mindestens 6 C-Atomen (Adipin-, Azelain-, Sebacinsäure), dad. gek., daß man die Dicarbonsäure oder ihren Ester in einem Lösungsm., in dem der Ester lösl. u. der sulfonierte Ester unlösl. ist (CCl_4), mit SO_3 oder HSO_3Cl umsetzt. Anschließend wird der Ester mit $BaCO_3$, $CaCO_3$ oder K-Alkoholat verseift u. das entstehende Salz mit HCl in alkoh. Lsg. in die freie Säure übergeführt. — Beispiel: Man erwärmt unter Rückfluß 1 (Mol) Adipinsäurediäthylester in 900 cm^3 CCl_4 u. setzt in 1 Std. 2,2 HSO_3Cl in 200 cm^3 Tetrachloräthan zu. Man erwärmt noch 40 Min. u. läßt abkühlen. Es bilden sich 2 Schichten. Die in CCl_4 unlösl. Schicht wird in 500 cm^3 W. gelöst u. unter Rühren eine Lsg. von 150 g K in 3 Liter A. zugesetzt. Es bildet sich ein Kristallisat, das 52% Sulfat enthält. Das Filtrat wird neutralisiert, wobei sich wiederum 2 Schichten bilden. Die hochviscose, schwarze, untere Schicht besteht aus Mono- u. Disulfonsäurederivv., die obere Schicht enthält außerdem noch KCl u. unumgesetzten Ester. — *Zwischenprodukte für oberflächenakt. Stoffe.* (**F. P. 1 055 420** vom 5/5. 1952, ausg. 18/2. 1954.) S. Meier. 7913

Atlas Powder Co., Wilmington; übert. von: **George E. Barker**, New Castle Hundred, Pleasant Hills, Del., V. St. A., *Reinigungsmittel*, bestehend aus *Harnstoff* u. mindestens 10% eines fl. bis wachsartigen *Polyoxyäthylenthioäthers* (I) der Formel $RS(CH_2CH_2O)_nH$, z. B. eines I des tert.-Dodecylmercaptans mit durchschnittlich 12 Oxyäthylengruppen im Molekül. — An Stelle von I kann man auch einen Polyoxyäthylenäther (II) eines Hydroabietylalkohols (mit 8—20 Oxyäthylengruppen im Mol.) verwenden, z. B. einen II, der durch Rk. von 240 (Teilen) Äthylenoxyd mit 100 unter dem Handelsnamen „Abitol" bekannten Hydroabietylalkohol erhalten wird. (**A. PP. 2 724 699 u. 2 724 700** vom 3/7. 1951, ausg. 22/11. 1955.) A. Brösamle. 7913

American Cyanamid Co., New York, N. Y., übert. von: **Frank M. Cowen**, Norwalk, und **Richard K. Madison**, Stamford, Conn., V. St. A., *Fluoralkyläther von Glykolen* der allg. Formel $C_xF_{2x+1}CH_2O(C_pH_{2p}O)_nH$, worin x = 1—5, p = 2 oder 3 u. n = 1—200 bedeuten, erhält man durch Kondensation von 1 (Mol) $C_xF_{2x+1}CH_2OH$ mit 1—200, Propylen- oder Äthylenoxyd (I), bes. mit 1—25 des letzteren. — 0,25 Trifluoräthanol werden in Ggw. von 1% NaOH in Form einer 50%ig. wss. Lsg. 4½ Std. mit 1,32 I bei 65—75° umgesetzt u. dann noch 4 Std. bei dieser Temp. gehalten. Man erhält fl. $CF_3 \cdot CH_2O(CH_2CH_2O)_{5,3}H$. — Die Prodd. zeigen *oberflächenakt. Eigg.* u. vermindern die Spannung wss. Lösungen. (**A. P. 2 723 999** vom 15/1. 1954, ausg. 15/11. 1955.) J. Mühleisen. 7913

Unilever N. V., Rotterdam, Holland (Erfinder: **A. D. Scott**), *Reinigungsmittel*, enthaltend eine Verb. der allg. Formel R—CO—Ar—OZ, wobei R—CO— eine Acylgruppe bedeutet, die sich von einer Fettsäure mit 6—10 C-Atomen herleitet. Ar = Benzol- oder Naphthalinkern, Z = H-Atom oder eine —R'—OH-Gruppe, worin R' ein Alkylenrest, ein Dialkylenätherrest oder ein Polyalkylenpolyätherrest sein kann, der nicht mehr als 15 C-Atome enthält, z. B. p-Caprylylphenol, Dodecyltoluolsulfonsäure in Mischung mit Tetranatriumpyrophosphat u. organ. Füllstoffen. (**Schwed. P. 143 574** vom 5/5. 1952, ausg. 12/1. 1954. E. Prior. 15/5. 1951.) K. H. Kähler. 7913

California Research Corp., San Francisco, übert. von: **Richard D. Stayner**, Berkeley, Calif., V. St. A., *Stark schäumendes Reinigungsmittel*, bestehend aus 10—50(%) C_9—C_{18}-Monoalkylbenzolsulfonaten, 0,5—10 N-Alkyliminodiacetat, z. B. N-Lauryliminodiacetat, u. anorgan. Waschhilfsstoffen. (**A. P. 2 731 421** vom 13/2. 1953, ausg. 17/1. 1956.) C. Lüttgen. 7913

Colgate-Palmolive Co., Jersey City, übert. von: **Arthur Ira Gebhart**, Union, N. J., und **Irving Joseph Krems**, Bronx, N. Y., V. St. A., *Reinigungsmittel*, hauptsächlich bestehend aus organ. Sulfaten u. Sulfonaten u., bes. 1—15%, eines Sulfonamids der Formel $R \cdot X \cdot SO_2 \cdot N{<}^{Y}_{Z}$, worin bedeuten: R = höherer Alkylrest, X = aromat. Ring, Y = Oxalkylgruppe mit bis zu 5 C-Atomen u. Polyalkylenoxydgruppen (I), Z = H, niederer Alkylrest mit bis zu 5 C-Atomen oder wie Y, wobei die Gesamtzahl von I bis zu 9 betragen kann, z. B. *Dodecylbenzolsulfondiäthanolamid.* (**A. P. 2 721 847** vom 28/3. 1950, ausg. 25/10. 1955.) C. Lüttgen. 7913

Colgate-Palmolive Co., Jersey City, N. J., V. St. A., *Reinigungsmittel.* Um helle Reinigungsmittel zu erhalten, wird der beim Neutralisieren von sauren Estern u. Sulfonsäuren anfallende Brei mit Wasserglas u. Alkalihypochlorit sowie gegebenenfalls sonstigen Waschhilfsmitteln vermischt u. nach Eintreten des Bleicheffektes in üblicher Weise, z. B. durch Versprühen, weiterverarbeitet. (**E. P. 745 189** vom 26/10. 1953, ausg. 22/2. 1956. A. Prior. 31/10. 1952.) C. LÜTTGEN. 7913

XVIIIa. Holz. Cellulose. Zellstoff. Papier. Papierdruck. Celluloid. Linoleum.

U. Hartmann-Dick, *Untersuchungen über die Durchlässigkeit des Holzes bei Druckfiltration. 2. Mitt. Durchlässigkeit für Lösungen verschiedener Art.* Mit der in der 1. Mitt. (vgl. C. **1954**. 9654) beschriebenen Druckfiltrationsmeth. wurde der Einfl. von Lsgg. (Mineralsalze, Säuren u. Laugen, wasserlösl. organ. Stoffe, Substanzen in organ. Lösungsmitteln) auf die Filtrationsgeschwindigkeit (I) durch Holzscheiben von Fichte, Kiefer u. Bergahorn geprüft. Die Änderung der I wurde dabei als Relativzahl gegenüber dem Wasserwert angegeben. Wss. n/10-Mineralsalzlsgg. vermindern I, während Schwermetallsalze u. stark quellungsfördernde Alkalisalze z. T. höhere I bewirken als Wasser. Bei Kationen u. Anionen laufen entquellende Eigg. u. Verlangsamung der I parallel (HOFMEISTERsche lyotrope Reihen) mit Ausnahme von Mg, das stets stark hemmte. Höhere Konzz. hemmen I, ebenso Laugen. Niedermol. Kohlenhydrate filtrieren gut. Organ. Lösungsmittel haben eine I als Wasser. Fettlösl. Stoffe (Harz, Steinkohlenteer usw.) lassen sich in Bzl. gelöst leicht in das Holz einbringen. (Forstwiss. Cbl. **74**. 163—83. Mai/Juni 1955. Potsdam-Sanssouci, Bot. Inst.; Tharandt, Forstbot. Inst.) W. WERGIN. 7952

A. Bories, *Wiedergewinnung der Schwarzlaugen im Natron- und Sulfatverfahren. Entwicklungen in Abhängigkeit von der Produktionshöhe.* Allg. Überblick über die Wiedergewinnung von Schwarzlaugen in Abhängigkeit von der Höhe der Zellstoffproduktion, des Dampfverbrauchs u. der Art der Verbrennungseinheiten. Bei kleinen Zellstoffabriken können die Wiedergewinnungsanlagen bedeutend einfacher gestaltet werden; in diesem Zusammenhang wird auf das LAGUILHARRE-Verf. hingewiesen. (Papier, Carton Cellulose **4**. Nr. 3. 71—73. Juli/Aug. 1955.) L. G. SCHEURING. 7958

P. H. West, *Chemikalien- und Wärmerückgewinnung mit dem Venturi-Gaswäscher bei Thilmany.* Nach verschied. Verss. in halbtechn. Maßstab wurde 1953 eine 250 t-Rückgewinnungsanlage in Betrieb genommen, die mit einem Venturi-Gaswäscher versehen war. Hierbei treten die trockenen, chemikalienstaubhaltigen Ofenabgase durch einen mit 62% Schwarzlauge beschickten Zerstäuber, um in einem nachgeschalteten Cyclon wieder von der Fl. getrennt zu werden. Letztere sammelt sich am Boden des Cyclons, wo sie, um die Konz. von 62% aufrechtzuerhalten, mit 42% Schwarzlauge vom Verdampfer ergänzt u. zum Zerstäuber, zur Berieselung der Innenwänder des Cyclons u. zur Verbrennungseinheit gepumpt wird. Die Gastemp. wird im Wäscher von 250 auf 80° erniedrigt u. entsprechend die Schwarzlaugenkonz. von 42 auf 62% erhöht; die Chemikalienrückgewinnung liegt bei 90%. (Tappi **38**. 399—402. Juli 1955. Kaukana, Wis., Thilmany Pulp & Paper Co.) L. G. SCHEURING. 7958

J. McK. Limerick, *Herstellung von Sulfatzellstoffen in hoher Ausbeute.* Die Erfahrung hat gezeigt, daß die Herst. von Sulfatzellstoffen in hoher Ausbeute (62—65%) nicht lediglich eine Frage der Aufstellung von Refinern zur Behandlung des im Vgl. zum n. Sulfatverf. weniger aufgeschlossenen Stoffes ist, sondern daß ein gleichmäßiger Aufschluß des Materials von gleicher Wichtigkeit ist, um Produktionschwierigkeiten an Refinern u. Wäschern durch unter- oder überkochte Hackschnitzel zu vermeiden. Die Refinerbehandlung der Zellstoffe in Ggw. von heißer Schwarzlauge kann bei verhältnismäßig geringem Kraftaufwand vorgenommen werden; sie darf im Hinblick auf die nachfolgenden Waschstufen nicht so weit getrieben werden, daß der Stoff zu schlecht entwässert. Der Vgl. von zwei „high-yield"-Zellstoffen (Chlorzahlen 19,2 u. 16,2) mit einem bleichfähigen Stoff (Chlorzahl 2,9) ergibt Ligningeh. von 13,2—16,6 gegenüber 2,7%, Hemicellulosegeh. von 12,7—12,3 gegenüber 9,7 u. Cellulosewerten von 72,6—70,7 gegenüber 87,0%. Die „high-yield"-Zellstoffe sind schwerer zu mahlen; sie weisen bei gleichem Mahlgrad ähnliche Festigkeitsdaten wie ein n. Sulfatzellstoff auf. Ihre Mehrstufenbleiche ergibt bei Chloreinsätzen von 17—20% gebleichte Stoffe in Ausbeuten von 51—50%. Diese gebleichten Stoffe zeigen, verglichen mit n. gebleichten Qualitäten eine äußerst rasche Mahlentw. u. bessere Festigkeitsdaten. (Paper Ind. **37**. 940—42. Jan. 1956. Bathurst Power Paper Co.) L. G. SCHEURING. 7960

Daizo Watanabe, *Untersuchungen über die Verwertung von Weizenstroh. 4. Mitt. Erzeugung von Monosulfitzellstoff aus mit verdünnter Schwefelsäure vorbehandelten Rück-*

ständen. (3. vgl. C. **1956.** 599.) Der mit 0,5% ig. H_2SO_4 vorbehandelte (50 lbs./in², 20 bis 30 Min.) *Weizenstroh*-Rückstand wird im Monosulfitverf. aufbereitet. Ausbeute u. Stärke des so erhaltenen Zellstoffs waren viel schlechter als bei einem nur mit 0,1% ig. H_2SO_4 oder mit W. vorbehandelten Rückstand. Bei Verwendung von vollkommen trocknem Rückstand (38% des vollkommen trocknen Weizenstrohs) lassen sich aber nach obigem Verf. mit 57% Ausbeute Zellstoffe mit gleichen Qualitäten (Stärke) wie gewöhnlicher Sulfitzellstoff erzielen. (J. agric. chem. Soc. Japan [Nippon Nôgaikagaku Kaishi] **27.** 735—36. Okt. 1953. Yamanashi Univ. [Orig.: japan.; Auszug: engl.]) L. SCHULER. 7962

K. H. Klemm, *Fasertechnologische Betrachtungen zur Holzschlifferzeugung.* Es wird eine indirekte Meth. zur Strukturanalyse von Holzschliffen angegeben; hierzu wird ein Grunddiagramm benötigt, in dem Reißlängen- u. Mahlgradwerte von Schleim- u. Mehlstoffen über dem Feinstoffgeh. aufgetragen sind. Dieses Grunddiagramm erlaubt bei Kenntnis des Mahlgrades u. des Faserstoffgeh. oder der Reißlänge eines zu untersuchenden Schliffes seinen Schleim- bzw. Mahlstoffanteil zu ermitteln u. damit seine Güte zu beurteilen. Die Anwendung fasertechnolog. Überlegungen für den prakt. Betrieb wird am Beispiel des Wirkungseffektes von Sortierern, des Einfl. der Korngröße von Schleifersteinen u. des Schleifprozesses auf die Holzschliffgüte erläutert. Auf den Grundlagen fasertechnolog. Erkenntnisse aufbauend, wird eine Theorie für das Holzschleifen entwickelt. Vf. unterscheidet einen prim. u. einen sek. Teil des Schleifprozesses. Im prim. Teil werden durch die hohe Temp. der Schleifzone von 175—190° die Kittsubstanzen zwischen den Fasern plastifiziert u. das Holz durch die bürstende Wrkg. der Steinkörner zerfasert. Der sek. Teil umfaßt die Mahlwirkungen, die auf die prim. erzeugten Fasern ausgeübt werden. Da bei der Plastifizierung des Lignins die Reaktionszeit eine Rolle spielt, wird die initiale Schleifzeit Ts eingeführt; sie soll nach prakt. Erfahrungen an verschied. Schleifertypen bei 50—60 msec liegen. Unterss. des Vf. haben gezeigt, daß die besten Holzschliffe erhalten werden, wenn der Vorschub des Holzes während Ts dem mittleren Faserdurchmesser entspricht; dieses Verhältnis wird durch den initialen Schleiffaktor gekennzeichnet. Unter Verwendung dieser Größen werden Formeln zur Berechnung der theoret. Produktion abgeleitet. (Svensk Papperstidn. **58.** 751—54. 31/10. 1955.) L. G. SCHEURING. 7974

K. W. Britt, J. E. Donahue, R. P. Goodale, I. J. Gruntfest, L. E. Kelley, C. S. Maxwell und **J. P. Weidner,** *Über die Naßfestigkeit von Papier und Karton.* Einleitend wird eine Übersicht über die techn.-wirtschaftliche Bedeutung der Naßfestigkeit (I) gegeben nebst der Definition des Begriffes **I.** Ferner wird das Zustandekommen von **I,** die Vielzahl der Möglichkeiten zur Erzielung von **I** erörtert, sowie die heutige techn.-wirtschaftliche Bedeutung der diesbzgl. Verfahren. Weiter werden die Ausgangsmaterialien, Behandlungsverff. für die Herst. naßfester Papiere, der sich hierbei abspielende Chemismus, die Überwachung bzw. Verfolgung der jeweils ablaufenden Vorgänge, ferner eine Übersicht über die einschlägigen Prüfungsmethoden sowie über die Anwendungsgebiete für naßfeste Papiere, die Produktions- u. Absatzzahlen bzw. -möglichkeiten geschildert. — 8 Tafel, 16 Figuren bzw. Diagramme. 142 Literaturzitate. (Tappi Monogr. Ser. **1954.** Nr. 13. 1—91.) P. SCHORNING. 7984

Ingeborg Fritsche, *Einfluß der Porosität des Zigarettenpapiers auf die Glimmfähigkeit der Zigaretten.* Zwischen der Glimmfähigkeit der Zigaretten u. der Porosität des zu deren Fertigung verwendeten Papiers bestehen enge Zusammenhänge, wie an Hand einer Reihe von Verss. gezeigt wird. Für die Beurteilung eines Zigarettenpapieres ist daher nicht nur dessen Glimmfähigkeit selbst, sondern auch diejenige der mit diesem Papier hergestellten Zigaretten erforderlich. (Ber. Inst. Tabakforsch. Dresden **2.** 174—78. 1955.) C. PYRIKI. 7984

K. A. Snessarew, *Zur Theorie der Probenahme und ihre Anwendung in der Holzchemie.* Allg. Hinweise unter Angabe geeigneter Formeln zur Berechnung der mittleren u. maximalen Fehler bei der Probenahme. (Гидролизная и Лесохимическая Промышленность [Hydrolysen- u. holzchem. Ind.] **8.** Nr. 7. 8—10. 1955. Zentr. Wiss. Holzchem. Forschungsinst.) M. ULMANN. 8004

Soc. de Produits Chimiques et Engrais d'Auby, Frankreich (Erfinder: **Henri Spindler** und **Jean Usse**), *Löslichmachung der inkrustierenden Bestandteile im Holz, Pflanzen und ähnlichen Rohstoffen.* Die Rohstoffe werden mit einer Glyoxalsäurelsg. enthaltenden Kochlauge bei Tempp. zwischen 60 u. 130°, vorzugsweise 100°, behandelt. Mehrere Verff. zur Erzeugung der Glyoxalsäure werden beschrieben. (**F.P. 1105596** vom 29/5. 1954, ausg. 5/12. 1955.) R. GLAFEY. 7957

Charles P. M. Jeanprost, Frankreich, *Herstellung von Cellulosemassen.* Als Grundlage für die Aufschlußlaugen von cellulosehaltigen Materialien dienen aus früheren

Prozessen anfallende kohlenhydrathaltige Lsgg., z. B. Zuckerlsg., deren Geh. an Kohlenhydraten bei einem p_H-Wert von 2,5 (SO_2 oder andere) der halben Gewichtsmenge des zu entfernenden Lignins entspricht. Die Ablauge der ersten Kochung kann für weitere Behandlungen Verwendung finden. (**F. P. 1 106 157** vom 3/8. 1954, ausg. 13/12. 1955.) R. GLAFEY. 7957

Alfons Bayerl, Erich Hennig und **VEB Filmfabrik Agfa Wolfen,** Wolfen, Kr. Bitterfeld (Erfinder: **Alfons Bayerl,** Wolfen, **Walter Meskat,** Dessau, **Heinz Stahlschmidt** und **Erich Hennig,** Wolfen), *Kontinuierliche Chlorierung von Zellstoff.* Die Absorption des Chlors durch den Zellstoff findet unter einem Gegendruck von mindestens 1 at in einem oder mehreren Absorptionsgefäßen u. die eigentliche Chlorierung in dem nachfolgenden Chlorturm statt. Die Gestalt u. die Größe der Absorptionsgefäße werden so gewählt u. auf den gewünschten Druck so abgestimmt, daß eine restlose Absorption des Chlors durch die Faser vor Eintritt in den nachfolgenden Chlorturm sowie ein gleichmäßiger, ununterbrochener Fluß von Stoffmassen nach oben gewährleistet wird. Dem Chlorturm sind ein oder zwei parallel angeordnete Absorptionstürme vorgeschaltet, deren Höhe u. Inhalt so bemessen sind, daß ein stat. Gegendruck von mindestens 1 at erzeugt wird. (**D. P. [DDR] 8 703** Kl. 55b vom 16/5. 1952, ausg. 16/12. 1954 [Wirtschaftspatent].) R. GLAFEY. 7957

Stora Kopparbergs Bergslags Aktiebolag, Falun, Schweden (Erfinder: **K. N. Cederquist**), *Ausnutzung der Verbrennungswärme von organischen Substanzen in Sulfitablaugen.* Durch Zuführung von O_2 wird bei 180—300° u. einem Druck von 20—200 atü eine vollständige Verbrennung der Sulfitablauge bewirkt. Die dabei entstehende Wärme wird in Form der sich dabei entwickelnden Dämpfe u. Gase entsprechend ausgenutzt. (**Schwed. P. 143 765** vom 14/5. 1949, ausg. 19/1. 1954.) K. H. KÄHLER. 7967

Dow Chemical Co., Midland, übert. von: **William J. Hanson,** Long Beach, Calif., V. St. A., *Pulvrige, leicht benetzbare Metthylcellulose* (**I**), die sich in W. von 0 bis —40° schnell löst, erhält man aus einer innigen Mischung von 30—70 (%) **I,** 20—50 Na-Acetat u. 10—20 eines anion. Netzmittels, wie das Na-Salz des Laurylsulfonats, Alkylbenzolsulfonats, Alkylolamidosulfonats u. dergleichen. (**A. P. 2 716 072** vom 5/6. 1951, ausg. 23/8. 1955.) G. SALZMANN. 7971

Henkel & Cie. G. m. b. H. (Erfinder: **Max Alsfeld**), Düsseldorf, *Leimen und Wasserabstoßendmachen von Papieren und Pappen,* gek. durch die Verwendung der im Zuge der techn. Paraffinoxydation als Vorlauf bei der Fettsäuredest. anfallenden Fettsäuren mit 6—10 C-Atomen bzw. ihrer Gemische in Form der Al-Salze. (**D. B. P. 943 735** Kl. 55c vom 23/7. 1939, ausg. 1/6. 1956. Anmeldung bekanntgemacht 4/9. 1952.) G. VOGEL. 7987

Charles Mathieu, Seine, Frankreich, *Lichtbeständige Druckerschwärze und Farblack* aus einer Mischung organ. Farbstoffe u. Stoffe, die die schädlichen Strahlen des Sonnenspektr. absorbieren, wie z. B. Monoglyceryl-, Äthyl-, Isobutyl-p-aminobenzoat u. andere. (**F. P. 1 096 898** vom 31/12. 1953, ausg. 27/6. 1955.) O. KAYSER. 7991

Sun Printers Ltd., England, *Herstellung von Druckfarben, besonders Tiefdruckfarben* zur Erzielung gut aussehender Drucke auf Papieren von minderer Qualität. Man emulgiert 5—50% W. in die sonst für diese Zwecke verwendeten Druckfarben bzw. in die zu ihrer Herst. verwendeten Dispersionen von Harzen (**I**) in organ. Lösungsmitteln, gegebenenfalls unter Anwendung eines Emulgiermittels (**II**) u. Zusatz von Verdickungsmitteln, Pigmenten u. Farbstoffen. Als **I** werden natürliche oder synthet. Harze, Bitumen u. Kautschuk- oder Cellulosederivv., als **II** Triäthanolaminseifen, sulfoniertes Ricinusöl, geblasenes Kolzaöl, Al-Stearat, Cholesterol oder ein alkyliertes Phenol–Äthylenoxyd-Kondensationsprod. angewandt. — Eine Druckfarbe enthält z. B. 0,3 (Teile) Viktoriablau, 0,1 Methylviolett, 3,1 Ruß, 18 Zn-Resinat, 14,5 Bitumen, 27,5 Toluol u. Xylol, 15,3 Bzn. u. 21,2 Wasser. — Weitere Beispiele. (**F. P. 1 095 231** vom 12/3. 1954, ausg. 31/5. 1955.) H. ASMUS. 7991

XVIIIb. Textilfasern.

A. C. Nuessle, F. M. Ford, W. P. Hall und **A. L. Lippert,** *Einige Hinweise zur Reaktion zwischen Cellulose und Harnstoffphosphaten.* Behandelt man Baumwoll- oder Reyongewebe 10—20 Min. mit einer H_3PO_4-Lsg. von p_H 2, die noch 2—6 Mol Harnstoff/Mol H_3PO_4 enthält bei Tempp. unterhalb 170° (160—140°), so bildet sich ein Cellulosemonoammoniummonohydrogenphosphat. (Cell—O—PO(OH)(ONH_4). Bei Behandlung bei 170° oder 180° oder längere Zeit (30 Min.) bei 140° bilden sich dunklere Komplexe vom Typ Cellulose–Amidophosphate. Die meisten Komplexe mit der Cellulosefaser, speziell die NH_4-Typen, zeigen Ionenaustauschreaktion. So läßt sich die NH_4-Gruppe durch H-Ionen, nicht aber durch Metallionen ersetzen, wobei sich eine Cellulosephosphorsäure bildet (Cell—O—PO(OH)$_2$). (Textile Res. J. **26.** 32—39. Jan. 1956. Wilmington, Del., J. Bancroff and Sons Co.) H. G. FRÖHLICH. 8044

Hugh M. Brown, J. H. Langston und **E. A. Murray,** *Die Wirkung einer Behandlung mit kolloidalen Siliciumverbindungen auf die Eigenschaften geschlichteter und ausgerüsteter Baumwollgarne.* Zusammenfassende Übersicht über die Beeinflussung von Baumwollgarnen verschied. Nummer in bezug auf deren Festigkeits- u. Scherdaten nach einer Behandlung mit Si-Verbindungen. Die mit 0,12% koll. Kieselsäure behandelten Garne wurden anschließend mercerisiert, gebleicht, gefärbt u. auf ihre technolog. Daten hin untersucht. Hierbei wurde gefunden, daß die Festigkeitseigg. der behandelten Garne eher besser werden. Die Scherfestigkeit wurde vor allem bei den mittleren Garnen etwas verbessert. Über die Haltbarkeit der Si-Ausrüstung nach den verschied. textilchem. Prozessen ließen sich noch keine endgültigen Angaben machen. Die Werte im einzelnen sind wiedergegeben u. werden diskutiert. (Textile Res. J. **26.** 40—43. Jan. 1956. Clemson, S. C., School of Textiles, Clemson Agric. Coll.) H. G. FRÖHLICH. 8044

W. H. Ward, C. H. Binkley und **N. S. Snell,** *Aminosäurezusammensetzung von normaler Wolle, Wollfraktionen, Mohair, Federn und Federfraktionen.* Die vergleichenden Unterss. zwischen Wolle, Mohair u. Federkeratin hinsichtlich ihrer Aminosäurezus. haben ergeben, daß Mohair der Wolle sehr ähnlich ist. Lediglich der S- u. Tyrosingeh. sind geringer als bei Wolle. Im Gegensatz hierzu unterscheidet sich das Federkeratin von der Wolle recht beträchtlich. So ist der Geh. an S, Tyrosin u. Cystin deutlich niedriger u. der Geh. an Glykokoll, Prolin u. Serin deutlich höher. Die im einzelnen erhaltenen Ergebnisse werden an Hand von 11 Tabellen u. 2 Fig. ausführlich besprochen u. diskutiert. (Textile Res. J. **25.** 314—25. April 1955. Albany, Calif., U. S. Dep. of Agric.) H. G. FRÖHLICH. 8060

R. L. Golden, J. C. Whitwell und **E. H. Mercer,** *Die Bestimmung der Aminosäureanteile einzelner Wollfraktionen durch Papierchromatographie.* Die ausgeführten Unterss. die mittels einer modifizierten Technik für 2dimensionale Papierchromatographie (die ausführlich beschrieben ist) an Wolle sowie an von ihr isolierter Epicuticula, Paracortex Cortexmembran u. α-Keratose erhalten wurden, haben gezeigt, daß mehr als 50% der Epicuticula aus Glutaminsäure u. Asparagin bestehen, während die gesamte Wolle hiervon nur ca. 25% aufweist. Dagegen ist der Cystingeh. mit 13,5% mit dem der Wolle identisch. Oxydiertes Keratin zeigt gegenüber der Normalwolle nur geringe Unterschiede. Der chem. resistentere Wollfaseranteil, der Paracortex soll mehr Cystin u. Arginin, dafür weniger Asparagin u. Glutaminsäure als Orthocortex aufweisen. Die geringe Gesamtmenge der Cortexmembran an Aminosäuren im Vgl. zur Wolle wird auf die Anwesenheit von Nicht—Proteinanteilen zurückgeführt. (Textile Res. J. **25.** 334—42. April 1955. Princeton, N. J., Princeton Univ.) H. G. FRÖHLICH. 8060

I. E. B. Fraser und **A. P. Mulcock,** *Verfärbung von Wolle durch Bakterienpigmente.* Es wurde gefunden, daß die während langer Perioden feuchten Wetters auf Wollvließen beobachteten Farbflecken durch Oxydations- oder Reduktionsprodd. des von *Pseudomonas aeruginosa* (SCHROETER) erzeugten Pigments Pyocyanin (**I**) entstehen können. Aus den Reinkulturen der Bakterien konnten durch chromatograph. Trennung eines Chloroformextraktes blaues **I**, gelbes Hemipyocyanin (**II**) u. rotes Pyorubin isoliert werden. Die Red. einer wss. Lsg. von **I** ergibt je nach dem Anfangs-p_H verschied. Produkte. Über p_H 5,6 entsteht direkt die Leukobase, zwischen p_H 5,6 u. 4,8 erfolgt der Abbau über einen grünen Farbstoff zur Leukobase. Unter p_H 4,8, die Lsg. ist bei dieser Acidität rot, wird bei der Red. erst ein gelber, dann ein grüner u. schließlich die Leukobase gebildet. In den Flecken der Wolle wurden nur **I** u. **II** gefunden. Das Verh. des Farbstoffs auf der Wollfaser unter verschied. Bedingungen wird beschrieben. — 1 Tabelle. (Nature [London] **177.** 628—29. 31/3. 1956. Christchurch, New Zealand, Canterbury Agricult. Coll., Univ.) O. ENGEL. 8060

M. Clauß, *Die Verarbeitung von Tierkörperhaaren in der Textilindustrie.* Umfassende Darst. über die Verarbeitung von Tierkörperhaaren in der Textilindustrie. In diesem Zusammenhang wird die Herst. der für techn. Zwecke verwendeten Haarfilze u. diejenige der wertvollen Haargarne beschrieben. Hiervon dienen die Streichgarne zur Erzeugung von Teppichen, die Kammgarne dagegen zur Herst. von Einlagestoffen. Daran anschließend werden die Anforderungen an die zu verarbeitenden Tierkörperhaare sowie die wirtschaftliche Bedeutung derselben besprochen. (Leder **7.** 49—53. März 1956.) H. G. FRÖHLICH. 8066

Hermann Klare, *Chemismus und Technik der Gewinnung von synthetischen Fasern.* Nach einer kurzen Einführung in das Prinzip der Polykondensation u. Polymerisation u. in die Verfahrenstechnik des Verspinnens an den drei bekanntesten Typen: *Polyamid-, Polyester-* u. *Polyacrylnitril*-Fasern werden die Zusammenhänge zwischen chem. Struktur u. textilen Eigg. dargelegt. Die Bedeutung der Ausbldg. linearer Mol.-Ketten, des Polymerisationsgrades u. seiner Verteilungsbreite, der Zwischenbindungskräfte für die Festigkeit, Steifheit, den Abriebwiderstand u. F. der Faser wird erläutert. Auf die Notwendigkeit ungeordneter Bereiche in bezug auf Weichheit, Elastizität u. Wasser- u. Farbstoffaufnahme wird hingewiesen. Die aus diesen Erkenntnissen resultierenden Methoden der Mischpolykondensation u. -polymerisation, Block- u. Pfropfpolymerisation werden betrachtet. Bes. wird der Einfl. des Benzolringes in der polymeren Kette auf das Rückfederungsvermögen u. die Standfestigkeit der Fasern aufgezeigt. (Textil- u. Faserstofftechn. **6**. 145—50. April 1956.) ——————— H. REICHERT. 8080

Hans Herth, Dresden, *Schlichte und Appreturmittel.* Inhaltlich ident. mit D. B. P. 903 325; C. **1954**. 6622. (**D. P.** [**DDR**] **6 919** Kl. 8k vom 21/12. 1950, ausg. 20/3. 1954 [Ausschließungspatent].) T. OPPERMANN. 8031

Akt.-Ges. Cilander, Herisau, Schweiz, *Verbesserung des Aspektes und des Griffes von textilen Flächengebilden,* die thermoplast. Material, wie Polyamid-, Polyacrylnitril-, Polyester-, Polyvinyl- u. a. Polymerisat- u. Polykondensatfasergebilde, enthalten durch Walzen mit glatten oder gravierten Kalanderwalzen in trockenem oder feuchtem Zustand (bei erster Quellmittelbehandlung vor der Formgebung) in der Wärme u. anschließende Behandlung mit einem Quellmittel, gegebenenfalls unter Spannung u. Neutralisieren oder Auswaschen des Quellmittels. Quellmittel für Polyamide sind z. B. Essig-, Ameisen-, Salpeter-, Phosphor- u. Oxalsäure; für Polyacrylnitrile HNO_3 u. für Polyester NaOH, Das Verf. kann mit anderen Veredlungsverff., z. B. Bleichen, Hydrophobieren usw. kombiniert werden. — Nylonmousseline wird fixiert u. zweimal bei 140° kalandert, in einer zur völligen Durchtränkung ausreichenden Menge 10%ig. HCl bei 60° 15 Sek. gequollen. Man erhält ein Gewebe mit seidenartigem Aspekt. — Ein feines Nylongewebe wird nach der Fixierung bei 165° mit einer glatten Kalanderwalze verformt, mit 10%ig. H_2SO_4 (**I**) bei 50° 2 Min. behandelt, mit NaOH von 15 Bé neutralisiert u. mit verd. **I** gespült, gewaschen, unter Spannung getrocknet u. gefärbt oder bedruckt. Das Prod. hat eine verbesserte Scheuer- u. Knitterfestigkeit u. einen similiähnlichen Glanz. — Weitere Beispiele für die Behandlung von Mischgeweben aus Nylon u. Baumwolle, Orlon-Toile, Nylon-Toile, Mousseline aus Caprolactamfaser u. a. (**Oe. P. 183 062** vom 5/5. 1953, ausg. 10/9. 1955. Schwz. Prior. 31/7. 1952.) O. KAYSER. 8033

Erwin Heisenberg, Wolfen, *Erhöhung des Gebrauchwertes von natürlichen, künstlichen Fasern und Seiden* (Garne, Gewebe) durch Behandlung mit Lsgg. von Halogenäthern von Diolen, z. B. $Hal-CH_2-O-(CH_2)_2-O-(CH_2)_2-O-CH_2-Hal$, oder $Hal-CH_2-O-(CH_2)_2-S-(CH_2)_2-O-CH_2-Hal$, $Hal-CH_2-O-(CH_2)_2-N(C_4H_9)-(CH_2)_2-O-CH_2-Hal$, in organ. Lösungsmitteln, Trocknen u. Erhitzen über 80°, bes. auf 100—130°. Es werden auch quatern. Halogensalze, die durch Rk. von α-Halogenäthern mit tert. Aminen entstanden sind, in organ. oder wss. Lösungsmitteln verwendet, z. B. $C_5H_5N(Hal)-CH_2-O-(CH_2)_4-O-CH_2-(Hal)NC_5H_5$. Zur Abstumpfung der sauren Rk. des beim Nacherhitzen entstehenden Halogenhydrates der tert. Amine wird eine Puffersubstanz, gegebenenfalls Säure, zugegeben. — 100 (g) Viscosezellwolle werden in eine Lsg. von 30 $Cl-CH_2-O-(CH_2)_4-O-CH_2-Cl$ in 100 Bzl. 10 Min. getaucht, abgequetscht, bei 60° getrocknet u. 1 Std. auf 110° erhitzt. — Weitere Beispiele. (**D. P.** [**DDR**] **6 330** Kl. 8k vom 16/1. 1942, ausg. 22/1. 1954 [Ausschließungspatent].) O. KAYSER. 8033

National Marking Machine Co., übert. von: **Edwards A. McCafferty,** Cincinnati, O., V. St. A., *Unsichtbares, weiß fluorescierendes Markierungsmittel für Wäsche,* bestehend aus in einem Lösungsm., wie Glycerin, gelöstem *4.4'-Bis-*[(*p-benzoyl-* oder *4.4'-Bis-*[*p-*(*naphthoyl-2-amino*)*-benzoylaminobenzoylamino*]*-stilben-2.2'-di-Na-sulfonat.* Bei Bestrahlung mit UV-Licht leuchtet die markierte Stelle weiß. (**A. P. 2 734 871** vom 30/1. 1952, ausg. 14/2. 1956.) H. MÖLLERING. 8033

Commonwealth Engineering Co. of Ohio, übert. von: **Leo J. Novak** und **Joseph T. Tyree,** Dayton, O., V. St. A., *Wasserabweisendes Textilgut* erhält man durch Imprägnieren mit einer Lsg. von *Dextranpalmitat* oder *-stearat* in Chlf. oder einem chlorierten KW-stoff. Auch Ester anderer gesätt. Fettsäuren mit 8—18, bes. 12—18 C-Atomen, sind geeignet. (**A. P. 2 734 005** vom 14/5. 1953, ausg. 7/2. 1956.) H. MÖLLERING. 8037

Fettchemie und Fewa-Werk VEB, Karl-Marx-Stadt (Erfinder: **Georg Stühmer,** Greiz/Thür.), *Herstellung von Imprägnierungsmitteln zum Wasserabstoßendmachen.* Man stellt die Mittel aus Fettstoffen, wie höheren aliphat. paraffin. KW-stoffen, Wachsen u. a. u. Salzen der Seltenen Erden u./oder des Zr her, wobei unter Zusatz von sauren Estern höhermol. Fettalkohole mit mehrbas. Carbonsäuren die Fettstoffe bei erhöhter Temp. in eine wss. Lsg. von obigen Salzen eingerührt u. gegebenenfalls in bekannten Emulgiermaschinen einer mechan. Behandlung unterworfen werden. Ein Teil der wss. Lsgg. obiger Salze kann durch solche des Al ersetzt werden. — Z. B. werden 13 (kg) hochschm. Paraffin (F. 60—62°) mit 3 saurem Phthalsäurecetylester verschmolzen u. in geschmolzenem Zustand in die heiße, auf p_H 3,5 abgestumpfte Lsg. von 20 Zr-Oxychlorid in 65 Liter W. unter gutem Rühren eingetragen. Anschließend wird das Ganze einer gründlichen Emulgierung in einem LAVAL-Homogenisator unterworfen. (**D. P.** [**DDR**] **5 731** Kl. 8k vom 9/3. 1943, ausg. 3/10. 1953 [Wirtschaftspatent].) T. OPPERMANN. 8037

Janine Nicole Isabelle Delest, Seine, Frankreich, *Zum Schutz natürlicher und synthetischer Fasern* gegen chem. u. mechan. Einw., ohne daß sie dadurch ihre ursprünglichen Eigg. verlieren, werden Textilfasern, Strümpfe, Papier usw. mit Lsgg. von Vinylharzen in z. B. Trichloräthylen imprägniert u. anschließend das Kunstharz, das auch aufgespritzt werden kann, polymerisiert. (**F. P. 1 098 153** vom 9/1. 1954, ausg. 19/7. 1955.) O. KAYSER. 8037

Ciba Akt.-Ges., Basel, Schweiz, *Herstellung von sauren, stabilen, wässerigen Dispersionen von mindestens ternären Mischpolymerisaten,* dad. gek., daß man einen Ester einer einfach ungesätt. Monocarbonsäure mit einer an das α–C-Atom gebundenen Methylengruppe (Acrylsäureester) u. ein Nitril einer solchen Säure (Acrylsäurenitril) mit einer kleinen Menge einer freien, α.β-ungesätt. Monocarbonsäure der Formel R = CH—COOH (R = zweiwertiger, mindestens 2 C-Atome enthaltender Rest, wie Crotonsäure) in wss. Medium in Ggw. von Emulgiermitteln (α-octadekansulfonsaures Na) emulgiert u. in Emulsion polymerisiert, zweckmäßig in Ggw. von K-Persulfat u. eines Aktivators, wie Triäthanolamin bei 65—85°, wenigstens teilweise unter N_2, wobei man dem Gemisch noch weitere ungesätt. polymerisierbare, von sauren Gruppen freie Verbb. zusetzen kann. — Die aus Isobutylacrylat, Acrylsäurenitril u. Crotonsäure unter den angegebenen Bedingungen erhaltene dünnfl. stabile Emulsion läßt sich durch Einrühren von wss. NH_3 zu einer hochdispersen streichfähigen M. verdicken, die sich als *Imprägnier-* u. *Beschichtungsmittel* für *Textilien* eignet. — *Klebe-, Binde-, Imprägnier-* u. *Beschichtungsmittel* für die *Papier-, Leder-* u. *Textilindustrie.* (**Schwz. P. 308 199** vom 21/3. 1952, ausg. 1/9. 1955. **Zusatz zu Schwz. P. 299 715; C. 1955. 5437.**) G. KRAUSS. 8037

Metallgesellschaft Akt.-Ges., Deutschland, *Walken von Geweben,* die aus *Wolle* oder zur Hauptsache aus Wolle bestehen. Man walkt die Gewebe mit wss. koll. Lsgg. oder Suspensionen von Carbonsäuren, H_3PO_4-Estern. — Z. B. behandelt man einen schweren Mantelstoff (Gewicht 800 g/m) mit einer wss. 2,5%ig. Lsg. eines Gemisches von folgender Zus.: 10 (Gew.-%) saurer sek. Ester der H_3PO_4 u. des Ocenoloctoglykols, 3 Na-Salz des sek. Esters der H_3PO_4 u. des Loroltetraglykols, 5 Ölsäure u. 20 Wasser. (**F. P. 1 081 007** vom 8/7. 1953, ausg. 15/12. 1954. D. Prior. 28/7. 1952.) T. OPPERMANN. 8061

— (Erfinder: **Karl Kösslinger,** Dessau, und **Haag,** Wolfen, Krs. Bitterfeld), *Veredeln von durch Formalisieren quellfest gemachtem Cellulosehydrattextilgut,* dad. gek., daß das Gut einer mehrstd. mechan. Durcharbeitung in Ggw. von wss. Behandlungs-Fll. unterworfen wird. — Z. B. wird bei n. Temp. eine aus Viscose hergestellte entschwefelte Cellulosehydratfaser, z. B. in einem Schwemmturm nach dem D. R. P. 427 978, mit einer Flotte behandelt, die 0,5 (%) Oxalsäure u. 1,2 CH_2O enthält u. einen p_H von 1,8 besitzt. Nach Abtrennen der anhaftenden Fl. wird die Faser 30 Min. auf 105° erhitzt. Aus dieser Faser (Quellwert 62,5%) wird ein Garn gesponnen u. dieses zu einem lockeren Gewebe mit Einstellung (Kette Nm 33, zweifach, Schuß Nm 30,2, zweifach, Quadratmeter-Gew. 190 g) verarbeitet. Das Gewebe wird 40 Std. mit 50 Teilen weichen W. in einer drehenden Waschtrommel mit Wellblechwänden behandelt. Es gleicht danach im Aussehen Baumwollmolton. (**D. P.** [**DDR**] **7132** Kl. 8k vom 16/5. 1943, ausg. 20/4. 1954 [Ausschließungspatent].) T. OPPERMANN. 8075

Farbwerke Hoechst Akt.-Ges., vormals Meister Lucius & Brüning, Frankfurt/M. (Erfinder: **Josef Auerbach †,** Leverkusen, und **Alexander Kirmis,** Krefeld), *Verbesserung der Knitterfestigkeit, Reißfestigkeit und Schrumpfechtheit von Textilien.* Man behandelt das Gut mit (Thio-) Harnstoff (oder dessen Derivv.) u. CH_2O u./oder den Anfangskondensaten beider, sowie Polymerisatemulsionen ungesätt. Ester in wss. Lsg., worauf durch Wärme auskondensiert wird. — Zellwollgewebe wird mit einer wss. Emulsion behandelt, die 15 (%) Dimethylolharnstoff, 0,2 Oleyltaurin, 0,4 Weinsäure u. 2,5 Mischpolymerisatemulsion (aus 24 Acrylsäurebutylester, 25 Vinylacetat, 1 Acrylsäure u. 50 W.) enthält. Man trocknet bei 80° u. erhitzt dann 8 Min. auf 160°. (**D. B. P. 940 646** Kl. 8k vom 1/1. 1939, ausg. 22/3. 1956. Anmeldung bekanntgemacht 28/8. 1952.) H. MÖLLERING. 8075

Vereinigte Glanzstoff-Fabriken Akt.-Ges., Wuppertal, *Spinnen von künstlichen Fäden aus Viscose* in konz. H_2SO_4, dad. gek., daß der Faden sofort nach dem Austritt aus dem Bad auf ein Transportband aufgelegt wird, welches eine Antriebswalze u. eine unmittelbar über der Badoberfläche befindliche Umlenkrolle umschlingt u. dessen den Faden tragendes Trum einen spitzen Winkel mit der Badoberfläche bildet. — Zeichnung. (**Schwz. P. 308 529** vom 14/11. 1952, ausg. 1/10. 1955. D. Prior. 17/11. 1951.) G. SALZMANN. 8075

Vereinigte Glanzstoff-Fabriken Akt.-Ges., Wuppertal, *Hochgekräuselte Cellulosefasern aus Viscose* (**I**). Man spinnt **I** in ein Fällbad (115 g/Liter H_2SO_4, 280 g Na_2SO_4 u. 5 g $ZnSO_4$), dessen elektr. Leitfähigkeit sich zu der von **I** verhält wie 0,85:1 bis zu 1:0,85; dann streckt man die Fäden in einem Dampfbad bis zum Maximum der elast. Grenze, schneidet sie u. läßt sie in W. von 70° (Verhältnis der elektr. Leitfähigkeit zu dem Salzgeh. der Fäden 0,7:1 bzw. 1:0,7) schrumpfen. (**E. P. 718 369** vom 24/5. 1951, ausg. 10/11. 1954. D. Prior. 1/10. 1948.) G. SALZMANN. 8075

Chemstrand Corp., Del., übert. von: **Alfred B. Craig** und **George E. Ham**, Dayton, O., V. St. A., *Polyacrylnitrilmischpolymerisate für Spinnzwecke.* Die andere, bis zu 15% betragende Polymerisationskomponente besteht aus einem N-Alkenylbenzimidazol, z. B. N-Allyl-, N-Methallyl-, N-Chlorallyl- oder 1-Methallyl-2-methylbenzimidazol. DieFäden lassen sich gut färben. (**A. P. 2 716 640** vom 21/11. 1950, ausg. 30/8. 1955.) G. SALZMANN. 8081

Chemstrand Corp., Del., übert. von: **Alfred B. Craig** und **George E. Ham**, Dayton, O., V. St. A., *Gut färbbare Polyacrylnitrilfasern.* Man stellt eine Lsg. aus einem 80% Acrylnitril enthaltenden Mischpolymerisat u. dem Polymeren eines Olefinhalogenacetats, z. B. Vinyl-, Allyl- oder Isopropenylchloracetats oder dessen Mischpolymerisat mitAcrylnitril, das mit einem aliphat. Amin umgesetzt werden kann, her u. spinnt in ein Fällbad. Vor oder während des Färbens der Fäden kann außerdem (Alkyl-) Thioharnstoff oder 2-Mercaptobenzothiazol zugesetzt werden. (**A. P. 2 719 834** vom 26/1. 1951, ausg. 4/10. 1955.) G. SALZMANN. 8081

Vereinigte Glanzstoff-Fabriken Akt.-Ges., Wuppertal-Elberfeld (Erfinder: **Erhard Siggel**, Laudendach/M., **Johannes Kleine**, München, und **Anton Watzl**, Kleinwallstadt /M.), *Polykondensation von Diolestern aromatischer Dicarbonsäuren*, bes. von solchen der Terephthalsäure. Man kondensiert in organ. Lösungsmitteln mit Kp. >180°, die keine OH-, NH_2-, NO-, CN- u. COOH-Gruppen aufweisen u. sowohl das Ausgangsmaterial als auch das Kondensationsprod. lösen u. mit den bei der Rk. frei werdenden Diolen ein azeotropes Gemisch bilden. Solche Lösungsmittel bilden Methylnaphthalin, Diphenyl, Diphenyläther, -methan. — Man erhitzt 100 g Terephthalsäurediglykolester, 20 mg B_2O_3 u. 350 g α-Methylnaphthalin (**I**) zum Sieden u. kondensiert das Gemisch aus abdestillierendem **I** u. **I**-Azeotrop in einer mit Kieselsäuregel gefüllten Vorlage, aus der das von Glykol befreite **I** abgelassen u. dem Reaktionskolben wieder zugeführt wird. Die Kettenlänge des Reaktionsprod. kann durch Zusatz eines Kettenabbrechers (hochsd. Monocarbonsäure oder deren Ester) gesteuert werden. Verarbeitung des Kondensationsprod. auf *Fäden durch Schmelzspinnen.* (**Oe. P. 183 566** vom 24/11. 1953, ausg. 25/10. 1955.) M. PANKOW. 8081

Paul Schlack, Berlin, *Herstellung von Fasern aus Polyamiden.* Inhaltlich ident. mit D. B. P. 865 774; C. **1953.** 5761. (**D. P.** [**DDR**] **3529** Kl. 29b vom 20/10. 1944, ausg. 3/2. 1953 [Ausschließungspatent].) M. PANKOW. 8081

Paul Schlack, Berlin, *Herstellung von linearen Polyamiden.* Inhaltlich ident. mit D. B. P. 907 601; C. **1954.** 10385. (**D. P.** [**DDR**] **5 351** Kl. 39c vom 22/7. 1943, ausg. 26/2. 1954 [Ausschließungspatent].) M. PANKOW. 8081

Josef Ringel, Dessau-Haideburg, *Kontinuierliche Polymerisation von Lactamen.* Das aufgeschmolzene polyamidbildende Gemisch wird durch ein Syst. von mehreren getrennten, im wesentlichen senkrechten Zonen bis zur *Spinndüse* mehrmals auf u. ab gefördert; auch werden die Massen zur rascheren Entgasung mit fortschreitender Polymerisationszeit immer wieder an die Oberfläche geführt. — Zeichnungen. (**D. P.** [**DDR**] **7 288** Kl. 39c vom 16/5. 1952, ausg. 17/1. 1955 [Wirtschaftspatent].) M. PANKOW. 8081

XIX. Brennstoffe. Erdöl. Mineralöle.

D. W. Gillings, *Entfernung von Methan aus Kohlenbergwerken. Vergleich englischer und kontinentaler Methoden.* (Vgl. C. **1952.** 6633 u. **1954.** 11580.) Besprochen werden die Ausbeutung der Gruben nach der LONGWALL-Meth., das Entweichen von Methan beim Arbeiten, kontinentale Anlagen, Führung u. Tiefe der Bohrlöcher, Drainage für schlagende Wetter in engl. Gruben, Durchführung u. Mechanismus der Drainage u. die Verwertung des Methans. (Iron Coal Trades Rev. **164.** 967—71. 2/5. 1952.) E. BOYE. 8120

Hajime Isobe und **Masao Takizawa**, *Untersuchungen über die relative Feuchtigkeitsempfindlichkeit von Holzkohleaschen.* 1. Mitt. *Anziehung von Wasserdampf nahezu bei Sättigungsfeuchtigkeit und von Benzoldampf beim Sättigungsdruck in trockener Luft durch Aschenoberflächen.* Die Sorption von *Wasserdampf* in Luft von 81—100% relativer Feuchtigkeit u. von *Benzoldampf* (Sättigung in trockener Luft) an die *Aschen von Holzkohlen* aus verschied. Hölzern u. aus Quercus glandulifera) u. an *Aktivkohlen* (aus diesen Hölzern) hing, bei Best. im Exsiccator, von den Eigg. der wasserlösl. Bestandteile (hauptsächlich K_2CO_3 u. Na_2CO_3) ab u. nicht von der Oberflächenstruktur. Die aufgenommene Menge erreichte einen Gleichgewichtswert. Die hygroskop. Aschen mit 25—50% W. bei der Sättigungstemp. zerflossen bei 100%, aber nicht bei 81% relativer Feuchtigkeit. Bei Knochenkohleaschen (lösl. Aschengeh. nur 0,5%) u. bei Holzkohlenaschen nach Entfernung der wasserlösl. Bestandteile war die Sorption hauptsächlich Adsorption, sie hing von der Oberflächenstruktur ab. In allen Aschen verursachten die wasserlösl. Bestandteile eine Schrumpfung der inneren Oberfläche. (Rep. sci. Res. Inst. [Kagaku-Kenkyujo-Hokoku] **29.** 67—71. Jan. 1953. [Orig.: japan.]) L. SCHULER. 8122

Hans D. Pflug, *Zur technologischen Beurteilung rheinischer Braunkohlentypen.* Es werden behandelt: Auswahl u. Definition der Kohlentypen, Probenahme, Siebanalyse, Darst. der Siebergebnisse, Vermahlung, Vergleichbarkeit mit den Betriebsbedingungen, Lage u. Gestalt der Siebkurven, Analyse der Kurven, Gewebearten der Kohlen, Strukturtypen im imprägnierten Andruck, Vgl. der Feinkornäste vermahlener Kohlentypen, Zusammenhang zwischen Siebkurven u. Bruchstrukturen, Siebkurven u. Brechungsindex, das Feinstkorn (0,06 mm), Sortierungserscheinungen bei der Klassierung zerkleinerten Gutes, Beziehung zwischen Siebkurve, Kohlenstruktur u. Wassergeh., Sortieren durch Klassieren in Flözen mit brikettierschwierigen Kohlen, Überwachung der Förderkohlenzus. in der Fabrik u. der gemahlenen Kohlen, selektive Zerkleinerung, Einfl. der Körnung auf die Brikettierung sowie die Bedeutung der Korncharakteristik für Analysen. Untersucht wurden 4 wichtige Braunkohlentypen des rhein. Reviers: Grob-, Knabben-, Stubben- u. Rieselkohle. — Die Untersuchungsergebnisse werden dargelegt. (Braunkohle, Wärme u. Energie **8.** **41**—**56.** **Februar 1956. Köln.**) E. BOYE. 8124

B. E. Balme, *Anorganischer Schwefel in einigen australischen Kohlen.* Es werden die Arten u. die Verteilung von S-Mineralien, die in den Kohlen verschied. Flöze von Neusüdwales vorkommen, beschrieben. Weiter wurden einige Beobachtungen über den Ursprung von prim. Pyrit (**I**) in Kohlenlagern dargelegt u. der mkr. **I**, seine Formen, der makroskop. **I**, der sek. **I** u. die mineral. Beimischungen von **I** besprochen. (J. Inst. Fuel **29.** 21—22. Jan. 1956.) E. BOYE. 8126

A. H. Billington, I. G. C. Dryden und **D. H. Napier,** *Die Entstehung und Verbrennung der flüchtigen Bestandteile von Kohlen.* 2. Mitt. *Thermische Spaltung der Kohle* (1. vgl. C. **1953.** 1908.) Während die Spaltung der Kohle anfangs unter Entstehung kleiner reaktionsfähiger Teilchen erfolgt, die rasch zu höhermol. Verbb. weiterreagieren, werden diese Komplexe bei höherer Temp. wieder zerlegt, u. erst in einem allmählich fortschreitenden Aufbauprozeß wird im wesentlichen Teer gebildet. Gleichzeitig steigt der Anteil an ungesätt. Aromaten der Teerprodd. auf Kosten der Aliphaten, Naphthene u. gesätt. Aromaten gemäß der verhältnismäßig geringen thermodynam. Stabilität der aliphat. Verbb. bei höheren Temperaturen. Nach der Kondensation treten weitere Änderungen ein, wie z. B. die Pechbildung. Es hat sich gezeigt, daß es unmöglich ist, die prim. Prodd. genau festzustellen, da der Ablauf der sek. Rkk. nicht verhindert werden kann. Die Art u. das Ausmaß dieser Rkk. in industriellen Prozessen sind erheblich von der Beschaffenheit der Anlage u. der Entgasungstemp. abhängig. (Brit. Coal Utilisat. Res. Assoc., monthly Bull. **16.** 258—70. Juni 1952.) H. SCHÖBERL. 8126

G. Whittingham, *Hochtemperaturreaktionen der mineralischen Bestandteile von Kohlen während der Verbrennung.* Ungenügende Kenntnis der Natur u. Verteilung der mineral. Bestandteile in Kohlen u. experimentelle Unzulänglichkeit machen die Erforschung des Verh. der Mineralien bei hohen Tempp. im Brennstoffbett oder in der Flamme schwierig. In industriellen Feuerungen treten Tempp. bis maximal 1700° u. in Haushaltsfeuerungen bis ca. 1100° auf. Es wurden die Spaltung von Sulfiden (FeS_2), Carbonaten in der allg. Formel (Ca, Mg, Fe, Mn)CO_3, Sulfaten, Chloriden u. Silicaten untersucht. Daneben müßten noch Verss. über die Rkk. bestimmter Minerale, wie Steinsalz, Schieferton u. Kaolin mit verbrennendem C, vorgenommen werden, um prakt. Verbrennungsprobleme besser lösen zu können u. Möglichkeiten zur Gewinnung anorgan. Stoffe in brauchbarer Form zu schaffen. (Brit. Coal Utilisat. Res. Assoc., monthly Bull. **18.** 581—90. Dez. 1954.) H. SCHÖBERL. 8128

Gebrüder Sulzer, Akt.-Ges., Winterthur, Schweiz, *Vermindern störender Wirkungen von Verbrennungsprodukten,* die bei der Verbrennung von Brennstoffen in einer Brennkammer entstehen, mittels mindestens eines Zusatzstoffes zum Brennstoff, wobei eine mindestens zu 10 Gew.-% aus Zusatzstoff bestehende Dispersion in Öl hergestellt wird u. diese Dispersion zusammen mit dem Brennstoff in die Brennkammer eingeführt wird, dad. gek., daß eine Entmischung behindert wird durch Zugabe von fl. Alkylsilicaten zur Dispersion. (**Schwz. P. 309 186** vom 11/6. 1952, ausg. 1/11. 1955.) E. DREWS. 8129

Standard Oil Development Co., V. St. A. (Erfinder: **Frank T. Barr** und **Walter G. Scharmann**), *Synthesegas aus Kohlenwasserstoffen*, das hauptsächlich H_2 u. CO (neben CO_2 u. CH_4) enthält, wird hergestellt, indem man die KW-stoffgase mit Wasserdampf oder einem Gemisch aus Wasserdampf u. CO_2 bei Tempp. über 1000° an einer Katalysatorwirbelschicht (Ni auf Ton) konvertiert. Durch geeignete Anlagen werden die Feststoffteilchen vom Gas getrennt. — Zeichnung. (**F. P. 980 525** vom 8/2. 1949, ausg. 15/5. 1951. A. Prior. 4/6. 1948.) S. MEIER. 8153

Koppers Co., Inc., Pittsburgh, Pa., V. St. A., *Herstellung von Brenngas.* Ein heißes Gemisch von gasförmigen Prodd., das aus einem Vergaser für feinverteilten Brennstoff ausströmt, wird auf ein fixes Bett von Feststoffen ohne vorherige Behandlung geblasen, wobei das Bett von dem Gas teilweise, jedoch nicht vollständig durchdrungen wird. Die dabei entstehenden Gase werden abgezogen u. die festen Teilchen vom Bett entfernt. — Vorr., Zeichnung. (**E. P. 725 248** vom 31/7. 1953, ausg. 2/3. 1955. A. Prior. 23/10. 1952.) E. KAHLES. 8155

Heinrich Koppers G. m. b. H., Essen, *Erzeugung von Brenngas und feinverteiltem Kesselbrennstoff aus pulverisierter bituminöser Kohle*, dad. gek., daß die Kohle mit vorerhitzter Luft oder O_2 zu einer homogenen Suspension vereinigt wird. Der O_2-Geh. wird so bemessen, daß nur ein geringer Anteil an Kohle u. an daraus entstandenen flüchtigen Prodd. verbrennt. Die Suspension wird in einem Reaktionsraum bei 800—1200° entgast, wobei die Wärme durch die vorher stattgefundene teilweise Verbrennung der Kohle geliefert wird. Die Entgasungsprodd. Koks u. Gas werden getrennt. — Zeichnung. (**E. P. 730 786** vom 20/11. 1951, ausg. 1/6. 1955. D. Priorr. 20/11. 1950 u. 8/1. 1951.) E. KAHLES. 8157

General Motors Corp., Detroit, übert. von: **George W. Kellogg**, Flint, Mich., V. St. A., *Emulsionsspaltung* von Öl-in-W.-Emulsionen durch ein wasserlösl., anorgan. Salz [$Al_2 \cdot (SO_4)_3$, NaCl oder $CaCl_2$], heftiges Rühren der Mischung, Zusatz eines normalerweise nicht emulgierbaren Leichtöls u. nochmaliges Rühren dieser Mischung, die man anschließend sich durch Schwerkraft absitzen läßt, wobei sich das W. von dem Öl trennt. (**A. P. 2 702 794** vom 1/3. 1951, ausg. 22/2. 1955.) P. UNGER. 8191

Petrolite Corp. Ltd., Del., übert. von: **Melvin De Groote**, University City, Mo., V. St. A., *Brechen von Erdölemulsionen* (W.-in-Öl-Typ). In Abänderung des A. P. 2 626 902; C. **1956**. 7121 wird an Stelle des oxypropylierten Sulfonamids der Formel **I** ein oxypropyliertes Amid der Formel **II** verwendet. (**A. P. 2 626 913** vom 1/12. 1950, ausg. 27/1. 1953.) E. KAHLES. 8191

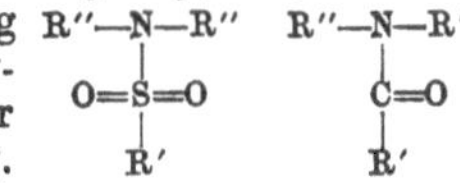

I II

Aktiebolaget Nynäs-Petroleum, Nynäshamn, Schweden (Erfinder: **J. H. O. Lindhe**), *Abscheidung von Schwefel aus Kohlenwasserstoffen und -gemischen.* Nach Ausscheidung von Mercaptanen wird freier S durch Zusatz von Cu_2O in Form von Pulver oder Stücken bei 80° gebunden. Diese Behandlung kann direkt oder im Anschluß an die Raffination erfolgen. (**Schwed. P. 143 817** vom 12/3. 1952, ausg. 26/1. 1954.) K. H. KÄHLER. 8195

Badische Anilin- & Soda-Fabrik Akt.-Ges., Ludwigshafen/Rh. (Erfinder: **Willi Oettinger**), *Entschwefelung von Rohölen durch katalytische Druckhydrierung*, wobei man aus dem Rohöl durch Dest. mindestens 1 Fraktion abtreibt, den Rückstand mit H_2 in an sich bekannter Weise bei mindestens 200 at in Ggw. von Katalysatoren raffinierend druckhydriert, das erhaltene Reaktionsgemisch unter etwa Reaktionsdruck abkühlt, Gase u. fl. Anteile voneinander trennt, diese Gase im Kreislauf zurückführt, die fl. Prodd. auf einen niedrigeren Druck von 20—150 at entspannt u. das dabei frei werdende H_2-haltige Gas zur raffinierenden Hydrierung mindestens einer, der bei der Dest. des Rohöls erhaltenen Fraktionen verwendet. Man kann das Rohöl oder den Rückstand vor der raffinierenden Hydrierung bei 300—500° über großoberflächige Stoffe leiten. (**D. B. P. 939 278** Kl. 23b vom 24/10. 1953, ausg. 16/2. 1956. Anmeldung bekanntgemacht 25/8. 1955.) P. UNGER. 8195

British Petroleum Co. Ltd., London, **Frederick William Bertram Porter** und **Roy Purdy Northcott**, Sunbury-on-Thames, England, *Katalytische Entschwefelung von Erdölkohlenwasserstoffen* unter Hydrofinierungsbedingungen, wobei das Behandlungsgut (I) in gemischt-gasförmig-fl. Phase vorliegt. Man leitet I in eine Verdampfungszone, in der es in eine gasförmige u. eine fl. Fraktion getrennt wird, leitet beide Fraktionen in getrennte Hydrofinierungszonen u. leitet ein H_2-haltiges Rücklaufgas nacheinander durch die Hydrofinierungszone für die fl. Fraktion, die Verdampfungszone u. die Hydrofinierungszone für die gasförmige Fraktion. Die fl. Bestandteile des Behandlungsgutes können durch die Hydrofinierungszone für die fl. Fraktion im Gleichstrom mit dem oder im Gegenstrom zu dem Rücklaufgas geleitet werden. Arbeitsbedingungen in den Hydrofinierungszonen für gasförmige Fraktion: 750° F, 1000 lbs./sq.in.; für fl. Fraktion: 780° F, 1000 lbs./sq.in. — Zeichnung. (**E. P. 736 782** vom 28/1. 1952, ausg. 14/9. 1955.) P. UNGER. 8195

Socony Mobil Oil Co., Inc., New York, N. Y., übert. von: **Lewis M. Browning jr.**, Woodbury, und **Raymond M. Kauffman**, Haddon Heights, N. J., V. St. A., *Entfernung von Mercaptanen aus Kohlenwasserstoffen durch Behandlung mit festem Alkali.* Man gibt ca. 3—10 Gallonen eines 1wertigen aliphat. Alkohols mit nicht >5 C-Atomen/Mol. zu einer Suspension 100 Pfund Alkalihydroxyd (NaOH) mit einem Durchmesser von 1—40 μ in einer nichtwss. Fl., z. B. Leichtbenzin. Man kocht den A. aus der Suspension heraus u. erhält eine Suspension von aktiviertem NaOH, mit der man mercaptanhaltige *Leichtbenzine* behandelt. Nach der Behandlung trennt man die festen NaOH-Teilchen von dem mercaptanfreien Leichtbenzin. (**A. P. 2 725 339** vom 26/12. 1951, ausg. 29/11. 1955.) P. UNGER. 8195

British Petroleum Co. Ltd., London, **Stanley Francis Birch, Thomas Vernon Cullum** und **Ronald Alfred Dean**, Sunbury-on-Thames, England, *Hypochloritbehandlung von Erdöldestillaten.* Man behandelt die KW-stoffe, die einer Behandlung mit einer Alkalibzw. Erdalkalihypochlorit-Lsg. unterworfen worden waren, mit einer Mischung aus Methanol u. einer Alkalihydroxydlösung. — Zeichnung. (**E. P. 736 795** vom 14/5. 1952, ausg. 14/9. 1955.) P. UNGER. 8195

M. W. Kellogg Co., Jersey City, übert. von: **William J. Degnen**, Westfield, N. J., V. St. A., *Umwandlung von Kohlenwasserstoffen.* Der KW-stoffstrom wird durch ein Rohr mit solcher Geschwindigkeit geführt, daß die in das Zentrum des Stromes eingeleiteten Feststoffteilchen (Katalysator) in feinster Verteilung von dem KW-stoffstrom aufgenommen u. mit ihm in Kontakt gebracht werden. Der auf dem Katalysator niedergeschlagene C wird durch Abbrennen mit O_2 oder O_2-haltigem Gas entfernt u. der regenerierte Katalysator wieder in den KW-stoffstrom zurückgeleitet. — Zeichnung. (**A. P. 2 695 265** vom 27/4. 1949, ausg. 23/11. 1954.) E. KAHLES. 8197

W. R. Grace & Co. (Erfinder: **Charles P. Wilson jr.**), V. St. A., *SiO_2–Al_2O_3-Crackkatalysator.* Man stellt eine wss. Aufschwemmung von SiO_2-Gel her, setzt eine Alaunlsg. zu u. fällt $Al(OH)_3$ mit NH_3. Das Gemisch, welches einen p_H von 4,5—5,5 besitzt, wird durch Zerstäuben getrocknet. Das Trockenprod. wird mit W. gewaschen, um die lösl. Salze zu entfernen. (**F. P. 1 103 276** vom 29/6. 1954, ausg. 2/11. 1955. A. Prior. 30/6. 1953.) M. F. MÜLLER. 8197

Gyro Process Co., Detroit, Mich., übert. von: **William W. Holland**, Baltimore, Md., V. St. A., *Abtrennung eines gepulverten Katalysators aus einem dampfförmigen Kohlenwasserstoffstrom.* In einer Abscheidezone, die einen Dampfauslaß am Kopf u. einen Auslaß für den Katalysator am Boden hat, werden die KW-stoffdämpfe u. der Katalysator im Gegenstrom zueinander geführt. Der abgezogene Katalysator wird in einen Zentrifugalabscheider geleitet, wobei die abgetrennten KW-stoffdämpfe in das Innere des Abscheiders zurückgeführt werden. — Zeichnung. (**A. P. 2 614 659** vom 10/7. 1948, ausg. 21/10. 1952.) E. KAHLES. 8197

United States of America, übert. von: **Karl F. Hager**, Fort Bliss, und **Morris Rosenthal**, El Paso, Texas, V. St. A., *Kenntlichmachung von Leichtbenzin* u. dgl. durch Auflösen von 0,001—0,01 Gew.-% eines diazotierbaren Amins (z. B. p-Toluidin, Anilin). Man extrahiert zur schnellen Identifizierung die Fl. mit einer wss. Säure, gibt $NaNO_2$ zu dem Extrakt, um das Amin zu diazotieren, puffert mit Na-Acetat u. kuppelt die Lsg. mit einer Farbstoffkomponente, z. B. β-Naphthol, wobei sich ein Azofarbstoff bildet. (**A. P. 2 689 171** vom 8/12. 1949, ausg. 14/9. 1954.) P. UNGER. 8201

Socony-Vacuum Oil Co., Inc., V. St. A. (Erfinder: **Kenneth McKeller Elliott**), *Katalytische Behandlung von Kohlenwasserstoffen.* Man bringt KW-stoffdämpfe nach dem Gegenstromverf. in Kontakt mit einer aus feinen Katalysatorteilchen bestehenden, sich nach abwärts bewegenden, kompakten Schicht. — Z. B. reformiert man Schwerbenzin in Ggw. eines Katalysators, welcher 70 (Mol-%) Al_2O_3 u. ca. 18—30 Cr-Hydroxyd enthält, u. eines 35—60% H_2 enthaltenden Gases bei 400—540° u. ca. 13,3 at. Der Katalysator passiert mehrere Reaktionszonen in einem Reaktionsgefäß oder mehrere in Reihe geschaltete Reaktionsgefäße. — Vorrichtung. (**F. P. 1 080 752** vom 30/4. 1953, ausg. 13/12. 1954. A. Prior. 1/5. 1952.) T. OPPERMANN. 8201

Imperial Chemical Industries Ltd., England, *Isomerisation von Kohlenwasserstoffen.* Man behandelt die KW-stoffe in der Dampfphase bei 350—550° u. 10—80 at mit H_2 in Ggw. eines Katalysators, welcher 0,05—20 Gew.-% Ni, Co, Pt oder Pd enthält. — Z. B. verdampft man ein KW-stoffgemisch von der Zus.: 7,8 (Gew.-%) p-Xylol, 21 o-Xylol, 52 m-Xylol, 15 Äthylbenzol u. 4,2 nicht aromat. Verb. u. läßt den Dampf, mit H_2 im

Molverhältnis 1 : 5 gemischt, einen Katalysator bei 430° u. 50 at passieren, welcher aus 15% Al_2O_3-Gel, 85% SiO_2-Gel besteht u. 5% Ni enthält. Die Ausbeute an *p-Xylol* beträgt 52%. (**F. P. 1 082 941** vom 22/6. 1953, ausg. 4/1. 1955. E. Prior. 23/6. 1952.)
T. OPPERMANN. 8201

California Research Corp. (Erfinder: **Robert P. Sieg**), V. St. A., *Katalysator zum Reformieren von Kohlenwasserstoffdestillaten,* bestehend aus Al- u. Mo-Oxyd im Gemisch mit 0,5—15% Graphit. Der Katalysator wird gewonnen durch Ausfällen der Hydroxyde von Al u. Mo in Ggw. einer Graphitsuspension. (**F. P. 1 103 137** vom 10/5. 1954, ausg. 31/10. 1955. A. Prior. 18/5. 1953.) M. F. MÜLLER. 8201

Badische Anilin-& Soda-Fabrik Akt.-Ges. und **Scholven-Chemie Akt.-Ges.**, Deutschland, *Herstellung von Leichtbenzin aus Rohöl durch katalytische Hydrierung unter Druck* in mehreren Stufen in fl. oder gasförmiger Phase. Ein Rohöl (Kp. 300°) wird bei 100 at u. höher u. bei 450—520° in zwei nacheinandergeschalteten Hydriergefäßen spaltend hydriert. Als Katalysator dienen Metalloxyde oder -sulfide von Metallen der 5.—8. Gruppe des Period. Syst., bes. von Molybdän u. Wolfram, mit einer SiO_2–Al_2O_3-Trägersubstanz. (**F. P. 1 102 874** vom 24/6. 1954, ausg. 26/10. 1955. D. Priorr. 26/6. u. 11/8. 1953.) M. F. MÜLLER. 8201

Richard Birthler und **Erwin Deutloff,** Böhlen b. Leipzig, *Verminderung der Kohlenstoffablagerung und Verlängerung der Spaltperioden bei der Druck–Wasserstoff-Dehydrierung von Kohlenwasserstoffen,* bes. bei hochparaffin. KW-stoffen, dad. gek., daß ein Wascher in den Gasumlauf eingeschaltet wird. — Vorrichtung. (**D. P.** [**DDR**] **7 051** Kl. 12o u. 23b vom 6/7. 1952, ausg. 12/4. 1954 [Wirtschaftspatent].) T. OPPERMANN. 8201

Air Reduction Co., Inc., New York, N. Y., übert. von: **Daniel C. Rowlands,** Worthington, O., V. St. A., *Herstellung von Tri-(3-methyl-1-butin-3-yl)-phosphit* durch Rk. von 3-Methyl-1-butinol-(3) mit PCl_3, bes. in Lsg. in einer niedrig sd. Erdölfraktion bei —2 bis +3°, in Ggw. eines HCl-Acceptors, wie bas. Amine, bes. Pyridin. — Verwendung als *Treibstoff-* oder *Schmierölzusatz* gegen Kohlenablagerungen in den Motoren. (**A. P. 2 728 791** vom 21/4. 1954, ausg. 27/12. 1955.) W. GRÄGER. 8205

Esso Research & Engineering Co., übert. von: **Minor C. K. Jones,** Mountainside, N. J., V. St. A., *Herstellung von besserem Heizöl,* das bei üblichem Brenner nicht verstopft, durch Fraktionieren eines Roherdöls in mehrere Fraktionen einschließlich einer Fraktion vom Heizöl- u. Gasölsiedebereich. Man wäscht die Heizölfraktion (**I**) mit Alkali, süßt die alkal. behandelte **I** u. erhält gesüßtes Heizöl, spaltet die Gasölfraktion (**II**), fraktioniert die Spaltprodd. in mehrere Fraktionen, einschließlich einer Fraktion (**III**) vom Heizölsiedebereich, wäscht diese mit Alkali, homogenisiert sie, indem man das Spaltheizöl durch eine schmale Öffnung unter einem Scherdruck von 1000—8000 lbs./sq.in. drückt, u. verschneidet das gesüßte Heizöl (**I**) mit dem mit Alkali gewaschenen Spaltheizöl (**III**). — Zeichnung. (**A. P. 2 703 307** vom 13/5. 1952, ausg. 1/3. 1955.) P. UNGER. 8217

Comp. Française Thomson-Houston, Frankreich (Erfinder: **Donald G. Sanders, Bruce O. Buckland** und **Cecil M. Gardiner**), *Heizölkompositionen.* Man versetzt die V u. Na enthaltenden Öle vom Typ „Bunker C" mit in Öl lösl. Verbb. des Ca, Ba, Sr, Mg oder Ni (z. B. mit Ca-Naphthenat), welche die korrosiven Eigg. des in der Asche enthaltenden V-Oxyds u. des Na_2SO_4 unterdrücken. (**F. P. 1 081 705** vom 29/7. 1953, ausg. 22/12. 1954. A. Prior. 1/8. 1952.) T. OPPERMANN. 8217

Shell Development Co., San Francisco, Calif., übert. von: **Harold A. Woods,** Martinez, und **Robert C. Jones,** Berkeley, Calif., V. St. A., *Schmierfett auf Mineralölbasis,* gek. durch einen Geh. an einer synergist. wirkenden Mischung eines höhermol. α-Naphthylamins u. eines Reaktionsprod. aus P_2S_5 mit einem Dicycloterpen. Die antioxydative Wrkg. wird erhöht durch weiteren Zusatz eines öllösl. Dithiocarbamates. — Beispiel: Schmierfett aus 87,5 (Gew.-%) Mineralöl, Phenyl-α-naphthylamin, 1 Prod. aus P_2S_5 u. Terpentin, 0,5 Zn-Dibutyldithiocarbamat, 0,25 Tributylphosphit, Rest Li-Seifen hydrierter Fischölsäuren. (**A. P. 2 652 362** vom 15/8. 1950, ausg. 15/9. 1953.) E. DREWS. 8223

Richard Blasberg (Erfinder: **Artur Kutzelnigg**), Solingen, *Schleiffett.* Verwendung von oxäthylierten Fettsäuren mit einem Zusatz von W. oder Glykol bzw. dessen Derivv., wie Polyglykol, als Schleiffett. (**D. B. P. 938 030** Kl. 22g vom 1/6. 1951, ausg. 19/1. 1956. Anmeldung bekanntgemacht 13/11. 1952.) W. GRÄGER. 8223

Universal Oil Products Co., Chicago, übert. von: **Charles D. Lowry jr.,** Evanston, Ill., V. St. A., *Stabilisieren von Paraffinwachsen,* die bes. zum Auskleiden von Lebensmittelbehältern verwendet werden, gegen Oxydation erfolgt durch Zumischen von 0,001—0,05 Gew.-% 2-tert.-Butyl-4-methoxyphenol u. gegebenenfalls 0,0005—0,03 Citronensäure als Synergisten u. 0,0005—0,03 eines Metalldeaktivators, wie 8-Chinolincarbonsäure, 2.3- oder 2.4-Chinolin- oder 2.4-Pyridindicarbonsäure. (**A. P. 2 715 073** vom 16/8. 1950, ausg. 9/8. 1955.) O. MÜLLER-MEININGEN. 8227

XX. Schieß- und Sprengstoffe. Zündmittel.

Paul Aubertein, *Abnahmebedingungen für Diäthylenglykol. Diäthylenglykol* (I), das zur Herst. von Diäthylenglykoldinitrat bestimmt ist, soll $>2\%$ Glykol (II) u. $<1\%$ Triäthylenglykol (III) enthalten. Zur Best. dieser Mengen II u. III wird eine einfache Destillationsmeth. in einem genormten Destillationskolben (Abb.) vorgeschlagen. Der Wassergeh. von I wird am besten nach FISCHER bestimmt. (Mém. Poudres **32.** 65—71. 1950. Poudrerie Nationale de Sorgues.) K. F. MÜLLER. 8320

M. A. C. Mullaly, *Bestimmung von Dibutylphthalat in Treibmitteln.* In *Nitrocellulose, Nitroglycerin* (I) sowie „*Carbamite*" (II; *Diäthyldiphenylharnstoff*) enthaltenden Treibmitteln wird *Dibutylphthalat* (III) bestimmt, indem III zusammen mit I u. II mit Ae. extrahiert wird. Im getrockneten Ae.-Extrakt wird I mit $FeCl_2$ in Ggw. von CH_3OH red.; das III wird mit Ae. extrahiert u. durch Verseifung bestimmt. Die Meth. eignet sich für Routineanalysen. — Ausführung: Die feinzermahlene, ca. 1 g I enthaltende Treibmittelprobe wird 4 Std. mit Ae. extrahiert. Aus dem ca. 1 g I, 0,2 g III u. 0,3 g II enthaltenden Extrakt wird durch Durchleiten von getrockneter Luft der Ae. entfernt. Man versetzt dann mit 10 g $FeCl_2$, 60 ml CH_3OH, 15 ml konz. HCl u. 15 ml W., erhitzt 45 Min. am Rückfluß u. verd. mit 100 ml Wasser. Das III wird mit 150 ml Ae. extrahiert; die Ae.-Schicht wird mit 100 ml, dann mit 50 ml 5%ig. K_2SO_4-Lsg. gewaschen. Nach Entfernung des Ae. wird das III durch 45 Min. Erhitzen mit 10 ml alkoh. 0,4n KOH verseift, u. nach Zugabe von 50 ml W. wird das überschüssige Alkali mit 0,1 n HCl gegen Thymolblau zurücktitriert. (Analyst **80.** 237—39. März 1955. Bishopton, Royal Ordnance Factory.) K. F. MÜLLER. 8320

Soc. d'Explosifs et de Produits Chimiques, Frankreich, *Herstellung eines Leichtgemisches für die Sprengstoffherstellung,* bestehend aus 200 (g) NaCl, 37,5 Cellulose, 12,5 Gelatine, 10 $NaHCO_3$, 1 cm^3 „Stanyl", 150 cm^3 Wasser. Das trockne, zerkleinerte u. gesiebte Prod. ist ein leichtes Pulver, welches zur Herst. von Sprengstoffen von geringer D. geeignet ist. (**F. P. 1 108 997** vom 10/7. 1954, ausg. 19/1. 1956.) M. F. MÜLLER. 8305

Imperial Chemical Industries Ltd., London (Erfinder: **Duncan Davidson,** Fairlie, Ayrshire,) England, *Pulver- und Halbgelatine-Sprengstoffe* mit erhöhter Wasserbeständigkeit werden erhalten durch Zusatz von bis 0,1—5% eines Xylogalaktans, bes. des aus Psylliumsamens (Plantago psyllium). — Beispiel: 17 (%) Nitroglycerin u. Nitroäthylenglykol (4 : 1), 1,5 Mononitrotoluol, 0,7 Nitrocellulose, 6,5 Stärke, 50,5 NH_4NO_3, 5 $NaNO_3$, 15,3 NaCl, 2,5 Kaolin, 1 Psylliumschleim. — Wasserbeständigkeit >408 Stunden. (**D. B. P. 939 440** Kl. 78c vom 17/3. 1953, ausg. 23/2. 1956. Anmeldung bekanntgemacht 25/8. 1955. E. Prior. 21/4. 1952.) A. GRADL. 8305

Edmund Ritter von Herz sen., Köln, und **Edmund Ritter von Herz jr.,** Nienburg, *Sprengpatronen,* beliebiger Gestalt, erhalten eine beiderseits offene, rinnenförmige Ausnehmung in der Mantelfläche. Als Explosivstoffe dienen bes. Gußmischungen aus Trinitrotoluol u. Hexogen, gegebenenfalls mit Zusatz von Plastifikatoren. Die Sprengpatrone dient zum Schneiden von Fe-Teilen, auch unter Wasser. (**D. B. P. 940 219** Kl. 78n vom 11/5. 1949, ausg. 15/3. 1956. Anmeldung bekanntgemacht 7/9. 1950.) A. GRADL. 8305

Emile Canis, Vielverge, Frankreich, *Zylindrische Hohlladung* mit einem Hohlraum parallel zur Achse. Durch Abstimmung des Preßdruckes in Verbindung mit der Preßrichtung wird bei Formung pulvriger *Sprengstoffe* zu Hohlladungskörpern eine durchschnittliche scheinbare D. des Sprengstoffes erreicht, die die optimale Detonationsgeschwindigkeit ergibt. — Zeichnung. (**E. P. 733 592** vom 18/8. 1953, ausg. 13/7. 1955. F. Prior. 19/9. 1952.) A. GRADL. 8305

Dynamit Akt.-Ges. vormals Alfred Nobel & Co., Troisdorf, *Schlagwettersichere Sprengkapsel.* Die Kapsel aus Cu, Zn, Messing oder anderem, Schlagwetter nicht zündenden Material enthält als Primärsatz reines Pb-Azid oder Hg-Fulminat u. als Sekundärsatz einen Sprengstoff dem 3—20% inerte Stoffe (I), die ihrerseits 2—30% einer Br-Verb., bes. KBr, enthalten, zugemischt sind. Für I werden genannt: $NaHCO_3$, KCl, $PbCl_2$, $PbBr_2$, $CaCO_3$, $BaSO_4$, $BaCO_3$, ausgenommen NH_4Cl, ferner organ. Substanzen wie Paraffine, Wachse oder Harnstoffderivv., ausgenommen Nitroverbindungen. Die Sätze werden mit >350 at in die Kapsel gepreßt. Beispiel für einen Sekundärsatz: 0,75 g Tetryl u. 5 (%) einer Mischung aus 80 $NaHCO_3$ u. 20 KBr. (**E. P. 687 660** vom 19/8. 1949, ausg. 18/2. 1953.) A. GRADL. 8305

S. A. S. Lavorazione Materie Plastiche (L. M. P.) di M. I. Colombo & C. (Erfinder: **Roberto Colombo**), Turin, Italien, *Zündschnur,* gek. durch eine Hülle aus thermoplast. Kunststoff, in die zur Verstärkung Längsfäden aus Kunststoff von hoher Zugfestigkeit u. geringer Elastizität eingebettet sind. Superpolyamid ist bes. geeignet als Material für die Längsfäden. (**D. B. P. 940 760** Kl.78n vom 14/9. 1950, ausg. 22/3. 1956. Anmeldung bekanntgemacht 29/10. 1953. It. Prior. 4/10. 1944.) A. GRADL. 8309

Imperial Chemical Industries Ltd., London, England, *Wasserbeständiger, nichtdetonierender Zündsatz*, z. B. für Zündschnüre, bestehend aus pulverisierten oxydierenden u. reduzierenden Stoffen, die gleichmäßig in einer thermoplast. M. verteilt sind, dad. gek., daß letztere aus Naturgummi, einem polymerisierten Dien oder Balata oder deren Gemischen besteht u. bei 60—200° verformbar ist. — Beispiel: 24,5 (%) Mennige, 28,4 $KClO_4$, 15 Si, 4 Holzkohle, 14,9 Ca-Silicid, 13,2 einer Mischung aus 7 Teilen Gummi u. 25 Teilen Balata. (**E. P. 742 283** vom 25/9. 1953, ausg. 21/12. 1955.) A. GRADL. 8309

XXIV. Photographie.

Peter Schwankl, *Experimentelle Untersuchung einiger Verfahren der Verstärkung des latenten Bildes (Latentifizierung) für photographischen Nachweis und Photometrie sehr geringer Flächenhelligkeiten.* Einige Verff. der Latentifizierung wurden an handelsüblichen Emusionen untersucht. Das Maß der Empfindlichkeitssteigerung ist die Verringerung des Schwellenwertes. Nur bei PERUTZ-Braunsiegel-Platten wurde eine Empfindlichkeitssteigerung, u. zwar von 51% mit der $Na_2S_2O_5$-Meth., von 44% mit der Hg-Dampf-Meth. (relativer Fehler dieser Differenzen ist 29 bzw. 31%) festgestellt. Die Messung von $\Delta \log E$ für $S = 1{,}5$ nach Schleier-Red. zeigte nur bei PERUTZ-Silbereosin-Platten ($NaBO_3 \cdot 4\,H_2O$-Meth.) u. bei PERUTZ-Braunsiegel-Platten (Hg-Dampf-Meth.) einen positiven Effekt: 38 bzw. 35% Steigerung, 28 bzw. 23% relativer Fehler. Die von anderen Vff. berichteten hohen Empfindlichkeitssteigerungen konnten nicht bestätigt werden. (Naturwissenschaften **43.** 153. April 1956. München.) H. LINDBERG. 8594

A. Hautot und **H. Sauvenier**, *Über die Wirkungsweise der Desensibilisatoren.* 8. Mitt. *Die Wirkung von Bromacceptoren auf die desensibilisierte Emulsion.* (7. vgl. C. **1956.** 6843.) In Fortsetzung früherer Arbeiten über die Desensibilisierung photograph. Emulsionen (vgl. l. c.) untersuchten Vff. die Wrkg. von Bromacceptoren auf die desensibilisierte Emulsion in Abhängigkeit von der Belichtungszeit. Als Desensibilisatoren finden Pinakryptolgelb (**I**) u. Phenosafranin (**II**) Verwendung, als Versuchsmaterial dienen u. a. unsensibilisierte u. orthochromat. Bromjodsilberemulsionen. Zur Aufnahme des Bromacceptors wird die Schicht nach der Desensibilisierung 2 Min. lang in $NaNO_2$ oder Acetonsemicarbazon gebadet. Entwickelt wird in einem Glycinentwickler ohne Sulfit. — Während sich die maximale D. (D_{max}) bei Entw. desensibilisiterter Emulsionen mit verlängerter Belichtungszeit deutlich vermindert, ändert sich bei Behandlung desensibilisierter Schichten mit Bromacceptoren D_{max} mit Verlängerung der Belichtungszeit nur sehr wenig. Zur Erklärung dieses Effektes wird angenommen, daß bei der Belichtung frei werdendes Br von desensibilisierten Körnern stärker zurückgehalten wird als von nichtdesensibilisierten Körnern. Zu der eigentlichen Desensibilisierungswrkg., die vom Desensibilisator herrührt, kommt also noch ein zusätzlicher Effekt hinzu, der von dem Br verursacht wird, das in den desensibilisierten Körnern zurückgehalten wird. — Ergänzende Sensibilisierungsverss. zeigen, daß die spektrale Sensibilisierungsgrenze bei einer orthochromat. Emulsion durch Desensibilisierung mit **I** (**II** nimmt eine Sonderstellung ein) von 6000 Å auf 5500 Å zurückgeht. Bei den mit Bromacceptoren behandelten orthochromat. Emulsionen endet der Sensibilisierungsbereich gleich, ob sie einer kurzen oder langen Belichtung ausgesetzt werden, bei 5700 Å. Ähnliche Beobachtungen werden mit panchromat. Emulsionen gemacht (Rückgang von 7500 auf 6800 Å, keine Änderung bei mit Bromacceptoren behandelten Schichten). Auch dieser Effekt wird dem in desensibilisierten Schichten zurückgehaltenen Brom zugeschrieben. — *Die Wrkg. einer Zweitbelichtung auf die Emulsion vor der Desensibilisierung.* Weitere Verss. befassen sich mit der Wrkg. der Zweitbelichtung auf desensibilisierte Emulsionen, die vergleichsweise mit u. ohne Bromacceptoren behandelt wurden (Erstbelichtung: $^1/_{50}$ Sek., Hg-Dampflampe in 75 cm Entfernung; Desensibilisierung mit **I** durch 2 Min. langes Baden; Zweitbelichtung 1000 Sek., Lampe in 1 m Entfernung). Wird eine mit **I** desensibilisierte u. mit $NaNO_2$ behandelte Emulsion einer Zweitbelichtung unterworfen, so erhält man höhere Schwärzungen als wenn man nur desensibilisiert u. nicht mit Nitrit behandelt. Der Rückgang des latenten Bildes, der sich in Abwesenheit eines Bromacceptors bei mittleren Belichtungswerten der Zweitbelichtung zeigt, wird nur bei langer Vor- u. Nachbelichtung beobachtet. Vff. nehmen an, daß das bei der Zweitbelichtung in Freiheit gesetzte Br die durch Erstbelichtung gebildeten Keime des latenten Bildes wieder „rehalogeniert". Weitere Einzelheiten, Kurvenmaterial u. Sensitogramme vgl. Original. (Bull. Soc. roy. Sci. Liège **21.** 497—513. Dez. 1952. Lüttich, Univ., Labor. de Phys. Gén.) W. GÜNTHER. 8606

A. Hautot und **H. Sauvenier,** *Über die Wirkungsweise der Desensibilisatoren. 9. Mitt. Interpretation der Versuchsresultate und Schlußfolgerungen.* (8. vgl. vorst. Ref.) In einer abschließenden Arbeit geben Vff. eine zusammenfassende Übersicht über das in acht vorausgehenden Mitteilungen beobachtete Versuchsmaterial über den Desensibilisierungsvorgang. Es wird die Meinung vertreten, daß organ. Desensibilisatoren wie *Pinakryptolgelb* u. *Phenosafranin* u. anorgan. Desensibilisatoren wie $FeCl_3$ u. K_2CrO_4 in wss. Lsg. auf die Keime des latenten Bildes nicht oxydierend wirken, sondern daß sie eine zerstörende Wrkg. auf die Empfindlichkeitszentren ausüben, an denen sie adsorbiert sind. Die Versuchsresultate lassen annehmen, daß Desensibilisatoren weniger das Wachstum von Subkeimen als die Neubldg. von Keimen in den Empfindlichkeitszentren verhindern. Die sensibilisierende Wrkg. der Desensibilisatoren wird eingehend behandelt u. auf die Rolle hingewiesen, die das in einer desensibilisierten Emulsion frei werdende Brom spielt. Das Verh. einzelner Emulsionstypen ist so verschieden, daß kein allg. Schema der Desensibilisierung gegeben werden kann. Einzelne Beobachtungen können nicht erklärt werden, z. B. warum bei einer mit demselben Desensibilisator behandelten Emulsion Kornklassen verschied. Empfindlichkeit so verschieden desensibilisiert werden. Die Annahme, daß hierbei Desensibilisatoren von den verschied. Kornklassen verschieden intensiv adsorbiert werden, konnte nicht bewiesen werden. (Bull. Soc. roy. Sci. Liège **21.** 514—30. Dez. 1952. Lüttich, Univ., Labor. de Phys. Gén.) W. Günther. 8606

Maurice Roulleau, *Photographische Sensitometrie.* Vf. gibt eine zusammenfassende Darst. der photograph. Sensitometrie. Folgende Einzelthemen werden behandelt: Definierung der Meßgrößen, Eigg. von photograph. Schichten, Schwärzungskurven, ihre Abhängigkeit von der Temp. u. dem Feuchtigkeitsgeh. der Schicht während der Belichtung, Abhängigkeit der Schwärzungskurven von der Art der Belichtung, Zus. des Lichtes, Schwarzschild-, Intermittenz- u. Nachbareffekt, Abhängigkeit der Schwärzungskurven von der Zus. des Entwicklers, von dessen Temp., von der Entwicklungsdauer, von der Bewegung des Entwicklers, von den Trockenbedingungen. Spektrale Empfindlichkeit. Lichtquellen für sensitometr. Zwecke. Dosierung der Belichtung: Sensitometer für Negativ- u. für Positivemulsionen, Sensitometer mit konstanter Beleuchtung u. mit konstanter Belichtungszeit, Neutralkeile, Spektrodensitometer, Farbsensitometer. Verff. u. Apparaturen zur Behandlung von Sensitogrammen. Verff. zur Messung der opt. Dichte. Die verschied. Systeme zur Best. der Empfindlichkeit photograph. Materialien: Norme AIR 0690, ASA, BSI, DIN, die französ. Systeme. Das Syst. SOF (Système Officiel Français) der AFNOR (Association française de Normalisation): Wiedergabe der Norm PN S 20-002 zur Empfindlichkeitsbest. von hochempfindlichen Negativemulsionen mit geringem oder mittlerem Kontrast, Wiedergabe des Normvorschlages für Positivemulsionen mit nichttransparenter Unterlage, für Negativemulsionen geringer Empfindlichkeit, für Positivemulsionen auf transparenter Unterlage u. für Röntgenemulsionen mit Verstärkerfolie. Anwendung der Sensitometrie. — 151 Literaturhinweise. (Publ. sci. techn. Ministère Air **1955.** Nr. 301. 1—194.)
W. Günther. 8660

Kodak Ltd., London, England, übert. von: **Louis Morton Minsk** und **Werter Pullen Van Deusen,** Rochester, N. Y., V. St. A., *Lichtempfindliche Schichten für Relieferzeugung.* Als lichtempfindliche Stoffe werden *Polyvinylzimtsäure-* oder *Polyvinylfurylacrylsäureester* oder ringsubstituierte Derivv. verwendet, z. B. *Polyvinyl-m-nitrocinnamat,* in einer Polymerisationsstufe, die noch in KW-stoffen lösl. ist. Durch die Belichtung (etwas geringer als Bichromatschichten) werden sie in KW-stoffen unlösl., u. unter einer Vorlage belichtete Schichten können mit Bzl. zu einem Relief entwickelt werden. — Beispiel: 5 g Polyvinylcinnamat werden (gegebenenfalls mit 0,25 Kristallviolett) in einem Gemisch von 40 (cm^3) Xylol + 40 Toluol + 10 n-Butylalkohol + 10 Isopropylalkohol gelöst u. zu einer Schicht auf Glas oder Metall vergossen. (**E. P. 695 197** vom 3/11. 1949, ausg. 5/8. 1953. A. Prior. 3/11. 1948.) A. Kalix. 8601

Kodak-Pathé, Seine, Frankreich (Erfinder: **Ronald R. Morey**), *Antistatischer Film.* Der Träger oder die lichtempfindliche Schicht enthält eine antistat. Gelatinemischung, ein wasserlösl. polymeres Salz, wie das Na-Salz der Carboxymethylcellulose oder Na-Cellulosesulfat, sowie ein einfaches anorgan. wasserlösl. Salz, wie NaCl. Diese Mischung mit mindestens 75% Gelatine kann auch in einer besonderen Schicht auf der Rückseite des Trägers enthalten sein. (**F. P. 1 084 777** vom 7/10. 1953, ausg. 24/1. 1955. A. Prior. 8/10. 1952.) G. Grote. 8603

Eastman Kodak Co., übert. von: **Jean E. Jones,** Rochester, N. Y., V. St. A., *Supersensibilisierte photographische Schichten* erhält man aus Gelatine–Silberhalogenid-Emulsionen durch Zugabe einer Kombination aus mindestens einem Thienylcarbocyaninfarbstoff der allg. Formel I (R. u. R_1 = Alkyl- u. Carbäthoxymethylgruppen; m u. n = 0 oder 1; X = Säurerest; Z u. Z_1 = die zur Vervollständigung eines 5- oder

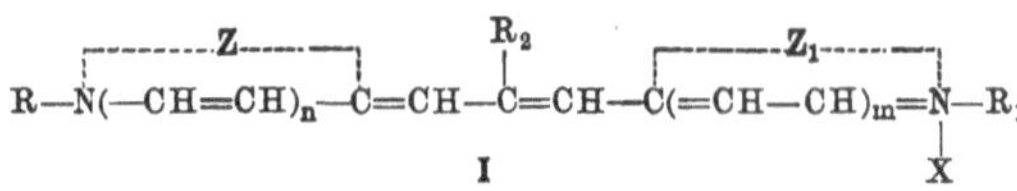

6gliedrigen hetrocycl. Ringes, bes. Thiazol-, Benzothiazol-, Naphthothiauol-, Benzoselenazol-, Naphthoselenazol-, Benzoxazol- u. Naphthoxazolringes, erforderlichen Metalloidatome) mit mindestens einem nichtionisiertem Farbstoff der allg. Formel II (R_3 u. R_4 = Alkyl-, β-Oxyäthyl-, Carbäthoxymethyl- u. Benzylgruppe; Q = die zur Vervollständigung eines Indandion- oder eines 5- oder 6gliedrigen heterocycl. Kernes erforderlichen Metalloidatome; Z_2 = die zur Vervollständigung eines 5- oder 6gliedrigen heterocycl. Kernes erforderlichen Metalloidatome; Z_3 = die zur Vervollständigung eines Naphthothiazol- oder Naphthoselenazolkernes erforderlichen Metalloidatome). Bes. geeignete Vertreter der nichtionisierten Farbstoffe II entsprechen der Formel III. Man

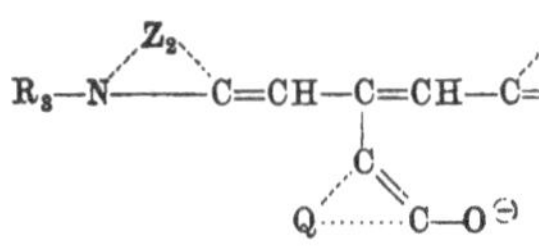

II

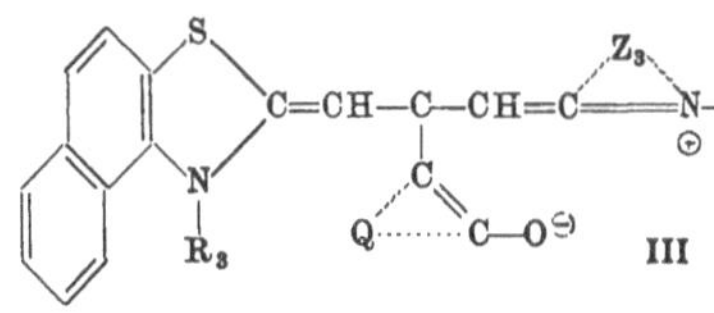

III

verwendet pro Mol. Ag-Halogenid von I 0,05—0,3 g u. von II bzw. III 0,01—0,3 g, bes. als Lsg. in Pyridin. — Beispiele [Angaben über Empfindlichkeitsbereich]: 3.3′-Dimethyl-9-(2-thienyl)-4.5.4′.5′-dibenzothiacarbocyanin-p-toluolsulfonat [3750—4900 u. 6680—7200 Å] + 5-[(1-Äthyl-2(1H)-β-naphthothiazolyliden)-(1-methyl-2(1H)-β-naphthothiazolyliden)-isopropyliden]-1.3-di-(β-methoxyäthyl)-barbitursäure [5900—6800 Å] → [3900—4850 u. 5650—7250 Å unter sehr starker Erhöhung der Rotempfindlichkeit]. — 3.3′-Dimethyl-9-(2-thienyl)-thiacarbocyaninjodid [3800—4900 u. 6250 bis 6700 Å] + 1.3-Diäthyl-5-[di-(1-äthyl-2(1H)-β-naphthothiazolyliden)-isopropyliden]-barbitursäure [3800—6900 Å] → [3800—7000 Å]. — 3.3′-Diäthyl-9-(2-thienyl)-4.5.4′.5′-dibenzothiacarbocyanin-p-toluolsulfonat [3800—4950 u. 6000—7200 Å] + 4-[Di-(1-äthyl-2(1H)-β-naphthothiazolyliden)-isopropyliden]-3-phenyl-5(4H)-isoxazolon [3700 bis 5000 u. 5900—6300 Å] → [5600—7250 Å unter bes. starker Empfindlichkeitssteigerung]. — Weitere Beispiele. (**A. P. 2 704 720** vom 20/7. 1954, ausg. 22/3. 1955.)

O. SCHÖN. 8605

VEB Filmfabrik Agfa Wolfen (Erfinder: **H. Fricke** und **E. J. Birr**), Wolfen, Krs. Bitterfeld, *Photos in blauschwarzen Tönen auf Halogensilbcremulsionsschichten* werden unter Verwendung von 3-Alkyl(bzw. -Aryl)-2-thiohydantoinen hergestellt. Diese Substanzen können einem vor der Belichtung anzuwendenen Bade oder der Entwicklerlsg. zugesetzt bzw. der Emulsion in einem beliebigen Stadium ihrer Herst., dem Emulsionsträger, der Vorpräparationsschicht, der Unterguß-, Brück- oder Schutzschicht, der Barytage, dem Leim bei Papieremulsionen oder dem Papierbrei einverleibt werden. — Einem Entwickler zum Hervorrufen von Bromsilberpapiervergrößerungen werden 0,075 g/Liter *3.5.5-Trimethylthiohydantoin* zugesetzt. (**D. P. [DDR] 8 588** Kl. 57b vom 20/6. 1937, ausg. 18/11. 1954 [Wirtschaftspatent].)

H. ASMUS. 8611

Ilford Ltd., übert. von: **Douglas James Fry**, Ilford, England, *Triazolderivate* (I) (R_1 = Alkyl, Aralkyl, Aryl, Cycloalkyl, heterocycl. Rest, NH_2, OH, Carbalkoxy; R_2 = H, Alkyl, Aralkyl, Aryl, Cycloalkyl, heterocycl. Rest, R_1 u. R_2 können mit den C-Atomen 5 u. 6 zusammen auch einen carbocycl. Ring bilden; R_3 = NH_2, SH, S-Alkyl, S-Aralkyl) erhält man durch Kondensation von 2.5-Diamino-1.3.4-triazol (II = Guanazol) oder einem 2-Amino-5-methyl- oder 2-Amino-5-mercapto-1.3.4-triazol mit einem β-Ketosäureester, einem cycl. β-Ketosäureester oder einem Malon- oder Cyanessigsäureester. — Aus 1 (Mol) II u. 1 Acetessigsäureäthylester in Eisessig unter Erhitzen → I ($R_1 = CH_3$;

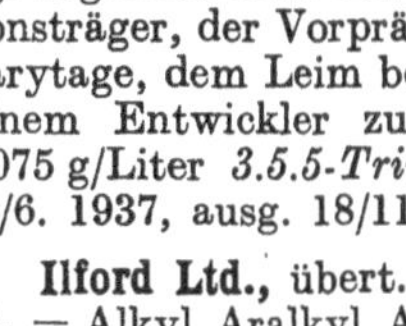

I

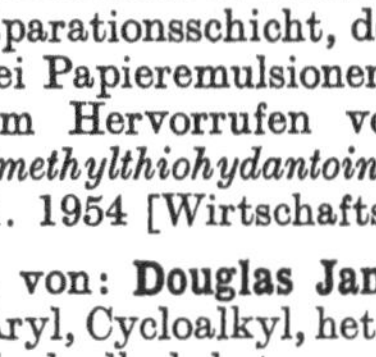

III

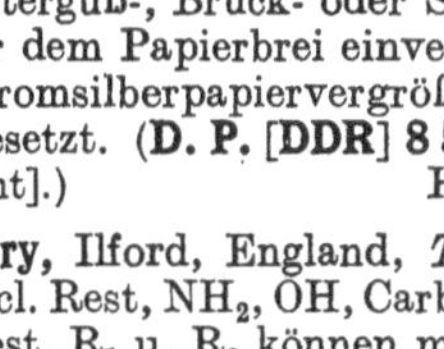

IV Z = NH_2
V Z = SCH_3
F. = > 300_0

$R_2 = H$; $R_3 = NH_2$; F. 290° aus W.). — II + Cyanessigsäureäthylester in Na-Äthylat → I (R_1 u. $R_3 = NH_2$; $R_2 = H$; F. 300°). — II + Malonsäurediäthylester → I (R_1=

OH; $R_2 = H$; $R_3 = NH_2$). — **II** + o-Cyclohexanoncarbonsäureäthylester → **III**, F. ca. 340° — **II** + Benzylacetessigsäureäthylester → **I** ($R_1 = C_6H_5CH_2$; $R_2 = CH_3$; $R_3 = NH_2$). — **II** + Furoylessigsäureäthylester → **I** (R_1 = *Furylrest*; $R_2 = OH_3$; $R_3 = NH_2$; F. 305°). — **II** + Butylacetessigsäureäthylester → **I** ($R_1 = CH_3$; $R_2 = C_4H_9$; $R_3 = NH_2$; F. ca. 305°). — **II** + Cyclopentanon-2.5-dicarbonsäureäthylester → **IV**, F. ca. 305°. — 2-Methylmercapto-5-amino-1.3.4-triazol + Acetessigsäureäthylester → **I** ($R_1 = CH_3$; $R_2 = H$; $R_3 = SCH_3$; F. 282°). — **I** ($R_1 = CH_3$; $R_2 = H$; $R_3 = SH$; F. 290°). — **I** ($R_1 = OH$; $R_2 = H$; $R_3 = SCH_3$). — **I** ($R_1 = CH_3$; $R_2 = C_6H_5CH_2$; $R_3 = SCH_3$; F. 276°). — **I** (R_1 = *Furylrest*; $R_2 = H$; $R_3 = SCH_3$; F. 284°). — **I** ($R_1 = CH_3$; $R_2 = C_4H_9$; $R_3 = SCH_3$; F. 212°). — **I** ($R_1 = NH_2$; $R_2 = H$; $R_3 = SCH_3$). — *Schleierverhinderungsmittel in Halogensilberemulsionen* (Tabellen). (**A. PP. 2 566 658** u. **2 566 659** vom 17/11. 1949, ausg. 4/9. 1951. E. Prior. 23/11. 1948.) G. KRAUSS. 8611

Lewis Charles Rudkin, England, *Photographischer Entwickler.* Der Entwickler wird in eine Creme- oder Pastenform gebracht, welche die Entwicklungsstoffe in einer inerten feinverteilten M., wie Kieselgur, enthält. Die Paste besteht aus einem Kolloid, z. B. Alkalicarboxymethylcellulose, Tragantgummi oder Gummi arabicum u. absorbiert die Br-Salze während der Entwicklung. Die Paste wird auf das belichtete Bild aufgebracht u. nach der Entw. wieder entfernt. (**F. P. 1 086 655** vom 6/11. 1953, ausg. 15/2. 1955. E. Prior. 7/11. 1952.) G. GROTE. 8619

Kodak-Pathé, Seine, Frankreich, übert. von: **Kodak Ltd.**, *Photographische Umkehrbilder.* Das photograph. Material besteht aus einem transparenten Träger, einer Suspension einer metall. S-, Se- oder Te-Verb., die löslicher ist als die entsprechenden Metalle selbst, einer für die photograph. Bäder durchlässigen Schicht, die ein Pigment oder $BaSO_4$ enthält, u. einer lichtempfindlichen Halogensilberemulsion. Alle 3 Schichten liegen übereinander. Gleichzeitig mit der Belichtung des Materials wird ein negatives Bild unter Zusatz eines Halogensilber lösenden Mittels entwickelt, worauf das Negativ auf eine andere Unterlage übertragen wird. (**F. P. 1 085 304** vom 20/10. 1953, ausg. 31/1. 1955. E. Prior. 22/10. 1952.) G. GROTE. 8619

R. Guilleminot, Baespflug & Co., Oise, Frankreich, *Herstellung von photographischen Reproduktionen nach dem Kontaktverfahren.* Man befeuchtet eine ein sichtbares bzw. ein latentes Bild enthaltende photograph. Schicht (**I**) mit einer zu ihrer Behandlung gerade ausreichenden Menge FARMERscher-Abschwächerlsg. (**II**) bzw. einer Entwicklerlsg. u. bringt sie darauf mit einer zweiten, metall. Ag oder ein Ag-Salz enthaltenden Schicht (**III**) in Kontakt. Unter der Einw. der auf **I** noch wirksam gebliebenen u. nach **III** hinüberdiffundierenden Behandlungs-Fl. bildet sich auf **III** ein Positiv bzw. Negativ des Bildes von **I**. Anstatt fertige Behandlungs-Fll. zu verwenden, kann **I** auch eine Substanz zugesetzt werden, die bei späterer Behandlung mit einer geeigneten Fl. die gewünschte Verb. liefert. Die bei der Befeuchtung von **I** mit einem Entwickler aufgenommene Menge desselben muß zur Entw. des tiefsten Schwarz an den betreffenden Bildstellen gerade ausreichend sein. Als Entwickler werden bes. *p-Methylaminophenolsulfat* u. *Hydrochinon* genannt. Die Entw. des latenten Bildes in **I** u. die Red. des Ag-Salzes in **III** können auch gleichzeitig durchgeführt werden. Die in **III** erzeugten Bilder können in üblicher Weise abgeschwächt, verstärkt, gegerbt, gefärbt oder farbig entwickelt werden. Der mit **II** behandelte Originalabzug kann von neuem entwickelt u. wiederum zur Durchführung des vorst. beschriebenen Reproduktionsverf. verwendet werden. (**F. P. 1 090 722** vom 6/10. 1953, ausg. 4/4. 1955.) H. ASMUS. 8625

Herausgeber u. verantwortlich für den Inhalt: Prof. Dr. Maximilian Pflücke, Berlin N 4, Schiffbauerdamm 19, Fernsprecher: 425571. Redaktion: Chefredakteure Dr. Eugen Klever und Prof. Dr. Maximilian Pflücke. Verlag: Akademie-Verlag GmbH, Berlin W 8, Mohrenstraße 39 (Fernsprecher 200386, Postscheckkonto Berlin 35021), u. Verlag Chemie, GmbH, Weinheim/Bergstraße (Fernsprecher 2017 u. 2965, Postscheckkonto Frankfurt/M. 145314 u. Berlin-West 7430). Bestell- u. Verlags-Nr.: 1007/127. Das Chemische Zentralblatt erscheint wöchentlich. Preis des Jahrganges einschl. Autoren-, Patent-, Sach- und Formelregister: DM 680,—; einseitig bedruckte Ausgabe: DM 750,—. Abgabe der Zeitschrift nur mit sämtlichen Registern.

Satz u. Druck: VEB Leipziger Druckhaus, Leipzig. III/18/203. X. 56.
Veröffentlicht unter der Lizenznummer 1212 des Amtes für Literatur und Verlagswesen der Deutschen Demokratischen Republik.
Printed in Germany.

MIX
Papier | Fördert
gute Waldnutzung
FSC® C083411

Zeitfracht Medien GmbH
Ferdinand-Jühlke-Straße 7
99095 Erfurt, Deutschland
produktsicherheit@kolibri360.de